T0414182

Johann Schreiner

Praxis-Wörterbuch
Umwelt, Naturschutz und Landnutzungen
Deutsch | Englisch

Practical Dictionary of
Environment, Nature Conservation and Land Use
English | German

Johann Schreiner

Praxis-Wörterbuch **Umwelt, Naturschutz und Landnutzungen**

Practical Dictionary of **Environment, Nature Conservation and Land Use**

Deutsch | Englisch

English | German

Herausgegeben von
Claus-Peter Hutter, Euronature

Edited by
Claus-Peter Hutter, Euronature

WVG
Wissenschaftliche
Verlagsgesellschaft mbH Stuttgart

Anschrift des Autors

Dir. u. Prof. Dr. Johann Schreiner
Alfred Toepfer Akademie für Naturschutz
Hof Möhr
29640 Schneverdingen

Anschrift des Herausgebers

Dr. h. c. Claus-Peter Hutter
Stiftung Europäisches Naturerbe (Euronatur)
Bahnhofstraße 35
71638 Ludwigsburg
www.euronatur.org

Bibliografische Informationen der Deutschen Bibliothek
Die Deutsche Bibliothek verzeichnet diese Publikation in der Deutschen Nationalbibliografie; detaillierte bibliografische Daten sind im Internet unter http://dnb.ddb.de abrufbar.

ISBN 3-8047-2043-9

Redaktion: Prof. Dr. h. c. Johann Schreiner

Birkenwaldstraße 44, 70191 Stuttgart
Printed in Germany
Umschlaggestaltung: deblik, Berlin
Druck: Hofmann, Schorndorf
Bindung: Kösel, Kempten

Autor

Dr. rer. nat. h. c. Johann Schreiner
Direktor der Alfred Toepfer Akademie für Naturschutz und Professor
Vorsitzender des Bundesverbandes Beruflicher Naturschutz

Herausgeber

Dr. h. c. Claus-Peter Hutter
Präsident der Stiftung Europäisches Naturerbe
Leiter der Akademie für Natur- und Umweltschutz Baden-Württemberg

Wissenschaftlicher Beirat

Dr. Uwe Kozina
Präsident Umweltstiftung Euronatur Österreich
Umwelt-Bildungszentrum Steiermark, Graz

Dr. Hans-Joachim Mader
Ministerium für Landwirtschaft, Umweltschutz und Raumordnung Brandenburg
Leiter der Abteilung Naturschutz

Prof. Dr. Brunk Meyer
Universität Göttingen, Institut für Bodenwissenschaften, Fakultät für Agrarwissenschaften

Prof. Dr. Thomas A. Mitschein
Universität Belém, POEMA Brasilien

Prof. Dr.-Ing. Dr. h. c. Werner Mühlbauer
Universität Hohenheim
Institut für Agrartechnik in den Tropen und Subtropen

Prof. Dr. Peter Nagel
Universität Basel
Institut für Natur-, Landschafts- und Umweltschutz

Prof. Dr. Hans-Jürgen Nantke
Umweltbundesamt Dessau/Berlin,
Fachbereichsleiter Umweltplanung und Umweltstrategien

Dr. Herbert Neuland
Dornier Consulting
Leiter Ressourcenmanagement
Abu Dhabi, Vereinigte Arabische Emirate

Prof. Dr. Maciej Nowicki
Ecofund Polen, Warschau

Prof. Dr. Dr. Annette Otte
Justus-Liebig-Universität Gießen
Professur für Landschaftsökologie und Landschaftsplanung

Prof. Dr. Harald Plachter
Philipps-Universität Marburg
Institut für Biologie, Abt. Naturschutz

Eva Pongratz
EUROPARC Federation Managing Director

Prof. Dr. Peter Poschlod
Universität Regensburg
Fakultät für Biologie und Vorklinische Medizin, Lehrstuhl für Botanik

Prof. Dr.-Ing. Ewald Pruckner
Fachhochschule für Wirtschaft und Technik
Heilbronn

Prof. Dr. Joachim Sauerborn
Universität Hohenheim
Direktor des Tropenzentrums

Dr. Norbert Schäffer
Head of European Programmes & Training Dept., RSPB, Sandy, United Kingdom

Erich Schirmer
1. Vorsitzender des Vereins Zukunftsfähiges Schleswig-Holstein – Förderverein der Umweltakademie

Reinhard Schmalz
Niedersächsisches Umweltministerium, Hannover
Ministerialdirigent, Vorsitzender der Länderarbeitsgemeinschaft Wasser (LANA), Abteilungsleiter Naturschutz, Gewässerschutz, Wasserwirtschaft

Dr. Peter Skoberne
Umweltministerium der Republik Slowenien, Ljubljana

Peter Townsend, B. A., Dip. Ed., F. R. G. S.
Environmental Consultant, Bamford, United Kingdom

Carl-Albrecht von Treuenfels
Präsident WWF Deutschland, Frankfurt a. M.

Cordula Vieth
Behörde für Umwelt und Gesundheit
Freie und Hansestadt Hamburg
Leiterin der Projektstelle
„Nachhaltige Entwicklung"

Prof. Dr. Hubert Weiger
Vorsitzender Bund Naturschutz Bayern

Dipl.-Forstwirt Hubert Weinzierl
Präsident Deutscher Naturschutzring e. V.

Larry F. Williams
Sierra Club, International Programme, Washington D. C., USA

Dr. Angelika Zahrnt
Vorsitzende Bund für Umwelt und Naturschutz Deutschland (BUND), Berlin
Friends of the earth, Deutschland

Inhalt

Contents

In einer Zeit ...

... in der es die Menschheit fertig bringt, mittels modernster Technologie viele Millionen Kilometer von der Erde entfernt auf dem Mars ferngesteuert Gesteinsproben zu analysieren und mittels Nachrichten- und Computertechnik mit Maschinen zu kommunizieren, muss es doch eigentlich möglich sein, den Dialog auf unserem Planeten selbst zu vertiefen und voranzubringen. Denn niemand – weder ein Einzelner noch eine einzelne Gruppierung – ist heute mehr in der Lage, die drängenden Fragen unserer Zukunftssicherung alleine zu lösen. Dies gilt vor allem für die Sicherung der natürlichen Lebensgrundlagen, die Bewahrung der Umwelt, den immer dringender erforderlichen Transfer umwelttechnischer Innovationen, die nachhaltige Entwicklung und die Bewahrung der Biodiversität.

Ob beim Technologietransfer, bei der Planung von Nationalparken und anderen Schutzgebieten, der Aus- und Fortbildung und in vielen anderen Bereichen: Die internationale Zusammenarbeit gewinnt im Bereich des Umweltschutzes, der Naturbewahrung und der nachhaltigen Entwicklung immer größere Bedeutung. Hat sich für die Nomenklatur bei den Tier- und Pflanzenarten seit langem Latein und Griechisch als internationale Verständigungsebene zur Identifikation von Arten durchgesetzt, so ist Englisch längst zur allgemeinen Verkehrssprache im Geschäftsleben, in der Reisebranche und bei privaten Kontakten geworden. Für den gesamten Bereich des Umweltschutzes und der Naturbewahrung fehlte bislang als Basis für den vielfachen Dialog ein Praxis-Wörterbuch Deutsch–Englisch/Englisch–Deutsch. Gerade für das exportorientierte Deutschland und die deutschsprachigen Nachbarländer ist ein entsprechendes Praxis-Wörterbuch zur Gewährleistung einer fachlich korrekten Begriffs-, Verständigungs- und Kommunikationsebene unverzichtbar. Das Praxis-Wörterbuch Natur- und Umweltschutz schließt diese Lücke. Johann Schreiner hat hierfür im Dialog mit zahlreichen Fachleuten der verschiedensten Disziplinen im In- und Ausland eine in dieser Art einmalige Sammlung erarbeitet und zusammengestellt. Sie umfasst rund 30 000 englische und 30 000 deutsche Begriffe aus den folgenden Themenbereichen

- Abfall, Wiederverwertung
- Artenschutz, Jagd und Fischerei, Biotopschutz
- Bodenschutz
- Erholungsvorsorge
- Gewässerschutz, Wasserwirtschaft
- Landschaftspflege, Land- und Forstwirtschaft
- Landschaftsplanung, Raumordnung, Siedlungsentwicklung
- Lärmschutz
- Luftreinhaltung, Klimaschutz
- Strahlenschutz
- Umweltbildung, Umweltethik
- Umweltinformation, Umweltkommunikation
- Umweltgeschichte
- Umweltchemikalien, Gesundheitsvorsorge
- Umwelttechnik
- Umweltforschung, Ökologie
- Umweltpolitik, Umweltrecht
- Umweltorganisationen/Umweltadministration

Mit diesem Spektrum ist das Praxis-Wörterbuch Natur- und Umweltschutz ein einmaliges und unentbehrliches Standardwerk für alle, die sich wissenschaftlich korrekt in englischer Sprache artikulieren wollen – etwa bei verschiedensten Publikationen – oder die sich in internationalem Rahmen im Umweltschutz, in der Naturbewahrung oder der nachhaltigen Entwicklung betätigen.

Weil Sprachen einer ständigen Entwicklung unterliegen und auch technologische Erkenntnisse fortentwickelt werden, sind Herausgeber, Autor und Verlag für Hinweise zu neuen Begriffen oder zusätzlichen Begriffsinterpretationen dankbar. In diesem Sinne danke ich auch herzlich den Damen und Herren des Ständigen Wissenschaftlichen Beirats zu diesem Werk für vielfache Kooperation. Die internationale Umweltstiftung Euronatur sieht in diesem Werk von Johann Schreiner einen konkreten Beitrag zur Intensivierung des globalen Umweltdialogs.

Claus-Peter Hutter

Herausgeber und Präsident der Stiftung Europäisches Naturerbe

Vorwort

In den Industrieländern sind ungenutzte Gebiete nur mehr auf wenigen Prozenten der Fläche vorhanden. Die Beschäftigung mit Natur und Umwelt muss deshalb auch eine Beschäftigung mit den verschiedenen Landnutzungen sein. Natur und Umwelt machen nicht an politischen und sprachlichen Grenzen Halt. Die fachliche Beschäftigung mit Natur und Umwelt ist heute ohne grenzüberschreitenden Informationsaustausch undenkbar. International gelesene Publikationen, internationale Konferenzen, internationale Rechtsvorschriften machen eine gemeinsame Sprache notwendig. Im Themenfeld Umwelt, Naturschutz und Landnutzungen hat sich Englisch als die gemeinsame Verständigungsbasis etabliert.

Vor diesem Hintergrund wurde vom Verfasser 1993 in Zusammenarbeit mit Peter Wasley, Spalding, begonnen, Fachenglisch-Kurse im Natur- und Umweltschutz durchzuführen. 1994 legte dann Emma Hayselden als Praktikantin an der Norddeutschen Naturschutzakademie, heute Alfred Toepfer Akademie für Naturschutz, den Grundstein für dieses Wörterbuch. Ab 1995 wurden die Fachenglisch-Kurse dann in Zusammenarbeit mit dem Peak National Park Centre Losehill Hall und dessen Direktor Peter Townsend durchgeführt. Er war es auch, der diese Art der Kurse für andere Sprachen weiterentwickelt und die Erarbeitung dieses Wörterbuchs bis heute begleitet hat.

Mit diesem Wörterbuch werden sowohl Fachbegriffe als auch in der Praxis häufig wiederkehrende, allgemeine Begriffe in einem Werk verfügbar gemacht. Dieses Praxis-Wörterbuch beschränkt sich deshalb nicht nur auf Fachtermini, es umfasst auch umgangssprachlich gebräuchliche, themenbezogene Begriffe. Es soll und kann dabei aber weder ein biologisches noch chemisches Wörterbuch ersetzen.

Folgende Themenbereiche werden abgedeckt:

Umwelt: Abfall, Gesundheitsvorsorge, Lärmschutz, Luftreinhaltung, Strahlenschutz, Umweltbildung, Umweltchemikalien, Umweltethik, Umweltforschung, Umweltgeschichte, Umweltinformation, Umweltkommunikation, Umweltpolitik, Umweltrecht,

Preface

In industrialized countries natural areas only cover a few percent of the total, requiring studies of nature and environment to consider the many different forms of land use. Nature and environment are without frontiers, unlike political systems and languages. Today the specialist studying nature and environment needs an exchange of information across frontiers. International publications, conferences and legal prescriptions inevitably demand a common language. In the field of environment, nature conservation and land use English has become that common basis for understanding.

Against this background the author in cooperation with Peter Wasley from Spalding started in 1993 to organise courses for specialist English in nature conservation and environmental protection. In 1994 working as a trainee at the North German Academy for Nature Conservation, now renamed Alfred Toepfer Academy for Nature Conservation, Emma Hayselden created the basis for this dictionary. From 1995 onwards the specialist English courses were held in cooperation with Losehill Hall, the Peak National Park Centre. Its principal Peter Townsend helped develop these courses both in the UK and other European countries.

In the dictionary you will find technical terms as well as common words frequently used in practice and field work. That is why this practical dictionary consists not only of specialist terms, but also includes colloquial used words connected with the various subjects. It is not the aim of this dictionary to be a substitute for biological or chemical dictionaries.

The dictionary covers the following subject fields:

Environment: air pollution abatement, chemicals in the environment, environmental administration, environmental communication, environmental education, environmental engineering, environmental ethics, environmental history, environmental information,

Umwelttechnik, Umweltverbände, Umweltverwaltung, Wiederverwertung;

Naturschutz: Artenschutz, Biotopschutz, Bodenschutz, Erholungsvorsorge, Gewässerschutz, Klimaschutz, Landschaftspflege, Landschaftsplanung, Ökologie;

Landnutzungen: Fischerei, Forstwirtschaft, Jagd, Landwirtschaft, Raumordnung, Siedlungsentwicklung, Wasserwirtschaft.

Mit zusammen etwa 60 000 Stichwörtern, typischen Verwendungen der Stichwörter und festen Wendungen bietet dieses Wörterbuch eine umfassende Grundlage für Übersetzungen und Übertragungen von Fachtexten vom Englischen ins Deutsche und umgekehrt. Das Wörterbuch wird weiterhin aktualisiert. Hinweise werden gerne aufgenommen.

Schneverdingen, im Juli 2003
Johann Schreiner

environmental legislation, environmental non-governmental organizations, environmental policy, environmental research, noise abatement, preventive health care, radiation protection, recycling, waste;

Nature Conservation: biotope conservation, climate protection, conservation of water resources, ecology, landscape management, landscape planning, recreational provision, soil conservation, wildlife conservation;

Land use: fishery, forestry, hunting, agriculture, regional planning, settlement development, water management.

This dictionary contains more than 60,000 terms, typical uses and fixed phrases in the two sections. It provides a comprehensive basis for translations and for the transfer of technical texts from English to German and vice versa. This dictionary will be updated in future. Notes to the author are welcome.

Schneverdingen, in July 2003
Johann Schreiner

Literatur

Bücher und Zeitschriften / Books and Journals

Allaby, M. & R. Allaby, K. Mellanby, T. W. Whitmore (1994): The Concise Oxford Dictionary of Ecology. Oxford University Press, Oxford, New York. 415 S.

Borsdorf, W. & I. Bahr, R. Cramer (2001): Langenscheidts Fachwörterbuch Kompakt Ökologie. Hrsg.: Technische Universität Dresden. Langenscheidt, Berlin, München, Wien, Zürich, New York. 541 S.

Bruenig, E. F. (1986): Terminologie für Forschung und Lehre. Mitteilungen der Bundesforschungsanstalt für Forst- und Holzwirtschaft Hamburg Nr. 152. Kommissionsverlag Wiedebusch, Hamburg. 213 S.

Collin, P. H. & S. Janssen, R. Livesey, U. Regner (1991): PONS Fachwörterbuch Umwelt. Klett, Stuttgart, Dresden. 309 S.

Hülsmann, W. & B. Locher, G. Schablitzki, J. Werner (1995): Glossary of Environmental Terms for Urban and Regional Planners. Umweltbundesamt, Berlin. 66 S.

Launert, E. (1998): Biologisches Wörterbuch. Ulmer, Stuttgart. 739 S.

Maastik, A. & P. Heinonen, V. Hyvärinen, J. Kajander, K. Karttunen, H. Otts, P. Seuna (2000): EnDic2000. Finnish Environment Institute. Helsinki, Tartu. 702 S.

Meyer-Cords, C. & P. Boye (1999): Schlüssel-, Ziel-, Charakterarten. Zur Klärung einiger Begriffe im Naturschutz. Natur und Landschaft 74: 99–101.

Möcker, V. (2001): Glossar der umweltschutzrelevanten Begriffe. Manuskript. Umweltbundesamt Berlin. 111 S.

Porteous, A. (1992): Dictionary of Environmental Science and Technology. Wiley, Chichester, New York, Brisbane, Rescale, Singapore. 439 S.

Scholze-Stubenrecht, W. & J. Sykes (1990): Duden-Oxford Großwörterbuch Englisch. Hrsg.: Dudenredaktion und Oxford University Press. Dudenverlag, Mannheim, Wien, Zürich. 1696 S.

Scholze-Stubenrecht, W. & M. Wermke, G. Drosdowski (1996): DUDEN Rechtschreibung der deutschen Sprache. 21. Auflage. Hrsg.: Dudenredaktion. Dudenverlag, Mannheim, Leipzig, Wien, Zürich. 909 S.

Sinclair, J. & G. Fox, S. Bullon, E. Manning (1995): Collins Cobuild English Dictionary. Harper Collins Publishers, London. 1951 S.

Zöbisch, M. A. (1996): Dictionary of Soil Erosion and Soil Conservation. Topics in Applied Resource Management in the Tropics, Vol. 4. Deutsches Institut für tropische und subtropische Landwirtschaft GmbH, Witzenhausen. 202 S.

CD-ROM

Umweltbundesamt (2002): Ökobase Umweltatlas. Version 5.0. Clemens Hölter GmbH, Haan.

Umweltbundesamt & Umweltbundesamt (2002): THESshow. Umweltdatenkatalog (UDK)-Thesaurus, Version 6.0. Umweltbundesamt Wien.

Internetglossare und -wörterbücher / Glossaries and Dictionaries on the Internet

http://babelfisch.altavista.com/babelfish
http://bch-cbd.naturalsciences.be/belgium/glossary/glossary.htm
http://branchenportal-deutschland.aus-stade.de
http://bugwood.org/glossary
http://cableware.de/allgemein/lexikon.html
http://dict.leo.org
http://dict.uni-leipzig.de
http://europa.eu.int/comm/agriculture/publi/landscape/gloss.htm
http://europa.eu.int/comm/environment/climat/glossary.htm
http://fwie.fw.vt.edu/rhgiles/appendices/glossary.htm
http://glossary.eea.eu.int/EEAGlossary
http://hyperdictionary.com
http://iufro.boku.ac.at
http://mrw.wallonie.be/dgrne/sibw/EUNIS/eunis.gloss.html
http://thesaurus-dictionary.com
http://unstats.un.org/unsd/geoinfo/glossary.htm
http://wb.ibes.org
http://web.mit.edu/akciz/www/glossary
http://www.agroforestry.net/overstory/overstory75.html
http://www.anbg.gov.au/glossary/fl-nsw.html
http://www.arb.ca.gov/html/gloss.htm
http://www.bartleby.com
http://www.bfn.de/09/0906.htm
http://www.canoo.net
http://www.dict.cc
http://www.ec.gc.ca/water/en/info/gloss/e_gloss.htm
http://www.edu.gov.nf.ca/curriculum/teched/resources/glos-biodiversity.html
http://www.epa.gov/OCEPAterms/
http://www.factmonster.com
http://www.fao.org/biotech/index_glossary.asp
http://www.fao.org/fi/glossary/default.asp
http://www.freedic.net
http://www.greeninformation.com/httpdocs/GREENGLOSSARYPAGE1.htm
http://www.grida.no/climate/ipcc_tar/vol4/english/204.htm
http://www.iee.et.tu-dresden.de/cgi-bin/cgiwrap/wernerr/search.sh
http://www.i-node.at/lap/laallgem/begriffe.html
http://www.ipcc.ch/pub/gloss.pdf
http://www.linguatec.net/online/dict/index.html
http://www.mu.niedersachsen.de/cds/etc-cds_neu/library/select.html
http://www.m-w.com
http://www.onelook.com
http://www.quickdic.org
http://www.ramsar.org/strp_rest_glossary.htm
http://www.science.org.au/nova/072/072glo.htm
http://www.student-online.net
http://www.umis.de/umis/archiv/glossar/glossar.html
http://www.vokabeltrainer.pons.de
http://www.weathervane.rff.org/glossary/index.html
http://www.wordreference.com
http://www.wri.org/biodiv/gbs-glos.html
http://yourdictionary.com

Hinweise zur Benutzung des Wörterbuchs

1. Alphabetische Ordnung der Stichwörter

Die Stichwörter sind nach dem Alphabet geordnet, wobei Bindestriche, Apostrophe, Wortzwischenräume, Groß- und Kleinschreibung keine Rolle spielen.

Buchstaben mit Akzenten werden wie ohne Akzent behandelt. Gleiches gilt für Umlaute, die wie die entsprechenden Vokale eingeordnet werden. Der Buchstabe ß entspricht bei der Alphabetisierung dem ss.

Abkürzungen und Synonymbegriffe sind an eigener Stelle alphabetisch eingeordnet.

Gleich geschriebene Begriffe verschiedener Wortkategorien werden wiederholt. Dabei folgen dem Adjektiv Adverb, Präposition, Substantiv und Verb in dieser Reihenfolge.

2. Untergliederung der Einträge im deutsch–englischen Teil

Im deutsch–englischen Teil folgt dem in Fettschrift aufgeführten deutschen Begriff die grammatische Angabe zur Wortart in kleineren, kursiven Buchstaben. Dabei wird unterschieden zwischen Adjektiv (*adj*), Adverb (*adv*), Präposition (*prep*), Femininum (*f*), Maskulinum (*m*), Neutrum (*nt*), Verb (*v*) oder Plural (*pl*). In Normalschrift folgt dann die englische Übersetzung, wobei die Synonyme in alphabetischer Reihenfolge aufgeführt sind.

Gleiche deutsche Begriffe mit unterschiedlicher Bedeutung werden doppelt aufgeführt. Die Tilde steht dabei für den Begriff oder abgegrenzte Wortteile.

In diesem Fall und auch bei einigen weiteren deutschen Begriffen wird deren Bedeutung durch angefügte Definitionen in geschweiften Klammern erklärt.

Im Anschluss an die allgemeine Übersetzung werden teilweise Kombinationen des Begriffs mit anderen, typische Verwendungen des Stichworts und feste Wendungen aufgenommen. Diese werden immer als Ganzes übersetzt. Innerhalb der Beispiele repräsentiert die Tilde das Stichwort.

How to use this dictionary

1. Alphabetical order of headwords

The headwords are arranged in alphabetical order, ignoring hyphens, apostrophes, spaces, capital or small letters.

Accented letters are treated as unaccented letters. The German character *ß* is entered as *ss* in alphabetical order.

Abbreviations and synonyms are also arranged in the same alphabetical order.

Identically spelt entries of different word categories are repeated with the adjective first, followed in order by adverb, preposition, noun and verb.

2. Division of entries in the German–English section

In the German–English section the German headword appears in bold type at the beginning of the entry, followed by grammatical information in smaller and italic letters using *adj* for adjective, *adv* for adverb, *prep* for preposition, *f* for feminine noun, *m* for masculine noun, *nt* for neuter noun, *v* for verb and *pl* for plural. The English translation is in normal capitals with the synonyms in alphabetical order.

Identical German terms with different meanings appear twice. The tilde is used to represent the headword or separate parts of it.

In such cases and also with several other German terms a definition is added between braces.

Following the general translation for some of the terms typical uses, fixed phrases and combinations with other terms are given. These are translated in their entirety. The tilde is used to represent the headword within the example.

3. Untergliederung der Einträge im englisch–deutschen Teil

Im englisch–deutschen Teil ist der in Fettschrift aufgeführte englische Begriff durch einen Doppelpunkt von der in Normalschrift gesetzten deutschen Übersetzung getrennt. Die deutschen Synonyme sind dabei in alphabetischer Reihenfolge aufgeführt.

Zusammengesetzte englische Begriffe und Kombinationen des Begriffs mit anderen sind in der Folge eingereiht.

Die grammatische Angabe zur Wortart in kleineren, kursiven Buchstaben beendet die Übersetzung des englischen Begriffs. Dabei wird unterschieden zwischen Adjektiv (*adj*), Adverb (*adv*), Präposition (*prep*), Substantiv (*n*), Femininum (*f*), Maskulinum (*m*), Neutrum (*nt*), Verb (*v*) oder Plural (*pl*).

Im Anschluss an die allgemeine Übersetzung werden teilweise in kleinerer Schrift typische Verwendungen des Stichworts und feste Wendungen aufgenommen. Diese werden immer als Ganzes übersetzt. Innerhalb dieser Ergänzungen repräsentiert die Tilde das Stichwort.

3. Division of entries in the English–German section

In the English–German section the English headword appears in bold type at the beginning of the entry, separated by a colon from the German translation in normal capitals. The German synonyms are in alphabetical order.

English compounds and combinations with other terms are in the same alphabetical order.

The German translation is followed by grammatical information in smaller and italic letters using *adj* for adjective, *adv* for adverb, *prep* for preposition, *n* for noun, *f* for feminine noun, *m* for masculine noun, *nt* for neuter noun, *v* for verb and *pl* for plural.

Following the general translation for some terms, typical uses and fixed phrases are given in smaller letters. These are translated in full. The tilde is used to represent the headword within the example.

4. Zeichen

Um die Wiederholung eines Begriffs oder eines Teils davon zu vermeiden, wird stattdessen eine Tilde (~) verwendet. Wenn sich der Anfangsbuchstabe eines Stichworts von klein zu groß oder umgekehrt ändert, steht die Kreistilde (°~).

Ein auf Mitte stehender Punkt (•) kennzeichnet die Kompositionsfuge bei zusammengesetzten deutschen Begriffen oder markante Silbentrennungen.

Ein einfacher senkrechter Strich (|) kennzeichnet sich wiederholende Elemente zusammengesetzter und -geschriebener Begriffe, die im Folgenden durch eine Tilde ersetzt werden.

Ein doppelter senkrechter Strich (||) kennzeichnet sich wiederholende Elemente zusammengesetzter und getrennt geschriebener Begriffe im englisch-deutschen Teil, die im Folgenden durch eine Tilde ersetzt werden.

Normale Klammern ( ) innerhalb deutscher oder englischer Begriffe beinhalten Text, der je nach Kontext oder Gutdünken des Benutzers weggelassen oder mitgenommen werden kann.

4. Symbols

The tilde (~) represents the repetition of the headword or of an element of a headword separated by a perpendicular line. When the initial letter changes from small to capital or vice versa the tilde a small circle is added above the tilde (°~).

The centred dot (•) marks the juncture of elements forming one German headword or distinctive word-divisions.

A single perpendicular line (|) marks the juncture of repeating elements of compounds (written without space), replaced by a tilde in the following headword.

A double perpendicular line (||) marks the juncture of repeating elements of English terms written in two separate words in the English-German section, which are replaced by a tilde in the following headword.

Common brackets ( ) within English or German headwords or translations indicate, that the bracketed text may be omitted, depending on the context as well as on the preferences of the user.

Eckige Klammern [ ] beinhalten Übersetzungen, die wegen Fehlens entsprechender Begriffe in der jeweils anderen Sprache nicht wörtlich sind, sondern den Sinn umschreiben.

Square brackets [ ] indicate that the bracketed part is not a word-for-word translation, but a description of the meaning of the term in the other language.

Geschweifte Klammern { } beinhalten Definitionen, Erklärungen und Übersetzungshilfen des jeweiligen Begriffs.

Text within braces { } involves definitions, explanations and hints for translation of the respective headword.

Ein Schrägstrich (/) trennt zwei Formen unterschiedlichen Geschlechts in einem Begriff oder bei der Angabe der Wortart.

Two different gender forms of one headword or in the grammatical information are separated by a slash (/).

5. Abkürzungen		**5. Abbreviations**
amerikanisches Englisch	*(Am)*	American English
britisches Englisch	*(Br)*	British English
Abkürzung	*Abk.*	abbreviation
allgemein	*allg.*	generally
biologisch	*biol.*	biological
beziehungsweise	*bzw.*	respectively
circa	*ca.*	approximately
chemisch	*chem.*	chemical
deutsch	*Dtsch.*	German
Deutschland	*Dtschl.*	Germany
englisch	*Engl.*	English
und so weiter	*etc.*	and so on
Femininum	*f*	feminine noun
forstwirtschaftlich	*forstw.*	silvicultural
geografisch	*geogr.*	geographical
gegebenenfalls	*ggf.*	should the occasion arise
in der Regel	*i.d.R.*	as a rule
landwirtschaftlich	*landw.*	agricultural
Maskulinum	*m*	masculine noun
Nomen	*n*	noun
Neutrum	*nt*	neuter noun
physikalisch	*phys.*	physical
Plural	*pl*	plural
Präposition	*prep*	preposition
etwas	*sth.*	something
Synonym	*Syn.*	synonym
technisch	*techn.*	technical
unter anderem	*u.a.*	amongst other things
zum Beispiel	*z.B.*	for example

Teil 1

Deutsch – Englisch

First Section

German – English

Aal *m* eel
~leiter *f* eel ladder
{*Anlage, die Aalen das Passieren einer Staustufe in beiden Richtungen ermöglicht*}
Aapa'moor *nt* aapa mire
{*Feuchtgebietskomplex mit großen Niedermooren im Zentrum, Wäldern und anderen Moortypen*}
Aas *nt* dead matter
sich von ~ ernähren: scavenge ***v***
sich von ~ ernährend: scavenging ***adj***
~fresser *m* scavenger
Abbau *m* breakdown, decomposition, degradation, digestion
{*Zerfall oder Zerlegung von komplexen Substanzen zu einfacheren, bis hin zu Molekülen*}
aerober ~: aerobic degradation, aerobic digestion
anaerober ~: anaerobic degradation
biochemischer ~: biochemical degradation
biologischer ~: biodegradation ***n***
{*Abbau durch lebende Organismen*}
chemischer ~: chemical degradation
physikalischer ~: physical degradation
~ *m* dismantling
{*Zerlegung von Bauwerken*}
~ *m* exploitation (of mineral resources), extraction, mining, quarrying
{*Abbau von Sand, Kies, Gestein, Torf etc.*}
mariner ~: ocean mining
~ *m* reduction
{*Verringerung*}
~ *m* striking
{*~ von Zelten, Lagern etc.*}
~aktivität *f* decomposing activity
~aufwand *m* energy requirement for removal
{*Aufwand an Energie für den Abbau*}
abbaubar *adj* decomposable, degradable
~es Detergens: soft detergent
biologisch ~: biodegradable ***adj***
biologisch nicht ~: non-biodegradable ***adj***
leicht ~: easily degradable
nicht ~: non-degradable ***adj***
schnell ~: rapidly degradable
Abbaubarkeit *f* degradability
biologische ~: biodegradability ***n***
~s•grad *m* degree of degradability
biologischer ~~: degree of biodegradability
abbauen *v* break down, decompose, degrade, digest
biologisch ~: biodegrade ***v***
{*Zerfallen oder Zerlegen von komplexen Substanzen*}
~ *v* dismantle
{*zerlegen*}
~ *v* extract, mine, quarry
völlig ~: work out ***v***
{*Erz, Gestein, Kies, Ton etc. ~*}
~ *v* reduce
{*die Anzahl verringern*}
abbau | fähig *adj* degradable
~~es Verpackungsmaterial: degradable packaging material
≗geschwindigkeit *f* degradation rate
≗~s•konstante *f* degradation rate constant
≗grad *m* degree of degradation
technischer ≗~: achievable degree of degradation
{*Grad des Abbaus organischer Substanz, der mit einem bestimmten Verfahren im praktischen technischen Betrieb erreichbar ist*}
theoretischer ≗~: theoretical degree of degradation
{*Grad des Abbaus, der theoretisch erreichbar ist*}
≗kinetik *f* degradation kinetics
≗leistung *f* decomposition rate, degradation performance, efficiency of degradation, rate of decomposition
≗produkt *nt* breakdown product, decomposition product, degradation product, product of catabolism, product of decomposition
≗rate *f* degradation rate
≗temperatur *f* breaking-down temperature, degradation temperature
abbauwürdig *adj* workable
{*im Bergbau*}
Abblase•schall•dämpfer *m* blow-off sound absorber
abblendbar *adj* anti-dazzle
Abböschung *f* shaping
Abbrand *m* burn-up
~mittel *nt* desiccant
{*Herbizid, das die Blätter vertrocknen lässt*
Abbrennen *nt* burning
~ von Stoppelfeldern: stubble burning
gezieltes ~: controlled burning
Abbruch *m* demolition
{*Abbruch eines Bauwerks*}
~material *nt* building waste
~s•arbeit *f* demolition work
~s•verfügung *f* demolition order, injunction for demolition
Abdämmungs•see *m* [lake behind a natural dam]
{*See in einer durch junge Ablagerungen abgedämmten Hohlform*}
Abdampf *m* exhaust steam, waste steam
Abdecker *m* knacker (Br)
Abdeckerei *f* knacker's yard, rendering plant
Abdeckung *f* cover, coverage, covering
hygienische ~: sanitary landfill
{*einer Deponie*}
abdichten *v* insulate,
{*isolieren*}
~ *v* line, make tight, seal
nicht abgedichtet: unlined ***adj***
~ *v* plug
{*ein Leck ~*}
Abdichtung *f* liner, packing
{*Material zum Abdichten*}
~ *f* making leakproof, seal
{*Vorgang des Abdichtens, z.B. des Deponiegrundes*}
~ *f* sealing
{*Dichtungsschicht*}
abdominal *adj* coeliac
{*zum (Körper-)Hinterteil orientiert/gehörig*}
Abdrift *f* drift
~ *f* spray drift
{*von Spritzmitteln bei der Anwendung auf angrenzende Flächen*}
abdunkeln *v* shade
Abdüsen *nt* jet cleaning
abend•ländisch *adj* occidental
Abenteuer *nt* adventure
Abfackeln *nt* flaring
≗ *v* flare
Abfackelung *f* burn off, flare, flaring
Abfall *m* debris
{*Schutt, Trümmer*}
~ *m* deposit, litter
{*tote organische Substanz von Pflanzen und Tieren*}

~ *m* garbage (Am), refuse, rubbish, waste
{Reststoffe, die nicht mehr oder erst nach erneuter Aufbereitung verwertbar sind. Im Englischen wird zwischen diesen Begriffen nicht deutlich unterschieden. Auch im Deutschen werden Abfall und Müll oft synonym gebraucht; streng genommen ist Müll Abfall, der gesammelt wird}

~ *m* descent, gradient
{Abnahme}

~ *m* litter
{der weggeworfene, herumliegende Abfall}

~ *m* scrap
{Metallabfall}

~ wegwerfen: litter *v*
Dauerbeseitigung des ~s: permanent disposal
fester ~: solid waste
flüssiger ~: liquid waste
forstwirtschaftlicher ~: forest waste
gefährlicher ~: hazardous waste
hoch(radio)aktiver ~: high-level (radioactive) waste, highly active waste
industrieller ~: industrial waste
Lagerung von ~: waste dumping
leicht entzündlicher ~: easily inflammable waste
mittelradioaktiver ~: intermediate waste
landwirtschaftlicher ~: agricultural waste
organischer ~: organic waste
pathologischer ~: pathological waste
pflanzlicher ~: plant residue
radioaktiver ~: atomic waste, nuclear waste, nuke waste, radioactive waste
schädlicher ~: noxious waste
schwachradioaktiver ~: low-level waste
sortenreiner ~: sorted waste
tierische ~e: animal waste
zahnmedizinischer ~: dental mechanic waste

~abfuhr *f* refuse collection, waste collection
{Einsammeln und Abtransport von Abfällen}

~abgabe *f* tax on waste, waste charge, waste levy

~~n•gesetz *nt* waste charge act, waste levy act

~ablagerung *f* waste deposition, waste dumping
{Entsorgung von Abfällen auf Deponien}
ungeordnete ~~: undiscriminate dumping

~anfall *m* quantity of waste

≗arm *adj* low-waste

~art *f* category of waste, type of refuse, type of waste, waste category, waste type
{Differenzierung von Abfällen nach Herkunft und Weiterverwendung}

~arten•katalog *m* waste type catalog (Am), waste type catalogue, waste type list

~assimilations•vermögen *nt* waste assimilation capacity

~aufbereitung *f* waste processing
{Herstellung von verwertbaren und verkaufsfähigen Produkten aus Abfällen mit mechanischer Aufbereitungstechnik}

~~s•anlage *f* waste processing plant
mobile ~~~: mobile waste processing plant
stationäre ~~~: stationary waste processing plant

~aufkommen *nt* amount of waste, volume of waste, waste arisings, waste yield
{Masse des beseitigten oder verwerteten Abfalls in einem bestimmten Zeitraum}

~ballen *m* waste bale

~beauftragte /~r *f/m* commissioner for waste management, waste inspector

~beförderung *f* waste transport, waste transportation (Am)

~~s•genehmigung *f* waste transport permit, waste transportation permit (Am)

~~s•verordnung *f* waste conveyance ordinance
{regelt in Dtschl. Transporte von Abfällen zu Beseitigung und Verwertung}

~begriff *m* definition of waste, terms of waste, waste concept

~behälter *m* garbage bag (Am), refuse container, waste bin, waste container, waste receptacle
{beweglicher Behälter für Sammlung und Abtransport von Abfällen}

~behandlung *f* waste processing, waste treatment
{Verwertung, Verbrennung, Ablagerung oder sonstige Beseitigung von Abfällen}

~~s•anlage *f* waste treatment plant

~belebt•schlamm *m* waste activated sludge

~berg *m* waste mountain

~bericht *m* report on waste

~beschaffenheit *f* nature of waste, state of waste, waste composition

~beseitigung *f* disposal of waste, refuse disposal, waste disposal, waste management
Dtsch. Syn.: Abfallentsorgung
{Sammlung, Abtransport und weitere Behandlung von Abfällen }
~~ auf hoher See: marine disposal

~~s•anlage *f* refuse disposal facility, refuse disposal plant, waste disposal facility, waste disposal plant

~~s•gesetz *nt* waste disposal act
{in Dtschl. das heute nicht mehr gültige Abfallbeseitgungsgesetz von 1972}

~~s•konzept *nt* waste disposal concept

~~s•kosten *pl* waste disposal costs

~~s•pflicht *f* duty to waste disposal, obligation to the disposal of waste

~~s•plan *m* waste disposal plan, waste disposal scheme

~besitzer /~in *m/f* owner of waste

~beurteilung *f* identification of waste

~bilanz *f* waste balance, waste survey
{Veränderung des Abfallaufkommens mit der Zeit}

~börse *f* waste exchange, waste market
{Informationsdienst für Abfallerzeuger und -verwerter zur Optimierung der Recyclingraten}

~bunker *m* buffer storage, waste bunker
{Raum oder Grube zur Zwischenlagerung von Abfällen}

~chemikalien *pl* waste chemicals

~deklarations•analyse *f* waste declaration analysis

~dekontamination *f* waste decontamination

~deponie *f* garbage dump (Am)

~desinfektion *f* waste disinfection

~detoxifikation *f* waste detoxification

~dichte *f* density of waste, waste compactness, waste density

~eimer *m* garbage can (Am),

~~ *m* slop-pail
{in der Küche}

~einfuhr•verordnung *f* waste importation ordinance

~einsammlungs•genehmigung *f* waste collection licence

Abfallen *nt* drop
{*z. B. von Früchten*}

abfallen *v* dip, slope
{*Neigung einer Oberfläche*}

abfallend *adj* deciduous
{*~e Blätter*}

~ *adj* dipping, sloping
{*~e Fläche*}

Abfall | entgasung *f* waste degasification

~entgiftung *f* waste detoxification

~entkeimung *f* waste sterilization

~entsorgung *f* disposal of waste, waste disposal, waste management
Dtsch. Syn.: Abfallbeseitigung
nukleare ~~: disposal of nuclear waste

~~s•anlage *f* refuse disposal system, waste disposal plant

~~s•gebiet *nt* waste disposal area

~~s•konzept *nt* concept of waste disposal, waste disposal concept

~~s•plan *m* waste disposal plan, waste disposal scheme, waste management plan
{*planerisches Instrument zur Organisation der Abfallentsorgung*}

~~s•problem *nt* problems of waste disposal

~entstehung *f* origin of waste, waste origin

~erhebung *f* inquiry on waste, waste survey

~erz *nt* tailings

~erzeuger *m* waste producer, waste sources

~export *m* waste export
{*Verbringung von Abfall in andere Staaten zu Verwertung und Beseitigung*}

≗frei *adj* litter-free, non-waste

~gebühr *f* waste disposal charge

~gesetz *nt* waste (disposal) act, waste avoidance and waste management act
{*in Dtschl. das Kreislaufwirtschafts- und Abfallgesetz (KrW-/AbfG), das am 7. Oktober 1996 in Kraft trat*}

~~gebung *f* waste legislation

~gips *m* waste gypsum

~halde *f* waste heap

~haufen *m* waste heap

~holz *nt* waste wood

~import *m* waste import

≗intensiv *adj* wasteful

~kataster *nt* waste register

~klassifizierung *f* waste classification

~kohle *f* waste coal

~koks *m* waste coke

~kompaktierung *f* waste compacting, waste solidification

~korb *m* waste basket

~kosten•senkung *f* disposal cost reduction

~krise *f* waste crisis

~lagerung *f* storage of waste, waste storage
{*Beseitigung von Abfällen auf Deponien*}

~lösungs•mittel *nt* waste solvent

~menge *f* quantity of waste

~minderung *f* waste minimization, waste reduction

~nachweis *m* waste detection, waste evidence

~~pflicht *f* waste accountability

~~verordnung *f* ordinance on waste evidence
{*konkretisiert in Dtschl. zur Beseitigung und zur Verwertung vorgesehene Überwachungsverfahren für Abfälle*}

~neutralisation *f* waste neutralization

~papier *nt* wastepaper, waste stuff

~presse *f* garbage press (Am)

~produkt *nt* waste product
feste ~e: solid waste

~recht *nt* waste legislation
{*enthält alle Vorschriften zur umweltgerechten Entsorgung von Abfällen*}

~recycling•anlage *f* waste recycling plant

~salz *nt* waste salt

~sammel | anlage *f* waste collection plant

~~einrichtung *f* waste collection equipment

~~system *nt* waste collection system

~sammlung *f* collection of waste, refuse collection, waste collection
{*alle Maßnahmen zum umweltschonenden und kostengünstigen Einsammeln von festen und flüssigen Abfällen*}

~satzung *f* waste statute

~schlamm *m* waste sludge

~separation *f* separation of waste, waste separation
Dtsch. Syn.: Abfalltrennung

~sortier•anlage *f* waste sorting plant

~sortierung *f* sorting of waste, waste sorting

~sperre *f* litter screen

~statistik *f* statistics of waste, waste statistics
{*Untersuchungen über Menge und Struktur von Abfällen und Abfallentsorgungsanlagen*}

~sterilisation *f* waste sterilization

~stoff *f* waste (matter)
feste ~e: solid waste

~strom *m* waste stream

~technik *f* waste management

~tonne *f* dustbin, trash can (Am)

~transport *m* transport of waste, transportation of waste (Am), waste transport, waste transportation (Am)
{*Einsammeln und Befördern von Abfall*}

~trennung *f* separation of waste, waste separation

~untersuchung *f* waste analysis, waste examination, waste survey

~veraschung *f* waste incineration

~verbrennung *f* garbage incineration (Am), refuse incineration, waste combustion, waste incineration
{*Abfallbehandlung durch in der Regel selbstständige Verbrennung in entsprechenden Anlagen*}
~~ auf hoher See: ocean incineration

~~s•anlage *f* garbage incineration plant (Am), refuse incineration plant, waste combustion furnace, waste incineration plant

~~~n•verordnung *f* ordinance on waste incineration plants
{*regelt in Dtschl. Errichtung, Beschaffenheit und Betrieb von Anlagen, in denen Abfälle verbrannt werden*}

~verbringung *f* waste conveyance, waste movement, waste shipment

~~s•verordnung *f* waste conveyance ordinance

~verdichtung *f* waste compacting
{*Erhöhung der Dichte des Abfalls durch Verkleinerung des Porenvolumens*}

~verfestigung *f* waste solidification

~verhütung *f* waste prevention

~verklappung *f* ocean dumping

{Einbringen von Abfällen von Schiffen aus ins Meer}

~vermeidung *f* avoidance of waste production, waste avoidance, waste prevention
{größtmögliche Reduzierung von Menge und Schadstoffgehalt von Abfällen}

~verringerung *f* waste reduction
{Verringerung von Menge und Schädlichkeit von Abfällen}

~verwertung *f* waste reclamation, waste recovery, waste recycling, waste salvage, waste utilization
{Rückgewinnung oder Nutzung von Stoffen oder Energie aus Abfällen}

~volumen *nt* volume of waste, waste volume

~wieder | verwertung *f* recycling

~~verwendung *f* recycling, reuse of waste

~wirtschaft *f* waste management
{alle Maßnahmen zur geordneten und umweltschonenden Behandlung, Verwertung und Ablagerung von Abfällen}

Duale ~~: dual waste management system

~~s•bilanz *f* waste (management) balance

~~s•gesetz *nt* waste management act

~~s•konzept *nt* waste (management) concept

~~s•planung *f* waste management planning

~~s•politik *f* waste management policy

~~s•programm *nt* program on waste management (Am), programme on waste management, waste management program (Am), waste management programme

~~s•recht *nt* waste management legislation

~zell•stoff *m* waste pulp

~zerkleinerer *m* garbage grinder (Am), waste crusher

~zerkleinerung *f* waste crushing, waste grinding, waste shredding

~~s•anlage *f* waste crushing plant

~zusammensetzung *f* composition of waste, waste composition

~zweck•verband *m* waste disposal association

Abfangen *nt* intercepting

≗ *v* entrap, intercept

Abfang•jäger *m* interceptor

abfiltrierbar *adj* filterable

abfinden *v* lump
{sich ~}

Abfindung *f* compensation
{Vorgang}

~ *f* indemnity
{Entschädigung}

~ *f* settlement
{Abfindungssumme}

Abflämmen *nt* burning

abfließen *v* drain, run off

abfließend *adj* draining

Abfluss *m* discharge
{Abflussmenge}

Tagesmittel des ~es: mean daily flow of discharge

Tagesstundenmittel des ~es: mean flow per hour of discharge

~ *m* drain
{Abflussvorrichtung}

~ *m* drainpipe
{Abflussrohr}

~ *m* draining away
{das Abfließen}

~ *m* effluent
{vor allem von Abwässern}

~ *m* flow-off, run-off
{die abfließende Flüssigkeit, i.d.R. Wasser}

unterirdischer ~: interflow ***n***

~ *m* outflow
{~ von Geld und Kapital}

~ *m* outlet
{Einrichtung, durch die Flüssigkeit abläuft, auch bei Teichen}

~ *m* waste-pipe
{für Abwasser}

~bei•wert *m* discharge coefficient, run-off coefficient

~defizit *nt* drainage deficiency

~formel *f* discharge formula

~gang•linie *f* (discharge) hydrograph

~graben *m* drainage ditch

~hahn *m* faucet (Am), outlet cock

~jahr *nt* water year

~kanal *m* outlet canal

~koeffizient *m* coefficient of discharge
{für Durchfluss}

~~ *m* coefficient of run-off
{für Oberflächenabfluss}

~kurve *f* discharge curve

~menge *f* discharge (intensity), flow intensity, flow rate, outflow, (total) volume of water discharge

Dauerlinie der ~n: flow duration curve

~~n•kurve *f* (discharge) hydrograph
Dtsch. Syn.: Abflussganglinie

~messung *f* discharge measurement, flow gaging (Am), flow gauging, flow measurement, flow record

~modell *nt* run-off model

~proben•nehmer *m* run-off sampler

~regime *nt* discharge regime

~rinne *f* gutter

~rohr *m* drain, drainpipe, outflow pipe, outlet pipe, waste pipe

~rückhalte•becken *nt* catch basin

~spende *f* discharge rate
{Quotient aus Abfluss und Fläche des zugehörigen Einzugsgebietes}

~summe *f* (total) volume of water discharge
Dtsch. Syn.: Abflussmenge

~~n•linie *f* cumulative run-off

~verhältnis *nt* runoff coefficient

~vermögen *nt* discharge capacity
{rechnerischer Abfluss eines Kanals bei Vollfüllung}

Abfolge *f* gradient

abfressen *v* browse
{von Laub und Gehölzen}

Abführen *nt* discharge

~ von Abfallsalzen: discharge of waste salts

Abfüll•einrichtung *f* filling system

Abgabe *f* contribution
{Beitrag}

~ *f* duty
{~ auf Produkte}

~ *f* rate
{Kommunalabgabe}

~ *f* tax
{Steuer, Gebühr}

~n•erhebung *f* collection of duties, collection of rates, collection of taxes

≗n•frei *adj* free from tax

≗~ *adv* without paying taxes

~n•ordnung *f* taxation code

~n•pflicht *f* liability to duty rate, liability to taxation, liability to tax rate

≗n•pflichtig *adj* liable to tax, subject to duty

~n•recht *nt* tax legislation

~n•struktur *f* structure of duties, structure of rates, structure of taxes
{siehe unter Abgabe}

Abgas *nt* (exhaust) fumes, exhaust gas, flue gas, gaseous effluents, waste gas
{bei anthropogenen Verbrennungsprozessen und aus belasteten Böden oder Deponien freiwerdende Gase}
chlorhaltiges ~: chlorine-containing waste gas
giftige ~e: toxic fumes
Verbrennung der ~e: combustion of waste gas

~ableitung *f* waste gas discharge, waste gas emission, waste gas withdrawal

~absaugung *f* exhaust gas extraction, waste gas exhaust, waste gas sucking off

≗arm *adj* lean-burn

~ausbreitung *f* exhaust gas diffusion, waste gas dispersion, waste gas expansion

~behandlung *f* waste gas treatment

~~s•anlage *f* waste gas processing plant

~beseitigung *f* waste gas removal

~bestand•teil *m* waste gas component

~bestimmungen *pl* exhaust gas regulations

~emission *f* waste gas emission, waste gas discharge, waste gas outlet

~entgiftung *f* emission control,
{bei Kraftfahrzeugen}

~~ *f* exhaust gas detoxification

~~s•anlage *f* anti-pollution device

~entschwefelung *f* exhaust gas desulfurization (Am), exhaust gas desulphurization, waste gas desulfurization (Am), waste gas desulphurization
{Verfahren zur Reduzierung des Schwefeldioxidanteils im Abgas}

~~s•anlage *f* waste gas desulfurization plant (Am), waste gas desulfurization plant

~entstaubung *f* waste gas dust elimination

~erfassung *f* waste gas control, waste gas handling

~fahne *f* exhaust tail, plume

~farbe *f* waste gas colour

~feuchte *f* exhaust gas humidity

~feuchtigkeit *f* waste gas humidity

≗frei *adj* exhaust-free
das Auto fährt ≗~: the car produces no exhaust fumes

~grenz•wert *m* exhaust gas limit

~kamin *m* waste gas stack

~kanal *m* waste gas main

~katalysator *m* catalytic converter
{bei Kraftfahrzeugen}

~~ *m* exhaust gas catalyst, waste gas catalyst

~kessel *m* flue gas boiler

~klappe *f* waste gas flap

~kondensat *nt* waste gas condensation product

~konzentration *f* waste gas concentration

~kühlung *f* waste gas cooling

~leitung *f* exhaust, waste gas pipe

~menge *f* exhaust gas rate, waste gas quantity

~messung *f* exhaust gas measurement
{Messung bestimmter phys. bzw. chem. Parameter in Abgasen}

~minderung *f* waste gas reduction

~nachbehandlung *f* waste gas final treatment

~nach•verbrennung *f* exhaust gas afterburning

~norm *f* exhaust-emission standard

~nutzung *f* waste gas utilization

~oxidation *f* waste gas oxidation

~probe *f* waste gas sample

~reinigung *f* cleaning of air-emissions, exhaust gas treatment, flue gas cleaning, waste gas cleaning, waste gas purification
{techn. Verfahren zur Verringerung des Schadstoffgehaltes in Abgasen}
chemische ~~: chemical exhaust gas treatment

~~s•anlage *f* waste gas cleaning plant

~~s•system *nt* exhaust gas cleaning system

~rohr *nt* exhaust, gas drainpipe, waste gas pipe

~rück•führung *f* exhaust gas recirculation

~~s•system *nt* exhaust gas recirculation system

~schaden *m* waste gas damage

~schädlichkeit *f* toxicity of exhaust gas

~schlauch *m* exhaust gas hose

~soll•wert *m* exhaust emission specification

~sonder•untersuchung *f* exhaust-emission check, Inspection and Maintenance program (Am), Special Waste-Gas Examination
Dtsch. Abk.: ASU, Engl. Abk.: I/M
{beide Begriffe entsprechen sich}
{Maßnahmen, die Abgasemissionen von Kraftfahrzeugen zu überprüfen, ob sie gesetzlichen Grenzwerten entsprechen}

~strahl *m* exhaust gas jet

~system *nt* waste gas system

~temperatur *f* exhaust gas temperature, waste gas temperature

~test *m* free acceleration test

~trübungs•mess•gerät *nt* waste gas turbidimeter

~turbine *f* exhaust-driven turbine

~untersuchung *f* exhaust gas measurement, waste gas examination

~verbrennung *f* combustion of exhaust gas, waste gas combustion

~verhältnisse *pl* waste gas situation

~verlust *m* stack loss

~verwertung *f* utilization of exhaust gas

~volumen *nt* waste gas volume

~vorschrift *f* exhaust emission standard

~vorwärmung *f* gas preheating

~wärme *f* flue gas heat

~wasch•anlage *f* waste gas treatment works
{Anlage zur Reduzierung umweltschädlicher Bestandteile im Abgas}

~wäsche *f* flue gas scrubbing

~wäscher *m* waste gas scrubber, (waste-)gas washer

~weg *m* waste gas duct

~wolke *f* cloud of exhaust fumes, waste gas cloud

~zusammen•setzung *f* exhaust gas composition, waste gas composition

abgebaut *adj* degraded, mined

abgebrannt *adj* spent
~er Brennstoff: spent fuel

abgebrüht *adj* case-hardened

abgedunkelt *adj* shaded

abgefangen *adj* intercepted

abgefüllt *adj* canned
abgehört *adj* intercepted
abgelegen *adj* back, remote
abgeleitet *adj* derivative
Abgeordnete /~r *f/m* member (of parliament), representative (Am)
{~ im Repräsentantenhaus}
~n•haus *nt* parliament
abgeräumt *adj* cleared
abgerundet *adj* rounded
abgeschieden *adj* isolated
abgeschlossen *adj* self-contained
abgeschrägt *adj* skewed, sloping
abgesetzt *adj* accumulated, settled
abgestuft *adj* graduated, stepped
abgestumpft *adj* stagnant
abgewehrt *adj* intercepted
abgeworfen *adj* deciduous
abgießen *v* drain off
Abgleit•fahrzeug *nt* slide-off vehicle
Abgrabung *f* cut, digging-off, excavation
~s•gesetz *nt* legislation on excavation
~s•verbot *nt* embargo on excavation
Abgrund *m* abyss
Abhaaren *nt* moulting
abhalten *v* hold
Abhang *m* scarp
Abhängen *nt* hanging
≗ *v* hang
≗ (von) *v* depend
abhängig (von) *adj* dependent (upon)
wechselseitig voneinander ~: interdependent ***adj***
~ (sein von) *v* (be) subject (to)
Abhängigkeit *f* dependence
abhärten *v* harden off
Abhebung *f* withdrawal
abhelfen *v* supply
Abhieb *m* felling point
~s•fläche *f* clear-cut area, felled area
Abhitze *f* waste heat
~kessel *m* waste heat boiler
abholzen *v* clear-cut, deforest
{einen Wald flächig beseitigen}
~ *v* clear-fell, fell
{Bäume fällen}
Abholzigkeit *f* taper
{Maß für die Abnahme des Stammdurchmessers mit zunehmender Höhe}
Abholzung *f* deforestation, forest clearance, logging operation, woodland clearance
abiogen *adj* abiogenous
{der unbelebten Natur entstammend}
abiotisch *adj* abiotic
Dtsch. Syn.: unbelebt
~er Abbau: abiotic decomposition, abiotic degradation
{Abbau durch chemische oder physikalische Prozesse}
~er Faktor: abiotic factor
{physikalischer oder chemischer Einflussfaktor in Ökosystemen}
~e Umwelt: abiotic environment
{die Gesamtheit der abiotischen Faktoren}
Abiozön *nt* abiocoen
Abitur *nt* A levels (Br), Abitur
abkippen *v* dump
{wild ~}
Abkipp•stelle *f* dump, tip
Abkleben *nt* hanging
Abkling | anlage *f* fuel cooling installation
~becken *nt* cooling pond
{Lagerbecken für Brennelemente}
abklingen *v* subside
Abkommen *nt* agreement
{zweiseitige Übereinkunft}
Abkömmling *m* derivative
Abkratzen *nt* scraping
abkühlen *v* cool
Abkühlung *f* cooling
{Erniedrigung der Temperatur eines Körpers durch Energieentzug, der keine unmittelbaren anthropogenen Ursachen hat}
Abkürzung *f* abbreviation
abladen *v* dump
Ablade•stelle *f* dump
Ablage *f* file, filing
Ablagern *nt* dumping, landfilling, tipping
~ in der Tiefsee: deep-sea dumping
≗ *v* deposit, dispose (of), tip
≗ *v* season
{~ von Holz}
Ablagerung *f* caliche
{~ von Calciumcarbonat}
~ *f* deposit,
{abgelagertes Material}
alluviale ~en: alluvial deposits
eiszeitliche/glaziale ~: glacial deposit
fluviale ~en: alluvial deposits
~ *f* deposition,
{~ von Material auf einer Fläche}
estuarine ~: Ablagerungen im Mündungsgebiet
~ *f* disposal, dumping, landfill
{~ von Abfall}
geordnete ~ von Abfall: controlled disposal
ungeordnete ~: indiscriminate dumping
~ *f* sediment
fluviale/fluviatile ~en: fluvial/fluviatile deposits
{abgelagertes Material}
~ *f* sedimentation
{Vorgang des Ablagerns von Material aus einer Flüssigkeit}
~s•bereich *m* dumping area, emplacement area
~s•fläche *f* deposition area
~s•geschwindigkeit *f* deposition velocity
{Fließ- oder Windgeschwindigkeit, bei der sich transportierte Teilchen ablagern}
~s•ort *m* location of emplacement, site of dumping
~~ *m* repository (Am)
{für radioaktive Abfälle}
~s•plan *m* dumping plan, emplacement plan
Ablassen *nt* discharge
~ von Verschmutzungsstoffen: discharge of pollutants
≗ *v* discharge
massenweise ~: churn out ***v***
ablassend *adj* discharging
Ablation *f* ablation
{Verringerung des Wasseräquivalents von Schnee und Eis; Abtragung des Bodens; Ablösung der Netzhaut}
Ablauf *m* discharge, effluent, outlet, run-off
{Flüssigkeit}
~ *m* expiry
{zeitlich, z.B. einer Genehmigung}
~rinne *f* flume
~rohr *nt* discharge pipe
~stelle *f* discharge point
{Auffang-, Sammel- und Einleitstelle für Abwasser in eine Entwässerungsanlage}
Ablauge *f* black liquor
{Ablauge bei der Zellstofferzeugung}
~ *f* spent liquor, spent lye, waste liquor, waste lye
{allgemeine Bezeichnungen}
~n•regenerierung *f* waste liquor recovery

~n•verbrennungs•anlage *f* waste liquor burning plant
Ablegen *nt* spawning
≗ *v* file, file away, spawn
Ableger *m* cutting, layer
~ *m* rooted branch
{forstw.: mit dem Mutterbaum verbundener Ast, der sich bei Bodenkontakt bewurzelt hat}
ablehnen *v* refuse, reject, squash
ablehnend *adj* adverse
~ *adv* adversely
Ablehnung *f* dismissal, failure, refusal, rejection
ableiten *v* derive, divert
Ableitung *f* derivation, derivative, disposal
~s•kanal *m* diversion channel
~s•rohr *nt* discharge pipe
~s•terrasse *f* diversion terrace
Ablenk•damm *m* spur terrace
ablesbar *adj* ascertainable, readable
Ablösbarkeit *f* detachability
{von Bodenteilchen oder ganzen Aggregaten aus dem Bodenverband durch erosive Energie}
ablösen *v* void
Abluft *f* exhaust air, foul air, spent air, used air, waste air
{aus einem Raum entweichende Luft}
staubhaltige ~: exhaust air containing dust
~kamin *m* waste air stack
~reinigung *f* cleaning of exhaust gases, exhaust-air cleaning, waste air purification
~~s•verfahren *nt* waste air scrubbing process
~schlot *m* smoke stack
~wäscher *m* waste air scrubber
Abnahme *f* decline
abnehmen *v* decline, decrease, diminish, lower
~ *v* take off
{etwas von seinem Platz entfernen}
abnehmend *adj* declining
abpassend *adj* adjusting
Abprodukt *nt* waste product
{nicht verwertbares Abprodukt}
~aufbereitungs•anlage *f* waste treatment facility
~behandlung *f* waste handling, waste treatment
~einkapselung *f* waste encapsulation
~kreis•lauf *m* waste cycle
~lagerung *f* waste storage
~mineralisierung *f* waste mineralization
~nutzung *f* waste recovery
~pyro•lyse *m* waste pyrolysis
~tank *m* waste tank
~verbrennung *f* waste combustion
~zusammensetzung *f* waste composition
abpuffern *v* buffer
Abrasion *f* abrasion
{die abtragende Tätigkeit oder daraus resultierende Effekte, durch Wasser, Eis oder Wind}
abrasiv *adj* abrasive
Abraum *m* overburden, overlay shelf, spoil
~fläche *f* disposal area
~gut *nt* overburden, spoil
~halde *f* mine dump, slag heap, spoil bank
~material *nt* overburden
Abreißen *nt* dismantling
≗ *v* dismantle
Abrieb *m* abrasion, abrasive
{staubförmiger Materialverschleiss}
~ *m* wear
Abrieseln *nt* overland flow
Abriss *m* demolition, pulling down
~genehmigung *f* demolition permit
~konzept *nt* demolition concept
Abroll | behälter *m* roll-off container
~fahrzeug *nt* roll-off vehicle
Abrunden *nt* rounding off
≗ *v* round off
Abrüstung *f* disarmament
atomare ~: nuclear disarmament
Abrutschen *nt* skidding
Absackung *f* subsidence
Absage *f* rejection slip
absägen *v* take off
Absatz *m* berm,
{im Gelände}
schräger ~: sloping berm
~ *m* heel
{Ferse}
~ *m* para, paragraph
{in Gesetzen und Verordnungen}
~bezeichnung *f* paragraph indication
Absaug | anlage *f* exhaust ventilation equipment, exhaust ventilation system
druckluftbetriebene ~~: pneumatic exhaust ventilation system
absaugen *v* hoover, suck away
Absaug | haube *f* exhaust ventilation hood
~schlauch *m* exhaust ventilation hose
Absaugung *f* (exhaust) sucking-off, suction
Absaug | vorrichtung *f* extractor
~wand *f* exhaust ventilation wall
abschaffen *v* abolish
allmählich ~: phase out *v*
abschälen *v* flay
{Rinde ~}
abschalt | en *v* shut down
≗wärme *f* decay heat
Abschattung *f* shading
abschätzen *v* assess, evaluate, monitor
Abschätzung *f* appraisal, assessment
Abschäumer *m* oil slick licker
abscheidbar *adj* separable
direkt ~: directly separable
Abscheide•grad *m* degree of separation
Abscheide•leistung *f* deposition capacity, dust extraction capacity, separation capacity, separation efficiency
abscheiden *v* precipitate, separate
Abscheider *m* interceptor, precipitator, separator, trap, settling chamber, skimmer, stripper
{Anlage zur Trennung von Stoffgemischen}
elektrostatischer ~: electrostatic precipitator
~kapazität *f* precipitator capacity, precipitator size
Abscheidung *f* decantation, separation
abscheren *v* shear
abscheuern *v* scour
abschicken *v* forward
abschickend *adj* mailing
abschießen *v* cull
Abschirm•einrichtung *f* screening device, screening equipment, shielding device
Abschirmung *f* shielding
Abschirm | wand *f* screening wall, shielding wall
~wirkung *f* guarding effect, protection effect, screening effect
Abschlachten *nt* slaughter

≗ *v* slaughter
Abschlämmen *nt* elutriation
abschließen *v* complete
abschließend *adj* terminal
Abschliff *m* abrasion, corrasion
Abschluss *m* conclusion,
{Beendigung}
~ *m* edge,
{abschließender Teil}
~ *m* seal
{Verschluss}
luftdichter ~: airtight seal
~pflicht *f* closing duty, contract obligation, duty for termination
~prüfung *f* final
Abschneiden *nt* cutting
≗ *v* cut, take off
Abschnitt *m* phase, section, segment, stage, stretch
abschreckend *adj* deterrent
Abschreck•mittel *nt* repellant, repellent
Abschreckung *f* deterrence
~ *f* deterrent
{Mittel zur ~}
der ~ dienen: serve as a deterrent
~s•mittel *nt* deterrent
Abschreibung *f* depreciation allowance, depreciation provision, amortization, writing-off
Abschuss *m* cull
abschüssig *adj* declining, downward sloping
~ sein *v* slope
abschwächen *v* alleviate
Abschwächung *f* alleviation
abschwemmen *v* wash away
Abschwemmung *f* washing away, wash-out, water erosion
absehen *v* except
Absenden *nt* dispatch
absengen *v* singe (off)
absenken *v* lower, set, sink
Absenker *m* layer, runner, set
Absenk•ziel *nt* minimum operating (level)
{im Regelbetrieb nicht zu unterschreitende Wasserspiegelhöhe}
absetzbar *adj* settleable
Absetz | becken *nt* debris basin,
{Becken zur Entfernung von Grobsedimenten und Geröll aus Fließgewässern}
~~ *nt* precipitation tank, sedimentation basin, sedimentation tank, settling basin
{Sammelbecken zur Entfernung absetzbarer Stoffe aus den das Becken langsam durchfließenden Abwässern}
~~ *nt* settling reservoir, silt basin
{Becken zur Entfernung von Geschiebefeinmaterial aus Fließgewässern}
~behälter *m* clarification tank, lift-off container, settling tank
absetzen *v* settle
{sich ~ von Sediment in einer Flüssigkeit}
Absetz | fahrzeug *nt* lift-off vehicle
~geschwindigkeit *f* settling velocity
{Sinkgeschwindigkeit von Feststoffen}
Absetzung *f* deposition, sedimentation
absichtlich *adj* deliberate
Absichts•erklärung *f* declaration of intent
~ *f* letter of intent
{in Briefform}
Absink | en *nt* down wash, subsidence
≗~ *v* go down, sink
~inversion *f* subsidence inversion
absolut *adj* absolute, complete
≗entstaubungs•anlage *f* absolute dust collection plant
absondern *v* discharge, excrete, secrete
absondernd *adj* discharging, excreting, secreting
Absonderung *f* secretion
Absorbens *nt* absorbent
Dtsch. Syn.: Absorptionsmittel
Absorber *m* absorber
~element *nt* acoustic board
{im Schallschutz}
absorbieren *v* absorb
Dtsch. Syn.: aufnehmen, aufsaugen
absorbierend *adj* absorbent
absorbiert *adj* absorbed
Absorption *f* absorption
{Bindung von Gasen, Dämpfen, Flüssigkeiten durch einen festen Stoff, auch von elektromagnetischen und Schallwellen beim Auftreffen auf Grenzflächen}
~s•abscheider *m* separator by absorption
~s•anlage *f* absorption plant
{z.B. zur Extraktion von Öl aus Erdgas}
~s•dichte•messer *m* absorption density meter
≗s•fähig *adj* absorbent
~s•fähigkeit *f* absorptive capacity
~s•faktor *m* absorption factor
~s•fläche *f* absorption area
~s•koeffizient *m* absorption coefficient
~s•kolonne *f* absorption column
~s•linie *f* absorption line
~s•mittel *nt* absorbent, absorbing agent, absorbing medium
{fester Stoff, der Gase, Dämpfe, Flüssigkeiten, elektromagnetische oder Schallwellen bindet}
~s•oberfläche *f* absorption surface
~s•spektral•analyse *f* absorption spectrometry
~s•spektrum *nt* absorption spectrum
~s•vermögen *nt* absorbency, absorptive capacity, absorptivity
absorptiv *adj* absorptive
Absperr | bau•werk *nt* dam structure
{Bauwerk zur Erzeugung eines Staus}
~blase *f* shut-off bag
~einrichtung *f* shut-off equipment
absperren *v* shut off
Absperr | klappe *f* butterfly valve, shut-off unit
~schieber *m* gate valve
~ventil *nt* stop valve
~verschluss *m* shut-off closure
~vorrichtung *f* shut-off device
Absprung *m* take-off
Abspülen *nt* rinsing
Abstammung *f* origin, stock
Abstand *m* distance
in Abständen: intermittently ***adv***
~s•erlass *m* clearance decree
~s•fläche *f* clearance
abstecken *v* lay out, peg out
Absteckung *f* pegging, staking
abstellen *v* shut off
{eine Maschine ~}
~ *v* stop
Abstell•platz *m* dumping ground, dumping-ground
absterben *v* die back
{von Pflanzenteilen}
absterbend *adj* dying
abstimmen *v* harmonise
{aufeinander ~}
~ *v* vote
Abstimmung *f* agreement, ballot, co-ordination, vote
geheime ~: secret ballot

~s•ergebnis *nt* result of the vote

~s•gebot *nt* co-ordination requirement

~s•niederlage *f* defeat of the vote

~s•sieg *m* victory in the vote

abstoßen *v* reject, repel

abstoßend *adj* repellent

~ *adv* offensively
{widerlich}

Abstoßung *f* rejection

abstrahlen *v* radiate

abstrakt *adj* intellectual

Abstreichblech *nt* mouldboard (Br)

Abstreifen *nt* scraping, sloughing

≗ *v* slough

Absturz•bau•werk *nt* drop structure, fall structure
{Einrichtung in Gewässern oder Kanälen zur Überwindung von Höhenunterschieden auf kurze Entfernung}

abstürzen *v* crash, fall

~ *v* plunge
{~des Gelände}

Absuchen *nt* scanning

≗ *v* scan, search

Abtasten *nt* scanning, sensing

≗ *v* scan

abtauend *adj* defrosting

Abteilung *f* compartment, department, section

~s•leiter /~in *m/f* departmental manager, head of department

≗s•übergreifend *adj* cross-sectional

Abtrag *m* cut
{durch Erdbewegungsarbeiten}

abtragen *v* denude, erode

Abtragung *f* denudation, erosion

abtrennen *v* separate, take off

Abtrennung *f* division, separation

Abtrieb *m* clear-cutting, clear-felling
{vollständige Entfernung von Gehölzbeständen in einer Hiebsperiode}

Abtrift *f* drift

Abtritts•dünger *m* night soil
{menschliche Exkremente, die für Düngezwecke verwendet werden}

Abtrocknen *n* drying up
{z.B. von Geschirr}

Abundanz *f* abundance, individual density
{Zahl von Individuen pro Flächeneinheit}

Ab- und Auftrag *m* cut-and-fill
{im Landschaftsbau}

abwägen *v* consider, weigh up
{überlegen und entscheiden}

~ *v* weigh
{wiegen}

Abwägung *f* consideration

~s•ergebnis *nt* result of consideration

~s•fehler *m* abuse of consideration, error in consideration, weighting error

~s•gebot *nt* weighting requirement

~s•kontrolle *f* control of consideration, supervision of consideration

Abwanderung *f* exodus

Abwärme *f* heat loss, lost heat, waste heat
{als Nebenprodukt anfallende Wärmemenge, die an die Umwelt abgegeben wird}

~abgabe *f* heat charge, heat levy
{Abgabe, deren Höhe der an die Umwelt abgegebenen Wärmemenge entspricht}

~boiler *m* heat boiler

~kataster *nt* heat register

~nutzung *f* utilization of waste heat, heat use, heat utilization

~~s•anlage *f* heat utilization plant

~~s•gebot *nt* demand for waste heat utilization, heat order
{Verpflichtung, Abwärme zu nutzen}

~verwertung *f* heat recovery

abwärts *adv* downward

Abwasser *nt* effluent, foul water, sewage, wastewater, waste water
{durch Gebrauch in seinen natürlichen Eigenschaften verändertes Wasser}

häusliches ~: sullage ***n***
{Schmutzwasser aus privaten Haushalten}

~abführung *f* wastewater transportation

~abgabe *f* effluent charge, effluent fee, wastewater levy, wastewater tax

~~n•gesetz *nt* wastewater charges act, wastewater levy act
{regelt in Dtschl. die Zahlung von Abgaben durch Einleiter schädlichen Abwassers}

~~n•recht *nt* sewage discharge legislation

~analysator *m* wastewater analyzer

~analyse *f* wastewater analysis

~analytik *f* sewage analytics

~anfall *m* wastewater flow
{Menge entstandenen Abwassers}

~anlage *f* wastewater system
{Einrichtung zur Abwassersammlung, Abwasserableitung, Abwasserbehandlung oder Abwasserbeseitigung}

~bakterien *pl* sewage bacteria

~begriff *m* definition of wastewater, terms of wastewater, wastewater concept

~behandlung *f* clarification, sewage purification, sewage treatment, wastewater purification, wastewater treatment
Dtsch. Syn.: Abwasserreinigung
{Techniken zur Verringerung von Abwasserinhaltsstoffen durch mechanische, biologische und/oder chemische Verfahren}

aerobe ~~: aerobic sewage treatment, aerobic wastewater treatment

anaerobe ~~: anaerobic wastewater treatment

chemisches Verfahren zur ~~: chemical process of sewage treatment

elektrochemische ~~: electrochemical sewage treatment

~~s•anlage *f* sewage treatment plant, sewage works, wastewater treatment plant

~~~ für Trockenwetterabfluss: dry-weather treatment plant

~~s•maßnahme *f* sewage treatment measure

~~s•mittel *nt* sewage treatment agent

~~s•technologie *f* wastewater treatment technology

optimale ~: best practicable wastewater treatment technology
Engl. Abk.: BPWTT

~belastung *f* contamination of effluent water, sewage loading, wastewater contamination

~beregnungs•system *nt* wastewater spray irrigation system

~beschaffenheit *f* sewage composition, wastewater composition, wastewater quality

~beseitigung *f* sewage disposal, sewage removal, wastewater disposal, wastewater removal

~~s•pflicht *f* obligation for sewage disposal

~~s•plan *m* effluent disposal plan, sewage disposal plan, wastewater disposal scheme
{legt in Dtschl. u.a. Standorte und Einzugsbereich für bedeutsame Anlagen

der Abwasserbehandlung und Grundzüge für die Abwasserbehandlung fest}

~~s•planung *f* sewage disposal planning

~~s•verbot *nt* sewage discharge embargo, wastewater disposal embargo

~biologie *f* wastewater biology

~chlorierung *f* wastewater chlorification, wastewater chlorination

~chlorung *f* wastewater chlorification, wastewater chlorination

~desinfektion *f* sewage disinfection, wastewater disinfection

~~s•anlage *f* sewage disinfecting plant

~druck•leitung *f* pressure main

~einleitung *f* discharge of effluents, discharge of wastewater, effluent discharge, sewage discharge, sewage disposal, wastewater discharge

{Einleitung von Abwasser in oberirdische Gewässer }

~ **in das Meer:** marine sewage disposal

~~s•erlaubnis *f* sewage discharge permit

~~s•kontrolle *f* wastewater inlet control

~~s•verbot *nt* sewage discharge embargo, wastewater disposal embargo

~entgelt *nt* wastewater charge

~entgiftung *f* sewage decontamination, wastewater decontamination, wastewater detoxification

~entkeimung *f* wastewater disinfection

~entseuchung *f* wastewater decontamination

~entsorgung *f* sewage disposal, wastewater disposal

~erfassung *f* wastewater collection

~fahne *f* wastewater plume

{von einer Abwassereinleitungsstelle sich stromabwärts erstreckende Zone mit noch unvollständiger Durchmischung}

~filtration *f* wastewater filtration

~fisch•teich *m* wastewater fishpond

≗frei *adj* containing no sewage, pure

~gebühr *f* wastewater charge, wastewater levy

~~en•festsetzung *f* wastewater charge fixation

~~en•ordnung *f* wastewater charge code

~~en•recht *nt* wastewater charge legislation

~grube *f* cesspit

~hebe•anlage *f* sewage lifting installation, sewage lifting pump

~hygienisierung *f* wastewater decontamination

~inhalts•stoff *m* wastewater component

~kanal *m* drain, outfall, (outfall) sewer, wastewater drain

~kanalisation *f* drainage

~kanal•system *nt* sewerage system

~kataster *nt* wastewater register

~klärung *f* sewage clarification

~last *f* sewage load, wastewater load, water pollution burden

{Masse der Abwasserinhaltsstoffe im Abwasservolumenstrom je Zeiteinheit}

~leitung *f* sewer, wastewater pipe

~~s•system *nt* wastewater collection system

~menge *f* amount of wastewater, sewage flow, volume of sewage

~~n•messung *f* wastewater flow measurement

~~n•zähler *m* wastewater flow indicator

~minderung *f* sewage reduction, wastewater reduction

~pilze *pl* sewage fungi

{fädige Pilze, die vor allem in verunreinigtem Wasser vorkommen, und die bei Massenentwicklung treibende Flocken im Gewässer bilden}

~pump•werk *nt* sewage pumping station

~recht *nt* wastewater legislation

~reinigung *f* clarification, sewage purification, sewage treatment, wastewater purification, wastewater treatment

Dtsch. Syn.: Abwasserbehandlung

{Techniken zur Verringerung von Abwasserinhaltsstoffen durch mechanische, biologische und/oder chemische Verfahren}

biologische ~~: biological sewage purification, biological wastewater treatment, biological sewage treatment

{Abbau der organischen Bestandteile im Abwasser durch Mikroorganismen in Verbindung mit Sauerstoff}

chemische ~~: chemical sewage treatment

{Behandlung des Abwassers mit Chemikalien zur Entfernung von Abwasserinhaltsstoffen und zur Neutralisation saurer oder basischer Abwässer}

mechanische ~~: mechanical sewage purification, mechanical wastewater treatment, mechanical sewage treatment, primary clarification

{Trennung von Schmutzstoffen aus dem Abwasser mit Hilfe von Rechen, Sandfang und Absetzbecken}

weitergehende ~~: advanced wastewater treatment

{Verfahren, die in ihrer Reinigungswirkung über die herkömmliche Abwasserreinigung hinausgehen}

~~s•anlage *f* sewage treatment plant, sewage works

~~s•system *nt* sewage treatment system

~rohr *nt* outfall, (outfall) sewer

~sammel•tank *m* wastewater collection tank

~sammler *m* wastewater collector

~sanierung *f* wastewater renovation

~satzung *f* sewage statute

~schädlichkeit *f* harmfulness of wastewater

~~s•verordnung *f* decree on the harmfulness of wastewater, ordinance on parameters of noxiousness of wastewater

~schlamm *m* sewage sludge, wastewater sludge

~statistik *f* sewage statistics, wastewater statistics

~stripper *m* wastewater stripper

~system *nt* sewerage system, wastewater system

~tank *m* septic tank

~technik *f* wastewater engineering, wastewater treatment processes

{Oberbegriff für Technologien der Abwassersammlung, Abwasserableitung, Abwasserbehandlung und Abwasserbeseitigung}

~teich *m* sewage lagoon, sewage pond, stabilization pond, wastewater lagoon, wastewater pond

{Teich zur mechanisch-biologischen Reinigung organisch verschmutzter Abwässer}

~untersuchung *f* sewage analysis, wastewater analysis, wastewater examination

~verband *m* association for the purification of sewage, district sewage board, sewerage board

~~s•gesetz *nt* sewerage board legislation

~verregnung *f* effluent irrigation, spray irrigation of sewage
{Bewässerung durch regenartiges Verteilen von Abwasser}

~verrieselung *f* broad irrigation of sewage, overland flow of sewage
{Bewässerung mit vorbehandeltem Abwasser}

~versenkung *f* underground disposal of wastewater

~verwertung *f* utilization of sewage, utilization of wastewater, wastewater reclamation, wastewater reuse
{Wiedereinsatz von gereinigtem Abwasser im Produktionsprozess}

landwirtschaftliche ~~: agricultural utilization of treated wastewater, sewage farming
{weiträumige Verteilung von Abwasser auf landwirtschaftlich genutzten Flächen}

~wiederverwendung *f* recycling of sewage

~zusammensetzung *f* sewage composition, wastewater composition

abwechslungsreich *adj* varied

Abwehr *f* averting, defence

~anspruch *m* legal claim for defence

Abwehren *nt* intercepting

≗ *v* repel

Abwehr | mittel *nt* repellant, repellent

~stoff *m* antitoxin, prophylactic substance, repellant, repellent

abweichen *v* derogate, deviate

Abweichung *f* derogation, deviation

abweiden *v* browse
{von Laub und Gehölzen}

abweidbar *adj* grazable
{durch Weide nutzbar}

abweisen *v* dismiss
{einen Einspruch oder eine Klage ~}

~ *v* reject
{eine Person ~}

Abweisung *f* dismissal, rejection

abwenden *v* avert
{z.B. eine Katastrophe}

abwickeln *v* manage
{ein Projekt ~}

Abwind *m* down draft (Am), down draught

Abyssal *nt* abyssal zone
{Tiefseezone, > 2000 m Tiefe}

≗ *adj* abyssal
Dtsch Syn.: abyssisch

~region *f* abyssal zone

abyssisch *adj* abyssal
{aus der Tiefe stammend, zum Tiefseebereich gehörend, abgrundtief}

abzäunen *v* fence off

Abziehen *nt* printing
{ein Photo abziehen}

≗ *v* flay
{Haut ~}

≗ *v* take off

Abzug *m* withdrawal

~s•kanal *m* catchwater drain, gully

~s•rinne *f* gully

Abzweig *m* branch

Abzweigung *f* turning

Acetyl•cholin•esterase *f* acetyl cholinesterase
{Enzym, das Acetylcholin zu Cholin und Essigsäure abbaut}

acicular *adj* acicular
Dtsch. Syn.: nadelförmig

Acidi•metrie *f* acidimetry
{Bestimmung der Säurekonzentration}

acido•phob *adj* oxyphobe

Acidität *f* acidity (degree)
{Säuregehalt oder Säurewirkung einer Lösung}

Acker *m* arable land, field

~aufforstung *f* afforestation of arable land

~bau *m* agriculture, agronomy, (arable) farming, (tillage) farming

~~ für den Eigenbedarf: subsistence farming

~~ und Viehzucht: crop and stock farming

pflugloser ~~: zero tillage

~bauer *m* cultivator
{betreibt i.d.R. Hackbaukultur}

~begleit•flora *f* associated flora to agriculural crops, companion flora to agricultural crops

~boden *m* agricultural soil, arable soil
{anthropogen stark beeinflusster Boden zum Anbau von Nutzpflanzen}

≗fähig *adj* arable

~fahrzeug *nt* agricultural vehicle

~fläche *f* area of arable land, cropping area

~furche *f* furrow

~gerät *nt* agricultural equipment, agricultural implement, agricultural tool, field implement

~krume *f* ploughed layer, surface soil, topsoil

~land *nt* arable land, cropland, cultivated land, farmland, tillage, tilled land
{Fläche, die dem Anbau landwirtschaftlicher Feldfrüchte oder dem gewerblichen Freiland-Gartenbau dient}

~~schaft *f* agricultural landscape

~maschine *f* agricultural machine

ackern *v* plough

Acker | pflanze *f* agricultural crop

~rand•streifen *m* border of field

~unkraut *nt* field weed

Acridin *nt* acridine
{oranger Farbstoff}

Acryl•harz *nt* acrylic resin

Actinoid *nt* actinide

Adaptation *f* adaptation
Dtsch. Syn.: Anpassung

Adaption *f* adaptation
Dtsch. Syn.: Anpassung

adaptiv *adj* adaptive

Addition *f* addition
{chem.: Zusammenlagerung von zwei Molekülen zu einem größeren ohne Abspaltung eines Bruchstücks}

~s•polymer *nt* addition polymer

Additiv *nt* additive
{Zusatzstoff, der schon in geringer Beimengung die Eigenschaften eines Produktes verändern kann}

Adenovirus *nt* adenovirus
{Erreger von Rachen- und Bindehautkatarrhen}

Ader *f* vein
{in einem Blatt, auch im Gestein}

Adhäsion *f* adherence, adhesion
{Aneinanderhaften von Stoffen infolge molekularer Anziehungskräfte}

adipös *adj* adipose
Dtsch. Syn.: verfettet

ADI-Wert *m* acceptable daily intake (value), ADI
Dtsch. Syn.: höchste zulässige/duldbare Tagesdosis
{tägliche, auch bei lebenslanger Aufnahme noch akzeptierbare Höchstmenge von gezielt ausgebrachten Stoffen, bei der schädliche Auswirkungen auf den Organismus nicht erwartet werden}

adiabatisch *adj* adiabatic

administrativ *adj* administrative

Adrenalin *nt* adrenaline
{Hormon des Nebennierenmarks, Überträgersubstanz von Nervenreizen; auch Epinephrin genannt}

Adressen•liste *f* mailing list

Adsorbens *nt* adsorbent, adsorption agent, adsorptive agent
Dtsch. Syn.: Adsorptionsmittel

Adsorber *m* adsorber

adsorbieren *v* adsorb

adsorbiert *adj* adsorbed

Adsorption *f* adsorption
{Anlagerung von gasförmigen und gelösten Substanzen an die Oberfläche einer festen Substanz aufgrund atomarer oder molekularer Kräfte}
~ mittels Aktivkohle: activated carbon adsorption

~s•anlage *f* adsorption equipment, adsorption plant

~s•gleich•gewicht *nt* adsorption balance, adsorption equilibrium

~s•isotherme *f* adsorption isotherm

~s•koeffizient *m* adsorption coefficient

~s•kolonne *f* adsorption column

~s•mittel *nt* adsorbent, adsorption agent, adsorptive agent
{fester Stoff, der gasfrmige oder gelöste Substanzenan seiner Oberfläche bindet}

~s•oberfläche *f* adsoption surface

~s•trockner *m* adsorption dehumidifier

~s•vermögen *nt* adsorptive capacity, adsorption power

~s•wasser *nt* adsorbed water

Adsox-Verfahren *nt* adsox-process
{Verfahren der Abluftreinigung}

adult *adj* adult
{ausgewachsen, geschlechtsreif}

Adulte *m/f* adult
Dtsch. Syn.: Erwachsene

Advektion *f* advection
{horizontale Luftbewegung}

~s•nebel *m* advection fog
{Nebel, der entsteht, wenn warme Luft über kalten Boden strömt}

adventiv *adj* adventive, alien
Dtsch. Syn.: nicht heimisch

~fauna *f* adventive fauna

Aeration *f* aeration

~s•zone *f* aeration zone

Aerator *m* aeration device, aerator

aerob *adj* aerobe, aerobic
{sauerstoffbedürftig, gut sauerstoffversorgt}
~er Abbau: aerobic degradation

Aerobe *pl* aerobic bacteria

Aerobier *m* aerobe

Aero•biologie *f* aerobiology, biology of the atmosphere

Aero•biose *f* aerobiosis

Aero•dynamik *f* aerodynamics
{Lehre von den Bewegungsgesetzen gasförmiger Körper}

aero•dynamisch *adj* aerodynamic

aero•gen *adj* airborne
Dtsch. Syn.: luftübertragen

Aero•logie *f* aerology, atmospheric sounding, upper-air investigation
{Teilgebiet der Meteorologie zur Erkundung der freien Atmosphäre bis 80 km Höhe}

Aero•nomie *f* aeronomy, atmospheric science
{Wissenschaft von Aufbau und Zusammensetzung der Ionosphäre und Magnetosphäre und der dort ablaufenden Dissoziations- und Ionisationsvorgänge}

Aero•sol *nt* aerosol
{Gas, das feinste (<10^{-5} cm) flüssige oder feste Teilchen enthält, die darin "schweben"}

~abscheide•anlage *f* aerosol separating plant

~abscheider *m* aerosol separator

~abscheidung *f* aerosol separation

~bestand•teil *m* aerosol component

~entstehung *f* formation of aerosol

~filter *m* aerosol filter

~generator *m* aerosol generator

~herstellung *f* aerosol manufacture

~mess•gerät *nt* aerosol measuring equipment

~partikel *nt* aerosol particle

~spektro•meter *nt* aerosol spectrometer

~-Spraydose *f* aerosol

~zentrifuge *f* aerosol centrifuge

Aestivation *f* estivation
{Zustand einer Pflanze unter wachstumshemmenden Einflüssen}

Afla•toxin *nt* aflatoxin
{ein Schimmelpilzgift, Mykotoxin, das Leberzirrhose, Leberkrebs, Missbildungen und genetische Schäden hervorrufen kann}

Afrika *nt* Africa

Agar-Agar *nt* agar, agar agar
{Nährboden für Bakterien aus Meeresalgen}

Agenda 2000 *f* Agenda 2000
{Beschlüsse zur Entwicklung der EU-Politik für den Zeitraum 2000 bis 2006 mit Reform der Agrar- und Strukturpolitik}

Agenda 21 *f* Agenda 21
{Handlungsprogramm der Weltgemeinschaft für das 21. Jahrhundert, beschlossen 1992 in Rio de Janeiro auf der UN-Konferenz für Umwelt und Entwicklung}

Agglomeration *f* agglomeration, aggregation, assemblage

Aggregat *nt* aggregate

~beständigkeit *f* aggregate stability

~größen•klasse *f* aggregate-size fraction

Aggregation *f* aggregation
{Zusammenballung}

Aggregat | stabilität *f* aggregate stability

~zustand *m* physical state

aggressiv *adj* aggressive, corrosive, high-pressure
~er Abfall: corrosive waste
~es Gas: corrosive gas

~ *adv* aggressively

Agitator *m* agitator

Agrar | bevölkerung *f* agricultural population

~biologie *f* agricultural biology

~chemie *f* agricultural chemistry

~entwicklung *f* agricultural development

~expert | e /~in *m/f* agricultural expert

~fabrik *f* agricultural products processing plant, manufacturing plant for agricultural products

~forsch | er /~in *m/f* agricultural researcher

~forschung *f* agricultural research

~s•zentrum *nt* agricultural research centre

~gebiet *nt* agricultural area, agricultural region

~geografie *f* agricultural geography
{auch: ~graphie}

~geschichte *f* agricultural history

~gesellschaft *f* agricultural society

~gesetz•gebung *f* farm legislation

~handel *m* agricultural trade

~hilfe *f* agricultural assistance

≗industriell *adj* agro-industrial
~ingenieur /~in *m/f* agricultural engineer
~~wesen *nt* agricultural engineering
agrarisch *adj* agrarian
Agrar | klimato•logie *f* agro-climatology
{Lehre vom Klima und seinen Auswirkungen auf die Landwirtschaft}
~krise *f* agricultural crisis
~land *nt* agricultural country, agricultural land, farmland
~~schaft *f* agricultural landscape, cultivated landscape, farmed landscape
~markt *m* agricultural commodities market
~~ordnung *f* agricultural market organization
~meteorologie *f* agro-meteorology
~meteorologisch *adj* agro-meteorological
~ökologie *f* agro-ecology
~ökonom *m* agricultural economist
~ökonomie *f* agricultural economics, agro-economy, economy of agricultural products
~ökonomik *f* agricultural economy
~planung *f* agricultural planning
~politik *f* agricultural policy
Gemeinsame ~: Common Agricultural Policy
Dtsch. Abk.: GAP; Engl. Abk.: CAP
~preis *m* agricultural price, price of farm products
~produkt *nt* agricultural product
~produkte *pl* agricultural produce, crops
für den Markt erzeugte ~: cash crops
~produktion *f* agricultural production
~prognose *f* agricultural forecast
~programm *nt* agricultural programme
~raum *m* agricultural area, agricultural land
~reform *f* agrarian reform, agricultural reform
~region *f* agricultural region
~sektor *m* agricultural sector
~soziologie *f* agrarian sociology
~staat *m* agricultural state
~stadt *f* agro-town
~standort *m* agricultural site
~statistik *f* agricultural statistics
~struktur *f* agrarian structure, agricultural structure
~technik *f* agricultural engineering, agricultural machinery, agricultural technics, agricultural technology
~techno•log | e /~in *m* agricultural technologist
~techno•logie *f* agricultural technology
~überschüsse *pl* agricultural surpluses
~umwelt•recht *nt* agro-environmental law, environmental legislation on agriculture
~wirtschaft *f* agrarian economy, agriculture, farming
~wirtschaftler /~in *m* agricultural economist, agronomist
~wissenschaft *f* agricultural science
Agrikultur *f* agriculture
{in Dtschl. wenig gebräuchliches Fremdwort für Landwirtschaft}
~chemie *f* agricultural chemistry
Dtsch. Syn.: Agrarchemie
Agro | bakterium *nt* agro-bacterium
~bio•energie *f* agro-bioenergy
~biologie *f* agro-biology
~business *nt* agribusiness
~chemie *f* agro-chemistry
~chemikalie *f* agricultural chemical, agro-chemical, chemical compound used in agriculture
{synthetische Dünger und Pflanzenschutzmittel, die in der Landwirtschaft verwendet werden}
≗chemisch *adj* agro-chemical
~er Dienst: agro-chemical testing and advisory service
~forst•wirtschaft *f* agro-forestry, farm-forestry
{der gemeinsame Anbau von Feldfrüchten und Bäumen}
≗klimatisch *adj* agro-climatic
Agro•logie *f* agrology
{angewandte landwirtschaftliche Bodenkunde}
Agro•nom *f* agronomist
{auf Feldbau spezialisierte Person}
auf Gräser spezialisierter ~: pasture agronomist
Agro•nomie *f* agronomy
{Feldbaulehre}
Agro | -Ökosystem *nt* agro-ecosystem
~pedologie *f* agro-pedology
~techniker /~in *m/f* agricultural technician
~wald•bau *m* agrisilviculture
Ähnlichkeit *f* similarity
~s•koeffizient *m* similarity coefficient
Ähre *f* spike
Akademie *f* academy
~ für Naturschutz: academy for nature conservation
~ für Raumforschung und Landesplanung: regional studies and planning academy
akademisch *adj* academic
~ *adv* academically
Akarizid *nt* acaricide, acaridicide
Dtsch. Syn.: Milbenbekämpfungsmittel
Akklimatisation *f* acclimatisation (Br), acclimatization
Dtsch. Syn.: Anpassung, Eingewöhnung
akklimatisieren *v* acclimatise (Br), acclimatize
Akkommodations•reflex *m* accommodation reflex
akkreditieren accredit
akkreditiert *adj* accredited
Akkreditierung *f* accreditation
Akkulturation *f* acculturation
{kultureller Anpassungsprozess}
Akkumulation *f* accumulation, build-up
Dtsch. Syn.: Anhäufung, Anreicherung
~s•theorie *f* theory of accumulation
{marxistische Theorie}
Akkumulator *m* accumulator, storage battery
{Zelle zur Speicherung elektrischer Energie}
akkumulieren *v* accumulate
Dtsch. Syn.: anhäufen
akkumuliert *adj* accumulated
Akte *f* act, file
Einheitliche Europäische ~: Single European Act
Akten *pl* file
die ~n schließen: close the file ***v***
zu den ~n legen: file away ***v***
~einsicht *f* inspection of files, inspection of records
~~s•recht *nt* right of inspection of records
~vernichter *m* document destroying machine
~vernichtung *f* file destruction
Akteur /~in *m/f* actor
Aktie *f* share
Aktien *pl* shares (Br), stock (Am)

~börse *f* stock exchange, stock market

~notierung *f* shares quotation, stock quotation

~recht *nt* law of obligations, shares transaction law

Aktion *f* action

~s•plan *m* action plan, plan of action

~s•programm *nt* action agenda, action programme

~s•rahmen *m* action framework

aktiv *adj* active

biologisch ~: bioactive ***adj***

aktiviert *adj* activated

aktivieren *v* activate

Aktivierung *f* activation

~s•analyse *f* activation analysis

{kernphysikalische Messmethode zur chemischen Analyse}

Aktivist /~in *m/f* activist

Aktivität *f* activity

~s•bestimmung *f* activity determination

~s•faktor *m* activity factor

{Beiwert zur Ermittlung der Reaktionsgeschwindigkeit beim Abbau}

~s•messgerät *nt* activity measuring instrument

~s•messung *f* activity assay, activity determination, activity measurement, activity monitoring

Aktiv•kohle *f* activated carbon, (activated) charcoal

Adsorption mittels ~: activated carbon adsorption

~anlage *f* activated carbon plant

~filter *m* activated carbon filter

{Filter mit Aktivkohle zur adsorptiven Rückhaltung von Stoffen}

~recycling *nt* activated carbon recycling

~regeneration *f* activated carbon regeneration

Aktiv | koks *m* activated coke

~legitimation *f* right of action, right to sue

{Sachlegitimation des Rechtsinhabers}

aktualisieren *v* update

aktuell *adj* prevailing

Akustik *f* acoustics

{die Lehre vom Schall}

akustisch *adj* acoustic, acoustical, auditory

~e Kenngröße: acoustic indicator, acoustic property

~e Qualität: acoustical quality

~er Filter: acoustic filter

~es Wohlbefinden: acoustic comfort

~ *adv* acoustically

akut *adj* acute

~ *adv* acutely

Akzent *m* accent, emphasis, focus, priority

~ setzen: focus on, place emphasis on, set priorities

akzepabel *adj* acceptable

Akzeptanz *f* (public) acceptance

Alarm *m* alarm

~bereitschaft *f* alert

~geber *m* alarm

alarmieren *v* alert

Alarmierung *f* alarm

Alarm | plan *m* plan to be on the alert, warning plan

{regelt den Einsatz von Personal, technischen Hilfsmitteln sowie Maßnahmen und Ablauf der Schadensbekämpfung bei Unfällen und Katastrophen}

~signal *nt* alert

~stufe *f* alert stage

~system *nt* alarm system, alert system

~vorrichtung *f* alarm device

Albedo *f* albedo

{Reflexionsvermögen eines Körpers}

Aldehyd *nt* aldehyde

~harz *nt* aldehyde resin

{Kunstharz aus Aldehyden, gebildet durch Polykondensation}

Aldrin *nt* aldrine

{Insektizid}

Alfalfa *f* alfalfa

Alge *f* alga

Algen *pl* algae

~bekämpfung *f* algae control

~~s•mittel *nt* algaecide

~blüte *f* algal bloom, algal blossom

{Massenentwicklung bestimmter Algenarten}

~büschel *nt* algae cluster

~entwicklung *f* algae growth

~ernte *f* algae harvesting

~kunde *f* algology, phycology

~population *f* algae population

~schaum *m* algae foam

~schwemme *f* algae glut

~teich *m* algal pond

~toxin *nt* algae toxin

~toxizität *f* algae toxicity

{Giftigkeit von Substanzen für Algen}

~wachstum *nt* algal growth

~zöpfe *pl* strands

Algizid *nt* algaecide, algicide

{Dtsch. Syn.: Algenbekämpfungsmittel}

{Substanz, die Algen tötet}

≗ *adj* algaecidal

alicyclisch *adj* alicyclic

Dtsch. Syn.: alizyklisch

{von zyklischen Kohlenwasserstoffen abgeleitete Verbindung, die keine aromatische Verbindung ist}

alimentär *adj* alimentary

aliphatisch *adj* aliphatic

{organische Verbindung, die sich von offenkettigen Kohlenwasserstoffen ableitet}

alizyklisch *adj* alicyclic

Dtsch. Syn.: alicyclisch

Alkali•boden *m* alkaline soil

Alkalinität *f* alkalinity

Dtsch. Syn.: Alkalität, Basenstärke

alkalisch *adj* alkaline, basic

Alkalität *f* alkalinity

Dtsch. Syn.: Alkalinität

{Eigenschaft des Wassers; der unter bestimmten Prüfbedingungen durch Titration gemessene Verbrauch an Säure (DIN 8103)}

Alkaloid *nt* alkaloid

{Giftstoffe in Pflanzen, die auch als Medizin verwendet werden}

Alkohol *m* alcohol

reiner ~: pure alcohol, alcohol BP

vergällter ~: denatured alcohol

~herstellung *f* alcohol manufacture

~thermo•meter *nt* alcohol thermometer

Alkoholyse *f* alcoholysis

{chemische Reaktion, bei der eine Verbindung durch Einwirkung von Alkohol gespalten wird}

All *nt* outer space

Allee *f* avenue, parkway (Am), park way (Am)

~anbau *m* hedgerow intercropping

{Wechsel von Busch- oder Heckenstreifen mit Feldkulturen}

~baum *m* avenue tree

alleinig *adj* exclusive

Allelo•pathie *f* allelopathy

{Wirkungen von Pflanzen aufeinander}

Allergen *nt* allergen

{Antikörperbildung auslösende, oft auch allergieauslösende Substanz}

Allergie *f* allergy

~ auslösend: allergenic ***adj***

Allergiker /~in *m/f* allergic person
allergisch *adj* allergic
Aller•welts•art *f* ubiquitous species
alles•fressend *adj* omnivorous
Alles•fresser *m* omnivore, omnivorous animal
Allgegenwart *f* omnipresence
allgegenwärtig *adj* omnipresent
allgemein *adj* general, overall, universal
~e Auffassung: general consensus
~e Grundlagen: fundamentals ***n***
~e Verwaltungsvorschrift: general administrative Regulation
~e Verwaltungsvorschrift zum Wasserhaushaltsgesetz über die Einstufung wassergefährdender Stoffe in Wassergefährdungsklassen: General Administrative Regulation on the Classification of Substances Hazardous to Waters into Hazard Classes
~ *adv* generally
≗bevölkerung *f* general population
~gültig *adj* universal
≗verfügung *f* general decree
≗wohl *nt* public welfare
Allmende *f* common (land), community land
allo•chthon *adj* allochthonous
{nicht an Ort und Stelle entstanden, biotopfremd}
Allokation *f* allocation
~s•effekt *m* allocation effect
~s•modell *nt* allocation model
Allo•patrie *f* allopatry
allopatrisch *adj* allopatric
allseitig *adj* comprehensive
alltäglich *adj* common
alluvial *adj* alluvial
Dtsch. Syn.: angeschwemmt
≗boden *m* alluvial soil
{Boden, der im Holozän in Flusstälern aus angeschwemmtem Bodenmaterial und Sedimenten entstanden ist}
Alluvionen *pl* alluvion
{geologisch junge fluviale Anschwemmungen entlang von Wasserläufen}
Alluvium *nt* alluvium
{Dtsch. Syn.: Anschwemmung}
{Material, das vom fließenden Wasser angeschwemmt wurde; auch: die jüngere Abteilung des Quartär, die geologische Gegenwart}
Alm *f* alpine pasture
Alpen *pl* Alps
~pflanzen *pl* alpine plants
~see *m* alpine lake
~vorland *nt* foothills of the Alps
Alpha *nt* alpha
~diversität *f* alpha diversity
~strahlung *f* alpha radiation
~teilchen *nt* alpha particle
alpin *adj* alpine
{in der von Natur aus baumfreien Vegetationszone in den Hochlagen der Gebirge vorkommend}
~e Region: Alpine region
alt *adj* ancient, old
≗e Bundesländer: Old Federal States
Alt | ablagerung *f* old deposit, old landfill
{Stillgelegte Müllabladeplätze, Deponien und illegale wilde Müllkippen aus der Vergangenheit}
~anlage *f* existing plant, old installation, old plant
~~n•sanierung *f* former plant regeneration, regeneration of old installations, regeneration of old plants
~auto *nt* car wreck
{endgültig stillgelegtes Auto}
~~ *nt* scrapped car
~batterie *f* used battery
~bau *m* old building
~~sanierung *f* old-building restoration
~blech•container *m* can bank
Alter *nt* age
älter *adj* older, senior
Ältere /~r *f/m* senior
alternativ *adj* alternative
~ *adv* alternatively
≗brennstoff *m* alternative fuel
≗lösung *f* alternative solution
≗plan *m* contingency plan
≗technologie *f* alternative technology
alternd *adj* senescent
Alters | aufbau *m* age structure
~bestimmung *f* dating
~genoss | e /~in *m/f* contemporary
~gruppe *f* age-group
~klasse *f* age class, age-group
{altersbezogene Entwicklungsphase eines Bestandes}
~struktur *f* age structure
Altertums•kunde *f* archaeology
Alterung *f* ageing, maturing
~s•prüf•anlage *f* ageing test equipment
Alt | fahrzeug *nt* end-of-life vehicle, scrapped car
~fett *nt* spent fat, used fat, used grease, waste fat
~filme *pl* used films
~flasche *f* old bottle, waste bottle
~glas *nt* used glass, used glassware, waste glass
{nach Gebrauch von Glasprodukten anfallende Abfälle bzw. Wertstoffe}
~~container *m* bottle bank, used glass container, waste glass container
{Behälter zur Sammlung von Altglas}
~~recycling *nt* recycling of used glassware, waste glass recycling
Dtsch. Syn.: Altglasverwertung
{Rückführung von Altglas in den Produktionsprozess}
~~verwertung *f* recycling of used glassware, waste glass recycling
~gummi *m* scrap rubber, vulcanized scrap, waste rubber
~holz *nt* mature stand, mature timber stand
{Baumholz, das die technische Hiebsreife erreicht hat}
~~ *nt* used wood
{Holzabfall, z.B. "verbrauchte" Möbel, Innenausbauteile, Sägerestholz aus Abbruch- und Umbauarbeiten}
~kabel *nt* scrap cable, waste cable
Alt•last *f* abandoned polluted area, abandoned (polluted) site, contaminated land, contaminated site, derelict land, hazardous abandoned site, old hazard- ous site
{Altstandort oder Altablagerung, von der eine Gefährdung für die Umwelt ausgeht}
Alt•lasten | bebauung *f* building on contaminated land
~erfassung *f* registration of contaminated land
~erkundung *f* investigation of abandoned polluted areas
~freistellungs•klausel *f* indemnity clause against liability for contaminated land
~kataster *nt* contaminated land register
~sanierung *f* former deposit restoration, reclamation of derelict land
{Maßnahmen zur Beseitigung bzw. Verringerung der von Altlasten ausgehenden Gefahren}

Alt | material *nt* junk, scrap
~~container *m* bank
~medikament *nt* unused drug, unused medicine
{nicht verbrauchtes oder verfallenes Arzneimittel}
~~en•entsorgung *f* disposal of unused drugs and medicines
~metall *nt* scrap metal
~~recycling *nt* recycling of scrap metal
Alto•kumulus *f* altocumulus
{Schicht kleiner Kumuluswolken in über 3000 m Höhe}
Alt•öl *nt* spent oil, used oil, waste oil
{alle gebrauchten halbflüssigen oder flüssigen Stoffe, die ganz oder teilweise aus Mineralöl oder synthetischen Ölen bestehen}
~absaug•gerät *nt* waste oil sucking-off appliance
~aufbereitung *f* used oil preparation
~~s•anlage *f* used oil preparation plant
~beseitigung *f* spent oil discharge, waste oil disposal
~entsorgung *f* waste oil removal
~entwässerung *f* waste oil dewatering
~erfassung *f* collection of used oil, used oil collection, waste oil collection
~gesetz *nt* spent oil legislation
~recycling *nt* recycling of waste oil
~regenerierung *f* waste oil regeneration
~~s•anlage *f* waste oil regeneration plant
~rückgewinnung *f* waste oil recovery
~sammel•geräte *pl* waste oil collection equipment
~sammlung *f* collection of used oil, used oil collection
{Einsammlung und Beförderung von Altölen}
~tank *m* used oil tank, waste oil tank
~verbrennung *f* incineration of waste oil, waste oil incineration
~~s•anlage *f* waste oil incineration plant
~verordnung *f* ordinance on waste oils
{regelt in Dtschl. Wiederaufarbeitung und Vertrieb von Altölen}
~verwertung *f* spent oil reuse, used oil processing, waste oil reclamation
alto | montan *adj* altomontane
{zur obersten Berglandzone gehörig, in der noch geschlossene Wälder vorkommen}
°stratus *f* altostratus
{dünne, einheitliche Wolkenschicht in über 3000 m Höhe}
Alt•papier *nt* used paper, wastepaper
{Papier, das bei der Herstellung von Produkten aus Papier, Karton und Pappe anfällt sowie gebrauchte Papiererzeugnisse}
~aufbereitung *f* wastepaper processing, wastepaper treatment
~~s•anlage *f* used paper treatment plant, wastepaper treatment plant
~aufkommen *nt* amount of used paper
~preis *m* wastepaper price
~presse *f* wastepaper baling press
~recycling *nt* recycling of wastepaper
~sammeln *nt* used paper collecting, wastepaper collecting
~sammlung *f* used paper collection, wastepaper collection
~verarbeitung *f* wastepaper processing
~verwertung *f* use of wastepaper, wastepaper reclamation, wastepaper recovery, wastepaper reuse
{Rückführung von gebrauchten Papiererzeugnissen in den Produktionsprozess zur Herstellung neuer Papier- und anderer Produkte}
Alt•reifen *m* old tyre, scrap tyre, used tyre
~recycling *nt* recycling of used tyres
~~anlage *f* used tyre recycling plant
Alt•sand *m* old sand, used sand
Alt•seide *f* waste silk
Alt•stadt *f* historic centre, old town
~erhaltung *f* old town conservation
Alt•standort *m* abandoned (industrial) site
{Fläche ehemaliger Industrie- und Gewerbebetriebe, auf der mit umweltgefährdenden Stoffen umgegangen wurde}
Alt•stoff *m* existing chemical, existing substance
{nach Chemikaliengesetz}
~ *m* junk, old substance
{allgemein}
~ *m* scrap material, waste
{Abfall}
~handel *m* junk dealing, scrap-material trade
~markt *m* scrap material market
~preis *m* scrap material price
~verordnung *f* Existing Substances Regulation
Alt•textilien *pl* rags, waste textiles
Alt•wald *m* old-growth forest
Alt•wasser *nt* backwater, cutoff meander, old river course, oxbow (lake)
{vom Fließgewässer natürlich oder künstlich abgetrennter Gewässerarm}
Aluminium *nt* aluminium, aluminum (Am)
~dose *f* aluminium can, aluminium container
~folie *f* aluminium foil
~hydroxid-Schlamm *m* aluminium-hydroxide sludge
~recycling *nt* aluminium recycling
~salz•schlacke *f* aluminium-salt slag
~toxizität *f* aluminium toxicity
Alu•müll *m* aluminium waste
Alveole *f* alveolus
{Lungenbläschen}
Amboss•wolke *f* anvil
Ameise *f* ant
~n•haufen *m* ant hill, warren
Ammoniak | abwasser *nt* spent gas liquor
~entsorgung *f* disposal of ammonia
Ammonifikation *f* ammonification
{mikrobiologische Umsetzung von Stickstoffverbindungen zu Ammonium}
Ammonifizierung *f* ammonification
Dtsch. Syn.: Ammonifikation
Ammonium *nt* ammonium
~gehalt *m* ammonium content
~stickstoff *m* ammonium nitrogen
~sulfat•verfahren *nt* ammonium sulfate process
Amöben | krankheit *f* amoebiasis

~ruhr *f* amoebic dysentery
amöbisch *adj* amoebic, amebic (Am)
Amöbizid *nt* amoebicide
amorph *adj* amorphous
{nicht kristallin}
Amortisation *f* amortization
{langfristige Tilgung}
Ampere *nt* ampere
Ampero•metrie *f* amperometry
{Methode der Maßanalyse, auf der Messung elektrochemischer Umsetzungen beruhend}
Amphibie *f* amphibian
~n•fahrzeug *nt* amphibian
~n•schutzzaun *m* amphibian shelter
amphibisch *adj* amphibian, amphibious
amphoter *adj* amphoteric
{zwitterhaft; chem. Verbindungen, die sowohl basisch als auch sauer reagieren können}
Amplifikation *f* amplification
{~ der DNA}
Amplitude *f* amplitude
ökologische ~: ecological amplitude
{Bereich einer oder mehrerer Umweltbedingungen, innerhalb dessen ein Zustand oder ein Prozess aufrechterhalten bleibt}
Amt *nt* board, department
{Teil einer Regierung oder einer Behörde}
~ *nt* office
{Position mit Pflichten}
im Amt sein: be in office ***v***
amtieren *v* hold office
als Bürgermeister ~: hold the office of mayor
~der Generalsekretär: incumbent Secretary-General
~ *v* act
{vorübergehend ~}
amtlich *adj* official
~ *adv* officially
Amts | bereich *m* field of competence, responsibilities
~blatt *nt* gazette, official journal
~chef /~in *m/f* senior official
~delikt *nt* malpractice in office
~ermittlungs•prinzip *nt* official investigation principle
~gericht *nt* court of first instance, district court, municipal court
~haftung *f* official's liability
~~s•anspruch *m* office-holder liability claim, public liability claim
~hilfe *f* administrative assistance, judical assistance
~inhaber /-in *m/f* incumbent
~pflicht *f* official duty
~~verletzung *f* breach of official duty, violation of official duty
~träger /~in *m/f* office bearer, office holder
~~haftung *f* official responsibility, public liability
~vergehen *nt* malpractice
anabatisch *adj* anabatic
anadrom *adj* anadromous
{im Salzwasser lebende Fische, die zum Laichen ins Süßwasser wandern}
an•aerob *adj* anaerobic
{ohne Sauerstoff lebend; chemische Reaktionsweisen, die unter Ausschluss von Sauerstoff ablaufen; sauerstofffrei}
An•aerobier *m* anaerobe
analog *adj* analogical, analogous
~ *adv* analogously
Analogie *f* analogy
Analogon *nt* analog (Am), analogue (Br)
Analog•rechner *m* analog computer
An•alphabetismus *m* illiteracy
Analysator *m* analyzer (Am)
chromatografischer ~: chromatographic analyzer
paramagnetischer ~: paramagnetic analyzer
Analyse *f* analysis, assay
{Zerlegung eines Stoffes in seine Bestandteile, um Art, Menge und/oder Wirkungen der vorhandenen Grundstoffe oder Verbindungen zu erkennen}
qualitative ~: qualitative analysis
quantitative ~: quantitative analysis
ökonomische ~: economic analysis
~automat *m* automatic analyzer
~methode *f* analytic(al) method
Analysen *pl* analyses
~befunde *pl* analytical data
~chemikalie *f* analytical chemical
~gerät *nt* analysis device, analytical device, analyzer (Am), analyzing equipment
~mess•technik *f* metrology of analysis
~probe *f* sample for analysis
~verfahren *nt* analytic method, analytic procedure, analytic technique
~waage *f* analytical balance
analysieren *v* analyse, assay
Analytik *f* analytics
~raum *m* analytical area
Anästhetikum *nt* anaesthetic
{Betäubungsmittel}
anaesthetisch *adj* anaesthetic
{betäubend}
Anbau *m* growing
~ *m* crop growing, cropping
{~ einer Kultur}
~ in schmalen Streifen: strip cropping
~ *m* cultivation
{Bewirtschaftung, Bestellung}
~ *m* planting
{künstliche Begründung eines Waldbestandes}
~bedingung *f* crop growing condition, cultivation condition
anbauen *v* cultivate
Anbau | fläche *f* acreage, area under cultivation, crop area, farmland
~frucht *f* crop
~intensität *f* crop intensity
~kalender *m* crop calendar
~periode *f* growing season
~struktur *f* cropping pattern
{~ einer größeren Anbaufläche oder Region}
~system *nt* crop system, cropping system, cultivation system
~~ *nt* farming system
{~~ eines landwirtschaftlichen Betriebs oder in einer bestimmten Region}
~verfahren *nt* cultural practice, farming technique
Anblick *m* sight
andauernd *adj* continuing
Andeckung *f* topsoiling
{~ von Oberboden}
Anden *pl* Andes
andere /~r /~s *adj* different
anders *adv* different
ändern *v* amend
{Verfassung ~}
~ *v* change, modify
Änderung *f* alteration, amending, amendment, change, modification, variation
~ einer Verordnung: amendment of an ordinance
~s•antrag *m* amendment
~s•genehmigung *f* authorized amendment
~s•gesetz *nt* amending law, law to amend the issue law
~s•sperre *f* amendment embargo
~s•verordnung *f* amendment regulation

andeuten *v* indicate
androhen *v* menace
aneignen *v* appropriate
{sich ~}
Aneignung *f* acquisition, adoption
Anemo•meter *m* anemometer, wind speed indicator
Dtsch. Syn.: Windmesser
anerkannt *adj* accredited
{z.B. Anstalt, Buch, Regierung, Schule}
anerkennen *v* accept, accredit, acknowledge, recognize
Anerkennung *f* acceptance, accreditation, acknowledgement, recognition
Aneroid•barometer *nt* aneroid barometer
{Luftdruckmesser auf der Basis der Dickenänderung einer Vakuumdose}
anfachen *v* fan
anfällig *adj* vulnerable
Anfälligkeit *f* susceptibility, vulnerability
Anfang *m* beginning
Anfänger *m* apprentice
anfänglich *adj* initial
anfangs *adv* initially
~̈entzug *m* initial abstraction
~̈rückhalt *m* initial storage
~̈stadium *nt* youth
~̈verdacht *m* initial suspicion
anfärben *v* stain
Anfärbung *f* staining
anfechten *v* appeal against, contest, dispute
Anfechtung *f* appeal, objection
~s•klage *f* action for nullification, action of opposition
~s•prozess *m* annulment proceedings
anfeuchten *v* dampen, moisten
Anflug *m* colonization, natural seeding, new growth, tincture
~schneise *f* approach corridor
Anforderung *f* demand, request
~ *f* requirement
{~ an den Standort}
Anfrage *f* inquiry, interpellation, question, request
große ~: oral question
kleine ~: written question
angeben *v* state
angeboren *adj* congenital
~ *adv* congenitally
Angebot *nt* offer, offering, proposal
~ und Nachfrage: supply and demand
~s•elastizität *f* elasticity of bid, elasticity of supply
angehängt *adj* run-on
angehäuft *adj* accumulated
Angelegenheit *f* issue, matter
vordringliche ~: priority ***n***
angelegt *adj* planted
{~er Garten}
Angeln *nt* angling, fishing
angeln *v* angle, catch, fish
Angel•schein *m* fishing permit
angemessen *adj* adequate, appropriate, due
angenehm *adj* acceptable, pleasant
~ *adv* pleasantly
angepasst *adj* adapted, appropriate
~e Technologie: appropriate technology
angepflanzt *adj* planted
angereichert *adj* enriched
angesammelt *adj* accrued, accumulated
angeschwemmt *adj* alluvial
angesiedelt (sein) *adj* based
Angestellte /~r *f/m* clerk
~/~r im öffentlichen Dienst: civil servant, employee in the public service
leitende /~r ~/~r: executive ***n***
angewandt *adj* applied
~e Forschung: applied research
angewiesen (sein) *v* rely
angezündet *adj* fired
Angler /~in *m/f* angler
angreifbar *adj* contestable, vulnerable
Angreifbarkeit *f* vulnerability
angreifen *v* attack
{attakieren}
~ *v* break (into), encroach (on)
{Reserven ~}
~ *v* dispute
{bekämpfen}
~ *v* erode
{ablösen, abtragen}
angrenzen *v* border
angrenzend *adj* adjacent, adjoining, bordering
Angriff *m* attack, offence, offensive
in ~ nehmen: promote ***v***
~s•fläche *f* area of activity, area of impact
anhaftend *adj* adhesive
anhalten *v* stop
anhaltend *adj* continuous
Anhang *m* appendix, annex
Anhänge *pl* annexes
anhäufen *v* accumulate, aggregate
Anhäufung *f* accumulation, agglomeration
anheben *v* lift
anheuern *v* ship
Anhöhe *f* hillock, knoll, mound
anhören *v* obtain the opinion
Anhörung *f* (official) hearing
~s•behörde *f* hearing authority
~s•verfahren *nt* hearing procedure
Anhub *m* uplift
Anilin *nt* aniline
~farb•stoff *m* aniline dye
Anion *nt* anion
{Ion mit negativer Ladung}
~en•austauscher *m* anion exchanger
anionisch *adj* anionic
anisoton *adj* anisotonic
anisotrop *adj* anisotropic
~er Boden: anisotropic soil
Anklage•punkt *m* count
ankündigen *v* announce
Ankündigung *f* notice
ankurbeln *v* boost
Anlage *f* construction, equipment, facility, installation, plant
~ beifügen: enclose ***v***
bauliche ~: constructive plant, structural plant
kerntechnische ~: nuclear facility, nuclear plant
solartechnische ~: solar engineering plant
~ *f* enclosure
{~ zu einem Schreiben}
Anlagen *pl* ability, makings
Dtsch. Syn.: Veranlagung
~abstand *m* plant spacing
~bau *m* construction of installations, plant construction, plant engineering
~bemessung *f* plant design
~betreiber *m* plant operator
~genehmigung *f* approval of installations, plant approval
~größe *f* plant size
~kataster *m* industrial plants register
~leistung *f* plant rating
~optimierung *f* optimization of installations, plant optimization

~sanierung *f* restoration of plants, sanitation of plants
~sicherheit *f* plant security, security of installations
~überwachung *f* plant supervision, supervision of installations
~untersagung *f* plant injunction
~vergleich *m* plant comparison
Anlagerung *f* accretion
Anlasser *m* starter
~geräusch *nt* noise from starter of a car
{Startgeräusch bei Kraftfahrzeugen}
Anlegen *nt* landing
{mit einem Boot oder Schiff}
~ *nt* making
≗ *v* site
Anlege | steg *m* moorings
~stelle *f* landing, landing stage
anleiten *v* guide
Anleitung *f* guidance, instructions, regulations
technische ~: technical regulations
Anleitungen *pl* procedures
anliegend *adj* adjacent
Anlieger *m* adjoining owner, neighbouring owner, resident
~ frei: except for access
{Verkehrsschild}
~belästigung *f* resident annoyance, resident molestation
~staat *m* border state
Anmelde•gebühr *f* registration fee
anmelden *v* register
Anmelde | pflicht *f* duty to register, obligation to notify, registration obligation
~verfahren *nt* application proceedings, registration proceedings
Anmeldung *f* registration
Anmoor *nt* bog gley soil
Dtsch. Syn.: Moorgley
{Bodentyp mit extrem hohem, wenig schwankendem Grundwasserstand und einer bis zu 30 cm mächtigen Torfauflage}
~gley *m* half-bog gley soil, half-bog soil
Dtsch. Syn.: anmooriger Boden
{Bodentyp mit extrem hohem, wenig schwankendem Grundwasserstand und Aa-Horizont]
anmoorig *adj* half-bog
~er Boden: half-bog gley soil, half-bog soil
Dtsch. Syn.: Anmoorgley

Annäherung *f* approach, approximation
Annahme *f* acquisition
{Aneignung, Erwerb}
~ *f* adoption
{z.B. eines Ratschlags}
~ *f* assumption
{Vermutung}
~erklärung *f* declaration of acceptance
annehmbar *adj* acceptable
annehmen *v* adopt
{eine Regelung ~}
Annehmlichkeit *f* convenience, feasibility
Annehmlichkeiten *pl* amenity
annuell *adj* annual
Annullierung *f* annulment
Anode *f* plate
Anomalie *f* anomaly
magnetische ~: magnetic anomaly
anordnen *v* arrange
{arrangieren}
versetzt ~: stagger *v*
~ *v* order
{befehlen}
Anordnung *f* arrangement,
{Ordnung, Aufstellung}
~ *f* instruction, direction, order, prescription
einstweilige ~: provisional instruction
{Weisung, Vorschrift}
~s•typ *m* arrangement type
{bodenkundlich}
anorganisch *adj* inorganic
~es Ferment: chemical ferment
anoxibiont *adj* anoxibiontic
{die Bindung bestimmter Organismen an die Abwesenheit von molekularem Sauerstoff bezeichnend}
Anoxie *f* anoxia
Dtsch. Syn.: Sauerstoffmangel
anoxisch *adj* anoxic
Dtsch. Syn.: sauerstoffarm
{wässrige Umgebung, in der kein gelöster, aber chemisch gebundener Sauerstoff vorhanden ist}
anpassen *v* adapt, adjust, regulate
anpassend *adj* adjusting
Anpassung *f* adaptation, adaption, adjustment, regulation
genetische ~: genetic adaptation
≗s•fähig *adj* adaptable
~s•fähigkeit *f* adaptability, elasticity
ökologische ~~: ecological adaptability

~s•frist *f* adaptation period, adjusting period, matching period
anpreisen *v* boost
Anrecht *nt* entitlement
anregen *v* stimulate
Anregung *f* excitation, proposal, suggestion
~s•spektrum *nt* excitation spectrum
anreichern *v* accumulate, build up
{sich ~}
~ *v* enrich
Anreicherung *f* accumulation, build-up, concentration, enrichment, magnification, replenishment
~ im Körpergewebe: accumulation in body tissues
~s•hieb *m* improvement felling
{Entnahme von unerwünschten Baumarten aus dem oberen Kronendach von tropischen Regenwäldern und alten Sekundärwäldern}
~s•horizont *m* flush
~s•verhältnis *nt* enrichment ratio
{Konzentrationsverhältnis von Substanzen in zeitlich verschiedenen Proben gleichen Typs}
Anreiz *m* incentive
~ schaffen: stimulate *v*
wirtschaftlicher ~: economic incentive
ansagen *v* announce
ansammeln *v* accumulate
{sich ~}
Ansammlung *f* aggregate, assemblage
Ansamung *f* natural seeding
{Keimlinge und Sämlinge der Waldbäume, die aus natürlicher Samenverbreitung hervorgegangen sind}
ansässig *adj* resident
Ansatz *f* approach
{~, um eine Aufgabe oder ein Problem zu lösen}
ganzheitlicher ~: holistic approach
Ansaug•höhe *f* suction lift
Ansäuerung *f* acidification
Anschaffung *f* acquisition
Anschauung *f* opinion
generelle ~: general consensus
Anschlag *m* notice
{Information}
~ *m* stop
{mechanischer ~}
~tafel *f* bulletin board (Am), noticeboard
Anschluss *m* terminal

~berufung *f* cross appeal
~kanal *m* connection
{*Kanal zwischen dem öffentlichen Abwasserkanal und der Grundstücksgrenze bzw. der ersten Reinigungsöffnung auf dem Grundstück*}
~pflicht *f* obligation for connection, obligatory connection
~zwang *m* compulsory connection, forced connection
anschwellen *v* grow, rise, swell
~ lassen: bulk ***v***
anschwellend *adj* bulking
Anschwemm•filter *m* precoat filter
Anschwemmung *f* alluvion, alluvium, siltation, silting
ansehen *v* look
{*sich (etwas) ~*}
Ansicht *f* elevation
{*Zeichnung*}
~ *f* opinion
{*Meinung*}
~ *f* view
ansiedeln *v* colonise (Br), colonize, establish, settle
{*sich ~*}
Ansiedlung *f* colonisation (Br), colonization, introduction, settlement
Ansporn *m* encouragement
Ansprache *f* address, speech
ansprechen *v* appeal,
die Sinne ~: appeal to the senses
~ *v* respond
~ auf: respond to ***v***
{*im Sinne von reagieren*}
Anspruch *m* claim, entitlement
~ *m* demand
{*Forderung*}
ganz in ~ nehmend: consuming ***adj***
~s•los *adj* undiscriminating
anständig *adj* just, sporting
Ansteck•dosimeter *nt* pocket dosimeter
anstecken *v* infect
ansteckend *adj* catching, communicable, contagious, infectious
Ansteckung *f* contagion, infection
Anstehen *nt* outcrop
~ *v* outcrop
{*anstehendes Gestein*}
ansteigen *v* ascend, climb
{*Person, Straße, Weg*}
~ *v* increase, rise
{*Preise, Kosten, Geldmenge*}
~ *v* rise, slope up
{*Gelände*}
sprunghaft ~d: soaring ***adj***
ansteuern *v* drive
Ansteuerung *f* drive
Anstieg *m* ascent, gradient, lift, pulse, surge
anstiften *v* instigate
anstößig *adj* offensive
anstreben *v* aim
anstrengen *v* initiate
{*einen Prozess ~, eine Klage ~*}
Anstrengung *f* effort, pains
Anstrich *m* coating, paint
bewuchsverhindernder ~: antifouling coating
kondensationsmindernder ~: anticondensation paint
~mittel *nt* coating agent, coating medium, paint
Anström•geschwindigkeit *f* velocity of approach
Antagonismus *m* antagonism
{*Gegenwirkung*}
antagonistisch *adj* antagonistic
Antarktis *f* Antartic
antarktisch *adj* Antarctic
Antarktis•vertrag *m* Antarctic Treaty
Anteil *m* level
Anthere *f* anther
Dtsch. Syn.: Staubbeutel
Anthrakose *f* anthracosis
Dtsch. Syn.: Staublunge
Anthrazit *nt* anthracite
{*glänzende, harte, schwarze Kohle, die raucharm verbrennt*}
anthropo•gen *adj* anthropogeneous, anthropogenic, man-made
{*vom Menschen verursacht*}
~er Boden: anthropogenic soil
Anthropo•logie *f* anthropology
{*die Wissenschaft vom Menschen*}
Anthropo•zentrik *f* anthropocentric
{*Betrachtungsweise, die den Menschen zum Sinn und Ziel der Weltschöpfung und des Weltgeschehens macht*}
anti•bakteriell *adj* antibacterial
Anti•biotika•resistenz *f* resistance to antibiotics
Anti•biotikum *nt* antibiotic
{*Substanz, die Mikroorganismen abtöten oder in ihrer Vermehrungsfähigkeit beeinträchtigen kann*}
Breitband-~: broad spectrum antibiotic
anti•biotisch *adj* antibiotic
Anti•dot *nt* antidote
{*Gegenmittel, Gegengift*}
Anti•dröhn•mittel *nt* antidrumming compound
Anti•fouling *nt* antifouling
{*Verhütung pflanzlichen und tierischen Bewuchses an im Wasser gelegenen festen Körpern*}
~anstrichmittel *nt* antifouling paint
{*Anstrich mit Antifouling-Wirkung*}
Anti•gen *nt* antigen
{*Stoff, der bei Berührung mit dem Organismus in Mensch und Tier die Bildung von Antikörpern hervorruft*}
antik *adj* ancient
Anti•katalysator *m* stabilizer
{*Substanz, die die Zersetzung von Kunststoff verhindert*}
Anti•klopf•mittel *nt* antiknock, antiknock additive, antiknock agent
{*Kraftstoffzusatz, der das "Klopfen" (ungewollte Zündvorgänge im Motor) verhindern soll*}
Anti•körper *m* antibody
{*körpereigene Substanz, die körperfremde Substanzen angreift*}
Anti•oxidations•mittel *nt* antioxidant, oxidation inhibitor
{*Verbindung, die den oxidativen Abbau verhindern oder verzögern soll*}
Anti•schaum•mittel *nt* anti-foaming agent, defoamer, foam depressant
Anti•septikum *nt* antiseptic
anti•septisch *adj* antiseptic
anti•zipiert *adj* anticipated
{*vorweggenommen*}
anti•zyklisch *adj* anticyclical
Anti•zyklone *f* anticyclone
Dtsch. Syn.: Hochdruckgebiet;
Dtsch. umgangssprachlich: Hoch
anti•zyklonisch *adj* anticyclonic
Antrag *m* application, request, petition
~ *m* motion
einen ~ einbringen: put forward a motion
{*im Parlament*}
~s•befugnis *f* entitlement to petition
~s•formular *nt* application form
~s•recht *nt* petition right, right of motion
~steller /~in *m/f* applicant, mover, petitioner

antreffen *v* sight
{*seltene(s) Pflanze/Tier ~*}

antreiben *v* drive

Antrieb *m* drive, propulsion

~s•geräusch *nt* propulsion noise

~s•kraft *f* propulsion

~s•technik *f* impulse technique, propulsion technique

antworten *v* answer, respond

anvertrauen *v* tell

anvisieren *v* sight

Anwachs *m* [building of marshland by silt and salt plants]
{*neu entstehende, bewachsene Landfläche im Tideaußengebiet*}

Anwachsen *nt* accretion, growth

Anwalt *m* advocate,
{*in Schottland* }

~ *m* attorney (at law) (Am), barrister

~s•büro *f* firm of solicitors, law firm (Am)

~schaft *f* legal profession
{*Gesamtheit der Anwälte*}

~s•kanzlei *f* firm of solicitors, law firm (Am)

~s•liste *f* roll (Br)

~s•zwang *m* compulsion to be represented by a lawyer

Anwärter *m* candidate

~ *m* chosen tree
{*Baum, der bei waldbaulicher Behandlung besonders gefördert wird*}

Anweisungen *pl* briefing

anwendbar *adj* feasible

Anwendbarkeit *f* feasibility

Anwenden *nt* using

≗ *v* apply, use

Anwender /~in *m/f* user

≗freundlich *adj* user-friendly

Anwendung *f* application, implementation, use
zur ~ bringen: put into practice

~s•bedingungen *pl* conditions of use

~s•bereich *m* area of application

~s•beschränkung *f* application restriction, restriction to use, use limitation

~s•technik *f* application techniques

~s•verbot *nt* application ban, application inhibition, application prohibition

~s•vorschrift *f* directions for use

Anwesen *nt* estate

Anwohner *m* inhabitor, resident

Anwuchs *m* young regeneration
{*jüngste Altersklasse bei Forstkulturen oder natürlichem Anflug*}

~prozent *nt* tree-percent

Anzahl *f* bunch

anzapfen *v* tap

Anzeichnung *f* marking
{*Markierung von Bäumen zur Kennzeichnung der forstlichen Behandlung*}

Anzeige *f* advertisement
{*Inserat*}

~ *f* display
{*für Bilder und Messwerte*}

~ *f* notice
{*Aushang*}

~ *f* reading, readout
analoge ~: analog readout
digitale ~: digital readout

anzeigen *v* announce, indicate

Anzeige•pflicht *f* obligation to inform, obligation to report

Anzeiger *m* gazette
{*Nachrichtenblatt*}

~ *m* indicator

Anzeige•verfahren *nt* official announcement proceeding

anzetteln *v* instigate

anziehen *v* attract

Anziehung *f* attraction

~s•kraft *f* attraction

~s•punkt *m* honey pot
{*umgangssprachlich*}

Anzucht | beet *nt* nursery

~kasten *m* propagator

äolisch *adj* aeolian, eolian (Am)
{*windbedingt, windverursacht*}
~er Boden: aeolian soil, eolian soil (Am)
{*Boden aus vom Wind transportiertem Material*}

Äolium *nt* aeolian deposit, eolian deposit (Am), wind deposit
{*durch Wind abgelagertes Sediment*}

AOX-Wert *m* AOX value
{*Parameter zur Kennzeichnung der adsorbierbaren, organisch gebundenen Halogenverbindungen im Wasser*}

Apatit *m* apatite
{*Phosphat-Mineral; wichtigste Quelle für den Phosphor im Boden*}

Apotheke *f* dispensary, pharmacy

~n•betriebs•ordnung *f* pharmacy regulation, pharmacy rule

~n•recht *nt* law of pharmacy

Apparat *m* apparatus, device, system

Applikation *f* application

~s•forschung *f* application research

April•fliege *f* sandfly

Aquädukt *m* aqueduct

Aqua•kultur *f* aquaculture
{*Zucht oder Aufzucht von Wasserpflanzen und -tieren zu Forschungszwecken oder wirtschaftlicher Nutzung*}

Aquarium *nt* aquarium

aquatil *adj* aquatil
{*im Wasser lebend*}

aquatisch *adj* aquatic
{*dem Wasser angehörend*}

Äquator *m* equator

äquatorial *adj* equatorial

Aquifer *m* aquifer
{*der Teil des Grundwasserleiters, der hydraulisch leitfähig ist und Wasser abgeben kann*}

äquivalent *adj* equivalent

≗dosis *f* dose equivalent, equivalent dose
{*Produkt aus Energiedosis und einem unter anderem von der Strahlenart abhängigen Bewertungsfaktor*}
maximal zulässige ≗~: maximum permissible dose
mittlere ≗~: average dose equivqalent

≗gewicht *nt* equivalent weight

Äquivalenz *f* equivalence

Ära *f* era

Aräo•meter *nt* araeometer

Arbeit *f* employment, labour, work

Arbeiten *nt* working

arbeitend *adj* operating, working

Arbeiter /~in *m/f* worker
{*auch: Arbeiterin im Bienenvolk*}

~bewegung *f* labour movement, workers movement

~klasse *f* proletariate, working class

Arbeiterschaft *f* labour

Arbeit•geber /~in *m/f* employer

Arbeit•nehmer /~in *m/f* employe (Am), employee

~mitbestimmung *f* employee involvement, employee participation

~schutz *m* protection of employees

Arbeits | bedingungen *pl* operating conditions, working conditions

~beschaffungs•maßnahme *f* job creation measure

~erfahrung *f* work experience

~gemeinschaft *f* firm

~gruppe *f* study group, working group
~hygiene *f* industrial health, occupation health
~intensiv *adj* labour-intensive
~kittel *m* overall
~kraft *f* labour force, manpower, workman
~kreis *m* study group, working group
~lärm *m* industrial noise
~last *f* workload
~leben *nt* working life
~lohn *m* earnings, wages
~los *adj* idle, unemployed
~losigkeit *f* lack of employment, unemployment
~mantel *m* overall
~markt *m* labour market
~~prognose *f* labour market prognosis, prediction on labour market
~maschine *f* work machine
~medizin *f* occupational medicine
~minister /~in *m/f* Secretary for Employment
{in Großbritannien}
~papier *nt* working paper
~physiologie *f* ergonomics, occupational physiology
~plan *m* workplan
~platz *m* job
{Arbeitsverhältnis}
~~ *m* place of work,
{Arbeitsstätte}
~~ *m* workplace, work place
{Platz im Betrieb}
~~humanisierung *f* humanization of workplaces
~~konzentration *f* working site concentration
maximale ~: maximum working site concentration
~~lärm *m* noise from the workplace
{alle an Arbeitsstätten auftretenden Geräusche}
~~messungen *pl* work place measurements
~~mobilität *f* job's mobility
~programm *nt* work programme
~raum *m* workroom
~recht *m* labour law, labour legislation
~schutz | gesetz *nt* factory act, occupational safety law
~~vorschrift *f* occupational safety regulation
~sicherheit *f* occupational health care, occupational safety, work safety
~~s•recht *nt* occupational safety legislation
~stätte *f* workplace
~~n•verordnung *f* decree over conditions in the workplace, workplace regulation
{verpflichtet in Dtschl. Arbeitgeber, die Arbeitsstätte so auszustatten, dass Gesundheitsgefährdungen von den Arbeitnehmern ferngehalten werden}
~stoff *m* working material
~~verordnung *f* working material regulation
~stunde *f* man-hour
~tagung *f* conference, workshop
~teilung *f* division of labour
~treffen *m* workshop
~umwelt *f* working environment
~verhältnis *nt* employment relationship
~weise *f* operation, working
~welt *f* world of work
~zeit *f* working time
~~verkürzung *f* man hour reduction, working time shortening
Arboretum *nt* arboretum
{Gehölzsammlung, meist in Form eines botanischen Gartens}
Arborizid *nt* arboricide
{Substanz zur Abtötung von Bäumen}
Archäologie *f* archaeology
Dtsch. Syn.: Altertumskunde
archäologisch *adj* archaeological
architektonisch *adj* architectural
Architektur *f* architecture
volksnahe ~: community architecture
Archiv *nt* repository
archivieren *v* file
Areal *nt* area, areal, area of distribution
{Verbreitungsgebiet, Wohngebiet}
~ *nt* distribution, range
{gegenwärtiges Verbreitungsgebiet}
disjunktes ~: disjunct distribution
{Vorkommen in getrennten, voneinander isolierten Verbreitungsgebieten}
~ausweitung *f* areal expansion
~kurve *f* areal curve
~typ *m* areal type
ärgerlich *adj* cross
Ärgernis *n* nuisance
öffentliches ~: common nuisance
arid *adj* arid
Dtsch. Syn.: trocken
Aridität *f* aridity
Dtsch. Syn.: Trockenheit
~s•index *m* aridity index
arithmetisch *adj* arithmetic
~es Mittel: arithmetic mean
arktisch *adj* arctic
~e Kaltluft: arctic air
arm (an) *adj* deficient
Armatur *f* armature, fitting, mounting
Armbrust *f* crossbow
Ärmel *m* sleeve
mit ~(n): sleeved ***adj***
Armut *f* poverty
~s•soziologie *f* low-standard-of-living sociology, poverty sociology
Aroma *nt* flavour, flavouring (Br), fragrance
aromatisch *adj* aromatic
Arrest *m* confinement, detention
arrondieren *v* round off
Arrondierung *f* rounding off
Arroyo *m* arroyo
{Wüstenflussbett (Erosionsschlucht), meist mit senkrechten Seitenwänden}
Arsen *nt* arsenic
~bestimmung *f* arsenic determination
~gehalt *m* arsenic content
Art *f* species
{biologisch; Gruppe von natürlichen Populationen, die sich untereinander natürlich fortpflanzen und von anderen derartigen Gruppen isoliert sind}
bedrohte ~: threatened species, vulnerable species
einheimische ~: native species
gefährdete ~: endangered species
geschützte ~: protected species
territoriale ~: territorial species
überlebende ~: remaining species
~ *f* category, type
{Typ}
~ der baulichen Nutzung: type of built use
~bezeichnung *f* specific name
~bildung *f* speciation
~dichte *f* density
art•eigen *adj* specific
Arten *pl* species
~-Areal-Kurve *f* species area line, species area relationship
{das Verhältnis von Artenzahl zu Flächengröße}
~bestand *m* species stock
~~s•aufnahme *f* species registration

~gemeinschaft *f* biological association, biotic community
~gruppe *f* species group
{Gruppe von Arten mit ähnlichen Eigenschaften}
~hilfs•programm *nt* species relief programme
~kenntnis *f* knowledge of species
~liste *f* species inventory, species list
≗reich *adj* rich in species
~reichtum *m* species diversity
~rückgang *m* biological erosion, species reduction
~schutz *m* protection of species, species conservation, species protection, wildlife conservation
~~abkommen *nt* species protection convention
~~forschung f species protection research
~~programm *nt* species protection programme, wildlife conservation programme
~~recht *nt* wildlife legislation
~~verordnung *f* ordinance on species protection
~schwund *m* decrease of species
~verarmung *f* species impoverishment
~vielfalt *f* diversity of species, species diversity
~zahl *f* number of species
Art•erhaltung *f* species preservation
artesisch *adj* artesian
Art•grenze *f* genetical boundary of species
Artikel *m* principle
{in internationalen Übereinkommen}
~ *m* article
{in Gesetzen und Verträgen}
Artillerie *f* ordnance
Art | name *m* specific name
≗spezifisch *adj* specific to species, typical
Arznei *f* medicine
~mittel *nt* medicine, drug
topisches ~: topical drug
~~gesetz *nt* [law governing the manufacture and prescription of medicines]
~~prüfung *f* drugs testing
~~recht *nt* drugs legislation
~~rück•stand *m* pharmaceutical residue
~~toleranz *f* drug tolerance
~~zulassung *f* drugs licensing

Asbest *m* asbestos
{Fasermaterial natürlichen Ursprungs, das Asbestose und/oder Krebs der Atemwege hervorrufen kann}
kurzfaseriger ~: short-stapled asbestos
~beseitigung *f* asbestos removal
~entsorgung *f* asbestos removal, disposal of asbestos
~~s•planung *f* asbestos removal planning
~~s•system *nt* asbestos removal system
~ersatz•stoff *m* asbestos substitute
~faser *f* asbestos fiber
≗~verstärkt *adj* asbestos fiber reinforced
~gehalt *m* asbestos content
~gewebe *nt* asbestos cloth
≗haltig *adj* asbestos containing
~lunge *f* asbestosis
Asbestose *f* asbestosis
Dtsch. Syn.: Asbestlunge
Asbest | pappe *f* asbestos board
~platte *f* asbestos plate
~pulver *nt* asbestos powder
~sanierung *f* asbestos repair
~~s•mittel *nt* agent for asbestos disposal
~staub *m* asbestos dust
~untersuchung *f* asbestos examination
~verarbeitung *f* asbestos processing, asbestos working
~zement *nt* asbestos cement
~~platte *f* asbestos cement sheet
Asche *f* ash, cinders
vulkanische ~: volcanic ash
~ablagerung *f* ash disposal
~austrag *m* ash removal
~beseitigung *f* waste ash disposal
~melioration *f* soil improvement using ashes
Äsche *f* grayling
~n•region *f* grayling region, grayling zone
{Abschnitt eines Fließgewässers unterhalb der Forellenregion}
Asche•verwendung *f* ash utilization
ASEAN-Staat *m* ASEAN-nation
{Mitgliedsland der Association of South-East Asian Nations, der Organisation der Südostasiatischen Staaten}
Asepsis *f* asepsis
Dtsch. Syn.: Keimfreiheit

aseptisch *adj* aseptic
Dtsch. Syn.: keimfrei
Asien *nt* Asia
asozial *adj* asocial
Aspekt *m* aspect
~wechsel *m* seasonal alteration of a biocenosis
{zyklische Veränderung einer Lebensgemeinschaft unter dem Einfluss der Jahreszeiten}
Asphalt *m* asphalt, bitumen, mineral pitch
~kocherei *f* asphalt cooking plant
~recycling *nt* recycling of asphalt
~~anlage *f* recycling plant for asphalt
Aspiration *f* aspiration
{Behauchung}
~s•staub•sammel•gerät *nt* aspiration dust catcher
Assimilation *f* assimilation
{Aufbau von körpereigenen organischen Substanzen aus anorganischen Nährstoffen}
assimilieren *v* assimilate
assimilierend *adj* assimilatory
Assistent /~in *m/f* assistant
Assoziation *f* association
Dtsch. Syn.: Pflanzengesellschaft
Ast *m* branch
Astasie *f* astasy
{extremer Wechsel der Lebensbedingungen}
Ästhetik *f* aesthetics
ästhetisch *adj* aesthetic
Asthma *nt* asthma
Astigkeit *f* branchiness
{Art, Häufigkeit und Stärke der im Stamm eingewachsenen Äste}
Ast•reinigung *f* self-pruning
{natürlicher Abfall von abgestorbenen Ästen vom Stamm}
Astronautik *f* astronautics
Ast | stärke *f* branch base diameter
~stellung *f* branch distribution
Ästuar *m* estuary
{trichterförmige Flussmündung unter dem Einfluss der Gezeiten}
Astung *f* pruning
{Dtsch. Syn.: Ästung}
Ästung *f* pruning
{künstliche Entfernung von Ästen, meist zur Verbesserung der Holzqualität; auch Verlust der unteren Äste einer Krone auf natürliche Art und Weise}
Astwinkel *m* branch angle

Äsung *f* browsing, grazing
{Nahrung der vorwiegend Pflanzen fressenden Wildarten}

asymmetrisch *adj* asymmetric

atem•beraubend *adj* breathtaking

Atem | frequenz *f* breathing rate, respiration rate

~luft *f* air for breathing, air inhaled, respiratory air

~~anlage *f* respiratory air device

~schutz•gerät *nt* breathing equipment, respiratory equipment, respiratory protection apparatus

~trakt *m* respiratory duct, respiratory passage, respiratory tract

~~erkrankung *f* respiratory disorder, respiratory tract disease

~weg *m* air passage

~~widerstand *m* breathing resistance, resistance in breathing, resistance in the respiratory tract

~zug *m* exhalation

ätherisch *adj* volatile

ätio•logisch *adj* aetiological
{begründend, ursächlich}

Atlantik *m* Atlantic

atlantisch *adj* Atlantic
~e Region: Atlantic region

Atlas *m* atlas

Atmen *nt* breathing

Atmo•sphäre *f* atmosphere
{die die Erde umgebende Gashülle}
verschmutzte ~: contaminated atmosphere, polluted atmosphere

~n•chemie *f* aerochemistry, atmospheric chemistry, chemistry of the atmosphere

~n•modell *nt* atmospheric model

~n•trübung *f* atmospheric cloudiness, atmospheric turbidity

atmosphärisch *adj* aerial, atmospheric
~e Inversion: atmospheric inversion
~er Schwebstoff: atmospheric particulate
~es Aerosol: atmospheric aerosol
~e Schichtung: atmospheric layering:
~es Ozon: atmospheric ozone
~e Zirkulation: atmospheric circulation

Atmung *f* breathing, respiration
äußere ~: external respiration
endogene ~: endogenous respiration
innere ~: internal respiration

~s•apparat *m* respiratory system

~s•organ *nt* respiratory
Erkrankung der ~~e: respiratory disease

~s•pigment *nt* respiratory pigment

~s•quotient *m* respiratory quotient

~s•system *nt* respiratory system

Atoll *nt* atoll

Atom *nt* atom

~absorptions•spektro | meter *nt* atomic absorption spectrometer

~~metrie *f* atomic absorption spectrometry

~angriff *m* nuclear attack

~anlage *f* nuclear installation

~~n•verordnung *f* atomic plant ordinance, nuclear plant ordinance

atomar *adj* atomic, nuclear
~ angetrieben: atomic-powered, nuclear-powered ***adj***

Atom | behörde, oberste *f* Atomic Energy Authority
Engl. Abk.: UKAEA
{verantwortlich für die Nutzung der Atomenergie in Großbritannien}

~bombe *f* atom bomb, nuclear bomb

~~n•explosion *f* atomic explosion, nuclear explosion

~~n•test *m* atomic test, nuclear test

~~n•versuch *m* atomic test, nuclear test

~bunker *m* fall-out shelter

~energie *f* atomic energy, nuclear energy

~~kommission *f* Atomic Energy Commission
{verantwortlich für die Nutzung der Atomenergie in den USA}

~explosion *f* atomic explosion, nuclear explosion

~gesetz *nt* atomic energy law

≗getrieben *adj* nuclear-powered
≗~es Schiff: nuclear-powered ship

~haft•pflicht•gesetz *nt* nuclear liability legislation

~haftung *f* nuclear liability

~~s•abkommen *nt* nuclear liability agreement

~~s•konvention *f* nuclear liability convention

~~s•recht *nt* nuclear liability law

~~s•übereinkommen *nt* nuclear liability convention

~industrie *f* nuclear industry

atomisieren *v* atomize

Atom | kern *m* atomic nucleus

~kraft *f* atomic power, nuclear power
atomgetrieben, mit ~~ angetrieben: nuclear-powered ***adj***

~~werk *nt* nuclear plant, nuclear power station

~krieg *m* nuclear war

~meiler *m* atomic reactor

~müll *m* atomic waste, nuclear waste, radioactive waste

~~deponie *f* graveyard

~~lager *f* graveyard

~physiker /~in *m/f* nuclear physicist

~pilz *m* mushroom cloud

~reaktor *m* nuclear reactor

~recht *nt* atomic energy legislation

~spreng•stoff *m* nuclear explosive

~strahlung *f* nuclear radiation

~strom *m* electricity generated by nuclear power

~test *m* nuclear test

~~gelände *nt* nuclear testing site, nuclear test zone

~~stop *m* nuclear test ban

~unfall *m* nuclear accident

~verwaltungs•verfahren *nt* nuclear energy administration process

~waffe *f* atomic weapon, nuclear weapon

≗waffen•frei *adj* nuclear-free

~waffen•sperr•vertrag *m* non-proliferation treaty on nuclear weapon

~zerfall *m* radioactive decay

Atrazin *nt* atrazine

Attraktion *f* attraction

~ *f* honeypot
{umgangssprachlich}

attraktiv *adj* attractive

Attraktivität *f* amenity

ätzend *adj* caustic, etching

Ätz•mittel *nt* corrosive substance, etching agent, etching substance

Ätzung *f* etching

Audio•gramm *nt* audiogram

audio•logisch *adj* audiological

Audio•meter *nt* audiometer

Audio•metrie *f* audiometry
{Messung der Hörfähigkeit}

audio•visuell *adj* audiovisual, audio-visual

Audit *nt* audit

auditiv *adj* auditory

Audubon-Gesellschaft *f* Audubon Society
{Naturschutzverband in den USA, der sich besonders dem Vogelschutz widmet}

Aue *f* alluvial plain, floodplain
{morphologisch bedingtes, ehemaliges oder aktuelles Überschwemmungsgebiet eines Wasserlaufs}

~n•bereich *m* alluvial area

~n•boden *m* alluvial soil
{Bodentyp der Talauen mit im Jahresablauf stark schwankendem Grundwasser, teils mit Überflutung und Auflandung, teils mit Qualmwasseraufstieg}

~n•landschaft *f* alluvial landscape

~n•lehm *m* alluvial loam

~n•para•rendzina *f* alluvial pararendzina
{carbonathaltiger, überwiegend sandiglehmiger Bodentyp der Auen, bei dem der Ah-Horizont direkt über dem C-Horizont liegt}

~n•regosol *m* alluvial regosol, paternia
{Bodentyp der Auen mit geringer Bodenbildung}

~n•roh•boden *m* alluvial raw soil, rambla
{Bodentyp der Auen mit sehr geringer Bodenbildung}

~n•schlick *m* alluvial silt loam

~n•ton *m* alluvial clay

~n•wald *m* alluvial forest
Dtsch. Syn.: Auwald

Auer•wild *nt* wood grouse

aufatmen *v* breath a sigh of relief
{erleichtert sein}

Aufbau *m* assembly, establishment, structure

Aufbauen *nt* setting-up

≗ *v* build, compose, erect, frame, set up

aufbereiten *v* dress, prepare
{Erz, Kohle ~}

~ *v* process
{statistisches Material ~}

~ *v* purify, treat
{Wasser, Boden ~}

aufbereiteter Boden: treated soil

~ *v* reprocess
{Kernbrennstoff}

Aufbereitung *f* conditioning, preparation, processing, reclamation, treatment

~ von Kunststoffabfällen: preparation of plastic chips

~s•anlage *f* processing plant, reprocessing plant, separating plant, treatment plant

~~ für Kernbrennstoffe: nuclear fuel reprocessing plant

~s•faktoren *pl* treatment method

~s•kosten *pl* processing costs, reprocessing costs

~s•technik *f* processing technique, treatment technique

~s•verfahren *nt* conditioning process, treatment process

chemisches ~~: chemical conditioning process

aufblasbar *adj* inflatable

Aufblinken *nt* flash

Aufblitzen *nt* flash

Aufbrechen *nt* disintegration
{~ von Straßenbelag}

≗ *v* burst

≗ *v* disintegrate
{~ von Straßenbelag}

Aufbringen *nt* application

Aufbringung *f* application

~s•verbot *nt* ban on sewage application to soil, sewage spreading prohibition
{~ von Abwasser auf Böden}

aufdecken *v* detect, expose, uncover

Auf-den-Stock-setzen *nt* coppicing

≗~ *v* coppice

aufdringlich *adj* high-pressure

aufeinander•folgend *adj* sequential, successive

Aufenthalts•zeit *f* residence time

auffächern *v* fan out

auffädeln *v* thread

auffallend *adj* conspicuous, striking

~ *adv* conspicuously

Auffang | becken *nt* catch basin

~fähigkeit *f* channel capacity
{~ eines Kanals}

~raum *m* collecting chamber

~vorrichtung *f* collecting device, collecting installation

~wanne *f* collecting basin, collecting tub

Aufflammen *nt* flash

aufforsten *v* afforest

Aufforstung *f* afforestation
{Anlage von Baumbeständen auf bisher nicht forstlich genutzten Flächen}

~s•fläche *f* afforestation area

~s•prämie *f* reforestation aid

~s•recht *nt* afforestation law

Auffrieren *nt* frost lifting, upfreezing (Am)

Aufführung *f* rendering

auffüllen *v* fill in, fill up, replenish, top up

Auffüllung *f* landfill
{Geländeauffüllung}

Auffüll•volumen *nt* amount of replenishment, filling volume

Aufgabe *f* assignment, duty, function, task

hoheitliche ~: state duty

~einrichtung *f* feeding equipment

~n•bereich *m* scope

~ *m* terms of reference (Br)

~n•stellung *f* objective

aufgedeckt *adj* exposed

aufgeführt *adj* listed

aufgegangen *adj* raised

aufgegeben *adj* derelict

aufgehäufelt *adj* ridged

aufgeheitert *adj* cleared

aufgeklärt *adj* explained

aufgeschäumt *adj* expanded

aufgeschoben *adj* deferred

aufgesprungen *adj* cracked

aufgetaucht *adj* emerged

aufgewühlt *adj* rough

aufgezeichnet *adj* canned

Aufhalten *nt* containment

≗ *v* stop

Aufhängen *nt* hanging

Aufhärtung *f* increasing water hardness, water hardening

aufhäufen *v* pile (up)

aufhäufeln *v* ridge, ridge up

aufheben *v* lift
{ein Verbot ~}

~ *v* pick up
{Abfall vom Boden aufheben}

~ *v* reverse
{rückgängig machen}

~ *v* set aside
{Entscheidung oder Urteil ~}

Aufhebung *f* declassification, dismissal

~ einer Klassifizierung: declassification ***n***

Aufheiz•geschwindigkeit *f* heat-up velocity

aufjagen *v* disturb, put up, start from cover

Aufklärungsmaßnahmen *pl* education

Aufklärungs•pflicht *f* obligatory reconnaissance

Aufkleber *m* label

aufladen *v* recharge

Aufladung *f* charging, loading

elektrische ~: electrical charging

Auflage *f* legal restraint, mandatory restriction, ordinance, overlay

an ~n gebunden: conditional ***adj***

~n•frei: unconditional ***adj***

~ *f* edition, printing

{~ eines Druckwerks}

~humus *m* mor

auflandig *adj* onshore

Auflandung *f* shoaling

Auflaufen *nt* emergence

{~ der Saat}

Auflicht•mikroskop *nt* incident-light microscope

auflockern *v* aerate

Auflockerung *f* breaking up

auflösen *v* deactivate, disperse, dissolve, void

~ *v* decompose, lift

{sich ~}

Auflösung *f* dismissal, disintegration, dissolving

~ *f* annulment

{~ eines Vertrages}

~s•vermögen *nt* dissolving power

aufmerksam *adv* alertly

Aufmerksamkeit *f* attention

Aufnahme *f* input, intake

{von Substanzen durch einen Organismus}

~ *f* inventory, taking

{Bestands~}

~ *f* uptake

{von Wasser und Nährstoffen durch Pflanzen}

~fähigkeit *f* sorptivity

~fläche *f* relevé

{die Grundeinheit bei einer pflanzensoziologischen Kartierung}

~schleuse *f* intake sluice

aufnehmen *v* absorb, assimilate, take

{Informationen, Einflüsse aufnehmen}

~ *v* include, incorporate

{einschließen}

~ *v* initiate

{feierlich ~}

~ *v* tape

{auf Band aufzeichnen}

aufnehmend *adj* absorbing, incorporating, receiving

Aufopferung *f* self-sacrifice

{das Sicheinsetzen}

~s•anspruch *m* claim for dedication

Aufplatzen *nt* dehiscence

{einer reifen Frucht}

≗ *v* burst, dehisce

aufplatzend *adj* dehiscent

Aufprall *m* impact

{~ von Regentropfen auf dem Boden}

aufpumpen *v* pump up

aufragend *adj* emergent

hoch ~: soaring ***adj***

aufrecht *adj* straight

~erhalten *v* maintain

≗erhaltung *f* maintenance

aufreißen *v* rip, scarify

aufrichten *v* uplift

aufrichtig *adj* genuine

Aufriss *f* elevation

{Zeichnung}

aufsaugen *v* absorb

Aufsaug | schlauch *m* spill control hose

~matte *f* spill control mat

Aufsaugung *f* resorption

Aufschlag *m* natural seeding of heavy seed

{Verbreitung von schweren Samen von Bäumen}

Aufschlämmung *f* slurry

Aufschließungs•arbeit *f* exploration work

aufschlitzen *v* slash

Aufschluss *m* breaking up,

{in Chemie und Biologie}

~ *m* development,

{im Bergbau}

~ *m* exposure

{Freilegung von Gesteinen und Böden}

~bohrung *f* prospective drilling

~verfahren *nt* decomposition process, digestion process

aufschütten *v* deposit, heap up, pile up, raise

Aufschüttung *f* deposit, earth bank, raising

Aufschwemmung *f* supernatant

Aufschwung *m* take-off

{wirtschaftlicher ~}

Aufsehen *nt* sensation

{öffentliches ~}

Aufseher /~in *m/f* warden

Aufsichts | behörde *f* controlling authority, supervising authority

~pflicht *f* compulsory control, obligatory supervision

Aufspaltung *f* breakdown

aufsplittern *v* splinter

{sich ~}

aufspringen *v* dehisce

≗ *nt* dehiscence

{einer reifen Frucht}

aufstapeln *adj* pile

Aufstauen *nt* ponding

{von kurzer Dauer}

≗ *v* build up

{Gefühle ~}

≗ *v* dam (up), pile up

{Wasser ~}

Aufstauung *f* impoundment

aufsteigen *v* arise

aufsteigend *adj* arising

Aufstellen *nt* marshalling, setting-up

≗ *v* draw up, frame, pose

Aufstellung *f* siting

aufstrebend *adj* emergent

Aufstrich *m* filling

Aufstrom•sortierer *m* rising current separator

{Sortierer für Abfälle, der deren unterschiedliche Dichte nützt}

auftauchen *v* emerge

Auftauen *nt* thawing

≗ *v* thaw (out)

auftauend *adj* defrosting

Auftau•mittel *nt* de-icing agent, defrosting agent, melting agent, thawing agent

aufteilen *v* divide, segment

Auftrag

~ *m* application

{~ von Farbe}

~ *m* charge, commission

{Befehl, Pflicht}

~ *m* instruction

{Weisung}

~ *m* mandate

{rechtlich, öffentlich}

~ *m* mission

{Sendung}

~ *m* order

{Bestellung}

Auftragen *nt* application

Auftrags•verwaltung *f* administration on behalf of the federal government

{Tätigwerden von Länderbehörden im Auftrag des Bundes}

Auftreten *nt* incidence, occurence

≗ *v* appear, arise

auftretend *adj* arising

Auftrieb *m* boost, uplift

~ *m* buoyancy
{allg. pysikalisch}

~ *m* impetus
{Elan, Aufschwung}

~ *m* lift
{Luftauftrieb}

Aufwand *m* expenditure, overhead

Aufwärmen *nt* thawing

Aufwärm•spanne *f* degree of temperature increase by thermal pollution
{Temperaturerhöhung eines bestimmten Wasserkörpers durch Aufwärmung}

Aufwärmung *f* thermal pollution
{Erhöhung der Wassertemperatur durch unmittelbare anthropogene Energiezufuhr}

aufwarten (mit) *v* put forward

Aufwendungs•ersatz *m* reimbursement of expenses, repayment of expenses

~anspruch *m* indemnity claim for expense, claim for compensation of expense

aufwerfen *v* pose

Aufwind *m* updraught
thermischer ~: thermal

aufwirbeln *v* blow
{z.B. von Boden}

Aufwuchs *m* periphyton
{an eine feste Unterlage gebundene Mikroorganismen}

aufwühlen *v* churn, grub

aufzäumen *v* bridle

Aufzeichnen *nt* recording

≗ *v* chart, record

Aufzeichnung *f* record

aufziehen *v* rear

Aufzucht *f* upbringing

~s•zeit *f* period of rearing

Aufzug *m* lift

~s•anlage *f* lift installation

Auge *nt* eye
{Organ, auch ~ eines Sturms}

Augen *pl* eyes

~auswischerei *f* eyewash

~bank *f* eye bank

~blick *m* minute, moment

~reizung *f* eye irritation

~schutz *m* eye protection

~spül | brunnen *m* eyewash station

~~flasche *f* eyewash bottle station

~wasser *nt* eyewash

August•trieb *m* lammas shoot, proleptic shoot
{im August oder später gebildeter zweiter Höhentrieb von Bäumen}

Aureole *f* aureole, corona

aus *prep* out

Ausarbeitung *f* formation

Ausatmung *f* exhalation, expiration

Ausbaggern *nt* dredging

≗ *v* dredge

Ausbau•abfluss *m* design discharge

ausbauen *v* extend

Ausbau•plan *m* development plan

ausbeuten *v* exploit, overexploit, work out
Bodenschätze ~: exploit mineral resources
völlig ~: overexploit ***v***

Ausbeutung *f* exploitation
~ eines Bergwerks: exploitation of a mine
völlige ~: overexploitation ***n***

ausbilden *v* train

Ausbilder /~in *m/f* educator, instructor, trainer

Ausbildung *f* education, training
betriebliche ~: operational training
praktische ~: hands-on training, on-the-job training

~s•beihilfe *f* education grant, training grant

~s•beruf *m* profession requiring education

~s•betrieb *m* firm who trains apprentices

~s•förderung *f* provision of education grants, provision of training grants

~s•gang *m* training syllabus

~s•inhalte *pl* training subjects

~s•lehr•gang *m* instruction course

~s•ordnung *f* training programme, training regulation

~s•platz *m* apprenticeship, trainee post

~s•programm *nt* training programme, training scheme

~s•stätte *f* centre of education, place of training, training centre

~s•vertrag *f* articles of apprenticeship

Ausblas•verfahren *nt* air stripping, blowing out

Ausblick *m* view

ausbrechen *v* erupt

ausbreiten *v* diffuse, disperse, extend, spread
{sich ~}

~ *v* fan out
{sich von einem Punkt fächerförmig ausbreiten}

Ausbreitung *f* dispersal, spreading

~ *f* sprawl
{unkontrollierte Ausbreitung}

~s•barriere *f* biotic barrier

~s•modell *nt* dispersion model

~s•rechnung *f* dispersion calculation, spreading calculation

Ausbruch *m* eruption

~ *m* outbreak
{einer Krankheit}

ausbrüten *v* hatch

ausdauernd *adj* perennial

ausdehnen *v* extend

~ *v* increase
{sich ~}

Ausdehnung *f* expansion, extension
Dtsch. Syn.: Erweiterung
~ von bebauten Flächen: expansion of built-up areas

~ *f* sprawl

Ausdruck *m* expression

ausdrücken *v* stub (out)

Auseinandersetzung *f* controversy

ausfächern *v* fan out

Ausfällen *nt* precipitation

≗ *v* precipitate

Ausfällung *f* precipitation

ausfasernd *adj* roving

ausfaulen *v* digest

Ausfaulung *f* digestion

ausfließen *v* flow out, leak, run out

Ausflockung *f* coagulation, flocculation

~s•becken *nt* floc basin, flocculation basin, flocculator

Ausfluchten *nt* ranging out
{~ einer Vermessungslinie}

Ausflug *m* flip
{kurzer ~}

~ *m* trip

Ausfluss *m* effluent, outflow, run-off, spillage
ausfugen *v* grout, joint
ausführen *v* carry out, implement, perform
~ *v* fulfil, fulfill (Am)
{einen Befehl ~}
Ausfuhr•genehmigung *f* export license, export permit, export trade permission
ausführlich *adj* extensive, full, particular
~ *adv* extensively, fully
Ausführung *f* carrying out, execution, implementation, performance
~s•gesetz *nt* execution act, implementation act
~s•vorschrift *f* code of practice, executive code, implementation regulation
ausfüllen *v* complete
Ausgabe *f* expense
{finanzielle ~}
öffentliche ~: public expense
unvorhergesehene ~: contingency ***n***
~ *f* readout
Ausgaben *pl* expenditure
Ausgangs | bedingungen *pl* antecedent conditions
{vor Untersuchungsbeginn}
~gestein *nt* parent material
{Gestein, aus dem Boden entsteht}
~material *nt* parent material
~organismus *m* parental organism
~punkt *m* starting-point
vom ~ entfernt: off-site ***adj***
Ausgasung *f* degassing, volatilization
{Verflüchtigung von Substanzen aus fester Umgebung}
ausgebaggert *adj* dredged
ausgeben *v* float, issue
ausgebreitet *adj* diffused
ausgedehnt *adj* extended, extensive
ausgedörrt *adj* sunbaked
ausgefallen *adj* eccentric
ausgefeilt *adj* rounded
ausgeglichen *adj* equal
ausgegraben *adj* dug-out, excavated
ausgehagert *adj* impoverished
ausgehoben *adj* excavated
ausgelaugt *adj* impoverished, spent
ausgeliehen *adj* borrowed
ausgeprägt *adj* distinctive, marked, pronounced
ausgepresst *adj* pressed
ausgereift *adj* mature
ausgerottet *adj* extinct
ausgerüstet *adj* equipped
gut ~: well equipped ***adj***
schlecht ~: ill equipped ***adj***
ausgesät *adj* planted
ausgeschlossen *adj* suspended
ausgesetzt *adj* abandoned, exposed
Ausgesetztsein *nt* exposure
{einem Einfluss}
ausgesprochen *adv* exceedingly
ausgestorben *adj* extinct, lost
Ausgestoßene /~r *f/m* reject
ausgestrahlt *adj* transmitted
ausgetreten *adj* treaded
{~er Weg}
ausgetrocknet *adj* dried up
ausgewachsen *adj* mature
ausgewählt *adj* chosen
ausgewogen *adj* equitable
Ausgleich *m* compensation
ausgleichend *adj* balancing, correcting, countervailing
Ausgleichs | abgabe *f* compensatory tax, countervailing charge, countervailing duty
~anspruch *m* claim for compensation
~behälter *nt* balancing tank, buffer tank
~maßnahme *f* compensatory measure
{Maßnahme des Naturschutzes und der Landschaftspflege zum Ausgleich unvermeidbarer Beeinträchtigungen von Natur und Landschaft}
~streifen *m* correction strip
~zahlung *f* compensation payment
~zoll *m* countervailing duty
Ausgraben *nt* uprooting
≗ *v* grub up
{eine Pflanze mit den Wurzeln ~}
≗ *v* dig out, dredge (up), excavate, grub
ausgrabend *adj* excavating
Ausgrabung *f* excavation
Ausguss *m* drain
aushagern *v* impoverish
Aushagerung *f* impoverishment
aushandeln *v* negotiate
Aushang *m* notice
ausheben *v* excavate
Aushebung *f* excavation
Aushieb *m* extraction, partial cut
{Entfernung von Bäumen aus einem Bestand bei einer Pflegemaßnahme}
Aushilfe *f* temporary
Aushilfskraft *f* helper, temporary
Aushöhlung *f* undermining
ausholend *adj* sweeping
Aushub *m* excavation material
Auskämm•effekt *m* combing-out effect
auskämmen *v* weed out
auskleiden *v* line
Auskleidung *f* lining
{z.B. von Kanälen}
~s•material *nt* lining material
Auskolkung *f* plunge pool, underscour
Auskunfts | anspruch *m* right to information
~verweigerungs•recht *nt* right to information denial
ausländisch *adj* foreign
Auslands | schulden *pl* foreign debts
~verschuldung *f* foreign debts
Auslass *m* outlet
Auslastungs•grad *m* degree of utilization
{Quotient aus der tatsächlichen Belastung und der Kapazität einer Abwasseranlage}
Auslauf *m* exercise
{freie Bewegung eines Tieres}
~ *m* outlet
{Einrichtung, durch die Flüssigkeit abläuft}
~bau•werk *nt* outlet structure
Auslaufen *nt* leak, leakage, spillage
≗ *v* leak, spill
auslaufend *adj* leaking
Ausläufer *m* foothill
{geografisch}
~ *m* ridge
{~ eines Hochs}
~ *m* runner, sucker
{botanisch}
~ *m* trough
{~ eines Tiefs}
Auslauf•haltung *f* free-range management
{bei Haustieren}
Auslaugen *nt* eluviation
≗ *v* drain, impoverish, leach

den Boden ~: drain nutrients from the ground

Auslaug•produkt *nt* leachate

Auslaugung *f* leaching, impoverishment, wet extraction

Auslegbarkeit *f* elasticity

auslegen *v* interpret

Auslegung *f* design

~ *f* interpretation
{Interpretation}

~ *f* layout
{zur Einsicht bereithalten}

~s•frist *f* lay-out time limit

Auslese *f* selection

natürliche ~: natural selection

negative ~: negative selection
{Entfernung von schlechtveranlagten Bäumen zur Förderung von Auslesebäumen}

positive ~: positive selection
{direkte Förderung von Auslesebäumen durch Entfernung von deren nächsten Konkurrenten}

~ *f* improvement by selection
{Pflegeeingriff zur forstlichen Verbesserung eines Waldbestandes durch direkte oder indirekte Förderung der Auslesebäume }

~baum *m* selected tree
{Baum, der auf Grund seiner positiven Eigenschaften im Rahmenforstlicher Bewirtschaftung gefördert werden soll}

~beweidung *f* selective grazing

~durchforstung *f* selective thinning
{Pflegeeingriff, dem die Auslesebäume mittels positiver Auslese gefördert werden}

Auslichten *nt* branch thinning

auslöschen *v* eradicate

auslöschend *adj* obliterative

Auslösen *nt* setting-up

≗ *v* induce, trigger

Auslöser *m* releaser

ausloten *v* sound

Ausmalen *nt* colouring

Ausmaß *nt* extent

in beschränktem ~: to a limited extent

ausmerzen *v* cull, eliminate

Ausmerzen *nt* culling

Ausmerzung *f* cull

Ausmündung *f* outfall

Ausnahme *f* derogation, exemption

~fall *m* exceptional case

~genehmigung *f* exemption permit, special authorisation, special permit

~verordnung *f* exemption regulation

~zustand *m* emergency

ausnahms•weise *adv* exceptionally

ausnehmen *v* exempt
{z.B. von Vorschriften}

~ *v* except

ausnehmend *adj* exceptional

ausnutzen *v* exploit, harness

Ausnutzung *f* exploitation

Auspuff *m* exhaust

~anlage *f* exhaust device, exhaust installation
{aus einem oder mehreren Schalldämpfern mit Verbindungsleitungen bestehende Abgasleitung bei Kraftfahrzeugen}

~gase *pl* exhaust, exhaust fumes, exhaust gases

~geräusch *nt* exhaust noise
{Summe aus Mündungsgeräusch und Schallabstrahlung von den Oberflächen der vibrierenden Rohre und Töpfe der Auspuffanlage}

~rohr *nt* exhaust pipe, tailpipe (Am)

~topf *m* muffler (Am), silencer

auspumpen *v* exhaust

ausrangiert *adj* disused

ausräuchern *v* fumigate

Ausräuchern *nt* smoking out

Ausräucherung *f* fumigation

ausreichend *adj* adequate, good, legitimate, sufficient

~e Mittel: sufficient resources

Ausreifen *m* maturation

ausrichten *v* host
{eine Veranstaltung ausrichten}

Ausrichtung *f* approach

flächenbezogene ~: territorial approach
{~ einer Politik}

~ *f* orientation
{Orientierung}

ausrollen *v* roll

Ausroll•grenze *f* plastic limit

ausrotten *v* destroy, eradicate, exterminate, kill off, stamp out

Ausrottung *f* eradication
{einer Krankheit}

~ *f* extermination, extinction

Ausruhen *nt* recreation

ausruhen *v* rest

ausrüsten *v* equip

Ausrüstung *f* equipment

aussäen *v* broadcast

~ *v* seed
{sich ~}

Aussage *f* statement

ausschalten *v* eliminate

Ausschalt•mechanismus *m* cutoff

Ausschaltung *f* cut-off

ausscheiden *v* excrete

Ausscheidung *f* clearance, depuration

~ *f* excretion
{~ von Stoffwechselprodukten}

~s•stoffe *pl* excreta

Ausschlag | bestand *m* coppice stand

~verjüngung *f* coppice regeneration

~wald *m* coppice

Ausschlämmen *nt* elutriation

ausschließen *v* exclude, suspend

ausschließlich *adj* exclusive

ausschlüpfen *v* hatch

Ausschluss *m* preclusion
{~ von Einwendungen, Zweifeln}

~ *m* suspension

~frist *f* term of preclusion

ausschöpfen *v* exhaust
{voll ausnutzen}

Ausschöpfung *f* exhaustion

Ausschreibung *f* announcement
{Text}

~ *f* invitation to tender
{Angebotseinholung}

öffentliche ~: public tendering

Ausschuss *m* committee
{im Parlament}

~ *m* reject
{ausgemusterte Dinge}

~mitglied *nt* commissioner

~papier *nt* waste stuff

Ausschwemmen *nt* elutriation

Aussehen *nt* look

≗ *v* look

außen *adv* outdoor, outside

nach ~: outward ***adv***

~ ~ gerichtet: outward ***adj***

von ~: extraneous ***adj***

Außen | bereich *m* outer space, outer zone, outskirts, suburban area

~bezirk *m* fringe area

~böschung *f* outside slope
{die wasserseitige Böschung eines Deichs}

~handel *m* export trade, external trade, foreign trade

~kompetenz *f* external competence

~luft *f* ambient air, outdoor air
~nutzen *m* off-site benefits
~politik *f* external affairs, foreign affairs, foreign policy
~schmarotzer *m* ectoparasite
{Parasit, der auf seinem Wirt lebt}
~seite *f* outside
~speicher *m* dike lock forebay
{hinter dem Seedeich liegendes, von Dämmen umschlossenes Wasserbecken zur Aufnahme von Schöpfwasser}
~wirkung *f* off-site effects
~wirtschaft *f* foreign economic relations
~~s•effekt *m* foreign trade effect
~~s•politik *f* foreign trade policy
~~s•theorie *f* foreign trade theory
außer *prep* except
außerdem *adv* additionally, further
äußere /~r /~s *adj* external, outer, outward
außer•gewöhnlich *adj* exceptional, unusual
~ *adv* exceptionally
Außer•kraft | setzen *nt* repeal
~treten *nt* expiry
äußerlich *adj* external, outward
~ *adv* externally
äußern *v* state, ventilate
außer•ordentlich *adj* exceeding
außer•schulisch *adj* extra-curricular
äußerst *adj* exceeding, extreme
~ *adv* acutely, exceedingly, extremely, vastly
aussetzen *v* expose
{einem Einfluss ~}
~ *v* suspend
{ein Verfahren ~}
Aussetzung *f* exposure
Aussicht *f* overlook, view
die ~ verschandeln: spoil the view
Linie der besten ~: line of optimum view
{Ideallinie für die Planung von Wanderwegen}
~s•punkt *m* vantage point, viewpoint
~s•straße *f* scenic route
~s•turm *m* look-out, observation tower
aussondern *v* cull
aussortieren *v* sort out
Aussprache *f* accent,
{Akzent}
~ *f* articulation
{deutliche, klare ~}
~ *f* pronounciation
{~ von Wörtern}
aussprechen *v* sound
Ausspülen *nt* rinsing
≗ *v* wash out
ausspülend *adj* flushing
Ausspülung *f* leaching, scouring, underscour, washing out
unterirdische ~: internal scouring
ausstatten *v* equip
Ausstattung *f* equipment
ausstellen *v* display, issue
Ausstellung *f* exhibition, exposition
~s•gelände *nt* exhibition site
Aussterben *nt* extinction
≗ *v* become extinct, die out
aussterbend *adj* dying
Ausstieg *m* phasing out
~ **aus der Kernenergie:** phasing out of nuclear energy
ausstoßen *v* emit
Ausstrahlen *nt* irradiation
≗ *v* broadcast, emit, radiate
ausstrecken *v* extend
Ausstreichen *nt* outcrop
≗ *v* outcrop
{anstehendes Gestein}
Ausstreuung *f* dissemination
Ausstrich *m* smear, streak
Ausstrom *m* water outflow
Ausströmen *nt* escape, leak, leakage
≗ *v* escape, leak
Austausch *m* exchange, replacement, substitution
austauschbar *adj* exchangeable, interchangeable, replaceable
austauschen *v* exchange, reciprocate, replace, substitute
Austauscher *m* exchanger
Austausch | komplex *m* exchange complex
~programm *nt* exchange scheme
~prozess *m* exchange process
Austern•grus *m* cultch
Austrags•einrichtung *f* discharging equipment
austreten *v* stub, tread out
{z.B. einen Zigarettenstummel}
austretend *adj* leaking, treading
Austrieb *m* flush, foliage, shooting
{Aufbrechen der Knospen im Frühling}
Austritt *m* issue, outflow
austrocknen *v* dehydrate, desiccate, dry out, dry up
Austrocknung *f* dehydration, desiccation, drying out
ausüben *v* carry on, do, exercise, follow, practise,
{nachgehen}
~ *v* exercise, hold, wield
{innehaben}
Ausübung *f* carrying on, doing, exercise, exercising, following, holding, practising, wielding
Auswahl *f* selecting, selection
auswählen *v* cull, select
Auswanderung *f* emigration, exodus
auswaschen *v* pan, wash out
{z.B. von Gold aus sandigen Ablagerungen}
~ *v* scrub
Auswaschung *f* elution, eluviation, leaching, lessivage
{Ab- und Herauslösen von Tonteilchen und löslichen Substanzen durch Wasser}
~ *f* washing away
{Wegspülen}
~ *f* washing out
{Ausspülung}
~s•bedarf *m* leaching requirement
Ausweg *m* out
Auswehung *f* deflation
Ausweis *m* pass
ausweisen (als) *v* designate
{ein Schutzgebiet ausweisen}
Ausweisung *f* declaration, designation
Auswertung *f* evaluation, interpretation
statistische ~: statistical evaluation
~s•verfahren *nt* evaluation process, interpretation method, interpretation process
Auswilderung *f* return to nature
Auswirkung *f* consequence, effect, implication, ramification
Auswurfs•material *nt* ejecta
{Asche und Lava aus einem Vulkan}
auswürgen *v* regurgitate
Auszeichnung *f* award,
{Preis, Zeugnis}
~ *f* reward
{Belohnung}
ausziehen *v* extend
{erweitern}
~ *v* take off
{ablegen}
Auszubildende /~r *f/m* trainee

Auszug *m* extract
wässriger ~: water extract
Autarkie *f* self-sufficiency
authentisch *adj* genuine
Auto *nt* auto (Am), car
benzinsparendes ~: economical car, economy car
~bahn *f* (motor) highway, motorway
~~lärm *m* highway noise
auto•chthon *adj* autochthonal, autochthonous
{*an Ort und Stelle entstanden, standortheimisch*}
Auto | fahrer /~in *m/f* motorist
behinderter ~~/behinderte ~~in: disabled motorist
~gamie *f* autogamy
Dtsch. Syn.: Selbstbefruchtung
≗grafisch *adj* autographic
{*auch: autographisch*}
{*eigenhändig geschrieben, selbstschreibend*}
~karossen•presse *f* carbody press
~karosserie *f* carbody
~klav *m* autoclave
~klavieren *nt* autoclaving
≗klavieren *v* autoclaving
Aut•ökologie *f* autecology, physio-ecology
{*die Wissenschaft vom Individuum in seiner Umwelt*}
Auto | lobby *f* car lobby
~matik•filter *m* automatic filter
≗matisch *adj* automatic
≗~ *adv* automatically
~matisierung *f* automation
~~s•technik *f* automation technology
~mobil *nt* automobile, motor car, motor vehicle
~~industrie *f* automobile industry
~~recycling *nt* car recycling
autonom *adj* autonomic
Auto•shredder *m* car shredder
auto•troph *adj* autotrophic
{*die Energie von der Sonne selbst aufnehmend; zum Aufbau der Körpersubstanz werden nur anorganische Stoffe benötigt*}
Auto | verkehrs•lärm *m* noise from car traffic
~verwertung *f* car recycling, motor vehicle recycling
~wasch•anlage *f* car-wash
~wäsche *f* car washing
~wrack *nt* auto wreck, car wreck, scrap vehicle, wrecked car
{*Altauto, das bereits vordemontiert oder zerstört ist*}
Au•wald *m* alluvial forest, riverside forest
{*Wald im Überschwemmungsgebiet von Fließgewässern*}
Au•wiese *f* alluvial meadow, water meadow
{*Wiese im Überschwemmungsgebiet von Fließgewässern*}
auxiliar *adj* auxiliary
Auxin *nt* auxin
Dtsch. Syn.: Pflanzenwuchsstoff
Avi•fauna *f* avifauna
Dtsch. Syn.: Vogelwelt
axial *adj* axial
≗ventilator *m* axial fan
≗verdichter *m* axial flow compressor
{*in axialer Richtung durchströmter Verdichter*}
Azidität *f* acidity
Dtsch. Syn.: Säurestärke
azidophil *adj* acidophilic, acidophilous
{*säureliebend*}
azoisch *adj* azoic
{*einen Lebensraum ohne tierische Besiedlung kennzeichnend*}

B-Horizont *m* subsoil
Bach *m* brook
{*kleiner, schmaler Wasserlauf; Bächlein*}
~ *m* burn
{*vor allem in Schottland*}
~ *m* creek
{*in Australien und Neuseeland*}
~ *m* stream
~aue *f* floodplain of a stream
~bepflanzung *f* riverside plantation
Bächlein *nt* brook, rill
Bach•sohle *f* streambed
Bach•ufer *nt* streambank
Backe *f* jaw
{*Klemmbacke*}
Backen•brecher *m* jaw crusher
Bäckerei *f* bakery
Back•ofen *m* oven
Bad *nt* spa
{*Badeort*}
~ablauf *m* bath drainage
Bade | anstalt *f* public baths, swimming bath
~gebiet *nt* bathing area
~gewässer *nt* bathing waters, swimming waters
Baden *nt* bathing
≗ *v* bathe
badend *adj* bathing
Bade | ort *m* spa
~strand *m* recreational beach
Bad•lands *pl* badlands (Am)
{*landwirtschaftlich nicht nutzbares Land*}
Bagatell•menge *f* petty amount
Bagger *m* dredger, excavator, shovel
~arbeit *f* dredging, excavation, excavating works
~gut *nt* dredged material, dredged sediments
{*dem Gewässer durch Baggerung entnommenes Sediment*}
~loch *nt* excavated hole, mineral-extraction hole
~see *m* dredging pool, gravel-pit lake
Bahn *f* railway

~betriebs•einrichtung *f* railway operating installation
≗brechend *adj* pioneering
~hof *m* (railway) station, terminal
~linie *f* line
~steig *m* platform
~strecke *f* railway line
Bake *f* ranging rod
Bakterie *f* bacterium, bazillus
bakteriell *adj* bacterial
Bakterien *pl* bacteria
{einzellige, mikroskopisch kleine Organismen, denen als typisches Merkmal ein echter Zellkern fehlt}
chemoautotrophe ~: chemoautotrophic bacteria
methanproduzierende ~: methane bacteria
nitrifizierende ~: nitrifying bacteria
pathogene ~: pathogenic bacteria
stickstoffabbauende ~: denitrifiers, denitrifying bacteria
~befall *m* bacteria infestation
~filter *nt* bacterial trap
~gehalt *m* bacterial content
~genetik *f* bacterial genetics
~kinase *f* bacterial kinase
~kolonie *f* bacterial colony, colony of bacteria
~krieg *m* germ warfare
~kultur *f* (bacteria) culture
~resistenz *f* bacterial resistance
~ruhr *f* bacillary dysentery
~träger *m* germ carrier
~zwischen•träger *m* intermediate germ carrier
bakterio | gen *adj* bacteriogenic
≗log | e /~in *m* bacteriologist
≗logie *f* bacteriology
~logisch *adj* bacteriological
≗lyse *f* bacteriolysis
≗lysine *pl* bacteriolysins
~lytisch *adj* bacteriolytic
≗phage *m* bacteriophage
≗stase *f* bacteriostasis
≗stat *m* bacteriostatic
~trop *adj* bacteriotropic
Bakterium *nt* bacterium, germ
Bakterizid *nt* bactericide, germicide
≗ *adj* bactericidal
Ball *m* ball
Ballast *m* ballast
~stoff *m* dietary fibre, (dietary) roughage
Ballen *m* bale, role
in ~ verpackend: baling ***adj***
zu ~ bindend baling ***adj***
~pflanzung *f* ball-planting
~presse *f* baler, baling press
Ballon•messung *f* measurement by balloon
Ballungs | gebiet *nt* conurbation, densely populated area
~raum *m* conurbation, industrial agglomeration
~zentrum *nt* (large) conurbation
Balsa | baum *m* balsa
~holz *nt* balsa wood
baltisch *adj* Baltic
Bambus *m* bamboo
Band *nt* band, ribbon, tape
~breite *f* range, scale
~düngung *f* band application of fertilizer
~filter *m* belt-type filter
~~presse *f* continuous-band filter press
~förderer *m* belt conveyor
~trockner *m* belt dryer
Bank *f* bank
Internationale ~ für Wiederaufbau und Entwicklung: International Bank for Reconstruction and Development
Bankett *nt* shoulder
{im Straßenbau}
Bank•terrasse *f* bench terrace
Bankung *f* bedding
{verschiedene Sedimentschichten übereinander}
Bank•wesen *nt* banking
Bann•wald *m* closed forest, enclosure, protective forest
{Waldfläche, deren Nutzung rechtlich zugunsten von Schutzfunktionen eingeschränkt ist}
Barbe *f* barbel
~n•region *f* barbel region, barbel zone
{Abschnitt eines Fließgewässers unterhalb der Äschenregion}
Bär *m* bear
~en•falle *f* bear trap
Bar•geld *nt* cash, float
Barium *nt* barium
~beton *m* barium concrete
{Beton mit Bariumzusatz zur Strahlenabsorption}
Baro•graf *m* barograph
{auch: Baro•graph}
Dtsch. Syn.: Luftdruckschreiber
Baro•meter *nt* barometer
Dtsch. Syn.: Luftdruckmessgerät
~korrektur *f* barometric correction
baro•metrisch *adj* barometric
~e Korrektur: barometric correction
~ *adv* barometrically
Barrel *nt* barrel
{Rohölmaß, entspricht 42 US-Gallonen}
Barriere *f* barrier
Dtsch. Syn.: Schranke, Sperre
~riff *nt* barrier reef
Barsch *m* bass
Basal•bedeckung *f* basal (plant) cover
{Bodenfläche, die von Pflanzensprossen oder -stämmen eingenommen wird}
Basalt *m* basalt, whinstone
~kissen *nt* basalt pillow
{kissenförmige Absonderung subaquatisch ausgeflossener basaltischer Lava}
~säule *f* basalt column
{säulenartige Basalt-Absonderung mit polygonalem Querschnitt}
Base *f* base
{reagiert mit Säuren zu Salzen}
~n•austausch•kapazität *f* base exchange capacity
~n•sättigung *f* base saturation
basieren *v* base
Basis *f* base, footing
finanzielle ~: financial footing
~ *f* grassroots
{politische ~}
~abdichtung *f* sealing of substructures
~abfluss *m* base discharge, base flow
{Normalabfluss in einem Wasserlauf, der nicht durch Oberflächenabfluss überlagert wird}
basisch *adj* alkaline, basic
Basis | demokratie *f* grassroot democracy
~einheit *f* base unit
{eine der 7 SI-Einheiten auf denen alle physikalischen Einheiten basieren}
~infiltrations•rate *f* basic infiltration rate, basic intake rate
~versickerungs•rate *f* basic infiltration rate, basic intake rate
~wert *m* base level, initial value
{Ausgangswert eines Parameters für Vergleichsmessungen}
natürlicher ~~: background value
{Wert eines Parameters, wie er in einer vom Menschen weitgehend unbeeinflussten Umwelt auftritt}
Basizität *f* basicity

Bass *m* bass

Bassin *nt* basin, tank

Bass•taubheit *f* bass deafness

Bast *m* bass

Bastard *m* crossbreed, cross-breed

Bastardierung *f* cross-breeding

BAT-Wert *m* BAT value, permissible exposure limit

Batterie *f* accumulator, battery
{elektrochemisches System, das Gleichstrom bereitstellt}

~ *f* battery
{Hühnerbatterie}

≗betrieben *adj* battery-powered

~entsorgung *f* battery disposal

~gerät *nt* battery-powered item

~recycling *nt* recycling of batteries

Bau *m* burrow
{Tier~}

~ *m* building, construction
{Gebäude}

~ *m* hole
{Versteck, manchmal in Form eines Tunnels}

~ *m* sett
{z.B. Dachsbau}

~abfall *m* building waste, demolition waste
Dtsch. Syn.: Bauschutt

~abnahme *f* building inspection
{in Dtschl. die behördliche Prüfung, ob die Bauarbeiten der Baugenehmigung und den rechtlichen und technischen Vorschriften entsprechen}

~abschnitt *m* phase of building, stage of building

~akustik *f* building acoustics
{Lehre vom Schallschutz an und in Gebäuden}

≗akustisch *adj* building-acoustic

~amt *nt* department of planning and building inspection

~antrag *m* application for construction permit, planning application

~anzeige *f* notice of building

~arbeiten *pl* building work, construction work

~arbeiter /~in *m/f* building worker, construction worker

~art *f* type of construction

~~zulassung *f* approval of a construction type, official authorization of a construction type

~aufsicht *f* construction inspection, construction supervision, supervision of building (works), supervision of construction (works)

~~s•behörde *f* building inspection authority, building supervision board

~beginn *m* start of building, start of construction

~beschränkung *f* building restriction

~beschreibung *f* specification

~biologie *f* biology of building, building biology

~boom *m* building boom

Bauch *m* stomach

Bau•chemie *f* building chemistry, chemistry of building

bauch | seitig *adj* ventral

≗speichel•drüse *f* pancreas

Bau | denkmal *nt* architectural monument, historical monument

~element *nt* building component

Bauen *nt* building, making
umweltgerechtes ~: environmentally sensitive building

bauen *v* build, construct, make, structure

bauend *adj* making

Bauer *m* farmer

~n•haus *nt* farmhouse

~n•hof *m* farm

Bau | erwartungs•land *nt* land shortly to be made available for building

~fach *nt* building trade

≗fällig *adj* badly dilapidated, ramshackle, unsafe

~fälligkeit *f* badly dilapidated state, bad state of dilapidation

~firma *f* building firm, construction firm

~fläche *f* development zone

~freiheit *f* operational freedom of building, operational freedom of construction

~frei•stellungs•verordnung *f* building release regulation

~gebiet *nt* building area, built use zone

~ *nt* green-field site
{in der freien Landschaft}

~genehmigung *f* building permit, construction permit,
{in Dtschl. die baurechtliche Genehmigung für Neubauten, Erweiterungsbauten und bestimmte Umbauten}

~~ *f* planning permission
{in England die Genehmigung auf einem bestimmten Grundstück ein Haus detailliert planen und bauen zu dürfen}
allgemeine ~: outline planning permission

~~s•verfahren *nt* planning permission procedure
{Prüfverfahren, ob ein Bauantrag mit der Bauleitplanung vereinbar ist, und ob die geltenden sonstigen Rechtsvorschriften eingehalten werden}

~gesellschaft *f* development company

~gesetz•buch *nt* building code, building statute book

~gewerbe *nt* building trade

~grenze *f* set-back line

~grube *f* excavation

~grund•stück *nt* building plot, development site

~holz *nt* (building) timber

~ingenieur /~in *m/f* building engineer

~~wesen *nt* civil engineering, construction engineering

~kosten *f* building costs, construction costs

~land *nt* building ground, building land

~~ausweisung *f* classification of building sites

~~erschließung *f* building site preparation, site development

~lärm *m* building noise, construction noise, noise from building work, noise from construction

~~schutz *m* building noise protection, construction noise control

~~~gesetz *nt* building noise act

~last *f* obligation to construct

~lasten•verzeichnis *nt* register of the obligation to construct

~leiter /~in *m/f* clerk of the works

~leit•plan *m* building supervision plan, overall land development plan

~leit•planung *f* building supervision planning, general building planning, urban land use planning
{Planung der baulichen und sonstigen Nutzung von Grundstücken zur Ordnung der städtebaulichen Entwicklung}

~planungs•verfahren *nt* building supervision planning procedure

baulich *adj* architectural, structural

Bau•linie *f* building line

Bau•lücke *f* vacant lot

Baum *m* tree

auf Bäumen lebend: arboreal ***adj***

~ des Jahres: tree of the year

junger ~: sapling

krummer ~: wiggly tree

≗ähnlich *adj* arborescent

~alter *nt* tree age

Bau•mangel *m* failure of the building

Baum•art *f* tree species

hartlaubige ~: sclerophyllous species

Dtsch. Syn.: sklerophylle Baumart

{immergrüne Baumart mit harten, ledrigen Blättern}

schnellwachsende ~: fast-growing tree species, quick-growing tree species

{die am raschesten wachsenden Baumarten}

~en•wahl *f* choice of tree species

{Auswahl von Baumarten, mit denen verjüngt oder die gefördert werden sollen}

baum•artig *adj* arborescent

Bau | maschine *f* building machinery, construction machinery

~massen•zahl *f* cubic index

~maßnahme *f* building project

~material *nt* building material

Baum | ausheber *m* tree lifter

~bestand *m* forest stand, timber stand

≗bestanden *adj* arborescent

≗bewohnend *adj* arboreal, tree-dwelling

Bäumchen•bakterien *pl* zoogloea

{in polytrophem Wasser, vor allem Abwasser, lebende, in durchsichtigen Schleimmassen eingebettete Bakterien ungleicher systematischer Gruppen von bäumchenartiger Wuchsform}

durch ~ gebildet: zoogloeal, zoogloeic ***adj***

Baum | chirurg *m* tree doctor, tree surgeon

~chirurgie *f* tree surgery

~durch•messer *m* tree diameter

~epi•phyt *m* tree epiphyte

~fäller *m* lumberjack

~fäll•maschine *f* tree felling machine

~fällung *f* tree felling

~farn *m* tree-fern

~form *f* tree form

≗förmig *adj* arborescent

~form•zahl *f* tree form factor

≗frei *adj* having no trees

~garten *m* tree garden

~gestalt *f* tree shape

~grenze *f* timber line, tree line

{Höhengrenze im Gebirge, oberhalb derer keine Bäume vorkommen (können)}

~~ *f* tree limit

{horizontale geografische Grenze, jenseits derer keine Bäume vorkommen (können)}

~grün *nt* tree foliage

~hack•maschine *f* tree chipper

~harz *nt* tree resin

~hecke *f* tree wall

~heide *f* tree heath

~höhe *f* tree height

~höhle *f* tree cavity

~holz *nt* standing timber, timber stand

{forstliche Altersklasse nach dem Stangenholz mit Oberdurchmesser von 20 cm und mehr}

mittleres ~~: middle-aged timber tree

{mit Oberdurchmesser von 35-50 cm}

schwaches ~~: young timber tree

{mit Oberdurchmesser von 20-35 cm}

starkes ~~: old timber tree

{mit Oberdurchmesser über 50 cm}

~~alter *nt* tree stage

~klasse *f* tree class

{Einheit der Einteilung von Bäumen nach verschiedenen Kategorien}

~kluppe *f* tree calliper

~krankheit *f* tree disease, tree sickness

~kratzer *m* tree scraper

~krone *f* (tree) crown, tree top

~kultur *f* arboriculture

{Lehre vom Baumanbau}

≗los *adj* treeless

~obst *nt* tree fruit

~~ernte *f* tree fruit harvest

~pflanzung *f* tree plantation, tree planting

~pflege *f* tree care, tree conservation

~rinde *f* (tree) bark

~rode•maschine *f* tree-dozer

~sämling *m* tree seedling

~savanne *f* tree savanna

~schaden *m* damage to trees

~scheiben•platte *f* tree-base flagstone

~schere *f* pruner

~schicht *f* overstorey, overwood, tree layer

~schnitt *m* pruning

~~gerät *nt* tree pruner

~schule *f* arboriculture, (tree) nursery

~schutz *m* tree preservation, tree protection, tree shelter

~~gebiet *nt* tree sanctuary

~~satzung *f* tree preservation bye-law

~~verordnung *f* tree preservation order, tree protection regulation

Engl. Abk.: TPO

{in Großbritannien im Sinne einer Baumschutzanordnung gebraucht}

~stamm *m* bole, log, (tree) trunk

~steppe *f* tree steppe

{Steppe mit vereinzelten Bäumen in der Übergangszone von Wald zur Steppe}

~sterben *nt* dieback

~stumpf *m* stool, tree-stump

~stütze *f* tree brace

~terrasse *f* orchard terrace

{beim Obstbau in hängigen Lagen}

~wert *m* value of trees

~wolle *f* cotton

{wird aus dem Samenhaar der Baumwollpflanze gewonnen, besteht fast vollständig aus Zellulose}

~woll•abfall *m* waste cotton

~woll•lunge *f* byssinosis

~wurzel *f* tree root

Bau | nivellier *m* dumpy level, quickset level

~nutzungs•verordnung *f* land use ordinance, ordinance on utilization of buildings

~ordnung *f* building by-law, building code, building regulation

{in Dtschl. von den Bundesländern erlassene Gesetze, welche die Durchführung von Baumaßnahmen regeln}

~~s•behörde *f* building agency, building authority

~~s•recht *nt* building code regulation

~physik *f* physics of construction

~plan *m* allocation plan, building plan, construction plan

~planung *f* building design

~~s•recht *nt* construction planning law

~platz *m* site for building, site for construction

~polizei *f* building inspectorate

~preis *m* building costs

~prüfung *f* constructive testing, structural testing

~~s•verordnung *f* constructive testing regulation

~recht *m* building law, building rights, planning laws and building regulations
~rest•masse *f* building material debris, construction remainder materials
~ruine *f* building abandoned only half-finished
~schaden *m* structural damage
~schutt *m* building rubble, building waste, demolition waste
{feste Abfallstoffe, die bei Gebäudeabbruch anfallen und überwiegend aus mineralischen Stoffen bestehen}
~~aufbereitung *f* building site rubble processing
~~deponie *f* garbage dump for demolition rubble
~~entsorgung *f* disposal of rubble
~~recycling *nt* recycling of building waste
~stahl *m* structural steel
~stein *m* brick
{im übertragenen Sinn gebraucht für Maßnahmen, die Teil eines größeren Vorhabens sind}
ökologische ~~e: ecological bricks
~~ *m* building stone
~stelle *f* building site, construction site
~~ *f* road-works
{Straßenbaustelle}
~~ *f* site of engineering works
{Eisenbahnbaustelle}
~~n•abfall *m* building site waste, construction waste, residual construction material
~stoff *m* building material, construction material
regionstypischer ~~: vernacular material
~~industrie *f* building materials industry
~~recycling *nt* recycling of building materials
~~~anlage *f* recycling plant for building materials
~stopp *m* suspension of building work
~substanz•untersuchung *f* examination of the condition of buildings
~tätigkeit *f* building activity, construction
~technik *f* civil engineering, structural engineering
°technisch *adj* constructional, structural
°~ *adv* constructionally, structurally
°~ gesehen : constructively ***adv***
~überwachung *f* construction supervision
~unternehmen *nt* building firm
~unternehmer /~in *m/f* builder, building contractor, constructor, developer
~verbot *nt* building ban, embargo on construction, prohibition on construction
~vertrag *m* building contract
~~s•recht *nt* building contract law
~vorhaben *nt* building project, construction project
~vorschriften *pl* building regulations, construction regulations
~weise *f* method of building, method of construction, structure, type of construction
geschlossene ~~: closed coverage type
offene ~~: open coverage type
~werk *nt* building, structure
~~s•abdichtung *f* sealing of buildings
~~s•volumen *nt* volume of dam
{Volumen eines Absperrbauwerks}
~wesen *nt* building construction
~wirtschaft *f* building industry, construction industry
~zaun *m* site fence
~zeichnung *f* construction drawing
~zeit *f* construction time
Bauxit *nt* bauxite
{mineralisches Gemenge aus Aluminium- und Eisenmineralien; Ausgangsstoff zur Herstellung von Aluminium}
bazillär *adj* bacillary
Bazillus *m* bacillus
Bazillen *pl* bacilli
beabsichtigen *v* aim
beachten *v* pay attention, regard
Beachtung *f* notice, observance, regard
Beamt | er /~in *m/f* civil servant,
{Staatsbeamte}
~ | er /~in *m/f* official
höhere(r) ~~: senior official ***f/m***
~en•apparat *m* bureaucracy
~en•schaft *f* bureaucracy
Beanstandung *f* complaint
~s•häufigkeit *f* objection rate, rejection rate
beantragen *v* apply for, request
bearbeiten *v* cultivate
{den Boden}
~ *v* process
{verarbeiten}
~ *v* shape
{formen}
Beaufort•skala *f* Beaufort scale
{Skala der Windstärke von 1-12}
beaufsichtigen *v* warden
beaufsichtigend *adj* supervising
Beauftragte /~r *f/m* commissioner
bebaubar *adj* arable
bebauen *v* farm
{landwirtschaftlich nutzen}
Land ~: work the land
bebaut *adj* built-up
Bebauung *f* building development, cultivation
~s•dichte *f* building density, density of development, housing density
~s•genehmigung *f* building licence, construction permit
~s•plan *m* (local) development plan
{setzt Art und Umfang der baulichen Nutzung für einen Teilbereich eines Gemeindegebietes verbindlich fest}
einfacher ~~: simplified local development plan
qualifizierter ~~: detailed local development plan
~~kontrolle *f* development plan control
~s•tiefe *f* depth of development
Beben *nt* tremor, vibration
° *v* vibrate
bebend *adj* quaking, vibrating
Becher•werks•förderer *m* bucket conveyor
Becken *nt* pond
{Wasserbecken}
~ *nt* basin
{geologisch}
~ *nt* lagoon (Am)
{zur Abwasserreinigung}
~folie *f* foil for reservoir
~raum *m* reservoir
{Raum zwischen Talmulde und einer gedachten Ebene in Höhe der Krone eines Absperrbauwerks}
~überlauf *m* tank overflow structure
{vor einem Regenüberlaufbecken angeordneter Überlauf, der nach dessen Füllung anspringt}
Becquerel *nt* becquerel
{Maß für die Radioaktivität eines Stoffes, entspricht 1 Zerfall/Sekunde; Abk.: bq}

Bedarf *m* demand, need, requirement

~s•analyse *f* analysis of requirement, demand analysis, need analysis

~s•deckung *f* meeting the demand, satisfaction of demand

~s•gegenstand *m* commodity, requisite

bedecken *v* blanket

bedeckt *adj* overcast
{*~er Himmel*}

Bedeckt•samer *pl* angiosperms

Bedeckung *f* cover

Bedenken *pl* reservation

bedeuten *v* pose

bedeutend *adj* major

bedeutsam *adj* important, significant, strategic, strategical

Bedeutsamkeit *f* significance

Bedeutung *f* bearing, importance, meaning, significance
von ausschlaggebender ~: of major importance

~s•gleichheit *f* equivalence

bedienen *v* tend
{*eine Maschine ~*}

Bedienungs | anleitung *f* directions for use

~ *f* leaflet
{*Beipackzettel*}

~kraft *f* operator

Bedingung *f* condition, stipulation, term
aerobe ~: aerobic condition
mikroklimatische ~: microclimate conditions

bedrohen *v* endanger, menace, threaten

bedrohlich *adj* dangerous, threatening

bedroht *adj* endangered, threatened, vulnerable

Bedrohung *f* threat

Bedrucken *nt* printing

bedruckt *adj* printed

Bedürfnis *nt* need, requirement, want
artikulierte ~se: articulated needs
elementare ~se: basic needs
menschliche ~se: human requirements

Bedürftigkeit *f* need

beeinflussbar *adj* malleable, melleable

beeinflussen *v* affect, influence
versuchen zu ~: lobby ***v***

beeinflusst *adj* affected, influenced

beeinträchtigen *v* detract (from), spoil
{*Freude oder Vergnügen ~*}

~ *v* diminish
{*einen Wert ~*}

~ *v* damage, harm, jeopardize
{*gefährden*}

~ *v* impair
{*Qualität, Reaktion, Effizienz, Gehör*}

~ *v* restrict
{*die Aussicht ~, die Freiheit ~*}

beeinträchtigt *adj* damaged, impaired, restricted, spoiled

Beeinträchtigung *f* damage, detracting, diminution, harm, impairment, restriction, spoiling
~ von Natur und Landschaft: impairment of nature and landscape

beenden *v* complete, determine, end, stop, terminate

~ *v* fulfil, fulfill (Am)
{*eine Arbeit ~*}

Beendigung *f* conclusion, completion, end

Beerdigung *f* burial

Beere *f* berry

Beeren•obst *nt* berries

Beet *nt* bed
{*Blumenbeet*}

~ *nt* plot
{*Gemüsebeet*}

~pflug *m* mouldboard plough

Befall *m* infestation
{*mit Parasiten*}

befallen *adj* diseased

~ *v* infest
{*mit Parasiten*}

befehlen *v* order

befestigen *v* attach, fasten, pave

befestigt *adj* paved

Befestigung *f* attachment, fastening, fixing

~ *f* making up
{*~ eines Weges*}

~ *f* revetment, stabilization
{*Ufer-, Deichbefestigung*}

~s•grad *m* proportion of paved area
{*Verhältnis der befestigten Fläche zum angeschlossenen Entwässerungsgebiet*}

befeuchten *v* humidify

Befeuchter *m* humidifier

Befeuchtungs | anlage *m* humidifier

~bereich *m* wetting zone

~front *f* wetting front

befeuert *adj* fired

Befolgung *f* observance

befördern *v* advance, promote

befördernd *adj* conveying

Beförderung *f* advancement, promotion

~ *f* shipment, transportation
{*~ von Gütern*}

~s•überwachung *f* transport supervision

befrachten *v* freight

befranst *adj* fringed

befreien *v* exempt
{*z.B. von Vorschriften*}

Befreiung *f* exemption

Befriedigung *f* satisfaction

befruchten *v* fertilize

befruchtet *adj* fertile

Befruchtung *f* fertilization, insemination, pollination
künstliche ~: artificial insemination
Engl. Abk.: AI

Befugnis *f* authorisation, power

befugt *adj* empowered

begabt *adj* able, gifted, talented

Begabung *f* ability, apitude, endowment, talent(s), vocation

Begasen *nt* gassing

Begasung *f* fumigation

~s•mittel *nt* fumigant

Begebenheit *f* episode, incident

begehrt *adj* desired

begeistert *adj* fired

Beginn *m* beginning

beginnend *adj* incipient

Begleit•dokument *nt* accompanying document

begleitend *adj* accompanying, concomitant

Begleiter /~in *m/f* companion

Begleit | erscheinung *f* concomitant

~frucht *f* companion crop

~papiere *pl* consignment notes

~schein *m* dispatch note, movement form, tracking form

begraben *adj* buried

Begräbnis *nt* burial

begradigen *v* align, channelize, straighten

Begradigung *f* channelizing, correction, regulation

begrenzen *v* limit, regulate

~ *v* delimit
{*ein Gebiet ~*}

begrenzt *adj* exhaustible, finite

Begrenzung *f* delimitation, limit, limitation
~ *f* perimeter
{*äußere ~*}
~s•deich *m* border dike
~s•graben *m* border ditch
Begriff *m* term
~s•bestimmung *f* definition
begründend *adj* aetiological, constituting
begründet *adj* fair
Begründung *f* initiation, promotion
Begrünung *f* greening, sodding
begrüßen *v* welcome
Begüllung *f* slurry application
behaart *adj* hairy
Behalten *nt* keeping
Behälter *m* case, container, receptacle, reservoir, tank, vessel
~ **für radioaktiven Abfall:** radioactive waste container
~deponie *f* container dumping
~pumpe *f* reservoir pump
~system *nt* container system
Behältnis *nt* receptacle
behandeln *v* process, treat
behandelt *adj* treated
Behandlung *f* medication
{*medizinische Behandlung*}
~ *f* treatment, usage
~s•anlage *f* treatment plant
Behauchung *f* aspiration
Behauptung *f* statement
beheimatet *adj* indigenous
behelfsmäßig *adj* temporary
beherbergen *v* lodge
beherrschen *v* master
{*die Natur ~*}
behindern *v* hamper, impede
behindert *adj* impeded
Behinderte *pl* disabled
~n•abzeichen *nt* disabled badge
Behinderung *f* hindrance
{*aktive ~*}
~ *f* obstruction
{*Blockierung*}
Behörde *f* agency, authority, board, department
~n•apparat *m* administrative apparatus
~n•bestätigung *f* official confirmation
behördlich *adj* administrative, governmental, official
~ *adv* governmentally, officially
~ **genehmigt:** concessional ***adj***
~er•seits *adv* by the authorities
{*durch die Behörde*}
~~ *adv* on the part of the authorities
{*seitens der Behörde*}
behuft *adj* hoofed
behutsam *adv* gently
beibehalten *v* retain
beibehaltend *adj* retaining
beiderseitig *adj* mutual
Beifahrer /~in *m/f* passenger
Beifang *m* by-catch
beigeordnet *adj* associate
Beigeschmack *m* tincture
Beikraut *nt* associated plant, companion species
beilegen *v* reconcile, settle
{*Meinungsverschiedenheit ~*}
Beileitung *f* collecting works
{*Anlage zur Vergrößerung des natürlichen Einzugsgebietes*}
Beimengungen *pl* constituents
Beirat *m* advisory board, advisory body, advisory committee
Beisetzung *f* burial
Beispiel *nt* example
beispielhaft *adj* exemplary
Beispiel•material *nt* illustrative material
beißend *adj* cutting
Beitrag *m* article, contribution
beitragen *v* contribute
Beitrags•recht *nt* law of public charges
beitreten *v* intervene
Beiwert *m* coefficient
Beize *f* hawking
Beizen *nt* pickling
{*Behandlung von Leder oder Metall*}
≗ *v* hawk
{*Beizjagd ausüben*}
Beizerei *f* pickling installation, pickling plant
Beiz | jagd *f* hawking
~mittel *nt* corrosive fluid, pickling agent
bekämpfen *v* combat, dispute, fight
Bekämpfung *f* abatement, battle, control, fighting
~ **der Armut:** alleviation of poverty
Gesellschaft zur ~ von Lärm: Noise Abatement Society
bekannt *adj* noted
~ geben *v* gazette
{*amtlich bekannt geben*}
Bekanntgabe *f* announcement, notification
bekanntgeben *v* announce
Bekanntmachung *f* notification
Beklagte /~r *f/m* accused, defendant
beködern *v* bait
bekommen *v* obtain
bekräftigen *v* reaffirm
Bekräftigung *f* endorsement, reaffirmation
beladen *v* load, pile
Beladungs•diagramm *nt* operating diagram
Belang *m* concern
öffentlicher ~: public concern
belanglos *adj* extraneous, petty, trivial
belastbar *adj* able to withstand stress, resilient, tough
die Umwelt ist nicht weiter ~: the pressure on the environment have become intolerable
Belastbarkeit f bearing capacity
~ *f* load capacity
{*eines Gewässers*}
~ *f* resilience
{*Widerstandsfähigkeit*}
~ *f* stress tolerance
{*Fähigkeit eines Systems, einen gewissen Grad an Belastungen zu ertragen, ohne seine Überlebensfähigkeit zu verlieren*}
~ *f* stress tolerance level
{*Größenordnung der Belastbarkeit als Fähigkeit eines Systems*}
~s•grenze *f* carrying capacity
belasten *v* burden, incrimate, load, pollute, put pressure on, stress, weight
kritisch belastet: critically polluted
Belästigung *f* annoyance, nuisance
{*die unerwünschte Beeinflussung menschlichen Erlebens und Verhaltens*}
~ **durch Insekten:** being bothered by insects
~s•schwelle *f* nuisance threshold
~s•wirkung *f* annoyance effects
Belastung *f* burden
~ *f* load, loading
kritische ~: critical load
{*oberste Verschmutzungsgrenze, bei der keine dauerhaften Umweltschäden entstehen*}
ökologische ~: ecological load
~ *f* charge, pollution
thermische ~: thermal pollution

~ *f* stress
{Einwirkung eines Umweltfaktors auf ein System, die bei diesem zu Reaktionen führt}

~ *f* strain
{Überbelastung}

~s•analyse *f* loading test, static test

~s•bereich *m* load range

~s•faktor *m* load factor, stress factor

~s•gebiet *nt* affected area, polluted area
{Gebiet, in dem Verunreinigungen der Umwelt auftreten oder zu erwarten sind}

~s•grenze *f* critical load
{größter Belastungswert, der noch keine dauerhaften Umweltschäden verursacht}

~s•kataster *nt* load register

belaubt *adj* leafy
{dicht belaubt}

Belaubung *f* foliage, leafing

belebt *adj* activated, living

≗schlamm *m* activated sludge
{aus ein- und mehrzelligen Kleinlebewesen bestehender Schlamm im Belebungsbecken einer Kläranlage}

≗~anlage *f* activated sludge plant
{biol. Abwasserreinigungsanlage, in der sich schmutzabbauende Bakterien und Kleinlebewesen nicht auf festen Flächen ansiedeln, sondern frei im Wasser schwebende Flocken bilden}

≗~atmungs•hemm•test *m* activated sludge respiration inhibition test

≗~becken *nt* activated sludge tank

≗~flocken *pl* activated sludge floccoli

≗~verfahren *nt* bioaeration

Belebungs | anlage *f* activated sludge plant
Dtsch. Syn.: Belebtschlammanlage

~becken *nt* aeration tank
{Bauwerk, in dem belebter Schlamm in Schwebe gehalten und unter Sauerstoffaufnahme organische Substanz abgebaut wird}

~verfahren *nt* activated sludge process, bio-activation
{Verfahren der biologischen Abwasserreinigung, bei dem belebter Schlamm mit Abwasser durchmischt und anschließend wieder abgetrennt wird}

belegen *v* overlay

beleibt *adj* bulky

beleidigen *v* insult, offend

beleidigend *adj* offensive
auf ~e Weise: offensively *adv*

Beleidigung *f* insult

Beleuchtung *f* illumination, lighting

~s•anlage *f* illumination system, lighting equipment, lighting installation

~s•stärke *f* illumination intensity

beliefern *v* supply

Belieferung *f* stocking

Beliehene /~r *f/m* lender

belohnen *v* recompense, remunerate

Belohnung *f* remuneration, reward

belüften *v* aerate, ventilate

belüftend *adj* aerating, ventilating

Belüfter *m* ventilation system

~platte *f* air diffuser

belüftet *adj* ventilated

Belüftung *f* aeration
{Anreicherung des Wassers oder eines Gewässers mit Luft oder reinem Sauerstoff}

~ *f* airing, ventilation

~s•anlage *f* aeration plant, aerating system

~s•einrichtung *f* aeration plant, ventilation equipment, ventilation system

~s•grad *m* air space ration

bemerken *v* notice

bemerkenswert *adj* striking

Bemessen *nt* rating
~ **von Konstruktionen:** rating of constructions

Bemessung *f* calculation

~s•durchfluss *m* design discharge

~s•grund•lage *f* assessment basis, basis for assessment

~s•hochwasser *nt* design flood
{maximale Abflussmenge in einer bestimmten Wiederholungszeitspanne, für den eine Stauanlage bemessen wird}

~s•regen *m* design stormwater

~~spende *f* design rainfall intensity
{Regenspende nach der Bauteile einer Abwasseranlage bemessen werden}

~s•wasserstand *m* storm tide water level for dike design
{Wasserstand, der als Grundlage für die Bemessung von Hochwasserschutz- und Küstenschutzanlagen festgelegt wird}

bemühen *v* endeavor (Am), endeavour, make an effort, try
{sich ~}

Bemühung *f* effort, endeavor (Am), endeavour

benachbart *adj* adjacent

benachrichtigen *v* notify

benannt *adj* named, notified
~e Stelle: notified body

Benennen *nt* naming

≗ *v* name

benetzen *v* dampen, moisten

benetzt *adj* wetted

Benetzungs | mittel *nt* wetting agent

~widerstand *m* water repellence

benötigen *v* need
dringend benötigt: much-needed

Benthal *nt* benthal
{der Gewässergrund als Lebensraum, bei tiefen Gewässern in Litoral und Profundal unterteilt}

benthisch *adj* benthic

Benthon *nt* benthic organisms, benthon, benthos, bottom fauna
Dtsch. Syn.: Benthos

benthonisch *adj* demersal
{am Gewässergrund lebend}

Benthos *nt* benthic organisms, benthon, benthos, bottom fauna
{Gesamtheit der in der Bodenzone eines Gewässers lebenden Organismen}

Bentonit *m* bentonite
{Tonart, die zur Abdichtung von Erddämmen und Deichen verwendet wird}

Benutzen *nt* using

Benutzer•vorteil *m* user advantage
{Kaufanreiz vor allem für umweltfreundliche Produkte}

Benutzung *f* use

~s•gebühr *f* charge, user fee

~s•ordnung *f* utilization regulation

~s•zwang *m* compulsory use, constraint for use

Benzin *nt* benzine, gas (Am), gasoline (Am), motor spirit (Br), petrol
{Mineralölprodukt, das u.a. als Kraftfahrzeugtreibstoff, Brennstoff und Lösemittel Verwendung findet}
~ **mit niedriger Oktanzahl:** low-grade petrol
bleifreies ~: lead-free petrol, unleaded petrol
Bleigehalt im ~: lead content in petrol

verbleites ~: leaded petrol

~abscheider *m* gasoline separator, gasoline trap, petrol separating plant, petrol separator

~-Blei-Gesetz *nt* lead-in-petrol law

~dampf *m* gasoline vapour, petrol vapour

~~rück•gewinnungs•anlage *f* gasoline vapour recovery plant

~leitung *f* fuel pipe

~motor *m* petrol engine

~pumpe *f* fuel pump

~verbrauch *m* fuel consumption

Benzol *nt* benzene

~vergiftung *f* benzolism

beobachten *v* monitor

Beobachtung *f* observation, sighting

~s•brunnen *m* monitoring well, observation well, pilot well, sampling hole (Am)

~s•stand *m* hide

bepflanzen *v* plant

neu ~: replant ***v***

Bepflanzung *f* plantation, planting

Berapp *m* rendering

{rauer Verputz}

Berasung *f* sodding, turfing

beratend *adj* advisory

Berater /~in *m/f* extension agent, extension officer, extensionist

{landwirtschaftlicher ~}

~ *m/f* advisor, consultant

~stab *m* think tank

Beratung *f* advice, consultancy, consultation, consulting

geotechnische ~: geotechnic consulting

~ *f* extension

{landwirtschaftliche ~}

~s•dienst *m* advisory service, extension agency, extension service

{landwirtschaftlicher ~~}

~s•gremium *nt* advisory group

~s•inhalt *m* extension message

~s•tätigkeit *f* consultancy work

berechnend *adj* computing

Berechnung *f* calculation, evaluation, quantification

schalltechnische ~: sonics calculation

~s•verfahren *nt* calculation method

berechtigen *v* entitle

berechtigt *adj* authorized, just, justified, legitimate, rightful

Berechtigte /~r *f/m* authorized person

Berechtigung *f* entitlement, legitimacy, right, warranty

ohne ~: non-warranty ***adj***

~s•schein *m* authorization, pass

beregnen *v* irrigate

Beregnung *f* overhead irrigation, sprinkler irrigation

Bereich *m* area, scope, segment

bereichern *v* enrich

Bereitschaft *f* willingness

Bereitstellen *nt* provision, supply

≗ *v* provide, supply

Bereitstellung *f* providing, provision

bereitwillig *adj* prompt

~ *adv* readily

Berg *m* mountain

~ *m* fell

{mit Moor im Norden Englands}

Berg•bau *m* mining, mining industry

~abfall *m* mining waste

{Abfall, der bei Erschließung und Abbau von Bodenschätzen anfällt}

~berechtigung *f* mining rights, permission to mine

~folge | landschaft *f* landscape following mining activities, landscape resulting from the reclamation of mined areas

~~schaden *m* adverse effect by mining

~gebiet *nt* mined area, mining district

~ingenieur•wesen *nt* mining engineering

Berg•behörde *f* mining agency, mining authority

Berge | gut *nt* salvage

~lohn *m* salvage

bergen *v* salvage

Bergerhoff•gefäß *nt* Bergerhoff gauge, Bergerhoff sampler

Berg | gebiet *nt* mountain (area)

~hang *m* mountainside, mountain slope

bergig *adj* hilly, mountainous

Bergius-Pier-Verfahren *nt* Bergius-Pier process

{Verfahren der Hochdruckhydrierung von Kohle}

Berg | kette *f* mountain range

~krankheit *f* mountain sickness

~kristall *m* rock crystal

~mann *m* miner, mine worker

~recht *nt* mining law

~rettung *f* mountain rescue

~~s•station *f* mountain rescue post

~schaden *m* damage due to mining operations, mining damage

~~s•anspruch *m* claim for mining damage

~see *m* tarn

{kleiner Bergsee im Lake District}

~steigen *nt* mountaineering

~steiger /~in *m/f* crag, mountaineer

Britischer ~~verband: British Mountaineering Council

~sturz *m* boulder slide, rockfall, rock slide

Bergung *f* salvage

~s•ausrüstung *f* salvage equipment

Berg | verordnung *f* mining order, mining regulation

~wacht *f* mountain rescue

~wald *m* alpine forest, mountainous forest

~werk *nt* mine

~wiese *f* mountain pasture

Bericht *m* dispatch, report

Berichten *nt* reporting

≗ *v* report

berieseln *v* irrigate

Berieselung *f* irrigation

beringen *v* ring

Beringung *f* ringing

Berme *f* berm

{Stufe an einer aufgeschütteten Böschung zur Aufnahme und Ableitung von Oberflächenabfluss und zur Erhöhung der Böschungsstabilität}

Bern *nt* Berne

{schweizer Stadt}

Berner Konvention *f* Berne Convention

{1979 geschlossenes Übereinkommen über die Erhaltung der europäischen wild lebenden Pflanzen und Tiere und ihrer natürlichen Lebensräume}

Berst | scheibe *f* bursting disc

~sicherung *f* safety precautions for bursting

~versuch *m* bursting test

berücksichtigen *v* regard, take into account

Berücksichtigung *f* consideration, taking into account

bei ~ aller Umstände: taking all the circumstances into account

~ **geschlechtsspezifischer Unterschiede:** gender mainstreaming

Beruf *m* job, occupation, profession, vocation

berufen *v* appoint

beruflich *adj* occupational, professional, vocational

Berufs | ausbildung *f* vocational education

≗bedingt *adj* occupational

≗bezogen *adj* vocational

~bild *nt* job description, professional specification and qualification

~bildung *f* vocational training

~~s•gesetz *nt* vocational training law

~ethos *nt* ethics

~fach•schule *f* technical high school

~förderung *f* occupational promotion, vocational advancement

~freiheit *f* occupational freedom

~genossenschaft *f* [professional association having liability for industrial safety and insurance]

~gruppe *f* occupational group

~krankheit *f* industrial disease, occupational disease

{durch Einwirkungen am Arbeitsplatz verursachte Erkrankung}

~leben *nt* working life

aus dem ~ ausgeschieden: retired ***adj***

~schule *f* technical college, vocational college

~verkehr *m* commuter traffic

~wahl *f* choice of profession, vocational choice

Berufung *f* appeal

{Einspruch vor Gericht}

~ **einlegen:** lodge an appeal, appeal against ***v***

in die ~ gehen: appeal ***v***

~ *f* vocation

~s•frist *f* period allowed for an appeal

~s•gericht *nt* appeal court, court of appeal

~s•instanz *f* appeal court, court of appeal

~s•verfahren *nt* appeal procedure, appeal proceedings

beruhigen *v* steady

beruhigend *adj* stilling

beruhigt *adj* settled

Beruhigungs•becken *nt* stilling basin, stilling pond, stilling pool

berühmt *adj* famous, noted

berühren *v* have contact

Berührung *f* contact

Berylliose *f* berylliosis

{Vergiftung durch Einatmen von Berylliumoxid-Staub}

Besatz *n* stocking

~stärke *f* stocking density, stocking rate

{~~ von Weidevieh}

beschädigen *v* damage

Beschädigung *f* deterioration

Beschaffen•heit *f* composition, condition, nature, state, texture

Beschaffung *f* getting, obtaining, procurement

öffentliche ~: public procurement

umweltfreundliche ~: environmental friendly procurement

beschäftigen *v* bother

{mit Problemen oder Fragen}

Beschäftigung *f* employment

~s•effekt *m* employment level effect, occupational effect

~s•förderung *f* job creation

~s•politik *f* employment policy, occupational policy

~s•struktur *f* occupational structure

beschatten *v* shade

beschattet *adj* shaded

Beschattung *f* shading

Bescheid *m* administrative decision

bescheinigen *v* certify

Beschichtung *f* coating, lining

Beschilderung *f* signing

Beschirmung *f* canopy cover, shelter

{Überdeckung des Bodens oder niedrigerer Bestandesschichten durch Baumkronen}

~s•grad *m* canopy density

{Verhältnis der tatsächlich von Baumkronen überschirmten Fläche zur Gesamtfläche}

Beschlag *m* condensation

{Feuchtigkeit auf kalter Oberfläche}

~nahme *f* confiscation, seizure

≗nahmen *v* appropriate, confiscate, impound, seize

≗nahmt *adj* confiscated, impounded

beschleunigen *v* accelerate, forward

beschleunigend *adj* forwarding

beschleunigt *adj* accelerated

Beschleunigung *f* acceleration

~s•aufnehmer *m* acceleration sensor

Beschluss *m* order

~fassung *f* decision-making

beschönigen *v* varnish

beschränken *v* limit, restrict

Beschränkung *f* limitation

Beschreibung *f* description

beschriften *v* label, letter

Beschuldigte /~r *f/m* accused

beschützen *v* protect

beschützend *adj* guarding

Beschwerde | führer /~in *m/f* appellant,

{~ gegen einen Entscheid}

~ *m/f* complainant

~recht *nt* right of appeal

~verfahren *nt* appeal procedure

beschweren *v* weight

beschwichtigend *adj* stilling

beseitigen *v* clear, dispose (of), eliminate, remove, stamp out

beseitigend *adj* eliminating, extinguishing

Beseitigung *f* clearance, disposal, elimination, removal

~s•anordnung *f* removal order

~s•anspruch *m* demand for removal, right for clearing

~s•pflicht *f* compulsory disposal, obligatory removal

besichtigen *v* tour

Besichtigung *f* tour

~s•fahrt *f* sightseeing tour

besiedeln *v* colonise (Br), colonize, inhabit, populate

besiedelt *adj* populated, settled

dicht ~: densely populated

Besiedler *m* coloniser (Br), colonizer

Besiedlung *f* colonisation (Br), colonization, inhabitation, invasion

menschliche ~: human inhabitation

besiegen *v* defeat, master

Besitz *m* estate, property

{Gut; große Grundstücksfläche mit Gebäude(n), die i.d.R. einen Besitzer hat}

~ *m* ownership

Dtsch. Syn.: Eigentum

~ *m* holding, keeping

~einweisung *f* assignment of ownership

besitzen *v* hold, own

Besitz•stand *m* tenure

besohlt *adj* soled

besondere /~r /~s *adj* exceptional, particular
besonders *adv* extra, particularly
besonnen *adj* prudent
~ *adv* prudently
Besorgnis•grundsatz *m* cause for concern
besprühen *v* spray
besprüht *adj* sprayed
Bessemer | -Verfahren *nt* Bessemer process
{Verfahren zur Stahlgewinnung, bei dem Luft durch das geschmolzene Metall geblasen wird}
~birne *f* Bessemer converter
Bestand *m* stand
{Pflanzenbestand, besonders Ansammlung von Bäumen oder landw. Kulturpflanzen von ausreichender Einheitlichkeit und Ausdehnung}
ausscheidender ~: thinnings ***n***
{Teil eines Bestands, der zur Entnahme im Zuge einer Durchforstung ansteht oder entnommen worden ist}
verbleibender ~: remaining stand, residual stand
{nach Durchforstung verbleibender Teil eines Bestandes}
~es•aufbau *m* stand structure
{die sich aus der vertikalen Gliederung und horizontalen Verteilung der Bäume und Sträucher eines Bestandes ergebende Struktur}
~~form *f* stand structure type
{Type des Bestandesaufbaus}
~es•höhe *f* stand height
{Mittel der Baumhöhen in einem Bestand}
~es•schicht *f* storey
{Schicht in einem Baumbestand}
~es•typ *m* stand type
{Zusammenfassung von Beständen gleicher oder sehr ähnlicher Bestockung}
beständig *adj* persistent, settled, stable, steady
Beständigkeit *f* constancy, persistence, stability
beständig sein *v* persist
Bestands | auffüllung *f* repopulating
~aufnahme *f* inventory (survey), stock-taking, take inventory (Am)
{Inventur}
~schutz *m* portfolio protection
Bestand•teil *m* component, constituent (part), item, matter
flüchtiger ~: volatile matter
schädlicher ~: noxious matter

bestanwendbar *adj* best practical
~e Möglichkeit: best practical mean
~e Möglichkeit im Hinblick auf die Umwelt: best practical environmental option
bestätigen *v* confirm, endorse, reaffirm, verify
Bestätigung *f* endorsement, reaffirmation, verification
Bestattung *f* burial
bestäuben *v* pollinate
Bestäuber *m* pollinator
Bestäubung *f* dusting, pollination
Beste *nt* prime
beste /~r, /~s *adj* best
~ verfügbare Technik: best available technology
bestehen *v* consist
~ aus: consist of ***v***
~ bleiben: persist ***v***
~ in: consist in ***v***
bestellen *v* cultivate, till
{ein Feld ~}
~ *v* order
Bestellung *f* cultivation, tillage, tilling
Besteuerung *f* taxation
bestimmen *v* condition, designate, determine
bestimmt *adj* conditioned, decisive
~ (für) *adv* destined (for)
Bestimmt•heit *f* firmness
~s•grundsatz *m* principle of sufficient specifity
Bestimmung *f* assignment
{Festlegung}
~ *f* analysis, determination, diagnosis
{Untersuchung}
organoleptische ~: organoleptic determination
{Ermittlung der Qualität oder Beliebtheit von Lebensmitteln mit Hilfe der menschlichen Sinnesorgane}
~ *f* clause, provision, regulation
{rechtliche ~}
~ *f* identification
{~ von Pflanzen und Tieren}
~s•buch *m* book for identification, identification guide
~s•grenze *f* limit of quantification
~s•methode *f* determination method
~s•schlüssel *m* identification guide
bestocken *v* afforest

{einen Wald durch Aufforstung einer bisher nicht bewaldeten Fläche begründen}
Bestockung *f* growing stock, stocking
{Baumbestand, der auf einer Waldfläche stockt}
~s•grad *m* stand density
{Verhältnis der tatsächlichen Anzahl von Bäumen in einem Bestand zu forstlichen Vergleichswerten}
bestrahlen *v* irradiate
Bestrahlung *f* irradiation, radiation treatment, radiotherapy
kurzfristige ~: acute exposure
~s•art *f* irradiation type
~s•mess•gerät *nt* radiation meter
~s•personal *nt* radiation staff
Überwachung des ~s: radiation staff monitoring
~s•risiko *nt* exposure hazard
bestreiten *v* dispute
bestürzend *adj* stunning
Besuch *m* visit
Besucher /~in *m/f* visitor
wiederkehrender ~: return visitor
~lenkung *f* visitor management
~profil *nt* visitor profile
~zahlen *pl* level of visitors
~zählung *f* visitor survey
~zentrum *nt* visitor's centre
Beta *nt* beta
~diversität *f* beta diversity
~strahlen *pl* beta rays
~strahlung *f* beta radiation
~-Teilchen *nt* beta particle
Betätigungs•feld *nt* scope
betäuben *v* overcome
betäubend *adj* anaesthetic, stunning
Betäubungs•mittel *nt* controlled drug, dangerous drug, narcotic
~gesetz *nt* narcotics act
Beta-Uran *nt* beta uranium
Beta-Zerfall *m* beta decay
beteiligen *v* include, involve
~ *v* participate
{sich ~}
beteiligt *adj* involved
~ sein an: share ***v***
Beteiligten•fähigkeit *f* legal partner's ability
Beteiligter *m* stakeholder
Beteiligung *f* involvement, participation
~ der Öffentlichkeit: public participation
finanzielle ~: co-financing

~s•demokratie *f* participatory democracy
~s•recht *nt* right of participation
Beton *m* concrete
~bau *m* concrete building,
~~ *m* concrete construction
{*Bauweise*}
~bunker *m* concrete bunker,
~~ *m* concrete box
{*abwertend*}
betonen *v* emphasise (Br), emphasize, focus, set priorities
betonieren *v* concrete
Betonierung *f* concreting
Beton | landschaft *f* concrete desert
~mischer *m* concrete-mixer
~pfosten *m* concrete post
~sanierung *f* concrete repair
~stein•industrie *f* concrete products industry
~träger *m* concrete beam
Betonung *f* emphasis
Beton•wüste *f* concrete desert
{*abwertend*}
betören *v* decoy
betrachten *v* consider, regard, survey
beträchtlich *adj* extensive
~ *adv* extensively
Betrachtung *f* survey
{*~ einer Landschaft*}
betragen *v* amount
betreffen *v* regard
betreffend *adj* relating
betreibend *adj* operating
Betreiber *m* operator
~pflicht *m* operator obligation
Betreten *nt* entry
unerlaubtes ~: trespassing ***n***
Betretungs•recht *nt* entry right, trespassing right
Betreuung *f* backstopping
~ *f* maintenance
{*technische ~*}
Betrieb *m* factory, enterprise, mill, operation, works
außer ~: idle ***adj***
Betriebs | anlage *f* plant
~art *f* silvicultural system
{*Methode der Bestandsbehandlung, die zu einer typischen Aufbauform des Waldes führt*}
~auslass *m* service outlet
{*Entnahmeanlage zur betrieblichen Nutzung gespeicherten Wassers*}
~daten *pl* operating data
~erfahrung *f* operating experience
~gefahr *f* danger in operating
~genehmigung *f* licence to production
~größe *f* size of firm
optimale ~~: optimum size of firm
~haushalt *m* farm budget
{*~~ eines landwirtschaftlichen Betriebes*}
~klasse *f* working circle
{*Einheit der waldbaulichen Planung*}
~kosten *pl* operating costs
{*~~ einer Firma*}
~~ *pl* continuing costs, running costs
~mittel *pl* inputs
~parameter *m* operating parameter
~plan *m* working plan
~planung *f* forest regulation, management planning
{*lang- und mittelfristige Planung der forstlichen Bewirtschaftung*}
~schließung *f* closing-down of firm
~struktur *f* business structure
~stunden•zähler *m* running-time meter
~verfassung *f* code of industrial relations
~~s•gesetz *nt* industrial relations law, labour management act
~verlagerung *f* work's shift
~verschluss *m* service gate
~vorschrift *f* operating instruction, service instruction
~wasser *nt* industrial water, utility water
Dtsch. Syn.: Brauchwasser
{*Wasser, das gewerblichen, industriellen, landwirtschaftlichen oder ähnlichen Zwecken dient*}
~~bedarf *m* industrial water requirement
~wirtschaft *f* business management, economics
~zeit•beschränkung *f* working time restrictions
~ziel *nt* object of management
{*technische Zielsetzung für den Forstbetrieb zur Erreichung des Wirtschaftszieles*}
Bett *nt* bed
{*Gewässerbett*}
beugen *v* arch
Beule *f* lump
~n•pest *f* bubonic plague
beunruhigen *v* disturb, worry
Beunruhigung *f* concern, worry
~ *f* worrying
{*von Wild oder Haustieren*}
Beurteilen *nt* gauging
~̥ *v* assess, evaluate, gauge
beurteilend *adj* gauging
Beurteilung *f* appraisal, assessment, estimation, evaluation
~s•pegel *m* assessment level
{*Lärmkenngröße, anhand derer die Geräuschbeurteilung vorgenommen wird*}
~~ *m* rating level
~s•spiel•raum *m* assessment leeway
Beute *f* haul, kill, prey
~ machen auf: prey on ***v***
~greifer *m* predator, predatory animal
Beutel•filter *m* bag filter
Beute•tier *nt* prey
bevölkern *v* inhabit, populate, settle
Bevölkerung *f* people, population
ländliche ~: rural people, rural population
Bevölkerungs | abnahme *f* decline in population
~dichte *f* population density
~druck *m* demographic pressure, population pressure
~entwicklung *f* demographic trend, population trend
~explosion *f* population explosion
~fragen *pl* population concerns
~gruppe *f* section of the population
~null•wachstum *nt* zero population growth
~politik *f* demographical policy, population policy
~programm *nt* population programme
~pyramide *f* population pyramid
~reaktion *f* community reaction
~rückgang *m* decrease in population, population decrease, population reduction
~schicht *f* segment of society, stratum of society
~schwund *m* decline in population
~statistik *f* demography
~struktur *f* demographic structure, population structure

~überschuss *m* population surplus
~voraus•schätzung *f* population forecast
~wachstum *nt* population growth, population increase
natürliches ~: natural increase
~wissenschaft *f* demography
~zahl *f* population
~zunahme *f* increase in population, population increase
~zuwachs *m* increase in population, population growth, population increase
~~rate *f* rate of population growth
bevollmächtigen *v* authorize, give the power of attorney
Bevollmächtigte /~r *f/m* authorized representative
Bevollmächtigung *f* authorization, power of attorney
bevorzugen *v* pet
bewachend *adj* guarding
bewachsen *adj* vegetated
bewaffnet *adj* armed
bewahren *v* conserve, maintain, preserve, retain
Bewahrung *f* conservation, preservation
bewalden *v* afforest
bewaldet *adj* forested, wooded
Bewaldung *f* afforestation
bewältigen *v* negotiate
zu ~: manageable ***adj***
bewältigend *adj* negotiating
bewässern *v* irrigate, water
Bewässerung *f* irrigation, watering
{Zufuhr von Wasser zum Boden und zur Pflanze mit dem Hauptziel der Förderung des Pflanzenwachstums}
Bewässerungs | anlage *f* irrigation plant, irrigation system
~graben *m* field ditch
~grund•gebühr *f* irrigation cess
~intensität *f* intensity of irrigation
~kanal *m* canal, irrigation channel
~landbau *m* irrigated agriculture, irrigation farming
~maßnahme *f* irrigation project
~technik *f* irrigation technique
~terrasse *f* irrigation bench terrace
~zeit *f* irrigation time
bewegen *v* move
sich ~d: ranging ***adj***
{sich zwischen zwei Werten bewegend}
bewegend *adj* moving
beweglich *adj* movable, moving
Bewegung *f* drive, exercise, movement
sich in ~ setzen: roll off ***v***
soziale ~: social movement
~s•fuge *f* expansion joint
{besonders gestaltete Fuge, die eine Bewegung von Bauwerksteilen gegeneinander ermöglicht}
~s•raum *m* exercise area
Bewehrung *f* reinforcement
beweidbar *adj* grazable
Beweidung *f* grazing
extensive ~: extensive grazing
{Beweidung mit wenigen Tieren pro Flächeneinheit}
kontrollierte ~: controlled grazing
rotierende ~: intermittent grazing
~s•intensität *f* grazing intensity
Beweis *m* evidence, proof
belastende ~e: incriminating evidence
~antrag *m* application to produce evidence, motion to receive evidence
~aufnahme *f* hearing of evidence, taking of evidence
beweisbar *adj* provable
Beweis•beschluss *m* court order for taking of evidence
beweisen *v* establish, prove, show
Beweis | erhebung *f* taking of evidence
~führung *f* presentation of the evidence
~gegenstand *m* issue
~kraft *f* cogency, value as evidence
≗kräftig *adj* of value as evidence, of probative value
~last *f* burden of proof
~~umkehr *f* reversal burden of proof, reversal of evidence
~mittel *nt* form of evidence
~not *f* lack of evidence, want of proof
~sicherung *f* preservation of evidence
~~s•verfahren *nt* proceedings for the preservation of evidence
~stück *nt* piece of evidence
~würdigung *f* weighing of evidence
bewerben *v* apply
Bewerbung *f* application
bewerten *v* assess, evaluate, survey
Bewertung *f* assessment, evaluation, valuation
betriebswirtschaftliche ~: operational assessment
~s•faktor *m* evaluation factor
~s•kriterien *pl* evaluation criteria
~s•kriterium *nt* evaluation criterion
~s•kurve *f* evaluation curve
~s•methode *f* assessment method, evaluation method, method of evaluation
~s•muster *nt* evaluation pattern
~s•schema *nt* evaluation scheme
~s•verfahren *nt* evaluation method, method of evaluation
bewettern *v* ventilate
{im Bergbau, Syn.: belüften}
Bewetterung *f* ventilation
{im Bergbau, Syn.: Belüftung}
bewilligen *v* approve
{im Parlament ~}
~ *v* award
{eine Zuwendung ~}
~ *v* grant
Bewilligung *f* approval
{Zustimmung}
~ *f* award
{finanzielle ~}
~ *f* granting
bewimpert *adj* ciliate
bewirtschaften *v* manage
bewirtschaftet *adj* cultivated, farmed, managed
Bewirtschaftung *f* cultivation, management
~ eines Wassereinzugsgebietes: watershed management
bodenschonende ~: conservation farming
kluge ~: prudent management
~s•einheit *f* forest management unit
{Fläche eines Betriebsplanes oder eines Teiles davon}
~s•form *f* cultivation system, type of management
~s•intensität *f* intensity of land utilization
~s•kosten *pl* management costs
~s•plan *m* management plan
~~ *m* water resource plan
{regelt die vielfältigen Inanspruchnahmen der Gewässer unter Beachtung übergreifender Ziele um insbesondere Wassernutzung und Wasserversorgung langfristig zu sichern}

~s•vertrag *m* management contract

~s•ziel *nt* management aim, management objective

Bewitterung *f* weathering
{*Methode der Materialprüfung*}

bewohnen *v* inhabit

Bewohner /~in *m/f* dweller, inhabitant, resident

bewohnt *adj* occupied
vom Besitzer ~: owner-occupied

bewölken *v* become overcast, cloud over

bewölkt *adj* cloudy, overcast
dicht ~: heavily overcast

Bewölkung *f* cloud cover, clouding over, gloom
antizyklonische ~: anticyclonic gloom

~s•auflockerung *f* breaking up of the cloud cover

~s•zunahme *f* increase in the cloud cover

Bewuchs *m* cover, growth, natural cover, vegetation

≗verhindernd *adj* antifouling

Bewusstsein *nt* awareness,
{*deutliches Wissen*}
öffentliches ~: public awareness

~ *nt* consciousness
{*in der Psychologie, Politik, Philosophie etc., auch: geistige Klarheit*}

bezahlen *v* remunerate

Bezahlung *f* remuneration

bezeichnen *v* call, describe, designate

Bezeichnung *f* designation, indication, marking, name, title

beziehen *v* relate
{*sich ~*}

Beziehung *f* regard, relation, relationship

Beziehungen *pl* relations

beziehungs•los *adj* out of touch

Bezirk *m* district

~s•gericht *nt* district court (Am)

~s•regierung *f* regional government

~s•tag *m* district council

Bezug *m* bearing

~s•größe *f* reference quantity, reference value

~s•höhe *f* datum plane

~s•punkt *m* reference point

~s•volumen *nt* reference volume

~s•wert *m* reference value
{*ausgewählter Wert eines Parameters zur Beurteilung von Messergebnissen*}

bezwingen *v* overcome

Biblio•grafie *f* bibliography
{*auch: Biblio•graphie*}
{*Lehre von den Bücher- oder Literaturverzeichnissen und diese selbst*}

biblio•grafisch *adj* bibliographic

Bibliothek *f* library

Bibliothekar /~in *m/f* librarian

Bibliotheks | benutzer /~in *m/f* library-user

~katalog *m* library catalogue

~wesen *nt* library system

biegen *v* arch
{*sich ~*}

Bienen | haus *nt* apiary

~honig *m* bees' honey

~kasten *m* frame hive

~korb *m* beehive, straw hive

~schutz *m* bee conservation, bee protection

~~verordnung *f* bee protection regulation

~schwarm *m* swarm of bees

~sprache *f* language of bees

~staat *m* bee-colony

~stich *m* bee-sting

~toxizität *f* toxicity to bees

~wachs *nt* beeswax

~zucht *f* beekeeping

~züchter /~in *m/f* beekeeper

Bier *nt* beer

Bifurkation *f* bifurcation
Dtsch. Syn.: Gabelung

Bigamie *f* bigamy

Bilanz *f* balance

~gewinn *m* balance sheet profit

~gleich•gewicht *nt* equilibrium

Bilanzierung *f* balance, balancing

Bilanz•steuer•recht *nt* balance sheet tax law

bilateral *adj* bilateral

Bild *nt* image, photo, picture, video

~analysen•system *nt* image analyzing system

~daten•bank *f* video data bank

bilden *v* compose, educate, nurture

bildend *adj* constituting

bildlich *adj* pictorial, visual

Bild | röhre *f* picture tube

~~n•recycling *nt* picture tube recycling

~samkeit *f* plasticity

~schirm *m* monitor

~~text *m* display scope text

~umwandler *m* image converter

Bildung *f* education
{*Erziehung*}
außerschulische ~: informal education
{*Bildung außerhalb des schulischen Systems in Akdemien, Volkshochschulen, Abendschulen etc.*}
~ für nachhaltige Entwicklung: sustainable development education
politische ~: education in politics
schulische ~: formal education
{*organisierte Bildung in Schulen, Fachschulen, Hochschulen und Universitäten*}

~ *f* formation
{*Entstehung, Formung*}

~ *f* setting-up
{*Errichtung*}

~ *f* training
{*Aneignung von Wissen und Fähigkeiten*}
berufliche ~: vocational training
{*Aneignung von Wissen und Fähigkeiten um einen bestimmten Beruf ausüben zu können*}

~s•arbeit *f* educational work

~s•einrichtung *f* educational establishment, education centre

~s•grad *m* level of education

~s•möglichkeiten *pl* educational resource
~~ bereitstellen: provide educational resource ***v***

~s•nutzung *f* educational use, training use
{*z.B. eines Geländes*}

~s•politik *f* educational policy

~s•stätte *f* educational establishment, seat of learning

~s•urlaub *m* educational leave

~s•wesen *nt* educational system

Bild | unterschrift *f* legend

~verarbeitung *f* image processing

~verstärker *m* image magnifier

Bilge *f* bilge
{*der untere ungenutzte Raum im Bereich des Schiffsbodens*}

~n•entölung *f* removal of oil from bilge
{*Entfernung von Öl aus der Bilge*}

~n•öl *nt* bilge oil
{*Öl aus der Bilge*}

~n•wasser *nt* bilge water
{*Wasser aus der Bilge*}

Bilharziose *f* bilharziasis

{Wurmerkrankungen, die durch Arten der Gattung Bilharzia (Pärchenegel) hervorgerufen werden}

billig *adj* cheap, equitable

∴flagge *f* flag of convenience
{Flagge eines Staates, unter der fremde Reeder Schiffe wegen steuerlicher Vorteile sowie zur Umgehung von sozialrechtlichen und Sicherheitsbestimmungen registrieren}

Billigkeit *f* equity

Bimetall *nt* bimetal
{zwei miteinander verbundene Streifen verschiedener Metalle}

bimetallisch *adj* bimetallic

Bimetall•thermo•meter *nt* bimetallic thermometer

Bims(stein) *m* pumice (stone)
{helle, kieselsäurereiche Vulkanasche}

binär *adj* binomial

Binde | gewebe *nt* connective tissue

~mittel *nt* binder, binding agent, cement, medium, thickening

Binden *nt* bonding
{von Bodenpartikeln aneinander}

∴ *v* entrap

bindig *adj* cohesive
~er Boden: cohesive soil

Bindig•keit *f* cohesion
{Zusammenhaften einzelner Bodenteilchen zu Bodenaggregaten}

Bindung *f* bond
chemische ~: chemical bond
eine ~ eingehen: to bond

~ *f* fixation
{z.B. von Stickstoff durch Leguminosen}

~s•wirkung *f* bonding effect

Binnen | böschung *f* inner slope
{die landseitige Böschung eines Deiches}

~deich *m* inner dike

~düne *f* inland dune

~fischerei *f* freshwater fisheries, inland fisheries

~gewässer *nt* inland waters

~~schutz *m* protection of inland waters

~küste *f* inland shore

~meer *nt* enclosed sea, inland sea

~schiff *nt* inland waterway vessel

~~fahrt *f* inland navigation, inland waterway transport

~~~s•gesetz *nt* inland waterway transport act

~~~s•recht *nt* inland waterway transport legislation

~~~s•straßen•ordnung *f* inland waterway transport traffic regulation

~wasser•straße *f* inland waterway

binokular *adj* binocular

∴ *nt* binocular

Bio | abbau *m* biodegradation

~abbaubarkeit *f* biodegradability

~abbau•potenzial *nt* biodegradation potential

~abfall *m* biowaste

~~aufbereitung *f* biowaste processing

~akkumulation *f* bioaccumulation, biological magnification
{Anreicherung von Schadstoffen in Organismen oder im Zuge einer Nahrungskette}

~~s•potenzial *nt* bioaccumulation potential

∴akkumulativ *adj* bio-accumulative

∴aktiv *adj* biological

~alkohol *m* bio-alcohol

~~anlage *f* bio-alcohol plant

~anlage *f* biological plant

~brennstoff *m* biofuel

~chemie *f* biochemistry

~chemiker /~in *m/f* biochemist

∴chemisch *adj* biochemical
∴~er Sauerstoffbedarf: biochemical oxygen demand

~diversität *f* biodiversity

~~s•konvention *f* Convention on Biological Diversity
{kurz für: Konvention über Biologische Vielfalt}

~energie *f* bioenergy

~ethik *f* bioethics

~filter *m* biofilter
{Abluftreinigungsanlage, bei der der Schadstoffabbau durch Mikroorganismen erfolgt, die auf einem festen Träger wie z. B. Kompost, Humus oder Torf angesiedelt sind}

Bio•gas *nt* biogas, methane gas, sewage gas
{Klärgas; durch Abbau organischer Substanzen in Abwesenheit von Sauerstoff entstehendes Gas, das überwiegend aus Methan besteht}

~anlage *f* biogas plant, methane gas plant
{Anlage zur Herstellung von Biogas}

~erzeugung *f* biomethanation

~nutzung *f* application of biogas

~verwertung *f* biogas utilization

bio•gen *adj* biogenic, biogenous
{durch Lebensprozesse entstanden}

Bio | geo•chemie *f* biogeochemistry

∴geo•chemisch *adj* biogeochemical

~geo•graf /~in *m/f* biogeographer
{auch: Bio | geo•graph /~in}

~geo•grafie *f* biogeography
{auch: ~geo•graphie}
{Lehre von der räumlichen und zeitlichen Verteilung der Pflanzen und Tiere}

∴geo•grafisch *adj* biogeographical
{auch: ∴geographisch}
∴~e Region: biogeographical region

~geo•sphäre *f* biogeosphere
{oberste Schicht der Lithosphäre, die von Organismen bewohnt wird}

~indikation *f* bioindication

~indikator *m* bioindicator, biological indicator, ecological indicator
{Organismus, Population oder Biozönose als Anzeiger für Umweltqualitäten}

~industrie *f* bioindustry

~insektizid *nt* bioinsecticide

∴klimatisch *adj* bioclimatic

~klimato•logie *f* bioclimatology
{Wissenschaft von der Beeinflussung biologischer Vorgänge in Mensch, Tier und Pflanze durch Wetter und Klima}

~konversion *f* biological conversion
{Verfahren, mit dessen Hilfe Biomasse durch mikrobielle Einwirkung in andere Produkte, besonders Energieträger umgewandelt wird}

~konzentration *f* bioconcentration

~~s•faktor *m* bioconcentration factor

~kraftstoff *m* biofuel

~kybernetik *f* biocybernetics

Bio•loge /~in *m/f* biologist

Bio•logie *f* biology
{die Lehre vom Leben}

~unterricht *m* biological education, teaching of biology

bio•logisch *adj* biological
{auf Lebewesen bezogen, heute vielfach auch: ohne Kunstdünger und Pflanzenschutzmittel erzeugt}
~ abbaubar: biodegradable ***adj***
~ aktiv: bioactive ***adj***
~e Abbaubarkeit: biodegradability ***n***
~er Abbau: biodegradation ***n***
~er Abfall: biological waste

~er **Sauerstoffbedarf:** biological oxygen demand
~e **Schädlingsbekämpfung:** biological pest control
~e **Schadstoffwirkung:** biological effect of pollution
~es **Kampfmittel:** biological weapon
~e **Vielfalt:** biodiversity *n*
~e **Wirkung:** biological effect
~e **Zersetzung:** biodecay *n*
voll ~: fully biological

Bio•lumineszenz *f* bioluminescence
{Abgabe der bei bestimmten chemischen Reaktionen in Lebewesen freiwerdenden Energie in Form von Licht}

Biom *nt* biome
{ökologische Großregion}

Bio•magnifikation *f* biomagnification

Bio•marker *m* biomarker

Bio•masse *f* biomass, organic substances
{Gesamtgewicht alles organischen Materials auf einer bestimmten Fläche oder innerhalb eines bestimmten Volumens; in der Energieversorgung: organische Masse, die zur Energieerzeugung eingesetzt wird}
vorhandene ~: standing crop

~akkumulation *f* biomass accumulation

~bestimmung *f* biomass determination

~brennstoff *m* biomass fuel

~nutzung *f* biomass yield

~produktion *f* biomass production, biomass yield

~pyramide *f* pyramid of biomass

Bio | medizin *f* biomedicine

≗medizinisch *adj* biomedical

~membran *f* biomembrane

~~filtration *f* biomembrane-filtration

~meteoro•logie *f* biometeorology
{Lehre vom Wetter und seinen Wirkungen auf Organismen}

~metrie *f* biometry

~monitoring *nt* biological monitoring

~müll *m* biological refuse, biological waste, green waste, organic waste

~~entsorgung *f* disposal of biological waste

~~sammlung *f* collection of biological waste

Bionik *f* bionics

Bionomie *f* bionomy

Bio | physik *f* biophysics
{Wissenschaft, in der biologische Objekte und Vorgänge mit Begriffen und Methoden der Physik untersucht werden}

~reaktor *m* bioreactor

~region *f* bioregion

~rhythmus *m* biorhythm, circadian rhythm

~sicherheit *f* biosafety

~sphäre *f* biosphere, ecosphere
Dtsch. Syn.: Ökosphäre
{die von Leben erfüllte Schicht der Erde und unteren Atmosphäre}

~sphären | park *m* biosphere park
{keine rechtliche Kategorie; in Dtschl. manchmal wie Biosphärenreservat gebraucht}

~~reservat *nt* biosphere reserve
{großräumige Landschaft, die entsprechend den Richtlinien der UNESCO ausgewiesen ist. In Dtschl. durch § 25 BNatSchG definiert}

~synthese *f* biosynthesis
{Aufbau biochemischer Substanzen in Organismen}

~system *nt* biosystem

~technik *f* bioengineering, biological engineering
{Wissenschaftsgebiet, das den Einsatz von Mikroorganismen in großtechnischen Prozessen zur Stoffumwandlung erforscht}

≗technisch *adj* biotechnological
≗~e Gefahr: biotechnological hazard

~technologie *f* biotechnology

~temperatur *f* biotemperature
{von der physikalischen Temperatur abgeleitete Größe, welche deren biologisch-ökologische Wertigkeit ausdrückt}

~test *m* bioassay, biological test
{Verfahren, bei dem die Wirkung von Stoffen auf Organismen oder Biozönosen unter definierten Bedingungen festgestellt und quantifiziert wird}

biotisch *adj* biotic
{ökologisch wirksame Einflussgrößen der belebten Umwelt kennzeichnend}

Biotit *m* biotite, magnesium-iron-mica
Dtsch. Syn.: Magnesium-Eisen-Glimmer
{dunkler Glimmer; Aluminiumsilikat, das Magnesium, Eisen, Kalium und Fluor enthält}

Biotop *m* biotope
{Lebensraum einer Biozönose mit gut charakterisierbaren, von der Umgebung abgrenzbaren Umweltbedingungen}

~ *m* habitat
{im Sinne von Habitat}

~kartierung *f* habitat map, habitat mapping
{kartografische Darstellung von Biotopen zu Naturschutzzwecken}

~klima *nt* ecoclimate, ecological climate

~nutzung *f* use as biotopes

~pflege *f* habitat management, maintenance of biotopes

~schutz *m* biotope conservation, biotope protection, protection of biotopes

~verbund *m* compound biotopes, habitat connection

~~planung *f* integrated biotope planning

~~system *nt* habitat network
{System von miteinander in Verbindung stehenden Biotopen}

~verlust *m* loss of biotopes

~vernetzung *f* biotope network

Bio | turbation *f* bioturbation
{Mischung des Bodens durch Tiere und Pflanzen}

~verfügbarkeit *f* bio-availability

~wäscher *m* bio-scrubber (unit)

~wasch•mittel *nt* biological detergent

~wissenschaften *pl* life sciences

Biozid *nt* biocide
{chemische Substanz oder Mikroorganismen mit Wirkung auf oder gegen Organismen}

~anwendung *f* application of biocides

Biozönose *f* biocenosis, biocoenosis, biotic community
Dtsch. Syn.: Lebensgemeinschaft
{Gemeinschaft der einem Biotop angehörenden Lebewesen}

Biozyklus *m* biocycle

Bit *nt* bit

Bitumen *nt* bitumen

~misch•anlage *f* bitumen mixing plant

~recycling *nt* recycling of bitumen

~verarbeitung *f* bitumen processing

bituminös *adj* bituminous
~es Bindemittel: asphalt cement

Bläh•schiefer *m* expanded slate

Bläh•schlamm *m* bulking sludge
Dtsch. Syn.: Belebtschlamm
{aus ein- und mehrzelligen Kleinlebewesen (z. B. Bakterien, Pilzen) bestehen-

der Schlamm im Belebungsbecken einer Kläranlage}

blank *adj* naked

blasen *v* blow

Blas•loch *nt* blowhole
{Loch in der Decke einer Höhle an einer Felsküste, durch das die Brandung nach oben spritzt}

blass *adj* pale

~ werden *v* pale

Blatt *nt* blade
{dünnes Blatt}

~ *nt* leaf

~ader *f* leaf vein

~alterung *f* leaf senescence

~analyse *f* foliar diagnosis, leaf analysis

~anordnung *f* leaf arrangement

~atmung *f* leaf respiration

~aufhellung *f* leaf paling

~behaarung *f* leaf hairiness

~brand *m* leaf burn, leaf smut

Blättchen *nt* leaflet

Blatt | chlorose *f* leaf chlorosis

~dünger *m* foliar feed

~düngung *f* leaf dressing, leaf feeding

Blätter•dach *nt* leaf canopy

Blatt | fall *m* leaf drop, leaf fall

~farb•stoff *m* leaf pigment

~faser *f* leaf fibre

~filter *m* leaf filter

~fläche *f* leaf area

~~n•index *m* leaf-area index

~~n•krankheit *f* leaf spot
{Verfärbung der Laubblätter, die zum Absterben der Zellen führt}

~flecken•kranheit *f* leaf blotch, leaf spotting disease

~fleckigkeit *f* leaf spotting

~form *f* leaf shape
{die äußere Form eines Blattes}

~fraß *m* leaf-feeding

≗fressend *adj* leaf-eating

~frucht *f* leaf crop

~füßer *pl* phyllopods

~gemüse *nt* green vegetable, leafy vegetable

~gewebe *nt* leaf tissue

~größe *f* leaf size
{die Oberfläche eines Blattes in cm²}

~~n•spektrum *nt* leaf size spectrum
{Anteil von Arten, Individuen etc. in verschiedenen Blattgrößenklassen}

≗grün *adj* leaf-green

~~ *nt* leaf-green, chlorophyll

~grund *m* leaf base

~herbizid *nt* leaf herbicide

~kammer *f* leaf chamber

~knospe *f* leaf bud

≗los *adj* leafless

~losigkeit *f* leaflessness

~nekrose *f* leaf necrosis

~oberfläche *f* leaf surface

~pigment *nt* leaf pigment

~rand *m* leaf margin

~rollung *f* leaf rolling

~rosette *f* leaf rosette

~rost *m* leaf rust

~saft *m* leaf sap

~schädigung *f* leaf damage

~spitze *f* leaf tip

~spreite *f* leaf blade

~steckling *m* leaf cutting

~stiel *m* leaf petiole, leaf-stalk

~streckung *f* leaf extension

~streifigkeit *f* leaf stripping

~unterseite *f* leaf undersurface

~untersuchung *f* leaf testing

~verlust *m* leaf loss

~wachstum *nt* leaf growth

~wasser | gehalt *m* leaf water content

~~potenzial *nt* leaf water potential
{auch: ~~potential}

~werk *nt* foliage, leafage

~widerstand *m* leaf resistance

Blau•gras•rasen *m* bluegrass meadow

Blau•sucht *f* cyanosis
{bei Babies bis zu einem Alter von 3 Monaten durch Nitrat bzw. Nitrit verursachter mangelnder Sauerstoffgehalt im Blut}

Blech *nt* sheet metal

~bearbeitung *f* sheet metal working

~dose *f* can

~emballagen•presse *f* press for sheet or tin containers

~konstruktion *f* sheet metal fabrication

~rohr•leitung *f* sheet metal pipeline

~schrott *m* plate scrap

~verarbeitung *f* sheet rolling

Blei *m* bream
{Fisch}

~ *nt* lead
{Metall}

~abschirmung *f* lead shielding

~aerosol *nt* lead aerosol

~ausscheidung *f* lead secretion

bleibend *adj* continuing, residual

Blei•bestimmung *f* lead determination

bleich *adj* pale, white
~ werden: pale ***v***

bleichen *v* bleach

Bleich•erde *f* bleaching clay
{Ton zum Entfärben und Klären von Fetten und Ölen}

Bleicherei *f* bleaching plant

~abwasser *nt* bleach plant effluents

Bleich | mittel *nt* bleach, bleaching agent

~moos•torf *m* sphagnum peat

~verfahren *nt* bleaching process

Blei | emission *f* lead emission

~erz *nt* lead ore

~farbe *f* lead paint

≗frei *adj* lead-free, unleaded

~gehalt *m* lead concentration, lead content

~~s•messung *f* lead concentration measurement

≗glasiert *adj* lead-glazed

≗haltig *adj* lead-containing, leaded

~höchst•wert *m* maximum lead concentration

~hütte *f* lead refining plant

~mantel *m* lead sheath

~markier•stab *m* lead arrow

~region *f* bream region
Dtsch. Syn.: Brassenregion

≗reich *adj* lead-rich

~salz *nt* lead salt

~schaden *m* lead damage

~schürze *f* lead rubber apron

~spiegel *m* lead level

~staub *m* lead-containing dust

≗umwandet *adj* lead-walled

~verbindung *f* lead compound

~vergiftung *f* lead poisoning, plumbism, saturnism
durch ~~ verursachte Todesfälle: deaths caused by lead poisoning

blenden *v* dazzle

blendend *adj* dazzling

blend•frei *adj* anti-dazzle

Blend•schutz *m* anti-dazzle device

~filter *m* anti-dazzle filter

~pflanzung *f* anti-dazzle screen

~zaun *m* anti-dazzle barrier

Blick *m* look
~feld *nt* field of vision
blind *adj* blind
Blitz *m* flash, lightning
~ableiter *m* lightning conductor, lightning rod
~schutz *m* lightning protection
~~anlage *f* lightning arrester
Blizzard *m* blizzard
Block *m* block
{in der Forstwirtschaft: Zusammenfassung von Beständen, die waldbaulich gleichartig behandelt werden sollen}
~bebauung *f* perimeter development
~halde *f* block field
{Anhäufung von Felsblöcken meist massiger Gesteine}
~heiz•kraftwerk *nt* co-generation plant, power generating heating plant
{verbrennungsmotorische Kraft-Wärme-Kopplungsanlage}
blockieren *v* jam
blockiert *adj* bound
Blockierung *f* jam, obstruction
Block | meer *nt* block field
Dtsch. Syn.: Blockhalde
~packung *f* boulder belt
{Endmoräne, die überwiegend aus erratischen Blöcken besteht}
~regen *m* block rainfall
{Modellregen mit konstanter Regenintensität und vorgegebener Regenhäufigkeit}
~strom *m* block stream
{durch Solifluktion umgelagertes, lang gestrecktes Blockmeer}
bloß *adj* naked
Blöße *f* cleared area
{im Wald}
blühen *v* bloom, flower
Blume *f* flower
~ des Jahres: flower of the year
Blumen | beet *nt* flower-bed
~erde *f* potting compost
~fülle *f* abundance of flowers
~garten *m* flower-garden
~rabatte *f* flower-border, herbaceous border
≗reich *adj* flower-rich, full of flowers
~schmuck *m* floral decoration
~wiese *f* flower-rich meadow
blumig *adj* floral
Blut *nt* blood
~bank *f* blood bank
~bild *nt* blood count
~blei•spiegel *m* lead level in blood
{kennzeichnet den im Blut enthaltenen Bleigehalt}
~chemismus *m* blood chemistry, chemistry of the blood
~druck *m* blood pressure
niedriger ~: hypotension, low blood pressure
Blüte *f* bloom
~ *f* blossom
{~ eines Baums}
männliche ~: male *n*
weibliche ~: female *n*
~ *f* flush
{gehoben: in Blüte stehend}
Blüten | blatt *nt* petal
~hülle *f* perianth
~kelch *m* calyx
~knospe *f* flower-bud
~krone *f* corolla
~pflanze *f* flowering plant, seed plant
~stand *f* inflorescence
~staub *m* pollen
~teppich *m* carpet of flowers
Blüte•zeit *f* flowering time
~ *f* heyday
{kulturell}
Blut | farb•stoff *m* blood pigment
~gefäß *nt* blood vessel
~~system *nt* cardiovascular system, circulatory system
~gruppe *f* blood group
nach ~~n einteilen: blood grouping
~hoch•druck *m* high blood pressure
{zeitweilige oder dauernde Erhöhung des Blutdrucks}
~körperchen *nt/pl* blood cell, blood corpuscle
~krankheit *f* blood disease
~kreislauf *m* blood circulation
~plasma *nt* blood plasma, blood serum
~plättchen *nt/pl* blood platelet
~probe *f* blood test
~serum *nt* blood serum
~strom *m* bloodstream
~untersuchung *f* blood examination, blood test
~vergiftung *f* blood poisoning
~zucker•spiegel *m* blood sugar level
Bö *f* gust, squall
Bock *m* billy-goat, he-goat,
{Ziegenbock}
~ *m* buck
{Reh~, Kaninchen~}
~ *m* ram
{Schaf~}
Bock•kitz *nt* young buck
Boden *m* bottom, floor, ground,
~ *m* land
{Bodenfläche, Bodenressourcen}
~ *m* soil
{die obere, mit Hohlräumen durchsetzte Schicht der Erdrinde}
grundwasserferner ~: soil with very low groundwater table
regionaltypischer ~: benchmark soil
Säuregehalt des ~s: soil acidity
vulkanischer Asche~: andosol
~abbau *m* soil decomposition, soil quarrying
~ablauf *m* floor drainage
{Ablauf in einer begangenen oder befahrenen Fläche}
~abteilung *f* soil division, soil order
{Gruppe von Bodenklassen mit gleicher Hauptrichtung der Wasserbewegung im Boden}
~abtrag *m* soil erosion, soil loss
tolerierbarer ~~: tolerable soil loss, soil loss tolerance
~~s•gleichung *f* soil loss equation
Allgemeine ~~~, Universelle ~~~: Universal Soil Loss Equation
Dtsch. Abk.: ABAG, UBAG; Engl. Abk.: USLE
{Modell zur theoretischen Bestimmung des Bodenabtrags}
~~s•modell *nt* soil loss model, soil loss estimation model
~aggregat *nt* soil aggregate
{zusammengesetztes Bodenteilchen}
~aktivierung *f* soil activation
~algen *pl* soil algae
~alkalität *f* soil alkalinity, soil basicity
~-Alters•datierung *f* dating of soil
{Feststellung des Alters eines Bodens}
~analyse *f* soil analysis
~analytik *f* soil analytics
~areal *nt* soil areal, soil body
~art *f* soil texture
{Kennzeichnung eines Bodens nach der Korngrößenverteilung}
~atmosphäre *f* soil atmosphere
~atmung *f* soil respiration

~aufschluss *m* soil profile pit, soil test pit
{*Anschnitt des Bodens, in dem dessen Profil sichtbar ist*}

~auftrag *m* application to soil
{*Aufbringung auf den Boden*}

~aushub *m* excavated soil, excavation, spoil
{*Erdreich, das zur Vorbereitung von Baumaßnahmen ausgehoben und abgetragen wird und an Ort und Stelle nicht verwertet werden kann*}

~auslaugung *f* soil eluviation, soil exhaustion

~austrag *m* sediment yield
{*~ eines Wassereinzugsgebietes*}

~~s•verhältnis *nt* sediment-delivery ratio

~auswaschung *f* soil erosion

~azidität *f* soil acidity

~bakterien *pl* soil bacteria

~bearbeitung *f* clean tillage
{*~ mit vollständiger Unterarbeitung aller Pflanzen und Pflanzenreste*}

~~ *f* cultivation of soil, soil cultivation, (soil) tillage, soil treating
{*regelmäßige Bearbeitung des Bodens im Rahmen der gärtnerischen, land- oder forstwirtschaftlichen Nutzung*}

erhaltende ~~: limited tillage

herkömmliche ~~: conventional tillage

mulchbelassende ~~: mulch tillage

schonende ~~: conservation tillage

streifenweise ~~: strip cultivation of soil

~~s•ausrüstung *f* tillage equipment

~~s•gerät *nt* tillage tool, tiller

~~s•system *nt* tillage system

~~s•tiefe *f* depth of tillage

~bedeckung *f* (ground) cover, land cover, soil cover

°bedingt *adj* edaphic

~behandlung *f* soil maintenance, soil management

~~s•gruppe *f* soil management group

~belastung *f* soil loading
{*Veränderung der Beschaffenheit des Bodens, bei der die Besorgnis besteht, dass seine Funktionen als Naturbestandteil oder als Lebensgrundlage erheblich oder nachhaltig beeinträchtigt werden*}

~belebung *f* soil activation

~beschaffenheit *f* condition of the soil, soil condition

~bestandteil *m* soil component, soil constituent

~bestellung *f* soil cultivation, tillage

~beurteilung *f* soil rating

~bewegung *f* earth-work

~bewertung *f* soil assessment

~bewirtschaftung *f* land management, landuse, soil management

~bewohner *m* soil organism

~bildung *f* pedogenesis, soil formation, soil genesis
{*Entstehung des Bodens aus dem jeweiligen Gestein*}

~~s•faktor *m* soil forming factor

~~s•prozesse *pl* soil forming processes

~biologie *f* soil biology

~bohrer *m* earth auger, soil auger

~bonitierung *f* soil valuation

~chemie *f* soil chemistry

~decke *f* soil cover

~decker *m* cover crop

~degradation *f* soil degradation, soil deterioration
{*Verringerung der Fähigkeit des Bodens Erträge zu bringen*}

~degradierung *f* soil degradation
Dtsch. Syn.: Bodendegradation

~dekontamination *f* soil decontamination

~denkmal *nt* archaeological site

~drainage *f* underdrainage

~durchlässigkeit *f* soil permeability

~durchlüftung *f* soil aeration

~durchschlags•rakete *f* pneumatic hole driver

~dynamik *f* soil dynamics
{*Prozesse, die im Boden ablaufen und seine Entwicklung und Eigenschaften bestimmen*}

~eigenschaft *f* soil characteristic, soil property

Veränderung von ~en: change in soil properties

~einheit *f* soil unit
{*Flächenhafte Zusammenfassung von vorwiegend gleichen oder ähnlichen Böden*}

~elastizität *f* soil resilience
{*Fähigkeit des Bodens sich nach Belastung zu erholen*}

~entnahme(stelle) *f* borrowpit

lineare ~~: linear borrowpit
{*Bodenentnahme entlang eines Deichs zur Materialgewinnung für dessen Bau oder Verstärkung*}

~entseuchung *f* soil decontamination, soil disinfection

~entwässerung *f* soil drainage

~entwicklung *f* soil development, pedogenesis
{*Bodenbildung in ihrem bodengeschichtlichen Ablauf*}

~erhaltung *f* conservation of soil, soil conservation

~~s•maßnahme *f* soil conservation measure

~~s•programm *nt* soil conservation programme

~ernährer *m* bottom-feeder
{*Fisch, der auf dem Gewässerboden seine Nahrung sucht*}

~erosion *f* soil erosion
{*Abtragung des Bodens durch Wasser, Eis, Schnee, Wind und Schwerkraft*}

~~s•kontrolle *f* soil erosion control

~erschöpfung *f* soil depletion, soil exhaustion

~ertrag *m* crop yield

~evolution *f* soil evolution

~extrakt *m* soil extract

~fackel *f* grade flare

~farbe *f* soil color (Am), soil colour
{*Färbung des Bodens*}

~fauna *f* soil fauna

~festiger *m* soil stabilizer
{*synthetischer ~*}

~feuchte *f* capillary moisture, soil humidity, soil moisture

verfügbare ~~: available soil moisture

~~defizit *nt* soil moisture deficiency

~~gehalt *m* soil moisture content

~~kapazität *f* soil moisture capacity

~~modell *nt* soil moisture model

~~potenzial *nt* matric potential, soil moisture potential
{*auch: ~~potential*}
{*Kennzahl für die Anziehungskraft von Boden für Wasser*}

~~verfügbarkeit *f* soil moisture availability

~~verhältnisse *pl* soil moisture regime

~feuchtigkeit *f* soil humidity, soil moisture

~filter *m* soil filter

~~anlage *f* soil filtration plant

~filtration *f* soil filtration

~fläche *f* acreage

~fließen *nt* earth flow, skin flow, soil flow, solifluction
{langsame Form der Massenverlagerung}

~flora *f* ground cover, soil flora

~flüssigkeit *f* soil liquid phase

~form *f* soil form, soil phase
{unterste Stufe der Bodensystematik in welcher die Eigenschaften nur in geringen Grenzen schwanken}

~~en•inventar *nt* soil form inventary

~forschung *f* soil research

~fräse *f* rotary cultivator

~frost *m* ground frost, soil frost

~fruchtbarkeit *f* soil fertility
{Potenzial des Bodens, Pflanzenwachstum zu ermöglichen}

~~s•kenn•ziffer *f* soil fertility parameter

~funktion *f* soil function

~gare *f* (soil) tilth
{Aggregatzustand ackerbaulich genutzter Böden nach Bearbeitung}

~genese *f* soil formation, soil genesis
Dtsch. Syn.: Bodenbildung
{Entstehung des Bodens aus dem jeweiligen Gestein}

~gefüge *nt* soil fabric, soil structure

~gerüst *nt* soil matrix

~gesellschaft *f* soil association
{flächenhafte Zusammenfassung von verschiedenen Böden nach naturräumlichen Gegebenheiten}

~gruppe *f* hydrologic soil group
{Böden geordnet nach hydrologischen Eigenschaften}

~güte *f* soil quality

~herbizid *nt* soil herbicide

~hilfs•stoff *m* soil conditioner

~horizont *m* soil horizon
{gleichartige Schicht in einem Bodenprofil}

~hygiene *f* soil hygiene

≗hygienisch *adj* soil-sanitary

~individuum *nt* soil individuum

~informations•system *nt* soil information system
{Teil von Umweltinformationssystemen für die Verwaltung und Präsentation der geowissenschaftlichen Grunddaten und der Daten für die anthropogene Belastung des Bodens}

~kalkung *f* soil liming

~karte *f* soil map

~kartierung *f* soil cartography, soil mapping, soil survey

~~s•einheit *f* soil mapping unit

~katena *f* (soil) catena

~klasse *f* soil class
{Gruppe von Bodentypen mit gleicher oder ähnlicher Horizontfolge, teils auch mit gleicher spezifischer Bodendynamik}

~klassifikation *f* land classification, soil classification
Dtsch. Syn.: Bodenklassifizierung

~klassifizierung *f* land classification, soil classification

~klima *nt* soil climate

~kolloid *nt* soil colloid

~konsistenz *f* soil consistency

~kontamination *f* soil contamination, soil pollution
Dtsch. Syn.: Bodenverschmutzung

~kriechen *nt* soil creep
{durch Wind verursachte Bewegung von Bodenteilchen entlang der Bodenoberfläche}

~~ *nt* (talus) creep
{langsame Form der Massenverlagerung}

~krume *f* ploughed layer, surface soil, topsoil

~krümel *m* soil crumb

~kruste *f* soil crust, surface crust

~kultivierung *f* soil cultivation

~kultur *f* land cultivation, soil cultivation, soil management
{nachhaltige land- oder forstwirtschaftliche Bodenbewirtschaftung}

~kunde *f* pedology, soil science

~kundler /~in *m/f* earth scientist

~landschaft *f* soil landscape, soilscape

~leben *nt* earth life

≗lebend *adj* terricolous

~lockerung *f* soil loosening

~los•lösung *f* soil detachment

~lösung *f* soil solution

~luft *f* ground air, soil air, soil atmosphere

~~absaug•anlage *f* soil exhaust ventilation equipment

~~absaugung *f* extraction of air at ground level

~~analytik *f* ground-level air analytics

~~entnahme *f* soil air sampling

~~extraktion *f* soil air extraction

~~haushalt *m* soil air regime

~~sanierung *f* ground-level air improvement

~markt *m* property market, real estate market

~matrix *f* soil matrix

~mechanik *f* soil mechanics

~melioration *f* soil amelioration

~merkmal *nt* soil feature

~mikro | ben *pl* soil microorganisms

~~flora *f* soil microflora

~~morphologie *f* soil micromorphology

~~organismen *pl* soil microorganisms

~monitoring *nt* soil monitoring
{Untersuchungen, um den Bodenzustand zu ermitteln und dessen laufende Entwicklung zu beobachten}

~mono•lith *m* soil monolith

~morpho•logie *f* soil morphology

~mosaik *nt* soil mosaic, soil pattern

~müdigkeit *f* soil fatigue

~nährstoff *m* soil nutrient

~~gehalt *m* nutrient content of soil

~nässe *f* soil wetness

~neutralisierung *f* soil neutralization

~nutzung *f* landuse, soil use

~~s•empfehlung *f* landuse recommendation

~~s•planung *f* landuse planning

~~s•politik *f* landuse policy

~~s•schema *nt* landuse pattern

~~s•system *nt* land utilization system

~~s•verordnung *f* landuse regulation, land utilization regulation

~oberfläche *f* soil surface

~ökologie *f* soil ecology

~ordnung *f* soil order

~organismus *m* soil organism
{Lebewesen, das den Boden bewohnt}

~penetro•meter *nt* soil penetrometer

~pflege *f* soil maintenance, soil management

~physik *f* soil physics

~pilze *pl* soil fungi

~planung *f* land planning

~platte *f* bed plate

~politik *f* land policy, soil policy

~porosität *f* soil porosity

~preis *m* land price, property price

~probe *f* soil sample

~produktivität *f* soil productivity

~~s•index *m* soil productivity index

~profil *nt* soil profile
{*Querschnitt eines Bodens*}

~qualität *f* soil quality

~reaktion *f* soil reaction
{*der pH-Wert eines Bodens*}

~recht *nt* land law, land legislation, land right

~reform *f* agrarian reform, land reform

~regeneration *f* soil regeneration, soil rehabilitation, soil restoration
Dtsch. Syn.: Bodenregenerierung

~regenerierung *f* soil regeneration, soil rehabilitation, soil restoration

~reinhaltung *f* soil pollution control

~reinigung *f* soil cleaning, soil purification
{*Entfernung von Schadstoffen aus belasteten Böden, vor allem um Gefahren für das Grundwasser abzuwehren*}

~~s•anlage *f* soil treatment plant
biotechnische ~~~: microbiological soil treatment plant

~ressourcen *pl* land resources

~sanierung *f* reclamation of (derelict) soils, soil rehabilitation, soil remediation
{*nach Kontamination durch chemische Stoffe*}

~~s•anlage *f* processing plant for contaminated soils

~sättigung *f* soil saturation

~satz *m* deposit, sediment

~sauer *adj* acidophilous
bodensau(e)re Wälder: acidophilous forests

~sauerstoff *m* soil oxygen

~saug•spannung *f* soil moisture suction, soil moisture tension

~säule *f* soil column

~schädigung *f* damage to the soil, soil damage

~schatz *m* mineral resource

~schätzung *f* soil evaluation

~~s•karte *f* soil evaluation map

~schicht *f* soil horizon, soil layer, soil stratum
{*gleichartiger Teilbereich eines Bodenprofils*}
durchwurzelbare ~~: effective soil depth
verdichtete ~~: pan

~schichtung *f* soil stratification

~schutz *m* conservation of soil, soil care, soil conservation, soil protection
{*Maßnahmen zum Schutz des Bodens unter besonderer Beachtung der Aspekte des Natur- und Umweltschutzes*}

~schützend *adj* protecting the soil, soil protecting

~schutz•recht *nt* soil conservation legislation

~senkung *f* land subsidence, soil subsidence

~skelett *nt* soil skeleton

~sondierung *f* probing

~stabilisierend *adj* soil-stabilizing

~stabilisierung *f* soil stabilization

~ständig *adj* indigenous, local, native

~ständigkeit *f* nativeness

~stand•sicherheit *f* soil stability

~stickstoff *m* soil nitrogen

~struktur *f* soil structure

~substanz *f* soil matter

~subtyp *m* soil subtype
{*qualitative Modifikation des Bodentyps*}

~systematik *f* soil classification system, soil systematics
{*siebenstufige hierarchische Gliederung der Böden*}

~teilchen *nt* soil particle

~temperatur *f* ground temperature, soil temperature

~~verhältnisse *pl* soil temperature regimes

~textur *f* soil texture

~tiefe *f* soil depth

~tier *nt* soil animal

~typ *m* soil type
{*kleinste Einheit der Bodensystematik; Böden mit gleichem Entwicklungszustand und ähnlichem Profilaufbau*}

~typen•klassifizierung *f* soil type classification
{*systematische Gliederung der Bodentypen nach einem ordnenden Prinzip*}

~umwandlung *f* soil transformation

~unterordnung *f* soil suborder

~untersuchung *f* soil analysis, soil investigation, soil testing
chemische ~~: chemical soil analysis
{*Bestimmung chemischer Eigenschaften und Verbindungen des Bodens*}
physikalische ~~: physical soil analysis
{*Bestimmung der physikalischen Bodeneigenschaften*}

~~s•labor *nt* soil testing laboratory

~varietät *f* soil variant, soil variety
{*quantitative Modifikation des Bodensubtyps*}

~vegetation *f* ground vegetation, living soil cover

~veränderung *f* soil alteration

~verarmung *f* soil impoverishment

~verbesserung *f* land improvement, soil amendment, soil conditioning, soil improvement, soil regradation

~~s•mittel *nt* soil conditioner, soil improver
{*Mittel, das die Ertragsfähigkeit des Bodens erhalten oder steigern soll*}

~verbrauch *m* land usage

~verdichtung *f* soil compaction
{*Verminderung des Porenvolumens, insbesondere des Grobporenanteils des Bodens, vor allem durch das Befahren mit schweren Maschinen*}

~verdunstung *f* soil evaporation
{*Verdunstung von Bodenwasser an der Bodenoberfläche*}

~verfestigung *f* soil stabilization

~verhältnisse *pl* soil conditions

~verkrustung *f* soil crusting

~verlagerung *f* mass wasting

~verlust *m* soil loss

~versalzung *f* soil salination, soil salinization
{*Anreicherung von Salzen im Boden*}

~versauerung *f* soil acidification
{*Verringerung des pH-Wertes des Bodens durch Immissionen*}

~verschlämmung *f* soil capping, soil sealing

~verschmutzung *f* soil contamination, soil pollution

~verseuchung *f* soil contamination

~versiegelung *f* soil surface sealing
{*Isolierung des Bodens von der Atmosphäre durch Bedeckung mit weitgehend undurchlässigen Materialien*}

~verunreinigung *f* soil pollution

~wärme *f* soil heat

~wasch•anlage *f* soil cleaning plant

~wäsche *f* soil washing

~wasser *nt* soil water
Umverteilung des ~~s: soil water redistribution

~~abfluss *m* interflow, subsurface flow, throughflow

~~gehalt *m* soil water content

~~haushalt *m* soil moisture regime
~~masse *f* soil water mass
~~spannung *f* matric suction, soil moisture suction, soil moisture tension
~~speicherung *f* soil water storage
{Bindung von Haftwasser und vorübergehende Speicherung von Sickerwasser im Boden}
~~stufe *f* soil drainage class
~~vorrat *m* stored soil moisture
~wert *m* land value
{Wert einer Fläche Landes}
~~steuer *f* land value tax
~~zahl *f* agricultural grade of land
~wetter•karte *f* isobaric chart
{mit Isobaren}
~wind *m* surface wind
~wissenschaft *f* pedology, soil science
~~ler /~in *m* soil scientist
~wühler *pl* burrowing animals
~zahl *f* soil productivity index
~zerstörung *f* land degradation, soil destruction, soil devastation
~zone *f* soil zone
~zusammensetzung *f* soil composition
~zustands•stufe *f* soil quality index
Bogen *m* arch
~gewichts•stau•mauer *f* arch gravity dam
{Staumauer, die durch ihr Eigengewicht und durch Gewölbeeinwirkung mit Krafteinleitung in die Talflanken standsicher ist}
~sieb *nt* curved screen
~stau•mauer *f* arch dam, arched dam
{Staumauer, die im Wesentlichen infolge Gewölbewirkung mit Krafteinleitung in die Talflanken standsicher ist}
Bohlen | steg *m* boardwalk
~weg *m* boardwalk
Bohr•anlage *f* drilling plant
Bohren *nt* augering, drilling
bohren *v* bore, drill
bohrend *adj* drilling
Bohrer *m* drill
Bohr | gestänge *nt* drill rod
~insel *f* drilling rig
~instrument *nt* drill
~kern *m* boring kernel, drill core
~loch *nt* borehole, drilling rig
{im Boden}
~~ *nt* drill-hole
{in Metall oder Holz}
~~ *nt* well
{einer Ölquelle}
~~messung *f* borehole measuring
~maschine *f* drill
~plattform *f* production platform
~probe *f* drilling
~schlamm *m* drilling mud
~spülung *f* drilling mud
~turm *m* derrick
Bohrung *f* augering, boring, drilling
küstennahe ~: offshore drilling
~s• durchmesser *m* bore
böig *adj* gusty, squally
Boiler *m* boiler, hot-water tank
Boje *f* buoy
bombardieren *v* bomb
Bombe *f* bomb
~n werfen: bomb ***v***
Bonität *f* site quality class
{Maß der relativen Ertragsleistungskapazität eines Standortes oder eines Bestandes}
Bonitierung *f* site class determination, site quality assessment, valuation
{Bestimmung der volumenertragsmäßigen Bonität eines Bestandes}
Bonner Konvention *f* Bonn Convention
{Internationales Übereinkommen (1984) zum Schutz wandernder wild lebender Tierarten}
Boot *nt* boat
Boots | fahrt *f* boating
~hafen *m* marina
~steg *m* landing stage
Bord *nt* shelf
an ~ gehen: ship ***v***
Bordeaux-Brühe *f* Bordeaux mixture
Dtsch. Syn.: Bordelaiser Kupferkalkbrühe
{Mischung von Kupfersulfat, Kalk und Wasser gegen Pilzkrankheiten}
Bordelaiser Kupfer•kalk•brühe *f* Bordeaux mixture
Dtsch. Syn.: Bordeaux-Brühe
Bore *f* bore
{Welle, die bei Flut ein Ästuar hochläuft}
boreal *adj* boreal
{nördlich; vielfach als Bezeichnung der nördlichen Klimazonen und ihrer Lebensgemeinschaften benutzt}
Borke *f* (outer) bark
{abgestorbene Rinde außerhalb der lebenden Rinde}
Boro•silikat•glas *nt* borosilicate glass
Borowina *f* borowina
{Bodentyp der Auen, der aus Carbonat-Lockergesteinen über ein Anmoorstadium entsteht}
Börsen•notierung *f* stock exchange quotation
Borst•gras *nt* matt-grass
~rasen *m* matt-grass meadow
Böschung *f* cut slope, embankment
{errichtete ~}
~ *f* slope
{Hang}
flache ~: backslope ***n***
steile ~: escarpment ***n***
Böschungs | bruch *m* slope failure
~flügel *m* wing wall
~sicherung *f* slope protection, stabilization of slope, streambank stabilization
~stabilisierung *f* slope stabilization
~standfestigkeit *f* slope stability
~verkleidung *f* slope revetment
~winkel *m* angle of slope
Boskett *nt* bocage
Botanik *f* botany
Dtsch. Syn.: Pflanzenkunde
Botaniker /~in *m/f* botanist
Feld-, Freiland~: field botanist
botanisch *adj* botanical
Bote *m* messenger
~n-RNS *f* messenger RNA
{RNS, die die DNS-Information überträgt um Enzyme zu bilden}
Botin *m* messenger
Botschaft *f* embassy
{diplomatische Einrichtung}
~ *f* message
{Nachricht}
Botulismus *m* botulism
{Vergiftung durch das Toxin des Bazillus Clostridium botulinum, das sich unter anaeroben Bedingungen vermehrt, z.B. im Schlamm (Massensterben von Wasservögeln), z.B. in Fleisch oder Wurst (Lebensmittelvergiftung)}
bovin *adj* bovine
{Rinder betreffend}

≗somatotropin *nt* bovine somatotropin
{Rinderwachstumshormon, das den Milchertrag steigert; Abk.: BST}

Boykott *m* boycott

brach *adj* fallow

Brache *f* brownfield, derelict land, fallow, fallow land
{Fläche, die nicht mehr bewirtschaftet oder genutzt wird}

≗ *f* land resting

~-Anbau-System *nt* fallow cropping system

~behandlung *f* fallow land treatment

~dauer *f* fallow period

~rotation *f* fallow rotation

~zeit *f* fallow period, fallow season

Brach•fläche *f* fallow area, fallow field

~n•reaktivierung *f* fallow land recultivation

Brach•frucht *f* fallow crop

Brach•land *nt* fallow land

~grubber *m* fallow cultivator

brachlegen *v* rest

brachliegen *v* rest
Land ~ lassen: let land lie fallow, rest land

brach•liegend *adj* fallow

Brach•pflug *m* fallow plough

Brachsen *m/pl* bream

Brack *m* brack
{kolkartige, durch Deichbruch entstandene tiefe Hohlform hinter einem Flussdeich}

brackig *adj* brackish

Brack•wasser *nt* brackish water
{mit Meerwasser vermischtes Süßwasser der Flussmündungen}

~entsalzung *f* desalination of brackish water

~pflanze *f* estuarine plant

~zone *f* brackish water region

Branche *f* game

~n•vereinbarung *f* branch agreement

Brand *m* blight
{Pilzkrankheit, Syn.: Trockenfäule}

~ *m* canker
{Pflanzenkrankheit}

~ *m* fire
{Feuer}

~ *m* smut
{Pilzkrankheit bei Getreide}

~abschottung *f* fire wall

Branden *nt* surge

≗ *v* surge

Brand | gefahr *f* fire hazard

~kultur *f* cultivation by burning over, fire cultivation

~meldeanlage *f* fire alarm

~rodung *f* slash-and-burn

~~s•feldbau *m* slash-and-burn cultivation

~schaden *m* fire damage

~~sanierung *f* repair of fire damage

~schutt *m* fire debris

Brand•schutz *m* fire precaution, fire protection

~armaturen *pl* fire-protection valves and fittings

~beratung *f* consultancy on fire protection

~beschichtung *f* fire protection coating

~isolierung *f* fire protection insulation

~mittel *nt* fire protection agent

~planung *f* planning of fire protection

~rodungs•fläche *f* swidden

~schneise *f* firebreak, fire-control line

~tür *f* fire door

~wand *f* fire-protection wall

Brandung *f* breakers, surf

~s•längs•strömung *f* longshore current
{Strömung entlang der Küste}

Brand•wirtschaft *f* slash-and-burn, swidden farming

Brassen *m* bream
{Fisch}

~region *f* bream region
{Abschnitt eines Fließgewässers unterhalb der Barbenregion}

Braten *nt* roasting

Brauch *m* usage

brauchen *v* want

Brauch•wasser *nt* industrial water, utility water
Dtsch. Syn.: Betriebswasser

~aufbereitung *f* industrial water treatment, utility water treatment

~~s•anlage *f* utility water treatment plant

~~s•mittel *nt* utility water treatment agent

Brauerei *f* brewery

~wesen *nt* brewing industry

Braun | düne *f* decalcified fixed dune

~erde *f* brown earth, brown forest soil
{durch fein verteiltes Brauneisen homogen braun gefärbter Bodentyp}

~e Ware-Recycling *nt* brown ware recycling

~kohle *f* brown coal, lignite

~~n•berg•bau *m* brown coal mining, lignite mining

~~n•brikett•fabrik *f* lignite briquetting plant

~~n•kraft•werk *nt* brown coal power plant, lignite power station

~~n•revier *nt* brown coal mining district, lignite district

~~n•tagebau *m* lignite open mining

~stein *m* manganese ore

~wasser *nt* humic water

~~see *m* dystrophic lake

Breccie *f* breccia
{durch ein Bindemittel verfestigte, eckige Gesteinsstücke}

Brechen *nt* breaking

≗ *v* break, burst
{zerbrechen}

≗ *v* quarry
{Steine in einem Steinbruch}

≗ *v* refract
{Licht brechen}

Brecher *m* (wave) breaker,
{besonders hohe Welle}

~ *m* crusher
{Maschine}

~höhe *f* wave breaker height
{~ der Welle }

~lage *f* wave breaker position

~linie *f* wave breaker line

~tiefe *f* wave breaker depth
{~ der Welle}

~weg *m* wave breaker travel

~welle *f* wave breaker

~winkel *m* wave breaker angle
{~ der Welle}

~zone *f* wave breaker zone

Brechung *f* refraction
{Lichtbrechung}

breit *adj* broad
~ gefächert: diverse ***adj***

~ *adv* square

≗band | -Antibiotikum *nt* broad spectrum antibiotics

≗~lärm *m* broad frequency noise

≗blättrig *adj* broadleaved

Breite *f* breadth, broadness, width

~ *f* latitude
{geografische Breite}
mittlere ~n: mid-latitudes
nördliche ~n: high latitudes

~n•grad *m* parallel

~n•klima•zone *f* latitudinal climatic region

Breit•saat *f* broadcast seeding

Bremse *f* brake

Brems | geräusch *nt* noise from car brakes
{von der Bremsanlage und den Reifen eines Kraftfahrzeuges beim Bremsen erzeugtes Geräusch}

~zone *f* protective zone
{durchflusshemmende Zone im Dammquerschnitt, ähnlich einer Innendichtung angeordnet}

brennbar *adj* burnable, combustible, flammable

Brennbarkeit *f* combustibility, flammability

Brenn•element *nt* (nuclear) fuel element

Brennen *nt* burning
kontrolliertes ~: controlled burning
{gezieltes Abbrennen von Vegetation zu Landschaftspflegezwecken}

≗ *v* burn

Brenner *m* burner
~ ohne Gebläse: natural draft burner
schlecht eingestellter ~: badly adjusted burner

Brennerei *f* distillery

Brenner•steuerung *f* controller for burners

Brenn | holz *nt* firewood, fuelwood
{Holz zur thermischen Nutzung/Verbrennung}
Wald zur ~~gewinnung: fuelwood forest

~~hacken *nt* fuelwood chipping

~kammer *f* combustion chamber

~~temperatur *f* combustion chamber temperature

~material *nt* heating fuel

~ofen *m* (burning) kiln

~punkt *m* focal point, focus, hotspot
im ~~ stehend: focal ***adj***

~stab *m* fuel rod

Brenn•stoff *m* combustible, fuel
~ aus Müll: refuse-derived fuel
{fester Brennstoff; mit mechanischer Aufbereitungstechnik (Sortierung) bzw. Verfahren der Materialrückgewinnung aus kommunalen Abfällen hergestellt}
fossiler ~: fossil fuel
gasförmiger ~: gas fuel
mit ~ versorgen: fuel ***v***
nuklearer ~: nuclear fuel
radioaktiver ~: irradiated fuel
rauchfreier ~: smokeless fuel
umweltfreundlicher ~: clean fuel

~beschickungs•schacht *m* fuel hopper

~einsparung *f* fuel saving

~entschwefelung *f* fuel desulfurization (Am), fuel desulphurization

~entstickung *f* fuel denitrogenation

~gewinnung *f* fuel extraction, fuel production

~kreis•lauf *m* fuel circulation, fuel cycle
nuklearer ~~: nuclear fuel cycle

~substitution *f* fuel substitution

~umwandlung *f* fuel conversion

~verbrauch *m* fuel consumption
spezifischer ~~: specific fuel consumption

~vergasung *f* gasification of fuel

~versorgung *f* fuel supply

~zelle *f* fuel cell

~zufuhr *f* fuel feed

~zusammensetzung *f* fuel composition

Brenn•verhalten *nt* flame retardance

Brenn•weite *f* focus

Brenn•wert *m* caloric value, calorific value,
{physiologischer ~}

~ *m* fuel value, heating value
{die bei vollkommener Verbrennung eines Brennstoffes frei werdende Wärmemenge}

~nutzung *f* utilization of calorific value

Bresche *f* breach
{Lücke in einem Deich}

Brett *nt* shelf

~wurzel *f* buttress
{plankenartige Modifikation einer Lateralwurzel am Stammfuß}

Briefing *nt* briefing
{Unterrichtung}

Brikett *nt* briquett

~fabrik *f* coal briquetting works
{meist Braunkohle verarbeitend}

~ier•anlage *f* briquetting plant

~ier•presse *f* briquetting press

Bringen *nt* bringing

≗ *v* bring
mit sich ~: entail, pose *v*

Bring•system *nt* bring system, waste collection by producer
{Sammelsystem, bei dem Wertstoffe ausserhalb der Müllabfuhr zu einer Sammelstelle gebracht werden}

Brise *f* breeze

Bröckel *nt* small fragment

bröckelig *adj* friable

Brocken *m* lump

Brodel•boden *m* congeliturbation, cryoturbation
{über Dauerfrostboden in aufgetauten Bereichen durch Auflastdruck von wiedergefrierendem Eis strukturierter Boden mit nach oben gepressten Partien}

Bromo•metrie *f* bromometry

Bronchien *pl* bronchi, bronchial tubes

Bronchitis *f* bronchitis
akute ~: acute bronchitis
chronische ~: chronic bronchitis

Brötchen *nt* roll

Bruch *m* breach, burst, violation

~ *m* bog, marshland
{Feuchtgebiet mit Moorboden}

~ *m* fault, fracture
{geologisch}

~glas *nt* cullet

~modul *nt* modulus of rupture
{Kennzahl zur Darstellung des Bruchwiderstandes von Bodenkrusten}

~moor *nt* wooded swamp

~stück *nt* fragment

~stücke *pl* debris
{Trümmer}

~wald *m* carr

Brücke *f* bridge

~n•bau *m* bridge construction

Brüden *m* vapour
{mit Wasserdampf gesättigte Luft, die, oft verunreinigt, bei techn. Prozessen entweicht}

~kondensat *nt* vapour condensate

Brunft *f* rut
{von männlichen Tieren}

~ *f* heat
{von weiblichen Tieren}

brunften *v* be in/on heat, rut

Brunft•hirsch *m* rutting stag

brunftig *adj* in/on heat, rutting

Brunft•schrei *m* bell

Brunft•zeit *f* rut, rutting season, (season of) heat

Brunnen *m* well
{Anlage zur Gewinnung oder Beobachtung von Grundwasser und Uferfiltrat}
artesischer ~: artesian well
~bau *m* well building, well drilling
~erschließung *f* well boring
~filter•rohr *nt* well filter pipe
~funktion *f* well function
~regenerierung *f* well regeneration
~untersuchung *f* well examination
Brust | höhen•durchmesser *m* diameter at breast height
{Stammdurchmesser in 1,3 m über dem Boden}
~korb *m* chest, thorax
Brut *f* brood, fry, hatch, spawn
Brüten *nt* breeding, hatching
≗ *v* breed, brood, hatch
brütend *adj* breeding, brooding, nesting, sitting
Brüter *m* breeder
Schneller ~: fast breeder reactor
Engl. Abk.: FBR
Brut | gebiet *nt* breeding ground, breeding zone
~platz *m* breeding place, hatchery
~reaktor *m* breeder reactor
Schneller ~: fast breeder reactor
Dtsch. Syn.: Schneller Brüter
~revier *nt* breeding ground
~schrank *m* incubator
brutto *adj* gross
≗geschoss•fläche *f* gross floor space
≗inlands•produkt *nt* gross domestic product
Engl. Abk.: GDP
≗primär•produktion *f* gross primary production
≗produktions•rate *f* gross production rate
≗produktivität *f* gross productivity
{Gesamt-Fotosyntheserate von Pflanzen}
≗sozial•produkt *nt* gross national product
Dtsch. Abk.: BSP, Engl. Abk.: GNP
Brut•vogel *m* breeding bird, nesting bird
Brut•zeit *f* nesting season
BTU *nt* British thermal unit
Engl. Abk.: BTU, Btu
{Wärmemenge, die gebraucht wird um 1 pound Wasser um 1 Grad Fahrenheit zu erwärmen; in den USA gebräuchlicher als in Großbritannien}
Buche *f* beech
~n•wald *m* beech forest
Buch | führung *f* accounting,
~haltung *f* bookkeeping
~rücken *m* spine
Buchs•baum *m* box
~holz *nt* box
Buch•stabe *m* letter
Bucht *f* bay, bight, cove
~ *f* creek (Br)
{kleine Bucht}
~ *f* inlet
{schmale Bucht}
Buckel *m* hummock
{kleine Geländeerhebung}
zu ~n geformt: hummocked ***adj***
buckelig *adj* hummocky
Buckel•wiese *f* hummocky meadow
{durch periglazialen Bodenfrost entstandenes, als Mähwiese genutztes Areal mit runden bis ovalen Bodenaufwölbungen}
buddeln *v* burrow, grub
Budget *nt* budget
~wirkung *f* budgetary effect
Büfett *nt* counter
Büffel *m* buffalo
{Haustier der Tropen und amerikanisches Wildrind (=Bison)}
Bügeln *nt* pressing
Buhne *f* groyne, spur dike
{Steindamm, der senkrecht zur Uferlinie in ein Fließgewässer oder ins Meer gebaut wird}
Bull•dozer *m* bulldozer
Bulle *m* bull
Bulletin *nt* bulletin
Bultentundra *f* hummock tundra
bummelnd *adj* wandering
Bund *m* bunch
Bündel *nt* batch
bündeln *v* bunch, focus
Bundes | amt *nt* federal agency, federal department, federal office
~~ für Naturschutz: Federal Agency for Nature Conservation
{oberste Fachbehörde für Naturschutz in Dtschl.}
Schweizerisches ~~ für Umwelt, Wald und Landwirtschaft: Swiss Federal Office of Environment, Forests and Landscape
~anstalt *f* federal institute
~anwalt *m* Federal Prosecutor, public prosecutor
~~schaft *f* Federal Supreme Court prosecutors
~anzeiger *m* Federal Gazette
~arten•schutz•verordnung *f* Federal Wildlife Conservation Ordinance
~auto•bahn *f* federal motorway
~bahn *f* federal railway
~~gesetz *nt* federal railways act
~bank *f* federal bank
~bau•gesetz *nt* Federal Building Act
~behörde *f* federal authority
~berg•gesetz *nt* Federal Mining Act
{regelt in Dtschl. Rohstoffsicherung, ordnungsgemäße Gewinnung von Bodenschätzen, Gefahrenvorsorge und Rekultivierung}
~-Bodenschutz•gesetz *nt* Federal Soil Protection Act
{in Dtschl. das Gesetz zum Schutz vor schädlichen Bodenveränderungen und zur Sanierung von Altlasten}
Dtsch. Abk.: BBodSchG
~drucksache *f* Bundestag Publication
~ebene *f* federal level
auf ~~: at federal level
≗eigen *adj* federal
~einheitlich *adj* federally uniform
~~e Lösung: federally uniform regulation
~fern•straße *f* federal trunk road
{in Dtschl. Sammelbegriff für Bundesautobahnen und Bundesstraßen}
~~n•gesetz *nt* Federal Trunk Road law
{enthält u.a. Vorschriften zur Beachtung von Umwelterfordernissen bei der Planung von Bundesautobahnen und Bundesstraßen in Dtschl.}
~finanz•hof *m* Federal Fiscal Court
~forschungs•anstalt *f* federal research institute
~~ für Landeskunde und Raumordnung: Federal Regional Studies and Planning Research Instiute
~gebiet *nt* federal territory
~gericht *nt* federal court
~~s•hof *m* federal civil court, Federal Supreme Court
~gesetz *nt* federal law
~~blatt *nt* Federal Law Gazette
Dtsch. Abk.: BGBl.

{in ihm werden insbesondere nach dem Grundgesetz zustande gekommene Gesetze und Rechtsverordnungen verkündet}

~~gebung *f* federal legislation

~haushalt *m* federal budget

~immissions•schutz | gesetz *nt* Federal Immission Control Act

{in Dtschl. das Gesetz zum Schutz vor schädlichen Umwelteinwirkungen durch Luftverunreinigungen, Geräusche, Erschütterungen und ähnliche Vorgänge}

Dtsch. Abk.: BImSchG

~~verordnung *f* Federal Immission Control Ordinance

~innen•ministerium *nt* Federal Ministry of the Interior

~jagd•gesetz *nt* Federal Law on Hunting

~kabinett *nt* federal cabinet

~kanzlei *f* federal chancellery

~kanzler /~in *m* Federal Chancellor

{in Dtschl. und Österreich}

~~ *m* Chancellor of the Confederation

{in der Schweiz}

~klein•garten•gesetz *nt* Federal Allotment Act

~kompetenz *f* federal authority, federal competence

~kriminal•amt *nt* Federal Criminal Investigation Agency

~land *nt* federal state

{in Dtschl.}

~~ *nt* province

{in Österreich}

~minister /~in *m/f* federal minister

~ministerium *nt* federal ministry

~~ für Umwelt, Naturschutz und Reaktorsicherheit: Federal Ministry for the Environment, Nature Conservation and Nuclear Safety

Dtsch. Abk.: BMU

~mittel *pl* federal funds

~naturschutz•gesetz *nt* Federal Nature Conservation Act

~präsident /~in *m* Federal President

{in Dtschl. und Österreich}

~~ *m* President of the Confederation

{in der Schweiz}

~rat *m* Bundesrat, (Federal) Upper House of Parliament

{in Dtschl.}

~~ *m* Federal Council

{in Österreich und der Schweiz}

~raum•ordnungs | gesetz *nt* Federal Regional Planning Act

~~programm *nt* Federal Programme for Regional Planning

~rechnungs•hof *m* Federal Audit Office

~recht *nt* federal law

~regierung *f* Federal Government

~seuchen•gesetz *nt* Federal Law on Epidemics, Federal Law on Epidemic Control

~staat *m* federal state

~straße *f* federal highway

{entspricht der A road in Großbritannien}

~tag *m* Bundestag, (Federal) Lower House of Parliament

~~s•abgeordnete /~r *f/m* member of federal parliament, member of the Bundestag

~~s•fraktion *f* group in the Bundestag, federal parliamentary group

~~s•präsident /~in *m/f* President of the Bundestag

~umwelt•ministerium *nt* Federal Environment Ministry

~verband *m* federal association

~verfassung *f* federal constitution

~~s•gericht *nt* Supreme Court

~verkehrs•wege•plan *m* Federal Transport Network Plan

{dient der Ermittlung und Festlegung des Bedarfs und der Finanzierung von neuen Verkehrswegen und Verkehrswegeerweiterungen}

~verwaltungs•gericht *nt* Supreme Administrative Court

~wald•gesetz *nt* Federal Forests Act

{in Dtschl. das Gesetz zur Erhaltung des Waldes und zur Förderung der Forstwirtschaft}

~wasser•straße *f* federal waterway

~~n•gesetz *nt* Federal Waterways Act

~wehr *f* Federal Armed Forces

≗weit *adj* federal, nation-wide

~wild•schutz•verordnung *f* Federal Game Protection Regulation

Bund-Länder-Zusammen•arbeit *f* federal co-operation

Bunker•einrichtungen *pl* bin and hopper equipment

Bunsen•brenner *m* bunsen burner

bunt *adj* diverse, varied

buntgemischt *adj* varied

Bürde *f* burden

bürgen (für) *v* guarantee

Bürger /~in *m/f* citizen

~beteiligung *f* public participation

{die Beteiligung von Bürgerinnen und Bürgern an bestimmten Planungen}

mit ~~: participatory ***adj***

~initiative *f* citizens' action group, citizens' initiative

{Vereinigung engagierter Bürger}

bürgerlich *adj* civil

≗es Gesetzbuch: Civil Code

Dtsch. Abk.: BGB

Bürger | meister /~in *m/f* mayor

~rechtler /~in *m/f* citizen activist

~steig *m* footway, pavement, sidewalk (Am)

Bürokratie *f* bureaucrazy

bürokratisch *adj* bureaucratic

~e Hemmnisse: institutional obstacles

Bürokratisierung *f* bureaucratization

Bürokratismus *m* bureaucratism

{politisches System eines Staates, in dem, zu einem privilegierten Berufsstand zusammengefasst, politische Funktionäre starke politische Macht ausüben}

Bus *m* bus

Busch *m* bush

{Buschsteppe}

~ *m* bush, shrub

{Gehölz}

~brache *f* bush-fallow

{Brachestadium mit Busch oder waldähnlicher Vegetation beim Buschbrachefeldbau}

~~feld•bau *m* bush-fallow agriculture

{Landnutzungssystem, bei dem zunächst Gehölze gerodet und dann die Fläche im Wechsel mit einer Busch-brache landwirtschaftlich genutzt wird}

Büschel *nt* tuft

büschelig *adj* tufted

Büschel | pflanzung *f* bunch-planting

{Verfahren der Begrünung von z.B. trockenen Steilhängen}

~wuchs *m* bushy growth

Busch | feuer *nt* bush fire

~fleck•fieber *nt* scrub typhus, tsutsugamushi disease

~holz *nt* scrub

buschig *adj* bushy, shrubby

Busch•land *nt* bushland, brushland, scrubland, shrubland

Busch•wald *m* scrub

Bus•halte•stelle *f* bus stop

Buß•geld *nt* fine

mit einem ~ belegt: fined ***adj***

sofort zahlbares ~: on-the-spot fine

~bescheid *m* fixed penalty notice, official demand for payment of a fine

einen ~~ bekommen: be fined ***v***

~katalog *m* fixed penalty code

~vorschrift *f* fixed penalty regulation

Bus•spur *f* bus lane

{markierter Sonderfahrstreifen für Linien-Omnibusse}

Bus•verbindung *f* bus service

Butter | berg *m* butter mountain

~fass *nt* churn

~verordnung *f* butter regulation

Byssus•fäden *pl* byssus threads

C-Kampfstoff *m* chemical agent

Cadmium | aerosol *nt* cadmium aerosol

~bestimmung *f* cadmium determination

~gehalt *m* cadmium content

~vergiftung *f* cadmium poisoning

Caisson *m* cofferdam

Dtsch. Syn.: Senkkasten

{unten offener Kasten zum Einsatz unter Wasser}

Calcit *m* calcite

{Kalkspat, chem. Formel: $CaCO_3$}

Caldera *f* caldera

{weite, kesselartige Vertiefung im Bereich von Vulkanen}

Calori•meter *nt* calorimeter

Dtsch. Syn.: Wärmemengenmesser

Camper /~in *m/f* camper

Camping *nt* camping

~bus *m* camper

~platz *m* camping-ground (Am), camping site, campsite

~urlaub *m* camping holiday

Candela *nt* candela

{Maßeinheit für Lichtintensität}

Canyon *m* canyon

Carcinogenität *f* carcinogenicity

Carry-over-Effekt *m* carry-over-effect

{Begriff aus der Marketingtheorie und -praxis, der zeitliche Wirkungsverschiebungen zum Ausdruck bringt}

Car-sharing *nt* car-sharing

{die gemeinschaftliche Autonutzung ohne Privateigentum am Pkw}

Catena *f* catena, soil sequence

{regelmäßige Folge von Bodentypen mit gleichartigem Ausgangsmaterial, deren unterschiedliche Merkmale durch Topografie, Wasserhaushalt und Vegetation bestimmt werden}

cauli•flor *adj* cauliflorous

{Blüte- und Fruchtstand direkt aus dem Stamm oder Hauptästen entspringend}

Celsius *nt* Celsius, centigrade

cephal *adj* cephalic

Chaos *nt* chaos, havoc

Charakter *m* character

~art *f* character species, characteristic species

Dtsch. Syn.: Kennart

{Art, die mehr oder weniger eng in einer Lebensgemeinschaft gebunden ist und in anderen Lebensgemeinschaften weitgehend fehlt}

charakteristisch *adj* characteristic, typical

Charta *f* charter

~ europäischer Städte und Gemeinden: Charter of European Cities and Towns Towards Sustainability

{im Mai 1994 in Aalborg/Dk angenommene Erklärung über Ziele und Maßnahmen zur Umsetzung des Nachhaltigkeitsprinzips auf kommunaler Ebene}

Charter *f* freight

chartern *v* freight

Chef /~in *m/f* boss, chief, controller

~berater /~in *m/f* senior adviser

Chemie *f* chemistry

{Naturwissenschaft, die sich mit den Elementen und ihren Verbindungen beschäftigt}

~abfall *m* chemical waste

~abwasser *nt* chemical discharge

~anlage *f* chemical installation, chemical plant

~arbeiter /~in *m/f* chemical worker

~fabrik *f* chemical plant

°~frei *adj* free of chemicals, non-chemical

°~e Technologie: non-chemical technology

~industrie *f* chemical industry

~müll *m* chemical waste

~politik *f* chemical policy

~produkt *nt* chemical product

~roh•stoff *m* chemical raw material

~unfall *m* chemical accident

~unterricht *m* chemical instruction, chemistry education

~werk *nt* chemical plant

Chemikalie *f* chemical

abstoßende ~: repellent chemical

giftige ~n: poisonous chemicals, toxic chemicals

hochgefährliche ~: high-risk chemical

Verunreinigung durch ~n: chemical pollution

Chemikalien | bekämpfungs-mittel *nt* chemicals abatement agent

°~beständig *adj* chemical resistant

~dosier•anlage *f* chemical dosing plant

~gesetz *nt* Chemicals Act
{in Dtschl. das Gesetz zum Schutz vor gefährlichen Stoffen und Zubereitungen}

~prüfung *f* testing of chemicals

~recht *nt* chemicals legislation

~recycling *nt* recycling of chemicals

~rückgewinnung *f* chemicals recovery

~~s•anlage *f* chemicals recovery system

~schaden *m* chemical damage

~~s•sanierung *f* repair of chemical damage

~unfall *m* chemical accident

~verschüttung *f* chemical spill

Chemiker /~in *m/f* chemist

Chemi•lumineszenz *f* chemiluminescence
{Abgabe der bei einer chem. Reaktion freiwerdenden Energie in Form von Licht}

chemisch *adj* chemical,

~ *adv* chemically

~er Abbau: chemical decomposition

~er Sauerstoffbedarf: chemical oxygen demand

~ gebunden: chemically combined

°~reinigungs•anlage *f* dry-cleaning plant

°~~n•verordnung *f* dry-cleaning plant regulation

Chemi•sorption *f* chemisorption
{Sonderfall der Adsorption, bei dem die adsobierten Moleküle an der Oberfläche eines Festkörpers durch relativ starke chem. Bindungen festgehalten werden}

chemo | auto•troph *adj* chemoautotrophic
{~~ sind Organismen, die ihren Energiebedarf aus chemischen Reaktionen decken}

~litho•troph *adj* chemolithotrophic
{~~ sind Organismen, die ihren Energiebedarf aus anorganischen Substanzen decken}

~organo•troph *adj* chemoorganotrophic
{~~ sind Organismen, die ihren Energiebedarf aus organischen Substanzen decken}

°~rezeptor *m* chemoreceptor

°~sphäre *f* chemosphere
{Zone der oberen Troposphäre und der Stratosphäre, in der sonnenbeinflusst chemische Reaktionen ablaufen}

°~synthese *f* chemosynthesis
{Aufbau von Kohlehydraten aus Kohlendioxid bei autotrophen Organismen ohne Nutzung des Lichts}

°~taxis *f* chemotaxis

~troph *adj* chemotrophic
{~~ sind Organismen, die ihren Energiebedarf nicht aus Licht decken}

°~technik *f* chemical engineering

China *nt* China

Chinin *nt* quinine

~vergiftung *f* quinine poisoning, quininism, quinism

chirurgisch *adj* surgical

~er Abfall: surgical waste

Chitin *nt* chitin
{Stoff, der in den Gerüstsubstanzen der meisten Gliedertiere, weiterer Tierklassen und in Pilzen vorkommt}

Chlor | bedarf *m* chlorine demand

~chemie *f* chlorine chemistry

~dioxid•mess•gerät *nt* chlorine dioxide meter

~emission *f* chlorine emission

~gas•anlage *f* chlorinator

°~gebleicht *adj* chlorine bleached

~gehalt *m* chlorine content

°~haltig *adj* chlorine-containing

chloriert *adj* chlorinated

~er Kohlenwasserstoff: chlorinated hydrocarbon, chlorohydrocarbon

Chlorierung *f* chlorination

Chlor•kohlen•wasserstoff *m* chlorinated hydrocarbon

~-Insektizid *nt* chlorinated hydrocarbon insecticide

Chloro | phyll *nt* chlorophyll
{Sammelbegriff für grüne, magnesiumhaltige Porphyrin-Farbstoffe, die Pflanzen zur Fotosynthese befähigen}

~plast *m* chloroplast

Chlorose *f* chlorosis
{Pflanzenkrankheit: Aufhellung grüner Pflanzenteile infolge mangelhafter Ausbildung des Chlorophylls}

Chlorung *f* chlorification, chlorination
{Methode zur Desinfektion von Trink- und Badewasser durch Zugabe von Chlor oder einer Chlorverbindung}

direkte ~: direct feed of gaseous chlorine, dry-feed chlorination

Cholera *f* cholera
{durch das Stäbchenbakterium Vibrio cholerae verursachte Krankheit, die mit Durchfällen und Erbrechen und damit enormem Flüssigkeitsverlust einhergeht und unbehandelt zum Tod führt}

Cholin•esterase *f* cholinesterase
{Dtsch. Syn.: Acetylcholinesterase}
{Enzym, das das bei Nervenreizung ausgeschüttete Acetylcholin abbaut}

Chromato | graf *m* chromatograph
{auch: Chromato | graph}

~grafie *f* chromatography
{auch: ~graphie}

°~grafisch *adj* chromatographic
{auch: °~graphisch}

~phor *m* chromatophore
Dtsch. Syn.: Farbstoffzelle

Chrom•eisen•erz *nt* chrome iron ore, chromite
{Eisen-Magnesium-Chromoxid; einziges bedeutendes Chromerz}

Chromo•som *nt* chromosome
{wegen ihrer Anfärbbarkeit so benannte Bestandteile der Zellen jeder Organismenart, Träger der Erbanlagen}

Chromosomen | aberration *f* chromosome aberration

~anomalie *f* chromosomal anomaly

~mutation *f* chromosomal mutation

~untersuchung *f* chromosome examination

chronisch *adj* chronic

~ *adv* chronically

Chrono•biologie *f* chrono-biology
{Wissenschaft von den zeitlichen Gesetzmäßigkeiten des Ablaufes der Lebensprozesse}

Chrysotil *m* chrysotile
{Dtsch. Syn.: Faserserpentin}
{faserige Ausbildung des Minerals Serpentin, z.T. als Asbest}

Cilie *f* cilium
Dtsch. Syn.: Wimper

CIR-Luftbild•fotografie *f* CIR aerial photography
{auch: CIR-Luftbildphotografie}
{CIR = Colorinfrarot}

circadian *adj* circadian

circum•polar *adj* circumpolar

Cirro•kumulus *f* cirrocumulus
Dtsch. umgangssprachlich: Schäfchenwolke

Cirro•stratus *f* cirrostratus

Dtsch. umgangssprachlich: Schleierwolke

Cirrus *f* cirrus
Dtsch. umgangssprachlich: Federwolke

Club *m* club

CO_2-Abgabe *f* CO_2 tax

CO_2-Löschanlage *f* CO_2 extinguishing plant

CO_2-Prüfer *m* CO_2 recorder

CO_2-Reduzierungs•schritte *pl* steps to reduce CO_2 levels

CO-Konvertierung *f* CO conversion

~s•anlage *f* CO converter

Code *m* code

Coli•bakterium *nt* coli bacterium
{im menschlichen und tierischen Darm lebende Bakterien der Art Escherichia coli}

coli•form *adj* coliform

Colori•meter *nt* colorimeter
Dtsch. Syn.: Farbmessgerät

Combustor *m* combustor

Computer *m* computer

≗gesteuert *adj* computer-controlled

~programm *nt* computer program (Am), computer programme

Container *m* container
{geschlossene Behälter, geeignet zur Beförderung von Gütern durch unterschiedliche Verkehrsmittel, ohne Umpaken der Ladung}

~dienst *m* container service

~pflanze *f* container plant

~rührwerk *nt* container agitator

~umschlag•anlage *f* container transshipment installation

~-Wasser•aufbereitungs•anlage *f* container-type water treatment plant

Controller *n* comptroller, controller
{Mitarbeiter des betriebswirtschaftlichen Rechnungswesens}

Core *nt* core
{Dtsch. Syn.: Reaktorkern}

Coulo•metrie *f* coulometry
{elektrochemisches Analysenverfahren, bei dem aus der für eine vollständige Umsetzung erforderlichen Strommenge auf die vorhandene Substanzmenge geschlossen wird}

Crack•verfahren *nt* cracking
{Verfahren bei dem langkettige Kohlenwasserstoffe in kürzerkettige und damit flüchtigere "zerbrochen" werden}

Cultivar *m* cultivar
{Dtsch. Syn.: Kulturrasse}

Curie *nt* curie

Curriculum *nt* curriculum
{Dtsch. Syn.: Lehrplan}

~forschung *f* curriculum investigation
{Erfassung des Informationsgehaltes und der Bedeutung der einzelnen Lehrstoffe unter Beachtung der individuellen und gesellschaftlichen Bedingungen und Ziele}

Cyclamat *nt* cyclamate
{ein Süßstoff}

Cyprinide *m* cyprinid
{Karpfenfisch}

~n•region *f* cyprinid region
{Zusammenfassung der Barbenregion und der Brassenregion}

Cyto•logie *f* cytology
Dtsch. Syn.: Zellenlehre

Cytosin *nt* cytosine

Cyto•statikum *nt* cytostatic drug
{hemmt das Zellwachstum bei bösartigen Geschwülsten und neoplasmatischen Erkrankungen des blutbildenden Systems}

cyto•statisch *adj* cytostatic

Cyto•toxin *nt* cytotoxin
Dtsch. Syn.: Zellgift

Dach *nt* roof

~kollektor *m* roof collector

~organisation *f* umbrella organization

Dachs *m* badger

~bau *m* badger sett

dagegen sein *v* be opposed

daherkommen *v* slope up

Damm *m* bank, bund
{Erddamm in hängigem Gelände, zur Rückhaltung von Oberflächenabfluss}
schräg abfallender ~: sloping bank

~ *m* barrage, dam
{Staudamm}

~ *m* embankment
{Terrassendamm, Uferdamm}

~anbau *m* ridge cultivation, ridge planting

≗artig *adj* ridge-type

~balken *m* stop log
{Teil eines Revisionsverschlusses, der eine Öffnung horizontal verschließt}

~bau *m* dam construction

~bruch *m* embankment breach

~entwässerungs•graben *m* cut-off trench

~fuß•drän *m* toe drain

~höhe *f* (structural) height of dam

~krone *f* crest (of dam)

~nadel *f* needle
{Teil eines Revisionsverschlusses, der eine Öffnung vertikal verschließt}

Dämm•platte *f* insulation board

Damm•riff *nt* barrier reef

Dämm | schicht•dicke *f* thickness of insulating layer

~stoff *m* insulating material, insulation material
minaralischer ~~: mineral wool insulating material

Damm | tafel *f* bulkhead gate
{Teil eines Revisionsverschlusses, der eine Öffnung flächig verschließt}

~terrasse *f* ridge-type terrace, levee terrace (Am)

Dämmung *f* insulation

Dampf *m* steam, vapor (Am), vapour

~druck *m* steam pressure, vapour pressure

Dämpfe *pl* fumes

exhalierte ~: exhalation *n*

giftige ~: toxic fumes

dämpfen *v* dampen, lower

dämpfend *adj* stilling

Dampf | erzeuger *m* steam generator

~generator *m* steam reactor

~heizung *f* steam heating

~kessel *m* boiler

~~bau *m* construction of steam boilers

~~überwachung *f* pressure tank supervision

~~verordnung *f* boiler regulation

~kraft *f* steam power

~~werk *nt* steam power station

~maschine *f* steam engine

~stripper *m* steam stripper

~turbine *f* steam turbine

Dämpfungs•platte *f* damping plate

Dam•wild *nt* fallow deer

Darbietung *f* presentation

darlegen *v* present, set forth, state

Darlegung *f* presentation, statement

~s•last *f* statement load

Darlehen *nt* advance

Darm *m* intestine

darstellen *v* pose, present

Darstellung *f* exposition, presentation, rendering

darüber *adv* above, across

darunter *adv* below, under

Darwinismus *m* Darwinism

Datei *f* file

Daten *pl* data

aussagekräftige ~: crucial data

technische ~: specification

~austausch *m* data exchange

~bank *f* databank, data bank, database, data base

~erfassung *f* data acquisition

~~s•gerät *nt* data logger

~katalog *m* data catalogue

~modell *nt* data model

~sammlung *f* data acquisition, data collection

~schutz *m* data protection, protection of personal data

~speicherung *f* data logging, data storage

~übertragung *f* data transmission

~verarbeitung *f* data processing

Datierung *f* dating

Datum *nt* datum

Dauer *f* duration

~belastung *f* continuous load

~beobachtung *f* monitoring

~~s•fläche *f* monitoring plot, permanent observation area

~~s•programm *nt* monitoring programme

~betrieb *m* continuous operation

~bewässerung *f* permanent irrigation

~beweidung *f* continuous grazing

~bremse *f* retarder

~feld•bau *m* perennial agriculture

~form *f* resting form

~frost *m* permafrost

~~boden *m* permafrost

{Boden mit ständig gefrorenem Porenwasser}

~~horizont *m* permafrost

~grünland *nt* permanent grassland

~humus *m* stable humus

~karte *f* season ticket

~lärm *m* continuous noise

~schall•pegel *m* continuous noise level

äquivalenter ~~: equivalent continuous noise level

{Kenngröße zur Beschreibung der Geräuschbelastung in einem vorgegebenen Zeitraum}

~stau•ziel *nt* normal top water level

{Wasserspiegelhöhe des Dauerstauraumes}

~streifen *m* permanent strip

~überdüngung *f* continuous overfertilization

~wald *m* permanent forest, sustainable forest

{sich wandelndes, aber stetig auf einem Standort existierendes Waldökosystem; im Englischen bedeutet "permanent forest" auch den durch Gesetz zum Wirtschafts- oder Schutzwald erklärten Teil der Waldfläche}

~weide *f* permanent pasture

~zustand *m* permanence

Daunen *pl* down

dazwischen•liegend *adj* interim, intermediate

DDR-Recht *nt* GDR legislation

DDT-Gesetz *nt* DDT act

deaktivieren *v* inactivate

Decke *f* blanket

~ *f* ceiling

{oberste Lage, obere Grenze, oberer Raumabschluss}

~ *f* cover

{Bedeckung}

Deckel *m* cover

decken *v* tile

{mit Ziegeln ~}

≗moor *nt* blanket bog

{Torfmoor, welches das Gelände flächig bedeckt}

Deck•frucht *f* cover crop

Deck•lage *f* revetment

Deckungs | grad *m* cover, dominance

{Maßzahl für die Raumverdrängung einer Art im Bestand}

~summe *f* overall coverage

~umfang *m* extent of cover

~vorsorge *f* provision for sufficient cover

Deck•walze *f* eddy

Defekt *m* fault

≗ *adj* defective

definiert *adj* defined

definitiv *adj* definitive

~ *adv* definitively

Deflagration *f* deflagration

{das rasche Abbrennen eines Sprengstoffs ohne Explosion oder Detonation}

Deforestation *f* deforestation

Dtsch. Syn.: Entwaldung

Degeneration *f* degeneracy, degradation, devolution

Degradation *f* degradation

{vor allem aus Nutzungssicht negativ beurteilte Verarmung des Bodens und/oder der Vegetationsdecke}

Dehalogenierung *f* dehalogenation

dehnbar *adj* stretch

dehnen *v* stretch

Dehydratation *f* dehydration

Dehydratisierung *f* dehydration

Dehydrogenase *f* dehydrogenase

~aktivität *f* dehydrogenase activity

Deich *m* dike, dyke

~ *m* embankment, floodbank, levee (Am)

{Deich an einem Fließgewässer}

~bau *m* dike construction, embankment construction

~berme *f* berm of dike

~bestick *nt* normal cross section of a dike
{behördlich festgelegte Soll-Maße eines Deiches}

~böschung *f* slope of dike

~bruch *m* dike failure

~fuß *m* toe of dike

~graben *m* drainage ditch
{binnen- oder außendeichs parallel zum Deichfuß geführter Entwässerungsgraben}

~höhe *f* embankment height

~krone *f* crest of dike, crest of floodbank
{die flache Spitze eines Deichs}

~linie *f* dike line
{Verlauf des Deiches mit allen Bauwerken und Anlagen}

~öffnung *f* dike opening

~rampe *f* dike ramp
{Anschüttung am Deich zum Überführen eines Verkehrsweges}

~scharte *f* dike opening with gate
{verschließbare Öffnung im Deich zum Durchführen eines Verkehrsweges}

~schau *f* inspection of dikes

~schutz•werk *nt* [protective structure in front of a dike]
{Anlage im Deichvorland oder im Watt, um Angriffe des Wassers vom Deich fernzuhalten}

~sicherungs•werk *nt* dike protective structure
{bautechnische und/oder ingenieurbiologische Maßnahme, die den Deich unmittelbar vor Bechädigungen oder Zerstörung schützt}

~übergang *m* pullover

~verband *m* community for dike maintenance
{gesetzlicher Zusammenschluss der zur Deicherhaltung verpflichteten Eigentümer aller Grundstücke eines geschützten Gebietes}

~verteidigungs•weg *m* dike road
{befestigter Weg entlang der Binnenseite des Deiches, der auch bei höheren Binnenwasserständen nicht überflutet wird}

~vorland *nt* (embankment) foreshore

~zuweg *m* way to the dike

De-Inking *nt* de-inking

~-Verfahren *nt* de-inking process
{Verfahren zur Entfärbung von Altpapier, bei dem die Druckfarben durch Zugabe von Hilfsmitteln herausgelöst und abgetrennt werden}

Dekade *f* decade
Dtsch. Syn.: Jahrzehnt

Dekanter *m* decanter

Deklarations•analyse *f* declaration analysis

Deklination *f* declination
magnetische ~: magnetic declination

Dekompressions•verfahren *nt* decompression method

Dekontaminant *nt* decontaminant

Dekontamination *f* decontamination
{die Beseitigung von Verunreinigungen, insbesondere radioaktiver Art}

~s•anlage *f* decontamination plant

~s•faktor *m* decontamination factor

Dekontaminierbarkeit *f* decontamination properties

dekontaminieren *v* decontaminate

Dekontaminierung *f* decontamination
{Entfernung von Schadstoffen aus dem kontaminierten Böden}

dekorativ *adj* ornamental

Dekret *nt* decree, ordinance

Delegieren *nt* devolution
{übertragen}

Deletion *f* deletion
{Verlust eines Chromosomenstücks, der den Ausfall von Erbanlagen verursacht}

Delikt *nt* offence, tort

~s•haftung *f* liability in torts

~s•recht *nt* tort law

Delle *f* dell

Delphinarium *nt* dolphinarium

Delta *nt* delta
{dreiecksförmige Aufschüttung an der Mündung eines Fließgewässers in ein anderes breites Gewässer}

~ablagerung *f* deltaic deposit

Demo•grafie *f* demography
{auch: Demo•graphie}
{Lehre von den menschlichen Populationen und ihrer Entwicklung}

demo•grafisch *adj* demographic
{auch: demo•graphisch}

Dem•ökologie *f* population ecology

Demokratie *f* democracy
{Volksherrschaft, eine Form des politischen Lebens}

Demokratisierung *f* democratization

Demon•strant /~in *m/f* demonstrator, protester, protestor
entschlossene ~en: determined protestors

Demonstration *f* demonstration

demontieren *v* dismantle

Demo•skopie *f* demoscopy, public opinion polling
{Dtsch. Syn.: Meinungsforschung}

Demo•top *m* demotope

Demulgierung *f* demulsification
{Emulsionspaltung}

denaturieren *v* denature

denaturiert *adj* denatured

Dendro | chrono•logie *f* dendrochronology
{Altersbestimmung von Holz mit Hilfe von Jahresringanalysen}

~klimato•logie *f* dendroclimatology
{Klimaforschung mit Hilfe von Jahresringanalysen}

~logie *f* dendrology
{Lehre von den Bäumen und Sträuchern}

~metrie *f* dendrometry

Denitrifikanten *pl* denitrifiers, denitrifying bacteria
{Bakterien, die ihren Energiebedarf durch Denitrifikation decken}

Denitrifikation *f* denitrification
{Abbau von Nitrat zu Stickstoff und Sauerstoff durch Bakterien}

~s•anlage *f* denitrification plant

denitrifizieren *v* denitrificate

Denitrifizierung *f* denitrification
Dtsch. Syn.: Denitrifikation

Denk•fabrik *f* think tank

Denkmal *nt* monument

~erhaltung *f* monument conservation

~kunde *f* study of historic monuments

~liste *f* list of monument

~pflege *f* monument preservation, preservation of historic monuments

~schaden *m* monument damage

~schutz *m* protection of historic monuments
unter ~~ stellen: put under preservation order

~~organisation *f* monument protecting organisation/organization

Densito•meter *nt* densimeter, densitometer

Denudation *f* denudation

{Beseitigung der Vegetationsdecke}

Deponie *f* disposal site, landfill, tip, waste dump
{Anlage zur dauerhaften, geordneten und kontrollierten Ablagerung von Abfällen}
geordnete ~: controlled tipping, sanitary landfill, sanitary landfilling

~abdeckung *f* landfill covering

~abdichtung *f* garbage dump sealing (Am), landfill liner

~anlage *f* garbage dump (Am), sanitary landfill, waste disposal site

~aufbau *m* sectional view of a dumping ground
{Querschnitt}

~auflager *nt* landfill subbase

~basis•abdichtung *f* underground sealing of landfill
{technische Einrichtungen (undurchlässige Schicht) an der Basis von Deponien zum Schutz des Bodens und des Grundwassers vor Sicker-Schadstoffen}

~~s•system *nt* landfill bottom liner

~bau *m* construction of garbage dumps

~bedarf *m* supplies for dumps

~betreiber *m* landfill operator, tip operator

~entgasung *f* landfill degasification
{aktive und passive Ableitung von Gasen, die beim Deponiebetrieb entstehen}

~~ *f* landfill gas extraction
{aktive ~}

~~ *f* landfill gas venting
{passive ~}

~~s•einrichtung *f* waste-site degassing equipment

~fahr•zeug *nt* vehicle for garbage dumps

~fläche *f* deposit area

~folie *f* foil for garbage dumps

~gas *nt* gas from dumps, landfill gas
{bei der Ablagerung von organischen Abfällen durch mikrobielle Abbaureaktionen entstehendes Gas}

~~analytik *f* site digestion gas analytics

~~anlage *f* landfill gas plant

~~brunnen•bau *m* construction of wells for landfill gases

~~fassung *f* landfill gas collection

~~gewinnung *f* gas extraction

~~verwertung *f* methane gas recovery from landfill

~gestaltung *f* establishment of a dump

~körper *m* dumping site body, landfill body
{in einer Deponie abgelagerte Abfälle}

~kosten *pl* disposal costs

~oberflächen•abdichtungs•system *nt* landfill cap system

~planung *f* planning of dumps

~raum *m* dumping area, landfill area

~r•barkeit *f* burial ability, disposability

~~s•test *m* burial test

~rekultivierung *f* recultivation of old dump sites
{landschaftsgestalterisches Einpassen von Deponien in die Umgebung mit Oberflächenabdichtung, überlagert von einer mehr als ein Meter dicken Schicht kulturfähigen Bodens mit Bewuchs}

deponieren *v* deposit, dispose (of), landfill

Deponie•rückbau *m* reconversion of landfill sites

Deponierung *f* (sanitary) landfilling

Deponie | sanierung *f* improvement of garbage dumps

~schacht *m* garbage dump shaft

~sicherung *f* landfill securing

~sicker•wasser *nt* garbage dump leakage water, (landfill) leachate, leakage water from garbage dumps
{aus dem Deponiekörper heraussickerndes, mit Schadstoffen belastetes Wasser}

~sohle *f* dump base

~standort *m* dumping site, landfill site
{Ablagerungsbereich und das Gelände, das zusätzlich für den Deponiebetrieb in Anspruch genommen wird; unter Einbeziehung des Untergrundes}

~stau•wasser *nt* dump impounded water

~überwachung *f* landfill monitoring

~untergrund *m* dumping underground

Deposition *f* deposition
nasse ~: wet deposition
{Ablagerung von Schadstoffen mit dem Wasserdampf der Luft }
trockene ~: dry depostion
{Ablagerung trockener Partikel aus verschmutzter Luft auf Oberflächen durch Absorption, Sedimentation oder Impaktion}

Depression *f* (economic) depression
{wirtschaftliche Depression}

derb *adj* rough

Derb•holz *m* thickwood
{Holz mit über 7 cm Durchmesser}

Deregulation *f* deregulation

Derivat *nt* derivate

Dermatose *f* dermatosis

des•aktivieren *v* deactivate

Desertifikation *f* desertification
Dtsch. Syn.: Verwüstung, Wüstenbildung
{langfristige, teilweise irreversible Veränderung von Vegetation und Boden in Richtung auf aride Zustände}

~s•bekämpfung *f* desertification control

Des•infektion *f* disinfection
Dtsch. Syn.: Entkeimung
{Abtötung bzw. Inaktivierung von Erregern übertragbarer Krankheiten}

~s•anlage *f* disinfection plant

~s•mittel *nt* disinfectant
{Stoffe oder Stoffgemische, die pathogene Mikroorganismen töten, inaktivieren oder denaturieren, so dass diese nicht mehr infizieren können}

des•infizieren *v* disinfect

De•sorption *f* desorption
{Wiederfreisetzung eines adsorbierten Stoffs}

Des•oxy•ribo•nuklein•säure *f* desoxyribonucleic acid
Dtsch. Abk.: DNS, Engl. Abk.: DNA
{die engl. Abk. DNA ist auch im Deutschen gebräuchlich}

Destillation *f* distillation
fraktionierte ~: fractional distillation

~s•anlage *f* distilling plant

~s•gerät *nt* distillation equipment
{enthält Elemente, die Flüssigkeiten erhitzen, den entstehenden Dampf kondensieren und das Destillat auffangen}

Destillier•anlage *f* distillation plant

destillieren *v* distil, distill (Am)

destillierend *adj* distilling

Destillier•gerät *nt* distillation equipment
Dtsch. Syn.: Destillationsgerät

destilliert *adj* distilled

Destruenten *pl* decomposers
{Bakterien und Pilze, die Bestandesabfallstoffe abbauen}

Desuktion *f* water depletion

Detail(s) *nt/pl* particulars

detailliert *adj* particular

Detektor *m* detector

~röhre *f* detector tube

Detergens *nt* detergent

{Dtsch.: allgemein jede synthetische, organische und grenzflächenaktive Substanz. Engl.: unter "detergent" sind auch andere in Wasch- und Reinigungsmitteln gebräuchliche Stoffe enthalten}

abbaubares ~: soft detergent

anionisches ~: anionic detergent

biologisch nicht abbaubares ~: hard detergent

~ auf Phosphatbasis: phosphate-based detergent

kationisches ~: cationic detergent

Detergentien *pl* detergents

~schaum *m* detergent foam

Determinante *f* determinant

determinieren *v* determine

Dtsch. Syn.: bestimmen

Detonation *f* detonation, explosion

detritisch *adj* detrital

Detrito•phage *m/pl* scavenger

Dtsch. Syn.: Detritusfresser

Detrito•vore *m/pl* detritovore

Dtsch. Syn.: Detritusfresser

Detritus *m* detritus

{beim Zerfall von Gestein und Organismen entstehendes Feinmaterial}

~fresser *m/pl* detritovore, scavenger

Deuterium *nt* deuterium

{schwerer Wasserstoff}

~oxid *nt* deuterium oxide

{schweres Wasser}

deutlich *adv* clearly

deutsch *adj* German

∸er Städtetag: Association of German Cities and Towns

Deutschland *nt* Germany

Devastierung *f* devastation

{Verödung einer Landschaft durch Zerstörung der Pflanzendecke}

Devisen•markt *m* foreign exchange market

Devolution *f* devolution

{Übertragung von administrativer Unabhängigkeit}

Devolutiv•effekt *m* devolutionary effect

dezentral *adj* decentralised (Br),

~ *adj* decentralized

Dezentralisierung *f* decentralisation (Br), decentralization, devolution

Dezibel *nt* decibel

Dtsch. und Engl. Abk.: dB

{nach dem amerikanischen Physiker Graham Bell benanntes Maß zur Charakterisierung von Schalldruckpegeln}

dB(A)-Skala: dBA scale, decibel A scale

dezimieren *v* decimate

Dia *nt* slide, transparency

{umgangssprachlich für Diapositiv}

~betrachter *m* (slide-)viewer

~gramm *nt* chart, diagram, graph

Dtsch. Syn.: Schaubild

Dialekt *m* vernacular

dialektisch *adj* dialectic

Dialog *m* dialogue

Dialyse *f* dialysis

~gerät *nt* dialyzer

Dialysier•membran *f* dialyzing membrane

Dia•positiv *nt* slide

Dia•projektor *m* slide projector

Dia•rahmen *m* slide mount

Diät *f* diet

~ halten: diet *v*

Diätetik *f* dietetics

diätetisch *adj* dietary, dietetic

Diät•lehre *f* dietetics

Diatomeen | erde *f* kieselguhr

~kundler /~in *m/f* diatomist

Diät•verordnung *f* diet regulation

dicht *adj* dense, heavily, impermeable, impervious

~ *adv* densely

Dichte *f* abundance, denseness, density

{in der Biologie: Anzahl von Individuen je Flächeneinheit}

relative ~: relative abundance

∸abhängig *adj* density dependent

~abhängigkeit *f* density dependence

~bestimmung *f* determination of density

~gradient *m* density gradient

~messung *f* density measurement

~regulation *f* density regulation

dichter geworden *adj* thickened

Dichte | strömung *f* density current

{Strömung, die sich aufgrund von Dichteunterschieden im Wasser einstellt}

∸unabhängig *adj* density independent

~waage *f* densimeter, densitometer

Dichtheit *f* density

Dichtigkeit *f* density

Dicht•kissen *nt* sealing pad

Dichtung *f* gasket, seal

~s•bahn *f* liner material, waterproof sheeting

~s•folie *f* waterproof foil

~s•masse *f* sealing compound

~s•material *nt* packing, sealing material

~s•schleier *m* grout curtain

{durch Injektionen hergestellte Untergrundabdichtung}

~s•system *nt* sealing system

~s•wand *f* diaphragm wall, leak proof wall

dick *adj* thick

Dick•darm *m* large intestine

dicker || geworden *adj* thickened

~ machen *v* thicken

~ werden *v* thicken

dick•flüssig *adj* viscid, viscous

Dickicht *nt* brushwood, scrub, thicket

Dick•schlamm *m* thickened sludge

Dickstoff•pumpe *f* viscous liquids pump

Dickung *f* thicket

{forstliche Alterklasse vor dem Eintritt natürlicher Astreinigung}

Didaktik *f* didactics

didaktisch *adj* didactic

Die Grünen *f* Green Party, The Greens

Dienst *m* services

gemeinnütziger ~: community services

öffentlicher ~: public service

sozialer ~: social services

~leistung *f* service (function)

{Arbeits-, Maschinen- und Transportleistungen für Dritte}

~~s•branche *f* service industry

~~s•gewerbe *nt* service occupation

~~s•sektor *m* tertiary industry

Diesel *m* diesel

~abgas *nt* diesel exhaust gas

~fahrzeug *nt* diesel-engined vehicle

~index *m* diesel index

~kraft | stoff *m* diesel fuel

{Kraftstoff zum Betrieb von Dieselmotoren; weniger flüchtig und entzündlich als Ottokraftstoff}

~~werk *nt* diesel-fired power station

~motor *m* diesel engine

{nach Rudolf Diesel benannter Motor, bei dem der Kraftstoff in heiße, stark komprimierte Luft gespritzt wird, so dass er sich von selbst entzündet und verbrennt}

~öl *nt* diesel (oil)

~partikel•filter *m* diesel exhaust particulate filter

~ruß *m* diesel exhaust particulates

~-Straßen•fahrzeug *nt* diesel-engined road vehicle

Differenzial *nt* differential

{auch: Differential}

~art *f* differential species

Dtsch. Syn.: Trennart

{Art, deren Auftreten oder Fehlen in bestimmten Lebensgemeinschaften standortbedingte Unterschiede signalisiert}

~diagnose *f* differential diagnosis

~rente *f* differential profit

Differenz•druck•manometer *nt* differential pressure gauge

Differenzierung *f* differentiation

diffundieren *v* diffuse

diffundiert *adj* diffused

diffus *adj* diffuse, non-point

~e Emission: fugitive emission

Diffusion *f* diffusion

{Verteilung eines Stoffes aufgrund eines Konzentrationsgefälles}

~s•abscheider *m* diffusion separator

Diffusor *m* diffuser

digital *adj* digital

Digitalisierung *f* digitizing

Digital | rechner *m* digital computer

~thermometer *nt* digital thermometer

Diktatur *f* dictatorship

{Ausübung unbeschränkter Macht durch eine oder mehrere Personen}

Dilutor *m* diluter

diluvial *adj* diluvial

Diluvial•boden *m* diluvial soil

{Boden, dessen Ausgangsmaterial während der quartären Eiszeiten abgelagert wurde}

Diluvium *nt* diluvium

Dtsch. Syn.: Pleistozän

{unterer, älterer Teil der geologischen Quartärformation; das quartäre Eiszeitalter}

Dimension *f* dimension, proportion

Ding *nt* thing

Dinghi *nt* dinghy

dinglich *adj* physical

Dinkel *m* spelt

DIN | -Norm *f* DIN standard

{vom Deutschen Institut für Normung e.V. in entsprechenden Normenausschüssen festgesetzte Standards}

~-Richtlinie *f* DIN directive

Dipol *m* dipole

{Objekt mit zwei entgegengesetzten elektrischen Ladungen oder magnetischen Polen}

direkt *adj* direct, straight

~ *adv* immediately

≗abfluss *m* direct discharge, direct runoff, quick flow

{Oberflächenabfluss unmittelbar nach einem Regenereignis}

≗einleiter *m* direct discharger

{Gewerbe- und Industriebetrieb, der seine Abwässer über eigene Kanalisation und ggf. Kläranlage direkt in ein Gewässer einleitet}

≗einleitung *f* direct discharge

{Einleitung von Abwässern über eigene Kanalisation direkt in ein Gewässer}

≗reduktion *f* direct reduction

≗~s•anlage *f* direct reduction plant

≗saat *f* direct seeding, direct drilling

Diskontierung *f* discounting

diskontinuierlich *adj* discontinuous

Dtsch. Syn.: unterbrochen, zusammenhanglos

~es Verfahren: batch process

Diskont•satz *m* rate of discount

Diskothek *f* discotheque

Diskriminierung *f* discrimination

Dismigration *f* dismigration

Disparität *f* disparity

Dispensor *m* dispenser

Dispergator *m* dispersing agent

dispergieren *v* disperse

Dispergier•mittel *nt* dispersant

dispergiert *adj* dispersed

Dispergierung *f* dispersing

dispers *adj* disperse

~es System: disperse system

Dispersion *f* dispersion

{feinstverteilte Körnchen, Bläschen, Tröpfchen einer dispergierten Phase in einem Dispersionsmittel}

~s•aerosol *nt* dispersion aerosol

~s•dynamik *f* dispersion dynamics

~s•faktor *m* dispersion factor

~s•lack *m* dispersion lacquer

~s•prozess *m* dispersion process

Dispersoid *nt* dispersoid

Disperso•meter *nt* dispersometer

disponibel *adj* disposable

Dissimilation *f* dissimilation

{Abbau von körpereigenen Substanzen zu einfacheren Verbindungen unter Energiegewinn}

Dissoziation *f* dissociation

Distanz•delikt *nt* offence committed from over distance

distanziert *adj* distant, remote

Distribution *f* distribution

Distrikt *m* district

Diureticum *nt* diuretic

Diurese *f* diuresis

Diversifikation *f* diversification

diversifizieren *v* diversify

Diversifizierung *f* diversification

Diversität *f* diversity

{Mannigfaltigkeit bestimmter Strukturmerkmale einer Lebensgemeinschaft}

~s•index *m* diversity index

{quantifizierter Ausdruck der Diversität; verschiedene Indices, die über verschiedene Formeln ermittelt werden}

DNA *f* [siehe Desoxyribonukleinsäure]

~-Analyse *f* DNA analysis

~-Sonde *f* DNA probe

~-Virus *m* DNA virus

DOC *m* [siehe Kohlenstoff]

Dokument *nt* document

~typ *m* document type

Doldrums *pl* doldrums

{windstille Zone über den Ozeanen am Äquator}

Dole *f* culvert

Doline *f* doline, sink hole

{durch Einsturz unterirdischer Lösungshohlräume entstandene Vertiefung einer Karstoberfläche}

Dolomit *m* dolomite

{vorwiegend aus Calcium-Magnesiumcarbonat bestehendes Festgestein}

domestiziert *adj* domesticated

dominant *adj* dominant

Dominanz *f* dominance

{vegetationskundlich: Syn. für Deckungsgrad; aber auch: Vorherrschaft}

dominierend *adj* dominant, governing
Dtsch. Syn.: herrschend

Donn *m* donn
{älterer, eingedeichter, von Marschland umgebener Strandwall}

Donner *m* thunder

Doppel | anbau *m* double-cropping

~boden•schiff *nt* double bottom ship

ºfoliert *adj* double-leaf

~haus•hälfte *f* semi-detached (house)

~hüllen•schiff *nt* twin-hull craft

~klappe *f* beartrap gate, roof weir
{hydraulisch gesteuerter Wehrverschluss aus zwei sich dachförmig gegeneinander abstützenden Stauklappen}

~rohr•system *nt* double-pipe system

~scheiben•egge *f* double-disk harrow

~strahl•system *nt* double-beam system

doppelt *adj* double, dual

~ *adv* double

Doppelte *m/nt* double

doppelt nehmen *v* double

Doppel | wand•behälter *m* double-walled container

ºwandig *adj* double-walled

Doppler•effekt *m* Doppler effect

Dorf *nt* village

~entwicklung *f* village development

~erneuerung *f* village redevelopment

~gebiet *nt* village zone

~gemeinschaft *f* village community

Dormanz *f* dormance, dormancy
Dtsch. Syn.: Ruhezustand

Dorn *m* tongue

dornig *adj* prickly

dorsal *adj* dorsal
{auf den Rücken bezogen, auf dem Rücken gelegen}

Dortmund•becken *nt* Dortmund tank
{trichterförmiges Absetzbecken mit vorwiegend vertikaler Durchströmung und meist zentraler Abwasserzuführung}

Dose *f* can
in ~n: canned ***adj***

~n•container *m* can bank

Dosier | anlage *f* metering plant

~gerät *nt* dosing apparatus, dosing device

~pumpe *f* metering pump

~steuerung *f* metering control

~technik *f* dosing system

Dosierung *f* dosage

Dosier | waage *f* batchweighing scale

~zähler *m* metering counter

Dosi•meter *nt* dosemeter, dosimeter

Dosi•metrie *f* dosimetry
biologische ~: biological dosimetry

Dosis *f* dose
maximal zulässige jährliche ~: maximum permissible annual dose
tödliche ~: lethal dose
verordnete ~: stated dose
wirksame ~: effective dose
zulässige ~: safe dose

~belastung *f* dose load

~berechnung *f* dose calculation

~-Häufigkeits-Beziehung *f* dose-frequency relation

~leistung *f* dose rate

~~s•messer *m* dose rate measuring device, dose rate warning device

~-Wirkungs | -Beziehung *f* dose-effect relation, dose-response relationship
{charakterisiert die jeweiligen Wirkungen eines Stoffes in Abhängigkeit von der jeweils aufgenommenen Menge}

~-~-Kurve *f* dose-effect curve
{grafische Darstellung der Wirkungen eines Stoffes in Abhängigkeit von der jeweils aufgenommenen Menge}

~zusammen•fassungs•prinzip *m* dose integration principle

Dotter *m* yolk

~sack *m* yolk sac

Drachen | fliegen *nt* hang-gliding

~flieger *m* hang-glider
{umgangssprachlich Syn. für Hängegleiter}

~flieger /~~in *m/f* hang-glider pilot

Draht *m* wire

~gestrick•filter *m* knit wire filter

~gewebe•rolle *f* web

~korb•buhne *f* gabion groyne, gabion spur

~schotter | grund•schwelle *f* sausage dam
{aus Sinkkörben errichtete durchlässige Sperre zur Herabsetzung der Fließgeschwindigkeit}

~~kasten *m* gabion

~~sperre *f* gabion check dam

~~walze *f* cylindrical gabion
{zylindrischer, schottergefüllter Drahtkorb zur Uferbefestigung}

~zaun *m* wire fencing

Drakunkulose *f* dracunculiasis
{Guineawurm-Infektion}

Drän *m* drain
{Entwässerungsgraben}

~ *m* subsurface drain
{Dränstrang}

Dränage *f* drainage

~system *nt* drainage
verzweigtes ~~: dendritic drainage

dränbar *adj* drainable

Drän | brunnen *m* drainage well

~einrichtung *f* drainage installation

~ge•wasser *nt* seep

~graben *m* drainage channel, drainage trench

dränieren *v* drain

Drän | leitung *f* drain pipe, land drain
{Leitung mit durchlässiger Wandung zur Entwässerung des Baugrundes oder zur Aufnahme von Sicker- oder Rieselwasser}

~modell *nt* drainage pattern

~rohr *nt* drainpipe, tile drain

~system *nt* drainage system, water disposal system

Dränung *f* drainage

Drän•wasser *nt* drainage water

draußen *adv* outdoor(s)

Drechseln *nt* turning

Drehen *nt* turning

º *v* roll

º *v* turn around, turn round
{sich ~}

Dreh | kolben | kompressor *m* rotary piston compressor

~~mengen•zähler *m* rotary piston count controller

~~motor *m* rotary piston engine
{Vorläufer des Kreiskolbenmotors}

~~pumpe *f* rotary piston pump

~maschine *f* motorized lathe, rotary machine

~ofen *m* rotary (tube) furnace, rotary kiln
Dtsch. Syn.: Drehrohrofen

{schrägliegender, sich drehender, rohrförmiger Reaktions- und Trockenapparat für rieselfähige Stoffe}

~rohr | ofen *m* rotary tube furnace, rotary kiln

~~verbrennungs•anlage *f* cylindrical rotary kiln

~schieber•kompressor *m* sliding-vane rotary compressor

~sprenger *m* rotary distributor

{um ein Zentrallager drehende Einrichtung zur gleichmäßigen Verteilung von Abwasser}

~trommel *f* rotary drum

~~ofen *m* rotary drum furnace

~~verbrennungs•anlage *f* rotary-drum incinerating plant

~wuchs *m* spiral grain, spiral growth

~zahl *f* revolutions per minute

Dreieck *nt* triangle, trilateral

dreieckig *adj* triangular

Dreiecks•mess•wehr *nt* triangular weir

drei•seitig *adj* triangular, trilateral

Drei•tage•fieber *nt* sandfly fever

Drei•wege-Katalysator *m* three-way catalytic converter

{Abgasminderungseinrichtung für Kraftfahrzeuge, in der vor allem Kohlenmonoxid, Kohlenwasserstoffe und Stickstoffoxide in unbedenklichen Stoffe umgewandelt werden}

drei•wertig *adj* trivalent

dressieren *v* condition

dressiert *adj* conditioned

Drift *f* drift

{durch Strömung bedingte Ortsveränderung}

Driften *nt* drift

Drift•strömung *f* drift current

Drill | bohrer *m* drill

~maschine *f* drill

{Sämaschine}

dringend *adj* pressing

dringlich *adj* pressing

drinnen *adv* indoors, inside

Dritt | beteiligung *f* intervening third party

~betroffene *pl* third party

~klage *f* third party litigation

~schutz *m* third party protection

~wirkung *f* effect on third party

droben *adv* overhead

Droge *f* drug

~n•missbrauch *m* drug abuse

drohen *v* menace

Dröhnen *nt* booming, drumming, roaring

das ~ verhindernd: antidrumming ***adj***

Drohung *f* menace

Drossel *f* throttle

{Einrichtung zur Begrenzung oder Verminderung eines Stoff- oder Energieflusses}

~klappe *f* throttle-clack valve

drosseln *v* dampen

{einen Verbrennungsvorgang durch Verringerung der Luftzufuhr drosseln}

drüber *adv* across

Druck *m* head,

{phys. ~}

~ *m* pressure

{phys. ~, auch: Nutzungsdruck}

~ *m* stress

{Belastung}

atmosphärischer ~: atmospheric pressure

hydrostatischer ~: hydrostatic pressure

kritischer ~: critical pressure

osmotischer ~: osmotic pressure

unter ~ gesetzt: pressurized ***adj***

unter ~ setzen: pressurize ***v***

~abfall *m* drop in pressure

~behälter *m* pressure tank, pressure vessel

~~verordnung *f* pressure tank regulation, pressure vessel regulation

~belüftung *f* diffused air aeration

Drucken *nt* printing

Drücken *nt* pressing

druckend *adj* printing

Druck•entlastung *f* pressure relief

Druckerei *f* printing office, printing works

Druck | erhöhungs•anlage *f* pressure boosting plant

~farbe *f* printing ink

~fern•messgerät *nt* distant-reading pressure gauge

≗fest *adj* pressure-resistant

≗~ gemacht: pressurized ***adj***

~festigkeit *f* compression strength

~gefälle *nt* hydraulic gradient, pressure gradient

~gradient *m* pressure gradient

~höhe *f* pressure head

~~n•verlust *m* head loss

~holz *nt* compression wood

{härteres Holz, das Nadelbäume als Reaktion bei einseitiger Belastung auf der Druckseite bilden}

~kammer *f* pressure chamber

~luft *f* compressed air

~~becken *nt* diffused air tank

~~belüftung *f* air diffusion

≗~betrieben *adj* pneumatic

~~werkzeug *nt* pneumatic tool

~messung *f* pressure measurement

~minder•ventil *nt* pressure reducing valve

~regel•einrichtung *f* pressure control system

~regler *m* pressure controller

~schalter *m* pressure switch

~schreiber *m* pressure recorder

~schrift *f* block letters

{Buchstaben}

in ~~ : printed ***adj***

~ *f* pamphlet, printing

{Schriftstück}

~segment *nt* [radial gate with compression gate arms]

{Segment einer Wehranlage mit auf Druck beanspruchten Armen}

≗stoßfest *adj* impact resistant

~wächter *m* pressure monitor

~wasser•reaktor *m* pressurized water reactor

Engl. Abk.: PWR

{Leichtwasserreaktor, in dessen Primärkreislauf hoher Druck von ca. 160 bar verhindert, dass das Wasser siedet und verdampft}

~welle *f* blast, shock wave

Drumlin *m* drumlin

{mit Geschiebemergel überdeckter, stromlinienförmiger Hügel aus Schotter und Gesteinsschutt}

Drüse *f* gland

Dschungel *m* jungle

Dual•wirtschaft *f* dual economy

Duft *m* scent, smell

~cocktail *m* smell cocktail

Düker *m* (inverted) siphon

{Kreuzungsbauwerk, das ein Hindernis in der Regel als Druckleitung unterfährt}

duldend *adj* suffering

Duldungs•pflicht *f* duty to tolerate, obligation to tolerate, obligatory tolerance

dumm *adj* bovine

Düne *f* (sand) dune

{Geländevollform aus äölisch umgelagerten Sanden}

Dünen | abbruch *m* dune erosion
{durch Sturmfluten bewirkte Zerstörung der seeseitigen Dünenböschung}
~aufforstung *f* afforestation of dunes
~bau *m* dune conservation
{Maßnahmen zur Sicherung oder Neubildung von Dünen}
~befestigung *f* dune stabilization
~deich *m* dune dike
~insel *f* dune island
{durch Dünenbildung entstandene Insel}
~landschaft *f* dune landscape
~sand *m* dune sand
~schutz *m* dune protection
~see *m* dune water
{mit Süßwasser gefüllte Mulde in den Dünen}
~tal *nt* dune slack
~wald *m* wooded dune
~wasser *nt* dune water
Dung *m* dung, manure
~bahn *f* overhead manure carrier
Dünge•bedarf *m* fertilizer requirement
Dünge•kalk *m* agricultural lime, liming material
Dünge•mittel *nt* fertilizer, manure
{dienen der Einbringung von Nährstoffen in den Boden, um die Bodenfruchtbarkeit zu erhalten oder zu erhöhen bzw. die Erträge der Nutzpflanzen zu steigern}
~anwendung *f* fertilization
~~s•verordnung *f* fertilizer utilization regulation
~gesetz *nt* fertilizer law
{regelt in Dtschl. die Zulassung, den Warenverkehr und die Anwendung von Düngemitteln}
~herstellung *f* fertilizer manufacture
~industrie *f* fertilizer industry
~nachwirkung *f* residual effects of fertilizers
~recht *nt* fertilizer law
~verordnung *f* fertilizer ordinance
{konkretisiert in Dtschl. die im Düngemittelgesetz vorgegebenen Normen und Verfahrensweisen bei Zulassung und In-Verkehr-Bringen von Düngemitteln}
Düngen *nt* fertilizing
≗ *v* fertilize, manure
Dünger *m* dung, fertilizer, manure
~ streuen: apply fertilizers *v*
organischer ~: organic fertilizer, organic manure

~dosis *f* fertilizer application rate
~einfluss *m* fertilizer influence
~gabe *f* fertilizer application
~streuer *m* fertilizer distributor, fertilizer sprayer
Dünge | schlacke *f* agricultural slag
~wert *m* fertilizing value
~wirkung *f* fertilization effect, fertilizer efficiency
Düngung *f* fertilization, fertilizer application, fertilizing, manuring
{Zufuhr und Ersatz von Nährstoffen, die durch die Flächenbewirtschaftung verbraucht werden oder verloren gehen}
~s•system *nt* fertilizing system
Dunkel•zone *f* aphotic zone
{lichtlose Zone unterhalb etwa 1500 m Tiefe im Meer oder in Seen}
dunkler werden *v* lower
dünn *adj* sparse, thin
≗darm *m* small intestine
≗säure *f* dilute acid
{Abfallsäure mit in der Regel geringerer Konzentration als die Prozesssäure}
≗schicht•chromato•graf *m* thin layer chromatograph
{auch: ≗schicht•chromato•graph}
≗schicht•chromatografie *f* thin layer chromatography
Dunst *m* haze, mist
~glocke *f* dust veil, haze canopy
dunstig *adj* misty
Durchblase•gase *pl* blow-by
durchbrechen *v* break through
Durchbruch *m* breakthrough
{Situation, wenn Abwasser oder Giftstoffe in die Trinkwasserversorgung eindringen}
~s•tal *nt* transverse valley
{Tal eines Fließgewässers, das ein seine Fließrichtung querendes Gebirge durchbricht}
durchdrehen *v* churn
{Räder}
durchdringen *v* penetrate
durchdringend *adj* penetrating, piercing
durcheinander bringen *v* stump
Durchfall *m* diarrhoea
Durchfeuchtung *f* wetting
~s•tiefe *f* wetting depth
Durchfluss | (menge) *m(f)* flow, flow through
~messer *m* flowmeter
~messung *f* flow measuring

~querschnitt *m* cross sectional area of flow
~regime *nt* runoff regime
~regler *m* flow controller
~wächter *m* flow controller
~zeit *f* hydraulic retention time
{Quotient aus theoretisch nutzbarem Volumen und Zufluss}
Durchforstung *f* thinning
{Entnahme von Bäumen zur Erweiterung des Wuchsraumes des verbleibenden Bestandes}
~s•art *f* thinning class, type of thinning
~s•grad *m* thinning grade
{Gliederung von Durchforstungen nach Art und Stärke der Entnahmen}
~s•intensität *f* thinning intensity
{Rate der Entnahme von Masse aus einem Bestand}
~s•stärke *f* thinning grade
{Anteil des bei der Durchforstung entnommenen Bestandes}
~s•umlauf *m* thinning cycle, thinning frequency
~s•weise *f* thinning regime
{Art, Stärke und Intensität der Durchforstung für einen Bestand oder eine Betriebsklasse für den gesamten Produktionszeitraum}
durchführbar *adj* achievable, feasible, practicable
Durchführbarkeit *f* feasibility
technische ~: engineering feasibility
~s•studie *f* feasibility study
durchführen *v* carry out, implement, persue
{einen Plan realisieren}
~ *v* conduct
{ein Verfahren, eine Untersuchung durchführen}
~ *v* enforce, implement
{eine Rechtsvorschrift ~}
~ *v* hold
{eine Veranstaltung ~}
Durchführung *f* carrying out, execution, holding, implementation, management, performance, putting into practice
~ einer Messung: measurement procedure
~s•bestimmung *f* implementing provision
~s•verordnung *f* executive order, implementing ordinance
~s•vorschrift *f* executive code
Durchgang *m* passage, transit
~s•hahn *m* straight-way cock

~s•ventil *nt* straight-way valve
~s•verkehr *m* transit traffic
durchgeführt *adj* taken
~e Maßnahme: taken measure
durchgezogen *adj* continuous
{~e Linie}
Durchhang *m* sag
durchhängen *v* sag
durchkämmen *v* comb
durchkreuzen *v* cross
Durchlass *m* culvert
{Rohrdurchlass}
durchlässig *adj* permeable, pervious (Am)
Durchlässigkeit *f* permeability
wirksame ~: effective permeability
~s•beiwert *m* coefficient of permeability
~s•messgerät *nt* permeameter, seepage meter (Am)
{Gerät zur Messung der Durchlässigkeit von Böden}
~s•prüfgerät *nt* permeability tester
Durchlauf | mischer *m* continuous mixer
~waage *f* continuous-transit weigher
durchlesen *v* study
{sorgfältig durchlesen}
Durchleuchten *nt* scanning
≗ *v* scan
Durchlicht•mikroskop *nt* transmitted light microscope
durchlöchert *adj* perforated
durchlüften *v* air
durchlüftend *adj* aerating
Durchlüftung *f* aeration
Durchmesser *m* diameter
~stufe *f* tree size
~verteilung *f* stand table
{Verteilung der Anzahl der Bäume eines Bestandes auf Durchmesserklassen}
Durchmischung *f* mixing
~s•aktivität *f* mixing activity
~s•reaktor *m* continuous stirred reactor
~s•strecke *f* flow distance needed for mixing
{zur Durchmischung erforderliche Fließstrecke}
durchqueren *v* cross
Durchreise *f* passage
durchsagen *v* announce
Durchsatz *m* throughput
durchschlagend *adj* sweeping
Durchschmelzen *nt* meltdown
Durchschnitt *m* average,
{Mittel, Mittelmaß}
~ *m* mean
{mathematisch}
durchschnittlich *adj* average, mean, ordinary
Durchschnitts•temperatur *f* mean temperature
durchsehen *v* revise
durchsetzbar *adj* enforceable
Durchsetzung *f* enforcement
Durchsicht *f* revision
~rahmen *m* sighting frame
{einfaches Gerät zur Messung der Bodenbedeckung}
Durchsickern *nt* seepage
≗ *v* filter, percolate, seep
Durchsickerung *f* percolation
Durchspülen *nt* rinsing
durchspülend *adj* flushing
Durchström•turbine *f* cross-flow turbine
Durchsuchen *nt* sifting
≗ *v* search
Durchsuchung *f* search
durchtränken *v* impregnate
Durchwurzelung *f* rooting
~s•tiefe *f* rooting depth
dürr *adj* arid
Dürre *f* drought, drouth
{Periode mit außergewöhnlich hohem Feuchtigkeitsdefizit}
~jahr *nt* drought year
~periode *f* period of drought
≗resistent *adj* drought-resistant
~resistenz *f* drought resistance
{Fähigkeit eines Organismus Dürre ohne oder mit nur geringen Schäden zu überstehen}
~vermeidung *f* drought avoidance
{Fähigkeit eines Organismus, der Dürre auszuweichen}
Dürr•holz *nt* dry-wood, snag
Dusche *f* shower
Düse *f* nozzle
~n•antrieb *m* jet propulsion
~n•bomber *m* jet bomber
~n•flugzeug *nt* jet aircraft, jet plane
~n•freistrahl *m* nozzle free jet
~n•motor *m* jet engine
~n•strahl *m* jetstream
~n•triebwerk *nt* jet engine
~n•zerstäuber *m* nozzle atomizer
Dy *m* dy
{braunes, aus wenig zersetzten Pflanzenresten und ausgefällten Kolloiden von Huminstoffen bestehendes Sediment in dystrophen Gewässern}
Dynamik *f* dynamics
{Veränderung von Ökosystemen}
dynamisch *adj* dynamic
Dynamit *nt* dynamite
mit ~ sprengen: dynamite ***v***
dys•enterisch *adj* dysenteric
{die Ruhr betreffend}
dys•photisch *adj* dysphotic
Dtsch. Syn.: lichtarm
{lichtarme Zone in Gewässern}
dys•troph *adj* dystrophic
{nährstoffarmes Wasser mit hohem Gehalt an gelösten Humusstoffen}

Ebbe *f* ebb, ebb-tide, low tide
{die Tide mit sinkendem Wasserspiegel}

eben *adj* even, flat, horizontal, level

Ebene *f* level, plain, plane
trophische ~: trophic level

Eben•holz *nt* ebony

ebenso *adv* equally

ebnen *v* level

Echo *nt* echo

~lot *nt* echosounder

~~system *nt* echosounding

~lotung *f* echosounding

~orientierung *f* echolocation

~ortung *f* echolocation

~peilung *f* echolocation

echt *adj* genuine, real

~ *adv* real (Am)

edaphisch *adj* edaphic
Dtsch. Syn.: bodenbedingt

Edaphon *nt* edaphon
{Gesamtheit der pflanzlichen und tierischen Lebewesen im Boden}

edel *adj* fine

Edel•gas *nt* inert gas, noble gas, rare gas

Edel•metall *nt* noble metal

~katalysator *m* precious metal catalyst

~recycling *nt* recycling of precious metal

~~anlage *f* recycling plant for precious metal

Edel•stahl *m* high-grade steel, stainless steel

~kamin *m* stainless steel chimney

~pumpe *f* stainless steel pump

~rohr *nt* stainless steel pipe

~~leitung *f* stainless steel pipe system

Effekt *m* effect
externe ~e: external effects, externalities

effektiv *adj* effective

~ *adv* effectively

Effektivität *f* effectiveness

effizient *adj* efficient,

~ *adv* efficiently

Effizienz *f* efficiency
ökologische ~: ecological efficiency
ökonomische ~: economic efficiency
wirtschaftliche ~: economic efficiency

~kriterium *nt* efficiency criterion

Egge *f* harrow

Eggen *nt* harrowing

≗ *v* harrow

ehemalig *adj* former

ehrlich *adv* square

Ei *nt* egg, ovum
~er von frei laufenden Hühnern: free range eggs

~ablage *f* egg-laying, oviposition

Eiche *f* oak

Eichel *f* acorn

Eichen-Hainbuchenwald *m* oak-hornbeam forest

Eich | kurve *f* calibration curve

~standard *m* calibration standard

Eichung *f* calibration, standardization

eier•legend *adj* oviparous

Eier•schale *f* egg shell

Ei•gelb *nt* yolk

eigen *adj* particular

≗aktivität *f* natural radioactivity

~~s•konzentration *f* natural radioactivity per water volume
{volumenbezogene Gesamtaktivität der geogenen Radionuklide in einem Wasserkörper}

~arbeit *f* no-load capacity

~art *f* individuality

≗artig *adj* singular

~artigkeit *f* singularity

~betrieb *m* owner operator

~einzugs•gebiet *nt* tributary drainage area

~kapital *nt* equity, own capital funds

~kompostierung *f* composting by waste producer

≗leistung *f* in-house performance

~nutzer *m* owner-occupier

~schaft *f* attribute, characteristic, feature, property, trait

~ständigkeit *f* entity, independence, self-reliance

~tum *nt* ownership, property
~~ mehrerer Personen an einer Fläche: varied ownership
geistiges ~~: intellectual property
gemischtes ~~: varied ownership
{Land, das mehrere Besitzer hat}

~tümer /~in *m/f* owner, proprietor

~tums | beschränkung *f* restriction on property

~~bindung *f* property fixation

~~garantie *f* property guarantee

~~ordnung *f* right of property

~~recht *nt* property right, proprietary right, right of ownership

~~schutz *m* property protection

~~störung *f* property nuisance

~überwachung *f* self-monitoring

~verantwortung *f* personal responsibility

Eigenwert (der Natur) *m* natural value

Eignung *f* fitness, qualification,

~ *f* suitability
{~ eines Standortes für bestimmte Vegetation oder Nutzungsformen}

~s•feststellung *f* qualification test

~s•studie *f* feasibility study

Eimer *m* bucket

einarbeiten *v* incorporate
{in den Boden ~}

Einbau *m* emplacement
{~ von Abfällen: emplacement of waste}

Einbaum *m* dug out, dug-out

einbeziehen *v* involve

Einbrenn•lackierung *f* enamelling

Einbringen *nt* discharge
{das Zuführen fester Stoffe in Gewässer; in Dtschl. geregelt im Wasserhaushaltsgesetz}

~ *nt* dumping
{~ von Schadstoffen}

einbringen *v* discharge

~ *v* propose
{Regelungen ~}

Einbringung *f* discharge
Dtsch. Syn.: Einbringen

~ *f* promotion
{~ eines Gesetzes}

Einbruch *m* breach

einbürgern *v* establish, naturalize

Einbürgerung *f* naturalization

eindämmen *v* dyke
{eindeichen}

Eindämmung *f* containment, control

Eindampf•anlage *f* evaporation plant

eindampfen *v* concentrate, evaporate

Eindampf•rückstand *m* evaporation residue

Eindampfung *f* evaporation

eindeichen *v* dyke, embank

Eindeichung *f* dyke building, embanking, embankment
eindicken *v* concentrate, thicken
Eindicker *m* thickener
{bauliche Einrichtung zur Verminderung des Wassergehaltes von Schlamm}
Eindickung *f* concentration, thickening
~s•filtrations•anlage *f* thickening filtration plant
Eindringen *nt* diffusion, encroachment
~ *nt* intrusion
{geologisch; auch: ~ von Luft}
≗ *v* diffuse
einebnen *v* level
Einebnung *f* levelling
einfädeln *v* thread
einfallend *adj* incident
Einfalls•winkel *m* angle of dip, angle of incidence
einfältig *adj* bovine
{dumm}
Einfamilien•haus *nt* single-family house
einfangen *v* capture
einfärben *v* stain
Einfärbung *f* stain
einfassen *v* border
Einfluss *m* impact, influence, hold
maßgeblicher ~: profound impact
seinen ~ geltend machen: lobby ***v***
~bereich *m* preserve
{Ausdehnung politischer Macht}
~faktor *m* influencing factor
Einforsten *nt* establishment of permanent forests
{Begründung und Sicherung von Landflächen zum Zweck der forstlichen Bewirtschaftung}
einfrieden *v* enclose
Einfriedung *f* means of enclosure
einfrieren *v* freeze
einfügen *v* fit in, insert
~ *v* adapt, slot
{sich ~}
Einfügung *f* insertion
~s•gebot *nt* insertion rule
Einfuhr *f* import
einführen *v* introduce
Einfuhr•genehmigung *f* import permission
Einführung *f* introduction
~s•veranstaltung *f* orientation course
Eingang *m* entrance

eingeben *v* input
{Daten, Programme ~}
eingeboren *adj* native
≗en•völker *pl* indigenous people
eingedeicht *adj* embanked
eingedickt *adj* thickened
eingefasst *adj* embanked
{~es Gewässer}
eingefroren *adj* frozen
eingegraben *adj* buried
eingehen *v* die
{das Sterben einer Pflanze}
eingehend *adj* dying, particular
eingepfercht *adj* impounded
eingeschlossen *adj* locked
von Land ~: landlocked ***adj***
eingeschränkt *adj* impeded
eingeschrieben *adj* registered
eingesperrt *adj* impounded
Eingeständnis *nt* admission
eingetragen *adj* registered
Eingeweide *pl* inside
eingewöhnen *v* adjust
eingewurzelt *adj* rooted
eingezäunt *adj* enclosed
nicht ~es Land: unenclosed land
Eingliederung *f* integration
eingreifen *v* intervene
Eingriff *m* felling operation
{in der Forstwirtschaft}
~ *m* alteration, impact, infringement, intervention
enteignender ~: expropriation activity
geringster ~: minimum intervention
~s•regelung *f* impact regulation
~s•vorbehalt *m* subject to interference
einhacken *v* hoe in
Einhalten *nt* keeping
≗ *v* implement, meet
Einhaltung *f* compliance, observance
{von Vorschriften}
~ von Umweltschutzauflagen: environmental compliance
Einhängen *nt* hanging
Einhausung *f* encasing
{bauliche Maßnahme, bei der die Schallquelle mit einem Gebäude umgeben wird}
einheimisch *adj* domestic, indigenous, local, native
Einheit *f* unit
~s•boden•abtrag *m* unit-soil loss
{der Bodenabtrag pro Niederschlagseinheit und Flächeneinheit}

~s•spitzen•abfluss *m* unit-peak discharge
einig *adj* united
einige *adv* several
Einigung *f* unification
{Vereinigung}
~s•vertrag *m* unification convention
Einjahres•pflanze *f* annual plant
einjährig *adj* annual
Einkapselung *f* containment
{möglichst dichte Umschließung einer Emissionsquelle bzw. von gefährlichen Stoffen gegenüber der Umgebung}
~ *f* encapsulation
Einkäufe *pl* shopping
Einkaufen *nt* shopping
Einkaufs•zentrum *nt* shopping centre
Einklang *m* harmony, tune
einklemmen *v* jam
Einkommen *nt* income
~s•ausfall *m* income loss
~s•beihilfe *f* income aid
~s•effekt *m* income effect
~s•elastizität *f* income flexibility
~s•statistik *f* income statistics
~steuer *f* income tax
~~gesetz *nt* income taxation act
~~recht *nt* income tax law
~s•theorie *f* theory of income determination
~s•verteilung *f* income distribution
Einkreuzung *f* cross-breeding
einladend *adj* welcoming
Einlass *m* inlet
~öffnung *f* inlet
~ventil *nt* inlet valve
Einlauf *m* influent, inlet
~bau•werk *nt* inlet structure, intake structure
~boden *m* intake floor
{oberwasserseitige Oberfläche einer Wehrschwelle}
~vorrichtung *f* flow smoothing inlet structure
{Einrichtung am Einlauf eines Beckens zur Energieumwandlung und gleichmäßigen Verteilung des Abwassers auf den gesamten Beckenquerschnitt}
Einlegen *nt* pickling
{haltbar machen}
≗ *v* lodge
Einleiten *nt* discharge
≗ *v* discharge

{eine Flüssigkeit ~}

≗ *v* impose
{eine Maßnahme ~}

≗ *v* initiate
{Verhandlungen, Reformen}

einleitend *adj* preliminary

Einleitung *f* discharge

~s•art *f* way of discharge

~s•grenz•wert *m* effluent standard
{Abwassermenge, die in ein Gewässer eingeleitet werden darf}

~s•standard *m* effluent standard

einlösen *v* negotiate

Einmal•artikel *m* disposable

einmalig *adj* singular

Einmischung *f* interference, involvement

einmünden *v* drain

Einmündung *f* confluence
{~ eines Gewässers}

Einnahme *f* capture, earning, income, taking

~ *f* revenue
{Staatseinnahme}
öffentliche ~: public revenue

~ *f* taking(s)
{Kasseneinnahme}

Einnahmen *pl* taking

einnehmen *v* capture

Einnischung *f* establishment of niche

einordnen *v* classify, file

einpferchen *v* impound

einquartieren *v* lodge

Einrammen *nt* pile driving

einreichen *v* file
{einen Antrag ~}

~ *v* lodge

einrichten *v* create
{z.B. ein Schutzgebiet oder einen Fonds}

Einrichtung *f* body, equipment, establishment, facility, installation, institution
öffentliche ~: public institution
staatliche ~: government body
sanitäre ~: sanitary fittings, sanitary installation

einsäen *v* seed

Einsargung *f* entombment

Einsatz *m* application, involvement, operation
voller ~: genuine involvement

~besprechung *f* briefing

~möglichkeiten *pl* applications

einschätzen *v* assess, estimate

Einschätzung *f* appraisal, assessment, estimate, estimation, evaluation
eine ~ vornehmen: make an assessment
epidemiologische ~: epidemiological assessment

einschieben *v* sandwich

einschiffen *v* ship

Einschlag *m* cut, felling
{Fällen von Bäumen; auch: die eingeschlagene Holzmenge}

~s•fläche *f* felling area
{Fläche, auf der Bäume gefällt wurden, werden oder werden sollen}

~s•plan *m* felling plan

Einschlämmung *f* sludging

einschließen *v* entrap

einschließlich *adj* inclusive

Einschließung *f* casking
~ radioaktiver Abfälle: casking of radioactive waste

einschneidend *adj* stringent

Einschnitt *m* cutting

einschränken *v* phase out, restrict

Einschränkung *f* constraint, limitation, restriction

einschreiben *v* register

Einschreibung *f* registration

einseitig *adj* eccentric, unilateral

einsenden *v* file
{einen Bericht ~}

Einsickerung *f* infiltration, intake

~s•maß *nt* infiltration rate

~s•menge *f* infiltration volume

einspar | en *v* save

≗maßnahme *f* economy measure

Einspritz•motor *m* fuel injection engine

Einspruch *m* appeal, objection
~ erheben: appeal ***v***

Einsteig•öffnung *f* manhole
{zur Inspektion von unterirdischen Kanälen oder anderen unterirdischen Abwasseranlagen}

Einsteig•schacht *m* manhole
Dtsch. Syn.: Einsteigöffnung

einstellen *v* adjust, regulate, tune
{Instrument einstellen}

~ *v* appoint
{Personal einstellen}

~ *v* focus
{optisches Instrument}

~ *v* phase out
{Verfahren einstellen}

~ *v* stop
{Bemühungen, Handel, Lieferung, Zahlung}

Einstellung *f* adjusting, tune
{Justierung}

~ *f* approach, attitude
{Haltung}

Einstieg•hilfe *f* manhole entrance accessories

einstimmig *adv* unanimously
~ beschließen: act unanimously ***v***

Einstreu *f* litter

einstufen *v* class, classify

Einstufung *f* classification, rating

Einsturz *m* subsidence

einstweilig *adj* provisional

eintägig *adj* ephemeral

Eintauchen *nt* dipping, immersion

≗ *v* dip

einteilen *v* classify

Eintiefung *f* (sole) erosion
{~ eines Flusses}

Eintopfen *nt* potting

Eintrag *m* immission
{~ von Schadstoffen}
fortlaufender ~: run-on ***n***

eintragen *v* register

Eintreten *nt* advocacy
{das ~ für eine Sache}

~ *nt* entering

≗ *v* enter

≗ *v* stand up
{sich einsetzen}

Eintritt *m* admission

~s•geld *nt* admission money

~s•preis *m* admission fee, admission price, charge for admission

Einvernehmen *nt* agreement
behördliches ~: governmental agreement, official agreement

Einwanderung *f* immigration

einwärts *adv* inward

Einwaschung *f* illuviation

Einweg | behälter *m* disposable container, non-returnable container

~erzeugnis *nt* non-returnable product, throw-away product

~flasche *f* non-returnable bottle

~geschirr *nt* disposable cutlery

~hand•schuhe *pl* disposable gloves

~kunststoff•flasche *f* non-returnable plastic bottle

~packung *f* non-returnable package

~palette *f* non-returnable pallet

~produkt *nt* non-returnable product
{Produkt, das nach seinem bestimmungsgemäßen Gebrauch automatisch zu Abfall wird}
~schürze *f* disposable apron
~schutz•anzug *m* disposable coverall
~verpackung *f* disposable wrapping, non-returnable container, non-returnable packaging
~windel *f* non-returnable diaper
einweichen *v* soak
Einwendung *f* objection
~en machen: except *v*
~s•ausschluss *m* preclusion from objection
Einwilligung *f* consent
Einwirkung *f* impact, influence
Einwohner /~in *m/f* dweller, resident
~ *pl* population
~dichte *f* population density
~gleich•wert *nt* population equivalent
{Einheit zum Vergleich von gewerblichem oder industriellem Schmutzwasser mit häuslichem Schmutzwasser}
~wert *m* [total number of inhabitants and population equivalents]
{Summe aus Einwohnerzahl und Einwohnergleichwert}
~zahl *f* population
Einwuchs *m* ingrowth
{im Holzkörper eingewachsene Fremdkörper oder baumeigene Gewebe}
Einzahl *f* singular
Einzäunen *nt* fencing
˜ *v* enclose, fence
Einzäunung *f* fencing
Einzel•blüte *f* floret
{als Teil einer zusammengesetzten Blüte}
Einzel•deponierung *f* monofill
{Deponie nur für eine Abfallart}
Einzel•handel *m* retail (trade)
Einzel•händler *m* retailer
Einzel•haus *nt* detached (house)
Einzelheit *f* detail
~(en) *f/pl* particulars
ein•zellig *adj* unicellular
einzeln *adj* individual, single, singular
Einzel | rechts•nachfolge *f* singular succession
˜staatlich *adj* national
~terrasse *f* eyebrow terrace
{kleine Terrasse für einzelne Obstbäume}
Einziehung *f* confiscation
einzig *adj* exclusive
˜artig *adj* singular
Einzugs | bereich *m* catchment area
~gebiet *nt* catchment (area), (drainage) basin, watershed
{Gewässer~}
oberirdisches ~~: surface catchment area
~~ *nt* commuter belt, gathering grounds
~~s•wert *m* catchment characteristics
{Indexzahl zur Beschreibung der hydrologischen Einflussgrößen Boden, Gefälle und Vegetationsdecke}
Eis *nt* ice
Eis•aufbruch *m* debacle
{Eisstoß}
Eis•berg *m* iceberg
Eis•decke *f* ice sheet
Eisen *nt* iron
Eisen•bahn *f* railroad (Am), railway
~anlage *f* railroad installation (Am)
~bau *m* railroad construction
~gefahr•gut•ausnahme•verordnung *f* exemption regulation on the transport of dangerous goods by rail
~gesetz *nt* railway act
~lärm *m* railway noise
{durch Eisenbahnbetrieb, vor allem beim Abrollen der Räder (Rad-Schiene-Geräusch) erzeugter Lärm}
~verkehr *m(Am)* railroad traffic
Eisen | bakterien *pl* iron bacteria
~erz *nt* iron ore
˜führend *adj* ferruginous
~gehalt *m* iron content
˜haltig *adj* ferrous, ferruginous
~hütte *f* ironworks, steel mill
~~n•industrie *f* iron processing industry, ironworks industry
~industrie *f* iron industry
~legierung *f* ferrous alloy
~schrott *m* scrap-iron
~späne *pl* iron filings
~-Stahl-Temper•gießerei *f* melleable iron-steel foundry
Eis•hügel *m* hummock
{kleine hügelförmige Erhebung der Eisoberfläche}
eisig *adj* glacial, icy
eiskalt *adj* glacial
Eis•kappe *f* ice cap
polare ~: polar ice cap
Eis•keil *m* ice wedge
{fossiler Eiskeil; durch Bodenfrost entstandene keilförmige Spalte im Lockergestein, die mit Sedimentmaterial gefüllt ist}
Ei•sprung *f* ovulation
Eis•punkt *f* ice point
Eis•scholle *f* ice floe
Eis•stoß *m* debacle
Eis•zeit *f* ice age
~klimatolog | e /~in *m/f* glacial climatologist
eitel *adj* vain
Eiweiß *nt* protein
~abbau *m* proteolysis
˜abbauend *adj* proteolytic
~gewinnung *f* protein production
~mangel *m* protein deficiency
~spaltung *f* proteolysis
˜spaltend *adj* proteolytic
~stoff *m* protein
Ei•zelle *f* ovum
Ei•zellen *pl* ova
ekelhaft *adj* disgusting
Eklipse *f* eclipse
Ekto•hormon *nt* attractant
Ekto•parasit *m* ectoparasite
Dtsch. Syn.: Außenschmarotzer
{Parasit, der auf seinem Wirt lebt}
elastisch *adj* resilient
~ *adv* flexibly
Elastizität *f* elasticity
~ *f* stretch
{~ eines Gewebes}
Elch *m* elk, moose
~bulle *m* bull elk
~kuh *f* cow elk
Eldrin *nt* eldrin
{chlororganisches Insektizid}
Elektret•filter *m* electret filter
elektrifizieren *v* electrify
Elektrifizierung *f* electrification
elektrisch *adj* electric, electrical,
~e Energie: electrical energy
~ *adv* electrically
elektrisieren *v* electrify
{entflammen}
~ [to get an electric shock]
Elektrizität *f* electricity
~ aus Wasserkraft: hydroelectric power
statische ~: static electricity

Elektrizitäts | einspeisung *f* feed-in current
~erzeugung *f* electricity generation, electricity production
~ **durch Wasserkraft:** hydroelectric generation
~~s•kosten *pl* electricity generation costs, electricity production costs
~gesellschaft *f* electricity power company
~kosten *pl* electricity costs
~tarif *m* electricity tariff
~verbrauch *m* electricity consumption
~versorgung *f* electricity supply, power supply
~verteilung *f* electricity distribution, electric power transmission
~werk *nt* power station
~wirtschaft *f* electric power industry, electricity supply industry
~zähler *m* electricity meter
Elektro | abscheider *m* electrical precipitator, electrostatic precipitator
~analyse *f* electro-analysis
~antrieb *m* electric drive
~artikel *m* electrical appliance
~befischung *f* electrofishing
~bus *m* electric bus
~chemie *f* electrochemistry
≗chemisch *adj* electrochemical
Elektrode *f* electrode
Elektro | dialyse *f* electrodialysis
{Entionisierung von Wasser mit Hilfe von elektrischem Strom}
~energie *f* electric power
~~erzeugung *f* electric power generation
~~~ unter Nutzung der Gezeiten: tidal electric power generation
~entstaubung *f* electrical dust precipitation
~fahrzeug *nt* electric vehicle
{Fahrzeug, dessen Antriebsquelle ein Elektromotor ist, der durch Batterien oder Oberleitungen mit Energie versorgt wird}
~filter *m* electric filter, electrofilter, electrostatic precipitator
{laden Staubpartikel elektrisch auf und leiten sie zu Niederschlagselektroden um; eingesetzt z.B. bei der Reinigung von Kraftwerksabgasen}
~gerät *nt* electrical appliance, electric machine
~heiz•gerät *nt* electric heating device
~induktions•ofen *m* electro induction furnace
~industrie *f* electrical goods industry, electrical industry
~ingenieur /~in *m/f* electrical engineer
~installateur /~in *m/f* electrician
~kardio•grafie *f* electrocardiography
{auch: ~kardio•graphie}
~kinetik *f* electrokinetics
≗kinetisch *adj* electrokinetic
≗~es Potenzial: zeta potential
{Galvanispannung an der Grenzfläche zweier nicht mischbarer Phasen}
~kommunal•fahrzeug *nt* electric municipal vehicle
~lyse *f* electrolysis
~lyt *m* electrolyte
~magnet *m* electromagnet
~mobil *nt* electrical car, electromobile
~motor *m* electric engine, electric motor
Elektron *nt* electron
{negativ geladenes Atomteilchen}
Elektronen | mikroskop *nt* electron microscope
Dtsch. und Engl. Abk.: EM
~mikroskopie *f* electron microscopy
Elektronik *f* electronics
~schrott *m* electronic scrap
{Gesamtheit aller als Abfall anfallenden elektrischen und elektronischen Geräte und Geräteteile}
~~-Verordnung *f* electronic scrap regulation
~~demontage *f* electronic scrap dismantling
~~recycling *nt* electronic scrap recycling
~~~anlage *f* recycling plant for electronic scrap
elektrolytisch *adj* electrolytic
elektronisch *adj* electronic
Elektro | nutz•fahrzeug *nt* electric commercial vehicle
~ofen *m* electrical furnace
~osmose *f* electrical osmosis
~phorese *f* electrophoresis
~poration *f* electroporation
~smog *m* electrosmog
≗statisch *adj* electrostatic
~technik *f* electrical engineering
~versorgung *f* electric power supply
~~s•unternehmen *nt* electric power supply company
Element *nt* component, element, unit
chemisches ~: chemical element
lebensfähiges ~: viable component
elementar *adj* basic, elemental, elementary
Elend *nt* hardship
Elfen•bein *nt* ivory
Elimination *f* elimination
{Entfernung bestimmter Stoffe aus einem betrachteten System, z.B. Abwasser}
~s•halb•werts•zeit *f* half-life of elimination
eliminieren *v* eliminate
Elite *f* élite
~baum *m* élite tree
{Baum mit besonderen Eigenschaften, insbesondere für Zucht oder Vermehrung}
El-Niño *m* El Niño
{unregelmäßig auftretende, warme Meeresströmung entlang der südamerikanischen Pazifikküste}
Eloxieren *nt* anodizing
elterlich *adj* parental
Eltern *pl* parents
Elternschaft *f* parenthood
Elternteil *m* parent
Eluat *nt* eluate
~kriterien *pl* eluate criteria
Elution *f* elution
Eluvial•horizont *m* eluvial horizon
{Bodenhorizont, der durch Auswaschung wesentliche Mengen wichtiger Bodenstoffe verloren hat}
Email *nt* enamel
Emanzipation *f* emancipation
emanzipatorisch *adj* emancipatory
Embryo *m* embryo
embryonal *adj* embryonic
≗entwicklung *f* embryogenesis
Emergenz *f* emergence
{Übergang von aquatischer zu terrestrischer Lebensweise bei Insekten, die als Larven im Gewässer leben}
Emersion *f* emergence
{langsame Hebung einer Landmasse}
Emigration *f* emigration
Dtsch. Syn.: Auswanderung
Emission *f* emission
{Ausstoß von (umweltbelastenden) Substanzen, von Schall, Wärme oder radioaktiver Strahlung}

industrielle ~: industrial emission
Emissions | analyse *f* analysis of emissions, emission analysis
≗arm *adj* low-emission
~begrenzung *f* emission limitations
~belastung *f* emission load, emission pollution
~berechnung *f* calculation of emission
~beschränkung *f* emission restriction
~daten *pl* emission data
~dichte *f* emission density
~erklärung *f* emission declaration
{in Dtschl. die vom Betreiber abzugebende Erklärung über die von einer Anlage ausgehenden Emissionen}
~~s•verordnung *f* emission declaration ordinance
{in Dtschl. die 11. BImSchV, die Abgabe von Emissionserklärungen regelt}
~faktor *m* emission factor
{Verhältnis der Masse der emittierten Stoffe zu der Masse der erzeugten oder verarbeiteten Produkte}
~grenze *f* emission limit
~grenz•wert *m* emission standard
~~e für Kfz-Abgase: emission standards for vehicles
~handel *m* emission trading
~kataster *nt* emission inventory, emission register
{räumliche Erfassung bestimmter Schadstoffquellen}
~kontrolle *f* emission control
~konzentration *f* emission concentration
maximale ~~: maximum emission concentration
~mess | gerät *nt* emission measuring equipment
~~technik *f* emission measurement technique
~messung *f* emission control, emission measurement
≗mindernd *adj* anti-pollution
~minderung *f* emission reduction
~~s•plan *m* emission reduction plan
~norm *f* emission standard
~obergrenze *f* emisson ceiling
~ort *m* emission site
~parameter *m* emission parameter
~pegel *m* emission level
~~schwankung *f* emission level fluctuation
~prognose *f* emission forecasting
~quelle *f* emission source, emitter, source of emission
~rate *f* emission rate
~schutz•ventil *nt* valve for emission control
~schwellen•wert *m* emission threshold value
~situation *f* emission situation
~spektral•analyse *f* emission spectrometry
~spektrum *nt* emission spectrum
~standard *m* emission standard
~überwachung *f* emission control, emission monitoring
{Überwachung der Emissionen umweltgefährdender Anlagen; i.d.R. durch Rechtsverordnungen vorgeschrieben}
~~s•gerät *nt* effluent monitor
{zur kontinuierlichen Überwachung der Einleitung von Schadstoffen in Gewässer}
~verminderung *f* emission reduction, reduction in emissions
Emittent *m* emission source, emitter
{Anlage, die schädliche Stoffe, Strahlen, Lärm, Gerüche und Erschütterungen in die Umgebung abgibt}
emittieren *v* emit
empfangend *adj* receiving
Empfänger•organismus *m* recipient
Empfangs•staat *m* state of destination
empfehlen *v* recommend
Empfehlung *f* recommendation
empfinden *v* feel
empfindlich *adj* fine
{Messgerät}
~ *adj* fragile, sensitive, tender, vulnerable
Empfindlichkeit *f* openness, sensitivity, vulnerability
~s•bereich *m* sensation range
~~ des Ohres: auditory sensation range
empfohlen *adj* recommended
empirisch *adj* empirical
~ begründet: empirical ***adj***
~ *adv* empirically
Emscher•becken *nt* Imhoff tank
{zweistöckiges Bauwerk, bei dem der obere Teil als Absetzbecken und der darunter liegende Teil als Faulbehälter dient}
Emscher•verfahren *nt* activated sludge process
Emulgator *m* emulsifier
{Substanz, die es ermöglicht, eigentlich nicht miteinander mischbare Stoffe (z.B. Wasser und Fett) dauerhaft zu vermischen}
emulgieren *v* emulsify
Emulgierung *f* emulsification
Emulsion *f* emulsion
~s•spaltanlage *f* demulsification plant
~s•spalter *m* demulsification agent
~s•spaltung *f* demulsification
~s•trennung *f* emulsion separation
Ende *nt* end, issue
~ *nt* tine
{~ eines Geweihs}
endemisch *adj* endemic
Endemit *m* endemic species
{Tier- oder Pflanzenart, die nur in einer bestimmten Gegend vorkommt}
End•energie•verbrauch *m* total final energy consumption
Endfall•geschwindigkeit *f* terminal fall velocity
{Geschwindigkeit von Regentropfen vor dem Aufprall auf die Bodenoberfläche}
endgültig *adj* definitive, final
~ *adv* definitively
End•infiltrations•rate *f* final infiltration rate
End•lager *nt* final dumping site,
{Deponie, aus der im Idealfall auch in Jahrtausenden keine Schadstoffe in die Umwelt emittiert werden}
~ *nt* repository (Am), waste isolation plant
{~ für radioaktive Abfälle}
~stätte *f* burial site, deep depository, final dumping site
End•lagerung *f* burial, final deposition, final dumping, final storage
endlich *adj* finite
~e Rohstoffe: exhaustible raw materials
End•moräne *f* end moraine, terminal moraine
{an der Stirn eines vorrückenden Gletschers oder Inlandeises aufgeschobene, wallartige Schuttmassen}
~n•see *m* morainal lake
{See in einer durch Gletscherausräumung entstandenen und durch Moränen abgedämmten Hohlform}
End•nutzung *f* final cut, final felling
{Räumung eines Waldbestandes von der Fläche}

End-of-Pipe Technik *f* end-of-pipe technology

endogen *adj* endogenic, endogenous

endokrin *adj* endocrine

Endokrino•logie *f* endocrinology

Endoparasit *m* endoparasite
Dtsch. Syn.: Innenschmarotzer

Endotoxin *nt* endotoxin

End•punkt *m* end point

End•schwelle *f* end sill
{Schwelle am Ende eines Energieumwandlungsbauwerkes (z.B. Tosbeckens)}

End•urteil *nt* final judgement

End•verbraucher /~in *m/f* end user, ultimate consumer

End•wirt *m* definitive host
{beim Wirtswechsel eines Parasiten der letzte Wirt}

Energie *f* energy, power, vigour
alternative ~: alternative energy
elektrische ~: electrical energy
~ aus Biomasse: biomass energy
~ zuführen: energize *v*
fossile ~: fossil energy
geothermische ~: geothermal energy
kinetische ~: kinetic energy
regenerative ~n: renewable sources of energy
thermonukleare ~: thermonuclear energy

~abhängigkeit *f* energy dependance

~anwendung *f* energy application

~art *m* energy form, energy type

~aufnahme *f* power consumption

~aufwand *m* expenditure of energy

~ausbeute *f* energy efficiency

~ausnutzung *f* energy efficiency, energy utilization

~bedarf *m* energy demand, energy requirement

~berater /~in *m/f* energy consultant

~bewirtschaftung *f* energy management

≗bewusst *adj* energy conscious

~bilanz *f* energy balance, energy budget, power balance
{Verhältnis von aufgenommener zu abgegebener Energie}

~effizienz *f* energy efficiency

~einspar•potenzial *m* energy saving potential
{auch: ~einsparpotential}

~einsparung *f* conservation of energy, energy conservation, energy saving

~~s•gesetz *nt* Energy Conservation Act, law on energy saving

~entwicklung *f* energy development

~entzug *m* energy extraction

~ertrag *m* energy yield

~erzeugung *f* energy generation
Landbau für ~~: energy agriculture
umweltfreundliche ~~: clean energy production

~~s•anlage *f* energy generating plant
umweltgerechte ~~~: ecologically compatible energy generating plant

~farm *f* energy farm

~fluss *m* energy flow

~form *f* form of energy

~forschung *f* energy research

~gefälle *nt* energy gradient

~gewinnung *f* energy generation, energy production

~haushalt *m* energy balance

~knappheit *f* energy shortage

~konzept *nt* energy concept, energy strategy

~kosten *pl* energy costs, fuel and power costs

~krise *f* energy crisis

~lage *f* energy situation

~lieferung *f* energy supply

~linie *f* energy curve

~lücke *f* energy gap

~management *nt* energy management

~markt *m* energy market

~ministerium *nt* Ministry of Energy
US-~~: Department of Energy
Engl. Abk.: DOE

~nachfrage *f* energy demand

~nutzung *f* energy use, energy utilization

~optimierung *f* energy optimization

~pflanzen *pl* energy crops

~planungs•bericht *m* power planning report

~politik *f* energy policy

~problem *nt* energy problem

~programm *nt* energy programme
alternatives ~~: alternative energy programme
internationales ~~: international energy programme

~pyramide *f* pyramid of energy

~quelle *f* energy source, source of energy
alternative ~~n: alternative sources of energy
erneuerbare ~~: renewable energy source
primäre ~~: primary energy resource

~recht *nt* energy law, energy legislation

~ressourcen *pl* energy resources

~roh•stoff *m* energy feedstock

~rückgewinnung *f* energy recovery

~sicherung *f* energy safeguarding, ensuring enough energy

~~s•gesetz *nt* law on the safeguarding of energy
{in Dtschl.: Gesetz zur Sicherung der Energieversorgung bei Gefährdung oder Störung der Einfuhren von Erdöl, Erdölerzeugnissen oder Erdgas}

~sparen *nt* conservation of energy

≗sparend *adj* energy-efficient, energy-saving
≗~e Maßnahme: energy-saving measure

~spar | lampe *f* energy saving lamp

~~maßnahme *f* energy saving measure

~~motor *m* energy saving motor

~~programm *nt* energy saving programme

~~system *nt* energy saving system

~speicherung *f* energy storage

≗spendend *adv* energy-giving

~statistik *f* energy statistics

~technik *f* energy technology

~träger *m* energy source (material), fuel
erneuerbarer ~~: renewable source of energy
fossiler ~~: fossil energy source
synthetischer ~~: synthetic fuel

~umsatz *m* energy balance

~umwandlung *f* energy conversion

~~s•bau•werk *nt* energy dissipation structure
{Bauwerk zum schadlosen Umwandeln überschüssiger Bewegungsenergie des Wassers}

~~s•technik *f* energy conversion technology

~verbrauch *m* energy consumption, energy use
rationeller End≗~: end-use efficiency

~~er•länder *pl* energy consuming countries

~~s-Kenn•zeichnungsgesetz *nt* energy consumption categorisation act

~verschwendung *f* energy dissipation, wasting of energy

~versorgung *f* energy supply, power supply

~~s•gesetz *nt* energy supply act, law on energy supply

~~s•unternehmen *nt* power supply company

~vorrat *m* energy reserves

~wende *f* turn of energy policies

~wert *m* energy value

~wirtschaft *f* energy management, power industry

~~s•gesetz *nt* energy management act

~zufuhr *f* energy supply

Engagement *nt* commitment

engagiert *adj* committed

{entschieden für etwas eintretend}

Enge *f* constraint

Engerling *m* grub

Engländer *pl* English

Englisch *nt* English

{die englische Sprache}

≗ *adj* English

Eng•pass *m* shortage

en gros *adv* wholesale

en masse *adv* en masse

{in großer Menge/Zahl}

enorm *adj* massive, vast

~ *adv* vastly

Entbasung *f* dealkalinization

entblättern *v* strip

entblößen *v* denude

entchloren *v* dechlorinate

Entchlorung *f* dechlorination

entdecken *v* detect

Entdeckung *f* detection

Ente *f* duck

Enteignung *f* compulsory purchase, expropriation

~s•entschädigung *f* compensation for expropriated property

~s•recht *nt* right to expropriate

{das Recht, enteignen zu dürfen}

~s•verfahren *nt* expropriation proceedings

enteisend *adj* defrosting, de-icing

Enteisenung *f* deferrization, iron removal

~s•anlage *f* deferrization plant

Enten | ei *nt* duck's egg

~fuß *m* duckfoot

~jagd *f* duck shooting

eine ~~: a duck shoot

~junge *nt* duckling

~küken *nt* duckling

Entero-Rezeptor *m* interoceptor

{Nervenzelle, die auf Veränderungen im Körper reagiert}

Entero | bakterien *pl* enteric bacteria

~virus *m* enteric virus

Entfaltungs•möglichkeiten *pl* scope

entfärben *v* discolor (Am), discolour

entfärbt *adj* discolored (Am), discoloured

Entfärbung *f* decolouration, deinking, discoloration

~s•mittel *nt* decolourizing agent

entfernen *v* remove, strip

entfernt *adj* distant, remote

~ *adv* distantly

Entfetten *nt* degreasing

≗ *v* degrease

Entfettung *f* degreasing

~s•anlage *f* degreasing plant

Entfeuchtungs•apparat *m* dehumidifier

Entfluoridierung *f* defluoridation

Entfremdung *f* alienation

entgasen *v* degas, degasify

Entgasung *f* degassing, degasification

~s•anlage *f* degassing plant

~s•gerät *nt* degassing equipment

~s•kammer *f* landfill gas extraction chamber

~s•schacht *m* gas extraction shaft

entgegen | gesetzt *adj* conflicting, counter, opposed, reverse

~stellen *v* breast, oppose

~wirken *v* counteract

entgiften *v* decontaminate, detoxicate, detoxify

Entgiftung *f* decontamination, detoxication, detoxification

~s•anlage *f* decontamination plant, detoxification plant

~s•verfahren *nt* detoxification method, detoxification process

biochemisches ~~: biochemical detoxification process

Entgraten *nt* fettling

Enthalpie *f* enthalpy

enthalten *v* contain

enthärten *v* soften

Enthärtung *f* softening

{Entfernung von Calcium- und Magnesium-Ionen aus zu hartem Wasser durch Fällung oder Ionenaustausch}

~s•anlage *f* softening plant

enthüllen *v* expose, reveal

enthüllt *adj* exposed

entkalken *v* decalcify

entkalkt *adj* decalcified

Entkalkung *f* decalcification

Entkarbonisierung *f* decarbonizing

{Entfernung von Kohlendioxid aus Wasser}

~s•anlage *f* decarbonizing plant

Entkeimen *nt* degermination

{den Keim entfernen}

≗ *v* disinfect

Entkeimung *f* degermination, disinfection, sterilization

Dtsch. Syn.: Desinfektion

~s•anlage *f* degermination plant

~s•effekt *m* sterilization effect

~s•filter *m* degermination filter

entkernen *v* core

Entkernung *f* building core disassembly

Entkrautung *f* weeding, weed removal

entladen *v* discharge

entladend *adj* discharging

entlarven *v* expose

entlarvt *adj* exposed

entlassen *v* dismiss, remove

Entlassung *f* dismissal, displacement

Entlastung *f* storm-water overflow rate

{Teil des Mischwasserabflusses, der aus einem Überlauf in einen Vorfluter abgeleitet wird}

~s•bauwerk *nt* structure with overflow

~s•becken *nt* discharge basin

~s•drän *m* relief drain

~s•gerinne *nt* spillway

~s•kanal *m* overflow channel

{Kanal zur Ableitung des Abwassers, das einen begrenzten Abfluß überschreitet}

~s•polder *m* storage polder

Dtsch. Syn.: Speicherpolder

Entlaubung *f* defoliation

~s•mittel *nt* defoliant

entleeren *v* empty, void

Entleerung *f* emptying
~s•zeit *f* emptying time
Entleer•vorrichtung *f* emptying device
entlehnt *adj* borrowed
entliehen *adj* borrowed
entlohnen *v* remunerate
Entlohnung *f* remuneration
Entlüftungs•einrichtung *f* air extraction system
Entmanganung *f* demanganizing, manganese removal
~s•anlage *f* demanganizing plant
Entnahme *f* abstraction, extraction, gathering, intake, taking
~ **aus der Natur:** taking from the wild
~ **von Wasser:** water abstraction, water intake
~anlage *f* intake structure
{Betriebsanlage zum Entnehmen von Wasser aus dem Stau- oder Speicherbecken}
~gebiet *nt* donor area
{von Organismen für Umsiedlungsmaßnahmen}
~grube *f* borrowpit
~turm *m* intake tower
{im Speicherbecken freistehender Turm als Einlaufbauwerk einer Entnahmeanlage}
entnehmen *v* gather,
{ersehen aus}
~ *v* remove, take
entölen *v* deoil
Entölung *f* oil removal
~s•anlage *f* deoiling facility, oil removal facility
Entomo | loge /~in *m/f* entomologist
medizinischer ~~: medical entomologist
~logie *f* entomology
Dtsch. Syn.: Insektenkunde
≗logisch *adj* entomological
~phage *pl* entomophages
Entrauchungs•ventilator *m* smoke extracting fan
Entropie *f* entropy
{Maß für die Nichtverfügbarkeit der in einem System vorhandenen Wärmeenergie für die Umsetzung in nutzbare Energie}
Entsalzen *nt* desalting
≗ *v* demineralize, desalinate, desalt
Entsalzung *f* desalination, desalinization
{Entfernung von im Wasser gelösten Salzen}
~s•anlage *f* desalination plant, desalinization plant
~s•verfahren *f* desalination process, desalinization process
Entsander *m* desilter
entsäuern *v* deacidify
Entsäuerung *f* deacidification
Entschädigung *f* compensation, indemnity
~s•anspruch *m* compensation claim
~s•pflicht *f* liability of indemnity
≗s•pflichtig *adj* liable to indemnity
~s•recht *nt* right to compensation
~s•summe *f* compensation
~s•verfahren *nt* settlement of damage process
~s•zahlung *f* compensation payment
entschärfen *v* deactivate
Entschäumer *m* anti-foaming agent
entscheidend *adj* critical, crucial, decisive, definitive, significant, vital
~e Bedeutung: decisiveness ***n***
~ *adv* crucially, decisively
Entscheidung *f* decision
~s•findung *f* decision-making
~s•gründe *pl* decisive factors
~s•hilfe *f* support for decision
~s•modell *nt* decision model
~s•prozess *m* decision-making process
~s•theorie *f* decision theory
~s•träger /~in *m/f* decision maker
entschieden *adj* definitive
Entschiedenheit *f* decisiveness
mit ~: definitively ***adv***
Entschlammen *nt* desilting
Entschlammung *f* (de-)sludging
{die Entfernung von anorganischen und organischen Ablagerungen in Wasserläufen}
entschlossen *adj* determined
~ *adv* decisively
Entschlossenheit *f* decisiveness
entschlussfreudig *adj* decisive
Entschwärzung *f* de-inking
entschwefeln *v* desulphurize, desulfurize (Am)
entschwefelt *adj* desulfurized (Am)
Entschwefelung *f* desulfurization (Am), desulphurization, sulphur removal
~ **von Abgas:** exhaust gas desulfurization/desulphurization
~s•anlage *f* desulfurization plant (Am), desulphurization plant, desulphurization unit
~s•grad *m* desulfurization degree (Am), desulphurization degree
~s•verfahren *nt* desulfurization process (Am), desulphurization process
Entsendung *f* dispatch
Entseuchung *f* decontamination
~s•dienst *m* decontamination service
~s•mittel *nt* decontaminant
~s•technik *f* decontamination technique
entsorgen *v* dispose (of)
Entsorger•gemeinschaften *pl* waste management associations
Entsorgung *f* (waste) disposal, cleanup
~ **krankenhausspezifischer Abfälle:** disposal of hospital waste
~ **von Chemikalien:** disposal of chemicals
~ **von radioaktiven Abfällen:** disposal of radioactive wastes
Entsorgungs | anlage *f* disposal plant, treatment centre
~autarkie *f* waste management self sufficiency
~einrichtung *f* disposal facility
~fach•betrieb *m* waste management facility
~firma *f* disposal company
≗freundlich *adj* easily disposable
~gemeinschaft *f* waste management association
~genehmigung *f* disposal licence
~konzept *nt* disposal concept, waste management concept
~kosten *pl* waste disposal costs
~nachweis *m* disposal proof, proof for waste disposal
~organisation *f* waste management organisation
~pflicht *f* disposal obligation
~technik *f* disposal technology
~träger *m* waste management representative
~unternehmen *nt* waste management enterprise
~verfahren *nt* disposal practice
~weg *m* disposal route

~wirtschaft *f* waste removal industry

Entspannung *f* ease, relaxation

~s•flotations•anlage *f* dissolved air flotation plant

~s•verdampfung *f* flash evaporation

entsprechen *v* meet

entsprechend *adj* according to, corresponding, relevant

Entsprechung *f* analog (Am), analogue (Br)

entspringen *v* issue, rise, spring

entstammen *v* emerge

entstauben *v* dedust

Entstaubung *f* dedusting, dust collection, dust removal

~s•anlage *f* deduster, dust collection plant, dust control equipment, dust precipitation plant

~s•verfahren *nt* dust collection process

entstehen *v* arise, be built, be formed, emerge, originate

entstehend *adj* arising, emerging, originating

Entstehung *f* formation, genesis, origin

entstellen *v* deface

Entstellung *f* distortion

Entstickung *f* denitrification

~s•anlage *f* nitrogen oxide removal plant

Entvölkerung *f* depopulation

~ **der Städte:** deurbanization ***n***

~ **des flachen Landes:** depopulation of the countryside

entwalden *v* deforest, denude

Entwaldung *f* deforestation, denudation, forest clearance

{Beseitigung des Waldbestandes}

~s•mittel *nt* silvicide

~s•rate *f* rate of deforestation

entwässern *v* dehydrate, dewater

{Wasser aus einer Substanz entfernen}

~ *v* drain

{eine nasse Fläche ~}

entwässernd *adj* dewatering, draining

entwässert *adj* drained

nicht ~: undrained ***adj***

Entwässerung *f* dehydration

{Entfernung von Wasser aus einer Substanz}

~ *f* drainage

{Dränage}

innere ~: internal drainage

~s•anlage *f* drainage system, sewerage system

~s•beiwert *m* drainage coefficient, drainage modulus

~s•gebiet *nt* drainage area

{das durch eine Kanalisation erfasste oder erfassbare Einzuggebiet}

~s•graben *m* catchwater, drainage channel

{für Regenwasserabfluss}

~~ *m* drainage ditch, drainage trench, drainage way, surface drain

offener ~~: open drain

~~ *m* dike, dyke

{in Niedermoor- und Marschgebieten Englands}

~s•kanal *m* drain

~s•mittel *nt* dehydrating agent

~s•schacht *m* drainage well

~s•schlucker *m* drainage well

~s•system *nt* drainage system, sewerage system, water disposal system

~s•technik *f* drainage technology, sewerage technology

{Technologie der Sammlung und Ableitung des Abwassers}

~s•terrasse *f* drainage terrace, interceptor terrace

~s•verfahren *nt* type of drainage system

{Art der Ableitung von Abwasser}

Entweichen *nt* escape, leak, leakage

~ **von Deponiegas:** discharge of landfill gas

≗ *v* escape, leak

Entwerfen *nt* plotting

≗ *v* draw up, frame

Entwertung *f* degradation

entwesen *v* disinfest

Entwesung *f* disinfestation

entwickeln *v* design, develop

sich rückläufig ~: regress ***v***

entwickelt *adj* developed

Entwickler *m* photographic developer

Entwicklung *f* development, trend

~ **des ländlichen Raums:** rural development

industrielle ~: economic development

ländliche ~: rural development

nachhaltige ~: sustainable development

stammesgeschichtliche ~: phylogeny ***n***

wirtschaftliche ~: economic development

Entwicklungs | ausschuss *m* development committee

~aussichten *pl* development prospects

~förderung *f* development grant

~fragen *pl* development issues

~gebiet *nt* development area, development zone

~gebot *nt* development rule

~geschichte *f* life history

~hilfe *f* development aid

~ingenieur /~in *m/f* developer

~initiative *f* innovative

~kapazität *f* development capacity

~konzept *m* development concept

~land *nt* developing country, developing nation

~modell *nt* development model

~möglichkeit *f* development option

~möglichkeiten *pl* capabilities

~perspektive *f* development option

~phase *f* development phase

{Altersphase eines Waldes}

~plan *m* development plan

~politik *f* development policy

~programm *nt* development programme

~~ **der Vereinten Nationen:** United Nations Development Programme

Engl. Abk.: UNDP

~prozess *m* development process

~stadium *nt* phenological stage

{~ einer Pflanze}

~~ *nt* stage of life

~strategie *f* development strategy

~zyklus *m* life-cycle

Entwurf *m* design, draft, minute, outline

~s•hoch•wasser *nt* design flood, design runoff

~s•kapazität *f* design capacity

~s•regen *m* design rainstorm

{typischer maximaler Niederschlag zur Bemessung von Wasserbauwerken}

entwurmen *v* worm

entwurzeln *v* uproot

Entwurzelung *f* uprooting

Entzinnung *f* detinning

Entzug *m* withdrawal

entzündlich *adj* ignitable, inflammable
enzephalo•grafisch *adj* encephalographic
Enzym *nt* enzyme
{Eiweißstoff, der bei Stoffwechselprozessen und bei vielen chemischen Reaktionen katalytisch wirkt}
proteolytisches ~: protease, proteolytic enzyme
~aktivität *f* enzymatic activity
~analyse *f* enzymatic assay
enzymatisch *adj* enzymatic
enzym•haltig *adj* containing enzymes
EOX-Wert *m* EOX value
{EOX = extractable organic halogenated compounds}
ephemer *adj* ephemeral
Dtsch. Syn.: kurzlebig
epibenthisch *adj* epibenthic
Epibiont *m* epibiont
{Lebewesen, das auf der Oberfläche eines anderen lebt}
Epibiose *f* epibiosis
Epidemie *f* epidemic
Dtsch. Syn.: Seuche
Epidemio | logie *f* epidemiology
≗logisch *adj* epidemiological
epidemisch *adj* epidemic
epigäisch *adj* epigeal
{auf dem Erdboden lebend}
Epilimnion *nt* epilimnion
{die Oberflächenschicht eines Sees}
Epiphyt *m* epiphyte
{Pflanze, die auf einer anderen lebt, ohne zu parasitieren}
≗en•reich *adj* rich in epiphytes
Epithel *nt* epithelium
Epizentrum *nt* epicentre
Epizoon *nt* epizoite
{Tier, das auf einem anderen lebt, ohne zu parasitieren}
Epoche *f* epoch
≗machend *adj* epoch-making
Erb | änderung *f* mutation
Dtsch. Syn.: Mutation
~anlage *f* genetic material
Erbauung *f* uplift
Erb•bau•recht *nt* heritage building right
Erbe *nt* heritage
Erb | faktoren *pl* hereditary factors
≗gut•schädigend *adj* mutagenic
~krankheit *f* hereditary disease
erblich *adj* hereditary
Erblichkeit *f* heredity
Erb | schaden *m* hereditary anomaly
~substanz *f* genes
Erd | äquator *m* terrestrial equator
~arbeiten *pl* earthworks
~atmosphäre *f* earth's atmosphere
~aufschluss *m* soil profile pit
~ball *m* globe
~bau *m* earthworks
~beben *nt* earthquake, quake
~~ *nt* earth tremor
{schwaches Erdbeben}
~~herd *m* focus
~~vorhersage *f* earthquake prediction
~~welle *f* seismic wave
~becken *nt* earth basin
~bevölkerung *f* world population
~boden *m* earth, ground
~bohrer *m* soil auger
~damm *m* earth dam
~druck *m* earth pressure
Erde *f* earth, ground, soil
aus der ~ nehmen: lift ***v***
unter der ~: underground ***adv***
erde•los *adj* soilless
Erd•fall *m* earth fall
{schnelle Form der Massenverlagerung}
~ *m* sinkhole
{durch unterirdische Auslaugung an der Erdoberfläche entstandener Einsturztrichter von wenigen Metern Durchmesser}
Erd•faul•becken *nt* anaerobic lagoon, earth basin for digestion
{Becken in Erdbauweise zur Faulung von Schlamm oder Abwasser}
Erd•filter *m* earth filter
Erd•gas *nt* natural gas
~aufbereitungs•anlage *f* natural gas processing plant
~bedarf *m* natural gas requirement
~feld *nt* natural gas field
~förderung *f* natural gas extraction
~gewinnung *f* natural gas extraction
~quelle *f* natural gas well
~vorkommen *nt* gas field, natural gas deposit
Erd | gipfel *m* earth summit
~halb•kugel *f* hemisphere
~hobel *m* scraper, terracer
~hügel *m* mound (of earth)
~hülle *f* geosphere
~kabel *nt* underground cable
~krume *f* topsoil
~kruste *f* earth's crust
≗magnetisch *adj* geomagnetic
~magnetismus *m* geomagnetism, terrestrial magnetism
~mantel *m* mantle
~ober•fläche *f* earth's surface
Erd•öl *nt* crude (oil), mineral oil, petrol, petroleum
~bedarf *m* oil requirement
~bohr•insel *f* drilling platform
~bohrung *f* oil drilling
~chemie *f* petrol chemistry
~derivate *pl* petrochemicals
~einnahmen *pl* petroleum revenues
~förderung *f* crude oil extraction, mineral oil extraction
~industrie *f* oil industry, petroleum industry
~lager•stätte *f* oil pool
~lager•stelle *f* petroleum deposit
~leitung *f* oil pipeline
~produkt *nt* mineral oil product, petroleum product
~raffination *f* petroleum refining
~raffinerie *f* oil refinery
~verbrauch *m* mineral oil consumption, petroleum consumption
≗verbrauchend *adj* petroleum-consuming
~verknappung *f* oil shortage
~versorgung *f* oil supply
~vorkommen *nt* oil deposit
~vorrat *m* mineral oil reserves, petroleum reserve
Erd | pfeiler *m* earth pillar
~pyramide *f* earth pyramid
~rinde *f* earth's crust
~rutsch *m* landfall, landslide, landslip, slip erosion
~schicht•filter *m* biofilter
~tank *m* buried tank
~teil *m* continent
Erdulden *nt* bearing
Erd | wall *m* earth dam
~wärme *f* geothermal energy
~~energie *f* geothermal energy, geothermal power
~~kollektor *m* geothermal collector

~~kraft•werk *nt* geothermal power station

~wasser•becken *nt* dug-out pond

Ereignis *nt* event, incident

meldepflichtiges ~: incidence with duty of declaration

n-jährliches ~: n-year event

unvorhergesehenes ~: contingency ***n***

erfahren *v* experience, perceive

erfahrene /~r /~s *adj* experienced, perceived

Erfahrung *f* experience, expertise

aus eigener ~: from firsthand experience

~~s•austausch *m* exchange of experience

erfassen *v* capture

Erfassung *f* registration

~s•grad *m* collection efficiency

Erfolg *m* success

~s•haftung *f* strict liability

erforderlich *adj* necessary

Erfordernis *nt* requirement

erforschen *v* probe

Erforschung *f* exploration

erfreuen *v* enjoy

~ *v* pleasure
{sich ~}

Erfrierung *f* frostbite

erfroren *adj* frostbitten, frozen

erfüllen *v* comply (with)
{einen Vertrag oder Bedingungen ~}

~ *v* discharge, dispatch
{Pflicht, Verbindlichkeiten, Versprechen ~}

~ *v* complete, fulfill, implement

~ *v* supply
{Nachfrage, Bedarf ~}

erfüllend *adj* discharging, fulfilling, implementing

Erfüllung *f* compliance
{eines Vertrages oder von Bedingungen}

~ *f* performance
{einer Aufgabe, Pflicht}

~s•gehilfe *m* agent of vicarious liability

Erfurcht *f* reverence

ergänzend *adj* supplementary

~e Bestimmung: supplementary provision

ergeben *v* arise, issue, yield
{auch: sich ~}

Ergebnis *nt* conclusion, count, issue, result

ergiebig *adj* productive

Ergonomie *f* ergonomics

Ergotismus *m* ergotism
Dtsch. Syn.: Mutterkornvergiftung

ergreifen *v* capture

ergreifend *adj* moving

Erguss•gestein *m* volcanic rock, volcanite
{an oder nahe an der Oberfläche schnell erkalteter, im allgemeinen feinkörniger Magmatit}

erhaben *adj* raised
{über eine Oberfläche ragend}

Erhalt *m* preservation

erhaltbar *adj* conservable

erhalten *v* conserve, preserve, sustain

~ *v* receive
{empfangen}

erhaltend *adj* conservative, receiving

erhältlich *adj* available

Erhaltung *f* conservation, maintenance, preservation

~s•grad *m* degree of conservation
{z.B. von Lebensräumen}

~s•maßnahme *f* conservation measure

~s•nahrung *f* subsistence food

~s•politik *f* conservation policy

~s•ration *f* maintenance ration

~s•satzung *f* preservation statute
{Gemeindesatzung, nach der der Abbruch oder die Änderung von baulichen Anlagen einer Genehmigung bedarf}

~s•technik *f* conservation practice

~s•ziel *nt* conservation objective

~s•zustand *m* conservation status, conservative status

erheben *v* lodge, uplift

erhebend *adj* uplifting

Erhebung *f* elevation
{Geländeerhebung}

~ *f* survey
{Bestandsaufnahme}

umfassende ~: comprehensive survey

~ *f* uplift

erhitzen *v* heat

wieder ~: reheat ***v***

erhoben *adj* raised

erhöhen *v* advance, boost, enhance, raise

Erhöhung *f* enhancement

erholen *v* recover, relax, rest

erholsam *adj* refreshing, restful

Erholung *f* recreation
{Wiederherstellung der normalen physischen und psychischen Kondition des Menschen}

~ in freier Natur: outdoor recreation

~ *f* recovery, rest

~s•aufenthalt *m* holiday

~s•bedeutsam *adj* recreationally important

~s•druck *m* recreation pressure

~s•einrichtung *f* recreation facility

~s•fläche *f* fallow field
{vorübergehend nicht landwirtschaftlich genutzte Fläche}

~~ *f* recreation space
{für Erholung im Siedlungsbereich}

~s•gebiet *nt* country park, holiday area, leisure area, recreation area, recreational area
{in der freien Landschaft Gebiete, die infolge ihrer natürlichen und vom Menschen geschaffenen Gegebenheiten, ihrer Lage, Erschließung und Ausstattung vorrangig der Erholung dienen}

~s•nutzung *f* recreational use, recreation use

~s•ort *m* resort

~s•reise *f* holiday trip

~s•urlaub *m* holiday for convalescence

~s•verkehr *m* holiday traffic

~s•vorsorge *f* recreational provision

~s•wald *m* recreational forest
{Wald, der vorrangig der Erholung dient und als solcher in der Betriebsplanung ausgewiesen ist}

~s•wert *m* recreational value

~s•zentrum *nt* leisure centre

erinnern *v* remember

erkalten *v* cool

erkennbar *adj* detectable

Erkenntnis *f* knowledge, realization

~austausch *m* exchange of information

~theorie *f* theory of knowledge

erklären *v* certify, designate, explain, interpret, state

genau ~: spell out ***v***

erklärt *adj* explained

Erklärung *f* declaration, interpretation, statement

~ der Minister: Ministerial Declaration

~ von Rio über Umwelt und Entwicklung: Rio Declaration on Environment and Development

gemeinsame ~: joint declaration

erkrankt *adj* diseased, sick

Erkrankung *f* disease, sickness
erkunden *v* explore, pioneer
Erkundigung *f* inquiry
Erkundung *f* exploration, reconnaissance
~s•studie *f* reconnaissance survey
erlangen *v* obtain
Erlass *m* decree, enactment, ordinance
erlassen *v* adopt, enact, issue, pass
{Regelungen ~, Vorschriften ~}
erlauben *v* allow, license, permit
Erlaubnis *f* permission
~ *f* permit
{Schriftstück}
~pflicht *f* duty to apply for a licence
~schein *m* pass, permit
~vorbehalt *m* reservation for licencing
erlaubt *adj* allowed, permitted
nicht ~: forbidden ***adj***
erläutern *v* elucidate, illustrate, interpret
erläuternd *adj* illustrative, interpretative
Erläuterung *f* interpretation
Erle *f* alder
erleben *v* experience, get in touch
Natur ~: get in touch with nature
erledigen *v* dispatch
Erledigung *f* dispatch
erleichtern *v* alleviate, facilitate
erleidend *adj* suffering
Erlen•wald *m* alder forest
erlernen *v* master
erloschen *adj* extinct,
{ein Feuer, ein Vorkommen}
~ *adj* inactive
{ein Vulkan}
Erlöschen *nt* expiry
erlöschend *adj* dying
{~e Glut}
Ermächtigung *f* authorization, right, power
~s•grundlage *f* authorization underlying principle
ermahnen *v* admonish, warn
Ermahnung *f* admonition, warning
ermäßigt *adj* reduced
Ermessen *nt* discretion, estimation
behördliches ~: administrative discretion, authorized discretion
billiges ~: most favourable judgement
pflichtgemäßes ~: obligatory discretion
~s•ausübung *f* execution at discretion
~s•entscheidung *f* discretionary decision
~s•fehl | er *m* abuse of discretion
~~gebrauch *m* mistake in judgement
~s•frage *f* matter of discretion
~s•missbrauch *m* abuse of one's powers of discretion
~s•spiel•raum *m* discretionary powers, powers of discretion, scope of discretion
~s•überschreitung *f* violation of authority
ermitteln *v* ascertain, determine, establish
Ermittlung *f* ascertainment, determination, establishment, investigation
~s•verfahren *nt* preliminary proceedings
Ermunterung *f* encouragement
ermutigen *v* encourage, incite, stimulate
Ermutigung *f* encouragement
ernähren *v* feed
sich ~ von: live off, live on ***v***
Ernährung *f* alimentation, feeding, nutrition
ausgewogene ~: balanced diet
~s•fach | mann /~frau *m/f* nutritionist
~s•sicherung *f* adequate food supply, food security
~s•störung *f* nutritional disorder
~s•wissenschaft *f* nutrition science
~s•wissenschaftler /~in *m/f* nutritionist
Ernennen *nt* naming
≗ *v* name
erneuerbar *adj* regenerative, renewable
~e Energien: renewable energy
~e Energie•quellen: regenerative energy sources, renewable energy sources, renewables
{Energiequellen, die durch natürliche Energiespender, vor allem die Sonne, ständig erneuert werden}
~e Energie•träger: renewable energy, renewable energy sources
~e Rohstoffe: renewable resources, renewable raw materials
≗e-Energien-Gesetz *nt* Renewable Energy Sources Act
erneuern *v* regenerate, renew
erneuernd *adj* regenerating
Erneuerungs•fähigkeit *f* regeneration capacity
erniedrigen *v* abase, degrade
Erniedrigung *f* abasement, degradation
ernstgemeint *adj* genuine
ernsthaft *adj* genuine
Ernte *f* crop, harvest
stehende ~: standing crop
~abfall *m* crop waste
~ausfall *m* crop loss
~ergebnis *nt* crop yield
~ertrag *m* crop yield
~hieb *m* harvest cut
{zur Ernte des Holzes durchgeführter Einschlag}
ernten *v* harvest
~ *v* lift
{Kartoffeln ~}
Ernte•rück•stand *m* crop residue
Ernte•verlust *m* crop losses
Ernte•zeit *f* harvest time
erodierbar *adj* erodible
Erodierbarkeit *f* erodibility
erodieren *v* erode
erodierend *adj* erosive
eröffnen *v* initiate
{Diskussionen, Verhandlungen}
eröffnend *adj* initiating
erörtern *v* ventilate
Erörterungs•termin *m* date for argument
Erosion *f* erosion
beschleunigte ~: accelerated erosion
{durch nicht angepasste Bodennutzung erhöht}
durch Landnutzung verursachte ~: culturally induced erosion
~ genau definierbaren Ursprungs: point-source erosion
~ einer größeren Bezugsfläche: nonpoint source erosion
fluviale ~: fluvial erosion, water erosion
lineare ~: linear erosion
gestaffelte ~: differential erosion
marine ~: marine erosion
{Erosion durch Wellengang; umfasst Abrasion durch bewegte feste Teilchen und den Auswascheffekt des Wasser selbst}
natürliche ~: natural erosion, normal erosion
rückschreitende ~: headcut recession, headward erosion, headwater erosion

wellenverursachte ~: wave-induced erosion

Erosions | anfälligkeit *f* erodibility, erosion susceptibility

~basis *f* erosional base
{tiefste Lage bis zu der ein Flussbett erodieren kann}

~bekämpfung *f* battle against erosion

~empfindlichkeit *f* erodibility

~form *f* erosion form, erosion type

~gefährdung *f* erosion hazard, erosivity

~graben *m* gulley (Am), gully, ravine

~grad *m* erosion index

~index *m* erosion index

~kartierung *f* erosion mapping

~klasse *f* erosion class

~kraft *f* erosion potential

~mess | parzelle *f* erosion plot

~~stab *m* erosion stake

~nagel *m* erosion pin
{zur Bestimmung der Bodenerosion}

~pflaster *nt* erosion pavement
{verhärtete Oberfläche nach lang andauernder Erosion}

~potenzial *f* erosion potential
{auch: ~potential}

~prozesse *pl* erosional processes

~rille *f* rill, scourway

~rinne *f* rill, scourway

~sockel *m* pedestal

~schaden *m* damage due to erosion, erosion damage

~~s•kartierung *f* erosion mapping

~schlucht *f* gulley (Am), gully, ravine

~schutz *m* erosion control
{Maßnahmen nach Eintreten von Erosion}

~~ *m* erosion protection
{Maßnahmen vor Eintreten von Erosion; vorbeugender ~~}

~~ *m* soil conservation
{allgemeiner ~~}

~~maßnahme *f* erosion control measure, soil conservation measure, soil conservation practice

behelfsmäßige ~~~: temporary erosion control measure

~~pflanze *f* protective plant

~~streifen *m* buffer strip, erosion protection strip
{dauerhaft bewachsener Landstreifen zur Verminderung der Bodenerosion}

~~techniken *pl* soil conservation practices

~system *nt* erosional system

~verhütung *f* erosion prevention

~vermeidung *f* erosion avoidance

~vermögen *nt* erosion potential

~zunahme *f* erosion increase

erosiv *adj* erosive

Erosivität *f* erosivity
{potenzielle Fähigkeit, Erosion zu verursachen}

~s•index *m* erosivity index

Erreger *m* pathogen

Erregung *f* excitation

erreichbar *adj* accessible

~ *adj* achievable, feasible
{Ziel, Standard}

Erreichbarkeit *f* accessibility

erreichen *v* achieve
{ein Ziel ~}

~ *v* obtain
{ein Resultat ~, eine Wirkung ~}

errichten *v* build, erect, found, put up, set up

errichtet *adj* built

Errichtung *f* building, creation, construction, establishment, foundation, setting-up

schlüsselfertige ~: turnkey construction

~s•genehmigung *f* construction permission, foundation permit

Errungenschaft *f* achievement

Ersatz *m* compensation
{Ausgleich}

~ *m* replacement, substitute

~anspruch *m* claim for damages, title to compensation

~dünger *m* substitute fertilizer

~gesellschaft *f* anthropogenic disclimax, substitute community
{durch andauernde menschliche Einwirkung entstandene Pflanzengesellschaft anstelle der natürlichen Klimax}

~kraft•stoff *m* substitute fuel

~maßnahme *f* compensatory measure
{Maßnahme des Naturschutzes und der Landschaftspflege zum gleichwertigen Ersatz unvermeidbarer Beeinträchtigungen von Natur und Landschaft}

~stoff *m* alternative material

erscheinen *v* appear,

~ *v* feature
{auf einer Liste ~}

Erscheinung *f* sighting

~s•bild *nt* appearance

erschließen *v* develop, tap

Erschließung *f* development,
{auch von natürlichen Ressourcen}

~ *f* opening-up

~ von Bauland: building site preparation, site development

industrielle ~: industrial development

~s•gebiet *nt* development area

~s•kosten *pl* development costs

~s•plan *m* development plan

~s•planung *f* development planning

~s•projekt *nt* development project

~s•recht *nt* development law

~s•vorhaben *nt* development project

erschmelzen *v* smelt

erschöpfen *v* exhaust, deplete, work out

erschöpflich *adj* exhaustible

erschöpft *adj* depleted, exhausted, spent

Erschöpfung *f* depletion, exhaustion

~ der Naturschätze: depletion of resources

Erschütterung *f* disruption, shock, tremor, vibration
{mechanische Schwingung, die wegen ihrer physikalischen Verwandtschaft und der zum Teil gleichen Problematik in engem Zusammenhang mit Lärm gesehen wird}

~s•ausbreitung *f* vibration propagation

~s•frei *adj* vibrationless

~s•messung *f* tremor measurement, vibration measurement

~s•quelle *f* source of vibration, tremor source

~s•taubheit *f* concussion deafness

~s•wirkung *f* effect of vibration

erschweren *v* aggravate, make more difficult

Erschwernis *f* difficulty

~ausgleich *m* [(compensation) payment for particular difficulties]

erschwinglich *adj* affordable

ersetzen *v* replace, substitute

Ersetzung *f* displacement

Ersparnis *f* saving

Ersparnisse *pl* savings

erstarren *v* solidify
Erstarrung *f* solidification
~s•gestein *nt* igneous rock
Erstattung *f* reimbursement
~s•anspruch *m* claim for restitution
~s•bescheid *m* order of refund
erstaunlich *adj* striking
Erste /~r /~s *f/m/nt* first
Erstellung *f* preparation
ersticken *v* choke
erstklassig *adj* prime
erstmals *adv* first
erstrecken *v* stretch
sich ~d: ranging ***adj***
Erteilung *f* granting, issue
ertönen (lassen) *v* sound
Ertrag *m* crop, output, profit, return, yield
~ bringen: crop, yield ***v***
finanzieller ~: economic return
wirtschaftlicher ~: market return
Ertragen *nt* bearing
ertrag | fähig *adj* fertile, profitable
~fähigkeit *f* fertility, profitability
~los *adj* unproductive, unprofitable
~reich *adj* high-yielding, productive
~~er Boden: productive soil
~s•arm *adj* poor, unprofitable
Ertrags | ausfall *m* crop loss
~beeinflussung *f* effect on yield
~einbuße *f* decrease in profits
~fähigkeit *f* productiveness
~klasse *f* yield class
{Unterteilung der Beziehung zwischen Gesamtwuchsleistung und Höhenwachstum von Waldbeständen}
~konstanz *f* constancy of crop yield
~lage *f* profit situation
~minderung *f* decrease in profits, yield reduction
~niveau *nt* production class
{Verhältnis der Holzmenge in einem Bestand zu den Faktoren der Holzmengenberechnung}
~steigerung *f* increase in profits, yield increase
~steuer *f* profits tax, tax on profits
~tafel *f* yield table
{modellmäßige Darstellung der Entwicklung des Holzvorrates eines Bestandes von Baumarten getrennt nach Ertragsklassen oder Bonitäten}
Eruption *f* eruption

eruptiv *adj* igneous
Erwachsene /~r *f/m* adult
~n•bildung *f* adult education, adult training
~n•fortbildung *f* adult further education
erwägen *v* consider
Erwägung *f* consideration
in ~ ziehen: consider ***v***
erwähnen *v* notice
erwärmen *v* heat, warm
wieder ~: reheat ***v***
Erwärmung *f* temperature increase
{Erhöhung der Wassertemperatur durch Energiezufuhr, die keine unmittelbaren anthropogenen Ursachen hat}
~ *f* warming
~ der Erdatmosphäre: global warming
globale ~: global warming
erwartet *adj* predicted
Erwartung *f* anticipation, expectation
~s•unsicherheit *f* uncertainty in expectation
erweisen *v* extend
erweitern *v* enlarge, extend
erweitert *adj* enlarged, extended
Erweiterung *f* enlargement, expansion, extension
Erwerb *m* acquisition
erwerben *v* obtain, purchase
Erwerbs•landwirtschaft *f* cash crop farming
erwerbs•tätig *adj* gainfully employed
~e Bevölkerung: active population
erwidern *v* reciprocate
erworben *adj* acquired
Erythro•zyten *pl* erythrocythes
Erz *nt* ore
minderwertiges ~: low-grade ore
~ader *f* lode
erzählen *v* relate, tell
Erz•berg•bau *m* ore mining
erzeugen *v* create, generate, manufacture, produce
Erzeuger *m* producer
Erzeugnis *nt* product
Erzeugung *f* production
Erz•gewinnung *f* exploitation of ore
erziehen *v* educate, nurture
erzieherisch *adj* educational
Erziehung *f* education
~s•methode *f* method of education

~s•wissen•schaften *pl* science of education
~s•wissenschaftler /~in *m/f* educationalist
erzielen *v* obtain
{ein Resultat, ein Wirkung}
Erz•körper *m* ore body
Erz•verhüttung *f* ore processing
erzwingen *v* enforce
Erzwingung *f* enforcement
erzwungen *adj* forced
essbar *adj* edible
Esse *f* chimney stack
essenziell *adj* essential
{auch essentiell}
Essenz *f* essence
Essig *m* vinegar
{aus Alkoholprodukten mittels des Bakteriums Acetobacter hergestellte Flüssigkeit}
Estavelle *f* estavelle
{Wasserspeiloch in Karst-Poljen, in dem zeitweilig auch Wasser versickert}
Esterase *f* esterase
{Enzym, das Ester niederer Carbonsäuren hydrolytisch in Alkohol und Säure spaltet}
Etagen•filter *m* step filter
Ethik *f* ethics
{die philosophische Wissenschaft vom Sittlichen}
~kommission *f* ethical committee
ethisch *adj* ethical
Ethno•botanik *f* ethnobotany
{Lehre der menschlichen Nutzung von Pflanzen im Laufe der Geschichte}
Ethno•logie *f* ethnology
Dtsch. Syn.: Völkerkunde
Ethologie *f* ethology
Dtsch. Syn.: Verhaltensforschung
Ethylierung *f* ethylation
Etikett *nt* label
Etiolement *nt* etiolation
Dtsch. Syn.: Vergeilung
{wenn grüne Planzen bei unzureichendem Licht gelbliche lange Sprosse treiben}
EU-Agrar•politik *f* Common Agricultural Policy
Engl. Abk.: CAP
EU-Altstoff•verordnung *f* EU regulation on existing chemicals
eu•atlantisch *adj* eu-atlantic
EU-Biozid•richtlinie *f* EU biocide directive
EU-Deponie•richtlinie *f* EU directive on waste disposal

EU-Förderung *f* EU funding

EU-Gewässer•schutz•richtlinie *f* EU water protection directive

Eulimno•plankton *nt* lake plankton

Eulitoral *nt* inter-tidal zone
{im Wattenmeer}

EU-Minister•rat *m* EU council of ministers

EU-Öko•audit•verordnung *f* EU eco-management and audit regulation

euphotisch *adj* euphotic
Dtsch. Syn.: lichtliebend

EU-Richtlinie *f* EU directive
{ist nach Art. 189 des EWG-Vertrages für jeden Mitgliedstaat, an den sie gerichtet werden, verbindlich und muss in nationales Recht umgesetzt werden}

~-~ zur Schaffung eines Ordnungsrahmens für Maßnahmen der Gemeinschaft im Bereich der Wasserpolitik: EU directive establishing a framework for Community action in the field of water policy
{die EU-Wasserrahmenrichtlinie vom 23.10.2000}

Europa *nt* Europe

Europäer /~in *m/f* European

europäisch *adj* European

~e Atomgemeinschaft: European Atomic Energy Community
Dtsch. und Engl. Abk.: Euratom

~e Freihandelsgemeinschaft: European Free Trade Association
Dtsch. und Engl. Abk.: EFTA

~e Freihandelszone: European Free Trade Association
Dtsch. und Engl. Abk.: EFTA

~e Gemeinschaft: European Community
Dtsch. Abk.: EG, Engl. Abk.: EC

~e Institutionen: European institutions

~e Raumordnungs•charta: European Regional Development Charter

~e Raumordnungs•minister•konferenz: European Conference of Ministers Responsible for Regional Planning

~es Kulturabkommen: European Cultural Convention

~es System zur Anrechnung von Studienleistungen: European Credit Transfer System
Engl. Abk.: ECTS

~es Übereinkommen über die internationale Beförderung gefährlicher Güter auf der Straße: European Agreement Concerning the International Carriage of Dangerous Goods by Road
Engl. Abk.: ADR

~es Umweltinformations- und Umweltbeobachtungs•netz: European Environment Information and Observation Network
Engl. Abk.: EIONET

~es Zentrum für Ökotoxikologie und Toxikologie von Chemikalien: European Centre for Ecotoxicology and Toxicology of Chemicals

~e Union: European Union
Dtsch. und Engl. Abk.: EU

~e Wirtschaftsgemeinschaft: European Economic Community
Dtsch. Abk.: EWG, Engl. Abk.: EEC

Europa-Parlament *nt* European Parliament

eury•halin *adj* euryhalin
{~ sind Wasserorganismen, die bei sehr unterschiedlichen Salzkonzentrationen existieren können}

eury•ök *adj* euryecious, euryoecious
{durch starke Anpassungsfähigkeit an die verschiedenen Einflussgrößen des Lebensraumes charakterisiert}

eury•therm *adj* eurythermous
{Lebewesen, die in einer breiten Temperaturspanne ihrer Umwelt existieren können}

eury•top *adj* eurytopic

Eustasie *f* eustasy
{Gleichmäßigkeit der Lebensbedingungen}

eutroph *adj* eutrophic
{reich an Nährstoffen}

Eutrophie *f* eutrophy

eutrophieren *v* eutrophy

eutrophiert *adj* eutrophicated

Eutrophierung *f* eutrophication
{die Anreicherung mit Nährstoffen}

EU-Vertrag *m* EU Treaty

Evaluierung *f* evaluation

Evapo | ration *f* evaporation
Dtsch. Syn.: Verdunstung
{direkte Abgabe von Wasser an die Atmosphäre durch Verdunstung}

~ri•meter *nt* atmometer, evaporimeter
Dtsch. Syn.: Verdunstungsmesser

~transpiration *f* evapotranspiration
{der Wasserverlust einer Fläche durch Verdunstung durch Boden und Pflanzen}

Evasion *f* evasion
{Massenflucht}

Eventualfall *m* contingency

Eventualität *f* contingency

Evolution *f* evolution
{Entwicklung}

Examen *nt* final

exekutiv *adj* executive

~büro *nt* executive office

~direktor *m* executive director

Exekutive *f* executive

Exemplar *nt* specimen

Exhalation *f* exhalation
{Ausatmung; Ausströmen von Gas}

Exhaustor *m* extractor fan
{Gasabsauganlage}

Existenz *f* existence
{das Vorhandensein}

exklusiv *adj* exclusive

Exkrement•düngung *f* excreta fertilizing

Exkremente *pl* excrement

Exkreta *pl* excreta

Exkretion *f* excretion

exogen *adj* exogenous

Exo•sphäre *f* exosphere
{oberste, über 650 km Höhe, Schicht der Erdatmosphäre}

Expansion *f* expansion

Experiment *nt* experiment

experimentell *adj* experimental

~ *adv* experimentally

Experte *m* expert

~n•gremium *nt* panel of experts

Expertin *f* expert

explodieren *v* burst, explode

Explosion *f* blast, explosion

oberirdische ~: above-ground explosion

~s•fähig *adj* explosive

~s•gefahr *f* danger of explosion

~s•gefährlich *adj* explosive

~s•schutz *m* explosion (damage) protection

~~netz *nt* explosion protection net

~s•unterdrückung *f* explosion protection, explosion suppression

explosiv *adj* explosive

hoch ~: highly explosive

~stoff *m* explosive

exponenziell *adj* exponential
{auch exponentiell}

~ *adv* exponentially

Exponierungs•zeit *f* irradiation time, time of exposure to irradiation

Exposition *f* exposition, exposure

nicht vorhergesehene ~: accidental high exposure to radioactive materials

~s•abschätzung *f* exposure assessment

~s•dauer *f* exposure duration
~s•dosis *f* exposure dose
~s•pfad *m* pathway of exposure
Expropriation *f* expropriation
Ex-Raucher /~in *m/f* former smoker
extensiv *adj* extensive
{*ausgedehnt*}
~ *adj* less intensive
{*Gegenteil von intensiv*}
~ **bewirtschaftetes Land:** low-intensity land
Extensivierung *f* extensification
extern *adj* external,
~e Kosten: externalities
{*Kosten, die nicht vom Verursacher, sondern von der Allgemeinheit getragen werden*}
~e Qualitätskontrolle: external quality control
~ *adv* externally
Extinktions•koeffizient *m* extinction coefficient
tiefenspezifischer ~: depth-specific extinction coefficient
extra *adv* extra
extra•chromosomal *adj* extrachromosomal
extrahierbar *adj* extractable
~e Rückstände: extractable residues
extrahieren *v* extract
Extrakt *m* extract
Extraktion *f* extraction
~s•anlage *f* extracting plant
~s•apparat *m* extractor
~s•kolonne *f* extraction column
Extrem *nt* extreme
Exzenter•schnecken•pumpe *f* eccentric screw pump
exzentrisch *adj* eccentric
exzessiv *adj* excessive
~ *adv* excessively

F1 Hybride *f* F1 hybrid
Fabrik *f* factory, mill, plant, works
~ **auf der grünen Wiese:** greenfield mill
fischverarbeitende ~: fish-processing plant
~schiff *nt* factory ship
{*Schiff in einer Fangflotte, das den Fischfang sofort verarbeitet*}
Fach *nt* field,
{*Wissensgebiet*}
~ *nt* shelf
{*in einem Möbelstück*}
~ *nt* subject,
{*Studienrichtung, Unterrichtsfach*}
~ *nt* trade
{*Berufszweig*}
~ausdruck *m* specialist term, technical term
~begriff *m* specialist term, technical term
~behörde *f* specialist agency
~bereich *f* department
{*an einer Schule*}
~ *m* faculty, school
{*an einer Hochschule*}
~buch *nt* reference book,
{*Nachschlagewerk*}
~ *nt* specialist book, technical book
{*fachliche Abhandlung*}
~ *nt* textbook
{*Lehrbuch*}
fächeln *v* fan
Fach | frau *f* (technical) expert, practitioner, specialist
~gebiet *nt* field, specialization
~~s•leiter /~in *m/f* head of section
~gespräch *nt* technical discussion
~hoch•schule *f* college, polytechnic, polytechnical institute, university of applied sciences
~jargon *m* technical jargon
~kenntnis *f* specialist knowledge, specialized knowledge
~lehrer /~in *m/f* subject teacher
fachlich *adj* technical
Fach | literatur *f* specialist literature, technical literature
~mann *m* (technical) expert, practitioner, specialist
~messe *f* trade fair
~ober•schule *f* [college specializing in particular subjects]
~personal *nt* specialist staff
~planung *f* sectoral planning, technical planning
~~s•recht *nt* technical planning law
~~s•träger *m* field planning representative
~schule *f* technical college
~sprache *f* (technical) terminology
~stelle *f* centre of expertise
~tagung *f* (specialist) conference
~veranstaltung *f* professional arrangement
~werk *nt* half-timbered construction
{*Bauweise*}
~~ *nt* framing, half-timbering
{*Balkengerippe*}
~~gebäude *nt* half-timbered building
~~haus *nt* half-timbered house
~wissen *nt* specialist knowledge
~wörter•buch *nt* specialist dictionary, technical dictionary
Fackel *f* flare, torch
~gas•rück•gewinnung *f* flare gas recovery
Faden *m* thread
Fäden•absaug•anlage *f* thread suction system
Faden•geflecht *nt* byssus
fähig *adj* able
Fähigkeit *f* ability, capability, capacity, skill
Fähigkeiten *pl* competence, skills
fahl *adj* pale
Fahl•erde *f* pale earth, pale leached soil
{*Bodentyp mit starker, abgeschlossener Tonverlagerung und fahlgrauem bzw. fahlbraunem Al-Horizont*}
Fahne *f* plume
{*Abgasfahne, Rauchfahne*}
Fahren *nt* drive
≗ *v* drive
fahrend *adj* travelling
Fahrenheit *nt* Fahrenheit

{Temperaturskala mit Gefrierpunkt bei 32° und Siedepunkt bei 212°; wird vor allem in den USA verwendet}

Fahr | gast *m* passenger
~geld *nt* fare
~gemeinschaft *f* car pool
{gegenseitige Mitnahme in privaten Personenkraftwagen}
~geräusch *nt* driving noise, traffic noise, vehicle noise
{von Kraftfahrzeugen ausgehende Geräusche}
~geschwindigkeit *f* travelling speed
~lässigkeit *f* negligence
~leistung *f* vehicles mileage
~plan *m* schedule
~preis *m* fare
~rad *nt* bicycle, bike
~~verleih *m* cycle hire
~~weg *m* bikeway
{baulich von der Straße getrennter Weg, der ausschließlich für Fahrräder vorgesehen ist}
~rinne *f* channel
Fähr•schiff *nt* ferry
Fahr•spur *f* wheeling
Fahr•stil *m* style of driving
Fahr•stuhl *m* lift
Fahrt *f* drive, trip
Fährte *f* trace, track
Verlieren der ~: fault ***n***
Fahr•weg *m* drive, ride, road
~festlegung *f* road setting
Fahr•weise *f* driving style
Fahrzeug *nt* vehicle
abgestelltes ~: abandoned vehicle
~bau *m* construction of vehicles
~industrie *f* vehicle manufacturing industry
~lärm *m* vehicle noise
~waage *f* weighbridge for road vehicles
~wäsche *f* vehicle washing
fair *adj* sporting, square
fäkal *adj* faecal, fecal (Am)
≗bakterien *pl* faecal bacteria
Fäkalien *pl* excreta, faecal matter, faeces, feces (Am)
~ablagerung *f* excreta disposal
~abwasser *nt* sanitary sewage
~aufbereitung *f* faeces treatment
~beseitigung *f* excreta disposal
~entsorgung *f* disposal of liquid manure
~masse *f* faecal matter, fecal matter (Am)
~verseuchung *f* faecal contamination, fecal contamination (Am)
Fäkal•schlamm *m* faecal sludge
Fakten *pl* facts
~daten•bank *f* databank of facts
Faktor *m* factor, multiplier
abiotischer ~: abiotic factor
{physikalischer oder chemischer Einflussfaktor in Ökosystemen}
begrenzender ~: limiting factor
biotischer ~: biotic factor
{der Einfluss von Tieren als Standortfaktor für Pflanzen}
edaphischer ~: edaphic factor
ein ~ von: a factor of
klimatischer ~: climatic factor
limitierender ~: limiting factor
ökologischer ~: ecological factor
~markt *m* factor market
Faktum *nt* datum
Falkner /~in *m/f* falconer
Falknerei *f* falconry
Fall *m* case
{Krankheitsfall, Patient}
~ *m* fall
Fäll | anlage *f* precipitator
~-Aufarbeitungs-Kombine *f* feller-processor
~-Aufarbeitungs-Maschine *f* - feller-delimber-slasher-forwarder
~axt *f* felling axe
~-Bünder-Maschine *f* feller-buncher
Falle *f* trap
Fallen *nt* fall
≗ *v* drop, fall
Fällen *nt* precipitation
≗ *v* clear, cut down, fell
≗ *v* precipitate
{in der Chemie}
fallen lassen *v* discard, drop
Fäll-Entastungs-Maschine *f* feller-delimber
Fall•geschwindigkeit *f* fallspeed
Fäll•maschine *f* feller, felling machine
Fäll•mittel *nt* precipitant
Dtsch. Syn.: Fällungsmittel
Fall•obst *nt* drop
Fall out *m* (nuclear) fall-out
{radioaktiver Niederschlag aus winzigen Staubteilchen, die bei Atomexplosionen entstehen und sich als Aerosole verteilen}
Fäll•periode *f* felling period
Fall•recht *nt* case law
{Rechtsordnung, die nicht auf Gesetzen, sondern auf richterlichen Entscheidungen beruht und durch diese fortgebildet wird}
Fäll-Rücke-Maschine *f* feller-forwarder, feller-skidder
Fäll•säge *f* felling saw
Fall•schacht *m* shaft
{abgeteufter Schacht als Teil eines Fortleitungsbauwerkes}
Fäll•schnitt *m* felling cut
Fall | streifen *m* fallstreak
~studie *f* case study
{Untersuchung und Beschreibung eines Einzelfalls zur Gewinnung repräsentativer, für ein Phänomen typischer Daten; vor allem in der empirischen Sozialforschung}
~stufe *f* cascade
{Bauwerk zur Überwindung eines größeren Höhenunterschiedes in Gräben und Kanälen}
Fällung *f* precipitation
{Abscheidung eines Stoffes aus einer Lösung nach Zusatz geeigneter Fällungsmittel}
~s•anlage *f* precipitation plant
~s•mittel *nt* coagulant, flocculant, precipitant, precipitating agent
{für die Fällung verwendete Chemikalie}
~s•schlamm *m* precipitation sludge
{Schlamm aus der Fällung oder Flockung}
~s•technik *f* felling technique
Fall•wind *m* katabatic wind
falsch *adj* false, improper, wrong
~ *adv* incorrectly, wrongly
Falt•blatt *nt* flier, flyer, leaflet
Falte *f* fold
{stark gekrümmte verbogene Gesteinsschicht}
~ *f* seam
{Runzel}
Falten•balg *m* bellows
~abdichtung *f* bellows sealing
~pumpe *f* bellows pump
~ventil *nt* bellows seal valve
familiär *adj* domestic
Familie *f* family
{Gruppe der biologischen Systematik aus mehreren Gattungen; mehrere Familien bilden eine Ordnung}
~n•einkommen *nt* family income
~n•planung *f* family planning
~n•politik *f* family policy
Fang *m* bag, capture, catch, haul, trapping

~ *m* catching
{~ von Fischen}
~ *m* fangs
{Fangzähne}
~arm *m* tentacle
~drän *m* catch drain, cut-off drain
~eisen *nt* trap
fangen *v* capture, catch, trap
Fänger *m* interceptor
Fang | ertrag *m* catch-yield
{in der Fischerei}
~flotte *f* fishing fleet
~geräte *pl* means of capture
~graben *m* collector drain, drainage ditch
~methoden *pl* means of capture
~pflanze *f* trap crop
~schuss *m* coup de grâce
~vorrichtung *f* trap
~zeit *f* open season (Br), season
Farb•band | kassette *f* ribbon cassette
~recycling *nt* recycling of typewriter ribbons
Farbdia *nt* colour slide
{umgangssprachlich für Farbdiapositiv}
~positiv *nt* colour slide
Farbe *f* color (Am), colour
~ *f* paint
{zum Anstreichen und Malen}
zinnorganische ~: organo-tin paint
Färbe•mittel *nt* dyestuff
färben *v* color (Am), colour, stain
Farben *pl* colouring
~industrie *f* dyestuff industry
Farb•entferner *m* stripper
Färberei *f* dye works
farb•los *adj* colourless
Farb•mess•gerät *nt* colorimeter
Farb•nebel *m* paint mist
~absaug•anlage *f* paint-mist exhaust ventilator
Farb•stoff *m* colourant, colouring agent, colouring matter, dye, stain
zulässiger ~: permissible colouring matter
~laser *m* dye laser
~lösung *f* dye solution
~rück•stand *m* colourant residue
~zelle *m* chromatophore
Farb•ton *m* shade
Färbung *f* coloration (Am), colouration
~ *f* staining
{~ von Wasser durch gelöste Substanzen}
Farm•arbeiter /~in *m/f* farmhand
Faschine *f* brush matting, fascine
{gebündeltes Buschwerk zur Befestigung von Steilhängen und Ufern}
~n•damm *m* brush dam, brushrock dam
{semipermanentes Bauwerk zur Regulierung des Abflusses in kleineren Fließgewässern}
~n•drän *m* fascine drain
Faschismus *m* fascism
Faselei *f* waffle
Faser *f* fibre, fiber (Am)
~brei *m* wood pulp
{Holzfaserbrei}
⁓förmig *adj* fibrous
⁓~e Partikel: fibrous particles
~holz *nt* pulpwood
faserig fibrous
Faser | staub *m* fibre dust
~stoff *m* dietary fibre, roughage
~wurzler *pl* fibrous rooted plants
~zement *m* fibre-concrete
Engl. Abk.: FC
Fass *nt* barrel, drum
~presse *f* press for barrels
~recycling *nt* recycling of kegs and barrels
Fassungs•vermögen *nt* capacity
fatal *adj* fatal
faul *adj* idle, lazy
⁓anlage *f* sludge digestion plant
⁓becken *nt* digestion tank, septic tank
⁓behälter *m* digester
{Bauwerk mit Reaktionsraum zur Faulung}
durchflossener ~: septic tank
geschlossener ~: covered digester
offener ~: open digester
Fäule *f* putrefaction
Faulen *nt* putrefaction
⁓ *v* putrefy
faulenzen *v* idle
faul•fähig *adj* putrescible
Faul•gas *nt* digester gas, digestion gas, fermentation gas, manure gas, sewage gas, sludge gas
{bei anaeroben Stoffwechselprozessen entstehendes Gas}
~anfall *m* digester gas production
~filter *m* digester gas filter
~sammler *m* digester gas collector
~speicher *m* digester gas reservoir
Faul | grad *m* degree of anaerobic stabilization
{Abbaugrad bei anaerober Schlammstabilisierung}
~grenze *f* digestion limit
~kammer *f* fermentation chamber
Fäulnis *f* breakdown, decay, decomposition, putrefaction
{anaerober Abbau organischer Stoffe}
fäulnis•fähig *adj* putrescible
Faul | raum *m* digestion chamber, sludge digestion chamber, sludge digestion compartment
~schlamm *m* digested sludge, digestion sludge
{anaerob stabilisierter Schlamm, der durch den mikrobiologischen Abbau organischen Materials unter anaeroben Bedingungen entstanden ist}
~ *m* anaerobic mud, sapropel
{durch Sulfide schwarz gefärbtes Sediment, das unter anaeroben Bedingungen entsteht}
~turm *m* (sludge) digestion tower
Faulung *f* digestion
Faul | verfahren *nt* digestion process, septic tank method
~wasser *nt* supernatant liquor
~zeit *f* digestion time
Fauna *f* fauna
Dtsch. Syn.: Tierwelt
~-Flora-Habitat-Richtlinie *f* Flora-Fauna-Habitat Directive, habitats directive
Dtsch. Kurzform: FFH-Richtlinie
{die Richtlinie 92/43/EWG des Rates vom 21. Mai 1992 zur Erhaltung der natürlichen Lebensräume sowie der wild lebenden Tiere und Pflanzen}
Faunen•verfälschung *f* fauna falsification
Fazies *f* facies
neritische ~: neritic facies
FCKW | -Entsorgung *f* disposal of chlorinated fluorohydrocarbons
~-frei *adj* CFC-free
~-Halon-Verbot *nt* CFC and halons prohibition
{in Dtschl. das bis 1995 gültige Verbot von Verkauf, Verwendung und teilweise auch der Herstellung halogenierter Stoffe, Zubereitungen und Erzeugnisse}
Feder *f* feather
{Vogelfeder}
~ *f* nib

{Schreibfeder}
~ *f* quill
{Gänsefeder}
~ *f* pen
{Federhalter}
~ *f* spring
{technische, elastische Feder}
~ *f* tongue
{Nut und Feder}
~fahne *f* web
~halter *m* pen
~mano•meter *nt* elastic element pressure gauge
~thermo•meter *nt* spring thermometer
Federung *f* suspension
{Fahrzeugfederung}
Feder | waage *f* spring balance
~wechsel *m* moulting
~wild *nt* game birds, wildfowl, winged game
~~jagd *f* game bird shooting
Feed•back *nt* feedback
Dtsch. Syn.: Reaktion
fegend *adj* sweeping
Fehlen *nt* failure, lack
Fehler *m* error, fault, mistake
Fehl•ernährung *f* malnutrition
Fehler•verteilung *f* error distribution
{statistische Fehlerverteilung}
Feilhalten *nt* offering for sale
fein *adj* fine
~ *adv* fine
Fein | erde *f* fine earth
{Boden mit Teilchengröße < 2 mm}
~filter *nt* filter for fine materials, fine filter, microfilter
~heit *f* subtlety
politische ~en: political subtleties
~kies *m* granule
≗körnig *adj* fine
~mess•schraube *f* micrometer
~müll *m* fine waste
~reinigung *f* fine cleaning, secondary cleaning
~~s•verfahren *nt* fine purification process
~sand *m* silt
~sieb *nt* fine sieve
~staub *m* fine dust
~~filter *m* fine dust filter
~wasch•mittel *nt* mild detergent
~zerkleinerer *m* comminutor
Feld *nt* field
{Fach-/Sachgebiet, auch elektrisches/ magnetisches Feld, und Acker}
elektrisches ~: electric field
magnetisches ~: magnetic field
~arbeit *f* field work
~aufladung *f* field charging
{elektrische Feldaufladung}
~bau•system *nt* crop system, cropping system
~begehung *f* field day
{für Lehr- und Demonstrationszwecke}
~beobachtung *f* field observation
~bewirtschaftung *f* field management
~daten•erfassung *f* collection of field data
~feuchte *f* field moisture, field soil-moisture
~forschung *f* fieldwork,
~~ *f* on-farm research
{~ auf landwirtschaftlichen Betrieben}
~~s•station *f* field station
~frucht *f* agricultural crop, crop, field crop
~gehölz *nt* spinney
~gerät *nt* field equipment
~gras•wirtschaft *f* ley farming
~kapazität *f* field capacity
{höchster Wassergehalt, der gegen die Schwerkraft im Boden festgehalten werden kann}
~rand *m* field margin
~spat *m* feldspar
{Mineral, das vor allem Magmatite aufbaut und aus dem ein großer Teil der Tonsubstanz von Böden entsteht}
~studie *f* field study
~- und Forst | ordnungs•gesetz *nt* field and forestry law
~~schutz•gesetz *nt* field and forestry protection law
~~straf•recht *nt* field and forestry criminal law
~versuch *m* field experiment, field test, field trial
~~ *m* on-farm trial
{~ auf einem landwirtschaftlichen Betrieb}
~~ *m* on-station trial
{~ auf einer Forschungsstation}
~zug *m* campaign
Fell *nt* fur
Fell•wechsel *m* moulting
Fels *m* cliff
{steil aufragender Fels}
~ *m* rock
anstehender ~: bedrock ***n***
~abhang *m* rock slope
~bildung *f* rock-scape
~block *m* boulder
~burg *f* tor
{durch Verwitterung und Abtragung entstandenes Felsgebilde in Form eines größeren bastionsartigen Komplexes}
~en•bild *nt* rock-scape
~en•küste *f* sea cliff
~en•spitze *f* tor
{oft auf einem Hügel}
~freistellung *f* erosion relict
{Einzelfelsen, durch allseitige Abtragung herauspräpariert}
~kletter•gebiet *nt* rock climbing area
~klettern *nt* rock climbing
~kuppe *f* rock surface
~lawine *f* rockfall avalanche, rock-fragment avalanche, rock-slide avalanche
~mechanik *f* rock mechanics
~nadel *f* pinnacle, (rock) needle
{durch Verwitterung und Abtragung entstandenes nadelförmiges Felsgebilde}
~spalte *f* crevice
~sturz *m* boulder slide, rock slide
~turm *m* (rock) tower
{durch Verwitterung und Abtragung entstandenes schlankes, zylindrisches Felsgebilde}
~wand *f* cliff
{einzelstehende Felswand im Binnenland}
~~ *f* cliff edge
{langgezogene Felswand im Binnenland}
~~ *f* rock face
Femel | hieb *m* femel felling, group-selection felling
{Endnutzung, bei der hiebreife Bäume von Baumgruppen in einem ungleichaltrigen, aber relativ einheitlichen Bestand entnommen werden}
~schlag•betrieb *m* femel system, group-selection system
{Nutzungssystem, bei dem Verjüngungen durch unregelmäßige Schirm- und Löcherhiebe zur Schaffung ungleichartiger Bestände gefördert werden}
Fenster *nt* window
Ferien *pl* holiday, vacation
~dorf *nt* holiday camp
~haus *nt* holiday chalet, holiday home
~ort *m* holiday resort
~park *m* holiday camp

~villa *f* holiday villa
~wohnung *f* holiday flat
Ferment *nt* enzyme, ferment
anorganisches ~: chemical ferment
Fermentation *f* fermentation
{durch Enzyme katalysierte Umsetzung biologischer Materialien}
~s•anlage *f* fermentation plant
~s•kammer *f* fermentation chamber
Ferment•gift *nt* ferment poison
Fermentierbarkeit *f* fermentability
Fermentierung *f* fermentation
fern *adj* distant, remote
~ *adv* distantly
Fern | beobachtungs•gerät *nt* observation monitor
~bestrahlung *f* distance irradiation
~erkundung *f* remote sensing
~~s•gerät *nt* remote sensing device
~glas *nt* binocular
~heizung *f* district heating
~~s•unternehmen *nt* district heating company
~heiz•werk *nt* district heating plant, district heating station
~messung *f* telemetry
~rohr *nt* scope
~sehen *nt* television
~seh•technik *f* television technique
~straße *f* highway, trunk road
~thermometer *nt* tele-thermometer
~transport•system *nt* long-distance transport system
~überwachung *f* remote control
~verkehr *m* long-distance traffic
~wärme *f* community heating, district heat, district heating
~~versorgung *f* district heating supply
~wasser•versorgung *f* long-distance water supply
Dtsch. Syn.: Wasserfernversorgung
Ferrit *nt* ferrite
{oxidkeramischer Werkstoff, aus einem zweiwertigem Metalloxid und Eisen(III)-oxid}
Ferro•legierung *f* ferro-alloy, ferrous alloy
{Legierung des Eisens mit anderen Metallen oder Nichtmetallen}
~s•ofen *m* ferro-alloy furnace

Ferse *f* heel
fertig *adj* complete
~ gestellt: complete ***adj***
~ stellen: complete ***v***
Fertig | keit *f* skill
~kompost *m* completed compost, finished compost
~stellung *f* completion
Fertigungs | anlage *f* factory
~straße *f* production line
Fertilität *f* fertility
Dtsch. Syn.: Fruchtbarkeit
~s•rate *f* fertility rate
fest *adj* settled, solid
~er Abfall: solid waste
~ *adv* fully
~ *adv* sound
{fester Schlaf}
≗bett *nt* packed bed
{Schüttbett}
≗~reaktor *m* fixed-bed reactor
{Behälter mit Füllstoffen, auf denen Mikroorganismen angesiedelt sind, die biochemische Abbauvorgänge bewirken}
≗~verfahren *nt* fixed-bed process
≗brenn•stoff *m* solid fuel
≗~heizung *f* solid fuel heating
~gelegt *adj* settled
≗gestein *nt* bedrock, consolidated rock, solid rock
{Gestein, dessen Körner fest miteinander verbunden sind}
~halten *v* hold
~~ *v* steady
{eine Leiter ~}
≗igungs•mittel *nt* consolidation agent
≗körper-Ballast•röhre *f* solid state ballast lamp
{Fluoreszenzlampe mit Energiespar"ballast"}
≗land *nt* dry land, mainland
≗~sockel *m* continental shelf
~legen *v* state
≗meter *m* cubic metre solid
{Holzvolumen, das sich aus Durchmesser und Länge errechnet}
≗nahme *f* capture
~nehmen *v* capture
~sitzend *adj* sessile
~stellbar *adj* ascertainable, detectable
~stellen *v* ascertain, detect
{ermitteln}
~~ *v* tell
≗stellung *f* ascertainment, detection

≗~s•klage *f* action for declaratory judgement
Fest•stoff *m* solid (matter)
{ungelöster Stoff in Wasser und Schlamm; je nach spezifischem Gewicht als Sink-, Schwimm- und Schwebstoff bezeichnet}
~abscheider *m* separator for solid matter
~gehalt *m* solid content
{Gehalt des Wassers bzw. Abwasserschlammes an Feststoffen}
~haushalt *m* sediment regime
{~ eines Wassereinzugsgebietes}
~pumpe *f* solids pump
~teilchen *nt* particulate
Fett *nt* fat, grease
gesättigtes ~: saturated fat
ungesättigtes ~: unsaturated fat
≗ *adj* fat, fatty
~abscheider *m* fat separator, grease separator, grease-trap,
~abscheidung *f* grease separation
≗arm *adj* low-fat
~fang *m* grease trap
~filter *m* grease filter
~~platte *f* grease filter plate
≗frei *adj* fat-free
~gewebe *nt* adipose tissue, body fat
braunes ~: brown fat
≗haltig *adj* fatty
≗los *adj* fat-free
≗löslich *adj* fat-soluble
~löslichkeit *f* fat-solubility
~öl *nt* fixed oil
~pflanze *f* succulent
≗reich high fat content
~säure *f* fatty acid
essenzielle ~~: essential fatty acid
{auch essentielle ~}
Engl. Abk.: EFA
mehrfach ungesättigte ~: polyunsaturated fat
~stoff *m* lipid, lipide
~~wechsel *m* lipid metabolism
Fetzen *m* shred
~ *pl* ribbons
feucht *adj* damp, humid, moist
≗biotop *m* wetland habitat
Feuchte *f* humidity, moisture
pflanzenverfügbare ~: plant-availbale water
~bilanz *f* water balance
~gehalt *m* moisture content
~grad *m* moisture content

~messer *m* hygrometer, moisture meter
~messung *f* humidity measuring, hygrometry
~periode *f* wet spell
~regler *m* humidity controller
~rückhalt *m* moisture retention
~stress *m* moisture stress, soil-moisture stress, water stress
~verfügbarkeit *f* moisture availability
Feucht•gebiet *nt* mire, wetland
Feucht•grünland *nt* wet grassland, wet meadow land
Feuchtigkeit *f* humidity, moisture
absolute ~: absolute humidity
{Masse Wasser in einem bestimmten Volumen Luft}
spezifische ~: specific humidity
≗s•beständig *adj* damp-proof
~s•gehalt *m* moisture content
~s•messung *f* humidity measuring, hygrometry, measurement of dampness
~s•schutz *m* humidity protection
Feucht | savanne *f* moist savanna
~schlamm *m* moist sludge
~wiese *f* wet meadow
{Grünlandlebensgemeinschaft auf wechselfeuchten bis nassen Standorten}
Feudalismus *m* feudalism
Feuer *nt* fire
offenes ~: naked flames
~fest•bau *m* refractory structure
≗hemmend *adj* flame-retardant
~klimax *nt* fire climax
~lösch•fahrzeug *nt* appliance
~ökologie *f* fire ecology
~schneise *f* firebreak, fire-control line
~schutz *m* fire control
~~streifen *m* firebreak
~stätte *f* fireplace
~~n•verordnung *f* regulation on firing plants
Feuerung *f* firing
~s•abgase *pl* furnace gases, gas from firing systems
~s•anlage *f* firing system
~~n•verordnung *f* furnace order
~s•gas *nt* furnace gas
~s•technik *f* firing technique, heating technology
Feuer | unterdrückung *f* fire suppression
~verzinkung *f* hot galvanizing
~wehr *f* fire service
~werk *nt* firework
FFH-Richtlinie *f* habitats directive
Abk. für Fauna-Flora-Habitat-Richtlinie
{die Richtlinie 92/43/EWG des Rates vom 21. Mai 1992 zur Erhaltung der natürlichen Lebensräume sowie der wild lebenden Tiere und Pflanzen}
Fiber *f* fibre, fiber (Am)
Fichte *f* spruce
~n•forst *m* spruce forest
fieder•blättrig *adj* pinnate
{Blattform}
Film *m* film
{für Fotos; allgemein: dünne Schicht}
~abfall *m* waste film
Filter *m* filter
{im Technikbereich oft auch: das Filter}
akustisches ~: acoustic filter
~aggregat *nt* filter unit
~anlage *f* filter plant, filter system
~anthrazit *m* filter anthracite
~ausrüstung *f* filter equipment
~band *nt* filter band
~becken *nt* filter basin, filter box
~belastbarkeit *f* filter capacity
~betrieb *m* filter operation
~bett *nt* filter bed
~brunnen *m* filtering well
~druck *m* differential head
~durch•lässigkeit *f* filter permeability
~durchsatz *m* filter capacity
Dtsch. Syn.: Filterleistung
~eigenschaft *f* filtering property
~einsatz *m* filter cartridge
~eintritts•fläche *f* infiltration area
~element *nt* filter element
~entstauber *m* filter deduster
~filz *m* filter felt
~fläche *f* filter area, filtering surface
≗gängig *adj* filter-passing
≗~e Stoffe: filter-passing matter
~gehäuse *nt* filter housing
~geschwindigkeit *f* filtration rate
{Quotient aus Volumenstrom und Filterfläche}
~gewebe *nt* filter fabric
~höhe *f* filter height
~kammer *f* filter chamber, filter compartment
~kapazität *f* filter capacity
~karton *m* filter cardboard
~kassette *f* filter cassette
~keil *m* gravel drain
~kerze *f* filter cartridge
~konditionier•kammer *f* filter-conditioning chamber
~korb *m* filter basket
~körper *m* filter body
~kuchen *m* filter cake
{der bei der Schlammentwässerung mit Filtrationsverfahren anfallende Rückstand}
~~zerkleinerungs•maschine *f* filtercake comminuting plant
~laufzeit *f* filter run
~leistung *f* filter capacity
~maske *f* filter mask
~masse *f* filter material
~material *nt* filter material, filter medium
~matte *f* filter mat
~medium *nt* filter material
textiles ~~: textile filter material
Filtern *nt* filtration
filtern *v* filter
Filter | papier *nt* filter paper
~~verfahren *nt* filter-paper method
{Methode zur Ermittlung der Tropfengrößenverteilung von Niederschlägen}
~parameter *m* filter parameter
~patrone *f* filter cartridge
~platte *f* diffuser plate, filter plate
~presse *f* filter press
~rahmen *m* filter frame
~reinigung *f* filter cleaning
~rohr *nt* filter pipe
~rück•stand *m* (filter) residue
~schicht *f* filter bed
~~ *f* filtering layer
{bodenkundlich}
~schlauch *m* filter hose
~schüttung *f* filter bed
~staub *m* filtration dust
~~entsorgung *f* disposal of filter dust
~strumpf *m* filter sock
~system *nt* filter system
~tank *m* filter tank
~tasche *f* filter bag
~test *m* filter test
~~gerät *nt* filter testing device
~trommel *f* filter drum
~tuch *nt* filter(ing) cloth
~~wasch•anlage *f* filter cloth washing plant
~überwachungs•gerät *nt* filter monitoring equipment
Filterung *f* filtering

Filter | vlies *nt* nonwoven filter fabric
~~stoff *m* filtering nonwoven
~vorgang *m* filtering process
~wechsler *m* filter changer
~wirkung *f* filter efficiency
~zyklon *m* filter cyclone
Filtrat *nt* filter effluent, filtrate
~abscheider *m* filtrate separator
Filtration *f* filtration
~s•anlage *f* filtration plant
~s•widerstand *m* resistance to filtration
filtrieren *v* filter
Filtrierer *pl* filter-feeders
{Tiere, die ihre Nahrung aus dem Wasser filtrieren}
Filtrier | fähigkeit *f* filterability
~geräte *pl* filtration equipment
Filtrierung *f* filtering, filtration
Finale *nt* final
Finanz | beamter *m* assessor
~beamtin *f* assessor
Finanzen *pl* finances
Finanz•gericht *nt* fiscal court
finanziell *adj* financial, monetary
~ ausstatten: fund *v*
~ nicht ausreichend ausgestattet: under-funded ***adj***
~ unterstützen: finance ***v***
finanzieren *v* finance, fund
Finanzierung *f* financing
öffentliche ~: public financing
~s•hilfe *f* financial contribution
{öffentliche Hilfe zur Finanzierung von Maßnahmen}
~s•konzept *nt* financing concept
~s•programm *nt* financing programme
~s•zusage *f* financing assurance
Finanz | planung *f* financial planning
~politik *f* financial policy
~theorie *f* theory of finance
~verfassung *f* finance constitution
Findling *m* boulder, erratic block
{großer, gerundeter Felsbrocken, der in der Eiszeit vom Eis transportiert und abgelagert wurde}
Finger *m* finger
~abdruck *m* fingerprint
°artig *adj* digitate
{Blattform}
~probe *f* finger test
{Feldverfahren zur Bodentexturbestimmung}

Finsternis *nt* eclipse, gloom
partielle ~: partial eclipse
totale ~: total eclipse
Firma *f* firm
Firn *m* firn
Firnis *m* varnish
firnissen *v* varnish
Firn•schnee *m* firn (snow)
First *m* ridge
°artig *adj* ridge-type
Fisch *m* fish
ungenießbarer ~: rough fish
~armut *f* scarcity of fish
~art *m* fish species
~bestand *m* fish population, fish stock
~biologie *f* ichthyo-biology
~dampfer *m* trawler
Fischen *nt* fishing
fischen *v* fish
Fischer *m* fisherman
~boot *nt* fishing boat
Fischerei *f* fishing
{als Hobby}
~ *f* fishery
{als Geschäft/Industrie}
~ in der Nordsee: North Sea Fisheries
~abkommen *nt* fisheries agreement
~berechtigung *f* fishing right
~fahrzeug *nt* fishing vessel
~flotte *f* fishing fleet
~frevel *m* fish poaching
~gerät *nt* fishing tackle
~gesetz *nt* fishery law
~gewässer *nt* fishery, fishing waters
~grenze *f* fishing limit
~hafen *m* fishing harbour, fishing port
~methode *f* fishing method
~politik *f* fishery policy, fishing policy
~recht *nt* fishing rights, right of fishery
~schein *m* fishing permit
~schutz *m* fishery protection
~~boot *nt* fishery protection vessel
~verbot *nt* fishing restriction
~vorschriften *pl* fisheries regulations
~wirtschaft *f* fishing industry, fishery management
~zone *f* fishery, fishery protection zone, fishing zone, zone of fishing

Fischer•netz *nt* fishing net
Fisch•ertrag *m* fish landings
Fischer-Tropsch-Verfahren *nt* Fischer-Tropsch process
{katalytische Synthese aliphatischer Kohlenwasserstoffe aus Kohlenmonoxid und Wasserstoff}
Fisch•fabrik *nt* fish factory
Fisch•fang *m* fishery, fishing
~ mit Dynamit: dynamiting ***n***
~ mit Gift: poisoning ***n***
~flotte *f* fishing fleet
~gebiet *nt* fishery, fishing grounds
~methoden *pl* fishery practices
~quote *f* fishing quota
Fisch | gründe *pl* fisheries, fishing grounds
~handel *m* fish trade
~händler *m* fishmonger
~industrie *f* fishing industry
~krankheit *f* fish disease
~kultur *f* pisciculture
~laich•platz *m* spawning ground
°leer *adj* fishless
~leiter *f* fish ladder
~markt *m* fish market
~mehl *nt* fish-meal
~nähr•tiere *pl* fish food organisms
~nahrung *f* fish food
~pass *m* fish pass
~population *f* fish population
~rechen *nt* fish corral
~region *f* fish region
{Abschnitt eines Fließgewässers, benannt nach dem Vorkommen bestimmter Fischarten als Leitorganismen}
~schleuse *f* fish lock
~sterben *nt* death of fish, fish deaths, fish kill
~teich *m* fish-pond
~test *m* fish test
{standardisiertes Testverfahren zum Nachweis der Wirkung von Wasserinhaltsstoffen auf Fische}
~toxizität *f* fish toxicity
{Giftigkeit von Stoffen/Stoffgemischen und Abwässern für Fische}
~trawler *m* trawler
~treppe *f* fish ladder, fish pass
{Anlage, die Fischen den Aufstieg vom Unter- ins Oberwasser einer Stauanlage ermöglicht}
~unterstand *m* fish refuge
°verarbeitend *adj* fish-processing
~verarbeitung *f* fish-processing, processing of fish

~verträglichkeit *f* tolerance for fish
~wanderung *f* fish migration
~weg *m* fish pass
~wilderei *f* fish poaching
~wirtschaft *f* fishing industry
~zucht *f* aquaculture, fish-farming, pisciculture
~~anlage *f* fish-farm
~~betrieb *m* fish-farm
Fiskal•politik *f* fiscal policy
Fitness *f* (Darwinian) fitness
Fittings *pl* fittings
Fixier•bad *nt* fixing bath
~spar•gerät *nt* fixing bath saving equipment
Fixierung *f* fixation
Fixpunkt *m* benchmark
{Engl. Syn.: bench mark}
Fjord *m* fiord
~ *m* sea loch
{in Schottland}
flach *adj* flat, level, low, shallow
≗bau *m* low-rise building
≗boden•tank *m* flat bottom tank
≗brunnen *m* shallow well
≗dach•klär•anlage *f* sewage treatment plant for flat roofs
Fläche *f* area, land
~ *f* expanse
{die weite ~}
~ *f* plane
{die ebene ~}
abflusswirksame ~: active drainage area
bebaute ~: built-up area
befestigte ~: paved area
durchlässige ~: pervious area
landwirtschaftlich genutzte ~: land under cultivation
versiegelte ~: paved area
Flächen | anspruch *m* land demand
~ausdehnung *f* (surface) area
~bedarf *m* land requirement
~belastung *f* solids loading, surface loading
~beschickung *f* surface flow rate
≗deckend *adj* covering the whole area, covering the whole territory
~düngung *f* area manuring
~erosion *f* interrill erosion, sheet erosion, sheet wash
Dtsch. Syn.: Schichterosion
{Form der Erosion, bei der Boden flächig (oft zwischen Erosionsrillen) abgetragen wird}
~größe *f* square dimension
flächenhaft *adj* extensive,
~ *adv* extensively
flächig *adj* extensive, flat
~ *adv* extensively
Flächen | inhalt *m* area
~methode *f* area method
~nutzung *f* landuse, land utilization, utilization of an area
~~s•plan *m* land development plan, land use plan, land utilization plan, zoning plan
{vorbereitender Bauleitplan für ein gesamtes Gemeindegebiet}
~~s•planung *f* land development planning, land use planning
~~s•wandel *m* alteration in land utilization
~quelle *f* plane source
{nicht punktförmige Emissionsquelle}
~recycling *nt* land recycling
~sanierung *f* redevelopment of surfacings
~schall•quelle *f* area source of noise, sheet source of noise
~schutz *m* habitat protection
~still•legung *f* set-aside
~verbrauch *m* land consumption
Flach | glas *nt* plate glass
~~herstellung *f* plate glass manufacture
~land *nt* lowlands, plain
~moor *nt* fen
Dtsch. Syn.: Niedermoor
~see•zone *f* neritic zone
~ufer *nt* low coast
~wasser *nt* shallow (water)
~~bereich *m* shallow (water) zone
Flagg•schiff *nt* flagship
Flamme *f* flame
Flämmen *nt* prescribed burning
Flammen | emissions•spektrometrie *f* flame emission spectrophotometry
~foto•meter *nt* flame photometer
~foto•metrie *f* flame photometry
~ionisations•detektor *m* flame ionisation detector
~photo•meter *nt* flame photometer
~photo•metrie *f* flame photometry
~spektro•skopie *f* flame spectroscopy
~sperre *f* flame trap
Flamm | punkt *m* flash point
~~prüfer *m* flash point tester
~schutz•mittel *nt* anti-flammability substance, flame retardant
~widrigkeit *f* flame retardance
flankierend *adj* accompanying, flanking
Flansch *m* bride, flange
~dichtung *f* flange gasket
Flasche *f* bottle, flask
~n•container *m* bottle bank, bottle bin
~n•gas *nt* bottles gas
~n•verschluss *m* bottle cap
flattern *v* flap
flau *adj* sluggish
Flaum *m* down
Flausch *m* down
Flaute *f* economic depression
{wirtschaftliche Flaute}
Flechten•kartierung *f* mapping of lichens
Flecht | werk *nt* wattle, wattling
~~drän *m* brush drain
{mit gebündeltem Buschwerk ausgefüllter Entwässerungsgraben}
~~sperre *f* brush dam
{semipermanentes Bauwerk zur Regulierung des Abflusses in kleineren Fließgewässern}
~zaun *m* wattle fence, wicker fence
{zum Erosions- und Windschutz}
Fleck *m* stain
~en hinterlassen: stain ***v***
Fleck•fieber *nt* typhus
Fleck•typhus *nt* typhus
Fleisch *nt* meat
≗fressend *adj* carnivorous , meat-eating
~fresser *m* carnivore, carnivorous animal, meat-eating animal
~hygiene•gesetz *nt* meat hygiene act
fleischig *adj* succulent
Fleisch | produkt *nt* meat product
~verarbeitung *f* meat processing
flexibel *adj* flexible
~ *adv* flexibly
Flexibilität *f* elasticity
Flexur *f* monocline
{s-förmige geologische Schichtenverbiegung}

fliegen *v* fly
~ *v* pilot
{ein Flugzeug ~}
Fliegen•fischerei *f* fly-fishing
mit (künstlichen) Fliegen fischen: fly-fish ***v***
Flieh•kraft | abscheider *m* centrifugal separator, cyclone
~sichter *m* centrifugal classifier
Fliese *f* tile
fliesen *v* tile
~industrie *f* tile industry
Fließ•bett•trockner *m* moving-bed dryer
Fließen *nt* flow
~ *v* flow, pass
~ *v* tend
{in eine bestimmte Richtung ~}
fließend *adj* flowing, tending
nicht ständig ~: intermittently flowing
~ *adj* fluid
{~e Formen}
Fließ | geschwindigkeit *f* flow rate, flow velocity
erosive ~~: erosive velocity
{Fließgeschwindigkeit, bei der Erosion auftritt}
kritische ~~: critical flow velocity
{Fließgeschwindigkeit beim kritischen Mischwasserabfluss}
zulässige ~~: permissible flow velocity
~gewässer *nt* flowing water, running water
sommerkühles ~~: flowing water having summer temperatures below those of air
träges ~~: sluggish stream
~gleich•gewicht *nt* dynamic equilibrium, flow equilibrium, steady state
~~s•störung *f* disturbance of steady state
~grenze *f* liquid limit
~prüf•gerät *nt* fluidity tester
~punkt *m* melting point
~querschnitt *m* cross sectional area of flow
Dtsch. Syn.: Durchflussquerschnitt
~sand *m* quick sand
{wassergesättigter, schluffreicher Feinsand oder feinsandiger Schluff, der sich bei Druck in Richtung der Druckentlastung bewegt}
~zeit *f* flow time, suction time
kapillare ~~: capillary suction time
{Fließzeit des auf einem definierten Filterpapier sich ausbreitenden Schlammwassers}
Flimmer•epithel *nt* ciliated epithelium
Flinz *m* flinz
{glimmerreiches, schluffig-feinsandiges Tertiär-Sediment mit schluffig-tonigen Zwischenlagen}
Flip-chart *f* flip chart
flockbar *adj* coagulable
Flocke *f* blob,
{Schaumflocke}
~ *f* flake
{Schneeflocke}
Flocken *pl* floc
~ *v* floc
~bildung *f* floc formation
~filter *m* sludge blanket
{schwebende Schicht aus Flockenschlamm, die beim Durchströmen von Abwasser als Filter wirkt}
~schlamm *m* flocculent sludge, floc solids
~zerstörung *f* deflocculation
flockig *adj* flocculent
Flockung *f* coagulation, flocculation
{Verfahren der Trinkwasseraufbereitung und Abwasserreinigung, bei dem ein Flockungsmittel zugesetzt wird, das filtrierbare oder absetzbare Flocken bildet}
~s•anlage *f* flocculation plant
~s•hilfs•mittel *nt* auxiliary flocculant, coagulation aid
{Chemikalien, die die Flockenbildung ermöglichen, aber selbst keine Flocken bilden}
~s•mittel *nt* coagulant, flocculant
{Chemikalie, die in Abwasser oder Schlamm selbst Flocken bildet}
Flora *f* flora
Dtsch. Syn.: Pflanzenwelt
floral *adj* floral
{auf Pflanzen bezogen}
Floren | bereich *m* floral district, phytogeographical district
{geografische Raumeinheit gegliedert aufgrund der Areale von Taxonen der Pflanzenwelt}
~bezirk *m* floral district, phytogeographical district
Dtsch. Syn.: Florenbereich
~reich *nt* floristic kingdom
~verfälschung *f* flora falsification
floristisch *adj* floristic
{auf Pflanzen bezogen}
Floß *nt* float, raft
~ *nt* log chute
{Rinne für Floßbetrieb zwischen Ober- und Unterwasser einer Stauanlage}
flößen *v* drive, float
Flotation *f* flotation
{Abtrennung von Schweb- und Schwimmstoffen aus dem Abwasser, durch künstliche Erhöhung von deren Auftrieb durch die Anlagerung feiner Luftblasen}
~s•anlage *f* flotation plant
flott *adj* water-borne
{Boot, Schiff}
Flotte *f* liquor
Flöz *m* seam
Flucht *f* flight
flüchtig *adj* fugitive, volatile
~e organische Nicht-Methan-Verbindungen: Non-methane Volatile Organic Compounds
Engl. Abk.: NMVOC
~e organische Verbindungen: volatile organic ompounds
Engl. Abk.: VOC
~e Stoffe: volatile substances
Flucht•stab *m* ranging rod, stake
{Hilfsmittel bei der Landvermessung}
Flug *m* flight
{auch jägersprachlich für: Schwarm}
~ asche *f* flue dust, fly ash
~~abscheider *m* flue dust collector
~~analyse *f* airborne ash analysis, fly ash analysis
~aufkommen *nt* air traffic
~bahn *f* flight path, trajectory
~beschränkung *f* flight restriction
~betrieb *m* air traffic
~~s•beschränkung *f* limitation on air traffic
~blatt *nt* flier, flyer
~dichte *f* density of air traffic
~drachen *m* hang-glider
Dtsch. Syn.: Hängegleiter
Flügel *m* panel
{Möbelteil}
~ *m* wing
{Vogel~, Flugzeug~}
~decke *f* shell
{verhärteter Vorderflügel eines Insekts}
~deich *m* wing dike
{Deich, der die Hochwasserströmung in eine bestimmte Richtung lenkt und auch bei Hochwasser nicht überströmt wird}
~lahm *adj* with an injured wing
~~ geschossen: winged ***adj***
~mauer *f* wing wall

{*seitlicher Abschluss eines massiven Absperrbauwerkes zum Anschluss an einen Damm oder an das Gelände*}

~zellen•pumpe *f* propeller pump

flugfeldabgewandt *adj* landside

Flug | frequenz *f* frequency of flying

~gast *m* passenger

~gelände *nt* airfield

~geschwindigkeit *f* airspeed
Engl. Syn.: air speed

Flug•hafen *m* airport

~benutzungs•ordnung *f* airport utilization order

Flug•lärm *m* aircraft noise
{*beim Betrieb von motorgetriebenen Luftfahrzeugen entstehender Lärm*}

~bekämpfung *f* aircraft noise abatement

~gesetz *nt* Aircraft Noise Act, Air Traffic Noise Act, law on aircraft noise
{*bezweckt den Schutz der Allgemeinheit vor Gefahren, erheblichen Nachteilen und Belästigungen durch Fluglärm in der Umgebung von Flugplätzen*}

~messung *f* aircraft noise measurement

~minderung *f* aircraft noise reduction

~überwachung *f* aircraft noise control

~~s•anlage *f* aircraft noise monitoring system
{*Anlage auf dem Flughafen und in dessen Umgebung zur fortlaufend registrierenden Messung der durch die an- und abfliegenden Luftfahrzeuge entstehenden Geräusche*}

~untersuchung *f* examination of aircraft noise

Flug | pflanzung *f* flight farming
{*Ausbringung von Saatgut mit Hilfe von Flugzeugen*}

~platz *m* airfield, airport

~~genehmigung *f* landing permission

~sand *m* shifting sands

~~decke *f* sand sheet
{*geringmächtige, wenig reliefierte Decke aus äolisch umgelagerten Sanden*}

~schneise *f* aerial corridor, flight lane, flight path

~sicherung *f* air traffic control

~staub *m* airborne dust, flue dust, fumes
bleireicher ~~: lead-rich airborne dust

~~filter *m* flue dust filter, fly ash filter

~~teilchen *nt* flue dust particle

~technik *f* aeronautics

~̲unfähig *adj* flightless
~̲~er Vogel: flightless bird

Flug•zeug *nt* aeroplane (brit), aircraft, airplane, plane

~abgas *nt* aircraft exhaust gas

~bau *m* aircraft construction

~düngung *f* airplane fertilizing
{*Ausbringung von Düngern mit Hilfe von Flugzeugen*}

~erkundung *f* aircraft reconnaissance

~lärm *m* aircraft noise

~~bekämpfung *f* aircraft noise abatement

~mess•fühler *m* aircraft sensor

~messung *f* aircraft measurement

~schall *m* aircraft sound

Fluid *nt* fluid
{*flüssiges Mittel*}

~̲ *adj* fluid

Fluidat *nt* fluidized dry matter

Fluid•chromato•grafie *f* fluid chromatography
{*auch: ~chromato•graphie*}

fluidisiert *adj* fluidized

Fluidität *f* fluidity

Fluktuation *f* fluctuation, turnover

fluktuieren *v* fluctuate

Fluor *nt* fluorine

~behandlung *f* fluoridation

Fluoreszenz *f* fluorescence

~messer *m* fluorimeter

fluoreszierend *adj* fluorescent

Fluorid *nt* fluoride

fluoridieren *v* fluoridate
{*mit (Natrium)fluorid versetzen*}

Fluoridierung *f* fluoridation, fluoridification, fluorination

Fluori•metrie *f* fluorometry

Fluor | konzentration *f* fluorine concentration

~o•meter *nt* fluorometer

~ose *f* fluorosis

~verbindung *f* fluorine compound

~vergiftung *f* fluorine poisoning

Flur•bereinigung *f* land consolidation, plot realignment, reparcelling of agricultural land
Dtsch. Syn.: Ländliche Neuordnung
{*Neuordnung der Grundstücke im ländlichen Raum*}

~s•behörde *f* land consolidation authority

~s•gebiet *nt* land consolidation area

~s•gesetz *nt* land consolidation act

~s•plan *m* land consolidation plan
{*in Dtschl. das Ergebnis des Flurbereinigungsverfahrens mit Wege- und Gewässerplan und landschaftspflegeri- schem Begleitplan*}

~s•recht *nt* land consolidation legislation

~s•verfahren *nt* land consolidation procedure

Flur•holz *nt* hedgerow trees
{*Bäume, die außerhalb des Waldes angebaut werden*}

~anbau *m* tree planting outside forest
{*Anbau von Bäumen außerhalb des Waldes*}

Flur | kataster *nt* land register

~neu•gestaltung *f* land consolidation

~neu•ordnung *f* reparcelling of agricultural land

~schaden *m* damage to the fields, field damage

~stück *nt* land, plot

Fluss *m* flow
{*die Bewegung einer Flüssigkeit*}
freier ~: gravity flow

~ *m* flux
{*Energie~*}

~ *m* river, streamflow
am ~ gelegen: riverside *adj*

~ablagerungen *pl* fluvial deposits

~̲abwärts *adj/adv* downstream

~anlieger•staat *m* riverside country

~arm *m* creek
{*kurzer Flussarm*}

~~ *m* river branch
toter ~~: oxbow lake

~aue *f* floodplain

~̲aufwärts *adj/adv* upstream

~bau *m* river engineering, river training

~~werk *nt* river training structure

~bett *m* channel, river bed, streambed
felsiges ~~: riffle *n*

~~erosion *f* riverbed erosion, streambed erosion

Flüsschen *nt* carr
{*historische Bezeichnung*}

Fluss | deich *m* embankment, levee (Am)

~delta *nt* delta
~dichte *f* drainage density
~ebene *f* alluvial plain
~gebiet *nt* catchment, river basin, watershed
~~s•bewirtschaftung *f* watershed management
~gefälle *nt* river gradient
~hafen *m* river port
flüssig *adj* fluid, liquid
~er Abfall: liquid waste
~er Stoff: liquid *n*
~ werden: melt *v*
≗brenn•stoff *m* liquid fuel
≗chromato•grafie *f* liquid chromatography
{auch: ≗chromato•graphie}
≗düngung *f* liquid fertilizer application
≗erd•gas *nt* liquefied natural gas
Engl. Abk.: LNG
≗gas *nt* liquefied (petroleum) gas, liquid gas
Engl. Abk.: LPG
Flüssigkeit *f* fluid, fluidity, liquid, liquor
ausgelaufene ~: spill *n*
selbstentwässernde ~: dewatering fluid
~s•binde•mittel *nt* liquid binding agent
~s•chromato•grafie *f* fluid chromatography, liquid chromatography
{auch: ~s•chromato•graphie}
~s•filtration *f* liquid filtration
~s-Hochdruck•chromato•grafie *f* high-pressure liquid chromatography
{auch: ~s-Hochdruck•chromato•graphie}
Engl. Abk.: HPLC
~s•mano•meter *nt* liquid pressure gauge
~s•säule *f* liquid column
Flüssig•kristall *m* liquid crystal
~anzeige *f* Liquid Crystal Display
Engl. Abk.: LCD
Flüssig•lava *f* molten lava
Flüssig-Membran-Permeation *f* liquid membrane permeation
Flüssig•mist *m* liquid manure
Dtsch. Syn.: Gülle
~belüftung *f* aeration of liquid manure
~verwertung *f* utilization of liquid manure
Fluss | korrektion *f* river training
~kraft•werk *nt* river power station
~lauf *m* river course
~marsch *f* river marsh soil
{Bodentyp aus meist kalkfreien Süßwassersedimenten im Gezeitenbereich von Flussmündungen}
~mündung *f* estuary, river mouth
~niederung *f* fluvial lowland
~ordnungs•konzept *nt* dainage network concept
~regulierung *f* river training
~sand *m* fluvial sand
~sediment *nt* river sediment
~spat *m* fluorite, fluorspar
~stein *m* boulder
~system *nt* river system
~terrasse *f* bench (Am), river terrace
~typ *m* river type
~ufer *nt* riverbank, river bank, riverside, streambank
~~befestigung *f* riverbank stabilization, streambank stabilization
~~erosion *f* riverbank erosion, streambank erosion
~wasser *nt* fluvial water, river water
Flut *f* flood
{Überschwemmung}
~ *f* flood tide, high tide
{eine der Gezeiten}
~ *f* flush
{die plötzlich auftretende ~}
Fluten *nt* flooding
fluten *v* flood, submerge
Flut | hafen *m* tidal harbour
~plan•verfahren *nt* rational method
{Verfahren zur Ermittlung des Oberflächenabflusses kleinerer Wassereinzugsgebiete}
~rasen *m* floodgrassland
~strömung *f* tidal flood current
~tor *nt* drainage gate,
{Öffnung zur Ableitung von Wasser}
~~ *nt* flood gate
{Hochwasserverschluss}
~~ *nt* tide-gate
~welle *f* tidal wave
{durch Erdbeben ausgelöst}
fluvial *adj* fluvial
{von fließendem Wasser verursacht}
fluviatil *adj* fluviatile
Föderalismus *m* federalism
föderalistisch *adj* federal
föderativ *adj* federal
föderiert *adj* federal
Föhn *m* foehn
{warmer trockener Fallwind an der Nordseite der Alpen}
fokal *adj* focal
fokussieren *v* focus
Folge *f* succession
~anbau *m* sequential cropping
{Anbau mehrerer Kulturen in einer Vegetationsperiode}
~bearbeitung *f* secondary tillage
{Sekundärbodenbearbeitung, z.B. Mulchen oder Jäten}
~kosten *pl* life-cycle costs, operation and maintenance costs, sequential costs
folgen *v* ensue
Folge | n•beseitigungs•anspruch *m* [claim for the elimination of secondary effects]
~nutzung *f* after-use
~produkt *nt* decay product
~schaden *m* adverse effect
~serie *f* sere
Folie *f* film, foil, transparency
~ für Tageslichtprojektor: overhead transparency, slide
~n•recycling *nt* recycling of foils and film
Förder | abgabe *f* mining charge
~band•waage *f* conveyor belt scale
~einrichtung *f* conveying equipment
Förderer *m* conveyor
{zum Materialtransport}
pneumatischer ~: pneumatic conveyor
~ *m* supporter
{Unterstützer}
Förder | gebiet *nt* development area, development zone
~gurt *m* conveyor belt
fordern *v* claim, demand, stipulate
fördern *v* advance, aid, encourage, foster, further, promote, support
~ *v* mine
Dtsch. Syn.: abbauen
Förder | rate *f* assistance rate
~schlauch *m* conveying hose
~strom *m* delivery
{rechnerisch angesetzter Volumenstrom einer Fördereinrichtung}
~technik *f* mechanical conveying and handling

Forderung *f* stipulation

Förderung *f* assistance, encouragement, furtherance, promotion, support

institutionelle ~: global grant, institution building

~s•maßnahme *f* supportive measure

Forellen | fischen *nt* trout fishing

~region *f* trout region

{oberster Abschnitt eines Fließgewässers bis zur Äschenregion}

Form *f* form, shape

in ~ bringen: condition ***v***

formal *adj* formal, modal

~ *adv* formally

Form•aldehyd•ausdünstung *f* formaldehyde evaporation

Formalie *f* formality

formalisieren *v* formalize

Formalisierung *f* formalization

Formalismus *m* formalism

Formalist /~in *m/f* formalist

formalistisch *adj* formalistic

~ *adv* formalistically

Formalität *f* formality

formal•juristisch *adj* technical

~ *adv* technically

Format *nt* format, size

Formation *f* formation

{in der Biologie: Einheit höherer Ordnung im Klassifikationssystem der Vegetation der Erde}

formbar *adj* malleable, melleable

Form•blatt *nt* form

Formel *f* formula

~ des Eides: wording of the oath

formell *adj* formal

~ *adv* formally

Formen *nt* moulding

~̊ *v* shape

formend *adj* modeling (Am), modelling

Formen | lehre *f* morphology

~̊reich *adj* with great variety of forms

~reichtum *m* great variety of forms, wealth of forms

Form•fehler *m* irregularity

Form•frage *f* formality

form•gerecht *adj* correct, proper

~ *adv* correctly, properly

Form•höhe *f* form-height quotient

{Produkt aus Formzahl und gemessener Höhe zur Massenberechnung}

förmlich *adj* stiff

Formling *m* moulding

formlos *adj* informal, shapeless

~ *adv* informally

Formlosigkeit *f* informality, shapelessness

Form•sache *f* formality

Form•teil *nt* moulding

Formular *nt* form, format

formulieren *v* formulate, frame

Formulierung *f* drafting, formulation, wording

~s•stoff *m* formulation material

Formung *f* formation

Form•verstoß *m* impropriety

Form•vorschrift *f* statutory form

form•widrig *adj* improper,

~ *adv* improperly

Form•zahl *f* form factor

{Verhältnis von Baumvolumen zu einem aus Kreisfläche und Höhe berechneten Zylinder}

forschen *v* research

Forscher /~in *m/f* researcher, research scientist

Forschung *f* inquiry, research

Forschungs | auftrag *m* research contract

~bericht *m* research report

~einrichtung *f* research establishment

~ergebnis *nt* result of research

~förderung *f* research promotion

~gebiet *nt* field of research

~gemeinschaft *f* research association, research council

~kooperation *f* research co-operation

~koordination *f* research co-ordination

~labor *nt* research laboratory

~ministerium *nt* Ministry of Research

~politik *f* research policy

~programm *nt* research programme

~raum *m* area of research

~reaktor *m* research reactor

~reise *f* expedition

~satellit *m* research satellite

~vorhaben *nt* research project

~zentrum *nt* research centre

Forst *m* forest, (managed) woodland, timberland

{im Deutschen der zur Produktion von Rohstoffen und Infrastrukturleistungen bewirtschaftete Wald. Im Englischen umfasst "forest" auch den Urwald}

gewerblich genutzter ~: woodlands managed on a commercial basis

~amt *nt* forestry office

~beamter *m* forestry official

~behörde *f* forest authority

{siehe auch Forstverwaltung}

~betriebs•fläche *f* productive forest area

{Gesamtheit der Flächen, die mittelbar und unmittelbar der Holzzucht und der Erzeugung von Nebenprodukten und Dienstleistungen dienen}

~düngung *f* forest fertilization

~einrichtung *f* forest management planning

{periodische forstliche Planung und Vollzugsanalyse im Forstbetrieb im Hinblick auf die Gesamtheit der Funktionen des Waldes}

~~s•plan *m* forest establishment plan, forest management plan

Förster /~in *m/f* forester

Forst | erneuerung *f* forest renewal

~folge *f* forest succession

~garten *m* forest nursery

~gesetz *nt* forestry act, forestry law

~hydrologie *f* forest hydrology

~kontrolle *f* forest control

~kultur *f* forest plantation, silviculture

~melioration *f* forest amelioration

~nutzung *f* forest exploitation, forest utilization

~pflanz•maschine *f* tree planter

~pflug *m* woodland plough

~planung *f* forestry planning

~produkt *nt* forestry product

~recht *nt* forestry legislation

~revier *nt* forest district, forest range

~schäden-Ausgleichs•gesetz *nt* [law on compensation for forest damage]

~schädling *m* forest pest

~schutz *m* forest protection

~~beauftragte /~r *f/m* forest guard

~verwaltung *f* forest administration,

~~ *f* Forestry Commission

{halbstaatlich in England und Wales, zuständig für Holzproduktion und Waldschutz} Engl. Abk.: FC

~-Weide-System *nt* silvopastoral system

~wirt /~in *m/f* forest laborer

~wirtschaft *f* forest management, forestry, woodland management
{Bewirtschaftung von forstlichen Landflächen für die Bereitstellung von Produkten und/oder anderen Leistungen des Waldes}
naturnahe ~~: close-to-nature forestry

≗wirtschaftlich *adj* silvicultural

~wissenschaft *f* forestry science
{wissenschaftliche Beschäftigung mit den Grundlagen, Methoden und Ergebnissen der Forstwirtschaft}

Fortbestand *m* maintenance

Fortbewegung *f* locomotion

Fortbildung *f* continuing education (Am), further education
{systematischer Wissenserwerb, um einen bestimmten Abschluss zu erreichen}

~s•kurs *m* further education course, training course

~s•veranstaltung *f* training event

fortgeschritten *adj* advanced

fortlaufend *adj* continuous, running

fortpflanzen *v* reproduce
{sich ~}

Fortpflanzung *f* propagation, reproduction
geschlechtliche ~: sexual reproduction
ungeschlechtliche ~: asexual reproduction
vegetative ~: asexual reproduction

≗s•fähig *adj* fertile

~s•organ *nt* reproductive organ

~s•stätte *f* breeding site

~s•system *nt* reproductive system

~s•trakt *m* reproductive tract

~s•zeit *f* period of breeding

Fortschreibung *f* updating

Fortschritt *m* advance, progress
~e machen: advance ***v***
technischer ~: technological progress

fortschrittlich *adj* forward

Fortsetzung *f* continuation

~s•feststellungs•klage *f* continuation declaratory action

fortspülen *v* flush away

fortwährend *adj* constant

fortziehen *v* migrate

Forum *nt* forum

Fossil *nt* fossil
{Versteinerung von Pflanzen, Tieren oder deren Lebensspuren}

≗ *adj* fossil
≗befeuert: fossil-fueled ***adj***
≗er Energieträger: fossil fuel

Foto *nt* photo(graph)

~chemie *f* photochemistry

~chemikalien•recycling *nt* recycling of photochemicals

≗chemisch *adj* photochemical

≗elektrisch *adj* photoelectric

~elektronen•spektro•skopie *f* photoelectron spectroscopy
{die spektroskopische Untersuchung der Energieverteilung von Elektronen, die durch Lichtquanten aus Atomen oder Molekülen abgelöst werden}

~element *nt* photovoltaic cell
{wandelt Lichtenergie in elektrische Energie um}

≗gen *adj* photogenic
{lichtbedingt, lichterzeugend}

~grammetrie *f* photogrammetry
{Bildmessung}

~grafie *f* photography

~lyse *f* photolysis
{Abbau einer chemischen Verbindung durch elektromagnetische Strahlung}

~meter *nt* photometer

~metrie *f* photometry
{Definition und Messung der lichttechnischen Größen}

~nastie *f* photonasty
{Reaktion von Pflanzen auf Licht}

~oxidantien *pl* photochemical oxidants
Dtsch. Syn.: fotochemische/photochemische Oxidationsmittel
{Schadstoffgruppe, die sich unter dem Einfluss kurzwelliger Sonnenstrahlung aus Kohlenwasserstoffen, Stickstoffoxiden und Sauerstoff bildet}

~oxidation *f* photochemical oxidation, photo-oxidation

~~s•mittel *nt* photo-oxidant

~periodis•mus *m* photoperiodicity, photoperiodism
Dtsch. Syn.: Fotoperiodizität/Photoperiodizität

~periodizität *f* photoperiodicity, photoperiodism
{Wechsel in der Wachstumsaktivität in Abhängigkeit von Licht oder Tageslänge}

~respiration *f* photorespiration

~synthese *f* photosynthesis
{Synthese von Kohlenhydraten aus Kohlendioxid und Wasser durch Chlorophyll unter Nutzung des Lichts als Energiequelle}

~synthetisieren *v* photosynthesize

~trop *adj* phototropic

~troph *adj* phototrophic

~tropismus *m* phototropism
{Wachstumsorientierung zum Licht bei bestimmten Pflanzen}

~voltaik *f* photovoltaic
{Verfahren, bei dem Sonnenlicht über Solarzellen aus Silizium in elektrische Energie umgewandelt wird}

~zelle *f* photoelectric cell

Fötus *m* fetus

Fouling *nt* fouling
{nachträgliche Veränderung von Farben, Lacken u.a. auf Holz oder Metall durch den Einfluss von Bakterien, Mikro- und Meeresorganismen}

Fracht *f* cargo, freight, goods

~ *f* load, loading
{hydrologisch}

Fracht•führer *m* carrier

~haftung *f* carrier liability

Fracht•schiff *nt* cargo ship

Fracht•sendung *f* freight

Frage *f* issue, question

Frage•bogen *m* questionnaire

~aktion *f* poll

~erhebung *f* inquiry of queries

fragen *v* ask

~ *v* inquire
{~ nach}

~ *v* wonder
{sich ~}

fragwürdig *adj* wildcat

Fraktion *f* fraction

Fraktionierung *f* fractionation
{stufenweise Trennung eines Stoffgemisches in seine Bestandteile}

Frambösie *f* yaws
{tropische Krankheit}

Francis•turbine *f* Francis turbine

Franse *f* fringe

Fransen *pl* fringe
mit ~ versehen: fringe ***v***

fransig *adj* fringed

Fräse *f* milling machine
{für Metall}

~ *f* moulding machine
{für Holz}

~ *f* rotary cultivator
{Bodenfräse}

Fräsen *n* milling

≗ *v* mill
{Metall ~}

~ *v* hoe with a rotary cultivator
{Boden ~}

~ *v* shape
{Holz ~}

Fräs•maschine *f* milling machine
{*für Metall*}
~ *f* moulding machine
{*für Holz*}
Fraß | gang *m* burrow
~gift *nt* stomach insecticide
≗hemmend *adj* antifeedant
~höhe *f* browse line
Frau *f* woman
junge ~: girl ***n***
Frauen *pl* women
~bewegung *f* emancipation, women's movement
frei *adj* free, overhead, vacant
im Freien: open-air, outdoor ***adj***
~ ~ befindlich: outdoor ***adj***
~ lebend: free-living, living free, living in the wild ***adj***
~ von: clear of ***adj***
~ *adv* freely
Frei•bord *m* freeboard
{*Abstand zwischen einem Wasserspiegel und einer höher liegenden maßgebenden Kante eines Bauwerkes*}
Frei•fläche *f* open area, open landscape, open space
{*überwiegend unbebaute, meist begrünte Fläche im Siedlungsraum und im städtebaulichen Außenbereich*}
freigemacht *adj* cleared
Freiheit *f* freedom
Freiland | beobachtung *f* field observation
~erziehung *f* outdoor education
~studie *f* fieldwork, outdoor study
~untersuchung *f* field investigation
~versuch *m* field experiment, field trial
freilaufend *adj* free-range, hefted, off leads
~er Hund: dog off leads
Freilauf•haltung *f* free-range farming
Freileitung *f* overhead cable, overhead line
Freilicht•museum *nt* outdoor museum, skansen
freimachen *v* unblock
freimütig *adv* freely
Freiraum *m* freedom
freischlagen *v* open up
{*eine Blickbeziehung durch einen Wald ~*}
freischwimmend *adj* free-floating
freisetzen *v* release
Freisetzung *f* release
störfallbedingte ~: release caused by incidents
Freistellungs•verpflichtung *f* obligation to exemption
Freistrahl•turbine *f* Pelton turbine
freiwillig *adj* voluntary
~e Dienste: voluntary work
Freiwillige /~r *f/m* volunteer
~ Naturschutzhelfer /~in: volunteer conservation worker
Freizeichnungs•klausel *f* nonwaranty clause
{*der vertragliche Ausschluss von Haftungsfolgen, die gesetzlich angeordnet sind*}
Freizeit *f* leisure, leisure time
~aktivität *f* leisure activity
~bereich *m* recreational area
~beschäftigung *f* hobby, leisure activity, leisure persuit, recreation
~einrichtung *f* recreational facility
~gebiet *nt* leisure area
~gesellschaft *f* leisure society
~gestaltung *f* leisure activity
~industrie *f* leisure industry
~interesse *nt* recreational interest
~kleidung *f* leisure clothes
~lärm *m* noise from leisure activities, recreational noise
{*innerhalb der Erholungsphase der Betroffenen auftretender Lärm*}
~nutzung *f* recreational use, use of leisure time
~verkehr *m* holiday traffic
~welt *f* world of leisure
~zentrum *nt* leisure centre
fremd *adj* foreign
~artig *adj* foreign
≗bestand•teile *pl* impurities
≗bestäubung *f* cross-fertilization, cross-pollination
≗bestimmung *f* external determination
≗en•verkehr *m* tourism
≗geräusch *nt* extraneous noise
≗kapital *nt* borrowed capital
≗körper *m* foreign body
~ländisch *adj* foreign
≗stoff *m* foreign matter, foreign substance
{*Zusatzstoff nach Lebensmittelrecht*}
≗~ *m* impurity, xenobiotic substance
≗~anteil *m* foreign matter content
≗überwachung *f* external monitoring
≗wasser *nt* sewer infiltration water
≗~abfluss *m* sewer infiltration water flow
≗~~spende *f* infiltration water discharge rate
Frequenz *f* frequency
{*Häufigkeit des Vorhandenseins einer Art in einer größeren Anzahl von Probeflächen; Häufigkeit des Auftretens eines Ereignisses bzw. einer Schwingung pro Zeiteinheit*}
~analyse *f* frequency analysis
~band *nt* band
~bewertungs•kurve *f* frequency weighting diagram
Fressen *nt* eating
~ *nt* pitting
{*Erosionsform*}
≗ *v* eat, feed
Fress | feind *m* predator
~~e abwehrend: antipredator ***adj***
vor ~~en schützend: antipredator ***adj***
~gang *m* burrow
~geschwindigkeit *f* feed rate
~platz *m* feed stall
~zelle *f* phagocyte
Freude *f* joy, pleasure
freudig *adj* joyous,
~ *adv* joyously
Freund *m* fellow, friend
~e der Erde: Friends of the Earth
Engl. Abk.: FoE
{*internationaler Umweltverband mit Sitz in Großbritannien; in Dtschl. repräsentiert durch den BUND*}
Freundin *f* friend
freundlich *adj* favourable, friendly
~ *adv* pleasantly
Frieden *m* peace
~s•bewegung *f* peace movement
Fried•hof *m* cemetry
friedvoll *adj* peaceful
frieren *v* freeze
frisch *adj* fresh, raw
Frisch•luft *f* fresh air
~bedarf *m* fresh air requirement
~system *nt* fresh air system
Frisch•schlamm *m* raw sludge
~ablagerung *f* raw sludge disposal
frisieren *v* tune
{*ein Auto oder einen Motor ~*}
Frist *f* time frame

froh *adj* joyous
~ *adv* joyously
Front *f* front
{Grenze, an der zwei unterschiedliche Luftmassen zusammenstoßen}
okkludierte ~: occluded front
frontal *adj* frontal
~ *adv* frontally
Fronten | system *nt* frontal system
~woge *f* frontal wave
Frost *m* (air) frost
strenger ~: hard frost
strenge, trockene Kälte: black frost
~beule *f* frostbite
~boden *m* cryogenic soil
~eindring•tiefe *f* frost penetration depth
~einwirkung *f* frost action
≗empfindlich *adj* frost-susceptible, tender
frosten *v* freeze
frost•frei *adj* frost-free
Frost•grenze *f* freezing level
frostig *adj* frosty
Frost | loch *nt* frost hollow, frost pocket
~muster•boden *m* patterned ground
{Boden, der durch Separation der steinigen und erdigen Bestandteile bestimmte Strukturformen angenommen hat}
~nebel *m* freezing fog
{gefrierender Nebel}
~periode *f* frost period
~punkt *m* frost point
{Temperatur bei der Feuchtigkeit in gesättigter Luft zu Eis wird}
≗resistent *adj* half-hardy
~riss *m* frost crack
~schutz•mittel *nt* antifreeze
≗sicher *adj* frost-proof
~tiefe *f* frost penetration (depth)
Frucht *f* crop
{Feldfrucht}
~ tragen: crop ***v***
~ *f* fruit
{Obst; im Englischen kein Plural}
~ tragen, Früchte tragen: fruit ***v***
~tragend, Früchte tragend: fruiting ***adj***
~art *f* crop type
≗bar *adj* fertile, fruitful, philoprogenitive, rich
≗~er Boden: rich soil
~barkeit *f* fertility
~~s•kenn•ziffer *f* fertility index
~barmachung *f* fertilization
~blatt *nt* carpel
≗bringend *adj* fruitful, productive
Fruchten *nt* fruiting
≗ *v* fruit
fruchtend *adj* fruiting
Frucht | fäule *f* fruit rot
~fleisch *nt* pulp
~folge *f* crop rotation, rotation of crops, succession of crops
~gemüse *nt* fruit vegetable
~größe *f* fruit size
≗los *adj* idle
≗~ *adj* sterile
{fruchtlose Gespräche oder Diskussionen}
~qualität *f* fruit quality
~reifezeit *f* fruiting season
~reifung *f* fruit ripening
~saft *m* fruit juice
~~getränk *nt* squash
~~verordnung *f* fruit juice regulation
~stiel *m* fruit stem
~wechsel *m* (crop) rotation, rotation of crops, succession of crops
~~wirtschaft *f* crop rotation farming, rotational cropping
früh *adj* remote
{im Altertum}
früher *adj* back, former, prior
Früh | erkennung *f* early recognition
~jahrs•zirkulation *f* spring overturn
≗kindlich *adj* early childhood
Frühling *m* spring (season)
~s•äqui•noktikum *nt* spring equinox, vernal equinox
Dtsch. Syn.: Frühlingstagundnachtgleiche
~s•tag•und•nacht•gleiche *f* spring equinox
früh | reif *adj* forward
≗warn•system *nt* early-warning system
~zeitig *adv* timely
~zeitlich *adj* primitive
Fruktifikation *f* fructification
Fuchs•bau *m* foxhole, fox-layer
Fuge *f* joint
fühlen *v* feel
Führen *nt* routing
≗ *v* drive, guide
führend *adj* chief
Führer *m* guide
{sowohl Buch als auch Person, die etwas erklären}
Führung *f* direction
Fülle *f* plenty, wealth
füllen *v* fill, prime
füllend *adj* filling
Füll | holz *nt* buttress
~körper *pl* tower packings
~~wäscher *m* packed-bed scrubber
~material *nt* filling material
~stands | anzeiger *m* level indicator
~~messer *m* level controller
~~regler *m* level controller
~~wächter *m* level monitor
~stoffe *pl* filter medium
{in Behälter eingebrachte feste Stoffe mit möglichst großer spezifischer Oberfläche}
Füllung *f* filling
Fumarole *f* fumarole
Fund•ort *m* site
Fungi•statikum *nt* fungistat
Fungizid *nt* fungicide
{pilztötendes Mittel}
systemisches ~: systemic fungicide
≗ *adj* antifungal, fungicidal
Dtsch. Syn.: pilztötend
~anwendung *f* fungicide application
Funke *m* scintillation, spark
Funkeln *nt* scintillation
Funken•sperre *f* spark barrier
Funktion *f* function
funktional *adj* functional
Funktionär /~in *m/f* officer
funktionell *adj* functional, utilitarian
funktions•fähig *adj* functional
Funktions•modell *nt* function model, functional model, model of functions
{formelmäßige oder bildliche Darstellung von Richtung, Art und Menge von Vorgängen in Systemen}
Furche *f* furrow, groove, striation
~n•bewässerung *f* furrow irrigation
~n•düngung *f* furrow fertilization
~n•kamm *m* furrow crest
~n•ziehen *nt* furrowing
Fürsorge•pflicht *f* [obligation of ensuring welfare]
Fusarium•toxin *nt* fusariumtoxin

{Giftstoff der Pilze der Gattung Fusarium}

Fusion *f* fusion
~s•energie *f* thermonuclear energy
Fuß *m* foot
{Körperteil}
~ *m* bottom, toe
{~ einer Böschung, eines Ufers oder Bauwerks}
~deich *m* banquette
~gänger /~in *m/f* pedestrian
~~zone *f* pedestrian zone
{überwiegend in Innenstädten angelegte Bereiche, die für den allgemeinen Kraftfahrzeugverkehr gesperrt sind}
~steig *m* footpath
~weg *m* footpath
~~ mit garantiert freier Benutzbarkeit: statutory footpath
{in Großbritannien}
~~ mit freiwillig (vom Eigentümer) gewährter Benutzbarkeit, Konzessionsweg: concessionary route, concession footpath
{in Großbritannien}
Futter *nt* feed,
{Tiernahrung}
~ *nt* fodder, forage
~ suchen: to forage
~aufbereitung *f* feed processing
~~s•anlage *f* feed processing plant
~aufnahme *f* feed intake
~bau *m* forage cultivation
~bedarf *m* feed requirement
~bereitung *f* feed preparation
~bilanz *f* feed balance
~dosierer *m* feed metering hopper
~fläche *f* feed area
~gebiet *nt* feeding ground
~gemisch *nt* feed mix
~getreide *nt* feed cereal
~hack•frucht *f* feed root
~konzentrat *nt* feed concentrate
~kultur *f* feed crop
~laub *nt* leaf fodder
~mischer *m* feed mixer
Futter•mittel *nt* animal foodstuff, fodder
~analyse *f* feed analysis
~behandlungs•verordnung *f* forage treatment order
~gesetz *nt* forage law
~herstellung *f* forage production
~kontamination *f* forage contamination
~prüfstelle *f* feed analysis laboratory
~qualität *f* forage quality
~recht *nt* feed law
~verordnung *f* forage regulation
füttern *v* feed
Futter | pflanze *f* fodder crop, fodder plant, forage plant, herbage crop
~planung *f* feed planning
~qualität *f* feed quality
~ration *f* feed ration
~rationierung *f* feed rationing
~reinigungs•maschine *f* feed cleaning machine
~sack *m* feed bag
~stelle *f* feeeding ground, feeding place
~stock *m* feed stock
~suche *f* forage
≗suchend *adj* foraging
Fütterung *f* feeding
~s•häufigkeit *f* feed frequency
~s•plan *m* feed plan
~s•praxis *f* feed practice
~s•regime *nt* feed management
~s•technik *f* feed technique
~s•technologie *f* feed technology
~s•versuch *m* feeding experiment
Futter | verbrauch *m* feed consumption
~wirtschaft *f* feed management
~zusammen•setzung *f* feed composition
Futuro•logie *f* futurology
{die systematisch-kritische und planende Behandlung von Zukunftsfragen}

Gabel *f* fork
{Essgerät, Fahrradgabel, Geweihgabel}
~ *f* pitchfork
{Heugabel, Mistgabel}
Gabelung *f* bifurcation, fork
Gabion *m* gabion
Dtsch. Syn.: Drahtschotterkasten
Galerie *f* gallery
~wald *m* fringing forest, gallery forest
{Uferwald an Flüssen, Seen, Sümpfen, nicht aber an der Küste}
Galle *f* bile
~ *f* gall
{Wucherung von Pflanzengewebe, die durch ein Insekt hervorgerufen wird}
Galvan | ik *f* electroplating
~isier•bad *nt* galvanizing bath
~o•abfall *m* galvanization waste
~o•metrie *f* galvanometry
~o•technik *f* galvanotechnique
≗o•technisch *adj* plating
Gamete *f* gamete
Dtsch. Syn.: Geschlechtszelle
Gameto•zid *nt* gametocide
{Substanz, die Geschlechtszellen abtötet}
Gameto•zyten *pl* gametocytes
{Zellen, aus denen sich Geschlechtszellen entwicklen}
Gamma *nt* gamma
~bestrahlung *f* gamma irradiation
~spektro•skop *nt* gamma spectroscope
~spektro•skopie *f* gamma spectroscopy
~strahlen *pl* gamma rays
~strahlung *f* gamma radiation
Gams *f* chamois
{jägersprachlich in der Alpenregion}
~bart *m* [tuft of chamois hair used as a hat decoration]
Gang *m* gear
{im Getriebe}
~ *m* passage
{Durchgang}
~ *m* sill, vein

{im Gestein}
~m *m* working
{in einem Bergwerk}
~linie *f* curve, hydrograph, progress line
Gans *f* goose
Ganser *m* gander
{süddeutsch und österreichisch für Gänserich}
Gänschen *nt* gosling
Gänse | ei *nt* goose-egg
~fuß *m* duckfoot
{Gerät zur Bodenlockerung in Form eines Schwimmvogelfußes}
~~kultivator *m* duckfoot cultivator
~~schar *f* duckfoot share
~junge *nt* gosling
Gänserich *m* gander
Ganter *m* gander
{norddeutsch für Gänserich}
ganz *adj* full, whole
~ *adv* bodily
Ganze /~s *nt* whole
ganzheitlich *adj* holistic
~er Ansatz: holistic approach
Ganzheitlichkeit *f* holism
Ganz•körper•bestrahlung *f* total body irradiation, whole-body irradiation
Ganz•stamm•rückung *f* tree-length skidding
Garage *f* garage
~n•verordnung *f* garage ordinance
Garanten•stellung *f* naming a guarantor
Garantie *f* guarantee, warranty
~preis *m* support price
garantieren *v* guarantee
Garantie•schein *m* guarantee
Garten *m* garden
Botanischer Garten: botanical garden
~abfall *m* garden rubbish, garden waste, horticultural waste
~arbeit *f* gardening
~bau *m* gardening, horticulture
~boden *m* garden-soil, hortisol
~stadt *f* garden city
~vorort *m* garden suburb
Gärtner /~in *m/f* gardener, horticulturist
Gärtnerei *f* horticulture, nursery
Gärtner•haus *nt* lodge
Gärung *f* aerobic digestion, fermentation
{enzymatische Spaltung von Kohlenstoffhydraten unter anaeroben Bedingungen}
heiße ~: thermophilic aerobic digestion
~s•prozess *m* fermentative process
Gas *nt* gas, vapour
aggressives ~: corrosive gas
exhalierte ~e: exhalation ***n***
inertes ~: inert gas
nitrose ~e: nitrous gases
{Trivialname für für das giftige Gemisch aus Luft und Stickoxiden}
~abscheide•anlage *f* gas separating plant
~analysator *m* gas analyzer
~analyse *f* gas analysis
~aufbereitungs•anlage *f* gas (processing) plant
~ausbeute *f* gas yield
~ausdehnungs•thermometer *nt* gas thermometer
~ausströmung *f* gas emission
~austausch *m* gas exchange
~bade•ofen *m* gas-fired water heater
≗befeuert *adj* gas-fired
~behälter *m* gasometer
≗beheizt *adj* gas-fired, gas-heated
~bildungs•rate *f* gas production rate
~brenner *m* gas burner
~chromato•graf *m* gas chromatograph
{auch: ~chromato•graph}
~chromato•grafie *f* gas chromatography
{auch: ~chromato•graphie}
{Messverfahren zur Bestimmung von Spurengasgemischen durch Trennung auf einer Säule und anschließende Detektion}
≗dicht *adj* gas-tight
~dichte•waage *f* gas densitometer
~entladungs•lampe *f* electric discharge lamp
~erzeugung *f* gas generation, gas production
~exhalations•kanal *m* exhalation conduit
{röhrenförmiger Förderweg von Entgasungen an Vulkanen}
~feuerung *f* gas furnace, gas-fired furnace
~filtration *f* gas filtration
~flasche *f* gas canister
~-Flüssig-Chromato•grafie *f* gas-liquid chromatography
{auch: ~-Flüssig-Chromato•graphie}
≗förmig *adj* gaseous
≗~er Brennstoff: gaseous fuel
≗gekühlt *adj* gas-cooled
~gemisch *nt* gas mixture
~generator *m* gas generator
{Anlage zur Erzeugung von Generatorgas}
~gewinnung *f* gas collection, gas extraction
~hahn *m* gas tap
~heizung *f* gas (central) heating, gas firing
~kollektor *m* gas drain
~konzentrations•mess•gerät *nt* gas concentration measuring equipment
~kraft•werk *nt* gas-based power plant, gas-fired power station
~laser *m* gas laser
~leck•such•gerät *nt* gas leak detector
~leitung *f* gas pipe(line)
~maske *f* gas mask
~mengen•zähler *m* gas count controller
~messung *f* gas measurement
~motor *m* gas engine
{mit gasförmigen Kraftstoffen betriebener Motor}
~ofen *m* gas furnace, gas stove
~pegel *m* gas monitoring well
~phasen•chemie *f* gas phase chemistry
~reinigung *f* gas cleaning, gas purification
elektrische ~~: electrical gas cleaning
~~s•anlage *f* gas cleaning plant, gas purifier
~rohr *nt* gas (drain)pipe
~rück•führung *f* gas recirculation
~rück•gewinnung *f* gas recovery
~schutz•anzug *m* gas protection suit
~sensor *m* gas sensor
~speicher *m* gas reservoir
~spür•gerät *nt* gas detector
Gast *m* guest
~arbeiter /~in *m/f* migrant
Gäste•zimmer *nt* guest-room
gastrisch *adj* gastric
Gastro•enteritis *f* gastroenteritis
Dtsch. Syn.: Magen-Darm-Entzündung
gastro•intestinal *adj* gastrointestinal
Gast•stätte *f* inn
~n•erlaubnis *f* inn permit

~n•gesetz *nt* [law governing standards and practices in the restaurant business]
~n•recht *nt* inn law
Gas | turbine *f* gas turbine
~vergiftung *f* gas poisoning
~volumen•mess•gerät *nt* volumetric gas flowmeter
~warn•einrichtung *f* gas alarm
~waschen *nt* gas cleaning
~wäscher *m* gas scrubber
~wasser *nt* gasworks wastewater
~werk *nt* gasworks
~wirtschaft *f* gas industry
~wolke *f* gas cloud
~zähler *m* gas meter
Gatter•säge *f* reciprocating saw
Gattung *f* genus
{taxonomische Kategorie zwischen Art und Familie}
Gattungen *pl* genera
Gattungs | bezeichnung *f* generic name
≗mäßig *adj* generic
~name *m* generic name
GAU *m* China syndrome
{Dtsch. Abk. für "Größter anzunehmender Unfall"}
Gebälk *nt* timberwork
Gebäude *nt* building, premises
öffentliches ~: public building
regionstypisches ~: vernacular building
~ausrüstung *f* building service
~dach *nt* roof of a building
~heizung *f* heating of buildings
~isolierung *f* building insulation
~reinigung *f* building cleaning
~restaurierung *f* restoration of a building
~sanierung *f* building restoration
~schaden *m* structural damage to building
~zerstörung *f* destruction of a building
gebaut *adj* built
Gebell *nt* bark
geben *v* give, hand
gebeugt *adj* arched
Gebiet *nt* area, ground, site, zone
{Landschaftsausschnitt}
benachteiligtes ~: less favoured area
{Begriff der EU-Regionalpolitik}
denkmalschutzwürdiges ~: conservation area
~ von besonderem wissenschaftlichem Interesse: Site of Special Scientific Interest
{in England und Wales; von English Nature betreut}
Engl. Abk.: SSSI
~ von herausragender natürlicher Schönheit: Area of Outstanding Natural Beauty
Engl. Abk.: AONB
{Schutzgebietskategorie in England, Nordirland und Wales; wird in Dtschl. vom Landschaftsschutzgebiet nach § 26 BNatSchG abgedeckt}
hochwassergefährdetes ~: flood hazard area
niederschlagsarmes ~: area with low precipitation
niederschlagsreiches ~: area with high precipitation
rauchfreies ~: smoke control area, smokeless zone
regenarmes ~: area with low rainfall
regenreiches ~: area with high rainfall
strahlenverseuchtes ~: radiation zone
unbebautes ~: non built-up area
unkultiviertes ~: wilderness
~ *nt* district
{Verwaltungseinheit}
~ *nt* field
{Fach-/Sachgebiet}
~ *nt* tract
~s•änderung *f* territorial change
≗s•fremd *adj* unusual to the area
~s•körperschaft *f* regional authority
~s•niederschlag *m* area precipitation
~~s•höhe *f* area precipitation
~s•reform *f* territorial reforme
~s•wasser•haushalt *m* water balance of area
gebildet *adj* educated
Gebirge *nt* mountain range, range of mountains
~ *nt* mountains
{Gebirgsgegend}
gebirgig *adj* mountainous
Gebirgs | ausläufer *m* foothill
~bach *m* highlandwater, mountain stream, torrent
~bewohner /~in *m/f* mountain dweller
~kamm *m* mountain crest, mountain ridge
~kette *f* mountain chain, mountain range
~klima *nt* mountain climate
~land•schaft *f* mountainous region
~~ *f* mountain scenery
{Ausblick}
~~ *f* mountain landscape
{Gemälde}
~massiv *nt* massif
~pass *m* col
~straße *f* mountain road
~volk *nt* mountain people
~~ *nt* mountain tribe
{Volksstamm}
~zug *m* mountain range, mountain ridge
Gebläse *nt* blower, fan
~brenner *m* forced draft burner
~luft *f* blast
~schlauch *m* blower hose
geblendet *adj* blind
gebogen *adj* arched
geborgt *adj* borrowed
gebrannt *adj* fired
Gebrauch *m* use
übermäßiger ~: overuse ***n***
gebrauchen *v* use
falsch ~: misuse ***v***
übermäßig ~: overuse ***v***
Gebrauchs | anweisung *f* directions for use, instructions for use
~güter *pl* consumer durables
{langlebige Konsumgüter}
~~ *pl* commodities, consumer items
~wert *m* functional value
~~analyse *f* analysis of functional value
Gebraucht•waren *pl* second-hand goods
Gebühr *f* charge, fee, rate
~en•ordnung *f* tariffs of rates and charges
~en•pflicht *f* liability to pay dues
~en•recht *nt* law on charges
~en•satz *m* rate of charge
gebunden *adj* bound
~e Rückstände: bound residues
Geburt *f* birth, natality
natürliche ~: natural childbirth
von ~ an: congenitally ***adv***
~en•kontrolle *f* birth control
~en•rate *f* birth rate, natality rate
~en•ziffer *f* birth rate, natality rate
~en•zuwachs•rate *f* rate of natural increase
~s•fehler *m* congenital defect
~s•ort *m* birthplace
~s•platz *m* hatching site
{von Tieren}
Gebüsch *nt* brushland, bushes, scrub

{vorwiegend aus Sträuchern bestehender Pflanzenbestand, 0,5 bis 5 m hoch}

geschlossenes ~: thicket *{Gebüsch mit Deckungsgrad > 0,6}*

niederes ~: brush

offenes ~: open scrub *{Gebüsch mit Deckungsgrad < 0,6}*

≗reich *adj* rich in undergrowth

Gedanke *m* idea, thought

~n•austausch *m* exchange of ideas

~n•losigkeit *f* carelessness

gedeihen *v* flourish, thrive

gedeihend *adj* vigorous

gedruckt *adj* printed

gedrückt *adj* pressed

geeignet *adj* appropriate, good, suitable, suited

nicht besonders ~: not well suited

Geest *f* geest

Gefahr *f* danger, hazard, risk, threat

eine ~ bilden: pose a threat

gefährden *v* endanger, threaten

gefährdet *adj* at risk, endangered, threatened

~e Art: endangered species

hochgradig ~: high-risk ***adj***

Gefährdung *f* endangering, hazard, risking, threat

~s•grad•analyse *f* population vulnerability analysis *Engl. Abk.: PVA* *{Bestimmung der Wahrscheinlichkeit, dass eine Population bestimmter Größe innerhalb eines definierten Zeitraums zufällig ausstirbt}*

~s•haftung *f* absolute liability

~s•kartierung *f* hazard mapping

~s•klassifizierung *f* hazard classification

~s•schwelle *f* danger threshold

gefahren *adj* driven

Gefahren | abwehr *f* averting of danger

~bereich *m* danger area

~klasse *f* danger class

~moment *nt* potential danger, moment of danger

~stelle *f* danger spot

~vorsorge *f* anticipation of danger

~zone *f* danger zone

Gefahr•gut *nt* hazardous goods

~aufkleber *m* label for hazardous goods

~beauftragte /~r *f/m* commissioner for dangerous goods

~recht *nt* dangerous goods legislation

~sammel•stelle *f* collecting place for hazardous materials

~transport *m* hazardous materials transportation, transport of dangerous goods, transport of hazardous materials *{die Beförderung gefährlicher Güter}*

~verordnung *f* dangerous goods regulation

gefährlich *adj* dangerous, hazardous, unsafe

~e Abfälle: hazardous wastes

~ *adv* dangerously, hazardously

Gefährlichkeit *f* dangerousness, riskiness

~s•merkmale-Verordnung *f* danger indication order

gefahrlos *adj* harmless

~ *adv* safely

Gefahrlosig•keit *f* safety, harmlessness

Gefahr•stoff *m* hazardous material, hazardous substance *{Stoff, der wegen seiner Giftigkeit, Langlebigkeit, Anreicherungsfähigkeit oder krebserzeugenden, fruchtschädigenden oder erbgutverändernden Wirkung als gefährlich zu bewerten ist}*

~container *m* container for hazardous materials

~daten•bank *f* database for hazardous materials

~informations•system *nt* information system for hazardous materials

~lager *nt* safe storage of hazardous materials

~recht *nt* hazardous substances legislation

~verordnung *f* Ordinance on Hazardous Substances *{regelt in Dtschl. das Inverkehrbringen und die Verwendung gefährlicher Stoffe und Zubereitungen sowie den Umgang mit Gefahrstoffen}*

Gefährt | e /~in *m/f* associate

Gefälle *f* descent, grade (Am), gradient, slope

kritisches ~: critical slope, critical slope angle *{größte stabile Hangneigung}*

~linie *f* grade line

~richtung *f* slope orientation

gefällt *adj* felled

Gefangenschaft *f* captivity

Gefäß *nt* container, vessel

~pflanze *f* vascular plant

gefestigt *adj* consolidated

gefeuert *adj* fired

Gefieder *nt* feathers

~erneuerung *f* moulting

Geflecht *nt* wattle

geflochten *adj* braided, wicker

Geflügel *nt* fowl, poultry

~farm *f* poultry farm

~frei•lauf•haltung *f* free-range poultry farming

~haltung *f* poultry farming

geflügelt *adj* winged *{mit Flügeln; auch jägersprachlich für flügellahm geschossen}*

geflutet *adj* submerged

gefördert *adj* mined *{Erz, Kohle}*

geformt *adj* shaped

gefranst *adj* ciliate, fringed

Gefrieren *nt* freezing, refrigerating

≗~ *v* freeze

Gefrier | punkt *m* freezing point, frost point

~schutz *m* antifreeze

~trocknung *f* freeze drying

~verfahren *nt* freezing process

gefroren *adj* frozen

Gefühl *nt* sensation

geführt *adj* guided

gegabelt *adj* forked

gegen *prep* against

Gegen•gift *nt* antidote, antivenene, antivenom

Gegen•macht *f* countervailing power

Gegen•maßnahme *f* countermeasure *Engl. auch: countermeasure*

Gegen•satz *m* contrast, extreme

gegen•sätzlich *adj* opposed

gegen•seitig *adj* mutual

Gegen•strom | belüfter *m* counter-current aerator

~prinzip *nt* countercurrent principle *{in der Raumordnung die wechselseitige Beeinflussung von örtlicher und überörtlicher bzw. regionaler und überregionaler Planung}*

Gegen•stück *nt* fellow

gegenüber•stellen *v* contrast, oppose

gegen•wärtig *adj* current

~ *adv* currently

Gegen•wirkung *f* counteraction

gegraben *adj* mined
gegürtelt *adj* zoned
Gehabe *nt* pose
Gehalt *m* concentrate, content, level
radioaktiver ~: radioactivity level
gehärtet *adj* case-hardened
{~es Metall}
Gehäuse *nt* case, housing
Gehege *nt* preserve
geheim *adj* secret
für ~ erklären: to classify
~haltung *f* secrecy
~~s•schutz *m* secrecy protection
Geheimnis *nt* secret
~voll *adj* cryptic
~~ *adv* cryptically
Gehirn *nt* brain
~abtastung *f* brain scanning
~erschütterung *f* concussion
~hälfte *f* cerebral hemisphere
Gehöft *nt* farmstead
Gehölz *nt* copse, small wood, woodland
{allgemein jede kleinere mit Bäumen und Sträuchern bestandene Fläche}
~plantage *f* tree plantation
~wert *m* wood value
Gehör *nt* hearing (sense)
~eindruck *m* auditive impression
~ermüdung *f* auditory fatigue
~messung *f* audiometry
~schaden•risiko *nt* noise-induced risk for defective hearing
~schädigung *f* hearing impairment, impaired hearing
{Schädigung des Innenohres, die bei andauernder Lärmbelastung eintreten kann}
~schärfe *f* acuity
~schutz *m* ear muffs, ear protectors, hearing protection, hearing protector
{Schutz des menschlichen Ohrs vor gesundheitsgefährdendem Lärm}
~~helm *m* protective helmet
~schwellen•verschiebung *f* threshold shift in acuity of hearing
~sinn *m* (sense of) hearing
~verlust *m* loss of hearing
gehuft *adj* hoofed
Geiger•zähler *m* geiger counter, Geiger-Mueller counter
Geist *m* ghost, shade
{Gespenst}
~ *m* mind
{Verstand}
~ *m* spirit
{innere Einstellung; überirdisches Wesen}
Geistes•wissenschaften *pl* arts, humanities
geistig *adj* intellectual, spiritual
~ anspruchsvoll: intellectual ***adj***
geistlich *adj* spiritual
geizig *adj* scraping
gekennzeichnet *adj* indicated
gekerbt *adj* notched
geklärt *adj* cleared
gekocht *adj* boiled
nicht ~: unboiled ***adj***
gekreuzt *adj* cross-bred
gekühlt *adj* refrigerated
gekünstelt *adj* affected
Gel *nt* gel
Gelände *nt* area, ground, premises, terrain
bebautes ~: built-up area
~auffüllung *f* landfill
~bedarf *m* land requirement
~bewertung *f* terrain evaluation
~daten *pl* field data
~erhebung *f* rising
~faktoren *pl* terrain factors
{die geländebedingten Standortfaktoren}
~gefälle *nt* average ground slope
~gestalt *f* relief
~sanierung *f* land renovation
~senke *f* depression
Gelatine *f* gelatin
~herstellung *f* gelatin manufacture
Gelb•werden *nt* yellowing
Gel•chromato•grafie *f* gel chromatography
{auch: Gel•chromato•graphie}
Geld *nt* cash, money
~ aufbringen: raise money
~buße *f* fines
mit einer ~~ belegt: fined ***adj***
Gelder *pl* finance
Geld | mangel *m* financial drain
~markt *m* money market
~mittel *pl* finance, financial resources
~politik *f* monetary policy
~strafe *f* fine
mit einer ~~ belegen: fine ***v***
~theorie *f* theory of money
~wert•stabilität *f* monetary stability
~wesen *nt* finance
Gelege *nt* clutch
Gelegenheit *f* opportunity
Gelenk *nt* joint
Gelernte /~s *nt* learning
gelöscht *adj* slaked
gelöst *adj* dissolved
~e organische Substanz: dissolved organic matter
~er organischer Kohlenstoff: dissolved organic carbon
Gelöstes *nt* solute
gelten *v* apply
geltend *adj* governing
{geltende Vorschriften}
Geltung *f* validity
~ haben: obtain, be legal tender, be in force ***v***
~s•bereich *m* scope (of validity)
~s•dauer *f* period of validity
gemahlen *adj* milled
gemäß *prep* according to, in accordance with
~ Paragraph/Artikel: under section/article
gemäßigt *adj* mild, temperate
Gemein | bedarfs•fläche *f* public purpose land
~besitz *m* common property
Gemeinde *f* (local) community,
{Bewohner}
~ *f* local authority, municipality
{Verwaltung, Verwaltungseinheit}
~eigentum *nt* communal property
~größe *f* community size
~klage *f* municipality suit
~land *nt* common (land)
~ordnung *f* local regulation
~rat *m* community council
~~ *m* parish council
{in Großbritannien}
~recht *nt* cummunal law, municipal law
~satzung *f* municipal statute
~straße *f* local street
~verband *m* communal association
~verwaltung *f* local government, municipality
Gemein | eigentum *nt* common property
~gebrauch *m* public use
{das Recht eines jeden einzelnen, eine öffentliche Sache ohne besondere Zulassung im Rahmen ihrer Zweckbestimmung zu benutzen}
~gefährdung *f* menace to the public

≗gefährlich *adj* dangerous to the public
~kosten *pl* overhead(s)
~last•prinzip *nt* community pays principle
{das Prinzip, dass in Fällen, in denen die durch Umweltbelastungen verursachten Kosten dem Verursacher nicht angelastet werden können, die Kosten von der Allgemeinheit getragen werden}
≗nützig *adj* charitable, non profit, of benefit to the public, serving the public good
≗~e Sammlung: public utility collection
~nützigkeit *f* benefit to the public, public utility
gemeinsam *adj* common, communal, joint, mutual, united
~er Standpunkt: common point of view
~ getragen: shared ***adj***
~ tragen: share ***v***
Gemeinschaft *f* community
Europäische ~: European Community
menschliche ~: human community
gemeinschaftlich *adj* common
Gemeinschafts | aufgabe *f* collective task, community task, joint scheme
~initiative *f* community initiative
{Förderprogramm der EU im Bereich der Kohäsionspolitik}
~instrument *nt* community instrument
~politik *f* community policy
Gemein | wesen *nt* community
~~entwicklung *f* community development
~wirtschaft *f* social economy
Gemein•wohl *nt* public welfare
~klausel *f* common good clause
Gemenge•lage *f* mixed use area
{historisch überkommenes, dichtes Nebeneinander von Wohnen und Gewerbe}
gemessen *adj* measured
Gemisch *nt* composite
gemischt *adj* mixed
~e Baufläche: mixed development zone
~e Deponie: multifill
{Deponie für verschiedenen Abfalltypen}
Gemüse *nt* vegetable
~anbau•betrieb *m* market garden
~bau *m* vegetable farming
~garten *m* kitchen garden
~konserve *f* canned vegetables, tinned vegetables
~~n•industrie *f* vegetable canning industry
gemustert *adj* patterned
Gen *nt* gene
genau *adj* direct, just, particular, strict
~ *adv* well
Genauigkeit *f* accuracy, faithfulness
Gen•bank *f* gene bank
genehmigen *v* agree to, approve, authorize, give permission for, grant, license, permit
genehmigt *adj* accepted
Genehmigung *f* approval
{~ eines Plans, Antrags, einer Veränderung}
~ *f* authorization
{eines Aufenthalts}
~ *f* granting
{einer Bitte}
~ *f* licence
{Lizenz}
immissionschutzrechtliche ~: licence for immission control handling
~ *f* permit
{die geschriebene ~, Schriftstück}
~ *f* permission
{die Erlaubnis etwas zu tun}
atomrechtliche ~: atomic power plant permission, nuclear power plant permission
Genehmigungs | antrag *m* permission application
≗bedürftig *adj* requiring approval
~behörde *f* licensing agency, regulatory commission
kerntechnische ~~: Nuclear Regulatory Commission
{in den USA}
US-Engl. Abk.: NRC
~pflicht *f* obligation to obtain official approval, requirement of licensing
≗pflichtig *adj* requiring official approval, requiring official permission
~verfahren *nt* approval procedure, licensing procedure
~voraussetzung *f* assumption for licensing
~vorbehalt *m* reservation of official approval
~widerruf *m* licensing cancellation
geneigt *adj* sloping
General | ist *m* generalist
~klausel *f* general clause
~sekretär /~in *m/f* chief executive, secretary-general
~verkehrs•plan *m* general transport plan
~versammlung *f* general assembly
Generation *f* generation
Generator *m* generator
~gas *nt* generator gas, producer gas
generisch *adj* generic
Gen•erosion *f* generosion
Genesung *f* recovery
Genetik *f* genetics
genetisch *adj* genetic
~ *adv* genetically
~ veränderte Organismen: genetically modified organisms
genießbar *adj* consumable
Genießbarkeit *f* edibility
genießen *v* enjoy
Gen | lokalisation *f* genetic localization
~material *nt* genetic material
~mobilisierung *f* gene mobilisation
~mutation *f* gene mutation
~ökologie *f* genetic ecology
Genom *nt* genome
~analyse *f* genome investigation
Genossenschaft *f* co-operative
~s•gesetz *nt* co-operative act
~s•prinzip *nt* co-operation principle
Gen | o•typ *m* genotype
~rekombination *f* gene recombination
~stabilität *f* gene stability
~struktur *f* genetic structure
~technik *f* genetic engineering
~~haftung *f* genetic engineering liability
~~recht *nt* genetic engineering legislation
≗technisch *adj* genetic,
~ *adv* genetically
~ verändert: genetically modified ***adj***
~technologie *f* genetic engineering
~toxizität *f* gene toxicity
~transfer *m* gene transfer
genügsam *adj* modest
~ *adv* modestly
~ leben: live modestly ***v***
Genügsamkeit *f* fugability
Genugtuung *f* satisfaction
genutzt *adj* cultivated

nicht ~: uncultivated, unused ***adj***

Geo | akkumulation *f* geo-accumulation

~chemie *f* geochemistry

~däsie *f* geodesy

≗dätisch *adj* geodetic

~elektrik *f* geophysics

~faktor *m* geofactor

~fon *nt* geophone
{*Erdhörer*}

≗gen *adj* geogenic

~graf /~in *m/f* geographer
{*auch: ~graph /~in*}

~grafie *f* geography
{*auch: ~ graphie*}

physische ~~: physical geography

~~unterricht *m* instruction in geography

≗grafisch *adj* geographical
{*auch: ≗graphisch*}

≗~es Informaionssystem: geographic/ geographical information system

≗~ *adv* geographically

~kline *pl* geocline
{*Veränderungen einer Art entlang eines geografischen Gradienten*}

~log | e /~in *m/f* geologist

~logie *f* geology

angewandte ~~: economic geology

≗logisch *adj* geological

≗magnetisch *adj* geomagnetic

~magnetismus *m* geomagnetism

≗metrisch *adj* geometric

≗~er Mittelwert: geometric mean

~morpho•logie *f* geomorphology
{*Wissenschaft von der Formen der Erdoberfläche und deren Veränderungen*}

~ökologie *f* geoecology

~physik *f* geophysics

~physiker /~in *m/f* geophysicist

geordnet *adj* controlled, formalised (Br), formalized

~e Deponie: controlled tipping (Br), sanitary landfill (Am)

Geo | sphäre *f* geosphere

~synklinale *f* geosyncline

~textilie *f* geotextile

≗strophisch *adj* geostrophic

~thermal | dampf *m* geothermal steam

~~kraftwerk *nt* geothermal power plant

≗thermisch *adj* geothermal

≗~er Gradient: geothermal gradient
{*mittlere Temperaturzunahme unterhalb der Zone konstanter Temperatur*}

≗~e Tiefenstufe: geothermal step
{*mittlerer lotrechter Abstand, innerhalb dessen die Temperatur unterhalb der Zone konstanter Temperatur in der Erde um 1 K zunimmt*}

~wissenschaften *pl* earth sciences, geosciences

gepackt *adj* packed

geparkt *adj* parked

gepflanzt *adj* planted

gepflastert *adj* paved

Gepflogenheit *f* usage

gepflügt *adj* ploughed

geplant *adj* planned

schlecht ~: ill-planned ***adj***

gepresst *adj* pressed

geradeziehen *v* straighten

Gerät *nt* apparatus, appliance, device, equipment
{*im Engl. kein Plural*}

~ *nt* implemet, instrument

~e•sicherheits•gesetz *nt* appliances safety law

~e•tauchen *nt* scuba diving, subaqua-diving
{*self containing underwater breathing apparatus*}

geräumt *adj* cleared

Geräusch *nt* noise
{*Schallereignis, das sich aus mehreren Frequenzanteilen mit unterschiedlicher Stärke zusammensetzt*}

~analyse *f* noise analysis

≗arm *adj* low-noise, quiet

≗ *adv* quietly

~belastung *f* noise pollution

~belästigung *f* noise nuisance

~beurteilung *f* noise assessment, noise judgement
{*Überprüfung einer Geräuschsituation auf Zulässigkeit oder Zumutbarkeit*}

~emission *f* noise emission

~~s•grenzwert *m* noise emission limit value

~~s•quelle *m* noise emission source

~entwicklung *f* noise generation

~immission *f* noise immission, noise perception, noise reception

~~s•ort *m* noise immission source

≗intensiv *adj* noisy

~kontrolle *f* noise monitoring

~kulisse *f* background noise

~messer *m* noise meter

objektiver ~~: objective noise meter

~messung *f* noise measurement
{*physikalisches Verfahren zur objektiven Beschreibung von Geräuschen*}

~minderung *f* noise reduction

~pegel *m* acoustic level, noise level, sound level

zulässiger ~~: permissible noise level

~quelle *f* noise source, source of noise

~spektrum *nt* noise spectrum

~unterdrückung *f* acoustic control, noise suppression

~wahrnehmung *f* audibility of a noise

Gerberei *f* tannery

~abfall *m* tannery waste

gerecht *adj* equal, equitable, fair, just, rightful

~ *adv* equitably

Gerechtig•keit *f* equity

soziale ~: social equity

geregelt *adj* settled

gereinigt *adj* cleared

Geriatrie *f* geriatrics
Dtsch. Syn.: Altersheilkunde

Gericht *nt* court

Internationaler ~s•hof: International Court of Justice

ordentliches ~: ordinary court

~ *nt* dish
{*Speise*}

gerichtlich *adj* judicial, judiciary

Gerichts | barkeit *f* jurisdiction

~entscheidung *f* judicial ruling

~gebäude *nt* lawcourt

~hof *m* court of justice

Internationaler ~~: International Court of Justice

Oberster ~~: Supreme Court

~saal *m* lawcourt

~stand *m* venue

~urteil *nt* sentence

~verfahren *nt* judicial proceedings, legal action, legal proceedings, trial

~verfassungs•gesetz *nt* judiciary act

~wesen *nt* judiciary

gering *adj* low

~ *adj* remote
{*~e Auswirkung, ~e Chance*}

äußerst ~: nominal ***adj***

geringere /~r /~s *adj* minor

geringfügig *adj* marginal, petty, trivial

Gerinne *nt* flume, sluice-way, waterway

künstliches ~: artificial waterway

~ *nt* bench flume
{*zwischen Bermen eingebettet*}

gerinnen *v* coagulate

Gerinnung *f* coagulation

~s•mittel *nt* coagulant

germizid *adj* bactericidal

gern haben *v* be fond of

Geröll *nt* cobble, debris, gravel, rubble, scree
{*geol.: abgerundete Gesteinsstücke, 63 mm-200 mm Durchmesser*}

~entferner *m* debris remover

~halde *f* scree

~lawine *f* rockfall avalanche, rock-fragment avalanche, rock-slide avalanche

Geruch *m* odour, scent

geruchlos *adj* odourless

Geruchs | ausbreitung *f* odour spreading

~bekämpfung *f* odour control

~belästigung *f* odour nuisance

~beseitigung *f* deodorization, odour control, odour removal

~binde•mittel *nt* odour neutralizing agent

~emission *f* odour emission

~empfindung *f* olfactory sensibility

~entwicklung *f* odour generation

~filter *m* odour filter

~immission *f* odour immission

~intensität *f* odour intensity

~messung *f* olfactometry

~minderung *f* odour reduction

~schwelle *f* odour threshold

~~n•bestimmung *f* odour threshold determination

~sinn *m* sense of smell

~stoff *m* aromatic substance, odorant

≗tilgend *adj* deodoring
≗~es Mittel: deodorant ***n***

~überwachung *f* odour control

Geruch•verschluss *m* odour trap

~höhe *f* water seal head
{*Höhe der vorhandenen Wassersäule in einem Geruchverschluss*}

Gerüst *nt* frame, scaffolding

gesamt *adj* total

≗abwasser•anfall *m* total sewage amount

≗belastung *f* total load

≗beurteilung *f* global assessment

≗emission *f* whole emission

≗energie | bedarf *m* overall energy requirement

≗~nachfrage *f* overall energy demand

≗~verbrauch *m* total energy consumption

≗fitness *f* inclusive fitness

≗fläche *f* total area

≗fluss *m* total flow

≗förder•höhe *f* manometric total lift

Gesamtheit *f* sum

Gesamt | kohlen•stoff *m* total carbon

~konzept *nt* overall concept

~konzeption *f* total concept

~kosten *pl* total costs

~müll•aufkommen *nt* total amount of waste

~phosphor *m* total phosphorus

~planung *f* overall planning

~rechnung *f* accounting
umweltökonomische ~~: environmental accounting
volkswirtschaftliche ~~: national account

~sauerstoff•bedarf *m* total oxygen demand

~schall•pegel *m* overall noise level, total noise level

~schuldner /~in *m/f* joint debtor

~schule *f* comprehensive (school)

~sonnen•einstrahlung *f* global solar radiation

~speicher•raum *m* gross storage

~stau•raum *m* gross storage

~stickstoff *m* total nitrogen

~strom•verbrauch *m* overall power consumption

~volumen *nt* total volume

~wasser•bedarf *m* consumptive water use
{*~~ einer Anbaukultur einschließlich aller Wasserverluste*}

~wert *m* global value
ökologischer ~~: global ecological value

≗wirtschaftlich *adj* macroeconomic, macro-economic

Gesandte /~r *f/m* minister

Gesang *m* song

gesättigt *adj* saturated

~ *adj* waterlogged
{*mit Wasser ~*}

geschädigt *adj* degraded
~es Hochmoor: degraded raised bog

Geschäft *nt* business, transaktion

Geschäfts | bereich *m* portfolio
{*beispielsweise eines Ministeriums*}

≗führend *adj* executive

~führer /~in *m/f* manager

~leute *pl* business people

geschäumt *adj* expanded

Geschenk *nt* gift

Geschichte *f* history
in der ~: historically ***adv***

geschichtet *adj* stratified
~e Stichprobe: stratified sample

geschichtlich *adj* historical

Geschichts | unterricht *m* instruction in history

~wissenschaft *f* science of history

Geschick *nt* skill

Geschiebe *nt* bedload, contact load, drift
{*Geröll und Sedimente, die durch das fließende Wasser auf dem Gewässergrund bewegt werden*}

~ *nt* debris
{*Trümmergestein oder Schutt, angeschwemmt*}

~fang *m* sediment pool, sedimentation pool

~fracht *f* bedload (transport), sediment load, wash load

~führung *f* sediment runoff

~gitter *nt* debris guard

~kegel *m* alluvial cone

~lawine *f* debris avalanche

~lehm *m* boulder clay, (glacial) till
{*eiszeitliche Lehmablagerungen mit Felsbrocken unterschiedlicher Größe, entkalkter verwitterter Geschiebemergel*}

~mergel *m* calcareous glacial till
{*glacigenes, kalkhaltiges, sandig-lehmiges Lockergestein mit kantengerundeten Steinen*}

~rückhalt | ung *f* sediment storage

~~e•sperre *f* sediment storage dam

~spende *f* contact load

~sperre *f* checkdam
{*Querregler*}

~ *f* debris dam,
{*aus Gesteinstrümmern*}

~ *f* sedimentation trap, sediment trap, silt trap
{*Sedimentfänger*}

Geschirr *nt* china

geschlängelt *adj* wavy

Geschlecht *nt* gender, sex

geschlechtlich *adj* sexual

Geschlechts | bestimmung *f* sex determination
~chromosom *nt* sex chromosome
⁓gebunden *adj* sex-linked
~gebundenheit *f* sex-linkage
~organ *nt* sex organ
⁓reif *adj* mature
~zelle *f* gamete
geschlitzt *adj* slotted
geschlossen *adj* closed, cohesive, shut
~er Kreislauf: closed loop
Geschmack *m* taste
leichter ~: tincture ***n***
~s•stoff *m* flavouring substance
~s•verstärker *m* enhancer
Geschmeidigkeit *f* elasticity
geschmolzen *adj* molten
Geschoss *nt* floor
{Etage}
~ *nt* projectile
{Waffe}
~ *nt* storey
{Stockwerk}
~fläche *f* floor space
~~n•zahl *f* floor space index
geschrieben *adj* written
geschrumpft *adj* contracted
geschuppt *adj* scaly
geschürft *adj* mined
Geschütz *nt* gun
Geschütze *pl* ordnance
geschützt *adj* protected
~e Art: protected species
~er Landschaftsbestandteil: protected part of landscape
Geschwafel *nt* waffle
Geschwindigkeit *f* speed, velocity
~s•abhängigkeit *f* velocity dependence
~s•beschränkung *nt* speed-limit
~s•höhe *f* velocity height
~s•messung *f* speedometry
Geschwister *nt* sibling
~ *pl* sibs, siblings
~art *f* sibling species
Gesell•schaft *f* association
{Gruppe von Personen mit gleichen Interessen}
~ *f* community
{Pflanzen und/oder Tiere, die miteinander regelmäßig vorkommen}
~ *f* society
~ zur Bekämpfung von Lärm: Noise Abatement Society
Königliche ~ zum Schutz der Vögel: Royal Society for the Protection of Birds
{Britischer Vogelschutzverband}
Engl. Abk.: RSPB
gesellschaftlich *adj* social
~ *adv* socially
gesellschafts | politisch *adj* socio-political
⁓recht *nt* company law
⁓system *nt* social system
⁓theorie *f* theory on society
Gesenk•schmieden *nt* drop forging
{Verfahren des Gesenkformens von auf Schmiedetemperatur erwärmten Werkstücken}
Gesetz *nt* act, bill, decree, law
{wird vom Parlament verabschiedet}
~ *nt* statute
{das geschriebene Gesetz}
ein ~ einbringen: introduce a bill
ein ~ verabschieden: pass a bill
~e gegen Umweltverschmutzung: anti-pollution legislation
~ über die Beförderung gefährlicher Güter: Act on the Transportation of Dangerous Goods
~ über die Umweltverträglichkeitsprüfung: Environmental Impact Assessment Act
Dtsch. Abk.: UVPG
~ über Nationalparke und das Betreten der freien Landschaft: National Parks and Access to the Countryside Act
{Britisches Nationalparkgesetz 1949}
~ zum Schutz der Gesundheit und Unfallverhütung am Arbeitsplatz: Health and Safety at Work Act
{Britisches Arbeitsschutzgesetz}
~ zum Schutz vor schädlichen Bodenveränderungen und zur Sanierung von Altlasten: Act on Protection against Harmful Changes to Soil and on Rehabiltation of Contaminated Sites
{in Dtschl.: Bundes-Bodenschutzgesetz}
~ zum Schutz vor schädlichen Stoffen: Act on Protection against Hazardous Substances
{in Dtschl.: Chemikaliengesetz}
~ zum Schutz vor schädlichen Umwelteinwirkungen durch Luftverunreinigungen, Geräusche, Erschütterungen und ähnliche Vorgänge: Act on the Prevention of Harmful Effects on the Environment Caused by Air Pollution, Noise, Vibration and Similar Phenomena
{in Dtschl.: Bundes-Immisionsschutzgesetz}
~ zur Ausführung der Verordnung über die freiwillige Beteiligung gewerblicher Unternehmen an einem Gemeinschaftssystem für das Umweltmanagement und die umweltbetriebsprüfung: Act on the Implementation of Regulation Allowing Voluntary Participation by Companies in the Industrial Sector in a Community Eco-Management and Audit Scheme
{in Dtschl.: Umweltauditgesetz}
~ zur Förderung der Kreislaufwirtschaft und Sicherung der umweltverträglichen Beseitigung von Abfällen: Act for Promoting Closed Cycle Waste Management and Ensuring Environmentally Compatible Waste Disposal
{in Dtschl.: Kreislaufwirtschafts- und Abfallgesetz}
~blatt *nt* law gazette
~buch *nt* code, statute-book
Bürgerliches ~~: Civil Code
Gesetze *pl* legislation
Gesetz•entwurf *m* bill, draft legislation
einen ~ einbringen: promote a bill
einen ~ durchs Parlament bringen: pilot a bill through the House
Gesetzes | änderung *f* amendment of an act
~anwendung *f* law enforcement
~brecher /~in *m/f* law-breaker
~kraft *f* force of law, legal force
~~ erlangen: become law, be placed on the statute-book
~lücke *f* loophole in the law
~novelle *f* amendment (to a law)
~novellierung *f* law amendment
~sammlung *f* legal digest
~text *m* wording of the law
⁓treu *adj* law-abiding
~übertretung *f* violation of the law
~verstoß *m* violation of a law
~vollzug *m* law enforcement
~vorbehalt *m* legality preservation
~vorlage *f* bill
~vorrang *m* legislative precedence
gesetz•gebend *adj* legislative
Gesetz•geber *m* lawgiver, lawmaker, legislative authority, legislator
~ *m* legislature
{Gesetzgebungsorgan}
Gesetz•gebung *f* law-making, legislation
ausschließliche ~: exclusive legislation
konkurrierende ~: concurring legislation

{in einem Bundesstaat der Bereich der Gesetzgebung, für den der Gesamtstaat und die Gliedstaaten nebeneinander zuständig sind}

~s•kompetenz *f* legislative competence, legislative power, power to legislate

~s•verfahren *nt* legislative procedure

gesetzlich *adj* legal, statutory

~ *adv* legally

~ geschützt: registered ***adj***

{Patent, Design, Symbol}

~ ~: forbidden by law, protected ***adj***

~ zulässige Sonderregelung: legal exemption

gesetz•los *adj* lawless

gesetz•widrig *adj* illegal, unlawful,

~ *adv* illegally, unlawfully

Gesichts | feld *nt* field of vision

~punkt *m* point of view

gesondert *adj* separate

~ *adv* severally

gespalten *adj* cracked

gespannt *adj* profound

Gespinst *nt* web

gesponsert *adj* sponsored

gespritzt *adj* sprayed

gesprüht *adj* sprayed

gesprungen *adj* cracked

gestaffelt *adj* differential

Gestalt *f* habit, shape

gestalten *v* frame, lay out, shape

landschaftsgärtnerisch ~: landscape ***v***

gestaltet *adj* patterned

Gestaltung *f* configuration, shaping

~s•satzung *f* development statute

Gestank *m* stench, stink

gestapelt *adj* stacked

Gestein *nt* rock(s)

metamorphes ~: metamorphic rock

saures ~: acidic rock

vulkanisches ~: volcanic rock

~s•hülle *f* lithosphere

~s•kunde *f* petrography, petrology

~s•schicht *f* bed

~s•staub *m* stone dust

Gestell *nt* frame

gestillt *adj* slaked

gestört *adj* bothered, disturbed

Gestrüpp *nt* brushwood, scrub

~ *nt* brambles

{Dornengebüsch}

gestuft *adj* stepped

gesund *adj* healthy, sound, well

Gesundheit *f* health

menschliche ~: human health

{menschliche ~; auch das Fehlen von Krankheiten bei land- und forstwirtschaftlichen Nutzpflanzen}

gesundheitlich *adj* sanitary

~e Folgeerscheinungen: health implications

Gesundheits | erziehung *f* health education

~fürsorge *f* health care

~gefahr *f* health hazard

~gefährdung *f* health hazard

~hieb *m* improvement cutting

~politik *f* health policy

~programm *nt* health programme

~recht *nt* health regulation

~risiko *nt* health risk

~schaden *m* damage to health, health damage

~schädigung *f* health damage

~schädlich *adj* detrimental to health, health-threatening

~schutz *m* health protection

~statistik *f* health statistics

~vorsorge *f* preventive health care, preventive health measures, sanitation control

~wissenschaften *pl* public health

{Wissenschaft und Praxis durch strukturierte gesellschaftliche Anstrengungen Krankheiten zu verhindern, Leben zu verlängern und Gesundheit zu fördern}

~zustand *m* physical condition

geteilt *adj* shared

Getränk *nt* beverage, drink

Getränke *pl* drinks

~dose *f* beverage can

~industrie *f* beverage industry

~verpackung *f* beverage packaging, drinks packaging

Getreide *nt* cereal, corn, grain

~acker *m* cornfield

~anbau *m* cereal cropping, corn growing, cultivation of cereals, grain growing

~börse *f* corn exchange

~drill•maschine *f* corn drill

~ernte *f* grain harvest

~feld *nt* cornfield

~flocken *pl* cereal

~garbe *f* corn sheaf

~halm *m* corn stalk

~korn *nt* grain

~mäh•maschine *f* corn cutter

~mehl *nt* corn meal

~mühle *f* corn mill

~pflanze *f* cereal

~produkt *nt* cereal product

~schädlinge *pl* cereal pests

~scheune *f* corn barn

~stoppel *f* corn stubble

~trocknung *f* grain drying

~unkraut *nt* corn weed

getrennt *adj* disparate, separate

~e Sammlung: selective collection, separate collection, source separation

getreu *adj* true

Getriebe *nt* gears

getrieben *adj* driven

getrocknet *adj* dried

gewachsen *adj* living

{~er Fels, Stein}

Gewächs•haus *nt* greenhouse, potting shed (Br)

~heizung *f* greenhouse heating

gewagt *adv* riskily

gewählt *adj* chosen

~ *adv* fine

{Ausdrucksweise}

Gewähr *f* warranty

ohne ~: non-warranty ***adj***

gewähren *v* extend

gewährleisten *v* ensure, guarantee

Gewährleistung *f* ensuring, guarantee, warranty

Gewährung *f* dispensation

Gewalt *f* force, power, violence

höhere ~: act of god

richterliche ~: judicial authority, judicial power

gewalt•frei *adj* non-violent

gewaltig *adj* extreme, torrential, vast

~ *adv* vastly

gewalt•los *adj* non-violent

Gewässer *nt* water (body), waters

~ 1. Ordnung: main river

{in Dtschl. in manchen Bundesländern incl. Gewässer 2. Ordnung; in GB Gewässer, für die eine Wasserbehörde verantwortlich ist und die in einer amtlichen Gewässerkarte verzeichnet sind}

stehendes ~: stagnant water

~aufsicht *f* water pollution control administration, water supervision

~ausbau *m* river works

~belastung *f* water pollution load

~belüftung *f* water aeration

~benutzung *f* utilization of waters

~~s•erlaubnis *f* permit for waters utilization
~bewertung *f* water assessment
~biolog | e /~in *m/f* limnologist
~boden *m* water bottom
~einzugs•gebiet *nt* catchment area
~erwärmung *f* warming-up of waters
~eutrophierung *f* water eutrophication
~fauna *m* waterfauna
~flora *f* waterflora
~gabelung *f* bifurcation
~gefährdung *f* endangering of water
~güte *f* quality of waters, water purity, water quality
{der bewertete Gewässerzustand}
~~klasse *f* water quality class
~~einteilung *f* water quality classification
~~richtlinie *f* water quality directive
~~wirtschaft *f* water quality management
{zielbewußte Ordnung aller menschlichen Einwirkungen auf die Gewässerbeschaffenheit}
~kapazität *f* water capacity
~kunde *f* hydrography, hydrology
~nutzung *f* utilization of waters
~~s•erlaubnis *f* permit to exploit water
~ökologie *f* water ecology
~pflege *f* cultivation of waters
~rand•streifen *m* riparian zone
~regulierung *f* regulation of waters
~rein•haltung *f* water pollution control
{Maßnahmen zur Erhaltung bzw. Wiederherstellung eines guten Gewässerzustandes}
~reinigungs•schiff *nt* water-surface cleansing ship
~renaturierung *f* water renaturation
~revitalisierung *f* revitalization of waters
~sanierung *f* restoration of waters, water body restoration
~schaden *m* damage to waters
~schutz *m* conservation of water resources, water conservation
{allgemeiner Schutz}
~~ *m* water pollution control, water pollution prevention
{Schutz vor Verschmutzung}
~~ *m* water protection
{konkrete Schutzmaßnahmen}
~~beauftrate /~r *f/m* water pollution control deputy
~~einrichtung *f* water protection equipment
~~gesetz *nt* water pollution control act
~~maßnahme *f* water pollution control measure
~~politik *f* water protection policy
~~recht *nt* water protection legislation
~~richt•linie *f* water protection directive
~~system *nt* water protection system
~sediment *nt* water deposit
~sohle *f* river floor
~strömung *f* water flow
~system *nt* hydrographic network
~überwachung *f* water (pollution) monitoring
~unterhaltung *f* maintenance of waters
~verkrautung *f* weedage of waters
~versauerung *f* acidification of waters
~verschmutzung *f* water pollution
~verseuchung *f* water contamination
~verunreinigung *f* pollution of waters
~zustand *m* condition of water
Gewebe *nt* fabric, tissue, web
vernarbtes ~: scar tissue
~filter *m* cloth filter, fabric filter
~kultur *f* tissue culture
gewebt *adj* woven
nicht ~: non-woven ***adj***
Gewehr *nt* gun
Geweih *nt* antlers
~stange *f* beam, main trunk
Gewerbe *nt* business, game, industry, trade
verarbeitendes ~: manufacturing industry, processing trade
~abfall *m* commercial waste, industrial waste, trade waste
~abwasser *nt* wastewater from trade
~aufsicht *f* trade inspectorate
~~s•amt *nt* factory inspection board
~~s•beamte /~r *f/m* factory inspector, Government Health Inspector, inspector of factories
~betrieb *m* business, commercial enterprise, industrial enterprise
~fläche *f* industrial area
~freiheit *f* freedom to trade, right to carry on a business
~gebiet *nt* business area, business park, commercial area, commercial zone, trade area
{in Dtschl.: Baugebiet, das der Unterbringung von nicht erheblich belastenden Gewerbebetrieben dient}
~lärm *m* trade noise, industrial noise
{Lärm gewerblicher Anlagen}
~müll *m* commercial waste, industrial waste, trade waste
~~aufbereitung *f* industrial waste treatment
~ordnung *f* industrial code, laws governing trade and industry
~park *m* business park
~recht *nt* trade law
~steuer *f* business tax
~zulassung *f* licence
gewerblich *adj* commercial, industrial
~e Baufläche: commercial development zone
~e Nutzung: use for commercial purposes
~e Verpackung: industrial and commercial packaging
gewerbs•mäßig *adj* professional
~ *adv* professionally
~es Einsammeln: commercial collection
{von Abfällen}
Gewerk•schaft *f* trade union
Gewicht *nt* emphasis
{Betonung, besondere Anstrengung}
~ auf etwas legen: emphasise, emphasize ***v***
~ *nt* gravity, weight
{physikalisch}
spezifisches ~: specific gravity
gewichten *v* weight
Gewichts | prozent *nt* weight percentage
~stau•mauer *f* gravity dam
{Staumauer, die aufgrund ihres Eigengewichts standsicher ist}
Gewinde *nt* thread
Gewinn *m* makings, profit
nicht auf ~ ausgerichtet: non-profit ***adj***
~abschöpfung *f* seizure of profits
~bringend *adj* economic

gewinnen *v* extract
Gewinn•maximierung *f* highest possible profit
Gewinnung *f* extraction
gewissenhaft *adj* consientious
~ *adv* faithfully, well
Gewissheit *f* certainty
Gewitter *nt* thunderstorm
~sturm *m* electric storm, thunderstorm
gewogen *adj* favourable
gewöhnen *v* habituate
Gewohnheit *f* practice
~s•recht *nt* common law
{System}
~~ *nt* established right
{einzelnes Recht}
gewöhnlich *adj* common
Gewöhnung *f* adjustment, assuetude, habituation
Gewölbe *nt* arch
gewölbt *adj* arched, cambered
gewollt *adj* forced
gewunden *adj* tortuous
gewünscht *adj* desired
Gewürz /-e *nt/pl* spice
~pflanze *f* spice plant
Geysir *m* geyser
gezähnt *adj* dentate
Gezeiten *pl* tide
~bereich *m* littoral zone
~bucht *f* tidal inlet
~energie *f* tidal energy, tidal power
~hafen *m* tidal harbour
~kraft | turbine *f* tidal power turbine
~~werk *nt* tidal barrage, tidal power plant, tidal power-station
~kurve *f* tidal curve
~küste *f* tidal shore
~strom *m* tidal current
~~karte *f* tidal current chart
~strömung *f* tidal current, tideway
~sturm•flut *f* tidal surge
~tafel *f* tide-table
~tor *nt* tide-gate
~tümpel *m* rock pool
~zone *f* intertidal zone, tidal area
gezielt *adj* controlled
gezüchtet *adj* cultivated, farmed
gezündet *adj* fired
gezwungen *adj* forced
Gezwungenheit *f* constraint

Gicht•gas *nt* blast furnace gas
~reinigung *f* blast furnace gas cleaning
~~s•anlage *f* blast furnace gas cleaning plant, blast furnace gas cleaning system
Giebel•feld *nt* pediment
Gießerei *f* foundry
Gießen *nt* watering
{Pflanzen ~}
Gift *nt* poison, toxic agent, toxin
~acker *m* poisoned field
~alge *f* poisonous alga
~̊frei *adj* non-toxic
~gas *nt* poison gas, poisonous gas
~̊haltig *adj* poisonous, toxic
giftig *adj* noxious, poisonous, toxic, venomous
weniger ~: less-toxic ***adj***
~ *adv* venomously
Giftig•keit *f* toxicity
Gift | klasse *f* poisonous category
~kontroll•stelle *f* poison control centre
~konzentration *f* concentration of poison
~müll *m* toxic waste
~~deponie *f* toxic waste dump
~pflanze *f* poisonous plant
~schlange *f* poisonous snake, venomous snake
~stoff *m* toxic agent, toxic substance
~wert *m* toxicity threshold
Giga•watt *nt* gigawatt
Dtsch. und Engl. Abk.: GW
~stunde *f* gigawatt-hour
Dtsch. und Engl. Abk.: GWh
Gilde *f* guild
ökologische ~: ecological guild
Gipfel *m* peak, pinnacle
Gips *m* gypsum
~industrie *f* gypsum industry
~membran *f* gypsum block
{Instrument zur Bodenfeuchtemessung}
~steppe *f* gypsum steppe
Gitter *nt* grid
{Gitternetz}
~ *nt* grating
Glanz *m* varnish
Glas *nt* glass
~bruch *m* cullet
{Glasbruchstücke, die zum Recycling gesammelt werden}
Glas•faser *f* glass fibre

~filter *m* glass fibre filter
glasieren *v* glaze, varnish
glasiert *adj* glazed
glasig *adj* glazed
{~er Blick}
Glas | industrie *f* glass industry
~papier *nt* glass fibre paper
~recycling *nt* glass recycling
~rohr *nt* glass tube
~schmelze *f* melting of glass
~sortier•anlage *f* glass sorting plant
Glasur *f* varnish
Glas | verarbeitung *f* glass processing
~wolle *f* glass wool
~~dämm•stoff *m* glass wool insulating material
glatt *adj* even, smooth, straight
Glatt•eis *nt* glazed frost
glätten *v* straighten
glättend *adj* stilling
glaub•würdig *adj* credible
Glaukom *nt* glaucoma
glazial *adj* glacial
~̊boden *m* glacial till
~̊geschiebe *nt* glacial drift
~̊periode *f* glacial period
~̊strati•grafie *f* glacial stratigraphy
{auch: ~̊strati•graphie}
~̊substrat *nt* glacial till
glazi•fluviatil *adj* glaciofluvial
glazi•gen *adj* glacigenous
Dtsch. Syn.: gletscherbedingt, gletscherbürtig
Glazio•log | e /~in *m/f* glaciologist
Glazio•logie *f* glaciology
Dtsch. Syn.: Gletscherkunde
gleich *adj* even
~ *adv* equally
~altrig *adj* contemporary, even-aged
~̊behandlungs•gebot *nt* equal treatment principle
~berechtigt *adj* equitable
~̊berechtigung *f* equality, equal rights
~̊~ der Geschlechter: gender mainstreaming
~bleibend *adj* constant, steady
~̊gestellte /~r *f/m* equal
Gleich•gewicht *nt* balance, equilibrium, steady state
außenwirtschaftliches ~: foreign trade balance

biologisches ~: biological balance, biological equilibrium, biotic balance, biotic equilibrium

das natürliche ~ stören: disturb the balance of nature

das ökologische ~ zerstören: destroy the balance of the environment

gesamtwirtschaftliches ~: balance on the national trade and industry

im ~ halten: equilibrate, maintain equilibrium

natürliches ~: balance of nature, natural equilibrium

ökologisches ~: balance of nature, ecological balance, ecological equilibrium

{Ausgewogenheit in der Struktur und Funktion eines Ökosystems}

~s•dichte *f* population equilibrium

~s•konstante *f* equilibrium constant

~s•modell *nt* balance model

~s•sinn *m* equilibrium

~s•störung *f* disturbance of equilibrium

~s•temperatur *f* temperature of equilibrium

{Temperatur eines Körpers, die sich einstellt, wenn der Energieaustausch mit der Umwelt ein Gleichgewicht erreicht hat}

~s•theorie *f* steady-state theory

~s•wasser *nt* balanced water

{Wasser, das mit seiner jeweiligen Umgebung im Gleichgewicht steht}

~s•zustand *m* balance, equilibrium, steady state

Gleich | heits•grundsatz *m* principle of equality

≗kommen *v* amount

≗mäßig *adj* constant, steady

~mäßigkeit *f* constancy

~radien•stau•mauer *f* constant radius arch dam

{Bogenstaumauer, bei der alle Horizontalschnitte an der Wasserseite den gleichen Krümmungsradius haben}

~setzung *f* identification

~strom•kühler *m* parallel current cooler

≗wertig *adj* equivalent

~wertigkeit *f* equivalence, equivalency

~winkel•stau•mauer *f* constant angle arch dam

{doppelt gekrümmte Staumauer mit gleichen Öffnungswinkeln in allen Horizontalschnitten}

~zeitigkeit *f* concomitance

Gleis *nt* line, rails, track

~bau *m* rail building, railroad construction

~kette *f* crawler

~~n•schlepper *m* caterpillar tractor, crawler tractor, tracklayer tractor

gleiten *v* plane

gleitend *adj* sliding

Gleit | fläche *f* sliding surface

aktive ~~: active sliding surface

{Gleitfläche für Erdrutschungen}

~hang *m* slip-off slope

{sanft geneigtes Ufer in den Innenseiten von Flussschlingen}

~ring•dichtung *f* reciprocating shaft seal

Gletscher *m* glacier

≗bedingt *adj* glacigenous

≗bürtig *adj* glacigenous

~kunde *f* glaciology

~mühle *f* giant's kettle

{von herabstürzendem, mit Geröllen beladenem Schmelzwasser ausgekolkte, Hohlform in Festgesteinen}

~schliff *m* glacial polish

{aufgrund von Gletscherbewegungen glatt geschliffene Gesteinsoberfläche}

~schmelz•wasser *nt* outwash

~schramme *f* glacial striation

{durch im Eis mitgeführte Geschiebe entstandene Ritzungsmarken im Festgestein des Gletscherbettes}

~spalte *f* crevasse

~topf *m* glacial pothole

{von herabstürzendem, mit Geröllen beladenem Schmelzwasser ausgekolkte, Hohlform in Festgesteinen}

Gley *m* gley (soil)

{Bodentyp mit oberflächennahem, wenig schwankendem Grundwasser}

Glied *nt* link

{~ einer Kette]

wichtiges ~: critical link

{z.B. einer Nahrungskette}

Gliederfüßer *pl* arthropods

Glimmer *m* mica

{blättchenförmiges, glänzendes Mineral, Aluminiumsilikat}

global *adj* global, overall

≗modell *nt* global model

≗steuerung *f* global regulation

≗strahlung *f* global radiation

{auf die Erdoberfläche auftreffende direkte und indirekte Sonneneinstrahlung}

≗zuschuss *m* global grant

Dtsch. Syn.: institutionelle Förderung

Globus *m* globe

Dtsch. Syn.: Erdball

Glocken | geläut *nt* ringing of bells

~läuten *nt* ringing of bells

Dtsch. Syn.: Glockengeläut

~politik *f* bubble policy

Glühen *nt* annealing

Glüh | rückstand *m* annealing residue, ignition residue

~verlust *m* loss on ignition, organic content

Glyko•lyse *f* glycolysis

{wichtigster enzymatischer Abbauweg der Glucose und ihrer Speicherformen}

Gneis *m* gneiss

Golf *m* gulf

~strom *m* Gulf Stream

Grab *nt* tomb

Graben *m* dike,

{Entwässerungsgräben in manchen Marschgebieten Englands}

~ *m* ditch

{Entwässerungsgraben, Straßengraben}

~ *m* graben

{geologische Erscheinung}

~ *m* trench

≗ *v* burrow

~aushub *m* spoil bank

~bagger *m* trencher, trenching machine

grabend *adj* burrowing

Graben | entwässerung *f* channel drainage, open ditch drainage

~erosion *f* gully erosion, gullying

≗los *adj* trenchless

~räumung *f* trenching

~rutsch *m* earth slide, earth-block slide

Grabmal *nt* tomb

Grad *nt* degree

Gradation *f* gradation

Grader *m* grader, land leveller

Gradient *m* gradient

{Veränderung einer Größe entlang einer räumlichen oder zeitlichen Distanz}

graduiert *adj* graduated

Graf•schaft *f* county

{entspricht in Dtschl. sowohl einem Landkreis als auch einem Regierungsbezirk}

~s•rat *m* county council

Gramm *nt* gram

Grammatik *f* grammar

gram | negativ *adj* gram-negative

{bei der Gramfärbung sich tiefblau-violett färbende Bakterien}

~positiv *adj* gram-positive
{*bei der Gramfärbung blassrosa bis rot erscheinende Bakterien*}

Gran *nt* grain
{*Gewichtseinheit, entspricht 0,0648 Gramm*}

Granit *m* granite

Granul | at *nt* granules

~ier•anlage *f* granulating plant

~ier•einrichtung *f* granulating equipment

~ier•maschine *f* granulating machine

granuliert *adj* granulated

grafisch *adj* graphic
{*auch: graphisch*}

Graphit *m* graphite

~dichtung *f* graphite gasket

Gras *nt* grass

~bestand *m* grass stand, sward

~bestände *pl* swards

~beton *m* grass-crete
{*Lochsteine, die zur Befestigung von befahrenen Flächen verwendet und mit Gras bepflanzt werden*}

~brand *m* grass fire

~büschel *m* tuft of grass, tussock

~decke *f* swards

grasen *v* graze

Gras | flächen *pl* grassland

~hüpfer *m* grasshopper

~land *nt* grassland
{*i.d.R. natürlich baumfreie, großflächige, grasdominierte Vegetationsbestände*}

~narbe *f* (grass) turf, sod mat, swards

~steppe *f* prairie
{*in Nordamerika*}

~streifen *m* grass strip

Grat *m* crest, ridge

Graten•pflug *m* v-drag
{*Pflug zum Ziehen von Furchen*}

Grau•düne *f* fixed dune, grey dune
{*ältere Düne ohne nennenswerte Sandzufuhr, meist mit einer dichten Pflanzendecke*}

Grausamkeit *f* cruelty

Grau•wacke *f* greywacke
{*grauer, feldspathaltiger Sandstein*}

Gravidität *f* pregnancy
Dtsch. Syn.: Schwangerschaft

Gravi•metrie *f* gravimetry
{*in der Chemie die Gewichtsanalyse*}

Gravitation *f* gravitation

~s•staub•abscheider *m* gravity dust trap

~s•energie *f* gravitation energy

~s•wasser *nt* gravitational water
{*die Feldkapazität überschreitender Bodenwassergehalt*}

Green•peace *m* Greenpeace
{*internationale Umweltorganisation, die vor allem mit konkreten Aktionen gegen Umweltverschmutzung protestiert*}

Greifer *m* grab

Greif•vogel *m* bird of prey

~schutz *m* protection of prehensile birds

Gremium *nt* panel

Grenz | abstand *m* minimum space

~auswirkungen *pl* boundary effects
{*Auswirkungen von festen Begrenzungen auf Untersuchungsflächen*}

~bedingungen *pl* boundary conditions
{*Umweltbedingungen an der Grenze unterschiedlicher Biotope*}

Grenze *f* borderline, divide, dividing line
{*gedachte Trennungslinie*}

~ *f* boundary
{*~ zwischen Gebieten*}

~ *f* border, frontier
{*~ zwischen Staaten*}

~ *f* limit
{*Schranke*}

~ *f* perimeter
{*äußere Begrenzung*}

Grenz | ertrags•boden *m* marginal soil

≗flächen•aktiv *adj* surface-active

~gebiet *nt* border area

~geschwindigkeit *f* critical velocity
{*Übergangsgeschwindigkeit zwischen laminarem und turbulentem Fließen*}

~~ *f* erosive velocity
{*Fließgeschwindigkeit, ab der Erosion auftritt*}

~~ *f* threshold velocity

~konzentration *f* concentration limit

~nachbar *m* bordering neighbour

~schicht *f* boundary layer

~standort *m* marginal site
{*Standort, der unter wirtschaftlichem Blickwinkel keine ausreichenden Erträge bringt*}

~tiefe *f* critical depth

≗übergreifend *adj* transboundary

≗überschreitend *adj* cross-border, cross-frontier, frontier-crossing, transboundary, transfrontier

≗~e Abfallverbingung: transfrontier movement of waste

≗~e Schadstoffwirkung: transfrontier pollution

≗~ *adv* across the border

~überschreitung *f* boundary crossing

~~s•genehmigung *f* frontier-crossing permit

Grenz•wert *m* limit, limiting value, standard, threshold value
{*Konzentration oder Fracht von Stoffen, deren Überschreitung Schäden nach sich ziehen kann bzw. nachteilige Auswirkungen befürchten lässt*}

~e für Luftverschmutzung: ambient quality standards

~festsetzung *f* threshold determination

~forderung *f* threshold request

~überschreitung *f* exceeding of the threshold

griechisch *adj* Greek, Hellenic

Griff *m* grip, hold

grob *adj* coarse, crude, rough

≗filter *m* filter for coarse materials

≗fraktion *f* coarse fragments

≗keramik *f* earth ware

~körnig *adj* coarse

≗sand *m* coarse sand

≗staub *m* grit

Groden *pl* groden, salt marshes
{*die nicht eingedeichten, höher gelegenen, vom normalen Hochwasser nicht überfluteten, sich begrünenden Wattflächen*}

groß *adj* great, tall

groß•artig *adj* great

Groß•chemie *f* industrial chemistry

Größe *f* bulk, great, height, magnitude, quantity, size

Groß•einleiter *m* large-scale discharger

Größen•ordnung *f* order of magnitude

größer *adj* major

Groß | familie *f* extended family

~feuerung *f* large-scale firing

~~s•anlage *f* large combustion plant

~~~n•verordnung *f* Ordinance on Large Firing Installations

~forschungs•einrichtung *f* large research establishment

~handel *m* wholesale (trade)
~hirn *nt* cerebrum
~industrie *f* large-scale industry, big industry
~raum•fahrzeug *nt* large-capacity vehicle
~schutz•gebiet *nt* large-scale reserve
{in Dtschl. vor allem gebraucht für Nationalparke, Naturparke, Biosphärenreservate und große Naturschutzgebiete}
~stadt *f* city
~vieh *nt* large cattle
~wasser•zähler *m* large-scale water flow indicator
~wild *nt* big game
²zügig *adj* sporting
²~ *adv* freely
Grotte *f* grotto
Grubber *m* chisel plough, cultivator
Grube *f* cesspool
~ *f* mine
Dtsch. Syn.: Bergwerk
Gruben | abort *m* cesspit closet
~abwasser *nt* mine drainage, mining sewage
saures ~~, saure Grubenwässer: acid mine drainage
~gas *nt* firedamp
~~kraft•werk *nt* mine-mouth power generating plant
~schacht *m* mine-shaft
~wasser *nt* mine water
saures ~~: acid mine water
grün *adj* grün
im ²en: greenfield, (out) in the country ***adj***
Grün•anlage *f* public park
{öffentliche ~}
Grund *m* bottom, ground
{Grund eines Gewässers}
~ *m* cause, motive, reason
{Begründung}
~ *m* floor
~ablass *m* bottom outlet
{tiefste Entnahmeanlage zum Entleeren des Nutzraumes einer Stauanlage}
~atmung *f* endogenous respiration
{auf die Trockenmasse bezogener Sauerstoffverbrauch der Mikroorganismen ohne Nahrungszufuhr}
~bedürfnis | se *pl* basic needs
~~strategie *f* basic needs strategy
~belastung *f* base charge
~besitz *m* land, property, real estate
~besitzer /~in *m/f* landowner
~boden•bearbeitung *f* primary tillage
~buch *nt* land (title) register
{Register, in das die Grundstücke und ihre Eigentümer sowie die Inhaber von anderen Rechten an Grundstücken eingetragen sind}
~~amt *nt* land registry
{in Dtschl. das Amtsgericht}
~~eintragung *f* land ownership registration
~~vermessung *f* cadastral survey
~buhne *f* antiscour groyne
~daten•erhebung *f* basic survey
~dienstbarkeit *f* ground servitude
Grün•deck•frucht *f* green cover crop
Grund | eigentum *nt* land ownership
~eigentümer /~in *m/f* landowner
gründen *v* float, found
gründend *adj* constituting
Grund | erwerbs•steuer *f* acquisition of land tax
~farbe *f* primary colour
~fischerei *f* demersal fishery
~fläche *f* basal area, built surface area
~~n•zahl *f* site occupancy index
~funktion *f* basic function
ökologische ~~: basic ecological function
~geräusch *nt* basic noise
~gesetz *nt* basic law
{Verfassung}
~~ *nt* fundamental law
{grundlegendes Gesetz}
grundieren *v* prime
Grund | karte *f* base map
~lage *f* basis, foundation
~lagen *pl* fundamentals
~~forschung *f* basic research, strategic research
~last•kraft•werk *nt* base load power station
²legend *adj* basal, basic, cardinal, elemental, elementary, fundamental
~ *adv* basically, fundamentally
gründlich *adj* particular
~ *adv* extensively, well
Grund | linie *f* base line
~moräne *f* ground moraine, till
{an der Basis eines Gletschers mitgeführte und abgelagerte Moräne}
~~n•see *m* ground moraine lake
{See in einer breiten, flachen rundlichen Senke in einem Grundmoränengebiet}
~nahrungs•mittel *nt* basic food
~~bedarf *m* basic food requirement
~pfand•recht *nt* charge on property
~pfeiler *m* keystone
~pflichten *pl* basic duties, basic obligations
~platte *f* bed plate
~recht *nt* basic right, fundamental right
~~s•eingriff *m* legal restriction of basic rights
~~s•einschränkung *f* restriction of basic right
~~s•fähigkeit *f* capacity for fundamental rights
~~s•schutz *m* basic right protection
~~s•verletzung *f* basic right violation
~rente *f* basic annuity
~satz *m* (basic) principle
~~entscheidung *f* decision on fundamental principles, ruling
~~erklärung *f* declaration of principle, statement of principle
~~kodex *m* code of principles
²sätzlich *adj* fundamental, in principle, on principle
~ *adv* fundamentally, in principle, on principle
~satz•programm *nt* political programme
~schul | e *f* grade school (Am), primary school
~~lehrer /~in *m/f* primary-school teacher
~schwelle *f* antiscour cill, sill
~stoff | e *pl* primary colour
~~industrie *f* basic materials industry, primary industry
~~wechsel *m* basal metabolism
{Energieverbrauch eines Körpers in der Ruhephase}
~steuer *f* land tax
~stück *nt* piece of land, property, site
baureifes ~~: cleared building plot
~~s•entwässerung *f* private sewerage system

{Gesamtheit der baulichen Anlagen zur Sammlung, Ableitung, Beseitigung und Behandlung von Abwasser in Gebäuden und auf Grundstücken}

~~s•erschließung *f* land development

~~s•fläche *f* development site, property

~~s•recht *nt* property right

~überwachung *f* baseline monitoring

~umsatz *m* basal metabolic rate
Engl. Abk.: BMR

Gründung *f* setting-up

Grün•dünger *f* green manure

Grund•verbesserung *f* land improvement, reclamation, rehabilitation

Grund•wasser *nt* groundwater
{unterirdisches Wasser, das Hohlräume der Erdrinde zusammenhängend ausfüllt und sich unter dem Einfluss der Schwerkraft bewegt}

~ *nt* subsoil water
{Wasser im Unterboden}
freies ~: phreatic water
{wenn die Grundwasseroberfläche der Grundwasserdruckfläche entspricht}

~abfluss *m* groundwater runoff

~absenk | ung *f* groundwater depletion, groundwater level lowering

~~pumpe *f* groundwater lowering pump

~ader *f* groundwater artery

~anreicherung *f* (artificial) groundwater recharge, groundwater replenishment
{künstliche Grundwasserbildung aus oberirdischem Wasser}

~~s•gebiet *nt* (aquifer) recharge area

~becken *nt* groundwater basin

≗beeinflusst *adj* phreatophytic

~beobachtungs•brunnen *m* groundwater observation well

~beschaffenheit *f* groundwater characteristics, groundwater quality

~bewegung *f* groundwater flow

~bewirtschaftung *f* groundwater management

~bilanz *f* groundwater balance

~bildung *f* groundwater formation

~brunnen *m* groundwater well

~damm *m* groundwater dam

~dargebot *nt* available supply of groundwater

~dekontamination *f* groundwater decontamination

~entnahme *f* groundwater extraction

~erschließung *f* capture of groundwater

~gebiet *nt* groundwater province

~gefährdung *f* groundwater endangering

~gefälle *nt* gradient of the groundwater

~höhen | kurve *f* groundwater contour

~~linie *f* groundwater contour line

~hydrologie *f* groundwater hydrology

~kaskade *f* groundwater cascade

~kunde *f* hydrogeology

~leiter *m* aquifer, groundwater layer

~lot *nt* groundwater sounder

~modell *nt* groundwater model

~neu•bildung *f* groundwater recharge

~nutzung *f* groundwater use

~oberfläche *f* groundwater surface

~reinigung *f* groundwater cleaning, groundwater purification

~reservoir *nt* groundwater reservoir

~rücken *m* groundwater ridge

~sanierung *f* groundwater improvement

~scheide *f* groundwater divide

~schutz *m* groundwater protection
{umfasst den Schutz vor schädlichen Stoffen und Organismen und nachteiligen Temperaturveränderungen sowie die Erhaltung des nutzbaren Dargebots}

~senke *f* groundwater trench

~sohle *f* groundwater bottom

~spende *f* discharge of groundwater, groundwater discharge

~sperr•schicht *f* aquiclude

~spiegel *m* groundwater table

~~linie *f* phreatic line

~stand *m* groundwater table

~stauer *m* aquifuge
{wasserundurchlässige Schicht im Boden}

~stock•werk *nt* aquifer, groundwater storey

~strömung *f* groundwater flow

~tiefen•linie *f* hydro-isobath

~typ *m* type of groundwater
{nach gemeinsamen Merkmalen abgrenzbare Gruppe von Grundwässern}

~verhältnisse *pl* groundwater regime

~verunreinigung *f* groundwater pollution

~vorkommen *nt* groundwater resources

Grund•wehr *nt* submerged weir

Grün | er Punkt *m* green dot label, "Grüner Punkt"
{Deutsches Abfallsammelsystem, das Verpackungsmüll der Wiederverwertung zuführen soll; wörtlich übersetzt: green point}

~fläche *f* green area, green space
{der Erholung, der städtebaulichen Gliederung und der Gestaltung des Orts- und Landschaftsbildes dienende, nicht versiegelte Freiflächen}

~~n•sicherung *f* protection of green area

~fütterung *f* cut-and-carry system
{Versorgung des Viehs mit gemähtem Futter}

~gürtel *m* green belt

~land *nt* grassland, meadow land
{mit mehrjährigen Gräsern und Kräutern bewachsene landwirtschaftliche Nutzfläche, die als Wiese, Weide oder Feldfutterfläche genutzt wird}

~~art *f* grassland species

~~bewirtschaftung *f* grassland farming

~~öko•system *nt* grassland ecosystem

~~wirtschaft *m* cultivation of meadows, grass farming, grassland farming

~~zahl *f* grassland index

~ordnungs•plan *m* green structures plan

~pflanzen *pl* herbage

~planung *f* open space planning, planning of green areas

~verbauung *f* cover establishment, revegetation

~zeug *nt* herbage

~zone *m* green belt

~zug *m* green belt

Gruppe *f* batch, body, gathering, group, team
am Ort wohnende ~: residential group
ökologische ~: ecological group
{Gruppe von Tier- und Pflanzenarten mit vergleichbaren ökologischen Affini-

täten, insbesondere hinsichtlich des Standortes}
private ~: private body
wichtige ~: major group
{entsprechend Agenda 21}

Grüppe *f* slough
{flacher Graben}

Gruppen | arbeit *f* team work
~effekt *m* group effect
~wasser•versorgung *f* water supply in groups
gruppieren *v* group
Grus *m* fine chert
{eckige Gesteinsstücke, 2-63 mm Durchmesser}
Guano *m* guano
{getrockneter Vogelkot, der als Dünger verwendet wird}
Gülle *f* liquid manure, slurry
{bei der Tierhaltung anfallendes, mit Wasser verdünntes Gemisch aus Kot und Harn, vermischt mit Futterresten}
~anwendung *f* slurry application
~ausbringung *f* slurry application, slurry spreading
~~s•verordnung *f* regulation on the use of liquid manure
~behälter *m* slurry store
~behandlungs•anlage *f* treatment plant for liquid manure
~einsatz *m* liquid manuring
~fahr•zeug *nt* slurry tanker
~fest•stoff *m* slurry solid, solid slurry fraction
~gabe *f* slurry dressing, slurry rate
~kompostierung *f* manure composting
~silo *nt* slurry silo
~tank•wagen *m* slurry tanker
~trocknungs•anlage *f* manure drying plant
~verordnung *f* liquid manure regulation
~verregnung *f* slurry sprinkling
~verteiler *m* slurry spreader
~-Wasser-Gemisch *nt* slurry-water mixture
Gully *m* gully
gültig *adj* available
Gültigkeitsbereich *m* area of validity
Gummi *m* gum, rubber
~abrieb *m* rubber abrasion
~auskleidung *f* rubber lining
~beschichtung *f* rubber coating
~hand•schuhe *pl* rubber gloves
~recycling *nt* recycling of rubber
~~anlage *f* rubber recycling plant
~regenerat *nt* regenerated rubber
~schlauch *m* rubber hose
~schuhe *pl* rubber shoes
~verarbeitung *f* rubber processing
günstig *adj* beneficial, favourable, good
~ *adv* beneficially
Gürtel *m* belt
~reifen *m* radial
~rose *f* shingles
Guss•eisen *nt* cast iron
Guss•putzen *nt* fettling
Guss•putzerei *f* fettling plant
Guss•schleifen *nt* fettling
gut *adj* good, fine
besonders ~: superior ***adj***
~ *adj* sound
{Boden, Holz}
~ *adv* good, fine, well
≗ *nt* estate
{großer land-/forstwirtschaftlicher Betrieb}
≗ *nt* good
freies ≗: free good
öffentliches ≗: public good
Gut•achten *nt* advice, expertise, expert opinion
Gute *nt* good
Güte | kriterien *pl* quality criteria
~mess•station *f* quality monitoring station
Güter *pl* goods
gewerbliche ~: manufactures ***pl***
~markt *m* goods market
~umschlag *m* transshipment
~verkehr *m* freight traffic, goods traffic
~~s•zentrum *nt* freight traffic centre
gut•gläubig *adj* fond
Guts•hof *m* estate
Gymnasium *nt* grammar school
gypsophil *adj* gypsophilous
Gyttja *f* gyttja
{subhydrischer Bodentyp sauerstoffreicher Gewässer, hauptsächlich aus abgestorbenem Plankton bestehend}

Haar *nt* hair
≗dünn *adj* capillary
haaren *v* moult
{sich ~}
haar•fein *adj* capillary
haar•förmig *adj* capillary
haarig *adj* rough
Haar | nadel *f* hairpin
~~kurve *f* hairpin bend
~spray *nt* hairspray
~wechsel *m* moult, moulting
~wild *nt* furry game, ground game
Habitat *m* habitat
{Lebensraum einer Art}
~element *nt* feature of habitat
Habituation *f* assuetude, habituation
Dtsch. Syn.: Gewöhnung
Habitus *m* habit
Dtsch. Syn.: Gestalt
Hacke *f* hoe
hacken *v* chip, hoe
Hack | fräse *f* rotary weeder
~frucht *f* root crop
~pflug *m* weeder
~schnitzel•voll•ernte•maschine *f* feller-chipper
Hafen *m* creek
{kleiner Hafen}
~ *m* harbour
~ *m* port
{Handelshafen}
~behörde *f* port authority
~einfahrt *f* channel
~verordnung *f* harbour regulation
Haff *nt* firth
~küste *f* lagoon coast
Haft *f* custody
in ~ nehmen: to imprison
haftbar *adj* liable
Haft•mittel *nt* adhesive agent
Haft•pflicht *f* liability
~versicherung *f* civil liability insurance
Haftung *f* liability, responsibility
gesamtschuldnerische ~: joint liability
zivilrechtliche ~: civil liability

~s•ausschluss *m* liability exclusion
~s•beschränkung *f* liability limitation
~s•durchgriff *m* piercing the corporate veil
~s•grund *m* liability cause
~s•höchst•grenze *f* maximum limit of liability
~s•konvention *f* liability convention
~s•recht *nt* liability legislation
Haft•wasser *nt* adhesive water, film water, pellicular water
{dünner Film pflanzenverfügbaren Wassers an Bodenaggregaten in ungesättigtem Boden}
~zone *f* capillary zone
Hagel *m* hail
hageln *v* hail
Hagel•korn *nt* hailstone
Hagel•schauer *m* hailstorm
hager *adj* lean
Hahn *m* cock, rooster (Am)
~ *m* tap
{Wasserhahn}
Hähnchen *nt* chicken
Hain *m* grove
Haken *m* hook
{geogr.: durch Strandversatz entstandene schmale Aufschüttung, die an älteren Formen ansetzend frei in ein Gewässer hakenartig hineinwächst}
~schütz *nt* lifting hook type gate
{Schütz mit hakenförmiger Ausbildung zum Führen des Überfallstrahles}
halb *adj/adv* half
~automatisch *adj* semi-automatic
~feucht *adj* semihumid
≗insel *f* peninsula, spit
≗kugel *f* hemisphere
≗leiter *m* semiconductor
≗~laser *m* semiconductor laser
≗mikro•waage *f* semi-micro balance
~natürlich *adj* semi-natural
~strauchig *adj* suffructescent, suffruticose
~tags *adv* part-time
halb•trocken *adj* semiarid
≗rasen *m* mesoxerophytic grassland
Halb•werts•zeit *f* half-life, half life
{der Zeitraum, in dem die Hälfte einer bestimmten Substanz abgebaut, umgewandelt, zerfallen oder ausgeschieden ist}
biologische ~: biological half-life
Halde *f* burrow, dead ore heap, dump, mine dump, slag heap, spoil dump
Hälfte *f* half
zur ~: half ***adv***
Halle *f* foyer, lobby
{Hotel~, Theater~}
~ *f* hall
{Saal, Gebäude}
~ *f* shed
{Fabrik~}
hallen *v* echo
Hallig *f* marsh island
{unbedeichte, nicht sturmflutgeschützte kleine Marschinsel im Wattgebiet}
Halm *m* culm, haulm
Halm•früchte *pl* grain
Halo *m* halo
{Lichtkranz um Sonne oder Mond}
Halo•biont *m* halobiont
{an Umweltbedingungen mit erhöhter Salinität gebundener Organismus}
halo•biontisch *adj* halobiotic
{im Salzmilieu lebend}
Halogen *nt* halogen
~bestimmung *f* halogen determination
halogeniert *adj* halogenated
~er Kohlenwasserstoff: halogenated hydrocarbon
halo•morph *adj* halomorphic
~er Boden: halomorphic soil
halo-nitrophil *adj* halo-nitrophilous
halo•phil *adj* halophilic, halophilous
{Lebewesen, die bevorzugt unter Umweltbedingungen mit erhöhter Salinität leben}
Halo•phyt *m* halophyte
{Pflanze, die auf Salzboden lebt}
halo•phytisch *adj* halophytic
Halt *m* stop
Haltbarkeit *f* durability,
~ *f* shelf-life
{Lagerfähigkeit}
Halte•bucht *f* lay-by, pull-in
Halten *nt* keeping
≗ *v* hold, manage, retain
≗ *v* count
{für etwas ~}
≗ *v* comply with
{sich an etwas ~}
haltend *adj* retaining
{Wasser ~}
Halter *m* master
{Hundehalter}
Halte•stelle *f* stop
Haltung *f* attitude, pose, stance
~ *f* section of sewer
{Strecke eines Abwasserkanals zwischen zwei Schächten oder Sonderbauwerken}
Hämatit *m* haematite
{Eisenerz in Form von Eisenoxid}
Hämato•logie *f* haematology
{Teilgebiet der Inneren Medizin, das sich mit Physiologie und Pathologie des Blutes und der blutbildenden Organe befasst}
Hammer *m* hammer
~brecher *m* hammer crusher
~mühle *f* hammer mill
Hämo•globin *nt* haemoglobin, hemoglobin (Am)
{roter Blutfarbstoff, der Sauerstoff binden kann}
Dtsch. und Engl. Abk.: Hb
Hämo•lyse *f* hemolysis
{Austritt des Blutfarbstoffs aus den roten Blutkörperchen}
hämo•lysierend *adj* hemolyzing
Hand *f* hand
aus erster ~: firsthand
~arbeit *f* handicraft, manual work
~bohrung *f* augering by hand
{flache Bodenbohrung mit Handbohrgerät}
Handel *m* business, sale, trading
Handeln *nt* action, agency
entschlossenes ~: decisive action
handeln *v* act
Handels | beschränkung *f* trade restriction
~betrieb *f* trading concern
~bilanz *f* balance of trade
~charta *f* business charter
~~ über eine nachhaltige Entwicklung der Internationalen Handelskammer: Business Charter on Sustainable Development of the International Chamber of Commerce
~dünger *m* commercial fertilizer
~einschränkung *f* restriction on trade
~gewerbe *nt* commercial trade
~hafen *m* port
~müll *m* commercial refuse
~politik *f* trade policies
~recht *nt* commercial law
~schranke *f* trade barrier
~strom *m* trade flow

~system *nt* trading system
≗üblich *adj* commercial
~unternehmen *nt* commercial enterprise
~volumen *nt* volume of trade
Hand | fertigkeit *f* handicraft
~-Fuß-Monitor *m* hand-foot monitor
~hacke *f* hoe
~lösch•gerät *nt* hand-held extinguisher
Handlung *f* act, action
unerlaubte ~: illicit act
~s•orientierung *f* orientation for action
Hand•schrift *f* hand
Handwerk *nt* handicraft
Handwerker /~in *m/f* craftsperson
Handwerks | betrieb *m* artisan
{Kunsthandwerk}
~~ *m* workshop
~unternehmen *nt* handicraft business
Hand•zettel *m* leaflet
Hang *m* hillside, slope
≗abwärts *adj* downslope
~anbau *m* contour farming
{entlang der Höhenlinien}
≗aufwärts *adj* upslope
Hänge | brücke *f* suspension bridge
~gleiter *m* hang-glider
~~ fliegen: hang-gliding ***n***
hängen *v* suspend
hängend *adj* hanging, suspended
Hang•entwässerung *f* interception drainage
Hänge•tal *m* hanging valley
Hang | faschinen *pl* slope fascines
{lebendes Gehölzflechtwerk zur Stabilisierung von Steilhängen}
~graben *m* contour trench, slope drain
~~berieselung *f* flooding from contour ditches
hängig *adj* declining
Hang | kanal *m* contour canal
~länge *f* slope length
~moor *nt* slope mire
{flächige Moorbildung in Hanglagen auf gering durchlässigem Gesteinsuntergrund}
~neigung *f* grade (Am), gradient, slope (angle) gradient
~~s•messer *m* clinometer, hand-level
~~s•stufe *f* slope class
~platz *m* roost site
{bei Fledermäusen}
~rutschung *f* landslip
~schutt *m* colluvial deposit, colluvium, talus
{verwittertes Festgestein, durch Bodenkriechen und -fließen oder an Steilhängen auch durch Steinschlag umgelagert}
~stabilität *f* slope stability
~überlauf *m* side spillway
{an der Talflanke parallel zum Hang angeordnetes trogförmiges Einlaufbauwerk einer Entlastungsanlage}
harmlos *adj* harmless
Harmlosigkeit *f* harmlessness
harmonisch *adj* harmonious, rounded
~ *adv* harmoniously
Harmonisierung *f* harmonization, reconciliation
~ der Einstufungs- und Kennzeichnungsssteme: harmonization of classification and labelling systems
Harn *m* urine
harn•treibend *adj* diuretic
hart *adj* hard, rough, stiff
hartnäckig *adj* stiff
Härte *f* hardness
{die Härte von Mineralien, auch Wasserhärte durch den Gehalt an Calcium und Magnesium}
~ des Wassers: water hardness
{Gehalt eines Wassers an Calcium und Magnesiumionen}
permanente ~: permanent hardness
temporäre ~: temporary hardness
{Wasserhärte, die auf Calciumcarbonaten beruht und durch Kochen entfernt werden kann}
~ausgleich *m* hardship payment
~fall *m* case of hardship, hardship case
~fonds *m* hardship fund
~grad *m* degree of hardness
~mittel *nt* hardener
Härten *nt* hardening
≗ *v* harden, temper
Härter *m* hardener
Härterei *f* hardening plant
Härte•salz *nt* hardening salt
Härte•skala *f* hardness scale, scale of hardness
Hart | faser•platte *f* hardboard
~flora *f* emerged macrophytes
{fischereibiologischer Sammelbegriff für emerse Makrophyten}
~gummi *m* hard rubber
~holz *nt* hardwood
~laub *nt* sclerophyll
~~gebüsch *nt* sclerophyllous scrub
~~gehölz *nt* sclerophyll woodland
{lichter Wald und Übergang zu Gebüsch aus vorwiegend hartlaubigen Baumarten}
~~gewächs *nt* slerophyll
~~wald *m* sclerophyll forest
{geschlossener Wald aus vorwiegend hartlaubigen Bäumen}
Härtling *m* monadnock
{Einzelberg, der aufgrund seiner Verwitterungsresistenz über seine Umgebung herausragt}
hart•näckig *adj* refractory, stiff
~ *adv* persistently, stiffly
Hart•weizen *m* durum
Harz *nt* resin
harzig *adj* resinous
Hase *m* buck
{männlicher ~}
~ *m* hare
~n•jagd *f* hare-coursing,
{~ mit Hunden}
~ *f* hare-hunting, hare shoot
Häsin *f* doe (hare)
hässlich *adj* unsightly
Hauben•einlass *m* hooded inlet
{Einlass zu einer Röhrendrainage}
hauen *v* chisel
Häufel•höhe *f* ridge height
Häufeln *nt* ridging
≗ *v* ridge
Häufel•pflug *m* lister, ridger
Häufel•terrasse *f* ridge-type terrace, levee terrace
Haufen *m* heap, mound, pile
Haufen•wolke *f* cumulus
Häufigkeit *f* abundance, incidence, prevalence
relative ~, relative Individuendichte: relative abundance
~ *f* frequency
{Anteil der Individuen einer Art an einer Gesellschaft}
~s•linie *f* discharge-frequency curve
{~~ der Abflussmengen}
~s•verteilung *f* frequency curve
Haupt | bestand•teil *m* base
~betriebs•zeit *f* peak period
~deich *m* main dike
~drän *m* conduction drain
~entwässerungs•graben *m* outfall drain

~fluss *m* main river
~graben *m* main ditch
~kanalisations•rohr *nt* trunk sewer
~lahnung *f* main groyne for land reclamation
{vom Deich oder dem Vorland ins Watt führende Lahnung}
~(rohr)leitung *f* main
~saison *f* high season
≗sächlich *adj* cardinal, prime
≗~ *adv* chiefly
~sammler *m* main drain, main sewer, trunk sewer
~schöpf•werk *nt* main pumping station
{Schöpfwerk für ein ausgedehntes Gebiet oder von übergeordneter Bedeutung}
~schule *f* [upper division of elementary school]
~verfahren *nt* main proceedings
~wind•richtung *f* prevailing wind-direction
~wirt *m* definitive host
Haus *nt* home, house
für zu ~e: indoor ***adj***
im ~: indoor ***adj/adv***
nach ~e: home ***adv***
zu ~e: home ***adv***
~ *nt* shell
{Schneckenhaus}
~brand *m* domestic fuel
Häuser | makler *m* developer
~reihe *f* terrace
Haus•feuerung *f* domestic firing system
Haus•halt *m* balance, budget, cycle, household
{Gesamtheit der Aus- und Eingänge an Stoffen, Mitteln, Energien in einem System}
ausgeglichener ~: fiscal balance
öffentlicher ~: public budget
Haushalts | abfall *m* domestic waste, household waste
{feste Abfälle, hauptsächlich aus privaten Haushalten}
~abwässer *pl* domestic sewage, household sewage
{Schmutzwasser aus privaten Haushalten}
~belastung *f* budget cost
~chemikalien *pl* household chemicals
~gerät *nt* domestic appliances
~kürzung *f* budget cut
~lage *f* fiscal position
~müll•zerkleinerer *m* waste disposal unit
~politik *f* budgetary policies, budget policy
~recht *nt* budgetary law
~reiniger *m* household cleaner
~-Strom•verbraucher *m* domestic current consumer
~theorie *f* budget theory
~trinkwsser *nt* domestic tap water
~verbrauch *m* domestic consumption, home consumption
~wasser•filter *m* filter for domestic water
Haus | installation *f* home wiring
~klär•anlage *f* premises sewage works
~lärm *m* domestic noise
häuslich *adj* domestic, home
~es Abwasser: domestic sewage
Haus•müll *m* domestic waste, household refuse, household waste
{feste Abfälle hauptsächlich aus privaten Haushalten, die regelmäßig gesammelt, transportiert und der weiteren Entsorgung zugeführt werden}
~aufbereitung *f* household waste treatment
~deponie *f* domestic garbage dump, domestic waste landfill
{Abfallentsorgungsanlage zur dauerhaften, geordneten und kontrollierten Ablagerung von überwiegend festen Siedlungsabfällen}
~entsorgung *f* disposal of domestic waste
~sammlung *f* collection of domestic waste, household waste collection
~sortierung *f* sorting of domestic waste
~verbrennung *f* household waste incineration
~~s•anlage *f* household waste incinerating plant, incinerating plant for domestic refuse
~verwertung *f* household waste treatment
{die Gewinnung von Wertstoffen aus Hausmüll durch getrennte Sammlung und/oder Sortierung und Kompostierung}
~zerkleinerer *m* waste disposal unit
Haus | schwamm *m* dry rot
~staub *m* house dust
~tier *nt* domestic animal, pet
verwildertes ~: escape ***n***
~vieh *nt* domestic livestock
Haut *f* skin
abgestreifte ~: slough ***n***
häutchenartig *adj* pellicular
häutchenförmig *adj* pellicular
Häuten *nt* flaying, sloughing
≗ *v* flay
{die Haut abziehen}
≗ *v* moult, slough
{sich ~}
Haut | gift *nt* skin poison
~reizung *f* skin irritation
~schädigung *f* skin irritation
~schutz *m* skin protection
Häutung *f* ecdysis, moult, moulting
Haut•verträglichkeit *f* skin tolerance
Havarie•dienst *m* damage protection service
Heben *nt* lift, lifting
≗ *v* boost, lift, raise
hebend *adj* lifting
Heber *m* lifter
~ *m* siphon
{für Wasser}
~anordnung *f* [pumping station with a siphon]
{Anordnung einer Pumpe, bei der Saug- und Druckrohr eine Heberleitung bilden}
~wehr *nt* siphon weir
{Sonderform eines festen Wehres, bei dem der Abfluss über die Überfallkrone ohne nennenswerten Anstieg des Oberwasserspiegels erfolgt}
Hebe•satz *m* multiplier
Hebungs•küste *f* raised beach
Heck *nt* back
Hecke *f* hedge, hedgerow, quickset
~n•busch•lagen•bau *m* hedge-branch layering, hedge-brush layer construction
~n•kultur *f* hedging
~n•legen *nt* hedgelaying
{Methode der Heckenpflege, bei der die Stämme kurz über dem Boden mehr als die Hälfte gespalten und dann waagrecht gelegt werden, um eine dichte Grenze zu bilden}
~n•pflanze *f* quickset
Hefe *f* yeast
~herstellung *f* yeast production
heftig *adj* profound
Hege•meister *m* gamekeeper
hegen *v* preserve

Heide *f* heath, heathland
~ginster *m* gorse
~landschaft *f* heathland
~wald *m* forest on poor soils
heikel *adj* tricky
heilend *adj* medicinal
Heil | kraut *nt* medicinal herb
mit Heilkräutern: herbal ***adj***
~kunde *f* medicine
~pflanze *f* medicinal herb, medicinal plant
~quelle *f* medicinal spring
{Quelle oder Brunnen, deren Wasser aufgrund balneologischer Erfahrungen geeignet ist, Heilzwecken zu dienen}
~zweck *m* medicinal purpose, therapeutic purpose
zu ~~n: for medicinal purposes, for therapeutic purposes, medicinally
Heim *nt* home
~arbeit *f* cottage industry
Heimat *f* home, homeland
~land *nt* homeland
~schutz *m* homeland protection
heimisch *adj* indigenous, native
~ machen: naturalize ***v***
nicht ~: alien, non-native ***adj***
heimlich *adj* stolen
Heimlichkeit *f* secrecy
Heimlichtuerei *f* secrecy
heiß *adj* hot
Heiß•gas *nt* hot gas
~filter *m* hot gas filter
~reinigungs•anlage *f* hot gas cleaning plant
Heiß•wasser *nt* hot water, hot-water
~ kessel *m* hot-water boiler
Heister *m* sapling
Heiz•anlage *f* heating system
heizbar *adj* heated
Heiz•element *nt* heating element, heating unit
heizen *v* heat
Heiz | energie *f* heating energy
~~einsparung *f* heating (energy) saving
~gas *nt* fuelgas
~gerät *nt* heater, heating appliance
~haus *nt* heating house
~kessel *m* boiler
~körper *m* radiator
~kosten *pl* heating costs
~~verordnung *f* heating costs regulation

Heiz•kraft *f* calorific power, heating power
~werk *nt* combined heat and power plant
Engl. Abk.: CHP plant
~~ *nt* heating and power station, thermal power station
Heiz•öl *nt* fuel oil, heating oil
~ EL: light fuel oil
leichtes ~: light fuel oil
schweres ~: heavy fuel oil
~abscheider *m* fuel oil trap
~rest•stoffe *pl* fuel oil residues
~sperre *f* self-sealing light liquid separator
{Bodenablauf, der durch selbsttätigen Ablauf verhindert, dass Heizöl in eine Abwasserleitung gelangt}
~verbrauch *m* fuel oil consumption
Heiz•schlauch *m* heating hose
Heiz•strahler *m* electric heater
Heizung *f* heating
elektrische ~: electrical heating
~ aus Kernkraftwerken: nuclear heating
~s•anlage *f* heating installation, heating system
~~n-Verordnung *f* heating installation regulation
~s•betriebs•verordnung *f* heating operation regulation
~s•regler *m* controller for heating systems
~s•technik *f* heating technique, heating technology
Heiz•werk *nt* heating plant
Heiz•wert *m* calorific value
{der Energiegehalt eines Stoffes}
~ *m* heating value
Hektar *m* hectare
Dtsch. und Engl. Abk.: ha
helfen *v* back, hand, help
Helfer /~in *m/f* assistant, helper
~virus *m* helper virus
Helio•phyt *m* heliophyte
{sonnenliebende Pflanze}
Helium•kern *m* alpha particle
{als radioaktive Strahlung}
hell *adj* light
≗adaption *f* light adaptation
Heller *m* heller
{sporadisch überfluteter Wattstreifen vor dem Außendeich oberhalb des mittleren Tidehochwassers}
Helligkeit *f* luminosity
Hemero•chorie *f* hemerochory

Hemero•philie *f* hemerophily
{die Kulturfolge}
Hemero•phobie *f* hemerophoby
{die Kulturflucht}
Hemi•sphäre *f* hemisphere
Dtsch. Syn.: Halbkugel
nördliche ~: Northern Hemisphere
südliche ~: Southern Hemisphere
hemmen *v* hamper, inhibit, stunt
hemmend *adj* inhibiting
Hemm•kontrolle *f* inhibition control
Hemmnis *nt* drag, obstruction
~beseitigungs•gesetz *nt* obstruction siting law
Hemm•stoff *m* inhibitor, retardant
Hemmung *f* inhibition
~ der mikrobiellen Aktivität: inhibition of microbial activity
Hemm•wirkung *f* inhibiting effect
Henkel *m* lug
herabgesetzt *adj* cut-rate
{~er Preis}
herablassen *v* lower
Herabsetzung *f* abatement
heran *adv* forward
heraus *adv* out
Heraus•forderung *f* challenge, provocation
heraus•hacken *v* hoe up
{Unkraut ~}
heraus•lösen *v* leach
Heraus•ziehen *nt* extraction
≗ *v* extract
Herbarium *nt* herbarium
herbivor *adj* herbivorous
Dtsch. Syn.: pflanzenfressend
Herbizid *nt* herbicide, weedkiller
Dtsch. Syn.: Unkrautvernichtungsmittel
selektives ~: selective herbicide
systemisches ~: systemic herbicide
translokales ~: translocated herbicide
~abbau *m* herbicide degradation
~anwendung *f* herbicide application
~applikation *f* application of herbicides
~einsatz *m* utilization of herbicides
~resistenz *f* herbicide resistance
~rückstand *m* herbicide residue
~wirkung *f* effect of herbicide
Herbst *m* autumn, fall (Am)
~zirkulation *f* autumn overturn
Herd *m* focus
{Zentrum}

Herde *f* flock
{bei Schafen und Gänsen}
~ *f* herd
{allg. bei Pflanzenfressern}
Herd•mauer *f* cut-off wall
{massives Bauteil zum Anschluss von Innen- und Außendichtungen an den Untergrund}
herein•legen *v* chisel
herkömmlich *adj* conventional, traditional
Herkunft *f* provenance
{forstgenetische ~}
Herpes•virus *m* herpesvirus
{zu einer Gruppe von etwa 40 DNS-haltigen Viren gehörender, Haut- und Schleimhautkrankheiten auslösender Virus}
Herpeto•logie *f* herpetology
{die Wissenschaft von den Amphibien und Reptilien}
Herr *m* master
Herren•haus *nt* hall
herrühren *v* arise
herrührend *adj* arising
herrschen *v* obtain
herrschend *adj* dominant,
{soweit vorherrschend, dass die Lebensgemeinschaft bestimmt wird}
~ *adj* prevailing
herstellen *v* manufacture, process, produce
synthetisch ~: synthesize ***v***
herstellend *adj* making
Hersteller /~in *m/f* manufacturer, producer
~haftung *f* producer liability
Herstellung *f* establishment, making, manufacturing, production
herum•rennen *v* scour
herunter *prep* down
~machen *v* flay
{stark kritisieren}
~rollen *v* roll off
Hervor•bringen *nt* spawning
≗ *v* spawn, yield
hervor•gegangen *adj* emerged
hervor•gehen *v* emerge
hervor•ragen *v* project
hervor•rufen *v* prompt
hervor•springen *v* project
Herz *nt* heart
~frequenz *f* heart rate
~~monitor *m* cardiac monitor
hetero•gen *adj* heterogeneous
Dtsch. Syn.: verschiedenartig
hetero•troph *adj* heterotrophic
{sich von Biomasse ernährend}
hetero•zyklisch *adj* heterocyclic
Hetz•jagd *f* blood sports, hunt
Heu *nt* hay
Heuchler /~in *m/f* hypocrite
Heuen *nt* haymaking
Heu | ernte *nt* haymaking
~haufen *m* haycock
~schnupfen *m* hay fever, pollinosis
heutig *adj* contemporary
Hibernation *f* hibernation
{Zustand der Wachstumsruhe}
Hieb *m* cut
Hiebs | alter *nt* felling age
~anweisung *f* felling instruction
~art *f* felling type, type of felling
{Art und Weise der im Rahmen der Endnutzung erfolgende Entnahme von Bäumen}
~ertrag *m* felling yield
~klasse *f* felling class
~methode *f* felling method
~reife *f* maturity, ripeness for cutting
{Zeitpunkt und Zustand, in dem der Einzelbaum oder der Bestand das Produktionsziel erreichen}
~satz *m* allowable cut, prescribed yield
{die festgesetzte Menge an Holz oder Anzahl von Bäumen, die in einem bestimmten Zeitraum geerntet werden soll oder muss}
~~bestimmung *f* yield determination
{die Berechnung des Hiebssatzes in der Betriebsregelung}
~umlauf *m* cutting cycle, felling cycle
{Zahl der Jahre zwischen einem Hieb und seiner Wiederholung}
Hierarchie *f* hierarchy
hierarchisch *adj* hierarchical
Hilfe *f* aid,
ärztliche ~: medical aid
Erste ~: first aid
Erste-~-Ausrüstung: first aid equipment
~ *f* assistance
{Hilfestellung}
~ zu konzessionären Bedingungen: concessional assistance
technische ~: technical assistance
~stellung *f* assistance
~~ geben: provide assistance ***v***
Hilfs | beamte /~r *f/m* assistant official
~~ der Staatsanwaltschaft: assistant official of the prosecutor's office
≗**bereit** *adj* co-operative
~maßnahme *f* remedial action
~mittel *nt* aid, appliance, auxiliary material
~~ *pl* auxiliaries
~organisation *f* aid agency
~programm *nt* aid programme
~stoff *m* auxiliary substance
~werk *nt* aid agency
Himalaya *m* Himalayas
Himmel *m* sky
{der reale Himmel im Gegensatz zum geistigen Himmel (= heaven)}
klarer ~: clear sky
~s•richtung *f* cardinal point
~s•strahlung *f* irridiance
diffuse ~~: diffuse irridiance
hinab *adv* below
hinablassen *v* lower
hinauf *adv* above
hinaus•gehend (über) *adj* in excess (of)
hinaus•schieben *v* postpone
hindern *v* inhibit
Hindernis *nt* drag, hindrance, obstacle, obstruction
hindurch•leiten *v* channel
hinfällig *adj* spent
Hinlänglichkeit *f* sufficiency
hinreichend *adj* adequate
hinreißend *adj* stunning
hinten *adv* behind
hinter *prep* behind
Hinter•bliebene /~r *f/m* survivor
hinter•einander *adj* running
Hinter•füllung *f* backfill, cribfill
Hinter•grund *m* background
~geräusch *nt* background noise
~strahlung *f* background radiation
~wert *m* background level
Hinter•land *nt* backswamp
{von einem Wasserlauf weiter entferntes Sumpfgebiet}
~ *nt* hinterland,
~ *nt* outback
{unkultiviertes Hinterland in Australien}
Hinter•lieger *m* inhabitor of a property
Hinter•teil *nt* behind, bottom
hinüber *adv* across

hin- und herbewegen *v* reciprocate
{auch: sich ~- ~ ~}
sich ~- ~~d: reciprocating ***adj***
hinunter *adv* below
~ *prep* down
~schlucken *v* swallow
Hinweis *m* reference
hinziehen *v* drag on, draw, pull
sich ~d: ranging ***adj***
Hirn•anhang•drüse *f* pituitary, pituitary body, pituitary gland
Hirsch *m* deer
~brunft *f* rut
~fänger *m* hunting knife
~geweih *nt* antlers
~kalb *nt* deer calf, fawn
~kuh *f* hind
Hirt(e) *m* herdsman, pasturalist
~ *m* shepherd
{Schafhirte}
Hirten | hund *m* sheep-dog
~volk *nt* pastoral people, pasturalists
Hist•amin *nt* histamine
Histo•chemie *f* histochemistry
Histo•logie *f* histology
{die Gewebelehre}
historisch *adj* ancient, historic, historical
~ *adv* historically
Hitze *f* heat
⸛beständig *adj* refractory
⸛~es Material: refractory ***n***
~flimmern *nt* heat haze
⸛zerstörbar *adj* thermosetting
Hitz•schlag *m* heat exhaustion
Hobby *nt* hobby, recreation
Hobel *m* plane
hobeln *v* plane
Hoch *nt* high
Dtsch. umgangssprachlich für Hochdruckgebiet
subtropisches ~: subtropical high
⸛ *adj* high, tall
⸛ *adv* highly
⸛aktiv *adj* high-level, highly active
~bau *m* above-ground construction, structural engineering
~druck *m* high pressure
~~boden•wasch•anlage *f* high-pressure soil cleaning plant
~~filter *m* high-pressure filter
~~flüssigkeits•chromatografie *f* high-pressure liquid chromatography
~~gebiet *nt* anticyclone, high
subtropisches ~~~: subtropical high
~~keil *m* ridge
~~reinigungs•gerät *nt* high-pressure cleaning equipment
~~rohr•leitung *f* high-pressure pipeline
~~verfahren *nt* high-pressure process
~ebene *f* mesa
{im Südwesten der USA}
~~ *f* plateau
⸛entwickelt *adj* sophisticated
⸛explosiv *adj* highly explosive
~gebirge *nt* high mountains
⸛gefährlich *adj* high-risk
~geschwindigkeits•bahn *f* high speed railway
⸛gestellt *adj* superior
⸛giftig *adj* highly poisonous
⸛gradig *adj* profound
~haus *nt* high-rise building
⸛heben *v* boost
~land *nt* highland,
{allgemein jedes höher gelegene Land}
~~ *nt* upland
~moor *nt* raised bog
{uhrglasförmig über das umgebende Gelände hinausgewachsenes, vom umgebenden Grund- und Oberflächenwasser unabhängiges Torfmoor}
geländebedeckendes ~~: blanket bog
{Dtsch. Syn.: Deckenmoor; Torfmoor, welches das Gelände flächig bedeckt}
geschädigtes ~~: degraded raised bog
lebendes ~~: active raised bog
~ofen *m* blast furnace
~~gas *nt* blast furnace gas
~~werk *nt* blast furnace works
⸛radio•aktiv *adj* high-level radioactive
⸛rangig *adj* high-level
~rechnung *f* projection
⸛schieben *v* boost
~schul | ausbildung *f* college education, university education
~~bildung *f* college education, university education
~schule *f* college, university
Pädagogische ~~: College of Education
~schüler /~in *m/f* college student, university student
~schul | lehrer /~in *m/f* college teacher, university lecturer
~~studium *nt* college studies, university studies
~~wesen *nt* college system, universtity system
Hoch•see *f* high sea, open sea
~fischerei *f* deep-sea fisheries, deep-sea fishing
~~fahrzeug *nt* deep-sea fishing vessel
~flotte *f* deep-sea fleet
~schiff *nt* deep-sea vessel, sea going vessel
~~fahrt *f* maritime shipping
Hoch•sitz *m* raised hide
Hoch•spannung *f* high tension, high voltage
~s•leitung *f* high tension electric line, high voltage (transmission) line
~s•mast *m* electricity pylon
höchst *adv* extremely, most
~e Testkonzentration ohne beobachtete Wirkung: non-observable effect concentration
Hoch•stamm *m* standard
{Gartenbau}
Hochstaude *f* tall (perennial) herb
Höchst | belastung *f* peak load
~dosis *f* peak dose
höchste /~r /~s *adj* highest
Höchst | mengen•verordnung *f* regulation on maximum permissible limits
{Verordnung über zulässige Mengen Fremdstoffe in Lebensmitteln, die absichtlich oder unbeabsichtigt in diese gelangt sind}
~verbrauch *m* peak consumption
~wert *m* peak value
⸛zulässig *adj* maximum permissible
Hoch•temperatur | abscheidung *f* high-temperature separation
⸛gas•gekühlt *adj* high-temperature gas cooled
~reaktor *m* high-temperature reactor
{Reaktortyp, der mit besonders hohen Betriebstemperaturen (ca. 1000 Grad Celsius) arbeitet}
~schlauch *m* high-temperature hose
Hoch•wald *m* high forest, timber forest
schlagweiser ~: clear-felling high forest
~betrieb *f* high forest system
{forstliche Betriebsart, bei der der Bestand überwiegend aus Kernwüchsen begründet wird}

Hoch•wasser *nt* flood, flood water, high tide, high water, spate
~ führen: be in (full) spate
mittleres ~: mean high water
~abfluss *m* flood water flow
~~gebiet *nt* flood relief area
~~querschnitt *m* floodway
~bekämpfung *f* flood control
~berechnung *f* flood routing
~deich *m* flood protection dam
~entlastungs | anlage *f* spillway
{Anlage, die das im Gesamtstauraum nicht speicherbare Wasser schadlos abführt}
~~kanal *m* flood relief channel
~gang•linie *f* flood hydrograph
~gebiet *nt* floodplain
~häufigkeit *f* flood frequency
~marke *f* high water mark
~not•stand *m* flood emergency
~prognose *f* flood forecast
~risiko *nt* flood risk
~rückhalt *m* flood control
~~e•becken *nt* flood control basin, flood control reservoir, flood regulating reservoir
~~e•raum *m* flood control storage
{Teil des Nutzraumes, der für die vorübergehende Aufnahme von Hochwasser zur Verfügung steht}
~schaden *m* flood damage
~scheitel *m* flood crest
~schutz *m* flood abatement, flood alleviation, flood control (measures), flood defence, flood prevention, flood protection
~~system *nt* flood protection system
~speicher *m* flood control reservoir
~spitze *f* flood peak, peak flood
~stands•marke *f* high water mark
~verschluss *m* flood gate
~warnung *f* flood warning
hoch•wertig *adj* fine
Hoch•wild *nt* big game, larger game animals
Hof *m* farmyard
{Bauernhof}
~ *m* halo
{Lichtkranz um Sonne oder Mond}
~bewirtschaftung *f* farm management
~kreislauf *m* matter cycle of a farm
geschlossener ~~: closed matter cycle of a farm

Höft•land *nt* hoeftland
{dreieckiges Anlandungsgebiet, das an einer breiten, älteren Form ansetzt und an den beiden anderen Seiten durch Strandwälle aufgeschüttet wird}
Höhe *f* altitude, height
effektive ~: effective height
in die ~ treiben: boost ***v***
in geringer ~: low-altitude ***adj***
hoheit | lich *adj* sovereign
~s•gebiet *nt* national territory, sovereign territory, territorial region
~s•gewässer *nt* territorial waters
~s•recht *nt* right of the state, sovereignty right
Höhen | anpassung *f* adaptation to altitude
~bonität *f* height site index
{Bonität eines Bestandes ausgedrückt als Faktor von dessen Höhe}
~inversion *f* high level inversion
{in größerer Höhe liegt warme Luftschicht über kalter Luft}
~krankheit *f* altitude sickness
~lage *f* altitude
~linie *f* contour
~~n•abstand *m* contour interval
~~n•karte *f* contour map
~marke *f* benchmark, bench mark, datum (plane)
~messer *m* altimeter
~messung *f* levelling
~plan *m* contour map
~strahlung *f* cosmic radiation
~stufe *f* altitudinal zone
{durch die Änderung der klimatischen Bedingungen ökologisch gekennzeichneter Höhengürtel}
~stufung *f* altitudinal zonation
~unterschied *m* contour interval
~zug *m* down, range (of hills/of mountains)
Höhe•punkt *m* prime
höher *adj* higher
{Maß}
~ *adj* senior
{~ im Rang}
nicht ~ als: not exceeding
höhere /~r /~s *adj* superior
höher•kontaminiert *adj* highly contaminated
Hohe-See-Einbringungs | gesetz *nt* legislation on high seas dumping
{in Dtschl. das Gesetz zur Verhütung der Meeresverschmutzung durch das Einbringen von Abfällen durch Schiffe und Luftfahrzeuge}
~verordnung *f* regulation on high seas dumping
hohl *adj* hollow
Höhle *f* cave
{natürlicher unterirdischer Hohlraum}
~ *f* cavern
{eine große Höhlenkammer}
~ *f* pothole, pot-hole
{kleinere ausgewaschene Höhlung}
~n•gewässer *nt* cave water system
~n•okkupation *f* nesthole-occupation
Hohl | glas *nt* hollow glass
{alle aus der Glasschmelze nicht platten- oder faserförmig hergestellten Glaserzeugnisse}
~mauer *f* cavity wall
{doppelter Wandaufbau mit dazwischen liegendem Hohlraum}
~~isolierung *f* cavity insulation
~raum *m* cavity, hollow space, pore, void
~~sanierung *f* hollow space reconstruction
~sog *m* cavitation
Höhlung *f* hollow
Hohl•wirbel *m* air-entraining-vortex
{Strömungserscheinung, bei der an der freien Oberfläche eine trichterförmige Vertiefung und daran anschließend eine luftführende Verbindung entsteht}
hol•arktisch *adj* holarctic
{die nearktische und palaearktische Region einschließend}
holen *v* capture
Holismus *m* holism
Dtsch. Syn.: Ganzheitlichkeit
Holländer /~in *m/f* Dutch
Holländisch *nt* Dutch
~ *adj* Dutch
Holo•grafie *f* holography
{auch: Holo•graphie}
{Verfahren zur Abbildung des Lichtwellenfeldes, das von einem mit monochromatischem kohärentem Licht beleuchteten Gegenstand ausgeht}
holprig *adj* rough
Hol•system *nt* curbside collection, pick up system, waste collection at source
{System, bei dem die Wertstoffe direkt beim Erzeuger abgeholt werden}
Holz *nt* lumber (Am), timber
{gefälltes Holz}

stehendes ~: standing timber, stumpage
{fertig zum Fällen}

~ *nt* wood
totes ~: dead wood

~abfall *m* timber waste, wood waste
{bei Ernte, Be- und Verarbeitung von Holz entstehender Abfall}

~~nutzung *f* waste wood utilization

~alkohol *m* wood alcohol

~art *f* timber species
{Baumart, die nutzbares Holz liefert}

~boden *m* timber land, wooded area

~~fläche *f* forested area, forested land
{der dauernden Erzeugung von Produkten und Dienstleistungen direkt dienende, vom Wald bestockte Fläche}

~brenn•stoff *m* woodfuel
{Holz und Holzprodukte, die zur Verbrennung dienen}

~chemie *f* wood chemistry

~einschlag *m* cutting, felling, timber harvest

~erlös *m* timber value
erntekostenfreier ~~: stumpage rate, stumpage value
{Wert stehenden Holzes, berechnet aus dem Verkauf des Holzes, abzüglich aller bis zum Eigentumsübergang entstandenen Kosten}

~ernte *f* timber harvest

~~maschine *f* tree harvester

~fällen *nt* logging

~fäller /~in *m/f* logger, lumberjack (Am)

~~ausrüstung *f* logging equipment

~faser•stoff *m* ligneous fibres

~gas *nt* wood gas

~geist *m* wood alcohol

~gewächse *pl* ligneous plants

~gewinnung *f* timber harvest

~grund•stoff•industrie *f* wood-based industry

~hack•schnitzel *pl* wood chips
{maschinell sehr klein gehacktes Holz, das zur Verbrennung bestimmt ist}

~heizkessel *m* wood furnace

holzig *adj* ligneous

Holz | industrie *f* lumber industry, timber industry

~kohle *f* charcoal

~lager *nt* timber yard

~mangel *m* shortage of wood

~markt *m* timber market

~masse *f* wood pulp

~ofen *m* woodstove, wood-burning stove

~plantage *f* timber plantation
{aus Pflanzung oder Saat entstandener Baumbestand, der primär der Holzzucht dient}

~produktions•kapital *nt* growing stock
{der den Zuwachs erzeugende Bestand an Holz}

~reste•verwertung *f* processing of residual wood

~rücke | n *nt* logging

~~weg *m* haulroad, logging track

~schädling *m* wood pest

~scheit *nt* log

~schutz *m* wood preservation

~~mittel *nt* wood preservative
{zur Vorbeugung oder zur Bekämpfung von holzzerstörenden sowie holzverfärbenden Schadorganismen eingesetzte Mittel}

~schwamm *m* dry rot

~sorte *f* timber grade, timber sortiment
{durch Dimension und Qualität gekennzeichnetes Holz}

~späne•entsorgung *f* wood chip disposal

~spiritus *m* wood alcohol

~verarbeitung *f* wood processing

~~s•industrie *f* timber and wood working industry

~vergasung *f* wood distilling

~verwertung *f* wood utilization

~volumen *nt* timber volume, wood volume
{Inhalt des Holzkörpers in Volumeneinheiten}

~vorrat *m* growing stock
{die in einem Wald vorhandene Menge an Holz}

~~s•inventur *f* timber inventory, timber survey
{die auf die Bestimmung des Holzvorrates gerichtete Form der Waldinventur}

~werk•stoff *m* timber material

~~industrie *f* industry processing wood and timber

~wirtschaft *f* forest industries

Homeland *nt* homeland
{in Südafrika}

homogen *adj* homogeneous

homogenisierend *adj* homogenizing

Homogenisier•gerät *nt* homogenizing equipment

Homöo•stase *f* homeostasis

Homo•sphäre *f* homosphere
{Zone der Erdatmosphäre, die Meso-, Strato-, und Troposphäre einschließt}

Homo•transplantation *f* homograft

Honig *m* honey

hörbar *adj* audible

Hörbarkeit *f* audibility

~s•grenze *f* audibility limit, limit of audibility

Hör | bereich *m* audible range, audio frequencies, audio range, range of hearing

~~s•grenze *f* auditory limit

~fähigkeit *f* hearing ability

~frequenz•bereich *m* audio range

~grenze *f* audibility limit

Horizont *m* horizon, skyline, zone

~al•bohrung *f* horizontal drilling

~al•filter•brunnen *m* horizontal filter well

~al•wind•rad *nt* panemone

Hormon *nt* hormone

hormonal *adj* hormonal

hormonell *adj* hormonal

Hormon•mangel *m* hormonal deficiency

Hör | schaden *m* auditory damage, damage to audibility

~schall *m* audible noise

~schärfe *f* auditory acuity
Rückbildung der ~~: impairment of auditory acuity

~schwelle *f* audibility threshold, limit of audibility
{gibt an, bei welchem Schalldruckpegel Töne hörbar werden, abhängig von der Frequenz des Schalls}
absolute ~~: absolute limit of audibility

~~n•erhöhung *f* raising of the hearing threshold

Horst *m* eyrie

horsten *v* nest

Hör•störung *f* hearing disturbance

Hortisol *m* garden-soil, hortisol
Dtsch. Syn.: Gartenboden

Hör | verlust *m* hearing loss
Bekämpfung des ~~s: hearing loss abatement

~vermögen *nt* capacity of hearing, hearing

Hotel *nt* hotel, lodge

HPLC-Analytik *f* HPLC analytics

{HPLC = high pressure liquid chromatography = Hochdruckflüsigkeitschromatografie}

HPLC-Chromato•graf *m* HPLC chromatograph
{auch: HPLC-Chromato•graph}
{Hochdruckflüssigkeitschromatograf}

Hub *m* lift

~kolben•motor *m* reciprocating piston engine

~raum *m* displacement

~schrauber *m* helicopter

Huf *m* hoof

Hügel *m* hill, tor

~ *m* hillock, hummock
{kleiner Hügel}

~ *m* mound
{Erdhügel}

~beet *nt* cambered bed, ridge bed

~bildung *f* hummocking
{der Eisoberfläche}

~grab *nt* barrow

hügelig *adj* hilly

~ *adj* hummocky
{kleine, vereinzelte Hügel}

Hügel | kette *f* ridge

~land *nt* downland, downs
{in Großbritannien, grasbedeckt}

~pflanzung *f* mound planting

Huhn *nt* chicken

Hühner | batterien *pl* battery farming

~pest *f* fowl pest

Hülle *f* blanket
{Überdeckung, Decke}

~ *f* capsule
{Umhüllung}

~ *f* shell
{Puppenhülle}

Hülse *f* capsule, case, container
{Technik}

~ *f* hull, pod, shell
{Botanik}

~n•frucht *f* fruit of a leguminous plant

≗~artig *adj* leguminous

~n•früchte *pl* pulse
{im Engl. nur Singular}

~n•früchtler *m* legume, leguminous plant

≗n•tragend *adj* leguminous

human *adj* considerate

~ *adj* human
{medizinisch}

~ *adj* humane

~ *adv* considerately
{nachsichtig}

~ *adv* humanly
{menschenwürdig}

≗biologie *f* human biology

≗bio•monitoring *nt* human biomonitoring

≗genetik *f* human genetics

humanisieren *v* humanize

Humanisierung *f* humanization

Humanität *f* humanity
Dtsch. Syn.: Menschlichkeit

Human | kapital *nt* human capital

≗ökologie *f* anthropo-ecology, human ecology
{Lehre von den Wechselbeziehungen zwischen Mensch und Umwelt}

≗physiologie *f* human physiology

Humat *nt* humate

humid *adj* humid
Dtsch. Syn.: feucht

humifizieren *v* humify

Humifizierung *f* humification
{die Bildung von Humus aus organischem Material}
Dtsch. Syn.: Humusbildung

Humin•säure *f* humic acid

Humin•stoff *m* humic matter

humos *adj* humic

Humus *m* compost, humus
{organischer Anteil des Bodens, der vornehmlich aus Zersetzungsprodukten abgestorbener pflanzlicher und tierischer Reststoffe gebildet wird}

≗arm *adj* humus-poor

~bildung *f* humification, humus formation

~boden *m* humus soil, mold (Am), mould

~erde *f* mold (Am), mould

≗reich *adj* humic, humus-rich

~schicht *f* humus layer

~stoff *m* humus matter

Hund *m* dog
~ **für die Schleppjagd:** drag-hound ***n***

Hunger *m* hunger, starvation
~ **leiden:** live on a starvation diet ***v***

Hunger•hilfe *f* famine relief

Hungern *nt* starvation

hungern *v* starve

Hungers•not *f* famine
von ~ bedrohte Länder: famine-stricken countries

Hurrikan *m* hurricane

Hüten *nt* keeping

~ *nt* tending
{Schafe ~}

≗ *v* herd, tend

Hütte *f* cottage
{einfaches Ferienhaus}

~ *f* box, hut, lodge

~n•industrie *f* iron and steel industry, metallurgical industry

~n•kokerei *f* metallurgical coking plant

~n•rauch *m* smelter smoke

~~schaden *m* smelter smoke damage

hybrid *adj* hybrid

≗antrieb *m* hybrid drive
{Fahrzeugantrieb mit mehr als einer Antriebsquelle}

Hybride *f* crossbreed, crossbreed, hybrid
Dtsch. Syn.: Kreuzung

Hybridisation *f* hybridization

Hybridisierung *f* hybridization
Dtsch. Syn.: Kreuzung

Hybrid•kühl•turm *m* hybrid cooling tower
{Kombination aus Trocken- und Nasskühlturm}

Hydratisierung *f* hydration
{Anlagerung von Wasser an organische Verbindungen in Gegenwart von Katalysatoren}

Hydraulik *f* hydraulics
{Teilgebiet der Strömungslehre}

~aggregat *nt* hydraulic unit

~flüssigkeit *f* hydraulic fluid

hydraulisch *adj* hydraulic
~e Leitfähigkeit: hydraulic conductivity
~er Radius: hydraulic radius

Hydrierung *f* hydrogenation
{Anlagerung von Wasserstoff an Elemente oder Verbindungen}

Hydro | biologie *f* hydrobiology
{Wissenschaft von den im Wasser lebenden Organismen, ihren Lebensgemeinschaften, und ihren Beziehungen zum Wasser als Umwelt}

~chemie *f* hydrochemistry

~dynamik *f* hydrodynamics
{Mechanik der Flüssigkeiten}

≗elektrisch *adj* hydroelectric, hydro-electric

~elektrizität *f* hydroelectric energy, hydroelectricity

~geografie *f* hydrography
{auch: ~geographie}
Dtsch. Syn.: Hydrografie

~geologie *f* hydrogeology

{Zweig der angewandten Geologie, der sich mit der lagerstättenkundlichen Erforschung des Grundwassers befasst}

~graf *m* hydrograph
{auch: ~graph}
Dtsch. Syn.: Wasserstandsganglinie

~grafie *f* hydrography
{auch: -graphie}
Dtsch. Syn.: Hydrogeografie, Gewässerkunde
{die Lehre von Erscheinungsformen, Eigenschaften, Vorkommen, Verbreitung und Haushalt des Wassers über, auf und unter der Erdoberfläche}

≗grafisch *adj* hydrographic
{auch: ≗graphisch}

Hydroiden *pl* hydroids

Hydro | kultur *f* hydroponics, soilless gardening

~logie *f* hydrology
{Lehre vom Wasser, seinen Eigenschaften und Erscheinungsformen auf und unter der Erdoberfläche}

≗logisch *adj* hydrological
≗~es Jahr: hydrologic year

~lyse *f* hydrolysis
{chemische Reaktion, bei der eine Verbindung durch Einwirkung von Wasser gespalten wird}

≗lysieren *v* hydrolyse, hydrolyze (Am)

~mechanik *f* hydromechanics
{Syn.: Flüssigkeitsmechanik}

~metallurgie *f* hydro-metallurgy
{Teil der Metallurgie, der sich mit der Gewinnung von Metallen oder Metallsalzen mit Hilfe wässriger Lösungen befasst}

~meteoro•logie *f* hydrometeorology
{befasst sich mit dem Einfluss der meteorologischen Elemente und Vorgänge auf Wasserkreislauf und Wasserhaushalt der Natur}

~meter *nt* hydrometer

~metrie *f* hydrometry

≗morph *adj* hydromorphic
~er Boden: hydromorphic soil
{durch Wasserüberschuss geprägter Boden }

≗phil *adj* hydrophilous

~phobie *f* hydrophobia

~phyt *m* hydrophyte
Dtsch. Syn.: Wasserpflanze

~ponik *f* hydroponics

~serie *f* hydrosere
{Sukzession von Pflanzengesellschaften in Feuchtgebieten}

~sphäre *f* hydrosphere
{die Wasserhülle der Erde}

~statik *f* hydrostatics

≗statisch *adj* hydrostatic

≗thermal *adj* hydrothermal
~e Formation: hydrothermal formation
~er Schlot: hydrothermal vent

~thermik *f* hydrothermics
{Spezialgebiet der Geothermik, das die thermischen Eigenschaften des Grundwassers im Grundwasserleiter behandelt}

~zyklon *m* hydro-cyclone
{Aggregat zum Abscheiden von Feststoffteilchen aus Flüssigkeiten}

Hygiene *f* health care
{Gesundheitspflege}

~ *f* hygiene, sanitation
{Sauberkeit}

~ *f* hygienics
{Lehre von der Gesundheit und ihrer Erhaltung}

~artikel *pl* hygiene articles

~maßnahmen *pl* sanitation control

~vorschrift *f* hygienic directive

hygienisch *adj* hygienic, sanitary
~e Bewertung: hygienic assessment

Hygienisier•anlage *f* hygienization plant

Hygienisierung *f* sanitation

Hygro | meter *nt* hygrometer
Dtsch. Syn.: Feuchtemesser

~metrie *f* hygrometry
Dtsch. Syn.: Feuchtigkeitsmessung

~skop *nt* hygroscope

≗skopisch *adj* hygroscopic

hyper | aktiv *adj* hyperactive

≗parasit *m* hyperparasite
{Parasit, der von anderen Parasiten lebt}

~sensibel *adj* hypersensitive
Dtsch. Syn.: überempfindlich

≗sensibilität *f* hypersensitivity
Dtsch. Syn.: Überempfindlichkeit

~troph *adj* hypertrophic

Hyphalmyro•plankton *nt* brackish water plankton

Hypo•derm *nt* hypodermic

hypo•dermisch *adj* hypodermisch

Hypo•limnion *nt* hypolimnion
{Tiefenschicht stehender Gewässer unterhalb der Sprungschicht}

Hypo•physe *f* pituitary, pituitary body, pituitary gland
Dtsch. Syn.: Hirnanhangdrüse

hypo•physär *adj* pituitary

Hypo•thermie *f* hypothermia
Dtsch. Syn.: Unterkühlung

Hypo•these *f* hypothesis

hypo•troph *adj* hypotrophic
{übermäßig nährstoffreich}

Hypo•zentrum *nt* focus
{Erdbebenherd, im Erdinneren}

hypso•metrisch *adj* hypsometric

hypso•grafisch *adj* hypsometric
{auch: hypso•graphisch}
~e Kurve: hypsometric curve
{Fläche-Geländehöhen-Kurve eines Flusseinzugsgebietes}

Hysterese *f* hysteresis

iberisch *adj* Iberian
Ichthyo•logie *f* ichthyology
{*die Fischkunde*}
Identifikation *f* identification
Identifizierung *f* identification
identisch *adj* identical
Identität *f* identity
Ideo•logie *f* ideology
{*abwertend für weltfremde, spekulative Lehre*}
~kritik *f* ideology criticism
illegal *adj* illegal
~ *adv* illegally, illicitly
illustrativ *adj* illustrative
illustriert *adj* pictorial
illuvial *adj* illuvial
≗horizont *m* illuvial horizon
{*Bodenhorizont, in dem aus oberen Horizonten ausgewaschene Stoffe ganz oder teilweise wieder abgesetzt worden sind*}
Image *nt* image
~werbung *f* image advertising
IMCO-Konferenz *f* IMCO Conference
{*Inter-Governmental Maritime Consultative Organisation; zwischenstaatliche Organisation, die die UN in öffentlich-rechtlichen Schifffahrtsfragen berät*}
Imitator *m* mimic
imitieren *v* mimic
immer•grün *adj* evergreen
Immigration *f* immigration
Dtsch. Syn.: Einwanderung
Immission *f* immission
{*Einwirkung von Luftverunreinigungen, Geräuschen, Licht, Strahlen, Wärme, Erschütterungen oder ähnlichen Erscheinungen auf ein Gebiet oder auf einen Punkt eines Gebietes*}
Immissions | belastung *f* immission load
~beurteilung *f* immission assessment, immission evaluation
~daten *pl* immission data
~einfluss *m* immission influence
~grenz•wert *m* immission limit (value)
~kataster *nt* immission register
{*räumliche Darstellung der Immissionen innerhalb eines bestimmten Gebietes, unterteilt nach Spitzen- und Dauerbelastungen*}
~kontrolle *f* immission inspection
~konzentration *f* immission concentration
maximale ~: maximum immission concentration
~messung *f* immission control, immission measurement
~mess•technik *f* immission measuring technique
~ökologie *f* immission ecology
~pegel *m* immission level
~~schwankung *f* fluctuation of immission concentration
~prognose *f* immission forecast, immission prognosis
~rate *f* immission rate
~schaden *m* immission damage
~schutz *m* immission control
~~beauftragte /~r *f/m* immission control commissioner
{*wirkt in best. Betrieben auf die Entwicklung und Einführung umweltfreundlicher Verfahren hin, achtet auf die Einhaltung der Umweltschutzbestimmungen und klärt darüber auf*}
~~gesetz *nt* immission control act, law on immission control
~~problem *nt* immission control problem
~~recht *nt* immission control legislation
~~verordnung *f* immission control ordinance
~~wert *m* immission limit value
{*schutzgutbezogen*}
~situation *f* immission condition
~überwachung *f* immission monitoring
~verteilung *f* immission distribution
~verursachung *f* immission generation
Immobilie *f* property
~n•wert *m* real-property value
Immobilisierung *f* immobilization
{*Festlegung von Stoffen oder Unterbindung von Bewegungsabläufen*}
immun *adj* immune
~ machen: immunize ***v***
immunisieren *v* immunize
Immunisierung *f* immunization
Immunität *f* immunity
erworbene ~: acquired immunity
natürliche ~: natural immunity
Immun•körper *m* antibody
Immuno•logie *f* immunology
{*die Lehre von den Erscheinungen der Unempfänglichkeit oder Nichtanfälligkeit von Lebewesen gegenüber Krankheitserregern oder Giften*}
Immun•system *nt* immune system
Imperialismus *m* imperialism
{*Herrschaftsstreben, das die Macht eines Staates auf andere Gebiete ausdehnen will*}
impermeabel *adj* impermeable
Dtsch. Syn.: undurchlässig
{*undurchlässige Substanz*}
~ *adj* impervious
{*undurchlässige Oberfläche*}
impfen *v* seed
{*Wolken impfen*}
~ *v* vaccinate
{*immunisieren zur Vorbeugung von Krankheiten*}
Impf | gut *nt* inoculum
~material *nt* inoculum
~stoff *m* vaccine
Impfung *f* immunization, vaccination
~ *f* seeding
{*zur Einleitung oder Intensivierung biologischer Prozesse*}
Implementierung *f* implementation
Import *m* import
{*Einfuhr von Gütern aus dem Ausland*}
Importeur /~in *m/f* importer
imprägnieren *v* impregnate
imprägnierend *adj* impregnating
Imprägnierung *f* impregnation
~s•mittel *nt* impregnating agent
Impuls *m* count, impulse
~antwort *f* impulse answer
Impulsivität *f* impulse
Impuls | schall *m* impulse sound
{*Schallereignis von kurzer Dauer*}
~zahl *f* count
in *prep* inside
~ hinein: inside ***prep***
inaktiv *adj* inactive
inaktivieren *v* inactivate
Inbetrieb•setzung *f* commissioning
Index *m* index
biotischer ~: biotic index
{*Güteindex unter Verwendung von Organismen als Indikatoren*}
Indikator *m* indicator
Dtsch. Syn.: Anzeiger

~ *m* tracer
{*radioaktives Isotop*}

~art *f* indicator species
{*Art, die das Erkennen und Bewerten von Umweltfaktoren bzw. Zuständen der Umwelt ermöglicht*}
Dtsch. Syn.: Zeigerart

~organismus *m* indicator organism

~pflanze *f* indicator plant

~stoff *m* indicator (substance)

indirekt *adj* derivative, indirect

~ *adv* indirectly

≗einleiter *m* indirect discharger
{*leiten ihr Abwasser nicht direkt, sondern über öffentliche Kanalisationen und Kläranlagen in Gewässer ein*}

≗~verordnung *f* indirect discharge regulation

Individual | distanz *f* individual distance

~grund•recht *nt* individual fundamental right

~recht *nt* individual right

~schutz *m* personal protection

~verkehr *m* individual (motor car) traffic, private transport
{*auch: motorcar*}
{*Verkehr mit privaten Personen- und Lastkraftwagen; i.w.S. die Fortbewegung mit freier Wahl von Fortbewegungsart, Fortbewegungszeit und Fortbewegungsstrecke*}

individuell *adj* individual

Individuum *nt* individual (organism)
genetisches ~: genet
gengleiches ~: genet

Induktion *f* induction

Induktor *m* inducer

industrialisieren *v* industrialize

industrialisiert *adj* industrialized

Industrialisierung *f* industrialization
{*die Expansion aller Bereiche einer Volkswirtschaft, in denen moderne technische Verfahren eingesetzt werden*}

Industrie *f* industry
chemische ~: chemical industry
metallverarbeitende ~: metal-working industry
oberflächenveredelnde ~: surface treatment industry
petrochemische ~: petrochemical industry
pharmazeutische ~: pharmaceutical industry
Steine- und Erden-~: mineral rock and earths industry
verarbeitende ~: manufacturing industry, secondary industry
umweltschädigende ~: offensive industry, offensive trade

~abfall *m* industrial waste

~abgas *nt* industrial waste gas

~abwasser *nt* industrial effluent, industrial sewage

~anlage *f* industrial installation, industrial plant, industrial unit

~ansiedlung *f* setting-up of industry

~brache *f* industrial fallow area

~emission *f* industrial emission

~forschung *f* industrial research

~gebiet *nt* industrial area, industrial zone
{*in Dtschl. ein Baugebiet, das ausschließlich der Unterbringung von Gewerbebetrieben dient*}

~gelände *nt* industrial park, industrial site

~gesellschaft *f* industrial society

~kraftwerk *nt* industrial power plant

~land *nt* developed country, industrial country, industrialized country

~lärm *m* industrial noise, noise from industry

~~messung *f* industrial noise measurement

industriell *adj* industrial
~er Ballungsraum: industrial agglomeration

Industrie | luft *f* industrial atmosphere

~melanismus *m* industrial melanism

~müll *m* industrial waste

~ofen *m* industrial furnace

~produkte *pl* manufactures

~rück•bau *m* industrial retreating work

~schlamm *m* industrial sludge

~soziologie *f* industrial sociology
{*Erforschung der sozialen Organisation industriebetrieblicher Arbeitsbeziehungen und der Auswirkung der Industrialisierung auf die Gesamtgesellschaft*}

~staat *m* developed country, industrial country

~standort *m* industrial site

~staub *m* industrial dust

~~sauger *m* industrial vacuum cleaner

~unfall *m* industrial accident

~verband *m* industrial association

~verpackung *f* industrial packaging

induzieren *adj* induce
Dtsch. Syn.: verursachen

ineffizient *adj* inefficient

inert *adj* inert
~er Abfall: inert waste

≗abfall *m* inert waste
{*Abfall, bei dem kaum umweltgefährdende Austauschvorgänge mit der Umgebung stattfinden und der weder gefährlich noch stark belästigend ist*}
Dtsch. Syn.: inerter Abfall

Inertisierung *f* inerting, inert rendering

Infektion *f* infection
Dtsch. Syn.: Ansteckung

~s•krankheit *f* infectious disease

~s•risiko *nt* risk of infection

infektiös *adj* infecting, infectious
Dtsch. Syn.: ansteckend
~e Abfälle: infectious waste

Infektiosität *f* infectivity

Infertilität *f* infertility
Dtsch. Syn.: Unfruchtbarkeit

Infestation *f* infestation
Dtsch. Syn.: Befall

Infiltrabilität *f* infiltrability
{*Vermögen des Bodens, Wasser aufzunehmen*}

Infiltration *f* infiltration, intake, percolation
Dtsch. Syn.: Einsickerung
{*Einsickern von Niederschlagswasser in den Boden*}

~s•gebiet *nt* (groundwater) recharge area

~s•graben *m* infiltration ditch

~s•kapazität *f* infiltration capacity

~s•rate *f* infiltration rate, intake rate

~s•summen•linie *f* cumulative infiltration

~s•terrasse *f* infiltration terrace

Infiltro•meter *nt* infiltrometer
{*Instrument zur Messung der Infiltrationsrate im Gelände*}

infizieren *v* contaminate, infect

Inflation *f* inflation

Infloreszenz *f* inflorescence
Dtsch. Syn.: Blütenstand

Informant /~in *m/f* informant

Informatik *f* informatics
{*Wissenschaft, die sich mit der grundsätzlichen Verfahrensweise der Informationsverarbeitung und allg. Metho-*

den der Anwendung solcher Verfahren befasst}

Information *f* information, bit of information, piece of information
~ der Öffentlichkeit: public information

Informationen *pl* briefing, information
vereinzelte ~: scattered information
{kein Plural im Englischen}

Informations | austausch *m* exchange of information

~beschaffung *f* information-gathering

~blatt *nt* news-sheet

~büro *nt* information bureau, information office

~fluss *m* flow of information

~freiheit *f* access to information

~gespräch *nt* mutual briefing session

~gewinnung *f* information retrieval

~kosten *pl* information costs

~management *nt* information management

~material *nt* informational literature

~netz *nt* information network

~pflicht *f* obligation to inform

~quelle *f* source of information

~stand *m* information stand

~system *nt* information system
Geografisches/Geographisches ~: geographic information system
Engl. und Dtsch. Abk.: GIS

~tafel *f* information board, notice board

~theorie *f* information theory

~vermittlung *f* information exchange

~vorsprung *m* superior knowledge

~zentrum *nt* briefing centre, information centre

informativ *adj* informative,

~ *adv* informatively

informatorisch *adj* informational, informatory

informieren *v* inform, notify

infra•rot *adj* infra-red

≗foto•grafie *f* infra-red photography

≗photo•graphie *f* infra-red photography

≗strahlen *pl* infra-red rays

≗strahlung *f* infra-red radiation

Infra•schall *m* infra-sound
{niederfrequente Druckschwankungen, unter 16 Hz, die bei kleinen Amplituden unhörbar sind}

Infra•struktur *f* infrastructure
{Sammelbegriff für wirtschafts- und sozialorganisatorische Einrichtungen}
technische ~: technical infrastructure

~planung *f* infrastructure planning

~politik *f* infrastructure policy

Ingenieur /~in *m/f* engineer

~geologie *f* geo-engineering
{Teilgebiet der angewandten Geologie in Bauwesen und Technik, befasst sich mit Boden-, Fels-, Hydro- sowie Schnee- und Eismechanik}

Inhaber /~in *m/f* holder

Inhalation *f* inhalation
{Einatmen einer Suspension fester oder flüssiger Teilchen in Luft zur Behandlung der Luftwege}

Inhalt *m* content(s)

inhaltsschwer *adj* profound

Inhalts•stoff *m* ingredient

inhibieren *v* inhibit
Dtsch. Syn.: hemmen

Initiative *f* initiative

initiieren *v* initiate, instigate

initiierend *adj* initiating

Injektion *f* injection

~s•spritze *f* injection syringe

Inklination *f* angle of dip, angle of incidence, inclination
Dtsch. Syn.: Einfallswinkel, Neigungswinkel

inklusive *adj* inclusive

Inkohlung *f* carbonization

inkompatibel *adj* incompatible
Dtsch. Syn.: unverträglich

Inkompatibilität *f* incompatibility
Dtsch. Syn.: Unverträglichkeit

Inkorporation *f* incorporation
{die Einverleibung}

Inkultur•nahme *f* cultivation
{Bestellung}

~ *f* land reclamation
{Neulandgewinnung}

Inland•eis *nt* ice sheet, inland ice

inländisch *adj* domestic

inmitten *prep* amid

innehaben *v* hold

innen *adv* inside
nach ~: inside ***adv***
nach ~ gehend: inward ***adj***
nach ~ gerichtet: inward ***adj***

Innen | bereich *m* inner area, inner zone

~~s•satzung *f* interior area statute

~durch•messer *m* bore

~entwicklung *f* inner development

~ministerium *nt* Department of the Interior (Am)
{in Kanada, USA}

~ *nt* Home Office
{in Großbritannien}

~ *nt* Ministry of the Interior

~neigung *f* inward slope

≗politisch *adj* domestic

~raum *m* interior

~~luft *f* indoor air, inside air

~~~verunreinigungen *pl* indoor air pollution

~schmarotzer *m* endoparasite

~seite *f* inside

~stadt *f* inner city

~verhältnis *nt* internal relationship

Innere *nt* inside

innere /~r /~s *adj* inside, internal, inward

innerlich *adj* inward

Inneres *nt* interior

Innovation *f* innovation
Dtsch. Syn.: Neuerung

~s•anreiz *m* incentive for innovation

~s•effekt *m* innovation effect

~s•politik *f* innovation policy

~s•potenzial *nt* innovation potential
{auch: ~s•potential}

innovativ *adj* innovative

Inokulum *nt* inoculum
Dtsch. Syn: Impfgut, Impfmaterial

Input *m* input

~-Output-Analyse *f* input-output-analysis
{Methode zur Untersuchung der interindustriellen Verflechtung in einer Volkswirtschaft}

insbesondere *adv* in particular, particularly

insekten | befallen *adj* insect-infested

≗bekämpfung *f* insect control

~fest *adj* insect-resistant

~fressend *adj* insect-eating, insectivorous

≗fresser *m* insect eater, insectivore, insectivorous animal

~geschädigt *adj* insect-damaged

≗gift *nt* insecticide

≗kunde *f* entomology
≗plage *f* plague of insects
≗pulver *nt* insect-powder
≗schaden *m* insect damage
≗stich *m* insect bite
≗vertilgungs•mittel *nt* insecticide
Insektizid *nt* insecticide
{Substanz, die Insekten tötet}
~ **auf Naturstoffbasis:** bioinsecticide
{Insektizid, das auf natürlichen Giftstoffen basiert}
~ **auf Pflanzenbasis:** botanical insecticide
{Insektizid, das auf pflanzlichen Giftstoffen basiert}
persistentes ~: persistent insecticide
systemisches ~: systemic insecticide
~anwendung *f* insecticide application
~rück•stand *nt* insecticide residue
Insel *f* island
küstennahe ~: offshore island
~berg *m* cutoff spur, meander core
{inselförmige Erhebung innerhalb einer abgeschnittenen Mäanderschlinge}
~effekt *m* habitat isolation
Insertion *f* insertion
Dtsch. Syn.: Einfügung
insgesamt *adv* overall
in situ *adj* in-situ
~ ~ *adv* in situ
{in natürlicher Lage, an Ort und Stelle}
Insolation *f* insolation
Inspektion *f* inspection
~s•gerät *nt* inspection equipment
Inspektor /~in *m/f* inspector
inspizieren *v* survey
inspiziert *adj* inspected
instabil *adj* unstable
Instand | halten *nt* keeping
~haltung *f* maintenance, upkeep
~setzung *f* maintenance, renovation, repair
~~s•gebot *nt* maintenance duty
~~s•gewerbe *nt* repair business
Institution *f* body
öffentliche ~: public body
~alisierung *f* institutionalization
{die Verfestigung einer politischen Herrschaft durch den Aufbau von Organisationen und Institutionen }
~alismus *m* institutionalism
{Richtung der Volkswirtschaftslehre}

Instruktionen *pl* briefing
Instrument *nt* instrument, tool
ökonomisches ~: economic instrument
intakt *adj* sound
Integration *f* integration, unification
Integrator *m* integrator
integriert *adj* integrated
~e Abfallwirtschaft: integrated waste management
Integrität *f* integrity
intellektuell *adj* cerebral, intellectual
Intellektuelle /~r *f/m* intellectual
Intelligenz *f* ability, intelligence
~quotient *m* intelligence quotient
Dtsch. und Engl. Abk.: IQ
Intensität *f* intensity
intensiv *adj* intensive,
~ *adv* acutely, intensively
intensivieren *v* intensify
Intensivierung *f* intensification
Intensiv | land•wirtschaft *f* intensive farming
~nutzung *f* intensive cultivation, intensive farming
{landwirtschaftliche Intensivnutzung}
inter | dependent *adj* interdependent
Dtsch. Syn.: wechselseitig voneinander abhängig
~disziplinär *adj* interdisciplinary
Interesse *nt* interest
menschliches ~: human interest
öffentliches ~: public interest
~n•abwägung *f* consideration of interests
~n•analyse *f* examination of interests
~n•ausgleich *m* balancing of interests, reconciliation of interests
~n•gruppe *f* interest group, pressure group
~n•konflikt *m* conflict of interests
~n•verband *m* interest group
Inter•ferenz *f* interference
Inter•fero | meter *nt* interferometer
~metrie *f* interferometry
{Messverfahren, die auf der Interferenz des Lichts beruhen}
Inter•glazial *nt* interglacial
Dtsch. Syn.: Zwischeneiszeit
inter•mediär *adj* intermediate
Dtsch. Syn.: dazwischenliegend
inter•mittierend *adj* intermittent

intern *adj* inside, internal
~e Qualitätskontrolle: internal quality control
~ *adv* internally
Internalisierung *f* internalization
international *adj* international
≗e Atomenergie-Organisation: International Atomic Energy Agency
Engl. Abk.: IAEA
≗e Entwicklungs-Organisation: International Development Association
Engl. Abk.: IDA
≗e Nordseeschutz-Konferenz: International North SeaConference, International Conference on the Protection of the North Sea
≗e Strahlenschutzkommission: International Commission on Radiological Protection
Engl. Abk.: ICRP
≗es Transferzentrum für Umwelttechnik: International Transfer Centre for Environmental Technology
≗es Umweltschutzabkommen: International Agreement on Environmental Protection
≗e Union für Naturschutz: International Union for the Conservation of Nature and Natural Resources
Engl. Abk.: IUCN
≗e Walfangkommission: International Whaling Commission
≗e Walfangkonvention: International Whaling Convention
Interpolation *f* interpolation
interpolieren *v* interpolate
Interpretation *f* interpretation
inter•spezifisch *adj* interspecific
Dtsch. Syn.: zwischenartlich
Inter•stitial *nt* interstitial
{Porenraum des Gewässerbettes}
intertidal *adj* intertidal
{zwischen mittlerem höchsten und mittlerem tiefsten Wasserstand gelegen}
Interview *nt* interview
Inter•zeption *f* (canopy) interception
{Auffangen und an der Oberfläche Festhalten von Wasser, Regenniederschlag, Luftfeuchte und Nebel oder Wolken durch Pflanzen-, Streu- und Bodenoberflächen}
~s•feuchte *f* intercepted moisture
~s•wasser *nt* intercepted moisture
intra•spezifisch *adj* intraspecific
Dtsch. Syn.: innerartlich
Intrusion *f* intrusion
{Fels, der in anderen geschmolzenen Fels eingedrungen ist}

Invasion *f* invasion

~s•vögel *m* invasion birds irruption birds

Inverkehrbringen *nt* placing on the market

Inversion *f* inversion

Dtsch. Syn.: Umkehrung

{Umkehrung der sonst vorwiegenden Temperaturschichtung in der Atmosphäre, durch die eine wärmere Luftschicht über einer kälteren Luftschicht liegt und dadurch einen Luftaustausch blockiert}

~s•schicht *f* inversion layer

~s•wetterlage *f* inversion weather condition

Investition *f* input, investment

öffentliche ~: public investment

~s•effekt *m* investment effect

~s•fonds *m* investment funds

~s•förderung *f* investment credit system

~s•güter•industrie *f* capital goods industry, investment goods industry

~s•kontolle *f* investment control

~s•kosten *pl* investment costs

~s•planung *f* investment planning

~s•politik *f* investment policy

~s•rechnung *f* capital expenditure account

~s•theorie *f* investment theory

~s•zulage *f* investment grant

~~n•gesetz *nt* capital investment grants act

in vitro *adv* in vitro

{im Reagenzglas}

in vivo *adv* in vivo

{im lebenden Organismus}

Inzidenz *f* incidence

Dtsch. Syn.: Auftreten

Inzucht *f* inbreeding

~depression *f* inbreeding depression

Ion *nt* ion

{ein- oder mehrfach elektrisch geladenes Atom oder Molekül}

~en•austausch *m* ion exchange

~en•austauscher *m* ion exchange filter, ion exchanger

~~anlage *f* ion exchanger plant

{Anlage, die natürliche oder künstliche Substanzen enthält, deren Ionen gegen andere ausgetauscht werden können}

~en•austausch•wasser *nt* ion exchange water

{Wasser, dessen Kationengehalt sich in seiner Zusammensetzung durch Ionenaustausch verändert hat}

~en•chromato•graf *m* ion chromatograph

{auch: ~en•chromato•graph}

~en•chromato•grafie *f* ion chromatography

≗en•selektiv *adj* ion-selective

≗~e Elektrode: ion-selective electrode

Ionisation *f* ionization

~s•dosi•metrie *f* ionization dosimetry

Ionisator *m* ionizer, negative ion generator

ionisch *adj* ionic

~es Tensid: ionic tenside

ionisieren *v* ionize

ionisierend *adj* ionizing

Ionisierung *f* ionization

Iono•sphäre *f* ionosphere

{Schicht der Erdatmosphäre ab ca. 90 km Höhe, in der die Atome durch Sonnenstrahlung ionisiert werden}

IR-Fotografie *f* IR photography

Iroko *nt* iroko

{Tropenholzart}

IR-Photographie *f* IR photography

IR-Spektro | meter *nt* IR spectrometer

~skopie *f* IR spectroscopy

IR-Strahlung *f* IR radiation

irreversibel *adj* irreversible

Irrgast *m* vagrant

Irruption *f* Irruption

{sporadisches Massenauftreten einer Art}

Iso•bare *f* isobar

{Linie gleichen Luftdrucks auf einer Karte}

Iso•erodente *f* isoerodent

{Linie gleicher Erosionsintensität auf einer Karte}

Iso•erodent•karte *f* isoerodent map

Iso•fone *f* loudness contour

{Linie gleicher Lautstärke auf einer Karte}

Iso•haline *f* isohaline

{Linie gleicher Salzkonzentration auf einer Karte}

Iso•hyete *f* isohyet

{Linie gleicher Niederschlagsmenge auf einer Karte}

Iso•hypse *f* contour

{Dtsch. Syn.: Höhenlinie}

Isolation *f* insulation

Isolier•bau•stoff *m* insulating building material

isolieren *v* insulate, isolate, lag

isolierend *adj* isolating

Isolier | material *nt* insulation material, insulating material

~rohr *nt* conduit

~station *f* isolation ward

~stoff *m* insulant, insulation material

isoliert *adj* insulated

total ~: superinsulated ***adj***

Isolierung *f* insulation, lagging

~ *f* isolation

{Behinderung des Genaustausches bei Populationen und Lebensräumen; aber auch von Personen mit ansteckenden Krankheiten}

~s•grad *m* degree of isolation

Iso•mere *nt* isomer

{chem. Verbindung, zu der es mind. eine mit gleicher Summenformel, aber unterschiedlicher Atomanordnung gibt}

Iso•tache *f* isotach

{Linie gleicher Windgeschwindigkeit auf einer Karte}

Iso•therme *f* isotherm

{Linie gleicher Temperatur auf einer Karte}

Iso•top *nt* isotope

{Atomart, zu der es mind. eine mit gleicher Ordnungszahl, aber unterschiedlicher Massenzahl und mit gleichen phys. Eigenschaften gibt}

radioaktives ~: radioactive isotope

~en•anwendung *f* isotope application

~en•indikator *m* radioactive tracer

~en•labor *nt* isotope laboratory

~en•markierung *f* labelling with radioactive isotopes

~en•verhältnis *nt* isotopic ratio

iso•topisch *adj* isotopic

Isthmus *m* isthmus

Dtsch. Syn.: Landenge

Itai-Itai-Krankheit *f* itai-itai (disease)

{Knochenkrankheit, die durch Cadmiumvergiftung verursacht wird}

J

Jagd *f* hunt, shoot,
{*die ~ als Veranstaltung*}

~ *f* hunting, shooting
{*die ~ allgemein*}

~aufseher *m* gamekeeper, game warden

~ausübungs•recht *nt* hunting right

≗bar [that is covered by hunting legislation]

~berechtigte /~r *f/m* [person permitted to hunt]

~beschränkung *f* hunting restriction

~beute *f* bag, kill

~fieber *nt* hunting-fever

~flinte *f* hunting rifle

~frevel *m* poaching

~frevler *m* poacher

~gebiet *nt* hunting ground

~gehege *nt* hunting preserve

~gehilfe *m* gillie

~genossenschaft *f* hunting corporation

~gesellschaft *f* hunting party, shooting party

~gesetz *nt* hunting law

~gewehr *nt* hunting rifle, sporting gun

~haus *nt* hunting lodge, shooting lodge

~horn *nt* hunting-horn

~hund *m* gundog, gun dog

~ *m* hunting dog, hunting-dog, hound
{*bei Hetzjagden*}

~hütte *f* hunting box, shooting box

~messer *nt* hunting knife

~pächter /~in *m/f* game-tenant

~recht *nt* game law, hunting rights

~revier *nt* preserve, shoot

~schaden *m* hunting damage

~schein *m* game licence, hunting licence

~verbot *nt* hunting ban

~waffe *f* hunting weapon

~wesen *nt* hunting

~zeit *f* hunting season, open season (Br), shooting season

jagen *v* drive, hunt, shoot

Jäger *m* hunter, huntsman

~ **und Sammler:** hunters and gatherers

Jägerei *f* hunting

Jägerin *f* huntress, huntswoman

Jäger•sprache *f* hunting language

Jahres | abfluss | beiwert *m* annual discharge coefficient, annual run-off coefficient

~~höhe *f* depth of annual runoff

~~mittel•wert *m* mean annual run-off

~bericht *m* annual report

~einschlag *m* annual cut

~geschiebe•spende *f* annual bedload
{*~ eines Fließgewässers oder Wassereinzugsgebietes*}

~karte *f* season ticket

~kosten *pl* annual cost

~müll•menge *f* annual waste rate

~nieder•schlag *m* (total) annual precipitation
{*Niederschlagshöhe in einem Jahr*}

~periodik *nt* annual rhythm

~regen•menge *f* annual rainfall

~ring *m* annual ring, growth ring, tree ring

~~analyse *f* annual ring analysis

~wasser•menge *f* annual flow

~zeit *f* season

~~abhängigkeit *f* seasonal dependance

≗zeitlich (bedingt) *adj* seasonal

jährlich *adj* annual

Jahr•zehnt *nt* decade

Jäten *nt* weeding

Jät•pflug *m* weeder

Jauche *f* liquid manure
{*der von Kot und Einstreu getrennt aufgefangene Harn von Nutztieren, einschließlich Sickerwasser aus der Mistlagerung und ggf. Reinigungswasser*}

~ *f* muck
{*umgangssprachlich abwertend*}

~düngung *f* liquid manure application

Jet•stream *m* jet stream, vortex
{*Strom sich schnell bewegender Luft in ca. 15 km Höhe*}
Dtsch. Syn.: Strahlstrom
circumpolarer ~: (circum)polar vortex

Joch *nt* col
{*geografisch*}

Jodierung *f* iodization
{*Einfügung von Jod in ein organisches Molekül*}

Jodo•metrie *f* iodometry
{*Methode der Maßanalyse*}

Jod•tinktur *f* tincture of iodine

Joule *nt* joule

Journalismus *m* journalism

Judikative *f* judiciary

Jugend *f* youth

~arbeit *f* employment of young people, work done by minors
{*Erwerbstätigkeit von Jugendlichen*}

~~ *f* youth work
{*Bildung und Erziehung von Jugendlichen*}

~~s•losigkeit *f* youth unemployment

~buch *nt* book for young people

~holz *nt* juvenile wood
{*Zone der innersten 6-12 Jahresringe im Stamm*}

jugendlich *adj* youthful

Jugendliche /~r *f/m* youngster, youth

jung *adj* emergent, young

Junge *nt* hatchling
{*junges Tier*}

Jung | fern•zeugung *f* parthenogenesis

≗fräulich *adj* virgin

~pflanze *nt* juvenile, sapling

jüngst *adj* recent

Jung | tier *nt* hatchling, juvenile

~wachstum *nt* early growth

Junktim *nt* package (deal)

~klausel *f* package deal clause

juristisch *adj* legal

~e Person: corporate body, corporation, legal entity

Jury *f* jury

Justierung *f* adjusting

Justiz *f* judiciary

~beamte /~r *f/m* law officer

juvenil *adj* juvenile
{*jugendlich*}

≗hormon *nt* juvenile hormone

≗phase *f* juvenile phase

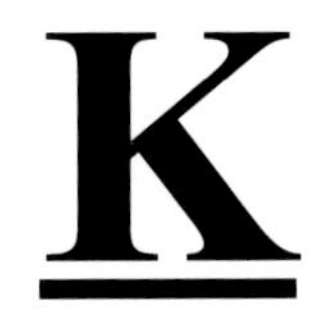

Kabel *nt* cable
~fern•sehen *nt* cable television
~recycling *nt* cable recycling, recycling of cables
~~anlage *f* cable recycling plant
Kabinetts•minister /~in *m/f* Minister of the Crown
{in Großbritannien}
Kachel *f* tile
kacheln *v* tile
Kade *f* temporary hightening of a dike
{behelfsmäßige Erhöhung eines Deiches}
Kaffee *m* coffee
~plantage *f* coffee plantation
~rösterei *f* coffee roasting establishment
kahl *adj* bare
≗fläche *f* clear-cut area
≗hieb *m* clear-cutting, clear-felling
{Endnutzung, bei der alle Bäume auf der ganzen Fläche eines Bestandes entnommen werden}
≗schlag *m* clear-cut, clear-cutting, clear-felling, deforestation
{Fällung oder sonstige Beseitigung aller Bäume einer Waldfläche}
≗~betrieb *m* clear-felling system
{Kahlschlag auf der gesamten Bestandesfläche oder auf Kleinflächen, meist verbunden mit künstlicher Verjüngung}
~schlagen *v* clear-cut
≗schlag•system *nt* clear-felling system
≗streifen | schlag *m* clear-strip felling
≗~system *nt* clear-strip system
Kakao | baum *m* cacao, cacao tree
~bohne *f* cacao
~rösterei *f* cacao processing
Kala-Azar *f* kala-azar
{tropische Infektionskranheit mit Leishmania-Parasiten}
Kalb *nt* calf
kaledonisch *adj* Caledonian
Kaliber *nt* gauge
Kalibrier | aerosol *nt* calibrating aerosol
~laboratorium *nt* calibration laboratory
Kalibrierung *f* calibration
Kali | dünge•mittel *nt* potash fertilizer, potassium fertilizer
~dünger *m* potash fertilizer, potassium fertilizer
~feld•spat *m* orthoclase, potassium-feldspar
{Mineral, das vor allem in kieselsäurereichen Gesteinen vorkommt; Kaliumaluminiumsilikat}
~glimmer *m* muskovite, potassium-mica
{heller Glimmer; Aluminiumsilikat, das auch Kalium und Fluor enthält}
~grube *f* potassium mine
Kalium *nt* potassium
~dünge•mittel *nt* potassium fertilizer
Dtsch. umgangssprachl.: Kalidünger
~karbonat *nt* potash
Dtsch. umgangssprachl.: Pottasche
Kalk *m* lime
~ablagerung *f* calcification
~bedarf *m* lime requirement
~boden *m* chalky soil
~dosier•anlage *f* lime metering unit
~dünge•mittel *nt* liming material
~dünger *m* calcium fertilizer
~düngung *f* calcium fertilizing
~farbe *f* lime paint
~gehalt *m* lime content
~gestein *nt* limestone
≗haltig *adj* calcareous
≗hold *adj* calcicolous
kalkig *adj* calcareous, chalky
kalk•liebend *adj* calcicolous
Kalk | mangel *m* lime deficient
~milch *f* lime water, milk of lime
~~anlage *f* milk of lime production plant
~mörtel *m* lime mortar
~natron•feld•spat *m* calcium-sodium-feldspar, plagioclas
{relativ leicht verwitterndes Mineral, das einen wesentlichen Bestandteil kieselsäureärmerer Gesteine darstellt; Natrium-Calcium-Aluminiumsilikat}
~pflanze *f* calcicole, calcicolous plant, calciphile
~rasen *m* calcareous grassland
≗reich *adj* calcareous, calcimorphic
≗~er Boden: calcimorphic soil
~stein *m* limestone
{vorwiegend aus Calciumcarbonat bestehendes Festgestein}
~~braun•lehm *f* brown soil from carbonate rocks
{Bodentyp aus carbonatreichen Gesteinen, meist ockerfarbig, tonreich, humusarm, sehr plastisch und klebrig}
~~rot•lehm *m* red and brown-red soil from carbonate rocks
{Bodentyp aus carbonatreichen Gesteinen, meist braunrot oder ziegelrot, tonreich, humusarm, sehr plastisch und klebrig}
~tuff *m* lime tuff, sinter lime
Dtsch. Syn.: Sinterkalk
Kalkulation *f* calculation
~s•methode *f* calculation method
Kalkung *f* liming
Kalmen•gürtel *f* doldrums
{windstille Zone über den Ozeanen am Äquator}
Kalorie *f* calorie, gram calorie
kalorien | arm *adj* low-calorie
≗bedarf *m* caloric requirement
~reich *adj* rich
≗wert *m* caloric value
Kalori•metrie *f* calorimetry
{die Messung von Wärmemengen}
kalorisch *adj* caloric
{mit (Nahrungs-)Kalorien zusammenhängend; durch Wärmeeinwirkung bedingt}
kalt *adj* cold
Kälte *f* chill, cold, coldness
~erzeugung *f* refrigeration
~mittel *nt* cryogenic agent, refrigerant
~~rück•gewinnungs•anlage *f* refrigerant recovery plant
Kälte | prüf•kammer *f* heat testing chamber
≗resistent *adj* half-hardy
~schutz•anzug *m* cold protection suit
~technik *f* refrigeration engineering
Kalt | front *f* cold front
~luft•see *m* area of cold air
~reiniger *m* cold-cleaning agent
{flüssige Stoffe oder Zubereitungen, die im nicht erwärmten Zustand zum Reinigen von Materialoberflächen angewendet werden}
Kamerad /~in *m/f* associate, fellow
Kames *m* kame

{in Seen auf dem Toteis oder zwischen Eisrand und Untergrund flächenhaft aufgeschüttete Schmelzwassersande von kuppen- oder kegelförmiger Gestalt}

Kamin *m* chimney, grate

~sanierung *f* chimney repair

Kamm *m* comb
{für Haare und bei Hühnern}

~ *m* crest
{bei Reptilien und Amphibien, auch Gebirgskamm und Wellenkamm}

~ *m* peak
{Wellenkamm}

~ *m* ridge
{Gebirgskamm}

Kämmen *nt* combing

≗ *v* comb

Kammer *f* chamber

~becken•verfahren *nt* (range) pitting
{Verfahren zur Niederschlagsrückhaltung und Erhöhung der Versickerung auf Weideland}

~filter•presse *f* chamber filter press, frame filter press

~furche *f* box ridge (Am), tied furrow (Am), tied ridge
{Querverbindung paralleler Häufelreihen zur Rückhaltung von Niederschlagswasser}

~~n•häufler *m* tied ridger

~~n•verfahren *nt* basin listing, basin tillage, tied ridging
{Häufelverfahren zur Steigerung der Wasseraufnahme des Bodens durch Niederschlagsrückhaltung}

~gericht *nt* Supreme Court of Justice

Kamm•linie *f* crest
{eines Gebirgszuges}

Kamm•pflanzung *f* ridge planting

Kampagne *f* campaign

Kampf *m* battle, fighting

kämpfend *adj* fighting

Kampf•mittel *nt* armament

~entsorgung *f* disposal of warfare materials

~räumung *f* explosive ordnance disposal

Kampf•stoff *m* warfare agent

Kanal *m* canal, duct, passage, waterway

~ *m* drain, sewer
{Abwasserkanal}

~arbeiter /~in *m/f* sewerage worker

~bau *m* construction of sewers

~befestigung *f* channel stabilization

~inspektion *f* sewer inspection

~instand•haltung *f* maintenance of sewers

Kanalisation *f* main drainage, sewage system, sewer system, sewerage (system)
{Leitungsnetz zur Erfassung und Ableitung von Schmutzwasser und Niederschlagswasser}

~s•anlage *f* sewage system

~s•bau•teil *nt* sewerage building component

~s•gebühr *f* effluent discharge fee

~s•netz *nt* sewer system

~s•rohr *nt* drain pipe

kanalisieren *v* canalize

~ *v* channel
{ein Fließgewässer}

Kanalisierung *f* canalization, canalizing
~ **von Gewässern:** channelization ***n***

Kanal | netz *nt* canal network, sewerage system

~profil *nt* section shape
{Querschnittsform eines Kanals}

~rad•pumpe *f* channel-impeller pump

~rauigkeit *f* channel rugosity

~reinigung *f* sewer cleaning

~sanierung *f* improvement of sewers

~sohle *f* invert

~stau•raum *m* sewer storage capacity
{nutzbares Stauvolumen in einem Abwasserkanal}

~waage *f* water-level

Kaninchen *nt* rabbit

~bau *m* rabbit-burrow,

~gehege *nt* rabbit-warren

~höhle *f* rabbit-burrow

kantonal *adj* cantonal

Kanzero•gen *nt* carcinogen

≗ *adj* carcinogenic
≗e Wirkung: carcinogenicity ***n***

Kanzero•genese *f* carcinogenesis, cancerogenesis

Kanzero•genität *f* carcinogenicity
{Eigenschaft von Stoffen, bösartige Tumore (Krebs) hervorzurufen}
Dtsch. Syn.: Karzinogenität

~s•prüfung *f* carcinogenicity test

Kaolin *nt* china clay, kaolin

Kaolinit *m* kaolinite
{Tonmineral}

Kapazität *f* capacity

kapillar *adj* capillary
Dtsch. Syn.: haarförmig

≗bewegung *f* capillary flow

Kapillare *f* capillary

Kapillarität *f* capillarity, capillary flow

Kapillar | porosität *f* capillary porosity
{kapillares Hohlraumvolumen}

~potenzial *nt* capillary potential (Am), matric potential, soil moisture potential
{auch: ~potential}
{Kennzahl für die Anziehungskraft von Boden für Wasser}

~saum *m* capillary fringe

~säule *f* capillary column

~wasser *nt* capillary water
{durch Oberflächenspannung festgehaltenes Bodenwasser}

~~aufstieg *m* capillary rise

~zone *f* capillary zone

Kapital *nt* capital, financial resources, funds

~dienst *m* debt service

~export *m* capital export

~gesellschaft *f* joint-stock company

~import *m* capital import

kapitalistisch *adj* capitalist, capitalistic

Kapital | kosten *pl* capital costs

~markt *m* money market

~politik *f* capital policy

~steuer *f* tax on capital

~theorie *f* capital theory

~verwertung *f* capital utilization

Kaplan•turbine *f* Kaplan turbine

kappen *v* pollard

kapsel•förmig *adj* capsular

Kapselung *f* encapsulation
{Verfahren zur Lärmminderung bei Kraftfahrzeugen durch Verringerung der Schallabstrahlung}

Kapuze *f* hood
mit ~: hooded ***adj***

Kar *nt* cirque
{halbkreisförmige, nischenartige Hohlform am Fuß hoher Gebirgshänge}

Karamel *nt* caramel

Karbonat•härte *f* temporary hardness

{Wasserhärte, die auf Calciumcarbonaten beruht und durch Kochen entfernt werden kann}

kardial *adj* cardiac

Kardinal *m* cardinal

Kardio•gramm *nt* cardiogram

Kardio•logie *f* cardiology
{Lehre vom Herzen}

kardio•vaskulär *adj* cardiovascular

karg *adj* barren, poor
{wenig fruchtbar}

karitativ *adj* charitable
~e Organisation: charity organisation

Karni•vore *m* carnivore
Dtsch. Syn.: fleischfressendes Tier

Karosserie *f* bodywork, carbody, coachwork

Karpfen *m* carp

≗artig *adj* cyprinid

~fisch *m* cyprinid

Karpose *f* carposis
{lose Vergesellschaftung von Organismen, z.B. Kuhreiher und Rinder}

Karrageen-Extrakt *m* carrageenan
{Seetangextrakt, der als Emulgator verwendet wird}

Karren *pl* karren
{rinnen- und napfartige Vertiefungen bis in den Meterbereich auf Oberflächen löslicher Gesteine}

Karst *m* karst

~gebiet *nt* karst area

~höhle *f* karst cave
{natürlicher, unterirdischer Hohlraum, der durch Lösung und Auslaugung entstanden ist}

~quelle *f* karst spring
{im Karst austretende, in ihrer Schüttung und chemischen Zusammensetzung häufig stark schwankende Quelle}

~see *m* karst pond
{See in einer durch Auslaugung und Einsturz des Untergrundes entstandenen Hohlform}

~spalte *f* karst fissure
{steilwandige Hohlform in Gesteinen, die durch Auslaugung entstanden ist}

~wasser *nt* karst water

Karte *f* chart
{Seekarte}

~ *f* map
{Landkarte}
topografische/topographische ~: topographic map

Kartei *f* file

Kartell•recht *nt* law relating to cartels, monopolies law

Kartier•einheit *f* soil mapping unit
{flächenhafte Zusammenfassung von Böden während der Kartierung}

Kartieren *nt* mapping, plotting

≗ *v* map

Kartierung *f* mapping, survey

~s•programm *nt* mapping programme

Kartoffel *f* potato

~stärke *f* potato starch

Karto•grafie *f* cartography
{auch: Karto•graphie}

karto•grafieren *v* map
{auch: karto•graphieren}

karto•grafisch *adj* cartographic
{auch: karto•graphisch}
~ erfassen: chart ***v***

Kartusche *f* cartridge

Karyo•typ *m* karyotype

Karzino•gen *nt* carcinogen

≗ *adj* carcinogenic
~er Stoff: cancerogen ***n***

Karzinogenität *f* carcinogenicity
Dtsch. Syn.: Kanzerogenität

Kaskade *f* cascade
{die Aufeinanderfolge gleichartiger Reinigungsstufen, auch: stufenförmiger Wasserfall oder treppenförmig ausgebildetes Gerinne}
biologische ~: biological cascade
{Hintereinanderschaltung biologischer Reaktoren mit gemeinsamem Schlammkreislauf}

Kasse *f* till

~n•haltungs•theorie *f* cash balance theory

Kassette *f* cartridge, cassette

~ *f* file
{Schachtel}

~n•filter *m* cassette filter

Kastanie *f* chestnut

~n•wald *m* chestnut forest

Kaste *f* caste

Kasten *n* box

~system *f* caste system
{z.B. bei sozialen Hautflüglern}

~wagen *m* box-type delivery van

Kat *m* catalytic converter
{Im Deutschen gebräuchliche Kurzform für Katalysator}

katabatisch *adj* katabatic

Kat-Auto *nt* catalytic converter-equipped motorcar
{auch: motor car}

Katabolismus *m* catabolism
{der Abbau komplexer Moleküle in einfache}

katadrom *adj* catadromous
{im Süßwasser lebend und zum Laichen ins Meer wandernd}

Katalog *m* catalogue
~ wassergefährdender Stoffe: Catalogue of Substances Hazardous to Waters

katalogisieren *v* catalogue

Katalysator *m* catalyser, catalyst, catalytic converter, catalyzer
{Stoff, der eine chemische Reaktion ermöglicht oder fördert, ohne dabei verbraucht zu werden}
fluidisierter ~: fluidized catalyser

~ *m* catalytic converter, catalytic muffler (Am)
{Gerät im Auspuffsystem von Autos, das die Stickoxidemissionen durch Zerlegung in Stickstoff und Sauerstoff reduziert; Dtsch. umgangsspr. Abk.: Kat}
geregelter ~: computer-controlled catalytic converter

~inaktivierung *f* catalyst deactivation

~recycling *nt* recycling of catalysts

~schädigung *f* catalyst degradation

~staub *m* catalyst dust

~temperatur *f* catalyst temperature

~träger•material *nt* catalysts carrier material

Katalyse *f* catalysis

katalysieren *v* catalyze

katalytisch *adj* catalytic

Katarakt *m* cataract

Kataster *nt* inventory

~ *nt* (land) register
{amtliches Verzeichnis aller Grundstükke}

~daten•bank *f* land register data bank

katastrophal *adj* appalling, atrocious, catastrophic, chronic, disastrous

Katastrophe *f* catastrophe, disaster

~n•abwehr *f* disaster prevention

~n•dienst *m* disaster-response team

~n•gebiet *nt* disaster area

~n•hilfe *f* disaster relief operation

~n•plan *m* disaster contingency planning

~n•schutz *m* disaster control service, disaster prevention

~~gesetz *nt* law on disaster control

~n•theorie *f* disaster theory
{*plötzlicher Umschlag im Charakter eines Phänomens oder einer Zustandsänderung, verursacht durch eine kontinuierliche Veränderung von Daten oder Vorgängen*}

Kategorie *f* category

Katena *f* soil catena

Kathedrale *f* cathedral

kathodisch *adj* cathodic

Kation *nt* cation
{*positiv geladenes Ion*}

~en•austausch *m* cation exchange

~en•austauscher *m* cation exchanger

~en•austausch•kapazität *f* cation-exchange capacity

kationisch *adj* cationic

Kätzchen *nt* catkin

Kauf *m* purchase

kaufen *v* buy

~ *v* purchase
{*z.B. ein Grundstück kaufen*}

Käufer /~in *m/f* buyer

Kaulbarsch-Flunder-Region *f* ruffle-flounder region

Kaulbarsch•region *f* ruffle zone

Kausal•analyse *f* causality analysis

Kausalität *f* causality

Kausal•zusammen•hang *m* relation of cause and effect

Kautschuk *m* natural rubber

Kavalier•start *m* racing start
{*unnötig hohe Beschleunigung eines Kraftfahrzeuges aus dem Stand, die mit erhöhten Reifen- und Motorgeräuschen einhergeht*}

Kaverne *f* cavern

~n•kraftwerk *nt* cavern power station

~n•lagerung *f* cavern deposition

Kavitation *f* cavitation
{*Dampfblasenbildung und -zerfall in strömenden Flüssigkeiten bei Geschwindigkeitsänderung. Dtsch. Syn.: Hohlsog*}

Kegel *m* cone

Kehre *f* hairpin bend, serpentine

Kehr•fahrzeug *nt* sweeping truck

Kehricht *m* sweeping

Keiler *m* wild boar

Keim *m* bud
{*Knospe*}

~ *m* embryo
{*befruchtete Eizelle*}

~ *m* shoot, sprout
{*der erste Trieb*}

~ *m* germ
{*Krankheitserreger*}

~bildner *m* nucleating agent
{*Substanz, die in Wolken ausgebracht, Regen verursacht*}

~blatt *nt* cotyledon, seed leaf

Keimen *nt* germination

≗ *v* germinate, sprout

Keim | fähigkeit *f* germination capacity

≗frei *adj* aseptic
≗~ machen: sterilize ***v***

~freiheit *f* asepsis

~frei•machung *f* hygienization
~~ durch Bestrahlung: radiation hygienization

~hemmer *m* germicide

Keimling *m* seedling

~s•fäule *f* damping-off

~s(umfall)krankheit *f* damping-off
an der ~~ eingehen: damp off ***v***

keim•tötend *adj* bactericidal

Keimung *f* germination

Keim | wachstum *nt* microbial growth

~zahl *f* bacterial count, germ count

~zelle *f* germ cell

Kelch *m* calyx

Kelch•blatt *nt* sepal

Keltern *nt* pressing

Kelvin *nt* kelvin
{*Maßeinheit für Temperatur, die am absoluten Nullpunkt beginnt*}

Kenn•art *f* character species, characteristic species
Dtsch. Syn.: Charakterart

kennen lernen *v* experience, meet

Kenn•größe *f* characteristic, parameter
akustische ~: acoustic properties
staubspezifische ~: dust characteristic

Kenntnisse *pl* knowledge

kennzeichnen *v* characterize, designate

kennzeichnend *adj* characteristic, typical

Kennzeichnung *f* labelling, marking, tagging

~s•pflicht *f* obligation to label

Keramik *f* ceramic,
{*Gegenstand*}

~ *f* ceramics
{*gebrannter Ton*}

~ *f* fired clay
{*Material*}

~filter *m* ceramic filter

~füll•körper *m* ceramic tower packing

~herstellung *f* ceramics manufacture

keramisch *adj* ceramic

Keramisieren *nt* ceramizing

kerbig *adj* notched

Kerb•tal *nt* v-shaped valley
{*Tal mit v-förmigem Querschnitt*}

Kern *m* core, nucleus

~abfall *m* nuclear waste
Beseitigung von ~~: nuclear waste disposal

~anlage *f* nuclear plant
Betreiber einer ~~: operator of a nuclear plant

≗bildend *adj* nucleating

~brenn•stoff *m* nuclear fuel
Aufbereitungsanlage für ~~e: nuclear fuel reprocessing plant

~~aufbereitungs•anlage *f* nuclear fuel reprocessing plant

~~tablette *f* nuclear fuel pellet

~~zyklus *m* nuclear fuel cycle

~chemie *f* nuclear chemistry

Kern•energie *f* atomic energy, nuclear energy, nuclear power

~antrieb *m* nuclear propulsion

~erzeugung *f* nuclear power generation, nuclear power production

~gehäuse *nt* core

~haft•pflicht•gesetz *nt* nuclear energy liability act

~haftung *f* nuclear energy liability

~programm *nt* nuclear power program (Am)

~recht *nt* nuclear energy legislation

Kern | explosion *f* nuclear detonation, nuclear explosion

~forscher /~in *m/f* nuclear scientist

~forschung *f* nuclear research

~~s•anlage *f* nuclear research plant

~~s•zentrum *nt* nuclear research centre

~frucht *f* pome

~fusion *f* (atomic) fusion, nuclear fusion

~gebiet *nt* business zone
{in Dtschl. Baugebiet, das vorwiegend der Unterbringung von Handelsbetrieben, zentralen Einrichtungen der Wirtschaft, Verwaltung und Kultur dient}

~~ *nt* center zone, core area

~holz *nt* duramen, heartwood

~industrie *f* nuclear industry

~ketten•reaktion *f* nuclear chain reaction

Kern•kraft *f* nuclear power

~technologie *f* nuclear technology

~werk *nt* nuclear plant, nuclear power plant, nuclear power station

~~s•entsorgung *f* nuclear power plant disposal

Kern | kühlungs•system *nt* core-cooling system
~~ für den Notfall: emergency core-cooling system

~material *nt* nuclear material
Bewirtschaftung von ~~: nuclear materials management
Verarbeitung von ~~: processing of nuclear material
Verwendung von ~~: use of nuclear material

~materie *f* nuclear matter

~obst *nt* pome fruit

~physik *f* nuclear physics

~problem *nt* important issue, real issue

~reaktion *f* nuclear reaction

~reaktor *m* nuclear reactor

~resonanz•spektro•metrie *f* nuclear magnetic resonance spectrometry
Engl. Abk.: NMRS

~schmelz | e *f* core meltdown, nuclear meltdown

~~unfall *m* core meltdown accident

~spaltung *f* atomic fission, nuclear fission
{Spaltung schwerer Atomkerne durch Beschuss mit Neutronen, bei der große Energiemengen freigesetzt werden}

~strahlung *f* nuclear radiation

~technik *f* nuclear engineering, nuclear technology

≗technisch *adj* nuclear
≗~e Anlage: nuclear installation

~umwandlung *f* nuclear transformation

~verschmelzung *f* nuclear fusion

~waffe *f* nuclear weapon

~~n•abrüstung *f* nuclear disarmament

≗~n•frei *adj* nuclear-free

~~n•kontrolle *f* nuclear weapons control

~~n•test•stop *m* nuclear test ban

~~n•versuch *m* nuclear (weapon) test

~zone *f* central zone, core area

Kerosin *nt* kerosene

Kerzen•filter *m* multiple tube filter

Kessel *m* boiler, furnace
kohlebeheizter ~: coal-fired boiler

~isolierung *f* boiler insulation

~speise•wasser *nt* boiler feedwater

~stein *m* (boiler) scale
{Ablagerung aus verdampfendem/verdunstendem Wasser an Gefäßwänden}

~wärme•schutz *m* thermal insulation of boilers

Kette *f* chain

Ketten | durch•zug *m* chaining
{Technik der Entfernungsmessung in der Feldvermessung}

~egge *f* chain harrow

~fähre *f* floating bridge

~reaktion *f* chain reaction

~säge *f* power saw

~tide *f* catenary tide
{große Anzahl aufeinander folgender Sturmtiden mit erhöhten Tidewasserständen}

Keule *f* club

Keuper *m* keuper
{oberste Abteilung der germanischen Trias; besteht aus buntern Mergeln, kohligen Schichten und Sandsteinen}

Kfz | -Abgas *nt* vehicle exhaust gas
{Kraftfahrzeugabgas}

~-Besitz *m* car ownership
{Kraftfahrzeugbesitz}

~-Industrie *f* vehicle industry
{Kraftfahrzeugindustrie}

~-Kühl•mittel•entsorgung *f* disposal of motorcar coolants
{auch: motor car}

~-Lärm *m* motor traffic noise
{Kraftfahrzeuglärm}

~-Steuer *f* automobil tax
{Kraftfahrzeugsteuer}

~-Technik *f* motorcar engineering
{auch: motor car}
{Kraftfahrzeugtechnik}

~-Verkehr *m* car traffic
{Kraftfahrzeugverkehr}

Khamsin *m* khamsin
{heißer Wind in Nordafrika}

Kiefer *f* pine

~ *m* jaw

~n•holz *m* pinewood

~n•wald *m* pine forest

Kiel *m* back

Kiemen *pl* gills

Kies *m* gravel, pebbles
{abgerundete Gesteinsstücke, 2-63 mm Durchmesser}

~ *m* shingle
{flache, eher raue Gesteinsstücke}

Kiesel *m* pebble
{abgerundeter Stein, 2-63 mm Durchmesser}

~erde *f* silica, siliceous earth

~gur *f* kieselguhr

~stein *m* pebble
{abgerundeter Stein, 2-63 mm Durchmesser}

Kies | filter *m* gravel filter

~grube *f* gravel pit

kiesig *adj* graveled (Am), gravelled

~ *adv* gravelly, pebbly, shingly

Kies | mantel *m* gravel envelope

~packung *f* gravel envelope

~strand *m* shingle beach, shingly beach, stony bank, stony beach

~weg *m* gravel path

Kilo *nt* kilo
{umgangssprachlich für Kilogramm}

~gramm *nt* kilogram

~gray *nt* kilogray
{Maßeinheit für absorbierte Strahlung}

~joule *nt* kilojoule
{Maßeinheit für Energie bzw. Wärme}
Dtsch. und Engl. Abk.: kJ

~kalorie *f* Calorie, kilocalorie, large calorie

~watt *nt* kilowatt
{Maßeinheit für elektrische Leistung}

~~stunde *f* kilowatt-hour
{Maßeinheit für elektrische Arbeit}
Dtsch. und Engl. Abk.: kWh

Kind *nt* child

Kinder *pl* children

~buch *nt* children's book

~garten *m* kindergarten

~hort *m* nursery

~tages•stätte *f* day nursery

kinetisch *adj* kinetic

kippen *v* slop

~aufforstung *f* afforestation of dumps

Kipp | vorrichtung *f* tipping device

~waage *f* tipping bucket
{mechanische Vorrichtung zur Messung und Registrierung von Niederschlag oder Oberflächenabfluss}

Kirche *f* church

Kiste *f* box

kitzlig *adj* tickly

Klafter•holz *nt* cordwood

Klage *f* action, suit
{im Zivilrecht}

~ *f* charge
{im Strafrecht}

~abweisung *f* dismissal of the action/suit

~änderung *f* alteration in law suit

~befugnis *f* right of action

~erhebung *f* bringing of an action/suit, filing of a suit

~erzwingungs•verfahren *nt* legal action enforcement procedure

~frist *f* [period within which an action must be brought]

~häufung *f* joinder of causes of action

klagen *v* sue, take legal action

Kläger /~in *m/f* plaintiff
{im Zivilrecht}

~ *m/f* prosecuting party, prosecutor
{im Strafrecht}

Klage | rück•nahme *f* withdrawal of an action

~schrift *f* statement of claim
{im Zivilrecht}

~~ *f* list of charges
{im Strafrecht}

Klamm *f* gorge, ravine
{enge, tiefe Erosionsrinne in festen Gesteinspartien}

Klang *m* sound

Klappe *f* flap, register

klar *adj* clear,

~ *adv* clearly

Klär | anlage *f* clarification plant, (sewage) purification plant, sewage treatment plant, wastewater purification plant, wastewater treatment plant
{Anlage zur Reinigung von Industrie- und Haushaltsabwässern}
biologische ~~: biological purification plant
mechanische ~~: primary clarification plant

~~n•ablauf *m* sewage works effluent

~~n•betrieb *m* sewage plant operation

~becken *nt* clarification basin

~effekt *m* clarifying efficiency

klären *v* clarify

klärend *adj* clarifying

Klär | gas *nt* sewage gas

~grube *f* cesspit, cesspool, septic tank

Klär•schlamm *m* sewage sludge
{bei der biologischen Abwasserreinigung aus den Belebtschlammbecken stammender Überschussschlamm}

~ablagerung *f* sewage sludge disposal

~analysator *m* sludge analyzer

~anwendung *f* use of sewage sludge

~ausbringung *f* sewage sludge application (on land)

~behandlung *f* sewage sludge treatment

~~s•anlage *f* sewage sludge treatment plant

~beseitigung *f* sewage sludge disposal

~faulung *f* sewage sludge digestion

~konditionierung *f* sewage sludge conditioning

~pyro•lyse *f* sewage sludge pyrolysis
{thermische Umwandlung von Klärschlamm unter Sauerstoffausschluss bei Temperaturen um 300° C}

~schiff *nt* sludge ship

~schute *f* sludge barge

~stabilisation *f* sewage sludge stabilization
{Klärschlammfaulung und die aerobe Behandlung der Schlämme}

~stabilisierung *f* sewage sludge stabilization
Dtsch. Syn.: Klärschlammstabilisierung

~transporter *m* sludge gulper

~trocknung *f* sewage sludge drying

~verbrennung *f* combustion of sewage sludge

~~s•anlage *f* sewage sludge incinerating plant

~verordnung *f* sewage sludge regulation
{regelt in Dtschl. die Grenzwerte für Schwermetalle und organische Schadstoffe, das Aufbringen auf Gartenbau-, Land- und Forstwirtschaftsflächen}

~verwertung *f* sewage sludge utilization

Klär | tank *m* precipitation tank

~technik *f* wastewater treatment technique

~überlauf *m* [overflow structure for settled combined water]
{Überlauf eines Regenüberlaufbeckens, über den mechanisch geklärtes Mischwasser an den Vorfluter abgegeben wird}

Klärung *f* clarification

Klasse *f* class
{Kategorie der Einteilung von Tieren und Pflanzen in der biologischen Systematik}

~n•gesellschaft *f* class society
{marxistischer Begriff der Einteilung der Gesellschaft in herrschende und beherrschte Klasse}

~n•struktur *f* class structure

~n•theorie *f* class theory

~n•zimmer *nt* classroom

Klassierer *m* classifier

~ *m* grit washer, grit separating device
{maschinelle Einrichtung zum Abtrennen von körnigen Feststoffen aus Abwasser}

Klassier•gerät *nt* classifier

Klassifikation *f* classification

Klassifizierung *f* classification, rating
Aufhebung einer ~: declassification ***n***

kleben *v* tape
{mit einem Klebeband ~}

klebrig *adj* adherent, adhesive, viscid

Kleb•stoff *m* adhesive

Klei *m* clay, drained coastal marsh sediments
{aus Schlick durch Wasserverlust entstandenes, schluffig-toniges, plastisches Lockergestein}

Kleie *f* bran

klein *adj* little, petty, small, small-scale

Klein | anlage *f* small plant

~behältnis *nt* small receptacle

~betrieb *m* small enterprise

~düne *f* primary dune
Dtsch. Syn.: Primärdüne

~einleiter *m* small-scale discharger

kleinere /~r /~s *adj* minor

Klein | familie *f* nuclear family

~feuerungs•anlage *f* small-scale firing plant
~~n•verordnung *f* small-scale incinerator regulation
{in Dtschl. die 1. Verordnung zur Durchführung des BImSchG}
~garten *m* allotment
~haus•tier *nt* small domestic animal
~hirn *nt* cerebellum
~kind *nt* young child
~klär•anlage *f* small sewage works
{Anlage zur Behandlung von häuslichem Schmutzwasser mit begrenztem Anschlusswert}
~klima *nt* microclimate
{das lokal vorherrschende Klima}
~kraft•rad *nt* light motor cycle
kleinlich *adj* petty
Klein | relief *nt* micro-relief
~siedlungs•gebiet *nt* housing estate zone
kleinste/~r/~s *adj* minimum
Klein | teile•reiniger *m* cleaning equipment for small parts
~tier *nt* small domestic animal
~unternehmen *nt* small-scale business
~verschmutzer *pl* micropolluters
~wald•besitzer /~in *m/f* woodlot owner
Klemme *f* jam
Klemmen *nt* jam
≗ *v* jam
Kletter | er /~in *m/f* climber
Klettern *nt* climbing
≗ *v* climb
Kliff *nt* (sea) cliff
{senkrechte Felswand an der Küste}
Klima *nt* climate
{mittlerer Zustand der atmosphärischen Verhältnisse an einem Ort während eines längeren Zeitraumes}
gemäßigtes ~: temperate climate
polares ~: polar climate
~abhängigkeit *f* climatic dependence
~änderung *f* climate change, climatic change
~anlage *f* air-conditioner, air-conditioning installation, air-conditioning system
~atlas *m* climatic atlas
~beeinflussung *f* influence on climate
~beobachtung *f* observation of climate
~daten *pl* climatological data
~diagramm *nt* climate diagram
{grafische Darstellung der Klimabedingungen eines Beobachtungsortes}
~element *nt* climatic element
~entwicklung *f* climatic alteration
~erwärmung *f* climate warming
~experiment *nt* climatic experiment
~faktor *m* climatic factor
~forscher /~in *m/f* climatologist
~gerät *nt* air-conditioning equipment
~gipfel *m* climate summit
~gürtel *m* climatic zone
~gramm *nt* climagraph
~kammer *f* climate chamber, climatic chamber
~karte *f* climatic map
~kunde *f* climatology
~mess•verfahren *nt* climate measuring procedure
~modell *nt* climate model
~periode *f* climatic period
{durch bestimmte Klimabedingungen gekennzeichnete Periode der Erdgeschichte}
~prüf•kammer *f* environmental chamber
~-Rahmenkonvention *f* Framework Convention on Climate Change
~regelung *f* air-conditioning control
~region *f* climatic region
~schutz *m* climate protection
~schwankung *f* climate fluctuation, fluctuation of climate, variation in climate
~simulation *f* climatic simulation
~system *nt* climate system
~tabelle *f* climatic table
klimatisch *adj* climatic
~er Einfluss: climate impact
klimatisieren *v* climatize
Klimatisierung *f* air-conditioning
Klimato | loge /~in *m/f* climatologist
~logie *f* climatology
≗logisch *adj* climatological
Klima | top *nt* climatope
~veränderung *f* climate change, climatic change, variation in climate
~wandel *m* climate change
~wirkung *f* climatic effect
Klimax *f* climax
{hypothetisches Schlussstadium der zeitlichen Entwicklung von Ökosystemen unter den gegebenen Umweltbedingungen}
edaphische ~: edaphic climax
klimatisch bedingte ~: climatic climax
~baum•art *f* climax tree species
~gesellschaft *f* biotic climax, climax community
stabile ~~: stable climax
~komplex *m* climax complex
~vegetation *f* climax vegetation
~wald *m* climax forest
Klima•zone *f* climatic zone
{großräumiger Teil der Erdoberfläche, der durch sein Tieflandklima charakterisiert und von anderen Zonen unterschieden ist}
Klimmer *m* climber
{Kletterpflanzen, die durch Ranken, Widerhaken, Dornen, Luftwurzeln oder Spreizen an Bäumen oder anderen Unterlagen hochklettern}
Kline *f* cline
{graduelle genetische Variation, die geografischen oder klimatischen Gradienten folgt}
klingen *v* sound
klinisch *adj* clinical
Klino•meter *m* clinometer, hand-level
Dtsch. Syn.: Hangneigungsmesser
Klippe *f* crag, (sea) stack
{Teil eines Steilufers, der sich aufgrund der Gesteinsstruktur und unterschiedlicher Resistenz in Einzelformen aufgelöst hat}
Klippen *pl* shoal
{verborgenes Hindernis}
Klon *m* clone
{erbgleiches Individuum}
Klonen *nt* cloning
klonen *v* clone
klonieren *v* clone
Klonierung *f* cloning
klopfen *v* knock
{Geräusch bei Verbrennungsmotoren, wenn das Kraftstoffgemisch vorzeitig explodiert}
Klopf•festigkeits•wert *m* antiknock rating
Klosett *nt* toilet
Kloster *nt* monastry
~kirche *f* monastry church
Klotz *m* lump
{Holzklotz}
Klub *m* club
Kluft *f* crack, fissure
{Riss in der Bodenoberfläche}

~ *f* divide
klug *adj* wise
Klumpen *m* clod, clump, lump
Knall *m* boom
~teppich *m* sonic boom carpet
knall•voll *adj* jam-packed
{umgangssprachlich}
knapp *adj* lean, marginal
Knappheit *f* scarcity
Knast *m* pen (Am)
Knet•masse *f* modelling clay
Knick *m* knick
{dichter, kalkfreier Bodenhorizont mit starker Dispergierungsneigung aus tonreichen Sedimenten des Brackwassers}
~ *m* boundary hedge
{Wallhecke auf Grundstücksgrenzen in Norddeutschland}
Knippel•bestand *m* scrub stand
knirschen *v* grate
Knochen *m* bone
~mark *nt* bone marrow
~mehl *nt* bonemeal
~(schall)leitung *f* bone conduction, osteophony
Knolle *f* sett, tuber
knollen•förmig *adj* tuberous
Knospe *f* bud
Knoten *m* knot
{Maßeinheit für Geschwindigkeit; entspricht 1,85 km/h}
~ *m* lump
{Krebs}
~ *m* joint, node
Know-how *nt* know-how
Koagulation *f* coagulation, flocculation
{das Ausfallen kolloidaler Stoffe aus ihrer kolloidalen Lösung}
~s•mittel *nt* flocculant
Koaleszenz *f* coalescence
~abscheider *m* coalescence separator
Koaxial•diagramm *nt* coaxial figure
kochen *v* boil
Koch•salz•lösung *f* saline solution
Kode *m* code
genetischer ~: genetic code
Köder *m* bait
lebender ~: live bait
mit einem ~ versehen: bait *v*
~gift *nt* attractant poison
~spritzung *f* bait spraying
Ko•destillation *f* codistillation
{Destillation mit Zusatzstoffen}
Kodex *m* code (of practice)
kodieren *v* code
Kodifikation *f* codification
{Zusammenfassung des Rechtsstoffes einzelner oder mehrerer Sachgebiete in einheitlichen, planvoll gegliederten Gesetzbüchern}
Koeffizient *m* coefficient
Koffein *nt* caffeine
Koffer•damm *m* cofferdam
{Damm zur Wasserhaltung während der Erstellung einer Stauanlage}
Kofinanzierung *f* co-financing
Kohärenz *f* coherence
Kohäsion *f* cohesion
~s•fonds *pl* cohesion funds
~s•politik *f* cohesion policy
kohäsiv *adj* cohesive
Kohle *f* coal
~berg•bau *m* coal mining
~~gebiet *nt* coal mined area
~entschwefelung *f* desulfurization of coal (Am)
~feuerung *f* coal firing
≗beheizt *adj* coal-fired
~filter *m* carbon filter, charcoal filter
~hydrierung *f* hydrogenation of coal
~industrie *f* coal industry
~kraft•werk *nt* coal-fired power plant, coal-fired power station
Kohlen | berg•werk *nt* coal mine
~dioxid *nt* carbon dioxide
~~ausstoß *m* carbon dioxide emissions
~~bildung *f* carbon dioxide generation
~~gehalt *m* carbon dioxide concentration
~flöz *nt* coal seam
~gas *nt* coal gas
~grube *f* coal mine, colliery
~monoxid *nt* carbon monoxide
~~anfall *m* carbon monoxide output
~~-Hämo•globin *nt* carboxyhaemoglobin
~~vergiftung *f* carbon monoxide poisoning
~säure•gehalt *m* carbon dioxide content
~staub *m* coal dust, culm
~~brenner *m* coal dust burner
~~mengen•messung *f* volumetric flowmeter for coal dust
Kohlen•stoff *m* carbon
gelöster organisch gebundener ~: dissolved organic carbon
Abk.: DOC
~bestimmung *f* carbon determination
~fixierung *f* carbon sequestration
≗haltig *adj* carbonaceous
~haus•halt *m* carbon balance
~kreis•lauf *m* carbon cycle, circulation of carbon
~senke *f* carbon sink
~zyklus *m* carbon cycle
Kohle | n•teer *m* coal tar
~n•wasserstoff *m* carbohydrate, hydrocarbon
alicyclischer ~~: alicyclic carbohydrate, alicyclic hydrocarbon
aliphatischer ~~: aliphatic hydrocarbon
~~dämpfe *pl* hydrocarbon vapours
~verbrennung *f* coal burning
~veredelung *f* coal refining
~vergasung *f* coal gasification
Kokerei *f* coke plant, coking plant
Kokerei•gas *nt* coke-oven gas
~entschwefelung *f* coke-oven gas desulfurization
Kokos•faser *f* coir
Koks *m* coke
~ofen•gas *nt* coke-oven gas
Kolben *m* piston
~dosier•pumpe *f* ball diaphragm pump
~kompressor *m* piston compressor
~mano•meter *nt* piston manometer
~maschine *f* reciprocating engine
Koli•bakterien *pl* coli bacteria
Dtsch. Syn.: Colibakterien
Kolk *m* plunge pool, pothole, pothole, scour, undercutting
~becken *nt* scour basin, scour hole, whirlpool
Kollagen *nt* collagen
Kolleg | e /~in *m/f* associate
kollektiv *adj* collective
Kollektor *m* collector
Kollin *nt* colline
{Höhenstufe des Hügellandes}
Kolloid *nt* colloid
{lösungsartige Verteilung kleinster Partikel in einer Flüssigkeit}
kolloidal *adj* colloidal,
~ *adv* colloidally

kolloid•dispers *adj* colloidally dispersed

kolluvial *adj* colluvial
{*zusammengeschwemmt*}

≗boden *nt* colluvial soil, colluvium
{*Bodentyp, der aus zusammengetragenem Bodenmaterial besteht*}
Dtsch. Syn.: Kolluvium

Kolluvium *nt* colluvial deposit, colluvial soil, colluvium, talus
{*Ablagerung von Boden oder Schutt am Hangfuß*}

Kolmation *f* warping colmation
{*Aufhöhung*}

Kolonie *f* colony
in ~n lebend: colonial ***adj***

≗bildend *adj* colonial

Kolonne *f* column

Kolori•metrie *f* colorimetry
{*Verfahren zur Konzentrationsbestimmung von farbigen gelösten Stoffen durch Messung der Absorption von Licht beim Durchtritt durch die Lösung*}

Kombi•kraft•werk *nt* combined-cycle power station

Kombination *f* combination

~s•dichtung *f* combined sealing

~s•mess•gerät *nt* combination measuring equipment

~s•wirkung *f* combination effect
{*Wirkung, die von Einwirkungen mehrerer Umweltfaktoren auf einen Organismus ausgeht*}

Komfort *m* amenity
mit allem ~: with every amenity

Komitee *nt* board, committee

Kommensalismus *m* commensalism
{*das Zusammenleben von Lebewesen, ohne einander zu schaden*}

kommerziell *adj* commercial

~ *adv* commercially
nicht ~: non-comercial ***adj***

Kommissar /~in *m/f* commissioner

Kommission *f* commission, panel
Welt≗ für Umwelt und Entwicklung: World Commission on Environment and Development

~s•mitglied *nt* commissioner

kommunal *adj* local, municipal
~e Abfälle: municipal solid wastes, municipal waste
~e Abfallsammlung: communal waste collection
~e Planungshoheit: local planning autonomy

≗abgaben•gesetz *nt* municipal rates act

≗aufsicht *f* supervision of local authorities

≗beamt | er /~in *m/f* local government officer, local government official

≗ebene *f* municipal level

≗fahrzeug *nt* municipal vehicle, public utility vehicle
{*z.B. Müllfahrzeuge, Kehrfahrzeuge, Kanalreinigungsfahrzeuge*}

≗gebühr *f* local charge, local fee

≗haushalt *m* municipal budget

≗isierung *f* municipalization

≗politik *f* local politics, municipal policy

≗verwaltung *f* local authorities
{*in Großbritannien*}

≗~ *f* municipal services

Kommunikation *f* communication
{*alle Prozesse der Übertragung von Informationen durch Zeichen aller Art unter Lebewesen und/oder technischen Einrichtungen durch Informationsvermittlungssysteme i.w.S.*}

Kommunismus *m* communism

Kompagnon *m* associate

Kompatibilität *f* compatibility
{*Verträglichkeit, Vereinbarkeit*}

Kompensation *f* compensation
{*Ausgleich; Aufhebung von Wirkungen einander entgegenstehender Ursachen*}

~s•ebene *f* compensation level
{*gedachte Ebene in einem Gewässer in der Assimilation und Dissimilation einander die Waage halten*}

~s•tiefe *f* compensation depth

Kompensator *m* expansion joint

Kompetenz *f* competence, competency
Dtsch. Syn.: Fähigkeiten
~en der Europäischen Gemeinschaft: powers of the European Union

~verteilung *f* allocation of responsibilities, distribution of jurisdiction

komplementär *adj* complementary

komplett *adj* complete

komplettieren *v* complete, round off

Komplex *m* complex

~bildner *m* complexing agent
{*Verbindungen, die Metallionen so binden, dass sich deren Eigenschaften verändern*}

~bildung *f* complexation, complexing

~dünger *m* complex fertilizer

Komplexität *f* complexity

Komplexo•metrie *f* complexometry
{*Verfahren der Maßanalyse, das auf der Fähigkeit von Polyaminocarbonsäuren beruht, mit zahlreichen mehrwertigen Metallionen sehr stabile, leicht lösliche Chelate zu bilden*}

Komplex•verbindung *f* complex compound

Komplize /~in *m/f* associate

Komponente *f* principle
{*chemisch*}

Komposite *f* composite
{*Korbblütler*}

Komposition *f* composite

Kompost *m* compost

~anwendung *f* application of compost

~ausbringung *f* compost distribution

~belüftung *f* compost aeration

~erde *f* compost soil

~filter *m* compost filter
{*Abluftreinigungsanlage, bei der der Schadstoffabbau durch Mikroorganismen erfolgt, die auf Kompost angesiedelt sind*}

~fräse *f* compost milling cutter

~haufen *m* compost heap, compost pile

Kompostier•anlage *f* composting plant

kompostierbar *adj* compostable

Kompostieren *nt* composting

≗ *v* compost

Kompostierung *f* composting, compost preparation

~s•anlage *f* composting plant

~s•verfahren *nt* composting process
{*Verfahren zur Verwertung organischer Abfälle, bei dem diese durch Mikroorganismen und Kleintiere zersetzt werden und dabei Kompost entsteht*}

Kompost | produktion *f* compost production

~qualität *f* compost quality

~roh•stoff *m* raw material for composting

~temperatur•mess•gerät *nt* compost thermometer

~thermometer *nt* compost thermometer

~umsetz•streuer *m* compost shifting spreader

~werk *nt* composting plant

Kompressibilität *f* compressibility
Kompressor *m* compressor
komprimiert *adj* compressed
Kompromiss *m* compromise
~entscheidung *f* compromise decision
≗los *adj* uncompromising
≗~ *adv* uncompromisingly
~vereinbarung *f* compromise agreement
Kondensat *nt* condensate
Kondensation *f* condensation
{1. Übergang eines Stoffes aus dem gasförmigen in den flüssigen Zustand. 2. Verknüpfungsreaktion zweier Moleküle unter Abspaltung eines meist kleineren}
~s•aerosol *nt* condensation aerosol
~s•anlage *f* condensation plant
~s•kern *m* condensation nucleus
~~zähler *m* condensation nucleus counter
~~bildungs•mittel *nt* nucleating agent
Kondensator *m* capacitor
{Elektrokondensator}
~ *m* condenser
{Kondensatorkühler}
~kühler *m* condenser
Kondensatoren•recycling *nt* recycling of capacitors
kondensieren *v* condense
kondensiert *adj* condensed
Konditionierung *f* conditioning
Kondukto•metrie *f* conductometry
{das Verfolgen von Reaktionsabläufen in Lösungen durch Messen der Leitfähigkeit}
Konferenz *f* conference, seminar
~ der Vereinten Nationen über Umwelt und Entwicklung: United Nations Conference on Environment and Development
Abk.: UNCED
Stockholmer ~ für menschliche Umwelt: Stockholm Conference on the Human Environment
Konflikt *m* conflict
~analyse *f* conflict analysis, conflict search
~bewältigung *f* conflict resolution
≗frei *adj* conflict-free
≗los *adj* conflict-free
~vermittlung *f* mediation
Konfluenz *f* confluence
{Ort, wo sich zwei Luftströmungen treffen}
Konformität *f* conformity
Konglomerat *nt* conglomerate
{durch ein Bindemittel verfestigte, rundliche Gesteinsstücke}
Konifere *f* conifer
Dtsch. Syn.: Nadelbaum
konjugativ *adj* conjugative
Konjunktur *f* boom
{Hochkonjunktur}
~ *f* economy
{wirtschaftliche Lage}
~ *f* economic trend
{Tendenz}
~politik *f* stabilization policy
~spritze *f* boost to the economy
~zyklus *m* trade cycle
konkret
adj concrete
Konkretion *f* concretion
{festes, meist rundliches Gebilde im Boden und in Lockersedimenten, das durch Konzentration von Stoffen entstanden ist}
Konkurrenz *f* competition
≗fähig *adj* competitive
≗~ *adv* competitively
~fähigkeit *f* competitiveness
Konkurs *m* bankruptcy
Konkussion *f* concussion
Können *nt* ability, skill
Konsens *m* consensus
Konservatismus *m* conservatism
{geistige, soziologische und politische Haltung, die überlieferte Werte und überkommende Ordnungen bejaht und grundsätzlich zu erhalten strebt}
konservativ *adj* conservative
Konserven•industrie *f* canned goods industry
konservieren *v* conserve, preserve
konservierend *adj* conservative, preservative
Konservierung *f* preservation
~s•mittel *nt* preservative
~s•stoff *m* preservative
{Mittel zur Haltbarmachung oder Erhöhung der Lagerfähigkeit von organischen Produkten}
~s•verfahren *nt* preservation process
Konsistenz *f* consistence, consistency
{Grad des Zusammenhaftens des Bodens}
konsolidiert *adj* consolidated
nicht ~: unconsolidated ***adj***
Konsolidierung *f* consolidation
Dtsch. Syn.: Verfestigung
Konsoziation *f* consociation
{Pflanzengesellschaft im Range einer Assoziation, die durch ausgeprägte Dominanz einer Art gekennzeichnet ist}
konstant *adj* constant, static
Konstante *f* constant
konstituierend *adj* constituting, constitutional
Konstitution *f* constitution
konstruieren *v* frame, structure
Konstruktion *f* design, structure
~s•plan *m* specification
konstruktiv *adj* constructive
~ *adv* constructively
Konsultation *f* reference
Konsum *m* consumption
~artikel *m* consumer article, consumer item
~~ *pl* consumer goods
~diskontierung *f* consumption discounting
Konsument /~in *m/f* consumer
{Verbraucher /~in, in der Biologie: Lebewesen, das von anderen Lebewesen lebt}
Konsumenten | bewusstsein *nt* consumer awareness
~rente *f* consumer surplus
~souveränität *f* public consumer independence
Konsumerismus *m* consumerism
Konsum | gesellschaft *f* consumer society
~gewohnheiten *pl* consumer habits, consumption patterns
~güter *pl* consumable goods, consumables, consumer goods, consumer products
~~industrie *f* consumer goods industry
~~-Preis•index *m* consumer price index
konsumieren *v* consume, down
Konsum | verhalten *nt* consumer behaviour, consumerism, consumption patterns
umweltbewusstes ~~: green consumerism
~verzicht *m* reduction in consumption
Kontakt *m* contact
direkter ~: firsthand contact
in ~ sein: be in contact ***v***
~ aufnehmen: contact ***v***

~ **haben:** have contact *v*

~gift *nt* contact poison

Sprühen von ~~en: residual spraying

~herbizid *nt* contact herbicide, contact weedkiller

~insektizid *nt* contact insecticide

~person *f* contact

~trockner *m* contact dryer

~zeit *f* contact time

{Zeitspanne, die dem Abwasser zum Kontakt mit anderen Medien im Mittel zur Verfügung steht}

Kontamination *f* contamination

{Verschmutzung oder Verseuchung durch Schadstoffe, Krankheitserreger oder radioaktive Strahlung}

~ **durch Schwermetalle:** heavy metal contamination

radioaktive ~: radioactive contamination

~s•monitor *m* contamination monitor

kontaminieren *v* contaminate

kontaminiert *adj* contaminated

~er Boden: contaminated soil

~es Land: contaminated land, contaminated sites

Kontaminierung *f* contamination

Kontinent *m* continent

Dtsch. Syn.: Erdteil

kontinental *adj* continental, medio-European

~e Region: continental region

≗abhang *m* continental slope

{vom Rand des Kontinentalsockels steil abfallender Bereich des Meeresgrunds}

≗klima *nt* continental climate

≗rand *m* continental margin

{Meeresgrund am Rande eines Kontinents bis zu einer Tiefe von 2000 m}

≗schelf *m* continental shelf

Dtsch. Syn.: Kontinentalsockel

≗sockel *m* continental shelf

{Meeresgrund am Rande eines Kontinents bis zu einer Tiefe von 183 m}

Kontingent *nt* quota

Kontinuitäts•gleichung *f* continuity equation

kontrahieren *v* contract

Kontrakt *m* contract

kontra•produktiv *adj* counter-productive

{das Gegenteil des Gewünschten bewirkend}

Kontrast *m* contrast

kontrastieren *v* contrast

Kontrast | mittel *nt* radioopaque dye

~untersuchung *f* contrast examination

Kontroll | anlage *f* inspection system

~dosi•meter *nt* control badge

Kontrolle *f* control, inspection, monitoring

unter ~ bringen: bring under control, control

außer ~ geraten: get out of control

Kontroll•einrichtung *f* check

Kontrolleur /~in *m/f* inspector

Kontroll | funktion *f* control function

~gang *m* inspection gallery

~gruppe *f* control group

kontrollieren *v* control, inspect, monitor, police

kontrollierend *adj* controlling

kontrolliert *adj* controlled, inspected

Kontroll | maßnahme *f* control measure, supervisory measure

~pegel *m* observation well, pilot well

~schacht *m* inspection chamber

~station *f* controlling station

Dtsch. Syn.: Überwachungsstation

~system *nt* checking system

~tor *nt* check gate

Kontroverse *f* controversy

Dtsch. Syn.: Auseinandersetzung

Kontur | bewässerung *f* contour irrigation

~bewirtschaftung *f* contour farming

{das Pflügen und Säen entlang der Höhenlinien}

~führungs•linie *f* contour guideline

~furche *f* contour furrow

~graben *m* contour ditch

~hecke *f* contour hedge

~linie *f* contour line

~nutzung *f* contouring, contour cultivation, contour farming

~pflanzung *f* contour planting

~pflügen *nt* contour ploughing, contour ridging

~reihe *f* contour row

~streifen•kultur *f* contour strip cropping

~stütz•mauer *f* contour bank, contour bund

Konvektion *f* convection

{in der Meteorologie der Transport von Impuls, Masse und Wärme in vertikaler Richtung durch Sonneneinstrahlung; in der Hydrologie die Strömung aufgrund von Dichteänderungen des Wassers durch Wärmeeinstrahlung}

~s•trockner *m* convection dryer

Konvention *f* convention

Dtsch. Syn.: Übereinkommen

~ **über biologische Vielfalt:** Convention on Biological Diversity

konventionell *adj* conventional

{Dtsch. Syn.: herkömmlich}

Konvergenz *f* convergence

Konverter *m* converter

~gas *nt* converter gas

~~reinigungs•anlage *f* converter gas cleaning plant

~~rück•gewinnung *f* converter gas recovery

Konzentrat *nt* concentrate

Konzentration *f* concentrate, concentration, content

maximal zulässige ~: maximum admissible concentration, maximum allowable concentration

Dtsch. Abk.: MZK; Engl. Abk.: MAC

~s•messung *f* concentration measurement

~s•wirkung *f* concentration result of licence

konzentrieren *v* concentrate, focus

Konzept *nt* concept

~genehmigung *f* concept permission

Konzeption *f* conception, (central) idea

Konzern•recht *nt* right of manufacturing affiliates

Konzert *nt* concert

Konzertierungs | phase *f* consultation period

~verfahren *nt* consultation procedure

~zeitraum *m* consultation period

Konzession *f* concession

{behördliche Genehmigung; Zugeständnis}

konzessionär *adj* concessional

konzessioniert *adj* concessional

Konzessions | abgabe *f* licence duty

~vertrag *m* concession contract

~weg *m* concessionary route, concession footpath

{Fußweg mit freiwillig (vom Eigentümer) gewährter Benutzbarkeit}

Koog *m* polder

{im Nordseebereich Syn. für Polder}

Kooperation *f* co-operation

~s•prinzip *nt* co-operation principle
{Prinzip der Umweltpolitik, welches der auf freiwilliger Basis beruhenden Zusammenarbeit zwischen staatlichen Institutionen, gesellschaftlichen Kräften, Industrie und Bürgern den Vorzug vor gesetzlichen Regelungen gibt}

kooperativ *adj* co-operative
~e Kraft-Wärme-Wirtschaft: co-operative heat and power management

Koordinaten *pl* grid reference
{Maßzahlen zur Festlegung eines Punktes im Gelände bzw. auf einer Karte}

koordinieren *v* co-ordinate
Koordinierung *f* co-ordination
Kopf | baum *m* pollard
~dünger•gabe *f* top-dressing
Köpfen *nt* pollarding
~̈ *v* pollard
Kopf | haar *nt* scalp hair
~holz *nt* pollard shoot
~~betrieb *m* branch coppice method, pollard system
~̈los *adj* headcut, headless
~schmerz *m* headache
~schutz *m* protective headgear
~stein *m* cobble, cobblestone
{zum Pflastern von Straßen und Wegen}

~̈wärts *adj* headward
~weide *f* pollard willow
~~n-Nutzung *f* willow pollarding
Koppel *f* coupler
Koralle *f* coral
~n•sand *nt* coral sand
~n•riff *nt* coral reef
Korb *m* basket
~blütler *m* composite
~geflecht *nt* wicker
Kork *m* cork
~platte *f* cork plate
~rinde *f* cork
Kormus *n* cormus
Korn *nt* corn, grain
Körnchen *nt* granule
Korn•größe *f* grain (size), particle size
äquivalente ~: equivalent grain size

~n•bestimmung *f* mechanical analysis, particle size analysis, texture analysis
~n•klasse *f* soil separates
~n•mess•gerät *nt* grain size analyzer
~n•verteilung *f* grain size distribution, particle size distribution
Korn•kammer *m* granary
Körnung *f* grain size
{Korngröße}

~ *f* (soil) texture
{Bodenkunde}

Korona *f* aureole, corona
Körper *m* body, frame
~̈bürtig *adj* structure-borne
~̈fremd *adj* extrane
körperlich *adj* bodily, physical
~ *adv* physically
Körper | radio•aktivität *f* body radioactivity
~schaft *f* body, corporation
~~ des öffentlichen Rechts: public body, public corporation

~schall *m* impact sound, mechanical vibration, structure-born sound
{der sich in festen Körpern (z.B. Wänden oder Decken) ausbreitende Schall}

~~dämm•stoff *m* structure-borne sound insulating material
~~mess•gerät *nt* structure-borne-sound meter
~~mikro•fon *nt* structure-borne-sound microphone
~verletzung *f* bodily injury
korpuskular *adj* particulate
Korrasion *f* corrasion
{Herauswaschen eines Geländeeinschnitts durch ein Fließgewässer}

Korrektor /~in *m/f* marker
Korrektur *f* correction
Korrelation *f* correlation
~s•analyse *f* correlation analysis
korrespondierend *adj* matching
Korridor *m* corridor
korrigierend *adj* correcting
korrodieren *v* corrode
korrodierend *adj* corrosive
Korrosion *f* corrosion
{chemische Veränderung von Materialoberflächen mit einhergehender Verringerung der Widerstandsfähigkeit des Materials gegen mechanische oder chemische Belastungen}

~̈s•beständig *adj* corrosion-resistant
~s•beständigkeit *f* corrosion resistance
~s•festigkeit *f* corrosion resistance
~̈s•frei *adj* non-corrosive
~s•prüf•anlage *f* corrosion testing equipment
~s•schutz *m* corrosion protection, protection against corrosion
kathodischer ~~: cathodic protection against corrosion

~~anstrich *m* anticorrosive painting
~~auskleidung *f* anti-corrosion lining
~~beschichtung *f* anti-corrosion coating
~~inhibitor *m* anticorrosive agent
~~lack *m* anti-corrosion varnish
~~lackierung *f* anticorrosive varnishing
~~mittel *nt* corrosion inhibitor
~̈s•verhindernd *adj* anti-corrosion
korrosiv *adj* corrosive
Kosmetika *pl* cosmetics
kosmisch *adj* cosmic
Kosmopolit *m* cosmopolitan
Kosmos *m* cosmos
Kost *f* diet, food
ballaststoffreiche ~: high fibre diet
fettarme ~: low-fat diet
kalorienarme ~: low-calorie diet
makrobiotische ~: macrobiotic food
salzlose ~: salt-free diet

Kosten *pl* cost
{Preis}

~ *pl* costs
{Gerichtskosten, Gesamtkosten}
gesamtwirtschaftliche ~: costs of the national economy
~ tragen: bear the costs ***v***
laufende ~: running costs

~̈ *v* cost
~analyse *f* cost analysis
~deckung *f* covering of costs
~entwicklung *f* trend of costs
~erstattung *f* cost refund
~̈günstig *adj* cost-effective
~internalisierung *f* internalization of external costs
~̈los *adj* free
~-Nutzen | -Analyse *f* cost-benefit analysis
~~-Verhältnis *nt* cost-benefit ratio
~rechnung *f* cost accounting
~senkung *f* cost reduction
~steigerung *f* cost increase
~struktur *f* cost structure
~teilung *f* specification of costs
~träger *f* cost unit
~vergleich *m* costs comparison

~voraus•schätzung *f* estimate of costs
kost•spielig *adj* costly
Kot *m* droppings, excrement, excreta, faeces
Krach *m* noise, row
Krachen *nt* crash
≗ *v* crash
krachend *adv* crash
Kraft *f* force, power
in ~ sein: obtain ***v***
in ~ setzen: enact ***v***
{ein Gesetz in ~ setzen}
~ ~ ~: put into force ***v***
in ~ treten: enter into force ***v***
~fahr•zeug *nt* motor vehicle
~~abgas *nt* vehicle exhaust gas
~~besitz *m* car ownership
~~industrie *f* vehicle industry
~~kühl•mittel•entsorgung *f* disposal of motorcar coolants
{auch: motor car}
~~lärm *m* motor traffic noise
~~steuer *f* automobile tax, motorcar tax
{auch: motor car}
~~~gesetz *nt* motorcar tax legislation
{auch: motor car}
~~technik *f* motorcar engineering
{auch: motor car}
~~verkehr *m* car traffic
kräftig *adj* vigorous
Kraft•rad *nt* motorcycle
{motorgetriebenes Zweirad}
Kraft•stoff *m* (motor) fuel
bleifreier ~: unleaded fuel
bleihaltiger ~: leaded fuel
~behälter *m* fuel tank
~denitrierung *f* fuel denitrogenation
~einspritzung *f* fuel injection
{Versorgung des Motors mit Kraftstoff, der entweder direkt in den Brennraum oder in das Ansaugsystem eingespritzt wird}
~filter *m* fuel filter
~verbrauch *m* fuel consumption
~zusatz *m* fuel additive
Kraft•verkehr *m* motor traffic
Kraft-Wärme-Kopplung *f* co-generation, combined heat and power scheme, power-and-heat integration
{Anlage, die elektrischen Strom und Heizwärme gleichzeitig erzeugt}
Engl. Abk.: CHP
Kraft•werk *nt* power plant, power station
konventionelles ~: conventional power station
Leistungsgrad eines ~s: plant factor
umweltverträgliches ~: clean power station
~s•abwärme *f* power plant waste heat
~s•entsorgung *f* power station disposal
~s•leistung *f* power plant capacity
~s•reaktor *m* power reactor
~s•stand•ort *m* power plant location
~s•tal•sperre *f* power dam
Krähl•werk *nt* rabble rake
{langsam umlaufendes Gatter im Eindicker eines Klärwerks}
krampf•artig *adj* spasmodic
~ *adv* spasmodically
Kran *m* crane
krank *adj* ill, sick
~e Wälder: sick forests
schwer ~: critically ill ***adj***
kränken *v* offend
kränkend *adj* offensive
Kranken | geschichte *f* case history
~haus *nt* hospital
~~abfall *m* hospital waste
{in Krankenhäusern, Arztpraxen und sonstigen Einrichtungen des medizinischen Bereichs anfallender Abfall}
~~müll *m* hospital waste
~hilfe *f* medical assistance
~trage *f* stretcher
fahrbare ~~: wheeled stretcher
Krankheit *f* disease, ill health, illness
ansteckende ~: infectious disease
durch Wasser übertragene ~en: waterborne diseases
lebensbedrohende ~: life-threatening disease
meldepflichtige ~: notifiable disease, reportable disease
umweltverursachte ~: environmentally induced disease
~s•bild *nt* clinical symptoms
~s•erreger *m* morbific agent, pathogen, (pathogenic) germ
≗s•erregend *adj* morbific, pathogenic
~s•fall *m* case
~s•resistenz *f* resistance to disease
≗s•übertragend *adj* disease-transmitting
~s•überträger *m* disease carrier, disease transmitter
~s•ursache *f* aetiological agent
Kränkung *f* offence
Krater *m* crater
~see *m* crater lake
Kratzen *nt* scraping
kratzend *adj* scraping
kratzig *adj* prickly
Kräuselung *f* ripple
Kraut *nt* haulm, herb, herbage
≗artig *adj* herbaceous
Kräuter | buch *nt* herbal
~garten *m* herb garden
~heil | kunde *f* herbalism
~~mittel *nt* herbal remedies
Krautfänger *m* leaf catcher
krautig *adj* herbaceous
Kreativität *f* creativity
Krebs *m* cancer,
{medizinisch}
~ *m* crustacean
{Krebstier}
≗artig *adj* cancerous
≗erregend *adj* cancer-producing, carcinogenic
~krankheit *f* cancer
~risiko *nt* cancer risk
~zyklus *m* Krebs cycle
Dtsch. Syn.: Zitronensäurezyklus
Kredit *m* credit
~finanzierung *f* credit financing
~hilfe *f* credit aid, credit assistance
~institut *nt* credit bank
~politik *f* credit policy
~tilgung *f* credit repayment
Kreide *f* chalk
kreidehaltig *adj* chalky
kreidig *adj* chalky
Kreis *m* circle, circuit
{geometrische Figur}
im ~ laufen: mill ***v***
~ *m* county
{Landkreis, Grafschaft}
~ *m* district
{Landkreis, Distrikt}
Kreisel | egge *f* rotary hoe
~pflug *m* rotary plough, rotary plow (Am)
~pumpe *f* centrifugal pump
Kreis | fläche *f* area of a circle
≗förmig *adj* circular

~lauf *m* circulation, cycle, cycling
geschlossener ~~: closed recirculation
~~erkrankung *f* cardiovascular disease
~~führung *f* circulation, recirculation, recycling
~~modell *nt* cycle model
~~system *nt* circulatory system
~~wirtschaft *f* closed-loop recycling, recycling management
~s- und Abfallgesetz: Act for Promoting Closed Cycle Waste Mangement and Ensuring Environmentally Compatible Waste Disposal, recycling management and waste law
{in Dtschl. am 7.10.1996 in Kraft getreten; soll die Kreislaufwirtschaft fördern und die umweltverträgliche Entsorgung von Abfällen sichern}
~rat *m* county council
~säge *f* circular saw
~stadt *f* county seat (Am), county town
~tag *m* county council
Krenal *nt* krenal
{Quellbereich eines Fließgewässers}
Krenon *nt* krenon
{Biozönose des Krenals}
kretisch *adj* Cretan
Kreuz *nt* cross
~befruchtung *f* cross-fertilization
kreuzen *v* cross, crossbreed, cross-breed
~ *v* interbreed
{sich ~}
Kreuzung *f* cross, cross-breeding, hybrid, hybridization
~s•zucht *f* outbreeding
kriechen *v* creep
Kriecher *m* crawler
Kriechspur *f* crawler lane
~tier *nt* crawler, reptile
Krieg *m* war, warfare
~s•führung *f* warfare
Krill *m* crill
kriminell *adj* criminal
Kriminelle /~r *f/m* criminal
Kriminologie *f* criminology
Krise *f* crisis
~n•plan *m* contingency plan
~n•theorie *f* crisis theory
Krisis *f* crisis
{Wendepunkt einer Krankheitsentwicklung}
Kristall *m* crystal
kristallin *adj* crystalline

Kristallisation *f* crystallization
~s•anlage *f* crystallizer
Kristallo•grafie *f* crystallography
{auch: Kristallo•graphie}
Kriterien *pl* criteria
Kriterium *nt* criterion, gauge
Kritik *f* criticism, critique
kritisch *adj* critical, judicial
~e Belastungsrate: critical load
~er Belastungswert: critical level
~ *adv* critically, judicially
kritisieren *v* criticise (Br), criticize
Kritizität *f* criticality
~s•näherung *f* approach to criticality
~s•sicherheit *f* nuclear criticality safety
Krone *f* antlers
{jägersprachlich für Rehgehörn}
~ *f* crest, crown
mit breiter ~: broad-crested ***adj***
~ *f* surroyals
{jägersprachlich für Hirschgeweih}
~ *f* top
{Spitze eines Baums}
Kronen | aufbau *m* tree structure
~bau•werk *nt* crest structure
{Teil der Staumauer im Bereich des Freibords}
~breite *f* crest width
{Breite des oberen Abschlusses eines Absperrbauwerks}
~dach *nt* canopy, tree canopy
{mehr oder weniger zusammenhängendes Gefüge aus Ästen und Blättern, das von einem Kollektiv von Baumkronen gebildet wird}
~höhe *f* crest level
{geodätische Höhe der Krone eines Absperrbauwerks}
~länge *f* crest length
{Länge der Krone eines Absperrbauwerks}
~schluss *m* canopy
{das mehr oder weniger nahtlose Ineinanderübergehen von Baumkronen}
~sicherungs•bauwerk *nt* protective structure for the dam crest
{Bauwerk unterhalb der Dammkrone, das bei deren Beschädigung die durch ausfließendes Wasser entstehende Erosion hemmt}
Kropf *m* crop
Kröte *f* toad
~n•schutz *m* toad protection
Krume *f* topsoil

Krümel *m* crumb, granule, soil crumb
{poröses, rundliches Bodenaggregat bis ca. 10 mm Durchmesser}
krümelig *adj* friable
Krümel | struktur *f* crumb structure
{durch Krümel geprägte Bodenstruktur}
~walze *f* rotary harrow, rotary tiller
Krumm•packer *m* cultipacker
Krümmung *f* curvature
Kruste *f* crust
ozeanische ~: oceanic crust
≗n•artig *adj* crustaceous
~n•bildung *f* incrustation
kryo•gen *adj* cryogenic
kryo•genisch *adj* cryogenic
Kryo•logie *f* cryology
Kryo•phyt *m* cryophyte
{Pflanzenart, die in kalten Lebensräumen vorkommt}
Kryo•stat *m* cryostat
kryptisch *adj* cryptic
Krypto•gamen *pl* sporophytes
kubisch *adj* cubic
Küche *f* kitchen
~n•abfall *m* kitchen scrap, kitchen waste
~n•garten *m* kitchen garden
Kugel *f* ball
~hahn *m* ball valve
Kuh *f* cow
Kühe *pl* cows
kühl *adj* cool
≗anlage *f* refrigerator
≗becken *nt* cooling pond
Kühlen *nt* cooling
≗ *v* cool, refrigerate
kühlend *adj* cooling
Kühler *m* cooler
Kühl | flüssigkeit *f* coolant
~lagerung *f* cold storage
~mittel *nt* coolant, refrigerant
~öl *nt* cooling oil
~schrank *m* fridge, refrigerator
~schrott *m* cooling scrap
~system *nt* cooling system
~teich *m* cooling pond
~truhe *f* refrigerating chest
~turm *m* cooling tower
{Anlage zur Ableitung von Kraftwerksabwärme und Abwärme aus anderen industriellen Prozessen in die Atmosphäre}
~~fahne *f* cooling tower plume

~~kamin *m* cooling tower chimney
~~misch•fahne *f* cooling tower mixed plume
~~schall•dämpfer *m* sound absorber for cooling towers
Kühlung *f* cooling, refrigeration
Kühl | verfahren *nt* cooling method
~wasser *nt* coolant, cooling water
{Wasser zum Abführen überschüssiger, bei technischen Prozessen unvermeidlich anfallender Wärme}
~~ableitung *f* discharge of cooling water, cooling water culvert
~~rück•kühler *m* cooling water recooling plant
~zentrifuge *f* refrigerated centrifuge
Küken *nt* chick
Kulisse *f* piece of scenery
hinter den ~n: behind the scenes
~n•anbau *m* basin listing, basin tillage, tied ridging
{Häufelverfahren zur Steigerung der Wasseraufnahme des Bodens durch Niederschlagsrückhaltung}
~n•schall•dämpfer *m* sliding block sound absorber
Kultivator *m* chisel plough, cultivator
kultivierbar *adj* cultivable
kultivieren *v* culture
{von Bakterien}
~ *v* cultivate
kultiviert *adj* cultivated
Kultivierung *f* cultivation
Kultur *f* culture
mehrjährige ~: perennial crop
~arbeiten *pl* cultural operations
{alle Maßnahmen zur künstlichen Begründung und Pflege eines Bestandes im Kulturstadium}
~arten•verhältnis *nt* crop ratio
{Verhältnis der Anzahlen oder Flächen angebauter Feldfrüchte auf einer Bezugsfläche}
~bau•technik *f* soil and water engineering, soil and water management
~biotop *nt* cultural biotope
~boden *m* arable soil
{dient vor allem der Nahrungsproduktion und der Erzeugung organischer Rohstoffe und ist im Hinblick darauf vom Menschen beeinflusst}
~~decke *f* covering topsoil layer, topsoil cover
~~schicht *f* ploughed layer
~denkmal *nt* conservation area
{flächenhaftes Kulturdenkmal}
~~ *nt* cultural monument
kulturell *adj* cultural
Kultur | erbe *nt* cultural heritage
~folger *m* adapted species, synanthropic species
~formation *f* artificial community
~geschichte *f* cultural history
~gut *nt* cultural goods, cultural possessions
~land *nt* agricultural landscape, arable land, cropland, cultivated area, cultivated land
~landschaft *f* cultural landscape, man-made landscape
{vom Menschen gestaltete Landschaft}
~medium *nt* culture medium
~pflanze *f* crop, cultivated plant
verwilderte ~~: escape ***n***
~~n•bestand *m* crop
~politik *f* cultural and educational policy
~rasse *f* cultivar
~schicht *f* arable layer
~technik *f* soil and water engineering, soil and water management
Kultus•ministerium *nt* Ministry of Education
kümmern *v* look after, tend
{sich ~}
kumulativ *adj* cumulative
~ *adv* cumulatively
kumulierend *adj* cumulative
kumuliert *adj* cumulated
~er Energieaufwand: cumulated energy demand
Kumulo•nimbus *f* cumulonimbus
{hohe dunkle Haufenwolke}
Kumulus *m* cumulus
{Dtsch. Syn.: Haufenwolke}
Kunde /~in *m/f* customer
kündigen *v* cancel, denounce, dismiss, terminate
kund•tun *v* ventilate
künftig *adj* future
Kunst *f* art
~dünger *m* artificial fertilizer, artificial manure, chemical fertilizer, synthetic fertilizer
~erziehung *f* art education
~faser *f* synthetic fibre
~fehler *m* malpractice
~forst *m* artificial forest
{vom Menschen geschaffener Wald, dessen Entwicklung durch Maßnahmen des Menschen gelenkt wird}
~~ *m* man-made forest
{durch Aufforstung vom Menschen auf einem Standort begründet, der vorher seit Menschengedenken keinen Wald getragen hat}
~harz *nt* synthetic resin
~~lack *m* synthetic resin paint
künstlich *adj* artificial, synthetic
~e Fortpflanzung: artificial reproductive technique
~ *adv* artificially, synthetically
Kunst•stoff *m* plastic, synthetic material
asbestfaserverstärkter ~: asbestos fibre reinforced plastic
~abfall *m* plastic waste
~auskleidung *f* plastic lining
~beschichtung *f* plastic coating
~dichtungs•bahn *f* artificial sealing liner, geomembrane
~folie *f* plastic film, plastic foil
~hand•schuhe *pl* plastic gloves
~industrie *f* synthetic materials industry
~müll *m* plastic waste
~recycling *nt* plastic recycling, recycling of plastics
~~anlage *f* recycling plant for plastics
~rohr *nt* plastic tube
~~leitung *f* plastic pipeline
~~recycling *nt* plastic tube recycling
~schaum *m* plastic foam
~schlauch *m* plastic hose
~schuhe *pl* plastic shoes
~verarbeitung *f* plastics processing
Kunst•werk *nt* object of art, work of art
Kupfer *nt* copper
~bestimmung *f* copper determination
~folie *f* copper foil
~gewinnung *f* copper extraction
~hütte *f* copper smelting plant
Kupol•ofen *m* cupola furnace
{schachtförmiger Umschmelzofen zum Erschmelzen des Gusseisens in Gießereien}
Kuppe *f* dome, rounded hilltop
{rundlicher Berggipfel}
Kuppel•stau•mauer *f* dome dam

{*doppelt gekrümmte Staumauer mit variablen Radien und Öffnungswinkeln in allen Horizontalschnitten*}

Kupplung *f* coupler

Kurbel•gehäuse•gase *pl* blow-by

Kur•ort *f* health resort, spa

Kurs *m* course, seminar, study-course

den ~ ändern: to change course

~gebühr *f* registration fee

Kurve *f* bend, curve, graph

kurz *adj* short

~faserig *adj* short-stapled

~fristig *adj* acute, short-term

≗holz•voll•ernte•maschine *f* - feller-delimber-slasher-buncher

~lebig *adj* consumable, ephemeral

≗tag•pflanze *f* short day plant

Kuschel *f* bushy tree

Küste *f* beach, coast, coastline, seaboard, shore

auf die ~ zu: inshore ***adv***

die ~ entlang: longshore ***adj***

im ~n•bereich: coastal ***adj***

in ~n•nähe: inshore ***adv***

längs der ~: longshore ***adj***

küsten | abgewandt *adj* offshore

≗bewohner /~in *m/f* coast-dweller

≗drift *f* littoral drift

{*die Verfrachtung von Sand entlang der Küste durch Meeresströmungen*}

≗düne *f* coastal dune

{*vom Wind umgelagerte, hinter dem Strand sedimentierte Fein- bis Mittelsande*}

≗erosion *f* beach erosion, coastal erosion, shore erosion

≗fischerei *f* coastal fishery, inshore fisheries

≗forschung *f* coastal research

≗gebiet *nt* coastal area, littoral (zone)

≗gewässer *pl* coastal waters

≗lagune *f* lagoon

≗land *nt* littoral

≗landschaft *f* coastal landscape

≗linie *f* coastline, shoreline

≗marsch *f* coastal marsh

{*aus dem Meer gewonnenes Land*}

≗meer *nt* coastal waters

~nah *adj* offshore

≗nebel *m* coastal fog, sea mist

≗schutz *m* coastal defence, coastal protection, protection of the coast, sea defence

≗~gebiet *nt* coastal protection area

≗~projekt *nt* coastal protection project

≗~system *m* coast protection system

≗~wald *m* coastal protection forest

≗standort *m* onshore site

≗strich *m* stretch of coast

≗strömung *f* coastal current, littoral current

≗längs•transport *m* longshore drift

≗verschmutzung *f* coastal pollution

≗verunreinigung *f* coastal pollution

≗vogel *m* shorebird

≗vorfeld *nt* coastal zone

≗vorland *nt* foreshore

Kutikula *f* cuticle

Kuver•deich *m* seep water dike

{*Deich, der örtlich begrenztes Kuverwasser abriegelt*}

Kuver•wasser *nt* seep water

{*durch den Deichkörper sickerndes Drängewasser*}

Kybernetik *f* cybernetics

{*Lehre von der Regelung in und von Systemen*}

Labilität *f* lability

Labor *nt* lab, laboratory

Dtsch. Kurzform von Laboratorium

~ für toxikologische Untersuchung: toxicological test laboratory

~abfall *m* laboratory waste

~absaug•anlage *f* laboratory exhaust ventilation system

~armaturen *pl* laboratory valves and fittings

Laboratorien *pl* laboratories

zwischen ~: interlaboratory ***adj***

Laboratorium *nt* laboratory

Dtsch. Kurzform: Labor

Engl. Kurzform: lab

Labor | automation *f* laboratory automation

~bedarf *m* laboratory supplies

~chemikalien *pl* laboratory chemicals

~drucker *m* laboratory printer

~einrichtung *f* laboratory equipment

~gas•zähl•gerät *nt* wet test meter

~geräte *pl* laboratory equipment

~~ aus Glas: laboratory glassware

~~ aus Metall: laboratory appliances made from metal

~~ aus Porzellan: laboratory appliances in porcelain

~glas *nt* laboratory glass

~leiter /~in *m/f* laboratory officer

~möbel *pl* laboratory furniture

~ofen *m* laboratory furnace

~presse *f* laboratory press

~pumpe *f* laboratory pump

~rechner *m* laboratory computer

~roboter *m* laboratory robot

~schrank *m* laboratory cabinet

~schreiber *m* laboratory recorder

~techniken *pl* laboratory techniques

~techniker /~in *m/f* laboratory technician

~tisch *m* laboratory table

~untersuchung *f* laboratory analysis

~versuch *m* laboratory experiment
~~s•anlage *f* bench scale unit
~waage *f* laboratory balance
Lache *f* puddle, slop
Lach•gas *nt* laughing gas
Lack *m* lacquer, varnish
~abfall *m* paint waste
Lacke *f* puddle
{Pfütze}
Lackier•anlage *f* varnishing and enamelling plant
lackieren *v* varnish
Lackiererei *f* paint shop
{für Autos}
~ *f* varnisher's
lackiert *adj* varnished
Lackierung *f* painting, varnishing
Lackmus | blau *nt* litmus blue
~papier *nt* litmus paper
Lack•pulver•recycling•anlage *f* recycling plant for coating powder
Lack•schlämme *pl* varnish sludge
Lade•kran *m* loading crane
Laden•schluss•gesetz *nt* [law regulating the closing time of shops]
Laden•tisch *m* counter
Lade•regler *m* charging regulator
Ladung *f* cargo
{Fracht}
~ *f* load
{transportierte Menge}
~ *f* round
{Gewehrladung}
Lage *f* bearing, condition, lie, siting, situation
geografische/geographische ~: geographical situation
in natürlicher ~: in situ ***adv***
in originaler Lage: in situ ***adv***
Lager *nt* bearing, repository
~fähigkeit *f* shelf-life, storage life
~feuer *nt* camp-fire
~haltung *f* stocking
~stätte *f* depository, (mineral) deposit
~~n•erkundung *f* reconnaissance of deposits
~~n•kunde *f* economic geology, science of mineral deposits
Lagerung *f* keeping in stock, storage
~ von Proben: storage of samples
untertägige ~: deep burial repository

~s•bedingung *f* condition of storage
~s•dichte *f* apparent density, bulk density
{Raumgewicht des trockenen Bodens}
Lagune *f* lagoon
lahm *adj* game
lähmen *v* jam
lahmlegen *v* jam
Lähmung *f* paralysis
Lahnung *f* [groyne for land reclamation]
{dammartiges Bauwerk zur Vorlandgewinnung}
~s•feld *nt* sedimentation field
{ein von Lahnungen eingefasster Teil des Watts}
Laich *m* spawn
laichen *v* spawn
laichend *adj* spawning
Laich | gebiet *nt* spawning ground
~platz *m* hatchery, spawning ground
~wanderung *f* anadromy
{bei Fischen, die im Süßwasser laichen}
Laie *m* lay-man
lakustrisch *adj* lacustrine
Lamellen *pl* gills
laminar *adj* laminar
~es Fließen: laminar flow
≗strömung *f* laminar flow
Laminat *nt* laminate
~auskleidung *f* laminate lining
Land *nt* country
{Gegensatz zu Stadt oder Staatsgebilde}
ölexportierendes ~: petroleum exporting country
unterentwickeltes ~: underdeveloped country
~ *nt* countryside
{ländliches Gebiet}
~ *nt* land
{als Gegensatz zum Wasser}
an ~: onshore ***adj***
{Gegensatz: zu Wasser}
bestelltes ~: tilth ***n***
frei betretbares ~: open country
freies, offenes ~: open country, open land
~ bebauen: work the land ***v***
~ innerhalb (der Umzäunung) einer Farm: in-by land
neugewonnenes ~: reclamation ***n***
über ~: overland ***adv***
wiedergewonnenes ~: reclamation ***n***
~arbeit *f* agricultural labour, agricultural work

~arbeiter /~in *m/f* agricultural labourer, agricultural worker
~bau *m* agriculture, farming, land-use
{regelmäßige Nutzung des Bodens durch Anbau und Ernte von Nutzpflanzen; teilweise wird darunter auch die forstwirtschaftliche Landbewirtschaftung verstanden}
biologischer ~~: biological agriculture
organisch-biologischer ~~: organic farming
organischer ~~: organic farming
traditioneller ~~: traditional farming
~~system *nt* agriculture system
~beschaffung *f* acquisition of land
~besitz *m* land tenure
~~struktur *f* land tenure
~bewertung *f* land appraisal, land evaluation
~bewirtschaftung *f* land(-use) management
{Methode des Landbaus bestehend aus Bodennutzung zur Erzielung von regelmäßigen Erträgen nach ökonomischen Grundsätzen}
bodenerhaltende ~~: conservation farming
~bewohner /~in *m/f* rural dweller
~brise *f* land breeze
~degradation *f* land degradation
~e•anflug *m* approach
~eigenschaft *f* land characteristic
~eignung *f* land suitability
~~s•klassifikation *f* land suitability classification
≗einwärts *adv* landwards
Landen *nt* landing
≗ *v* land
landend *adj* landing
Land | enge *m* isthmus
~entwicklung *f* land development
Länder | arbeitsgemeinschaft *f* working group of the federal states
~~ Abfall: Working Group of the Federal States on Waste
Dtsch. Abk.: LAGA
~ebene *f* federal states level
auf ~~: at federal states level
Land•erschließung *f* land development
Landes | abfall | abgaben•gesetz *nt* state waste levy act
~~gesetz *nt* state waste (disposal) law
~bau•ordnung *f* state building code

~behörde *f* provincial authority, (federal) state authority

~entwicklung *f* state development

~~s•programm *nt* state development programme

~gesetz *nt* national law, state law

~~gebung *f* national legislation, state legislation

~grenze *f* state boundary

~haushalt *m* national budget, state budget

~inneres *nt* interior

~ *nt* outback
{in Australien}

~jagd•gesetz *nt* state hunting law

~kultur *f* rural management

~kundlich *adj* regional

~pflege *f* care of the countryside

~planer /~in *m/f* regional planner

~planung *f* regional planning

~~s•behörde *f* regional planning authority

~~s•gesetz *nt* national planning act, state planning act

~~s•recht *nt* national planning law, state planning law

~recht *nt* national law, state law

~regierung *f* national government, state government

~sprache *f* vernacular

~sprachlich *adj* vernacular

Lande•steg *m* landing stage

Landes | teil *m* region

~verfassung *f* national constitution, state constitution

~verordnung *f* national order, state order

~wald•gesetz *nt* state forest law

~wasser•gesetz *nt* state water law

~weit *adj* national, nation-wide

Land | fläche *f* land
forstliche ~~: forested land, forest land
{in der Statistik alle Flächen, die von Bäumen beherrschte Vegetation tragen; einschließlich Degradationsstadien}

~flucht *f* rural exodus

~form *f* landform

~gericht *nt* regional court

~gewinnung *f* land reclamation

~klassifikation *f* land classification

ländlich *adj* pastoral, rural
~er Raum: rural area

Land | maschine *f* agricultural machine

~masse *f* landmass

~nutzung *f* landuse
bestmögliche ~~: best management practice
{in den USA von staatlichen Stellen definiert}

~~s•intensität *f* landuse intensity

~~s•plan *m* landuse plan

~~s•planung *f* landuse planning

~organismus *m* land organism

~pflanze *f* terrestrial plant

~rasse *f* landrace

~rück•gewinnung *f* land reclamation, land restoration

Landschaft *f* landscape, scenery
{nach Struktur und Funktion mehr oder weniger einheitlich erscheinender Teil der Erdoberfläche}
freie ~: open countryside, open landscape
genutzte ~: modified landscape
malerische ~: scenery ***n***
naturnahe ~: unspoilt landscape

landschaftlich *adj* regional, scenic

Landschafts | analyse *f* landscape analysis

~architekt /~in *m/f* landscape architect

~architektur *f* landscape architecture

~bau *m* landscaping

~bestand•teil *m* landscape component, part of landscape
Geschützter ~~: Protected Part of Landscape
{Schutzkategorie des BNatSchG, § 29}

~bild *nt* landscape, scenery
{die sinnlich wahrnehmbare Erscheinungsform der Landschaft}

~diagnose *f* landscape diagnosis

~element *nt* feature of the landscape, landcape feature

~entwicklungs•plan *m* plan of landscape development

~form *f* landform, landscape form

~garten *m* landscape garden

~gärtner /~in *m/f* landscape gardener

~gärtnerei *f* landscape gardening

~gesetz *nt* landscape conservation law, nature conservation law
{in manchen deutschen Bundesländern werden Landschaftsgesetz und Naturschutzgesetz synonym gebraucht}

~gestaltung *f* landscape architecture, landscaping

~haushalt *m* landscape ecosystem

~maler /~in *m/f* landscape painter

~malerei *f* landscape painting

~nutzung *f* landscape utilization

~ökologie *f* landscape ecology
{Wissenschaft von den funktionalen Zusammenhängen der Landschaftselemente}

~park *m* country park
{in Großbritannien; wird von der Kommunalverwaltung ausgewiesen} Engl. Abk.: CP

~pflege *f* landscape management

~plan *m* landscape plan
{stellt die örtlichen Erfordernisse und Maßnahmen zur Verwirklichung der Ziele des Naturschutzes und der Landschaftspflege dar}

~planung *f* landscape planning
{Planungsinstrument des Naturschutzes und der Landschaftspflege für einen ökologischen Planungsbeitrag}

~programm *nt* landscape programme

~rahmen•plan *m* landscape framework plan, regional landscape plan
{stellt die überörtlichen Erfordernisse und Maßnahmen zur Verwirklichung der Ziele des Naturschutzes und der Landschaftspflege dar}

~rahmen•planung *f* regional landscape planning

~raum *m* landscape

~schaden *m* damage to the landscape

~schutz *m* landscape conservation, landscape protection
{unspezifische Bezeichnung für Flächenschutzmaßnahmen in der freien Landschaft}

~~gebiet *nt* protected landscape (area)
{in Dtschl. durch § 26 BNatSchG definiert; vgl. "Gebiet von herausragender natürlicher Schönheit"}

~~verordnung *f* landscape protection order

~struktur *f* landscape structure

~veränderung *f* landscape alteration

~verbrauch *m* landscape consumption

~verschandelung *f* landscape spoiling

~verwaltung *f* Countryside Commission

{*halbstaatlich in England und Wales, zuständig für die Entwicklung ländlicher Gebiete und den Landschaftsschutz, insbesondere die AONB•s*}
Engl. Abk.: CoCo

~zerstörung *f* field destruction
Land•seite *f* landward side
land•seitig *adj* landside, landward
Landsmann *m* national
Landsmännin *f* national
Land | spitze *f* headland, point
~technik *f* agricultural engineering
~techniker /~in *m/f* agricultural engineer
~tiere *pl* terrestrial animals
≗umgeben *adj* landlocked
Landung *f* landing
~s•brücke *f* jetty
Land | verlust *m* loss of land
{*z.B. durch Überflutung*}
~vermessung *f* land survey
≗wärts *adv* landwards, onshore
~weg *m* overland route
auf dem ~~: overland ***adv***
~wert *m* land capability, land quality
~~klassifikation *f* land capability classification
~~methode *f* land evaluation method
~wind *m* land breeze
Land•wirt /~in *m/f* agriculturist, cultivator, farmer
Land•wirtschaft *f* agriculture, husbandry
~ *f* farming
{*praktische ~*}
extensivierte ~: deintensified farming
großbetriebliche ~: estate agriculture
~ betreiben: farm ***v***
ökologische ~: ecofarming ***n***
organische ~: organic farming
ressourcenschonende ~: conservation farming
landwirtschaftlich *adj* agrarian, agricultural
~er Betrieb: farm ***n***
Landwirtschafts | ausstellung *f* agricultural show
~expert | e /~in *m/f* agriculturist
~hydrologie *f* agricultural hydrology
~klausel *f* agricultural clause
~kunde *f* agriculturism
~politik *f* agricultural policy
~statistik *f* agricultural statistics
~traktor *m* agricultural tractor
~wissenschaft *f* agricultural science
Land•zunge *f* promontory, spit
lang *adj* long
{*räumlich, zeitlich*}
~ *adj* lengthy
{*zeitlich, z.B. bei Rede, Vortrag*}
Länge *f* longitude
{*geografische Länge*}
Lang•frist•forschung *f* long-term research
langfristig *adj* long-range
{*langfristige Vorhersage*}
~ *adj* long-term
{*lang (an)dauernd*}
Lang•holz *nt* tree length log
~bringung *f* tree length logging
~verfahren *nt* tree length method
~voll•ernte•maschine *f* feller-delimber-buncher
Langsam•sand | filter *m* slow sand filter
~filtration *f* slow sand filtration
Längs | bau•werk *nt* training wall
{*Bauwerk zur Flussregulierung, parallel zum Ufer*}
≗gerichtet *adj* longitudinal
~profil *nt* longitudinal section
~über•deckung *f* end overlap
{*Überlappungsbereich benachbarter Luftbilder in Flugrichtung*}
langweilig *adj* bovine
langwierig *adj* extensive
Lang•zeit | belebung *f* extended aeration
{*Belebungsverfahren mit langen Belüftungszeiten und geringer Schlammbelastung bei gleichzeitiger aerober Schlammstabilisierung*}
~versuch *m* long-term experiment
~wirkung *f* long-range effect, long-term effect
Lärm *m* noise
{*unerwünschter, störender oder gesundheitsschädlicher Schall*}
intermittierender ~: intermittent noise
ruhestörender ~: disturbing noise
übermäßiger ~: excessive noise
~abgabe *f* noise emission levy
~äquivalent *nt* noise equivalent
biologisches ~~: noise equivalent to man
~arbeits•platz *m* noisy working place
~art *f* category of noise
≗bedingt *adj* noise-induced
~bekämpfung *f* noise abatement
{*Minderung von Lärm durch administrative, technische und/oder planerische Maßnahmen*}
aktive ~~: active noise abatement
passive ~~: passive noise abatement
~~s•maßnahme *f* noise abatement measure
~belästigung *f* acoustic nuisance, annoyance due to noise, noise pollution
~belastung *f* noise exposure, noise load, noise pollution
~~s•prognose *f* noise exposure forecast
Engl. Abk.: NEF
~betrieb *m* noisy industry
~beurteilung *f* noise evaluation, noise rating
~~s•kurve *f* noise rating curve
~bewertung *f* noise assessment, noise evaluation
~dosi•meter *nt* noise dosimeter
~dosis *f* acoustic dose
~einwirkung *f* effect of noise
~emission *f* noise emission, noise production
~~s•quelle *m* source of noise generation
~empfinden *nt* noise sensitivity
≗empfindlich *adj* sensitive to noise
~empfindlichkeit *f* noise sensitivity
~exposition *f* noise exposition
~forschung *f* noise research
≗frei *adj* noiseless
~gebiet *nt* noise zone
~gewöhnung *f* assuetude to noise
~grenz•wert *m* noise limit (value), noise threshold value
{*höchste zulässige Geräuschemission*}
≗hygienisch *adj* noise-hygienic
~immission *f* noise immission
unerwünschte ~~: noise pollution
≗intensiv *adj* noisy
~karte *f* noise map
{*Karte der Lärmbelastung kleinerer Gebiete*}
~kontrolle *f* noise check
~kulisse *f* acoustic environment
~mess•gerät *nt* noise meter
~messung *f* noise metering
~minder | hörigkeit *f* reduced noise hearing

≈mindernd *adj* noise reducing
~minderung *f* noise (level) reduction
~~s•plan *m* noise abatement plan
~pegel *m* noise level
mittlerer ~~: average noise level
~prognose *f* noise forecasting, noise prognosis
~quelle *f* noise source, source of noise
~richt•werte *pl* noise criteria
~sanierung *f* improvement of noisy condition, noise remediation
~schädigung *f* noise lesion
~schleppe *f* sonic boom carpet
Lärm•schutz *m* noise abatement, noise control, noise prevention
{Maßnahmen zum Schutz vor belästigendem oder gesundheitsgefährdendem Lärm}
aktiver ~: active noise control
~bereich *m* noise abatement zone, noise control area
~bestimmung *f* noise control regulation
~einrichtung *f* noise abatement equipment
~fenster *nt* sound-insulating window
~gesetz *nt* noise abatement law
~maßnahme *f* noise prevention measure
~planung *f* noise control planning
~recht *nt* noise control legislation
~richtlinie *f* noise control guideline
~schirm *m* noise shield
~streifen *m* noise abatement belt
~verordnung *f* noise control regulation
~vorschrift *f* noise control regulation
~wall *m* noise barrier
{für den Lärmschutz errichteter Wall; i.d.R. entlang von Verkehrswegen}
~wand *f* noise abatement wall, noise barrier, noise protection wall, sound barrier
{für den Lärmschutz errichtete Wand; i.d.R. entlang von Verkehrswegen}
~zone *f* noise abatement zone, noise control area
Lärm | schwer•hörigkeit *f* defective noise hearing, noise deafness
~statistik *f* noise statistics
~streitigkeit *f* noise contest proceedings
~taubheit *f* noise deafness
~teppich *m* noise carpet
~über•wachung *f* noise control, noise monitoring, noise pollution control
~verordnung *f* noise regulation
{in Dtsch. Verordnung eines Bundeslandes zur Verhinderung alltäglichen Lärms und zum Schutz der Nachtruhe}
~vorsorge *f* noise precaution
~wahr•nehmung *f* noise perception, perceived noise level
~welle *f* noise wave
~wert *m* noise value
~wirkung *f* noise effect
{Auswirkung von Geräuschbelastungen, die das soziale, seelische oder körperliche Wohlbefinden mindert oder zu Krankheiten führt}
~wirk•zeit *f* duration of noise
~zigarre *f* noise contour
~zone *f* noise zone
larval *adj* larval
≈hormon *nt* juvenile hormone
Larve *f* grub, larva
{Entwicklungsstadium eines Gliederfüßers zwischen Ei und Puppe bzw. Imago}
Larven *pl* larvae
~stadium *nt* larval stage
Lasche *f* flap
Laser *m* laser
~absorptions•system *nt* laser absorption system
~anwendung *f* laser application
~schutz•brille *f* anti-laser glasses
~-Schwingungs•messgerät *nt* laser vibration meter
~spektro•skopie *f* laser spectroscopy
lasieren *v* glaze, varnish
lasiert *adj* varnished, glazed
Last *f* burden, weight
Lästigkeit *f* annoyance
lästig sein *v* bother
Last•kraft•wagen *m* heavy goods vehicle, lorry
~lärm *m* lorry noise
latent *adj* latent
≈wärme *f* latent heat
Latenz•bestand *m* latent stock
lateral *adj* lateral
Dtsch. Syn.: seitlich
Laterit *m* laterite
{Gestein der Tropen}
~bildung *f* laterization
~boden *m* laterite soil
Latex *nt* latex
Latosol *m* latosol
{mit Eisen und Aluminium angereicherter Boden des Tertiär oder früherer Zeit, der Kieselsäure verloren hat; durchlässig, erdig-krümelig}
Latten•pegel *m* staff gauge
Laub | (werk) *nt* foliage
≈abwerfend *adj* deciduous
~abwurf *m* litterfall
~baum *m* broadleaf, broad-leaved tree
{breitblättrige Laubbäume wie Buchen und Eichen}
immergrüner ~~: broadleaved evergreen
~~ *m* deciduous tree, leaf tree
~besen *m* leaf sweep
~dach *nt* canopy
~erde *f* leaf mold (Am), leaf mould
~fall *m* leaf cast, leaf fall
~gebläse *nt* leaf blower
~holz *nt* broadleaf, broadleaved wood, hardwood
~kompost *m* leaf mould
~mulm *m* leaf mold (Am), leaf mould
~reißer *m* leaf mill, leaf shredder
~sauger *m* leaf aspirator
~streu *f* leaf litter
~wald *m* deciduous forest
{Wald, dessen Baumschicht von Laubbäumen gebildet wird}
~wechsel *m* leaf change
{Abwurf und Erneuern eines Blattes oder der Blätter von Holzpflanzen}
≈wechselnd *adj* deciduous
Laufen *nt* running
≈ *v* go, run, walk
im Leerlauf ~: idle ***v***
Lauf•werk *nt* drive
{Computer~}
Lauge *f* caustic solution, lye
~n•recycling•anlage *f* caustic solution recycling plant
laut *adj* noisy
≈ *m* sound
Läuterung *f* cleaning, weeding
{zeitlich vor den Durchforstungen liegende waldbauliche Maßnahme}
Laut | heit *f* loudness

{Hörempfindung, die auf einer Skala "leise - laut" eingestuft wird, gemessen in Sone}

~stärke *f* loudness, sound intensity, volume

{subjektive Empfindung der Stärke von Schallereignissen}

Linie gleicher ~~: loudness contour

~~grenze *f* sound level limit

maximale ~~~: maximum sound level limit

~~messer *m* volume meter

~~messung *f* loudness measurement

~~pegel *m* loudness level

~~skala *f* loudness scale

~~wahr•nehmung *f* perception of loudness

Lava *f* lava

{an der Erdoberfläche ausfließendes bzw. ausgeflossenes, erstarrtes Magma}

~bombe *f* bomb

~decke *f* lava flow

{großflächig ausgeflossene Lava}

~feld *nt* field of lava

~höhle *f* lava tube

{beim Erstarren der ausfließenden Lava entstandene Höhle, i.d.R. tunnelartig}

Lawine *f* avalanche

~n•schutz *m* avalanche protection

~n•wind *m* avalanche wind

Leben *nt* life, living

öffentliches ~: public life

≗ *v* live

≗ auf: live on ***v***

≗ von: live off, live on ***v***

lebend *adj* alive, live, living

~er modifizierter Organismus: living modified organism

~ gebärend: viviparous ***adj***

≗verbauung: cover establishment, revegetation ***n***

≗versuch: bioassay ***n***

{Untersuchung der Wirkung von Substanzen auf lebende Organismen}

Lebens | abschnitt *m* life stage

~alter *nt* age

~art *f* lifestyle

~bedingungen *pl* living conditions

≗bedrohend *adj* life-threatening

~bereich *m* area of life

~dauer *f* lifespan, lifetime

≗echt *adj* lifelike

≗erhaltend *adj* life-sustaining

~erwartung *f* life-expectancy, lifespan

≗fähig *adj* viable

≗feindlich *adj* against life

~form *f* habit, life form

{Habitus und Funktion von Pflanzen}

~~ *f* lifestyle

{Lebensstil}

alternative ~~: alternative lifestyle

~~en•spektrum *nt* life form spectrum

{Zusammensetzung eines Pflanzenbestandes nach Lebensformen in % der Gesamtartenzahl}

~gemeinschaft *f* biocoenosis, (biotic) community, symbiosis

~geschichte *f* life history

~grundlage *f* means of subsistence, subsistence

~haltung *f* lifestyle

~~s•kosten *pl* cost of living

~kraft *f* vigour

~kreislauf *m* biological cycle

≗lang *adj* lifelong

~linie *f* lifeline

Lebens•mittel *nt* food, foodstuff

~allergien *pl* food allergies

~bestrahlung *f* foodstuff irradiation

~~s•verbot *nt* embargo on irradiation of foodstuffs

~~s•verordnung *f* order on irradiation of foodstuffs

~chemie *f* food chemistry

~gesetz *nt* pure food law

~herstellung *f* foodstuff manufacture

~hygiene *f* foodstuff hygiene

~industrie *f* food processing industry

~konservierung *f* food preservation

~kontamination *f* food contamination

~kunde *f* food science

~qualität *f* food quality

~raum *m* habitat

~~typ *m* habitat type, type of habitat

~recht *nt* food and drugs act

~rein•haltung *f* food quality maintenance measures

~technologie *f* food technology

~überwachung *f* foodstuff inspection

~untersuchung *f* foodstuff examination

~vergiftung *f* food poisoning

~zusatz(stoff) *m* food additive

~zusatz•stoff | verbot *nt* embargo on food additives

~~verordnung *f* regulation on food additives

Lebens | qualität *f* quality of life

~raum *m* biotope

{Lebensraum einer Biozönose}

~ *m* environment

{Umwelt}

~ *m* habitat

{Lebensraum einer Art}

große Lebensräume beanspruchend: ranging over wide areas

~~bindung *f* habitat bond

~~element *nt* feature of habitat

~~schutz *m* habitat protection

~~typ *m* habitat type

~~veränderung *f* habitat altering

~~vernichtung *f* habitat destruction

~~zerstörung *f* habitat destruction

~stadium *nt* stage of biological cycle, stage of life

~standard *m* living standard, standard of living

~stil *m* lifestyle, living

~unterhalt *m* livelihood, living

≗wichtig *adj* vital

~zone *f* life zone

{Grundeinheit der ökologischen Klassifikation von Standorten nach ökologischen Parametern}

boreale ~~: boreal life zone

{Lebenszone des borealen Waldes und der subpolaren Tundra nördlich der Linie mit 17,5°C mittlerer Tagestemperatur während der wärmsten 6 Wochen}

~zyklus *m* life cycle

Leber *f* liver

~schaden *m* liver damage

~tran *m* cod liver oil

Lebe•wesen *nt* living being, living creature, organism

poikilothermes ~: poikilotherm ***n***

salzliebendes ~: halophile ***n***

wechselwarmes ~: poikilotherm ***n***

lebhaft *adj* profound

Leckage *f* leakage

~erkennungs•einrichtung *f* leak monitoring device

Lecken *nt* leak, leakage

lecken *v* leak

leckend *adj* leaking

Leck | prüf•mittel *nt* leak testing agent

~rate *f* leakage rate

~stein *m* salt lick
~sucher *m* leak detector
~such•gerät *nt* leak(age) detector
²überwacht *adj* leakage controlled
~wasser•melder *m* leakage indicator
Leder *nt* leather, skin
~abfall *m* leather waste
~industrie *f* leather industry
Lee *nt* lee
{windabgewandte Seite}
leer *adj* blank, empty, vacant, void
~ *adj* vain
{Drohung, Versprechen}
Leer•gut *f* old bottle, waste bottle
Leer•lauf *m* idle, idle motion, idle state, idling, lost motion, neutral gear
~verlust *m* idling loss
Leer•sack•beseitigung *f* empty sack disposal
leer stehend *adj* disused
lee•wärts *adj* leeward
Lee•seite *f* lee face, leeward
{die dem Wind abgewandte Seite}
Lee•wirbel *f* down draft, down draught
legal *adj* lawful, legal
~ *adv* lawfully, legally
Legalität *f* legality
~s•prinzip *nt* principle of legality
Lege•henne *f* layer
legen *v* lay, set, site
Legende *f* legend
legieren *v* alloy
Legierung *f* alloy
Legislative *f* legislature
Legislatur *f* legislation
~periode *f* legislature period
legitim *adj* lawful, legitimate
Legitimation *f* legitimisation
~s•theorie *f* legitimacy theory
legitimieren *v* legitimate
Legitimität *f* legitimacy
{Dtsch. Syn.: Rechtmäßigkeit}
Leguminose *f* leguminosa, leguminous plant
Lehm *m* clay, loam
~boden *m* clay soil
²haltig *adj* clayey, loamy
lehmig *adj* loamy
lehnen *v* lean
Lehr•buch *nt* textbook
Lehre *f* apprenticeship
{Berufsausbildung}
in die ~ gehen: apprentice *v*
~ *f* doctrine
{Weltanschauung}
~ *f* gauge
{Messinstrument}
~ *f* lesson
{Erfahrung}
~ *f* theory
{Wissenschaft}
Lehrer /~in *m/f* master, teacher
~hand•buch *nt* teacher's handbook
Lehr•gang *m* course, training course
Lehrling *m* apprentice
Lehr | mittel *pl* educational equipment, educational tool
~pfad *m* nature trail
~plan *m* curriculum, syllabus
~stuhl *m* chair
~werk•statt *f* apprentice's workshop
leicht *adj* easy, gentle, light, lightweight, low-grade, mild, minor
~ *adv* easily, highly, lightly
~ **abbaubar:** readily biodegradable
~ **freisetzbar:** easily purgable
²bau•halle *f* lightweight construction hall
~flüchtig *adj* volatile
²flüssigkeit *f* light liquid
{Flüssigkeit mit geringerer Dichte als Wasser, die in Wasser nur in geringem Maße löslich ist}
²~s•abscheider *m* gasoline trap, separator for light fluids
{Einrichtung zur Trennung von Mineral-öl-Wasser-Gemischen}
²fraktion *f* light fraction
²gewicht *nt* lightweight
²metall *nt* light metal
²~rohr•leitung *f* light metal pipeline
²wasser•reaktor *m* light water reactor
{Reaktortyp, der mit abgebremsten Neutronen arbeitet und zur Kühlung, zum Wärmetransport und als "Moderator" normales Wasser benutzt}
Leid *nt* suffering
menschliches ~: human suffering
Leiden *nt* suffering
² *v* suffer
leidend *adj* suffering
Leine *f* line
leise *adj* faint, gentle, light, quiet, slight, soft,
~ *adv* gently, low, quietly, slightly
Leiste *f* moulding
Leistung *f* achievement, attainment
{das Erreichte}
~ *f* benefit
gesellschaftliche ~: social benefit
ökologische ~: environmental benefit
{das Erbrachte}
~ *f* capacity, output, performance
~s•dichte *f* power per unit volume of reactor
{Leistung der Antriebsmaschine einer Misch- oder Belüftungseinrichtung bezogen auf das Volumen eines Reaktors}
²s•fähig *adj* competitive, efficient
²~ *adv* competitively
~s•fähigkeit *f* efficiency
~s•bonität *f* yield class
{Bonität ausgedrückt als Volumen- oder Massengesamtzuwachs bis zu einem bestimmten Alter}
~s•gesellschaft *f* competitive society, meritocracy, performance-oriented society
~s•klasse *f* production class
{Unterteilung der Bonität in Bezug auf die Ertragstafelbeziehung "Volumen zur Bestandeshöhe"}
²s•orientiert *adj* performance-oriented
~s•pflicht *f* liability to payment
~s•prinzip *nt* principle of performance
~s•ration *f* production ration
Leit | ast *m* branch leader
~boden *m* benchmark soil, bench mark soil, lead soil
{vorherrschender Boden einer Landschaft oder eines Landschaftsteiles}
~deich *m* training bank, training wall, wing dike
leiten *v* channel
{Wasser in eine bestimmte Richtung leiten}
~ *v* conduct
{eine Veranstaltung leiten}
~ *v* manage
{führen}
leitend *adj* executive, senior
{ranghöher}
Leiter /~in *m/f* chief, controller, head
~platten•recycling *nt* printed circuit board recycling
Leit | fähigkeit *f* conductivity

elektrische ~~: electrical conductivity
{Maß für den Gesamtsalzgehalt in wässrigen Lösungen; abhängig von Ionenkonzentration, Ionenleitfähigkeit und Temperatur abhängig}

~~s•feuchte•messer *m* conductivity hygrometer

~komponente *f* indicator component

~organismus *m* indicator organism

~pflanze *f* indicator plant

~profil *nt* lead-soil profile
{für eine Boden- oder Kartiereinheit typisches Bodenprofil}

~terrasse *f* key terrace

Leitung *f* conduction
{physikalisch}

~ *f* conduit, line, pipe
{Installation}

~ *f* direction, management, running
{Führung}

~s•aufhängung *f* line suspension

~s•wasser *nt* tap-water

Leit•werk *nt* diversion dam, training wall
{Bauwerk zur Flussregulierung, parallel zum Ufer}

Leit•wert *m* guide value

Lektüre *f* reading

Leninismus *m* leninism

lenitisch *adj* lentic
{stehend oder langsam fließend als Eigenschaft von Gewässern}

lenken *v* direct, drive

lenkend *adj* controlling

Lepra *f* leprosy

Lern | ansatz *m* learning approach

partizipativer ~~: participatory learning approach

~bereich *m* learning sphere

~einheit *f* study unit

Lernen *nt* learning, study

≗ *v* learn, study

Lern | motivation *f* motivation to learn

~prozess *m* learning process

~situation *f* learning situation

~ziel *nt* learning objective

Lesen *nt* reading

Lessivierung *f* clay eluviation
{abwärts gerichtete Verlagerung von Tonsubstanz im Boden}
Dtsch. Syn.: Tonverlagerung

letal *adj* lethal
Dtsch. Syn.: tödlich

~e Dosis: lethal dose
Dtsch. Syn.: Letaldosis

~e Konzentration: lethal concentration
{die für Lebewesen tödliche Konzentration eines Stoffes in einem bestimmten Medium}
Dtsch. Abk.: LC

≗dosis *f* lethal dose, lethal level
{Bezeichnung für die von einem Lebewesen innerhalb eines Zeitraumes aufzunehmende tödliche Gesamtmenge eines Stoffes}

anfängliche ≗~: incipient lethal level

minimale ≗~: incipient lethal level
Dtsch. Abk.: LD5
{Giftmenge, bei der 5 % der betroffenen Organismen sterben}

mittlere ≗~: mean lethal dose
Dtsch. Abk.: LD50
{Giftmenge, bei der 50% der betroffenen Organismen sterben}

Letal•faktor *m* lethal factor

Letal•gen *nt* lethal gene
{Gen, das zum Tode des Trägers führt}

Letal•zeit *f* lethal time

Leucht•bakterien *pl* luminescent bacteria

~hemmtest *m* luminescent bacteria inhibition test

leuchtend *adj* photogenic

Leucht•spur•geschoss *nt* indicator

Leucht•stoff | lampe *f* fluorescent lamp, fluorescent lighting

~~n•entsorgung *f* disposal of fluorescent lamps

~~n•recycling *nt* fluorescent lamp recycling

~röhre *f* fluorescent tube

~~n•recycling•anlage *f* fluorescent tube recycling plant

Leukämie *f* leucosis, leukaemia
{schwere Erkrankung mit stark vermehrter Bildung von weißen Blutkörperchen}
Dtsch. Syn.: Leukose

Leukose *f* leucosis, leukaemia
Dtsch. Syn.: Leukämie

~bekämpfung *f* leucosis abatement

Leuko•zyten *pl* leucocytes
{die weißen Blutkörperchen}

Lexikon *nt* lexikon

Liane *f* liana
{holzige Kletterpflanze}

Lias *nt* lias

Liberalismus *m* liberalism

licht | arm *adj* dysphotic
{lichtarme Schicht in Gewässern}

≗baum•art *f* light demander, shade intolerant tree
{Baumart mit relativ großem Lichtbedürfnis und geringer Schattenerträgnis}

≗diffusor *m* diffuser

~elektrisch *adj* photoelektric

~empfindlich *adj* photosensitive

≗empfindlichkeit *f* photosensitivity, speed

≗kompensations•punkt *m* compensation point

≗leitkabel *nt* fibre-optical cable

~liebend *adj* euphotic

≗lot *nt* sounding light

≗mikro•skopie *f* optical microscopy

≗pflanze *f* heliophyte
{Pflanzenart, die bei vollem Sonnenlicht am besten gedeiht}

≗quelle *f* light source

≗reflex *m* light reflex

≗signal•anlage *f* traffic lights

≗streuung *f* light diffusion

≗undurchlässigkeit *f* opacity

Lichtung *f* clearing

Licht•wald•savanne *f* woodland savanna

Liebe *f* love

lieben *v* love

liebe•voll *adj* fond

Liebling *m* pet

Lied *nt* song

lieferbar *adj* available

liefern *v* supply

Lieferung *f* furnishing
{~ von Vorräten}

~ *f* supply
{Versorgung}

Lieferungen *pl* supplies

liegen *v* lie

zutage ~: outcrop ***v***
{von Fels}

liegend *adj* perched

Liegendes *nt* bedrock
{Fels unter einer Schicht Erz oder Kohle}

Liegenschaft *f* real estate

Liege•platz *m* berth
{~ eines Schiffes}

limnisch *adj* aquatic

~ *adj* limnetic
{auf den freien, tiefen Süßwasserbereich bezogen}

~ *adj* limnic

{*auf Ablagerungen im Süßwasser bezogen*}

Limno•bereich *m* limnetic zone

Limno•logie *f* limnology

{*Lehre von den oberirdischen Binnengewässern, insb. von deren Stoffhaushalt und den darin lebenden Organismen*}

Dtsch. Syn.: Süßwasserkunde

limno•phil *adj* limnophilic

{*schwach strömendes oder stehendes Wasser bevorzugend*}

lindern *v* alleviate, ease

Linderung *f* alleviation

linear *adj* linear

Linie *f* line

Linien | bestimmungs•verfahren *nt* routing procedure

~bö *f* line squall

~quelle *f* line source

~schall•quelle *f* line source of sound

Lipid *nt* lipid, lipide

Dtsch.: Fettstoff

~stoff•wechsel *m* lipid metabolism

Dtsch. Syn.: Fettstoffwechsel

lipo•phil *adj* lipophilic

{*fettliebend*}

Liste *f* roll

Liter *m* liter (Am), litre

Literatur *f* literature, references

~auswertung *f* literature analysis and evaluation

~daten•bank *f* literature data bank

~studie *f* literature study

Litho | sol *m* lithosol

Dtsch. Syn.: Skelettboden

~sphäre *f* lithosphere

Dtsch. Syn.: Gesteinshülle

~sphärisch *adj* lithospheric

Litoral *nt* littoral, littoral zone

{*Lebensraum im Uferbereich stehender Gewässer*}

~ *adj* littoral

{*der Küste oder dem Strand angehörend*}

~drift *f* littoral drift

{*die Verfrachtung von Sand entlang der Küste durch Meeresströmungen*}

Dtsch. Syn.: Küstendrift

~zone *f* littoral zone

lizensieren *v* license

Lizenz *f* licence, license (Am)

~entgelt *nt* licence fee

~vergabe *f* licensing

Lobby *f* lobby

Lobbyist /~in *m/f* lobbyist

Loch•blech *nt* perforated plate, perforated sheet

Loch•eisen *nt* punch

lochen *v* punch

Locher *m* punch

Loch•pflanzung *f* dibbling, hole planting, pit planting

Loch•zange *f* punch

Lock•chemikalie *f* attractant chemical

locken *v* attract, decoy, tempt

locker *adj* loose

~gestein *nt* loose rock, loose unweathered material, unconsolidated material, unconsolidated rock

{*Gestein, dessen Körner nicht oder nur schwach verkittet sind*}

Lockern *nt* chiseling

{*Bodenbearbeitung ohne Wenden*}

Lockerung *f* loosening

Lock•mittel *nt* attractant, decoy

Lock•stoff *m* attractant

Lock•vogel *m* decoy

Log *nt* log

Logistik *f* logistics

Lohn *m* repayment, wage

~arbeit *f* labour

~entwicklung *f* development of wages

~politik *f* income policy

~summen•steuer *f* overall wage tax

~system *nt* wage system

Loipe *f* cross-country skiing trail

Lok *f* engine

{*Kurzform für Lokomotive*}

lokal *adj* local

~e Agenda 21: Local Agenda 21

~boden•form *f* local soil form

Lokalisieren *nt* locating

Loko•motion *f* locomotion

Dtsch. Syn.: Fortbewegung

Loko•motive *f* engine, locomotive

Lombard•satz *m* [bankrate for loans on securities]

Lorbeer *m* laurel

~wald *m* laurel forest

Los *nt* parcel

{*eine zum Verkauf stehende Holzmenge*}

lösbar *adj* soluble, solvable

Lösbarkeit *f* solubility

{*~ eines Problems*}

Lösch•anlage *f* extinguishing plant

löschend *adj* extinguishing

Lösch•kalk *m* slaked lime

Lösemittel *nt* solvent

Dtsch. Syn.: Lösungsmittel

lösen *v* solve

~ *v* dissolve

{*sich ~*}

löslich *adj* dissolvable, soluble

Löslichkeit *f* solubility

Los•lösbarkeit *f* detachability

{*~ von Bodenteilchen aus dem Bodenverband durch erosive Energie*}

Los•lösung *f* detachment

~s•vermögen *nt* detachment capacity

Löss *m* loess

{*äolisches , feinsandig-grobschluffiges, kalkhaltiges Sediment*}

~boden *m* loess soil

~lehm *m* decalcified loess, loessloam

{*entkalkter, verwitterter Löss*}

Lost *m* mustard gas

Lösung *f* solution

technische ~: technological fix

verdünnte ~: dilution ***n***

~s•benzol *nt* industrial grade benzene

Lösungs•mittel *nt* solvent

{*Flüssigkeit, die andere Stoffe löst, ohne mit diesen zu reagieren*}

unpolares ~: apolar solvent

~abfall *m* solvent waste

~dampf *m* solvent vapour

~höchst•mengen•verordnung *f* regulation on maximum allowed solvent

~recycling *nt* recycling of solvents

~~anlage *f* solvent recycling plant

~rück•gewinnung *f* solvent recovery

~~s•anlage *f* solvent recovery plant

~vergiftung *f* solvent poisoning

Lösungs•vermittler *m* solubilizer

lotisch *adj* lotic

{*durch starke Strömung gekennzeichnet*}

lot•recht *adj* perpendicular

Lotse *m* pilot

lotsen *v* pilot

Lotung *f* sounding

Loyalität *f* allegiance

Lücke *f* loophole
Luft *f* air
frische ~: fresh air
klare ~: clear air
saubere ~: clean air
verbrauchte ~: foul air
~abschluss *m* air exclusion
~abzug *m* air discharge
~analyse *f* air analysis
≗analytisch *adj* air-analytic
~aufbereitung *f* air preparation
~austausch *m* air exchange
~ befeuchter *m* air humidifier
~befeuchtung *f* air moistening
~~s•anlage *f* air humidifier
~beimengung *f* air admixture
~belastung *f* air load, air pollution, atmospheric pollution
~~s•gebiet *nt* area of great air pollution
~beschaffenheit *f* air quality
~~s•norm *f* air quality standard
~bewegung *f* air movement
~bild *nt* air photo, aerial photograph
~~auswertung *f* plotting of aerial photographs, air photo interpretation
~~fern•erkundung *f* airborne remote sensing
~~messung *f* aerial survey, aerial surveying
~blase *f* air cell
≗bürtig *adj* airborne
≗dicht *adj* airtight
Luft•druck *m* air pressure, atmospheric pressure, barometric pressure
{Außenluftdruck}
~messer *m* barometer
~mess•gerät *nt* barometer
~schreiber *m* barograph
~zone *f* atmospheric pressure zone
Luft | durch•lässigkeit *f* air permeability
~~s•wert *m* air permeability coefficient
~durch•satz *m* air rate
~eintritt *m* air inlet
~elektrizität *f* atmospheric electricity
lüften *v* ventilate
lüftend *adj* ventilating
Luft•entfeuchtungs•anlage *f* air dehumidifier
Lüfter *m* air fan

Luft | erhitzer *m* air heater
~fahrt *f* aviation
~~recht *nt* aviation law
~fahrzeug *nt* aircraft
~faktor *m* air ratio
~fein•reinigung *f* air fine cleaning
~feuchte *f* air moisture
~feuchtigkeit *f* air moisture, air humidity, atmospheric humidity
absolute ~~: absolute humidity
~filter *m* air cleaner, air filter
~~apparatur *f* air filter apparatus
~~bau•art *f* air filter type
~filtration *f* air filtration
≗fremd *adj* air-strange
~feuchtigkeit *f* humidity
absolute ~: absolute humidity
relative ~: relative humidity
~~s•regulierung *f* humidity control
-Flüssigkeit-Kontakt *m* air-liquid contact
~gehalt *m* air content
≗gekühlt *adj* air-cooled
~geschwindigkeit *f* air speed, air velocity
~~s•messer *m* air velocity meter
~güte *f* air quality
~~mess•gerät *nt* air quality meter
~~norm *f* air quality standard
~heizung *f* air heating
~hülle *f* atmosphere
~hygiene *f* air quality
~kanal *m* air passage
~kapazität *f* air capacity
~kontamination *f* air contamination
~~s•messer *m* air contamination monitor
~kissen•fahrzeug *nt* hovercraft
~kühler *m* air cooler
~kühlung *f* air cooling
~masse *f* air mass
~~n•austausch *m* air masses exchange
~messer *m* air meter
~messung *f* air measurement
~moleküle *f* air molecules
~paket *nt* parcel of air
~poren•anteil *m* air-space ratio
~probe *f* air sample
~~nahme *f* air sampling
~~~gerät *nt* air sampling device
~~nehmer *m* air sampler

~pykno•meter *nt* air pycnometer
~qualität *f* air quality
~~s•kriterien *pl* air quality criteria
~~s•überwachung *f* air quality monitoring
~rein•halte | gesetz *nt* clean air act
~~maßnahme *f* air pollution control measure
~~plan *m* clean air plan
{in Dtschl. bei Überschreitung der für Luftschadstoffe maßgeblichen Immissionswerte als Vorsorge- oder Sanierungsplan aufzustellen}
~~planung *f* clean air planning
~~recht *nt* clean air legislation
~reinhaltung *f* air conservation, air pollution abatement, air quality control, control of air pollution, prevention of air pollution
~~s•klausel *f* air quality clause
~~s•kriterien *pl* air quality standards
~~s•norm *f* clean air standard
~reinheit *f* air purity
~~s•norm *f* standard of air cleanness
~reiniger *m* air purifier
~reinigung *f* air purification
~sauer•stoff *m* atmospheric oxygen
~schacht *m* air duct
~schad•stoff *m* air-polluting material, airborne pollutant, atmospheric pollutant
Luft•schall *m* airborne noise, airborne sound
{der in Luft sich ausbreitende Schall}
~dämmung *f* airborne sound insulation
~emission *f* airborne noise emission
~leitung *f* air conduction
~pegel *m* airborne noise level
~schutz *m* airborne noise insulation
~~maß *nt* airborne noise insulation margin, airborne sound insulation margin
~übertragung *f* air conduction (of noise)
Luft | schicht *f* layer of air
~~ an der Wolkenunterseite: subcloud layer
~seite *f* downstream face
{dem Staubecken bzw. der Stauhaltung abgekehrte Seite eines Absperrbauwerks}

~sperr•gebiet *nt* restricted area of air space
~stick•stoff *m* atmospheric nitrogen
~strahl *m* air jet
~~sieb *nt* air jet screen
~strom *m* air current, air flow, airstream
meridionaler ~~: meridional airstream
{Nord-Süd- bzw. Süd-Nord-gerichteter Luftstrom}
zonaler ~~: zonal airstream
~temperatur *f* air temperature
≗technisch *adj* air-handling
≗trocken *adj* air-dry
~trockenheit *f* air drought
~trockner *m* air dryer
~trocknung *f* air curing, air drying
≗übertragen *adj* airborne
~überwachung *f* aerial monitoring, air monitoring
~~s•gerät *nt* air monitor
~~s•station *f* air-monitoring station
Lüftung *f* ventilation
~s•anlage *f* ventilation system
~s•gitter *nt* ventilation grill
~s•kanal *m* duct
~s•schlauch *m* ventilating hose
~s•steuer•system *nt* ventilation control system
≗s•technisch *adj* air-handling
Luft | vergiftung *f* air poisoning
~verkehr *m* air traffic
~~s•gesetz *nt* air traffic law
~~s•haftung *f* aviation liability
~~s•ordnung *f* aviation rule
~~s•zulassungs•ordnung *f* aviation licence order
≗verpestend *adj* air-polluting
~verpester *m* air polluter
≗verschmutzend *adj* air-polluting
~verschmutzung *f* air pollution, atmospheric pollution, degradation of air
{Summe aller Belastungen der Luft}
Gebiet, in dem die gesetzliche ~~s-grenze überschritten wird: Non-Attainment Area
{auf der Grundlage des Clean Air Act (1970) in den USA}
~~s•kontrolle *f* air pollution control, air pollution monitoring
~verseuchung *f* airborne contamination
~verteiler *m* air diffuser
≗verunreinigend *adj* air-polluting
~verunreinigung *f* air contamination, air pollution, atmospheric pollution
{Änderung der Zusammensetzung der Luft durch anthropogene Fremdstoffe}
gasförmige ~~: gaseous air pollution
~~ durch Inversion bei Windstillstand: calm inversion pollution
schädliche ~~: noxious air pollution
staubförmige ~~: dustlike air pollution
Überwachung der ~~: monitoring of air pollution
~~ *f* air pollutant
{verunreinigender Luftinhaltsstoff}
~~s•kontrolle *f* air pollution control
~volumen•strom *m* air volume flow
~vorwärmer *m* air preheater
~-Wasser-Spülung *f* air-water washing
~wechsel *m* air change
~wurzel *f* aerial root
~zirkulation *f* air circulation
~zug *m* blow, draught
~zuleitung *f* air supply
~zustand *m* air situation
~zutritt *m* air admission
Lüge *f* lie
lügen *v* lie, lying, tell lies
Lumineszenz *f* luminescence
lunar *adj* lunar
Lunch•paket *nt* packed lunch
Lunge *f* lung
~n•erkrankung *f* pulmonary disease
~n•krebs *m* lung cancer
Lupe *f* magnifying glass
unter die ~ nehmen: sift *v*
Lurch *m* amphibian
lutschen *v* suck
Luv•seite *f* back face
{die dem Wind zugewandte Seite}
luv•wärts *adj* windward
Luzerne *f* alfalfa
Lymphe *f* lymph
Lympho•zyten *pl* lymphocytes
Lysi•meter *nt* lysimeter
{Vorrichtung zur Bestimmung des Wasserhaushalts, vor allem der Wasserversickerung, im Boden}
Lysimetrie *f* lysimetry

Mäander *m* meander
{bogenförmig verlaufender Flussabschnitt}
~bogen *m* meander belt
mäandern *v* meander
Mäanderung *f* meandering
mäandrieren *v* meander
Maar *nt* maar
{durch Wassserdampfexplosion bei vulkanischer Tätigkeit entstandene trichter- bis schüsselförmige Geländevertiefung}
~see *m* maar lake
{See in einer durch vulkanische Explosion entstandenen rundlichen Hohlform}
MAB-Programm *nt* MAB program (Am), MAB programme
*{Umweltprogramm der Unesco "**M**an **a**nd **B**iosphere"}*
machbar *adj* feasible, manageable
Machbarkeit *f* feasibility, manageability
~s•studie *f* feasibility study
Machen *nt* making
≗ *v* make
machend *adj* making
Mädchen *nt* girl
Made *f* grub, maggot
Magazin *nt* repository
Magen *m* stomach
~-Darm-Entzündung *f* gastroenteritis
~-Darm-Trakt *m* gastrointestinal tract
~säfte *pl* gastric juices
~säure *f* gastric acid
mager *adj* infertile, lean, low-fat, meagre, poor, thin
~er Boden: poor soil
≗mix•motor *m* lean-burn engine
Dtsch. Syn.: Magerverbrennungsmotor
≗motor *m* lean-burn engine
Dtsch. Syn.: Magerverbrennungsmotor
≗rasen *m* infertile grassland, oligotrophic grassland
{Rasengesellschaften auf nährstoffarmen Standorten mit extrem knappen Wasserhaushaltsverhältnissen}

≗verbrennungs•motor *m* lean-burn engine
{Ottomotor, bei dem ein mageres (mit Luftüberschuss) Kraftstoff-Luft-Gemisch verbrannt wird}

magisch *adj* magical

Magister *m* master
{Universitätsabschluss}

Magma *nt* magma

magmatisch *adj* igneous, magmatic

Magmatit *m* magmatite
{Gestein, das durch Erkalten glutflüssigen Magmas entstanden ist}

Magnesium-Eisen-Glimmer *m* biotite, magnesium-iron-mica
{dunkler Glimmer; Aluminiumsilikat, das Magnesium, Eisen, Kalium und Fluor enthält}

Magnet *m* magnet

~abscheider *m* magnetic grader, magnetic separator
{Gerät zum Aussortieren von Eisenteilen, die mit anderen Stoffen vermischt sind}

~abscheidung *f* magnetic separation

~band•rolle *f* magnetic belt conveyor drum, magnetic belt roll

~feld *nt* magnetic field

magnetisch *adj* magnetic

Magnet | kern *m* core

~nass•trommel *f* magnetic drum for wet operation

~o•hydro•dynamik *f* magnetohydrodynamics
Dtsch. und Engl. Abk.: MHD

~pol *m* magnetic pole

~rührer *m* magnetic stirrer

~scheiden *nt* magnetic separation

~scheider *m* magnetic separator

~sortierung *f* magnetic sorting

~spule *f* solenoid

~trommel *f* magnetic drum

~~abscheider *m* magnetic drum separator

~ventil *nt* solenoid valve

Mahagoni *nt* mahogany

Mahd *f* mowing

Mäh•drescher *m* combine harvester

Mähen *nt* mowing

mähen *v* cut, mow
frisch gemäht: newly mown

Mahl•anlage *f* crushing and grinding plant

Mahl•busen *m* slough enlargement
{Speicherbecken auf der Binnenseite eines Schöpfwerks abgestimmt auf einen wirtschaftlichen Pumpbetrieb}

Mahlen *nt* grinding, milling

≗ *v* mill

mahlend *adj* milling

Mäh•wiese *f* hay meadow, ley

Mais *m* corn (Am), maize

~ernte•maschine *f* corn harvester (Am)

~gürtel *m* corn belt (Am)

~korn *nt* corn kernel (Am)

~lege•maschine *f* corn planter (Am)

~sirup *m* corn syrup (Am)

~spindel *f* corn cob (Am)

~trocken•schuppen *m* corn drying shed (Am)

~wärme•einheit *f* corn heat unit (Am)

~zucker *m* corn sugar (Am)

makaronesisch *adj* Macaronesian
~e Region: Macaronesian region

Makro•biotik *f* macrobiotics
{Ernährungsweise, die vor allem ganze Körner, Früchte und Gemüse verwendet}

makro•biotisch *adj* macrobiotic

Makro•fauna *f* macrofauna

Makro•injektion *f* macroinjection

Makro•klima *nt* macroclimate
{Klima in Luftschichten oberhalb 2 m Höhe in größeren Geländeeinheiten als das Mikro- und Mesoklima}

Makro•molekül *nt* macromolecule

Makro•nähr•stoff *m* macronutrient
{Nährstoff, der in großen Mengen gebraucht wird}

Makro•ökonomie *f* macro-economics

Makro•phage *m* macrophage

Makro•phyt *m* macrophyte
{Wasserpflanze, die makroskopisch als Individuum erkennbar ist}

MAK-Wert *m* MAC value, maximum admissible concentration
{die maximal zulässige Konzentrationen bestimmter Schadstoffe am Arbeitsplatz}

Malaria *f* malaria, paludism

~parasit *m* malarial parasite

Malen *nt* colouring

Mälzerei *f* malthouse

Manager /~in *m/f* manager

Management *nt* management

Mangan *nt* manganese

~bestimmung *f* manganese determination

~gehalt *m* manganese content

Mangel *m* deficiency, want
~ leidend: deficient ***adj***

mangelhaft *adj* imperfect

Mängel•haftung *f* liability for defects

Mangel•krankheit *f* deficiency disease

Mangrove *f* mangrove
{tropische und subtropische Wald- oder Gehölzvegetation im Gezeitenbereich der Küsten}

~sumpf *m* mangrove swamp

Manipulation *f* manipulation

Manipulator *m* manipulator

Mann *m* man

Männchen *nt* male

männlich *adj* male

Mann•loch *nt* manhole
{Einstiegöffnung an der Oberfläche zu einem unterirdischen Kanal}

Mano•meter *nt* pressure gauge

mano•metrisch *adj* manometric

Manöver *nt* exercise, manoeuvre

~schaden *m* damage from military manoeuvres

Mantel *m* mantle

~rohr *nt* casing

Mappe *f* portfolio

Margarine *f* margarine

marginal *adj* marginal

≗standort *m* marginal land
{Standort mit extremen Bedingungen, der nur bedingt oder gar nicht für herkömmliche Landwirtschaft geeignet ist}

Mari•kultur *f* mariculture
{marine Aquakultur}

marin *adj* marine

Marinieren *nt* pickling
{haltbar machen}

Mark *nt* pulp

Marker *m* marker

~gen *nt* marker gene

Marketing *nt* marketing

markieren *v* blaze
{einen Weg im Wald}

Markier•stift *m* marker pen

Markierung *f* marker, marking

Markt *m* market
auf den ~ bringen: float ***v***

~abfall *m* market residue, market waste

~anteil *m* market share
~entwicklung *f* market tendency
~form *f* market form
~forschung *f* marketing study
~früchte *pl* cash crops
~konformität *f* conforming of market
~mechanismus *m* market mechanism
~politik *f* market policy
~preis *m* market price
~struktur *f* structure of the market
~theorie *f* market theory
~übersicht *f* market survey
~wirtschaft *f* market economy
freie ~~: free market economy
Marmor *m* marble
~gips *m* marble cement
marmoriert *adj* mottled
Marmor(stein)bruch *m* marble quarry
Marpol-Übereinkommen *nt* Marpol agreement
{internationales Übereinkommen zur Verhütung der Meeresverschmutzung durch Schiffe vom 02.11.1973}
Marsch *m* coastal marsh, marsh
{Land mit dauernd oberflächennahem Grundwasserstand, das periodisch überflutet wird}
~boden *m* marine alluvial soil, marsh soil
{Bodentypen aus Sedimenten, die im Einflussbereich der Gezeiten an der Nordseeküste abgelagert wurden}
Marschen *pl* marine alluvial soils, marsh soils
Dtsch. Syn.: Marschböden
Marsch•land *nt* fenland, marshland
Marxismus *m* marxism
Maschine *f* machine
energiesparende ~: energy-efficient machine
~n•bau *m* machine construction, mechanical engineering
~n•lärm *m* engine noise, machine noise
Masern *pl* measles
{Kinderkrankheit}
Maß *nt* degree
in geringem ~e: to a minor degree
in hohem ~e: vastly ***adv***
~ der baulichen Nutzung: density of built use
Masse *f* mass
kritische ~: critical mass
~ *f* pile
{große Menge}
Massen | ausgleich *m* balance of cut-and-fill
~bezogenheit *f* mass relation
~effekt *m* mass effect
≗haft *adj* wholesale
~konsum *m* mass consumption
~konzentration *f* mass concentration
~kraft•abscheider *m* inertia force separator
{Gerät zur Umlenkung des Abgases, wobei die Staubpartikel der Umlenkung nur schlecht folgen können und so abgeschieden werden}
~medien *pl* mass media
~produktion *f* mass production
~spektro | meter *nt* mass spectrometer
~~metrie *f* mass spectrometry
~strom•bild *nt* mass flow diagram
~tier•haltung *f* factory farming, intensive animal breeding, intensive livestock farming
~verlagerung *f* mass movement
~vermehrung *f* mass increase
~versatz *m* mass wasting
≗weise *adv* wholesale
~zahl *f* mass number
maßgeblich *adj* definitive
massig *adj* bulky
mäßig *adj* gentle
mäßigen *v* steady
{sich ~}
massiv *adj* dense, massive
Maß•nahme *f* action, activity, measure
begleitende ~: backup, back-up ***n***
einschneidende ~: stringent measure
flankierende ~: accompanying measure, agri-environment measure
{Förderprogramm der EU in der Landwirtschaftspolitik},
~ ~: flanking measure
hoheitliche ~: state activity
~n ergreifen: take action
öffentliche ~: public action
rechtliche ~n: legal action
vorbeugende ~: preventive measure
vorläufige ~: preliminary measure
~n•plan *m* contingency plan
Maß•stab *m* benchmark, bench gauge, mark, norm, scale
halbtechnischer ~: pilot-plant scale
in kleinem ~: small-scale ***adj***
technischer ~: full scale, plant scale
Mast *f* mast
{Buchensaat}
~ *m* pylon
{Bauwerk}
mästen *v* fatten
Masto•zyt *m* mast cell
Dtsch. Syn.: Mastzelle
Mast | tier *nt* fatstock, feeder
~vieh *nt* fatstock, feeder
~weide *f* feedlot
~zelle *m* mast cell
Material *nt* material, matter
einheimisches ~: local material
hitzebeständiges ~: refractory ***n***
organisches ~: organic matter
rückgewinnbares ~: recoverable material
spaltbares ~: fissionable material
umweltfreundliches ~: environmentally friendly materials
~abbau *m* quarrying
~bilanz *f* material balance
~einsparung *f* material saving
Materialien *pl* materials
neuartige ~: new materials
Materialismus *m* materialism
dialektischer ~: dialectic materialism
Material | prüfung *f* material testing, testing of materials
zerstörungsfreie ~~: non-destructive testing of materials
~rück•gewinnung *f* material recovery
~sammlung *f* material collection
~schaden *m* material damage
~wirtschaft *f* stock management
Mathematik *f* mathematics
mathematisch *adj* mathematical
Matratzen•verwitterung *f* tor weathering
{Verwitterung, die plattige, matratzenartige Blöcke entstehen lässt}
Matrix *f* matrix
{Umgebung, Zusammenhang; mathematisches Schema}
Matrize *f* matrix
{Form beim Drucken}
Matsch *m* sludge
Mauer *f* wall
~damm *m* masonry dam
~durch•führung *f* wall entrance
~öffnung *f* loophole
~rücken *m* downstream face
{Luft- oder Unterwasserseite einer Staumauer}
~schwamm *m* dry rot
~vegetation *f* climbing plants

~werk *nt* masonry
Maul *nt* mouth
~- und Klauen•seuche *f* foot-and-mouth disease
Maulwurf *m* mole
~s•drän *m* mole drain
~~pflug *m* mole draining plough
~s•dränung *f* mole drainage
~s•haufen *m* molehill
~s•hügel *m* molehill
Mauser *f* moult, moulting
~gefieder *nt* moult plumage
mausern *v* moult
{sich ~}
Mauser•zeit *f* moulting season
maximal *adj* maximal, maximum
~e Immissionswerte: maximum immission values
~ *adv* maximally
≗grenze *f* maximum limit
genehmigte ≗~: maximum acceptable limit
≗wert *m* maximum (value)
Maximum *nt* maximum
~-Minimum-Thermometer *nt* maximum-minimum thermometer
mechanisch *adj* mechanical
Mechanisierung *f* mechanization
Median *m* median
≗ *adj* median
Mediation *f* mediation
Dtsch. Syn.: Konfliktvermittlung
Medien *pl* media
audiovisuelle ~: audio-visual media
~pädagogik *f* pedagogics through media
~politik *f* media policy, policy of media
Medikament *nt* drug, medication
Medikation *f* medication
mediterran *adj* Mediterranean
~e Region: Mediterranean region
~es Klima: Mediterranean climate
Medizin *f* medicine
alternative ~: alternative medicine
konventionelle ~: conventional medicine
physikalische ~: physical medicine
vorbeugende ~: preventive medicine
~abfall *m* medical waste
~al•pflanze *f* medicinal plant
medizinisch *adj* medical, medicinal
~ *adv* medicinally
Meer *nt* ocean, sea
~busen *m* bay, gulf
~enge *f* sound, strait, straits
Meeres | algen *pl* seaweed
~arm *m* estuary, inlet, sound
~beobachtungs•netz *nt* ocean observing system
~biologe /~in *m/f* marine biologist
~biologie *f* marine biology
~boden *m* ocean bed, sea bed, seabed
~botanik *f* marine botany
~bucht *f* bay
~fauna *f* marine fauna
~fisch *m* saltwater fish
~fischerei *f* marine fisheries
~flora *f* marine flora
~forschung *f* marine research, oceanography
~geologie *f* marine geology
~gewässer *pl* marine waters, open sea
~~schutz *m* marine pollution control, seawater protection
~höhe *f* sea level
mittlere ~~: mean sea level
Engl. Abk.: msl
~höhle *f* sea cave
~kraft•werk *nt* offshore power plant
~kunde *f* oceanography
~küste *f* sea coast
~leben *nt* marine life
~lebe•wesen *pl* marine life
~national•park *m* marine park
~nutzung *f* ocean exploitation
~oberfläche *f* sea surface
~ökologie *f* marine ecology
~organismen *pl* marine organisms
~pflanzen *pl* marine vegetation
~säuger *m* marine mammal, sea mammal
Dtsch. Syn.: Meeressäugetier
~säuge•tier *nt* marine mammal, sea mammal
~schad•stoff *m* marine pollutant
~sediment *nt* marine deposit
~spiegel *m* sea level
{also spelled: sea-level}
mittlerer ~~: mean sea level
über dem ~~: above sea level
unter dem ~~: below sea level
~~anstieg *m* sea-level rise
~straße *f* marine waterway
~strömung *f* ocean current, sea current
~technik *f* marine technology
~technologie *f* ocean engineering
~tier *nt* marine animal
~überwachung *f* marine monitoring
~umwelt *f* marine environment
~vergiftung *f* sea pollution
~verschmutzung *f* marine pollution, sea pollution
{Verschmutzung der Meere durch Schifffahrt sowie Abfallbeseitigung auf See, Transportunfälle, touristische Aktivitäten und Verschmutzungen vom Land aus}
~~ vom Lande aus: land-based marine pollution
~verunreinigung *f* marine pollution
~völker•recht *nt* international law on the high sea
~zoologie *f* marine zoology
~zugang *m* access to the sea
Meer | salz *nt* sea salt
~wasser *nt* sea water
{also spelled: seawater}
~~aufbereitung *f* treatment of sea water
~~entsalzung *f* sea water desalination, sea water desalinization
~~~s•anlage *f* sea water desalinization plant
Medium *nt* medium
Megalo•polis *f* megalopolis
{Zusammenballung von mehreren Städten}
Mega•tonne *f* million tonnes
Mega•watt *nt* megawatt
Engl. pl: megawatts
Mehl *nt* flour
~klumpen•verfahren *nt* flour-pellet method
{Methode zur Ermittlung der Tropfengrößenverteilung natürlicher oder simulierter Niederschläge}
Mehl•tau *m* mildew
Mehr | aufwand *m* overhead
~belastung *f* additional load
≗dimensional *adj* multidimensional
mehrere *adv* several
mehr•fach *adj* multiple, repeated
~ *adv* repeatedly, several times
~ ungesättigt: polyunsaturated ***adj***
≗anbau *m* multicropping, multiple cropping
≗drän•auslass *m* common outlet
≗nutz•baum *m* multi-purpose tree

≗nutzung *f* multiple (land) use
≗resistenz *f* multiple resistance
Mehr | familien•haus *nt* apartment block
≗geschossig *adj* multi-storey, multi-story (Am)
Mehrheit *f* majority
Mehrjahres-Arbeitsprogramm *nt* multiannual work programme
mehr•jährig *adj* perennial
Mehr | kammer | behälter *m* multi chamber system
~~grube *f* multi-compartment septic tank
{aus mehreren hintereinander geschalteten Kammern bestehende Kleinkläranlage}
≗schichtig *adj* sandwich
~stock•anbau *m* multi-storey cropping, multi-story cropping (Am)
≗stöckig *adj* multi-storey, multistory (Am)
≗stufig *adj* multi-stage
≗~e Stichprobenziehung: multi-stage sampling procedure
~weg | e•hahn *m* multiple way cock
~~e•ventil *nt* multiple way valve
~~flasche *f* returnable bottle
~~system *nt* return system
~~transport | behälter *m* re-usable transport container
~~~verpackung *f* re-usable transport packaging
~~verpackung *f* returnable container, re-usable packaging
{Verpackungsform, die nach Gebrauch gereinigt, gegebenfalls aufbereitet und dann erneut genutzt wird}
~zahl *f* majority
überwiegende ~~: great majority
weit überwiegende ~~: vast majority
~zweck•nutzung *f* multiple use
meidend *adj* avoiding
Meinung *f* opinion
öffentliche ~: public opinion
~s•verschiedenheiten *pl* dispute
Meio•organismen *pl* meio-organisms
Meiose *f* meiosis, miosis (Am)
Meißel *m* chisel
meißeln *v* chisel
Meister *m* master
meistern *v* master
Melamin *nt* melamine
~harz *nt* melamine resin
Melanin *nt* melanin
{dunkles Pigment}
Melanis•mus *m* melanism
{abnorme Dunkelfärbung von Tieren}
Melanom *nt* melanoma
{Hauttumor aus dunklen Pigmentzellen}
Melasse *f* molasses
Melden *nt* reporting
≗ *v* notify, report
melde | pflichtig *adj* notifiable, reportable, with duty of declaration
≗verfahren *nt* reporting process
Melioration *f* land improvement, melioration, reclamation, rehabilitation, soil improvement
~s•effekt *m* effect of soil improvement
~s•fläche *f* amelioration area, soil improvement area
~s•plan *m* land improvement scheme
melioriert *adj* improved
nicht ~: unimproved ***adj***
Melk | anlage *f* milking facility
~barkeit *f* milking ability
Melken *nt* milking
Melk | geschwindigkeit *f* milking rate
~haus *nt* milking house
~maschine *f* milking machine
~methode *f* milking method
~plattform *f* milking platform
~stand•anlage *f* milking installation
Melodie *f* tune
Membran *f* diaphragm, membrane
~belüfter *m* membrane aerator
~filter *m* membrane filter
~~presse *f* membrane filter press
~kompressor *m* diaphragm compressor
~pumpe *f* diaphragm pump
~schlauch•ventil *nt* diaphragm hose valve
~ventil *nt* diaphragm valve
~verfahren *nt* membrane process
Memorandum *nt* minute
Menge *f* amount, bulk, mass, plenty, proportion, quantity
in großer ~: en masse ***adv***
~n•bilanz *f* mass balance
~n•rationierung *f* quantity rationalization
~n•zähler *m* count controller
Mensch *m* human, human being, man
vom ~en verursacht: anthropogenic ***adj***
~en•recht | e *pl* human rights
Europäischer Gerichtshof für ~~e: Court of Human Rights
~~s•konvention *f* human rights convention
~en•würde *f* human dignity
Menschheit *f* humanity, mankind
menschlich *adj* human
~e Entwicklung: human development
Menschlichkeit *f* humanity
Mensch-Natur-Verhältnis *nt* man-nature relationship
Menschsein *nt* humanity
menstrual *adj* menstrual
Menstruation *f* menstruation
~s•zyklus *m* menstrual cycle
mental *adj* mental
Mercalli-Skala *f* Mercalli-scale
{Skala für die Größe von Erdbebenschäden}
Mergel *m* marl
{Lockergestein, Zusammensetzung wie Mergelstein}
Mergel•stein *m* marlstone
{Festgestein aus verschieden großen Anteilen an Calciumcarbonat und Tonsubstanz}
Meridian *m* meridian
meridional *adj* meridional
{Nord-Süd/Süd-Nord gerichtet}
Merk•fähigkeit *f* powers of retention
Merk•mal *nt* characteristic, feature
Meso•benthos *nt* mesobenthos
{Lebewesen des Meeresgrundes in 250 bis 1000 m Tiefe}
Meso•fauna *f* mesofauna
meso•halin *adj* mesohaline
{leicht salzig(es Wasser)}
Meso•klima *nt* mesoclimate
{charakteristisches Klima eines Landschaftsausschnittes von wenigen Kilometern Größe}
meso•morph *adj* mesomorph
{morphologische Pflanzengestalt, die in ihrem Aufbau und ihrer Form weder xeromorphe noch hygromorphe Anpassungsmerkmale zeigt}
Meso•pause *f* mesopause
{dünne atmosphärische Schicht zwischen der Mesosphäre und der Thermosphäre in ca. 80 km Höhe}
meso•phil *adj* mesophile, mesophilic, mesophilous

{mittlere ökologische Zustände, vor allem hinsichtlich des Wasserhaushaltes, vorziehend}

Meso•phyll *nt* mesophyll
{Gewebe im Blattinneren}

Meso•phyt *m* mesophyte
{Pflanze, die auf Standorten mit mittleren Feuchtigkeitsbedingungen besonders gut gedeiht}

Meso•plankton *nt* mesoplankton
{Lebewesen, die zeitweise planktisch leben}

meso•saprob *adj* mesosaprobic

Meso•sphäre *f* mesosphere
{atmosphärische Schicht zwischen der Stratopause (in ca. 50 km Höhe) und der Mesopause (in ca. 80 km Höhe)}

Meso•thelium *nt* mesothelium
{Zellschicht, die eine Membran begrenzt}

meso•therm *adj* mesotherm
{warme Temperaturen bevorzugend}

meso•troph *adj* mesotrophic
{mittel nährstoffversorgt}

meso•xero•phytisch *adj* mesoxerophytic

messbar *adj* measurable
schwer ~: difficult to measure

Mess | becher *m* measuring jug

~behälter *m* measuring tank

~bereich *m* measuring range

~bild *nt* photogrammetric photograph

~daten *pl* result of measurement

~e•gelände *nt* site of the fair

~e•halle *f* exhibition hall

Messen *nt* gauging
~ **von Partikeln:** measurement of particulate matter
~ **von Regeninhaltsstoffen:** analysis of rainwater

≗ *v* gauge, measure, meter

Mess•einrichtung *f* measuring device
Mess- und Prüfeinrichtung: measuring and testing device

messend *adj* gauging

Messer *nt* chopper
{Hack~}

~ *nt* cutter, knife

Mess•ergebnis *nt* measurements

Messe•stadt *f* [city well known for its trade fairs]

Mess | fahr•zeug *nt* measuring vehicle

~flügel *m* current meter
{Gerät zur Bestimmung der Fließgeschwindigkeit}

~frequenz *f* measuring frequency

~fühler *m* sensing probe, sensor

~gas•aufbereitung *f* measuring gas processing

~genauigkeit *f* accuracy of measurement

~gerät *nt* gage (Am), gauge, measuring device, measuring instrument, meter

~glas *nt* graduated measure, measuring glass

~größe *f* measured variable, measuring criterion

~instrument *nt* measuring instrument

~kette *f* chain

~programm *nt* measuring programme

~punkt *m* measuring point

~quadrat *nt* point quadrat

~stab *m* measuring-rod

~station *m* measuring station

~stelle *f* gauging station
{~ für Durchflussmessungen}

~~ *f* measuring site

~~n•netz *nt* monitoring network, system of measuring sites

~technik *f* measuring technique, technology of measurement

~tisch *m* plane table

~~blatt *nt* large-scale map

~uhr *f* dial flow-meter

Messung *f* measurement
luftchemische ~: air-chemistry measurement

Mess | ungenauigkeit *f* measuring inaccuracy

~verfahren *nt* measuring method

~wagen *m* mobile measuring unit

~wehr *nt* gauging weir, measuring weir

~~ *nt* notched weir
{~~ mit Kerbe zur Durchflussmessung}

~wert *m* measured value

~wert•aufnehmer *m* measured value recorder

~werte *pl* data

~wert | erfassung *f* data acquisition, data logging

~~umformer *m* transducer

~~verarbeitung *f* data processing

~zelle *f* measuring cell

~zylinder *m* measuring cylinder

metabolisch *adj* metabolic

metabolisieren *v* metabolize
Dtsch. Syn.: verstoffwechseln

Metabolis•mus *m* metabolism
Dtsch. Syn.: Stoffwechsel

Metabolit *m* metabolite

Meta•information *f* metainformation

Meta•limnion *nt* metalimnion, thermocline
Dtsch. Syn.: Sprungschicht
{Schicht in Seen (zwischen Epi- und Hypolimnion), in der sich die Temperatur im Tiefenprofil sprunghaft ändert}

Metall *nt* metal

~abfall *m* waste metal

~asbest *nt* metal asbestos

~bearbeitung *f* metal working

~detektor *m* metal detector

~draht *m* metal wire

≗~verstärkt *adj* metal wire reinforced

~füll•körper *m* metal tower packing

~industrie *f* metal industry

metallisch *adj* metallic

Metall | katalysator *m* metal catalyst

≗organisch *adj* organometallic

~oxid•katalysator *m* metal oxide catalyst

~rück•gewinnung *f* metal recovery

~scheide•anlage *f* metal separator

~schlauch *m* metal hose

~schmelze *f* molten metal

~sortierung *f* metal sorting

~späne *pl* swarf
{feine ~}

~~entsorgung *f* swarf disposal

~umschmelz•werk *nt* metal remelting works

~urgie *f* metallurgy
{Erzeugung metallischer Stoffe in großtechnischem Maßstab aus Erzen oder Schrott}

≗verarbeitend *adj* metal-working

~veredelung *f* metal refining

~vergiftung *f* metal poisoning

~waren•industrie *f* metal products industry

meta•morph *adj* metamorphic

Meta•morphismus *m* metamorphism

Meta•morphit *m* metamorphite
{unter hohem Druck und bei hoher Temperatur umgestaltetes Gestein}

Meta•morphose *f* metamorphosis

{Abwandlungen der Gestalt und der Lebensweise eines Tieres während seiner Individualentwicklung}

Meteorit *m* meteorite

~en•krater *m* meteorite crater

{ein durch den Aufprall eines Meteoriten erzeugter schüsselförmiger Krater}

Meteoro•log | e /~in *m/f* meteorologist

Meteoro•logie *f* meteorology

Dtsch. Syn.: Wetterkunde

meteoro•logisch *adj* meteorological

Meter *m* meter (Am), metre

Methan *nt* methane

~bakterien *pl* methanogenic bacteria

{Bakterien, die nur ohne Sauerstoff leben können}

°bildend *adj* methanogenic

~bildung *f* methane formation

~emissionen *pl* methane emissions

~gärung *f* alkaline fermentation

~gas *nt* marsh gas, methane

~gewinnung *f* methane collection

~konverter *m* methane converter

{bringt Gas aus Rotteprozessen (z.B. aus Deponien oder Dung) in eine verwertbare Form}

Methode *f* approach, method, technique

~n•bank *f* databank of methods

methyliert *adj* methylated

Methylierung *f* methylation

*{Einführung der Methylgruppe **($-CH_3$)** in eine Verbindung}*

metrisch *adj* metric

~es Maßsystem: metric system

Metropole *f* metropolis

Dtsch. Syn.: Weltstadt

Metrum *nt* metre

Dtsch. Syn.: Versmaß

Miete *f* rent, tenancy

{Pacht}

~ *f* pit

{landwirtschaftlich}

Miet•dauer *f* tenancy

mieten *v* hire, rent

Mieter /~in *m/f* tenant

jetzige /-r ~: sitting tenant

Miet•preis *m* rent, rental

Miet•recht *nt* tenancy law

Migration *f* migration

Dtsch. Syn.: Wanderung

migrieren *v* migrate

Dtsch. Syn.: wandern

MIK-Wert *m* maximum immission concentration, MIC value

{Maximale Immissions-Konzentration bestimmter Schadstoffe}

Mikrobe *f* microbe

durch ~n verursachte Krankheit: microbial disease

mikrobiell *adj* microbial

~e Aktivität: microbial activity

~e Hemmung: microbial inhibition

Mikro•biolog | e /~in *m/f* microbiologist

Mikrobiologie *f* microbiology

mikrobiologisch *adj* microbiological

Mikrobizid *nt* microbicide

Mikro•computer *m* microcomputer

Mikro•elektronik *f* microelectronics

Mikro•fauna *f* microfauna

Mikro•filter *m* microfilter

Mikro•flora *f* micro-flora

Mikro•habitat *nt* microhabitat

Mikro•injektion *f* microinjection

Mikro•klima *nt* microclimate

{Klima in der bodennahen (< 2 m) Luftschicht bzw. im und unmittelbar oberhalb eines Pflanzenbestandes}

mikro•klimatisch *adj* microclimatic

Mikro•meter *m* micrometre

{Längenmaßeinheit, 1/1000 mm}

~ *nt* micrometer

{Längen-/Dickenmessgerät, i.d.R. 1/100 mm genau}

Mikron *nt* micron

Dtsch. Syn.: Mikrometer

Mikro•ökonomie *f* micro-economy

{Teil der Volkswirtschaftslehre, der das Funktionieren eines Wirtschaftssystems unter der Berücksichtigung des Verhaltens von Einzelwirtschaften analysiert}

Mikro•organismus *m* microorganism

{mikroskopisch kleines Lebewesen}

Mikro•plankton *nt* microplankton

Mikro•pumpe *f* micro-pump

Mikro•relief *nt* micro-relief

{Unterschiede in der Oberflächenausformung des Geländes bei horizontaler Dimension < 20 m und < 1-2 m Höhenunterschied zwischen Erhebungen und Mulden}

Mikro•skop *nt* microscope, scope

Mikros•kopie *f* microscopy

mikro•skopisch *adj* microscopic

Mikro•som *nt* microsome

{feinstes Körnchen im Cytoplasma der lebenden Zelle}

Mikro•sonde *f* microprobe

Mikro•therm *m* microtherm

{Pflanze, die in kühlen Lebensräumen wächst}

Mikro•tom *nt* microtome

Mikro•verunreinigung *f* micropollution

Mikro•verunreinigungen *pl* micropollutants

Mikro•waage *f* microbalance

Mikro•welle *f* microwave

Mikro•wellen *pl* microwave radiation, microwaves

{Frequenzgebiet elektromagnetischer Wellen oberhalb 1 GHz im Grenzgebiet zwischen Radio- und Infrarotstrahlung}

Gefahren der ~: dangers of microwave radiation

Milbe *f* mite

~n•bekämpfungs•mittel *nt* acaricide, acaridicide

Milch *f* milk

~erzeuger *m* dairy farmer

~kanne *f* churn

~produktion *f* milk production

~vieh *nt* dairy cattle

~~haltung *f* dairy farming

~wirtschaft *f* dairy farming

~zähne *pl* deciduous teeth

mild *adj* mild

mildern *v* alleviate

Milieu *nt* surroundings

Militär *nt* armed forces

~flugzeug *nt* military aircraft

~gebiet *nt* military zone

militärisch *adj* military

Militär | luft•fahrt *f* military air traffic

~politik *f* military policy

Milli•bar *nt* millibar

{Maßeinheit für den Luftdruck}

Milli•gauß *nt* milligauss

{Maßeineit für die magnetische Feldstärke}

Milli•gramm *nt* milligram

{Maßeinheit für das Gewicht; ein Tausendstel Gramm}

Milli•liter *m* millilitre

{Maßeinheit für das Volumen; ein Tausendstel Liter}

Milli•meter *m* millimetre

{Maßeinheit für die Länge; ein Tausendstel Meter}

Million *f* million

Milli•sievert *nt* millisievert
{Maßeinheit für die Strahlungsmenge}

Milz•brand *m* anthrax
{durch den ~bazillus hervorgerufene Infektionskrankheit}

Mimese *f* mimesis

Mimikry *f* mimicry
{tierische Schutzanpassung, bei der ein gut geschütztes Tier mit Warntracht von einem ungeschützten Tier anderer Artzugehörigkeit nachgeahmt wird }
Müllersche ~: Mullerian mimicry

Minamata-Krankheit *f* Minamata disease
{Vergiftung durch Aufnahme von Quecksilber mit der Nahrung}

Minderjährige /~r *f/m* minor

Minderung *f* abatement, minimization

~s•potenzial *nt* minimization potential
{auch: ~s•potential}

mindern *v* alleviate

minderwertig *adj* low-grade

Mindest•weite *f* minimum diameter

Mine *f* mine
Dtsch. Syn.: Bergwerk

Mineral *nt* mineral
~ien in Adern bzw. dünnen Schichten: vein mineral
sekundäre ~ien: secondary minerals

~boden *m* mineral soil
{Boden mit über 70 % Trockenmassenanteil an anorganischer Substanz und weniger als 30 cm Torfauflage}

~dünger *m* artificial fertilizer, chemical fertilizer, mineral fertilizer

~düngung *f* mineral fertilizing

~farbe *f* mineral colour

~faser *f* mineral fibre

~gewinnung *f* mineral mining

~~s•betrieb *m* mineral mining plant

Mineralisation *f* mineralization
{vollständiger Abbau organischer Substanzen zu einfachen anorganischen Verbindungen}

mineralisch *adj* mineral
~er Boden: mineral soil
{Boden mit über 70 % Trockenmassenanteil an anorganischer Substanz und weniger als 30 cm Torfauflage}

Mineralisierung *f* mineralization
Dtsch. Syn.: Mineralisation

Mineral•lager•stätte *f* mineral deposits

Minera•logie *f* mineralogy

Mineral•öl *nt* mineral oil
{wasserunlösliche, flüssige, organische Verbindung mineralischen Ursprungs}

~erzeugnis *nt* petrochemical, petroleum product

≗kontaminiert mineral oil contaminated

~markt *m* petrol market

~preis *m* mineral oil price

~raffinerie *f* mineral oil refinery

~steuer *f* mineral oil tax

~~gesetz *nt* mineral oil tax law

~verarbeitung *f* mineral oil processing

~wirtschaft *f* mineral oil industry

Mineral | quelle *f* mineral spring, spa
{Quelle mit mehr als 1000 mg/l gelöster Stoffe, CO_2 oder mit Gehalten von Spurenelementen oberhalb festgelegter Grenzwerte}

~stoffe *pl* essential elements, mineral nutrients

~wasser *nt* mineral water
{natürlich reines Grundwasser, das aufgrund seines Gehaltes an Mineralstoffen und sonstigen Bestandteilen bestimmte ernährungsphysiologische Wirkungen aufweist}

minimal *adj* minimal

≗anforderung *f* minimum requirement

≗areal *nt* minimal area

≗boden•bearbeitung *f* minimum tillage

≗kosten•planung *f* minimal cost planning

Minimum *nt* minimum

~areal *nt* minimal area,
{in der Pflanzensoziologie der kleinste Ausschnitt aus einer Pflanzengesellschaft, der noch ein repräsentatives Bild derselben gibt}

~ *nt* minimum area

~bereich *m* trough

~faktor *m* limiting factor
{der begrenzende Wachstumsfaktor}

~gesetz *nt* Minimum Rule

Minister /~in *m/f* minister

~ausschuss *m* ministerial committee
Gemeinsamer ≗~: Joint Ministerial Committee

~konferenz *f* ministerial conference
≗~ für Raumordnung: Ministerial Conference on Regional Planning

ministeriell *adj* ministerial

Ministerium *nt* ministry

~ *nt* department
{als Teil der Regierung}

Minister•konferenz *f* ministerial conference

Minute *f* minute

minutiös *adj* minute

minuziös *adj* minute

Misch | abfall *m* mixed waste

~anlage *f* mixing plant

~bestand *m* mixed stand
{ein Bestand aus zwei oder mehr Baumarten}

~deponie *f* general dump, multidisposal landfill, multifill

Mischen *nt* mixing

Mischer *m* mixer

Misch | gebiet *nt* mixed housing area, mixed zone
{in Dtsch. Baugebiet, das nach dem Wohnen und der Unterbringung von Gewerbebetrieben dient, die das Wohnen nicht wesentlich stören}

~kanalisation *f* combined sewer system

~kultur *f* companion plants, mixed cropping

~kunst•stoff *m* blend

~land•wirtschaft *f* mixed farming

~probe *f* composite sample, pooled sample
{aus mehreren räumlich oder zeitlich verschiedenen Stichproben zusammengesetzte Probe}

~system *nt* combined system
{Kanalnetz, das im Mischverfahren betrieben wird}

Mischung *f* mixture

Misch | wald *m* mixed forest, mixed woodland

~wasser *nt* combined wastewater
{in der Mischkanalisation gesammeltes Abwasser}

~~abfluss *m* flow of combined water
{Summe aus Trockenwetterabfluss und Regenabfluss}

~~~summe *f* total volume of combined water discharge
Dtsch. Syn.: Mischwassermenge

~~auslass *m* combined water outlet

{Auslaufbauwerk eines Entlastungskanals im Mischsystem}

~~menge *f* total volume of combined water discharge

~wirtschaft *f* mixed economy

Miss•brauch *m* abuse, interference, misuse

miss•brauchen *v* misuse

Miss•ernte *f* crop failure

Mist *m* droppings, dung, manure

Mit•arbeit *f* co-operation

Mit•arbeiter /~in *m/f* assistant

Mit•bringen *nt* bringing

Mit•entscheidung *f* co-decision

Mit•fahrer /~in *m/f* passenger

Mit•fahr•gelegenheit *f* lift

Mit•finanzierung *f* co-financing

Mit•geschöpf *nt* fellow species

Mitglied *nt* member

außerordentliches ~: associate ***n***

~ des Europaparlaments: Member of the European Parliament

Dtsch. und Engl. Abk.: MEP

~ des Verwaltungsrates: fellow ***n***

~er•werbung *f* recruitment of members

~s•beitrag *m* membership fee

~schaft *f* membership

~s•staat *m* member nation, member state

Mito | chondrien *pl* mitochondria

~chondrium *nt* mitochondrium

Mitose *f* mitosis

Mit•schleppen *nt* entrainment

Mit•täterschaft *f* complicity

Mitte *f* middle

mitteilsam *adj* informational

Mitteilung *f* notification

Mittel *nt* average, mean

{Mittelwert}

~ *pl* funds

{finanzielle Mittel}

korrespondierende ~: matching funds

öffentliche ~: public funds

staatliche ~: government money

~ *nt* means

{Methode, Instrument}

gewaltfreies ~: non-violent means

~ *nt* medium

{mittlere Stufe}

~ *nt* substance

{Substanz}

abstoßendes ~: repellant ***n***

insektenvertreibendes ~: insect repellant

vorbeugendes ~: prophylactic ***n***

wachstumsförderndes ~: (growth) promoter ***n***

≗aktiv *adj* intermediate-level, medium-level

~betrieb *m* medium-sized enterprise

{mittelgroßer Betrieb}

~deich *m* secondary dike

~ding *nt* cross

~europa *nt* Central Europe

≗europäisch *adj* Central European

≗~e Zeit: Central European Time

Dtsch. Abk.: MEZ, Engl. Abk.: CET

≗ *adj* medio-European

{auf kontinentale Vergetation bezogen}

≗fristig *adj* medium-range

{mittelfristige Vorhersage}

≗~ *adj* medium-term

{mittel (an)dauernd}

~gebirge *nt* low-mountain region, low mountains

≗groß *adj* medium-sized

~last•kraftwerk *nt* medium load electricity generating plant

~lauf *m* middle reaches

~meer *nt* Mediterranean (Sea)

~~klima *nt* Mediterranean climate

~punkt *nt* center (Am), centre, focus

~schule *f* secondary modern school

~streifen *m* central reservation, median strip (Am)

~teil *m* middle

~umschichtung *f* shift

~ungs•pegel *m* approximation level

{für einen bestimmten Zeitraum gebildete Kenngröße der Geräuschbelastung}

~wald•betrieb *m* coppice-with-standard-system

{Zwischenform zwischen Niederwald und Hochwald}

~wasser•abfluss *m* average discharge

~weg *m* medium

~wert *m* average, mean (value)

Mitten•durch•messer *m* mid diameter

{Durchmesser eines stehenden oder liegenden Stammes bei der Hälfte der Höhe bzw. Länge}

mittlere /~r /~s *adj* average, mean, median, medium, middle

Mit•verbrennung *f* co-incineration

Mit•wirkungs | recht *nt* right of participation

~verbot *nt* embargo of participation

mitzählen *v* count

Mob *m* rabble

mobil *adj* mobile

mobilisierend *adj* propulsive

Mobilität *f* mobility

Möblierung *f* furnishing

Modell *nt* model

{Abstraktion eines wirklichen Systems, vereinfacht nur die jeweils relevanten, als wichtig angesehenen Einschaften eines Systems darstellend}

~ zum räumlichen Wirkungsgefüge: model of spatial interaction

ökonomisches ~: economic model

~bildung *f* modeling (Am), modelling

~hierarchie *f* model hierarchy

{Familie von untereinander in Zusammenhang stehenden Modellen zunehmender Aggregation der Informationen}

Modellieren *nt* modeling (Am), modelling

{Erstellung eines Modells eines Systems für einen bestimmten Zweck}

Modellier•ton *m* modelling clay

Modellierung *f* modeling (Am), modelling

Modell | öko•system *nt* micro-ecosystem

~rechnung *f* model calculation, model computation

~regen *m* model rainfall

{theoretisches Regenereignis mit vorgegebenem Verlauf der Regenintensität innerhalb einer gewählten Regendauer}

~substanz *f* benchmark chemical

Moder *m* moder, mor

{wenig zersetzter, oft faseriger und geschichteter Humus}

Moderation *f* moderation, presentation

Moderator *m* moderator

{Substanz, die in einem Atomreaktor die Geschwindigkeit der Neutronen abbremst}

moderieren *v* moderate

{die Geschwindigkeit von Neutronen in einem Atomreaktor abbremsen}

~ *v* present

{ein Programm ~}

modern *adj* modern

modernisieren *v* modernize, update

ein Kraftwerk ~: repower ***v***

Modernisierung *f* modernization
~s•programm *nt* modernization programme
Modul *nt* module, modulus
Module *pl* moduli
mögen *v* be fond of
möglich *adj* convenient, feasible
Möglichkeit *f* feasibility, means, opportunity, possibility
Mokick *nt* light motor cycle
{in Dtschl. mit festen Fußrasten versehenes motorisiertes Zweirad mit einem Hubraum von höchstens 50 cm^3 und einer Höchstgeschwindigkeit von 50 km/h}
Mol *nt* mole
{Stoffmenge eines Systems, das aus ebenso viel Einzelteilchen besteht, wie Atome in 12 g des Kohlenstoffnuklids ^{12}C enthalten sind}
Molch•reinigung *f* pig cleaning
Mole *f* jetty
Molekül *nt* molecule
molekular *adj* molecular
≗biologie *f* molecular biology
≗filter *m* molecular filter
≗gewicht *nt* molecular weight
{wissenschaftlich exakt: Molekularmasse}
≗masse *nt* molecular weight
{das Molekulargewicht ausgedrückt in Gramm}
Molekül•struktur *f* molecular structure
Molke *f* whey
Molkerei *f* dairy
~produkt *nt* dairy product
Molluskizid *nt* molluscicide
{Substanz, die Weichtiere tötet}
Moment *m* minute, moment
{Augenblick}
~ *nt* moment
{Gesichtspunkt, Umstand; Produkt aus zwei physikalischen Größen}
Mond *m* moon
~finsternis *f* lunar eclipse
~landschaft *f* moonscape
~phase *f* lunar phase, phase of the moon
monetär *adj* monetary
Monetarismus *m* monetarism
Monitor *m* monitor
Dtsch. Syn.: Bildschirm
Monitoring *nt* monitoring
Mono | deponie *f* mono-landfill, mono-purpose dump
{oberirdische Deponie in der Abfälle, die nach Art, Schadstoffgehalt und Reaktionsverhalten vergleichbar sind, zeitlich unbegrenzt abgelagert werden}
~gamie *f* monogamy
~klinal•falte *f* monocline
~kotyledone *f* monocotyledon
~kultur *f* monoculture
{fortwährender Anbau der gleichen Pflanzenart im Reinbestand auf einer großen Nutzfläche}
≗morph *adj* monomorph
~pol *nt* monopoly
~pole *pl* monopolies
~pol•stellungen *pl* monopolies
~struktur *f* monostructure
≗zygot *adj* monozygotic
{eineiig}
Monsun *m* monsoon
{Jahreszeit mit Wind und Regen in den Tropen; auch: tropischer Jahreszeitwind, bestimmt vom Sonnengang und dem klimatischen Gegensatz zwischen Ozean und Kontinenten}
~berg•wald *m* moist mountain forest
~klima *nt* monsoon climate
~wald *m* monsoon forest, monsoonal forest
{Wald in einem durch den Jahresgang des Monsuns geprägten Klima}
Montage *f* installation
montan *adj* highland, montane
{zur Berglandzone gehörig}
Moor *nt* bog
{Torfmoor}
~ *nt* moor
{Hochland mit Moorboden, bewachsen mit Torfmoosen, Gräsern und Heiden}
~ *nt* moss
{Torfmoor in Nordengland und Schottland}
~auge *nt* bod pond
{kleinflächiger See auf einem Hochmoor}
~boden *m* bog soil, marshy soil
{aus Torf entstandener Bodentyp}
~brand *m* moorland fire
~gley *nt* bog gley soil
{Bodentyp mit extrem hohem, wenig schwankendem Grundwasserstand und einer bis zu 30 cm mächtigen Torfauflage}
Dtsch. Syn.: Anmoor
~heide *f* heather moorland
~kultur *f* cultivation of moorland, cultivation of peat bogs
~land *nt* bogland, fenland, moorland, peatland
~~ *nt* fell
{im Norden Englands}
~schutz *m* bog conservation, peatland protection
~vegetation *f* moorland vegetation
~wald *m* bog woodland
~wasser *nt* boggy water
~wiese *f* fen meadow
Moos *nt* moss
~ *nt* fen(land)
{in Süddeutschland für Niedermoor(landschaft)}
moos•bedeckt *adj* moss-covered
moosig *adj* mossy
Moped *nt* moped
{in Dtschl. ein mit Pedalen versehenes motorisiertes Zweirad mit einem Hubraum von höchstens 50 cm^3 und einer Höchstgeschwindigkeit von 50 km/h}
~fahrer /~in *m/f* moped-rider
moralisch *adj* ethical
Moräne *f* moraine
{Materialablagerung durch Gletscher}
≗bedingt *adj* morainal
≗bürtig *adj* morainal
~n•gebiet *nt* moraine region
Morast *m* marsh, mire
morastig *adj* boggy, marshy
Moratorium *nt* moratorium
{Vereinbarung, eine bestimmte Aktivität für eine bestimmte Zeit auszusetzen}
Morbidität *f* degeneracy, morbidity
~s•rate *f* morbidity rate
{Anzahl von Fällen einer bestimmten Krankheit bei 100 000 Individuen}
Morgen *m* morning
morgendlich *adj* morning
morgen•ländisch *adj* oriental
Morgen•urin *m* morning urine
Morphe *f* morph
Morpho | logie *f* morphology
{Lehre von der Gestalt und Struktur von Organismen}
≗logisch *adj* morphological
Mortalität *f* mortality
Dtsch. Syn.: Sterblichkeit
~s•rate *f* mortality rate
{Anzahl von Todesfällen pro Jahr bei 100 000 Individuen}
Mörtel *m* mortar
~gips *m* plaster
~schlamm *m* grout
Mosaik *nt* mosaic
ein buntes ~ von Feldern: a patchwork of fields

~krankheit *f* mosaic

~theorie *f* mosaic theory
{Theorie der Verjüngung von Wäldern, die besagt, dass die Arten sich nicht unter sich selbst verjüngen, sondern in einem zyklischen Wechsel}

Motivation *f* motivation

motivieren *v* motivate

Motor *m* engine, motor

~boot *nt* motorboat
{motorbetriebenes Wasserfahrzeug für Freizeitgestaltung oder Sportausübung}

~en•geräusch *nt* engine noise, sound of the engines
{Summe der von den Motoraggregaten abgegebenen Geräusche}

~en•lärm *m* engine noise

~en•klopfen *nt* engine knocking
{bei Ottomotoren und Dieselmotoren im Gegensatz zu "weicher" Verbrennung auftretender schlagartiger, unerwünschter Verbrennungsverlauf}

~fahrzeug *nt* motor vehicle

motorisieren *v* mechanize, motorize

motorisiert *adj* motorized

Motorisierung *f* mechanization, motorization

Motor | jacht *f* motor yacht

~leistung *f* engine performance, power output

~öl *nt* engine oil

~rad *nt* motorcycle
{in Dtsch. Zweirad mit einem Hubraum von mehr als 50 cm^3 und unbegrenzter Höchstgeschwindigkeit}

~~fahrer /~in *m/f* biker, motorcyclist

~~rennen *nt* motorcycle race, motorcycle racing

~~sport *m* motorcycling

~raum *m* engine compartment

~roller *m* motor scooter

~säge *f* chain saw, power saw

~schaden *m* engine trouble, mechanical breakdown

~schiff *nt* motor ship

~schlitten *m* motorized sledge

~sport *m* motor sport

~wäsche *f* engine wash-down

Mountain-Bike *nt* mountain bike
~-Fahren: mountain-biking

MSR | -Einrichtungen *pl* measuring and control equipment
{MSR = Mess-, Steuer-, Regel-}

~-Technik *f* measuring and control engineering

Mudde *f* mud, sapropel

Mühe *f* labour, pains

muhen *v* low

Mühl•bach *m* millstream

Mühle *f* mill

Mühl | gerinne *nt* mill race

~rad *nt* mill wheel

~stein *m* millstone

~teich *m* mill pond

Mulch *m* mulch

Mulchen *nt* mulching

mulchen *v* mulch

Mulch•saat *f* mulch seeding

Mulde *f* hollow

°n•förmig *adj* synclinal

~n•tal *nt* synclinal valley
{Tal mit allmählich in eine breite Sohle übergehenden flachen Flanken}

Mull *m* mull
{gut zersetzter, krümeliger, biologisch aktiver, meist wenig saurer, auf Böden mit guter Wasserführung gebildeter Humus}

Müll *m* garbage (Am), refuse, rubbish, trash (Am), waste
{im Deutschen werden Abfall und Müll oft synonym gebraucht; streng genommen ist Müll Abfall, der gesammelt wird}
aus ~ gewonnen: refuse-derived ***adj***
kommunaler ~: municipal refuse, municipal waste
städtischer ~: municipal refuse, municipal waste

~abfuhr *f* collection of household refuse, garbage collection (Am), refuse collection, waste collection

~abladen *nt* tipping
unerlaubtes ~~: fly-tipping

~ablade•platz *m* dump, dumpsite, refuse dump, rubbish tip

~ablagerung *f* waste deposition
kontrollierte ~~: controlled tipping, sanitary landfill (Am)

~~s•methode *f* refuse disposal method

~anfall *m* density of refuse

~anlieferung *f* waste delivery

~ballen *m* waste bale

~behälter *m* garbage collecting container, waste container

~berg *m* rubbish heap, waste mountain

°beschickt *adj* waste-fed

~beseitigung *f* refuse disposal

~bestand•teil *m* waste matter

~beutel *m* bin liner, dustbin liner, garbage can liner (Am)

~container *m* refuse container

~deponie *f* dump, dump site, landfill, refuse disposal site, sanitary landfill (Am), tip, waste disposal site
geordnete ~~: controlled dump
kommunale ~~: municipal dump
städtische ~~: municipal dump

~desinfektion *f* garbage disinfecting (Am)

~~s•behälter *m* garbage disinfecting container (Am)

~dichte *f* refuse density

~leichter *m* garbage lighter (Am)

~eimer *m* bin, dustbin, rubbish bin, trash can (Am), waste bin

~entsorgung *f* refuse disposal

Müllerei *f* mill

Müll | fahrer /~in *m/f* dust cart driver, garbage truck driver (Am)

~fahrzeug *nt* compactor truck

~feuerung *f* waste heat

~grube *f* rubbish tip, waste pit

~halde *f* refuse dump, refuse heap

~haufen *m* heap of garbage (Am), heap of rubbish

~heiz | kraft•werk *nt* waste-fed heating and power plant

~~werk *nt* waste-fed heating plant

~~wert *m* calorific value of waste

~kippe *m* dump, dumping-ground, refuse heap
{im Gegensatz zur Deponie ein ungeordneter Abfallablagerungsplatz}

~kipper *m* waste tipper

~-Klär•schlamm-Kompost *m* refuse-sludge compost

~kompost *m* compost from garbage (Am), waste compost

~kompostierung *f* refuse composting

~kraft•werk *nt* waste-fed power station

~lager•platz *m* refuse storage area

~press•container *m* garbage compacting container (Am)

~pyro•lyse *f* refuse pyrolysis

~sack *m* garbage bag (Am), refuse bag, refuse sack

~~ständer *m* stand for garbage bags (Am)

~~system *nt* sack system

~sammel•system *nt* waste collecting system

~sammlung *f* refuse collection, waste collection

~schlucker *m* garbage chute (Am), rubbish chute
{Röhrensystem in Hochhäusern, das von jedem Stockwerk den anfallenden Restabfall in einen zentralen Restabfallbehälter leitet}

~sortier•anlage *f* refuse sorting plant

~sortierung *f* sifting of waste

~tonne *f* dustbin, garbage can (Am), rubbish bin, trash can (Am), waste bin
~~ mit Rädern: wheeled bin

~transport *m* waste transport

~trennung *f* separation of rubbish, separation of waste, waste separation

~tüte *f* bin bag

~umschlag•station *f* refuse transfer station

~untersuchung *f* waste analysis

~verbrennung *f* garbage incineration (Am), refuse burning, refuse incineration

~~s•anlage *f* garbage incinerator (Am), refuse incineration plant, refuse incinerator

~~s•kraft•werk *nt* refuse incineration power plant

~~s•ofen *m* incinerator

~verdichter *m* refuse compactor

~vermeidung *f* avoidance of rubbish production, avoiding waste production

~verschwelung *f* refuse burning

~verwertung *f* garbage recycling (Am), refuse recycling, waste dressing, waste recycling

~~s•anlage *f* waste dressing plant

~wagen *m* dustbin lorry, dust-cart, garbage truck (Am)

~wolf *m* garbage grinder (Am)

~zerkleinerer *m* waste crusher

~zusammen•setzung *f* refuse composition

multi•disziplinär *adj* multidisciplinary

Multi•element•analyse *f* multi-element analysis

Multi•komponenten-Protokoll *nt* multi-effect protocol

multi•lateral *adj* multilateral

multi•national *adj* multinational, transnational

multipel, multiple /~r /~s *adj* multiple
Dtsch. Syn.: mehrfach
~ Regression: multiple regression

Multiplikator *m* multiplier

~effekt *m* multiplier effect

Multi•varianz•analyse *f* multivariance analysis

Mund *m* mouth

Mund•art *f* vernacular

mund•artlich *adj* vernacular

münden *v* discharge

mündend *adj* discharging

mündlich *adj* oral, verbal

~ *adv* verbally

Mündung *f* mouth

~ *f* orifice
{~ eines Rohres}

~s•barre *f* bar
{langgestreckte, bei Flut untergetauchte Sandbank am Hafeneingang}

Munition *f* ammunition

~s•entsorgung *f* ammunition disposal

Mure *f* mud flow, mud-rock flow
{Lockergestein, das nach übermäßiger Wasserdurchtränkung plötzlich im Bereich von Hangfurchen zu Tal geht}

Muschel *f* mussel, shell

~bank *f* mussel-bed

~fischerei *f* shell fisheries

~kalk *m* Muschelkalk
{geologisch}

~seide *f* byssus

Muskel *m* muscle
willkürlicher ~: voluntary muscle

Muskovit *m* muskovite, potassium-mica
{heller Glimmer; Aluminiumsilikat, das auch Kalium und Fluor enthält}
Dtsch. Syn.: Kaliglimmer

Muße *f* ease

müßig *adj* idle

⌣gang *m* ease

Muster *nt* pattern,
{regelmäßige Anordnung von Elementen}

~ *nt* probe
{Material~}

~bau•ordnung *f* model building code, model building regulation
{in den Dtsch. Bundesländern ein Vorschlag zur Gestaltung der Bauordnungen zur Vereinheitlichung der Gesetzgebung im Bundesgebiet}

~prozess *m* test case

~verordnung *f* model ordinance
~~ über Anlagen zum Umgang mit wassergefährdenden Stoffen: model ordinance on installations for handling of substances hazardous to waters

Mutagen *nt* mutagen
chemisches ~: chemical mutagen

Mutagenese *f* mutagenesis

Mutagenität *f* mutagenicity
{Eigenschaft von bestimmten Chemikalien und energiereicher Strahlung, Veränderungen am Erbgut hervorzurufen}

~s•prüfung *f* mutagenicity testing

Mutante *f* mutant

Mutation *f* mutation

~s•faktor *m* mutation factor

mutieren *v* mutate

mutiert *adj* mutant

mutig *adj* game

Mutter *f* mother

~ boden *m* topsoil

~~andeckung *f* deposit of humus soil

~~decke *f* covering topsoil layer

~gestein *nt* parent rock

~korn *nt* ergot

~~vergiftung *f* ergotism

~kuchen *f* placenta

~milch *f* breast milk, mother's milk

~schaf *nt* ewe
frei laufendes ~~: hefted ewe

~schaft *f* maternity

~zelle *f* mother cell

Myiasis *f* myiasis
{von bestimmten Fliegenlarven hervorgerufene Erkrankung}

Myko•logie *f* mycology
Dtsch. Syn.: Pilzkunde

Mykor•rhiza *f* mycorrhiza
{Gemeinschaft von Pilzen mit Wurzeln höherer Pflanzen}

Myko•toxin *nt* mycotoxin
{Pilzgift}

Myxo•matose *f* myxomatosis

Myzel *nt* mushroom spawn, mycelium

nachahmend *adj* derivative
Nachbar *m* neighbour
~grund•stück *nt* adjacent site
~klage *f* neighbour's complaint
öffentlich-rechtliche ~: public neighbour's complaint
~~recht *nt* neighbour's right for complaint
~recht *nt* law of neighbours, neighbour's right
~schaft *f* neighbourhood, vicinity
~~s•prinzip *nt* proximity principle
~schutz *m* protection from neighbour's actions
Nachbehandlung *f* after-care, final treatment, post-treatment, secondary treatment
Nachbesserungs•pflanzung *f* afterculture, interplanting
{Bepflanzung von Blößen in einem Jungwaldbestand}
Nachbetreuung *f* aftercare operations, follow-up
Nachboden *m* downstream floor
{befestigte Flusssohle unmittelbar hinter dem Tosbecken}
Nachbrenner *m* afterburner
nachdrücklich *adj* pressing
Nachernte•bearbeitung *f* post-harvest tillage
Nachfrage *f* demand
~effekt *m* effect of demand
~elastizität *f* elasticity of demand
{Stärke der Reaktion der Nachfrage auf Änderungen des Preises oder des Einkommens}
nachfragen *v* inquire
Nachfrage•struktur *f* demand structure
Nachfüllen *nt* recharge
Nachgeburt *f* afterbirth
Nachhall *m* reverberation
{das zeitliche Abklingen des Schalls im Raum}
nachhaltig *adj* profound, sustainable
~ *adv* sustainably
~e Energienutzung: sustainable usage of energy
~e Entwicklung: sustainable development
~e Nutzung: sustainable use, wise utilization
Nachhaltigkeit *f* principle of sustained yield
{in der Forstwirtschaft das Streben nach Dauer, Stetigkeit und Höchstmaß des Holzertragsvermögens}
~ *f* sustainability
{in der Umweltpolitik das Prinzip, natürliche Ressourcen nur soweit zu nutzen, als deren Erneuerungsrate nicht überschritten wird}
~s•prinzip *nt* principle of sustainability
Nachklärung *f* final clarification
{letzter Schritt der biologischen Abwasserreinigung}
nachladen *v* recharge
Nachlassen *nt* failure
nachlassen *v* die down, subside
Nachlässig•keit *f* carelessness
Nachreinigung *f* afterpurification
Nachrichten *pl* news
Nachrüst•programm *nt* corrective action programme
Nachrüstung *f* retrofitting
Nachsaat *f* chisel planting
{~ in ein gelockertes Saatbeet}
~ *f* reseeding
nachsehen *v* look after
Nachsorge *f* after-care
~pflicht *f* after-care obligation
Engl. Syn.: after care obligation
Nacht *f* night
nach•teilig *adj* adverse, detrimental
~ *adv* adversely
Nacht•fahr•verbot *nt* night traffic ban
Nacht•flug *m* night flight
~beschränkung *f* reduction in night flights
nach•schicken *v* forward
nach•sehen *v* look
Nach•trag *m* supplement
nach•träglich *adj* belated, later, subsequent
~ *adv* afterwards, belatedly, subsequently
Nach•trags•band *m* supplement
Nach•trocknen *nt* final drying process
Nacht•ruhe *f* night's sleep
Nach•verbrennung *f* afterburning
~s•anlage *f* afterburning plant
katalytische ~~: catalytic afterburning plant
Nachverrottung *f* final decomposition
nachwachsend *adj* regenerative, regrowable, renewable
Nachweis *m* detection, verification
~ der leichten Bioabbaubarkeit: evidence of ready biodegradability
~ führen: furnish proof
≗bar *adj* detectable
~barkeit *f* detectability
~buch *nt* book of records, register
~empfindlichkeit *f* detection sensitivity
~gerät *nt* detector
~grenze *f* detection limit, limit of detection
~pflicht *f* accountability
~verfahren *nt* proof procedure
Nachwirkung *f* aftereffect
Nachzerkleinerung *f* final shredding
nackt *adj* naked
≗schnecke *f* slug
Nadel *f* needle
≗artig *adj* acicular
~baum *m* conifer, needle leaved tree
~fall *m* needle cast
≗förmig *adj* acicular
~holz *nt* coniferous wood, softwood
~~mono•kultur *f* conifer monoculture
~wald *m* coniferous forest, coniferous woodland
~wald•zone *f* coniferous forest zone
boreale ~~: boreal coniferous forest zone
{Gebiet auf der Nordhalbkugel zwischen der kaltgemäßigten Mischwaldzone und der subpolaren arktischen Tundra}
Nage•tier *nt* rodent
Nähe *f* proximity, vicinity
nahe gelegen *adj* home, nearby
nahe liegend *adj* adjacent
Nah•erholung *f* outdoor local recreation
~s•gebiet *nt* nearby recreational area
nähern *v* approach
{sich ~}
Näherung *f* approximation
Nähr•boden *m* culture medium

{für Bakterien}

~ *m* compost, soil rich in nutrients

~ für Champignons: mushroom compost

Nähr•element *nt* element, nutrient

essenzielles ~: essential element

{auch: essentielles ~}

nahrhaft *adj* nutritive

Nähr•medium *nt* culture medium

{für Bakterien}

Nähr•salz *nt* nutrient salt

Nähr•schicht *f* trophogenic layer

{die obere Schicht von Gewässern, in der die Assimilation gegenüber der Dissimilation überwiegt}

Nähr•stoff *m* nutrient

austauschbarer ~: exchangeable nutrient

Entfernung von ~en aus dem Wasser: nutrient stripping

~entfernung aus dem Wasser: nutrient stripping

~absorption *f* nutrient absorption

≗arm *adj* oligotrophic, un-nutritious

~armut *f* lack of nutrients

~aufnahme *f* ingestion, nutrient uptake

~~vermögen *nt* feed capacity

~ausfällung *f* nutrient precipitation

~ausnutzung *f* nutrient utilization

~auswaschung *f* leaching of nutrients

~bedarf *m* nutrient requirement, nutritional requirement

~belastung *f* nutrient load

~bilanz *f* nutrient balance

~bindung *f* nutrient fixation

~dosis *f* nutrient dose

~dynamik *f* nutrient dynamics

~eintrag *m* nutrient intake

~elimination *f* nutrient removal

~entzug *m* nutrient removal

~fest•legung *f* nutrient fixation

~fixierung *f* nutrient fixation

~gabe *f* nutrient dose

~gehalt *m* nutrient content

~haus•halt *m* nutrient balance

~inaktivierung *f* nutrient inactivation

~kreis•lauf *m* nutrient cycle, nutrient cycling

~mangel *m* nutrient deficiency

~mobilisierung *f* nutrient mobilization

~potenzial *nt* nutrient potential

{auch: ~potential}

≗reich *adj* eutrophic, nutritious

~reichtum *m* nutrient abundance

~reserve *f* nutrient reserve

~rück•fluss *m* nutrient return

~träger *m* nutrient carrier

~transformation *f* nutrient transformation

~transport *m* nutrient transport

~verhältnis *nt* nutrient ratio

~verlagerung *f* nutrient translocation

~verluste *pl* nutrient losses

~versorgung *f* nutrient supply

~vorrat *m* nutrient reserve

~wirksamkeit *f* nutrient efficiency

~wirkung *f* nutrient effect

~zufuhr *f* nutrient supply

~zuführung *f* nutrient supply

~zyklus *m* nutrient cycle

Nahrung *f* food

feste ~: solid food, solids

geistige ~: spiritual nourishment

Nahrungs | basis *f* nutritive base

~habitat *nt* feeding habitat

~kette *f* food chain

{Abfolge des Fressens und Gefressenwerdens in der Natur}

~mittel *nt* food

~~ *pl* foodstuffs

~~chemie *f* food chemistry

~~gewerbe *nt* food commerce,

~~industrie *f* foodstuffs industry

~~produktion *f* food production

~netz *nt* food web, trophic web

{netzartiger Verbund von Nahrungsketten}

~pflanze *f* food crop

~produktion *f* food production

~pyramide *f* biotic pyramid, ecological pyramid

~quelle *f* food source, source of food

~spektrum *nt* diet

~struktur *f* trophic structure

~suche *f* forage, search for food

auf ~ sein: forage *v*

Nähr•wert *m* energy value, nutritional value, nutritive value

Naht *f* seam

~stelle *f* joint

Nah•verkehr *m* local traffic

~s•mittel *nt* form of local transport

~s•zug *m* local train

Nah•wärme•versorgung *f* local heat supply

Nanismus *m* dwarfing

{Dtsch. Syn.: Verzwergung}

Nano•plankton *nt* nanoplankton

Narbe *f* scar

eine ~ hinterlassen: scar *v*

nass *adj* wet

≗abscheider *m* (wet) scrubber

{Anlage zur Trennung von Flüssigkeiten mit unterschiedlicher Dichte}

≗ansaat *f* hydroseeding

≗aufbereitungs•anlage *f* wet processing plant

≗auskiesung *f* wet gravel demolition

≗bagger *m* dredger

≗boden *m* damp ground

Nässe *f* dampness, wetness

überfrierende ~: black ice

vor ~ schützen: protect from damp

Nass | elektro•filter *m* wet electrostatic filter

~entstaubungs•anlage *f* wet dust collection plant

~galle *f* wet pocket

~gley *m* wet gley soil

{Bodentyp mit sehr hohem, wenig schwankendem Grundwasserstand und deshalb fehlendem Go-Horizont}

~kühl•turm *m* wet-type cooling tower

~mulch *m* hydromulching

~müll *m* wet waste

~~presse *f* wet waste disposal press

~saat *f* wet seeding

~schlamm *m* wet sludge

~~deponie *f* wet sludge dumping site

~~sink•kast *m* wet sludge gully

~siebung *f* wet sieving

{von Bodenproben zur Ermittlung der Aggregatgrößenverteilung}

Nastie *f* nastic response

nastisch *adj* nastic

Nation *f* nation

Vereinte ~en: United Nations

{Engl. Abk.: UN, auch im Deutschen gebräuchlich}

national *adj* national

~e Anlaufstelle: national focal point

~e Kontaktstelle: national reference centre

~e Umsetzung: national implementation

National•park *m* national park

{in Dtschl. durch den § 24 BNatSchG definiert}

Dtsch. Abk.: NLP; Engl. Abk.: NP

~verwaltung *f* national park authority
Engl. Abk.: NPA

~wacht *f* national park ranger service

National•stiftung *f* National Trust
{private Organisation in Großbritannien, die historische Gebäude und Parks, aber auch Gebiete von besonderer Schönheit insbesondere durch Ankauf sichert} Engl. Abk.: NT

Natrium *nt* sodium

~adsorptions•vermögen *nt* sodium-adsorption ratio
Engl. Abk.: SAR

Natron•see *m* soda lake

Natur *f* nature, wild
{alle nicht vom Menschen geschaffenen Erscheinungen; besondere Eigenschaft}
aus der ~ entnehmen: take in the wild
Englands ~: English Nature
{halbstaatliche Organisation in England und Wales, verantwortlich für Arten- und Biotopschutz} Engl. Abk.: EN
menschliche ~: human nature
freie ~: open countryside, outdoors
unberührte ~: unspoilt nature
Wunder der ~: wonders of nature

Naturalismus *m* naturalism
{streng auf die Natur bezogene Auffassungs- oder Darstellungsweise}

naturalistisch *adj* naturalistic

Natur | apostel *m* back-to-nature freak

~bau•stoff *m* naturally occuring building material

~bedrohung *f* threat to nature

≗belassen *adj* natural

~beobachtung *f* observation of nature

~beschreibung *f* description of nature

~bursche *m* child of nature

~denk•mal *nt* natural monument, nature monument
{in Dtschl. durch § 28 BNatSchG definiert}

~dünger *m* natural fertilizer

~eigen•recht *nt* natural independence law

~erbe *nt* natural heritage

~ereignis *nt* act of god, natural phenomenon

~erlebnis•wanderung *f* earth walk

~erscheinung *f* natural phenomenon

~erzeugnis *nt* natural product

~farbe *f* natural colour, natural dye

~faser *f* natural fibre

~film *m* nature film

~forscher /~in *m/f* naturalist

~forschung *f* natural history research

~freund /~in *m/f* nature lover

≗gegeben *adj* natural and inevitable

≗gemäß *adj* natural
~ *adv* naturally

~geschichte *f* natural history

~gesetz *nt* law of nature

≗getreu *adj* faithful, lifelike
~ *adv* faithfully, true to life

~gewalt *f* force of nature

~gut *nt* natural resource

~haushalt *m* balance of nature, natural balance, natural ecosystem functioning
{Wirkungsgefüge aller natürlichen Faktoren}

~heil•kunde *f* naturopathy

~heil•verfahren *nt* naturopathic treatment

~katastrophe *f* natural catastroph, natural disaster

~kräfte *pl* forces of nature

~kühlung *f* natural cooling

~kunde *f* natural history, nature study

≗kundlich *adj* natural-history

~landschaft *f* natural landscape, unspoilt landscape, wilderness (Am)
{nach dem "Wilderness Act of 1964" unentwickeltes Land, das seinen ursprünglichen Charakter und seine Umweltwirkungen ohne menschliche Beeinflussung erhalten hat}

~lehr•pfad *m* nature trail

natürlich *adj* elemental, natural
~e Grundbelastung: background level
~er Hohlraum: natural void
~ *adv* naturally

Natürlichkeit *f* naturalness
{Grad der menschlichen (Nicht-)Beeinflussung von Ökosystemen}

Natur | milieu *nt* natural environment

≗nah *adj* close-to-nature, near-natural, semi-natural, subnatural

~park *m* nature park
{in Dtschl. entsprechend § 27 BNatSchG ausgewiesene großräumige Gebiete, die sich für die Erholung besonders eignen}

~philosophie *f* philosophy of nature

~produkt *nt* natural product

~raum *m* natural geographic region
{nach physisch geografischen Gesichtspunkten abgrenzte Raumeinheit}
naturräumliche Gliederung: geographical classification of natural landscapes

~~ *m* natural area
{nach ökologischen Kriterien, Landnutzung und kulturellen Gesichtspunkten abgegrenzte Raumeinheit}

~recht *nt* natural law
{das in der göttlichen Ordnung oder in der vernunftbegabten Natur des Menschen begründete, von Zeit und Ort ebenso wie von jeder menschlichen Rechtsetzung unabhängige Recht}

≗rein *adj* pure

~religion *f* nature religion

~schätze *pl* natural resources

~schau•spiel *nt* natural spectacle

~schöpfung *f* nature creation

~schutz *m* nature conservation

~~abgabe *f* nature conservation levy

~~beamt | er /~in *m/f* nature conservation official

~~behörde *f* Nature Conservancy Council,
{in Großbritannien}

~~~ *f* (nature) conservation authority

~schützer /~in *m/f* conservationist

Naturschutz | gebiet *nt* nature reserve
{in Dtschl. durch § 23 BNatSchG definiert. In Engl. und Wales gibt es neben den kommunalen und nationalen Naturschutzgebieten private Naturschutzgebiete, die von der Royal Society for the Protection of Birds und dem Wildlife Trust betreut werden}
Dtsch. Abk.: NSG, Engl. Abk.: NR
kleinflächiges ~~: micro-reserve, small-scale nature reserve
Kommunales ~~: Local Nature Reserve
{in England und Wales; wird von der Kommunalverwaltung ausgewiesen} Engl. Abk.: LNR
Nationales ~~: National Nature Reserve
{in England und Wales; wird von English Nature betreut} Engl. Abk.: NNR

~gesetz *nt* nature conservation law

{*in Dtschl. das Bundesnaturschutzgesetz (BNatSchG) vom mit den einzelnen Ländernaturschutzgesetzen, die über den Arten- und Flächenschutz hinausgehen; in Großbritannien im Wildlife and Countryside Act der Arten- und Flächenschutz*}

~gesichts•punkt *m* nature conservation standpoint

~helfer /~in *m/f* conservation volunteer

~organisation *f* nature conservancy organisation/organization

~pädagogik *f* nature conservation education

~park *m* national park

{*in Dtschl. keine rechliche Kategorie; sollte die amerikanische Nationalparkidee auf mitteleuropäische Kulturlandschaften übertragen*}

~programm *nt* nature conservation programme

~recht *nt* nature conservation law, nature conservation legislation

~station *f* nature conservation station

~verordnung *f* nature conservation ordinance

~vertrag *m* conservation easement (Am)

{*Vereinbarung zwischen Verwaltung und Grundeigentümer oder Nutzungsberechtigten zur naturschutzkonformen Landnutzung*}

Natur | stein *m* natural stone

~stoff *m* natural substance

~strategie *f* nature strategy

≗trüb *adj* naturally cloudy, unfiltered

≗verbunden *adv* in tune with nature

~verjüngung *f* natural regeneration

{*Erneuerung eines Waldbestandes im Zuge der Ernte durch Selbstansamung oder vegetative Vermehrung*}

~volk *nt* primitive people

~wald *m* natural forest

{*ohne technische Eingriffe des Menschen entstandener Wald*}

~~reservat *nt* forest reservation, strict forest reserve

≗widrig *adj* against nature, unnatural

~wissenschaft *f* natural science, physical science

~~ler /~in *m/f* natural scientist

~zerstörung *f* nature destruction

Nauplius *f* nauplius

{*Larve der Krebstiere*}

nautisch *adj* nautical

navigieren *v* navigate

nearktisch *adj* nearctic

Nebel *m* fog

(leichter) ~: mist ***n***

neb(e)lig *adj* foggy, misty

Nebel•kammer *f* cloud chamber

Neben | bestimmung *f* collateral provision, collateral reglation, incidental provision

~damm *m* side bund

~einrichtung *f* service area

~erscheinung *f* concomitant

~fluss *m* affluent, creek (Am), influent, tributary

~fach *nt* minor (Am)

~gesetz *nt* additional order

~niere *f* adrenal gland

~nutzung *f* minor produce

{*in der Forstwirtschaft neben der Holznutzung durchgeführte Nutzung; z.B. Pilze, Beeren, Harze*}

~produkt *nt* by-product

~saison *f* off-season

~straf•recht *nt* accessory criminal law

~wirkung *f* indirect effect, side effect

negativ *adj* adverse, negative

Neg•entropie *f* negentropy

{*der Teil der Wärmeenergie, der sich in mechanische Arbeit umsetzen lässt*}

Nehmen *nt* taking

≗ *v* deprive

{*jemandem etwas wegnehmen*}

≗ *v* take

Nehrung *f* longshore bar, nehrung

{*Schwelle vor einem Haff durch zwei sich vereinigende, aufeinander zu wachsende Haken*}

neigen *v* lean, tend

~ *v* slope

{*sich ~*}

Neigung *f* gradient, inclination, slope, tilt

~ nach innen: inward slope

~s•waage *f* inclination balance

Nekrose *f* necrosis

{*der örtliche Gewebetod*}

Nekton *nt* nekton

{*(aktiv) schwimmende Tiere des Pelagials*}

Nematoden *pl* nematodes

Nemato•zid *nt* nematocide

{*Substanz, die Fadenwürmer tötet*}

Nennen *nt* naming

≗ *v* name

Nenn•weite *f* nominal size

Neo | darwinismus *m* neo-Darwinism

~natal•periode *f* afterbirth period

{*die Neugeborenenperiode*}

neritisch *adj* neritic

{*Lebewesen, die im flachen Meer leben*}

Nerv *m* nerve

peripherer ~: peripheral nerve

sensorischer ~: sensory neurone

Nerven | gas *nt* nerve gas

~gift *nt* neurotoxin

~system *nt* nervous system

autonomes/vegetatives ~: autonomic nervous system

peripheres ~: peripheral nervous system

Dtsch. und Engl. Abk.: PNS

~zelle *f* nerve cell, neurone

nervös *adj* nervous

~ *adv* nervously

Nest *nt* nest

≗flüchtend *adj* nidifugous

~flüchter *m* nidifugous bird

≗hockend *adj* nidicolous

~hocker *m* nidicolous bird

~ling *m* nestling

~standort *m* nest-site

nett *adj* pleasant

netto *adj* net

≗beseitigungs•kosten *pl* disposal net costs

≗produktivität *f* net productivity

Netz *nt* grid

{*Gitternetz*}

~ *nt* mains

{*Strom-, Wasser-, Gasnetz*}

ans ~ gehen: go on stream, start up ***v***

~ *nt* drag-net, net

{*Fangnetz; auch figurativ*}

mit einem ~ fangen: net ***v***

mit einem Netz überziehen: net ***v***

~ *nt* network

{*Verkehrs~, Personen~, Handlungs~, Schutzgebiets~*}

~ *nt* web

{*Spinnennetz*}

~haut•zapfen *m* cone

~käfig *m* pen

~mittel *nt* wetting agent

anionisches ~~: anionic wetting agent

~plan•technik *f* critical path method, programme evaluation and review technique

{Verfahren zur Planung und Überwachung der Termine bei größeren Projekten}

~werk *nt* network

neu *adj* new

~ *adv* newly

Neu•anlage *f* new installation

Neu•anpflanzung *f* new planting

neuartig *adj* new

Neu•bau•krankheit *f* sick building syndrome

Neu•einsaat *f* reseeding
{Wiesenerneuerung durch Umbruch und Neueinsaat}

Neu•einstellung *f* recruitment

Neuerung *f* innovation

Neugestaltung *f* redesigning, reorganisation (Br), reorganization, replanning, reshaping

neugewinnen *v* reclaim

Neugewinnung *f* reclamation

Neu•land *nt* virgin ground

~gewinnung *f* cultivation of virgin land, land reclamation

Neuling *m* apprentice

Neu•mond *m* new moon

Neu•ordnung *f* reparcelling

Neu•orientierung *f* reorientation

Neuron *nt* neurone
Dtsch. Syn.: Nervenzelle

Neuro•toxizität *f* neurotoxicity

Neu•stadt *f* new town

neutral *adj* neutral

Neutralisation *f* neutralization
{Reaktion von Säure und Lauge unter Bildung von Salz und Wasser}

~s•anlage *f* neutralization plant

~s•schlamm *m* neutralization sludge

neutralisieren *v* neutralize

neutralisiert *adj* neutralized
nicht neutralisiert: unneutralized ***adj***

Neutralisierung *f* neutralization

Neutron *n* neutron
{ungeladenes Atomteilchen}

~en•feuchte•sonde *f* neutron moisture probe
{Instrument zur Ermittlung der Feldfeuchte}

~en•strahlung *f* neutron emission, neutron radiation

Newton *nt* newton
{Maßeinheit für Kraft}

nicht *adv* not
~ beamtet: private ***adj***
~ öffentlich: private ***adj***

≗bearbeitung *f* no-tillage

≗beweidung *f* zero grazing

~bindig *adj* cohesionless
~~er Boden: cohesionless soil

≗eisen•metall *nt* non-ferrous metal

~erneuerbar *adj* non-renewable
~~e Ressourcen: non-renewable resources

≗erreichung *f* non-attainment

≗erzielung *f* non-attainment

≗holz | boden *m* non-timber land

≗~fläche *f* non-forest land
{der Holzerzeugung nur mittelbar dienende Fläche}

≗~wald•produkt *nt* non-wood forest product
Engl. Abk.: NWFP

Nichtigkeit *f* invalidity, voidness
{in der Rechtsprechung}

~ *f* straw

nicht | ionisch *adj* non-ionic

~ionisierend *adj* non-ionizing

≗karbonat•härte *f* permanent hardness

≗metall *nt* non-metal

≗raucher /~in *m/f* non-smoker

≗~bereich *m* no smoking area, smoke-free area, smokeless area

≗regierungs•organisation *f* non-governmental organisation/organization
Dtsch. Abk.: NRO; Engl. Abk.: NGO
Dtsch. Syn.: nichtstaatliche Organisation

Nichts *nt* void

nicht | selektiv *adj* indiscriminate, non-selective
{auch: nicht selektiv}

≗verbreitung *f* non-distribution

≗~s•vertrag *m* non-distribution treaty

≗verwirklichung *f* non-attainment

≗wirtschafts•wald•fläche *f* non-commercial forest area
{nicht in der Wirtschaftswaldfläche eingeschlossene Waldfläche}

Nickel *nt* nickel

~bestimmung *f* nickel determination

Nidi•kolie *f* nidicoly
{das Leben in Wohnbauten anderer Tiere}

Nieder•druck *m* low pressure

Nieder•gang *f* ebb

nieder•geschlagen *adj* downhearted

nieder•getreten *adj* trampled

nieder•lassen *v* establish

Nieder•lassungs•freiheit *f* freedom of establishment

Nieder•länder /~in *m/f* Dutch

Nieder•ländisch *nt* Dutch

≗ *adj* Dutch

niederlassen *v* roost
{sich ~}

Nieder•moor *nt* fen
{basisches bis neutrales, grundwasserbeeinflusstes Moor, meist in Niederungen}
kalkreiches ~: calcareous fen

Nieder•schlag *m* condensation, fall, fallout, (atmospheric) precipitation, rainfall
{das sich auf einemStandort niederschlagende Wasser}
nutzbarer ~: effective precipitation, effective rainfall
radioaktiver ~: nuclear fallout, radioactive fallout
saurer ~: acid precipitation
überschüssiger ~: excess rainfall
{vom Boden nicht direkt aufnehmbarer Niederschlag}

~ *m* precipitate
{Substanz, die bei einer chemischen Reaktion ausfällt}

nieder•schlagen *v* abandon, dismiss, remit, waive,
{rechtlich}

~ *v* condense, fell, knock down, put down, squash, suppress

Niederschlags | anteil *m* throughfall
{~~, der durch die Lücken in der Vegetationsdecke direkt auf die Bodenoberfläche fällt}

≗arm *adj* with low precipitation

~ereignis *nt* rainfall event

≗frei *adj* dry, without precipitation

~gebiet *nt* drainage basin, precipitation area

~höhe *f* depth of rainfall

~intensität *f* precipitation intensity

~mengen•kurve *f* precipitation mass curve

~messer *m* pluviometer, rain gauge

~mess•gerät *nt* rain gauge

≗reich *adj* with much precipitation

~schreiber *m* hyetograph, pluviograph

~stärke *f* precipitation intensity

~wasser *nt* precipitation waters, rainwater

durch ~~ gespeist: rainfed ***adj***

~~abfluss *m* rainwater runoff

Nieder•schmelzen *nt* meltdown

nieder•schmetternd *adj* crushing, devastating

nieder•schreiben *v* pen

nieder•treten *v* trample

Niederung *f* depression, lowlands, valley

Nieder•wald *m* coppice (forest)

~ bewirtschaften: coppice ***v***

~betrieb *m* coppice system

{Verjüngung von Wäldern durch Stockausschlag}

Nieder•wild *nt* small game

niedrig *adj* low, neap

~ste Testkonzentration ohne beobachtete Wirkung: lowest effect concentration, no effect level

~ *adv* low

äußerst ~: nominal ***adj***

≗energie•haus *nt* low-energy house

≗wasser *nt* low tide

{Ebbe}

≗~ *nt* low flow, low water

{niedriger Wasserstand}

≗~abfluss *m* low water discharge

≗~grenze *f* low water mark

≗~marke *f* low water mark

Niere *f* kidney

nieselnd *adj* drizzly

Niesel•regen *m* drizzle

{Regen mit Tropfen dünner als 0,5 mm Durchmesser}

Dtsch. Syn.: Sprühregen

Nieß•brauch *m* usufruct

{das einer bestimmten Person zustehende, dingliche, höchstpersönliche Recht, aus einem fremden Gegenstand sämtliche Nutzungen zu ziehen}

Nimbo•stratus *m* nimbostratus

Dtsch. Syn.: Regenschichtwolke

Nipp•flut *f* neap tide

Nipp•tide *f* neap tide

Nipp•zeit *f* neap tide

Nische *f* niche

ökologische ~: ecological niche, profession, role

{die Position oder der Status eines Organismus in einem System}

Nisten *nt* nesting

≗ *v* nest

nistend *adj* nesting

Nist | höhle *f* nesthole

~kasten *m* nesting box

~platz *m* nesting place, nesting site

≗vögel *pl* nesting birds

Nitrat *nt* nitrate

~bakterien *pl* nitrate bacteria

~belastung *f* nitrate load

~bestimmung *f* nitrate determination

~deposition *m* nitrate deposition

~elimination *f* denitrification

~entfernungs•anlage *f* nitrate removing plant

~gehalt *m* nitrate content

~dünger *m* nitrate fertilizer

~reduktase *f* nitrate reductase

{nitratreduzierendes Enzym in Pflanzen}

~reduktion *f* denitrification

katalytische ~~: catalytic denitrification

~richtlinie *f* nitrate directive

~vergiftung *f* nitrate poisoning

Nitrierung *f* nitration

{Einführung einer Nitrogruppe in eine organische Verbindung}

Nitrifikanten *pl* nitrifiers

{Bakterien, die ihren Energiebedarf durch Nitrifikation decken}

Nitrifikation *f* nitrification

{bakterielle Umwandlung von Ammoniak über Nitrit zu Nitrat durch Oxidation}

~s•hemmer *m* nitrification inhibitor

~s•hemm•test *m* nitrification inhibition test

nitrifizieren *v* nitrify

nitrifizierend *adj* nitrifying

~e Bakterien: nitrifiers ***pl***

Nitrifizierung *f* nitrification

Dtsch. Syn.: Nitrifikation

Nitrit *nt* nitrite

~belastung *f* nitrite pollution

Nitro•verdünnung *f* cellulose thinner

nival *adj* nival

Niveau *nt* level

trophisches ~: trophic level

Nivellier•gerät *nt* levelling instrument

Nodus *m* node

Dtsch. Syn.: Knoten

Nomade /~in *m/f* nomad

nomadisch *adj* nomadic

Nomadismus *m* nomadism

Nomen•klatur *f* classification

binäre ~: binomial classification

nominal *adj* nominal

≗konzentration *f* nominal concentration

nominell *adj* nominal

Norden *m* north

Nord•europa *nt* Northern Europe

nördlich *adj* boreal

{in der Biologie}

~ *adj* north

~ *adj/adv* northerly

{nach, aus dem Norden}

~ *adj* northern

{im Norden gelegen}

Nord | licht *nt* Aurora Borealis, Northern Lights

~pol *m* North Pole

Nord•see *f* North Sea

~gas *nt* North Sea gas

~öl *nt* North Sea oil

Nord-Süd-Konflikt *m* north-south conflict

Nord•wind *m* north wind

Norm *f* norm, standard

normal *adj* normal

~ *adv* normally

≗abfluss *m* base flow, base runoff, trickle flow

≗benzin *nt* two-star petrol, regular (Am)

normalisieren *v* normalize, return to normal

Normalisierung *f* normalization

Normal-Null *nt* mean sea-level

Engl. Abk.: m.s.l.

über ~-~: above sea level

Engl. Abk.: a.s.l.

Normal•verteilung *f* normal distribution

normativ *adj* normative

Norm•blatt *nt* list of standard specifications

normen *v* standardize

≗ausschuss *m* standards committee

≗kontroll | e *f* [judical review of the constitutionality of a law]

≗~verfahren *nt* [suit brought before the contitutional court relating to the constitutionality of a law]

normieren *v* standardize

Normierung *f* standardization

Norm | konkretisierung *f* ascertainment of legal rules

~pumpe *f* standard pump

Normung *f* standardization

technische ~: technical standardization

Norm•zustand *m* standard conditions, standard state

Not *f* hardship, need, want

~abschaltung *f* emergency shutdown
~~ *f* scram
{Notabschaltung eines Kernreaktors}
~auslass *m* emergency outlet
{Auslaufbauwerk eines Notüberlaufs}
~-Aus-System *nt* emergency shutdown system
~beleuchtung *f* emergency light
~dusche *f* safety shower
~fall *m* emergency
~~einrichtungen *pl* emergency equipment
~~koffer *m* emergency kit
~~management *nt* emergency management
~~plan *m* emergency schedule
~~zentrum *nt* emergency-response centre
nötig *adj* necessary
Notiz *f* memo, minute, note, notice
~ nehmen: notice ***v***
~block *m* memo pad, note block, note pad
~buch *nt* notebook
Not•kühlung *f* emergency cooling
Not•lage *m* emergency, hardship
Noto•gäa *f* Notogea
{Biogeografische Region, die Australien, Neuseeland und die pazifischen Inseln umfasst}
Not | stands | gesetz *nt* emergency act
~~recht *nt* emergency law
~~verfassung *f* emergency constitution
~~verfügung *f* emergency decree
~strom•aggregat *nt* emergency generator set
~überlauf *m* emergency overflow, emergency spillway
{Entlastungbauwerk, aus dem im Notfall (Ab-)Wasser abgegeben wird}
~wasser•versorgung *f* emergency water supply
≗wendig *adj* necessary
~wendigkeit *f* need
novellieren *v* amend
novelliert *adj* amended
~e Version: revised version
Novellierung *f* amendment
Noy *nt* noy
{Maßeinheit für Lärm]
nuklear *adj* nuclear, nuke (umgangssprachlich)

≗medizin *f* nuclear medicine
≗~labor *nt* nuclear medicine laboratory
≗~technik *f* nuclear medicine techniques
≗physik *f* nuclear physics
Nuklein•säure *f* nucleic acid
Nukleus m nucleus
Dtsch. Syn.: Kern
Nuklid *nt* nuclide
~bestimmung *f* nuclide determination
Null *f* zero
~grad•grenze *f* freezing level
~last *f* no-load
~punkt *m* datum
~wachstum *nt* zero growth
~~ der Bevölkerung: zero population growth
numerisch *adj* numerical
Nuss *f* nut
Nut *f* slot
nuten *v* slot
nutzbar *adj* cultivatable
{Boden, Land}
~ *adj* exploitable, utilizable
{Resource}
~ *adj* usable
~ machen: harness *v*, utilize ***v***
wieder ~ machen: rehabilitate ***v***
Nutzbarkeit *f* exploitability, utilizability
{~ von Resourcen}
~ *f* usability
Nutzbar•machung *f* utilization
nutz•bringend *adj* beneficial
~ *adv* beneficially
Nutzen *m* benefit, good, utility
~ *nt* using
≗ *v* exploit, harness, use, utilize
~-Kosten-Analyse *f* cost-benefit analysis
~theorie *f* utility theory
Nutzer /~in *m/f* user
Nutz | fahrzeug *nt* commercial vehicle, goods vehicle
~~ *nt* farm vehicle
{landwirtschaftliches ~}
~fläche *f* agriculturally productive land, farmland, land available for agriculture
{landwirtschaftliche ~~}
überschüssige landwirtschaftliche ~~: redundant farmland
~ *f* usable floor space, used area
~garten *m* kitchen garden

~holz *nt* (commercial) timber, lumber (Am)
~~vorrat *m* utilizable timber volume
{die aufstockende Menge an Holz, die in Bezug auf bestimmte Kriterien nutzbar ist}
nützlich *adj* beneficial, useful
~ *adv* beneficially, usefully
Nützlichkeit *f* usefulness
~s•denken *nt* utilitarian thinking
Nützling *m* beneficial animal, beneficial organism
nutz | los *adj* futile, useless
~~ *adv* futilely, in vain, uselessly
≗losigkeit *f* futility, uselessness, vainness
~nießen *v* benefit
≗nießer /~in *m/f* beneficiary, usufructuary
~nießerisch *adj* beneficial
≗pflanze *f* (cash) crop
≗~n•kunde *f* crop science
≗raum *m* active storage
{nutzbares Stauvolumen}
≗tier *nt* agricultural animal, domestic animal, livestock
≗~haltung *f* stock farming
Nutzung *f* exploitation, use, utilization
bauliche ~: constructive utilization, structural utilization
effiziente ~: economic efficiency
menschliche ~: human exploitation
rationelle ~: economic efficiency
zulässige ~: allowable use
~s•änderung *f* change in use
~s•anspruch *m* utilization claim
~s•art *f* type of use
~s•berechtigte /~r *f/m* holder of a utilization permit
~s•beschränkung *f* use restriction
~s•entschädigung *f* compensation for use
~s•grad *m* degree of use
~~ *m* fuel efficiency
{energetischer Nutzungsgrad}
~s•intensität *f* level of use
~s•konflikt *m* conflicting use
~s•recht *nt* right of use
Nutz | vieh *nt* domestic animals
~wasser | reserve *f* available moisture reserve
~~vorrat *m* available moisture reserve
~wert *m* beneficial value, utility value

~~analyse *f* utility value analysis

Nycti•nastie *f* nyctonasty
{Reaktion von Pflanzen auf Dunkelheit}

Nymphe *f* nymph
{Entwicklungsstadium von bestimmten Insekten nach dem Larvenstadium}

Oase *f* oasis

oben *adv* above, overhead
nach ~: above ***adv***

Oberboden *m* soil surface, surface soil, topsoil

~bearbeitung *f* surface tillage

Oberfläche *f* surface

Oberflächen | abdichtung *f* surface sealing

~abfluss *m* overland flow, surface (water) run-off, surface flow
{das auf der Bodenoberfläche und im Oberboden abfließende Niederschlagswasser, das nicht dem Grundwasser zufließt}

~~fang•rinne *f* run-off interceptor

~~gang•linie *f* overland flow hydrograph

~~mess•parzelle *f* surface run-off plot

~~sammler *m* surface run-off collector

≗aktiv *adj* surface active
≗~e Stoffe: surface active substances

~aufbringung *f* surface impoundment, surface landfilling

~behandlung *f* surface treatment

~bewässerung *f* surface irrigation

~einlass *m* surface inlet

~entwässerung *f* surface drainage

~erosion *f* surface erosion

~gestaltung *f* land-forming, landshaping

~gewässer *nt* surface waters

~kruste *f* soil crust, surface crust

~rauigkeit *f* surface roughness

~rückhalt *m* surface detention, surface retention

~rückhaltung *f* depression storage, detention storage
{Speicherung von Niederschlag und Oberflächenabfluss in Mulden und Bodenvertiefungen}

~spannung *f* surface tension

~technik *f* surface technology

~verdunstungs•kollektor *m* trickling water collector

~versiegelung *f* surface sealing

~wasser *nt* surface water
{Wasser aus oberirdischen Gewässern und oberirdisch abfließender Niederschlag}

oberflächlich *adj* superficial

Obergrenze *f* maximum limit

oberhalb *adv* above

~ *prep* above

Oberhaupt *nt* chief

oberirdisch *adj* above-ground, overhead

Oberkrume *f* A-horizon

Oberlandes•gericht *nt* higher regional court

Oberlauf *m* headwater, upper reaches, youthful river
{~ eines Flusses}

oberschlächtig *adj* overshot
{~es Wasserrad}

oberste /~r /~s *adj* supreme
~ für die Abfallwirtschaft zuständige Bundesbehörde: supreme federal state authority responsible for waste management
~ Naturschutzbehörde: supreme nature conservation authority

Oberverwaltungs•gericht *nt* higher administrative court

Obhut *f* custody

obig *adj* above

objektiv *adj* objective

Objekt•schutz *m* physical protection

obliegend *adj* incumbent

obligatorisch *adj* compulsory, mandatory

Observatorium *nt* observatory
meteorologisches ~: meteorological observatory

Obst *nt* fruit

~anbau *m* fruit farming

~~gebiet *nt* fruit farming region

~art *f* fruit species

~bau *m* fruit growing

~~gebiet *nt* orchard landscape

~baum *m* fruit-tree

~~holz *nt* fruitwood

~einzel•handel *m* fruit retail trade

~groß•handel *m* fruit wholesale trade

~lagerung *f* fruit storage

~plantage *f* fruit-tree planting

~produktion *f* fruit production

Obstruktion *f* obstruction

Obst•wiese *f* orchard

Ochse *m* bovine, bullock, ox

Ocker *m* ochre
{*gelbbraune, feinkörnig-schlammige Ausfällungen von 3-wertigen Eisenverbindungen z.B. in Dränrohren oder Gräben*}

öd *adv* void

Öde *f* desolation

Öd•land *nt* badland, derelict land, idle land, uncultivated land, waste land
{*Dtsch.: Land, das wegen seines ungünstigen Naturpotenzials und aus wirtschaftlichen oder sozialen Gründen nicht genutzt wird, aber im Gegensatz zum Unland genutzt werden könnte*}

~aufforstung *f* afforestation of waste land

Ofen *m* cooker
{*Herd*}

~ *m* furnace
{*Industrieofen*}

~ *m* heater
{*Elektroofen*}

~ *m* kiln
{*Brenn-, Trockenofen*}

~ *m* oven
{*Backofen*}

~ *m* stove
{*Kohle-, Öl-, Petroleumofen*}

ofen•trocken *adj* oven-dry

offen *adj* naked, open

offenbar *adj* apparent

~ *adv* apparently

Offenbarung *f* revelation

~s•pflicht *f* obligation to reveal

Offenheit *f* openness

offensichtlich *adj* apparent

~ *adv* apparently

offensiv *adj* offensive

~e Haltung: offensive ***n***

~ *adv* offensively

Offensive *f* offensive

öffentlich *adj* public

~e Meinung: public opinion

~er Personennahverkehr: public local passenger transport

~er Sektor: public sector

~er Verkehr: public transport

~es Recht: public law

~e Verkehrsmittel: public transport

Öffentlichkeit *f* community, public

die breite ~: the community at large, the general public

~s•arbeit *f* public relations work

öffentlich-rechtlich *adj* under public law

~-~e Entsorgungsträger: public waste management organisations

Offizial•delikt *nt* offence dealt with officials

Öffnung *f* orifice

Offshore | -Bohr•plattform *f* offshore drilling platform, offshore oil platform
{*küstennahe (<20 Meilen) Ölbohrplattform*}

~-Bohrung *f* offshore drilling

~technik *f* offshore engineering

ohne *prep* without

~ weiteres: easily, readily ***adv***

Ohr *nt* ear

°~en•betäubend *adj* deafening, stunning

~en•kappen *pl* ear muffs

~en•sausen *nt* ringing in the ears, tinnitus

okkludiert *adj* occluded

~e Front: occluded front

Okklusion *f* occluded front, occlusion

Öko | audit *nt* eco-audit

~~verordnung *f* eco-audit regulation

~bauer *m* ecologically-minded farmer

~bilanz *f* eco-balance, ecological balance

~bilanzierung *f* life-cycle assessment
{*Analyse zur vergleichenden Beurteilung von Produkten und Verfahren bezüglich ihrer Umweltauswirkungen*}

~controlling *nt* eco-controlling, ecological controlling
{*Methode zur Abschätzung der Auswirkungen eines Betriebes auf die Umwelt*}

~-Ethologie *f* eco-ethology

~faktor *m* ecological factor

~formel *f* eco-formula

~genese *f* ecogenesis

~haus *nt* green building

~katastrophe *f* ecological catastrophe

~kline *f* ecocline
{*allmählicher Wechsel der Eigenschaften einer Art, der mit einem Gradienten der Umweltfaktoren verbunden ist*}

~loge /~in *m/f* ecologist

~logie *f* ecology
{*Wissenschaft von den Wechselwirkungen der Lebewesen untereinander und mit ihrer Umwelt; aber auch: innere Einstellung, die den heutigen Menschen als verantwortlich für die Natur sieht*}

extreme ~~: deep ecology

angewandte ~~: applied ecology

urbane ~~: urban ecology

politische ~~: political ecology

~~bewegung *f* ecologist movement, ecology movement

°~logisch *adj* ecological

°~e Modernisierung: ecological modernization

°~er Sanierungs- und Entwicklungsplan: ecological clean-up and development plan

°~es Netzwerk: ecological network

~ *adv* ecologically

~logisierung *f* greening
{*das Ausrichten von Maßnahmen oder Prozessen nach Umweltschutzgesichtspunkten*}

~modell *nt* ecological model

~nom *m* economist

~nomie *f* economics

~~ *f* economy
{*Wirtschaft, Wirtschaftlichkeit*}

~nomik *f* economics

°~nomisch *adj* economic
{*wirtschaftlich*}

°~ *adj* economical
{*sparsam*}

°~ *adv* economically

~pädiatrie *f* eco-paediatrics

~-Partei *f* ecology party

~pazifismus *m* environmental pacifism

~produkt *nt* ecological product

~sphäre *f* biosphere, ecosphere
{*die von Leben erfüllte Schicht der Erde und unteren Atmosphäre*}
Dtsch. Syn.: Biosphäre

~steuer *f* ecological tax
{*Sonderbesteuerung umweltschädlicher Produkte und Verfahrensweisen*}

Öko•system *nt* ecosystem
{*Wirkungsgefüge aus Lebewesen und ihrer unbelebten natürlichen und anthropogenen Umwelt*}

geschlossenes ~: closed ecosystem
{*Vorstellung eines Ökosystems, bei dem die Kreisläufe völlig geschlossen und die Haushalte an Energie und Masse völlig ausgeglichen sind*}

offenes ~: open ecosystem
{*Ökosystem, gekennzeichnet als offenes Durchflusssystem mit Akkumulation und Verlust von Materie und Energie*}

primäres ~: primary ecosystem

sekundäres ~: secondary ecosystem

~analyse *f* ecosystem analysis

~forschung *f* ecosystem research

~modell *nt* ecosystem model
~parameter *m* ecosystem parameter
Öko•ton *m* ecotone
{Randlebensraum, Übergangslebensraum, Übergangszone zwischen zwei benachbarten Pflanzengesellschaften}
Öko•top *m* ecotope
{kleinste landschaftsökologische Raumeinheit mit mehr oder weniger homogenen ökologischen Bedingungen}
Öko•tourismus *m* eco-tourism
Öko•toxiko | logie *f* ecological toxicology, ecotoxicology
{Wissenschaft, die den Verbleib, die Umwandlung und die Wirkung von Schadstoffen untersucht, die vom Menschen in die Umwelt abgegeben werden}
~logisch *adj* ecotoxicological
~ *adv* ecotoxicologically
öko•toxisch *adj* ecotoxic
Öko•toxizität *f* ecotoxicity
Öko•typ *m* ecotype
{Rasse, deren unterscheidende Merkmale adaptiv sind}
Öko•zyklus *m* ecocycle
Okta *nt* okta
{Maßeinheit für Wolkenbedeckung}
Oktan *nt* octane
~zahl *f* octane number, octane rating
{Messzahl für die Klopffestigkeit von Otto-Kraftstoffen}
Oktave *f* octave
~band•analyse *f* octave volume analysis
~filter *m* octave filter
okzidental *adj* occidental
Dtsch. Syn.: abendländisch
Öl *nt* oil
ätherisches ~: essence, essential oil, volatile oil
ausgeflossenes ~: oil spill
fettes ~: fixed oil
pflanzliches ~: vegetable oil
~abbauend *adj* oil-degrading
~absaugung *f* scavenging
~abscheider *m* oil separator
{Vorrichtungen zur Abtrennung von Öl aus Abwasser}
~abschöpfung *f* oil absorption
~äquivalent *nt* oil equivalent
{international gebräuchliche Energieeinheit}
~aufbereitungs | anlage *f* oil regeneration plant
~~betrieb *m* oil regeneration plant
~auffang•schiff *nt* oil recovery vessel
~aufsaugen *nt* oil skimming
~bad *nt* oil bath
~barriere *f* oil barrier
~befeuert *adj* oil-fired
~beheizt *adj* oil-fired
~bekämpfung *f* oil control
~~s•ausrüstung *f* oil spill combatting equipment
~~s•schiff *nt* oil spill clearance vessel
~binde•mittel *nt* oil binding agent, oil spill control agent
~binder *m* oil binding agent, oil spill control agent
Dtsch. Syn.: Ölbindemittel
{Material, das geeignet ist, Öl an sich zu binden}
~bohr•anlage *f* oil drilling plant
~bohr•insel *f* oil (drilling) rig
~bohrung *f* drilling for oil, oil drilling
~brenner *m* oil burner
~dicht *adj* oilproof
~dispersions•mittel *nt* oil dispersant
~e-und-Fette-Industrie *f* oil and fat industry
~exportierend *adj* oil-exporting, petroleum-exporting
Olfakto•metrie *f* olfactometry
{Messung der Wahrnehmungs- und Erkennungsschwelle von Gerüchen}
olfaktorisch *adj* olfactory
{den Geruchssinn betreffend}
Öl | fang *m* oil trap
~fänger *m* oil collector
~farbe *f* oil paint
~fass *nt* oil drum
~feld *nt* oilfield, oil field
~fern•leitung *f* oil pipeline
~feuerung *f* oil burner
~film *m* film of oil, oil slick
~filter *m* oil filter
~filtration *f* oil filtration
~förder•turm *m* oil rig
~frei *adj* oilless
~frei•kompressor *m* oilless compressor
~haltig *adj* containing oil, oil-bearing, oily
~heizung *f* oil-fired (central) heating
ölig *adj* oily
oligo•halin *adj* oligohaline
Oligo•pol *nt* oligopoly
{Marktform, bei der wenige große oder mittelgroße Anbieter vielen kleinen Nachfragern auf einem Markt gegenüberstehen und jeder Anbieter einen erheblichen Teil des gesamten Angebots deckt}
oligo•saprob *adj* oligosaprobic
oligo•troph *adj* oligotrophic
Dtsch. Syn.: nährstoffarm
Oligo•trophie *f* oligotrophy
{Nährstoffarmut}
Öl•industrie *f* oil industry
Öl-in-Wasser-Mess•gerät *nt* oil-in-water analyzer
Olive *f* olive
Oliven•kern *m* olive stone
{wird als Abfall zur Energiegewinnung verwendet}
Öl | kanister *m* oilcan
~kanne *f* oilcan
~kraftwerk *nt* oil power station
~krise *f* oil crisis
~lache *f* oil slick
~leck *nt* oil leak
~leitung *f* oil-pipe, oil pipeline
~mess•stab *m* dip-stick
~mühle *f* oil-mill
~nebel *m* oil mist, oil spray
~~absaug•anlage *f* oil mist exhaust ventilation system
~~detektor *m* oil mist detector
~~filter *m* oil mist filter
~ofen *m* oil heater
~pest *f* oil pollution, oil spill
{die Verschmutzung von Oberflächengewässern und deren Ufern und Küsten durch Mineralöl oder Mineralölprodukte}
~~bekämpfung *f* oil pollution abatement
~pflanze *f* oil plant
~plattform *f* oil rig
~preis *m* oil price
~quelle *f* oil well
~raffinerie *f* oil refinery
~reserve *f* oil pool
~rück•stände *pl* oil residues
~sand *m* oil sand
~schaden | beseitigung *f* oil pollution abatement
~~sanierung *f* repair of oil damage
~~vorsorge *f* oil damage prevention
~schiefer *m* bituminous rock, oil shale
~schlamm *m* oil mud, oil slick, oil sludge

~separator *m* oil separator
~skimmer *m* oil skimmer
~sperre *f* oil boom
{Gerätschaft zur Eingrenzung von Ölverschmutzungen auf der Wasseroberfläche}
~~n•schlauch *m* oil boom tubing
~spill *nt* oil spill
~spur *f* trail of oil
~stand *m* oil-level
~tank *m* oil-tank
~tanker *m* oil-tanker
~tank•schiff *nt* oil-tanker
~teppich *m* oil spill, oil slick
Zerstreuung des ~~s: dispersion of oil slicks
~unfall *m* oil accident, oil disaster
~~bekämpfung *f* oil pollution abatement
~~schutz•einrichtung *f* protective equipment against oil accidents
~verbrauch *m* oil consumption
~verschmutzung *f* oil pollution
~~s•unfall *m* oil pollution casualty
≗verseucht *adj* oil-contaminated
~verseuchung *f* oil spill
~verunreinigung *f* oil pollution
~vorkommen *nt* oil deposit
~vorräte *pl* oil resources
~ erschließen: tap oil resources ***v***
~wanne *f* oilproof foundation for oil tanks
~~ *f* sump
{bei Kraftfahrzeugen}
~-Wasser-Trenn•anlage *f* oil-water separation plant
~wechsel *m* oil-change
~zentral•heizung *f* oil-fired central heating
~zeug *nt* oilskins
ombro•gen *adj* ombrogenous, rainfed
ombro•phil *adj* ombrophilous
{sehr hohe Niederschläge ertragend}
Ombuds•mann *m* ombudsman
{eine von der Volksvertretung bestellte Vertrauensperson; Volksanwalt}
Omnibus *m* bus, coach
~verkehr *m* bus service
omnivor *adj* omnivorous
Omni•vore *m* omnivore, omnivorous animal
Dtsch. Syn.: Allesfresser
Oncho•zerkose *f* onchocerciasis
{Flussblindheit}

Onko•logie *f* oncology
{die Lehre von den Geschwülsten}
Onto•genese *f* ontogenesis
{die Individual- oder Einzelentwicklung}
opak *adj* opaque
Dtsch. Syn.: undurchsichtig
Opazität *f* opacity
Dtsch. Syn.: Lichtundurchlässigkeit
Operation *f* operation
Operationalität *f* operationality
{Bedingung, dass Ziele zeitlich festgelegt, biologisch, technisch, wirtschaftlich und politisch erreichbar und quantifizierbar sind}
Operator *m* operator
operierend *adj* operating
Opfer *nt* victim
~schutz *m* protection of victims
opponieren (gegen) *v* oppose
opportuni | stisch *adj* opportunistic
≗täts | kosten *pl* opportunity costs
{Kostenbegriff, der Kosten als entgangenen Nutzen auffasst}
≗~prinzip *nt* opportunity principle
{Grundsatz, dass die Staatsanwaltschaft wegen einer Straftat nur dann Anklage erhebt, wenn dies im öffentlichen Interesse liegt}
Optimierung *f* optimization
~s•modell *nt* optimization model
Optimum *nt* optimum
{Bereich von Umweltbedingungen, der die günstigsten Bedingungen für einen Zustand oder einen Prozess darstellt}
optisch *adj* optical, visual
~e Trennung: optical separation
oral *adj* oral
Orbit *m* orbit
Dtsch. Syn.: Umlaufbahn
orbital *adj* orbital
Orchidee *f* orchid
~n•schutz *m* orchid conservation
Ordner *m* file
Ordnung *f* order
{Einheit der biologischen Systematik; setzt sich aus Familien zusammen; mehrere Ordnungen bilden eine Klasse}
~s•behörde *f* regulatory agency
≗s•gemäß *adj* according to the rules
≗s•mäßig *adj* regulatory
~s•recht *nt* regulative law
~s•verfügung *f* decree on public order

~s•widrigkeit *f* infringement of the regulations, irregularity
~~en•gesetz *nt* irregularity act
Organ *nt* body
{Verwaltungsorgan}
~ *nt* organ
Kritisches ~: critical organ
{besonders strahlungsempfindliches Organ}
lebenswichtiges ~: vital organ
Organisation *f* agency, organisation, organization
gemeinnützige ~: charity ***n***
halbstaatliche ~: quango ***n***
{quasi-autonomous non-governmental organisation}
nicht auf Gewinn ausgerichtete ~: non-profit organisation/organization
nichtstaatliche ~: non-governmental organisation/organization
{die Abkürzung NGO ist sowohl im Englischen als auch im Deutschen gebräuchlich}
wohltätige ~: charity ***n***
~s•struktur *f* organisation/organization structure
organisch *adj* bodily
{körperlich}
~ *adj* organic
{Gegenteil von anorganisch; auch: ohne Kunstdünger und Pflanzenschutzmittel erzeugt}
~er Boden: organic soil
{Boden mit einem Trockenmassenanteil an organischer Substanz unter 70 % und mehr als 30 cm Torfauflage}
~ *adv* organically
~-biologisch *adv* organically
Organismen *pl* organisms
~art *f* species of organism
~welt *f* world of organisms
Organ | ismus *m* organism
heterotropher ~: heterotrophic organism
pathogener ~: pathogenic organism
pelagischer ~: pelagic organism
~o•chlor•verbindung *f* organochlorine compound
~o•halogen•verbindung *f* halogenated organic compound
≗o•leptisch *adj* organoleptic, sensory
{mit den Sinnesorganen wahrnehmbar}
~o•therapie *f* organotherapy
~schädigung *f* damage to organ
≗spezifisch *adj* organ-specific
≗~e Anreicherung: organ-specific accumulation
~störung *f* organic disorder

~trans•plantation *f* organ transplant
orientalisch *adj* oriental
Dtsch. Syn.: morgenländisch
Orientierung *f* orientation
~s•rennen *nt* orienteering
~s•stufe *f* [promotion stage in a school]
~s•wert *m* planning target
Original *nt* master
~boden *m* original soil
~getreu *adj* faithful
Orkan *m* hurricane
Ornitho | gamie *f* ornithogamy
~loge /~in *m/f* ornithologist
Dtsch. Syn.: Vogelkundler /~in
~logie *f* ornithology
Dtsch. Syn.: Vogelkunde
~logisch *adj* ornithological
~philie *f* ornithophily
Oro•grafie *f* oro•graphy
{auch: Orographie}
{die systematische Beschreibung der Oberflächenformen der Erde}
Ort *m* place
{Platz}
vor ~: on-the-spot, on-site ***adj***
~ *m* town, village
{Ortschaft}
Orten *nt* locating
Ort•erde *f* friable iron-humus-pan
{noch nicht verfestigter Illuvial-Horizont des typischen Podsols}
Ortho•klas *m* orthoclase, potassium-feldspar
{Mineral, das vor allem in kieselsäurereichen Gesteinen vorkommt; Kaliumaluminiumsilikat}
Dtsch. Syn.: Kalifeldspat
örtlich *adj* local
~e Infrastruktur: local amenities
Orts•bild *nt* appearance of a settlement
~pflege *f* townscape conservation
{~~ in Städten}
Ort | schaft *f* town, village
geschlossene ~~: built-up area
~s•eingang *m* entrance to the town, entrance to the village
~s•gruppe *f* lodge
~s•teil *m* area of the town, area of the village
~stein *m* hardpan, humus-pan, iron-humus-pan, iron-pan, ortstein
{verfestigter, harter Illuvial-Horizont in Podsolen}

~s•treu *adj* resident
~s•treue *f* faithfulness to place, fidelity to place
~s•üblichkeit *f* local practice
~s•wechsel *m* change of locality
Ortungs•gerät *nt* locating device
Os *nt* esker
{bahndammartig schmaler Rücken aus geschichteten Sanden und Kiesen, der durch Schmelzwässer in Höhlen und größeren Spalten sub- und intraglazial abgelagert worden ist}
Dtsch. Plural: Oser
Osmose *f* osmosis
{Durchtritt von Stoffen durch eine poröse Wand, die zwei Flüsigkeiten voneinander trennt}
Osmo•rezeptor *m* osmoreceptor
Osten *m* east
Osteofonie *f* bone conduction, osteophony
Österreich *nt* Austria
Österreicher /~in *m/f* Austrian
österreichisch *adj* Austrian
Ost•europa *nt* Eastern Europe
ost•europäisch *adj* eastern European, East European
östlich *adj* east
{östlich von}
~ *adj* easterly
{in östlicher Richtung}
~ *adj* eastern
{im Osten gelegen}
~ *adj* oriental
Östrogen *nt* oestrogen
Ost•see *f* Baltic (Sea)
Ost-West | -Beziehung *f* East-West relations
~-Handel *m* East-West trade
Ost•wind *m* east wind
Oszillation *f* oscillation
Dtsch. Syn.: Schwingung
oszillieren *v* oscillate
Otto | kraft•stoff *m* Otto petrol
{Kraftstoff zum Betrieb von Ottomotoren}
~motor *m* internal combustion engine, Otto engine, petrol engine
{beim ~~ wird ein brennbares Luft-Kraftstoff-Gemisch im Innern eines Arbeitszylinders durch eine zeitlich gesteuerte Fremdzündung entzündet und verbrannt}
Overhead•folie *f* acetate, overhead transparency, slide
{umgangssprachlich für: Folie für Tageslichtprojektor}
Overlay *nt* overlay

ovipar *adj* oviparous
Dtsch. Syn.: eierlegend
Ovulation *f* ovulation
Dtsch. Syn.: Eisprung
oxibiont *adj* oxibiontic
{die Bindung bestimmter Organismen an die Anwesenheit von molekularem Sauerstoff bezeichnend}
Oxid *nt* oxide
Oxidase *f* oxidase
Oxidation *f* oxidation
{chem. Prozess unter Abgabe von Elektronen}
~s•graben *m* oxidation ditch
{Belebungsgraben mit Langzeitbelebung, jedoch ohne getrennte Nachklärung}
~s•mittel *nt* oxidizing agent
fotochemisches ~~: photochemical oxidant
photochemisches ~~: photochemical oxidant
~s•schutz•mittel *nt* antioxidant
~s•teich *m* oxidation pond
{künstlicher, weiträumig flacher Abwasserteich zur mechanisch-biologischen Abwasserreinigung}
~s•verfahren *nt* oxidation process
~s•zone *f* oxidation zone
{Zone eines Gewässers oder Bodens, in der Sauerstoff für Oxidationsprozesse verfügbar ist}
oxidieren *v* oxidize
oxidierend *adj* oxidizing
Oxidierung *f* oxidation
Oxid•keramik *f* oxide ceramic
Oxido•reduktase *f* oxidoreductase
Oxy•hämo•globin *nt* oxyhaemoglobin
{mit Sauerstoff "beladener" roter Blutfarbstoff}
Oxy•phyt *m* oxyphyte
{Pflanze, die auf sauren Standorten lebt}
Ozean *m* ocean
Ozeanarium *nt* oceanarium
ozeanisch *adj* oceanic
Ozeano | grafie *f* oceanography
{auch: ~o•graphie}
~grafisch *adj* oceanographic
~logie *f* marine science, oceanology
Ozean | rücken *m* mid-ocean ridge
~wärme•energie *f* ocean thermal energy
Ozon *nt* ozone

bodennahes ~: ground-level ozone

~abbau *m* ozonelysis, ozone depletion

~~ *m* depletion of the ozone layer
{Abbau der Ozonschicht}

≗abbauend *adj* ozone-depleting

~abbau•potenzial *nt* ozone depletion potential
{auch: ~abbau•potential}

~behandlung *f* ozone treatment

~beobachtungs•netz *nt* ozone observation network

~bestimmung *f* ozone determination

~bildung *f* ozone creation, ozone generation

~~s•potenzial *nt* ozone creation potential
{auch: ~~s•potential}

~desinfektion *f* ozone disinfection

≗freundlich *adj* ozone-friendly

~gehalt *m* ozone content

~generator *m* ozone generator

~gürtel *m* ozone layer

ozonisierend *adj* ozonizing

Ozonisierung *f* ozonization

~s•anlage *f* ozonizing plant

Ozon | konzentration *m* ozone concentration

~loch *nt* hole in the ozone layer, ozone hole

~mess•gerät *nt* ozone monitoring device

~o•sphäre *f* ozonosphere
Dtsch. Syn.: Ozonschicht

≗schädigend *adj* ozone-depleting

~schicht *f* ozone layer
{atmosphärische Schicht in 20-50 km Höhe}

~schwund *m* depletion of the ozone layer

~theorie *f* ozone theory
{die 1974 aufgrund von Modellrechnungen erstmals geäußerte Befürchtung, dass Fluorchlorkohlenwasserstoffe die Ozonschicht angreifen könnten}

Ozonung *f* ozonising
{früher Ozonisierung}

Ozon | warnung *f* ozone warning

≗zersetzend *adj* ozone-depleting

≗~es Potenzial: ozone-depleting potential
Dtsch. und Engl. Abk.: ODP

≗zerstörend *adj* ozone-destroying

Paarung *f* copulation, mating

Pacht *f* lease
{Vertrag}

~ *f* rent
{Miete}

~ *f* tenancy

~dauer *f* tenancy

pachten *v* lease

Pächter /~in *m/f* tenant (farmer)
{Pächter einer landwirtschaftlichen Fläche}

~gemeinschaft *f* tenantry

Pacht•verhältnis *nt* tenantry

Packpferd *nt* pack-horse

Pack•werk *nt* brush matting, fascine
{gebündeltes Buschwerk zur Befestigung von Steilhängen und Ufern}

Pädagoge /~in *m/f* educationalist, educator
Dtsch. Syn.: Erziehungswissenschaftler /~in

Pädagogik *f* education, pedagogics

pädagogisch *adj* educational, educative

~ *adv* educationally

Paket *nt* parcel

Paketier•presse *f* baling press

Paläarktis *f* palaearctic region, palearctic region

palä•arktisch *adj* palaearctic

Paläo•botanik *f* palaeobotany, paleobotany

Paläo•geo•grafie *f* paleogeography, paleogeography
{auch: Paläo•geo•graphie}
{Zweig der Geologie zur Erforschung der geografischen Verhältnisse der geologischen Vergangenheit}

Paläo•klimatologie *f* paleoclimatology, paleoclimatology
{Lehre von der Klimageschichte der Erde}

Palä•öko•logie *f* palaeoecology, paleoecology

Paläo•magnetismus *m* palaeomagnetism, paleomagnetism

Palä•onto•logie *f* palaeontology, paleontology
{die Wissenschaft von den Fossilien}

Paläo•zoologie *f* palaeozoology, paleozoology

Palette *f* range
{Angebotspalette}

Palisaden•bau *m* palisade construction

Palme *f* palme

~n•hain *m* palm grove

Palm•fett *nt* palm oil

Palm•öl *nt* palm oil

Paludismus *m* paludism
Dtsch. Syn.: Malaria

Palyno•logie *f* palynology
{Pollenkunde, insbesondere die Analyse von geologischen Ablagerungen mit deren Hilfe}

Pampas *f* pampas
{südamerikanische Grassteppe}

Pan•demie *f* pandemic
{Epidemie über mehrere Kontinente}

pan•demisch *adj* pandemic

pan•europäisch *adj* pan-European

Paneel *nt* panel

Panzer *m* shell

Papier *nt* paper

~abfall *m* paper waste

~bahn *f* web

~chromato•graf *m* paper chromatograph
{auch: ~chromato•graph}

~chromato•grafie *f* paper chromatography
{auch: ~chromato•graphie}
{Verfahren zur Trennung geringer Mengen von Stoffgemischen mit Filterpapierscheiben als stationärer Phase}

~container *m* paper bank

~fabrik *f* paper mill, wastepaper mill

~faser *f* paper fibre

~filter *m* paper filter

~herstellung *f* papermaking, paper manufacture

~holz *nt* pulpwood

~industrie *f* paper industry

~korb *m* wastepaper basket

~mühle *f* paper mill

~recycling *nt* paper recycling

~~anlage *f* paper recycling plant

~rück•gewinnung *f* paper recovery

~verbrauch *m* paper consumption

~verbrennungsanlage *f* paper incinerating plant

Papova•virus *m* papovavirus
{Tumorvirus bei Warmblütern}

Pappataci-Fieber *nt* sandfly fever
{Dreitagefieber}

Pappe *f* cardboard, paperboard

Para | braun•erde *f* para-brown earth
{der Braunerde verwandter Bodentyp, mit detulicher Tonverlagerung vom A in den Bt-Horizont}

~digma *nt* paradigm

~digmen•wechsel *m* change in paradigm

~graf *m* section

Paraffin *nt* paraffin

~öl *nt* kerosene(Am), paraffin

Parallaxe *f* parallax

Parallel | e *f* parallel

~genehmigung *f* parallel permission

para•magnetisch *adj* paramagnetic

Parameter *m* parameter

Para•rendzina *f* pararendzina
{Bodentyp aus carbonathaltigen Silikat- und Kieselgesteinen}

Parasit *m* parasite
{Organismus, der notwendige Nahrungsstoffe durch Entnahme aus lebenden Organismen anderer Art gewinnt}

parasitär *adj* parasitic

parasitieren *v* parasitize

parasitisch *adj* parasitic

Parasitismus *m* parasitism

Parasitizid *nt* parasiticide
{parasitentötendes Mittel}

Parasitoid *nt* parasitoid

Parasitologie *f* parasitology

Parfüm *nt* scent

Park *m* park

≗ähnlich *adj* parklike

~-and-Ride System *nt* park and ride system

~bucht *f* lay-by

Parken *nt* car-parking, parking
wildes ~: informal parking

≗ *v* park

Park | gebühr *f* parking fee, parking provision

~haus *nt* car-park

~landschaft *f* parkland, open woodland, park-like landscape

~platz *m* car-park, parking ground, parking lot (Am), parking place

~streifen *m* lay-by

Parlament *nt* parliament

~s•akte *f* Act of Parliament
{vom Parlament verabschiedete Rechtsvorschrift}

~s•sekretär /~in *m/f* clerk (Br)

Parshall•rinne *f* parshall flume
{Vorrichtung zur Durchflussmessung}

Partei *f* party
politische ~: political party

~fähigkeit *f* [admissibility as a party in court]
{die Fähigkeit, in einem Prozess Partei zu sein}

parteiisch *adj* partial

partei•politisch *adj* party-political
~ neutral sein: have no party-political allegiance

Partheno•genese *f* parthenogenesis
Dtsch. Syn.: Jungfernzeugung
{Entstehung von Nachkommen aus unbefruchteten Eiern}

Partial•druck *m* partial pressure
{in Gemischen idealer Gase der Druck eines jeden dieser Gase, den es ausüben würde, wenn es für sich allein den ganzen Raum erfüllte}

Partie *f* game
{Spiel}

~ *f* parcel
{eine zum Verkauf stehende Holzmenge}

partiell *adj* partial
Dtsch. Syn.: teilweise

Partikel *nt* particle
Dtsch. Syn.: Teilchen

~abscheider *m* particle separator

~durch•messer *m* particle diameter

≗förmig *adj* particleous

~gehalt *m* particle content

~größe *f* particle size

~~n•analyse *f* particle size analysis

~konzentration *f* particle concentration

partikular *adj* sectional

Partizipation *f* participation
Dtsch. Syn.: Beteiligung

partizipativ *adj* participatory

Partner /~in *m/f* associate

Partnerschaft *f* partnership

Parzellen•freiland•haltung *f* feedlot system
{~ mit Zufütterung}

Passagier *m* passenger

Passat *m* trade wind
{tropischer Ostwind}

~cumulus *m* trade cumulus
{Cumuluswolken, die gewöhnlich mit Passatwinden auftreten}

passieren *v* negotiate
{eine Straße, einen Fluss ~}

~ *v* pass

Passier•schein *m* permit (license)

passiv *adj* passive

≗legitimation *f* passive prove of identity
{das Prozessführungsrecht des sachlich richtigen Beklagten}

≗rauchen *nt* passive smoking

≗rauch•belastung *f* exposure to tobacco smoke

Pasteurisier•anlage *f* pasteurization plant

pasteurisieren *v* pasteurize

pasteurisiert *adj* pasteurized
nicht ~: unpasteurized ***adj***

Pasteurisierung *f* pasteurization
{Erhitzung von Lebensmitteln zur Haltbarmachung}

pastoral *adj* pastoral

pastös *adj* paste-like, pasty

Patchwork *nt* patchwork

Patent *nt* patent
geschützt durch ein ~: covered by a patent

~recht *nt* patent right

Paternia *f* alluvial regosol, paternia
{Bodentyp der Auen mit geringer Bodenbildung}
Dtsch. Syn.: Auenregosol

pathogen *adj* pathogenic
Dtsch. Syn.: krankheitserregend

Pathogenese *f* pathogenesis

pathogenetisch *adj* pathogenetic

Pathogenität *f* pathogenicity
{die konstante Eigenschaft von Mikroorganismen Krankheitserscheinungen zu verursachen}

Pathologe /~in *m/f* pathologist

Pathologie *f* pathology
{Krankheitslehre und -forschung}
klinische ~: clinical pathology

~bericht *m* pathology report

pathologisch *adj* pathological

Patient *m* case

Patrone *f* cartridge

~n•filter *m* cartridge filter

Patt *nt* stalemate
atomares ~: nuclear stalemate

Pauschal•gebühr *f* flat-rate (charge)

pauschal *adj* sweeping, wholesale

~ *adv* wholesale

Pausch•betrag *m* lump sum

PCB-Entsorgung *f* disposal of PCB

{PCB = Polychlorierte Biphenyle}

PCB-haltig *adj* containing PCB, PCB containing

{PCB = Polychlorierte Biphenyle}

Peak *m* peak

Dtsch. Syn.: Gipfel, Scheitelpunkt

Pech *nt* pitch

Pediment *nt* pediment

{terrassenförmige Felsfußfläche}

Pedo•chore *f* soil landscape

Pedo•sphäre *f* pedosphere

{von Lebewesen besiedelte oberste Bodenschicht der Lithosphäre, der Teil der Erdkruste, in dem sich der Boden bildet}

Pedo•top *m* soil individuum

Pegel *m* gage (Am), gauge, level

maximal zulässiger ~: maximum permissible level

~fest•punkt *m* benchmark

~fluktuation *f* level fluctuation

~höhe *f* gauge height

~messer *m* level detector

~schwankung *f* level fluctuation

mittlere ~: average level fluctuation

~stelle *f* gauging station

Peil *m* sounding

{Bezeichnung für einen bestimmten Wasserstand, nach dem der Schöpfwerksbetrieb geregelt wird}

~waage *f* sighting level

Pelagial *nt* pelagial (zone), pelagic zone

{Zone des freien Wassers in Meer und Seen}

pelagisch *adj* pelagic

Pelle *f* skin

Pelletier•anlage *f* pelletizing plant

pelletiert *adj* pelletized

Pelletierung *f* pelletizing

{Pressen von Kernbrennstoff zur Herstellung von Brennelementen für Kernreaktoren in Tablettenform (Pellets)}

Pelosol *m* clay soil, pelosole

{Bodentyp aus stark tonigem Ausgangsgestein}

Pelton•turbine *f* Pelton turbine

Pelz *m* fur

pelzig *adj* furry

Pelz•tier *nt* fur animal

Pendeln *nt* commuting

pendeln *v* commute

Pendler /~in *m/f* commuter

{Personen, deren Wohn-, Einkaufs-, Bildungs- und/oder Arbeitsstätten räumlich so weit voneinander getrennt sind, dass diese jeweils nur mit Fahrzeugen erreicht werden können}

~verkehr *m* commuter traffic

~zug *m* commuter train

Penetro•meter *nt* (cone) penetrometer

{Gerät zur Messung des Eindringwiderstandes in den Boden}

~test *m* penetrometer test

{Ermittlung des Eindringwiderstandes in den Boden zur Bestimmung der Verdichtung in unterschiedlichen Tiefen}

Penicillin *nt* penicillin

{vom Schimmelpilz Penicillium notatum produziertes Antibiotikum}

Pension *f* guest-house

pensioniert *adj* retired

Pentade *f* pentad

PER-Entsorgung *f* disposal of PER

perennierend *adj* perennial

Dtsch. Syn.: mehrjährig

perfekt *adj* complete, perfect

perfektionieren *v* perfect

perforiert *adj* perforated

Perfusion *f* perfusion

{künstliche Durchströmung von Körperteilen oder Organen}

peri•alpin *adj* perialpine

Periode *f* period

~ *f* spell

{Periode unveränderten Wetters}

~n•system *nt* periodic table

{Tabelle der chemischen Elemente}

periodisch *adj* periodic

Periodizität *f* periodicity

endogene ~: endogenic periodicity

{Wechsel in der Wachstumsaktivität ohne erkennbaren Zusammenhang mit der Variabilität von Umweltfaktoren}

~ des Wachstums: growth periodicity

{der regelmäßig wiederholte Wechsel in der Wachstumsaktivität vom Ruhestand zur Kulmination und zurück zur Ruhe}

peripher *adj* peripheral

peristaltisch *adj* peristaltic

Perkolation *f* percolation

Dtsch. Syn.: Durchsickerung

{Durchsickern des Bodenwassers durch die Makroporen des Bodens; auch: die Extraktion von Wirkstoffen aus zerkleinerten Pflanzenteilen mittels langsam hindurch fließender Lösungen}

Perl•mutt *nt* mother-of-pearl, nacre

~er•wolken *pl* nacreous clouds

{dünne irisierende Wolkenschicht in ca. 25 km Höhe}

Perma•frost *m* permafrost

{Boden mit ständig gefrorenem Porenwasser}

Dtsch. Syn.: Dauerfrostboden, Permafrostboden

~boden *m* permafrost

~see *m* thermokarst lake

permanent *adj* permanent

Dtsch. Syn.: ständig

permeabel *adj* permeable, pervious (Am)

Dtsch. Syn.: durchlässig

Permeabilität *f* permeability

Dtsch. Syn.: Durchlässigkeit

~s•koeffizient *m* permeability coefficient

Permea•meter *nt* permeameter, seepage meter (Am)

{Gerät zur Messung der Wasserdurchlässigkeit}

Dtsch. Syn.: Durchlässigkeitsmessgerät

persistent *adj* persistent

nicht ~: non-persistent

~ sein *v* persist

Dtsch. Syn.: beständig sein

Persistenz *f* persistence

Dtsch. Syn.: Beständigkeit

{Bestehenbleiben eines Zustands über längere Zeiträume oder Generationen; auch: Widerstand, den Stoffe ihrem Abbau entgegensetzen}

~klasse *f* persistence class

Person *f* person

Personal *nt* staff

~austausch *m* staff exchange

Personalie(n) *f/pl* particulars

Personal | kosten *pl* personal expenditure

~planung *f* manpower planning

Personen | kraft•wagen *m* private car

Dtsch. Abk.: PKW

~nah•verkehr *m* local passenger service

~schaden *m* injury to persons, personal injury

~verkehr *m* passenger service, passenger traffic, passenger transport
öffentlicher ~~: public transport
persönlich *adj* personal, private
Persönlichkeit *f* personality
{der besondere persönliche Charakter}
~s•merkmal *nt* personality characteristics
~s•recht *nt* personal right
Perzentil *nt* percentile
Pest *f* pest, plague
~epidemie *f* pest epidemic
Pestizid *nt* pesticide
Dtsch. Syn.: Schädlingsbekämpfungsmittel
~abbau *m* pesticide degradation
~belastung *f* pesticide pollution
~bestimmung *f* pesticide determination
~einsatz *m* utilization of pesticides
~gehalt *m* pesticide content
~resistenz *f* resistance to pesticides
~rück•stand *m* pesticide residue
~wirkung *f* pesticidal effect
Petrifaktion *f* petrifaction
Dtsch. Syn: Versteinerung
petrifizieren *v* petrify
Dtsch. Syn.: versteinern
Petro | chemie *f* petrochemistry
~chemikalien *pl* petrochemicals
≗chemisch *adj* petrochemical
Petroleum *nt* kerosene
Petro•logie *f* petrology
Dtsch. Syn.: Gesteinskunde
Pfad *m* path, pathway, trail
~finder *m* boy scout
~finderin *f* girl scout
Pfahl *m* pile, pole
~ *m* stilt
{Stützpfahl}
~wurzel *f* tap root
Pfand *nt* deposit
{Flaschenpfand}
~ *nt* pledge, security
~flasche *f* returnable bottle
~regelung *f* deposit scheme
Pfarrei *f* parish
Pfarr•kirche *f* parish church
Pfeiler *m* buttres
{Strebe}
~ *m* pier
{Brückenpfeiler}
~ *m* pillar
{Bauwerk}
~stau•mauer *f* buttress dam
{Staumauer aus einzelnen Baukörpern, die durch Eigengewicht, Wasserauflast und Sohlen wasserdruckminderung standsicher ist}
Pferd *nt* horse
~e•mist *m* horse manure
Pflanz | arbeit *f* planting work
~dichte *f* density of planting
Pflanze *f* plant
{auch: Nutzpflanze}
acidophobe ~: oxyphobe ***n***
{Pflanze, die sauere Standorte meidet}
alpine ~n: alpine plants
annuelle ~: annual ***n***
{Pflanze, die ihren gesamten Lebenszyklus innerhalb eines Jahres absolviert}
Dtsch. Syn.: einjährige Pflanze
einjährige ~: annual ***n***
Dtsch. Syn.: annuelle Pflanze
einkeimblättrige ~: monocotyledon ***n***
ertragreiche ~: cropper ***n***, heavy cropper
fleischfessende ~: biophyte ***n***, carnivorous plant
immergrüne ~: evergreen ***n***
insektenfressende ~: biophyte ***n***, insectivorous plant
kalkfliehende ~: calcifuge ***n***
kalkmeidende ~: calciphobe ***n***
mehrjährige ~: perennial ***n***
perennierende ~: perennial ***n***
{Pflanze, die ihren Lebenszyklus in mehr als zwei Jahren abschließt}
ruhende ~: dormant plant
sublitorale ~: sublittoral plant
verträgliche ~n: companion plants
zweijährige ~: biennial ***n***
{Pflanze, die ihren gesamten Lebenszyklus innerhalb von zwei Jahren absolviert}
zweikeimblättrige ~: dicotyledon ***n***
Pflanzen | art *f* plant species
~bau *m* crop husbandry, crop management
{Kulturpflege}
~~ *m* crop production, plant production
{pflanzliche Produktion}
~behandlungs•mittel *nt* pesticide
~~zulassung *f* pesticide admission
~bestand *m* plant population
~buch *nt* herbal
~decke *f* plant cover, vegetation cover
~dünger *m* plant manure
~erfassung *f* plant registration
~~s•programm *nt* plant registration programme
~ernährung *f* plant nutrition
~exemplare *pl* botanical specimens
~formation *f* plant formation
≗fressend *adj* herbivorous, phytophagous
~fresser *m* herbivore, herbivorous animal, plant-feeder
{Tier, das von Pflanzen lebt}
~fund•ort *m* plant locality
≗geo•grafisch *adj* phytogeographical
~gesellschaft *f* (plant) association, plant community
{Summe der Pflanzenarten und -individuen, die an einem bestimmten, standörtlich einheitlichen Ort einen Bestand mit wechselseitigem Wirkungsgefüge bilden}
~gesundheitszeugnis *nt* phytosanitary certificate
~gift *nt* plant poison, vegetable poison
~handel *m* plant trade
~hormon *nt* plant hormone
~klär•anlage *f* rhizospheric sewage treatment plant
~kontamination *f* plant contamination
~krankheit *f* plant disease
~~s•kunde *f* plant pathology
~nähr•stoff *m* plant nutrient
~öl *nt* vegetable oil
~~gewinnung *f* vegetable oil extraction
~~motor *m* vegetable oil engine
~organ *nt* plant organ
~physiologie *f* phytophysiology
~proben *pl* botanical specimens
~produktion *f* plant husbandry
~rück•stand *m* plant residue
~schaden *m* damage to plant
~schädling *m* plant pest
Pflanzen•schutz *m* plant protection
{alle Maßnahmen, die dazu dienen, Pflanzen in ihrer Artenvielfalt oder als Individuen (z.B. vor Krankheiten) zu schützen}
~ *m* pest control, pest management
{alle Maßnahmen zum Schutz von Nutzpflanzen und Ernteprodukten vor pflanzlichen oder tierischen Schaderregern}

~forschung *f* plant protection research

~mittel *nt* (agricultural) pesticide

{Präparate, die mit dem Ziel eingesetzt werden, die Ernteverluste durch Krankheiten oder Schädlinge so gering wie möglich zu halten}

biologisches ~~: biological plant protection agent

~~ auf Naturstoffbasis: biopesticide ***n***

~~anwendungs•verordnung *f* plant protective's application regulation

~~höchst•mengen•verordnung *f* [law on maximum permissible level for plant protectives]

~~gesetz *nt* plant protective legislation

~~prüfung *f* testing of plant protection products

~~recht *nt* plant protective law

~~rück•stand *m* agricultural pesticide residue

~~verbot *nt* embargo on pesticides

~recht *nt* phyto-sanitary control legislation

Pflanzen | soziologie *f* phytosociology, plant sociology

{Gesellschaftslehre der Pflanzen}

~stoff•wechsel *m* plant metabolism

~systematik *f* plant systematics

~verdunstung *f* plant evaporation, transpiration

≗verfügbar *adj* available for plants, plant-available

~verträglichkeit *f* compatibility to plants, plant tolerance

~virus *m* plant virus

~wachstum *nt* plant growth

~welt *f* flora

die frei lebende Tier- und ~~: wildlife ***n***

{oft auch nur für die frei lebende Tierwelt gebraucht}

~wuchs | ort *m* site of vegetation

~~regulator *m* plant hormone

~~stoff *m* auxin

~wurzel *f* crop root, plant root

~zucht *f* plant breeding

Pflanz | gebot *nt* planting order

~gut *nt* plant material

pflanzlich *adj* botanical, plant, vegetable, vegetarian

Pflanz | stock *m* jab stick

~~verfahren *nt* jab stick planting

{Direktpflanzverfahren, bei dem die Pflanzlöcher mit einem Pflanzstock geöffnet werden}

Pflanzung *f* plantation

Pflanz | verband *m* layout of planting

~zeit *f* planting season

pflastern *v* pave

Pflaster•stein *m* cobblestone, sett

Pflasterung *f* paving

Pflege *f* care, husbandry, maintenance

~hieb *m* improvement felling

{der in erster Linie auf die Verbesserung des verbleibenden Bestandes gerichtete Hieb}

~maßnahme *f* management measure

Pflegen *n* keeping

≗ *v* care for, cultivate, look after, manage

Pflege | pflicht *f* obligation for care

~plan *m* management plan, management scheme

~vorschrift *f* management prescription

~ziel *nt* tending objective

{definiert die Bestandesmerkmale für die aufeinanderfolgenden Entwicklungsphasen bis zur Erreichung des Betriebszieles}

Pflicht *m* duty, obligation

Rechte und ~en: rights and obligations/ responsibilities

≗treu *adv* faithfully

Pflock *m* peg

Pflücken *nt* picking

≗ *v* cull, pick, pluck

Pflug *m* plough, plow (Am)

Pflügen *nt* ploughing

≗ *v* furrow, plough

Pflug | horizont *m* plough layer

~sohle *f* plough pan, plough sole

~tiefe *f* ploughing depth

~wall *m* plough ridge

Pförtner•haus *nt* lodge

Pfosten *m* pole, post

pfropfen *v* graft

Pfropf•reis *nt* graft, scion

Phaeo•pigmente *pl* phaeopigments

{primäre und sekundäre Abbauprodukte des Chlorophylls}

Phago•zyte *f* phagocyte

Dtsch. Syn.: Fresszelle

phago•zytisch *adj* phagocytic

Phäno•logie *f* phenology

{Wissenschaft von der Periodizität der Lebensäußerungen von Pflanzen und Tieren im Verhältnis zu meteorologischen und klimatologischen Vorgängen}

phänologisch *adj* phenological

Phänomen *nt* phenomenon

Phänomene *pl* phenomena

Phäno•typ *m* phenotype

Pharma | abfall *m* pharmaceutical waste

~ko•kinetik *f* pharmacokinetics

{Teilgebiet der Pharmakologie, die sich mit den Veränderungen der Arzneimittelkonzentrationen im Körper befasst}

~ko•logie *f* pharmacology

{die Arzneimittellehre}

≗zeutisch *adj* pharmaceutical

Phase *f* phase

{auch: Entwicklungsstadium}

~ *f* stage

pH-Elektrode *f* pH electrode

Phenol *n* phenol

~vergiftung *f* phenol poisoning

Pheromon *nt* attractant

Dtsch. Syn.: Ektohormon

{chem. Substanz, die in sehr geringer Konzentration der Kommunikation von Individuen einer Art untereinander dient und Sozialfunktionen kontrolliert}

Philosophie *f* philosophy

pH-Indikator *m* pH indicator

~-~papier *nt* pH indicator paper

Phlebotomus•fieber *nt* sandfly fever

{Virusinfektion, die durch den Biss der Sandfliege •Phlebotomus papatasii• hervorgerufen wird}

Phloem *nt* phloem

pH-Messgerät *nt* pH meter

pH-Messung *f* pH measuring

pH-Meter *nt* pH meter

{elektronisches pH-Messgerät}

Phon *nt* phon

{Maß für die subjektive Wahrnehmung eines Geräusches (Lautstärkepegel), heute ersetzt durch Dezibel}

Phosphat *nt* phosphate

auf ~basis: phosphate-based ***adj***

~belastung *f* phosphate loading

~bestimmung *f* phosphate determination

≗bindend *adj* phosphate-accumulating

~dünger *m* phosphate fertilizer

~düngung *f* phosphate fertilizing

~eintrag *m* phosphate immission
~elimination *f* phosphate removal
{Phosphatentfernung aus dem Abwasser}
~eliminierungs•anlage *f* phosphate eliminating plant
~enthärtung *f* phosphate softening
~ersatz•stoff *m* phosphate substitute
{Stoff, der geeignet ist, die Aufgaben des Phosphats in Wasch- und Reinigungsmitteln zu übernehmen, ohne die gleiche wasserschädigende Wirkung zu haben}
~gehalt *m* phosphate content
≗haltig *adj* phosphate-containing
~höchst•menge *f* maximum permissible level for phosphate
~zufuhr *f* phosphate supply
Phosphor *m* phosphorus
~belastung *f* phosphorus load
~beseitigung *f* phosphorus removal
~dünge•mittel *nt* phosphate fertilizer
~dünger *m* phosphate fertilizer, phosphorus fertilizer
~eintrag *m* phosphorus immission
~elimination *f* phosphorus removal
~eszenz *f* phosphorescence
{Eigenschaft mancher Stoffe, nach der Einwirkung von Licht-, Röntgen- oder Kathodenstrahlen nachzuleuchten}
≗eszierend *adj* phosphorescent
~gehalt *m* phosphorus content
~insektizid *nt* phosphorus insecticide
organisches ~~: organophosphorus insecticide
~kreislauf *m* phosphorus cycle
≗organisch *adj* organophosphorous
~schlamm *m* phosphorus sludge
photisch *adj* photic
Photo | chemie *f* photochemistry
~chemikalien•recycling *nt* recycling of photochemicals
≗chemisch *adj* photochemical
≗elektrisch *adj* photoelectric
~elektron *nt* photoelectron
~~en•spektro•skopie *f* photoelectron spectroscopy
{die spektroskopische Untersuchung der Energieverteilung von Elektronen, die durch Lichtquanten aus Atomen oder Molekülen abgelöst werden}
~element *nt* photovoltaic cell
{wandelt Lichtenergie in elektrische Energie um}
≗gen *adj* photogenic
{lichtbedingt, lichterzeugend}
~grammetrie *f* photogrammetry
{Bildmessung}
~grafie *f* photography
{auch: ~graphie}
~lyse *f* photolysis
{Abbau einer chemischen Verbindung durch elektromagnetische Strahlung}
~meter *nt* photometer
~metrie *f* photometry
{Definition und Messung der lichttechnischen Größen}
~nastie *f* photonasty
~oxidantien *pl* photochemical oxidants
Dtsch. Syn.: fotochemische/photochemische Oxidationsmittel
{Schadstoffgruppe, die sich unter dem Einfluß kurzwelliger Sonnenstrahlung aus Kohlenwasserstoffen, Stickstoffoxideln und Sauerstoff bildet}
~oxidation *f* photochemical oxidation, photo-oxidation
~~tions•mittel *nt* photo-oxidant
~periodis•mus *m* photoperiodicity, photoperiodism
Dtsch. Syn.: Fotoperiodizität/Photoperiodizität
~periodizität *f* photoperiodicity, photoperiodism
{Wechsel in der Wachstumsaktivität in Abhängigkeit von Licht oder Tageslänge}
~respiration *f* photorespiration
~synthese *f* photosynthesis
{Synthese von Kohlenhydraten aus Kohlendioxid und Wasser durch Chlorophyll unter Nutzung des Lichts als Energiequelle}
~synthetisieren *v* photosynthesize
~trop *adj* phototropic
~troph *adj* phototrophic
~tropismus *m* phototropism
{Wachstumsorientierung zum Licht bei bestimmten Pflanzen}
~voltaik *f* photovoltaic
{Verfahren, bei dem Sonnenlicht über Solarzellen aus Silizium in elektrische Energie umgewandelt wird}
~zelle *f* photoelectric cell
phreatisch *adj* phreatic
Phreato•phyt *m* phreatophyte
{Pflanze, deren Wurzeln bis zum Grundwasserspiegel reichen}
pH-Sensor *m* pH sensor
pH-Test *m* pH test
pH-Wert *m* hydrogen potential, pH factor, pH value
{Maß für den Säuregrad; negativer dekadischer Logarithmus der Konzentration an freien Wasserstoffionen}
Phyko•logie *f* phycology
Dtsch. Syn.: Algenkunde
Phyllodie *f* phyllode
{Übernahme der Blattfunktion durch den Blattstengel}
phyllokladisch *adj* phyllocladous
{bei reduzierten Blättern funktionieren Stengel und Zweige als fotosynthetische Organe}
Phylo•genie *f* phylogeny
Dtsch. Syn.: stammesgeschichtliche Entwicklung
Phylum *nt* phylum
Dtsch. Syn.: Stamm
{Einheit der biologischen Systematik, enthält mehrere Klassen}
Physik *f* physics
{Lehre von den Naturvorgängen im Bereich der unbelebten Materie}
physikalisch *adj* physical
~-chemisch *adj* physicochemical
Physik•unterricht *m* physics instruction
Physiologe /~in *m/f* physiologist
Physiologie *f* physiology
{Wissenschaft von den Lebensvorgängen der Zellen, Gewebe und Organe der Lebewesen und von den Gesetzen iher Verknüpfung im Gesamtorganismus}
physiologisch *adj* physiological
physisch *adj* physical,
~ *adv* physically
Dtsch. Syn.: körperlich
Phyto | benthos *nt* phytobenthos
~chemie *f* phytochemistry
~geo•grafie *f* phytogeography
{auch: ~geo•graphie}
~indikator *m* phytoindicator
Phytom *nt* phytome
Phyto | masse *f* phytomass
{der Anteil der pflanzlichen Substanz an der Biomasse}
~patho•logie *f* phytopathology
{Lehre von den Pflanzenkrankheiten}
≗phag *adj* phytophagous
Dtsch. Syn.: pflanzenfressend
~phagen *pl* phytophages

{pflanzenfressende Tiere}

~pharmakum *nt* phytopharmaceutical

~plankton *nt* phytoplankton
{pflanzliches Plankton}

~~blüte *f* phytoplankton bloom

~toxikum *nt* phytotoxicant

~toxin *nt* phytotoxin

≗toxisch *adj* phytotoxic

~toxizität *f* phytotoxicity

~zönose *f* phytocoenosis

Picknick *m* picnic

~platz *m* picnic area, picnic place, picnic site

~tisch *m* picnic table

Piezo•meter *nt* piezometer

piezo•metrisch *adj* piezometric

Pigment *nt* pigment
{Farbstoff}

Pigmentation *f* pigmentation

Pilot /~in *m/f* pilot

~anlage *f* pilot plant

~maß•nahme *f* pilot measure

~projekt *nt* pilot project

~vorhaben *nt* pilot project

Pilz *m* fungus, mushroom
ungenießbarer ~: toadstool ***n***

≗artig *adj* fungal

~befall *m* fungus disease, mycosis

~erkrankung *f* fungus disease

~fäden *pl* spawn

~felsen *m* mushroom rock
{freistehend aufragender Einzelfelsen mit schmalem Hals aus leichter erodierbarem Gestein und breiter Krone aus hartem Gestein}

~kultur *f* mushroom spawn

~sporen *pl* mushroom spawn

≗tötend *adj* fungicidal

~vergiftung *f* fungus poisoning

Pingo *m* pingo
{durch Nachsacken des Bodens über abgeschmolzenem Quelleis entstandene geschlossene Bodensenke mit Randwall}

Pionier *m* pioneer
{Pflanzenart, die als erste vegetationsfreie Standorte besiedelt}

~baum•art *f* pioneer tree species

~formation *f* pioneer formation

~gesellschaft *f* primary sere

~pflanze *f* pioneer plant

Pipeline *f* pipeline
{Fernleitung für flüssige oder gasförmige Produkte}

Piste *f* slope
{Skipiste}

PKW-Recycling *nt* passenger car recycling

Plage *f* menace, pain, plague

Plaggen•esch *m* plaggen-soil
{anthropogener Bodentyp mit mächtigem humosem Mineralbodenhorizont, entstanden durch Düngung mit Plaggen (Soden) und Stalldung}

Plaggen•hieb *m* ridge cutting

Plagio•klas *m* calcium-sodium-feldspar, plagioclas
{rel. leicht verwitterndes Mineral, das einen wesentlichen Bestandteil kieselsäureärmerer Gesteine darstellt; Natrium-Calcium-Aluminiumsilikat}
Dtsch. Syn.: Kalknatronfeldspat

Plagio•klimax *f* plagioclimax

Plan *m* blueprint, plan

~aufstellung *f* plan zoning

~~s•beschluss *m* decision to draw up an urban land use plan

Planen *nt* planning

≗ *v* design, plan

Planer /~in *m/f* planner

Planet *m* planet

planetarisch *adj* planetary

Plan•fest•setzungs•beschluss *m* decision to adopt an urban land use plan

Plan•fest•stellung *f* planning permission

~s•verfahren *nt* plan fixation procedure, planning approval procedure
{als Voraussetzung für die Realisierung bestimmter öffentlicher Planungen durchgeführtes Verfahren}

Planier | fahrzeug *nt* bulldozer

~raupe

~ *f* angledozer
{mit angewinkeltem Schild}

~~ *f* bulldozer, dozer

~schild *m* dozer blade

Planierung *f* (land) levelling, (land) smoothing, shaping

Plani•meter *m* planimeter

Plankton *nt* plankton
{Lebensgemeinschaft im Wasser frei schwebender Tiere, Pflanzen und Mikroorganismen}

~algen *pl* planktonic algae

≗fressend *adj* planktivorous

planktonisch *adj* planktonic

Plan•quadrat•angabe *f* grid reference

Plan•raster *nt* dot planimeter
{grafisches Verfahren zur Ermittlung von Flächengrößen von Karten oder Luftbildern}

Plantage *f* plantation

~n•wirtschaft *f* plantation agriculture

Planung *f* planning
{allgemein das Ordnen von beabsichtigten Maßnahmen in Raum und Zeit mit der Absicht, ein bestimmtes vorgegebenes Ziel erreichbar zu machen}
kurzfristige ~: short-term planning
{für Perioden von ein bis wenigen Jahren, für die Prognosen mit großer Voraussagesicherheit gemacht werden können}
langfristige ~: long-term strategic planning, strategic planning
{für Perioden von etwa einem bis mehreren Jahrzehnten, für die Voraussagen überhaupt noch von Interesse sind}
mittelfristige ~: medium-term planning, tactical planning
{für Perioden von mehreren Jahren bis etwa einem Jahrzehnt, für die Prognosen mit ausreichender und abschätzbarer Wahrscheinlichkeit des Eintreffens gemacht werden können}
ökologische ~: ecological planning
{Planungsform bei der ein Ausgleich der Wechselwirkungen zwischen den natürlichen Lebensgrundlagen des Menschen und den Ansprüchen der Gesellschaft im Vordergrund steht}
vernünftige ~: proper planning

Planungs | abteilung *f* planning department

~anspruch *m* planning claim

~behörde *f* planning authority

~beschleunigungs•recht *nt* legislation to speed up planning

~ergebnis *nt* planning result

~ermessen *nt* consideration of planning, planning discretion

~gebiet *nt* planning field

~grundsatz *m* planning principle

~hilfe *f* planning tool

~hoheit *f* planning autonomy, planning sovereignty
kommunale ~~: local planning autonomy

~kontrolle *f* planning control

~kosten *pl* planning costs

~methode *f* planning method

~modell *nt* planning model

~pflicht *f* planning obligation

~prognose *f* planning projection

~raum *m* planning area

~recht *nt* planning law
~schaden *m* planning injury
~stadium *nt* planning stage
~theorie *f* planning theory, theory on planning
~träger *m* planning authority
~verband *m* planning association
~verfahren *nt* planning procedure
~ziel *nt* planning target
Plan | wirtschaft *f* planned economy
~zeichen *nt* planning symbol
~~verordnung *f* plan drawing regulation
Plasma *nt* plasma
~keramik *f* plasma ceramic
~physik *f* plasma physics
{Teilgebiet der Physik, das sich mit Eigenschaften und Anwendungen ionisierter Gase befasst}
~technik *f* plasma technology
Plastid *nt* plastid
{pflanzliches Zellorganell}
Plastik *nt* plastic
~becher *m* plastic tumbler
~besteck *nt* plastic cutlery
~beutel *m* plastic bag
~teller *m* plastic plate
Plastizitäts | grenze *f* plastic limit
Dtsch. Syn.: Ausrollgrenze
~index *m* plasticity index, plasticity number
Plasto•sol *m* plastosol
{Bodentyp aus platischem Bodenmaterial des Tertiärs oder noch früherer Zeit, dicht, sauer, nährstoffarm}
Platane *f* plane
~n•wald *m* plane forest
Plateau *nt* plateau
Dtsch. Syn.: Hochebene
Plateaus *pl* plateaux
Platin *nt* platinum
~filter *nt* platinum filter
~schwamm *m* platinum sponge, spongy platinum
Plätschern *nt* splash
Platte *f* dish, plate, slab
~n•abtrag *m* differential sheet erosion
{Form des ungleichmäßigen Bodenabtrags}
~n•band *nt* apron conveyor
~n•tektonik *f* plate tectonics
~n•wärme•austauscher *m* plate(-type) heat exchanger
Platz *m* place, seat, site
{Ort}
~ *m* room
{Raum}
~ *m* slot
{Position}
~ *m* space
{für ein Auto auf einem Parkplatz}
~ *m* square
{offene Fläche}
platzen *v* burst
Platzieren *nt* loating
Plazenta *f* placenta
Dtsch. Syn.: Mutterkuchen
Pleisto•zän *nt* Pleistocene
{Erdzeitalter, das die Eiszeiten umfasst}
≗ *adj* pleistocene
Plenter | hieb *m* plenter felling, selection felling
{Endnutzung, bei der einzelne hiebsreife Bäume aus einem unregelmäßigen Bestand mit Plenterwaldaufbau entnommen werden}
~wald *m* selection forest
{Hochwaldes, gekennzeichnet durch komplexe Struktur und das Vorkommen von Bäumen aller Alters- und Entwicklungsstufen auf kleinster Fläche}
~~betrieb *m* selection forest system
{Nutzungssystem, bei dem der Hieb auf den Einzelstamm oder Trupp geführt wird}
Plombe *f* filling
plump *adj* dumpy
plündern *v* raid, ransack, sack
Plünderung *f* despoliation
{~ von Pflanzenbeständen}
Plutonit *m* plutonite
{tief unter der Erdoberfläche langsam erkalteter, im allgemeinen grobkörniger Magmatit}
Dtsch. Syn.: Tiefengestein
Plutonium *nt* plutonium
~anreicherung *f* plutonium enrichment
~reaktor *m* plutonium reactor
Produktionsreaktor für Plutonium: plutonium production reactor
~rückgewinnung *f* plutonium recovery
~vergiftung *f* plutonium poisoning
pneumatisch *adj* pneumatic
~ *adv* pneumatically
Pneumo•koniose *f* pneumoconiosis
Dtsch. Syn.: Staublunge
Pöbel *m* rabble
Podium *nt* panel, platform
Podsol *m* podsol, podzol
{Bodentyp, der durch humussauere Auswaschung im Oberboden eine starke Verarmung erfahren und dadurch einen charakteristischen Bleich- und Anreicherungshorzont erhalten hat}
~boden *m* podsol, podzol
podsoliert *adj* podzolized
Podsolierung *f* podzolization
{Bildung der Podsole durch Einwirkung niedermolekularar Huminsäure (aus Rohhumus) mit Stoffverlagerung in tiefere Schichten}
podsolig *adj* podzolic
poikil | osmotisch *adj* poikilosmotic
~o•therm *adj* poikilotherm
Dtsch. Syn.: wechselwarm
Pol *m* pole
erd-/ geomagnetischer ~: geomagnetic pole
~ *m* terminal
{elektrischer ~}
polar *adj* polar
≗gebiet *nt* polar region
≗isations•mess•gerät *nt* polarimeter
Polar•kreis *m* polar circle
nördlicher ~: Arctic Circle
Polaro•grafie *f* polarography
{auch: Polaro•graphie}
{Verfahren der chem. Analyse zur qualitativen und quantitativen Bestimmung von gelösten Stoffen auf Grund elektrochemischer Vorgänge}
Polar•region *f* polar region
Polder *m* polder
{zum Schutz gegen Überflutungen eingedeichte Niederung}
polemisch *adj* controversial
poliert *adj* polished
Polio *f* polio
Politik *f* policy, politics
grüne ~: green politics
~beratung *f* political counselling, political counseling (Am)
~bereich *m* policy area
~entwicklung *f* policy development
Politiker /~in *m/f* politician, policy maker
politisch *adj* political,
~ *adv* politically
Polito•logie *f* political science
Dtsch. Syn.: Politikwissenschaft

{Zweig der Sozialwissenschaften, der sich theoretisch mit dem menschlichen Zusammenleben im Gemeinwesen, praktisch mit der Analyse politischer Ordnungen und Vorgänge befasst}

Polizei *f* police

~recht *nt* police law

~verordnung *f* police regulation

Polje *f* polje, polya

{großes, geschlossenes Becken mit ebenem Aufschüttungsboden und unterirdischer Entwässerung in Karbonatgesteinen}

Pol•kappen *pl* ice caps

Pollen *m* pollen

Dtsch. Syn.: Blütenstaub

~analyse *f* pollen analysis

~zahl *f* pollen count

Pollination *f* pollination

Dtsch. Syn.: Bestäubung

pollinieren *v* pollinate

Dtsch. Syn.: bestäuben

Pollinosis *f* pollinosis

Dtsch. Syn.: Heuschnupfen

poly | aromatisch *adj* polyaromatic

~~er Kohlenwasserstoff: polyaromatic hydrocarbon

~cyklisch *adj* polycyclic

~~er aromatischer Kohlenwasserstoff: polycyclic aromatic hydrocarbon

Poly | elektrolyt *m* polyelectrolyte

~gamie *f* polygamy

~gon•boden *m* polygonal ground

{von zahlreichen Spaltenfüllungen durchsetzter Boden mit polygonartigen Strukturen}

~kondensat *nt* polycondensate

~~ion *f* polycondensation

~~kunststoff *m* polycondensed plastic

°kondensiert *adj* polycondensed

~mere *pl* polymers

{Stoffe, die durch Polyreaktionen entstehen, die bei denen viele gleichartige Grundmoleküle durch Hauptvalenzen miteinander verbunden sind}

~merisation *f* polymerisation

{chem. Reaktion, bei der sich sehr viele gleiche oder ähnliche Moleküle ohne Bildung weiterer Stoffe miteinander verbinden}

~morphie *f* polymorphism

~morphismus *m* polymorphism

Polyp *m* polyp

poly•phag *adj* polyphagous

poly•saprob *adj* polysaprobic

polytechnisch *adj* polytechnic, polytechnical

Poly•zentralität *f* polycentrality

poly•zyklisch *adj* polycyclic

Pomo•logie *f* pomology

Ponor *m* ponor, sink hole, swallow hole

Dtsch. Syn.: Schluckloch

{trichter- oder schachtartiges Loch in einer Karsthohlform, in welches Oberflächenwasser einströmt}

Ponton *m* pontoon

~brücke *f* floating bridge, pontoon bridge

Pony *nt* pony

Population *f* population

{Lebewesen einer Art in einem geografisch definierten Gebiet, die in gegenseitiger Wechselbeziehung stehen]

kleinste überlebensfähige ~: minimum viable population

Engl. Abk.: MVP

{minimal erforderliche Populationsgröße, damit diese Population mit definierter Wahrscheinlichkeit einen bestimmten Zeitraum überleben kann}

stabile ~: stable population

~s•dichte *f* population density

{durchschnittliche Anzahl der Individuen einer Art je Einheit der Gesamtsiedlungsfläche}

~s•druck *m* population pressure

{Gesamtheit der Einwirkungen von Individuen einer Population auf die Organismen einer Gesellschaft und die Umwelt}

~s•dynamik *f* population dynamics

{Gesamtheit der Veränderungen einer Population während ihres Bestehens}

~s•genetik *f* population genetics

~s•gleich•gewicht *nt* population equilibrium

~s•größe *f* population size

~s•ökologie *f* population ecology

~s•zyklus *m* population cycle

Pore *f* interstice, pore, void

~n•größen•verteilung *f* pore-size distribution

~n•raum *m* pore space

~n•saug•fähigkeit *f* capillary capacity

~n•volumen *nt* soil porosity

~n•wasser *nt* interstitial water, void water

~~druck *m* pore pressure

{in den Poren von Boden oder Baukörpern wirkender Wasserdruck}

porig *adj* porous

porös *adj* porous

Porosität *f* pore space, porosity

{das effektive Porenvolumen}

~s•prüf•gerät *nt* porosity tester

Portefeuille *nt* portfolio

Portionier•waage *f* batch-weigher

Portions•weide *f* rotation pasture, strip grazing

Porzellan *nt* china

Pose *f* pose

posieren *v* pose

positiv *adj* positive

~ *adv* positively

Positivismus *m* positivism

{die grundsätzliche Beschränkung der Gültigkeit menschlicher Erkenntniss auf das erfahrungsgemäß Gegebene}

Post *f* mailing

~klimax *f* postclimax

Potamal *nt* potamal

{Lebensraum in der sandig-schlammigen Region eines sommerwarmen Fließgewässers}

Potamo•logie *f* potamology

{Dtsch. Syn.: Flusskunde; Zweig der Gewässerkunde, der sich mit den fließenden Gewässern befasst}

Potamon *nt* potamon

{Biozönose des Potamals}

Potenzial *nt* potential

{auch: Potential}

osmotisches ~: osmotic potential

~messung *f* potential measurement

potenziell *adj* potential, prospective

{auch: potentiell}

~ bedroht: vulnerable ***adj***

~e biologische Abbaubarkeit: inherent biodegradability

Potentio•metrie *f* potentiometry

{Verfahren der Elektroanalyse, bei dem Potenzialmessungen in Elektrolytlösungen zur Konzentrationsbestimmung herangezogen werden}

Potenz *f* potential

ökologische ~: ecological potential

{Existenzfähigkeit einer Organismenart innerhalb des ihr eigenen Toleranzbereiches gegenüber den verschiedenen Umweltbedingungen}

potenzieren *v* potentiate

Potenzierung *f* potentiation

Pott•asche *f* potash

Dtsch. umgangssprachl. für Kaliumkarbonat

Pox•viren *pl* poxvirus

{Guppe von Viren, die pockenartige Erkrankungen bei Mensch und Tier hervorrufen}

Präambel *f* preamble

Prädation *f* predation
Dtsch. Syn.: Räubertum

Prädator *m* predator
Dtsch. Syn.: Räuber

Prädiktor *m* predictor

Präferendum *nt* preferendum

Präferenz *f* preference

prägen *v* imprint
{von jungenTieren}

~ *v* shape
{formen, bearbeiten}

Präklusion *f* foreclosure
{Ausschließung}

~s•wirkung *f* effect of foreclosure

Praktikant /~in *m/f* trainee

Praktiker /~in *m/f* practitioner

praktisch *adj* hands-on, practical

~ *adv* practically

Präkursor *m* precursor
Dtsch. Syn.: Vorläufer

Prall | hang *m* undercut river bank
{steil abfallendes Ufer in den Außenseiten von Flussschlingen}

~mühle *f* impact mill

~reißer *m* crusher

~tropfen•abscheider *m* impact drip separator

Prärie *f* prairie

Präsentation *f* presentation

Präsident /~in *m/f* chairman, commissioner, president

präventiv *adj* preventative, preventive
Dtsch. Syn.: vorbeugend

≗medizin *f* preventive medicine
Dtsch. Syn.: vorbeugende Medizin

Praxis *f* practice

Präzipitat *nt* precipitate
Dtsch. Syn.: Niederschlag

präzis(e) *adj* precise

Präzision *f* precision

~s•mano•meter *nt* precision manometer

Preis *m* charge, cost, price
zu erschwinglichen ~en: without prohibitive charges

~auszeichnung *f* pricing

~elastiziät *f* price flexibility

~entwicklung *f* price trend

~gestaltung *f* price policy

≗günstig *adj* low-cost

~kalkulation *f* pricing

~kontrolle *f* price control

~liste *f* tariff

~politik *f* pricing policy

~struktur *f* price structure

~stützung *f* price subsidy, price support

Premier•minister /~in *m/f* prime minister

Press | band *nt* press belt

~container *m* compacting container

Presse *f* press

Pressen *nt* pressing

≗ *v* press, squash

Presse•notiz *f* news item, notice

Pressling *m* pressed piece

Press•luft *f* compressed air

~bohrer *m* pneumatic drill

~hammer *m* pneumatic hammer

Pressung *f* pressing

Pressure-Group *f* pressure group
Dtsch. Syn.: Interessengruppe

Priel *m* creek, tidal creek, tidal slough, tideway
{Erosionsrinne im Tidenbereich des Watts mit starker Sedimentumlagerung}

~böschung *f* creek-bank

primär *adj* primary

≗abbau *m* primary degradation

≗boden•bearbeitung *f* primary tillage

≗düne *f* embryonic shifting dune, foredune, primary dune
{natürliche erste Dünenbildung}

≗energie *f* primary energy

≗~verbrauch *m* primary energy consumption, total primary energy supply
{Summe aus Endenergieverbrauch in den Verbrauchssektoren, Umwandlungsverlusten und einem kleinen Anteil nichtenergetischen Verbrauchs}

≗erfahrung *f* first-hand experience

≗faktor *m* primary factor

≗integration *f* primary integration

≗konsument *m* primary consumer
{Lebewesen, das von Pflanzen (Produzenten) lebt}

≗kreislauf *m* primary circuit
Dtsch. Syn.: Primärkühlkreislauf

≗kühl | kreis•lauf *m* primary coolant circuit
{bei Kernreaktoren der Kühlkreislauf, der unmittelbar die im Reaktor erzeugte Wärme transportiert}

≗~mittel *nt* primary coolant

≗maßnahme *f* primary measure

≗produktion *f* primary production
{die Erzeugung von Biomasse durch Fotosysnthese}

≗produktivität *f* primary productivity
{Rate der Biomasseproduktion durch Fotosynthese}

≗schlamm *m* primary sludge
{Schlamm, der ausschließlich aus dem der Kläranlage zufließenden Abwasser im ersten Reinigungsteil durch physikalische Verfahren abgetrennt wird}

Primar•stufe *f* primary education

Primär | teilchen *nt* primary particulate

~produkt *nt* primary product

~produktion *f* primary production
{Erzeugung von organischer Substanz durch autotrophe Organismen}

~wald *m* primary forest, primeval forest

primitiv *adj* crude, primitive, rough, underdeveloped

~ *adv* primitively

primordial *adj* primordial

Prim•zahl *f* prime

Prinzip *nt* principle

prioritär *adj* priority

Priorität *f* priority

prismen•förmig *adj* prismatic

privat *adj* private, proprietary

Privat | autonomie *f* private autonomy
{die dem Einzelnen von der Rechtsordnung eingeräumte Möglichkeit, seine Rechtsverhältnisse durch Rechtsgeschäfte nach seinem Willen zu gestalten}

~dosi•meter *nt* personal dosimeter

~eigentum *nt* private ownership, private property

~haushalt *m* private household

~isierung *f* privatisation, privatization

~recht *nt* civil law, private law

≗rechtlich *adj* under civil law

~wirtschaft *f* private economy, private sector

Privilegierung *f* granting of a privilege

Probe *f* sample, specimen
abiotische ~: abiotic sample

eine ~ nehmen: sample *v*
~bohrung *f* test drilling
~nahme *f* sampling
~~fehler *m* sampling error
~~gerät *nt* sampling device
~~kühler *m* sampling cooler
~~netz *nt* sampling network
~~pumpe *f* sampling pump
~~technik *f* sampling method
~~ventil *nt* sampling valve
~~verfahren *nt* sampling procedure
~~vorrichtung *f* sampler
~n•aufbereitung *f* sample preparation
~n•aufschluss *m* sample digestion
~nehmer *m* sampler
~netz *nt* sampling network
~n•flasche *f* sample bottle
~n•stecher *m* soil sampler
~n•vorbereitung *f* sample processing
~n•wechsler *m* sample changer
Problem *nt* problem
dringendes ~: pressing problem
~abfall *m* difficult waste
~analyse *f* problem analysis
~lösung *f* problem solving
Produkt *nt* derivative, product
nicht heimisches ~: {gekennzeichnet durch NIH (= not invented here)}
umweltfreundliches ~: environmentally friendly product
~beobachtung *f* product observation
~bewertung *f* product evaluation
~gestaltung *f* design of a product
~haftung *f* product liability
~~s•gesetz *nt* product liability act
~~s•recht *nt* product liability law
~information *f* product information
~innovation *f* product innovation
Produktion *f* production
Produktions | abfall *m* production residue, production waste
~ausfall *m* loss in production
~beschränkung *f* restriction of production
~einheit *f* unit of manufacture
~faktor *m* production factor
~funktion *f* production function
~güter•industrie *f* producer goods industry
~kosten *pl* production costs
~kraft *f* productive capacities
~menge *f* production quantity
~mittel *pl* means of production
~ökologie *f* production ecology
~politik *f* policy in production
~potenzial *nt* production potential
{auch: ~potential}
{der auf einer bestimmten Produktionsfläche aufgrund nicht veränderbarer Standortfaktoren maximal erzielbare Höchstertrag von Kulturpflanzen}
~programm *nt* production programme
{Programm der Erzeugung von Holz im Wald}
~rate *f* production rate
{auf Zeit- und Flächen- oder Volumeneinheit bezogene Produktion}
~reaktor *m* production reactor
~struktur *f* production structure
~system *nt* production system
{die Art und Weise, mit der Arbeit, Boden und Kapital für die forstliche Erzeugung eingesetzt werden}
~technik *f* production technique
~verbot *nt* production embargo
~ziel *nt* production goals
{langfristig}
~~ *nt* production objectives, production targets
{kurzfristig}
produktiv *adj* productive
Produktivität *f* productivity
{in der Landnutzung: Menge nutzbarer Produkte, die auf einem Standort je Flächen- und Zeiteinheit erzeugt werden; in der Wirtschaft: Verhältnis von Aufwand und Ertrag bei der Erzeugung von Waren und Dienstleistungen; in der Ökologie: Menge organischen Kohlenstoffs, der je Flächen- und Zeiteinheit durch Fotosynthese gebunden wird}
primäre ~: primary productivity
{Rate der Energiefixierung durch Fotosynthese}
~s•entwicklung *f* productivity trend
~s•index *m* productivity index
~s•senkung *f* productivity reduction
~s•steigerung *f* production increase
Produkt | kenn•zeichnung *f* product identification, product labelling
~norm *f* product standard
~verantwortung *f* product responsibility
~vergleich *m* product comparison
~werbung *f* product advertising
Produzent *m* producer
{in der Ökologie: autotropher Organismus}
~en•haftung *f* producer liability
produzieren *v* generate, produce, spawn
Abfälle ~: generate wastes
massenweise ~: churn out
produzierend *adj* manufacturing, producing
professionell *adj* professional
profund *adj* profound
Profundal *nt* profundal, profundal zone
{Lebensraum im Bereich des Gewässerbettes tiefer stehender Gewässer}
~zone *f* profundal zone
Prognose *f* forecast, forecasting
~daten *pl* prognostic data
~modell *nt* forecast model
prognostisch *adj* prognostic
Programm *nt* plan, program (Am), programme, scheme
~ für einen verantwortlichen Umgang: Responsible Care Programme
~durch•führung *f* programme implementation
Programmier•sprache *f* programming language
Programmierung *f* programming
Programm•planung *f* programme planning, programming
prohibitiv *adj* prohibitive
{abhaltend, verhindernd, vorbeugend}
Projekt *nt* project
Dtsch. Syn.: Vorhaben
~leiter /~in *m/f* project leader
~management *nt* project management
~studium *nt* project study
~unterricht *m* project teaching
pro Kopf *adv* per capita
≗-Daten *pl* per capita data
≗-Einkommen *nt* per capita income
proleptisch *adj* proleptic
~er Trieb: proleptic shoot
Dtsch. Syn.: Augusttrieb
Promiskuität *f* promiscuity
prompt *adj* immediate
Propan(gas) *nt* propane
Propeller *m* propeller
~antrieb *m* propeller drive
~flug•zeug *nt* propeller-driven (aero)plane
≗getrieben *adj* propeller-driven

~lärm *m* propeller noise
pro Person *adv* per capita
Prophylaktikum *nt* prophylactic
Dtsch. Syn.: vorbeugendes Mittel
prophylaktisch *adj* prophylactic
Dtsch. Syn.: vorbeugend
Prophylaxe *f* prophylaxis
Dtsch. Syn.: Vorbeugung
Proportion *f* proportion
Prospektion *f* prospection
{Aufsuchen und Untersuchen von Lagerstätten}
Protease *f* protease
{eiweißspaltendes Enzym}
Protein *nt* protein
Dtsch. Syn.: Eiweiß(stoff)
~bio•synthese *f* protein biosynthesis
Proteo•lyse *f* proteolysis
Dtsch. Syn.: Eiweißspaltung
proteo•lytisch *adj* proteolytic
Dtsch. Syn.: eiweißspaltend
Protest *m* protest
~brief *m* protest letter
~~aktion *f* letter-writing campaign
protestieren *v* protest
gegen etwas ~: protest against something, protest something (Am)
Protokoll *nt* minutes
zu ~ nehmen: minute ***v***
protokollieren *v* minor, minute
Proton *nt* proton
Proto•plasma *nt* protoplasm
protoplasmatisch *adj* protoplasmic
Proto•plast *m* protoplast
Dtsch. Syn.: Zellleib
Proto•typ *m* prototype
{Urbild, Muster, Inbegriff, erste betriebsfähige Ausfertigung}
Proviant *m* provision
Provinz•bewohner /~in *m/f* provincial
provisorisch *adj* temporary
Provokation *f* provocation
Dtsch. Syn.: Herausforderung
provozieren *v* prompt, provoke
Prozedur *f* drill, procedure
Prozess *m* lawsuit, legal action
{~ gerichtlich}
~ *m* process
Dtsch. Syn.: Vorgang
~fähigkeit *f* capacity to appear in court
{die Fähigkeit einen Prozess selbst oder durch selbstbestellte Vertreter zu führen}

~innovation *f* process innovation
~kosten *pl* lawsuit costs
~leit•technik *f* process control engineering
~recht *nt* procedural law
~wärme *f* heat of reaction, process heat
Prüf•aerosol•erzeugung *f* generation of test aerosols
prüfen *v* audit, check, examine, inspect, test
Prüfer /~in *m/f* examiner
Prüf | gas *nt* testing gas
~~generator *m* test gas generator
~~zusammensetzung *f* calibration gas mixture
~gerät *nt* testing equipment
~röhrchen *nt* detector tube, testing tube
~schacht *m* inspection chamber
~sieb *nt* testing sieve
~stand *m* test stand
~stück *nt* test specimen
Prüfung *f* assessment, audit, examination, inspection
~s•arbeit *f* examination
~s•ausschuss *m* board of examiners
~s•ordnung *f* examination regulations
Prüf | verfahren *nt* testing method
~verschluss *m* testing closure
~vorschrift *f* testing guideline
Prunk *m* state
Pseudo | faeces *m* pseudofaeces
{Kot, der keiner ist, z.B. Sand, der von manchen Tieren ausgeschieden wird}
~gley *m* pseudogley, surface water gley soil
{Bodentyp mit zeitweiser Staunässe}
~-Krupp *m* spasmodic croup
~vergleyung *f* pseudogleyzation
{Bodenentwicklung unter dem Einfluss von Staunässe in Richtung Pseudogley}
psychisch *adj* psychic
Psycho | akustik•analysator *m* psycho-acoustic analyzer
≗akustisch *adj* psycho-acoustic
~logie *f* psychology
≗logisch *adj* psychological
≗somatisch *adj* psychosomatic
Psychro•meter *nt* psychrometer
psychro•phil *adj* psychrophilic
publizieren *v* publish
Dtsch. Syn.: veröffentlichen
Puder *m* powder

Puffer *m* buffer
~kapazität *f* buffer capacity
~lösung *f* buffer (solution)
puffern *v* buffer
Puffer•streifen *m* buffer strip
Pufferung *f* buffering
{Konstanthalten eines Zustandes, z.B. des pH-Wertes trotz Zufuhr von H^+- oder OH^--Ionen}
~s•vermögen *nt* buffer capacity
{Fähigkeit eines Gewässers oder Bodens, auf die Zufuhr von Säuren oder Basen nur mit geringen pH-Wert-Änderungen zu reagieren}
Puffer•wirkung *f* buffering action
Puffer•zone *f* buffer zone
{Gebiet mit Nutzungseinschränkungen, das schädliche Einflüsse auf einen schutzwürdigen Lebensraum verhindern bzw. mindern soll}
Pülpe *f* pulp
Puls *m* pulse
jemandem den ~ messen: take someone's pulse
Pulver *nt* powder
pulverig *adj* powdery
Pulverisieren *nt* grinding
≗ *v* pulverize
pulverisiert *adj* powdered
Pulverisierung *f* pulverization
pummelig *adj* dumpy
Pumpe *f* pump
Pumpen *nt* pumping
≗ *v* pump
~anlage *f* pump plant
≗gespeist *adj* pump-fed
~kenn•linie *f* pump diagram
{Kurve, die den Zusammenhang zwischen der Gesamtförderhöhe und dem Förderstrom einer Flüssigkeitspumpe widergibt}
Pump | speicher | becken *nt* pump storage
~~kraftwerk *nt* pump-fed power station
~~system *nt* pump storage system
~station *f* pumping-station
~werk *nt* pumping-station
Punkt *m* dot, point, spot
~absaug•system *nt* spot exhaust ventilation system
Pünktchen *nt* dot
punktförmig *adj* dot-like, point, punctiform, punctual
nicht ~: non-point ***adj***
~e Quelle: point source

punktieren *v* dot
pünktlich *adv* prompt
Punkt | quelle *f* point source
~schall•quelle *f* point source of noise
Puppe *f* chrysalis, pupa
{Entwicklungsstadium holometaboler Insekten}
pur *adj* pure
PUR | -geschäumt *adj* PUR-foamed
~-Ort•schaum *m* in-situ PUR foam
~-Schaum•stoff *m* PUR foamed plastic
Putz *m* rendering
Pykno•meter *nt* pyknometer
Pyramide *f* pyramid
Pyrethroid *nt* pyrethroids
Pyrethrum *nt* pyrethrum
{Droge aus getrockneten Blütenköpfchen von Chrysanthemum, Insektizid}
Pyrit *m* pyrite
Dtsch. Syn.: Schwefelkies, Eisenkies
{Mineral; chem. Formel: FeS_2}
Pyro•lyse *f* pyrolysis
{die thermische Zersetzung vor allem organischer Stoffe bei höheren Temperaturen}
~anlage *f* pyrolysis plant
Pyro•phyt *m* pyrophyte
{Pflanzenart mit relativ hoher Feuerresistenz}

Q

Quad *nt* quad
{Maßeinheit für Energie, entsprechend 1015 BTU}
Quadrat *nt* quadrat
{kleinste Einheit pflanzensoziologischer Untersuchungsflächen, i.d.R. 1 m^2}
~ *nt* square
{geometrische Figur}
quadratisch *adj* square
Quadrat•rahmen *m* quadrat frame
{einfaches Gerät zur Messung der Bodenbedeckung}
quadrieren *v* square
Qualen *pl* pain
qualifiziert *adj* qualified
~e Mehrheit: qualified majority
Qualifizierung f capacity building
~ *f* training
{berufliche ~}
Qualität *f* quality
hohe Qualität: high quality
~ der Außenluft: ambient air quality
qualitativ *adj* qualitative
Qualitäts | erzeugnisse *pl* quality produce
~sicherung *f* quality assurance
~ziel *nt* quality objective
Qualm•deich *m* return seepage dike
{Deich, der örtlich begrenztes Qualmwaser abriegelt}
qualmend *adj* smoky
Qualm•wasser *nt* return seepage
{durch den Untergrund eines Deiches sickerndes Drängewasser}
quantifizierbar *adj* quantifiable
{in Zahlen ausdrückbar}
quantifizieren *v* quantify
{etwas in Zahlen ausdrücken}
Quantität *f* quantity
quantitativ *adj* quantitative
Quantum *nt* quota
Quarantäne *f* quarantine
unter ~ stellen: quarantine *v*
Quartär *nt* quaternary (period)
≗ *adj* quaternary
Quartil *nt* quartile
Dtsch. Syn.: Viertelwert
Quarz *m* quartz
{schwer verwitterbares Mineral, das aus Siliciumdioxid besteht}
~gewinnung *f* quartz extraction, quartz mining
~glas *nt* quartz-glass
~~rohr•leitung *f* quartz-glass pipeline
~sand *m* silica sand
Quecksilber *nt* mercury
~ausscheidung *f* mercury precipitation
~baro•meter *nt* mercury barometer
{Luftdruckmesser auf der Basis einer Quecksilbersäule in einem evakuierten Glasrohr}
~bestimmung *f* mercury determination
~dampf *m* mercury vapour
~entsorgung *f* disposal of mercury
~gehalt *m* mercury content
≗haltig *adj* containing mercury
~havarie *f* mercury spill damage
~thermometer *nt* mercury thermometer
~vergiftung *f* mercurial poisoning, mercury poisoning
~verschmutzung *f* mercury pollution
quecksilbrig *adj* mercurial
Quell•bereich *m* source area
Quelle *f* flush,
{Sickerquelle}
~ *f* source,
{Ursprung}
diffuse ~: diffuse source, non-point source
~ *f* spring
{die fließende ~, Sturzquelle}
~n•angabe *f* reference
~n•gley *m* spring water gley soil
{Bodentyp im Bereich von Quellaustritten mit der Horizontfolge des Typischen Gleyes}
Quell | fluss *m* headstream, headwater
~gebiet *nt* head
~moor *nt* spring mire
{an örtlichen Grundwasseraustritten entstandene, kleinflächige Moorbildung}
~region *f* spring zone
~schüttung *f* spring discharge
~wasser *nt* spring water
~~spiegel *m* level of the spring

~wolke *f* cumulus
quer *adv* transversely
≗empfindlichkeit *f* interference
≗lahnung *f* [cross groyne for land reclamation]
{quer zur Hauptlahnung verlaufende Lahnung}
~liegend *adj* transverse
≗profil *nt* cross-section, transversal section
≗schnitt *m* cross-section, transect
≗~s•fläche *f* area of cross-section, cross-sectional area
≗~s•stich•probe *f* cross-sectional sample
≗strom•filtration *f* cross-flow filtration
≗überdeckung *f* side overlap
{Überlappungsbereich benachbarter Luftaufnahmen von nebeneinander liegenden Flugbahnen}
quetschen *v* squash
{sich ~}
Quetsch•ventil *nt* squash valve
Quote *f* quota, rate
~n•system *nt* quota system
Quotient *m* quotient

R

Rachen *m* jaw
Rad *nt* bicycle
{Fahrrad}
~ *nt* rad
{frühere Maßeinheit für Strahlenbelastung}
~ *nt* wheel
Radar *nt* radar
{radio detecting and ranging; Funkortung und -messung}
Rad•aufhängung *f* suspension
Räder *pl* wheels
auf ~n: wheeled ***adj***
mit ~n: wheeled ***adj***
Rad fahren *nt* cycling
Rad•fahrer /~in *m/f* cyclist
radial *adj* radial
~ *adv* radially
≗reifen *m* radial
≗ventilator *m* centrifugal fan
radiär *adj* radial
Radiation *f* radiation
adaptive ~: adaptive radiation
ökologische ~: ecological radiation
Radierung *f* etching
Radikal *nt* radical
radio | aktiv *adj* radioactive
~~e Markierung: radiolabelling ***n***
≗aktivität *f* radioactivity
Gehalt der Luft an ≗~: level of radioactivity in the air
Kontrolle der ≗~: radioactivity control
≗~s•konzentration *f* radioactivity concentration
≗~s•überwachung *f* radioactivity control
≗biologe /~in *m/f* radiobiologist
≗biologie *f* radiobiology
~gen *adj* radiogenic
{durch ionisierende Strahlung bedingt; durch radioaktiven Zerfall entstanden}
≗grafie *f* radiography
{auch: ≗graphie}
{Sichtbarmachen ionisierender Strahlung mittels fotografischen Materials}
≗isotop *nt* radioactive isotope, radioisotope
≗karbon *nt* radiocarbon
~~methode *f* carbon dating, carbon-14 dating, radiocarbon dating
≗kohlenstoff *m* radiocarbon
~~datierung *f* radiocarbon dating
≗loge /~in *m/f* radiologist
≗logie *f* radiology
~logisch *adj* radiological
≗lyse *f* radiolysis
{Veränderungen, die ein chemisches System unter dem Einfluss ionisierender Strahlen erfährt}
≗metrie *f* radiometry
{Verfahren der qualitativen und quantitativen Bestimmung von Substanzen auf Grund der von ihnen emittierten Strahlung}
≗nuklid *nt* radionuclide
{Nuklid, das sich durch radioaktiven Zerfall in ein stabiles Nuklid umwandelt}
≗ökologie *f* radio-ecology
{Teilgebiet der Ökologie, erforscht die Strahlenwirkung auf belebte und unbelebte Systeme der Umwelt}
~sensitiv *adj* radiosensitive
Dtsch. Syn.: *strahlenempfindlich*
≗skopie *f* radioscopy
≗sonde *f* radiosonde
≗therapie *f* radiotherapy
Radium *nt* radium
≗haltig *adj* containing radium
≗strahlen *pl* radium rays
≗therapie *f* radium therapy
Rad | lader *m* wheel loader
~-Schiene-System *nt* drive-ride-system
~wandern *nt* cycling
~weg *m* bicycle path, cycle-path, cycle-track
Raffination *f* refining
{Reinigung und Veredelung von Naturstoffen und technischen Produkten}
Raffinerie *f* refinery
raffinieren *v* refine
Rahmen *m* frame, framework, scope
im ~: within the framework
≗ *v* frame
~bedingungen *pl* framework (conditions), general conditions
~gesetz *nt* [law providing framework for more specific legislation]
~gesetze *pl* outline legislation
~gesetz•gebung *f* framework legislation
~~s•kompetenz *f* competence to enact framework legislation

~konvention *f* framework convention

~ der Vereinten Nationen über Klimaveränderungen: United Nations Framework Convention on Climatic Change

~plan *m* general plan, master plan

wasserwirtschaftlicher ~~: general planning on water resources development

~planung *f* outline planning

~programm *nt* framework programme, supporting programme

~richt•linie *f* overall guideline

~vorschrift *f* general instruction

Rain *m* headland, ridge

Rambla *m* alluvial raw soil, rambla

{Bodentyp der Auen mit sehr geringer Bodenbildung}

Dtsch. Syn.: Auenrohboden

Rammler *m* buck

{männlicher Hase}

Ramsar-Übereinkommen *nt* Ramsar Convention

{bezweckt den Schutz von Feuchtgebieten und verpflichtet die Vertragsstaaten, mindestens ein besonders zu schützendes Feuchtgebiet zur Aufnahme in eine internationale Liste zu benennen}

Ranch *f* ranch

Rand *m* edge, fringe, margin

~baum *m* marginal tree

~besamung *f* marginal seeding

~düne *f* front dune

{erste ältere höhere Dünenkette am Strand}

~effekt *m* edge effect

~gebiet *nt* fringe area

~moräne *f* lateral moraine

~streifen *m* embankment

{Straßen~}

~~entsorgungs•anlage *f* edge strip disposal plant

~verjüngung *f* marginal regeneration

Ranger *m* ranger

Dtsch. Syn.: Schutzgebietsbetreuer

Internationaler ~-Verband: International Ranger Federation

Rangier•bahn•hof *m* marshalling yard, shunting yard

Rangieren *nt* shunt

≗ *v* shunt

Ranke *f* tendril

Ranker *m* ranker

{Bodentyp mit geringer Bodenbildung aus festen, kalkfreien Silikat- und Kieselgesteinen}

Raps *m* rape

~öl *nt* rape-oil, rape-seed oil

~samen *m* rape-seed

rar *adj* rare

rasch *adj* rapid

Rasen *m* film

{Bakterien~}

biologischer ~: fixed biological film

{Bewuchs von Mikroorganismen z.B. auf Füllstoffen von Tropfkörpern}

~ *m* grass

{Grasnarbe}

~ *m* lawn

{gepflegter ~, Zier~}

~ *m* slime

{biologischer ~ im Wasser}

~ *m* swards

{Grasbestände}

~ *m* turf

{~ eines Spielfeldes, allg. Grasbedeckung, Grassode}

~belag *m* grass lining

~decke *f* swards

~eisen•stein *m* bog iron ore

{harte, unregelmäßig geformte Knollen aus Brauneisen bis zu Kopfgröße, ausgefällt vom Grund- oder Stauwasser}

~filz *m* swards

~mäher *m* lawn-mower

~~lärm *m* lawn-mower noise

~~~-Verordnung *f* lawn-mower noise order

{regelt in Dtsch. das Inverkehrbringen und den Gebrauch von Rasenmähern}

~plagge *f* sod (slab)

~ziegel *m* sod (slab)

~~belag *m* grass lining

Raspel *f* shredder

Raspeln *nt* grating, shredding

≗ *v* grate, shred

Rasse *f* breed, race, strain

{Population, die in sich ähnlich und von anderen Populationen erheblich und diskontinuierlich unterschieden ist, ohne die Bedingungen für die Bildung einer Art zu erfüllen}

menschliche Rasse: human race

Rast•bereich *m* rest area

Raster•elektronen | mikroskop *nt* scanning electron microscope

~mikroskopie *f* scanning electron microscopy

Rast•platz *m* resting place

{~ ziehender Tierarten}

Rat *m* advice

{Ratschlag}

~ *m* council

~ für den Schutz des ländlichen England: Council for the Protection of Rural England

{privater Landschaftsschutzverband in England, gegründet 1926}

Engl. Abk.: CPRE

Rate *f* rate

Ration *f* ration

rational *adj* rational

Rationalisierung *f* rationalization

~s•effekt *m* effect of rationalization

~s•investition *f* investment in rationalization

rationell *adj* efficient

Rat•schlag *m* advice

Rätsel *nt* riddle

Rattan *nt* rattan

Ratte *f* rat

Ratten•gift *nt* rat poison

rau *adj* rough

~ *adj* gravelly

{~e Stimme}

Raub•bau *m* overexploitation

~ betreiben: overexploit ***v***

Räuber *m* predator

{Raubtier}

~-Beute-Beziehung *f* predator-prey-relation

räuberisch *adj* predatory

Räubertum *nt* predation

Raub | fisch *m* predator

~tier *nt* carnivore, predator, predatory animal

Netze zum Schutz vor ~~n: antipredator nets

sozial lebende ~~e: social carnivores

~vogel *m* bird of prey

{heute als Greifvogel bezeichnet}

Rauch *m* smoke

{mit Schwebstoffen angereicherte Luft aus Verbrennungsvorgängen}

~abzug *m* flue

~~s•anlage *f* smoke exhaust installation

~belästigung *f* smoke nuisance

~dichte *f* smoke density

~~messer *m* smoke density indicator

~~mess•gerät *nt* smoke density measuring equipment

~einblasung *f* smoke blow-in

~emission *f* emission of fumes, smoke emission

Rauchen *nt* smoking

rauchen *v* smoke

Rauch•entwicklung *f* smoke formation

Raucher /~in *m/f* smoker

Räucherei *f* smoking plant

Raucher•husten *m* smoker's cough

Räucher•mittel *nt* fumigant

Rauch | fahne *f* fanning
{sich von einem Punkt fächerförmig ausbreitende Rauchfahne}

~~ *f* smoke lug, smoke plume

~fang *m* chimney

~filter *m* smoke filter

~~anlage *f* smoke filter unit

≗frei *adj* smokeless

Rauch•gas *nt* flue gas

~absperr•vorrichtung *f* shut-off device for flue gas

~analyse *f* flue gas analysis

~behandlung *f* flue gas treatment, treatment of flue gases

~emission *f* flue gas emission

~entschwefelung *f* flue gas desulfurization (Am), flue gas desulphurization

~~s•anlage *f* flue gas desulfurization plant (Am), flue gas desulphurization plant
Dtsch. Abk.: REA

~hitze•verwertung *f* flue gas heat recovery

~kanal *m* flue

~prüfer *m* flue gas tester

~reiniger *m* flue gas precipitator

~reinigung *f* flue gas precipitation, flue gas purification
elektrische ~~: electric flue gas precipitation

~rück•führung *f* flue gas recirculation

~verbrennung *f* combustion of flue gas

~wäscher *m* flue gas scrubber

~wolke *f* flue gas cloud

~zusammen•setzung *f* flue gas composition

rauchig *adj* smoky

rauch•los *adj* smokeless

Rauch | melder *m* smoke alarm, smoke detector

~mess•gerät *nt* smoke meter

~schaden *m* smoke damage

~~beurteilung *f* smoke damage evaluation

~~forschung *f* smoke damage research

~~s•gebiet *nt* smoke-damaged range

~schatten•verfahren *nt* smoke shade method

~test *m* smoke test

≗verhütend *adj* smoke-preventing

Rauigkeit *f* roughness, rugosity
{~ der Sohle eines Fließgewässers}

~s•beiwert *m* coefficient of roughness

~s•faktor *m* retardance factor, rugosity factor
{Verzögerungsfaktor bei der Berechnung der Abflussgeschwindigkeit in Fließgewässern}

Raum *m* area, space
ländlicher ~: rural area
Unzerschnittene Räume: roadless areas

Räum•anlage *f* scraping plant

Raum | anspruch *m* demand for land

~bedeutsamkeit *f* area significance

~belastung *f* space loading, volumetric loading
{Quotient aus Fracht und Volumen}

~beobachtung *f* land monitoring

≗bezogen *adj* spatial

~entwicklung *f* land development, regional development

Räumer *m* scraper
{maschinelle Einrichtung zur Räumung von Gewässern}

Raum | fahrt *f* space travel

~~technik *f* space flight technique

~forschung *f* land research

~gemeinschaft *f* land community

~geräusch *nt* ambient noise

~gewinn *m* extra space gained

≗greifend *adj* extensive, far-reaching

~inhalt *nt* volume

~heizung *f* room heating
~~ durch Sonnenwärme: solar room heating

räumlich *adj* spatial,

~ *adv* spatially

Räumlichkeiten *pl* premises

Raum | luft *f* ambient air, room air

~~kontroll•gerät *nt* ambient air meter

~~verhältnisse *pl* room air conditions

~mangel *m* lack of space

~meter *m* stacked cubic metre, stacked volume
{das Volumen in Außenmaßen von aufgeschichtetem Holz, angegeben in m^3}
Dtsch. Syn.: Ster

~modell *nt* stereoscopic model
{räumliche Darstellung in der Luftbildauswertung}

~not *f* shortage of space

~nutzung *f* land use

Raum•ordnung *f* regional planning
{zusammenfassende, überörtliche und übergeordnete Planung zur Ordnung und Entwicklung eines Raumes}

Raum•ordnungs | bericht *m* regional planning report

~gesetz *nt* regional planning act, regional planning law
{soll Dtsch. in seiner allgemeinen räumlichen Struktur einer Entwicklung zuzuführen, die der freien Entfaltung der Persönlichkeit in der Gemeinschaft am besten dient}

~kataster *nt* regional planning land register

~klausel *f* regional planning clause

~kommission *f* regional planning commission

~plan *m* regional development plan, regional planning scheme

~programm *nt* regional development programme, regional planning programme

~recht *nt* regional planning legislation

~verfahren *nt* regional planning procedure
{in Dtsch. die Prüfung eines raumbedeutsamen Vorhabens auf seine Übereinstimmung mit den Erfordernissen der Raumordnung und Landesplanung und zur Abstimmung mit raumbedeutsamen Vorhaben anderer Planungsträger}

Raum | planung *f* regional (development) planning, physical planning
{Oberbegriff von Landes-, Regional-, Stadt- und Ortsplanung}

~schiff Erde *nt* Sunship Earth
{im übertragenen Sinn gebraucht um die Begrenztheit der natürlichen Umwelt auszudrücken}

~sonde *f* space probe

~temperatur *f* room temperature

~~regler *m* room temperature controller

Räumung *f* clearing

Raum•verschwendung *f* waste of space

Rau•packung *f* brush-gully check, brush-gully plug
{*Bauwerk aus Buschwerk zur Auskleidung von Erosionsgräben*}

Raupe *f* caterpillar, crawler

~ *f* grub
{*kleine Formen*}

Raupen | lader *m* crawler loader

~schlepper *m* caterpillar tractor, crawler (tractor), tracklayer tractor

Rau•reif *m* hoar frost, rime

Rausch•gift *nt* controlled drug, dangerous drug

Reagens *nt* reagent

Reagenz•glas *nt* test tube

reagieren *v* react, respond
auf etwas ~: react to something ***v***
mit etwas ~: react with something ***v***

Reaktion *f* feedback, reaction
katalytische ~: catalytic reaction
thermonuklare ~: thermonuclear reaction

≗s • fähig *adj* reactive

~s•fähigkeit *f* reactivity

~s•gas•analysator *m* reaction gas analyzer

~s•geschwindigkeit *f* reaction rate

~s•gleich•gewicht *nt* reaction equilibrium

~s•kinetik *f* reaction kinetics

~s•mechanismus *m* reaction mechanism

~s•produkt *nt* reaction product

~s•temperatur *f* reaction temperature

~s•wärme *f* heat of reaction

reaktiv *adj* reactive

~ *adv* reactively

Reaktivierung *f* reactivation

Reaktivität *f* reactivity

Reaktor *m* reactor
{*Apparat, in dem chem. Reaktionen in technischem Maßstab ablaufen; auch: Kurzbezeichnung für Kernreaktor*}
fortgeschrittener gasgekühlter ~: advanced gas-cooled reactor
Dtsch. Abk.: FGR; Engl. Abk.: AGR
gasgekühlter ~: gas-cooled reactor
hochtemperaturgasgekühlter ~: high-temperature gas-cooled reactor
thermischer ~: thermal reactor

~kern *m* (reactor) core

~kreislauf *m* reactor circuit

~sicherheit *f* nuclear safety, reactor safety

~~s•kommission *f* nuclear safety commission
{*in Dtsch. Expertengremium zur Beratung des Bundesumweltministeriums in Fragen der Sicherheit von Kernreaktoren und anderen Nuklearanlagen*}

~unfall *m* reactor accident

~unglück *nt* nuclear disaster

real *adj* real
~er Verkehr: actual traffic

≗gas•faktor *m* real factor of gas

Realisierbarkeit *f* feasibility, practicability

Realisierung *f* implementation, realization

realistisch *adj* realistic

Real•schule *f* secondary modern school, secondary school of ordinary level, grammar school (Am)

Rebe *f* vine shoot
{*Weinrebe*}

~ *f* grapevine, grape-vine, vine
{*Weinstock*}

Rechen *m* grating, (trash) rake, (trash) screen
{*zur Entfernung von Treibgut und Grobstoffen aus Fließgewässern und in Kläranlagen*}

~gut *nt* screenings
{*durch Rechen zurückgehaltene Stoffe*}

~~presse *f* screenings press
{*maschinelle Einrichtung zur Verminderung des Volumens und des Wassergehaltes von Rechengut*}

~~zerkleinerer *m* comminutor
{*maschinelle Einrichtung zur Zerkleinerung von Rechengut*}

~~zerkleinerungs•anlage *f* trash-rake comminuting system

~modell *nt* computer model

~reinigungs•maschine *f* screen cleaning machine

~verfahren *nt* computing process

rechnend *adj* computing

Rechner *m* computer

≗geführt *adj* computer-controlled

≗gesteuert *adj* computer-controlled

Rechnungs | hof *m* audit office
Präsident /in des Rechnungshofes: Comptroller General

~wesen *nt* accountancy, accounting system

Recht *nt* law
{*Rechtsordnung*}
billiges ~: equity
kodifiziertes ~: statutory law
natürliches ~: equity
öffentliches ~: public law

~ *nt* right
{*Berechtigung, Rechtsanspruch*}
~ haben: be right ***v***
~ sprechend: judicial ***adj***
subjektives ~: subjective right

≗ *adv* real (Am)

rechteckig *adj* square

rechtfertigen *v* legitimate, justify

rechtlich *adj* legal

~ *adv* legally

rechtmäßig *adj* lawful, legitimate, rightful

~ *adv* legally

Rechtmäßigkeit *f* lawfulness, legality, legitimacy

Rechts | akt *m* legal instrument, legal provision

~angleichung *f* harmonisation of law

~anspruch *m* legitimate claim, title

~anwalt *m* attorney (Am),

~~ *m* law agent
{*in Schottland*}

~~ *m* lawyer
{*in Großbritannien*}

~~ *m* solicitor
{*in Großbritannien, nicht vor höheren Gerichten auftretend*}

~anwendung *f* dispensation of justice

~aufsicht *f* [supervision of the legality of administrative acts]

~begriff *m* legal concept
unbestimmter ~: indefinite legal concept

~behelf *m* legal remedy

~~s•belehrung *f* instruction on plea

~entwicklung *f* development of legal affairs

~fähigkeit *f* legal capacity

~gebiet *nt* area of law, legal field

~geschichte *f* history of law

~grundlage *f* legal basis

≗gültig *adj* legally binding

~gut *nt* object protected by law, legally protected right

~~achten *nt* legal opinion

~güter•schutz *m* protection of valuable right

~gut•verletzung *f* infringement of the law

~hängigkeit *f* pendency

{der prozessuale Zustand, der mit der Erhebung der Klage im Zivilprozess eintritt}

~information *f* legal information

~kraft *f* legal validity

{die Endgültigkeit von Rechtsentscheidungen}

~lage *f* legal position

~mittel *nt* appeal

~~belehrung *f* instruction on right of appeal

~nachfolge *f* succession (to rights and obligations)

~norm *f* legal norm

~ordnung *f* legal system

~pflicht *f* legal duty

Recht•sprechung *f* jurisdiction

Rechts | quelle *f* origin of law

~schutz *m* legal protection

vorläufiger ~~: provisional legal protection

~sicherheit *f* certainty of the law, legal security

~soziologie *f* legal sociology

{Zweig der Soziologie, der die gesellschaftlichen Bedingungen, institutionellen Strukturen und Auswirkungen der Rechtsordnung einer Gesellschaft untersucht}

~staat *m* constitutional state, state founded on the rule of law

~~s•prinzip *nt* constitutionality

~streit *m* lawsuit

~system *nt* legal system

~unsicherheit *f* legal insecurity, uncertainty regarding the law

≗verbindlich *adj* legally binding

~vereinfachung *f* legal simplification

~vereinheitlichung *f* harmonisation of law

~verletzung *f* infringement of the law, violation of the law

~verordnung *f* decree, legal regulation, order, ordinance, statutory ordinance

~vorschrift *f* legal prescription, legislative provision, regulation, statutory act, statutory instrument

~vorschriften *pl* legislation

~weg *m* legal proceeding

~wesen *nt* legal system

≗widrig *adj* illegal, unlawful

≗~ *adv* illegally

~widrigkeit *f* illegality

~wirksamkeit *f* legal validity

~wissenschaft *f* jurisprudence

rechtwinklig *adj* right-angled

~ machen: square *v*

Recht•zeitigkeit *f* timeliness

recyceln *v* recycle

recycelt *adj* recycled

Recyclat *nt* recycled material

~herstellung *f* manufacture of recycled material

Recyclebarkeit *f* recyclability

recyclieren *v* recycle

Recycling *nt* recycling

{Rückgewinnung von Stoffen aus Abfällen zur erneuten Nutzung}

~anlage *f* recycling plant

≗fähig *adj* recyclable

≗gerecht *adj* recyclable

~hof *m* recycling point

{feste Annahmestelle für Wertstoffe, von Schadstoffen, Sperrmüll, Gartenabfällen und Kunststoffolien, Elektronikschrott, Altreifen und Verpackungen}

~leistung *f* recycling capacity

~lösung *f* recycling solution

~papier *nt* recycled paper, recycling paper

{Papier, dessen Faserstoffanteil zu 100 % aus wiederaufbereitetem Altpapier besteht}

~partner *m* recycling partner

~potenzial *nt* recycling potential

{auch: ~potential}

~produkt *nt* recycling product

~prozess *m* recycling process

~quote *f* recycling ratio

~rate *f* recycling rate

~system *nt* recycling system

~technik *f* recycling technics

~tinten•patrone *f* recycled ink cartridge

~werk *nt* recycling plant

reden *v* speak, talk

Redner /~in *m/f* speaker

~tribüne *f* stump

Redox | mess•gerät *nt* redox meter

~messung *f* redox measuring

~potenzial *nt* oxidation-reduction potential, redox potential

{auch: ~potential}

{in Volt ausgedrücktes Normalpotenzial eines Redoxsystems gegen die Normalwasserstoffelektrode}

~titration *f* redox titration

Reduktion *f* reduction

{chem. Vorgang mit Übertragung von Elektronen von einem Reduktionsmittel auf einen anderen Stoff, der reduziert wird}

~s•mittel *nt* reducer

~s•teilung *f* meiosis, miosis (Am)

~s•verfahren *nt* reduction process

~s•zone *f* reduction zone

{Zone eines Gewässers oder Bodens, in dem Sauerstoff für Oxidationsprozesse nicht verfügbar ist}

redundant *adj* redundant

Reduzent *m* decomposer, reducer

reduzieren *v* reduce

Reduzierung *f* abatement, reduction

~s•abschuss *m* cull

Reet *nt* reed

{Schilfstroh}

mit ~ decken: thatch *v*

Referat *nt* department, section

{Abteilung, Fachgebiet}

~ *nt* paper

{umfangreichere Abhandlung}

~ *nt* report

{kurzer, schriftlicher Bericht}

~s•leiter /~in *m/f* head of section

Referenz *f* reference

~material *nt* reference material

~mess•verfahren *nt* reference measuring process

~substanz *f* reference substance

~wert *m* reference value

reflektieren *v* reflect

reflektierend *adj* reflex

Reflex *m* reflex

bedingter ~: conditioned reflex

~handlung *f* reflex action

Reflexion *f* reflection

~s•messung *f* reflectometry

~s•seismik *f* reflection seismology

Reform *f* reform

~kost *f* health food

~politik *f* reform policy

Refrakto•meter *nt* refractometer

Refugial•gebiet *nt* refuge, refugium

Refugium *nt* refuge, refugium

Dtsch. Syn.: Zufluchtsort

Regal *nt* shelf

Regel *f* regulation, rule

ökologische ~: ecological rule

~ der Technik: code of practice

~kraft•werk *nt* regulating power station

~kreis *m* control circuit, feedback cycle
{geschlossener Kreislauf von Informationen und/oder Materie und Energie}

regeln *v* regulate, structure

regelnd *adj* controlling, regulating

Regel•technik *f* control engineering

Regelung *f* regulation

~ für den Transport verpackter gefährlicher Güter im Seeverkehr: International Maritime Dangerous Goods Code

~ für die Beförderung gefährlicher Güter mit der Bahn: Regulation concerning the International Carriage of Dangerous Goods by Rail

~s•ausschuss *m* regulatory committee

~s•lücke *f* control gap

~s•system *nt* control system

Regel•werk *nt* regulation

technisches ~: technical regulation

Regen *m* rain
{Naturerscheinung}

künstlicher ~: artificial rain
{Regen, der durch Impfen von Wolken mit Salzen (v.a. Silberjodid) ausgelöst wird}

Saurer ~: acid rain
{Regen mit einer höheren Azidität und geringerem pH-Wert als normal}

wolkenbruchartiger ~: torrential rain

~ *m* rainfall
{Regenmenge}

~abfluss *m* rain discharge, rainwater run-off

~~menge *f* (total) volume of rainwater run-off discharge

~~spende *f* run-off discharge rate
{Quotient aus Regenabfluss und Entwässerungsgebiet}

~~summe *f* (total) volume of rainwater run-off discharge
{Summe des Regenabflusses über eine angegebene Zeitspanne}
Dtsch. Syn.: Regenabflussmenge

~abschnitt *m* period rainfall section
{zeitlich begrenzter Teil eines Regenereignisses}

~auslass *m* storm-water outlet
{Auslaufbauwerk von Regenwasserkanälen im Trennsystem}

~becken *nt* storm-water tank
{Becken zur Rückhaltung oder Behandlung von Regen- und Mischwasser}

~~abfluss *m* flow of stored stormwater
{für die Berechnung maßgebender Abfluss von Regenwasser aus Regenbecken}

~bogen *m* rainbow

~dauer *f* duration of rainfall, rainfall duration

jährliche ~~: annual rainfall duration
{Summe der Zeitspannen innerhalb eines Jahres, in denen Regen gefallen ist}

~~ für Beckenbemessung: design rainfall duration
{maßgebende rechnerische Regendauer zur Bemessung von Regenrückhaltebecken und Regenrückhaltekanälen}

~diagramm *nt* rain diagram

~energie *f* rainfall energy

Regeneration *f* regeneration, regrowth

~s•fähigkeit *f* regeneration capacity
{Fähigkeit eines Systems, sich nach Belastungen und Eingriffen so zu erholen, dass es keinen dauerhaften Schaden nimmt}

~s•vermögen *nt* regenerative properties

~s•zone *f* regeneration zone

regenerativ *adj* regenerative, renewable

regenerieren *v* regenerate

sich ~: recover ***v***

regenerierend *adj* regenerating

Regenerier•gerät *nt* regenerating equipment

Regen | erosion *f* pluvial denudation, pluvial erosion, raindrop erosion, rain erosion, splash erosion

~erosivität *f* rain erosivity, rainfall erosivity
{die potenzielle Fähigkeit von Regen, Bodenerosion zu verursachen}

~erzeugung *f* rainmaking

~fall•rohr *nt* downpipe

~feld•bau *m* rainfed agriculture, rainfed farming, upland cropping

~guss *m* shower

heftiger ~~: rainstorm ***n***

~häufigkeit *f* rainfall frequency

~höhe *f* rainfall
{Wasserdargebot aus Regen an einem bestimmten Ort, ausgedrückt als Wasserhöhe für eine betrachtete Zeitspanne}

~index *m* rainfall index

~intensität *f* rainfall intensity, rain intensity
Dtsch. Syn.: Regenstärke

~~s•dauer•kurve *f* rainfall intensity duration curve

~~s•gebiets•kurve *f* depth-area curve

~~s•kurve *f* rainfall intensity curve

~klär•becken *nt* storm-water sedimentation tank
{Absetzbecken für Regenwasser im Trennsystem}

~menge *f* rainfall

örtliche ~~: point rainfall

~messer *m* pluviometer, rain gauge

~reihe *f* collection of rainfall data
{Aufstellung zusammengehöriger Werte von Regendauer und Regenintensität oder Regenspende gleicher Regenhäufigkeit}

~rückhalte•becken *nt* storm-water holding tank
{Speicherraum für Regenabflussspitzen im Misch- oder Trennsystem}

~schatten *m* rain shadow
{Verringerung der Niederschlagsmenge auf der Leeseite eines Gebirges}

~schauer *m* shower

~schicht•wolke *m* nimbostratus

~schirm *m* umbrella

~schreiber *m* autographic raingauge, hyetograph, pluviograph, rain recorder, rainfall recorder

~simulation *f* rainfall simulation

~simulator *m* rainfall simulator, rainulator (Am)

~spende *f* rainfall intensity
{Quotient aus dem Volumen des Regens und dem Produkt aus Zeit und Fläche}

abgeführte ~~: overflow rainfall intensity
{theoretische Regenspende, errechnet aus dem Regenabfluss hinter einem Entlastungsbauwerk bezogen auf die befestigte Fläche}

kritische ~~: [rainfall intensity at which a stormwater oveflow will come into action]

~stärke *f* rainfall intensity, rain intensity

~~n•linie *f* rainfall intensity duration curve
{grafische Darstellung des Zusammenhangs zwischen Regenintensität und Regendauer}

~summen•linie *f* rainfall summation curve

{Summenlinie eines Regenkennwertes aufgetragen über der ansteigenden Regenspende}

~tropfen *m* raindrop

~~größe *f* raindrop size

~überlauf *m* storm-water overflow

~~becken *nt* storm-water tank with overflow

~überschuss *m* excess rainfall

~volumen *nt* volume of rainwater

~wald *m* rainforest

{immergrüner, hygrophiler, mindestens 30 m hoher, lianen- und epiphytenreicher Wald mit hohem, gleichmäßig verteiltem Regenniederschlag}

tropischer ~~: tropical rainforest

~wasser *nt* rainwater

~~behandlung *f* rainwater treatment

~~kanal *m* storm drain

~~nutzungs•anlage *f* rainwater yielding plant

~~rück•halte•becken *nt* storage reservoir for rainwater

~~speicher *m* rainwater reservoir

~wetter *nt* rainy weather, wet weather

stürmisches ~~: rainstorm ***n***

~~zufluss *m* storm-water flow

~wolke *f* rain-bearing cloud, rain cloud

~wurm *m* earthworm

~~kot *m* worm castings

~~zucht *f* vermiculture

~zeit *f* rains, rainy season, wet season

regierend *adj* governing

Regierung *f* government

~s•behörde *f* governmental authority

~s•bezirk *m* administrative region

~s•chef /~in *m/f* head of government

~s•entwurf *m* governmental draft

~s•gewalt *f* governance

~s•koalition *f* government coalition

~s•konferenz *f* governmental conference

~s•organisation *f* government agency

~s•politik *f* government policy

~s•sitz *m* seat of government

~s•stelle *f* government department

~s•vertreter /~in *m/f* government official, representative of government

Regime *nt* regime

~theorie *f* regime theory

Region *f* area, region

biogeografische/biogeographische ~: biogeographical region

nearktische ~: Nearctic Region

orientalische ~: Oriental Region

{biogeografische Region, die den indischen Subkontinent, Südostasien, Philippinen und Indonesien umfasst}

paläarktische ~: Palaearctic Region

{biogeografische Region, die Europa, Nordasien und Nordamerika umfasst}

subarktische ~: subarctic region

{biogeografische Region die an die Arktis angrenzt}

tiergeografische/tiergeographische ~: zoogeographical region

zoogeografische/zoogeographische ~: zoogeographical region

regional *adj* regional

~ begrenzt: territorial ***adj***

≗entwicklung *f* regional development

Politik für Nachhaltige ≗~: Sustainable Regional Development Policy

Dtsch. Abk.: PNRE; Engl. Abk.: SRDP

Regionalisierung *f* regionalization

Regional | modell *nt* regional model

~park *m* regional park

~plan *m* regional plan

~planung *f* regional planning (at regional level)

{Entwicklungsplanung zwischen der örtlichen und der nationalen Ebene; auch für die Planung innerhalb geografischer Regionen verwendet, die mehrere Nationen einschließt}

~politik *f* regional policy

~statistik *f* regional statistics

Register *nt* register

registrieren *v* register

Registrierung *f* registration

Regner *m* sprinkler

regnerisch *adj* rainy

Regosol *m* regosol

{Bodentyp mit geringer Bodenbildung aus lockerem, kalkfreiem Sedimentgestein}

Regress *m* recourse

{Ersatzanspruch, Rückgriff}

Regression *f* regression

~s•analyse *f* regression analysis

~s•koeffizient *m* regression coefficient

~s•modell *nt* regression model

Regulations | fähigkeit *f* regulating potential

{Fähigkeit eines Ökosystems, Belastungen auszugleichen}

~mechanismus *m* regulatory mechanism

~störung *f* regulatory disturbance

regulativ *adj* regulative, regulatory

regulieren *v* regulate

regulierend *adj* regulating

Regulierung *f* management

{~ des Wildbestandes}

~ *f* regulation

~s•maßnahme *f* management measure

Reh *nt* roe-deer

rehabilitierend *adj* remedial

Reh | bock *m* roebuck

~kitz *nt* fawn, kid

~wild *nt* roe-deer

Reib•belag *m* friction lining

reiben *v* grate

Reibereien *pl* friction

Reibung *f* friction

~s•verlust | höhe *f* friction head

~~zahl *f* coefficient of drag, coefficient of friction

Reich *nt* kingdom

{oberste Kategorie der biologischen Systematik}

≗ *adj* abundant, rich

~ an: rich in

≗ *adj* wealthy

reichlich *adj* abundant, plenty

~ *adv* plenty

~ vorhanden *adj* plenty

Reichs | gericht *nt* [supreme court of the German Reich]

~natur•schutz•gesetz *nt* [nature conservation act of the German Reich]

Reichtum *m* richness

{an Arten oder Wild in einem Gebiet}

~ *m* wealth

{materieller ~}

Reich•weite *f* range

Reif *m* hoar

≗ *adj* mature

Reife *f* maturity, ripeness

Reifen *m* tyre

~geräusch *nt* tyre noise

~shredder *m* tyre shredder

~wasch•anlage *f* tyre washing plant

≗e•prozess *m* maturation

Reifung *m* maturation
~s•becken *nt* maturation lagoon
{Becken am Ende der Abwasserbehandlung}
Reihe *f* chain, line, range, row, series
~n•ablage *f* band application
~n•bearbeitung *f* strip tillage, zone tillage
~n•frucht *f* row crop
~n•haus *nt* terraced house, terrace-house
~n•kultur *f* row crop
~n•saat *f* band seeding
~n•untersuchung *f* (mass) screening
eine ~~ durchführen: screen ***v***
≗n•weise *adv* en masse
~n•zwischen•anbau *m* row intercropping
rein *adj* clean, fine, pure, unpolluted, virgin
Rein•bestand *m* pure forest, pure stand
{Baumbestand aud einer Art mit einer Beimischung von < 5 % der Stammzahl}
Rein•ertrag *m* net return
{die Differenz zwischen Ertrag und Aufwand}
Rein•gas *nt* clean gas
Reinhaltung *f* non-degradation, pollution prevention
~ der Luft: air pollution prevention
Reinheit *f* purity
~s•gebot *nt* purity rule
Reinigen *nt* cleaning
≗ *v* clean, purify
reinigend *adj* cleansing
{gründlich ~}
Reiniger *m* cleanser
Reinigung *f* clarification, cleaning, purification
biologische ~: biological clarification
chemische ~: dry-cleaning
mechanische ~: mechanical cleaning
Reinigungs | anlage *f* clarification plant, cleaning plant, purification plant
~düse *f* cleaning nozzle
~fällung *f* (precipitation) scavenging
~gerät *nt* cleaning equipment
~grad *m* degree of purification
~kenn•zahl *f* purification index
~klappe *f* dump-gate
~leistung *f* purification efficiency
~mittel *nt* cleaning agent, cleanser, cleansing agent, cleansing product, detergent
biologisches ~~: biodetergent, biological detergent
~verschluss *m* cleaning access fitting
{Formstück in Abwasserleitungen mit Öffnung zur Reinigung}
~stufe *f* purification stage
Dritte ~~: tertiary treatment stage
~verfahren *nt* purification process
~welle *f* cleaning shaft
Rein | luft•gebiet *nt* clean air area, unpolluted air area
~luft•seite *f* clean air side
~raum | anlage *f* clean room installation
~~anzug *m* clean room coverall
~~filter *m* clean room filter
~st•wasser *nt* highest-purity water
~~analyse *f* highest-purity water analysis
~~anlage *f* highest-purity water plant
~ton•audio•metrie *f* clear sound audiometric methods
Reis *m* rice
Reise *f* tour, trip
~flasche *f* flask
{Flasche, die mit einem Getränk gefüllt und auf die Reise oder eine Wanderung mitgenommen wird}
reisend *adj* travelling
Reise•veranstalter *m* tour organiser/organizer
Reis•feld *nt* paddy (field), padi
Reisig *nt* brushwood
~bau *m* branch-mulching, brush-rock-earth mulching
~bettung *f* brush-blinding
{Bedeckung erodierter Steilflächen mit Buschwerk}
reißend *adj* torrential
Reiss•wolf *m* shredder
Reiten *nt* (horse) riding
≗ *v* ride
Reit | jagd *f* drag
~weg *m* bridle road, bridle-road, bridle way, bridle-way
Reiz *m* stimulus
reizen *v* stimulate
Reiz•gift *nt* irritant poison
Reiz•mittel *nt* irritant
Reizung *f* irritation
Reklame•zettel *m* leaflet
Rekonstruktion *f* reconstruction
rekultiviert *adj* recultivated, vegetated
Rekultivierung *f* recultivation
{Wiederherstellung und landschaftsgerechte Eingliederung von devastierten Standorten, Abgrabungen und Aufschüttungen}
~s•plan *m* after-use recultivation plan
~s•schicht *f* restoration layer (Br), vegetation layer (Am)
Rekuperator *m* recuperator
Relais *nt* relay
relativ *adj* comparative, relative
relevant *adj* relevant
Relief *nt* relief
{Geländegestalt}
Religion *f* religion
~s•unterricht *m* education in religion
Relikt *nt* relict
Rem *nt* rem
{Maßeinheit für Strahlenbelastung; Abkürzung für •Roentgen Equivalent Man• sowohl im Deutschen als auch im Englischen}
Remanenz *f* retentivity
{Dtsch. Syn.: Restmagnetismus}
remobilisieren *v* remobilize
Remobilisierung *f* re-dissolution, remobilization
{Freisetzung von zuvor reversibel gebundenen Stoffen}
Renaturierung *f* renaturalisation, renaturation
Rendzina *f* rendzina
{Bodentyp aus Carbonatgesteinen und Gipsgestein}
Renn•bahn *f* race circuit
Rennen *nt* racing
Renn•wagen *m* racing car
rentabel *adj* cost-effective, economic
Rentabilität *f* cost-effectiveness
Rente *f* annuity
{Kapitalertrag}
~ *f* pension
in ~ sein: retired ***adj***
Repellent *nt* repellant
{abstoßendes Mittel}
Replikation *f* replication
{identische Verdopplung der Gene bei aufeinanderfolgenden Kernteilungen}
Reportage *f* report, reportage
Repräsentant /~in *m/f* representative

~en•haus *nt* House of Representatives (Am)

repräsentativ *adj* representative

~e Abwasserprobenahme: representative wastewater sampling

Repräsentativität *f* representativity

~s•grad *m* degree of representativity

Reproduk | tion *f* reproduction

~~s•rate *f* reproduction rate

~tivität *f* reproductive capacity

reproduzierbar *adj* reproducable

reproduzieren *v* reproduce

Repulsion *f* repulsion

Reservat *nt* preserve, reservation

Reservation *f* reservation

{für Indianer in Nordamerika}

Reserve *f* backup, back-up, reserve, resource

~fläche *f* reserve area

~raum *m* inactive storage

{Teil des Nutzraums zwischen Absenkziel und tiefstem Absenkziel als Reserve für außergewöhnliche Betriebszustände}

reserviert *adv* distantly

Reservierung *f* reservation

Reservoir *nt* reservoir

resistent *adj* resistant

Dtsch. Syn.: widerstandsfähig

Resistenz *f* resistance, stability

~ gegen Umwelteinflüsse: environmental resistance

~bildung *f* becoming resistant

~züchtung *f* resistance breeding

Resorption *f* resorption

Dtsch. Syn.: Aufsaugung

Resozialisierung *f* after-care

respekt•einflößend *adj* authoritative

Respiration *f* respiration

Dtsch. Syn.: Atmung

respiratorisch *adj* respiratory

Respons•rate *f* response rate

Ressource *f* resource

{Vorräte materieller und ideeller Art, die in der Regel nur im begrenzten Umfang vorhanden sind}

erneuerbare ~n: renewable resources

natürliche ~n: natural resources

nicht erneuerbare ~n: finite resources, non-renewable resources

sparsamer Verbrauch von ~n: economical use of resources

Wiedergewinnung von ~n: resource-recovery

Ressourcen | aufnahme *f* resource inventory

~bewirtschaftung *f* resource management

~erhaltung *f* resource conservation

~inventur *f* resource inventory

~kataster *nt* resource inventory

~management *nt* resource management

~mobilisierung *f* resource mobilization

~nutzung *f* resource utilization, using of resources

~ökonomie *f* resource economy, resource policy

~planung *f* resource planning

~politik *f* resource policy

~überwachung *f* resource monitoring

Rest *m* remnant

~abfall *m* residual waste

Restaurieren *nt* restoring

Restaurierung *f* restoration

~s•maßnahme *f* restoration measure

Rest•last *f* residual loading

restlich *adj* remaining, residual

Rest | loch *nt* residual hole

{bei Materialentnahmen oder Bergbau}

~magnetismus *m* retentivity

~müll *m* household refuse, residual waste

~~behandlung *f* treatment of residual waste

Rest•öl *nt* residual oil

Restriktion *f* restriction

Rest | risiko *nt* residual risk

~rollen•spalt•anlage *f* splitting plant for residual reels

~staub•gehalt *m* final dust content

~stoff *m* residual product

{bei landwirtschaftlichen und industriellen Produktionsprozessen neben den eigentlichen Produkten entstehende Stoffe}

~~bestimmungs-Verordnung *f* residual's determination order

~~verwertung *f* reclamation of useful materials

~wasser•menge *f* residual amount of water

Resultat *nt* result

Dtsch. Syn.: Ergebnis

resultieren *v* result

retardieren *v* retard

retardierend *adj* retarding

Retardierung *f* retardation

{durch Adsorption verringerte Transportgeschwindigkeit von Fluiden im Untergrund}

Retention *f* detention

{Zurückhaltung, Zurückbehaltung}

~ *f* retention

{reversible Bindung von Stoffen im Gewässer}

Retinol *nt* retinol

{Vitamin A}

retro•grad *adj* headward

Retro•virus *m* retrovirus

retten *v* salvage, save

Rettung *f* rescue, saving

~s•anker *m* lifeline

~s•boot *nt* lifeboat

~s•einrichtungen *pl* rescue equipment

~s•gürtel *m* lifebelt

~s•leine *f* lifeline

~s•ring *m* lifebuoy

Reue *f* remorse, repentance

tätige ~: [remorse for one's crime, accompanied by action to avert its effects]

reversibel *adj* reversible

revidieren *v* revise

Revier *nt* mine

{Bergbaulandschaft}

~ *nt* territory

{Einflussbereich}

~gesang *m* territory calling

~treue *f* territory fidelity

Revision *f* audit

~s•verschluss *m* emergency gate

{Verschlusseinrichtung für Revisions- und Reparaturfälle}

Revitalisierung *f* reactivation, revitalization

Engl. Syn.: revitalisation

Revolution *f* revolution

Grüne ~: green revolution

industrielle ~: industrial revolution

technische ~: technological revolution

Rezeptor *m* receptor

~zelle *f* receptor cell

Rezession *f* recession

rezessiv *adj* recessive

Rhabdo•virus *m* rhabdovirus

{stäbchenförmiger Virus von zylindrischer Gestalt}

Rhein *m* Rhine

rheinisch *adj* rhinish

Rheo•logie *f* rheology

{Teilgebiet der Physik, das sich mit den unter Einwirkung äußerer Kräfte auftre-

tenden Erscheinungen bei hochviskosen Flüssigkeiten befasst}

rheo•logisch *adj* rheological

~e Absperrung: rheological blocking

rheo•phil *adj* rheophilic

{strömungsliebend}

Rhino•virus *m* rhinovirus

{kleine Viren mit Ribonucleinsäurekern; Erreger des infektiösen Schnupfens}

Rhitral *nt* rhitral

{Lebensraum in der steinig-sandigen Region eines sommerwarmen Fließgewässers}

Rhitron *nt* rhitron

{Biozönose des Rhitrals}

Rhizom *nt* rhizome

{unterirdischer Stamm, meist mehr oder weniger horizontal, der an den Knoten Wurzeln oder Triebe erzeugt}

Rhizo•sphäre *f* rhizosphere

{Bodenraum, der die Pflanzenwurzeln umgibt und von ihnen beeinflusst wird}

rhizo•sphärisch *adj* rhizospheric

Rhythmik *f* rhythm

zirkadiane ~: diurnal rhythm

Rhythmus *m* rhythm

24-Stunden-~: diurnal rhythm

Ribo•flavin *nt* riboflavine

{Vitamin B2}

Ribosom *nt* ribosome

{Zellorganell, das Proteine synthetisiert}

richten (sich nach etwas) *v* act in accordance with, comply with

richterlich *adj* judicial, judiciary

Richterschaft *f* judiciary

Richter-Skala *f* Richter scale

{Messskala für die Stärke von Erdbeben}

Richt•geschwindigkeit *f* recommended speed

Richt•linie *f* directive, guideline

{nicht unmittelbar rechtswirksame Regel bzw. Vorschrift}

~ des Europäischen Parlaments und des Rates zur Angleichung der Rechts- und Verwaltungsvorschriften der Mitgliedsstaaten für die Einstufung, Verpackung und Kennzeichnung gefährlicher Zubereitungen: Directive of the European Parliament and of the Council concerning the Approximation of the Laws, Regulations and Administrative Provisions of the Member States relating to the Classification, Packaging and Labelling of Dangerous Preparations

~ des Rates zur Erhaltung der natürlichen Lebensräume sowie der wild lebenden Tiere und Pflanzen: Council Directive on the conservation of natural habitats and of wild fauna and flora

{die FFH-Richtlinie vom 21. Mai 1992}

~n•arbeit *f* establishing of guidelines

Richt•profil *nt* type section

{Profil durch eine Gesteinsabfolge, die zur Definition und Korrelation stratigrafischer Grenzen dient}

Richtung *f* direction, line

Richt•wert *m* guide value

Ried *nt* reed

{Kurzform für Riedgras}

~gras *nt* reed

Riesel | fähigkeit *f* pourability

~feld *nt* (sewage) irrigation field, leaching field, sewage farm

~fläche *f* irrigated surface

~kühler *m* irrigation cooler

Rieseln *nt* overland flow

Riesel•wiese *f* irrigated grassland

riesig *adj* vast

Riester *nt* mouldboard

Riff *nt* reef, shelf, shoal

{küstenparallele Schwelle in der offenen See}

Rigo•sol *m* rigosol

{anthropogener Bodentyp, der durch regelmäßiges Rigolen von Hand oder tiefes Pflügen entstanden ist}

Rille *f* groove

~n•erosion *f* rill erosion, small groove erosion

{Form der Bodenerosion}

Rind *nt* bull

{Stier}

~ *nt* beef, cow

Rinde *f* bark, phloem

{sämtliche Gewebeteile die von der Wachstumsschicht bei Bäumen nach außen gebildet werden}

lebende ~: inner bark

Rinder *pl* cattle, cows

~gülle *f* cattle slurry

~mist *m* cattle dung

Ring *m* ring

~deich *m* ring dike

~el•kette *f* tree girdler

~straße *f* ring road

~versuch *m* interlaboratory comparison

Rinne *f* groove, gully

Rinnen•erosion *f* gully erosion

{Form der Bodenerosion}

Dtsch. Syn.: Schluchterosion

Rinnen•see *m* groove lake

{Wasserausfüllung eines Rinnentales in einem ehemals vergletscherten Gebiet}

Rinnsal *nt* rill, trickle

Rinn•stein•säuberung *f* gully cleaning

Ripp•strömung *f* rip current

Ripp•tide *f* rip tide

Risiko *nt* hazard, risk

{Chance oder Wahrscheinlichkeit des Eintreffens eines bestimmten Ereignisses oder Ergebnisses mit bestimmbarem Ausmaß}

atomares ~: nuclear risk

~abschätzung *f* risk assessment

~analyse *f* risk analysis

{Untersuchung des sich aus schädlichen Umwelteinwirkungen innerhalb eines bestimmten Gebietes ergebenden Schadensrisikos}

~beurteilung *f* risk assessment

~bewertung *f* risk estimation, risk evaluation

~faktor *m* risk factor

{in Anlage und Umwelt sowie der persönlichen Lebensführung gelegene Umstände, die zu einer erhöhten Anfälligkeit für bestimmte Krankheiten führen}

~fonds *m* venture-capital funds

~gesellschaft *f* risk society

~kapital *nt* risk capital

~kommunikation *f* risk communication

~minderung *f* risk reduction

~-Nutzen-Analyse *f* risk-benefit analysis

~patient /~in *m/f* high-risk patient

~präferenz *f* risk preference

≗reich *adj* hazardous

~vorsorge *f* risk foresight

~wahr•nehmung *f* risk perception

riskant *adj* hazardous, risky

~ *adv* hazardously, riskily

riskieren *v* risk

Rispe *f* panicle

Riss *f* crevice, divide, fissure, rift

rissig *adj* cracked

Rivalität *f* rivalry

Robbe *f* seal

~n•schlag *m* seal cull

Roboter•sanierung *f* improvement using robots

Roden *nt* clearing

≗ *v* clear, grub

Rodentizid *nt* rodenticide

{chem. Mittel, das Nagetiere tötet}

Rodung *f* clearance, grubbing, land clearing

~s•schlepper *m* treepusher

Roggen *m* rye
roh *adj* crude, fresh, raw, rough
~ *adj* unboiled
{bei Speisen}
≈abwasser *nt* raw sewage
{das einer Abwasserrreinigungsanlage zufließende Abwasser}
≈boden *m* raw soil, syrosem
{Bodentyp mit beginnender Bodenbildung}
terrestrischer ≈~: terrestrial raw soil
{terrestrischer Bodentyp mit beginnender Bodenbildung}
≈braun•kohle•feuerung *f* brown coal firing
≈eisen *nt* pig iron
≈erz *nt* virgin ore
≈gas•staub•gehalt *m* crude gas dust content
≈humus *m* mor, raw humus
{schwach zersetzter Humus mit zahlreichen Streuresten, geringer biologischer Aktivität, oft in mächtigen Auflagen, sauer, meist auf nährstoffarmen Böden}
≈kompost *m* fresh compost
≈müll *m* crude waste, raw waste
≈öl *nt* crude (oil), crude petroleum
entschwefeltes ≈~: desulfurized crude oil
Rohr *nt* drain, duct, pipe, tube
~bruch *m* pipe break
~~sicherheits•ventil *nt* pipe break safety valve
~bündel•wärme•tauscher *m* shell-and-tube heat exchanger
~durchlass *m* culvert
Röhre *f* duct, tube
~n•erosion *f* tunnel erosion, tunnel scour
≈n•förmig *adj* tubular
Rohr | fern•leitung *f* pipeline
≈förmig *adj* tubular
Röhricht *nt* reed
Rohr | ketten•förderer *m* tubular conveyor
~leitung *f* conduit, duct, pipe, pipeline, pipework
~~s•bau *m* construction of pipelines
~~s•isolierung *f* pipework insulation
~netz *nt* pipework
~reiniger *m* pipe cleaning agent
~reinigung *f* pipe cleaning
~sanierung *f* improvement of pipes, pipe repair
~~s•system *nt* pipe repair system

Roh•schlamm *m* raw sludge
Dtsch. Syn.: Frischschlamm
Roh•stoff *m* commodity, primary product, raw material, resource
nachwachsender ~: renewable raw material
natürlicher ~: natural resource
~einsparung *f* raw material savings, saving of raw materials
≈erzeugend *adj* extractive
~gewinnung *f* raw material exploitation, raw material extraction
~knappheit *f* raw material shortage
~markt *m* raw material market
~nutzung *f* use of raw materials
~preis *m* raw material price
~rück•gewinnbarkeit *f* raw material recyclability
~rück•gewinnung *f* raw material recovery
~sicherung *f* raw material securing
~verbrauch *m* raw material consumption
~verknappung *f* raw material shortage
~wirtschaft *f* raw material economy
Roh•wasser *nt* raw water
{Unbehandeltes Wasser, das Ausgangsprodukt für die Trink- und Betriebswassergewinnung ist}
Rolle *f* role, roll
auf ~n: wheeled ***adj***
entscheidende ~: vital role
Rollen *nt* roll
~ *nt* rolling
{~ der Bodenteilchen entlang der Bodenoberfläche}
≈ *v* roll
~bahn *f* roller conveyor
~rost *m* roller grate
~spiel *nt* role play
~spielen *nt* role playing
Roll•kiesel *m* cobble
Roll•rasen *m* sod strips
Roll•stuhl *m* wheelchair
Röntgen *nt* roentgen, röntgen
{Maßeinheit für Strahlenbelastung}
~ *v* x-ray
~assistent /~in *m/f* radiographer
~aufnahme *f* radiograph
~bestrahlung *f* x-ray treatment
~bild *nt* radiograph, x-ray
~dermatitis *f* radiodermatitis
≈dicht *adj* radio-opaque

~dosi•meter *nt* x-ray dosimeter
~einrichtung *f* x-ray equipment
≈fähig *adj* radio-opaque
~fluoreszenz | analyse *f* x-ray fluorescence analysis
~~spektro•meter *nt* x-ray fluorescence spectrometer
~gerät *nt* x-ray equipment
~gleich•wert *m* roentgen equivalent
physikalischer ~~: physical roentgen equivalent
~o•grafie *f* radiography
{auch: ~o•graphie}
~o•logie *f* roentgenology
≈o•logisch *adj* radiological
~reihen•untersuchung *f* mass radiography
~spektro•skopie *f* x-ray spectroscopy
~strahl *m* gamma ray, roentgen ray, x-ray
≈~en•undurchlässig *adj* radio-opaque
~strahlung *f* x-rays
~struktur•analyse *f* heavy atom method
~untersuchung *f* radiological examination
~verordnung *f* x-ray order
Rosette *f* rosette
Rost *m* grate
{Teil einer Feuerstelle}
~ *m* rust
{Eisenoxid/~hydroxid; auch: Pilzkrankheit bei Pflanzen}
rosten *v* corrode, rust
Rösten *nt* roasting
Rösterei *f* roasting establishment, roasting plant
Rost•feuerung *f* grate firing, grate furnace
rost•hemmend *adj* rust-retardant
rostig *adj* rusty
rostral *adj* cephalic
Rost•schutz | anstrich *m* anti-corrosion painting
~farbe *f* anti-corrosion paint
~mittel *nt* anti-corrosion agent, rust-proofer
Rotation *f* (crop) rotation
~s•beweidung *f* deferred grazing, deferred-rotation grazing
~s•verdampfer *m* rotating evaporator
~s•weide *f* rotation pasture, strip grazing

Röte *f* redness
Rote Liste *f* Red Data Book, Red List
Rot•erde *m* red-latosol, red earth
{Latosol, dessen Rotfärbung auf einem relativ hohen Anteil an Hämatit und dessen Vorstufen beruht}
rotieren *v* rotate
rotierend *adj* rotating
Rot•lato•sol *m* red-latosol, red earth
{Latosol, dessen Rotfärbung auf einem relativ hohen Anteil an Hämatit und dessen Vorstufen beruht}
Dtsch. Syn.: Roterde
Rotor *m* rotor
~mühle *f* rotor mill
Rot•schlamm *m* red mud
Rotte *f* rotting (process)
{aerobe biologische Zersetzung fester organischer Stoffe}
~deponie *f* composting landfill
rotten *v* rot
Rotte•zelle *f* rotting compartment
Rot•wild *nt* red deer
~abschuss *m* deer cull
Route *f* route
Routine *f* routine
~kontrolle *f* routine control
≗mäßig *adj* routine
≗~ *adv* routinely
Rübe *f* beet
Rück | bau *m* cutting down, demolition, reconversion
~~konzept *nt* restoring concept
~bildung *f* impairment
Rücken *m* back
~ *m* ridge
{Geländeform}
≗artig *adj* ridge-type
~schaden *m* spine damage
Rück•enteignung *f* expropriation reversibility
Rücken•wirbel *m* vertebra
Rück•erstattung *f* reimbursement
Rücke | schaden *m* hauling damage, skidding damage
~weg *m* forest ride
Rück | fluss *m* reflux
≗führbar *adj* renewable
~gabe *f* restoring
~gang *m* decline, drop, regression
≗gewinnbar *adj* recoverable
≗gewinnen *v* recover
~gewinnung *f* reclamation, recovery
≗~s•anlage *f* reclamation plant, recovery plant
Rückgrat *nt* spine
Rückgriff *n* recourse
~s•anspruch *m* right of recourse
Rückhalte | bauwerk *nt* retarding structure
~becken *nt* balancing reservoir, retarding basin, retention reservoir, storage reservoir
{Stausee zur Regulation des Abflusses im flussabwärts gelegenen Abschnitt}
~damm *m* retention dam
~fähigkeit *f* retentivity
~faktor *m* storage coefficient
~kanal *m* storm-water holding sewer
{langgestreckte Bauform des Regenrückhaltebeckens}
~teich *m* retarding basin, retention pond
~terrasse *f* retention terrace
~volumen *nt* flood storage capacity
{Teil des Wasservolumens einer Hochwasserwelle, der vorübergehend zurückgehalten werden kann}
Rück | haltung *f* retardation
~kehr *f* return
ohne ~: non-return ***adj***
~kopplung *f* feedback
negative ~: negative feedback
positive ~: positive feedback
~kühl•anlage *f* recooling plant
~kühlung *f* recooling
~lauf *m* reflux
~~belebt•schlamm *m* return activated sludge
~~schlamm *m* return sludge
{der aus dem Nachklärbecken in das Belebungsbecken oder einen anderen Reaktor zurückgeführte Schlamm}
~~~fluss *m* return sludge flow
~nahme *f* cancellation, taking back, withdrawal
~~garantie *f* take back guarantee
Ruck•sack *m* rucksack,
~ *m* backpack
{Tourenrucksack}
~tourist /~in *m/f* backpacker
Rück | schlag | klappe *f* non-return check valve, non-return unit
~~ventil *nt* check valve
~sichtnahme•gebot *nt* consideration of adjacent uses
~spül•filter *m* backflush filter
~stand *m* residual, residue
≗ständig *adj* back
~stands | analyse *f* residue analysis
~~s•öl *nt* residual oil
~~s•verwertung *f* residue recycling
~stau *m* backwater
~~deich *m* backwater dike, floodwater-retarding structure
~~ebene *f* level of backed-up water
{Höhe, unter der innerhalb der Grundstücksentwässerung besondere Maßnahmen gegen Rückstau zu treffen sind}
~stell•probe *f* reserved sample
~stellung *f* postponement
{das Zurückstellen}
~~ *f* reserve (fund)
{in der Wirtschaft}
~stoß *m* recoil
≗streuen *v* backscatter
~streuung *f* backscatter
≗zahlbar *adj* returnable
nicht ~: non-returnable ***adj***
~zahlung *f* reimbursement, repayment
Rudel *nt* pack
ruderal *adj* ruderal
Ruderal•art *f* ruderal species
Ruderal•pflanze *f* ruderal plant
{Pflanzenart, die Schutt- und Trümmerplätze, Wegränder oder ähnliche Standorte besiedelt}
rudern *v* row
rudimentär *adj* vestigial
Ruf *m* call, song
{Lautäußerung}
~ *m* reputation
{Image}
Ruhe *f* peace and quiet
{Abwesenheit störender Geräusche}
~ *f* ease, rest
ruhen (lassen) *v* rest
ruhend *adj* dormant, quiescent, resting
in sich ~: cohesive ***adj***
~er Vulkan: quiescent volcano
Ruhe | pause *f* break, quiet period
~platz *m* haul-out
~stätte *f* resting place
≗störend *adj* disturbing
~zustand *m* dormancy
ruhig *adj* quiet, steady

~ **halten:** steady ***v***

Ruhr *f* dysentery

Rühr | gerät *nt* stirrer

~kessel•verfahren *nt* agitator-vessel process

Rühr•werk *nt* agitator

~s•belüfter *m* agitator aerating system

ruiniert *adj* wrecked

Rummel *m* rummel
{geogr.: unter periglazialen Bedingungen über Dauerfrostboden entstandenes Tal}

Rumpf•ebene *f* peneplain
{durch Verwitterung und Abtragung in Zeiten tektonischer Ruhe entwickelte wellige Ebene}

Rumpf•fläche *f* peneplain
Dtsch. Syn.: Rumpfebene

rund *adj* round, rounded
~ **machen:** round ***v***

≗brief *m* circular

Runde *f* round

Runden *nt* rounding

≗ *v* round

rund | erneuern *v* remould, re-tread

≗funk *m* radio

≗höcker *m* roche moutonnée
{durch Gletscherschurf zugerundete Felsrücken}

≗holz *nt* roundwood

≗reise *f* tour

≗schreiben *nt* circular, newsletter

Runse *f* gully, rill, scourway

Runsen•erosion *f* rill erosion

Runzel *f* seam

Ruß *m* carbon black, smut, soot
pelletierter ~: pelletized carbon black
Saurer ~: acid soot
{schwefelsäurehaltige Kohleteilchen}

~bildung *f* soot formation

~filter *m* soot filter

~flocke *f* smut

~herstellung *f* soot manufacture

~zahl *f* smoke spot number
{Messgröße für den Staub- und Rußanteil im Abgas}

~~bestimmung *f* determination of smoke spot number

Rüstung *f* armament

~s•altlast *f* disused military site
{Altlast, bei der die Gefährdung der Umwelt von Chemikalien aus chemischen Kampfmitteln ausgeht}

~s•konversion *f* armament conversion

Rutschen *nt* skidding

rutschend *adj* skidding, sliding

Rutschung *f* slide, slip

R-Wert *m* R-value
{Wärmedämmwert}

Saat *nt* seed
ruhende ~: quiescent seed
Saat•beet *nt* seedbed
~bereitung *f* bedding, seedbed preparation
Saat•gut *nt* seed
~beiz•mittel *nt* seed dressing
~vermehrung *f* seed growing, seed propagation
Saat•rille *f* drill
Sach | beschädigung *f* property damage
~buch *nt* nonfiction book, specialized book
Sache *f* business, matter
{Angelegenheit}
~ *f* case
{Rechtssache}
~ *f* cause
{Anliegen}
~ *f* thing
{allgemein; Ding}
bewegliche ~n: movable assets, movables
unbewegliche ~n: fixed assets, immovables
~n•recht *nt* law of property, property law
Sach | frage *f* factual issue
~gebiet *nt* subject area
~güter•schutz *m* material goods protection
~kenntnis *f* special knowledge
≗kundig *adj* competent
~schaden *m* material damage
~verständige /~r *f/m* assessor,
{als Besitzer /~in beim Gericht}
~~ /~~r *f/m* expert
~verständigen | gutachten *nt* expertise
~~rat *m* board of experts
~~~ für Umweltfragen: Council of Environmental Advisors
Sack | filter *m* bag
~gasse *f* cul-de-sac, dead end
Sackung *f* lateral spreading
{Form der Massenverlagerung}
säen *v* sow
Saft *m* sap
saftig *adj* sappy
Säge *f* saw
Säge•holz *nt* sawnwood
Säge•mehl *nt* saw dust
{Rückstand aus Sägewerken, der zur Energieerzeugung verwendet werden kann}
sagen *v* tell
Säge•werk *nt* saw mill
Sahara *f* Sahara
südlich der ~ gelegen: sub-Saharan ***adj***
Sahel *f* Sahel
{ökologische und klimatische Übergangszone in Afrika südlich der Sahara und nördlich der Sudanzone}
Saison *f* season
saisonal *adj* seasonal
~ *adv* according to the season
saison | bedingt *adj* seasonal, due to seasonal influences
≗zuschlag *m* seasonal supplement
Salinität *f* salinity
Dtsch. Syn.: Salzgehalt
Salino•meter *nt* salinometer
Dtsch. Syn.: Salzgehaltsmesser
Salmonellen *pl* salmonella
~vergiftung *f* salmonella poisoning
Salmonellose *f* salmonella poisoning
Dtsch. Syn.: Salmonellenvergiftung
Salmoniden•region *f* salmonid region, salmonid zone
{Zusammenfassung der Forellenregion und der Äschenregion}
Salpeter•säure *f* nitric acid
~herstellung *f* nitric acid manufacture
Salse *f* salse
{ein Schlammvulkan}
Saltation *f* saltation
Dtsch. Syn.: Springen
Salz *nt* salt
~abfall *m* salt waste
~ablagerung *f* salt deposit
~-Alkali•boden *m* saline alkali soil
≗artig *adj* saline
~belastung *f* salt load
~berg•bau *m* salt mining
~bilanz *f* salt balance
~bildung *f* salt formation
~boden *m* halomorphic soil, saline soil
{Boden mit hohem Anteil an löslichen Salzen bei einem niedrigem Anteil von Natrium-Ionen}
~~melioration *f* reclamation of salt-affected soils
~dom *m* salt dome
~fracht *f* salt load
~gehalt *m* salinity, salt content
~~s•messer *m* salinometer
~~s•sprung•schicht *f* halocline
{Grenze von zwei Wassermassen mit deutlich unterschiedlichem Salzgehalt}
~haltigkeit *f* salinity
~haushalt *m* salt balance
salzig *adj* saline, salty
Salz | index *m* salt index
~konzentration *f* salt concentration
≗liebend *adj* halophytic
≗los *adj* salt-free
~lösung *f* saline solution, salt solution
~marsch *f* out-marsh, salt marsh
{junge Marsch im Deichvorland mit relativ hohem Gehalt an Salzen}
~natrium•boden *m* saline-sodic soil
{Boden mit hohem Anteil an löslichen Salzen und hohem Anteil von Natrium-Ionen}
~pfanne *f* salt pan
~pflanze *f* halophyte
≗sauer *adj* hydrochloric
~säure *f* hydrochloric acid
~~emission *f* hydrochloric acid emission
~schaden *m* damage by salt, salt damage
~see *m* saline lake, salt lake
~steppe *f* salt steppe
~stock *m* salt mine, salt plug
~sumpf *m* salt marsh
~toleranz *f* salt tolerance
~wasser *nt* saline water, saltwater, salt water
~~biotop *m* salt water biotope
~~einbruch *m* saline water intrusion
~wiese *f* salt marsh, salt meadow, salty meadow
{Wiese im Übergangsbereich zwischen Watt und Land}
Samen *m* seed
~bank *f* seed bank, sperm bank
~baum *m* seed tree
~kapsel *f* capsule, seed case
Sämling *m* seedling

Zur Aufnahme in das Wörterbuch schlage ich folgende Begriffe vor:

Bitte teilen Sie mir die englische/deutsche Übersetzung folgender Begriffe mit (maximal 5 Begriffe):

Absender

Anschrift

E-Mail

Wissenschaftliche
Verlagsgesellschaft mbH
z. Hd. Frau Dr. Angela Meder
Birkenwaldstraße 44
70191 Stuttgart

Sammel | aktion *f* drive (Am)
~becken *nt* reservoir
~behälter *m* collecting container
~behältnis *nt* collecting receptacles
~graben *m* collecting ditch
~gut *nt* salvage
~kanalisation *f* combined sewer system
~leitung *f* collection pipe
{~~ für Deponiegas}
Sammeln *nt* collecting
≗ *v* collect
sammelnd *adj* collecting
Sammel | platz *m* collecting point
~system *nt* collecting system, collection system
~zeit *f* concentration time, gathering time, time of concentration
{Zeitraum, den der Oberflächenabfluss benötigt, um vom am weitesten entfernt gelegenen Punkt eines Wassereinzugsgebietes am tiefsten Punkt anzugelangen}
Sammler *m* collector drain, intercepting sewer, main sewer
{Hauptstrang eines Dränsystems}
~ *m* gatherer
Jäger und ~: hunters and gatherers
Sammlung *f* collection
Sand *m* grit, sand
{unverfestigte, unverwitterte Mineralkörner, 0,063-2 mm Durchmesser}
~ *v* Sand streuen
die Straße mit ~ streuen: sand the road
~bank *f* sandbank, sand-bar, sands, shoal, spit
~boden *m* sandy soil
~düne *f* sand dune
~ebene *f* sandy plain
Sander *m* outwash plain
{ausgedehnte, ebene Sand- oder Schotterfläche, die vor der Gletscherfront durch Schmelzwasser gebildet wurde}
Sand | fang *m* desilting basin, grit chamber, sand catcher, silt basin
{Bauwerk zur Ablagerung von mitgeführtem Sand in Fließgewässern oder Abwasser}
~~ *m* sand trap
{Vorrichtung zum Auffangen von verwehtem Sand}
~~gut *nt* grit
~filter *m* sand filter
{Anlage zur Wasseraufbereitung durch Abtrennung von Schwebstoffen mittels Sand}
~grube *f* sand pit
~heide *f* sand heath, sandy heath
sandig *adj* sandy
Sand | lehm *m* sandy loam
~linse *f* sand lens
~sack *m* sandbag
~stein *m* sandstone, gritstone
{durch ein Bindemittel verkitteter Sand}
~strahler *m* shot blaster
~strand *m* sandy beach
~sturm *m* sandstorm
~watt *nt* sandflats
Sandwich *nt* sandwich
sanft *adj* gentle, mild
~ *adv* gently
sanieren *v* redevelop, upgrade
Sanierung *f* redevelopment, rehabilitation, remediation, restoration
~s•gebiet *nt* region for restoration, redevelopment area
~s•kosten *pl* sanitation costs
~s•maßnahme *f* redevelopment measure, rehabilitation measure, remedial action, restoration measure
~s•plan *m* remedial plan
~s•potenzial *nt* redevelopment potential
{auch: ~s•potential}
~s•programm *nt* rehabilitation programme
~s•satzung *f* redevelopment byelaw
~s•überwachung *f* monitoring of rehabilitation
~s•vermerk *m* redevelopment note
sanitär *adj* sanitary
Sankt-Florians-Prinzip *nt* [umschrieben durch: not in my backyard (NIMBY)]
Sanktion *f* penalty, punishment, sanction
sanktionieren *v* sanction
Sapelli *nt* sapele
{afrikanisches Hartholz}
saprob *adj* saprobic
Saprobie *f* saprobity
Dtsch. Syn.: Saprobität
~grad *m* degree of saprobity
Dtsch. Syn.: Saprobiestufe
Saprobien *pl* saprobes
~index *m* saprobic index
~system *nt* saprobic system
Dtsch. Syn.: Saprobiesystem
{empirische Einteilung der Saprobie in Saprobiegrade aufgrund des Vorkommens bestimmter Indikatororganismen}
Saprobie•stufe *f* degree of saprobity
{Zustandsbereich im Saprobiesystem}
Saprobiont *m* saprobe, saprobiont
{an die Lebensbedingungen des Sapropels gebunder Organismus}
Saprobität *f* saprobity
{Intensität der biologischen Abbauprozesse}
saprogen *adj* saprogenous
Sapropel *m* sapropel
{subhydrischer, häufig toniger Bodentyp sauerstoffarmer Gewässer}
saprophag *adj* saprophagous
Saprophage *m/pl* scavenger
Saprophyt *m* saprophyte
{Pflanze, die von abgestorbener organischer Substanz lebt}
saprophytisch *adj* saprophytic
Sargasso•see *f* Sargasso Sea
Satellit *m* satellite
Satelliten | bild *nt* satellite image
~~darstellung *f* (satellite) imagery
~fernsehen *nt* satellite television
~stadt *f* satellite town
~überwachung *f* satellite monitoring
satiniert *adj* glazed
satt *adj* full
Sattel *m* anticline
{Teil einer geol. Falte mit nach unten divergierenden Schenkeln}
~ *m* col, saddle
{Berg~}
sättigen *v* concentrate, saturate
sättigend *adj* filling, saturating
Sättigung *f* saturation
~s•dampfdruck *m* saturation vapour pressure
~s•defizit *nt* saturation deficit
~s•extrakt *m* saturation extract
~s•grad *m* saturation
~s•konzentration *f* saturation concentration
~s•zone *f* saturation zone
Saturnismus *m* saturnism
Dtsch. Syn.: Bleivergiftung
Satzung *f* articles of association, bylaw, bye-law, statutes
sauber *adj* clean, unpolluted

besonders ~ machen: cleanse *v*
~e Produkte: clean products
~e Produktion: clean production
~e Technologie: clean technology

säubern *v* clean (up), purge
Säuberung *f* cleanup (Am), clean-up
~s•aktion *f* cleanup (Am), clean-up
sauer *adj* acid, acidic
~ *adv* acidly
Sauerstoff *m* oxygen
Anreicherung mit ~: oxygenation *n*
mit ~ anreichern: oxygenate *v*
~abgabe *f* disoxidation
~absorptions•mittel *nt* oxygen absorbent
~analysator *m* oxygen analyser
≗arm *adj* anoxic
~aufnahme *f* oxygen uptake
~~faktor *m* oxygen uptake factor
~ausblas•konverter *m* oxygen-blowing converter
~ausnutzung *f* oxygen utilization
~bedarf *m* oxygen demand, oxygen requirement
biochemischer ~~: biochemical oxygen demand
Dtsch. Abk.: BSB; Engl. Abk.: BOD
{Sauerstoffmenge, die die in einer Wasserprobe befindlichen Mikroorganismen benötigen, um Verunreinigungen abzubauen; ein Maß für den Gehalt an biol. abbaubaren Substanzen}
chemischer ~~: chemical oxygen demand
Dtsch. Abk.: CSB; Engl. Abk.: COD
{Sauerstoffmenge, die notwendig ist um die in einer Wasserprobe befindlichen Substanzen chemisch vollständig zu oxidieren}
~begasung *f* oxygenation
~bestimmung *f* oxygen determination
~bilanz *f* oxygen balance
~ des Wassers: oxygen balance in water
~bindung *f* oxygen-combining capacity
~bleiche *f* oxygen bleaching
~defizit *nt* oxygen deficiency
{Differenz zwischen Sauerstoffsättigungskonzentration und aktueller Sauerstoffkonzentration}
~eintrag *m* oxygenation (capacity), oxygen input
{Vorgang, der die Konzentration des Sauerstoffs erhöht}
~entzug *m* deoxygenation
~gehalt *m* oxygen content
~gleich•gewicht *nt* oxygen balance
~haushalt *m* oxygen balance
~konzentration *f* oxygen concentration
~lanze *f* oxygen lance
~linie *f* oxygen diagram
~mangel *m* anoxia, oxygen deficiency
~minimum *nt* oxygen minimum concentration
~profil *nt* oxygen profile
~regelung *f* oxygen control
~sättigung *f* oxygen saturation
~~s•faktor *m* oxygen saturation factor
~~s•index *m* oxygen saturation index
{prozentualer Anteil der aktuellen Sauerstoffkonzentration an der Sauerstoffsättigungskonzentration}
~~s•konzentration *f* oxygen saturation concentration, saturation concentration of oxygen
{Masse des im Wasser lösbaren Sauerstoffs, bezogen auf das Volumen}
~schuld *f* oxygen debt
~übertragung *f* oxygen transfer
~verbrauch *m* oxygen consumption, oxygen depletion
{Masse des verbrauchten Sauerstoffs, bezogen auf die Zeit}
~verlust *m* oxygen depletion
~zehrung *f* oxygen depletion
~zufuhr *f* oxygenation, oxygen supply, oxygen transfer
~~faktor *m* alpha-factor
{Quotient aus dem Sauerstoffzufuhrvermögen in Abwasser und demjenigen in Reinwasser}
~~vermögen *nt* oxygen transfer capacity
saugen *v* suck
Säuger *m* mammal
Säuge•tier *nt* mammal
Saug | fahr•zeug *nt* suction vehicle
~heber *m* siphon
~höhe *f* suction head
~schlauch *m* suction hose
~spannung *f* matric suction, soil moisture suction, soil moisture tension, tension
~~s•kurve *f* soil-moisture suction curve
~zug•lüfter *m* extractor fan
Säule *f* column
~n•chromato•grafie *f* column chromatography
{auch: ~n•chromato•graphie}
säulen•förmig *adj* columnar
Saum *m* fringe, margin
säumen *v* fringe
säumend *adj* fringing
Saum | pfad *m* bridle path, bridle-path, bridle way, bridle-way
{heute: öffentlicher Weg, auf dem Fahrradfahren oder Reiten erlaubt ist}
~~ *m* pack horse route
~schlag•betrieb *m* strip system
{Nutzungssystem, bei dem die natürliche Verjüngung im Bereich von allmählich fortschreitenden Säumen erfolgt}
~vegetation *f* marginal vegetation
saure /~r /~s *adj* acid
Säure *f* acid
anorganische ~: inorganic acid
organische ~: organic acid
≗beständig *adj* acidproof
~bindungs•vermögen *nt* acid binding capacity
~eigenschaften *pl* acidic properties
~gehalt *m* acid content
Anstieg des ~~s: acid pulse
~grad *m* (degree of) acidity
≗haltig *adj* acidic
~harz *nt* acid resin, acid tar
~konzentration *f* acid concentration
≗liebend *adj* acidophilic, acidophilous
~neutralisations•vermögen *nt* acid-neutralizing capacity
Engl. Abk.: ANC
~recycling•anlage *f* acid recycling plant
~regen *m* acid rain
{im Deutschen gebräuchlicher ist der Begriff "Saurer Regen" }
≗resistent *adj* acid-resistant
~schlamm•verbrennung *f* acid sludge combustion
~schutz•bau *m* acidproof installation
~stärke *f* acidity
{die Säurestärke wird mit dem pH-Wert angegeben}
≗tolerant *adj* acid-tolerant
Savanne *f* savanna, savannah, wooded grassland
{Grasvegetation der tropischen Sommerregenzone mit ausgeprägter Trocken-

zeit, überstellt mit einem lichten bis weiträumigen Baum- bzw. Buschbewuchs}

Scavenging *nt* scavenging
Dtsch. Syn.: Reinigungsfällung

Schaben *nt* scraping

schabend *adj* scraping

Schablone *f* template

Schacht *m* working
{in einem Bergwerk}

~deckel•heber *m* lifter for manhole covers

~leiter *f* manhole ladder

~ofen *m* shaft furnace

~überfall *m* drop-inlet spillway

~wasser *nt* acid mine water

Schad•bild *nt* damage appearance

Schädel•index *m* cephalic index

Schaden *m* damage
atomarer ~: nuclear damage
irreversibler ~: irreversible damage
nuklearer ~: nuclear damage
~ für empfindliche Ökosysteme: damage to sensitive ecosystems

~ersatz *m* indemnity

~~anspruch *m* indemnification claim

~~pflichtige /~r *f/m* (person) liable to compensation

~~recht *nt* tort law

Schadens | ausgleich *m* damage compensation

~behebung *f* adjustment of claim

~bewertung *f* damage valuation

~eintritt *m* beginning of damage

~ermittlung *f* damage investigation

~faktor *m* nuisance factor

~fall *m* case of damage

~minderung *f* minimization of damage

~~s•pflicht *f* liability for damage reduction

~regulierung *f* claims settlement

~vermeidung *f* damage prevention

~verursachung *f* cause for damage

~vorsorge *f* [early attention to a possible damage]

Schad•gas *nt* noxious gas

~immission *f* immission of noxious gas

schadhaft *adj* defective

Schad•haftig•keit *f* defectiveness

schädigen *v* affect, damage, harm, hurt

Schädigung *f* damage

Schad•insekten *pl* insect pests

schädlich *adj* detrimental, harmful, noxious
~e Substanz: harmful substance

Schädlichkeit *f* harmfulness

Schädling *m* pest, vermin
tierischer ~: noxious animal

~s•befall *m* pest attack, pest infestation, vermin infestation

~s•behandlung *f* pest management

~s•bekämpfung *f* pest control, pestology
biologische ~~: biocontrol, biological control (of pests)
{chemiefreie Bekämpfung von Schädlingen zum Schutz land- und forstwirtschaftlicher Nutzpflanzen sowie im Hygienebereich}
chemische ~~: chemical pest control, pest management using chemicals
integrierte ~~: integrated pest management, integrated pest control
Engl. Abk.: IPM
~~ mit Flugzeugen: crop dusting

~~s•methode *f* pest control method

~~s•mittel *nt* pesticide

~s•überwachung *f* pest control

Schad•stoff *m* contaminant, harmful substance, noxious material, pollutant
{Stoff mit schädlichen Wirkungen für Menschen, Tiere, Pflanzen und/oder Sachgüter}
gasförmiger ~: gaseous pollutant
natürlicher ~: natural pollutant
organischer ~: organic pollutant
Toxizität der ~e: toxicity of polluting material
Verdünnung der ~e: dilution of polluting material

~abbau *m* decomposition of harmful substances, pollutant degradation

~akkumulation *f* accumulation of pollutants, pollutant accumulation

~analytik *f* analytics of harmful substances

~anreicherung *f* enrichment with harmful substances

~aufnahme *f* pollutant absorption

~ausbreitung *f* pollutant dispersion

~ausstoß *m* emission of pollutants, pollutant emission

~belastung *f* pollutant load

~bestimmung *f* pollutant determination

~bewertung *f* pollutant assessment

~bilanz *f* pollutant balance (analysis)

~bildung *f* pollutant formation

~deponie *f* dump for toxic materials

~deposition *f* pollutant deposition

~einleitung *f* discharge of pollutants

~eintrag *m* immission of pollutants

~elimination *f* pollutant elimination

~emission *f* pollutant emission

~entsorgung *f* disposal of pollutants

~exposition *f* pollutant exposure

≗frei *adj* pollutant-free

~gehalt *m* pollutant content

~immission *f* pollutant immission

~~s•berechnung *f* determination of pollutant immissions

~immobilisierung *f* pollutant immobilization

~konzentration *f* concentration of harmful substance, pollutant concentration
explosionsfähige ~~: explosive concentration of noxious substances

~minderung *f* pollutant reduction

~mobilisierung *f* pollutant mobilization

~nachweis *m* pollutant detection

~quelle *f* source of pollution

~reduzierung *f* reduction of pollutants

≗reich *adj* rich in pollutants

~remobilisierung *f* pollutant remobilization

~senke *f* pollution sink

~untersuchung *f* pollutant analysis
~~ in Innenräumen: pollutant analysis of ambient air

~verbleib *m* pollutant pathway

~verdünnung *f* pollutant dilution

~verhalten *nt* pollutant behaviour

~wirkung *f* pollutant effect

Schaf *nt* sheep

Schaf•farm *f* sheep-farm
{in Großbritannien}

~ *f* sheep station
{große Schaffarm in Australien}

schaffen *v* create
{im Sinne von errichten}

~ *v* frame
{ein Bauwerk ~}

~ *v* manage
{im Sinne von etwas schaffen}

Schaffung *f* creation

Schaf•rasse *f* sheep-breed

Schaft *m* bole, stem, trunk
{Hauptachse eines Baumes von der Erdoberfläche bis zum Wipfel}
Dtsch. Syn.: Stamm

Schaf | zucht *f* sheep-breeding, sheep-farming

~züchter /~in *m/f* pastoralist, sheep-farmer

Schale *f* dish, shell, skin

schälen *v* flay
{Rinde ~}

Schalen•tier *nt* shellfish

Schalen•wild *nt* hoofed game

Schall *m* sound
{Schwingungsvorgang in Gasen, Flüssigkeiten oder festen Stoffen}
~ **dämmen:** soundproof *v*

~abgabe *f* noise emission

~absorber *m* noise absorber

~absorption *f* sound absorption

~~s•koeffizient *m* sound absorption coefficient

~abstrahlung *f* sound radiation

~analyse *f* frequency analysis

~anregung *f* noise stimulation

~ausbreitung *f* sound propagation, spreading of sound

~boden *m* sound-board

²dämm | end *adj* sound-absorbing, sound-deadening

~~maß *nt* sound reduction index
{ Maß zur Kennzeichnung der Schalldämmung von Bauteilen}

~~platte *f* acoustic board

~~stoff *m* sound absorbent, sound-deadening material, sound-insulating material

~dämmung *f* acoustic insulation, damping, sound attenuation, sound-insulation
{Maßnahmen zur Verhinderung der Ausbreitung von Schall}

~dämm•wert *m* sound damping rate

~dämpfer *m* muffler (Am), silencer

~dämpfung *f* sound absorption, sound deadening, sound reduction

~~s•faktor *m* sound reduction factor

²dicht *adj* sound-proof

~druck *m* acoustic pressure, sound pressure
{die durch ein Schallereignis hervorgerufene Änderung des Luftdrucks}
hydrostatischer ~~: fluid pressure

~~mittelungs•pegel *m* equivalent continuous sound pressure level

~~pegel *m* acoustic pressure level, sound pressure level
{Maß für die Stärke eines Schallereignisses}

~emission *f* noise emission, sound emission

schallen *v* echo, resound, ring out

Schall | energie *f* sound energy

~entstehung *f* sound generation

~erzeuger *m* sound generator

~feld *nt* hearing field

~frequenz *f* acoustic(al) frequency

~geschwindigkeit *f* sound velocity, speed of sound
{Ausbreitungsgeschwindigkeit des Schallvorganges im jeweiligen Medium}

~immission *f* sound immission

~isolations•material *nt* acoustic insulation material

~isolierung *f* acoustic insulation, sound-proofing, soundproofing

~leistung *f* acoustic power
{die pro Zeiteinheit abgestrahlte Schallenergie einer Schallquelle}

~~s•pegel *m* acoustic power level, sound intensity level
{Maß für die Schallleistung einer Schallquelle}

~leiter *m* sound conductor

~mauer *f* sound barrier
die ~~ durchbrechen: break through the sound barrier
Durchbrechen der ~~: breaking of the sound barrier

~mess•technik *f* sound measuring technology, sound ranging technique

~messung *f* sound measurement

~minderung *f* noise reduction, sound reduction

~pegel *m* sound level

~~anzeiger *m* sound level indicator

~~messer *m* sound level meter
selbstauswertender ~~~: self-evaluating sound-level meter

~~messung *f* sound level measuring, sound level metering

~~schreiber *m* sound level recorder

~~verringerung *f* noise level reduction

~quelle *f* sound-source

~schirm *m* acoustic baffle, baffle

~schleppe *f* sonic boom carpet

²schluckend *adj* acoustic , anti-noise, noise-absorbing

~schluck | stoff *m* sound absorbent material

~~wand *f* absorbing wall

~schluckung *f* sound absorption
Einheit der ~~: acoustic absorption unit

Schall•schutz *m* noise control, noise protection, sound insulation, sound proofing
{Maßnahmen zur Verminderung oder Vermeidung von Lärm}
baulicher ~: noise protection for buildings, structural sound proofing
~ **im Hochbau:** sound insulation in building construction

~anforderung *f* sound-proofing requirement

~einrichtung *f* noise control equipment

~decke *f* sound-absorbing ceiling

~fenster *nt* acoustic window, noise protection window, sound-insulating window, sound-proof window

~haube *f* soundproofing hood

~kabine *f* noise abatement cabin, noise protected booth

~kapselung *f* soundproof enclosure

~maß•nahme *f* anti-noise measure, noise abatement measure, sound proofing measure

~matte *f* sound-absorbing mat

~planung *f* noise abatement planning, sound proofing planning

~stell•wand *f* mobile sound absorbing wall

~technik *f* noise control systems

~tür *f* sound-absorbing door

~verordnung *f* sound protection regulation

~vorhang *m* sound-absorbing curtain

~wand *f* noise barrier, sound-absorbing wall, sound protection panel

Schall | überwachung *f* acoustic emission monitoring

~wahr•nehmung *f* auditory sensation

~wall *m* sound-absorbing wall

~wand *f* (acoustic) baffle
reflektierende ~~: reflex baffle
~welle *f* soundwave
Schalm *m* blaze
{Markierung an Bäumen, die gefällt werden sollen}
Schäl•pflug *m* stubble cleaner, stubble plough
Schalter *m* counter
{Bankschalter, Postschalter}
~ *m* switch
{Stromschalter}
Schand•fleck *m* eyesore
Schändung *f* violation
Schar *f* flock
~ *f* landside
{die gerade Seite eines Pfluges gegenüber der Furche}
~deich *m* dike direct along a waterway, embankment along the waterway
scharf *adj* fine
{Klinge}
~ *adj* sharp
≗einstellung *f* focus
~sinnig *adj* profound
scharlach•farben *adj* cardinal
Schar•schneide•winkel *m* landside clearance
Schatt•baum•art *f* shade bearer, shade-tolerant tree species
{Baumart mit einer relativ großen Toleranz gegenüber Beschattung durch andere Bäume, vor allem in der Jugend}
Schatten *m* shade, shadow
~baum *m* shade tree
≗empfindlich *adj* shade-intolerant
≗ertragend *adj* shade-tolerant
~pflanze *f* sciophyte, shade plant
{Pflanzenart, die bei schlechtem Licht besser gedeiht als bei vollem Sonnenlicht}
≗verträglich *adj* shade-tolerant
~wirtschaft *f* black economy, shadow economy
Schattieren *nt* shading
≗ *v* shade
schattiert *adj* shaded
Schattierung *f* shade
schätzen *v* appreciate
{wertschätzen}
~ *v* estimate
{abschätzen}
Schätzung *f* approximation, estimate, estimation, evaluation
Schau•bild *nt* chart, diagram, graph

Schau•deich *m* inspected dike
{durch Rechtsvorschrift der staatlichen Aufsicht unterstellter Deich}
Schauer *m* shower
Schaufel *f* dustpan
{Kehrschaufel}
~ *f* paddle
{vom Schaufelrad, Mühlrad}
~ *f* palm
{jägerspr.: vom Geweih}
~ *f* scoop
{für Pulver}
~ *f* shovel
~kammer *f* bucket
schaufeln *v* dig, shovel
Schaufel | rad *nt* paddle-wheel
~~bagger *m* bucket excavator
~~dampfer *m* paddle-steamer
~trage *f* shovel type stretcher
Schau•glas *nt* sight glass
Schaum *m* foam
~bildner *m* foaming agent
~bildung *f* foam formation
schäumend *adj* foaming
Schaum | glas *nt* foam glass
~kunst•stoff *m* foam plastic, plastic foam
~lösch•anlage *f* foam extinguishing plant
~stoff *m* foam rubber, plastic foam
~~recycling•anlage *f* recycling plant for foamed materials
≗verhindernd *adj* anti-foaming
Scheibe *f* disk, segment, slab
Scheiben | egge *f* disk harrow
gegenläufige ~~: double-action harrow
~filter *m* disk filter, leaf filter
~kultivator *m* disk cultivator
~pflug *m* disk plough, disk plow (Am)
~schäl•pflug *m* disk tiller
~tauch•körper *m* rotating disk filter
scheinbar *adj* apparent
~ *adv* apparently
Scheitel•punkt *m* peak
Scheitern *nt* failure
Schema *nt* scheme
Schenkung *f* presentation
Scheren *nt* shearing
≗ *v* shear
~kluppe *f* tree compass
Scher | festigkeit *f* shear resistance, shear strength
~flügel | gerät *nt* shear vane
{Instrument zur Messung der Scherfestigkeit des Bodens}
~~test *m* shear vane test
{Verfahren zur Feldermittlung des Scherwiderstandes der ungestörten Bodenoberfläche}
Scherung *f* shear
Scher | walze *f* shearing roll
~welle *f* shear wave
{langsame seismische Welle}
~wider•stand *m* shear resistance, shear strength
Scheuern *nt* scour
~ verhindernd: antiscour ***adj***
≗ *v* scour
Scheune *f* barn
Schi *m* ski
{Dtsch. statt Schi auch Ski}
Schicht *f* horizon
{Bodenschicht}
~ *f* layer
~ *f* relay
{Arbeitszeitraum}
~ *f* seam, stratum
{Felsschicht}
wasserführende ~: aquifer ***n***
Schichten *pl* strata
~folge *f* series
~probe•nahme *f* stratified (random) sampling
{Probenauswahl nach unterschiedlichen Schichten oder Strukturen}
~strömung *f* sheet flow
Schicht | erosion *f* interrill erosion, sheet erosion, sheet wash
Dtsch. Syn.: Flächenerosion
{Form der Bodenerosion}
~lade•motor *m* layer charge engine
{Motorengruppe, die sowohl Eigenschaften des Ottomotors wie auch des Dieselmotors aufweist}
~stufe *f* cuesta
{durch unterschiedliche Verwitterungsresistenz herausgebildete Geländestufe in einer Schichtenfolge}
Schichtung *f* bedding
{verschiedene Sedimentschichten übereinander}
~ *f* layering
{Übereinanderlagerung von Massen mit unterschiedlichen Merkmalen}
~ *f* stratification
{Bildung unterschiedlicher, in sich weitgehend homogener horizontaler Zonen im Wasser sowie das Ergebnis dieses Vorgangs}

~ **des Wassers:** water stratification
thermische ~: thermal stratification
Schicht•wolke *f* stratus
schicken *v* dispatch
Schicksal *nt* fate
schieben *v* push
hin und her ~: shunt *v*
Schieber *m* register, sluice-valve
~kammer *f* valve chamber
{Bauwerk zur Aufnahme von Armaturen und Verschlüssen in Stauanlagen}
Schieds | gericht *nt* arbitral court
≗gerichtlich *adj* arbitral
~gerichts•barkeit *f* arbitral jurisdiction
≗richterlich *adj* arbitral
~spruch *m* arbitral award
schief *adj* inclined, leaning, sloping
~e Verteilung: skewed distribution
~ (sein) *v* slope
Schiefer *m* schist, shale, slate
≗artig *adj* slaty
~bruch *m* slate quarry
≗farben *adj* slaty
schieferig *adj* slaty
Schiefer | öl *nt* shale oil
~platte *f* slate
~tafel *f* slate
Schieferung *f* schistosity, slaty cleavage
{parallel gerichtetes, engständiges Flächengefüge in Gesteinen}
Schiefer•wall *m* slate wall
{Grundstücksbegrenzung aus Schieferplatten, typisch für Wales}
Schiene *f* rail
Schienen | bahn *f* railroad
~bus *m* railbus
~fahrzeug *f* rail-bound vehicle, rail vehicle, track vehicle
≗gebunden *adj* rail-bound
~verkehr *m* rail traffic
~~s•lärm *m* noise from rail traffic
Schieß•anlage *f* shooting range
Schießen *nt* shooting
~ **bei Nacht:** night shooting
Schieß| lärm *m* shooting noise
~scharte *f* loophole
Schiff *nt* ship, vessel
schiffbar *adj* navigable
Schiffbarkeit *f* navigability
Schiff | bau *m* shipbuilding
~fahrt *f* navigation, shipping
~~s•recht *nt* shipping law
Schiffs | bewuchs *m* ship fouling
~diesel *m* marine fuel oil
~entsorgung *f* ship's waste disposal
~müll *m* ship's garbage
~unfall *m* ship disaster
~technik *f* marine engineering
~unfall *m* shipping accident
~verkehr *m* shipping (operations)
~~s•lärm *m* shipping traffic noise
~wrack *nt* ship wreckage
Schild *m* plate, shield
~drüse *f* thyroid (gland)
~~n•hormon *nt* thyroid hormone, thyroxine
Schilf *nt* reed
~feld *nt* reedbed
~rohr *nt* reed
Schimmel•pilz *m* mould
Schindel *f* shingle
Schirm *m* shelter
{Kronendach von Bäumen, die zum Schutz von Baumarten oder von landwirtschaftlichen Kulturpflanzen belassen oder angepflanzt werden}
~ *m* umbrella
~hieb *m* shelterwood cut
{Endnutzung, bei der ein Teil der Bäume eines einheitlichen Kronendaches in einem Altholz entnommen werden}
~schlag•betrieb *m* shelterwood system
{Nutzungssystem, bei dem die Verjüngung unter Schirm bei allmählicher Auflockerung und Beseitigung von Ober- und Unterstand erfolgt}
Schirokko *m* sirocco
{trockener Wüstenwind in Nordafrika}
Schlacht *f* fighting
~abfall *m* abattoir waste, slaughterhouse waste
~verwertung *f* processing of abattoir waste
Schlachten *nt* slaughter
≗ *v* slaughter
Schlacht | hof *m* abattoir, slaughterhouse
~~abfall *m* slaughterhouse waste
~rind *nt* beef cattle
~vieh *nt* [animals kept for meat]
Schlacke *f* breeze, cinder, clinker, gob, slag
{geschmolzener Rückstand aus Schmelzvorgängen}
basische ~: basic slag
~n•deponie *f* slag dump
~n•steine *pl* breeze blocks
~n•verwertung *f* reclamation of slag
~n•zement *m* slag cement
Schlaf *m* sleep
~deich *m* retired dike
{Deich, der keine Schutzaufgaben mehr hat}
~physiologie *f* physiology of sleep
~platz *m* roost
~saal *m* dormitory
~stadt *f* dormitory town (Br)
~störung *f* sleep disturbance, insomnia
Schlag *m* coupe, cut, cutting area, felling area
{Fläche, auf der durch einen Einschlag Holz geworben wird}
~ *m* jab
{Stoß}
~abraum *m* felling refuse
~anweisung *f* felling permit
~brecher *m* impact crusher
Schlagen *nt* cutting
{forstliche Maßnahme}
≗ *v* flap
{mit den Flügeln}
≗ *v* hit, strike
schlagend *adj* striking
Schlag | folge *f* felling sequence, felling series, sequence of coupes
{zeitliche und räumliche Aneinanderreihung von Schlägen}
~kraft *f* punch
~loch *nt* pothole, pot-hole
~reihe *f* felling series
~system *nt* silvicultural system
{das sich aus Hiebsart, räumlicher Ordnung und zeitlicher Folge der pflegenden und nutzenden Hiebe ergebende System der Bewirtschaftung eines Forstbetriebes}
Schlamm *m* mire, mud, silt
~ *m* ooze
{am Grund von Stillgewässern}
~ *m* sludge
{bei der Abwasserbehandlung anfallender ~}
aktivierter ~: activated sludge
belebter ~: activated sludge
{beim Belebungsverfahren entstehender Schlamm}
stabilisierter ~: stabilized sludge
~ablagerung *f* deposition of sludge, sludge deposit, sullage

~ablass *m* sludge extraction pipe, sludge outlet
~~leitung *f* sludge outlet pipe
~absetzung *f* sludge settling
~absetz•volumen *nt* settled sludge volume
~abzug *m* sludge extraction
~alter *nt* sludge age
~alterung *f* sludge aging
~analyse *f* sludge analysis
Schlämm•analyse *f* sedimentation analysis
{Verfahren zur Ermittlung der Korngrößenverteilung eines Bodens}
Schlamm | atmung *f* sludge respiration
~aufbereitung *f* sludge treatment
~~s•anlage *f* sludge treatment plant
~bank *f* sludge bank
~bassin *nt* sludge basin
~becken *nt* sludge basin, sludge tank
{Anlage zur natürlichen Entwässerung von stabilisiertem Schlamm}
~beet *nt* sludge basin
~behandlung *f* sludge treatment
{Aufbereitung von Schlamm zu dessen Verwertung oder Beseitigung}
~~s•anlage *f* sludge treatment plant
~~s•mittel *nt* sludge treatment agent
~belastung *f* sludge loading
{Quotient aus der Masse der organischen Schmutzstoffe, bezogen auf eine Zeit und die Trockenmasse des belebten Schlammes}
~belebung *f* activation of sludge, bioaeration
~beschaffenheit *f* sludge composition
~beseitigung *f* sludge disposal, sludge removal
{Deponieren von Schlamm, der nicht verwertet wird}
~bestandteil *m* sludge component
~bildung *f* sludge formation
~decke *f* sludge blanket
~eimer *m* sludge bucket
~eindick | er *m* sludge thickener
~~behälter *m* sludge concentrator
~eindickung *f* sludge thickening
{Entzug von Schlammwasser}
~entsorgung *f* sludge disposal
~entwässerbarkeit *f* sludge dewaterability
~entwässerung *f* sludge dewatering, sludge drainage
{Abtrennen von Schlammwasser durch natürliche Verfahren}
~~s•anlage *f* sludge dewatering plant
~~s•behälter *m* sludge dewatering tank
~~s•platz *m* sludge draining bed
~fang *m* sludge collector, sludge trap
~faul | anlage *f* sludge digestion plant
~~behälter *m* sludge digester
~~raum *m* sludge digestion chamber
~faulung *f* sludge digestion
~filter *m* sludge filter
~~presse *f* sludge filter press
~förder | anlage *f* sludge transport system
~~einrichtung *f* sludge conveying equipment
~förderung *f* sludge transport
~gefrier•anlage *f* sludge freezing plant
~grube *f* sludge pit
~homogenisierung *f* sludge homogenization
schlammig *adj* miry, muddy, silty, sludgy
Schlamm | impfung *f* sludge seeding
~index *m* sludge volume index
{Quotient aus dem Schlammvolumen und der Trockenmassenkonzentration}
~inhalts•stoffe *pl* sludge components
~kammer *f* sludge chamber
~kasten *m* sludge hopper
~kompostierung *f* sludge composting
~konditionierung *f* sludge conditioning
~kontakt | anlage *f* sludge contact clarifier
~~-Flockungs•becken *nt* sludge blanket reactor
~~verfahren *nt* sludge blanket process, sludge contact clarification
~kratzer *m* sludge scraper
~krawatten *pl* mudskirts
{Schlammufer an Stauseen bei abgesenktem Wasserstand}
~kuchen *m* sludge cake
~lager•silo *nt* sludge storage bin
~lagerung *f* sludge storage
~lawine *f* mud avalanche, mud flow, mud spate
~mineralisierung *f* sludge mineralization
~mischer *m* sludge mixer
~nach•behandlung *f* sludge secondary treatment
~nutzung *f* sludge use
~partikel *nt* sludge particle
~pasteurisierung *f* sludge pasteurisation
{thermische Behandlung des Schlammes zur Verminderung oder Inaktivierung von Keimen}
~pegel•messer *m* sludge level meter
~pipeline *f* slurry pipeline
~pumpe *f* sludge pump, slurry pump
~pyrolyse *f* sludge pyrolysis
~rück•führung *f* sludge recirculation
~~s•pumpe *f* sludge recirculation pump
~schiff *nt* sludge ship
~separator *m* sludge separator
~stabilisierung *f* (aerobic) sludge stabilization, sludge fixation
{Verfahren der Schlammbehandlung besonders zur Verringerung von geruchsbildenden Inhaltsstoffen und der organischen Schlammfeststoffe}
~streuer *m* sludge spreader
~strom *m* mudstream
~sumpf *m* sludge sump
~tank•wagen *m* sludge tanker
~teich *m* sludge lagoon, sludge settling pond
{Anlage zur Speicherung von stabilisiertem Schlamm}
~trichter *m* sludge hopper
~trocken | beet *nt* sludge drying bed
~~gewicht *nt* dry weight of sludge
~~masse *f* sludge dry solids
~~substanz•gehalt *m* sludge dry residue
~trockner *m* sludge dryer
~trocknung *f* drying of sludge, sludge drying
{Entzug von Schlammwasser durch Verdampfen oder Verdunsten}
~~s•anlage *f* sludge drying plant
~ufer *nt* mudskirt
~verbrennung *f* sludge combustion, sludge incineration
~~s•ofen *m* sludge incinerator
~verklappung *f* sludge barging

~verwertung *f* reclamation of sludge, sludge utilization

~volumen•beschickung *f* sludge volume surface loading
{Produkt aus Flächenbeschickung und Schlammvolumen}

~vulkan *m* mud volcano

~wäsche *f* sludge elutriation

~waschung *f* sludge ablution, sludge cleaning, sludge elutriation

~wasser *nt* reject water, sludge liquor

~zusammen•setzung *f* sludge composition

schlängeln *v* meander
{sich ~}

schlangenlinienförmig *adj* wiggly

Schlatt *nt* deflation basin, schlatt, windscoured basin
{flache Senke, die durch Auswehung von Sand entstanden ist}

Schlauch *m* hose, hosepipe

~boot *nt* dinghy

~filter *m* filter sock, tube filter

~kupplung *f* hose coupling

~pumpe *f* peristaltic pump

~relining *nt* hose relining

~waage *f* hose-level, hosepipe level, flexible-tube water-level
{einfaches Instrument zur Ermittlung von Höhengleichen}

~wehr *nt* inflatable weir
{an der Gerinnesohle verankerter, füllbarer, flexibler Hohlkörper zur Erzeugung eines Staus}

schlecht *adj* bad, poor
~er Boden: poor soil

Schleier *m* mist, veil

Schleifen *nt* grinding

≗ *v* drag

schleifend *adj* dragging, grinding

Schleif | korb *m* dragging basket

~maschine *f* grinder, grinding machine

~staub *m* wheel swart

Schleim *m* mucus, slime, slop

≗absondernd *adj* muciparous, pituitary, secreting mucous

~haut *f* mucous membrane

schleimig *adj* mucous

Schleppen *nt* hauling, pulling

≗ *v* drag, lug

schleppend *adj* dragging, hauling, pulling, sluggish

~ *adv* sluggishly

Schlepp | jagd *f* drag

~kraft *f* tractive force
{Kraft zur Loslösung von Partikeln von Oberflächen durch Flüssigkeiten}

~netz *nt* drag-net

~spannung *f* tractive force

Schleudern *nt* skidding

Schleuse *f* lock, sluice

~n•auslass *m* sluice way

~n•kammer *f* lock chamber

~n•kanal *m* sluice way

~n•kontrolle *f* sluice control

~n•tor *nt* sluice gate

schlicht *adj* elementary

Schlichtung *f* arbitration

~s•kommission *f* arbitration panel

Schlick *m* coastal marsh sediments
{schluffig-tonige Ablagerungen im Salz- und Brackwasserbereich}

~ *m* mud, silt

~ *m* ooze
{am Grund von Stillgewässern}

~ablagerung *f* silting

~absetz•graben *m* desilting channel

~boden *m* mudflats

~fläche *f* mudflats

~gras *nt* cord grass

~watt *nt* mudflats

schließen *v* close, shut

~ *v* shut down
{eine Fabrik schließen}

Schließung *f* shutdown

Schliff•fläche *f* polished surface
{planare Gesteinsoberfläche}

Schlitz *m* slot

~düsen•absaugung *f* air jet exhaustion

schlitzen *v* slot

Schlitz | saat•verfahren *nt* slot planting

~wand *f* cut-off trench

Schlot *m* chimney stack
{Kamin}

~ *m* vent
{Vulkanschlot}
hydrothermaler ~: hydrothermal vent

~gang *m* plug

Schlotte *f* pipe
{durch Auslaugung und Lösungserweiterung entstandene, steilstehende Vertiefung im Gestein}

Schlucht *f* canyon, gorge

~en•verbau *m* gully control

~erosion *f* gully erosion
Dtsch. Syn.: Rinnenerosion
{Form der Bodenerosion}

Schluck *m* swallow

~ablauf *m* absorptive outlet
{mit Grobkies gefüllte Vorrichtung im Boden zur Aufnahme und Ableitung überschüssigen Niederschlagswassers}

~brunnen *m* disposal well, infiltration well
{Brunnen zur Einleitung von Wasser in den Untergrund mit dem Ziel einer künstlichen Grundwasseranreicherung}

schlucken *v* swallow

Schluck | loch *nt* sink hole, swallow hole

~schacht *m* sink shaft

Schluff *m* silt
{Sediment aus unverfestigten Mineralkörnern, Durchmesser 0,002-0,063 mm}

schlummernd *adj* quiescent
~er Vulkan: quiescent volcano

Schlund *m* jaw

Schlüpfen *nt* hatch, hatching

≗ *v* hatch
{aus dem Ei schlüpfen}

Schluss•bestimmung *f* final provision

Schlüssel•art *f* key species
{Art, die in ihrer Lebensgemeinschaft eine zentrale Funktion hat}

Schlüssel•begriff *m* keyword

Schlüssel•faktor *m* key factor
~ für: key factor in

schlüssel•fertig *adj* turnkey

Schlüssel•gebiet *nt* key site

Schlüssel•rolle *f* key role

Schlüssel•wort *nt* keyword

Schluss | folgerung *f* conclusion

~gesellschaft *f* mature plant community
{Entwicklungsphase, in der das Wirkungsgefüge von Vegetation und Umwelt einen vorübergehenden Gleichgewichtszustand erreicht hat}

~stein *m* keystone

~wald•gesellschaft *f* overmature phase
{reife Endphase der Vegetationsentwicklung}

Schmälerung *f* derogation

schmelzbar *adj* fusible
schwer ~: refractory ***adj***

Schmelze *f* molten-mass, smelting

~filter *m* molten-mass filter

Schmelzen *nt* melting

schmelzen *v* melt
{ohne menschliches Zutun stattfindender Übergang eines Stoffes von der festen in die flüssige Phase}
~ *v* smelt
{etwas aktiv durch Energiezufuhr zum Schmelzen bringen}
Schmelze•pumpe *f* molten-mass pump
Schmelzerei *f* smelter
Schmelz | fluss•elektrolyse *f* fusion electrolysis
⁓flüssig *adj* molten
~hütte *f* smelter, smelting plant
~kammer•feuerung *f* wet bottom firing
~ofen *m* smelting furnace
~punkt *m* melting point
~technik *f* smelting technique, smelting technology
~wasser *nt* meltwater
~~tal *nt* meltwater channel
{durch glazifluviatile Erosion angelegtes Tal, dessen Sohle mit Schmelzwasserablagerungen ausgefüllt ist}
Schmerz *m* pain
Schmerzen *pl* pain
⁓ *v* pain
~s•geld *nt* compensation (for suffering), exemplary damages
Schmerz•schwelle *f* pain threshold
Schmetterling *n* butterfly
schmettern *v* crash
schmiedbar *adj* malleable, melleable
Schmiede *f* forge, smithy
Schmier•seife *f* soft soap
Schmier•stoff *m* lubricant
schmirgelnd *adj* abrasive
Schmutz *m* dirt
~fracht *f* pollution load
{Maßzahl für den Zu- oder Ablauf einer Kläranlage oder die in einem Gewässer enthaltene Schadstoffmenge pro Zeiteinheit oder Produkteinheit}
schmutzig *adj* dirty, foul
Schmutz | last *f* pollution loading
~stoff *m* contaminant, pollutant, polluting matter
~wasser *nt* domestic and industrial waste-water
{durch Gebrauch verunreinigtes Wasser}
gewerbliches ~~: industrial wastewater
häusliches ~~: domestic sewage
industrielles ~~: industrial wastewater
kommunales ~~: municipal wastewater
landwirtschaftliches ~~: agricultural wastewater
~~abfluss *m* domestic and industrial wastewater flow
~~~spende *f* domestic and industrial wastewater discharge rate
~~anfall *m* daily amount of sewage
{tägliche Schmutzwasserabflusssumme}
~~menge *f* volume of domestic and industrial wastewater discharge
~~pumpe *f* dirty water pump, wastewater pump
Schnecken•presse *f* worm extruder
Schnee *m* snow
~blindheit *f* snow blindness
~decke *f* snow cover
~fall *m* fall of snow, snowfall
~grenze *f* snowline
~herstellung *f* snow-making
~mobil *nt* snow scooter
~pflug *m* snowplough
~probe *f* snow sample
~regen *m* sleet
~~ geben: be sleeting ***v***
⁓reich *adj* snowy
~schmelze *f* melting of the snow, snow melting, thaw
~sturm *m* snowstorm
~tälchen *nt* snow pocket
schneiden *v* cut
schneidend *adj* cutting, piercing
Schneid | öl *nt* cutting oil
~walze *f* cutting roll
schneien *v* snow
schneiteln *v* pollard
schnell *adj* fast, fast-moving
~ *adv* quickly
⁓abschaltung *f* emergency-shutdown
Grenzleistung bei ⁓~: emergency-shutdown power
⁓bahn *f* high-speed railway, municipal railway, rapid transit train
~fahrend *adj* fast-moving
Schnelligkeit *f* speed
Schnell | sand•filter *m* rapid sand filter
{Reinigungsverfahren zur Trinkwasseraufbereitung, bei der das Wasser durch eine Sandschicht hindurchläuft, um es von mechanisch abtrennbaren Stoffen zu befreien}
~spaltung *f* fast fission
{Spaltung von U-238, die schneller abläuft als von U-235}
~straße *f* expressway
~test *m* rapid test
~trocknen *nt* forced drying
⁓trocknend *adj* quick-drying
~verkehr *m* fast-moving traffic, high-speed traffic
~s•straße *f* high-speed road
⁓wachsend *adj* fast-growing
~wuchs•plantage *f* fast-growing species plantation, quick-growing species plantation
{Holzplantage mit überdurchschnittlich hohem Masse- oder Volumenzuwachs}
schnipsen *v* flip
Schnitzel•werk *nt* shredder
Schnur *f* line
~waage *f* line level
{einfaches Instrument zur Ermittlung von Höhengleichen}
Schock•welle *f* shock wave
Scholle *f* clod
{Boden}
~ *f* plaice
{Fisch}
schön *adj* fine
{schönes Wetter}
~ *adj* good
~ *adj* pleasant
{angenehm, nett}
~ *adv* pleasantly
schonen *v* conserve
Schon•kost *f* salt-free diet
Schonung *f* forest enclosure
Schönung *f* polishing
{Verbesserung der Qualität}
Schon•wald *m* protected forest
{Wald, der wesentliche Nachteile für das Gemeinwohl verhüten oder abwehren soll}
Schöpf•entwässerung *f* drainage by pumping station
{Abführen des Wassers aus dem Binnenland mit Hilfe eines Schöpfwerks}
schöpferisch *adj* constructive
Schöpf•werk *nt* pumping station
{Wasserhebeanlage für Entwasserungszwecke}
Schorf *n* slough
Schorn•stein *m* chimney (stack), (smoke) stack
~ *m* funnel
{eines Schiffs etc.}
~feger /~in *m/f* chimney sweeper
~höhe *f* chimney height

~überhöhung *f* plume rise
Schößling *m* culm, sprout
Schote *f* pod, shell
Schott *nt* bulkhead
Schotter *m* gravel (and cobbles with sand), scree
{fluviatiles Sediment, vorwiegend aus Geröll, Kies und Sand}
~wehr *nt* loose-rock dam
{Bauwerk zur Durchflussregulierung in kleinen Wasserläufen}
schräg *adj* transversal
Schräge *f* tilt
Schräg•lage *f* tilt
Schramme *f* striation
Schranke *f* barrier
biotische ~: biotic barrier
Schraube *f* screw
~n•kompressor *m* screw compressor
~n•rad•pumpe *f* mixed-flow pump
~n•spindel•pumpe *f* rotary screw pump
Schredder *m* shredder
~anlage *f* shredder plant, shredding machine
~müll *m* shredder refuse
Schreiben *nt* letter, writing
≗ *v* write
selbst≗end: autographic ***adj***
Schrift•führer /~in *m/f* clerk
schriftlich *adj* written
Schritt *m* footfall
schritt•weise *adj* stepwise
Schrott *m* scrap (metal)
~aufbereitung *f* scrap preparation
~ballen *m* scrap bundle
~greifer *m* scrap grab
~paketier•presse *f* scrap baler
~platz *m* scrapyard
~preis *m* price of scrap metal
~presse *f* scrap baling press
~recycling•anlage *f* scrap recycling plant
~sammlung *f* scrap collection
~schere *f* scrap shear
~schredder *m* scrap shredder
~verarbeitung *f* scrap processing
~verhüttung *f* scrap smelting
~verladeanlage *f* scrap transshipping plant
~wirtschaft *f* scrap metal management
schrumpfen *v* shrivel
~ lassen *v* contract
Schrumpfung *f* shrinkage
schrumplig machen *v* shrivel
Schub *m* thrust
{in der Erdkruste}
Schul | absolvent /~in *m/f* school graduate
~behörde *f* education authority
~besuch *m* schooling
~bildung *f* school education, schooling
~buch *nt* school-book
~bus *m* school bus
Schuld *f* debt, fault
~en•rück•zahlung *f* debt repayment
Schule *f* school
{Bildungseinrichtung; auch: Walschule}
allgemeinbildende ~: school for general education
berufsbildende ~: training college
höhere ~: secondary school
weiterführende ~: secondary school
schulen *v* educate, nurture, train
Schul•englisch *nt* school English
Schüler /~in *m/f* pupil, student
~ einer höheren Schule: higher education student
Schülerin: schoolgirl ***n***
~austausch *m* school exchange
~zeitung *f* school magazin
Schul | fach *nt* school subject
~funk *m* schools broadcasting
~gebäude *nt* school (building)
~gelände *nt* school grounds
~kind *nt* schoolchild
~klasse *f* school class
~lehrer /~in *m/f* schoolteacher
~leiter *m* headmaster, head teacher
~leiterin *f* headmistress, head teacher
~medizin *f* conventional medicine
~praktikum *nt* teaching practice
~stunde *f* school period, lesson
~teich *m* school pond
Schulung *f* training (course)
Schul•unterricht *m* school lessons, school teaching
Schummerung *f* shaded relief
{kartografisch}
Schuppe *f* scale
{z.B. bei Fischen und Reptilien}
Schuppen *m* shed
schuppig *adj* scaly
Schürf | grube *f* soil pit, test pit
~stelle *f* prospect
Schürze *f* apron
Schuss *m* dash
{kleine Menge}
~ *m* round
2 ~ Munition: 2 rounds of ammunition
~ *m* shot
Schüssel *f* dish
Schuss | gerinne *nt* chute
~rinne *f* chute
{Fortleitungsbauwerk mit freiem Wasserspiegel und schießendem Abfluss}
~~n•überlauf *m* chute spillway
~waffe *f* gun
Schutt *m* coarse chert, debris, rubbish, rubble, scree
{Gemenge aus eckigen Gesteinsstücken, überwiegend über 6 mm Durchmesser}
~abladen *nt* dumping
~ablade•platz *m* dumping-ground, garbage dump (Am), rubbish dump, rubbish tip
Schütt•bett *nt* packed bed
Schüttel•apparat *m* shaker
Schutt•fließen *nt* debris flow
Schütt•gut *nt* bulk goods
{loses Fördergut in schüttbarer Form}
~förderer *m* conveyor for bulk materials
Schutt | haufen *m* dump
~kegel *m* scree cone, talus cone
{steile, kegelförmige Ansammlung unverfestigter Gesteinsbrocken am Fuße steiler Felspartien oder Berghänge}
Schütt•schicht•filter *m* packed-bed filter
Schutt•strom *m* debris flow
Schutz *m* conservation, defence, preservation, protection, safeguard
{im Englischen beinhaltet "conservation" einen mehr ganzheitlichen Ansatz, wohingegen "protection" spezifische Maßnahmen zum Schutz umfasst. "preservation" bedeutet mehr den Schutz im Sinne von behüten und Erhalten eines bestimmten Zustandes, "defence" den Schutz im Sinne von Verteidigung, "safeguard" den bewahrenden Schutz}
strenger ~: strict protection
unter ~ stellen: preserve ***v***
~ *m* lee
{geschützter Platz}
~ *m* screen
{Sichtschutz}
~ *m* shelter
{vor Wind, Sonne, Sicht, usw.}

~ *m* shield
{*Schutzschirm*}

~ *m* umbrella
{*Schirm*}

Schütz *nt* sluice, sluice gate, vertical lift gate
{*Wehrverschluss*}

Schutz | abdeckung *f* blanket

~anzug *m* protective suit

:bedürftig *adj* in need of protection

~behörde *f* conservancy (board)

~brille *f* safety glasses

~damm *m* floodbank, levee (Am)

~düne *f* barrier dune
{*in Dtschl. durch Verordnung gewidmete Düne, die für den Schutz vor Sturmflut und/oder für den Bestand einer Insel erforderlich ist*}

~einrichtung *f* protective equipment

schützen *v* conserve, protect, safeguard
{*zu den unterschiedlichen Bedeutungsschwerpunkten siehe unter "Schutz"*}

~ *v* ensure
{*etwas vor oder gegen etwas schützen*}

~ *v* preserve
{*bei Arten*}

~ *v* shelter
{*vor Wind oder Sonne*}

~ *v* shield
{*abschirmen*}

schützend *adj* guarding, protective

Schutz | färbung *f* cryptic coloration, obliterative shading

~funktion *f* conservation function

~gas *nt* inert gas, protective gas

~gebiet *nt* area of conservation, conservation area, preserve, protected area, protection area, reserve, sanctuary (area)

besonderes ~~: special area of conservation
{*nach FFH-Richtlinie*}

~ **~~:** special protection area
{*nach EU-Vogelschutzrichtlinie*}

~~s•ausweisung *f* protected area allocation

~~s•betreuer /~in *m/f* ranger

~~s•betreuer /~in zur Besucherinformation: ranger interpreter (Am)

~~s•betreuer /~in zur Überwachung der Schutzvorschriften: ranger force (Am)

Vollzeit~~s•betreuer /~in: full-time ranger

~~s•verwaltung *f* administration of protected area

~gesetz *nt* conservation law

~gut *nt* conservation resource

~hand•schuhe *pl* protective gloves

~haube *f* protective hood

~helm *m* protective helmet

~intensität *f* intensity of protection

~kleidung *f* protective apparel, protective clothing

~losigkeit *f* vulnerability

~maßnahme *f* conservation measure
{*Naturschutzmaßnahme*}

~~ *f* precaution
{*Vorsichtsmaßnahme*}

~pflanzung *f* protective planting, shelter belt

~platte *f* shield

~politik *f* conservation policy

~programm *nt* conservation programme, protection programme

~recht *nt* protective law

~schild *m* safety shield

~schirm *m* shield

~schuhe *pl* protective shoes

~schürze *f* protective apron

~status *m* protection status

~streifen *m* buffer strip

~~ *m* shelter belt
{*Gehölzstreifen zum Schutz vor Wind oder Sicht*}

~~anbau *m* buffer strip cropping
{*Anbau von Nutzpflanzen mit dazwischen liegenden Dauergrünstreifen zum Abfangen von Oberflächenab und erodiertem Boden*}

~system *nt* system of protection

~vorrichtung *f* arrester, protective device

~vorschrift *f* safety regulation

~wald *m* protective forest, shelterwood
{*besonders geschützter Wald, der wesentliche Leistungen des Naturhaushalts erhalten soll*}

~~anbau *m* agricultural afforestation

Schütz•wehr *nt* sluice weir

Schutz | werk *nt* protective structure
{*Anlage zum Schutz der Küste*}

~wert *m* conservation value

~ziel *nt* conservation target

schwach *adj* gentle

~ *adv* slightly

~ **wassergefährdend:** low hazardous to waters

~aktiv *adj* low-level

Schwäche *f* weakness

schwächen *v* lower

schwach | radio•aktiv *adj* low-level radioactive

:stellen•analyse *f* deficiency analysis

Schwach•wind *m* light wind

~lage *f* light wind situation

Schwaden *m* fume
{*Rauchfahne*}

~ *m* windrow
{*auf einer Fläche streifenförmig angeordnetes organisches Material*}

~ *nt* windrowing

schwafeln *v* waffle

Schwalbe *f* swallow

schwamm•artig *adj* fungoid

schwammig *adj* spongy

Schwan *m* pen
{*weiblicher ~*}

~ *m* swan

schwanger *adj* pregnant

schwanken *v* fluctuate, stagger

zum : bringen: stagger ***v***

Schwankung *f* fluctuation

schwappen *v* slop

Schwarm *m* flight, flock
{*Vogelschwarm*}

~ *m* shoal, school
{*Fischschwarm*}

~ *m* swarm
{*Insekten*}

schwärmen *v* swarm
{*von Insekten*}

schwarz *adj* black

:es Meer: Black Sea

:brache *f* bare fallow

:brot *nt* brown bread

:erde *f* black earth, chernozem
{*Bodentyp mit mächtigem, schwarzem, meist entkalktem Humus-(Ah-)Horizont aus kalkhaltigem Lockergetein*}

:fleckigkeit *f* black spot
{*Pilzkrankheit, Syn.: Sternrußtau*}

:wasser *nt* black liquor, black water
{*Abwasser bei der Papier- und Zellstoffherstellung*}

:wild *nt* wild boars
{*Wildschwein*}

Schwebe *f* suspension

in der ~ halten: hold in suspension

~filter *nt* sludge blanket
Dtsch. Syn.: Flockenfilter
schweben (lassen) *v* float
schwebend *adj* soaring
{in der Luft ~}
~ *adj* suspended
Schwebe | pflanzen *pl* phytoplankton
~tiere *pl* zooplankton
~sichter *m* air grader
Schweb•staub *m* suspended dust
~emission *f* airborne particulate emission
Schweb•stoff | e *pl* suspended material, suspended (particulate) matter, suspended sediment, suspended solids
{Partikel, die ungelöst im Wasser mitgeführt werden}
Engl. Abk.: SPM
~austrag *m* sediment discharge
~belastung *f* suspended load, wash load
~fracht *f* suspended load, suspended sediment, wash load
~führung *f* turbidity
{Trübung von Oberflächenab durch mitgeführte Bodenpartikel}
Schwefel *m* sulfur (Am), sulphur
~bakterien *pl* sulfur bacteria (Am), sulphur bacteria
~gehalt *m* sulfur content (Am), sulphur content
~kies *m* iron pyrites
~kreis•lauf *m* sulfur cycle (Am), sulphur cycle
≗reduzierend *adj* sulfur-reducing (Am), sulphur-reducing
~rückgewinnungs•anlage *f* sulfur recovery plant (Am), sulphur recovery plant
≗sauer *adj* acid-sulphate
≗~er Boden: acid-sulphate soil
~säure *f* sulfuric acid (Am), sulphuric acid
~~herstellung *f* sulfuric acid manufacture (Am), sulphuric acid manufacture
scheifend *adj* sweeping
Schwein *nt* pig
Schweine•gülle *f* pig manure
Schweißen *nt* welding
Schweißer /~in *m/f* welder
~schutz•brille *f* welder's safety glasses
Schweiß | gerät *nt* welder
~rauch *m* welding fume
~~absaug•anlage *f* welding fume exhaust ventilation system
schweizerisch *adj* Swiss
Schwel•brenn | anlage *f* low-temperature combustion plant
~verfahren *nt* low-temperature combustion process
{Kombination von Pyrolyse mit anschließender Verbrennung}
Schwelle *f* cill, sill, threshold
~n•land *nt* advanced developing country
~n•wert *m* threshold (value)
kritischer ~~: critical threshold
Schwellung *f* swelling
Schwel•verfahren *nt* low-temperature carbonization incineration
{Kombination von Pyrolyse (Verschwelung) und anschließender Verbrennung}
Schwemm | ebene *f* floodplain
~fächer *m* alluvial fan
{fächerförmige Ablagerungsform der Sedimentfracht eines Flusses beim Einmünden in einen See oder Ozean}
~kegel *m* alluvial cone
~land *nt* alluvial land, alluvion, alluvium
~~boden *m* alluvial soil
~~ebene *f* alluvial plane
~sand *m* silt
schwer *adj* difficult
{schwierig}
~ *adj* heavily
{stark}
~ *adj* heavy
{Masse, Gewicht}
~ *adj* major
{ernst, schwerwiegend}
~ *adj* rich
{kalorienreiche Speise}
~ *adj* stiff
{~e Frage oder Prüfung}
~ wasserlöslich: poorly water soluble
≗e•losigkeit *f* weightlessness
~fällig *adj* bovine, sluggish
~~ *adv* sluggishly
≗flüssigkeit *f* heavy liquid
{Flüssigkeit mit größerer Dichte als Wasser, die in Wasser nur in geringem Maße löslich ist}
~gängig *adj* stiff
≗hörigkeit *f* defective hearing
Schwer•kraft *f* gravity
~abscheider *m* gravitation separator
~entwässerung *f* gravity dewatering
~filter *m* gravity filter
~öl•abscheider *m* gravity oil separator
Schwer•last•verkehr *m* heavy goods transport
Schwer•metall *nt* heavy metal
Kontamination durch ~e: heavy metal contamination
~aerosol *nt* heavy metal aerosol
~akkumulation *f* heavy metal accumulation
~analysator *m* heavy metal analyzer
~belastung *f* heavy metal load
~bestimmung *f* heavy metal determination
~bindung *f* heavy metal bonding
~einleitung *f* heavy metal discharge
~gehalt *m* heavy metal content
~mobilisierung *f* heavy metal mobilization
~remobilisierung *f* heavy metal re-mobilization
~verbindung *f* heavy metal compound
~vergiftung *f* poisoning by heavy metal
Schwer | öl•entschwefelung *f* desulfurization of heavy oil
~punkt *m* burden
~wasser *nt* heavy water
≗wiegend *adj* severe
schwierig *adj* difficult, hard, profound
Schwierigkeits•grad *m* grade
{z.B. einer Kletterroute}
Schwimm | aufbereitungs•anlage *f* flotation plant
~bad *nt* swimming pool
~bagger *m* dredger
~becken *nt* swimming pool
~blase *f* float
~decke *f* layer of scum
{Schicht aus Schwimmschlamm im Faulbehälter}
Schwimmen *nt* swimming
≗ *v* swim
schwimmend *adj* floating, swimming
Schwimmer *m* float
~hahn *m* float cock
~ventil *nt* float valve
Schwimm | füße *pl* webbed feet
≗füßig *adj* webbed

~haut *f* web
≗häutig *adj* webbed
~körper *m* buoy, float
~pflanze *f* emergent plant
~schlamm *m* floating sludge, scum
{aufschwimmender Schlammanteil in Absetzbecken, Eindickern, Faulbehältern usw.}
~stoffe *pl* floating solids
~vögel *pl* water birds
Schwinde *f* swallow hole
{Stelle, an der größere Mengen von fließendem Wasser versickern}
schwinden *v* ebb
schwind•süchtig *adj* consumptive
schwingend *adj* quaking, vibrating, vibratory
Schwing | förderer *m* vibratory conveyor
~mühle *f* vibration mill
~rasen•moor *nt* quaking bog
Schwingung *f* oscillation, vibration
Schwingungs | analysator *m* vibration analyzer
~analyse *f* vibrational analysis
~anregung *f* oscillation excitement
~aufnehmer *m* vibration sensor
~dämm•stoff *m* vibration insulating material
~dämpfer *m* vibration damper
~dämpfung *f* oscillation damping, vibration damping
≗fähig *adj* vibratory
~isolation *f* isolation against vibrations
{Maßnahmen zur Verhinderung der Ausbreitung von Schwingungen innerhalb von Gebäuden}
~isolierung *f* isolation against vibrations
Dtsch. Syn.: Schwingungsisolation
~mess•gerät *nt* vibration meter
~messung *f* metering of vibrations
~schutz *m* protection against vibrations
~weite *f* amplitude
Schwund *m* depletion
schwung•voll *adj* sweeping
Scoping-Verfahren *nt* scoping procedure
Screening *nt* screening
{biochemische und biologische Untersuchungen im Blut oder Harn Neugeborener innerhalb der ersten Lebenswoche zur Früherkennung angeborener Stoffwechselkrankheiten}
Scuba *m* scuba
{oberflächenunabängiges Atemgerät im Wasser}
Secchi-Scheibe *f* Secchi's disc
sechs•wertig *adj* sixvalent
Sediment *nt* sediment
~ *nt* warp
{mineralischer Sedimentboden}
~analyse *f* sediment testing
sedimentär *adj* sedimentary
Sedimentation *f* sedimentation
~s•anlage *f* sedimentation plant
~s•becken *nt* clarifier, sediment pool, sedimentation pool, sedimentation reservoir, sedimentation tank
~s•mess•gerät *nt* sedimentation tester
~s•zyklus *m* sedimentary cycle
Sediment | fänger *m* sediment trap, silt trap
~fresser *m* sediment feeder
~gestein *nt* sedimentary rock
{aus festen oder gelösten Bestandteilen anderer Gesteine entstandenes Gestein}
~ieren *nt* sedimentation
~körper *m* sediment body
~mengen•berechnung *f* sediment routing
{~~ von Wasserläufen und Flusssystemen}
~struktur *f* sedimentary structure
{Schichtungsmerkmale und interne Strukturen von Gesteinen oder Schichtfolgen}
See *f* sea
Hohe ~: high sea
{Teil des Meeres, der nicht zum Hoheitsgebiet eines Staates gehört}
See *m* lake
dystropher ~: dystrophic lake
eutropher ~: eutrophic lake
fischleerer ~: fishless lake
mesotropher ~: mesotrophic lake
oligotropher ~: oligotrophic lake
~ *m* loch
{in Schottland}
~ *m* lough
{in Irland}
~boden *m* lake bottom
~~versiegelung *f* lake bottom sealing
~brise *f* sea breeze
~deich *m* sea dike
~einzugs•gebiet *nt* lake catchment area
~fisch *m* saltwater fish
~gang *m* swell
leichter ~~: light sea
schwerer ~~: rough sea
starker ~~: heavy sea
~~s•spektrum *nt* wave spectrum
~gras *nt* eelgrass
~~wiese *f* eelgrass bed
~grund *m* seabed, sea bed
~hund *m* seal
~~bestände *pl* seal stock
~~fell *nt* sealskin
~karte *f* chart
~klima *nt* maritime climate
~kreide *f* limnic chalk
{feinkörnige, meist lockere Calciumcarbonat-Ausfällung am Grunde von Seen}
Seele *f* core
{eines Kabels oder Seils}
~ *f* soul
{geistig}
See | luft *f* sea air
~meile *f* nautical mile
~mergel *m* limnic marl
{limnische, feinkörnige, meist lockere Calciumcarbonat-Ausfällung am Grunde von Seen, vermischt mit eingeschwemmten Ton-, Schluff- oder/und Sandanteilen}
~n•beschaffenheits•index *m* lake condition index
~n•bewirtschaftung *f* lake management
~nebel *m* haar
{im Sommer im Norden der britischen Inseln}
~ *m* sea fog, sea mist
~n•klassifizierung *f* classification of lakes
~n•sanierung *f* lake restoration
~n•schichtung *f* lake stratification
~n•sediment *nt* lake sediment
~n•typ *m* type of lake
{nach gemeinsamen Merkmalen abgrenzbare Gruppe von Seen}
~raum *m* berth
{Raum, der für ein Schiff erforderlich ist}
~recht *nt* Law of the Sea, maritime law
~~s•konferenz *f* conference on the law of the sea
~~s•konvention *f* law of the sea convention
Dtsch. Syn.: Seerechtsübereinkommen

~~s•übereinkommen *nt* law of the sea convention
{das ~ der Vereinten Nationen wurde 1982 in Jamaica unterzeichnet}
Engl. Abk.: UNCLOS
~schiff *nt* sea-going ship, sea-going vessel
~~fahrt *f* maritime navigation, maritime shipping
~schlamm *m* mud
~spiegel•absenkung *f* lake-level lowering
~terrasse *f* lake terrace
{randliche Ablagerung an einem See, die bei einem einst höheren Wasserspiegel entstanden ist}
~verkehr *m* maritime traffic
~vogel *m* seabird
~wasser *nt* lake water
~~straße *f* navigation road
~wind *m* sea breeze
Segel *nt* sail
~boot *nt* sailing-boat
~club *m* sailing club
{für Segelboote}
~~ *m* soaring club
{für Segelflugzeuge und Hängegleiter}
~fliegen *nt* gliding
~flieger /~in *m/f* glider pilot
~flugzeug *nt* glider
~jacht *f* sailing-yacht
Segeln *nt* sailing
≗ *v* sail
≗ *v* soar
{von Vögeln}
segelnd *adj* sailing, soaring
Segel | regatta *f* sailing regatta
~schiff *nt* sailing ship
~sport *m* sailing
~stütz•punkt *m* sailing base
Segge *f* sedge
seggen•reich *adj* sedge rich
Seggen•ried *nt* sedge fen
Segment *nt* radial gate, tainter gate
{Wehrverschluss mit an Wehrwangen bzw. Wehrpfeilern drehbar gelagerten Armen}
~ *nt* segment
sehen *v* look, sight
Sehne *f* tendon
~n•scheide *f* tendon sheath
Seh•vermögen *nt* sight
seicht *adj* shallow
Seide *f* silk
{Spinnfaser der Raupe des Seidenspinner-Schmetterlings}
~n•abfall *m* waste silk
Seife *f* soap
~n•blasen•zähl•gerät *nt* soap bubble meter
~n•fabrik *f* soap factory
Seil•förderer *m* cable conveyor
Seismik *f* seismology
seismisch *adj* seismic
Seismo | graf *m* seismograph
{auch: Seismo | graph}
~loge /~in *m/f* seismologist
~logie *f* seismology
≗logisch *adj* seismological
~nastie *f* seismonasty
Seite *f* side
auf der anderen ~: across ***prep***
Seiten | ablagerung *f* spoil bank
{seitlich abgelagerte Deckschicht beim Tagebau}
~arm *m* side branch
~damm *m* lateral bund
~erosion *f* lateral erosion
~kanal•pumpe *f* side-channel pump
~moräne *f* lateral moraine
~straße *f* byroad
~tal *nt* tributary valley
~wand *f* side wall
~~abdichtung *f* sealing of side walls
~weg *m* byway
~wurzel *f* branch root
seitlich *adj* lateral
Sekret *nt* secretion
Sekretion *f* secretion
Sektor *m* field, sphere
{Fachgebiet}
~ *m* sector
öffentlicher ~: public sector
~ *m* sector gate
{unterwasserseitig gelagerter, drehbarer, hydraulisch gesteuerter Wehrverschluss mit zylindrischer Stauwand}
sektoral *adj* sectoral
sekundär *adj* secondary
{an zweiter Stelle}
≗biotop *m* secondary biotope
≗düne *f* secondary dune
{Düne mit natürlichem Sandnachschub und erstem Pflanzenbewuchs}
≗energie *f* secondary energy
≗integration *f* secondary integration
≗ionen•massen•spektro•metrie *f* secondary ions mass spectrometry
≗konsument *m* secondary consumer
{Lebewesen, das von Pflanzenfressern (Primärkonsumenten) lebt}
≗produktion *f* secondary production
{Erzeugung von organischer Substanz durch heterotrophe Organismen}
≗reaktion *f* secondary reaction
≗roh•stoff *m* secondary raw material
≗schlamm *m* secondary sludge
{aus der zweiten Reinigungsstufe entfernter Schlamm}
Sekundar•stufe *f* secondary school stage
Sekundär | teilchen *nt* secondary particulate
~verunreinigung *f* secondary pollution
{autochthone Gewässerverunreinigung, z.B. durch im Gewässer produzierte Biomasse}
~wald *m* secondary forest, second growth
{Folgebestand von Bäumen der sich nach Beseitigung oder Zusammenbruch des Vorbestandes einstellt}
Sekunde *f* second
sekundieren *v* second
{unterstützen}
Selbst | aufopferung *f* self-sacrifice
≗auswertend *adj* self-evaluating
≗befruchtend *adj* self-fertile
~befruchtung *f* autogamy, self-fertilization, selfing
~behauptung *f* self-preservation
~bestäubung *f* self-pollination
~bestimmung *f* self-determination
~bindung *f* self-engagement
≗dichtend *adj* self-sealing
≗entwässernd *adj* free-draining
≗~er Boden: free-draining soil
{Boden, der keine Entwässerungsmaßnahmen benötigt}
~hilfe *f* self-help
~kipper *m* automatic tipper
≗klebend *adj* self-adhesive, self-sealing
~mord *m* suicide
~~mutation *f* suicide mutation
≗mulchend *adj* self-mulching

≗~er Boden: self-mulching soil

~press | behälter *m* self-compacting container

stationärer ~~~: stationary self-compacting container

~~behältnis *nt* self-compacting receptacle

≗regulierend *adj* self-regulating

≗reinigend *adj* self-cleaning

~reinigung *f* self-cleaning, self-purification

{selbsttätiger Abbau von Stoffen im Wasser}

~~s•kraft *f* self-purification capacity

≗schreibend *adj* autographic

≗steril *adj* self-sterile

≗tragend *adj* self-sustaining

≗verdichtend *adj* self-compacting

~verpflichtung *f* voluntary agreement

~versorgung *f* self-sufficiency, self-supply

≗verständlich *adj* natural

etwas für ≗~ halten: take something for granted ***v***

~verwaltung *f* self-administration, self-government

~~s•garantie *f* guarantee of self-government

~~s•körperschaft *f* self-administrative body

selektieren *v* select

Selektion *f* selection

künstliche ~: artificial selection

natürliche ~: natural selection

~s•hieb *m* girth limit felling, selection felling, selective logging

{Nutzung von Stämmen über einem bestimmten Mindestdurchmesser}

~s•wert *m* Darwinian fitness

selektiv *adj* selective

~ *adv* selectively

≗herbizid *nt* selective weedkiller

Selektivität *f* selectivity

selten *adj* rare

≗erd•metall *nt* rare earth element

Seltenheit *f* rarity, scarcity

semi•arid *adj* semiarid

Dtsch. Syn.: halbtrocken

semi•humid *adj* semihumid

Dtsch. Syn.: halbfeucht

Seminar *nt* seminar

semi•permeabel *adj* semipermeable

semi•subhydrisch *adj* semisubhydrical

~er Boden: semisubhydrical soil

{bei unterbrochener Wasserbedeckung entstandener Bodentyp}

semi•terrestrisch *adj* semiterrestrial

~er Boden: semiterrestrial soil

{grundwasserbeeinflusster Boden}

senden *v* broadcast

Sende•zeit *f* slot

Sendung *f* broadcast, consignment, mailing, shipment

Senke *f* hollow

~ *f* sink

{Auffangbecken}

senken *v* lessen, lower, regulate

~ *v* sag

{sich ~}

senkend *adj* lessening, lowering, regulating

Senk | grube *f* catch basin, cesspit, cesspool, gully hole

~kasten *m* cofferdam

~kurve *f* hydraulic gradient

≗recht *adj* perpendicular

Senkung *f* subsidence

~s•graben *m* rift valley

~s•trichter *m* cone of depression

{trichterförmige Absenkung des Grundwasserspiegels durch Wasserentnahme}

Senk•walze *f* wire bolster

{mit Steinen befüllter Drahtkäfig zur Uferbefestigung}

Sensation *f* sensation

sensationell *adj* stunning

sensibel *adj* sensitive

sensibilisieren *v* sensitize

Sensibilisierung *f* awareness-raising

Sensibilität *f* sensitivity

Sensitivität *f* sensitivity

~s•analyse *f* sensitivity analysis

Sensor *m* probe, sensor

sensorisch *adj* sensory

Sensor•technik *f* sensor technology

separat *adj* self-contained

Separator *m* separator

septisch *adj* septic

Sequenz *f* sequence

~analyse *f* sequence analysis

Sequenzierung *f* sequencing

sequestrieren *v* sequester

Sequestrierung *f* sequestration

Serie *f* sere, succession

{Sukzessionsfolge von Pflanzengesellschaften}

~ *f* round, series

Sero•logie *f* serology

Serpentine *f* hairpin bend, serpentine

Sessel *m* chair

~lift *m* chair-lift

sesshaft werden *v* settle

sessil *adj* sessile

Dtsch. Syn.: festsitzend

Sessilität *f* sessility

Seston *nt* seston

{im Wasser schwebende lebende (Plankton) und leblose (Tripton) filtrierbare Teilchen}

setzen *v* seat, set

~ *v* settle

{sich absetzen von Sediment in einer Flüssigkeit}

Setzling *m* seedling, sett

{Pflanze}

~ *m* young fish

Setzlinge *pl* fry

Setzung *f* settling

Seuche *f* epidemic, plague

~n•bekämpfung *f* control of epidemics

Sexual•dimorphismus *m* sexual dimorphism

Sexualität *f* sexuality

~lock•stoff *m* sexual attractant

sexuell *adj* sexual

Shredder *m* shredder

Dtsch. Syn.: Schredder

~anlage *f* shredder plant, shredding machine

~müll *m* shredder refuse

sicher *adj* safe

nicht ~: unsafe ***adj***

~ *adv* safely

sichergestellt *adj* impounded

Sicherheit *f* certainty, reliability, safety, security

atomare ~: atomic safety

öffentliche ~: public safety

Sicherheits | abschalt•system *nt* safety cutoff system

~analyse *f* safety analysis

~faktor *m* assessment factor

~fass *nt* safety drum

~gründe *pl* safety reasons

~konzept *nt* safety concept

~leistung *f* financial garantee, furnishing of securities

~maßnahme *f* safety measure

~recht *nt* security law

~risiko *nt* safety risk

~schrank *m* safety cabinet
~schuhe *pl* protective shoes, safety shoes
~studie *f* safety study
~technik *f* safety engineering
~ventil *nt* safety valve
~vorkehrung *f* safety precaution
~~en treffen: take safety precautions
~vorschrift *f* safety rule
~zone *f* safety zone
sichern *v* ensure, safeguard, secure
sicherstellen *v* confiscate, impound, seize
{beschlagnahmen}
~ *v* ensure, guarantee
{gewährleisten}
Sicherstellung *f* confiscation, guarantee, impounding, seizure
~s•anordnung *f* security order
~s•gesetz *nt* indemnity act
~s•verfahren *nt* securing method
Sicherung *f* safeguarding, securing
{das Sichern}
~s•verwahrung *f* preventive detention
Sicht *f* visibility
~anlage *f* classifier
sichtbar *adj* visible
Sichten *nt* sighting
≗ *v* sight
sichtend *adj* sighting
Sicht•tiefe *f* visibility depth
{Maß für die Durchsichtigkeit eines Wasserkörpers}
Sichtung *f* sighting
Sicht | weise *f* viewpoint
~weite *f* optical range, sight, visual range
~~n•mess•gerät *nt* visual range meter
~zeichen *nt* marker
Sicker | becken *nt* infiltration basin
~bereich *m* seep zone
~feld *nt* leaching field
~graben *m* catchwater, leaching trench, sokedyke
~grube *f* drainage pit
Sickern *nt* seepage
sickern *v* leach, ooze, percolate, seep
Sicker | quelle *f* flush
~rate *f* percolation rate
~röhren•bildung *f* piping, tunneling
~schacht *m* seepage pit, soakaway
~schlitz *m* gravel drain
~~dränung *f* slot drainage
~strömung *f* seepage
Sickerung *f* seepage
Sicker•wasser *nt* leachate, leakage water, leaking water, percolating water, seepage, seepage loss, seepage water
~ableitung *f* leachate drainage
~behandlung *f* leachate treatment, leakage water treatment, seepage water treatment
~entsorgung *f* leachate disposal, seepage water disposal
~reinigung *f* purification of seepage water
~sammel•einrichtung *f* leakage water collecting installation
~sammlung *f* leachate collection
~tank *m* seepage tank
~überwachung *f* leachate monitoring
Sicker•zone *f* seep zone
Sieb *nt* screen, sieve
~analyse *f* sieve analysis
~anlage *f* screening plant
~band *nt* screening belt, sieve belt
~boden *m* sieve bottom
Sieben *nt* sifting
≗ *v* sift
siebend *adj* sifting
Sieb | linie *f* particle size distribution
~maschine *f* screening machine
~trommel *f* drum-type screen
~wechsler *m* screen changer
sieden *v* boil
siedend *adj* boiling
Siede | punkt *m* boiling point
~wasser•reaktor *m* boiling water reactor
{Leichtwasserreaktor, bei dem der für den Betrieb der Turbinen benötigte Dampf bereits im Primärkreislauf erzeugt wird}
Dtsch. Abk.: SWR; Engl. Abk.: BWR
Siedler /~in *m/f* colonist
Siedlung *f* estate, settlement
wilde ~: informal settlement
Siedlungs | abfall *m* municipal waste, residential waste, settlement waste
~~aufkommen *nt* volume of residential waste
~~wirtschaft *f* settlement waste management
~abwasser *nt* municipal sewage
~dichte *f* density of population, population density
~entwicklung *f* settlement development
~gebiet *nt* settlement area
~geografie *f* settlement geography
{auch: ~geographie}
~größe *f* settlement's size
~ökologie *f* settlement ecology
~raum *m* built environment
{die gebaute Umwelt, im Gegensatz zur natürlichen und sozialen Umwelt}
~~ *m* settlement area
~soziologie *f* settlement sociology
~struktur *f* settlement structure
{Gefüge der Gestaltungs-, Ordnungs- und Nutzungselemente einer Siedlung}
~verdichtung *f* settlement concentration
~wasser | bau *m* hydraulic and sanitary engineering
~~wirtschaft *f* municipal water management, sanitary engineering
{Wasserwirtschaft im Bereich der Wohn- und Arbeitsstätten als Teil der Gesamtwasserwirtschaft eines Raumes}
SI-Einheit *f* SI unit
{internationales System der metrischen Maßeinheiten; Abk. für Système International}
Siel *nt* dike lock, dike sluice, drainage sluice, floodgate, tide gate
~entwässerung *f* drainage through a tide gate
{Abführen des Wassers aus dem Binnenland durch ein Siel}
~tief *nt* drainage channel with tide gates
{Hauptvorfluter für die Sielentwässerung}
Sievert *nt* sievert
{Einheit der absorbierten Strahlendosis}
Sightseeing *nt* sightseeing
~tour *f* sightseeing tour
{Besichtigungsfahrt}
Signal•leine *f* lifeline
signifikant *adj* significant
~ *adv* significantly
Signifikanz *f* significance
~niveau *nt* significance level
Silage *f* silage

~bereitung *f* silage making
~entnahme•fräse *f* silage unloading cutter
~gabel *f* silage fork
~qualität *f* silage quality
~schneider *m* silage cutter
~sicker•saft *m* silage effluent
~verteiler *m* silage spreader
~wagen *m* silage trailer
~zusatz *m* silage additive
Silhouette *f* skyline
Silierung *f* ensilage, ensiling
Silikose *f* silicosis
Silo *nt* silo
~futter *nt* silage
~ernte•maschine *f* silage harvester
~pflanze *f* silage plant
Simulation *f* simulation
{Erstellung mathematischer Modelle der Wirklichkeit und ihre vergleichende Prüfung auf Übereinstimmung mit dem realen System}
~s•rechnung *f* simulation calculation
~s•test *m* simulation test
Simultan•abscheidung *f* simultaneous precipitation
Singular *m* singular
Sing•vogel *m* songbird
Sing•warte *f* song post
sinken *v* drop, sink, subside
~ *v* sag
{Mut, Stimmung}
sinkend *adj* dipping
Sink•stoff *m* settling sediment
~ablagerungs•fläche *f* desilting area
{Rieselfläche, auf der sich vom Wasser transportierte Bodenteilchen ablagern können}
Sink•stoffe *pl* suspended sediment
Sink•stoff | führung *f* sediment runoff
~rück•halte•bau•werk *nt* sediment-control structure
Sink•wasser *nt* influent water
Sinn *m* sense
Sinnes•organ *nt* sensory organ
sinnlos *adj* idle
Sinter *m* sinter, tufa
~anlage *f* sintering plant
~bildung *f* calcareous sinter, tufa
{meist zellig-poröses Gestein an Grundwasseraustritten}
~kalk *m* lime tuff, sinter lime
~lamellen•filter *m* sintered multidisc filter
~metall *nt* sintered metal
~~filter *m* sintered metal filter
Sinterung *f* sintering
Sinuston *m* pure tone
Siphon *m* siphon
Sitz *m* bottom, seat, site
sitzend *adj* perched, sitting
Sitzung *f* sitting
~s•berichte *pl* transactions
~s•periode *f* sitting
Skala *f* dial, range, scale
mit einer ~ versehen: graduated ***adj***
Skelett *nt* skeleton
≗artig *adj* skeletal
~boden *m* lithosol, skeletal soil, skeleton soil
~muskel *m* skeletal muscle
Ski | gebiet *nt* skiing area
{Dtsch. statt Ski auch Schi}
~laufen *nt* skiing
~sport *m* skiing
~springen *nt* ski-jumping
Skorbut *m* scorbutus, scurvy
skorbutisch *adj* scorbutic
Slop•tank *m* slop tank
{Schmutzwassertank an Bord}
Slum *m* (urban) slum
Smog *m* smog
{aus "smoke" und "fog" zusammengesetzter Begriff, der heute allgemein zur Bezeichnung starker Luftverschmutzung verwendet wird}
fotochemischer ~: photochemical smog
photochemischer ~: photochemical smog
saurer ~: acid smog
~alarm *m* smog alarm
~katastrophe *f* smog catastrophe
~verordnung *f* smog ordinance, smog regulation
~warn•system *nt* smog warning system
~warnung *f* smog warning
Soda *nt* soda
~staub *m* soda dust
~werk *nt* soda factory
Sode *f* sod, turf
sofort *adv* immediately
sofortig *adj* prompt
Sofort | maßnahme *f* immediate measure
~programm *nt* emergency programme, immediate programme
Soft•ware *f* software
Sohle *f* bed, bottom
{~ eines Fließgewässers}
~n•gefälle *nt* base slope, bottom grade
stabiles ~~: stabilized grade
~n•tal *nt* floodplain valley
{Tal mit einer durch Aufschüttung entstandenen, flachen Talaue}
~n•wasser•druck *m* uplift pressure
{in der Gründungssohle massiver Bauwerke wirkender Wasserdruck}
Sohl•schwelle *f* ground sill
Sohl•stufe *nt* drop structure, fall structure
Soja•bohne *f* soyabean, soybean
solar *adj* solar
Solar | anlage *f* solar (energy) plant
~batterie *f* solar battery
~dach *nt* solar roof
~dampf•kraftwerk *nt* solar steam power plant
~elektronik *f* solar electronics
~element *nt* solar cell
~energie *f* solar energy, solar-generated energy, solar power
~~anlage *f* solar energy plant
~heizung *f* solar heating
~herd *m* solar cooker
~isation *f* solarization
~kollektor *m* solar collector, solar panel
Dtsch. Syn.: Sonnenkollektor
~kraft•werk *nt* solar power station
~luft•kollektor *m* solar air collector
~mobil *nt* solar vehicle
~modul *nt* solar module
~regler *m* solar controller
~strahlung *f* solar radiation
~technik *f* solar engineering, solar technology
solartechnische Anlage: solar engineering plant
~trockner *m* solar drier
~turm *m* solar tower
{Teil eines Sonnenkraftwerks}
~zelle *f* solar cell
~~n•batterie *f* solar cell array
Sole *f* brine
{Wasser mit einem hohen Gesamtsalzgehalt >10-40 g/l}
~quelle *f* salt spring
Solidarität *f* solidarity

solide *adj* sound
Soli•fluktion *f* earth flow, soil flow, solifluction, skin flow
Dtsch. Syn.: Bodenfließen
solitär *adj* solitary
Soll *m* kettle (hole)
{abflusslose Senke; speziell ein Toteisloch; pl: Sölle}
Soll•weite *f* desired size
{Innenmaß von Rohren etc. mit festzulegenden zulässigen Abweichungen}
Solum *nt* solum
Sommer *m* summer
~aktivität *f* summer activity
~deich *m* cradge bank, summer-dike
~lebens•raum *m* summer habitat
~polder *m* overflow polder
Dtsch. Syn.: Überlaufpolder
~ruhe *f* aestivation
{Überdauern heiß-trockener Sommer durch reduzierte metabolische Tätigkeit}
~smog *m* summer-smog
{Sichttrübung durch Fotooxidantien, die vor allem im Sommer aus Stickoxiden und Kohlenwasserstoffen mit Sauerstoff unter Einfluß intensiver Sonnenstrahlung entsteht}
~sonnen•wende *f* summer solstice
~sport *m* summer sport
Sonar *nt* sonar
Sonde *f* probe, sonde
Sonder•abfall *m* hazardous waste, special waste
{Abfälle, die aufgrund ihrer Schädlichkeit oder Menge von der Entsorgung mit dem Hausmüll ausgeschlossen sind}
~behandlung *f* hazardous waste treatment
~~s•anlage *f* hazardous waste treatment plant
{Anlage zur Zwischenlagerung, Behandlung und Ablagerung von Sonderabfällen}
~deponie *f* hazardous waste dump
{Abfallentsorgungsanlagen in der Sonderabfälle zeitlich unbegrenzt abgelagert werden}
~entsorgung *f* disposal of hazardous waste
~lagerung *f* hazardous waste dumping
~verbrennung *f* burning of hazardous waste
{die thermische Behandlung von Sonderabfällen}
~verordnung *f* hazardous waste regulation
Sonder | abgabe *f* special tax
~abschreibung *f* [special sum set aside for depreciation]
~anlagen•bau *m* engineering of special-purpose plants
~arbeitsgruppe *f* task force
sonderbar *adj* singular
Sonderbarkeit *f* singularity
Sonder | bau•fläche *f* special development zone
~fall•prüfung *f* examination for exception
~gebiet *nt* special zone
~kommando *nt* task force
~kommission *f* task force
~materialien *pl* hazardous materials
~müll *m* hazardous waste
~~behandlung *f* hazardous waste treatment
~~~s•anlage *f* hazardous waste treatment plant
~~deponie *f* dump for hazardous waste, hazardous waste dump
~~verbrennung *f* burning of hazardous waste
~~~s•anlage *f* hazardous waste incineration plant
~nutzung *f* special utilization
~opfer *nt* special sacrifice
~organisation *f* major agency
{~ der Vereinten Nationen}
~regelung *f* dispensation
~sitzung *f* special session
sondieren *v* probe, sound
Sondierung *f* sounding
Song *m* song
Sonne *f* sun
Sonnen | anbeter /~in *m/f* sun-worshipper
~aufgang *m* sunrise
~baden *nt* sunbathing
~batterie *f* solar cell array
≗beschienen *adj* sunlit
~blume *f* sunflower
~brand *m* sunburn
~brille *f* sunglasses
~einstrahlung *f* insolation, solar radiation
~energie *f* solar energy, solar-generated energy, solar power, sunlight energy
~~anlage *f* solar energy plant, solar power plant
~~aufnehmer *m* solar energy receptor
~~heizung *f* solar heating
~~nutzung *f* solar energy application
~~speicherung *f* solar heat storage
~eruption *f* solar flare
~finsternis *f* solar eclipse
~flecken *pl* sunspots
~hungrige /~r *f/m* sun-seeker
~kollektor *m* solar collector
~licht *nt* sunlight
direktes ~~: direct sunlight
~schein *m* sunshine
~~dauer *f* duration of sunshine, sunshine duration
~stand *m* solar elevation
~strahlung *f* solar radiation
absorbierte ~~: absorbed solar radiation
{Sonnenstrahlung, die durch atmosphärische Gase, suspendierte Stoffe, Wolken oder die Eroberfläche absorbiert wird}
~system *nt* solar system
~trockner *m* solar drier, solar dryer
~uhr *f* sundial
~untergang *m* sunset
≗verbrannt *adj* sunburnt
~wärme | kraft•werk *nt* solar heat power station
~~system *nt* solar-thermal system
~wende *f* solstice
~zelle *f* solar cell
sonnig *adj* sunlit, sunny
Sorge *f* care
sorgen (für) *v* look after, provide
Sorgfalts•pflicht *f* duty of care
Sorption *f* sorption
Sorte *f* breed, strain, variety
handelsübliche ~: commercial variety
Sortier | band *nt* picking belt
~einrichtung *f* sorting plant
sortieren *v* sort
Sortier | förderer *m* sorting conveyor
~greifer *m* sorting grap
sortiert *adj* sorted
Sortierung *f* sorting
{Trennung von Abfallgemischen in Stoffgruppen mit einheitlichen physikalischen oder chemischen Eigenschaften}
mechanische ~: mechanical sorting
souverän *adj* sovereign

Soziabilität *f* gregariousness, sociability
{*die Verteilung von Organismen in einer Gemeinschaft im Verhältnis zueinander, ausgedrückt durch quantitative Indizes oder durch Klassen der Soziabilität*}

sozial *adj* caring, social

~ *adv* socially

≈attraktion *f* social attraction

≈ausschuss *m* social committee

≈bilanz *f* social balance
{*Bilanz der Leistungen, die für den Menschen erbracht werden*}

≈bindung *f* social restriction

≈brache *f* idle land
{*aus sozialen und wirtschaftlichen Gründen längerfristig nicht genutzte landwirtschaftliche Fläche*}

≈forschung *f* social research

≈funktion *f* social function
{*die Funktionen für das allgemeine gesellschaftliche Wohlergehen*}

≈geo•grafie *f* social geography
{*auch: ≈geo•graphie*}

≈gericht *nt* social security tribunal, social welfare court

≈geschichte *f* social history

≈gesetz•buch *nt* social security code

≈indikator *m* social indicator

≈isation *f* socialisation

≈ismus *m* socialism

≈kunde *f* social studies

≈~unterricht *m* social studies teaching

≈medizin *f* community medicine, social medicine

≈mediziner /~in *m/f* community physician

≈ökologie *f* socio-ecology

≈ökonomie *f* social economics

≈pädagogik *f* social pedagogics

≈parasit *m* social parasite

≈politik *f* social policy

≈psycho•logie *f* social psychology

≈staat *m* welfare state

≈~s•prinzip *nt* principle of welfare state

≈statistik *f* social statistics

≈struktur *f* social structure

≈versicherung *f* social security insurance

~verträglich *adj* socially acceptable

≈verträglichkeit *f* social compatibility

≈wohnung *f* council flat

sozio-kulturell *adj* socio-cultural

sozio-ökonomisch *adj* socio-economic

Sozio•grafie *f* sociography
{*auch: Sozio•graphie*}

Sozio•logie *f* sociology
{*die Erforschung und Beschreibung der Entwicklung, Zusammensetzung, Verteilung und Wechselwirkungen innerhalb und zwischen Gruppen von Individuen in einer Gesellschaft*}

Spalt *m* seam

~anlage *f* fission plant, splitting plant

spaltbar *adj* fissile, fissionable

Spalte *f* crevice, fissure, fracture, seam
{*Felsspalte*}

~ *f* rift

Spalten *nt* splitting

≈ *v* fission

spaltend *adj* splitting

spalt•fähig *adj* fissionable

Spalt | gas *nt* cracked gas

~material *nt* fission material
angereichertes ~~: enriched fission material

~öffnung *f* stoma

~pflanzung *f* slot planting

~produkt *nt* breakdown product, fission product
{*Atomkerne, die durch Kernspaltung entstanden sind bzw. durch radioaktiven Zerfall aus den ursprünglichen Spaltprodukten entstehen*}
Beseitigung von ~~en: fission product disposal

~reaktor *m* separating reactor

~rohr *nt* needle slot pipe

~~motor•pumpe *f* sleeved motor pump

~sieb *nt* needle slot screen

~stoff *m* fertile material

Spaltung *f* fission

Späne *pl* chips, filings, turnings

~absaug•anlage *f* exhaust ventilation equipment for swarf

spanisch *adj* Spanish

spannen *v* extend, stretch

Spann•kraft *f* resilience

Spannung *f* stress, tension

Span•platte *f* chipboard
{*aus Holzspänen mit Hilfe von Bindemitteln gepresste Platte, die vor allem bei der Möbelherstellung und dem Innenausbau Verwendung findet*}

~n•herstellung *f* manufacture of chipboard

sparen *v* economize
Benzin ~: economize on petrol

spärlich *adj* sparse

Spar | maß•nahme *f* economy measure
~~n einführen: introduce economies/ economy measures (into)

sparsam *adj* economical

Sparsamkeit *f* economy

spasmodisch *adj* spasmodic

~ *adv* spasmodically
{*krampfartig*}

Spätausgabe *f* final

Spaten *m* spade

~probe *f* [sample taken with a spade]

~tiefe *f* spit
{*grobes Tiefenmaß, das der Länge eines Spatenblattes entspricht*}

spät•sommerlich *adj* serotinal

Spazieren•gehen *nt* walking

spazieren gehen *v* walk

Spazier | fahrt *f* drive

~gang *m* walk, wander

~gänger /~in *m/f* walker

~stock *m* walking-stick

Spediteur *m* forwarding agent
{*Vermittler*}

~ *m* carrier, haulier, haulage contractor
{*Beförderer*}

~haftung *f* forwarding agent's liability

Speicher | becken *nt* storage reservoir

~fähigkeit *f* retentivity, storage capacity

~graben *m* storage ditch

~inhalt *m* storage capacity
{*Wasservolumen des Stau- oder Speicherraumes*}

~kapazität *m* storage capacity

~koeffizient *m* storage coefficient

~kraft•werk *nt* storage power station

Speichern *nt* storage

≈ *v* retain, store

speichernd *adj* retaining

Speicher | ober•fläche *f* storage surface
{*Wasserfläche des Stau- oder Speicherraumes*}

~polder *m* storage polder
{*eingedeichtes Becken, das durch Zurückhalten von oder Füllen mit Wasser*

Siele, Vorfluter oder Sperrwerke entlastet}

~protein *nt* storage protein

~raum *m* storage

Speicherung *f* storage

Speise•becken *nt* feeder reservoir
{kleines Speicherbecken, das ein größeres größeres speist}

Speise•fett *nt* edible fat

~verwertung *f* processing of edible fat

speisen *v* feed

Speise•öl *nt* edible oil

~verwertung *f* processing of edible oil

Speise•pilze *pl* edible fungi

Speise•wasser *nt* feed water

Spektral | analyse *f* spectroscopy

~fluoro•meter *nt* spectrofluorometer

~foto•meter *nt* spectrophotometer
{auch: ~photo•meter}

~foto•metrie *f* spectrophotometry

Spektren *pl* spectra

Spektro | grafie *f* spectrography
{auch: Spektro | graphie}

~skop *nt* spectroscope

~skopie *f* spectroscopy
Dtsch. Syn.: Spektralanalyse

Spektrum *nt* spectrum

Spende *f* donation, gift

spenden *v* donate

Spender•organismus *m* donor

Sperm | ato•genese *f* spermatogenesis
{Vorgang der Entwicklung männlicher Geschlechtszellen}

~ato•zoon *nt* sperm, spermatozoon
{männliche Geschlechtszelle}

~ien•zahl *f* sperm number
Bestimmung der ~~: sperm count

Spermium *nt* sperm, spermatozoon

Spermizid *nt* spermicide
{Substanz, die Spermien tötet}

Sperre *f* baffle, barrier, checkdam
lebende ~: live-brush checkdam

sperrig *adj* bulky

Sperr•müll *m* bulky refuse, bulky waste
{fester Abfall aus Haushaltungen, der wegen seiner Sperrigkeit nicht in die ortsüblichen Müllbehälter passt und getrennt vom Hausmüll zu den Entsorgungsanlagen gebracht wird}

~abfuhr *f* collection of bulky waste
{Sammlung und Transport von Sperrmüll}

Sperrung *f* suspension

Sperr•wasser *nt* water sealant
{Wasserfüllung eines Geruchsverschlusses}

~höhe *f* water seal head

Sperr•werk *nt* tidal high water barrage
{Bauwerk in einem Tidefluss mit Verschlussvorrichtungen zum Absperren bestimmter Tiden}

Spezial•gebiet *nt* specialization

spezialisiert *adj* specialized

Spezialisierung *f* specialization
physiologische ~: physiological specialization

Spezialist /~in *m/f* specialist

Speziation *f* speciation
Dtsch. Syn.: Artbildung

speziell *adj* special

~ *adv* particularly

Spezies *f* species
Dtsch. Syn.: Art

spezifisch *adj* specific

Spezifität *f* specificity

Spezifizierung *f* specification

Sphagnum•torf *m* sphagnum peat

Spiegel *m* level
{Wasserspiegel}

~ *m* mirror

~gefälle *nt* hydraulic gradient

~stereo•skop *nt* mirror stereoscope

Spiel *nt* game
aufs ~ setzen: venture ***v***

~platz *m* playground

~theorie *f* games theory

~waren *pl* toys

Spirale *f* spiral

spiralförmig *adj* spiral

~ *adv* spirally

spiralig *adj* spiral

~ *adv* spirally

spirituell *adj* spiritual

~ *adv* spiritually

Spiritus *m* methylated spirits
{denaturierter Alkohol für Brennzwecke}

spitz *adj* fine

Spitze *f* peak, top

~ *f* pinnacle
{Felsenspitze}

~n•abfluss *m* peak discharge

~~bei•wert *m* peak discharge coefficient, peak run-off coefficient
{Verhältnis der Regenabflussspende zur Regenspende eines Blockregens}

~n•bedarf *m* peak demand

~n•belastungs•zeit *f* peak load time

~n•lärm *m* peak noise

~n•last *f* peak load, peak power

~~kraft•werk *m* peak power plant

~n•pegel *m* peak level

~n•qualität *f* top quality

~n•zeit *f* peak period

~n•zeiten *pl* peak times

Splint *m* sapwood

~holz *nt* sapwood

Splitt *m* grit

Splitter *m* splinter

Splittern *nt* splitting

≗ *v* splinter

Splitter•schutz•brille *f* splinter protection glasses

sponsern *v* sponsor, take over the sponsorship

Sponsor *m* sponsor

Spontan•probe *f* flush water sample
{Trinkwasserprobe}

sporadisch *adj* spasmodic

~ *adv* spasmodically

Spore *f* spore

≗n•vernichtend *adj* sporicidal

~n•vernichtungs•mittel *nt* sporicide

Sporn *m* groyne, spur

Sport *m* sport

~angler /~in *m/f* club angler

~anlage *f* sports complex, sports facility

~~n•lärm *m* noise from sports facilities

~boot *nt* sports boat

~~lärm *m* noise from sports boats

~feld *nt* sports ground

~fischen *nt* club angling, club fishing

~fischerei *f* sport-fishing

~flieger *m* sports pilot

~~ *m* sports plane
{Syn.: Sportflugzeug}

~flug•zeug *nt* sports aircraft, sports plane

~hafen *m* marina
Sportler *m* sportsman
Sportlerin *f* sportswoman
sportlich *adj* sporting
Sport | platz *m* sports field, sports ground
~stadion *nt* stadium
~verein *m* sports club
Sprache *f* language
die ~ verschlagen: stagger *v*
Sprach | gebrauch *m* usage
~kurs *m* language course
~lehrer /~in *m/f* language-teacher
sprachlich *adj* verbal
~ *adv* verbally
Spray *nt* spray
Spray•dose *f* aerosol can
sprayen *v* spray
Sprecher /~in *m/f* speaker
Spreit•lagen•bau *m* surface layering
spreng | en *v* blast, blow up, burst, explode
≗kapsel *f* blasting cap, detonator
≗körper *m* explosive device
≗stoff *m* dynamite, explosive
≗~produktion *f* production of explosives
≗~recht *nt* explosives law
≗technik *f* blasting practice
Sprengung *f* blasting
{im Steinbruch}
~ *f* blowing-up
sprenkeln *v* dot, splash
sprießen *v* sprout
sprießend *adj* emergent
Spring | en *f* saltation
{Bodenabtragungsvorgang durch Wind}
~flut *f* spring tide
~geschiebe *nt* saltation load
{durch windverursachtes Springen bewegter Boden}
~tide *f* spring tide
Sprinkler *m* sprinkler
Spritz•asbest *m* sprayed asbestos
Spritze *f* hypodermic, jab (Br), syringe
{medizinische Spritze}
hypodermatische ~: hypodermic syringe
{Spritze mit der Flüssigkeiten unter die Haut injiziert werden}
Spritzen *nt* slash, spraying
≗ *v* splash, spray
Spritzer *m* splash

Spritz | erosion *f* pluvial erosion, rain-drop erosion, rain erosion, splash erosion
~~s•säule *f* soil pillar, splash pedestal
~gut | kasten *m* splash board
{Messvorrichtung für Spritzerosion}
~~schale *f* splash cup
{Messvorrichtung für Spritzerosion}
~~trichter *m* splash funnel
{Messvorrichtung für Spritzerosion}
~lackiererei *f* spraying plant
~mittel *nt* spray
~~ zur Insektenvernichtung: insecticide spray
~schutz *m* splashboard
~tour *f* drive
~wand *f* splash wall
{Wand auf der Landseite des Promenadedecks einer Uferwand als Schutz gegen überschwappende Wellen}
Spross *m* sprout
~gemüse *nt* sprout vegetable
Sprossung *f* budding
Sprüh•dose *f* aerosol can, spray can
Sprüher *m* atomizer
Sprüh•nebel *m* spray
Sprüh•regen *m* drizzle, spray
{Regen mit Tropfen dünner als 0,5 mm Durchmesser}
Dtsch. Syn.: Nieselregen
Sprüh•wäscher *m* spray tower
Sprung *m* plunge
~brett *nt* springboard
~schanze *f* ski-jumping hill
{Einrichtung zum Skispringen}
~~n•überfall *m* flip bucket
{Energieumwandlungsbauwerk zur Erzeugung eines weitreichenden, luftdurchmischten Wasserstrahles}
~schicht *nt* metalimnion, thermocline
{Schicht in Seen(zwischen Epi- und Hypolimnion), in der sich die Temperatur im Tiefenprofil sprunghaft ändert}
Spül•bad *nt* rinsing bath
spülen *v* flush
{die Toilette oder ein Rohr mit einem Schwall Wasser}
~ *v* bathe, rinse, wash (up)
spülend *adj* flushing
Spül | fahr•zeug *nt* flushing vehicle
~gerät *nt* flushing equipment
~klosett *nt* flush toilet, water closet

~rinne *f* flushing conduit
{tiefliegende Rinne vor Entnahmebauwerken zum Abführen von Geschiebe und abgesetzten Schwebstoffen}
~saum *m* drift line, jetsam
~streifen *m* water lane
Spülung *f* flush
Spül•verschluss *m* flushing gate
{Verschlusseinrichtung am Ende einer Spülrinne}
Spül•wasser *nt* dish-water
{Abwaschwasser}
~ *nt* rinse water
Spur *f* trace, track, trail
~ *f* shade
{geringe Menge}
spüren *v* perceive
Spuren | analyse *f* trace analysis
~bestandteil *m* trace constituent
{Inhaltsstoff, der in nur sehr geringer Konzentration vorhanden ist}
~element *nt* trace element, micronutrient
~gas *nt* trace gas
~~analysator *m* trace gas analyzer
~nähr•stoff *m* micronutrient
~schad•stoff *m* micropollutant
organischer ~~: organic micropollutant
~stoff *m* trace matter, trace substance, tracer
{Stoff, der in der Natur meist nur in sehr geringen Mengen vorkommt}
~~konzentration *f* tracer concentration
definierte ~~~: defined tracer concentration
Spur | kranz *m* flange
~rinne *f* wheeling
~weite *f* gauge
Staat *m* state
von ~s wegen: on the part of the state authorities
staaten•bildend *adj* social
staatlich *adj* of the state, state, state-owned
~ *adv* by the state
~ anerkannt: state-approved
~e Stelle: government agency
~ finanziert: state-financed
Staats | anwalt *m* public prosecutor
~~schaft *f* prosecution, public prosecutor's
~beamt | in /~er *f/m* civil servant
~betrieb *m* state enterprise
~bürger /~in *m/f* citizen, national

~chef /~in *m/f* head of state
~dienst *m* civil service
~eigentum *nt* state property
~examen *nt* [final university examination]
~finanzen *pl* public finances
~form *f* form of government, state system, type of state
~gebiet *nt* national territory
~gewalt *f* authority of the state, executive power, governmental authority
~grenze *f* border, state boundary, state frontier
~haftung *f* government liability
~~s•recht *nt* governmental liability law
~handeln *nt* governmental action
~haushalt *m* national budget
~hoheit *f* sovereignty
~kanzlei *f* Cantonal Chancellory
{in der Schweiz}
~~ *f* Minister-President's Office
{in Dtschl.}
~kasse *f* public purse, treasury
~mann *m* statesman
~minister /~in *m/f* minister of state
~~ *m/f* minister without portfolio
{Minister ohne Ressort}
~monopol *nt* state monopole
~notstand *m* national emergency
~oberhaupt *nt* head of state
~präsident /~in *m/f* (state) president
~prüfung *f* state examination
~recht *nt* constitutional law
~rechtler /~in *m/f* expert in constitutional law
~regierung *f* national government
{eines souveränen Staates}
~~ *f* state government
{eines Freistaates in Dtschl.}
~schuld *f* national debt
~sekretär /~in *m/f* Minister of State
{in Großbritannien}
~~ *m/f* permanent secretary
~theorie *f* theory of the state
~verschuldung *f* national debt
~vertrag *m* international treaty
~~ *m* interstate treaty
{zwischen Gliedstaaten}
~ziel *nt* governmental target
{in Dtsch. wurde am 15. November 1994 der Umweltschutz als Staatsziel in Art. 20a Grundgesetz verankert}
~zweck *m* governmental purpose
Stab *m* staff
{Mitarbeiterstab}
Stäbchen *nt* rod
{Typ lichtempfindlicher Zellen in der Augennetzhaut}
stabil *adj* persistent, stable, steady
Stabilisator *m* anticaking additive
{Lebensmittelzusatz, der eine Verfestigung verhindert}
~ *m* stabilizer
{Lebensmittelzusatz, der eine Entmischung verhindert}
stabilisieren *v* stabilize, steady
{sich ~}
stabilisiert *adj* stabilized
Stabilisierung *f* stabilization
chemische ~: chemical stabilization
~s•becken *nt* stabilization lagoon
{Becken zur Abwasserreinigung vor allem in warmen Ländern}
Stabilität *f* stability
{die Tendenz eines Ökosystems in einem bestimmten Zustand zu bleiben oder nach Störung in einen neuen Zustand relativen, dynamischen Gleichgewichts überzugehen}
ökologische ~: ecological stability
{Fähigkeit eines Ökosystems, das ökologische Gleichgewicht bei Einwirkung natürlicher und anthropogener Umweltfaktoren zu erhalten}
stabil sein *v* persist
Stab•schwimmer *m* rod-float
Stachel *m* spine, sting
~draht *m* barbed wire
stachlig *adj* prickly
Stadium *nt* phase, state
Stadt *f* city
{Großstadt}
~ *f* city council, city hall (Am), town council
{Stadtverwaltung}
~ *f* town
≗auswärts *adv* out of town
~auto•bahn *f* freeway (Am), urban motorway
~bahn *f* urban railway
~baum *m* town tree
~bevölkerung *f* urban population
~bewohner /~in *m/f* city-dweller, town-dweller
~bild *nt* cityscape, townscape
Städtchen *nt* little town
Städte•bau *m* town construction, urban building, urban development
{alle Planungen und Maßnahmen zur städtebaulichen Ordnung und Entwicklung}
~förderungs•gesetz *nt* town and country planning law
städte•baulich *adj* of town planning, of urban building
{~e Entwicklung}
~ *adj* town planning, urban planning
{~e Maßnahme}
~es Gebot: urban planning order
~es Leitbild: urban design principle
~ *adv* from the point of view of town planning
Städte•bau•recht *nt* urban development law
stadt•einwärts *adv* downtown (Am), into town
Stadt | entwässerung *f* urban sewerage system
~entwicklung *f* urban development
Städter /~in *m/f* city-dweller, town-dweller
Stadt | erhaltung *f* urban preservation
~flucht *f* exodus from the cities, migration from the city
~gas *nt* city gas, town gas
~gebiet *nt* town area
~geschichte *f* history of the town
~halle *f* civic hall, municipal hall
~haus *nt* council office building
{Stadtverwaltungsgebäude}
~~ *nt* town house
{Wohnhaus}
städtisch *adj* civic, municipal, urban
~e Abfälle: urban waste
~ *adv* municipally
Stadt | kern *m* inner city
~kind *nt* city child, town child
~-Land-Beziehung *f* town-country relationship
~landschaft *f* townscape, urban landscape
~mensch *m* townie
~mitte *f* city centre, downtown area (Am), town centre
~müll•kompost *m* city refuse compost
~ökologie *f* urban ecology
~ökonomie *f* town economy

~ökosystem *nt* town ecosystem
~park *m* municipal park
~plan *m* street plan, town plan
~planer /~in *m/f* town planner, urban planner
~planung *f* town planning, urban planning
{*Lenkung der räumlichen Ordnung und Entwicklung einer Gemeinde durch Bestimmung von Nutzung und Zuordnung von Flächen*}
~rand *m* outskirts (of the town), urban fringe
~rat *m* city council, town council
~~ *m* city councillor, town councillor
{*Ratsmitglied*}
~rätin *f* city councillor, town councillor
{*Ratsmitglied*}
~reinigung *f* cleansing department, town cleaning
~~s•betrieb *m* public cleansing service
~rund•fahrt *f* sightseeing tour round the city/town
~sanierung *f* city redevelopment, town redevelopment, urban redevelopment, urban renewal
~sozio•logie *f* town sociology
~staat *m* city-state
{*Stadt, die Staatsqualität hat*}
~straße *f* town road, urban road
~struktur *f* town structure
~teil *m* (town) district, part of the town
~verfall *m* urban decay
~verkehr *m* city traffic, town traffic, urban traffic
~verwaltung *f* city council, municipal authority, town council
~viertel *nt* district
~werke *pl* council services, municipal services
~wohnung *f* apartment, city flat, town flat
~zentrum *nt* city centre, downtown area, inner city, town centre
Staffel *f* relay
~anbau *m* relay cropping
~graben *m* stagger trench
Stagnation *f* stagnation
~s•index *m* stagnation index
~s•probe *f* first draw sample
{*Trinkwasser*}
stagnieren *v* stagnate
stagnierend *adj* stagnant
Stahl *m* steel
einsatzgehärteter ~: case-hardened steel
~abgas•leitung *f* steel pipe system
~bau *m* structural steelwork
~becken *nt* steel basin
~beton *m* concrete steel, reinforced concrete
~faser•vlies *nt* steel fibre nonwoven
~industrie *f* steel industry
~markt *m* steel market
~rohr *nt* steel pipe
~~konstruktion *f* structural steelwork in tubular design
~schorn•stein *m* steel chimney
~veredelung *f* steel refining
~verformung *f* steel working
~werk *nt* steelworks
Stalakmit *m* stalagmite
{*Tropfstein, der von unten nach oben wächst*}
Stalaktit *m* stalactite
{*Tropfstein, der von oben nach unten wächst*}
Stall *m* (chicken-)coop
{*Hühnerstall*}
~ *m* cowshed
{*Kuhstall*}
~ *m* hutch
{*Kaninchen, Kleintiere*}
~ *m* pen
{*Schafstall*}
~ *m* stable
{*Pferdestall, Rennstall*}
~ *m* (pig)sty
{*Schweinestall*}
~abluft *f* stable's spent air
~dung *m* farmyard manure
~dünger *m* farmyard manure
~dung•gabe *f* manure application
~mist *m* farmyard manure
Stamm *m* phylum
{*Einheit der biologischen Systematik, umfasst mehrere Klassen*}
~ *m* stem, trunk
{*Baumstamm*}
~ *m* stock
{*alle Tiere oder Pflanzen, die von einem Vorfahren abstammen*}
~ *m* strain
resistenter ~: resistant strain
~abfluss *m* stem flow
~analyse *f* stem analysis
{*die Analyse eines Baumstammes durch Messung der Jahresringbreiten zur Bestimmung des Zuwachses, des Durchmessers und der Höhe in der Vergangenheit*}
~holz *nt* stem wood
{*das Holz des Schaftes eines Baumes*}
~kanal *m* trunk sewer
{*bei Abwasserbeseitigung*}
~klasse *f* dominance class
~kultur *f* stock culture
{*von Bakterien*}
~lösung *f* stock solution
~zelle *f* parent cell
Stand *m* stand
{*Ausstellungsstand*}
~ *m* state
{*Zustand*}
~ der Technik: best available technology, state of technological development
Standard *m* standard
~abweichung *f* standard deviation
~fehler *m* standard error
standardisieren *v* standardize
Standardisierung *f* standardization
Standard•methode *f* standard method
Ständer *m* stand
Standes | ethos *m* ethics
~moral *f* ethics
stand•fest *adj* steady
Stand•geräusch *nt* noise from stationary vehicles
{*von im Stillstand befindlichen Kraftfahrzeugen erzeugtes Geräusch*}
standhaft *adj* constant, steady
Standhaftigkeit *f* constancy
stand•halten *v* resist
ständig *adj* all the time, constant, continuous, permanent, running
~ *adv* constantly
Stand•linie *f* base line
Stand•ort *m* location
{*~ eines Betriebes*}
~ *m* position, site
~ von Kraftwerken: power station siting
~ansprüche *pl* site requirements
{*Ansprüche einer Art hinsichtlich der Standortfaktoren*}
~bedingung *f* local condition
~entflechtung *f* location deconcentration

~erkundung *f* site survey
forstliche ~~: forest site survey
~faktor *m* site factor
{*abiotischer oder biotischer Faktor, der zusammen mit den anderen Faktoren den Standort ergibt*}
~genehmigung *f* site permit
≗heimisch *adj* autochthonal, autochthonous
~karte *f* location map
forstliche ~~: ecological forest map
~kartierung *f* land survey, site mapping, site survey
{*Aufnahme oder Erkundung der Standorte eines Gebietes*}
~produktivität *f* site productivity
{*die realisierbare Produktivität eines Standortes*}
~sicherung *f* location safeguarding
~s•typ *m* site type
{*Zusammenfassung von Standorten nach einheitlichen Merkmalen*}
≗typisch *adj* typical of site
~vorbescheid *m* advance notice
~vorsorge *f* early attention for a site
~vorteil *m* advantage of location
~wahl *f* choice of location, site selection, siting
Stand | platz *m* pitch
~punkt *m* point of view, position, standpoint, viewpoint
Stangen | drän *m* pole drain
~holz *nt* pole stand
{*forstliche Altersklasse bis zum Erreichen einer mittleren Stammstärke von 14 cm (Brusthöhendurchmesser)*}
Stanz•saat•verfahren *nt* punch planting
{*Direktsaatverfahren ohne vorhergehende Bodenlockerung*}
Stapel *m* batch, pile
stapfen *v* stump
Staphylo•coccus-Vergiftung *f* staphylococcal poisoning
Stapler *m* lift truck, stacker
stark *adj* heavily
{*schwer*}
~ *adj* strong
zu ~: excessive ***adj***
~ *adv* highly, strongly
~ wassergefährdend: severely hazardous to waters
Stärke *f* force, strength
{*Kraft*}
~ *f* starch
{*Polysaccharid*}
≗haltig *adj* starchy
~herstellung *f* starch manufacture
stärken *v* boost, strengthen
stärkend *adj* supporting
stärkereich *adj* starchy
Stark | regen *m* rainstorm
~strom•kabel *nt* power cable
Stärkung *f* strengthening
Start *m* take-off
starten *v* take off
Start•platz *m* take-off site
{*für Hängegleiter*}
Statik *f* stasis
{*statischer Zustand*}
~ *f* static equilibrium
{*im Bauwesen*}
~ *f* statics
{*in der Physik*}
Station *f* station
agrarmeteorologische ~: agricultural meteorological station
stationär *adj* stationary
stationieren *v* site
Stationierung *f* siting
statisch *adj* static
Statistik *f* statistics
statistisch *adj* statistical
~e Auswertung: statistical data treatment
Stator *m* stator
Stätte *f* seat, site
statt•finden *v* take place
~ lassen *v* hold
stattlich *adj* round
Stau *m* backup, back-up, congestion, jam
~anlage *f* dam (plant)
~~n•schützen•zug *m* pulling device for barrage sliding panels
Staub *m* dust, powder
asbesthaltiger ~: asbestos-containing dust
schmirgelnder ~: abrasive dust
vulkanischer ~: volcanic dust
~ablagerung *f* dust deposition
~absaug•anlage *f* dust exhaust ventilation plant, dust extraction system
~abscheide•anlage *f* dust collection device
~abscheider *m* cyclone, dust collector, dust precipitator, dust separator
~abscheidung *f* dust elimination, dust separation
~analysator *m* dust analyzer
~analyse *f* dust analysis
~austrag *m* dust emission
~bekämpfung *f* dust abatement
~beseitigung *f* dust control
~beutel *f* anther
{*Pollenbehälter bei Pflanzen*}
~binde•mittel *nt* dust binder
~blatt *nt* stamen
Stäube *pl* dusts
Stau•becken *nt* reservoir
Staub | emission *f* dust emission
~~s•grenze *f* dust emission limit
~~s•messung *f* dust emission measurement
~entwicklung *f* dust formation, dust generation
~explosion *f* dust explosion
~exposition *f* exposure to dust
~fänger *m* dust catcher
~filter *m* dust filter
~filtration *f* dust filtration
≗förmig *adj* dustlike, powdery
≗frei *adj* dust-free
~frei•setzung *f* dust emission
~gehalt *m* dust burden, dust content
~~mess•gerät *nt* dust-in-air measuring equipment
~grenz•wert *m* dust limit value
≗haltig *adj* containing dust, dust-laden
~immission *f* dust immission
~~s•grenze *f* dust immission limit
~inhalation *f* dust inhalation
~kanal•versuch *m* dust channel test
~kohle *f* culm
~konzentration *f* dust burden, dust concentration
~luft *f* dust-laden air
~lunge *f* anthracosis, pneumoconiosis
eine ~ haben: have pneumoconiosis
~mess•gerät *nt* dust measuring equipment
~messung *f* dust measurement
~mulch *m* dust mulch
~nieder•schlag *m* dust deposits, dustfall, dust precipitation
~rück•gewinnungs•anlage *f* dust recovery plant
≗sammelnd *adj* dust-collecting
~sammel•platte *f* dust-collecting plate
~sammler *m* dust-collecting appliance

~sauger *m* vacuum cleaner
~~beutel *m* vacuum cleaner bag
~schicht *f* dust layer, layer of dust
~schutz *m* dust protection, dust shield
~~brille *f* dust protection glasses
~~maske *f* dust mask
~sturm *m* dust storm
~technik *f* dust technology
~wolke *f* dust bowl
~zahl *f* dust index
~zusammen•setzung *f* dust composition
Stau•damm *m* barrage, (impounding) dam, retaining dam, storage dam
Staude *f* herb
~n•rabatte *f* herbaceous border
Stau•druck *m* hydrostatic pressure
stauen *v* dam
stauend *adj* retaining
Stau | gewässer *nt* backwater
~grenze *f* limit of backwater
~haltung *f* impoundment
{staubeeinflusster Bereich einer Staustufe}
~inhalt *m* height-volume
{in einem Stau- oder Speicherbecken vorhandenes Wasservolumen}
~~s•linie *f* height-volume curve
{grafische Darstellung, die den Zusammenhang zwischen Stauinhalt und Stauhöhe beschreibt}
~klappe *f* flap gate
{auf anderen Wehrverschlüssen, Wehrschwellen oder Staukörpern gelagerter, um seine Unterkante drehbarer Wehrverschluss}
~körper *m* supporting mass
{fester Teil eines Wehrkörpers, der Stau erzeugt}
~kuppe *f* plug dome
{durch Aufstauung zähflüssiger magmatischer Schmelzen entstandene keulenartig geformte Gesteinsmasse}
~mauer *f* impounding dam, masonry dam, tidal barrage, tidal barrier
~nässe *f* impeded drainage
~~boden *m* waterlogged soil
Dtsch. Syn.: Stauwasserboden
~~horizont *m* inundated horizon
Staunen *nt* wonder
≗ *v* wonder
Stau | ober•fläche *f* impoundment surface area, reservoir surface
~~n•linie *f* height-area curve
{grafische Darstellung, die den Zusammenhang zwischen Stauoberfläche und Stauhöhe beschreibt}
~podsol *m* stagnopodzol
{Bodentyp, der Podsolierung und Staunässe aufweist}
~raum *m* storage
~~kanal *m* [sewer with storage capacity and overflow]
~regelung *f* canalization
{Gewässerausbau durch Anordnung von Staustufen}
~see *m* (impounded) reservoir
~spiegel *m* impounding head, storage level
~stufe *f* barrage weir with locks, weir
{Stauanlage, die im wesentlichen nur den Fluss und nicht die ganze Talbreite absperrt}
~teich *m* pond
Stauung *f* impoundment
Stau•wand *f* upstream face
{vom Oberwasser berührte Wand eines massiven Absperrbauwerkes oder eines Wehrverschlusses}
Stau•wasser *nt* impounded water
~boden *m* waterlogged soil
{Bodentyp, in dem der obere Bodenbereich unter Staunässe und dadurch auch unter Luftmangel leidet}
Stau•wehr *nt* impounding weir
Stau•ziel *nt* full supply level
{die nach der Zweckbestimmung der Stauanlage beim Regelbetrieb zulässige Wasserspiegelhöhe}
stechen *v* jab, sting
Stech•ginster *n* gorse
Stech•zylinder *m* core sampler
{zur Entnahme von Bodenproben}
~probe *f* core sample
Steck•holz *nt* hardwood cutting
Steckling *m* cutting
~s•pflanzung *f* live staking, sprigging
Steg *m* jetty
stehend *adj* lentic, stagnant
{Eigenschaft von Gewässern}
~ *adj* standing
steif *adj* stiff
Steifigkeit *f* stiffness
Steig•eisen *nt* pole climber
steigen *v* take off
steigend *adj* incremental, rising
steigern *v* boost, enhance
Steigerung *f* enhancement
~s•versuch *m* increment test
Steigung *f* ascent, grade (Am), gradient, slope
steil *adj* steep
~ *adj* stiff
{~er Abstieg bzw. Anstieg}
≗förderer *m* elevator
≗küste *f* cliff
≗stufe *f* escarpment
{Geländestufe, die im Bereich von Gesteinen unterschiedlicher Verwitterungsresistenz herauspräpariert wurde}
Stein *m* rock, stone
~auskleidung *f* stone lining
~bruch *m* quarry
~damm *m* rock-fill dam
{Staudamm aus gebrochenem Fels und/oder natürlichen Steinen lagenweise geschüttet, mit Dichtungsbelag oder -kern}
~drän *m* blind drain, French drain (Am)
{Entwässerungsgraben, der mit grobem Material gefüllt ist}
~ersatz•masse *f* stone substitute
~frucht *f* drupe
{Frucht mit einem Kern im Fruchtfleisch}
~gras•bau *m* brush-rock mulching
{Verfahren zur Befestigung von Böschungen mit Geröll und Gebüsch}
~haufen *m* mound (of stones), stone tip
steinig *adj* gravelly, pebbly, stony
Stein•kasten•wehr *nt* wire dam
Stein•kohle *f* black coal, hard coal, mineral coal, pit-coal
~~n•berg•bau *m* hard coal mining
~~n•einheit *f* coal equivalent
Megatonne ~~~en: million tonnes of coal equivalent
Dtsch. Abk.: MtSKE; Engl. Abk.: MTCE
~~n•klein *nt* gob
~~n•kraft•werk *nt* coal-fired power station
~~n•teer *m* coal tar
~~n•zeche *f* coal pit
Stein | korb *m* wire bolster
{mit Steinen befüllter Drahtkäfig zur Uferbefestigung}
~~damm *m* basket dam, gabion dam
~mehl *nt* rock meal

{fein gemahlenes Gestein}
~mulch *m* stone mulch
~obst *nt* stone-fruit
~pack•lage *f* stone mattress
~packung *f* stone facing
~salz *nt* rock-salt
~~berg•bau *m* rock-salt mining
~schlag *m* rock fall, topple
~sohle *f* desert pavement
{Anreicherung von Steinen auf einer alten Landoberfläche}
~wall *m* stone bund
{niedriger Wall zur Rückhaltung von Oberflächenabfluss}
~wurf *m* riprap, riprapping
{Steinbelag an der Uferböschung zum Schutz gegen Wellen und fließendes Wasser}
~~wehr *nt* loose-rock dam
{Bauwerk zur Durchflussregulierung in kleinen Wasserläufen}
~wolle *f* rock wool
Stell•antrieb *m* actuator
{für Armaturen}
Stelle *f* site
offizielle ~: official entity
stellen *v* set
Stell | gerät *nt* correcting unit
~hahn *m* control cock
~klappe *f* control flap
~netz *nt* gillnet
Stellung•nahme *f* comment, opinion, statement
Stell•ventil *nt* control valve
Stelze *f* stilt
~n•läufer *m* stilt
Stelz | vogel *m* wader
~wurzel *f* stilt root
{schräg stehende oder bogenförmige Adventivwurzel von Bäumen am unteren Stammteil oberhalb des Bodens}
Stemm•eisen *nt* chisel
stemmen *v* chisel
Stempel *m* punch
Stengel *m* culm
~steckling *m* stem cutting
steno•halin *adj* stenohaline
sten•ök *adj* stenecious, stenoecious
{durch stark eingeschränkte Anpassungsfähigkeit an verschiedene Einflussgrößen des Lebensraumes charakterisiert}
steno•therm *adj* stenothermous
Steppe *f* prairie, steppe
{weiträumiges natürliches Grasland auf trockenen, nicht-tropischen Standorten}
~n•aufforstung *f* afforestation of steppes
~n•boden *m* steppe soil
{Bodentyp, der im semi-humiden Klima unter Steppenvegetation bei schwacher Auswaschung gebildet wird}
Ster *m* stacked cubic metre
Dtsch. Syn.: Raummeter (geschichtetes Holz)
Sterben *nt* dying
≗ *v* die
sterbend *adj* dying
Sterbe•ziffer *f* death rate
Sterblichkeit *f* mortality
Stereo•mikro•skop *nt* binocular microscope
Stereo•skop *nt* stereoscope
stereo•skopisch *adj* stereoscopic
Steril•filter *m* sterile filter
Sterilisation *f* hygienization, sterilization
sterilisieren *v* sterilize
sterilisiert *adj* sterilized
nicht ~: unsterilized ***adj***
Sterilität *f* infertility
Sternchen *nt* asterisk
{z.B. als Aufzählungs- oder Textmarkierungszeichen}
Stern•motor *m* radial engine
Stern•ruß•tau *m* black spot
{Pilzkrankheit, Syn. Schwarzfleckigkeit}
stetig *adj* steady
Steuer *f* levy, tax
~basis *f* tax base
~bilanz *f* tax balance sheet
~erhebung *f* levy
~gesetz *nt* law on taxation
steuernd *adj* controlling
Steuer | politik *f* fiscal policy
~recht *nt* tax law
Steuerung *f* control, drive, influencing, regulation, steering
geldpolitische ~: monetary management
Steuer | vergünstigung *f* tax allowance
~vorteil *m* tax advantage
~zahler /~in *m/f* taxpayer
Stich *m* jab, sting
~probe *f* grab sample, (random) sample, random test
~~n•erhebung *f* random sampling
~~n•umfang *m* sample size
Stick•oxid•emission *f* nitrogen oxide emission
Stickstoff *m* nitrogen
≗abbauend *adj* denitrifying
~abgabe *f* nitrogen levy
~anreicherung *f* nitrogen enrichment
~bakterien *pl* nitrogen (fixing) bacteria
~bestimmung *f* nitrogen (content) determination
~bilanz *f* nitrogen balance
~bindung *f* nitrogen fixation
~dünger *m* nitrogen fertilizer
~düngung *f* nitrogen fertilization
~elimination *f* nitrogen removal
~entzug *m* denitrogenation
~fixierung *f* nitrogen fixation
{Aufnahme von molekularem Stickstoff durch Organismen zum Aufbau körpereigener Substanz}
~fracht *f* nitrogen load
~gehalt *m* nitrogen content
≗haltig *adj* nitric
~kreis•lauf *m* nitrogen cycle
~stoff•wechsel *m* nitrogen metabolism
~zyklus *m* nitrogen cycle
Dtsch. Syn.: Stickstoffkreislauf
Stiel *m* haulm, stalk, stem
Stier *m* bull
Stiftung *f* foundation, (charitable) trust
Britische ~ der Naturschutzhelfer: British Trust for Conservation Volunteers
{privater Naturschutzverband in Großbritannien, der vor allem praktische Arbeiten im Naturschtz durchführt}
Engl. Abk.: BTCV
~ für die frei lebende Tier- und Pflanzenwelt: Wildlife Trust
{privater Artenschutzverband in Großbritannien, gegründet 1893}
Engl. Abk.: WT
still *adj* quiescent
stillend *adj* stilling
still•gelegt *adj* disused
still•legen *v* set aside
{aus der Nutzung nehmen}
~ *v* shut down
{z.B. ein Kraftwerk}
Still•legung *f* closing-down, shutdown
~ *f* set-aside
{~ von Flächen}
~s•fläche *f* set-aside
Still•stand *m* stasis
stimmen *adj* tune
stimmig *adj* cohesive

Stimulation *f* stimulation
stimulieren *v* stimulate
Stimulus *m* stimulus
Dtsch. Syn.: Reiz
stinken *v* stink
Stipendium *nt* award, grant
stöbern *v* forage
Stöchio•metrie *f* stoichiometry
stöchio•metrisch *adj* stoichiometric
Stock•ausschlag *m* coppice shoot, stool shoot
{die aus dem nach dem Einschlag der Bäume verbleibenden Stockholz ausschlagenden Triebe}
Stock•holz *nt* stump
{der unterirdische Teil des Holzes eines Baumes einschließlich des bei der Fällung verbleibenden Teils des Stammes}
Stockung *f* congestion
Stoff *m* agent, material, matter, solid, substance
abfiltrierbare ~e: filterable solids
absetzbare ~e: settleable solids
anorganischer ~: inorganic compound
gefährlicher ~: hazardous material
gelöster ~: dissolved matter, solute
grenzflächenaktiver ~: surface-active agent
krebserregende ~e: carcinogenic substances
mineralische ~e: mineral substances
mutagene ~e: mutagens
oberflächenaktiver ~: surface-active agent
radioaktiver ~: radioactive material
ungelöster ~: undissolved matter, undissolved material
ungiftiger ~: non-toxic material
~ *m* cloth
{Tuch}
~bilanz *f* balance of matter, material balance
~fluss *m* material flow
~fracht *f* load
~~bilanz *f* balance of loads
~gemisch *nt* mixture
~haushalt *m* budget of materials
{Gesamtheit des in einem Ökosystem vorhandenen Stoffbestandes und der in einer bestimmten Zeitpanne ablaufenden Stoffumsätze}
~kreis•lauf *m* cycling of materials, cycling of matter, material cycle, matter cycle
{Folge von Vorgängen in der Natur, bei denen ein Stoff Zustands- und Ortsveränderungen erfährt und seinen Ausgangszustand wieder erreicht}
~kreisläufe schließen: close material cycles
stofflich *adj* physical
~e Verwertung: (material) recycling
Stoff | mengen•anteil *m* mole fraction
~strom•recht *nt* law governing material flows
~transport *m* mass transport
~trennung *f* mass separation
~umsatz *m* metabolism
~ im Boden: soil metabolism
~verhalten *nt* behaviour of substances
~wechsel *m* metabolism
~~aktivität *f* metabolic activity
~~krankheit *f* metabolic disease
~~produkt *nt* metabolite
~~veränderung *f* metabolic change
~~zyklus *m* metabolic cycle
Stollen *m* gallery, working
{in einem Bergwerk}
Stoma *nt* stoma
{Spaltöffnung in der Pflanzenoberfläche}
Stop *m* stop
Stopf•buchsen•packung *f* gland packing
stopfen *v* jam
Stoppel *f* stubble
Stoppel•feld *nt* stubble field
stoppelig *adj* rough
Stoppel•mulch *m* stubble mulch
stoppen *v* stop
Stör | anfälligkeit *f* susceptibility to disturbance
~einfluss *m* interference
stören *v* bother, disturb
Störer•haftung *f* liability for disturbance
Stör•fall *m* incident, malfunction
~abwehr *f* prevention of disruption
≗bedingt *adj* caused by incident
~-Verordnung *f* hazardous incidence ordinance
{soll in Dtsch. Menschen und Umwelt vor den Folgen schwerer Störfälle bei genehmigungsbedürftigen Anlagen schützen}
~vorsorge *f* precaution against disturbance
~zustand *m* emergency conditions
Stör•körper *m* baffle block
{Einbauten in Tosbecken oder Toskammer zur Verbesserung der Energieumwandlung}
störrisch *adj* refractory
Stör•strahler *m* interference radiator
Störung *f* disruption, disturbance, interference, violation
anthropogene ~: anthropogeneous disturbance
~ *f* fault
{Trennfuge im Gestein}
Stoß *m* impulse, jab, pulse, shock
~ *m* pile
{Stapel}
~belastung *f* impulse loading
~elastizität *f* resilience
stoßen *v* jab, punch
Stoß | kraft *f* impulse
~welle *f* shock wave
~wind *m* squall
Straf | antrag *m* action, legal proceedings
einen ~~ stellen: bring an action, institute legal proceedings
{~ des Klägers}
~ *m* petition for a penalty
{~ des Staatsanwalts}
~anzeige *f* reporting of an offence
strafbar *adj* criminal, penal, punishable
Strafbarkeit *f* liability to punishment
Strafe *f* penalty
Straf | gesetz *nt* criminal law
~~buch *nt* criminal code, penal code
~kammer *f* criminal court
~maß *nt* penalty
~prozess *m* criminal prodeedings
~~ordnung *f* code of criminal procedure
~recht *nt* criminal law
≗rechtlich *adj* penal
~tat *f* (criminal) offence
~urteil *nt* sentence
~verfahren *nt* criminal proceedings
~verfolgung *f* (criminal) prosecution
Strahl *m* jet
{Partikelstrahl}
~antrieb *m* jet propulsion
Strahlen *pl* rays
{elektromagnetische ~}
ultraviolette ~: ultraviolet rays
UV-~: UV rays
≗ *v* radiate
{elektromagnetische Strahlen aussendend}

~abschirmung *f* radiation barrier
~arbeiten *pl* work in areas exposed to radiation
~arbeiter /~in *m* worker exposed to radiation
Dekontaminierung von ~~n: decontamination of workers exposed to radiation
~belastung *f* (radiation) exposure
~biologie *f* radiobiology
strahlend *adj* radiant, radioactive
Strahlen | dosi•meter *nt* radiation dosimeter
~dosis *f* exposure dose, irradiation dose, radiation dose
≗empfindlich *adj* radiosensitive
≗exponiert *adj* exposed
≗~e Person: person exposed to radiation
~exposition *f* radiation exposure
≗förmig *adj* radial
≗~ *adv* radially
≗~ angeordnet: radial ***adj***
~geschädigte /~r *f/m* radiation victim
~krankheit *f* radiation disease, radiation sickness
~mess•gerät *nt* actinometer, radiation measuring device
~mess•sonde *f* dosimetry probe
~messung *f* actinometry, radiation measurement
~minimierung *f* radiological minimization
~~s•gebot *nt* radiological minimization rule
~nachweis•gerät *nt* radiation detector
~quelle *f* source of radiation
~risiko *nt* radiation risk, radiological risk
~schaden *m* damage caused by radiation, radiation damage, radiation injury
~schädigung *f* actinotoxemia, radiation damage
~~ der Haut: actinodermatitis ***n***
Strahlen•schutz *m* protection against radiation, radiation protection
biologischer ~: biological radiation protection
chemischer ~: chemical radiation protection
~anweisung *f* radiation protection instruction
~ausbildung *f* radiation protection training
~beauftragte /~r *f/m* radiological protection personnel
~einrichtung *f* radiation protection equipment
~hand•schuhe *pl* radiation protection gloves
~kleidung *f* radiation protection apparel
~kommission *f* radiation protection commission
{berät in Dtschl. das Bundesumweltministerium bei Fragen, die den Schutz vor den Gefahren von Strahlung aus radioaktiven Stoffen betreffen}
~kontrolle *f* radiation protection control
~messung *f* radiation protection measurement
~plakette *f* film badge
~recht *nt* radiation protection law
~schild *m* radiation protection shield
~schürze *f* radiation protection apron
~türe *f* radiation protection door
~überwachungs•dienst *m* radiation protection service
~verordnung *f* radiation protection regulation
~vorsorge *f* radiological protection precaution
~~gesetz *nt* radiation protection precaution act
~wand *f* protective barrier
strahlen | sicher *adj* radiation-proof
≗sicherheit *f* radiation safety
≗therapie *f* actinotherapy, radiation therapy, radiation treatment, radiotherapy
≗überwachungs•plakette *f* radiation monitoring badge
~undurchlässig *adj* adiactinic, adiaphanous
≗unfall *m* radiation accident
≗verseuchung *f* radiation pollution
≗wirkung *f* radiation effect
Strahl•flugzeug *nt* jet aircraft, jet plane
{Flugzeug mit Turbinen-Luftstrahltriebwerken}
strahlig *adj* radial
Strahl | pumpe *f* jet pump
~strom *m* jetstream
{Strom sich schnell bewegender Luft in ca. 15 km Höhe}
~triebwerk *nt* jet engine
Strahlung *f* radiation
atomare ~: nuclear radiation
heterogene ~: heterogeneous radiation
ionisierende ~: ionizing radiation
kosmische ~: cosmic radiation, cosmic rays
natürliche (Erd-)~: background radiation
thermische ~: thermal radiation
Strahlungs | absorption *f* radiation absorption
~beiwert *m* radiation coefficient
~bilanz *f* net total radiation, radiation balance
{der formelmäßige Ausdruck des Strahlungsenergieflusses eines Körpers}
~bewertung *f* radiation evaluation
~dunst *m* radiation fog
~energie *f* radiation energy
~enteritis *f* radiation enteritis
{Enteritis, verursacht durch zu hohe Strahlenbelastung}
~feuchte•messer *m* radiation hygrometer
≗gefährdet *adj*
≗~er Bereich: radiation hazard area
~gefährdung *f* radiation effects, radiation hazard
~intensität *f* dose of radiation, radiation intensity
~kontrolle *f* radiation control, radiation monitoring
~messer *m* contamination meter, radiation meter
~messung *f* radiometry
~modell *nt* radiation model
~quelle *f* radiation source
~reduzierung *f* irradiation reduction
~schaden *m* radiation damage
≗sicher *adj* radiation-proof
~temperatur *f* radiation temperature
~überwachungs•gerät *nt* radiation monitoring equipment
~verbrennung *f* radiation burn
{Verbrennung durch zu hohe Strahlungsdosis}
~wärme *f* radiant heat
Strahl•wäscher *m* jet scrubber
Strand *m* beach, foreshore, shore, strand
~ball *m* beach-ball
~buhne *f* beach groyne
{quer zur Küstenlinie angeordnetes, damm- oder wandartiges Schutzwerk}
stranden *v* strand
Strand | erosion *f* beach erosion

~gut *nt* jetsam
~reinigung *f* beach cleansing
~säuberung *f* beach cleaning
~terrasse *f* platform
Strandung *f* beaching
Strand•wall *m* beach ridge
{langgestreckte küstenparallele Aufschüttung kurzfristiger Hochwässer oberhalb des Mitelwassers}
Strang *m* hummock ridge
{Geländeerhebung}
~ *m* strand
Straße *f* road
{in der freien Landschaft}
ohne ~n: roadless ***adj***
~ *f* street
{im Siedlungsbereich}
Straßen | aufbruch *m* fretting of the road/street surface, road construction waste
{mineralisches Material, das bei Baumaßnahmen im Straßen- und Brükkenbau anfällt und nicht im Anfallbereich verwendet werden kann}
~bahn *f* tram
~bau *m* road building, road construction
~~amt *nt* highways department
~~arbeiten *pl* roadworks, roadworks
~~behörde *f* road construction office
~~beitrag *m* road construction contribution
~baum *m* roadside tree
~bau•maßnahme *f* road construction measure
~begleit•grün *nt* roadside green belt
~belag *m* road cover, road surface
~beleuchtung *f* street lighting
~benutzungs•gebühr *f* road toll
~dorf *nt* linear village
~ecke *f* street corner
~einmündung *f* road junction
~entwässerung *f* road drainage
~fahr•zeug•bau *m* road vehicle construction
≗frei *adj* roadless
~führung *f* route
~graben *m* ditch
~hobel *m* grader, land leveller
~karte *f* road map
~kehricht *f* street rubbish
~klassifizierung *f* road classification
~lärm *m* road noise, street noise
~netz *nt* road network, road system
~rand *m* roadside
~räum•gut *nt* street sweepings
~reinigung *f* street cleaning
~sammlung *f* street collection
{Abholung von bereitgestellten Wertstoffkomponenten, insbesondere Altpapier und Alttextilien, zu einem vorgegebenen Termin durch Organisationen}
~sperre *f* roadblock
~tunnel *m* (road) tunnel
~überführung *f* footbridge
~verkehr *m* (road) traffic
~~s•lärm *m* noise from road traffic, traffic noise
~~s•ordnung *f* road traffic act
{Dtsch. Abk.: StVO; enthält auch eine Reihe von Bestimmungen, die für den Lärmschutz Bedeutung haben}
~~s•recht *nt* road traffic law
~~s•zulassungs•ordnung *f* Road (Traffic) Licensing Regulation
{Dtsch. Abk.: StVZO; enthält auch Bestimmungen zum Lärmschutz, u.a. zur Geräuschentwicklung von Kraftfahrzeugen}
~verunreinigung *f* road pollution, street pollution
Strategie *f* strategy
strategisch *adj* strategic, strategical
~ *adv* strategically
Stratifikation *f* stratification
Dtsch. Syn.: Schichtung
stratifiziert *adj* stratified
Dtsch. Syn.: geschichtet
Strati•grafie *f* stratigraphy
{auch: Strati•graphie}
Strato | kumulus *pl* stratocumulus
{Schicht kleiner Kumuluswolken unter etwa 3000 m Höhe}
~pause *f* stratopause
{dünne atmosphärische Schicht zwischen Stratosphäre und Mesosphäre}
~sphäre *f* stratosphere
≗sphärisch *adj* stratospheric
Stratum *nt* stratum
Dtsch. Syn.: Schicht
Stratus *f* stratus
Dtsch. Syn.: Schichtwolke
Strauch *m* bush, shrub
≗artig *adj* shrubby
~obst *nt* bush fruit
~pflanz•gerät *nt* bush planter
~schicht *f* shrub layer, undergrowth
~schneide•gerät *nt* scrub cutter
Strauß *m* bunch
Strebe *f* buttress
Streben *nt* aspiration
strecken *v* stretch
Streich•blech *nt* mouldboard
Streich•brett *nt* mouldboard
streicheln *v* pet
Streich•wehr *nt* side weir
{parallel oder schräg zur Fließrichtung angeordnetes Wehr}
Streife *f* patrol
~ gehen: patrol ***v***
Streifen *m* band, ribbon, strip
~anbau *m* (contour) strip cropping
{Anbau unterschiedlicher Kulturen in abwechselnden Streifen entlang der Höhenlinien}
~bearbeitung *f* strip cultivation, strip tillage, strip-zone tillage, zone tillage
~begrasung *f* strip sodding
~hieb *m* strip felling
{Endnutzung, bei der alle Bäume auf einer streifenförmigen Teilfläche eines Bestandes entnommen werden}
~kahl•schlag *m* strip clearcutting
~kultur *f* strip cultivation
~pflanzung *f* strip farming
~saat *f* band seeding
Streit *m* dispute, fighting
streiten *v* dispute
{sich ~}
Streit•gegen•stand *m* question at issue
Streitig•keit *f* dispute
streit•süchtig *adj* controversial
Streit•wert *m* amount in dispute, sum in dispute
streng *adj* strict
~ *adv* severely, strictly
Stress *m* stress
{Belastung, die innerhalb der Elastizität des Systems bleibt}
durch den Menschen verursachter ~: human-induced stress
{z.B. bei Wildtieren}
Streu *f* litter
{das organische Material des Bestandesabfalls auf der Bodenoberfläche}
~ *f* straw
{die Einstreu für das Vieh}
~abbau *m* litter decomposition
~decke *f* forest floor, litter (cover)

streuen *v* grit
{*vereiste Straßen ~*}

Streu | entnahme *f* removal of litter
{*~ aus dem Wald*}

~mittel *nt* gritting sand, road scatter
abstumpfendes ~~: skid-proofing road scatter

streunend *adj* wandering
{*~e Katze*}

Streu | nutzung *f* forest-litter utilization
{*Nutzung der Waldstreu*}

~obst•wiese *f* sparse orchard

~pflicht *f* spreading obligation

~salz *nt* salt (for icy roads)

~sand *m* grit (for icy roads)

~schicht *f* litter

~siedlung *f* scattered housing estate

~splitt•recycling *nt* recycling of chippings

~strahlung *f* stray radiation

~wiese *f* straw meadow
{*Wiese, die nur zum Zwecke der Gewinnung von Einstreu gemäht wird*}

Strich *m* line

~vogel *m* visitor

stricken *v* knit

Strick•ware *f* knit

strikt *adj* strict

Strip•anlage *f* stripping plant

Strippen *nt* stripping
{*Stoffaustrag aus dem Wasser durch Belüftungsverfahren*}

strittig *adj* controversial

Stroh *nt* straw
mit ~ decken: thatch ***v***

≗gedeckt *adj* thatched

~halm *m* straw

~hut *m* straw

~mulch *m* straw mulch

Strom *m* current,
{*der fließende elektrische Strom*}

~ *m* electricity, power
{*Dtsch. umgangssprachl. für Elektrizität*}
unter ~ setzen: energize ***v***
unter ~ stehend: live ***adj***

~ *m* flux
{*Energiefluss*}

~ *m* stream, streamflow
{*Luftstrom, Flüssigkeitsstrom*}

~ *m* river
{*Gewässer*}

≗abwärts *adj/adv* downstream

≗aufwärts *adj/adv* upstream

~einspeisungs•gesetz *nt* Act on the Sale of Electricity to the Grid, electricity buy back act
{*regelt die Abnahme und Vergütung von Strom, der aus erneuerbaren Energiequellen gewonnen wird, durch Elektrizitätsversorgungsunternehmen*}

Strömen *nt* flow

≗ *v* flow, pass

Strom | erzeuger *m* power generator

~erzeugung *f* electricity production, power generation

≗linien•förmig *adj* streamlined

~netz *nt* power lines
öffentliches ~~: National Grid

~regulierung *f* stream regulation

~rinne *f* channel

~schnelle *f* rapids

~stärke *f* current

~strich *m* channel line

Strömung *f* airstream, current, drift, flow, movement

Strömungs | feld *nt* flow field

~geräusch *nt* flow noise

~geschwindigkeit *f* flow rate, flow velocity

~lehre *f* fluidics

~mechanik *f* flow mechanics

~messer *m* flowmeter

~messung *f* flow measurement

~modell *nt* flow model

~wächter *m* flow monitor

~widerstand *m* drag

Strom | verbrauch *m* electricity consumption, power consumption

~verbraucher *m* power consumer

~versorgung *f* power supply

~verzweigung *f* bifurcation

~zähler *m* electric meter

Strudel *m* eddy, vortex, whirlpool

Struktur *f* frame, structure, texture
feine ~: fine texture
grobe ~: rough texture
ökologische ~: ecological structure
raue ~: rough texture
trophische ~: trophic structure

~bild *nt* structural image

~boden *m* patterned ground
{*Boden, der durch Separation der steinigen und erdigen Bestandteile bestimmte Strukturformen angenommen hat*}

strukturell *adj* structural

~ *adv* structurally

Struktur | fonds *pl* structural funds

~formel *f* structural formula

~hilfe•gesetz *nt* structural aid act

strukturieren *v* structure

Strukturierung *f* structure

Struktur | parameter *m* structural parameter

~politik *f* structural policy

≗schwach *adj* economically underdeveloped, low-structured

~wandel *m* structural change

Stubben•roden *nt* tree-stump removal

Stück *nt* bit, lump, piece, segment
eingelegtes ~: inlet, inserted piece

Stückchen *nt* bit

Stück•gut *nt* package freight

Student /~in *m/f* student

~en•wohn•heim *nt* dormitory (Am)

Studie *f* study, survey

Studien | design *nt* study design

~plan *m* syllabus

~teilnehmer /~in *m/f* study participant

studieren *v* study

Studium *nt* study

Stufe *f* step
auf gleicher ~: on an equal footing

~n•austausch•grad *nt* stage efficiency

≗n•förmig *adj* stepped

~n•genehmigung *f* gradually given permission

~n•schöpf•werk *nt* stepped arrangement of pumping station
{*eines von mehreren hintereinander angeordneten Schöpfwerken*}

~n•terrasse *f* platform terrace, step terrace

stufig *adj* stepped

Stuhl *m* chair

Stummel *m* stump

Stumpf *m* stump

≗ *adj* blunt

stumpfsinnig *adj* bovine

Stunden | emission *f* hourly emission

~verbrauch *m* hourly consumption

≗weise *adv* part-time

Sturm *m* gale, storm
tropischer ~: tropical storm

~flut *f* storm surge, storm tide

~~sperr•werk *m* storm tide barrage

~~warnung *f* storm surge warning
stürmisch *adj* squally, stormy
Sturm | schaden *m* damage caused by storm, gale damage, storm damage
~stärke *f* gale force
~warnung *f* gale warning
~zentrum *nt* storm centre
Sturz | flut *f* flash flood
~rinne *f* chute
~wehr *nt* overfall weir
Stütz•bau *m* retaining structure
Stütze *f* prop
stutzen *v* pollard
stützen *v* back
{unterstützen}
~ *v* hold
{festhalten}
~ *v* prop up
{mit Pfosten o.ä.}
stützend *adj* supporting
Stütz•körper *m* downstream fill
{Teil eines Staudamms zur Einleitung der auf den Staudamm wirkenden Kräfte in den Untergrund}
Stütz•mauer *f* retaining wall
Stygal *nt* stygal
{Gesamtsystem der unterirdischen aquatischen Lebensräume}
Stygobiont *m* stygobiont
{speziell an die Lebensbedingungen im Stygal gebundener Gewässerorganismus}
Stygon *nt* stygon
{Lebensgemeinschaft des Stygals}
Styro•por *nt* polystyrene (foam)
{expandiertes Polystyrol}
sub•alpin *adj* subalpine
{über der altomontanen Zone vorkommend}
sub•arktisch *adj* subarctic
{in der boreale Klimazone, in der Baumwuchs gerade noch möglich ist, geschlossene Wälder aber nicht mehr bestehen können, vorkommend}
sub•atmosphärisch *adj* subatmospheric
{weniger als eine Atmosphäre}
sub•dominant *adj* subdominant
sub•humid *adj* subhumid
sub•hydrisch *adj* subhydric
~er Boden: subhydric soil
{bei ständiger Wasserbedeckung entstandener Bodentyp}
Dtsch. Syn.: Unterwasserboden
subjektiv *adj* subjective
Sub•klimax *f* subclimax
Sub•kontinent *m* subcontinent
sub•kutan *adj* hypodermic
~e Injektion: hypodermic ***n***
Sub•letal•dosis *f* sublethal dose
Sublimat *nt* sublimate
Sublimation *f* sublimation
{direkter Übergang eines Stoffes von der festen in die gasförmige Phase}
sublimieren *v* sublimate
Sublimierung *f* sublimation
Sub•litoral *nt* sub-littoral, subtidal areas
{im Wattenmeer Gebiete, die während der Ebbe innerhalb der Tidegebiete immer unter Wasser bleiben}
~gebiet *nt* sublittoral zone
sub•marin *adj* submarine
Dtsch. Syn.: unterseeisch
sub•mikro•skopisch *adj* submicroscopic, ultramicroscopic
sub•montan *adj* submountainous, submontane
{zur untersten Höhenstufe des Berglandes oberhalb der Tieflandzone gehörig}
Sub•sidiarität *f* subsidiarity
Sub•sistenz•wirtschaft *f* subsistence farming
Sub•spezies *f* subspecies
Dtsch. Syn.: Unterart
Substanz *f* matter, substance
giftige ~: toxic substance
~verringerung *f* depletion
Substituier•barkeit *f* substitutability
Sustitutions | effekt *m* substitution effect
~wirkung *f* substitution effect
Sub•strat *nt* substrate, substratum
~abbau *m* substrate degradation
~atmung *f* substrate respiration
~flächen•typ *m* soil substrate pattern type
sub•terran *adj* underground
Sub•tropen *pl* subtropics
sub•tropisch subtropic, subtropical
{in der nördlich und südlich an die Tropen anschließende Klimazone bis 35° C Breite lebend}
Sub•vention *f* grant aid, subsidy, subvention
sub•ventionieren *v* subsidise (Br), subsidize
Such•anker *m* drag
Suche *f* search
suchen *v* search
Süden *m* south
südlich *adj* south, southerly
~ *adj* southern
{im Süden}
Süd•pol *m* South Pole
Süd•winde *pl* southerlies
sukkulent *adj* succulent
Dtsch. Syn.: fleischig
Sukkulente *f* succulent
Dtsch. Syn.: Fettpflanze
{fleischige, saftreiche Pflanze}
Sukzession *f* (biotic, ecological) succession
{die zeitliche Aufeinanderfolge von Lebensgemeinschaften auf dem gleichen Standort}
klimatisch bedingte ~: clisere ***n***
primäre ~: primary succession
~s•folge *f* sere
~s•reihe *f* sere
sukzessiv *adj* progressive
Sulfat | bestimmung *f* sulfate determination (Am), sulphate determination
~gehalt *m* sulfate content (Am), sulphate content
~̈reduzierend *adj* sulfate-reducing
~verfahren *nt* sulfate process (Am), sulphate process
Sulfit•verfahren *nt* sulfite process (Am), sulphite process
Sulfonator *m* sulphonator
{Gerät zur Schwefeldioxidzugabe}
Summe *f* sum, total
~n•häufigkeit *f* total frequency
~n•linie *f* summation curve, total curve
{grafische Darstellung der Korngrößenverteilung eines Bodens}
~n•parameter *m* total parameter
Sumpf *m* marsh, swamp
~boden *m* marshy ground
~gas *nt* marsh gas
~gebiet *nt* marsh district, swamp area
sumpfig *adj* boggy, marshy, swampy
Sumpf | land *nt* bogland, fenland, marshland, swampland
~pflanze *f* marsh plant
~vogel *m* wader
~wald *m* swamp forest
Sund *m* sound
Dtsch. Syn.: Meerenge
Super•phosphat *nt* superphosphate

{synthetischer Dünger, basische Schlacke}

Suppe *f* pea-souper
{umgangssprachlich für Sichtbeeinträchtigung durch Nebel und/oder Luftverunreinigungen}

Supra•litoral•gebiet *nt* supralittoral zone

suspendieren *v* suspend
{auch: Rechte ~}

suspendiert *adj* suspended

Suspendierung *f* suspension

Suspension *f* suspension

Suspensiv•effekt *m* suspensive effect

Süß•stoff *m* sweetener

Süß•wasser *nt* fresh water

~fisch *m* freshwater fish

~~ *m* coarse fish
{außer Lachs und Forelle; vor allem in Großbritannien}

~kunde *f* limnology

~lebensraum *m* freshwater habitat

~organismen *pl* freshwater organisms

~verunreinigung *f* freshwater pollution

Symbiont *m* symbiont

Symbiose *f* symbiosis
{Zusammenleben von zwei oder mehr Organismen verschiedener Arten, das obligatorisch und vorteilhaft für die Beteiligten ist}

symbiotisch *adj* symbiotic

~ *adv* symbiotically

Sympatrie *f* sympatry

Symphile *f* symphile
{sozial lebendes Insekt}

Symptom *nt* symptom

symptomatisch *adj* symptomatic

synanthrop *adj* synanthropic

Syndrom *nt* syndrome

Synergie *f* synergy

Synergismus *m* synergism
{Zusammenwirken von Stoffen oder Faktoren, bei denen sich die Einzelkomponenten gegenseitig fördern, so dass die Gesamtwirkung größer ist als die Summe der Einzelwirkungen}

Synergist *m* synergist

synergistisch *adj* synergetic, synergistic

synklinal *adj* synclinal
Dtsch. Syn.: muldenförmig

Synklinale *f* syncline

Syn•ökologie *f* synecology
{Wissenschaft von den Wechselbeziehungen zwischen einer Gesellschaft aus lebenden Organismen und ihrer Umwelt sowie der Beziehungen der Organismen untereinander}

Synthese *f* synthesis

~gas *nt* synthesis gas

~gestein *nt* synroc
{mit Mineralien verschmolzene nukleare Abfälle}

synthetisch *adj* synthetic

~ *adv* synthetically

synthetisieren *v* synthesize

Synusie *f* synusia
{Pflanzenlebensgemeinschaft}

Syrosem *m* raw soil, syrosem
{Bodentyp mit beginnender Bodenbildung}
Dtsch. Syn.: Rohboden

System *nt* framework, scheme, system
{Teil der wirklichen Welt, der in Wechselbeziehung stehende Elemente enthält und dadurch charakterisiert ist}
kardiovaskuläres ~: cardiovascular system
{Blutgefäßsystem}
Linnésches ~: Linnaean system

~analyse *f* systems analysis
{Datenerfassung und Datenaufbereitung mit systemarem Ansatz}

systematisch *adj* systematic

systemisch *adj* systemic

System | studie *f* systems study

~technik *f* systems technique

~theorie *f* systems theory

~vergleich *m* systems comparison

Szenario *nt* scenario

Szintillation *f* scintillation

~s•zähler *m* scintillation counter

T

TA Abfall *f* Technical Instructions on Waste
{Technische Anleitung Abfall; allgemeine Verwaltungsvorschrift zum Abfallgesetz, umfasst die TA Sonderabfall und die TA Siedlungsabfall}

Tabak *m* tobacco

~rauch *m* tobacco smoke

Tabelle *f* table

tadellos *adj* perfect

Tafel *f* blackboard, plaque, plate, slab, table

~berg *m* table mountain

~land *nt* mesa

~wasser *nt* mineral water
{in Dtsch. im Unterschied zum Mineralwasser eine Mischung verschiedener Wasserarten und anderer Zutaten}

Tafoni *pl* tafone
{Bröckellöcher, die zum Teil mehrere Meter tief in ein Gestein eingreifen}

Tag *m* day
~ der Erde: Earth Day
{Umweltaktionstag, 22. April}
~ des Baumes: Arbor Day
unter ~e: underground ***adv***

Tage•bau *m* open-cast mining, strip mine, strip mining, surface mining

Tages | anfall *m* daily flow

~aufzeichnungen *pl* daily record

~besucher /~in *m/f* day visitor

~erlaubnis•schein *m* day permit

~förder•menge *f* daily pumpage

~licht *nt* daylight

~menge *f* daily amount

~ordnung *f* agenda

~~s•punkt *m* item, topic

~periodik *f* daily rhythm

~schwankung *f* daily fluctuation

~unterschlupf *m* daytime retreat

~verbrauch *m* daily consumption

~zeit *f* daytime

~~abhängigkeit *f* dependence on daytime

~zufluss *m* day flow

~zyklus *m* diurnal cycle

täglich *adj* daily, diurnal

Tagung *f* conference, meeting
~s•bericht *m* conference report, proceeding
~s•ergebnisse *f* minutes of a meeting
Taifun *m* typhoon
{großräumiger Wirbelwind eines tropischen Tiefdrucksystems in Südostasien}
Taiga *f* taiga
{offener bis locker geschlossener Waldgürtel, der südlich an die arktische Tundra angrenzt}
taktisch *adj* tactical
~ **klug:** tactical *adj*
~ *adv* tactically
Tal *nt* dale
{in Nord- und Mittelengland}
~ *nt* valley
asymmetrisches ~: asymmetric valley
ertrunkenes ~: drowned valley
enges Gebirgs~: glen *n*
{in Irland und Schottland}
flaches ~: basin, shallow valley
TA Lärm *f* Technical Instructions on Noise
{Technische Anleitung Lärm; allgemeine Verwaltungsvorschrift zum BImSchG mit Bestimmungen über Messungen und Beurteilung von Geräuchen/ Lärm sowie Immissionsrichtwerten}
Talent *nt* ability, talent
Tal | fahrt *f* descent
~grund *m* valley bottom
~kessel *m* basin
~moor *nt* valley bog
~sohle *f* valley floor
~sperre *f* dam, impounded reservoir
~~n•wasser *nt* reservoir water
TA Luft *f* clean air guideline, Technical Instructions on Air Quality
{Technische Anleitung Luft; allgemeine Verwaltungsvorschrift zum BImSchG mit Immissions- und Emissionsgrenzwerten für die wichtigsten luftverunreinigenden Stoffe sowie Bestimmungen zu deren Beurteilung und Überwachung}
Tang *m* tang
Tank *m* tank
~anlage *f* fuel tank installation, tank farm
Tanker *m* tanker
~betrieb *m* tanker operations
~unfall *m* tanker accident
Tank | fahr•zeug *nt* (road) tanker
~lager *nt* tank farm
~reinigung *f* cleaning of tanks
~schiff *nt* tanker (ship)
~stelle *f* filling station
~wagen *m* tanker
Tanne *f* fir
~n•zapfen *m* fir cone
Tapeten•löser *m* stripper
Tarif *n* charge, fares, rate, tariff
~system *nt* tariff system
tarnen *v* camouflage
{sich ~}
Tarn•tracht *f* cryptic coloration
Tarnung *f* camouflage
Tartrazin *nt* tartrazine
{gelber, synthetischer Lebensmittelfarbstoff, E 102}
Tasche *f* bag, pocket
~n•filter *m* bag filter
~n•geld *nt* pocket-money
TA Siedlungs•abfall *f* Technical Instructions on Municipal Waste
{Technische Anleitung Siedlungsabfall; allgemeine Verwaltungsvorschrift als Prüfungs- und Entscheidungsgrundlage u.a. bei der Aufstellung von Abfallentsorgungsplänen und der Errichtung und Betrieb von ortsfesten Abfallentsorgungsanlagen}
TA Sonderabfall *f* Technical Instrutions on Hazardous Waste
{Technische Anleitung Sonderabfall; allg. Verwaltungsvorschrift nach Abfallgesetz für eine umweltverträgliche Entsorgung von Sonderabfall}
Tat•bestand *m* elements of an offence/offense
{rechtswissenschaftlich}
~ *m* facts
~s•einheit *f* concomitance of offences
~s•merkmal *nt* criterion of factual statement
Tätigkeit *f* activity
~s•bereich *m* branch of activity
{~~ eines Unternehmens}
Tätlichkeit *f* act of violence
~s•delikt *nt* offence by commission
tatsächlich *adj* actual, true
Tau *m* dew
Taube *f* dove, pigeon
~n•schlag *m* dove cote
Taubheit *f* deafness
berufsbedingte ~: occupational deafness
lärmbedingte ~: noise deafness
toxisch bedingte ~: toxic deafness
~s•schwelle *f* deafening threshold
Tauch | anordnung *f* deep-well pumping station
{Anordnung einer Pumpe, dei der das Laufrad unter dem niedrigsten Binnenwasserstand, bei dem noch gepumpt werden soll, liegt}
~bad *nt* dipping bath
~boot *nt* submersible
tauchen *v* plunge
tauchend *adj* dipping
tauch•fähig *adj* submersible
Tauch | generator•turbine *f* submersible turbo-generator
~heiz•element *nt* immersion heating element
~körper *m* biological contactor
{Festbettreaktor, bei dem die Füllstoffe zeitweilig in Abwasser eintauchen}
~ *m* submerged contact aerator
~motor•pumpe *f* submersible motor pump
~pumpe *f* submerged pump, submersible pump
~sport *m* subaqua
~tropf•körper *m* submerged trickling filter
~wand *f* scum-board
Tauen *nt* thawing
~ *v* thaw
tauend *adj* thawing
Taungya *nt* taungya
{Landbewirtschaftungssystem der Tropen, bei dem die Bäume mehr oder weniger gleichzeitig mit einem vorübergehenden Anbau von landwirtschaftichen Nutzpflanzen nach Brandrodung gepflanzt werden}
Tau | punkt *m* dew point
~teich *m* dew pond
~wetter *nt* thaw
Taxon *nt* taxon
{jede der Kategorien der biologischen Systematik}
Taxonomie *f* taxonomy
{Lehre von der systematischen Einteilung der Lebewesen}
taxonomisch *adj* taxonomic, taxonomical
Teak•holz *nt* teak
Team *nt* firm, team
Technik *f* engineering, practice, process, technique, technology
{i.e.S. das konstruktive Schaffen von Erzeugnissen, Vorrichtungen und Verfahren; heute oft syn. mit Technologie gebraucht}
beste verfügbare ~: best available technology

energiesparende ~: energy-saving technology
Stand der ~: current technology, state of the art
umweltfreundliche ~: clean technology
Techniker /~in *m/f* technician
Technik | klausel *f* technical clause
~recht *nt* technical law
technisch *adj* technical, technological
~e Anleitung: technical guide, technical instructions
≗ ~ Abfall: Technical Instructions on Waste
Dtsch. Abk.: TA Abfall
≗ ~ Lärm: Technical Instructions on Noise
Dtsch. Abk.: TA Lärm
≗ ~ Luft: Technical Instructions on Air Quality
Dtsch. Abk.: TA Luft
≗ ~ Siedlungsabfall: Technical Instructions on Municipal Waste
Dtsch. Abk.: TA Siedlungsabfall
≗ ~ Sonderabfall: Technical Instructions on Hazardous Waste
Dtsch. Abk.: TA Sonderabfall
~e Infrastruktur: technical infrastructure
~ *adv* technically, technologically
Techno•logie *f* technology
abfallarme ~: low-waste technology
abfallfreie ~: non-waste technology
alternative ~: alternative technology
angepasste ~: appropriate technology, intermediate technology
{Technologie, die auf den lokalen menschlichen und materiellen Ressourcen basiert}
mittlere ~: intermediate technology
neue ~: new technology
integrierte ~: appropriate technology
~akzeptanz *f* technology acceptance
~park *m* science park
~politik *f* technology policy
~transfer *m* technology transfer
technologisch *adj* technological
Techno•sol *m* techno-soil
{in die Umwelt ausgebrachte Stoffe technischen Ursprungs, die Funktionen des Bodens in Ökosystemen übernehmen}
Teer *m* tar
~decke *f* tar surface
~destillation *f* tar destillation
teeren *v* tar
Teer | farbstoff *m* aniline dye
~fass *nt* tar barrel
~grube *f* tar pit
≗haltig *adj* containing tar
~krebs *m* tar cancer
~öl *nt* tar oil
~pappe *f* bituminous roofing-felt
~pech *nt* coal tar pitch
~sand *m* tar sand
Tegel *m* tegel
{grauer oder graublauer, plastischer Ton}
Teich *m* pond, pool
{Im Deutschen versteht man unter Teichen "Weiher", die abgelassen werden können}
~wirtschaft *f* aquaculture, fish-farming
Teil *m/nt* part, proportion, share, unit
in gleiche ~e: equally ***adv***
~e auf 1 Milliarde: parts per billion
Dtsch. und Engl. Abk.: ppb
~e auf 1 Million: parts per million
Dtsch. und Engl. Abk.: ppm
zum ~: partially ***adv***
~bau *m* share cropping, share tenancy
~bescheid *m* interim decision
Teilchen *nt* particle, particulate
dispergierte ~: dispersed particles
saures ~: acid particle
~abscheidung *f* particle precipitation
elektrische ~~: electrical particle precipitation
~größe *f* particle size
~~n•bestimmung *f* particle size determination
~zahl•bestimmung *f* particle counting
Teil•einzugs•gebiet *nt* subcatchment, subwatershed (Am)
Teilen *nt* splitting
≗ *v* divide, segment, share
teilend *adj* dividing, splitting
Teil | entwässerungs•gebiet *nt* part of the drainage area
~errichtungs•genehmigung *f* permit for partial construction
~füllungs•abfluss *m* flow in a partially-filled sewer
{Abfluss bei Teilfüllung eines Abwasserkanals oder einer Abwasserleitung}
~genehmigung *f* partial permission
teilnehmen *v* participate
~ an: share ***v***
Teilnehmer /~in *m/f* participant
Teil•nichtigkeit *f* partial nullity
Teil•stück *nt* part
Teilung *f* division, fission
~s•genehmigung *f* division permission
Teil | urteil *nt* partial sentence
≗weise *adj* partial
≗~ *adv* partially
~zeit | personal *nt* part-time staff
~~stelle *f* part-time post
Tektonik *f* tectonics
tektonisch *adj* tectonic
Tele•arbeit *f* tele-working
Telefon *nt* telephone
~häuschen *nt* call-box, telephone-box
~zelle *f* telephone kiosk
Tele•kommunikation *f* telecommunication
Tele•matik *f* telematics
Tele•metrie *f* telemetry
{Übertragung von elektronischen Messwerten auf drahtgebundenem oder drahtlosem Weg}
Teleskop•waage *f* dumpy level
Teller *m* plate
Temperatur *f* temperature
globale ~: global temperature
kritische ~: critical temperature
mittlere ~: mean temperature
~abhängigkeit *f* temperature dependence
~absenkung *f* temperature drop
~beständigkeit *f* temperature stability
~bild•gerät *nt* heat image equipment
~differenz *f* temperature rise
~erhöhung *f* temperature rise
~fühler *m* temperature probe
~gefälle *nt* temperature gradient
~gradient *m* lapse rate
{mit der Höhe über dem Meer}
adiabatischer ~~: adiabatic lapse rate
~~ *m* temperature gradient
~inversion *f* temperature inversion
Dtsch. Syn.: Temperaturumkehr
~koeffizient *m* temperature coefficient
~kontrolle *f* temperature control
~kurve *f* temperature chart, temperature graph
~melder *m* temperature alarm
~mess | farbe *f* temperature indicating colour
~~stift *m* temperature indicating crayon
~~streifen *m* temperature indicating strip

~messung *f* temperature measuring, temperature measurement
~regler *m* temperature controller
~resistenz *f* temperature resistance
{Fähigkeit eines Organismus, hohe oder niedrige Temperaturen ohne bleibende Schädigung zu überstehen}
~schreiber *m* temperature recorder, thermograph
~umkehr *f* (temperature) inversion
~verteilung *f* temperature distribution
~wächter *m* temperature monitor
Temper•guss *m* malleable cast iron, melleable cast iron
Tempo *nt* pace, speed, tempo
≗geladen *adj* fast-moving
~limit *nt* speed limit
temporär *adj* temporary
Dtsch. Syn.: vorübergehend
Tendenz *f* current, drift, trend
tendieren *v* tend
tendierend *adj* tending
Tensid *nt* surfactant, tenside
{Substanz, die die Oberflächenspannung des Wassers herabsetzt und dadurch die Schmutzlösung fördert}
Tensio•meter *nt* tensiometer
Teratogen *nt* teratogen
{Substanz, die Geburtsschäden verursacht}
≗ *adj* teratogenic
Teratogenität *f* teratogenesis
~s•prüfung *f* teratogenesis screening
Tera•watt *nt* terawatt
Engl. Abk.: TW
{eine Milliarde Watt}
Termin *m* deadline
{endültiger ~}
~ *m* target date
Terminal *nt* terminal
Termino•logie *f* terminology
Dtsch. Syn.: Fachsprache
Termite *f* termite
~n•hügel *m* termitarium, termite's nest
Terra fusca *f* brown soil from carbonate rocks
{Bodentyp aus carbonatreichen Gesteinen, meist ockerfarbig, tonreich, humusarm, sehr plastisch und klebrig}
Dtsch. Syn.: Kalksteinbraunlehm
Terrain *nt* terrain
{Gelände}
Terra rossa *m* red and brown-red soil from carbonate rocks
{Bodentyp aus carbonatreichen Gesteinen, meist braunrot oder ziegelrot, tonreich, humusarm, sehr plastisch und klebrig}
Dtsch. Syn.: Kalksteinrotlehm
Terrasse *f* terrace
ebene ~: level terrace
hangabwärts geneigte ~: outward-sloping terrace
{Bankterrasse mit in Hangrichtung geneigter Oberfläche}
hangaufwärts geneigte ~: inward-slope terrace
{Bankterrasse mit entgegen der Hangrichtung geneigter Oberfläche}
Terrassen | abstand *m* terrace interval, terrace spacing
~anbau *m* terrace cultivation
~auslauf *m* terrace outlet
~breite *f* terrace width
~höhe *f* terrace height
~krone *f* terrace crown, terrace ridge
~kultur *f* terrace cultivation
~system *nt* terrace system
~typ *m* terrace type
Terrassieren *nt* terracing
≗ *v* terrace
terrassiert *adj* stepped, terraced
Terrassierung *f* terracing
terrestrisch *adj* terrestrial
~e Lebensgemeinschaft: terrestrial community
~er Boden: terrestrial soil
{grundwasserferner Bodentyp}
terrikol *adj* terricolous
territorial *adj* territorial
Territorialität *f* territorialism, territoriality
~s•prinzip *nt* principle of territoriality
Territorium *nt* home range, territory
tertiär *adj* tertiary
{die dritte Stelle in einer Reihe einnehmend}
~ *adj* Tertiary
{das Tertiär betreffend}
≗ *nt* Tertiary Period
{der ältere Teil der Erdneuzeit}
~konsument *m* tertiary consumer
{Lebewesen, das von Sekundärkonsumenten lebt}
~schlamm *m* tertiary sludge
{Schlamm aus der dritten Reinigungsstufe}
~strahlen *pl* tertiary radiation
Test *m* test
testen *v* test
Test | organismus *m* test organism
~satz *m* testing kit
~substanz *f* test substance
~verfahren *nt* testing procedure
Tetanus *m* lockjaw, tetanus
Dtsch. Syn.: Wundstarrkrampf
Tetra•cyclin *nt* tetracycline
{Breitbandantibiotikum}
Textil | abfall *m* textile waste
~analytik *f* textile analytics
~faser *f* textile fibre
~ien *pl* textiles
~industrie *f* textile industry
~maschine *f* textile machine
~recycling *nt* recycling of textiles
~technik *f* textile technology
~veredelung *f* textile finishing
Textur *f* texture
Thallium *nt* thallium
~vergiftung *f* thallium poisoning
Thema *nt* subject, theme, topic
Theodolit *m* theodolite
{Instrument, das bei der Landvermessung zur Winkelbestimmung verwendet wird}
Theo•logie *f* theology
theoretisch *adj* minds-on, theoretic, theoretical
~ *adv* theoretically
therapeutisch *adj* therapeutic
~ wirksam: therapeutic ***adj***
~ *adv* therapeutically
Therapie *f* therapy
Thermal | quelle *f* thermal spring
{Quelle mit mehr als 20 °C Austritts-Wassertemperatur}
~wasser *nt* thermal water
Therme *f* thermal spring
{Dtsch. Syn.: Thermalquelle}
Thermik *f* thermal, thermic currents
thermisch *adj* thermal, thermic
~e Abfallbehandlung: thermal waste treatment
~e Konvektionsströmung: thermic water circulation
~e Verwertung von Abfällen: thermal waste disposal
Thermo | analysator *m* thermal analyzer
~desorption *f* thermal desorption
~dynamik *f* thermodynamics

{*Lehre von den mit Energieumsetzungen verbundenen Vorgängen*}

~element *nt* thermocouple

~graf *m* thermograph
{*auch: ~graph*}
Dtsch. Syn.: Temperaturschreiber

~grafie *f* thermography
{*auch: ~graphie*}
{*Verfahren zur Abbildung von Objekten durch Wärmestrahlen*}

~karst•see *m* thermokarst lake
{*durch Abschmelzen von Bodeneis entstandene wassergefüllte, flache Senke*}

~luminiszent *adj* thermoluminiscent

~lyse *f* thermolysis
{*Zersetzung durch Wärme*}

~meter *nt* thermometer
Maximum-Minimum-~~: maximum-minimum-thermometer

~metrie *f* thermometry

~nastie *f* thermonasty

≗nuklear *adj* thermonuclear

~periodizität *f* thermoperiodism
{*Wechsel in der Wachstumsaktivität in Abhängigkeit vom täglichen und jahreszeitlichen Temperaturverlauf*}

≗phil *adj* thermophilic
Dtsch. Syn.: wärmeliebend

≗plastisch *adj* thermoplastic

~select-Verfahren *nt* thermoselect process
{*kombiniertes Entgasungs-/Vergasungsverfahren für Abfall*}

~sphäre *f* thermosphere
{*Zone der Erdatmosphäre in etwa 80 km Höhe, wo die Temperatur mit der Höhe ansteigt*}

~stat *m* thermostat

~waage *f* thermobalance

Thero•phyt *m* therophyte
{*Pflanze, die innerhalb eines Jahres ihren gesamten Entwicklungszyklus absolviert*}

Thesaurus *m* thesaurus
{*Sammlung von vereinbarten Stichwörtern im Rahmen des Informationswesens, z.B. von wissenschaftlicher Literatur*}

Thiamin *nt* thiamine
{*Vitamin B1*}

Thomas-Schlacke *f* basic slag
{*basische Schlacke, die gemahlen (Thomasmehl) als Dünger verwendet wird*}

Thorax *m* chest, thorax
Dtsch. Syn.: Brustkorb

Thyroxin *nt* thyroxine
{*Schilddrüsenhormon*}

TIC-Gehalt *m* total inorganic carbon content

Tide *f* tide
Rote ~: red tide
{*Dinoflagellatenblüte, die das Meer rot färbt*}

~anstieg *m* tidal rise

~becken *nt* tidal basin

≗beeinflusst *adj* influenced by the tides

~bereich *m* intertidal area

~fluss *m* tidal river, tideway

~gebiet *nt* tidal area, tidal zone
{*Fläche, die dem Gezeitenstrom ausgesetzt ist*}

~hafen *m* tidal harbour

~hoch•wasser•stand *m* tidal high water
Englische Abk.: HW

~kraft•werk *nt* tidal power plant

~n•fall *m* tidal fall

~n•fluss *m* tidal river

~niedrig•wasser•stand *m* tidal low water
Englische Abk.: LW

~rast•platz *m* high tide roost

~strömung *f* tidal current

tief *adj* deep, low, profound

~ *adv* low

~ *adv* sound
{*tiefer Schlaf*}

≗ *nt* depression, low
Dtsch. umgangssprachl. für Tiefdruckgebiet

Tief | bau *m* civil engineering

~bohrung *f* deep boring

~brunnen *m* deep well

~~pumpe *f* deep well pump

~druck *m* low pressure

~~gebiet *nt* area of low pressure, cyclone, depression

~~rinne *f* trough

Tiefe *f* depth
frostfreie ~: frost-free level

Tief | ebene *f* lowlands

≗empfunden *adj* profound

~en•bearbeitung *f* deep tillage

~end•lagerung *f* deep underground disposal

~en•durchsickerung *f* deep percolation

~en•gestein *m* plutonite
{*tief unter der Erdoberfläche langsam erkalteter, im allgemeinen grobkörniger Magmatit*}

~en•grund•wasser *nt* profound groundwater
{*Grundwasser aus tiefen Grundwasserleitern (über 180 m Tiefe)*}

~en•lockerer *m* subsoil cultivator, subsoiler, subsoil plow (Am), subsoil tiller

~en•lockerung *f* deep loosening, subsoiling, subsoil tillage

≗en•spezifisch *adj* depth-specific

~en•versickerung *f* deep percolation, deep seepage
{*zur Grundwassererneuerung*}

~en•wasser *nt* profundal zone, deep water, sub-surface water

~~zone *f* profundal zone

~flug *m* low-altitude flight

~garage *f* car-park

≗gefroren *adj* frozen

≗gekühlt *adj* frozen

≗greifend *adj* profound

≗gründig *adj* profound

≗kalt *adj* cryogenic

~kühl | schrank *m* freezing cabinet

~~truhe *f* freezing chest

~lagerung *f* deep storage, underground storage

~land *nt* lowland(s)

≗ländisch *adj* lowland

≗liegend *adj* low

~pass(filter) *m* low-pass filter

~pflügen *nt* deep ploughing

~punkt *m* trough

≗schürfend *adj* profound

~see *f* abyss, deep sea

~~ablagerung *f* deep-sea deposit

~~berg•bau *m* deep-sea mining

~~fauna *f* abyssal fauna

~~fisch *m* abyssal fish

~~forschung *f* deep-sea research

~~graben *m* oceanic trench

~~organismus *m* oceanic organism

~~zone *f* abyssal zone

≗sinnig *adj* profound

≗sitzend *adj* profound

~straße *f* subsurface road

~umbruch *m* deep ploughing

~versenkung *f* deep-sea disposal

Tier *nt* animal,

~ *nt* pet
{*in der Wohnung gehaltenes ~*}
baumbewohnendes ~: arboreal animal

fleisch fressendes ~: meat-eating animal, carnivore
frei lebendes ~: free-living animal
männliches ~: male *n*
soziales ~: social animal
weibliches ~: female *n*
wirbelloses ~: invertebrate
~art *f* animal species, species of animal
~arzt/~ärztin *m/f* veterinary surgeon (Br)
~asyl *nt* animal home
~bestand *m* animal population, animal stock
~ernährung *f* animal nutrition
~fänger /~in *m/f* animal-collector
~freund /~in *m/f* animal-lover
~futter *nt* animal feed
~garten *m* zoo, zoological garden
~geo | grafie *f* zoogeography
{auch: ~geo | graphie}
≗~grafisch *adj* zoogeographical
{auch: ≗~graphisch}
~halter /~in *m/f* animal owner
~haltung *f* animal housing, animal husbandry, keeping of animals, livestock husbandry
~handel *m* animal trade
~handlung *f* pet shop
tierisch *adj* animal, bestial, savage
Tier | kadaver *m* animal carcase (Br), animal carcass
~körper *m* (animal) carcass, (animal) carcase (Br)
~~beseitigung *f* carcass disposal, destruction of animal carcasses
~~~s•anstalt *f* flaying house, knacker's yard
~~~s•gesetz *nt* carcass disposal act
~~verwertung *f* processing of animal carcasses
~kot *m* (animal) droppings
~krankheit *f* animal disease
~kunde *f* zoology
~labor•experiment *nt* laboratory animal experiment
~lärm *m* animal noise
~liebe *f* love of animals
≗liebend *adj* fond of animals
~mästerei *f* animal fattening
~medizin *f* veterinary medicine
≗medizinisch *adj* veterinary
~mehl *nt* animal feed
~natur *f* animality
~ökologie *f* animal ecology
~park *m* zoo
~pfleger /~in *m/f* animal-keeper, zoo-keeper
~physio•logie *f* animal physiology
~präparat *nt* animal preparation
~produktion *f* animal breeding, animal production
~quäler /~in *m/f* [person who is cruel to animals]
~quälerei *f* cruelty to animals
~reich *nt* animal kingdom
~schau *f* menagerie
~schutz *m* animal protection
~schützer/~in *m/f* animal conservationist
~schutz | gesetz *nt* animal protection act
~~recht *nt* animal protection law
~~verein *m* animal protection society, society for the prevention of cruelty to animals
~seuchen•gesetz *nt* livestock epidemic act
~sterben *nt* animal dying
~verhalten *nt* animal behaviour
~versuch *m* animal experiment
~wanderung *f* animal migration
~welt *f* fauna
frei lebende ~~: wildlife *n*
{manchmal auch für die frei lebende Tier- und Pflanzenwelt gebraucht}
~zucht *f* animal breeding, stockbreeding
tilgend *adj* obliterative
Tinktur *f* tincture
Tinte *f* ink
~n•patrone *f* ink cartridge
Tisch *m* table
Titan *nt* titanium
~dioxid | herstellung *f* titanium dioxide manufacture
~~produktion *f* titanium dioxide production
{Produktionsprozeß zur Herstellung des weißen Farbstoffs Titandioxid-Pigment}
Titel *m* title
Titer *m* titre
Titration *f* titration
~s•automat *m* automatic titrator
Titrier•lösung *f* standard solution
Titri•metrie *f* titrimetric analysis
titri•metrisch *adj* titrimetric
TOC-Chromato•graf *m* TOC chromatograph
{auch: TOC-Chromato•graph}
TOC-Gehalt *m* TOC content
{total organic carbon = Gesamtmenge organisch gebundenen Kohlenstoffs}
Tochter *f* daughter
~firma *f* affiliate
~zelle *f* daughter cell
Tod *m* death
~es•fälle *pl* deaths
~es•ursache *f* cause of death
tödlich *adj* lethal, profound
Toilette *f* toilet
chemische ~: chemical closet, chemical toilet
~ mit Wasserspülung: flush toilet
~n•eimer *m* slop-pail
tolerant *adj* tolerant
Toleranz *f* tolerance
{Fähigkeit eines Organismus, biologischen Prozesses oder Systems, Umweltwirkungen zu ertragen}
~dosis *f* tolerance dose
~grenze *f* toleration level
tolerierbar *adj* tolerable
Tolerieren *nt* toleration
≗ *v* tolerate
Toll•wut *f* rabies
Ton *m* clay
{Sediment aus unverfestigten Mineralkörnern, Durchmesser <0,002 mm}
~ *m* sound, tone
{Schall}
reiner ~: pure tone
~abnehmer *m* cartridge
~band•gerät *nt* tape recorder
tönen *v* sound
Ton•erde *f* alumina
chem. exakt: Aluminiumoxid
~schmelz•zement *m* high alumina cement
{besonders hitzebeständiger Zement aus Bauxit und Kalk}
Toner *m* toner
~kartusche *f* toner cartridge
~~n•recycling *nt* toner cartridge recycling
~modul *nt* toner modul
~recycling *nt* toner recycling
Ton•frequenz *f* audio frequency
Ton•grube *f* clay pit
ton•haltig *adj* clayey
Ton•höhe *f* pitch
Ton•mineral *nt* clay mineral
{kristalline Aluminiumsilikate mit schichtigem Aufbau, < 2 mm Durchmesser}
Tonnage *f* burden

Tonne *f* ton
amerikanische ~: short ton
{Gewichtsmaß; 907 kg}
britische ~: long ton
{Gewichtsmaß; 1016 kg}
metrische ~: metric ton, tonne
{Gewichtsmaß; 1000 kg}
Ton | schicht *f* clay layer
verdichtete ~~: claypan ***n***
{unter den Oberboden, behindert die Wasserversickerung}
~schiefer *m* clayslate
{durch Gebirgsbildung geschieferter Tonstein}
~stein *m* claystone
{tonreiches Festgestein}
~verlagerung *f* clay eluviation
{abwärts gerichtete Verlagerung von Tonsubstanz im Boden}
~wert *m* pitch
topisch *adj* topical
~ *adv* topically
Topo•grafie *f* topography
{auch: Topo•graphie}
{die Gesamtheit aller Erscheinungen des Geländes}
topo•grafisch *adj* topographic
{auch: topo•graphisch}
Topo•sphäre *f* toposphere
Topo•typus *m* topotype
Tor *nt* gate
selbstschließendes ~: self-closing gate
{vor allem bei Wanderwegen, die Weidezäune queren}
Torf *m* peat
~abbau *m* peat extraction, peat mining, peat quarrying
~boden *m* peat
~erde *f* peat
~feuerung *f* peat fire
~grube *f* peatery
torf•haltig *adj* peaty
torfig *adj* peaty
Torf | loch *nt* peat hag
~mächtigkeit *f* peat thickness
~moor *nt* peat bog
{saures Moor mit Torfentwicklung}
~moos *nt* bog moss, sphagnum (moss)
≗~reich *adj* rich in sphagnum moss
~sode *f* peat
~substrat *nt* peat substrate
~ton *m* peat clay
torkeln *v* stagger
Tornado *m* tornado
{kurzlebiger Wirbelsturm mit oft extrem hohen Geschwindigkeiten und sehr kleinem Durchmesser, vor allem in den südlichen USA und in Afrika}
~ *m* twister (Am)
{umgangssprachlich}
Torpidität *f* torpidity
{Kältestarre}
Tos•becken *nt* stilling basin, stilling pond, stilling pool
Tos•kammer *f* stilling chamber
tot *adj* dead
total *adj* real, total
~ *adv* completely
Total•reservat *nt* strict reserve
Tot•eis•loch *nt* kettle (hole)
{durch Nachsacken von eiszeitlichen Ablagerungen über abgeschmolzenem Toteis entstandene geschlossene Bodensenke im Moränenbereich}
töten *v* dispatch, kill
Tot•holz *nt* deadwood
Tot•raum *m* dead storage
{Raum zur Aufnahme von Sedimenten in Stauseen und Auffangbecken; auch: Raum unter dem tiefsten Absenkziel, der nicht in freiem Gefälle entleert werden kann}
Tötung *f* dispatch, kill, killing
~s•geräte *pl* means of killing
~s•methoden *pl* means of killing
Tour *f* tour
eine ~ machen: tour ***v***
~en•plan *m* route planning
Tourismus *m* tourism
Sanfter ~: eco-tourism
Tourist /~in *m/f* tourist
Tournee *f* tour
Toxiko•loge /~in *m/f* toxicologist
Toxiko•logie *f* toxicology
toxiko•logisch toxicological
Toxikose *f* toxicosis
Toxikum *nt* toxic agent
Dtsch. Syn.: Giftstoff
Toxin *nt* toxin
toxisch *adj* poisonous, toxic
Dtsch. Syn.: giftig
Toxizität *f* toxicity
Dtsch. Syn.: Giftigkeit
akute ~: acute toxicity
chronische ~: chronic toxicity
~s•messung *f* determination of toxicity
{Quantifizierung der Giftwirkung mit Hilfe eines Biotests}
Toxoid *nt* toxoid
Toxo•plasmose *f* toxoplasmosis
{Infektionskrankheit bei Säugetieren und Vögeln, hervorgerufen durch das Sporentierchen Toxoplasma gondii}
Tracer *m* tracer
{Substanz, die mit einer anderen gemischt oder an diese gekoppelt wird, um deren Verteilung oder Lokalisierung verfolgen und untersuchen zu können}
trächtig *adj* gravid, pregnant
Trächtigkeit *f* gestation
Tradition *f* tradition
traditionell *adj* traditional
Dtsch. Syn.: herkömmlich
träge *adj* idle, inert, sluggish
~ *adv* sluggishly
Tragen *nt* carrying
≗ *v* bear, carry, hold
~ *v* yield
{Frucht bringen}
tragend *adj* carrying
Träger *m* girder, supporting beam
{Bauwesen}
~ /~in *m/f* carrier
{Träger /~in einer Erbanlage}
~ /~in *m/f* bearer, holder
{Inhaber}
~ öffentlicher Belange: public body
≗fixiert *adj* carrier-mounted
~förderung *f* institution building
≗katalysator *m* carrier catalyst
Trag•fähigkeit *f* burden, carrying capacity, load capacity
{Zahl von Individuen, die in einem bestimmten Raum nachhaltig leben können}
ökologische ~: ecological load capacity
~ *f* bearing capacity, grazing capacity
{~ von Weideland in Vieheinheiten pro Flächeneinheit}
Trägheit *f* inertia
Trag•werk *nt* frame
Training *nt* exercise
Trakt *m* tract
Traktor *m* tractor
trampeln *v* stump
Trampel•pfad *m* path, pathway
Tran *m* blubber
tränken *v* impregnate
{durchtränken}
Transaktion *f* transaction
~s•kosten *pl* transaction costs
Transduktion *f* transduction
{Übertragung genetischer Information bei Bakterien mit Hilfe von Phagen}
Transekt *m* transect

Dtsch. Syn.: Querschnitt
{repräsentativer Querschnitt zur Probenahme}

Transfer *m* transfer
Dtsch. Syn.: Übertragung

transferieren *v* transfer
Dtsch. Syn.: übertragen

Transfer•politik *f* transfer policy

Transformation *f* transformation
{Umwandlung, Verwandlung}

Transformator *m* transformer
{Umwandler, vor allem für elektrische Spannung}

Transhumanz *f* transhumance, transmigration
{saisonale Wanderungen von Landnutzern und Weidetieren zu Gebieten mit besseren Anbau- und Weidebedingungen}

Transit *m* transit

Transkription *f* transcription
{Umschreibung der in der DNS codierten genetischen Information in eine Ribonucleinsäurekopie}

Translation *f* translation
{Übersetzung der in einer m-RNS enthaltenen Information in die Aminosäuresequenz bei der Proteinbiosynthese}

Translokation *f* translocation
Dtsch. Syn.: Verlagerung

translozieren *v* translocate
Dtsch. Syn.: verlagern

transloziert *adj* translocated

Transmitter *m* transmitter

transparent *adj* transparent

Transparenz *f* transparency

Transpiration *f* transpiration
{Verdunstung von Bodenwasser und Wasser durch Pflanzen und Tiere]
relative ~: relative transpiration

transpirieren *v* transpire

Trans | plantat *nt* graft

≗plantieren *v* graft, transplant
Dtsch. Syn.: verpflanzen

Transport *m* transport
{in der Technik}

~ *m* haulage, movements, transportation, transit
{Beförderung}
grenzüberschreitender ~: transboundary movements

~kosten *pl* haulage, transportation costs

~recht *nt* transportation law

~schnecken•pumpe *f* screw conveyor pump

~strecke *f* haul distance

~system *nt* transportation system

~vermögen *nt* transport capacity
{das Vermögen von Wind etc. Bodenpartikel fortzubewegen}

~weg *m* transportation route

Trans•uran *nt* transuranic element
{künstlich erzeugtes, radioaktives Element mit höherer Ordnungszahl als Uran (92)}

trans•uranisch *adj* transuranic

trans•versal *adj* transversal

Trapez-Mess•wehr *nt* Cipoletti weir
{nach Cipoletti zur Abflussmessung in Ableitungsgräben}

Trass *m* trass
{hellgrauer, feinkörniger, trachytischer Tuff; wird als Zementzusatz für Unterwasserbeton verwendet}

Trasse *f* alignment, line, route

~n•führung *f* alignment profile

Traube *f* bunch
{~ Obst}

~ *f* raceme
{Form des Blütenstands}

~n•trester *m* grape draff, marc

Treffen *nt* meeting

≗ *v* meet

Treib•eis *nt* ice floe

treiben *v* drift, float
vorwärts ~: punch ***v***

treibend *adj* drifting, floating

Treiber /~in *m/f* beater

Treib | gas *nt* liquefied petroleum gas,
{für Motoren}

~~ *nt* propellant
{in Spraydosen}

~gut *nt* debris, flotsam

~haus *nt* greenhouse

~~effekt *m* greenhouse effect

~~gas *nt* greenhouse gas

~jagd *f* battue, drive

~mittel *nt* expanding agent, propellant

Treib•netz *nt* drift net

~fischerei *f* drift net fishing

Treib•sand *m* quicksand

Treibsel *nt* flotsam
Dtsch. Syn.: Treibgut

~räumweg *m* way for clearing trash from the dike
{befestigter Weg auf der Außenberme zur Räumung von angeschwemmtem Material}

Treib•stoff *m* fuel, propellant

Treib•zeug *nt* drift

Trend *m* current, trend

~monitoring *nt* trend monitoring

Trenn | art *f* differential species
Dtsch. Syn.: Differenzialart

~bau•werk *nt* flow-dividing structure

~einrichtung *f* separating plant

Trennen *nt* separating

trennend *adj* dividing, isolating, spitting

Trenn | graben *m* bypass ditch

~kanalisation *f* separate sewage system

~mittel *nt* anticaking agent
{das Zusammenbacken verhinderndes Mittel}

≗scharf *adj* selective

~system *nt* separate system
{Kanalsystem, bei dem Schmutzwasser und Niederschlagswasser in getrennten Kanälen abgeleitet werden}

Trennung *f* cut-off, separation

Trenn | verfahren *nt* separate system
{getrenntes Ableiten von Schmutzwasser und Regenwasser}

~verstärker *m* isolating amplifier

Treppen | absatz *m* landing

≗artig *adj* stepped

~flur *m* landing

Treten *nt* treading

≗ *v* tread

tretend *adj* treading

treu *adj* faithful

~ *adv* faithfully

Treue *f* constancy, faithfulness, fidelity

Tribo•logie *f* tribology
{Lehre von der wissenschaftlichen Erforschung und technischen Anwendung der Gesetzmäßigkeiten und Erkenntnisse für die Sachgebiete Reibung, Verschleiß und Schmierung}

Tribüne *f* stand

tribut•pflichtig *adj* tributary

Trichter *m* cone, funnel

~mündung *f* estuary

Trieb *m* shoot, sprout

~werk *nt* engine, propulsive unit

triefen *v* drip

Triftweg *m* animal track, cattle track

trilateral *adj* trilateral
Dtsch. Syn.: dreiseitig

trinkbar *adj* drinkable, potable

Trinken *nt* drinking
≗ *v* drink
trinkend *adj* drinking
Trink•wasser *nt* drinking water, drinking-water, potable water
{für menschlichen Genuss und Gebrauch geeignetes Wasser}
~analyse *f* drinking-water analysis
~analytik *f* drinking-water analytics
~aufbereitung *f* drinking-water preparation, drinking-water treatment
~~s•anlage *f* drinking-water treatment plant
~chlorung *f* drinking-water chlorination
~filter *m* drinking-water filter
~fluorose *f* fluorosis caused by drinking-water
~gewinnung *f* drinking-water abstraction
~klär•apparat *m* drinking-water clarifier
~knappheit *f* drinking-water shortage
~norm *f* standard for drinking-water
~qualität *f* drinking-water quality
~quelle *f* drinking-water spring
~radio•aktivität *f* radioactivity in drinking-water
~reserve *f* drinking-water reserve
~reservoir *nt* drinking-water reservoir
~schutz•gebiet *nt* drinking-water protection area
~technologie *f* drinking-water technology
~überleiter *m* drinking-water transfer
~untersuchung *f* drinking-water examination
~verordnung *f* Drinking-water Regulation, Drinking-water Ordinance
{enthält in Dtsch. Bestimmungen über die Beschaffenheit des Trinkwassers und Angaben über Untersuchungsverfahren}
~versorgung *f* drinking-water supply
~verteilung *f* drinking-water distribution
Tritium *nt* tritium
~bestimmung *f* tritium determination
Tritt | belastung *f* trampling
~leiter *f* stile
{zum Übersteig über Weidezäune}
~rasen *m* treaded grassland
~schall *m* footfall sound, impact sound
{Sammelbegriff für alle Körperschallanregungen bei Decken}
~~dämmung *f* footfall sound insulation, impact sound insulation
~stein *m* stepping stone
trocken *adj* arid, dry
≗abort *m* earth closet
≗ansaat *f* dry seeding
≗bestäubung *f* dusting
≗bett•behandlung *f* dry bed treatment
≗biotop *m* arid biotope
≗boden *m* drying loft
≗eis *nt* dry ice
{festes Kohlendioxid}
≗elektro•filter *m* dry electrostatic filter
≗entschwefelung *f* dry desulfurization
≗entstauber *m* dry dust collector
≗entstaubung *f* dry dust precipitation
≗~s•anlage *f* dry dust collection plant, dry dust remover
≗~s•verfahren *nt* dry collection technique
≗fäule *f* blight
{Pilzkrankheit, Syn.: Brand}
≗~ *f* dry rot
≗feld•bau *m* dry farming, dryland farming
{Landwirtschaft in regenarmen Gebieten ohne Bewässerung}
≗filter *m* dry-type filter
≗fluss *m* ephemeral stream, intermittent stream
{Bach oder Fluss, der Wasser nur direkt nach Regenfällen führt}
≗gas•reinigungs•system *nt* dry gas purge system
~gefallen *adj* exposed
≗gebiet *nt* arid area, arid land, arid region, arid zone, dryland
{Wüstenzone etwa zwischen 15° und 30° Nord und Süd}
≗gewicht *nt* dry weight
Trocken•heit *f* aridity, drought, dryness
~s•resistenz *f* drought resistance
Trocken | jahr *nt* drought year
~klima *nt* arid climate
~kühl•turm *m* dry-type cooling tower
≗legen *v* dewater, drain
~legung *f* drainage
~luft•filter *m* dry air filter
~masse *f* dry matter, dry solids
Dtsch. Syn.: Trockensubstanz
~~n•konzentration *f* concentration of dry solids
~mauer *f* dry-stone wall, dry wall (Am)
~~sanierung *f* dry-stone wall cleaning
~mittel *nt* desiccant, drying agent
~monat *m* dry month
{30-Tagesperiode mit einer Gesamtniederschlagssumme, die in mm kleiner ist als der doppelte Wert der mittl. Temperatur}
~ofen *m* drying furnace, drying kiln
~periode *f* drought, dry period
~~ *f* dry spell
{kurze ~ während der Regenzeit}
~rasen *m* arid grassland, dry grassland, xerophytic grassland
~raum•dichte *f* apparent density, bulk density
{Raumgewicht des trockenen Bodens}
~reinigung *f* dry-cleaning
≗resistent *adj* drought-resistant
~rück•stand *m* dry residue
~saat *f* dry seeding
{Aussaat in ein trockenes Saatbeet}
~schlamm•sinkkast *m* dry sludge gully
~schrank *m* drying cabinet, drying chamber
~sorptions•anlage *f* dry sorption plant
~substanz *f* dry matter, dry solids
{organische Substanz, die bei 110° C bis zur Erreichung der Gewichtskonstanz getrocknet worden ist}
~~gehalt *m* concentration of dry solids
~tal *nt* dry valley, wadi
{trockengefallenes ehemaliges Flusstal}
~turm *m* drying tower
~verfahren *nt* dry process
~vorrichtung *f* drying system
~wetter•abfluss *m* dry-weather flow
{Abfluss in der Kanalisation ohne Regenwasser}
~~summe *f* (total) volume of discharged water during dry weather

Trocken•zeit *f* dry season
Trocknen *nt* drying
≗ *v* dehydrate, dry
≗ *v* season
{Holz trocknen}
Trockner *m* drier, dryer
Trocknung *f* drying
~s•anlage *f* drying installation
~s•geschwindigkeit *f* drying rate
~s•kammer *f* drying chamber
~s•mittel *nt* drying agent
~s•riss *m* desiccation crack
~s•verfahren *nt* drying process
~s•zeit *f* drying time
Trog *m* trough
~ketten•förderer *m* en-masse conveyor
Trog•tal *nt* U-shaped valley
{durch Gletscherwirkung aus einem fluviatilen Kerbtal entstandene Talform mit U-förmigem Querschnitt}
Trommel *f* drum
~ *f* drum gate
{oberwasserseitig gelagerter, drehbarer, hydraulisch gesteuerter Wehrverschluss mit geschlossenem Querschnitt}
~kompostierung *f* composting in drum reactors
~mühle *f* drum mill
~sieb *nt* drum screen
~~anlage *f* drum screen
Trompeten•tal *nt* trumpet valley
{talabwärts trompetenartig ausgeweitetes Tal}
Tropen *pl* tropics
{Zone zwischen 23°28' N und 23°28' S}
~gebiet *nt* tropics
~holz *nt* wood from tropical forests
~hygiene *f* tropical hygiene
~klima *nt* tropical climate
~krankheit *f* tropical disease
~medizin *f* tropical medicine
~wald *m* tropical forest
Tropf•bewässerung *f* trickle irrigation
Tröpfchen *nt* droplet, globule
~bewässerung *f* drip irrigation, trickle irrigation
tröpfeln *v* trickle
tröpfelnd *adj* trickling
Tropfen *m* drip, drop
≗ *v* drip
~abscheider *m* droplet separator
~bewässerung *f* drip irrigation
~erosion *f* pluvial erosion, raindrop erosion, rain erosion, splash erosion
~größen•verteilung *f* drop-size distribution
≗ lassen *v* drip
Tropf•infusion *f* drip
Tropf•körper *m* biological filter, percolating filter, trickling filter
{mit witterungsbeständigen Natursteinen oder Kunststoff-Füllkörper gefülltes Bauwerk zur Abwasserreinigung}
~anlage *f* bacteria beds
~behandlung *f* biofiltration
~schlamm *m* filter humus, humus sludge
Tropf•wasser *nt* drip water
Trophie *f* trophication
{Intensität der Primärproduktion}
~ebene *f* trophic level
~grad *m* degree of trophication, trophic level
{Zustandsbereich im Trophiesystem}
~klassifizierung *f* trophic classification
~system *nt* system of trophication
{empirische Einteilung in Trophiegrade entsprechend der Nährstoffversorgung und der Intensität der Primärproduktion}
trophisch *adj* trophic
tropho•gen *adj* trophogenic
tropho•lytisch *adj* tropholytic
tropisch *adj* tropical
Tropo•pause *f* tropopause
{atmosphärische Schicht zwischen der Troposphäre und der Stratosphäre}
Tropo•sphäre *f* troposphere
{untere Atmosphäre bis in 8 bis 18 km Höhe, innerhalb der die Temperatur mit der Höhe abnimmt}
tropo•sphärisch *adj* tropospheric
Trübe turbidity
trüb(e) *adj* overcast, turbid
Trübheit *f* turbidity
Trübstoffe *pl* suspended matter
Trübung *f* turbidity
~s•mess•gerät *nt* turbidimeter
~s•messung *f* turbidimetry
Trüb•wasser•abzugs•anlage *f* turbid water draining plant
Trümmer *pl* debris, rubble
Truppen•übungs•platz *m* military training ground
Tryptophan *nt* tryptophan
{essenzielle Aminosäure}
Tschernobyl *nt* Chernobyl
Tschernosem *f* black earth, chernozem
Dtsch. Syn.: Schwarzerde
{Bodentyp mit mächtigem, schwarzem, meist entkalktem Humus-(Ah-)Horizont aus kalkhaltigem Lockergetein}
Tsunami *f* tidal wave, tsunami
{durch Erdbeben ausgelöste Flutwelle}
Tsutsugamushi-Krankheit *f* tsutsugamushi disease
Dtsch. Syn: Buschfleckfieber
Tuberkulose *f* tuberculosis
Tubular•reaktor *m* tubular reactor
Tuch *nt* cloth
tüchtig *adj* able
Tuff *m* tufa
{Kalktuff, Sinter}
~ *m* tuff
{verfestigte Vulkanasche}
Tumor *m* tumor (Am), tumour
~genese *f* tumour genesis
Tümpel *m* dew pond, pool, puddle
{im Deutschen ein kleiner Weiher, der periodisch austrocknet}
~quelle *f* pond source
Tundra *f* tundra
{baumlose Vegetation der subarktischen Klimazone oder subalpinen Höhenstufe}
~moor *nt* muskeg
{in Nordamerika}
Tunnel *m* tunnel
~erosion *f* tunnel erosion, tunnel scour
Tunnel•tal *nt* tunnel valley
{unter oder in einem Inlandeis entstandenes Schmelzwassertal mit unregelmäßigem, oft gegenläufigem Gefälle}
Tupfer *m* splash
Turbidität *f* turbidity
{Trübung von Oberflächenabfluss durch mitgeführte Bodenpartikel}
Turbine *f* turbine
Turbo *m* turbo
~gebläse *nt* turbo blower
~jet *m* turbo-jet
~kompressor *m* turbo compressor
~lader *m* turbo-charger
mit ~~: turbo-charged ***adj***
~luft•strahl•triebwerk *nt* turbo-jet engine
~-Prop-Flugzeug *nt* turbo-prop
turbulent *adj* turbulent
~es Fließen: turbulent flow
Turbulenz *f* turbulence

{ungeordnete Zusatzbewegung in Zeit und Raum, die der durchschnittlichen Strömungsbewegung überlagert ist}

Turf *m* turf
Dtsch. Syn.: Grasnarbe

Turgo•turbine *f* Turgo turbine

Typ *m* category, type

Typen•zwang *m* compulsory typology
{in der Bauleitplanung}

Typhus *m* typhoid (fever)
{Erreger ist das Stäbchenbakterium Salmonella typhi}

typisch *adj* typical

Typ•lokalität *f* type locality
{Aufschluss, dessen stratigrafischer, petrografischer oder paläontologischer Inhalt als Definitionsgrundlage dient}

Typ•zulassungs•verfahren *nt* type approval procedure

Tyramin *nt* tyramine
{Enzym}

UAG-Erweiterungsverordnung *f* Ordinance Concerning the Expansion of the Community Eco-Management and Audit Scheme to Additional Sectors under the Environmental Audit Act

U-Bahn *f* subway, tube, underground (railway)
{umgangssprachl. Abk. für Untergrundbahn}

Übel•tat *f* malpractice

über *prep* above, across

überarbeiten *v* revise

überaus *adv* acutely, exceedingly, passing, vastly

Überband | magnet *m* over-the-belt magnet

~mangel *m* magnetic belt separator

Überbauung *f* building over

Überbelastung *f* strain
{Belastung, die ein System nicht ohne grundlegende Veränderung überstehen kann}

Überbesatz *m* overpopulation

~ *m* over-stocking
{~ von Weidetieren}

überbevölkert *adj* overpopulated

Überbevölkerung *f* overpopulation

Überblick *m* overview, survey
~ **über:** overview of

überblicken *v* survey

Überdosierung *f* excessive dose

überdüngen *v* over-fertilize

Überdüngung *f* over-fertilization
{die über den Bedarf der Nutzpflanzen hinausgehende Ausbringung von Düngemitteln}

~s•effekt *m* effect of over-fertilization

Übereignung *f* assignment

~s•urkunde *f* assignment

Übereinkommen *nt* convention
~ **über den weiträumigen grenzüberschreitenden Transport von Luftverunreinigungen:** Convention on Long-range Transboundary Air Pollution
~ **über die Biologische Vielfalt:** Convention on Biological Diversity

Übereinkunft *f* agreement

übereinstimmen (mit) *v* comply (with)

Übereinstimmung *f* accordance, agreement
in ~ mit: in accordance with

überempfindlich *adj* hypersensitive

Überempfindlichkeit *f* hypersensitivity

Übererfüllung *f* exceeding

Überfall *m* overflow, spillover, spillway
{Gewässerbauwerk}
offener ~: overfall ***n***

~bau•werk *nt* overfall structure

~höhe *f* overflow head
{Höhenunterschied zwischen dem ungestörten Oberwasserspiegel und der Wehrkrone}

~kanal *m* spillway channel

~turm *m* morning glory spillway
{im Speicherbecken freistehender Turm mit überströmter Krone als Einlaufbauwerk einer Entlastungsanlage}

~wehr *nt* (overfall) weir

überfischen *v* overfish

Überfischung *f* overfishing

Überfluss *m* plenty

überflüssig *adj* redundant

überfluten *v* drown, flood, inundate

überflutet *adj* drowned, flooded, inundated

Überflutung *f* inundation

~s•gebiet *nt* area subject to flooding, wash-land

~s•wiese *f* inundation meadow, water meadow

Überführung *f* conversion
{Wechsel der Betriebsart oder Betriebsform unter Verwendung der bestehenden Bestockung}

Überfüll•sicherung *f* overflow controller

überfüllt *adj* congested

Übergang *m* devolution, pullover, transition
demografischer/demographischer ~: demographic transition

~s•frist *f* devolution period

~s•moor *nt* transitional bog, transition mire, transitional moor
Dtsch. Syn.: Zwischenmoor

~s•regelung *f* transitional arrangement

~s•vorschrift *f* transitional order

~s•zone *f* transition(ary) zone

übergeben *v* hand
übergehen *v* pass
Übergriff *m* encroachment, infringement
Überhitzer *m* superheater
überhitzt *adj* superheated
Überhör•frequenz *f* supersonic frequency
Überkopf•schüttler *m* overhead shaker
überlagern *v* overlay
überlagernd *adj* overlying
Überlagerung *f* overlay
Überland•leitung *f* overhead power line
überlang *adj* lengthy
Überlassungs•pflicht *f* obligation to supply
Überlauf *m* overflow (structure), spillway
~bau•werk *nt* overflow structure, spillway
provisorisches ~~: auxiliary spillway
~deich *m* overflow dike
überlaufen *v* overflow
Überlauf | polder *m* overflow polder
{Polder, der nur durch einen Überlaufdeich geschützt ist}
~rinne *f* overflow channel
~rohr *nt* overflow pipe
~rücken *m* streamlined spillway face
{vom überlaufenden Wasser berührte Luftseite eines massiven Absperrbauwerks}
Überleben *nt* subsistence, survival
≗ *v* survive
Überlebende /~r *f/m* survivor
Überlebens | fähigkeit *f* capability of survival
~kurve *f* survivorship curve
~rate *f* survivorship
überlegen *adj* superior
Überlegene /~r *f/m* superior
überlegt *adj* prudent
~ *adv* prudently
Überleitungs•kanal *m* leat
überliefert *adj* transmitted
Übermaß *nt* excess
übermäßig *adj* exceeding, excessive
Übermaß•verbot *nt* excess embargo
Übermitteln *nt* reporting
übermittelnd *adj* conveying
Übernahme *f* assumption
~schein *m* handover certificate, removal order
übernehmen *v* take off
{Fracht, Passagiere}
übernommen *adj* borrowed
übernutzt *adj* overcultivated
Übernutzung *f* excess cutting, over-exploitation, over-harvesting
Überproduktion *f* overproduction
überprüfen *v* check, examine, review
überprüft *adj* inspected
Überprüfung *f* check, examination, review, verification
überqueren *v* cross
überregional *adj* national
Überreichung *f* presentation
überreif *adj* overmature
Überrest *m* remnant
Überreste *pl* remains
übersandt *adj* transmitted
übersät *adj* littered
übersättigt *adj* supersaturated
Übersättigung *f* oversaturation
Übersäuerung *f* acidification
Überschall | flug *m* supersonic flight
{Flug mit Überschallgeschwindikeit}
~flugzeug *nt* supersonic aircraft
~knall *m* sonic boom, supersonic boom
~schaden *m* damage by sonic bang
Überschiebung *f* thrust
{tektonisch bedingte Auflagerung von einer älteren auf einer jüngeren Schichtfolge}
Überschirmungs•grad *m* shade density
Überschneidung *f* overlap
überschreiten *v* exceed,
~ *v* stretch
{Befugnis ~}
überschreitend *adj* exceeding, in excess of
Überschreitung *f* exceeding
Überschrift *f* title
Überschuss *nt* excess, surplus
überschüssig *adj* excess, surplus, waste
Überschuss | schlamm *m* surplus sludge
{der im biologischen Verfahren gebildete Zuwachs an belebtem Schlamm, der entfernt wird}
~wasser *nt* excess water
überschwemmen *v* drown, flood, inundate
überschwemmt *adj* drowned, flooded, inundated
Überschwemmung *f* flood, flooding, inundation
plötzliche ~: flash flood
~s•gebiet *nt* area subject to flooding, floodplain, inundation area
~s•schutz *m* flood prevention
~s•wiese *f* inundation meadow, water meadow
übersehen *v* overlook
Übersetzung *f* rendering
Übersicht *f* review, survey
Übersichtlichkeit *f* clarity, clearness, lucidity
Überspannung *f* overvoltage, surge
~s•ableiter *m* surge arrester
~s•schutz•einrichtung *f* overvoltage protection system
Überstand *m* supernatant
~s•wasser *nt* supernatant liquor
Überstauung *f* inundation
überstehend *adj* supernatant
übersteigen *v* breast, exceed
übersteigend *adj* exceeding
übertragen *adj* transmitted
~ *v* broadcast, relay, transfer
durch Wasser ~: water-borne ***adj***
Überträger *m* carrier
{Menschen und Tiere als Überträger von Krankheiten}
~ *m* vector
{Tiere als Überträger von Krankheiten oder Parasiten}
Übertragung *f* broadcast, conduction, devolution, relay, transfer
übertreiben *v* overdo
übertrieben *adj* excessive
~ *adv* excessively
übertünchen *v* varnish
Übervölkerung *f* overcrowding, overpopulation
Überwachen *nt* scanning
≗ *v* control
{kontrollieren}
≗ *v* monitor
{von Umweltdaten}
≗ *v* police
{von Vorschriften}
≗ *v* scan
{den Luftraum mittels Radar}
überwacht *adj* controlled
~e Abfälle: controlled waste

Überwachung *f* control, monitoring, supervision, surveillance, survey
technische ~: technical inspection and control
~s•anlage *f* monitoring installation
~s•ausrüstung *f* monitoring equipment
~s•bedürftig requiring monitoring, requiring supervision
besonders ~~e Abfälle: waste requiring special supervision
~s•behörde *f* supervisory body
~s•drän *m* check drain
~s•fenster *nt* observation window
~s•pflicht *f* obligation for control
~s•programm *nt* monitoring programme
gemeinsames ~~: joint monitoring programme
~s•station *f* controlling station, monitoring station
~s•system *nt* monitoring system
~s•wert *m* supervision value
überwältigen *v* dazzle, overpower
überwältigend *adj* dazzling, torrential, vast
Überwasser•pflanze *f* emergent plant
überweiden *v* overgraze
Überweidung *f* overgrazing
überwiegen *v* outweigh
überwiegend *adj* overriding
~es öffentliches Interesse: overriding public interest
überwinden *v* negotiate
{ein Hindernis ~}
~ *v* overcome
überwintern *v* winter
Überwinterung *f* overwintering, wintering
~s•gebiet *nt* wintering ground
~s•zeit *f* period of hibernation
überzählig *adj* extra
überzeugen *v* convince, persuade
überzeugt *adj* convinced, genuine
Überzeugung *f* conviction
überziehen *v* overlay
Überzug *m* overlay
Ubiquist *m* ubiquitous species
ubiquitär *adj* ubiquitous
üblich *adj* standard
übrig *adj* remaining
Übung *f* drill, exercise, practice
aus der ~ sein: be rusty ***v***
~ zum Textverständnis: comprehension exercise
Ufer *nt* bank, shore, streambank
am ~ gelegen: riparian ***adj***
~abbruch *m* bank erosion
~anlieger *m* riparian
~befestigung *f* bank reinforcement, bank revetment, bank stabilization
~böschung *f* embankment
~damm *m* levee (Am)
~deck•werk *nt* bank revetment
~erosion *f* bank erosion, shore erosion
~fauna *f* riparian fauna
~filtrat *nt* bank-filtered water, bank filtrate, river filtrate
~filtration *f* bank filtration
{Gewinnung von Wasser aus einem oberirdischen Gewässer, das durch das Gewässerufer oder die Gewässersohle in den Grundwasserbereich gelangt}
~filtriert *adj* bank-filtered
~gelände *nt* riparian land
~land *nt* shoreland
~längs•transport *m* longshore drift
~linie *f* shoreline
~mauer *f* sea wall
geneigte ~~: sloping sea wall
~saum *m* margin
~schutz *m* bank protection, bank stabilization (system)
~vegetation *f* fringe, riparian vegetation, shore vegetation
~verbau *m* bank fixation
~wald *m* riparian forest
{Wald am Ufer von Gewässern und Sümpfen}
~wall *m* natural levee (Am)
{länglicher, über Auenniveau parallel zu Flüssen liegender Sedimentrücken}
~zone *f* littoral
U-förmig *adj* U-shaped
Uhr *f* clock
biologische ~: biological clock
innere ~: circadian rhythm, internal clock
Ulmen•sterben *nt* Dutch elm disease
ultra•basisch *adj* ultrabasic
Ultra•filter *m* ultrafilter
Ultra•filtration *f* ultrafiltration
~s•anlage *f* ultrafiltration plant
ultra•mikro•skopisch *adj* ultramicroscopic
Ultra•schall *m* ultrasound
{für den Menschen unhörbarer Schall im Frequenzbereich über 16 000 Hz}
~-Anemometer *nt* ultrasonic anemometer
~gerät *nt* ultrasonic equipment
~lehre *f* ultrasonics
~wellen *pl* ultrasonic waves
Ultra•violett•lampe *f* ultraviolet lamp
Ultra•zentrifuge *f* ultracentrifuge
umbauen *v* convert
Umbruch *m* transition
~pflug *m* reclamation plough
Umbuchung *f* virement
umdrehen *v* turn around, turn round
{sich ~}
Umdrehung *f* revolution
umfahren *v* round
Umfang *m* girth
{forstw.: der senkrecht zur Achse gemessene Umfang des Baumschaftes oder eines Astes}
~ *m* bulk, extent, perimeter, volume
an ~ zunehmen lassen: bulk ***v***
umfangreich *adj* extensive, vast
~er werdend: growing ***adj***
umfassen *v* comprise
umfassend *adj* comprehensive, diverse, extensive, full, perfect, sweeping
~ *adv* comprehensively
Umflaggen *nt* reflagging
{von Schiffen}
umformen *v* convert
Umfrage *f* survey
umfüllen *v* transfer
Umfüll•anlage *f* transfer plant
Umgang *m* handling, use, utilization
sicherer ~: safe handling, safer use
sparsamer ~: conservation, husbanding, wise utilization
~s•sprache *f* vernacular
umgebend *adj* ambient, surrounding
Umgebung *f* environment, medium, surroundings, vicinity
~ *f* setting
{landschaftliche ~}
in schöner ~: in a pleasant setting
~s•abhängig *adj* environmental
~s•bedingt *adj* envionmental
~s•belastung *f* environment load
~s•lärm *m* environmental noise, neighbourhood noise
~~pegel *m* ambient noise level

~s•luft *f* environmental air, surrounding air
~s•temperatur *f* ambient temperature
umgehen *v* bypass
{z.B. von Vorschriften}
~ *v* round
umgehend *adj* immediate
Umgehungs•straße *f* bypass, bypass road
ringförmige ~: orbital road
umgekehrt *adj* inverted, reverse
umgestalten *v* remould
umgraben *v* grub
umhacken *v* hoe down
{Büsche ~}
umherirrend *adj* wandering
umherstreichend *adj* roving
umherstreifen *v* scour
umherstreifend *adj* roving
umherschweifend *adj* ranging
umherziehend *adj* ranging
Umhüllung *f* precoat
Umkehr *f* reversal
umkehrbar *adj* reversible
nicht ~: irreversible ***adj***
umkehren *v* invert, reverse
Umkehr•osmose *f* reverse osmosis
{Methode der Wasserreinigung, bei der Wasser dem osmotischen Druck folgend durch eine Membran strömt und dabei Verunreinigungen zurückbleiben}
~anlage *f* reverse osmosis plant
Umkehrung *f* inversion
Umkippen *nt* [change from aerobic to anaerobic conditions]
{~ eines Gewässers}
umkreisen *v* orbit
umladen *v* transfer
Umlade•station *f* transfer point, transfer station
{Anlage zur Zwischenlagerung und zum Umschlag von Abfällen}
Umlagerungs•strecke *f* braided channel
{Abschnitt eines Fließgewässern bei der sich der Lauf in mehrere Arme aufspaltet}
Umland *nt* surrounding countryside, urban fringe
Umlauf *m* revolution
~bahn *m* orbit
~becken *nt* [activated sludge tank with circulating flow]
{ringförmiges Belebungsbecken zur aeroben Abwasserbehandlung, dem ein Nachklärbecken nachgeschaltet ist}
~berg *m* cut-off spur, meander core
Dtsch. Syn.: Inselberg
~zeit *f* felling circle
{Zeitraum zwischen periodisch wiederkehrenden Hieben}
Umleer | behälter *m* revolving emptying system
~verfahren *nt* revolving discharge system
Umlegung *f* reallocation of properties
~s•verfahren *nt* [procedure of reorganisation/reorganization of property]
{das Verfahren der Zusammenfassung und Neuverteilung von Grundstücken, z.B. im Rahmen der Flurbereinigung}
Umleitung *f* bypass, diversion
~s•graben *nt* bypass ditch
~s•kanal *m* diversion channel
umliegend *adj* surrounding
Umluft *f* circulating air
Ummantelung *f* cladding
ummodeln *v* remould
umpflanzen *v* replant, transplant
umranden *v* border
Umriss *m* perimeter
Umsatz *m* turnover
~steuer *f* turnover tax, sales tax (Am)
umsäumt *adj* fringed
von Bäumen ~: fringed with trees
umschichten *v* reallocate
Umschichtung *f* reallocation
Umschlag *m* turnover
{~ von Gütern}
~einrichtung *f* transshipment equipment
~station *f* transfer station
{~~ für Müll}
Umschuldung *f* rescheduling
umsetzen *v* implement
{in die Tat umsetzen, Rechtsakte ~}
~ *v* put into practice
{zur Anwendung bringen}
~ *v* transfer
{den Ort wechseln, versetzen, verpflanzen}
Umsetzung *f* implementation
gemeinsame ~: joint implementation
Umsiedlung *f* resettlement, translocation
~s•gebiet *nt* receptor area
umständlich *adj* indirect, tortuous
Umständlichkeit *f* tortuousness
umstellen *v* shift
~ (auf) *v* switch (to)
Umstellung *f* adaptation, change, changeover, change-over, conversion, rearrangement, reorganization, reorientation, transposition, switch
~ auf ökologischen Landbau: conversion to ecofarming
~s•betrieb *m* conversion farm, farm under conversion to ecofarming
umstoßen *v* reverse
umstritten *adj* controversial
Umströmungs•lärm *m* noise by circulation around
Umstrukturierung *f* restructuring
umstülpen *v* invert
Umtriebs•zeit *f* rotation period
{Zeitspanne von der Begründung eines Bestandes bis zu seiner Endnutzung durch Räumung der Fläche}
Umverpackung *f* additional packaging, secondary packaging, outer packaging
umverteilen *v* reallocate
Umverteilung *f* reallocation
~ des Bodenwassers: soil water redistribution
umwälzend *adj* sweeping
Umwandlung *f* conversion
{in der Forstwirtschaft: Wechsel der Betriebsart oder Betriebsform durch Aufforstung nach Beseitigen der bestehenden Bestockung}
~ *f* transformation
{Verwandlung}
~s•zelle *f* conversion cell
Umwälz•pumpe *f* circulating pump
Umwälzung *f* upheaval
{die soziale oder politische ~}
umwandeln *v* convert
Umweg *m* detour
auf ~en: indirectly ***adv***
Umwelt *f* environment
{die natürliche, soziale und gebaute Umwelt}
gebaute ~: built environment, man-made environment
im Hinblick auf die ~: environmentally ***adv***
örtliche ~: local environment
technische ~: technosphere
≗abhängig *adj* environmental
~agentur *f* environmental agency

Europäische ~~: European Environmental Agency

~akademie *f* environmental academy

~akteur *m* environmental actor

~aktivismus *m* environmental activism

~amt *nt* Environment Agency
{halbstaatlich in England und Wales; zuständig für Gewässerschutz, Bodenschutz und Luftreinhaltung; 1996 durch Zusammenlegung sektoraler Vorläuferinstitutionen geschaffen}

~angst *f* environmental anxiety

~anlage *f* environmental plant

~aspekt *m* environmental aspect

~audit *nt* environmental audit
{Managementinstrument, das eine Bewertung der Leistung, der Organisation, und der Abläufe eines Unternehmens zum Schutz der Umwelt umfasst}

~~gesetz *nt* Environmental Audit Act

~ausbildung *f* environmental training

~ausschuss *m* environmental committee

~auswirkung *f* environmental consequences, environmental effect, environmental impact

~beauftragte /~r *f/m* environmental protection officer

≗bedingt *adj* caused by environment, ecological

~beeinträchtigung *f* disturbance of environment, environmental infringement

~behörde *f* environmental protection agency

~belastbarkeit *f* pollution absorption capacity

~belastung *f* environmental impact, environmental pollution, environmental stress
{Beanspruchung der Leistungsfähigkeit des Naturhaushaltes durch die Einwirkung von Umweltfaktoren}

~~s•indikator *m* environmental impact indicator

~berater /~in *m/f* environmental adviser, environmental consultant
{zur Aufklärung über umweltschonendes Verhalten durch Kommunen oder Verbände eingesetzte/r Fachmann/~frau}

~beratung *f* environmental advice

~bericht *m* environmental report, state of the environment report

~beschaffenheit *f* environment quality

~betrachtung *f* environmental contemplation

~betriebs•prüfung *f* eco-audit, environmental operation testing

~bewegung *f* ecological movement, environmental movement, green movement

~bewertung *f* environmental assessment, environmental evaluation

≗bewusst *adj* environmentally aware, environmentally conscious, environment-conscious, green

~bewusstsein *nt* environmental awareness, environmental consciousness
{Verantwortungsgefühl für die belebte und unbelebte Umwelt. Zu den unterschiedlichen Bedeutungen im Englischen: siehe unter Bewusstsein}

~bilanz *f* environmental balance

~bildung *f* environmental education, environmental training

~~s•system *nt* environmental training system

~biologie *f* environmental biology

~bundes•amt *nt* Federal Agency for the Environment, Federal Environmental Agency
{in Dtschl. die oberste Fachbehörde für den Umweltschutz}

~chemie *f* environmental chemistry

~chemikalien *pl* chemicals in the environment, chemical substances in the environment
{Stoffe, die durch menschliches Zutun in die Umwelt gebracht werden und in Mengen oder Konzentrationen auftreten können, die geeignet sind, Lebewesen zu gefährden}

~~recht *nt* environmental chemicals legislation

~daten *pl* environmental data

~~bank *f* environmental database

~~gewinnung *f* extraction of environmental data

~-~katalog *m* catalogue of datasources
Dtsch. Abk.: UDK

~~matrix *f* environmental data matrix

~~verarbeitung *f* environmental data processing

~delikt *nt* eco-crime, environmental offence, offence against the environment

~didaktik *f* environmental didactics

~dimension *f* environmental dimension

~einfluss *m* environmental influence

~einstellung *f* environmental attitude

~einwirkung *f* environmental influence

~erfassung *f* environmental registration

~erhaltung *f* environmental preservation

~erklärung *f* environmental statement

~erziehung *f* earth education, environmental education

~faktor *m* ecological factor, environmental factor
{für Organismen syn. mit Standortfaktor; beim Menschen einschließlich der kulturellen und sozialen Faktoren}

≗feindlich *adj* ecologically harmful

~finanz•recht *nt* environmental finance legislation

~fonds *m* environmental funds

~forschung *f* environmental research
{Forschung, die sich mit den Lebensbedingungen des Menschen und deren Veränderungen durch menschliche Eingriffe befasst}

~forum *nt* environmental forum

~frage *f* environmental affair, environmental issue

≗freundlich *adj* environment-friendly, environmentally friendly, environmentally sound, non-pollutant

~freundlichkeit *f* environmental acceptability

~gefahr *f* ecological hazard

≗gefährdend *adj* environmentally hazardous

≗~er Stoff: environmentally hazardous substance

~gefährdung *f* danger to the environment, environmental hazard

≗gefährlich *adj* hazardous to the environment

~geologie *f* environmental geology

≗gerecht *adj* environmentally sound

~geschichte *f* environmental history

~gesetz *nt* environmental law

~~buch *nt* environmental code

~~gebung *f* environmental legislation

~gestaltung *f* environmental management

~gift *nt* contaminant, environmental pollutant
{in Luft, Wasser und Boden vorkommende, natürliche oder durch menschliche Einwirkungen entstandene bzw. freigesetzte Schadstoffe}

~grund•recht *nt* basic rights concerning the environment

~gutachten *nt* environmental evaluation

~gutachter /~in *m/f* environmental verifier

~güter *pl* environmental resources

~haftung *f* environmental liability

~~s•gesetz *nt* Environmental Liability Act

~hygiene *f* environmental hygiene
{befasst sich mit der Erfassung, Bewertung und Verhütung der Belastung des Menschen durch Umweltfaktoren chemischer, physikalischer und biologischer Natur}

~~beauftragte /~r *f/m* environmental health officer, public health inspector

~indikator *m* environmental indicator
{Größe, mit deren Hilfe die Abweichung einer Umweltsituation (Ist) von Umweltqualitätszielen bzw. -standards (Soll) ermittelt werden kann}

~informatik *f* environmental informatics

~information *f* environmental information

~~s•gesetz *nt* Environmental Information Act, Law on the Freedom of Access to Environmental Information
{Gesetz zur Umsetzung der Umweltinformationsrichtline der EU in Dtschl.}

~~s•richtlinie *f* Directive in the Freedom of Access to Environmental Information
{EU-Richtline, die allen Bürgern, Unternehmen, Verbänden und anderen Institutionen freien Zugang zu Informationen über die Umwelt gewährt}

~~s•system *nt* environmental information system

~initiative *f* conservation initiative

~investition *f* environmental investment

~katastrophe *f* ecological disaster, environmental catastrophe, environmental disaster

~konferenz *f* conference on environment
~~ der Vereinten Nationen: United Nations Conference on Environment and Development
Engl. Abk.: UNCED

~konflikt•thema *nt* environmental conflict theme

~kontamination *f* environmental contamination

~kontroll | e *f* environmental control

~~system *nt* environmental monitoring system

~kosten *pl* environmental costs

~kriminalität *f* environmental crime

~~s•gesetz *nt* environmental crime law
{enthält in Dtschl. Straftatbestände betreffend Wasser, Immissionen und Abfall}

~krise *m* ecological crisis, environmental crisis

~kriterium *nt* environmental criterion

~leistung *f* environmental performance

~leit•plan *f* environmental master plan, environmental supervision plan
{enthält Entwicklungsziele zu Schutz der Umwelt, Beseitigung von Umweltschäden, Wiederherstellung der Leistungsfähigkeit des Naturhaushalts sowie zur Umweltvorsorge}

~lizenz *f* environmental licence

~lobby *f* environmentalist lobby

~management *nt* environmental management

~~system *nt* environmental management system

≗mäßig *adv* environmentally

~medizin *f* community medicine, environmental medicine
{interdisziplinäres Fachgebiet der Medizin, umfasst Umwelthygiene, -toxikologie, -epidemiologie und Klinische Umweltmedizin}

~mediziner /~in *m/f* community physician

~mess | station *f* environmental measuring station

~~system *nt* environmental measuring system

~~technik *f* measuring systems for environmental engineering

~meteoro•logie *f* environmental meteorology

~minister *m* Minister of the Environment

~~konferenz *f* conference of environment ministers, environmental ministers' conference

~ministerium *nt* environmental ministry, ministry of the environment
Britisches ~~: Department of the Environment
Engl. Abk.: DoE
Bundesministerium für Umwelt, Naturschutz und Reaktorsicherheit: Federal Ministry for Environment, Nature Conservation and Nuclear Safety
Dtsch. Abk.: BMU

~modell *nt* environmental model

~monitoring *nt* environmental monitoring

~norm *f* environmental standard

~neugestaltung *f* environmental rehabilitation

~ökonomie *f* environmental economics
{wirtschaftswissenschaftliche Betrachtungsweise, die ökologische Parameter mit einbezieht}
betriebliche ~~: environmental economics of firms

~organisation *f* conservation organisation, environmental group, environmental organisation
{auch: ~ organization}

≗orientiert *adj* environmentally friendly, environmentally orientated

~papier *nt* recycled paper, recycling paper

~plan *m* environmental plan

~planung *f* environmental planning
{Gesamtheit der auf den Umweltschutz ausgerichteten raumbezogenen Planungen, bei denen der Umweltschutz Primär- oder Begleitziel ist}

~politik *f* environmental policy

≗politisch *adj* environmental
≗~e Leitbilder: environmental policy guidelines

~preis *m* environmental award

~proben•bank *f* environmental specimen bank

~problem *nt* ecoproblem, environmental issue

~profil *nt* environmental profile

~programm *nt* environmental (improvement) programme, environmental program (Am)
{Gesamtheit der Planungen und Maßnahmen, die darauf gerichtet sind, die Umwelt von Meschen, Tieren und Pflanzen nachhaltig zu sichern}

~prüfung *f* environmental audit

~psycho•logie *f* environmental psychology

~qualität *f* environmental quality

~~s•kriterium *nt* environmental quality criterion

~~s•norm *f* environmental quality standard

~~s•standard *m* environmental quality standard
{aus Umweltqualitätszielen abgeleitete und operationalisierte bzw. quantifizierte Werte für die Ausprägung eines bestimmten Qualitätsziels}

~~s•ziel *nt* environmental quality target
{sachlich, räumlich und zeitlich definierte Qualitäten von Ressourcen, Potenzialen oder Funktionen, die in konkreten Situationen erhalten oder entwickelt werden sollen}

~~~vorgabe *f* environmental quality objective

~radioaktivität *f* environmental radioactivity

~recht *nt* environmental legislation

≗relevant *adj* relevant to the environment

~relevanz *f* environmental relevance

~risiko *nt* environmental risk

~~analyse *f* environmental risk analysis

~sanierung *f* environmental rehabilitation

~schaden *m* damage to the environment, environmental damage

~schädigung *f* damage to the environment, environmental damage

≗schädlich *adj* environmentally harmful, noxious

~schädlichkeit *f* ecological harmfulness, environmental noxiousness

~schad•stoff *m* pollutant
{in der Umwelt vorkommende Stoffe, von denen direkt oder indirekt schädliche Wirkungen auf Lebewesen und Sachgüter ausgehen können}

Umwelt•schutz *m* environmental conservation, environmental protection, environment protection
betrieblicher ~: environmental protection in the enterprise

~abgabe *f* pollution control tax

~auflage *f* environmental protection ordinance

~beauftragte /~r *f/m* environmental health officer, public health inspector
Engl. Abk.: EHO

~behörde *f* Environmental Protection Agency
Engl. Abk.: EPA
{US-Umweltbehörde}

~bewegung *f* ecology movement

umwelt•schützend *adj* anti-pollution

Umwelt•schützer /~in *m/f* conservationist, environmentalist

umwelt•schützerisch *adj* environmental

Umwelt•schutz | experte *m* ecologist

~gerät *nt* pollution control equipment

~gesetz•gebung *f* environmental legislation

~hand•buch *nt* environmental protection manual

~industrie *f* environmental protection industry

~ingenieur /~in *m/f* environmental engineeer

~investition *f* environmental investment

~konzept *nt* environmental protection concept

~kosten *pl* environmental protection costs
{durch Umweltschutzmaßnahmen bei Staat, Wirtschaft und Verbrauchern entstehende Kosten}

~management *nt* environmental protection management

~markt *m* environmental protection market

~maßnahme *f* environmental control measure

~norm *f* environmental protection standard

~organisation *f* environmental protection organisation (Br), environmental protection organization

~papier *nt* recycled paper, recycling paper

~technik *f* environmental protection technology

~vorschrift *f* environmental protection regulation

Umwelt | seminar *nt* environmental training course

~spiel *nt* eco-game

~statistik *f* environmental statistics

~steuer *f* environmental tax

~stiftung *f* environmental foundation

~straf•recht *nt* environmental criminal law

~studien *pl* environmental studies

~sünder *m* polluter

~technik *f* environmental engineering, environmental technology

~überwachung *f* ecological survey, environics, environmental control, environmental monitoring

~~s•programm *nt* environmental monitoring program (Am), environmental monitoring programme

~~s•system *nt* environmental monitoring system, environmental surveillance system

~ungleich•gewicht *nt* environmental imbalance

~veränderung *f* change to the environment, environmental change

~verband *m* environmental nongovernmental organisation/organization
Engl. Abk.: ENGO
{Zusammenschluss von Personen mit dem Ziel, an der Planung umweltbedeutsamer Maßnahmen mitzuwirken oder diese zu verhindern}

~verbesserung *f* improvement of the environment

~verbrechen *nt* crime against the environment

~vergehen *nt* offence against the environment

~verhalten *nt* environmental behaviour

~verschlechterung *f* deterioration of the environment, environmental deterioration

≗verschmutzend *adj* polluting

~verschmutzer *m* polluter

~verschmutzung *f* (environmental) pollution

~verseuchung *f* contamination of the environment

≗verträglich *adj* ecologically harmless, environmentally sound

≗~er Tourismus: eco-tourism ***n***

~verträglichkeit *f* environmental compatibility, environmental soundness

~~s•prüfung *f* environmental (impact) assessment

{für Einzelvorhaben}

Dtsch. Abk.: UVP; Engl. Abl.: EIA

Strategische ~~~: Strategic Environmental Assessment

Dtsch. Abk.: SUVP; Engl. Abk.: SEA

~~s•studie *f* environmental impact study

≗verursacht *adj* environmentally induced

~vorhaben *nt* environmental project

~vorsorge *f* environmental precautions, precautionary environmental protection

~wirkung *f* environmental impact

~wissen *nt* environmental knowledge

~~schaft *f* environmental science

~zeichen *nt* environmental label

{kennzeichnet Produkte, die sich aufgrund bestimmter Eigenschaften im Vergleich mit gleichartigen als weniger umweltbelastend herausgestellt haben}

~zerstörung *f* destruction of the environment, ecocide, environmental destruction

~zustands•daten *pl* state of the environment data

umwerfend *adj* stunning

unabhängig *adj* independent, self-contained

~ *adv* independently

Unabhängigkeit *f* independence

Unannehmlichkeit *f* hardship

unansehnlich *adj* unsightly

Unbarmherzigkeit *f* cruelty

unbeabsichtigt *adj* accidental, incidential

unbebaut *adj* uncultivated

unbedeutend *adj* minute

unbegründet *adj* idle

unbehandelt *adj* untreated

unbelebt *adj* abiotic, inanimate

unbenutzt *adj* unused

unbereinigt *adj* crude

unberührt *adj* undisturbed, unspoiled, unspoilt, untouched, virgin

Unberührtheit *f* unspoiled state

unbeschädigt *adj* unspoiled, unspoilt

unbeschäftigt *adj* idle

unbesiedelt *adj* unpopulated

unbeständig *adj* unsettled, unstable

unbestimmt *adj* indefinite

~er Rechtsbegriff: indefinite legal conception

unbeteiligt *adj* detached

unbeweglich *adj* inert

unbewohnbar *adj* uninhabitable

undicht *adj* leaking

undurchlässig *adj* impermeable

{undurchlässige Substanz}

~ *adj* impervious

{undurchlässige Oberfläche}

Undurchlässigkeit *f* impermeability

undurchschaubar *adj* cryptic

~ *adv* cryptically

undurchsichtig *adj* opaque

uneben *adj* rough

Uneinigkeit *f* variance

unentbehrlich *adj* indispensable

unergründlich *adj* profound

unerlaubt *adj* illegal, illicit, unauthorized, without permission

~e Handlung: illicit act

unermesslich *adv* vast

unerschlossen *adj* untapped

unerschöpflich *adj* inexhaustible

unerschwinglich *adj* prohibitive

~ *adv* prohibitively

unersetzlich *adj* invaluable, irreplaceable

Unfall *m* accident

einen ~ haben: crash ***v***

Größter anzunehmender ~: China syndrome ***n***

{Dtsch. Abk. GAU}

kerntechnischer ~: nuclear accident

≗bedingt *adj* accidental

≗~es Freisetzen von Organismen: accidental release of organisms

~station *f* emergency ward

~statistik *f* statistics on accidents

~ursache *f* accident source

~verhütung *f* accident prevention

~~s•vorschrift *f* accident prevention rule, rule for the prevention of accidents

unfertig *adj* imperfect

unflexibel *adj* inflexible

unfruchtbar *adj* infertile

~er Boden: poor soil

Unfruchtbarkeit *f* infertility

ungebraucht *adj* unused

ungedüngt *adj* unmanured

ungeeignet *adj* inappropriate

ungefährlich *adj* safe

~ *adv* safely

ungehindert *adj* uncontrolled

ungehörig *adj* offensive

ungeklärt *adj* residual

ungekocht *adj* unboiled

ungelöst *adj* undissolved, unsolved

ungenau *adj* inaccurate

ungenutzt *adj* unused, waste

ungerechtfertigt *adj* unjustifiable

ungesättigt *adj* unsaturated

ungeschlechtlich *adj* asexual

ungestört *adj* undisturbed

ungesund *adj* unhealthy

ungeteilt *adj* exclusive

ungewiss *adj* fluid

{~e Lage}

Ungewissheit *f* uncertainty

ungewöhnlich *adj* eccentric, unusual

~ *adv* unusually

ungewohnt *adj* unused

Ungeziefer *nt* pest, vermin

ungiftig *adj* non-poisonous, nontoxic

ungleich *adj* differential

~artig *adj* heterogeneous

≗gewicht *nt* disparity, imbalance

Unglück *nt* disaster

ungültig *adv* void

für ~ erklären: void ***v***

ungünstig *adj* adverse

unhandlich *adj* bulky

unheilbar *adj* terminal

unhygienisch *adj* insanitary

Union *f* union

Europäische ~: European Union

Dtsch. u. Engl. Abk.: EU

Rat der Europäischen ~: EU Council

universal *adj* comprehensive, universal

≗zerkleinerer *m* all-purpose comminutor

universell *adj* universal

~ begabt: universal ***adj***

Universität *f* university

~s•absolvent /~in *m/f* university graduate

~s•gebäude *nt* university building
unklar *adj* fluid
{*~e Lage*}
Unklarheit *f* uncertainty
unkontrollierbar *adj* uncontrollable
unkontrolliert *adj* uncontrolled
UN-Konvention *f* UN Convention
~-~ zur Bekämpfung der Wüstenbildung: UN Convention to Combat Desertification
unkoordiniert *adj* uncoordinated
Unkraut *nt* weed
{*Pflanzen, die in Nutzpflanzenbeständen wachsen und dort bei bestimmter Dichte mehr Schaden als Nutzen verursachen können*}
~bekämpfung *f* weed control, weeding
chemische ~~: chemical weed control
~~s•mittel *nt* weedkiller
~vernichtungs•mittel *nt* herbicide, weedkiller
~zönose *f* weed coenosis
unkritisch *adj* indiscriminate, undiscriminating
~ *adv* indiscriminately
Unland *nt* badland, barren land, waste land
{*Dtsch: Land, das keine wirtschaftliche Nutzung für die Urproduktion zulässt*}
unlöslich *adj* insoluble
unmaßgeblich *adj* lightweight
unmäßig *adj* excessive
~ *adv* excessively
unmittelbar *adj* immediate
~ *adv* immediately
unnahbar *adj* remote
unnatürlich *adj* unnatural
UN-Organisation *f* United Nations agency
unpolar *adj* apolar
unreif *adj* immature
unrein *adj* impure
Unruhe *f* disquiet
unsauber *adj* foul
unschädlich *adj* non-pollutant
unschätzbar *adj* invaluable
unscheinbar *adj* inconspicuous
unschön *adj* unsightly
Unschuld *f* innocence
in aller ~: innocently ***adv***
unschuldig *adv* innocently
Unsicherheit *f* insecurity, uncertainty
Unstimmigkeit *f* rift
untätig *adj* inactive
~er Vulkan: inactive volcano, quiescent volcano
Untätigkeit *f* inaction
unten *adv* below, down
nach ~: downward ***adj/adv***
nach ~ gerichtet: downward ***adj***
unter *prep* below, down, under
Unterabschnitt *m* subsection
Unterart *f* subspecies
Unterbestand *m* understorey
unterbieten *v* undercut
Unterboden *m* subsoil
~bearbeitung *f* subsurface tillage
~lockerung *f* subsoiling, subsoil tillage
~schutz *m* underseal
unterbrechen *v* break, shut off, stop
Unterbrechung *f* disruption
Unterbreitung *f* proposal
unterbringen *v* lodge, seat
Unterbringung *f* (residential) accomodation
{*Unterbringung für Wohnzwecke*}
Unterdruck | entwässerung *f* vacuum draining
~~s•anlage *f* vacuum draining plant
~erzeuger *m* vacuum generator
untere, /~r, /~s *adj* lower
Untereinzugs•gebiet *nt* subcatchment, subwatershed (Am)
unterentwickelt *adj* underdeveloped
unterernährt *adj* undernourished
Unterernährung *f* malnutrition
Untergang *m* destruction
untergetaucht *adj* submerged
Unterglas•anbau *m* greenhouse cultivation
untergliedern *v* segment
Untergrund *m* bedrock, subsoil, substratum, subsurface, underground
im ~: underground ***adv***
in den ~: underground ***adv***
~abdichtung *f* subsoil sealing, underground sealing
~ bewegung *f* underground
~entwässerung *f* subsurface draining
~erosion *f* subsoil erosion
~lockerer *m* subsoil cultivator, subsoiler, subsoil plow (Am), subsoil tiller
~lockerung *f* deep loosening, subsoiling, subsoil tillage
unterhalb *adv/prep* below
Unterhalten *nt* keeping
≗ *v* sustain
Unterhaltungs•kosten *pl* maintenance costs
Unterhändler /~in *m/f* broker
unterhöhlen *v* undercut
{*unterspülen*}
unterhöhlt *adj* undercut
Unterholz *nt* brush(wood), coppice-wood, copse, undergrowth, underwood
~kontrolle *f* brush management
unterirdisch *adj* subsurface, underground
~e Deponie: underground landfill
~er Kanal: culvert ***n***
~es Wasser: underground water
unterkühlt *adj* supercooled
Unterkühlung *f* hypothermia
Unterkunft *f* housing
Unterlage *f* (root)-stock
{*zum Veredeln bzw. Pfropfen*}
unterlagernd *adj* underlying
{*darunter liegend*}
Unterlassungs | anspruch *m* claim for omission
~klage *f* application for an injunction
Unterlauf *m* lower reaches, mature river
{*eines Flusses*}
~ *m* tailrace
{*einer Mühle, eines Kraftwerks*}
unterliegend *adj* underlying
{*darunter liegend*}
unterminieren *v* undermine
unterminiert *adj* undermined
~ werden: erode ***v***
Unternehmen *nt* company, enterprise, holding
~s•form *f* type of business
~s•führung *f* management
~s•konzentration *f* concentration of firms
~s•kooperation *f* business co-operation
~s•politik *f* company policy
~s•theorie *f* operational theory
Unternehmer /~in *m/f* operator
Unternehmer•tum *nt* entrepreneurship
Unternehmung *f* venture
Unterorganisation *f* minor agency
{*~ der Vereinten Nationen*}

Unterproduktion *f* underproduction
Unterricht *m* instruction, teaching
~s•beispiel *nt* example for instruction
~s•einheit *f* lesson
~s•experiment *nt* training experiment
~s•modell *nt* teaching model
Unterrichtung *f* briefing, information
Untersaat *f* companion crop, undersowing
untersagen *v* ban, forbid
Untersagung *f* prohibition
unterscheidend *adj* differential
Unterschied *m* difference
ohne ~: indiscriminate ***adj***
unterschiedlich *adj* differential, diverse, varied
unterschiedslos *adj* indiscriminate
unterschlächtig *adj* undershot
{~es Wasserrad}
Unterschrift *f* hand, signature
~en•aktion *f* petition
~en•liste *f* list of signatures
Unterschutz•stellung *f* protection
~s•verfahren *nt* protection procedure
unterseeisch *adj* submarine, subsea
Unterseite *f* bottom
unterspülen *v* undercut, underscour
unterspült *adj* undercut, underscoured
Unterspülung *f* undercutting, underscour
~ **verhindernd:** antiscour ***adj***
Unterstand *m* dug out, dug-out, understorey
Untersturz *m* bypass of a drop-structure
{Rohrleitung zur Überwindung der Höhendifferenz in einem Absturzbauwerk zur Ableitung kleiner Abflüsse}
unterstützen *v* aid, back, encourage, endorse, support
~ *v* second
{einen Antrag / eine Nominierung ~}
finanziell ~: subsidize ***v***
Unterstützung *f* assistance, backup, back-up, endorsement, support
fachliche ~: backstopping ***n***
öffentliche ~: public support
technische ~: technical support
untersuchen *v* examine, investigate, probe, scrutinize, study
~ *v* test
{insbesondere von Proben}
Untersuchung *f* analysis, assay, examination, exploration, inquiry, investigation, scrutiny, study, survey, test
chemische ~: chemical analysis
empirische ~: empirical examination
enzephalografische ~: encephalographic examination
epidemiologische ~: epidemiological examination
geophysikalische ~: geophysical examination
integrierte ~: integrated survey
{Untersuchung unter Einbeziehung mehrerer Fachgebiete}
mikrobiologische ~: microbiological analysis
~ **der Atmungsorgane:** respiratory system examination
~ **des Atemsystems:** respiratory system examination
~ **durchführen:** carry out a study
~s•bereich *m* investigation area
~s•gebiet *nt* investigation area, study area
~s•grundsatz *m* principle of investigation
~s•methode *f* analysis method
chemische ~~: chemical analysis method
~s•programm *nt* analysis programme, investigation programme
~s•verfahren *nt* investigation method, testing procedure
Untertage | damm *m* underground dam
~deponie *f* underground waste dump
~~anlage *f* underground dumping site
~vergasung *f* in-situ gasification
untertauchen *v* submerge
Untertyp *m* subtype
Untervölkerung *f* underpopulation
Unterwasser *nt* tailwater
~anordnung *f* submerged pumping station
{Tauchanordnung, bei der auch der Motor unter Wasser liegt}
~boden *m* subhydric soil
{bei ständiger Wasserbedeckung entstandener Bodentyp}
~bohrung *f* subsea drilling
~erz•gewinnung *f* underwater mining
~vegetation *f* submerged vegetation
~wehr *nt* underwater weir
Unterwuchs *m* undergrowth
unterzeichnet *adj* approved, signed
Unterzeichnung *f* execution, signing
Untiefe *f* shallow (place), shoal, spit
untragbar *adj* prohibitive
untrennbar *adj* undivisible
unüberlegt *adj* indiscriminate
~ *adv* indiscriminately
ununterbrochen *adj* continuous
unverdorben *adj* unspoiled, unspoilt
unverschämt *adv* offensively
unverschmutzt *adj* unpolluted
unverträglich *adj* incompatible
Unverträglichkeit *f* incompatibility
unverwechselbar *adj* distinctive
~ *adv* distinctively
unverzüglich *adj* immediate
~ *adv* immediately
unvollständig *adj* imperfect, incomplete
~e Ausscheidung: incomplete depuration
~ *adv* imperfectly, incompletely
unvoreingenommen *adj* detached, judicial
unvorstellbar *adj* inconceivable
unwesentlich *adj* marginal
Unwetter *nt* storm, thunderstorm
unwiederbringlich *adj* irretrievable
unwirksam *adj* ineffective
~ **machen:** inactivate ***v***
Unwirksamkeit *f* ineffectiveness
unwirtlich *adj* inhospitable
unzulänglich *adj* inadequate
unzureichend *adj* insufficient
~ *adv* insufficiently
üppig *adj* lush
Uran *nt* uranium
~anreicherung *f* uranium enrichment
~~s•anlage *f* uranium enrichment plant
~erz *nt* uranium ore
urban *adj* urban
Dtsch. Syn.: städtisch

Urbanisierung *f* urbanisation, urbanization
Dtsch. Syn.: Verstädterung
Urbanistik *f* urban studies
urbar machen *v* clear the ground, cultivate, reclaim
Urbarmachung *f* cultivation, grubbing, land clearing, reclamation
urgewaltig *adj* elemental
Urheber•recht *nt* copyright
Urin *m* urine
Urlandschaft *f* virgin landscape
Urlauber /~in *m/f* holiday-maker
~verkehr *m* recreational traffic
Urlaubs | ort *m* holiday resort
~zeit *f* holiday season
Ursache *f* cause
~-Wirkungs | -Beziehung *f* cause and effect
~-~-Forschung *f* cause-effect research
{Erforschung der Zusammenhänge zwischen Einflussgrößen und Wirkungen}
ursächlich *adj* aetiological
Ursprung *m* source
von fremdem ~: heterogenous ***adj***
ursprünglich *adj* elemental, initial, natural, original, primeval, primitive
~ *adv* initially, naturally, originally
Ursprünglichkeit *f* naturalness
Ursprungs | material *nt* parent material
~zelle *f* ramet
Ur•strom•tal *nt* glacial valley, urstromtal
{großes Schmelzwassertal}
Urteil *nt* decree, judgement
~ *nt* opinion
{Ansicht}
~ *nt* sentence
{Strafe}
~ *nt* verdict
{Gerichtsurteil}
Urwald *m* jungle
{umgangssprachlich für tropischen Regenwald}
~ *m* primary forest, old-growth forest, primeval forest, virgin forest
{Waldbestand, dessen Entwicklung so wenig vom Menschen beeinflusst wurde, dass seine Physiognomie von der natürlichen Umwelt geformt und bestimmt wird}
urwüchsig *adj* elemental
urzeitlich *adj* primitive
utiltär *adj* utilitarian
Utilitarismus *m* utilitarism
utilitaristisch *adj* utilitarian
Uvala *f* karst valley, uvala
{große, seichte Doline mit ovalem Umriss und einer breiten unebenen Sohle}
UV-Bestrahlung *f* ultraviolet radiation
UV-Entkeimungs | anlage *f* ultraviolet disinfection plant
~-~gerät *nt* UV sterilizing equipment
UV-Lampe *f* UV lamp
UVP-Gesetz *nt* EIA law
UVP-Richtlinie *f* EIA directive
UV-Schutz•brille *f* safety glasses for UV protection
UV-Spektro•meter *nt* UV spectrometer
UV-Strahlen *pl* UV rays
UV-Strahlung *f* UV radiation, ultraviolet radiation
{Teil des Sonnenlichtspektrums zwischen 100 und 400 nm Wellenlänge}

vados *adj* vadose
{seicht}
~es Wasser: vadose water
{unterirdisches Wasser aus Sicker- oder Niederschlagswasser}
Vagabundieren *nt* roving
Vagilität *f* vagility
Vakuum *nt* vacuum
~filter *m* suction filter
~flach•kollektor *m* vacuum flat collector
~gefrier•trockner *m* vacuum freeze-drier
~kühler *m* flash cooler
~pumpe *f* vacuum pump
~~n•filter *m* vacuum pump filter
~technik *f* vacuum technique
~trocken•schrank *m* vacuum drying cabinet
~verdampfungs•anlage *f* vacuum evaporation plant
Vakzin *nt* vaccine
Dtsch. Syn.: Impfstoff
Valenz *f* valence
ökologische ~: ecological valence
Vanadium *nt* vanadium
~herstellung *f* vanadium manufacture
variabel *adj* variable
Variabilität *f* variability
Variable *f* variable
{Menge oder Zustand, die unterschiedliche Werte annehmen können}
Variante *f* variant
Varianz *f* variance
~analyse *f* analysis of variance
Variation *f* variation
Varietät *f* variety
vaskulär *adj* vascular
VDI-Richtlinie *f* VDI guideline
{Verband Deutscher Ingenieure}
Veganer /~in *m/f* vegan
{Vegetarier /~in, der/die keinerlei tierische Produkte (z.B. Milch, Eier) isst}
Vegetarier /~in *m/f* vegetarian
vegetarisch *adj* vegetarian
Vegetation *f* vegetation

{*Gesamtheit des Pflanzenlebens in einem Gebiet*}

mit ~: vegetated **adj**

potenziell natürliche ~: potential natural vegetation

{*auch: potentiell natürliche ~*}

~s•band *nt* vegetation arc

~s•decke *f* plant cover, (surface) vegetation, vegetation cover

natürliche ~: natural vegetation

~s•färbung *f* algal colouration

{*Färbung des Wassers, hervorgerufen durch Planktonalgen*}

~s•geo•grafie *f* vegetation geography

{*auch: ~s•geo•graphie*}

~s•kartierung *f* vegetation mapping, vegetation survey

{*Aufnahme, Klassifizierung und Darstellung der Vegetation*}

~s•kunde *f* phytosociology

⁓s•los *adj* bare

~s•periode *f* growing season, period of vegetation

~s•punkt *m* growing point

~s•schaden *m* damage to vegetation

~s•streifen *m* filter strip

{*~ als Ablagerungsfilter für erodiertes Material*}

~s•typ *m* vegetation type

{*Form der Vegetation oder Pflanzengesellschaft ohne nähere Charakterisierung*}

~s•zeit *f* growing season

vegetativ *adj* asexual, vegetative

Vektor *m* vector

{*Größe, die durch Maß, Richtung und Angriffspunkt definiert ist; auch: Überträger*}

Vene *f* vein

Ventil *nt* valve

Ventilator *m* fan, ventilator

ventral *adj* ventral

Venturi | kanal *m* venturi flume

{*Einrichtung zur Durchflussmessung in offenen Gerinnen*}

~meter *nt* venturi meter

{*Einrichtung zur Durchflussmessung in Rohren*}

~rinne *f* venturi flume

Einrichtung zur Durchflussmessung in offenen Gerinnen}

~rohr *nt* venturi tube

{*Einrichtung zur Messung der Fließgeschwindigkeit in Rohren*}

~wäscher *m* venturi scrubber

{*Staubabscheider, bei dem in das Abgas eine Flüssigkeit gesprüht wird, deren Tropfen die Staubpartikel binden und somit aus dem Abgas waschen*}

verabschieden *v* adopt

{*ein gemeinsames Papier verabschieden*}

~ *v* pass

{*einen Gesetzentwurf verabschieden*}

veraltet *adj* outdated

veränderlich *adj* variable

Veränderliche *f* variable

verändern *v* change

verändert *adj* modified

genetisch ~: genetically modified

Veränderung *f* change, variation

entscheidende ~: significant change

Veranlagung *f* ability, aptitude, gift, talent

veranlassen *v* prompt, provoke

veranschaulichen *v* illustrate

veranstalten *v* hold

Veranstaltung *f* event

verantwortlich *adj* responsible

~e Erklärung: responsible declaration

Verantwortlichkeit *f* accountability, responsibility

Verantwortung *f* responsibility

besondere ~: particular responsibility

gemeinsame ~: shared responsibility

soziale ~: social responsibility

verarbeiten *v* process

verarbeitet *adj* processed

Verarbeitung *f* processing

verärgert *adj* cross

verarmt *adj* impoverished

Verarmung *f* depletion, impoverishment

genetische ~: genetic depletion

~s•zone *f* zone of diminishment

{*Gewässerbereich, in dem die typische Arten- und Individuenzahl der Organismen durch Gewässerbelastung deutlich vermindert ist*}

Veraschen *nt* ashing

⁓ *v* incinerate

Veraschung *f* ashing, incineration

~s•anlage *f* incinerator

verästelt *adj* braided, dendritic

Verästelung *f* ramification

verbal *adj* verbal

~ *adv* verbally

Verband *m* association

~s•klage *f* group suit

~~recht *nt* class action suits law

verbessern *v* correct, enhance, improve

verbessernd *adj* correcting, improving

verbessert *adj* enhanced

Verbesserung *f* amelioration, improvement

verbieten *v* ban, prohibit

verbilligt *adj* cut-rate

verbinden *v* bond, combine, knit

{*sich ~*}

~ *v* connect, fuse, joint, relate

verbindend *adj* connecting

Verbindung *f* coalescence, combination, connection, contact, joint, liaison, lifeline, link, relationship, seam

in ~ bringen: associate ***v***

in ~ setzen: contact ***v***

~ *f* compound

{*in der Chemie*}

aromatische ~: aromatic compound

chemische ~: chemical compound

heterozyklische ~: heterocyclic compound

organische ~: organic compound

~ *f* joinder

{*~ von zwei Rechtsverfahren*}

~s•glied *nt* link

~s•straße *f* connecting road

Verbiss•schaden *m* [damage caused by browsing animals]

Verbleib *m* fate, final destination, whereabouts

~ und Verhalten von Stoffen in der Umwelt: fate and behaviour of substances in the environment

verborgen *adj* inner, profound

Verbot *nt* ban

verboten *adj* forbidden, illicit, prohibited

Verbrauch *m* consumption

sparsamer ~ von Ressourcen: economical use of resources

~ pro Kopf und Tag: daily per capita consumption

Verbrauchen *nt* using

⁓ *v* consume

verbrauchend *adj* consuming, consumptive

Verbraucher /~in *m/f* consumer

~abfall *m* consumption residue

~bewegung *f* consumerism

umweltbewusste ~~: green consumerism

~forschung *f* consumer research

~gremium *nt* consumer panel

~gruppe *f* consumer group

~information *f* consumer information

~markt *m* consumer market, cut-rate supermarket

~organisation *f* consumer council, consumer organisation (Br), consumer organization

~schutz *m* consumer protection

~~bewegung *f* consumerism

Verbrauchs•güter *pl* commodities, consumable goods, consumables

~gewerbe *nt* consumer goods commerce, consumer goods trade

~industrie *f* consumer goods industry

Verbrauchs | muster *nt* consumption pattern

~steuer *f* consumption fee

verbraucht *adj* spent

Verbrechen *nt* crime

verbreiten *v* broadcast, disseminate, distribute, populate, promulgate, spread

verbreitet *adj* diffused, distributed

~ sein: obtain ***v***

{herschende Ansicht, Brauch}

weit ~: prevalent ***adj***

Verbreitung *f* dispersal, distribution, propagation, range, spreading

weite ~: prevalence ***n***

~ *f* dissemination

{~ von Informationen}

~s•gebiet *nt* areal, area of distribution, range

~s•karte *f* distribution map

verbrennen *v* burn, combust, incinerate

Verbrennung *f* burn, burning, combustion, incineration

offene ~: open burning

katalytische ~: catalytic combustion

unvollständige ~: incomplete combustion

~ in der Wirbelschicht: fluidized-bed combustion

Engl. Abk.: FBC

~ von Abfällen auf dem Meer: ocean incineration, waste incineration at sea

~s•abgas *nt* combustion gas

~s•anlage *f* incinerating plant, incineration plant, incinerator

~s•effizienz *f* combustion efficiency

~s•leistung *f* combustion rate

~s•motor *m* (internal) combustion engine

~s•prozess *m* burning processes

~s•reaktor *m* burner reactor

~s•rückstand *m* combustion residue, incineration residue, incinerator residue

~s•schiff *nt* combustion ship

~s•systeme *pl* combustion systems

~s•verbot *nt* incineration embargo

~s•wärme *f* gross calorific value

verbunden *adj* associated

Dtsch. Syn.: in Verbindung stehend

~ *adj* bound

{zusammengebunden}

~ (mit) *adj* incident (to)

~ (sein) *adj* associate

Verbund | material *nt* composite material

~reihe *f* box ridge (Am), tied furrow (Am), tied ridge

{Querverbindung paralleler Häufelreihen zur Rückhaltung von Niederschlagswasser}

~werkstoff *m* composite material, sandwich material

verbuscht *adj* scrubby

Verbuschung *f* scrub encroachment

verbuttern *v* churn

Verdachts•fläche *f* area of potential pollution

verdampfen *v* evaporate, vaporize

Verdampfer *m* evaporator, vaporizer

Verdampfung *f* evaporation

~s•brenner *m* vaporizing burner

~s•rückstand *m* residue on evaporating

verdauen *v* digest

verdaulich *adj* digestible

Verdauung *f* digestion

~s•apparat *m* alimentary system

~s•enzyme *pl* digestive enzymes

~s•fermente *pl* digestive enzymes

~s•system *nt* digestive system

~s•trakt *m* digestive tract

verdeckt *adj* concealed

verderben *v* lower, spoil, taint

Verderblichkeit *f* perishability, perishableness, perniciousness

verdeutlichen *v* illustrate

Verdichten *nt* compaction

~ *nt* thickening

{Eindicken}

~̊ *v* compact, concentrate, condense

Verdichter *m* compactor

{für Feststoffe}

~ *m* compressor

{für Gase}

verdichtet *adj* compacted, compressed

Verdichtung *f* compaction, compression

~s•einrichtung *f* compacting device

~s•horizont *m* hardpan

{verhärtete Bodenschicht mit sehr geringem Infiltrationsvermögen}

~s•raum *m* densely populated area

{Gebiet mit hoher Bevölkerungszahl und -dichte}

~ *m* node of high density

Verdicken *nt* thickening

Verdickungs•mittel *nt* thickening

verdienen *v* merit

Verdienst *m* makings, merit

verdoppeln *v* double

{sich ~}

verdoppelnd *adj* doubling

Verdopplungs•zeit *f* doubling time

verdorben *adj* wrecked

verdorren lassen *v* blast

Verdrängung *f* displacement

Verdrehung *f* distortion

verdünnen *v* dilute

verdünnt *adj* dilute

Verdünnung *f* dilution

~s•mittel *nt* diluent

verdunsten *v* evaporate

{durch Evaporation}

~ *v* evapotranspire

{durch Evaporation und Transpiration}

~ *v* vaporize

verdunstet *adj* evaporated

Verdunstung *f* evaporation

natürliche ~: natural evaporation

~s•fläche *f* evaporation area

~s•höhe *f* (total) evaporation loss

{Wasserabgabe durch Verdunstung an einem bestimmten Ort, ausgedrückt als Wasserhöhe}

~s•hygro•meter *nt* wet bulb hygrometer

~s•messer *m* atmometer, evaporimeter

~s•pfanne *f* pan evaporimeter

veredeln *v* process, refine

Veredelung *f* refining

Verein *m* association, club

vereinbar *adj* compatible
vereinbart *adj* appointed
Vereinbarung *f* agreement
verbindliche ~: binding agreement
vertragliche ~: contractual act
~en treffen: build agreements ***v***
vereinfacht *adj* simplified
~es Verfahren: simplified procedure
vereinigen *v* fuse, incorporate
Vereinigung *f* coalescence, meeting, merging
{~ von Flüssen}
~ *f* joinder
{rechtlich}
~ *f* organisation, organization
{institutionell}
~ *f* unification, uniting
{Zusammenschluss}
vereint *adj* combined, united
≗e Nationen: United Nations
Vereinzeln *nt* thinning
vereinzelt *adj* scattered
Vereisenung *f* ferrization
verendend *adj* dying
{das Sterben eines Tiers}
verengen *v* contract
verengt *adj* contracted
Verengung *f* bottle neck
{bei Straßen}
Vererbung *f* heredity
qualitative ~: qualitative inheritance
quantitative ~: quantitative inheritance
Verfahren *nt* method
{Methode}
traditionelles ~: traditional method
~ *nt* procedure
{Verfahrensweise, Verfahrensordnung, parlamentarisches Verfahren}
~ *nt* proceedings
{Rechtsverfahren}
das ~ aussetzen: suspend the proceedings
~ *nt* process, technique
{technisches Verfahren}
Verfahrens | beschleunigung *f* procedural acceleration
~beteiligung *f* procedural participation
~entwicklung *f* process development
~fehler *m* error of approximation, procedural error
~forschung *f* operations research
~kenn•größen *pl* performance characteristics
~kombination *f* process combination
~management *nt* procedural management
≗mäßig *adj* procedural
~optimierung *f* optimization of processes
~parameter *m* process parameter
≗rechtlich *adj* procedural
~technik *f* process engineering
chemische ~~: chemical process engineering
~vergleich *m* judicial settlement
~weise *f* procedure
Verfall *m* decay, deterioration, dilapidation, expiry
städtischer ~: urban decay
verfallen *adj* derelict, dilapidated
verfärben *v* discolor (Am), discolour
verfärbt *v* discolored (Am), discoloured
Verfärbung *f* discoloration
Verfassung *f* condition
{Gesundheitszustand}
~ *f* constitution
~s•änderung *f* constitutional amendment
~s•beschwerde *f* constitutional appeal
~s•gericht *nt* constitutional court
~~s•hof *m* constitutional court
~s•mäßigkeit *f* constitutionality
~s•recht *nt* constitutional law
~s•widrigkeit *f* unconstitutionality
verfaulen *v* decay, putrefy, rot
verfestigen *v* solidify
{sich ~}
verfestigt *adj* consolidated
nicht ~: unconsolidated ***adj***
Verfestigung *f* consolidation, solidification
verfeuern *v* combust
Verfeuerung *nt* combustion
Vereisung *f* glaciation
verfettet *adj* adipose
Verflechtung *f* integration
~s•bereich *m* interrelated area
Verflüchtigung *f* volatilization
verflüssigen *v* condense
{ein Gas verflüssigen}
~ *v* liquefy
{einen Feststoff oder ein Gas verflüssigen: sich verflüssigen}
Verflüssiger *m* condenser, liquefier
verflüssigt *adj* liquefied
Verflüssigung *f* liquefaction
Verfolgen *nt* prosecuting
{strafrechtliches ~}
verfolgend *adj* prosecuting
Verfrachtung *f* transportation
verfrüht *adj* forward
verfügbar *adj* available, disposable
~e Finanzmittel: available sources of funding
Verfügbarkeit *f* availability
{z.B. von Wasser und Nährstoffen im Boden für Pflanzen}
verfugen *v* grout, joint
Verfügung *f* decree, dispensation, injunction, order, ordinance
einstweilige ~: provisional decree
richterliche ~: court injunction
zur ~ stellen: supply ***v***
verführen *v* tempt
Vergabe *f* awarding, contracting, placing
öffentliche ~: public contracting
~grundlage *f* terms of award
vergällt *adj* denatured
vergären *v* digest
Vergärung *f* digestion, fermentation
~s•anlage *f* fermentation plant
Vergasen *nt* gasification
{Umwandlung von Kohle in Gas, das für Heizzwecke eingesetzt wird}
Vergaser *m* carburettor
Vergasung *f* carburetion
~ *f* gasification
{Umwandlung von Kohle in Gas, das für Heizzwecke eingesetzt wird}
~ *f* gassing
{Tötung}
~s•anlage *f* gasifier
{Anlage zur Umwandlung von Kohle in Gas}
vergebens in vain
vergeblich *adj* futile, idle, vain
~ *adv* futilely
Vergeilung *nt* etiolation
{wenn grüne Planzen bei unzureichendem Licht gelbliche lange Sprosse treiben}
vergewissern *v* ensure
{sich ~}
vergiften *v* poison, pollute
vergiftet *adj* poisoned
Vergiftung *f* poisoning
~s•gefahr *f* hazard of poisoning, pollution threat

durch Benzol verursachte ~~: hazard of poisoning arising from benzene
Vergilben *nt* yellowing
Verglasung *f* glassification (of waste)
Vergleich *m* comparison
vergleichbar *adj* analogous
Vergleichen *nt* comparing
vergleichend *adj* comparative
Vergleichs | untersuchung *f* comparative test
~verfahren *nt* composition proceedings
~vertrag *m* contract on composition
Vergletscherung *f* glaciation
vergleyt *adj* gleyed
~er Boden: gleyed soil
Vergleyung *f* gleyzation
{Bodenentwicklung unter Einwirkung des Grundwassers in Richtung zu einem Gley}
Vergnügen *nt* enjoyment, pleasure
Vergnügungs | boot *nt* pleasure boat, pleasure craft
~fahrt *f* pleasure cruise
~park *m* pleasure ground
vergraben *adj* buried
Vergrabung *f* burial
vergrößernd *adj* magnifying
Vergrößerung *f* expansion, extension, magnification
Vergütungs•satz *m* rate of remuneration
Verhalten *nt* bearing, behaviour
soziales ~: social-minded behaviour
~s•kodex *m* code of behaviour, code of conduct
~s•muster *nt* behaviour pattern
~s•forscher /~in *m/f* behavioural scientist
~s•forschung *f* ethology
~s•wissenschaften *pl* behavioural science
Verhältnis *nt* ratio, proportion, relations, relationship
≗mäßig *adv* comparatively, relatively
~mäßigkeit *f* proportionality
Verhältnisse *pl* conditions, regime
verhandeln *v* negotiate
verhandelnd *adj* negotiating
Verhandlung *f* negotiation
~s•lösung *f* negotiating solution
Verhärtung *f* hardening, hardsetting
~s•schicht *f* hardpan
{verhärtete Bodenschicht mit sehr geringem Infiltrationsvermögen}
verheerend *adj* devastating
Verheerung *f* devastation
verhindern *v* prevent, stop
Verhinderung *f* prevention
Verhungern *nt* starvation
verhütten *v* smelt
Verhüttung *f* smelting
Verhütung *f* prevention
Verifizierung *f* verification
Verjährung *f* prescription statutory limitation
~s•frist *f* limitation period
Verjüngung *f* regeneration
~s•verfahren *nt* regeneration system
verkalkt *adj* calcified
Verkarstung *f* karst formation, karstification
Verkauf *m* sale
verkaufen *v* retail
{im Einzelhandel ~}
~ *v* sell
Verkäufer /~in *m/f* assistant, clerk (Am)
Verkaufs | frucht *f* cash crop
~verpackung *f* sales packaging
Verkehr *m* transportation, traffic
öffentlicher ~: public transport
Verkehrs | ader *f* traffic artery
~ampel *f* traffic lights
~amt *nt* tourist information office
~aufkommen *nt* amount of traffic, traffic volume, volume of traffic
~bau *m* construction of traffic facilities
~beruhigung *f* traffic calming, traffic restraint
verkehrsberuhigter Bereich: [zone in which traffic is limited to a walking pace and pedestrians have priority]
~beschränkung *f* traffic restriction
{Maßnahme zur Einschränkung des Kraftfahrzeugverkehrs}
~betriebe *pl* transport services
~büro *nt* tourist office
~chaos *nt* chaos on the roads, traffic chaos
~dichte *f* traffic density, traffic volume
~emission *f* traffic emission
~entwicklungs•plan *m* transport development plan
~erschließung *f* traffic development
~erziehung *f* road safety training
~fläche *f* transport and communication zone
~flugzeug *nt* commercial aircraft, passenger plane
~fluss *m* flow of traffic
≗frei *adj* traffic-free
~funk *m* radio traffic service
~gefährdung *f* constituting a hazard to other traffic
~geräusch *nt* traffic noise
~hindernis *nt* obstruction to traffic
~infrastruktur *f* traffic infrastructure
~insel *f* refuge, traffic island
~knoten•punkt *m* traffic junction
~kontrolle *f* traffic check
~lage *f* traffic situation
~lärm *m* traffic noise
~~gesetz *nt* law on traffic noise
~~kontrolle *f* traffic noise control
~~schutz *m* traffic noise control
~~~verordnung *f* Traffic Noise Ordinance
{enthält Grenzwerte für die Geräuschimmissionen von Straßen und Schienenwegen sowie Berechnungsverfahren für Geräuschimmissionen}
~lenkung *f* traffic control
~ministerium *nt* Ministry of Transport
~mittel *nt* means of transport, transportation mean, transport vehicle
~~wahl *f* modal split
~netz *nt* traffic network, transport network, transport system
~opfer *nt* traffic accident victim
~planung *f* traffic planning, transport planning
{vorausschauende Entwicklung und Ordnung des gesamten Verkehrsaufkommens bei Berücksichtigung des Verkehrsbedarfs}
~politik *f* traffic policy, transport policy
~polizei *f* traffic police
~probleme *pl* traffic problems
~recht *nt* traffic right
~regel *f* traffic regulation
~regelung *f* traffic control
≗reich *adj* busy
≗sicher *adj* roadworthy
~sicherheit *f* road safety, traffic safety

~sicherungs•pflicht *f* obligation to traffic safety
~spitzen•zeit *f* peak traffic hours
~statistik *f* traffic statistics
~stau *f* traffic congestion, traffic jam
~stockung *f* traffic congestion, traffic hold-up
~strom *m* traffic flow
~system *nt* traffic system
~technik *f* traffic engineering
~teilnehmer /~in *m/f* road user
~überwachung *f* traffic control
~unfall *m* road accident
~unterricht *m* road safety instruction
~verbindung *f* transport link
~verhältnisse *pl* traffic conditions, transport links
~weg *m* traffic route
~~e•bau *m* traffic route construction
~~e•planung *f* public road planning
~~~s•recht *nt* transport routing under planning legislation
~wesen *nt* traffic system
~zeichen *nt* road sign, traffic sign
verklappen *v* dump at sea
Verklappung *f* dumping at sea, ocean dumping
{das vorsätzliche Einbringen von festen oder flüssigen Stoffen durch Schiffe oder Flugzeuge ins Meer, mit dem Ziel, sich ihrer zu entledigen}
~s•stelle *f* dumping site
verkleiden *v* lag
{zu Isolierungszwecken}
Verkleidung *f* cladding, lagging, lining
Verklumpen *nt* caking
Verknüpfung *f* combination
Verkoken *nt* coking
verkokend *adj* coking
Verkokung *f* coking
verkommen *adj* abandoned
Verkompostieren *nt* composting
Verkrautung *f* weedage
{bei Gewässern unerwünschte übermäßige Entwicklung von Wasserpflanzen}
Verkrusten *nt* caking, crusting
Verkrustungs | neigung *f* crustability
~inhibitor *m* caking inhibitor
verkümmern lassen *v* dwarf, stunt
verkünden *v* announce officially, promulgate
verlagern *v* reallocate
{Geld, Personal, Ressourcen ~}
~ *v* shift
{Haushaltsmittel ~}
~ *v* translocate
verlagernd *adj* shifting
verlagert *adj* reallocated, translocated
Verlagerung *f* drift, movement, reallocation, shift, translocation, transport
Verlandung *f* silting (up), warping
{Sammelbegriff für Vorgänge und das Ergebnis dieser Vorgänge, die bei stehenden Gewässern zur Verkleinerung des Wasserkörpers führen}
~s•zone *f* margin
verlangen *v* stipulate
verlängern *v* extend
verlängert *adj* extended
Verlangsamung *f* retardance
verlassen *adj* abandoned, derelict
~es Fahrzeug: abandoned vehicle
~ *v* rely
{sich ~}
Verlassenheit *f* desolation
verlässlich *adj* reliable
verlegt *adj* installed
{~e Leitungen}
Verlegung *f* relocation
Verleihung *f* presentation
verletzbar *adj* vulnerable
Verletzbarkeit *f* vulnerability
verletzen *v* break, hurt, injure
Verletzlichkeit *f* vulnerability
Verletzung *f* injury, violation
Verlockung *f* decoy
verloren *adj* lost
~ gehen: get lost ***v***
Verlust *m* loss
vermehren *v* breed, multiply, propagate
sich reinrassig ~: breed true ***v***
sich schnell ~d: explosive ***adj***
~ *v* reproduce
{~ vermehren; Junge haben}
Vermehrung *f* reproduction
ungeschlechtliche ~: asexual reproduction
vegetative ~: vegetative propagation, vegetative reproduction
~ *f* propagation
{z.B. von Saatgut oder Pflanzen}
vermeiden *v* avoid, bypass
vermeidend *adj* avoiding
Vermeidung *f* avoidance, prevention
~s•gebot *nt* avoidance rule
~s•kosten *pl* avoidance costs
~s•konzept *nt* costs sketch of avoidance
~s•maßnahme *f* abatement measure
Vermerk *m* minute
Vermessen *nt* survey
{Land ~}
Vermessung *f* survey, surveying
~s•gerät *nt* surveying instrument
~s•leistung *f* surveying service
~s•punkt *m* benchmark
vermieten *v* freight
vermindern *v* alleviate, deplete, diminish, lessen
Verminderung *f* depletion, reduction
~ der Treibhausgasemissionen: reduction of the greenhouse gases
vermisst *adj* lost
vermitteln *v* broker, intervene
vermittelnd *adj* conveying
Vermittler /~in *m/f* broker
Vermittlung *f* arbitration
{~ zwischen Parteien}
~s•geschäft *nt* agency transaction
Vermögen *nt* ability, capability
{Fähigkeit}
~ *nt* fortune, property
{Besitz}
Vermögens | abgabe *f* capital levy
~bildung *f* [creation of wealth by participation of employees in savings and share-ownership schemes]
~schaden *m* property damage
~steuer *f* property tax, wealth tax
~verhältnisse *pl* financial circumstances
~werte *pl* investments
≗wirksam *adj* under the employee's savings scheme
~ *adv* profitably
vernachlässigen *v* neglect
Vernalisation *f* vernalization
{Förderung der Blüte durch niedrige, seltener hohe Temperatruren}
vernässt *adj* waterlogged
Vernässung *f* waterlogging
vernichten *v* destroy, eradicate, exterminate

vernichtend *adj* crushing, obliterative

Vernichtung *f* destruction, eradication

~s•zone *f* desolation zone
Dtsch. Syn.: Verödungszone

vernunft•begabt *adj* rational

vernünftig *adj* rational, wise

Verockerung *f* incrustation of ochre
{Ausfällung und Anlagerung von Eisen- und Manganverbindungen in Gewässern unter Mitwirkung von Mikroorganismen}

Verödung *f* denudation

~s•zone *f* desolation zone
{Gewässerbereich, in dem nach einer Gewässerschädigung keine höheren Organismen mehr vorkommen}

veröffentlichen *v* publish

veröffentlicht *adj* printed, published

Veröffentlichung *f* publication

verölt *adj* oil-polluted

verordnen *v* prescribe

verordnet *adj* prescribed

Verordnung *f* bye-law, bylaw
{i.d.R. auf kommunaler Ebene}

~ *f* decree, order, ordinance, provision, regulation

verpachten *v* lease

Verpächter *m* landlord

Verpackung *f* packaging, wrapping
{Umhüllung}

~ *f* packing
{das Verpacken}

umweltfreundliche ~: non-pollutant packaging

~s•abfall *m* packaging waste, waste packaging

~s•abgabe *f* packaging levy

~s•anlage *f* packaging plant

~s•glas *nt* glass used in packaging

~s•industrie *f* packaging industry, packing industry
{siehe "Verpackung"}

~s•material *nt* packaging (material)

~s•technik *f* packaging technique

~s•verordnung *f* ordinance on the avoidance of packaging waste
{will in Dtschl. erreichen, dass Verpackungen aus umweltverträglichen Materialien hergestellt und Verpackungsabfälle vermieden werden}

verpasst *adj* lost

verpflanzen *v* graft, transplant

verpflichten *v* commit

Verpflichtete /~r *f/m* undertaker
{verpflichtet etwas zu tun}

Verpflichtung *f* commitment, duty, liability, obligation

~s•klage *f* obligation claim

verpuppen *v* pupate
{sich ~}

Verpuppung *f* pupation

verraten *v* reveal

Verrichtungs•gehilfe *m* execution helper

verringern *v* diminish
{sich ~}

~ *v* lessen, lower, reduce

erheblich ~: deplete ***v***

Verringerung *f* decrease, reduction

verrohrt *adj* piped
{~es Gewässer}

Verrohrung *f* pipework

verrotten *v* decay, rot

Verrottung *f* decomposition, rotting

verrücken *v* shift

Versagen *nt* failure

versalzen *adj* salinized

Versalzung *f* salination, salinization, salt build-up

~s•grad *m* salinity

versammeln *v* assemble, gather

Versammlung *f* assembly, gathering, meeting, rally

Versand *m* shipment

versanden *v* silt up

Versand•staat *m* state of dispatch

Versandung *f* siltation, silting

versauern *v* acidify

versauert *adj* acidified

Versauerung *f* acidification

Versäumnis *nt* failure

versäumt *adj* lost

verschandeln *v* blight

Verschandelung *f* violation

Verschiebung *f* displacement, shift

verschieden *adj* differential, diverse

~ *adv* several

~artig *adj* diverse, heterogeneous

Verschiffung *f* shipment

verschlammen *v* silt up

verschlämmen *v* silt up

verschlämmt *adj* puddled, silted

~er Boden: puddled soil

Verschlammung *f* silting(-up)

Verschlämmung *f* puddling

verschlechtern *v* degrade

~ *v* deteriorate
{sich ~}

verschlechtert *adj* degraded

Verschlechterung *f* degradation, deterioration, failure

Verschleppung *f* translocation

Verschlickung *f* silting

verschließen *v* stop

verschlimmern*v* aggravate

verschlingen *v* dispatch

verschlossen *adj* self-contained

verschlucken *v* swallow

verschlungen *adj* tortuous
{z.B. Gewässer, Weg}

Verschluss *m* seal

verschmelzen *v* fuse

Verschmelzung *f* joinder

verschmutzen *v* contaminate, pollute

verschmutzend *adj* polluting

Verschmutzer *m* polluter

verschmutzt *adj* contaminated, foul, polluted

Verschmutzung *f* contamination, pollution

Bekämpfung der ~: pollution abatement

Beurteilung der ~: assessment of pollution

chemische ~: chemical pollution

diffuse ~s•quelle: diffuse source of pollution

~s•faktor *m* pollution factor

~s•gefahr *f* danger of pollution

~s•grad *m* pollution degree

~s•kontroll•schiff *nt* pollution control vessel

~s•schäden *pl* pollution damage

~s•stoff *m* pollutant

~s•vermögen *nt* polluting properties

verschönern *v* beautify

Verschraubung *f* screw connection

verschreiben *v* prescribe

verschrotten *v* scrap

Verschrottung *f* scrapping

Verschulden *nt* fault, guilt

durch fremdes ~: through someone else's fault

~s•haftung *f* liability for negligent act

Verschuldung *f* debt
Verschütten *nt* spillage
≗ *v* spill
verschwelen *v* distil
~ *v* distill (Am)
{Kohledestillation}
verschwenden *v* waste
verschendet *adj* lost, wasted
Verschwendung *f* wastage
verschwinden *v* disappear, vanish
≗ *nt* disappearance
versehentlich *adv* accidentally
Versenk•brunnen *m* percolation well
Versenkung *f* disposal
~ **von Abfällen im Meer:** disposal of refuse at sea, dumping at sea
Versetzung *f* relocation, shift
{passiver Ortswechsel}
verseuchen *v* contaminate, infect
~ *v* infest
{mit Bakterien, Parasiten etc.}
verseucht *adj* contaminated
nicht ~: uncontaminated ***adj***
Verseuchung *f* contamination, infection
~ *f* infestation
{mit Parasiten}
äußere radioaktive ~: external radioactive contamination
innere radioaktive ~: internal radioactive contamination
~ **der Nahrungsmittel:** contamination of foodstuff
~s•dosis *f* contamination level
höchstzulässige ~~: maximum permissible contamination level
versichern *v* assure
Versicherung *f* insurance
~s•pflicht *f* liability to insurance
~s•recht *nt* insurance law
~s•schutz *m* insurance coverage
~s•vertrag *m* insurance contract
versickern *v* seep away
versickernd *adj* seeping away
Versickerung *f* infiltration, intake
{Einsickerung}
~ *f* percolation
{Durchsickerung, ~ von Abwasser}
~ *f* seepage
{Sickerströmung}
~s•ablauf *m* absorptive outlet
{mit Grobkies gefüllte Vorrichtung im Boden zur Aufnahme und Ableitung überschüssigen Niederschlagswassers}
~s•index *m* infiltration index
~s•intensität *f* infiltration rate, intake rate
~s•koeffizient *m* infiltration coefficient
~s•summen•linie *f* cumulative infiltration
~s•terrasse *f* infiltration terrace
~s•vermögen *nt* infiltration capacity
versiegeln *v* seal
versiegelt *adj* impermeable, sealed
~e Flächen: impermeable areas
Versiegelung *f* protective coating, seal, sealing
{Bedeckung des Bodens mit wasserundurchlässigem Material}
~s•verbot *nt* sealing ban
versiegen *v* dry up
Versinkung *f* rapid influent seepage
Version *f* reading
Vers•maß *nt* metre
Versöhnung *f* reconciliation
versorgen *v* supply
Versorgung *f* supply
~s•betrieb *m* utility
~s•fläche *f* utility area
~s•netz *nt* mains
{öffentliches Wasserversorgungsnetz}
~s•pflicht *f* obligation for maintenance
~s•technik *f* supply technique
~s•unternehmen *nt* utility company, utility undertaking
~s•wirtschaft *f* public utilities
versperren *v* jam
versprühen *v* atomize, spray
Verstaatlichung *f* expropriation, nationalization
Verstädterung *f* urban development, urbanisation (Br), urbanization
Verstand *m* mind
verständlich *adj* clear
Verständnis *nt* comprehension, understanding
verstärken *v* boost, enhance, exacerbate, intensify, reinforce
Verstärker *m* multiplier
verstärkt *adj* enhanced, reinforced
Verstärkung *f* enhancement, intensification
versteinern *v* fossilize, petrify
versteinert *adj* fossilized, petrified
~er Wald: petrified forest
Versteinerung *f* fossilization, petrifaction
verstellend *adj* adjusting
versteppen *v* become steppe
Versteppung *f* transformation into steppe
verstoff•wechseln *v* metabolize
verstohlen *adj* stolen
verstopfen *v* block, jam
verstopft *adj* congested
Verstopfung *f* obstruction
Verstoß *m* breach, infringement, offence, violation
verstoßen (gegen) *v* break, contravene
verstreichen *v* grout
verstreuen *v* disperse, litter
verstreut *adj* scattered
verstümmelt *adj* mutilated
Versuch *m* attempt, endeavor (Am), endeavour
{Bemühung}
~ *m* experiment, test
{Untersuchung}
Versuchs | anlage *f* pilot plant, test facility
~anordnung *f* experimental design, experimental setup
~fahrzeug *nt* test vehicle
~fläche *f* experimental plot, test plot
~parzelle *f* experimental plot, test plot
~person *f* test subject
~pflanze *f* test plant
~pflanzung *f* experimental plantation
~strecke *f* test stretch
~techniker /~in *m/f* research technician
~tier *nt* laboratory animal, test animal
≗**weise** *adv* experimentell
versumpfen *v* become marshy
Vertaubung *f* deafening
vertauschen *v* invert
vertauscht *adj* inverted
Vertebra *f* vertebra
Dtsch. Syn.: Rückenwirbel
vertebral *adj* vertebral
Vertebrat *m* vertebrate
Dtsch. Syn.: Wirbeltier
verteilen *v* disperse, dot
Verteilung *f* dispensation, dispersion
~ *f* distribution

{*statistische Häufigkeitsverteilung*}

~ *f* pattern

{*räumliche Anordnung von Organismen*}

~ *f* spreading

{*von Wasser auf verschiedene Flächen*}

~s•effekt *m* distribution effect

~s•muster *nt* dispersion

~s•politik *f* distribution policy

Vertiefung *f* deepening

{*Eintiefung z.B. eines Gewässers*}

~ *f* hollow

{*~ im Gelände*}

~ *f* immersion

{*in Arbeit oder Gedanken*}

vertikal *adj* vertical

~ *adv* vertically

°filter•brunnen *m* vertically drilled filter well

°profil *nt* vertical profile

°pumpe *f* vertical pump

Vertrag *m* agreement, contract, pact

einen ~ schließen: contract ***v***

laut ~: according to the terms of the contract

mündlicher ~: verbal agreement

öffentlich-rechtlicher ~: contract under public law

~ *m* treaty

{*~ zwischen Staaten*}

~s•staaten•konferenz *f* Conference of the Parties

vertragen *v* tolerate

verträglich *adj* compatible, sympathetic

Verträglichkeit *f* compatibility, compliance

~s•prüfung *f* assessment of implications for a site

{*nach FFH-Richtlinie*}

Vertrags | natur•schutz *m* nature conservation by contracts

~recht *nt* contract law

Vertrauen *nt* confidence

~s•intervall *nt* confidence interval

~s•schaden *m* damage by inconfidence

~s•schutz *m* confidence protection

°s•würdig *adj* credible

vertraulich *adj* private

Vertreibung *f* eviction

Vertreter /~in *m/f* agent

{*jemand, der für einen anderen handelt*}

~ *m/f* representative

{*jemand, der mehrere Personen repräsentiert*}

vertrocknen *v* desiccate

Verunkrautung *f* weed infestation

verunreinigen *v* contaminate, pollute

verunreinigt *adj* contaminated, impure

~er Boden: contaminated soil

Verunreinigung *f* contamination, impurity, pollution

Verunreinigungen *pl* impurities

Verunreinigungs | faktor *m* pollution factor

~grad *m* pollution level

kritischer ~~: critical pollution level

verursachen *v* breed, cause, induce

Verursacher /~in *m/f* cause, person responsible

~haftung *f* liability of the author, civil liability of the polluter

~prinzip *nt* polluter pays principle

verursacht *adj* caused

Vervielfacher *m* multiplier

vervollkommnen *v* perfect

vervollständigen *v* complete

verwahrlost *adj* dilapidated

verwalten *v* administer, manage

Verwalter /~in *m/f* steward

Verwaltung *f* administration, management

öffentliche ~: public administration

Verwaltungs | abkommen *nt* administrative agreement

~akt *m* administrative decision

~apparat *m* administrative machinery

~arbeit *f* administrative work

~aufwand *m* administrative expenditure

~beamte /~r *f/m* administrative official, administrator

~behörde *f* administrative body

~beruf *m* administrative occupation

~bezirk *m* (administrative) district

~einheit *f* administrative unit

~gebühr *f* administrative charge, administrative fee

~gericht *nt* administrative court

~~s•barkeit *f* administrative jurisdiction

~~s•ordnung *f* Administrative Courts Code

~~s•prozess *m* suit in an administrative court

~~s•verfahren *nt* administrative court proceedings

~grenze *f* administrative boundary

~kompetenz *f* administrative competence

~kontrolle *f* administration control

~kosten *pl* administrative costs

~organ *nt* administrative organ

~praxis *f* administration practice

~rat *m* administrative council, governing body

~recht *nt* administrative law

~~s•weg *m* recourse to the administrative court

~verfahren *nt* administrative proceedings

~~s•gesetz *nt* Administrative Procedures Act, law on administrative procedure

~vollstreckungs•gesetz *nt* administration enforcement law

~vorschrift *f* administrative act, administrative instruction, administrative regulation

~wissenschaft *f* administration science

~zwang *m* administration force

Verwandlung *f* transformation

verwandt *adj* associate, interrelated

Verwandtschaft *f* kin, kinship

{*die geistige Verwandtschaft*}

verwässert *adj* drowned

verweigern *v* reject

Verweigerung *f* rejection

Verweilzeit *f* residence time, retention time

Verweis *m* reference

Verwehung *f* spray drift

{*von Spritzmitteln bei ihrer Anwendung auf angrenzende Flächen*}

verweigern *v* refuse

Verweil•zeit *f* detention period

Verwenden *nt* using

Verwendung *f* usage, use, utilization

Verwerfung *f* fault, throw

{*geologische Schichtenstörung*}

inverse ~: thrust fault

~s•fläche *f* fault-plane

verwertbar *adj* usable, utilizable

Verwertbarkeit *f* usability

verwerten *v* make use of, use, utilize

Verwertung *f* exploitation, recovery, use, utilization

~s•gebot *nt* residual materials utilization requirement
~s•quote *f* recycling quota
~s•rate *f* recovery rate, salvage rate
verwesen *v* decay, decompose
Verwesung *f* decay, decomposition
{Abbau organischer Bestandteile durch Mikroorganismen unter Verbrauch von Sauerstoff}
verwildern *v* escape
verwildert *adj* feral
Verwirbelung *f* turbulence
verwirken *v* forfeit
verwirklichen *v* carry out, put into practice, realize
Verwirklichung *f* attainment, fulfilment, realization
Verwirkung *f* forfeiture
verwirren *v* stump
verwittern *v* erode, weather
Verwitterung *f* weathering
{Prozess, bei dem Gestein durch Witterungseinflüsse zerkleinert wird}
Verwitterungs | form *f* weathering landform
{durch klimatische und atmosphärische Einwirkungen entstandene Bildungen}
~komplex *m* weathering complex
~produkt *nt* weathering product
~rückstand *m* weathering residue
Verwobenheit *f* interrelatedness
verwöhnen *v* pet
verworfen *adj* abandoned
verworren *adj* tortuous
verwundbar *adj* vulnerable
Verwurf *m* throw
verwüsten *v* desertify
{zu Wüste werden lassen}
~ *v* devastate, ravage
verwüstend *adj* devastating
Verwüstung *f* desertification, desolation, devastation
Verwüstungen *pl* havoc
verzahnen *v* consolidate
Verzehr *m* consumption
verzeichnen *v* record, register
Verzeichnis *nt* index, list, register, roll
Verzerrung *f* distortion
Verzicht•handlung *f* for(e)go act
Verziehen *nt* thinning
{das Vereinzeln von Nutzpflanzen}
Verzinkung *f* galvanization, galvanizing
verzögernd *adj* retarding
Verzögerung *f* retardance, retardation
{Rückhaltung}
~ *f* lag, lagtime
{Verzögerungszeit}
~s•zeit *f* lagtime
Verzweiflung *f* desolation
verzweigt *adj* dendritic
Verzweigung *f* ramification
{bei Pflanzen, eines Flusses}
verzwergen *v* dwarf
Verzwergung *f* dwarfing
veterinär *adj* veterinary
≗hygiene *f* veterinary hygiene
≗medizin *f* veterinary medicine
v-förmig *adj* v-shaped
Vibration *f* vibration
~s•sieb *nt* vibrating screen
vibrierend *adj* vibrating, vibratory
Video *nt* video
~recorder *m* video
Vieh *nt* cattle
{Rindvieh}
~ *nt* livestock, stock
{Nutztiere}
~auslauf *m* cattle run
~bestand *m* livestock, stocks
~dichte *f* stock level
~durchlass *m* cattle pass
~einheit *f* animal unit, livestock unit
~farm *f* cattle ranch, stock farm
~futter *nt* animal feed, animal fodder, cattle feed, cattle fodder
~gang *m* cattle terrace, terracette
{durch Viehtritt entstehende Kleinterrasse}
~gitter *nt* cattle grid, cattle-guard (Am)
{mit einem Gitterrost bedeckte Grube als Wegedurchlass bei Viehzäunen}
~halter *m* stock farmer
~haltung *f* animal husbandry, cattle farming, livestock husbandry, stock farming, stock management
~hirt *m* herdsman
~~ *m* cowherd
{von Rindern}
~markt *m* cattle market, livestock market
~mäster *m* feeder
~stall *m* cowshed
~terrasse *f* cattle terrace, terracette
Dtsch. Syn.: Viehgang, Viehtreppe
~tränke *f* cattle-trough
~~ *f* livestock pond, stock pond
{Teich zur ~}
~treiber *m* (cattle) drover
~treppe *f* cattle terrace, terracette
Dtsch. Syn.: Viehgang, Viehterrasse
~wirtschaft *f* animal husbandry, livestock farming
~zucht *f* cattle breeding, farming, ranching, stock-breeding
Arbeiter in der ~~: stockman *n*
~züchter /~in *m/f* cattle breeder, cattleman, grazier, pastoralist, stock-breeder
viel *adj/adv* plenty
Vielfalt *f* diversity, variety
biologische ~: biodiversity *n*
vielfältig *adj* diverse, varied
vielgestaltig *adj* varied
vielseitig *adj* diverse, varied
Vielstoff•motor *m* multifuel engine
vielversprechend *adj* favourable
Viertakt•motor *m* four stroke engine
viertel•jährlich *adj* quarterly
Viertel•wert *nt* quartile
VIP-Art *f* flagship species
{Art, die in der Öffentlichkeitsarbeit des Naturschutzes als besonderer Sympathieträger wirkt und mit der Schutzmaßnahmen für weitere Arten und Biotope durchgesetzt werden können}
Virizid *nt* virulicide
{Substanz, die Viren tötet}
Viroid *nt* viroid
Viro•logie *f* virology
Virus *m* virus
~infektion *f* viral infection
~resistenz *f* virus resistance
Visier *nt* sight
~vorrichtung *f* sighting device
viskos *adj* viscous
Viskose *f* viscose
Viskosi•metrie *f* viscosimetry
Viskosität *f* viscosity
~s•prüf•gerät *nt* viscosity tester
~s•schreiber *m* viscosity recorder
Visualisierung *f* visualization
visuell *adj* visual
Vitalität *f* vitality
{dynamische Fähigkeit zu wachsen und zu reproduzieren}
Vitamin *nt* vitamin

~mangel *m* vitamin deficiency
~präparat *nt* vitamin supplement
vivipar *adj* viviparous
Dtsch. Syn.: lebend gebärend
Vivisektion *f* vivisection
Vogel *m* bird
flugunfähiger ~: flightless bird
~ des Jahres: bird of the year
~abwehr *f* bird control
~art *f* bird species
~beobachter /~in *m/f* bird watcher
~~ *m/f* twitcher
{umgangssprachlich}
~beringung *f* ringing of birds
~bestand *m* bird life
~fraß *m* bird feeding
≗~resistent *adj* bird-resistant
~gesang *m* bird song
~kasten *m* bird box
~kunde *f* ornithology
~kundler /~in *m/f* ornithologist
≗kundlich *adj* ornithological
~mord *m* slaughter of birds
~~ im großen Stil: wholesale slaughter of birds
~ruf *m* bird-call
~schlag *m* bird strike
~schutz *m* bird protection, protection of birds
Königliche Gesellschaft für ~: Royal Society for the Protection of Birds
{privater Artenschutzverband in Großbritannien, gegründet 1889;
Engl. Abk.: RSPB}
~~gebiet *nt* bird sanctuary
~~gesetz *m* bird protection bill
~~richt•linie *f* Wild Birds Directive
{EWG-Richtlinie 79/409, die die Mitgliedstaaten u.a. verpflichtet, Schutzgebiete für bestimmte Vogelarten einzurichten}
~~netz *nt* bird net
~welt *f* avifauna, birdlife
~zucht *f* aviculture
~zug *m* bird migration
Vokabular *nt* vocabulary
Dtsch. Syn.: Wortschatz
Gemeinsames ~ für öffentliche Aufträge: Common Procurement Vocabulary
Engl. Abk.: CPV
Voliere *f* aviary
Völker | gemeinschaft *f* community of nations
~recht *nt* international law, law of nations

Volks | begehren *nt* referendum
~entscheid *m* plebiscite
~gesundheit *f* public health
~sprache *f* vernacular
≗tümlich *adj* vernacular
~wirt /~in *m/f* economist
~wirtschaft *f* economics, national economy
voll *adj* full
~ *adj* packed
{übervoll}
~ *adj* rounded
{volltönend}
~ *adv* fully
Vollbeschäftigung *f* full employment
Volldünger *m* complete fertilizer
vollgestopft *adj* jam-packed
{umgangssprachlich}
völlig *adj* complete, profound
vollkommen *adj* perfect
Vollkorn *nt* wholegrain
~brot *nt* wholemeal bread
~keks *m* digestive (Br)
Vollmaske *f* full face mask
Vollmond *m* full moon
vollschütten *v* slop
vollständig *adj* complete
Vollstreckung *f* execution
vollwertig *adj* full
Vollwert•kost *f* wholefoods
vollzählig *adj* complete
Vollzeit•stelle *f* full time post, full-time post
vollziehen *v* carry out, execute, perform, implement
Vollziehung *f* execution
sofortige ~: prompt execution
Vollzug *m* enforcement, execution
~s•anordnung *f* executive order
~s•defizit *nt* implementation gap, lack of inforcement
Volta | metrie *f* voltametry
{elektrochem. Analysenverfahren, bei dem Titrationsvorgänge an Änderungen des elektrischen Potenzials zwischen zwei Elektroden, die in den Elektrolyten eintauchen, verfolgt werden}
~m•metrie *f* voltammetry
{von Volt- und Amperometrie; sehr empfindliches Verfahren der Elektroanalyse mit Wechselspannung}
Volumen *nt* volume
Dtsch. Syn.: Rauminhalt
~fluss *m* discharge volume

~messung *f* volumetric measuring
~reduktion *f* volume reduction
~strom *m* flow, volume flow rate
~tafel *f* volume table
{gibt den Inhalt eines stehenden Stammes an Holz an}
~verminderung *f* volume reduction
voran•bringen *v* forward
voran•bringend *adj* forwarding
voran•kommen *v* advance
Vor•auflauf•bearbeitung *f* pre-emergence tillage
voraus•bestimmt *adj* settled
voraus•gehend *adj* antecedent
Voraus•sage *f* forecast, forecasting, prediction
voraus•sagen *v* forecast, predict
voraus•schauend *adj* forward-looking
Voraus•setzung *f* assumption, precondition, premiss, prerequisite
voraussichtlich *adj* prospective
Vorbeben *nt* foreshock
Vorbehalt *m* reservation
vorbehalten *v* except
Vorbehandlung *f* pretreatment
~ *f* primary treatment
{erste Stufe der Abwasserbehandlung, mechanische Klärung}
Vorbeifahrt•pegel *m* passing level
Vorbelastung *f* prior incumbrance
vorbereiten *v* prime
vorbereitend *adj* preliminary
Vorbescheid *m* advance notice, preliminary decision
vorbeugend *adj* precautionary, preventative, preventive, prophylactic
Vorbeugung *f* prevention, prophylaxis
Vorboden *m* upstream floor
{befestigte Flusssohle unmittelbar vor dem Wehrkörper}
Vorbringen *nt* bringing
≗ *v* advance, pose, put forward, ventilate
vordringen (in) *v* encroach (on)
Vordüne *f* foredune
{Düne vor der Randdüne, deren Entstehen i.d.R. künstlich gefördert wird}
voreingenommen *adj* fond, partial

Vorerhebung *f* reconnaissance survey
Vorfall *m* episode, event, incident
Vorfeld *nt* apron
Vorflut *f* drainage capability, run-off capability
Vorfluter *m* main drain, outfall, receiving water
{jedes Gewässer in das Wasser oder Abwasser eingeleitet wird}
Vorflut•gerinne *nt* outlet channel
Vorgabe *f* guideline
Vorgang *m* operation, process
Vorgehen *nt* approach
vorgeschrieben *adj* compulsory, mandatory, prescribed
Vorgesetze /~r *f/m* senior, superior
Vorgewende *nt* headland
{Randstreifen auf dem der Traktor beim Pflügen wendet}
Vorhaben *nt* game, project, venture
~- und Erschließungsplan: project and infrastructure plan
vorhanden *adj* existing
noch ~: residual ***adj***
Vorhanden•sein *nt* existence
gleichzeitiges ~: concomitance ***n***
Vorhang *m* curtain
Eiserner ~: iron curtain
{die bis zum Zusammenbruch der kommunistischen Staaten in Europa zu den westlichen Nachbarstaaaten hin existierenden Grenzbefestigungsanlagen}
vorher *adv* first
~gehend *adj* antecedent
vorherig *adj* prior
Vorherrschaft *f* dominance
vorherrschen *v* predominate
vorherrschend *adj* predominant, prevailing
Vorhersage *f* forecast, forecasting, prediction
vorhersagen *v* forecast
Vorkämpfer /~in *m/f* campaigner
Vorkaufs•recht *nt* right of first refusal
Vorklär | becken *nt* preliminary clarification tank
~schlamm *m* sludge from primary sedimentation tank
vorkommen *v* occur
vorkommend *adj* occuring
häufig ~: prevalent ***adj***
Vorkommnis *nt* incident
Vorlage *f* presentation
Vorland *nt* foothills
{Gebirgsvorland}
~ *nt* foreshore
{Deichvorland}
~gewinnung *f* foreshore land reclamation
{Maßnahmen zur Entwicklung eines begrünten Deichvorlandes}
~speicherung *f* bank storage
Vorläufer *m* precursor
vorläufig *adj* interim, preliminary, provisional
Vorlesung *f* lecture
~s•reihe *f* course of lectures
Vormittag *m* morning
vorn *adv* at the front
nach ~: forward ***adv***
Vornutzung *f* intermediate cut, intermediate fellings
{Einschläge zur Bestandespflege und zur Steigerung der Zuwachsleistung in Form von Läuterungen und Durchforstungen}
~s•prozent *nt* thinning percent
{Anteil der Vornutzungen und der Menge der Gesamtleistung an Holz eines Bestandes von der Begründung bis zum Zeitpunkt der Berechnung}
Vorrang•gebiet *nt* priority area
vorrangig *adj* prior
Vorrang•standort *m* priority site
Vorrat *m* growing stock
{das auf der Holzbodenfläche aufstockende Material}
~ *m* provision, reserves, stock
Vorräte *pl* supply
Vorrats•düngung *f* advance fertilization, reserve fertilization
Vorreinigung *f* clarification
mechanische ~: preliminary clarification
Vorrichtung *f* device
Vorrotte *f* primary fermentation
Vorrücken *nt* advance
Vorschau *f* preview
Vorschlag *m* proposal, recommendation, suggestion
vorschlagen *v* propose, recommend, suggest
vorschreiben *v* lay down, prescribe, set, state, stipulate
Vorschrift *f* instruction, order, prescription, provision, regulation
~s•mäßig *adj* correct, proper
~ *adv* correctly, properly
Vorschuss *m* advance
Vorsicht *f* precaution
vorsichtig *adj* conservative, prudent
~ *adv* gently, prudently
Vorsichts•maßnahme *f* precaution
Vorsitz *m* chair
~ führen: chair ***v***
~ haben: chair ***v***
Vorsitzende /~r *f/m* chair, chairman, chairperson, chief
Frau ~: Madam Chairman
Herr ~: Mr. Chairman
Vorsorge *f* precaution
~gebiet *nt* precautionary land
~prinzip *nt* precautionary principle
{Prinzip, wonach Umweltbelastungen grundsätzlich zu vermeiden bzw. auf ein erreichbares Mindestmaß zu beschränken sind}
~strategie *f* care strategy
vorsorglich *adv* prospectrively
Vorspülung *f* beach nourishment
{Küstenschutz}
Vorstand *m* board of directors, chairman, executive, executive committee, governing body
vorstellen *v* imagine
Vorstellung *f* concept, presentation
Vorstrich *m* precoat
Vorstufe *f* precursor
Vortäuschung *f* assumption
Vorteil *m* advantage, vantage
vorteilhaft *adj* beneficial
~ *adv* beneficially
Vortrag *m* lecture, presentation, rendering, speech, talk
einen ~ halten: give a lecture, give a speech
vortragen *v* present
Vortragende /~r *f/m* lecturer, speaker
Vortrags | reihe *f* series of lectures
~reise *f* lecture tour
vortrefflich *adj* prime
vorüber•gehend *adj* temporary
Vorurteil *nt* prejudice
Vorverfahren *nt* preliminary proceedings
vorverlegen *v* advance
Vorverrottung *f* initial decomposition
Vorwärmer *m* economizer
Vorwärmung *f* preheating
vorwärts *adv* forward
~ gerichtet: forward ***adj***
Vorwiderstand *m* multiplier

vorwiegend *adj* prevailing
~ *adv* mainly
Vorzugs•konditionen *pl* concessional terms
Vulkan *m* volcano
untätiger ~: dormant volcano
~asche *f* volcanic ash
{lockere, poröse, vulkanische Fördermasse}
~boden *m* volcanic ash soil
vulkanisch *adj* igneous, plutonic, volcanic
~e Tätigkeit: volcanic activity
vulkanisiert *adj* vulcanized
{als Rohkautschuk zu Gummi verarbeitet}
Vulkanismus *m* volcanism
Vulkanit *m* volcanic rock, volcanite
{an oder nahe an der Oberfläche schnell erkalteter, im allgemeinen feinkörniger Magmatit}
Dtsch. Syn.: Ergussgestein
Vulkan | kegel *m* volcanic cone
{ein um einen Vulkankrater ringförmig aufgeschütteter Wall aus vulkanischen Auswurfprodukten}
~krater *m* volcanic crater
{oberster Teil des Förderkanals eines Vulkans}
~schlot *m* vent, volcanic pipe
{Aufstiegskanal, der mit vulkanischen Produkten gefüllt ist}

Waage *f* balance, scale
Wabe *f* honeycomb
wachsam *adj* alert
Wachsamkeit *f* alertness
Wachsen *nt* growth
≗ *v* grow, sprout
wachsend *adj* expanding, growing
Wachstum *nt* growth
{Zunahme an Rauminhalt oder an Gewicht}
exponentielles ~: exponential growth
Wachstums | faktor *m* growth factor
~förderer *m* growth promoter, growth stimulant
≗fördernd *adj* growth-promoting
≗hemmend *adj* growth-inhibiting
~hemmer *m* growth inhibitor
~hemmstoff *m* growth inhibitor
~hormon *nt* growth hormone
~periode *f* growing season
~pfad *m* growth path
~politik *f* growth promotion policy
~rate *f* growth rate, rate of growth
~ der Bevölkerung: population growth rate; rate of population growth
~regulator *m* growth regulator, growth retardant
~ruhe *f* dormancy
{Zustand einer Pflanze, in der durch verminderte Stoffwechselaktivität eine ungünstige Jahreszeit überdauert wird}
~störung *f* growth disturbance
Wadi *nt* ephemeral stream, intermittent stream, wadi
Dtsch. Syn.: Trockenfluss, Trockental
Waffel *f* waffle
Waffen *pl* weapons
chemische ~: chemical weapons
Wagen *m* float
≗ *v* risk
≗ *v* venture
{sich ~}
Wägung *f* weighing
Wahl *f* choice, election, selection
wählen *v* dial
{auf dem Telefon ~}
~ *v* select
{auswählen}
wählerisch *adj* selective
wahllos *adj* at random, indiscriminate
~ *adv* indiscriminately
Wähl•scheibe *f* dial
wahr *adj* genuine, real, true
wahren *v* maintain
wahrgenommene /~r, /~s *adj* perceived
wahrnehmen *v* perceive
Wahrnehmung *f* detection, perception
~ *f* carrying out, execution, performance
{~ von Aufgaben}
Wahrscheinlichkeit *f* probability
~s•rechnung *f* probability calculus
Wahrung *f* maintenance
Währung *f* currency
Waid•mann *m* hunter, huntsman
{im Deutschen auch Weid...}
~s•heil *nt* good hunting
waid•männisch *adj* hunting, huntsman's
~ *adv* like a huntsman
Waid•werk *nt* art of hunting
Wal *m* whale
Wald *m* forest
{i.d.R. große Waldflächen}
~ *m* wood, woodland
{i.d.R. kleine Waldflächen}
(historisch) alter ~: ancient woodland
{Wald, der mindestens seit 1600 n. Chr. besteht}
gepflanzter ~: plantation woodland, planted woodland
junger ~: recent woodland
naturverjüngter ~: natural woodland
~ bewirtschaften: forest *v*
Wälder der gemäßigten Klimazonen: temperate forests
~arbeiter /~in *m/f* forestry worker
~aufseher /~in *m/f* forest guard, forest scout
~bau *m* establishment of forests, silviculture
{Begründung, Bewirtschaftung und Verjüngung von Waldbeständen}
naturnaher ~~: close-to-nature silviculture
{Waldbau, der die Bestände nach möglichst naturnahen Prinzipien so behandelt, dass das Produktionsziel mit möglichst geringem Aufwand von standortfremden Maßnahmen erreicht wird}

~baum *m* forest tree
~bau•system *nt* silvicultural system
{*Struktur und Zusammensetzung von Forstbeständen und die zu ihrer Schaffung und Erhaltung notwendigen waldbaulichen Maßnahmen*}
~bedeckung *f* forest cover
~besitzer /~in *m/f* forest owner
~bestand *m* area of forest, forest heritage, forests
~betretungs•recht *nt* right of way in a forest
~bewohner /~in *m/f* forest dweller
~biotop *nt* forest habitat
~boden *m* forest floor, forest soil
~brand *m* forest fire, wildfire (Am)
~~bekämpfung *f* forest fire control, fighting forest fires
~~verhütung *f* forest fire prevention
Wäldchen *nt* copse, grove, small wood, spinney
Wald | decke *f* forest cover
~eigentum *nt* forest property
~erhaltung *f* forest preservation
~erkrankung *f* forest disease
~-Feld-Bau *m* agroforestry, agro-forestry, forest farming
~-Feld-Verteilung *f* distribution of woodland and cultivated areas
~fläche *f* forest area
{*von Wald bestockte Fläche*}
~funktion *f* forest function, forest influences
~~s•plan *m* forest use plan
~gebiet *nt* forest area, woodland
~gefüge•typ *m* forest structure type
{*Typus von Waldbeständen als Glied von fließend ineinander übergehenden Entwicklungsstufen*}
~gesellschaft *f* forest community, woodland community
{*von Bäumen dominierte Pflanzengesellschaft*}
~grenze *f* forest limit, forest line, timber line, tree line
{*Höhenlage, geografische Breite, oder bioklimatische Grenze, an der sich die Auflösung des Waldes in weiträumig stehende Baumtrupps und Einzelbäume vollzieht*}
~grenz•standort *m* tree line site
~höhen•stufe *f* altitudinal forest zone
waldig *adj* wooded
Wald | insel *f* hummock (Am)
~inventur *f* forest inventory, forest survey
{*Aufnahme und Darstellung von Informationen über Größe und Verteilung von Waldflächen, Zustand und Leistung des Holzvorrates, Produktionspotenzial der Standorte usw.*}
~land *nt* woodland
~lebens•gemeinschaft *f* forest biocoenosis
~lehr•pfad *m* woodland nature trail
~leistung *f* forest effect
{*Leistung des Waldes für das Wohlergehen des Menschen*}
~lichtung *f* clearance, glade
~management *f* forest management
~mantel *m* forest mantle
~öko•system *nt* forest ecosystem
~pfennig *m* forest penny
~pflanze *f* forest plant
~pflege *f* forest care
~produkt *nt* forest product
~rand *m* edge of the forest, forest margin
~regenerierung *f* forest regeneration
⁼reich *adj* densely wooded
~sä•maschine *f* tree seed drill
~schaden *f* damage to forests, forest damage
~~s•erhebung *f* inventory of forest damage
~~s•inventur *f* inventory of forest damage
Dtsch. Syn.: *Waldschadenserhebung*
~~s•klassifizierung *f* forest damage classification
~schutz *m* forest preserve
~~gebiet *nt* district of preserved forest, forest reserve
~steppe *f* forest steppe, woodland steppe
{*Mosaik von Steppe und Wald*}
~sterben *nt* dying of forests, forest decline, (forest) dieback, waldsterben
~streu *f* forest litter
~stück *nt* woodlot
~typ *m* forest type
{*allgemeine Einteilungskategorie für Waldpopulationen, die nach Artenzusammensetzung und Physiognomie eine gewisse Ähnlichkeit zeigen*}
~vegetation *f* forest vegetation
~~s•typ *m* forest vegetation type
~verjüngung *f* forest regeneration
~verwüstung *f* forest devastation
~wachstum *nt* forest growth
~weg *m* forest path, forest track
~wert *f* forest value
{*in der Waldbewertung der Geldwert der Wertanteile Fläche und Holzbestand*}
~weide *f* forest grazing, forest pasture, forest pasturage
~-Weide-System *nt* silvopastoral system
{*dauerhaftes System der Landbewirtschaftung, das Wald und Weide integriert*}
~wirkung *f* forest influence
{*Auswirkung von im und durch den Wald ablaufenden ökologischen Prozessen auf die natürliche, ökonomische, politische, sozialpolitische und kulturelle Umwelt des Menschen*}
~zerstörung *f* forest destruction
Wal•fang *m* whaling
~flotte *f* whaling fleet
~schiff *nt* whaler, whaling boat, whaling ship
wall•artig *adj* ridge-type
wallen *v* churn
Wall•fahrt *f* pilgrimage
~s•kirche *f* pilgrimage church
Wall | graben *m* moat
~hecke *f* [hedge on a mound]
~riff *nt* barrier reef
~terrasse *f* levee terrace, ridge-type terrace
Wal•speck *m* blubber
Walze *f* land roller, roller
~ *f* roller drum gate
{*an Wehrpfeilern gelagerter, zylinderförmiger Wehrverschluss*}
walzen *v* roll
⁼brecher *m* roll crusher
Walz•werk *nt* rolling mill
Wand *f* screen, wall
Wandel *m* change
Wander | arbeiter /~in *m/f* migrant
~düne *f* shifting (sand) dune, wandering dune
{*in Umlagerung begriffene, meist vegetationslose Düne, die in Hauptwindrichtung fortschreitet*}
Wander | er /~in *m/f* rambler
Britischer ~~verband: British Ramblers Association
~ackerbau *m* swidden agriculture
~feld•bau *m* shifting cultivation, swidden agriculture

~fisch *m* migratory fish
~führer *m* walking guide
Wandern *nt* walking
≗ *v* migrate
{Ortswechsel von Pflanzen und Tieren}
≗ *v* ramble
{Freizeitbeschäftigung}
Wander•schuh *m* walking shoe
Wander•stiefel *m* walking boot
Wanderung *f* migration
{gezielter Ortswechsel von Pflanzen und Tieren über größere Entfernungen}
~ *f* walk, walking-tour
{Freizeitbeschäftigung}
~s•geschwindigkeit *f* migration velocity
~s•zeit *f* period of migration
Wander•urlaub *m* walking holiday
Wander•weg *m* footpath
~e•netz *nt* footpath system
~e•unterhaltung *f* footpath maintenance
Wandler *m* converter
optisch-elektrischer ~: photoconverter
Wand•malerei *f* wall painting
Wand•platte *f* tile
schallschluckende ~: acoustic tile
Wankel-Motor *m* Wankel engine
{Syn.: Kreiskolbenmotor; in einem wassergekühlten Gehäuse bewegt sich ein Kolben in Dreiecksform, dessen Seiten konvex geformt sind}
Ware *f* commodity
Waren *pl* goods
~haus *nt* department store
warm *adj* hot, warm
Warm•blüter *m* homoiotherm, warm-blooded animal
warmblütig *adj* warm-blooded
Wärme *f* calor, heat
freie ~: free heat
radiogene ~: radiogenic heat
~- und Energieproduktion: combined heat and power generation
~ausbreitung *f* heat propagation
~ausnutzungs•grad *m* heat efficiency
~austausch *m* heat exchange
~austauscher *m* heat exchanger
~belastung *f* thermal pollution
Überwachung der ~~: thermal pollution control
~bilanz *f* heat balance
~dämm•stoff *m* heat insulating material
~dämmung *f* heat insulation, thermal insulation
~einleitung *f* heat inlet
~energie *f* thermal energy
~~umwandlung *f* thermal energy conversion
~~~ des Meeres: ocean thermal energy conversion
~entnahme *f* heat extraction
~entzug *m* heat extraction
{Erniedrigung der Wassertemperatur durch unmittelbare anthropogene Energieentnahme}
~~s•spanne *f* degree of temperature decrease by heat extraction
{Temperaturerniedrigung eines Körpers durch Wärmeentzug}
≗erzeugend *adj* calorific, heat-generating
~erzeugung *f* heat generation
~fluss *m* heat flow
~gewinnung *f* heat reclamation
~haushalt *m* heat balance, thermic regime
~inhalt *m* heat content
{Wärme, die ein Körper bei Abkühlung ohne Änderung seines Aggregatzustandes abgeben kann}
~isolierung *f* thermal insulation
~kapazität *f* heat capacity
~kraft•werk *nt* thermal power plant, thermal power station
~last•plan *m* thermal load scheme
~leitfähigkeit *f* heat conductivity
~~s•messung *f* caloric conductivity measurement
≗liebend *adj* thermophilic
~maschine *f* heat engine
~mengen | messer *m* calorimeter
~~messung *f* calorimetry
wärmen *v* warm
Wärme | nutzung *f* heat utilization
{Nutzung der bei Verbrennungsvorgängen umgewandelten Energie zur Erzeugung von Wärme und Strom}
~~s•konzept *nt* (waste) heat utilization concept
~~s•verordnung *f* heat utilization regulation
{regelt in Dtschl. dass Abwärme, sofern sie in erheblichem Umfang anfällt, vom Anlagenbetreiber genutzt oder an Dritte abgegeben werden muss}
~prüf•kammer *f* heat testing chamber
~pumpe *f* heat pump
~quelle *f* heat source, source of heat
~rück•gewinnung *f* heat recovery
~~s•anlage *f* heat recovery plant, heat recovery system
~~s•gerät *pl* waste heat recovery plant
~schichtung *f* thermal stratification
~schutz | anzug *m* heat protection suit
~~verordnung *f* Heat Insulation Ordinance, thermal protection regulation
{regelt in Dtschl. den Wärmeschutz in Gebäuden so, dass beim Heizen und Kühlen vermeidbare Energieverluste unterbleiben}
~senke *f* heat sink
~speicher *m* heat accumulator
~speicherung *f* heat storage, thermal storage
~strahlung *f* heat radiation, thermal radiation
~strom *m* heat flow rate, heat flux
{zeitliche Änderung des Wärmeinhalts durch Ausgleichsvorgänge}
~strom•bild *nt* heat flux diagram
~summe *f* accumulated temperature
{in UK die Zahl der Stunden über 6° C in einer bestimmten Zeiteinheit}
~tauscher *m* heat exchanger
~technik *f* heat technology
~träger•flüssigkeit *f* heat transfer liquid
~transformator *m* heat transformer
~transport *m* heat transport
~übertragung *f* heat transfer
~verlust *m* heat loss, loss of heat
~~e: heat losses
~versorgung *f* heat supply
~wirkungs•grad *m* thermal efficiency
≗zerstörbar *adj* thermosetting
Warm | front *f* warm front
~walz•werk *nt* hot-rolling mill
Warm•wasser *nt* hot-water
~bereiter *m* boiler
~bereitung *f* hot-water preparation, water heating
~heizung *f* hot-water central heating, hot-water heating system
~leitung *f* hot-water pipe
~versorgung *f* hot-water supply

warnen *v* monitor
Warn | schild *nt* danger sign
~system *nt* warning system
Warte•häuschen *nt* bus shelter
Wartung *f* maintenance, service, servicing
~s•frei *adj* maintenance-free
Wasch•anlage *f* car-wash
{für Autos}
~ *f* washing installation, washing plant
Wäsche *f* laundry, washing
Waschen *nt* washing
~ *v* scrub
{ein Gas waschen}
~ *v* wash
waschend *adj* washing
Wäscher *m* scrubber
{zur Reinigung von Gasen}
Wäscherei *f* laundry (service)
Wasch | festigkeit *f* washability
~maschine *f* washing machine
~mittel *nt* detergent, washing agent
biologisches ~~: biodetergent, biological detergent
enzymhaltiges ~~: detergent containing enzymes
phosphathaltiges ~~: phosphate-containing detergent
~- und Reinigungs•mittel *pl* cleansing agents, cleansing products
~- ~gesetz: [act concerning the environmental compatibility of washing and cleansing agents]
~- ~industrie: cleansing products industry
~verfahren *nt* washing process
~wasser *nt* washing water
Washingtoner Artenschutzübereinkommen *nt* Convention on International Trade of Endangered Species
Dtsch. Abk.: WA; Engl. Abk.: CITES
Wash•out *m* washout
{Luftreinigung durch Regen}
Wasser *nt* water
angesäuertes ~: acidic water
destilliertes ~: distilled water
durch ~ übertragen: waterborne, waterborne
{Krankheit, die durch Wasser übertragen wird}
durch ~ verursacht: waterborne
entsalztes ~: demineralized water
freies ~: drainable water, free water
gebundenes ~: bound water
{Wasser, das im Boden gebunden und nicht pflanzenverfügbar ist}
hartes/kalkhaltiges ~: hard water
im ~ lebend: aquatic ***adj***
pflanzenverfügbares ~: plant-available water
{im Boden für die Aufnahme durch Pflanzen verfügbares Wasser}
saures ~: acidic water
unter ~: underwater ***adv***
unter ~ setzen: submerge ***v***
weiches ~: soft water
~abfluss *m* water runoff
~abgabe *f* water levy
~~n•satzung *f* water levy statute
~ablauf *m* gully
~abscheider *m* water separator
~abscheidung *f* water separation
~abstoßend *adj* water-repellent
~abweisend *adj* water-repellent
~ader *f* water vein
~analyse *f* water analysis
~analytik *f* water analytics
~anlage *f* water-technical plant
~anteil *m* water share
~äquivalent *nt* water equivalent
~arm *adj* arid, deficient in water, suffering from a water shortage
~armut *f* aridity
~aufbereitung *f* treatment of water, water treatment
{Behandlung des Rohwassers, um seine Beschaffenheit dem jeweiligen Verwendungszweck anzupassen}
~~s•anlage *f* water purification equipment, water treatment plant
~~s•mittel *nt* water treatment agent
~aufnahme *f* absorption of water, water uptake
~~vermögen *nt* water absorbing capacity
~ausschöpfung *f* water depletion
~austausch *m* water exchange
~bad *nt* water bath
~bau *m* hydraulic engineering, water engineering
~~ingenieur /~in *m/f* hydraulic engineer
~becken *nt* basin (Am), pool, (water-)tank
~bedarf *m* water demand, water needs, water requirement
~~s•norm *f* water requirement standard
~~s•schwankung *f* water requirement fluctuation
~behälter *m* (water) reservoir
~benutzungs•recht *nt* water privilege
~beschaffenheit *f* quality of water, water quality
chemische ~~: chemical quality of water
~beständigkeit *f* water stability
~bewegung *f* water movement
~bewirtschaftung *f* water resources management
~bewohnend *adj* aquatic
~bilanz *f* hydrological balance, water balance
~blüte *f* algae bloom, water bloom
{Wasserfärbung durch starke Vermehrung des Phytoplanktons}
~bohr•system *nt* water bore system
~charta *f* water charter
Europäische ~~: European Water Charter
{in der EWC haben sich die europäischen Staaten verpflichtet, alle annehmbaren Maßnahmen durchzuführen, um jede Form einer schädlichen Oberflächen- oder Grundwasserverunreinigung zu verhindern}
~chemie *f* water chemistry
Wässerchen *nt* brook
Wasser | dampf *m* steam
~~konzentration *f* vapour concentration
~dargebot *nt* available water supply, water resources, water yield
{für eine bestimmte Zeiteinheit ermittelte verfügbare Süßwassermenge}
~dicht *adj* waterproof
{Kleidung, Uhr etc.}
~~ *adj* watertight
{Behälter, Dichtung}
~druck *m* water pressure
~durch | fluss•apparat *m* water permeameter
~~lässig *adj* permeable
~~lässigkeit *f* water permeability
~~tritt *m* piping, tunneling
~eimer *m* bucket
~einsparung *f* water saving
~einströmung *f* water inflow
~einzugs•gebiet *nt* catchment, drainage basin, river basin, watershed
~enthärter *m* water softener
~enthärtung *f* water softening
~entkeimung *f* water sterilization
~entnahme *f* water intake

~~einrichtung *f* water intake installation
~~stelle *f* water intake point
~entsalzung *f* water desalination
~entzug *m* dehydration
~ergiebigkeit *f* water yield
~erhitzer *m* water heater
~erneuerung *f* water renewal
~~s•zeit *f* water renewal time
{Quotient aus Wasservolumen und Zufluss bei stehenden und gestauten Gewässern}
~erosion *f* rainwash
{Bodenerosion durch Regen}
~~ *f* fluvial erosion, water erosion
~erschließung *f* water prospecting
~extraktion *f* water extraction
~fahr•zeug *nt* vessel, water-craft
~fall *m* waterfall
(große) Wasserfälle: falls
~farbe *f* water-colour
~fassung *f* water intake
~~s•vermögen *nt* water-holding capacity
~fauna *f* aquatic fauna
~fern•versorgung *f* long-distance water supply
Dtsch. Syn.: Fernwasserversorgung
≗fest *adj* waterproof, water-resistant, watertight
~festigkeit *f* water stability
~fläche *f* expanse of water
~flasche *f* water-bottle
~flug•zeug *nt* seaplane
~flut *f* flood
~förder•einrichtung *f* water lifting installation
~förderung *f* water pumping
≗führend *adj* water-bearing
≗~e Schicht: aquifer ***n***
~gas *nt* water gas
~gebühren *pl* water rate
≗gefährdend *adj* hazardous to waters, water-endangering
~gefährdung *f* water endangering
~~s•klasse *f* water hazard class
~gefäß *nt* water container
~geflügel *nt* waterfowl
~gehalt *m* humidity, moisture, water content
~~s•änderung *f* water storage change
≗gekühlt *adj* water-cooled
≗gesättigt *adj* waterlogged

~-Geschiebe-Gemisch *nt* water sediment mixture
~gesetz *nt* water law, water resources act
{in Dtsch. Sammelbezeichnung für Vorschriften im Bereich des Gewässerschutzes und der Wasserwirtschaft}
~gewinnung *f* obtaining of water, water production
{Sammelbezeichnung für Maßnahmen zur Erschließung von Trinkwasser oder Betriebswasser}
~~s•anlage *f* water extracting plant
~graben *m* ditch
~~ *m* moat
{~ um eine Burg}
~~ *m* water-jump
{im Sport}
~güte *f* water quality
~~anforderung *f* water quality requirement
~~kartierung *f* mapping of water quality data
~~klasse *f* water quality class
~~modell *nt* water quality model
~~wirtschaft *f* water quality management
{nutzungsorientierte Ordnung aller menschlichen Einwirkungen auf die Wasserbeschaffenheit}
~hahn *m* faucet (Am), water tap
~halte•kapazität *f* water-holding capacity
≗haltig *adj* hydrous
~härte *f* water hardness
{Summe aller im Wasser gelösten Erdalkali-Ionen (Gesamthärte), die durch Verwitterung oder Lösungsvorgänge aus dem Boden in die Gewässer gelangen}
~haupt•leitung *f* water main
~haushalt *m* hydrological balance
{ökologisch, bodenkundlich}
~~ *m* water balance,
{physiologisch}
~~ *m* water cycling, water regime
{der mengenmäßige Umsatz von Wasser in einem Ökosystem}
~~s•gesetz *nt* Act on the Management of Water Resources, water management act, water resources policy act
{Gesetz zur Ordnung des Wasserhaushalts; trifft in Dtsch. grundlegende Bestimmungen über wasserwirtschaftliche Maßnahmen}
~hebe•maschine *f* water-hoisting machine

~hebung *f* water pumpage
~hose *f* waterspout
~hygiene *f* water hygienics
~inhalts | änderung *f* water storage change
~~stoff *m* water ingredient
~insekt *nt* aquatic insect, water insect
~kapazität *f* field capacity
{höchster Wassergehalt, der gegen die Schwerkraft im Boden festgehalten werden kann}
~kasten *m* cistern
{am WC}
~~ *m* water tank
~klosett *nt* water closet
Dtsch. Abk.: WC
~konditionierung *f* water conditioning
~konsum *m* water consumption
~kontamination *f* water contamination
~körper *m* water body
{Wasservolumen, das eindeutig abgegrenzt oder abgrenzbar ist}
~kraft *f* hydraulic energy, hydro-electric power, hydropower, water power
~~anlage *f* hydro-electric power station
~~speicher *m* reservoir for power generation
~~tal•sperre *f* hydroelectric dam
~~werk *nt* hydroelectric power-plant, hydroelectric power-station
{nutzt die Energie des strömenden oder aufgestauten Wassers zur Stromerzeugung}
~kreis•lauf *m* hydrological cycle, water cycle
~~modell *nt* hydrological model
~kühl•anlage *f* water-cooling plant
~kühlung *f* water-cooling (system)
~lache *f* puddle (of water)
~lauf *m* watercourse, water course, waterway
grasbewachsener ~~: sod waterway
~~dichte *f* drainage density
~leit•fähigkeit *f* capillary conductivity, hydraulic conductivity, water conductivity
~leitung *f* conduit, water pipe, water pipeline
~~ *f* water main
{Hauptleitung}

~~s•bau *m* construction of water conduit
~lieferung *f* water supply
~linie *f* water line
~loch *nt* water-hole
≗löslich *adj* water-soluble
~löslichkeit *f* solubility in water, water solubility
~-Luft-Gemisch *nt* water air mixture
~management *nt* water management
~mangel *m* water famine, water shortage
~markt *m* water market
~masse *f* mass of water
~menge *f* water volume
~~n•wirtschaft *f* water quantity management
~~n•zähler *m* water flow indicator
~messer *m* hydrometer, water meter
~mikro•organismen *pl* aquatic microorganisms
~milben *pl* water mites
~mokekül *nt* water molecule
~mühle *f* water-mill
wässern *v* water
Wasser | niveau *nt* water niveau
~nutzung *f* water usage, water use, water utilization
~~s•anlage *f* water use plant
~oberfläche *f* surface of the water, water surface
~organismen *pl* aquatic organisms, water organisms
~pest *f* waterweed
~pfennig *m* water penny
{Entgelt auf das dem Wasservorkommen entnommene Wasser}
~pflanze *f* aquatic plant, hydrophyte
~preis *m* water rate
~probe *f* water sample
{nach festgelegtem Verfahren entnommenes Wasser zur Ermittlung von Beschaffenheitsparametern}
~qualität *f* water quality
~quelle *f* water spring
~rad *nt* waterwheel, water wheel
oberschlächtiges ~~: overshot water wheel
{Wasserrad, bei dem das zufließende Wasser oben auf das Rad strömt}
unterschlächtiges ~~: undershot water wheel
{Wasserrad, das mit dem unteren Teil in das strömende Wasser eintaucht}
~rahmenrichtlinie *f* Water Framework Directive
{die EU-Richtlinie zur Schaffung eines Ordnungsrahmens für Maßnahmen der Gemeinschaft im Bereich der Wasserpolitik vom 23.10.2000}
~recht *nt* water law, water right
{Oberbegriff für alle internationalen, supranationalen und nationalen Regelungen, die den Gewässerschutz zum Inhalt haben}
~regime *nt* soil moisture regime
~regulierung *f* water control
~~s•bau•werk *nt* water control structure
≗reich *adj* with plenty of water
~reinigung *f* water purification
~~s•anlage *f* water purification plant
~~s•verfahren *nt* water treatment method
~reiser *pl* epicormics
{Äste am Stamm von Bäumen, die sich unter dem Einfluss eines Ungleichgewichts im Wasser- und Fotosynthese-Assimilations-Haushalt bilden}
~retentions•kurve *f* water retentivity curve
~rohr *nt* water-pipe
~~bruch *m* burst pipe
~röhren•haube *f* water tube hood
~rück•gewinnung *f* water recovery
~~s•anlage *f* water recovery plant
~rück•haltung *f* water retention
~-Salz-Haushalt *m* water salt balance
{die Wechselwirkungen zwischen Wasser- und Salzgehalt im Boden}
~sättigung *f* waterlogging
~~s•grad *m* water saturation percentage
~säule *f* head of water, water column
~schaden *m* flood damage
{durch Überschwemmung}
~~ *m* damage caused by water, water damage
~~sanierung *f* repair of damage caused by water
~schad•stoff *m* water pollutant
~schall *m* waterborne sound
{Schall im Übertragungmedium Wasser}
~scheide *f* (catchment) divide, (water) divide, watershed
~schi *m* water-ski
{Dtsch. auch: Wasserski}
~schlauch *m* hosepipe, (water-) hose
~schutz *m* water protection
~~gebiet *nt* protected water catchment area, water conservation area
~~~s•verordnung *f* protected water catchment area regulation
~~polizei *f* lake police, river police
~seite *f* upstream face
{dem Staubecken bzw. der Stauhaltung zugekehrte Seite eines Absperrbauwerkes}
~sicher•stellung *f* securing enough water
~~s•gesetz *nt* law on the securing of enough water
~ski *m* water-ski
~spannung *f* matric potential
~speicher *m* reservoir, (water storage) tank
~speicherung *f* water storage
~spender *m* water dispenser
~spiegel *m* water-level, water table
artesisch gespannter ~~: perched water-table
~~lage *f* water-level niveau
~~messer *m* water-level indicator
~~messung *f* water-level calibration
~sport *m* water-sports
~sportler /~in *m/f* water-sports enthusiast
~spülung *f* flush, flushing system
~stand *m* water-level
~~s•anzeiger *m* (water-)gauge, water-level recorder
~~s•ganglinie *f* (stage) hydrograph
~~s•meldung *f* water-level report
~~s•regler *m* water-level regulator
~statistik *f* water statistics
~stelle *f* watering-place
~stoff *m* hydrogen
schwerer ~~: heavy hydrogen
~~anlage *f* hydrogen plant
~~entschwefelungs•anlage *f* hydrodesulfuration plant
~~gewinnung *f* hydrogen obtaining
~~techno•logie *f* hydrogen technology
~strahl *m* jet of water

~~pumpe *f* water-jet pump, water-jet vacuum pump
~straße *f* waterway
~~n•profil *nt* waterway section
~stress *m* moisture stress, soil moisture stress, water stress
~tank *m* water tank
~temperatur *f* water-temperature
~tiefe *f* depth of water
~tier *nt* aquatic animal
~treten *nt* treading water
~tropfen *m* drop of water
~trübung *f* turbidity of water
~turm *m* water-tower
~überlauf *m* spillway
~uhr *f* water meter
~undurchlässig *adj* waterproof
≗unlöslich *adj* insoluble in water
~untersuchung *f* water analysis, water testing
~verbands•gesetz *nt* water board act
~verbrauch *m* consumptive water use
{*der Anteil des zu Gebrauchszwecken entnommenen Grund- oder Oberflächenwassers, der nicht in ein Gewässer zurückgeleitet wird*}
~~ *m* water consumption
~verbraucher /~in *m/f* water consumer, water customer
~verbrauchs•schwankung *f* water consumption fluctuation
~verbreitung *f* water dispersal
{*von Pflanzen oder Samen*}
~verdunstung *f* water evaporation
~verfügbarkeit *f* water availability
~vergeudung *f* waste of water
~vergiftung *f* water poisoning
~verhältnisse *pl* hydrological conditions
~verknappung *f* water rationing
~verlust *m* leakage of water, water loss
~verschmutzung *f* water pollution
~versorgung *f* water supply, water-supply, measures to ensure the supply of water
~~s•analyse *f* water-supply analysis
~~s•anlage *f* water-supply plant
~~s•system *nt* water-supply system
~~s•unternehmen *nt* water (supply) company
~versprühung *f* water spray
≗verunreinigend *adj* water-polluting
≗~er Stoff: water pollutant
~verunreinigung *f* water pollution
~vögel *pl* aquatic birds, waterfowl
~volumen *nt* water volume
~vorkommen *nt* water resource
~vorrat *m* water-reserves, water-supply
~~s•analyse *f* water-supply analysis
~waage *f* water-level
~weg *m* canal, channel, water-route, waterway
auf dem ~~ befördert: water-borne ***adj***
~wege•recht *nt* waterway law
~welle *f* water wave
~werk *nt* waterworks
~~s•einrichtungen *pl* waterworks equipment
~wieder•verwendung *f* water reuse
~wirtschaft *f* water management, water-resources management
{*die zielbewußte Ordnung aller menschlichen Einwirkungen auf das ober- und unterirdische Wasser*}
~wirtschafts | plan *m* water control chart
~~planung *f* water management planning
~zähler *m* water meter
~~schacht *m* water meter shaft
~zufluss *m* inflow of water
Watt *nt* (inter-tidal) mudflats
~boden *m* foreshore soil
{*semisubhydrische Böden im Gezeitenbereich des Meeres und der Flussunterläufe zwischen Mitteltidehoch- und -niedrigwasser*}
brackischer ~~: brackish mud soil
{*semisubhydrischer Bodentyp im brackischen Sedimentationsbereich des Unterlaufes der Flüsse oder an Küsten mit unterirdischem Süßwasserzufluss*}
fluviatiler ~~: fluvial mud soil
{*semisubhydrischer Bodentyp im fluviatilen Sedimentationsbereich des Unterlaufes der Flüsse mit Gezeitenrückstau*}
mariner ~~: marine mud soil
{*semisubhydrischer Bodentyp im marinen Sedimentationsbereich*}
Watten *pl* mudflats
~meer *nt* inter-tidal mudflats, wadden sea
Watt | flächen *pl* tidal flats
~gebiet *nt* tidal mudflats
~rinne *f* tidal slough
~strom *m* main tidal slough
~wurm *m* lug worm
Wat•vogel *m* wader
Wechsel *m* change
~ der Erntezeit: change of harvest time
~ *m* transition
~behälter *m* change container, exchange system
~beweidung *f* rotational grazing
~beziehung *f* interrelationship
≗haft *adj* mercurial, variable
~kurs *m* exchange rate
~~schwankung *f* currency fluctuation
wechseln *v* pass
wechselnd *adj* shifting, variable
wechsel•seitig *adj* mutual
wechsel•warm *adj* poikilotherm
Wechsel | weide *f* rotation pasture, strip grazing
~wirkung *f* interrelationship
wecken *v* stimulate
{*Interesse wecken*}
Weg *m* path, route, way
befestigter ~: paved path
gepflasterter ~: paved path
in die ~e leiten: initiate ***v***
~e- und Gewässerplan: pathways and waterbodies plan
~ mit harter Oberfläche: hard surfaced path
weg•ätzen *v* take off
Wege | bau *m* footpath construction
~benutzungs•recht *nt* right of access
~netz *nt* road network
~recht *nt* right of way
weggeräumt *adj* cleared
weghacken *v* hoe down
{*Gebüsch ~*}
~ *v* hoe up
{*Unkraut ~*}
wegkippen *v* dump
Weg | marke *f* waymark
~markierung *f* way marking
≗nehmen *v* remove, take away
~spülen *nt* washing away
≗~ *v* wash away
≗werf | en *v* discard, throw away
~~artikel *m* disposable
~~gesellschaft *f* throw-away society

~~mentalität *f* use-and-throw-away attitude
~zeichen *nt* waymark, waymarking
wehen *v* blow
böig ~: gust ***v***
Wehr *nt* barrage
{Gezeitenwehr}
~ *nt* weir
{Stauwehr in Fließgewässern}
bewegliches ~: controlled weir
{Absperrbauwerk ohne Staukörper mit Wehrverschlüssen}
durchlässiges ~: permeable weir
{Rostsperre}
festes ~: uncontrolled weir
{Absperrbauwerk mit Staukörper ohne Wehrverschluss}
kombiniertes ~: combined weir
{Absperrbauwerk mit Staukörper und Wehrverschlüssen, die übereinander angeordnet sind}
~ mit Seitenkontraktion: contracted weir
~ mit breiter Krone: broad-crested weir
~boden *m* apron
{Schutzschicht aus dauerhaftem Material zum Schutz vor Unterspülung und Erosion}
~feld *nt* waterway
{Bereich des Wehres zwischen benachbarten Wehrpfeilern bzw. Wehrwange und Wehrpfeiler}
~körper *m* massive structure of a weir
~krone *f* weir crest
{oberer Bereich eines Staukörpers}
≗los *adj* naked
~pfeiler *m* weir pier
{aufgehender Teil des Wehrkörpers zwischen den Wehrfeldern}
~rücken *m* downstream face of a weir
{luftseitige geneigte Oberfläche eines Staukörpers oder einer Wehrschwelle}
~schwelle *f* weir sill
{unter dem Wehrverschlussangeordneter Teil eines Wehrkörpers, der keinen Stau erzeugt}
~verschluss *m* gate
{beweglicher Teil eines Wehres}
zweiteiliger ~~: two-piece gate
{aus zwei Verschlüssen zusammengesetzter Wehrverschluss}
~wange *f* abutment sidewall
{Anschlussbauwerk eines Wehres an das Ufer}
Weibchen *nt* female

weich *adj* soft
~ machen: soften ***v***
≗flora *f* submerged macrophytes
{fischereibiologischer Sammelbegriff für submerse Makrophyten}
Weich•holz *nt* softwood
Weich•macher *m* plasticizer, softener
Weich•spüler *m* fabric softener
{Tenside, die der Nachbehandlung von Textilien dienen}
Weich•tier *nt* mollusc
Weide *f* grazing, herbage, meadow, pasture
{Viehweide}
natürliche ~: rough grazing
~ *f* range
{extensive Viehweide}
~ *f* willow
{Weidenbaum, -busch}
~ansaat *f* pasture seeding
~betrieb *m* ranch
~gang *m* grazing
~gebiet *nt* rangeland
offenes ~~: open range
~haltung *f* pasture rearing
~land *nt* grazing (land), pasture (land), range
Weiden *nt* feeding, grazing
≗ *v* graze
~ lassen: pasture ***v***
~baum *m* willow tree
~busch *m* willow bush
weidend *adj* grazing
Weiden | gebüsch *nt* willow scrub
~kätzchen *nt* willow catkin
~matte *f* willow mat
{Matte aus geflochtenen Weidenzweigen zum Erosionsschutz}
Weide | periode *f* grazing period
~pflege *f* pasture husbandry
~recht *nt* grazing rights
~rost *m* cattle grid
~platz *m* pasture
~saison *f* grazing season
~system *nt* grazing system
~unkraut *nt* pasture weed
~verbesserung *f* pasture improvement
~verbot *nt* prohibition of grazing
~wirtschaft *f* pasture farming
{allgemein}
~~ *f* pasture management
{intensive ~}
~~ *f* range management
{extensive ~}

Weid•mann *m* hunter, huntsman
{im Deutschen auch Waid...}
weid•männisch *adj* hunting, huntsman's
~ *adv* like a huntsman
Weid•werk *nt* art of hunting
Weiher *m* pond
{im Deutschen ein flacher See, der bis zur tiefsten Stelle von Wasserpflanzen bewachsen werden kann}
Wein *m* wine
{Getränk}
~ *m* grapevine, grape-vine,vine
{Weinstock}
~bau *m* viticulture
~beere *f* grape
~berg *m* vineyard
~traube *f* grape
Weise *f* means
in gleicher ~: equally ***adv***
weise *adj* wise
weiß *adj* white
≗e Ware: white goods, white ware
≗e-Ware-Recycling: white ware recycling
≗blech *nt* tin plate
{dünnes Stahlblech mit einer elektrolytisch auf beiden Seiten aufgebrachten Zinnschicht}
≗~dose *f* tinned can
≗düne *f* secondary dune, shifting sand dune
Dtsch. Syn.: Sekundärdüne
≗öl *nt* liquid paraffine
{Paraffinöl, das als Abführmittel verwendet wird}
Weisungs•recht *nt* right to give instructions
weit *adj* vast
~ *adv* vastly
weitaus *adv* vastly
Weite *f* openness
{Offenheit}
~ *f* width
lichte ~: clear diameter
{Innenmaß von Rohren etc.}
weiter *adv* further
~ entfernt: further ***adj***
Weiter•bildung *f* continuing education (Am)
~s•institution *f* continuing education institute
weitere /~r /~s *adj* further
weiter•erzählen *v* retail
Weiter•gabe *f* dissemination
weiter•leiten *v* forward, relay

weiter•leitend *adj* forwarding
weiter•reichen *v* forward
weiter•verarbeitend *adj* secondary
Weiter•verwendung *f* recovery, reusing
weit•reichend *adj* extensive, sweeping
weit•schweifig *adj* diffuse
weit•sichtig *adj* enlightened
Weizen *m* wheat
~keim *m* wheatgerm
Welken *nt* wilting
≗ *v* wilt
Welke•punkt *m* wilting point
Welle *f* surge, wave
kleine ~: ripple ***n***
Wellen *pl* waves
~amplitude *f* wave amplitude
{die maximale Auslenkung der Wellenhöhe vom Mittel}
~angriff *m* wave attack
~auflauf *m* wave uprush
~~höhe *f* wave runup
~ausbreit•richtung *f* wave direction
~ausbreitung *f* wave motion, wave propagation
~bassin *nt* wave basin
~berg *m* wave crest
~bewegung *f* undulation, wave motion, wavy motion
~brechen *nt* breaking of waves
~brecher *m* breakwater, wave breaker
{Barriere, die Hafen oder Ufer vor Wellenschlag schützt}
~brech•kriterium *nt* wave breaking criteria
~dämpfung *f* wave dissipation
~diffraktion *f* wave diffraction
~druck *m* wave pressure
~eigenschaften *pl* wave characteristics
~energie *f* wave energy, wave power
Nutzung der ~~: wave energy utilization
~~werk *nt* wave power plant
~erzeuger *m* wave generator
~erzeugung *f* wave generation
~feld *nt* wave field
~fluss *m* wave energy flux
~form *f* wave shape
≗förmig *adj* undulate
~fortpflanzung *f* wave motion, wave propagation
~fortschritt *m* wave propagation
~front *f* wave front
~gang *m* waves
~geschwindigkeit *f* wave celerity, wave velocity
~gruppen•geschwindigkeit *f* wave group velocity
~höhe *f* wave height
{vertikale Distanz zwischen Wellental und Wellenberg}
~kamm *m* wave crest
~kraft *f* wave force
~kraft•werk *nt* wave power plant
~länge *f* wave length
{Entfernung zwischen zwei vergleichbaren Punkten aufeinanderfolgender Wellen}
~lee•seite *f* lee face of wave
~luv•seite *f* back face of wave
~maschine *f* wave generator
~messer *m* wave gauge, wavemeter
~messung *f* wave measurement
~muster *nt* wave pattern
~orthogonale *f* wave orthogonal
~pegel *m* wave gauge
~periode *f* wave period
{die Zeit des Durchlaufs von einem Wellenkamm bis zum nächsten an einem Punkt}
~~n•pektrum *nt* wave period spectrum
~phasen•geschwindigkeit *f* wave phase velocity
~prozess *m* wave action
~reflexion *f* wave reflection
~refraktion *f* wave refraction
~registrierung *f* wave record
~rinne *f* wave channel
~rücklauf *m* backwash, recoil of wave, wave backrush, wave reflection
~schlag *m* wave attack
~schnelligkeit *f* wave celerity, wave velocity
~spektrum *nt* wave energy spectrum
~steilheit *f* wave steepness
{das Verhältnis von Wellenhöhe zu Wellenlänge}
~stoß *m* wave thrust
~tal *nt* wave trough
~theorie *f* wave theory
~übertragung *f* wave transmission
≗verursacht *adj* wave-induced
~wind•seite *f* back face of wave
~zahl *f* wave number
wellig *adj* undulating, wavy
Welt *f* world
Dritte Welt: Third World
~bevölkerung *f* global population, world's population
~einkommen *nt* global income
~erbe•konvention *f* Convention on the Protection of the World's Cultural and Natural Heritage
~forst•wirtschaft *f* world forestry
{die forst- und holzwirtschaftlichen Beziehungen zwischen den Ländern der Erde}
~gemeinschaft *f* global community
~gesundheits•organisation *f* World Health Organisation
{die engl. Abkürzung WHO ist auch im Deutschen gebräuchlich}
~handel *m* world trade
~~s•system *nt* world trading system
~klima•konferenz *f* World Climate Conference
~markt *m* world market
~raum *m* outer space
~~recht *nt* space law
~stadt *f* metropolis
≗städtisch *adj* metropolitan
~tier•schutz•bund *m* World Federation for the Protection of Animals
Englische Abkürzung: WFPA
≗weit *adj* global, worldwide, worldwide
~wirtschaft *f* global economy, world economy, world trade
{die wirtschaftlichen Beziehungen zwischen den am internationalen Waren-, Geld- und Kapitalverkehr beteiligten Volkswirtschaften}
~~s•entwicklung *f* development of world economy
~~s•ordnung *f* regulations of international economy
~~s•politik *f* international economics policy
Wende•kreis *m* tropic
{gedachte Linie auf 23°28' nördl. und südl. Breite}
~ des Krebses: Tropic of Cancer
~ des Steinbocks: Tropic of Capricorn
Wenden *nt* turning
≗ *v* turn
(sich) ~ gegen: oppose ***v***
Wende | platz *m* turn around area, turning area
~punkt *m* watershed

Wendung *f* turn
{~ *des Bodens*}
vollständige ~: inversion ***n***
weniger werden *v* lower
Werbe | agentur *f* advertising agency
~aktion *f* advertising campaign
~feld•zug *m* drive
~industrie *f* advertising industry
~kampagne *f* promotion
werben *v* advertise
Werbe | prospekt *m* circular
~psychologie *f* psychology of advertising
Werbung *f* advertising, promotion
~ machen für: promote ***v***
werden *v* become, grow
werfen *v* litter, throw
Werk *nt* mill
{*Fabrik*}
~s•lärm *m* factory noise, industrial noise
~stoff *m* (working) material
~~kunde *f* material science
Werk•zeug *nt* tool
~maschine *f* machine tool
Wert *m* reading
{*abgelesener Wert*}
~ *m* value
{*ideeller Wert, auch: Zahlenwert*}
~ermittlung *f* evaluation of value
~e•wandel *m* change in value
Wertig•keit *f* valence (Am), valency
Wert | minderung *f* depreciation, reduction in value
~schätzung *f* esteem, estimation
~schöpfung *f* net product
~stoff *m* valuable material
{*verwertbarer Bestandteil von Müll und Rückständen*}
~~entsorgung *f* disposal of valuable substances
~~recycling *nt* recycling of recyclates
~~sammlung *f* collection of valuable substances
°~voll *adj* valuable
wesentlich *adj* essential, primary
West | en *m* west
~europa *nt* Western Europe
westlich *adj* west, westerly, western
West•wind *m* westerly, west wind
Wett•bewerb *m* competition
~s•effekt *m* competition effect
°~s•fähig *adj* competitive
°~ *adv* competitively
~s•fähigkeit *f* competitiveness
~s•markt *m* competitive market
~s•modell *nt* competition model
~s•recht *nt* competition right
~s•verzerrung *f* distortion of competition
Wetter *nt* weather
~abhängigkeit *f* weather dependence
~amt *nt* meteorological office, weather bureau
~bedingungen *pl* weather conditions
~beobachtungs•schiff *nt* weather ship
~bericht *m* weather forecast, weather report
~daten *pl* meteorological data
°~fest *adj* weather-resistant
~fühligkeit *f* sensitivity to weather change
~hahn *m* weather cock
~karte *f* weather chart, weather map
~kunde *f* meteorology
~lage *f* atmospheric condition, weather, weather conditions
austauscharme ~~: inversion weather condition
~leuchten *nt* sheet lightning
~messung *f* weather measurement
~prognose *f* weather forecast
~schiff *nt* weather ship
~station *f* weather station
~veränderung *f* change in weather
~verhältnisse *pl* weather conditions
Tagesaufzeichnungen der ~~: daily record of weather conditions
~vorhersage *f* weather forecast
mittelfristige ~~: medium-range weather forecast
langfristige ~~: long-range weather forecast
~warn•dienst *m* weather warning service
~warte *f* weather station
wett•machen *v* outweigh
{*mehr als wettmachen*}
wichtig *adj* important, relevant
Widerhaken *n* barb
mit ~ versehen: barb ***v***, barbed ***adj***
Widerhall *m* echo
Widerklage *f* counter action
{*die vom Beklagten gegen den Kläger zu gleichzeitiger Verhandlung und Entscheidung mit der Klage erhobene Gegenklage*}
Widerlager *nt* abutment
widerlich *adj* disgusting, offensive
~ *adv* offensively
widerspenstig *adj* refractory
widersprechend *adj* conflicting
{*sich ~*}
Widerspruch *m* contradiction, inconsistency, objection, opposition
widersprüchlich *adj* conflicting
Widerstand *m* resistance, stand
widerstands•fähig *adj* resistant
~ machen: harden off ***v***
{*eine Pflanze ~ ~*}
Widerstands•fähigkeit *f* resilience
{*Fähigkeit eines Ökosystems, Ereignisse ohne Veränderung seiner normalen Struktur und Funktionen zu überdauern*}
widerstehen *v* resist
widerstrebend *adj* conflicting
widerstreitend *adj* conflicting
widrig *adj* adverse
Wiederansiedlung *f* reintroducing, reintroduction
Wiederaufarbeitung *f* recycling
Wiederaufbau *m* re-building, reconstruction
~programm *nt* recovery programme
Europäisches ~~: European Recovery Programme
{*vom damaligen US-Außenminister George C. Marshall am 05.06.1947 verkündeter Hilfsplan Amerikas für den Wiederaufbau Europas*}
Engl. Abk.: ERP
wiederaufbereiten *v* recycle, reprocess
Wiederaufbereitung *f* reclamation, reprocessing
~s•anlage *f* reprocessing plant
Wieder | aufforstung *f* reafforestation
{*die ~~ früherer Waldbestände nach längerer Zeit anderer Nutzung*}
~ *f* reforestation
{*die ~~ unmittelbar nach der Ente*}
°~auffüllen *v* replenish
~aufnahme *f* re-establishment
{*~ von Beziehungen*}
~~ *f* resumption
~~ eines Verfahrens: resumption of proceedings

~~verfahren *nt* retrial
~auftreten *nt* recurrence
~ausbreitung *f* further spreading
~begrünung *f* revegetation
≗bepflanzen *v* replant
≗besiedeln *v* recolonize
~besiedlung *f* recolonization
≗bestocken *v* reforest, restock
{einen Waldbestand durch Aufforsten einer ehemals bewaldeten Fläche wiederbegründen}
~einbürgerung *f* reintroduction
~einsetzungs•verfahren *nt* reinstatement procedure
~erkennen *nt* identification
≗erlangen *v* regain
~findungs•rate *f* recovery rate
~gabe *f* rendering
≗gewinnen *v* reclaim, recover
≗gewonnen *adj* reclaimed, recovered
≗~es Material: salvage ***n***
~gewinnung *f* reclamation
~gut•machung *f* indemnification
wiederherstellbar *adj* restorable
Wiederherstellbarkeit *f* restitutionability
Wiederherstellen *nt* recovery, restoring
≗ *v* reconstitute, rehabilitate, restore
Wiederherstellung *f* reinstatement
{~ von Recht und Ordnung}
~ *f* re-establishment
{~ eines Zustands}
~ *f* restoration
{~ eines Lebensraums}
~s•möglichkeiten *pl* restoration possibilities
wiederholen *v* echo
Wieder•holung *f* recurrence
~s•periode *f* return period
Wieder | käuer *m* ruminant
~kehr *f* recurrence
~~intervall *nt* return interval
~~wahrscheinlichkeit *f* return period
~~zeit•raum *m* recurrence interval
~nutzbar•machung *f* rehabilitation
≗vernässen *v* rewet
~vernässung *f* wetland restoration
≗verwendbar *adj* reusable, re-usable
≗verwenden *v* recycle, reuse
~verwendung *f* reuse
für die ~~ sammeln: salvage ***v***
≗verwerten *v* recycle, reprocess, reuse
~verwertung *f* recovery, recycling, reprocessing, reuse, reutilization
Wiegen *nt* weighing
Wiese *f* meadow
auf der grünen ~: greenfield ***adj***
~n•ablauf•mulde *f* meadow outlet
{Wiesenstreifen zur Ableitung überschüssigen Niederschlagswassers von Ackerflächen}
~n•bau *m* cultivation of meadows, grass farming
Wild *nt* game
{kein Plural im Deutschen und Englischen}
≗ *adj* savage, wild
~art *f* game species
~bach *m* torrent
~~erosion *f* torrential erosion
~~verbau *m* torrent control
~~verbauung *f* torrent control, torrent regulation
~bahn *f* hunting ground
~bestand *m* game population
~~s•regulierung *f* game population management
~bewirtschaftung *f* game management
~blume *f* wild flower
~bret *nt* game
~dieb *m* poacher
~dieb•stahl *m* poaching
~ente *f* wild duck
Wilderei *f* poaching
Wilderer /~in *m/f* poacher
Wildern *nt* poaching
≗ *v* poach
Wild | falle *f* trap set for game
~fleisch *nt* game
~gans *f* wild goose
~geflügel *nt* wildfowl
~gehege *nt* game enclosure
~hege *f* game management
Wildheit *f* wildness
Wild | hüter *m* gamekeeper, game warden
~katze *f* wildcat
≗ lebend *adj* wild
≗ ~e Tier- und Pflanzenwelt: wildlife ***n***
{inhaltlich manchmal auf wild lebende Tierwelt reduziert gebraucht}
~nis *f* wilderness
~park *m* game park, game preserve
~pflanze *f* wild plant
~reservat *nt* game reserve
~schaden *m* damage caused by game
~schutz *m* game preservation
~~gebiet *nt* game reserve, game sanctuary
~~zaun *m* game protecting fence
~schwein *nt* wild boar
~tier *nt* wild animal
~~haltung *f* game ranching
~toxiko•logie *f* game toxicology
≗wachsend *adj* wild, wild-growing
willkürlich *adj* arbitrary, at random, indiscriminate, random
~ *adv* arbitrarily, indiscriminately
Willkür•verbot *nt* embargo on arbitrary act
Wimper *f* cilium
Wind *m* wind
ablandiger ~: offshore wind
{Wind, der von der Küste zum Meer weht}
anabatischer ~: anabatic wind
{Wind, der bei Erwärmung des Bodens den Hang aufwärts weht}
auflandiger ~: onshore wind
{Wind, der vom Meer zur Küste weht}
geostrophischer ~: geostrophic wind
{Wind, der horizontal entlang der Isobare weht}
katabatischer ~: katabatic wind
{Wind, der bei Abkühlung des Bodens den Hang abwärts weht}
steifer ~: stiff breeze
vom ~ ausgeblasen: wind-scoured ***adj***
vom ~ freigeblasen: wind-scoured ***adj***
~ mit Orkanstärke: hurricane force wind
~ablagerung *f* aeolian deposit, eolian deposit (Am), wind deposit
{durch Wind abgelagertes Sediment}
~ausblasungs•mulde *f* deflation basin, windscoured basin
Dtsch. Syn.: Schlatt
~bestäubung *f* wind pollination
Winde *f* morning glory
{Blume}
winden *v* meander
{sich ~}
Wind | energie *f* wind energy, wind power
{mit Hilfe von windgetriebenen Rotoren gewonnene Energie}
mit ~~ angetrieben: wind-powered ***adj***

~~anlage *f* wind energy plant, wind power station
~~konverter *m* wind energy converter
~~nutzung *f* wind energy utilization
~erosion *f* aeolian erosion, eolian erosion (Am), wind erosion
~farm *f* wind farm
≗geschützt *adj* leeward
~geschwindigkeit *f* wind speed, wind velocity
~~s•mess•gerät *nt* wind speed indicator
≗getrieben *adj* wind-driven
mit Windenergie angetrieben: wind-powered ***adj***
~hose *f* dust devil
{eine kleine Windhose, die Staub/Boden aufwirbelt}
windig *adj* breezy, windy
Wind | kanal *m* wind canal, wind tunnel
~kanter *m* windkanter
{Stein mit einer oder mehreren windgeschliffenen Flächen}
~kraft *f* wind power
~~anlage *f* wind power station
~~werk *nt* wind power plant
~kühl | faktor *m* wind chill factor
~~index *m* wind chill factor
~messer *m* anemometer, wind speed indicator
Dtsch. Syn.: Windgeschwindigkeitsmessgerät
~mühle *f* windmill
~mulde *f* large dune blow out
{durch Ausblasen vergrößerte, bis zur Bildung von Tälern fortschreitende Einkerbung von Dünen}
~park *m* wind farm, wind park
~profil *nt* wind profile
{die standardisierte Abnahme der Windgeschwindigkeit in der Atmosphäre zwischen einer Oberfläche und dem geostrophischen Wind}
~rad•pumpe *f* wind pump
~richtung *f* wind direction
vorherrschende ~~: prevailing wind-direction
~~s•mess•gerät *nt* wind direction indicator
~riss *m* dune blow out
{durch Wind hervorgerufene fortschreitende Einkerbung einer Düne}
~rose *f* wind rose
~schutz *m* shelter, windbreak, wind screen
~~pflanzung *f* shelter belt
~~streifen *m* shelter belt, windbreak
≗seitig *adj* windward
~sichten *nt* air classification
{Klassieren durch strömende Gase}
~sichter *m* air classifier
~sichtung *f* air classifying, elutriation by wind
{Zerlegung von Abfallgemischen durch Ausnutzung unterschiedlichen Flugverhaltens verschiedener Stoffgruppen}
~sicht•verfahren *nt* air classifying method
~stern *m* wind rose
≗stabil *adj* windfirm
{nicht windwurfgefährdeter Wald}
~stille *f* calm
~stoß *n* blast
~system *nt* wind system
Windung *f* meander
die vielen ~en eines Flusses: the tortuousness of a river
wind•verblasen *adj* wind-blown, wind-driven
Wind | verbreitung *f* wind dispersal
{von Pflanzen oder Samen}
≗wärts *adj* windward
Winkel•prisma *nt* prismatic square
Winter *m* winter
harter/strenger ~: hard winter
nuklearer ~: nuclear winter
~aktivität *f* winter activity
~dienst *m* de-icing service
~haltung *f* winter keep
≗hart *adj* half-hardy, hardy
~härten *nt* cold hardening
{Wasserabgabe von Pflanzen zur Erhöhung der Frostresistenz}
~lager *nt* hibernaculum
~quartier *nt* hibernaculum, hibernation site, wintering grounds
~ruhe *f* hibernation
{Überdauern kalter Jahreszeiten durch reduzierte metabolische Aktivität}
~schlaf *m* hibernation
~ halten: hibernate ***v***
~smog *m* winter-smog
~sonnen•wende *f* winter solstice
~sport *m* winter sports
~zwischen•frucht *f* winter catch crop
winzig *adj* dwarf, minute
Wipfel•dürre *f* dieback
Wirbel *m* eddy, vortex
wirbel•los *adj* invertebrate
Wirbel•loser *m* invertebrate
wirbeln *v* churn
{Schiffschraube}
wirbelnd *adj* turbulent
Wirbel•säule *f* spine
Wirbel•schicht *f* fluidized bed
~druck•verbrennung *f* pressurized fluidized-bed combustion
Engl. Abk.: PFBC
~feuerung *f* fluid bed kiln, fluidized bed furnace
~filter *m* fluidized bed filter
~reaktor *m* fluidized bed reactor
{Festbettreaktor, dessen Füllstoffe durch Strömung aufgewirbelt werden}
~trockner *m* fluidized bed dryer
~trocknung *f* fluidized bed drying
~verbrennung *f* fluidized bed combustion
~~s•anlage *f* fluidized bed incinerating plant
~verfahren *nt* fluidized bed operation
Wirbel•sturm *m* hurricane
~ *n* twister (Am)
{umgangssprachlich}
Wirbel•tier *nt* vertebrate
Wirbel•verfahren *nt* fluidization
Wirbel•wind *m* whirlwind
Wirk•dosis *f* effect dose, response dose
wirken *v* act
wirklich *adj* actual, genuine, real
~ *adv* genuine, real (Am), really
wirksam *adj* effective
Wirksamkeit *f* efficiency
{gemessen an Leistungsfähigkeit und rationellem Resourceneinsatz}
~ *f* effectiveness
{gemessen an den Ergebnissen bzw. Effekten}
Wirk•stoff *m* agent
Wirkung *f* effect, impact
einzelwirtschaftliche ~: effect on the system of individual enterprise
gesamtwirtschaftliche ~: effect on the national economy
~s•analyse *f* analysis of effect
~s•bereich *m* field of competence
~s•forschung *f* effects research
~s•grad *m* efficiency (level), efficiency ratio
biologischer ~~: biological efficiency

{Verhältnis der Abnahme der organischen Verschmutzung zur zugeführten organischen Verschmutzung in der biologischen Abwasserreinigung}

hydraulischer ~~: hydraulic efficiency
{Quotient aus tatsächlicher und theoretischer Durchflusszeit}

ökologischer ~~: ecological efficiency
{Verhältnis von verfügbarer Energie zur genutzten Energie}

energetischer ~~: fuel efficiency

mechanischer ~~: mechanical efficiency
{Verhältnis der Abnahme der ungelösten Stoffe zu zugeführten ungelösten Stoffen in der mechanischen Abwasserreinigung}

thermischer ~~: thermal efficiency

~s•grad•verbesserung *f* improvement of efficiency

~s•kataster *nt* register of impacts

≗s•voll *adv* effectively

~s•zusammenhang *m* interaction

Wirt *m* host

Wirtschaft *f* economy

~s- und Währungsunion: Economic and Monetary Union
Dtsch. Abk.: WWU; Engl. Abk.: EMU

wirtschaftlich *adj* economic
{die Wirtschaft betreffend}

~ *adj* economical

~ *adv* economically
{sparsam, rentabel}

~ vertretbar: economically defendable

Wirtschaftlichkeit *f* economic viability

≗s•untersuchung *f* economic assessment

Wirtschafts | abkommen *nt* economic agreement

~aufschwung *m* economic upturn

~ausschuss *m* economic committee

~berater /~in *m/f* economic adviser

~dünger *m* farm manure
{tierische Ausscheidungen, Stallmist, Gülle, Jauche, Kompost sowie Stroh und ähnliche Reststoffe der pflanzlichen Produktion}

~entwicklung *f* economic development

~förderung *f* promotion of trade and industry

~form *f* economic system

~fragen *pl* economic dimensions

~gemeinschaft *f* economic community

~geo•grafie *f* economic geography
{auch: ~geo•graphie}

~geschichte *f* economic history

~gut *nt* asset
{Vermögenswert}

~~ *nt* commodity
{Ware, Rohstoff}

~hilfe *f* economic aid

~krise *f* economic crisis

~lage *f* economic situation

~lenkung *f* economic control

~ministerium *nt* Ministry of Economic Affairs

~ordnung *f* economic system

~planung *f* economic planning

~politik *f* economic policy

≗politisch *adj* relating to economic policy

≗~ *adv* from the point of view of economic policy

~prognose *f* economic forecast

~programm *nt* economic programme

~raum *m* economic region

~recht *nt* business law, commercial law

~sektor *m* business sector

~statistik *f* economic statistics

~struktur *f* economic structure

~stufe *f* state of economy

~system *nt* economic system, economy

kapitalistisches ~~: capitalist economy

staatlich gelenktes ~~: controlled economy

~theorie *f* theory on economics

~union *f* economic union

~wachstum *nt* economic growth

~wald *m* production forest
{Wald, der durch bewusste und zielgerechte Manipulation der Verjüngung und der Bestandesstruktur der Erreichung eines oder mehrerer Wirtschaftsziele dient}

naturgemäßer ~~: natural production forest
{Wald, in dem unter weitgehendem Verzicht auf künstliche Mittel die Bewirtschaftung von den Vorstellungen des natürlichen, standortgemäßen Waldbildes geleitet wird}

~wissenschaften *pl* economics, economic science

~wissenschaftler /~in *m/f* economist

~ziel *nt* management goal
{Forderungen, die der Betrieb für den Eigentümer zu erfüllen hat}

~ziele *pl* economic ends

~zweig *m* sector of economy

Wirts | organismus *m* host organism

~pflanze *f* host plant

Wissen *nt* expertise, knowledge, learning

≗ *v* know

Wissenschaft *f* science

Wissenschaftler /~in *m/f* scientist

wissenschaftlich *adj* academic, scientific, scientifical

≗er Beirat der Bundesregierung Globale Umweltveränderung: German Advisory Council on Global Change

~ *adv* academically, scholarly, scientifically

Wissenschafts | geschichte *f* history of science

~theorie *f* philosophy of science
{philosophische Grundlagendisziplin, die sich mit der theoretischen Klärung der Voraussetzungen, Strukturen und Ziele wissenschaftlicher Aussagen, Methoden und Systembildung befasst}

Wissens | gebiet *nt* area of knowledge, field of knowledge

~transfer *m* transfer of knowledge

Witterung *f* sense of smell,
{Geruchssinn}

~ *f* scent
{Geruch}

~ *f* weather (conditions)
{Ablauf des Wetters an mehreren aufeinanderfolgenden Tagen}

≗s•bedingt *adj* caused by the weather

~s•einfluss *m* effect of the weather

~s•beständigkeit *f* resistance to atmospheric conditions

~s•verhältnisse *pl* weather conditions

Woche *f* week

einmal in der ~: weekly ***adv***

~n•dosis *f* weekly dose

maximal zulässige durchschnittliche ~~: maximum permissible average weekly dose

~n•stube *f* maternity colony

wöchentlich *adj/adv* weekly

Wochen | zeitschrift *f* weekly

~zeitung *f* weekly

Woge *f* surge

wogen *v* undulate

wogend *adj* wavy

Wohl *nt* well-being
~ergehen *nt* well-being
~fahrts | indikator *m* characteristics of public welfare situation
~~ökonomik *f* welfare economics
{versucht wirtschaftliche Wohlfahrt als Gesamtheit der von einer Wirtschaftsgesellschaft erstrebten Ziele zu definieren und Bedingungen für die Maximierung der Wohlfahrt abzuleiten}
~~wirkungen *pl* welfare functions
{vom Wald für den Menschen erbrachte Leistungen}
≗meinend *adj* favourable
~stand *m* prosperity, welfare
wohl•tätig *adj* charitable
Wohn | bau•fläche *f* residential development zone
~bevölkerung *f* residential population
~dichte *f* housing density
wohnen *v* dwell, lodge
Wohn | folge•einrichtungen *pl* local amenities
~gebäude *nt* residential building
~gebiet *nt* home range, residential area, residential zone
{Baugebiet, das vorwiegend dem Wohnen dient}
≗haft *adj* resident
~mobil *nt* camper, car camper
~ort *m* (place of) residence
~qualität *f* living quality
~raum•luft•qualität *f* indoor air quality
~revier *nt* home range
~umfeld *nt* neighbourhood, residential environment
{Nahbereich eines Wohngebietes}
Wohnung *f* flat, home
Wohnungen *pl* housing
Wohnungs | bau *m* house building, housing construction
sozialer ~~: low-cost housing, public-sector house-building
~~erleichterungs•gesetz *nt* residential building easing act
~bedarf *m* housing requirement
~beschaffung *f* housing
~eigentums•gesetz *nt* residential property act
~wesen *nt* housing
Wohn•wagen *m* caravan
wölben *v* arch
Wölbung *f* arch
Wolke *f* cloud, mist
an der ~n•unterseite: subcloud ***adj***

Wolken | bank *f* cloudbank
~bildung *f* cloud formation
~bruch *m* cloudburst
≗~artig *adj* torrential
~formation *f* cloud formation
~höhe *f* cloud ceiling
≗los *adj* cloudless
~schicht *f* cloudlayer
~untergrenze *f* cloudbase
~wald *m* cloud forest
{Wald an Bergmassiven in der Höhenzone, in der sich regelmäßig an ca. 80 % der Tage tagsüber infolge konvektiver Vorgänge eine Wolkenschicht bildet, die das Kronendach einhüllt}
wolkig *adj* cloudy
Wolle *f* wool
wollen *v* want
Wollsack•verwitterung *f* corestone weathering
{Verwitterung, die schwach gerundete, kissenartige Blöcke entstehen lässt}
Work•shop *m* workshop
Dtsch. Syn.: Arbeitstreffen
Wort *nt* word
Es gilt das gesprochene ~: Check Against Delivery
Wort•schatz *m* vocabulary
Wort•wahl *f* wording
Wuchs *m* growth
~bezirk *m* growth region
~form *f* growth form
{Form eines Organismus infolge der Einwirkung von Umweltfaktoren}
~~ *f* tree habit
{Wuchsform von Bäumen}
~gebiet *nt* growth zone
{einheitliches Gebiet, das durch besondere Pflanzengesellschaften, durch Arealgrenzen und durch besondere edaphische und klimatische Eigenheiten gekennzeichnet ist}
~hemm•stoff *m* growth inhibitor
Wüchsigkeit *f* vigour of growth
{die sich aus genetischer Veranlagung, Gesundheit und Umweltfaktoren ergebende aktuelle Wachstumsleistung eines Baumes}
Wuchs | kraft *f* vigour
~stoff•herbizid *nt* hormone weed-killer
Wucht *f* force
wuchtig *adj* bulky, stunning
wühlen *v* burrow, grub
wühlend *adj* burrowing
Wund•behandlung *f* surgery
aseptische ~: aseptic surgery

Wunder *nt* wonder
wundern *v* wonder
{sich ~}
Wund•starr•krampf *m* lockjaw, tetanus
Wunsch *m* aspiration
Würde *f* dignity
Würdigung *f* weighing
Wurf *m* litter
{Säugetierjunge, die zur gleichen Zeit geboren werden}
~ *m* throw
würfel•förmig *adj* cubic
Würger *m* strangler
Wurm *m* worm
~befall *m* infestation by worms
~röhre *f* tube of worm
Wurst *f* sausage
Würstchen *nt* sausage
Würze *f* spice
Wurzel *f* root
~n schlagen: root ***v***
Dtsch. Syn.: wurzeln
~bereich *m* root zone
~gemüse *nt* root vegetable
~horizont *m* root layer
Wurzeln *pl* grassroots
{Quelle}
~ *pl* Wurzeln
{Plural von Wurzel}
≗ *v* root
Wurzel | raum *m* rhizosphere, root zone
~raum•tiefe *f* rooting depth
~schnitt *m* root pruning
~steckling *m* root cutting
~stock *m* rhizome, root-stock, stool
~~pflanzung *f* stump planting
~system *nt* root system
{der in der Wurzelzone des Bodens und oberirdisch als Verbindung vom Stamm zur Rhizosphäre befindliche Teil der Bäume}
~teller *m* root plate
~werk *nt* root system
~wuchs | pulver *nt* hormone rooting powder
~~stoff *m* rooting compound
würzen *v* spice
Wüste *f* desert
biologische ~: biological desert
~n•ausbreitung *f* desert spreading
~n•bildung *f* desertification

{Degradierung der Böden in ariden und semiariden Zonen durch unangepasste Landnutzung und auch klimatische Veränderungen}

~n•boden *m* desert soil

~n•fluss•bett *nt* arroyo

~n•karte *f* desertification map

X-Chromo•som *nt* X chromosome

Xeno•biotika *pl* xenobiotics

Xeno•biotikum *nt* xenobiotic

xeno•biotisch *adj* xenobiotic
{naturfremd, nicht biogenen Ursprungs}

xero•morph *adj* xeromorphic
{Struktur und Formmerkmale von Organen, die typisch für Pflanzen, die trockene Standorte bevorzugen und an sie angepasst sind}

xero•phil *adj* xeropilous
{trockene Standorte liebend}

Xero•phyt *m* xerophyte

Xero•serie *f* xerosere

Xylem *nt* xylem

Y-Chromo•som *nt* Y chromosome

Z

zäh•flüssig *adj* viscid, viscous
Zäh•flüssigkeit *f* viscosity
Zahl *f* figure, number
in großer ~: en masse ***adv***
in ~en ausdrücken: quantify ***v***
Zählen *nt* count
≗ *v* count
Zähler *m* counter, meter
Zähl•rohr•gerät *nt* counter tube equipment
Zählung *f* count
Zahlungs | bereitschaft *f* willingness to pay
~~s•analyse *f* willingness-to-pay analysis
~bilanz *f* balance of payments
Zähl•werk *nt* register
zahm *adj* mild, pet, tame
zähmen *v* tame
Zahn *m* tooth
Zahn•rad•pumpe *f* gear pump
Zahn•schwelle *f* dentate sill
{Schwelle am Ende eines Tosbeckens mit aufgesetzten massiven Quadern}
Zangen•balken *m* stop log device
Zapfen *m* cone
{auch: Netzhautzapfen}
≗tragend *adj* coniferous
zart *adj* fine
~ *adv* gently
zärtlich *adj* fond
zauberhaft *adj* magical
Zaum *m* bridle
im ~ halten: bridle ***v***
~zeug *nt* bridle
Zaun *m* fence
~bau *m* fence-building, fencing
~draht *m* fence wire
zäunen *v* fence
Zaun | pfahl *m* fence post
~riegel *m* fence rail
~tritt *m* stile
Zeche *f* mine
Dtsch. Syn.: Bergwerk
~n•abraum *m* mining debris
~n•halde *f* colliery spoil area
~n•kokerei *f* colliery coking plant
~n•kraft•werk *nt* colliery power station
Zecke *f* tick
~n•biss *m* tick bite
~~fieber *nt* tick (bite) fever
Zehr•schicht *f* tropholytic layer
{die untere Schicht von Gewässern, in der die Dissimilation gegenüber der Assimilation überwiegt}
Zeichen *nt* mark
Zeichnen *nt* plotting
≗ *v* draw
zeigen *v* demonstrate
Zeiger-Frequenz•messgerät *nt* direct-reading frequency measurement system
Zeiger•art *f* indicator species
Dtsch. Syn.: Indikatorart
Zeiger•pflanze *f* indicator plant
Zeile *f* line, row
Zeit *f* season
{Jahreszeit}
~ *f* time
{Uhrzeit}
zur ~: currently ***adv***
~abfluss•faktor *m* time-flow parameter
{Bemessungsparameter für Kanalnetze mit zugeordneter Regendauer und Regenhäufigkeit}
~ablauf *m* (time) schedule
~beiwert *m* time coefficient
{Umrechnungsfaktor zur Beschreibung der Abhängigkeiten von Regenspende, Regendauer und Regenhäufigkeit}
~fang•methode *f* method of time catching
~geber *m* time synchroniser
~genoss | e /~in *m/f* contemporary, fellow
≗genössisch *adj* contemporary
≗gerecht *adv* timely
~geschichte *f* contemporary history
zeitlich *adj* chronological, in time
~er Trend: trend over time
~ *adv* with regard to time
Zeit | plan *m* timetable
~präferenz *f* time preference
≗proportional *adj* time-proportional
~raum *f* lapse, period
~reihe *f* time series
~~n•analyse *f* time series analysis
~schrift *f* journal, periodical
{wissenschaftliche ~}
~ *f* magazine
~skala *f* time-scale
~spanne *f* lapse, timespan
Zeitung *f* newspaper
Zeit | verlauf *m* time dependency
~verzögerung *f* time lag
≗weilig *adj* temporary
Zell•auflösung *f* cytolysis
Zelle *f* cell
fotoelektrische ~: photoelectric cell
lichtelektrische ~: photoelectric cell
photoelektrische ~: photoelectric cell
unausgereifte ~: immature cell
Zell | fusion *f* cell fusion
~gewebe *nt* cellular tissue
~gift *nt* cytotoxin
~glas *nt* cellophane
{Folien aus Hydratcellulose}
~kautschuk *m* cellular caoutchouc
~~filter *m* cellular caoutchouc filter
~kern *m* nucleus
ohne ~: non-nucleated ***adj***
~kultur *f* cell culture, tissue culture
~membran *f* cell membrane
~physiologie *f* cell physiology
~plasma *nt* cytoplasm
Zell•stoff *m* cellulose, pulp
{durch chemischen Aufschluss von Holz oder Einjahrespflanzen gewonnene Fasern, die v.a. aus Cellulose und Hemicellulose bestehen}
~filter *nt* cellulose filter
~industrie *f* cellulose industry
~verarbeitung *f* chemical pulp processing
~werk *nt* cellulose factory
Zell•struktur *f* cell structure
Zellteilung *f* cell division
zellular *adj* cellular
Zellulose *f* cellulose
Zell | vermehrung *f* cell multiplication
~~s•hemm•test *m* cell multiplication inhibition test
~wand *f* cell wall
Zell•woll | e *f* rayon, viscose
{Oberbegriff für alle nach dem Viskoseverfahren hergestellten Spinnfasern}
~industrie *f* rayon industry
Zell•zyklus *m* cell cycle
Zelten *nt* camping
~ verboten: no camping
≗ *v* camp

Zement *m* cement
~herstellung *f* cement manufacture
~industrie *f* cement industry
~mörtel *m* cement mortar
~werk *nt* cement factory, cement plant
zentral *adj* central
Zentrale *f* clearing-house
Zentral | heizung *f* central heating system
~nerven•system *nt* central nervous system
{Dtsch. Abk.: ZNS; Engl. Abk.: CNS}
~wert *m* median
zentrifugal *adj* centrifugal
≗gebläse *nt* centrifugal fan
Zentrifuge *f* centrifugal separator, centrifuge
Zentrum *nt* center (Am), centre, focus
Zerbrechen *nt* breaking
≗ *v* break
zerbrechlich *adj* fragile
zerbröckeln *v* crumble, disintegrate
zerebral *adj* cerebral
Zerfall *m* collapse, corrosion, decay, disintegration
radioaktiver ~: radioactive decay
zerfallen *adj* collapsed, disintegrated
~ *v* collapse, decay, disintegrate
Zerfalls | produkt *nt* daughter product, decay product
~prozess *m* disintegration process
~temperatur *f* breaking-down temperature
~wärme *f* decay heat
zerfetzen *v* slash
zerfressen *v* corrode
Zerkleinern *nt* comminuting, shredding, size reduction
Zerkleinerung *f* comminution, crushing, disintegration
~s•anlage *f* comminuting plant
~s•einrichtung *f* comminuting equipment
~s•maschine *f* comminuting machine, crushing machine
zerlassen *v* melt
Zerlege•anlage *f* dismantling plant
Zerlegen *nt* degradation, dismantling
≗ *v* degrade, dismantle
≗ *v* joint
{ein Tier ~}
zerlegt *adj* degraded
Zerlegung *f* degradation, dismantling
Zerpulvern *nt* pulverization
≗ *v* pulverize
zerquetschen *v* squash
zerreibbar *adj* friable
Zerreißen *nt* splitting
≗ *v* break
zerren *v* lug
Zerschlagung *f* disruption
Zerschneidung *f* fragmentation
zersetzen *v* decay, decompose
{sich ~}
Zersetzung *f* decomposition, disintegration
anaerobe ~: anaerobic decomposition
~s•temperatur *f* decomposition temperature
~s•vermögen *nt* decay capacity
biologisches ~~: biodecay capacity
Zersiedelung *f* despoliation by development, settlement spreading, urban sprawl
zersplittern *v* splinter
zerstäuben *v* atomize
Zerstäuber *m* atomizer, vaporizer
~brenner *m* atomizing burner
Zerstäubung *f* atomizing, spraying
~s•brenner *m* atomizing burner
~s•trocknung *f* flash drying
Zerstören *nt* breaking
≗ *v* blight, break, destroy
zerstört *adj* wrecked
Zerstörung *f* destruction
≗s•frei *adj* non-destructive
zerstreuen *v* disperse
{sich ~}
Zerstreuung *f* dispersion
Zertifikat *nt* certificate
Zertifizierung *f* certification
zertrampeln *v* trample
zertrampelt *adj* trampled
Zertrümmern *nt* breaking
≗ *v* break
Zeta•potenzial *nt* zeta potential
{auch: Zeta•potential}
{Galvanispannung an der Grenzfläche zweier nicht mischbarer Phasen}
Dtsch. Syn.: elektrokinetisches Potenzial
Zeugen•stand *m* stand
Zeugnis *nt* credential, reference, report, testimonial
~verweigerungs•recht *nt* right of refusal to give evidence
zickzack *adv* zigzag
im ≗ laufen: zigzag ***v***
~förmig *adj* zigzag
≗linie *f* zigzag
≗sichter *m* zigzag air classifier
Ziege *f* goat
Ziegel *m* brick, tile
Ziegelei *f* brickworks
Ziegel•stein *m* brick
Ziehen *nt* pulling
≗ *v* draw, drift, lug, pass, pull
ziehend *adj* hauling, pulling
Ziel *nt* aim, goal, objective
{Zweck}
das ~ erreichen: achieve the end, meet the goal
einzelwirtschaftliches ~: goals of individual economic business
gesamtwirtschaftliches ~: macroeconomic goal
~ *nt* destination
{Punkt, Ort}
~ *nt* end
{Ende}
~ *nt* finish
{im Sport}
~ *nt* level
{Stauziel}
~ *nt* sighting
{das anvisierte ~}
~ *nt* target
{Zielscheibe, Zielsetzung}
~analyse *f* goal finding
~art *f* target species
{in der Schädlingsbekämpfung: der zu eliminierende Organismus, der Nutzpflanzen oder Nutztiere schädigt}
~~ *f* umbrella species
{im Naturschutz: Repräsentant für bestimmte Biotoptypen, anhand dessen die Wirksamkeit von Naturschutzmaßnahmen kontrolliert werden kann}
Zielen *nt* sighting
zielen (auf) *v* focus (on)
Ziel | erfüllung *f* goal achievement
~erreichung *f* goal achievement
≗gerichtet *adj* targeted
~gruppe *f* target group
~konflikt *m* conflict of aims
≗los *adj* at random
~organismus *m* target organism
~setzung *f* ojective, target
Zier•leiste *f* moulding
Zier•pflanze *f* ornamental (plant)

Ziffer•blatt *nt* dial
Zigarette *f* cigarette
~n•kippe *f* stub
~n•stummel *m* cigarette end
Zigeuner•vögel *m* roving birds
Zink *nt* zinc
~bestimmung *f* zinc determination
Zinke *f* tine
{*z.B. einer Gabel*}
Zink | gehalt *m* zinc content
~hütte *f* zinc smeltery
Zinn *nt* tin
~erz *nt* tin ore
≗organisch *adj* organo-tin
~verbindung *f* tin compound
Zins *m* interest
~politik *f* interest policy
Zirkonium *nt* zirconium
~legierung *f* zirconium alloy
~verbindung *f* zirconium compound
Zirkulation *f* circulation, overturn
{*Mischung von Oberflächen- und Tiefenwasser in Seen bei weitgehender Temperaturgleiche im Frühjahr und Herbst*}
~s•modell *nt* circulation model
zirkulieren *v* circulate
zirkulierend *adj* circulating, circulatory
Zitat *nt* reference
Zittergras *nt* quaking-grass
zivil *adj* civil
≗flug•platz *m* civil airfield
≗gericht *nt* civil court
≗~s•barkeit *f* civil jurisdiction
Zivilisation *f* civilization
Folgen der ~: impact of civilization
Zivil | luft•fahrt *f* civil aviation
~prozess *m* civil procedure
~~ordnung *f* code of civil procedure
~recht *nt* civil law
≗rechtlich *adj* civil
Zitronen•säure *f* citric acid
~zyklus *f* citric acid cycle
Zoll *m* customs
{*Zollbehörde*}
~ *m* tariff, tax
{*Zolltarif*}
~erhebung *f* duty
zonal *adj* zonal
Zonation *f* zonation
Zone *f* region, zone
äquatoriale ~: equatorial region
euphotische ~: euphotic zone
{*lichtdurchflutete Zone in einem Gewässer, in der Fotosysnthese stattfinden kann*}
gemäßigte ~: temperate region, temperate zone
in ~n eingeteilt: zoned ***adj***
kernwaffenfreie ~: nuclear-free zone
limnische ~: limnetic zone
neritische ~: neritic zone
Dtsch. Syn.: Flachseezone
~n•damm *m* zoned dam
{*Staudamm, dessen Querschnitt aus Bereichen von unterschiedlichem Material und unterschiedlicher Durchlässigkeit besteht*}
Zonierung *f* zoning
Zönose *f* cenosis, coenosis
{*durch gegenseitige Wechselwirkungen zwischen den einzelnen Gliedern gekennzeichnete Einheit*}
Zoo *m* zoo
~anthroponose *f* zoonosis
{*Dtsch. Syn.: Zoonose; Tierseuche, die auf den Menschen übertragbar ist*}
≗geo•grafisch *adj* zoogeographical
{*auch: ≗geo•graphisch*}
~gloea *pl* zoogloea
Dtsch. Syn.: Bäumchenbakterien
~log | e /~in *m/f* zoologist
Feld-, Freiland~: field zoologist
~logie *f* zoology
{*Tierkunde*}
≗logisch *adj* zoological
~nose *f* zoonosis
{*Dtsch. Syn.: Zooanthroponose*}
~pathologie *f* animal pathology
~phyt *m* zoophyte
~plankton *nt* zooplankton
Dtsch. Syn.: Schwebetiere
~sapro•phage *m/pl* scavenger
zu *adj* shut
zubewegen *v* approach, tend
{*sich ~*}
Zubringer•schöpf•werk *nt* secondary pumping station
{*Schöpfwerk, das in einen Vorfluter pumpt, der durch ein nachfolgendes Schöpfwerk oder Siel entwässert*}
Zucht *f* husbandry
Züchten *nt* breeding
≗ *v* breed, cultivate, farm
≗ *v* culture
{*von Bakterien*}
Züchter /~in *m/f* breeder
Zucht•sorte *f* cultivar
Zucht•stätte *f* nursery
Zucht•technik *f* breeding technique
Züchtung *f* breed, breeding, cultivation
Zucker *m* sugar
~couleur *nt* caramel
~ersatz *m* sugar substitute
~industrie *f* sugar industry
~rohr *nt* sugar cane
~rübe *f* sugar beet
zuerst *adv* first
Zufahrts•straße *f* access road, approach
zufällig *adj* accidental
~ *adv* accidentally
Zufalls | probe *f* random sample
~verteilung *f* arrangement at random, random distribution, randomization
Zuflucht *f* recourse, refuge, sanctuary, shelter
Zufluchtnahme *f* recourse
Zufluchts | ort *m* place of refuge, refuge, refugium, sanctuary
~raum *m* refuge area
Zufluss *m* affluent
{*~ eines Sees*}
~ *m* afflux, feeder, feeder stream, tributary
{*Gewässer*}
~ *m* inflow, influx
{*zulaufendes Wasser*}
~ *m* runon
{*~ von Oberflächenabfluss*}
Zufuhr *f* application, input
zuführen *v* feed, input
zufüttern *v* feed in addition
Zug *m* draught
{*Luftzug*}
~ *m* flue
{*Abzugsrohr*}
~ *m* migration, passage
{*Vogelzug*}
~ *m* tractive
{*ziehende Kraft*}
~ *m* train
{*Eisenbahn*}
gleisloser ~: wheel train
{*meist in Tourismuszentren*}
~vogel *m* bird of passage, migrant
Zugang *m* access, approach
erweiterter ~: enlarged access
~ zu Verwaltungsdokumenten: access to administrative documents

~ *m* access point
{*Ort des Zugangs zu einem Grundstück*}

zugänglich *adj* accessible
Zugänglichkeit *f* accessibility
Zugangs•recht *nt* right of access
zugefroren *adj* frozen
zugelassen *adj* admitted, allowed, approved
~e Anlage: approved facility
zügeln *v* bridle, master
Zugeständnis *nt* concession
Zug | holz *nt* tension wood
{*helleres, ligninärmeres Holz, das Laubbäume als Reaktion auf einseitige Belastung auf der Zugseite bilden*}
~regler *m* draught regulator
~route *f* migration route
~segment *nt* [radial gate with tension gate arms]
{*Segment einer Wehranlage mit auf Zug beanspruchten Armen*}
~tier *nt* draught animal
~~anspannung *f* animal traction
~verbindung *f* railroad service (Am), rail service
~verkehr *m* railroad traffic (Am), rail traffic
~vogel *m* migratory bird
~weg *m* migration route
zukleben *v* tape
{*mit Klebeband ~*}
Zukunft *f* future
in der ~: prospectively ***adv***
zukünftig *adj* future, prospective
Zukunfts | aussichten *pl* prospects
~baum *m* future crop tree
{*in der Forstwirtschaft syn. mit Zukunftsstamm gebraucht*}
~stamm *m* future crop tree
{*für die Bildung des zukünftigen Bestandes, bes. des Endbestandes besonders geeigneter Baum*}
≗weisend *adv* in a forward-looking way
zulänglich *adj* adequate
zulässig *adj* allowable, permissible
~es Risikoniveau: acceptable risk level
Zulassung *f* approval, authorization
{*Freigabe*}
~ *f* permission
{*Erlaubnis*}
~ *f* registration
{*Kfz.-Zulassung*}

~s•recht *nt* permission law
~s•verfahren *nt* admission procedure
Zulauf *m* influent
Zuleitung *f* inlet pipe
~s•rohr *nt* inlet pipe
zumachen *v* shut, shut down
Zumutbarkeit *f* reasonableness
Zunahme *f* increase, surge
Zünd | anlage *f* ignition system
~temperatur *f* burning temperature
~~grenze *f* explosion limit
Zündung *f* ignition
~ einstellen: adjust the timing
zunehmen *v* increase
Zungen | -Frequenz•messgerät *nt* reed frequency measurement system
~becken•see *m* glacial-lobe lake
{*See in einem talwärts durch Endmoränen begrenzten Becken, in dem eine Gletscherzunge gelegen hat*}
zunichte | gemacht *adj* wrecked
~ machen *v* squash
Zuordnungs•wert *m* assignment criterion
Zurichtung *f* overlay
zurück *adv* back
~entwickeln *v* regress
{*sich ~*}
~fahren *v* recoil
{*zurückschrecken*}
≗geben *nt* restoring
~geblieben *adj* residual
~gehen *v* decline, drop, ebb
~gehend *adj* declining
~gestellt *adj* deferred
~gewinnen *v* recover
~gezogen *adj* retired
~haltend *adj* reserved, retaining
~kehren *v* home
≗nahme *f* withdrawal
~schrecken *v* recoil
~setzen *v* back
~weisen *v* reject
≗weisung *f* rejection
Zusage *f* commitment
Zusammen | arbeit *f* collaboration, co-operation
verdeckte ~~: behind-the-scenes co-operation
≗arbeiten *v* co-operate, work together
eng ≗~: work closely ***v***
~backen *nt* caking

das ~~ verhindernd: anticaking ***adj***
≗ballen (sich) *v* clump
{*sich ≗~*}
~ballung *f* clump
≗brechen *v* crash
~bruch *m* breakdown, collapse, crash, failure
~deponierung *f* co-disposal
≗drängen *v* bunch
~fluss *m* confluence
≗fügen *v* knit
≗gebunden *adj* bound, braided
≗gelegt *adj* consolidated
≗geschwemmt *adj* colluvial
≗gesetzt *adj* composite
≗gezogen *adj* contracted
~halt *m* cohesion
≗halten *v* knit
~hang *m* bearing, connection, context, linkage, relation, relationship
in ~~ bringen: relate ***v***
in ~~ mit: in connection with
in ~~ stehend: relating ***adj***
≗hängen *v* relate
≗hängend *adj* coherent, interrelated
≗~ *adv* coherently
≗passend *adj* matching
≗sacken *v* sag
≗setzen *v* compose
{*sich ≗~*}
~setzung *f* composition
chemische ~~: chemical composition, chemistry
~stellung *f* compilation
~stoß *m* crash
≗tun *v* lump
≗wachsen *v* knit
≗ziehen *v* contract
Zusatz *m* additive, overhead, supplement
~feuerung *f* additional heating
~finanzierung *f* concessional financing
zusätzlich *adj* additional, auxiliary, cumulative, extra, secondary, supplementary
~e finanzielle Mittel: extra financial assets
Zusatz | stoff *m* additive
~übereinkommen *nt* additional agreement, supplementary agreement, supplementary convention
~wasser *nt* make-up water
Zuschlag *m* overhead, supplement

Zuschlags•stoff *m* aggregate
Zuschuss *m* grant
Zusicherung *f* warranty
Zustand *m* condition, plight, state
zuständig *v* appropriate, proper, relevant
~e Behörde: responsible authority
~es Gericht: court of jurisdiction
Zuständigkeit *f* competence
{Kompetenz}
~ *f* jurisdiction
{~ eines Gerichts}
~ *f* responsibility
{Verantwortlichkeit}
~ *f* scope
{Zuständigkeitsbereich}
~s•bereich *m* area of responsibility, jurisdiction, scope, territory
in den ~~ des .. fallen: be within the responsibility of ..
Zustands | bedingung *f* state condition
~haftung *f* liability for jurisdiction
~stufe *f* (soil) quality index
zustimmen *v* consent
zustimmend *adj* favourable
Zustimmung *f* agreement, consent
~s•gesetz *nt* [bill subject of an affirmative vote by the Bundesrat]
Zustrom *m* inflow, influx
zutage fördern *v* bring to the light, produce
{auch: zu Tage fördern}
Zutage•liegendes *nt* outcrop
zuteilen *v* allot
Zuteilung *f* allotment, assignment, attribution
Zutritt *m* access, admission
zuverlässig *adj* good, reliable, steady
Zuverlässigkeit *f* reliability
Zuwachs *m* increment
{Rate des Wachstums eines Organismus durch Zunahme an Rauminhalt oder an Gewicht}
~prozent *nt* increment percent
{der Zuwachs ausgedrückt als Prozent des Ausgangswertes}
zuweisen *v* assign
zuwider•handeln *v* contravene
Zwang *m* coersion, compulsion, constraint, obligation, pressure
unmittelbarer ~: direct constraint
zwang•los *adj* informal
Zwangs | geld *nt* forced money
~maßnahme *f* coercive measure, compulsory measure, sanction
~mischer *m* compulsory mixer
~vollstreckung *f* (compulsory) execution
Zweck *m* objective, purpose
(eigens) zu diesem ~ errichtet: purpose-built ***adj***
~bau *m* functional building
≗dienlich *adj* appropriate
~dienlichkeit *f* desirability
≗entsprechend *adj* appropriate, suitable
~ *adv* appropriately
~verband *m* joint local authority, municipal association
{Zusammenschluss von Gemeinden und Gemeindeverbänden zu gemeinsamer Erfüllung bestimmter Aufgaben}
Zweig *m* branch
~abplattung *f* branch flattening
~bildung *f* branch formation
~dichte *f* density of branches
~knoten *m* branch node
~spitze *f* branch tip
~steckling *m* branch cutting
zweijährig *adj* biennial
Zwei | rad *nt* bicycle, two-wheeler
~takt•motor *m* two-stroke engine
Zweit•anmeldung *f* secondary registration
zweite /~r /~s *adj* second
zweiteilig *adj* two-piece
zweit•rangig *adj* secondary
Zwerg /-in *n* dwarf
~baum *m* dwarf
~pflanze *f* dwarf
~strauch•heide *f* (dwarf) scrub heath
~tier *nt* dwarf
~wuchs *m* dwarfism
~wüchsigkeit *f* dwarfism
~wuchs•unterlage *f* dwarfing rootstock
Zwiebel *f* bulb
{Blumenzwiebel}
~ *f* onion
{Gemüsezwiebel}
zwie•spältig *adj* conflicting
Zwilling *m* twin
eineiige ~e: identical twins
zwingen *v* coerce, compel, force
zwingend *adj* compulsory, imperative, mandatory
~e Gründe: imperative reasons
Zwischen | anbau *m* intercropping
~einsaat *f* interseeding, relay cropping
~eis•zeit *nt* interglacial
~entscheidung *f* interim decision
~fall *m* incident
~frucht *f* catch crop
~~anbau *m* catch-cropping
~~bau *m* catch crop growing
~kühler *m* intermediate cooler
~lager *nt* interim storage, intermediate storage
~lagerung *f* intermediate storage, temporary storage
~pflanzung *f* interplanting
~moor *nt* transitional bog
Dtsch. Syn.: Übergangsmoor
~produkt *nt* intermediate (prodct)
~raum *m* interstice
~saat *f* interseeding
≗staatlich *adj* international, interstate
~strom•land *nt* interfluve
~überhitzer *m* reheater
~überprüfung *f* mid-term review
~urteil *nt* intermediate verdict
~verfahren *nt* interim proceedings
~wirt *m* intermediate host
Zyanose *f* cyanosis
Dtsch. Syn.: Blausucht
Zygote *f* zygote
Zyklamat *nt* cyclamate
{chem. exakt: Cyclamat}
zyklisch *adj* cyclical
Zyklon *m* cyclone
{tropischer Wirbelsturm; auch: Kurzbezeichnung für Zyklonabscheider bzw. -entstauber}
~abscheider *m* cyclone precipitator
{Massenkraftabscheider, wo bei Umlenkung des Abgases, die Staubpartikel der Umlenkung nur schlecht folgen können und so abgeschieden werden}
zyklonal *adj* in a cyclonic direction
~ *adv* cyclonically
Zyklone *f* cyclone
Dtsch. Syn.: Tiefdruckgebiet
Zyklon | entstauber *m* cyclone (dust separator)
~filter *m* cyclone filter
zyklonisch *adj* cyclonic
Zyklus *m* cycle
Zylinder•spule *f* solenoid
Zypresse *f* cypress
~n•wald *m* cypress forest

Zyto | chemie *f* cytochemistry
~genetik *f* cytogenetics
~kinese *f* cytokinesis
Zyto•logie *f* cytology
Dtsch. Syn.: Cytologie, Zellenlehre
{Teilgebiet der Biologie, das Organisation und Lebenserscheinungen der Zellen erforscht}
Zyto•lyse *f* cytolysis
Dtsch. Syn.: Zellauflösung
Zyto•plasma *nt* cytoplasm
Dtsch. Syn.: Zellplasma
zyto•plasmatisch *adj* cytoplasmic
Zytosin *nt* cytosine
{chem. exakt: Cytosin}
Zyto•statikum *nt* cytostatic drug
{hemmt das Zellwachstum bei bösartigen Geschwülsten und neoplasmatischen Erkrankungen des blutbildenden Systems}
Zyto•toxin *nt* cytotoxin
{chem. exakt: Cytotoxin}
Zyto•toxizität *f* cytotoxicity

Teil 2

Englisch – Deutsch

Second Section

English – German

aapa || fen : Aapamoor *nt*

~ mire : Aapamoor *nt*

abandon : niederschlagen *v*

abandoned : ausgesetzt, verkommen, verlassen, verworfen *adj*

~ polluted area : Altlast *f*

~ site : Altlast *f*, Altstandort *m*

~ vehicle : abgestelltes Fahrzeug *(nt)*, verlassenes Fahrzeug

abase : erniedrigen *v*

abasement : Erniedrigung *f*

abatement : Bekämpfung *f*, Herabsetzung *f*, Minderung *f*, Reduzierung *f*

abattoir : Schlachthof *m*

~ waste : Schlachtabfall *m*

abbreviation : Abkürzung *f*

ability : Anlagen *pl*, Begabung *f*, Fähigkeit *f*, Intelligenz *f*, Können *nt*, Talent *nt*, Veranlagung *f*, Vermögen *nt*

abiocoen : Abiozön *nt*

abiogenous : abiogen *adj*

abiotic : abiotisch, unbelebt *adj*

~ decomposition : abiotischer Abbau *(m)*

~ degradation : abiotischer Abbau *(m)*

~ environment : abiotische Umweltfaktoren *(pl)*, unbelebte Umwelt *(f)*

~ factor : abiotischer Faktor *(f)*

~ sample : abiotische Probe *(f)*

Abitur : Abitur *nt*

ablation : Ablation *f*

able : begabt, fähig, tüchtig *adj*

~ to withstand stress: belastbar *adj*

abolish : abschaffen *v*

above : obig *adj*

~ : darüber, hinauf, nach oben, oben, oberhalb *adv*

~ : oberhalb, über *prep*

~-ground : oberirdisch *adj*

~-~ construction : Hochbau *m*

~-~ explosion : oberirdische Explosion *(f)*

~ sea level : über dem Meeresspiegel, über Normal-Null *adj*

abrasion : Abrasion *f*, Abrieb *m*, Abschliff *m*

abrasive : abrasiv, schmirgelnd *adj*

~ dust : schmirgelnder Staub *(m)*

~ : Abrieb *m*

absolute : absolut *adj*

~ dust collection plant : Absolutentstaubungsanlage *f*

~ humidity : absolute Feuchtigkeit *(f)*, absolute Luftfeuchtigkeit *(f)*

~ liability : Gefährdungshaftung *f*

~ limit of audibility : absolute Hörschwelle *(f)*

~ viscosity : dynamische Viskosität *(f)*

absorb : absorbieren, aufnehmen, aufsaugen *v*

absorbed : absorbiert *adj*

~ solar radiation : absorbierte Sonnenstrahlung *(f)*

absorbency : Absorptionsvermögen *nt*

absorbent : absorbierend, absorptionsfähig *adj*

~ : Absorbens *nt*, Absorptionsmittel *nt*

absorber : Absorber *m*

absorbing : absorbierend, Absorptions-, aufnehmend *adj*

~ agent : Absorptionsmittel *nt*

~ medium : Absorptionsmittel *nt*

~ wall : Schallschluckwand *f*

absorption : Absorption *f*

~ of water: Wasseraufnahme *f*

~ area : Absorptionsfläche *f*

~ coefficient : Absorptionskoeffizient *m*

~ column : Absorptionskolonne *f*

~ density meter : Absorptionsdichtemesser *m*

~ factor : Absorptionsfaktor *m*

~ line : Absorptionslinie *f*

~ plant : Absorptionsanlage *f*

~ spectrometry : Absorptionsspektralanalyse *f*

~ spectrum : Absorptionsspektrum *nt*

~ surface : Absorptionsoberfläche *f*

absorptive : Absorptions-, absorptiv *adj*

~ capacity : Absorptionsfähigkeit *f*, Absorptionsvermögen *nt*

~ outlet : Schluckablauf *m*, Versickerungsablauf *m*

absorptivity : Absorptionsvermögen *nt*

abstraction : Entnahme *f*

abundance : Abundanz *f*, Dichte *f*, Häufigkeit *f*

~ of flowers: Blumenfülle *f*

abundant : reich, reichlich *adj*

abuse : Missbrauch *m*

~ of consideration: Abwägungsfehler *m*

~ of discretion: Ermessensfehler *m*

~ of one's powers of discretion: Ermessensmissbrauch *m*

abutment : Widerlager *nt*

~ sidewall : Wehrwange *f*

abyss : Abgrund *m*, Tiefsee *f*

abyssal : abyssal, Abyssal-, abyssisch *adj*

~ fauna : Tiefseefauna *f*

~ fish : Tiefseefisch *m*

~ zone : Abyssal *nt*, Abyssalregion *f*, abyssische Region *(f)*

academic : akademisch, wissenschaftlich *adj*

academically : akademisch, wissenschaftlich *adv*

academy : Akademie *f*

~ for nature conservation: Akademie für Naturschutz *(f)*, Naturschutzakademie *f*

acaricide : Akarizid *nt*, Milbenbekämpfungsmittel *nt*

acaridicide : Akarizid *nt*, Milbenbekämpfungsmittel *nt*

accelerate : beschleunigen *v*

accelerated : beschleunigt *adj*

~ erosion : beschleunigte Erosion *(f)*

acceleration : Beschleunigung *f*

~ sensor : Beschleunigungsaufnehmer *m*

accent : Akzent *m*, Aussprache *f*

accept : akzeptieren, anerkennen *v*

acceptable : akzeptabel, angenehm, annehmbar, zulässig *adj*

~ daily intake : ADI-Wert *m*

acceptance : Akzeptanz *f*, Anerkennung *f*

accepted : genehmigt *adj*

access : Zugang *m*, Zutritt *m*

~ **to information:** Informationsfreiheit *f*

accessibility : Erreichbarkeit *f*, Zugänglichkeit *f*

accessible : erreichbar, zugänglich *adj*

access || point : Zugang *m*

~ road : Zufahrtsstraße *f*

accident : Unfall *m*

accidental : unbeabsichtigt, zufällig *adj*

~ **high exposure to radioactive materials:** nicht vorhergesehene Exposition *(f)*

accidentally : versehentlich, zufällig *adv*

accident prevention : Unfallverhütung *f*

~ ~ rule : Unfallverhütungsvorschrift *f*

acclimatisation (Br) : Akklimatisation *f*, Anpassung *f*, Eingewöhnung *f*

acclimatise (Br) : akklimatisieren *v*

acclimatization : Akklimatisation *f*, Anpassung *f*, Eingewöhnung *f*

acclimatize : akklimatisieren *v*

accommodation : Unterbringung *f*

~ reflex : Akkommodationsreflex *m*

accompanying : begleitend, flankierend *adj*

~ document : Begleitdokument *nt*

~ measure : flankierende Maßnahme *(f)*

accordance : Übereinstimmung *f*

in ~ with: in Übereinstimmung mit

according as : je nachdem wie *adv*

according to : entsprechend, gemäß, nach *adv*

~ ~ **the season:** saisonal *adv*

~ ~ **the terms of the contract:** laut Vertrag

accountability : Nachweispflicht *f*, Verantwortlichkeit *f*

accountancy : Rechnungswesen *nt*

accounting : Buchführung *f*, Gesamtrechnung *f*

accredit : akkreditieren, anerkennen *v*

accreditation : Akkreditierung *f*, Anerkennung *f*

accredited : akkreditiert, anerkannt *adj*

accretion : Anlagerung *f*, Anwachsen *nt*

accrued : angesammelt *adj*

acculturation : Akkulturation *f*

accumulate : akkumulieren, anhäufen, anreichern (sich), ansammeln (sich) *v*

accumulated : abgesetzt, akkumuliert, angehäuft, angesammelt *adj*

~ temperature : Wärmesumme *f*

accumulation : Akkumulation *f*, Anhäufung *f*, Anreicherung *f*

~ **in body tissues:** Anreicherung im Körpergewebe *(f)*

~ **of pollutants:** Schadstoffakkumulation *f*

accumulator : Akkumulator *m*, Batterie *f*

accuracy : Genauigkeit *f*

~ **of measurement:** Messgenauigkeit *f*

accused : Beklagte *f*, Beklagter *m*, Beschuldigte *f*, Beschuldigter *m*

acetate : Overheadfolie *f*

acetyl cholinesterase : Acetylcholinesterase *f*

achievable : durchführbar, erreichbar *adj*

~ **degree of degradation:** technischer Abbaugrad *(m)*

achieve : erreichen *v*

~ **the end:** das Ziel erreichen

achievement : Errungenschaft *f*, Leistung *f*

acicular : acicular, nadelartig, nadelförmig *adj*

acid : Säure *f*

~ : sauer, saure, saurer, saures *adj*

~ concentration : Säurekonzentration *f*

~ content : Säuregehalt *m*

acidly : sauer *adv*

acid || mine drainage : saure Grubenwässer *(pl)*

~ mine water : saures Grubenwasser *(nt)*, Schachtwasser *nt*

~-neutralizing capacity : Säureneutralisierungsvermögen *nt*

~ particle : saures Teilchen *(nt)*

~ precipitation : saurer Niederschlag *(m)*

~ pulse : Anstieg des Säuregehalts *(m)*

~ rain : Säureregen *m*, Saurer Regen *(m)*

~ recycling plant : Säurerecyclinganlage *f*

~ resin : Säureharz *nt*

~-resistant : säureresistent *adj*

~ sludge combustion : Säureschlammverbrennung *f*

~ smog : saurer Smog *(m)*

~ soot : saurer Ruß *(m)*

~-sulphate : schwefelsauer *adj*

~-~ soil : schwefelsaurer Boden *(m)*

~ tar : Säureharz *nt*

~-tolerant : säuretolerant *adj*

acidic : sauer, Säure-, säurehaltig *adj*

~ properties : Säureeigenschaften *pl*

~ water : angesäuertes Wasser *(nt)*, saures Wasser *(nt)*

acidification : Ansäuerung *f*, Übersäuerung *f*, Versauerung *f*

~ **of waters:** Gewässerversauerung *f*

acidified : versauert *adj*

acidify : versauern *v*

acidimetry : Acidimetrie *f*

acidity : Acidität *f*, Azidität *f*, Säuregrad *m*, Säurestärke *f*

~ degree : Acidität *f*

acidophilic : azidophil, säureliebend *adj*

acidophilous : azidophil, bodensauer, säureliebend *adj*

~ forest : bodensau(e)rer Wald *(m)*

acidproof : säurebeständig *adj*

~ installation : Säureschutzbau *m*

acknowledge : anerkennen *v*

acknowledgement : Anerkennung *f*

acorn : Eichel *f*

acoustic : akustisch, schallschluckend *adj*

~ absorption unit : Einheit der Schallschluckung *(f)*

acoustical : akustisch *adj*

~ frequency : Schallfrequenz *f*

~ quality : akustische Qualität *(f)*

acoustically : akustisch *adv*

acoustic || baffle : Schallschirm *m*, Schallwand *f*

~ board : Absorberelement *nt*, Schalldämmplatte *f*

~ comfort : akustisches Wohlbefinden *(nt)*

~ control : Geräuschunterdrückung *f*

~ dose : Lärmdosis *f*

~ emission monitoring : Schallüberwachung *f*

~ environment : Lärmkulisse *f*

~ filter : akustischer Filter *(m)*, akustisches Filter *(nt)*

~ frequency : Schallfrequenz *f*

~ indicator : akustische Kenngröße *(f)*

~ insulation : Schalldämmung *f*, Schallisolierung *f*

~ ~ material : Schallisolationsmaterial *nt*

~ nuisance : Lärmbelästigung *f*

~ power : Schallleistung *f*

~ ~ level : Schallleistungspegel *m*

~ pressure : Schalldruck *m*

~ ~ level : Schalldruckpegel *m*

~ property : akustische Kenngröße *(f)*

acoustics : Akustik *f*

acoustic || site planning : akustische Standortplanung *(f)*

~ tile : schallschluckende Wandplatte *(f)*

~ window : Schallschutzfenster *nt*

acquired : erworben *adj*

~ immunity : erworbene Immunität *(f)*

acquisition : Aneignung *f*, Annahme *f*, Anschaffung *f*, Erwerb *m*

- **~ of land:** Landbeschaffung *f*
- **~ ~ ~ tax:** Grunderwerbssteuer *f*

acreage : Anbaufläche *f*, Bodenfläche *f*

acridine : Acridin *nt*

across : darüber, drüber, hinüber *adv*

~ : auf der anderen Seite, über *prep*

- **~ the border:** grenzüberschreitend *adv*

acrylic : Acryl- *adj*

~ resin : Acrylharz *nt*

act : Akte *f*, Gesetz nt, Handlung *f*

- **≗ for Promoting Closed Cycle Waste Management and Ensuring Environmentally Compatible Waste Disposal:** Gesetz zur Förderung der Kreislaufwirtschaft und Sicherung der umweltverträglichen Beseitigung von Abfällen *(nt)*, Kreislaufwirtschafts- und Abfallgesetz *(nt)*
- **~ of god:** höhere Gewalt (f), Naturereignis *nt*
- **≗ of Parliament:** Parlamentsakte *f*
- **~ of violence:** Tätlichkeit *f*
- **≗ on Protection against Harmful Changes to Soil and on Rehabilitation of Contaminated Sites:** Gesetz zum Schutz vor schädlichen Bodenveränderungen und zur Sanierung von Altlasten *(nt)*
- **≗ on the Implementation of Council Regulation Allowing Voluntary Participation by Companies in the Industrial Sector in a Community Eco-Management and Audit Scheme:** Gesetz zur Ausführung der Verordnung des Rates über die freiwillige Beteiligung gewerblicher Unternehmen an einem Gemeinschaftssystem für das Umweltmanagement und die Umweltbetriebsprüfung *(nt)*
- **≗ on the Management of Water Resources:** Wasserhaushaltsgesetz *nt*
- **≗ on the Prevention of Harmful Effects on the Environment Caused by Air Pollution, Noise, Vibration and Similar Phenomena:** Gesetz zum Schutz vor schädlichen Umwelteinwirkungen durch Luftverunreinigungen, Geräusche, Erschütterungen und ähnliche Vorgänge *(nt)*

~ : amtieren, handeln, wirken *v*

actinide : Aktinoid *nt*

actinodermatitis : Strahlenschädigung der Haut *(f)*

actinometer : Strahlenmessgerät *nt*

actinometry : Strahlenmessung *f*

actinotherapy : Strahlentherapie *f*

actinotoxemia : Strahlenschädigung *f*

action : Aktion *f*, Handeln *nt*, Handlung *f*, Klage *f*, Maßnahme *f*, Strafantrag *m*

- **~ for declaratory judgement:** Feststellungsklage *f*
- **~ for nullification:** Anfechtungsklage *f*
- **~ of opposition:** Anfechtungsklage *f*

~ agenda : Aktionsprogramm *nt*

~ framework : Aktionsrahmen *m*

~ plan : Aktionsplan *m*

~ programme : Aktionsprogramm *nt*

activate : aktivieren *v*

activated : aktiviert, belebt *adj*

~ coke : Aktivkoks *m*

~ carbon : Aktivkohle *f*

~ ~ adsorption : Adsorption mittels Aktivkohle *(f)*

~ ~ filter : Aktivkohlefilter *m*

~ ~ plant : Aktivkohleanlage *f*

~ ~ recycling : Aktivkohlerecycling *nt*

~ ~ regeneration : Aktivkohleregeneration *f*

~ ~ treatment : Aktivkohlebehandlung *f*

~ charcoal : Aktivkohle *f*

~ sludge : aktivierter Schlamm *(m)*, belebter Schlamm *(m)*, Belebtschlamm *m*

~ ~ floccoli : Belebtschlammflocken *pl*

~ ~ lagoon : Schlammbelebungsanlage *f*

~ ~ plant : Belebtschlammanlage *f*, Belebungsanlage *f*

~ ~ process : Belebtschlammverfahren *nt*, Belebungsverfahren *nt*, Emscherverfahren *nt*

~ ~ reactivation : Belebtschlammregenerierung *f*, Schlammwiederbelebung *f*

~ ~ regeneration : Belebtschlammregenerierung *f*, Schlammwiederbelebung *f*

~ ~ respiration inhibition test : Belebtschlammatmungshemmtest *m*

~ ~ tank : Belebtschlammbecken *nt*

~ ~ treatment : Abwasserreinigung nach dem Belebungsverfahren *(f)*

activation : Aktivierung *f*

~ of sludge: Schlammbelebung *f*

~ analysis : Aktivierungsanalyse *f*

active : aktiv *adj*

~ drainage area : abflusswirksame Fläche *(f)*

~ noise abatement : aktive Lärmbekämpfung *(f)*

~ noise control : aktiver Lärmschutz *(m)*

~ raised bog : lebendes Hochmoor *(nt)*

~ sliding surface : aktive Gleitfläche *(f)*

~ storage : Nutzraum *m*

activist : Aktivist *m*, Aktivistin *f*

activity : Aktivität *f*, Maßnahme *f*, Tätigkeit *f*

~ assay : Aktivitätsmessung *f*

~ determination : Aktivitätsbestimmung *f*, Aktivitätsmessung *f*

~ factor : Aktivitätsfaktor *m*

~ measurement : Aktivitätsmessung *f*

~ measuring instrument : Aktivitätsmessgerät *nt*

~ monitoring : Aktivitätsmessung *f*

actor : Akteur *m*, Akteurin *f*

actuator : Stellantrieb *m*

act unanimously : einstimmig beschließen *v*

acuity : Gehörschärfe *f*

acute : akut, kurzfristig *adj*

~ bronchitis : akute Bronchitis *(f)*

~ exposure : kurzfristige Bestrahlung *(f)*

acutely : akut, äußerst, intensiv, überaus *adv*

acute toxicity : akute Toxizität *(f)*

adapt : anpassen, sich einfügen *v*

adaptability : Anpassungsfähigkeit *f*

adaptable : anpassungsfähig *adj*

adaptation : Adaptation *f*, Adaption *f*, Anpassung *f*, Umstellung *f*

~ to altitude: Höhenanpassung *f*

~ period : Anpassungsfrist *f*

adapted : angepasst *adj*

~ species : Kulturfolger *m*

adaption : Anpassung *f*

adaptive : adaptiv *adj*

~ radiation : adaptive Radiation *(f)*

addition : Addition *f*

additional : zusätzlich *adj*

~ agreement : Zusatzübereinkommen *nt*

~ heating : Zusatzfeuerung *f*

~ load : Mehrbelastung *f*

additionally : außerdem *adv*

additional || order : Nebengesetz *nt*

~ packaging : Umverpackung *f*

addition polymer : Additionspolymer *nt*

additive : Additiv *nt*, Zusatz *m*, Zusatzstoff *m*

address : Ansprache *f*

adenovirus : Adenovirus *nt*

adequate : angemessen, ausreichend, hinreichend, zulänglich *adj*

~ food supply : Ernährungssicherung *f*

adherence : Adhäsion *f*

adherent : klebrig *adj*

adhesion : Adhäsion *f*

adhesive : anhaftend, Haft-, klebrig *adj*

~ agent : Haftmittel *nt*

~ water : Haftwasser *nt*

~ : Klebstoff *m*

ADI : ADI-Wert *m*, höchste zulässige Tagesdosis *(f)*

adiabatic : adiabatisch *adj*

~ lapse rate : adiabatischer Temperaturgradient *(m)*

adiaphanous : strahlenundurchlässig *adj*

adiatinic : strahlenundurchlässig *adj*

adipose : adipös, verfettet *adj*

~ tissue : Fettgewebe *nt*

adjacent : angrenzend, anliegend, benachbart, nahe liegend *adj*

~ site : Nachbargrundstück *nt*

adjoining : angrenzend *adj*

~ owner : Anlieger *m*

adjust : anpassen, eingewöhnen, einstellen *v*

~ the timing: Zündung einstellen

adjusted : eingestellt *adj*

adjusting : abpassend, anpassend, Anpassungs-, Stell-, verstellend *adj*

~ : Einstellung *f*, Justierung *f*

~ period : Anpassungsfrist *f*

adjustment : Anpassung *f*, Gewöhnung *f*

~ of claim: Schadensbehebung *f*

administer : verwalten *v*

administration : Verwaltung *f*

~ of protected area: Schutzgebietsverwaltung *f*

~ on behalf of the federal government: Auftragsverwaltung *f*

~ control : Verwaltungskontrolle *f*

~ enforcement law : Verwaltungsvollstreckungsgesetz *nt*

~ force : Verwaltungszwang *m*

~ practice : Verwaltungspraxis *f*

~ science : Verwaltungswissenschaft *f*

administrative : administrativ, Amts-, Behörden-, behördlich, Verwaltungs- *adj*

~ act : Verwaltungsvorschrift *f*

~ agreement : Verwaltungsabkommen *nt*

~ apparatus : Behördenapparat *m*

~ assistance : Amtshilfe *f*

~ charge : Verwaltungsgebühr *f*

~ costs : Verwaltungskosten *pl*

~ council : Verwaltungsrat *m*

~ court : Verwaltungsgericht *nt*

~ ~ proceedings : Verwaltungsgerichtsverfahren *nt*

≗ Courts Code : Verwaltungsgerichtsordnung *f*

~ decision : Bescheid *m*, Verwaltungsakt *m*

~ discretion : behördliches Ermessen *(nt)*

~ district : Verwaltungsbezirk *m*

~ expenditure : Verwaltungsaufwand *m*

~ fee : Verwaltungsgebühr *f*

~ jurisdiction : Verwaltungsgerichtsbarkeit *f*

~ law : Verwaltungsrecht *nt*

~ machine : Verwaltungsapparat *m*

~ **official** : Verwaltungsbeamte *f*, Verwaltungsbeamter *m*

~ **organ** : Verwaltungsorgan *nt*

~ **Procedures Act** : Verwaltungsverfahrensgesetz *nt*

~ **proceedings** : Verwaltungsverfahren *nt*

~ **regulation** : Verwaltungsvorschrift *f*

~ **work** : Verwaltungsarbeit *f*

administrator : Verwaltungsbeamte *f*, Verwaltungsbeamter *m*

admission : Eingeständnis *nt*, Eintritt *m*, Zutritt *m*

~ **fee** : Eintrittspreis *m*

~ **money** : Eintrittsgeld *nt*

~ **price** : Eintrittspreis *m*

~ **procedure** : Zulassungsverfahren *nt*

admonish : ermahnen *v*

admonition : Ermahnung *f*

adopt : annehmen, verabschieden *v*

adoption : Aneignung *f*, Annahme *f*

adrenal : Adrenalin- *adj*

~ **gland** : Nebenniere *f*

adrenaline : Adrenalin *nt*

adsorb : adsorbieren *v*

adsorbed : adsorbiert, Adsorptions- *adj*

~ **water** : Adsorptionswasser *nt*

adsorbent : Adsorbens *nt*, Adsorptionsmittel *nt*

adsorber : Adsorber *m*

adsorption : Adsorption *f*

~ **agent** : Adsorbens *nt*, Adsorptionsmittel *nt*

~ **balance** : Adsorptionsgleichgewicht *nt*

~ **coefficient** : Adsorptionskoeffizient *m*

~ **column** : Adsorptionskolonne *f*

~ **dehumidifier** : Adsorptionstrockner *m*

~ **equilibrium** : Adsorptionsgleichgewicht *nt*

~ **equipment** : Adsorptionsanlage *f*

~ **isotherm** : Adsorptionsisotherme *f*

~ **plant** : Adsorptionsanlage *f*

~ **power** : Adsorptionsvermögen *nt*

~ **surface** : Adsortionsoberfläche *f*

adsorptive : adsorbierend *adj*

~ **agent** : Adsorbens *nt*, Adsorptionsmittel *nt*

~ **capacity** : Adsorptionsvermögen *nt*

adsox-process : Adsox-Verfahren *nt*

adult : adult, ausgewachsen, erwachsen *adj*

~ : Adulte *m/f*, Erwachsene *f*, Erwachsener *m*

~ **education** : Erwachsenenbildung *f*

~ **further education** : Erwachsenenfortbildung *f*

~ **training** : Erwachsenenbildung *f*

advance : Darlehen *nt*, Fortschritt *m*, Vorrücken *nt*, Vorschuss *m*

~ : befördern, erhöhen, Fortschritte machen, vorankommen, vorbringen, vorverlegen *v*

advanced : fortgeschritten *adj*

~ **developing country** : Schwellenland *nt*

~ **gas-cooled reactor** : fortgeschrittener gasgekühlter Reaktor *(m)*

~ **wastewater treatment** : weitergehende Abwasserreinigung *(m)*

advance fertilization : Vorratsdüngung *f*

advancement : Beförderung *f*

advance notice : Standortvorbescheid *m*, Vorbescheid *m*

advantage : Vorteil *m*

~ **of location:** Standortvorteil *m*

advection : Advektion *f*

~ **fog** : Advektionsnebel *m*

adventive : adventiv *adj*

~ **fauna** : Adventivfauna *f*

adventure : Abenteuer *nt*

adverse : ablehnend, nachteilig, negativ, ungünstig, widrig *adj*

~ **effect** : Folgeschaden *m*

~ ~ **by mining:** Bergbaufolgeschaden *m*

adversely : ablehnend, nachteilig *adv*

advertise : werben *v*

advertisement : Anzeige *f*, Inserat *nt*

advertising : werbend *adj*

~ : Werbung *f*

~ **agency** : Werbeagentur *f*

~ **campaign** : Werbeaktion *f*

~ **industry** : Werbeindustrie *f*

advice : Beratung *f*, Gutachten *nt*, Rat *m*, Ratschlag *m*

adviser : Berater *m*, Beraterin *f*

advisory : beratend, Beratungs- *adj*

~ **board** : Beirat *m*

~ **body** : Beirat *m*

~ **committee** : Beirat *m*

~ **group** : Beratungsgremium *nt*

~ **service** : Beratungsdienst *m*

advocacy : Eintreten *nt*

advocate : Anwalt *m*

aeolian : äolisch, Wind-, windbedingt, windverursacht *adj*

~ **deposit** : Äolium *nt*, Windablagerung *f*

~ **erosion** : Winderosion *f*

~ **soil** : äolischer Boden *(m)*

aerate : auflockern, belüften *v*

aerating : belüftend, Belüftungs-, durchlüftend *adj*

~ **system** : Belüftungsanlage *f*

aeration : Aeration *f*, Belüftung *f*, Durchlüftung *f*

~ **of liquid manure:** Flüssigmistbelüftung *f*

~ **device** : Aerator *m*

~ **plant** : Belüftungsanlage *f*, Belüftungseinrichtung *f*

~ **tank** : Belebungsbecken *nt*

~ **zone** : Aerationszone *f*

aerator : Aerator *m*

aerial : atmosphärisch *adj*

~ **corridor** : Flugschneise *f*

~ **monitoring** : Luftüberwachung *f*

~ **photograph** : Luftbild *nt*

~ **root** : Luftwurzel *m*

~ **survey** : Luftbildmessung *f*

~ **surveying** : Luftbildmessung *f*

aerobe : aerob *adj*

~ : Aerobier *m*

~ **treatment** : aerobe Abwasserbehandlung *(f)*

aerobic : aerob *adj*

aerobically : aerob *adv*

~ **digested sludge** : aerob stabilisierter Schlamm *(m)*

aerobic || bacteria : Aerobe *pl*, aerobe Bakterien *(pl)*

~ **condition** : aerobe Bedingung *(f)*

~ **decomposition** : aerober (biologischer) Abbau *(m)*, aerobe Zersetzung *(f)*

~ **degradation** : aerober (biologischer) Abbau *(m)*, aerobe Zersetzung *(f)*

~ **digestion** : aerober Abbau *(m)*, Gärung *f*

~ **organism** : Aerobier *m*

~ **respiration** : aerobe Atmung *(f)*

~ **sludge stabilization** : Schlammstabilisierung *f*

~ **wastewater treatment** : aerobe Abwasserbehandlung *(f)*, aerobe Abwasserreinigung *(f)*

aerobiology : Aerobiologie *f*

aerobiont : Aerobier *m*

aerobiosis : Aerobiose *f*

aerochemistry : Atmosphärenchemie *f*

aerodynamic : aerodynamisch *adj*

aerodynamics : Aerodynamik *f*

aerology : Aerologie *f*

aeronautics : Flugtechnik *f*

aeronomy : Aeronomie *f*

aeroplane (Br) : Flugzeug *nt*

aerosol : Aerosol *nt*, Aerosol-Spraydose *f*

~ **can** : Spraydose *f*, Sprühdose *f*

~ **centrifuge** : Aerosolzentrifuge *f*

~ **component** : Aerosolbestandteil *m*

~ **filter** : Aerosolfilter *m*

~ **generator** : Aerosolgenerator *m*

~ **manufacture** : Aerosolherstellung *f*

~ **measuring equipment** : Aerosolmessgerät *nt*

~ **particle** : Aerosolpartikel *nt*

~ **separating plant** : Aerosolabscheideanlage *f*

~ **separation** : Aerosolabscheidung *f*

~ **separator** : Aerosolabscheider *m*

~ **spectrometer** : Aerosolspektrometer *nt*

aesthetic : ästhetisch *adj*

aesthetics : Ästhetik *f*

aestivation : Sommerruhe *f*

aetiological : ätiologisch, begründend, ursächlich *adj*

~ **agent** : Krankheitsursache *f*

affect : beeinflussen, schädigen *v*

affected : beeinflusst, gekünstelt *adj*

~ **area** : Belastungsgebiet *nt*

affiliate : Tochterfirma *f*

affluent : Nebenfluss *m*, Zufluss *m*

afflux : Zufluss *m*

affordable : erschwinglich *adj*

afforest : aufforsten, bestocken, bewalden *v*

afforestation : Aufforstung *f*, Bewaldung *f*

~ **of arable land:** Ackeraufforstung *f*

~ **of dumps:** Kippenaufforstung *f*

~ **of dunes:** Dünenaufforstung *f*

~ **of steppes:** Steppenaufforstung *f*

~ **of waste land:** Ödlandaufforstung *f*

~ **area** : Aufforstungsfläche *f*

~ **law** : Aufforstungsrecht *nt*

aflatoxin : Aflatoxin *nt*

Africa : Afrika *nt*

afterbirth : Nachgeburt *f*

~ **period** : Neonatalperiode *f*

afterburning : Nachverbrennung *f*

~ **plant** : Nachverbrennungsanlage *f*

after-care : Nachbehandlung *f*, Nachsorge, Resozialisierung *f*

~-~ **obligation** : Nachsorgepflicht *f*

{also spelled: after care obligation }

afterculture : Nachbesserungspflanzung *f*

aftereffect : Nachwirkung *f*

afterpurification : Nachreinigung *f*

after-use : Folgenutzung *f*

~-~ **recultivation plan** : Rekultivierungsplan *m*

afterwards : nachträglich *adv*

against : gegen *prep*

~ **life** : lebensfeindlich *adj*

~ **nature** : naturwidrig *adj*

agar : Agar-Agar *nt*

~ **agar** : Agar-Agar *nt*

age : Alter *nt*, Lebensalter *nt*

~ **class** : Altersklasse *f*

~-**group** : Altersgruppe *f*, Altersklasse *f*

ageing : Alterung *f*

~ **test equipment** : Alterungsprüfanlage *f*

agency : Behörde *f*, Handeln *nt*, Organisation *f*

Agenda 2000 : Agenda 2000 *f*

Agenda 21 : Agenda 21 *f*

agent : Mittel *nt*, Stoff *m*, Vertreter *m*, Vertreterin *f*, Wirkstoff *m*

~ **for asbestos disposal:** Asbestsanierungsmittel *nt*

~ **of vicarious liability:** Erfüllungsgehilfe *m*

age structure : Altersaufbau *m*, Altersstruktur *f*

agglomeration : Agglomeration *f*, Aggregation *f*, Anhäufung *f*

aggravate : erschweren, verschlimmern *v*

aggregate : Aggregat nt, Ansammlung *f*, Zuschlagsstoff *m*

~ : anhäufen *v*

~-**size fraction** : Aggregatgrößenklasse *f*

~ **stability** : Aggregatbeständigkeit *f*, Aggregatstabilität *f*

aggregation : Agglomeration *f*, Aggregation *f*, Zusammenballung *f*

aggressive : aggressiv *adj*

aggressively : aggressiv *adv*

agitator : Agitator *m*, Rührwerk *nt*

~ **aerating system** : Rührwerksbelüfter *m*

~-**vessel process** : Rührkesselverfahren *nt*

agrarian : Agrar-, agrarisch, landwirtschaftlich *adj*

~ **economy** : Agrarwirtschaft *f*

~ **reform** : Agrarreform *f*, Bodenreform *f*

~ **sociology** : Agrarsoziologie *f*

agree : zustimmen *v*

~ **to** : genehmigen *v*

agreement : Abkommen *nt*, Abstimmung *f*, Einvernehmen *nt*, Übereinkunft *f*, Übereinstimmung *f*, Vereinbarung *f*, Vertrag *m*, Zustimmung *f*

agribusiness : Agrobusiness *nt*

agricultural : Acker-, Agrar-, Agrikultur-, Agro-, Dünge-, Feld-, landwirtschaftlich *adj*

~ afforestation : Schutzwaldanbau *m*

~ animal : Nutztier *nt*

~ area : Agrargebiet nt, Agrarraum *m*

~ assistance : Agrarhilfe *f*

~ biology : Agrarbiologie *f*

~ chemical : Agrochemikalie *f*

~ chemistry : Agrarchemie *f*, Agrikulturchemie *f*

~ clause : Landwirtschaftsklausel *f*

~ commodoties market : Agrarmarkt *m*

~ country : Agrarland *nt*

~ crisis : Agrarkrise *f*

~ crop : Ackerpflanze *f*, Feldfrucht *f*

~ development : Agrarentwicklung *f*

~ economics : Agrarökonomie *f*

~ economist : Agrarökonom *m*, Agrarwirtschaftler *m*, Agrarwirtschaftlerin *f*

~ economy : Agrarökonomik *f*

~ engineer : Agraringenieur *m*, Agraringenieurin *f*, Landtechniker *m*, Landtechnikerin *f*

~ engineering : Agraringenieurwesen *nt*, Agrartechnik *f*, Landtechnik *f*

~ equipment : Ackergerät *nt*

~ expert : Agrarexperte *m*, Agrarexpertin *f*

~ forecast : Agrarprognose *f*

~ geography : Agrargeografie *f*

~ grade of land : Bodenwertzahl *f*

~ history : Agrargeschichte *f*

~ hydrology : Landwirtschaftshydrologie *f*

~ implement : Ackergerät *nt*

~ labour : Landarbeit *f*

~ labourer : Landarbeiter *m*, Landarbeiterin *f*

~ land : Agrarland *nt*, Agrarraum *m*

~ landscape : Ackerlandschaft *f*, Agrarlandschaft *f*, Kulturland *nt*

~ lime : Düngekalk *m*

agriculturally : landwirtschaftlich *adv*

~ productive land: (landwirtschaftliche) Nutzfläche *f*

agricultural || machine : Ackermaschine *f*, Landmaschine *f*

~ machinery : Agrartechnik *f*

~ market organisation/organization : Agrarmarktordnung *f*

~ meteorological station : agrarmeteorologische Station *(f)*

~ pesticide : Pflanzenschutzmittel *nt*

~ ~ residue : Pflanzenschutzmittelrückstand *m*

~ planning : Agrarplanung *f*

~ policy : Agrarpolitik *f*, Landwirtschaftspolitik *f*

~ population : Agrarbevölkerung *f*

~ price : Agrarpreis *m*

~ produce : Agrarprodukte *pl*

~ product : Agrarprodukt *nt*

~ production : Agrarproduktion *f*

~ products processing plant : Agrarfabrik *f*

~ programme : Agrarprogramm *nt*

~ reform : Agrarreform *f*

~ region : Agrargebiet nt, Agrarregion *f*

~ research : Agrarforschung *f*

~ ~ centre : Agrarforschungszentrum *nt*

~ researcher : Agrarforscher *m*, Agrarforscherin *f*

~ science : Agrarwissenschaft *f*, Landwirtschaftswissenschaft *f*

~ sector : Agrarsektor *m*

~ show : Landwirtschaftsausstellung *f*

~ site : Agrarstandort *nt*

~ slag : Düngeschlacke *f*

~ society : Agrargesellschaft *f*

~ soil : Ackerboden *m*

~ state : Agrarstaat *m*

~ statistics : Agrarstatistik *f*, Landwirtschaftsstatistik *f*

~ structure : Agrarstruktur *f*

~ surpluses : Agrarüberschüsse *pl*

~ technician : Agrartechniker *m*, Agrartechnikerin *f*

~ technics : Agrartechnik *f*

~ technologist : Agrartechnologe *m*, Agrartechnologin *f*

~ technology : Agrartechnik *f*, Agrartechnologie *f*

~ tool : Ackergerät *nt*

~ tractor : Landwirtschaftstraktor *m*

~ trade : Agrarhandel *m*

~ utilization of treated wastewater : landwirtschaftliche Abwasserverwertung *(f)*

~ vehicle : Ackerfahrzeug *nt*

~ waste : landwirtschaftlicher Abfall *(m)*

~ ~ water : landwirtschaftliches Schmutzwasser *(m)*

~ work : Landarbeit *f*

~ worker : Landarbeiter *m*, Landarbeiterin *f*

agriculture : Ackerbau *m*, Agrarwirtschaft *f*, Agrikultur *f*, Landbau *m*, Landwirtschaft *f*

~ system : Landbausystem *nt*

agriculturism : Landwirtschaftskunde *f*

agriculturist : Landwirt *m*, Landwirtin *f*, Landwirtschaftsexperte *m*, Landwirtschaftsexpertin *f*

agri-environment measure : flankierende Maßnahme *(f)*

agrisilviculture : Agrowaldbau *m*

agro | -bacterium : Agrobakterium *nt*

~-bioenergy : Agrobioenergie *f*

~-biology : Agrobiologie *f*

~-chemical : agrochemisch *adj*

~-~ : Agrochemikalie *f*

~-~ testing and advisory service: agrochemischer Dienst *(m)*

~-chemistry : Agrochemie *f*

~-climatic : agroklimatisch *adj*

~-climatology : Agrarklimatologie *f*

~-ecology : Agrarökologie *f*

~-economy : Agrarökonomie *f*

~-ecosystem : Agro-Ökosystem *nt*

~-environmental law : Agrarumweltrecht *nt*

~-forestry : Agroforstwirtschaft *f*, Wald-Feld-Bau *m*

also spelled: agroforestry

~-industrial : agroindustriell *adj*

agrology : Agrologie *f*

agro | -meteorological : agrarmeteorologisch *adj*

~-meteorology : Agrarmeteorologie *f*

agronomist : Agrarwirtschaftler *m*, Agrarwirtschaftlerin *f*, Agronom *m*

agronomy : Ackerbau *m*, Agronomie *f*

~-pedology : Agropedologie *f*

~-town : Agrarstadt *f*

A-horizon : Oberkrume *f*

aid : Hilfe *f*, Hilfsmittel *nt*

~ : fördern, unterstützen *v*

~ agency : Hilfsorganisation *f*, Hilfswerk *nt*

~ programme : Hilfsprogramm *nt*

aim : Ziel *nt*

~ : anstreben, beabsichtigen *v*

air : Luft *f*

~ for breathing: Atemluft *f*

~ : durchlüften *v*

~ admission : Luftzutritt *m*

~ admixture : Luftbeimengung *f*

~ analysis : Luftanalyse *f*

~-analytic : luftanalytisch *adj*

airborne : aerogen, luftbürtig, luftübertragen *adj*

~ ash analysis : Flugascheanalyse *f*

~ contamination : Luftverseuchung *f*

~ dust : Flugstaub *m*

~ noise : Luftschall *m*

~ ~ emission : Luftschallemission *f*

~ ~ insulation : Luftschallschutz *m*

~ ~ insulation margin : Luftschallschutzmaß *nt*

~ ~ level : Luftschallpegel *m*

~ particulate emission : Schwebstaubemission *f*

~ pollutant : Luftschadstoff *m*

~ remote sensing : Luftbildfernerkundung *f*

~ sound : Luftschall *m*

~ ~ insulation : Luftschalldämmung *f*

~ ~ insulation margin : Luftschallschutzmaß *nt*

air || capacity : Luftkapazität *f*

~ cell : Luftblase *f*

~ change : Luftwechsel *m*

~-chemistry measurement : luftchemische Messung *(f)*

~ circulation : Luftzirkulation *f*

~ classification : Windsichten *nt*

~ classifier : Windsichter *m*

~ classifying : Windsichtung *f*

~ ~ method : Windsichtverfahren *nt*

~ cleaner : Luftfilter *m*

~-conditioner : Klimaanlage *f*

~-conditioning : Klimatisierung *f*

~-~ control : Klimaregelung *f*

~-~ equipment : Klimagerät *nt*

~-~ installation : Klimaanlage *f*

~-~ system : Klimaanlage *f*

~ conduction : Luftschallleitung *f*, Luftschallübertragung *f*

~ ~ of noise: Luftschallübertragung *f*

~ conservation : Luftreinhaltung *f*

~ contamination : Luftkontamination *f*, Luftverunreinigung *f*

~ ~ monitor : Luftkontaminationsmesser *m*

~ content : Luftgehalt *m*

~-cooled : luftgekühlt *adj*

~ cooler : Luftkühler *m*

~ cooling : Luftkühlung *f*

aircraft : Flugzeug *nt*, Luftfahrzeug *nt*

~ construction : Flugzeugbau *m*

~ exhaust gas : Flugzeugabgas *nt*

~ measurement : Flugzeugmessung *f*

~ noise : Fluglärm *m*, Flugzeuglärm *m*

~ ~ abatement : Fluglärmbekämpfung *f*, Flugzeuglärmbekämpfung *f*

~ ~ act : Fluglärmgesetz *nt*

~ ~ control : Fluglärmüberwachung *f*

~ ~ measurement : Fluglärmmessung *f*

~ ~ monitoring system : Fluglärm-Überwachungsanlage *f*

~ ~ reduction : Fluglärmminderung *f*

~ reconnaissance : Flugzeugerkundung *f*

~ sensor : Flugzeugmessfühler *m*

~ sound : Flugzeugschall *m*

air || curing : Lufttrocknung *f*

~ current : Luftstrom *m*

~ dehumidifier : Luftentfeuchtungsanlage *f*

~ diffuser : Belüfterplatte *f*, Luftverteiler *m*

~ discharge : Luftabzug *m*

~ drought : Lufttrockenheit *f*

air-dry : lufttrocken *adj*

air || dryer : Lufttrockner *m*

~ drying : Lufttrocknung *f*

~ duct : Luftschacht *m*

~-entraining-vortex : Hohlwirbel *m*

~ exchange : Luftaustausch *m*

~ exclusion : Luftabschluss *m*

~ extraction system : Entlüftungseinrichtung *f*

~ fan : Lüfter *m*

airfield : Fluggelände *nt*, Flugplatz *m*

air || filter : Luftfilter *m*

~ ~ apparatus : Luftfilterapparatur *f*

~ ~ type : Luftfilterbauart *f*

~ filtration : Luftfiltration *f*

~ fine cleaning : Luftfeinreinigung *f*

~ flow : Luftstrom *m*

~ frost : Frost *m*

~ grader : Schwebesichter *m*

~-handling : lufttechnisch, lüftungstechnisch *adj*

~ heater : Lufterhitzer *m*

~ heating : Luftheizung *f*

~ humidifier : Luftbefeuchter *m*, Luftbefeuchtungsanlage *f*

~ humidity : Luftfeuchtigkeit *f*

airing : Belüftung *f*

~ inhaled : Atemluft *f*

air || inlet : Lufteintritt *m*

~ jet : Luftstrahl *m*

~ ~ exhaustion : Schlitzdüsenabsaugung *f*

~ ~ screen : Luftstrahlsieb *nt*

~-liquid-contact : Luft-Flüssigkeit-Kontakt *m*

~ load : Luftbelastung *f*

~ mass : Luftmasse *f*

~ masses exchange : Luftmassenaustausch *m*

~ measurement : Luftmessung *f*

~ meter : Luftmesser *m*

~ moistening : Luftbefeuchtung *f*

~ moisture : Luftfeuchte *f*, Luftfeuchtigkeit *f*

~ molecules : Luftmoleküle *pl*

~ monitor : Luftüberwachungsgerät *nt*

~ monitoring : Luftüberwachung *f*

~ ~ station : Luftüberwachungsstation *f*

~ movement : Luftbewegung *f*

~ passage : Atemweg *m*, Luftkanal *m*

~ permeability : Luftdurchlässigkeit *f*

~ ~ coefficient : Luftdurchlässigkeitswert *m*

~ photo : Luftbild *nt*

~ ~ interpretation : Luftbildauswertung *f*

airplane : Flugzeug *nt*

~ fertilizing : Flugzeugdüngung *f*

air || poisoning : Luftvergiftung *f*

~ polluter : Luftverpester *m*

~-polluting : luftverpestend, luftverschmutzend, luftverunreinigend *adj*

~-~ material : Luftschadstoff *m*

~ pollution : Luftbelastung *f*, Luftverschmutzung *f*, Luftverunreinigung *f*

~ ~ abatement : Luftreinhaltung *f*

~ ~ control : Luftverschmutzungskontrolle *f*, Luftverunreinigungskontrolle *f*

~ ~ ~ measure : Luftreinhaltemaßnahme *f*

~ ~ monitoring : Luftverschmutzungskontrolle *f*

airport : Flughafen *m*, Flugplatz *m*

~ utilization order : Flughafenbenutzungsordnung *f*

air || preheater : Luftvorwärmer *m*

~ preparation : Luftaufbereitung *f*

~ pressure : Luftdruck *m*

~ purification : Luftreinigung *f*

~ purifier : Luftreiniger *m*

~ purity : Luftreinheit *f*

~ pycnometer : Luftpyknometer *nt*

~ quality : Luftgüte *f*, Lufthygiene *f*, Luftqualität *f*

~ ~ clause : Luftreinhaltungsklausel *f*

~ ~ control : Luftreinhaltung *f*

~ ~ criteria : Luftqualitätskriterien *pl*

~ ~ meter : Luftgütemessgerät *nt*

~ ~ monitoring : Luftqualitätsüberwachung *f*

~ ~ standard : Luftbeschaffenheitsnorm *f*, Luftgütenorm *f*

~ ~ standards : Luftreinhaltungskriterien *pl*

~ rate : Luftdurchsatz *m*

~ ratio : Luftfaktor *m*

~ sample : Luftprobe *f*

~ sampler : Luftprobenehmer *m*

~ sampling : Luftprobenahme *f*

~ ~ device : Luftprobenahmegerät *nt*

~ situation : Luftzustand *m*

~ space ratio : Luftporenanteil *m*

~ space ration : Belüftungsgrad *m*

~ speed : Fluggeschwindigkeit *f*, Luftgeschwindigkeit *f*
{also spelled: airspeed}

~-strange : luftfremd *adj*

airstream : Luftstrom *m*

air || stripping : Ausblasverfahren *nt*

~ supply : Luftzuleitung *f*

~ temperature : Lufttemperatur *f*

airtight : luftdicht *adj*

~ seal : luftdichter Abschluss *(m)*

air || traffic : Flugaufkommen *nt*, Flugbetrieb *m*, Luftverkehr *m*

~ ~ control : Flugsicherung *f*

~ ~ law : Luftverkehrsgesetz *nt*

~ velocity : Luftgeschwindigkeit *f*

~ ~ meter : Luftgeschwindigkeitsmesser *m*

~ volume flow : Luftvolumenstrom *m*

~-water washing : Luft-Wasser-Spülung *f*

alarm : Alarm *m*, Alarmgeber *m*, Alarmierung *f*

~ device : Alarmvorrichtung *f*

~ system : Alarmsystem *nt*

albedo : Albedo *f*

alcohol : Alkohol *m*

~ BP : reiner Alkohol *(m)*

~ manufacture : Alkoholherstellung *f*

~ thermometer : Alkoholthermometer *nt*

alcoholysis : Alkoholyse *f*

aldehyde : Aldehyd *nt*

~ resin : Aldehydharz *nt*

alder : Erle *f*

~ forest : Erlenwald *m*

aldrine : Aldrin *nt*

alert : aufgeweckt, lebhaft, wachsam *adj*

~ : Alarmbereitschaft *f*, Alarmsignal *nt*

~ : alarmieren, warnen *v*

alertly : aufmerksam *adv*

alertness : Wachsamkeit *f*

alert || stage : Alarmstufe *f*

~ system : Alarmsystem *nt*

A levels : Abitur *nt*

alfalfa : Alfalfa *f*, Luzerne *f*

alga : Alge *f*

algae : Algen *pl*

~ bloom : Wasserblüte *f*

algaecidal : algizid *adj*

algaecide : Algenbekämpfungsmittel *nt*, Algizid *nt*

algae || cluster : Algenbüschel *nt*

~ control : Algenbekämpfung *f*

~ foam : Algenschaum *m*

~ glut : Algenschwemme *f*

~ growth : Algenentwicklung *f*

~ **harvesting** : Algenernte *f*

~ **population** : Algenpopulation *f*

~ **toxicity** : Algentoxizität *f*

~ **toxin** : Algentoxin *nt*

algal : Algen- *adj*

~ **bloom** : Algenblüte *f*

~ **blossom** : Algenblüte *f*

~ **colouration** : Vegetationsfärbung *f*

~ **growth** : Algenwachstum *nt*

~ **pond** : Algenteich *m*

algicide : algenbekämpfend, algizid *adj*

~ : Algizid *nt*, Algenbekämpfungsmittel *nt*

algology : Algenkunde *f*

alicyclic : alicyclisch, alizyklisch *adj*

~ **carbohydrate** : alicyclischer Kohlenwasserstoff *(m)*

~ **hydrocarbon** : alicyclischer Kohlenwasserstoff *(m)*

alien : adventiv, fremd, nicht heimisch *adj*

alienation : Entfremdung *f*

align : begradigen *v*

alignment : Trasse *f*

~ **profile** : Trassenführung *f*

alimentary : alimentär, Nahrungs-, Verdauungs- *adj*

~ **system** : Verdauungsapparat *m*

alimentation : Ernährung *f*

aliphatic : aliphatisch *adj*

~ **hydrocarbon** : aliphatischer Kohlenwasserstoff *(m)*

alive : lebend *adj*

alkali : Alkali *nt*

alkaline : alkalisch, basisch *adj*

~ **fermentation** : Methangärung *f*

~ **soil** : Alkaliboden *m*

alkalinity : Alkalität *f*, Alkalinität *f*, Säurebindungsvermögen *nt*

alkaloid : Alkaloid *nt*

allegiance : Loyalität *f*

allelopathy : Allelopathie *f*

allergen : Allergen *nt*

allergenic : Allergie auslösend *adj*

allergic : allergisch *adj*

~ **person** : Allergiker *m*, Allergikerin *f*

allergy : Allergie *f*

alleviate : abschwächen, erleichtern, lindern, mildern, vermindern *v*

alleviation : Abschwächung *f*, Linderung *f*

~ **of poverty:** Bekämpfung der Armut *(f)*

allocation : Allokation *f*

~ **effect** : Allokationseffekt *m*

~ **model** : Allokationsmodell *nt*

~ **plan** : Bauplan *m*

allochthonic : allochthon *adj*

allochthonous : allochthon *adj*

allopatric : allopatrisch *adj*

allopatry : Allopatrie *f*

allot : zuteilen *v*

allotment : Kleingarten *m*, Zuteilung *f*

allow : erlauben *v*

allowable : zulässig *adj*

~ **cut** : Hiebssatz *m*

~ **use** : zulässige Nutzung *(f)*

allowed : erlaubt, zugelassen *adj*

alloy : Legierung *f*

~ : legieren *v*

all-porpose : Vielzweck- *adj*

~-~ **comminutor** : Universalzerkleinerer *m*

alluvial : alluvial, angeschwemmt, Au-, Aue-, Auen- *adj*

~ **area** : Auenbereich *m*

~ **channel** : alluviale Rinne *(f)*

~ **clay** : Auenton *m*

~ **cone** : Geschiebekegel *m*, Schwemmkegel *m*

~ **deposit** : alluviale Ablagerungen *(pl)*, Alluvium *nt*, Flussablagerungen *pl*, fluviale Ablagerungen *(pl)*

~ **fan** : Schwemmfächer *m*

~ **forest** : Auenwald *m*, Auwald *m*

~ **land** : Schwemmland *nt*

~ **landscape** : Auenlandschaft *f*

~ **loam** : Auenlehm *m*

~ **meadow** : Auwiese *f*

~ **pararendzina** : Auenpararendzina *f*

~ **plain** : alluviale Aufschüttungsebene *(f)*, Alluvialebene *f*, Aue *f*, Flussebene *f*, Schwemmlandebene *f*

~ **raw soil** : Auenrohboden *m*, Rambla *f*

~ **regosol:** Auenregosol *m*, Paternia *f*

~ **silt loam:** Auenschlick *m*

~ **soil:** Alluvialboden *m*, Aueboden *m*, Auenboden *m*, Schwemmlandboden *m*

alluvion : Alluvionen *pl*, Alluvium *nt*, Anschwemmung *f*, Flussablagerungen *pl*, Schwemmland *nt*

alluvium : Alluvium *nt*, Anschwemmung *f*, Flussablagerungen *pl*, Schwemmland *nt*

alpha : Alpha *nt*

~ **diversity** : Alphadiversität *f*

~-**factor** : Sauerstoffzufuhrfaktor *m*

~ **particle** : Alphateilchen *nt*, Heliumkern *m*

~ **radiation** : Alphastrahlung *f*

alpine : Alpen-, alpin *adj*

~ **forest** : Bergwald *m*

~ **lake** : Alpensee *m*

~ **pasture** : Alm *f*

~ **plant** : Alpenpflanze *f*, alpine Pflanze *(f)*

≗ **region** : alpine Region *(f)*

Alps : Alpen *pl*

alteration : Änderung *f*, Eingriff *m*

~ **in land utilization:** Flächennutzungswandel *m*

~ **in law suit:** Klageänderung *f*

alternative : alternativ *adj*

~ **energy** : alternative Energie *(f)*

~ **energy programme** : alternatives Energieprogramm *(nt)*

~ **fuel** : Alternativbrennstoff *m*

~ **lifestyle** : alternative Lebensform *(f)*

alternatively : alternativ, oder aber *adv*

alternative || material : Ersatzstoff *m*

~ **medicine** : alternative Medizin *(f)*

~ **solution** : Alternativlösung *f*

~ **sources of energy** : alternative Energiequellen *(pl)*

~ **technology** : Alternativtechnologie *f*, alternative Technologie *(f)*

altimeter : Höhenmesser *m*

altitude : Höhe *f*, Höhenlage *f*
~ sickness : Höhenkrankheit *f*
altitudinal : Höhen- *adj*
~ forest zone : Waldhöhenstufe *f*
~ zonation : Höhenstufung *f*
~ zone : Höhenstufe *f*
altocumulus : Altokumulus *f*
altomontane : altomontan *adj*
altostratus : Altostratus *f*
alumina : Tonerde *f*
aluminium : Aluminium *nt*
~ foil : Aluminiumfolie *f*
~-hydroxide sludge : Aluminiumhydroxid-Schlamm *m*
~ recycling : Aluminiumrecycling *nt*
~-salt slag : Aluminiumsalzschlacke *f*
~ toxicity : Aluminiumtoxizität *f*
~ waste : Alumüll *m*
aluminum (Am) : Aluminium *nt*
alvar : Alvar *nt*
alveolus : Alveole *f*, Lungenbläschen *nt*
ambient : umgebend, Umgebungs- *adj*
~ air : Außenluft *f*, Raumluft *f*
~ ~ meter : Raumluftkontrollgerät *nt*
~ noise : Raumgeräusch *nt*
~ ~ level : Umgebungslärmpegel *m*
~ quality standards : Grenzwerte für Luftverschmutzung *(pl)*
~ temperature : Umgebungstemperatur *f*
amebic (Am) : Amöben-, amöbisch *adj*
amelioration : Verbesserung *f*
~ area : Meliorationsfläche *f*
amend : ändern, novellieren *v*
amending : Änderung *f*
~ law : Änderungsgesetz *nt*
amendment : Änderung *f*, Änderungsantrag *m*, Gesetzesnovelle, Novellierung *f*
 ~ of an act: Gesetzesänderung *f*
 ~ of the ordinance: Änderung der Verordnung *f*
 ~ to a law: Gesetzesnovelle *f*
~ embargo : Änderungssperre *f*
~ regulation : Änderungsverordnung *f*
amenity : Annehmlichkeiten *pl*, Attraktivität *f*, Komfort *m*
 with every ~: mit allem Komfort
amid : inmitten *prep*
amino acid : Aminosäure *f*
ammonia : Ammoniak *nt*
~ stripping : Ammoniakaustreibung *f*
ammonification : Ammonifikation *f*, Ammonifizierung *f*
ammonium : Ammonium *nt*
~ content : Ammoniumgehalt *m*
~ nitrogen : Ammoniumstickstoff *m*
~ sulfate process (Am) : Ammoniumsulfatverfahren *nt*
~ sulphate process : Ammoniumsulfatverfahren *nt*
ammunition : Munition *f*
~ disposal : Munitionsentsorgung *f*
amoebiasis : Amöbenkrankheit *f*
amoebic : Amöben-, amöbisch *adj*
~ dysentery : Amöbenruhr *f*
amoebicide : Amöbizid *nt*
amorphous : amorph *adj*
amortization : Abschreibung *f*, Amortisation *f*
amount : Menge *f*
 ~ of replenishment: Auffüllvolumen *nt*
 ~ of traffic: Verkehrsaufkommen *nt*
 ~ of used paper: Altpapieraufkommen *nt*
 ~ of waste: Abfallaufkommen *nt*
 ~ of wastewater: Abwassermenge *f*
~ : betragen, gleichkommen *v*
ampere : Ampere *nt*
amperometry : Amperometrie *f*
amphibian : amphibisch *adj*
~ : Amphibie *f*, Amphibienfahrzeug *nt*, Lurch *m*
~ shelter : Amphibienschutzzaun *m*
amphibious : amphibisch *adj*
amphoteric : amphoter *adj*
amplification : Amplification *f*
amplitude : Amplitude *f*, Schwingungsweite *f*
anabatic : anabatisch *adj*
~ wind : anabatischer Wind *(m)*
anabiosis : Anabiose *f*
anabolism : Anabolismus *m*
anadromous : anadrom *adj*
~ fish : anadrome Fische *(pl)*
anadromy : Laichwanderung *f*
anaerobe : Anaerobier *m*, Anaerobiont *m*
anaerobic : anaerob *adj*
~ bacteria : anaerobe Bakterien *(pl)*
~ decomposition : anaerober (biologischer) Abbau *(m)*, anaerobe Zersetzung *(f)*
~ degradation : anaerober (biologischer) Abbau *(m)*, anaerobe Zersetzung *(f)*
~ lagoon : Erdfaulbecken *nt*
~ mud : Faulschlamm *m*
~ organism : Anaerobier *m*, Anaerobiont *m*
~ respiration : anaerobe Atmung *(f)*
~ wastewater treatment : anaerobe Abwasserbehandlung *(f)*, anaerobe Abwasserreinigung *(f)*
anaesthetic : anästhetisch, betäubend *adj*
~ : Anästhetikum *nt*
analog (Am) : Analogon *nt*, Entsprechung *f*
~ readout : analoge Anzeige *(f)*
~ computer : Analogrechner *m*
analogical : analog, Analogie- *adj*
analogous : analog, vergleichbar *adj*
analogously : analog *adv*
analogue (Br) : Analogon *nt*, Entsprechung *f*
analogy : Analogie *f*
analyse : analysieren *v*
analyses : Analysen *pl*
analysis : Analyse *f*, Bestimmung *f*, Untersuchung *f*
 ~ of effect: Wirkungsanalyse *f*
 ~ of emissions: Emissionsanalyse *f*
 ~ of functional value: Gebrauchswertanalyse *f*
 ~ of requirement: Bedarfsanalyse *f*
 ~ of variance: Varianzanalyse *f*
~ device : Analysengerät *nt*

~ **method** : Untersuchungsmethode *f*

~ **programme** : Untersuchungsprogramm *nt*

analytic : analytisch *adj*

analytical : analytisch *adj*

~ **area** : Analytikraum *m*

~ **balance** : Analysenwaage *f*

~ **chemical** : Analysenchemikalie *f*

~ **data** : Analysenbefunde *pl*, Analysendaten *pl*

~ **device** : Analysengerät *nt*

~ **method** : Analysemethode *f*, Analysenverfahren *nt*

~ **result** : Analysenbefund *m*

analytically : analytisch *adv*

analytic method : Analysenverfahren *nt*

~ **procedure** : Analysenverfahren *nt*

analytics : Analytik *f*

~ **of harmful substances:** Schadstoffanalytik *f*

analytic technique: Analysenverfahren *nt*

analyzer : Analysator *m*, Analysengerät *nt*

analyzing : Analyse-, Analysen- *adj*

~ **equipment** : Analysengerät *nt*

ancient : alt, antik, historisch *adj*

~ **woodland** : alter Wald *(m)*, historisch alter Wald *(m)*

Andes : Anden *pl*

andosol : Andosol *m*, vulkanischer Ascheboden *(m)*

anemometer : Windgeschwindigkeitsmessgerät *nt*, Windmesser *m*

aneroid : Aneroid- *adj*

~ **barometer** : Aneroidbarometer *nt*

angiosperms : Bedecktsamer *pl*

angle : Winkel *m*

~ **of dip:** Einfallswinkel *m*, Inklination *f*, Neigungswinkel *m*

~ **of incidence:** Einfallswinkel *m*, Inklination *f*, Neigungswinkel *m*

~ **of slope:** Böschungswinkel *m*

~ : angeln *v*

angledozer : Planierraupe *f*

angler : Angler *m*, Anglerin *f*

angling : Angeln *nt*

aniline : Anilin *nt*

~ **dye** : Anilinfarbstoff *m*, Teerfarbstoff *m*

animal : Tier-, tierisch *adj*

~ : Tier *nt*

~ **behaviour** : Tierverhalten *nt*

~ **breeding** : Tierproduktion *f*, Tierzucht *f*

~ **carcase (Br)** : Tierkadaver *m*, Tierkörper *m*

~ **carcass** : Tierkadaver *m*, Tierkörper *m*

~**-collector** : Tierfänger *m*, Tierfängerin *f*

~ **conservationist** : Tierschützer *m*, Tierschützerin *f*

~ **disease** : Tierkrankheit *f*

~ **droppings** : Tierkot *m*

~ **dying** : Tiersterben *nt*

~ **ecology** : Tierökologie *f*

~ **experiment** : Tierversuch *m*

~ **fattening** : Tiermästerei *f*

~ **feed** : Tierfutter nt, Tiermehl nt, Viehfutter *nt*

~ **fodder** : Viehfutter *nt*

~ **foodstuff** : Futtermittel *nt*

~ **home** : Tierasyl *nt*

~ **housing** : Tierhaltung *f*

~ **husbandry** : Tierhaltung *f*, Viehhaltung *f*, Viehwirtschaft *f*

animality : Tiernatur *f*

animal | -keeper : Tierpfleger *m*, Tierpflegerin *f*

~ **kingdom:** Tierreich *nt*

~**-lover:** Tierfreund *m*, Tierfreundin *f*

~ **migration** : Tierwanderung *f*

~ **noise** : Tierlärm *m*

~ **nutrition** : Tierernährung *f*

~ **owner** : Tierhalter *m*, Tierhalterin *f*

~ **pathology** : Zoopathologie *f*

~ **physiology** : Tierphysiologie *f*

~ **population** : Tierbestand *m*

~ **preparation** : Tierpräparat *nt*

~ **production** : Tierproduktion *f*

~ **protection** : Tierschutz *m*

~ ~ **act** : Tierschutzgesetz *nt*

~ ~ **law** : Tierschutzrecht *nt*

~ ~ **society** : Tierschutzverein *m*

~ **species** : Tierart *f*

~ **stock** : Tierbestand *m*

~ **track** : Triftweg *m*

~ **traction** : Zugtieranspannung *f*

~ **trade** : Tierhandel *m*

~ **unit** : Vieheinheit *f*

~ **waste** : tierische Abfälle *(pl)*

anion : Anion *nt*

~ **exchange** : Anionenaustausch *m*

~ **exchanger** : Anionenaustauscher *m*

anionic : anionisch *adj*

~ **detergent** : anionisches Detergens *(nt)*

~ **wetting agent** : anionisches Netzmittel *(nt)*

anisotonic : anisoton *adj*

anisotropic : anisotrop, richtungsabhängig *adj*

~ **soil** : anisotroper Boden *(m)*

annealing : Glühen *nt*

annex : Anhang *m*

annexes : Anhänge *f*

announce : ankündigen, ansagen, anzeigen, bekannt geben, durchsagen *v*

~ **officially** : verkünden *v*

announcement : Ausschreibung *f*, Bekanntgabe *f*

annoyance : Belästigung *f*, Lästigkeit *f*

~ **effects** : Belästigungswirkung *f*

annual : annuell, einjährig, Jahres-, jährlich *adj*

~ : annuelle Pflanze *(f)*, einjährige Pflanze *(f)*

~ **bedload** : Jahresgeschiebespende *f*

~ **cost** : Jahreskosten *pl*

~ **cut** : Jahreseinschlag *m*

~ **discharge coefficient** : Jahresabflussbeiwert *m*

~ **flow** : Jahreswassermenge *f*

~ **plant** : Einjahrespflanze *f*

~ **precipitation** : Jahresniederschlag *m*

~ **rainfall** : Jahresregenmenge *f*

~ ~ **duration** : jährliche Regendauer *(f)*

~ rhythm : Jahresperiodik *f*

~ ring : Jahresring *m*

~ ~ analysis : Jahresringanalyse *f*

~ run-off coefficient : Jahresabflussbeiwert *m*

~ waste rate : Jahresmüllmenge *f*

annuity : Rente *f*

annulment : Annulierung *f*, Auflösung *f*

~ proceedings : Anfechtungsprozess *m*

anodizing : Eloxieren *nt*

anomaly : Anomalie *f*

anoxia : Anoxie *f*, Sauerstoffmangel *m*

anoxibiontic : anoxibiont *adj*

anoxic : anoxisch, sauerstoffarm *adj*

answer : antworten *v*

ant : Ameise *f*

antagonism : Antagonismus *m*

antagonistic : antagonistisch *adj*

Antarctic : Antarktis-, antarktisch *adj*

~ Treaty : Antarktisvertrag *m*

antecedent : vorausgehend, vorhergehend *adj*

~ conditions : Ausgangsbedingungen *pl*

anther : Anthere *f*, Staubbeutel *m*

ant hill : Ameisenhaufen *m*

anthracite : Anthrazit *nt*

anthracosis : Anthrakose *f*, Staublunge *f*

anthrax : Milzbrand *m*

anthropocentric : Anthropozentrik *f*

anthropo-ecology : Humanökologie *f*

anthropogeneous : anthropogen *adj*

~ disturbance : anthropogene Störung *(f)*

anthropogenic : anthropogen, vom Menschen verursacht *adj*

~ disclimax : Ersatzgesellschaft *f*

~ soil : anthropogener Boden *(m)*

anthropology : Anthropologie *f*

antibacterial : antibakteriell, bakterienschädigend *adj*

antibiosis : Antibiose *f*

antibiotic : antibiotisch *adj*

~ : Antibiotikum *nt*, antibiotisches Mittel *(nt)*

antibody : Antikörper *m*, Immunkörper *m*

anticaking : das Zusammenbakken verhindernd *adj*

~ additive : Stabilisator *m*

~ agent : Trennmittel *nt*

anticipated : antizipiert *adj*

anticipation : Erwartung *f*

~ of danger: Gefahrenvorsorge *f*

anticline : Sattel *m*

anticondensation : kondensationsmindernd *adj*

~ paint: kondensationsmindernder Anstrich *(m)*

anti-corrosion : Korrosionsschutz-, korrosionsverhindernd *adj*

~-~ agent : Rostschutzmittel *nt*

~-~ coating : Korrosionsschutzbeschichtung *f*

~-~ lining : Korrosionsschutzauskleidung *f*

~-~ paint : Rostschutzfarbe *f*

~-~ painting : Rostschutzanstrich *m*

~-~ varnish : Korrosionsschutzlack *m*

anticorrosive : Korrosionsschutz-, Rostschutz- *adj*

~ agent : Korrosionsschutzinhibitor *m*

~ painting : Korrosionsschutzanstrich *m*

~ varnishing : Korrosionsschutzlackierung *f*

anticyclical : antizyklisch *adj*

anticyclone : Antizyklone *f*, Hoch *nt*, Hochdruckgebiet *nt*

anticyclonic : antizyklonisch *adj*

~ gloom : antizyklonische Bewölkung *(f)*

anti-dazzle : abblendbar, blendfrei *adj*

~-~ barrier : Blendschutzzaun *m*

~-~ device : Blendschutz *m*

~-~ filter : Blendschutzfilter *m*

~-~ screen : Blendschutzpflanzung *f*

antidote : Antidot *nt*, Gegenmittel *nt*, Gegengift *nt*

antidrumming : Antidröhn-, Dröhnen verhindernd *adj*

~ compound : Antidröhnmittel *nt*

antifeedant : fraßhemmend *adj*

anti-flammability : Flammschutz- *adj*

~ substance : Flammschutzmittel *nt*

anti-foaming : Antischaum-, schaumverhindernd *adj*

~ agent : Antischaummittel *nt*, Entschäumer *m*

antifouling : bewuchsverhindernd *adj*

~ : Antifouling *nt*

~ coating : bewuchsverhindernder Anstrich *(m)*

~ paint : Antifouling-Anstrichmittel *nt*

antifreeze : Frostschutzmittel *nt*, Gefrierschutz *m*

antifungal : fungizid, pilztötend *adj*

antigen : Antigen *nt*

antiknock : Antiklopfmittel *nt*

~ additive : Antiklopfmittel *nt*

~ agent : Antiklopfmittel *nt*

~ rating : Klopffestigkeitswert *m*

anti-laser : Laserschutz- *adj*

~-~ glasses : Laserschutzbrille *f*

anti-noise : schallschluckend, Schallschutz- *adj*

~-~ measure : Schallschutzmaßnahme *f*

antioxidant : Antioxidationsmittel *nt*, Oxidationsschutzmittel *nt*

anti-pollution : emissionsmindernd, umweltschützend *adj*

~-~ device : Abgas-Entgiftungsanlage *f*

~-~ legislation : Gesetze gegen Umweltverschmutzung *(pl)*

antipredator : Fressfeinde abwehrend, vor Fressfeinden schützend *adj*

~ net : Netz zum Schutz vor Raubtieren *(nt)*

antiscour : Auskolken verhindernd, Scheuern verhindernd, Unterspülen verhindernd *adj*

~ cill : Grundschwelle *f*

~ groyne : Grundbuhne *f*

antiseptic : antiseptisch *adj*

~ : Antiseptikum *nt*

antitoxin : Abwehrstoff *m*, Antitoxin *nt*

antivenene : Gegengift *nt*

antivenom : Gegengift *nt*

antlers : Geweih *nt*, Hirschgeweih *nt*, Krone *f*

anvil : Ambosswolke *f*

AOX value : AOX-Wert *m*

apartment : Stadtwohnung *f*

~ block : Mehrfamilienhaus *nt*

apatite : Apatit *m*

aphotic : aphotisch *adj*

~ zone : aphotische Zone *(f)*, lichtlose Zone *(f)*, Dunkelzone *f*

apiary : Bienenhaus *nt*

apitude : Begabung *f*

apolar : unpolar *adj*

~ solvent : unpolares Lösungsmittel *(nt)*

appalling : katastrophal *adj*

apparatus : Apparat *m*, Gerät *nt*

apparent : offenbar, offensichtlich, scheinbar *adj*

~ density : Lagerungsdichte *f*, Trockenraumdichte *f*

apparently : offenbar, offensichtlich, scheinbar *adv*

appeal : Anfechtung *f*, Berufung *f*, Einspruch *m*

~ : ansprechen, Einspruch erheben, in die Berufung gehen *v*

~ to the senses: die Sinne ansprechen *v*

~ against: anfechten, Einspruch einlegen *v*

~ court : Einspruchsgericht *nt*, Einspruchsinstanz *f*

~ procedure : Beschwerdeverfahren *nt*, Einspruchsverfahren *nt*

~ proceedings : Einspruchsverfahren *nt*

appear : auftreten, erscheinen *v*

appearance : Erscheinungsbild *nt*

~ of a settlement: Ortsbild *nt*

appellant : Beschwerdeführer *m*, Beschwerdeführerin *f*

appendix : Anhang *m*

appliance : Feuerlöschfahrzeug *nt*, Gerät *nt*, Hilfsmittel *nt*

~s safety law : Gerätesicherheitsgesetz *nt*

applicant : Antragsteller *m*, Antragstellerin *f*

application : Antrag *m*, Anwendung *f*, Applikation *f*, Aufbringung *f*, Auftrag *m*, Auftragen *nt*, Bewerbung *f*, Einsatz *m*, Zufuhr *f*

~ for an injunction: Unterlassungsklage *f*

~ for construction permit: Bauantrag *m*

~ of biocides: Biozidanwendung *f*

~ of biogas: Biogasnutzung *f*

~ of compost: Kompostanwendung *f*

~ of herbicides: Herbizidapplikation *f*

~ to produce evidence: Beweisantrag *m*

~ to soil: Aufbringung auf den Boden *(f)*, Bodenauftrag *m*

~ ban : Anwendungsverbot *nt*

~ form : Antragsformular *nt*

~ inhibition : Anwendungsverbot *nt*

~ proceedings : Anmeldeverfahren *nt*

~ prohibition : Anwendungsverbot *nt*

~ research : Applikationsforschung *f*

~ restriction : Anwendungsbeschränkung *f*

~ techniques : Anwendungstechnik *f*

applied : angewandt *adj*

~ ecology : angewandte Ökologie *(f)*

~ research : angewandte Forschung *(f)*

apply : anwenden, aufbringen, bewerben, gelten *v*

~ fertilizers: Dünger streuen *v*

~ for: beantragen *v*

appoint : berufen, einstellen *v*

appointed : vereinbart *adj*

appraisal : Abschätzung *f*, Beurteilung *f*, Einschätzung *f*

appreciate : schätzen *v*

apprentice : Anfänger *m*, Lehrling *m*, Neuling *m*

~ : in die Lehre gehen *v*

apprenticeship : Ausbildungsplatz *m*, Lehre *f*

apprentice's workshop : Lehrwerkstatt *f*

approach : Annäherung *f*, Ansatz *m*, Ausrichtung *f*, Einstellung *f*, Landeanflug *m*, Methode *f*, Vorgehen *nt*, Zufahrtsstraße *f*, Zugang *m*

~ to criticality: Kritizitätsnäherung *f*

~ : nähern (sich), zubewegen (sich) *v*

~ corridor : Anflugschneise *f*

appropriate : angemessen, angepasst, geeignet, zuständig, zweckdienlich, zweckentsprechend *adj*

~ : (sich) aneignen, beschlagnahmen *v*

appropriately : zweckentsprechend *adv*

appropriate technology: angepasste Technologie *(f)*, integrierte Technologie *(f)*

approval : Bewilligung *f*, Genehmigung *f*, Zulassung *f*

~ of a construction type: Bauartzulassung *f*

~ of installations: Anlagengenehmigung *f*

approve : bewilligen, genehmigen *v*

approximation : Annäherung *f*, Näherung *f*, Schätzung *f*

~ level : Mittelungspegel *m*

apron : Schürze *f*, Vorfeld *nt*, Wehrboden *m*

~ conveyor : Plattenband *nt*

aptitude : Veranlagung *f*

aquaculture : Aquakultur *f*, Fischzucht *f*, Teichwirtschaft *f*

aquarium : Aquarium *nt*

aquatic : aquatisch, limnisch, Wasser-, wasserbewohnend *adj*

~ animal : Wassertier *nt*

~ birds : Wasservögel *pl*

~ fauna : Wasserfauna *f*

~ insect : Wasserinsekt *nt*

~ microorganisms : Wassermikroorganismen *pl*

~ organisms : Wasserorganismen *pl*

~ plant : Wasserpflanze *f*

~ species : im Wasser lebende Art *(f)*, wasserbewohnende Art *(f)*

aquatil : aquatil *adj*

aqueduct : Aquädukt *m*, Wasserleitung *f*, Wasserleitungsbrücke *f*

aquiclude : Aquiclud *m*, Grundwassersperrschicht *f*, Grundwasserstauer *m*

aquifer : Aquifer *m*, Grundwasserleiter *m*, Grundwasserstockwerk *nt*, Grundwasserträger *m*, wasserführende Schicht *(f)*

~ recharge area : Grundwasseranreicherungsgebiet *nt*

~ system : Aquifersystem *nt*

~ thickness : Mächtigkeit des Grundwasserleiters *(f)*

aquifuge : Aquifug *m*, Grundwassernichtleiter *m*

aquitard : Grundwassergeringleiter *m*, Grundwasserhemmer *m*, Grundwasserhemmschicht *f*

arable : ackerfähig, bebaubar *adj*

~ farming : Ackerbau *m*

~ land : Acker *m*, Ackerland *nt*, Kulturland *nt*

~ layer : Kulturschicht *f*

~ soil : Ackerboden *m*, Kulturboden *m*

araeometer : Aräometer *nt*

arbitral : Schieds-, schiedsgerichtlich, schiedsrichterlich *adj*

~ award : Schiedsspruch *m*

~ court : Schiedsgericht *nt*

~ jurisdiction : Schiedsgerichtsbarkeit *f*

arbitrarily : willkürlich *adv*

arbitrary : willkürlich *adj*

arbitration : Schlichtung *f*, Vermittlung *f*

~ panel : Schlichtungskommission *n*

Arbor Day : Tag des Baumes *(m)*

arboreal : auf Bäumen lebend, Baum-, baumbewohnend *adj*

~ animal : baumbewohnendes Tier *(nt)*

arborescent : baumähnlich, baumartig, baumbestanden, baumförmig *adj*

arboretum : Arboretum *nt*

arboricide : Arborizid *nt*

arboriculture : Baumkultur *f*, Baumschule *f*

arch : Bogen *m*, Gewölbe *nt*, Wölbung *f*

~ : beugen, (sich) biegen, (sich) wölben *v*

~ dam : Bogenstaumauer *f*

arched : gebeugt, gebogen, gewölbt *adj*

~ dam : Bogenstaumauer *f*

arch gravity dam : Bogengewichtsstaumauer *f*

archaeological : archäologisch *adj*

~ site : Bodendenkmal *nt*

archaeology : Altertumskunde *f*, Archäologie *f*

architectural : architektonisch, baulich *adj*

~ monument : Baudenkmal *nt*

architecture : Architektur *f*

arctic : arktisch *adj*

~ air : arktische Kaltluft *(f)*

≗ Circle : nördlicher Polarkreis *(m)*

area : Areal *nt*, Bereich *m*, Fläche *f*, Flächenausdehnung *f*, Flächeninhalt *m*, Gebiet *nt*, Gelände *nt*, Raum *m*, Region *f*

- **~ of a circle:** Kreisfläche *f*
- **~ of activity:** Angriffsfläche *f*
- **~ of application:** Anwendungsbereich *m*
- **~ of arable land:** Ackerfläche *f*
- **~ of cold air:** Kaltluftsee *m*
- **~ of conservation:** Schutzgebiet *nt*
- **~ of cross-section:** Querschnittsfläche *f*
- **~ of distribution:** Areal *nt*, Verbreitungsgebiet *nt*
- **~ of forest:** Waldbestand *m*
- **~ of great air pollution:** Luftbelastungsgebiet *nt*
- **~ of high precipitation:** niederschlagsreiches Gebiet *(nt)*
- **~ of impact:** Angriffsfläche *f*
- **~ of knowledge:** Wissensgebiet *nt*
- **~ of law:** Rechtsgebiet *nt*
- **~ of life:** Lebensbereich *m*
- **~ of low precipitation:** niederschlagsarmes Gebiet *(nt)*
- **~ of low pressure:** Tiefdruckgebiet *nt*
- **≗ of Outstanding Natural Beauty:** Gebiet von herausragender natürlicher Schönheit *(nt)*
- **~ of potential pollution:** Verdachtsfläche *f*
- **~ of research:** Forschungsraum *m*
- **~ of responsibility:** Zuständigkeitsbereich *m*
- **~ of the town:** Ortsteil *m*
- **~ of the village:** Ortsteil *m*
- **~ of validity:** Gültigkeitsbereich *m*
- **~ source of noise:** Flächenschallquelle *f*
- **~ subject to flooding:** Überflutungsgebiet *nt*, Überschwemmungsgebiet *nt*
- **~ under cultivation:** Anbaufläche *f*
- **~ with high rainfall:** regenreiches Gebiet *(nt)*
- **~ with low rainfall:** regenarmes Gebiet *(nt)*

~-elevation curve : hypsographische Kurve *(f)*, Speicherflächenkurve *f*

areal : Areal *nt*, Verbreitungsgebiet *nt*

~ curve : Arealkurve *f*

~ expansion : Arealausweitung *f*

~ type : Arealtyp *m*

area || manuring : Flächendüngung *f*

~ method : Flächenmethode *f*

~ precipitation : Gebietsniederschlag *m*, Gebietsniederschlagshöhe *f*

~ significance : Raumbedeutsamkeit *f*

arid : arid, dürr, trocken, Trocken-, wasserarm *adj*

~ area : Trockengebiet *nt*

~ biotope : Trockenbiotop *m*

~ climate : Trockenklima *nt*

~ grassland : Trockenrasen *m*

~ land : Trockengebiet *nt*

~ region : Trockengebiet *nt*

~ zone : Trockengebiet *nt*

aridity : Aridität *f*, Trockenheit *f*, Wasserarmut *f*

~ index : Ariditätsindex *m*

arise : aufsteigen, auftreten, entstehen, herrühren, sich ergeben *v*

arising : aufsteigend, auftretend, entstehend, herrührend *adj*

- **~ from benzene:** durch Benzol verursacht *adj*

arithmetic : arithmetisch *adj*

~ mean : arithmetisches Mittel *(nt)*

armament : Kampfmittel *nt*, Rüstung *f*

~ conversion : Rüstungskonversion *f*

armature : Armatur *f*

armed : bewaffnet *adj*

~ forces : Militär *nt*

aromatic : aromatisch *adj*

~ compound : aromatische Verbindung *(f)*

~ substance : Geruchsstoff *m*

arrange : anordnen *v*

arrangement : Anordnung *f*

~ **at random**: Zufallsverteilung *f*

~ type : Anordnungstyp *m*

arrester : Schutzvorrichtung *f*

arroyo : Arroyo *m*, Wüstenflussbett *nt*

arsenic : Arsen *nt*

~ content : Arsengehalt *m*

~ determination : Arsenbestimmung *f*

art : Kunst *f*

~ **of hunting**: Waidwerk *nt*, Weidwerk *nt*

~ education : Kunsterziehung *f*

artesian : artesisch *adj*

~ aquifer : artesische Grundwasserleitschicht *(f)*, artesischer Grundwasserleiter *(m)*

~ basin : artesisches Becken *(nt)*

~ groundwater : artesisches Wasser *(nt)*

~ head : artesische Druckhöhe *(f)*

~ spring : artesische Quelle *(f)*

~ water : artesisches Wasser *(nt)*

~ well : artesischer Brunnen *(m)*

arthropods : Gliederfüßer *pl*

article : Artikel *m*, Beitrag *m*

~s of apprenticeship : Ausbildungsvertrag *m*

~s of association : Satzung *f*

articulated : artikuliert *adj*

~ needs : artikulierte Bedürfnisse *(pl)*

articulation : Aussprache *f*

artificial : künstlich *adj*

~ community : Kulturformation *f*

~ fertilizer : Kunstdünger *m*, Mineraldünger *m*

~ forest : Kunstforst *m*

~ insemination : künstliche Befruchtung *(f)*

artificially : künstlich *adv*

artificial || manure : Kunstdünger *m*

~ rain : künstlicher Regen *(m)*

~ selection : künstliche Selektion *(f)*

~ waterway : künstliches Gerinne *(nt)*

artisan : Handwerksbetrieb *m*

arts : Geisteswissenschaften *pl*

asbestos : Asbest *m*

~ board : Asbestpappe *f*

~ cement : Asbestzement *m*

~ ~ sheet : Asbestzementplatte *f*

~ cloth : Asbestgewebe *nt*

~-containing : asbesthaltig *adj*

~-~ dust : asbesthaltiger Staub *(m)*

~ content : Asbestgehalt *m*

~ dust : Asbeststaub *m*

~ examination : Asbestuntersuchung *f*

~ fiber : Asbestfaser *f*

~ ~ reinforced : asbestfaserverstärkt *adj*

~ ~ ~ plastic: asbestfaserverstärkter Kunststoff *(m)*

asbestosis : Asbestlunge *f*, Asbestose *f*

asbestos || plate : Asbestplatte *f*

~ powder : Asbestpulver *nt*

~ processing : Asbestverarbeitung *f*

~ removal : Asbestbeseitigung *f*, Asbestentsorgung *f*

~ ~ planning : Asbestentsorgungsplanung *f*

~ ~ system : Asbestentsorgungssystem *nt*

~ repair : Asbestsanierung *f*

~ substitute : Asbestersatzstoff *m*

~ working : Asbestverarbeitung *f*

ascend : ansteigen *v*

ascent : Anstieg *m*, Steigung *f*

ascertain : ermitteln, feststellen *v*

ascertainable : ablesbar, feststellbar *adj*

ascertainment : Ermittlung *f*, Feststellung *f*

~ **of legal rules**: Normkonkretisierung *f*

ASEAN-nation : ASEAN-Staat *m*

asepsis : Asepsis *f*, Keimfreiheit *f*

aseptic : aseptisch, keimfrei *adj*

~ surgery : aseptische Wundbehandlung *(f)*

asexual : ungeschlechtlich, vegetativ *adj*

~ reproduction : ungeschlechtliche Fortpflanzung *(f)*, ungeschlechtliche Vermehrung *(f)*, vegetative Fortpflanzung *(f)*

ash : Asche *f*

~ disposal : Ascheablagerung *f*

ashing : Veraschen *nt*, Veraschung *f*

ash || removal : Ascheaustrag *m*

~ utilization : Ascheverwendung *f*

Asia : Asien *nt*

ask : fragen *v*

asocial : asozial *adj*

aspect : Aspekt *m*

asphalt : Asphalt *m*

~ cement : bituminöses Bindemittel *(nt)*

~ cooking plant : Asphaltkocherei *f*

aspiration : Aspiration *f*, Behauchung *f*, Streben *nt*, Wunsch *m*

~ dust catcher : Aspirationsstaubsammelgerät *nt*

assay : Analyse *f*, Untersuchung *f*

~ : analysieren *v*

assemblage : Agglomeration *f*, Ansammlung *f*

assemble : versammeln *v*

assembly : Aufbau *m*, Versammlung *f*

assess : abschätzen, beurteilen, bewerten, einschätzen *v*

assessment : Abschätzung *f*, Beurteilung *f*, Bewertung *f*, Einschätzung *f*, Prüfung *f*

~ **of pollution**: Beurteilung der Verschmutzung *(f)*

~ basis : Bemessungsgrundlage *f*

~ leeway : Beurteilungsspielraum *m*

~ level : Beurteilungspegel *m*

~ method : Bewertungsmethode *f*

assessor : Finanzbeamter *m*, Finanzbeamtin *f*, Sachverständige *f*, Sachverständiger *m*

asset : Wirtschaftsgut *nt*

assign : zuweisen *v*

assignment : Aufgabe *f*, Bestimmung *f*, Übereignung *f*, Übereignungsurkunde *f*, Zuteilung *f*

~ **of ownership:** Besitzeinweisung *f*

assimilate : assimilieren, aufnehmen *v*

assimilation : Assimilation *f*

assimilative : Assimilations- *adj*

~ **capacity** : Assimilationsvermögen *nt*

assimilatory : Assimilations-, assimilierend *adj*

~ **power** : Assimilationsvermögen *nt*

assistance : Hilfe *f*, Hilfestellung *f*, Förderung *f*, Unterstützung *f*

~ **rate** : Förderrate *f*

assistant : Assistenz-, Hilfs- *adj*

~ : Assistent *m*, Assistentin *f*, Helfer *m*, Helferin *f*, Mitarbeiter *m*, Mitarbeiterin *f*, Verkäufer *m*, Verkäuferin *f*

~ **official** : Hilfsbeamter *m*, Hilfsbeamtin *f*,

~ ~ **of the prosecutor's office:** Hilfsbeamte/r der Staatsanwaltschaft *(f/m)*

associate : beigeordnet, verbunden (sein), verwandt *adj*

~ : außerordentliches Mitglied *nt*, Gefährte *m*, Gefährtin *f*, Kamerad *m*, Kameradin *f*, Kollege *m*, Kollegin *f*, Kompagnon *m*, Komplize *m*, Komplizin *f*, Partner *m*, Partnerin *f*

~ : in Verbindung bringen *v*

associated : in Verbindung stehend, verbunden *adj*

~ **flora** : Begleitflora *f*

~ ~ **to agricultural crops:** Ackerbegleitflora *f*

~ **plant** : Beikraut *nt*

association : Assoziation *f*, Gesellschaft *f*, Pflanzengesellschaft *f*, Verband *m*, Verein *m*

~ **for the purification of sewage:** Abwasserverband *m*

assuetude : Gewöhnung *f*

~ **to noise:** Lärmgewöhnung *f*

assumption : Annahme *f*, Übernahme *f*, Voraussetzung *f*, Vortäuschung *f*

~ **for licensing:** Genehmigungsvoraussetzung *f*

astasy : Astasie *f*

asterisk : Sternchen *nt*

asthma : Asthma *nt*

astronautics : Astronautik *f*

asymmetric : asymmetrisch *adj*

~ **valley** : asymmetrisches Tal *(nt)*

Atlantic : Atlantik-, atlantisch *adj*

~ : Atlantik *m*

~ **region** : atlantische Region *(f)*

atlas : Atlas *m*

atmometer : Evaporimeter *nt*, Verdunstungsmesser *m*

atmosphere : Atmosphäre *f*, Lufthülle *f*

atmospheric : atmosphärisch *adj*

~ **aerosol** : atmosphärisches Aerosol *(nt)*

~ **chemistry** : Atmosphärenchemie *f*

~ **circulation** : atmosphärische Zirkulation *(f)*

~ **cloudiness** : Atmosphärentrübung *f*

~ **condition** : Wetterlage *f*

~ **electricity** : Luftelektrizität *f*

~ **inversion** : atmosphärische Inversion *(f)*

~ **layering** : atmosphärische Schichtung *f*

~ **model** : Atmosphärenmodell *nt*

~ **nitrogen** : Luftstickstoff *m*

~ **oxygen** : Luftsauerstoff *m*

~ **ozone** : atmosphärisches Ozon *(nt)*

~ **particulate** : atmosphärischer Schwebstoff *(m)*

~ **pollutant** : Luftschadstoff *m*

~ **pollution** : Luftbelastung *f*, Luftverschmutzung *f*, Luftverunreinigung *f*

~ **precipitation** : Niederschlag *m*

~ **pressure** : atmosphärischer Druck *(m)*, Luftdruck *m*

~ ~ **zone** : Luftdruckzone *f*

~ **science** : Aeronomie *f*

~ **sounding** : Aerologie *f*

~ **turbidity** : Atmosphärentrübung *f*

atoll : Atoll *nt*

atom : Atom *nt*

~ **bomb** : Atombombe *f*

atomic : Atom-, atomar, Kern- *adj*

~ **absorption spectrometer** : Atomabsorptionsspektrometer *nt*

~ **absorption spectrometry** : Atomabsorptionsspektrometrie *f*

~ **energy** : Atomenergie *f*, Kernenergie *f*

≗ ≗ **Authority** : oberste Atombehörde *(f)*

≗ ≗ **Commission** : Atomenergiekommission *f*

~ ~ **law** : Atomgesetz *nt*

~ ~ **legislation** : Atomrecht *nt*

~ **explosion** : Atombombenexplosion *f*, Atomexplosion *f*

~ **fission** : Kernspaltung *f*

~ **fusion** : Kernfusion *f*

~ **nucleus** : Atomkern *m*

~ **plant ordinance** : Atomanlagenverordnung *f*

~ **power** : Atomkraft *f*

~**-powered** : atomar angetrieben *adj*

~ **power plant permission** : atomrechtliche Genehmigung *(f)*

~ **reactor** : Atommeiler *m*

~ **safety** : atomare Sicherheit *(f)*

~ **test** : Atombombentest *m*, Atombombenversuch *m*

~ **waste** : Atommüll *m*, radioaktiver Abfall *(m)*

~ **weapon** : Atomwaffe *f*

atomize : atomisieren, versprühen, zerstäuben *v*

atomizer : Sprüher *m*, Zerstäuber *m*

atomizing : Zerstäubung *f*

~ **burner** : Zerstäuberbrenner *m*

atrazine : Atrazin *nt*

atrocious : katastrophal *adj*

attach : befestigen *v*

attachment : Befestigung *f*

attack : Angriff *m*

~ : angreifen *v*

attainment : Erreichung *f*, Erzielung *f*, Leistung *f*, Verwirklichung *f*

attempt : Versuch *m*

attention : Aufmerksamkeit *f*

attitude : Einstellung *f*, Haltung *f*

attorney (Am) : Anwalt *m*, Rechtsanwalt *m*

~ at law: Anwalt *m*

attract : anziehen, locken *v*

attractant : Ektohormon *nt*, Lockmittel *nt*, Lockstoff *m*, Pheromon *nt*

~ chemical : Lockchemikalie *f*

~ poison : Ködergift *nt*

attraction : Anziehung *f*, Anziehungskraft *f*, Attraktion *f*

attractive : attraktiv *adj*

attribute : Eigenschaft *f*

attrition : Abrasion *f*

audibility : Hörbarkeit *f*

~ of a noise: Geräuschwahrnehmung *f*

~ limit : Hörbarkeitsgrenze *f*, Hörgrenze *f*

~ threshold : Hörschwelle *f*

audible : Hör-, hörbar *adj*

~ noise : Hörschall *m*

~ range : Hörbereich *m*

audio : Hör-, Ton- *adj*

~ frequencies : Hörbereich *m*

~ frequency : Tonfrequenz *f*

audiogram : Audiogramm *nt*

audiological : audiologisch adj

audiometer : Audiometer *nt*

audiometry : Audiometrie *f*, Gehörmessung *f*

audio range : Hörbereich *m*, Hörfrequenzbereich *m*

audiovisual, audio-visual : audiovisuell *adj*

~ media : audiovisuelle Medien *(pl)*

auditive : Gehör- *adj*

~ impression : Gehöreindruck *m*

audit : Audit *nt*, Prüfung *f*, Revision *f*

~ : prüfen *v*

~ office : Rechnungshof *m*

auditory : akustisch, auditiv, Gehör- *adj*

~ acuity : Hörschärfe *f*

~ damage : Hörschaden *m*

~ fatigue : Gehörermüdung *f*

~ limit : Hörbereichsgrenze *f*

~ sensation : Schallwahrnehmung *f*

~ sensation range : Empfindlichkeitsbereich des Ohres *(f)*

audit : Audit *nt*

Audubon Society : Audubon-Gesellschaft *f*

augering : Bohren *nt*, Bohrung *f*

~ by hand: Handbohrung *f*

aureole : Aureole *f*, Korona *f*

Aurora Borealis : Nordlicht *nt*

Austria : Österreich *nt*

Austrian : österreichisch *adj*

~ : Österreicher *m*, Österreicherin *f*

autecology : Autökologie *f*

authoritative : respekteinflößend *adj*

authorities : Behörden *pl*

by the ~: behördlicherseits *adv*

on the part of the ~: behördlicherseits *adv*

authority : Behörde *f*

~ of the state: Staatsgewalt *f*

authorization : Befugnis *f*, Berechtigungsschein *m*, Bevollmächtigung *f*, Ermächtigung *f*, Genehmigung *f*, Zulassung *f*

~ underlying principle: Ermächtigungsgrundlage *f*

authorize : bevollmächtigen, genehmigen *v*

authorized : berechtigt *adj*

~ amendment: Änderungsgenehmigung *f*

~ discretion: behördliches Ermessen *(nt)*

~ person: Berechtigte *f*, Berechtigter *m*

~ representative: Bevollmächtigte *f*, Bevollmächtigter *m*

auto (Am) : Auto *nt*

autochthonal : autochthon, bodenständig, standortheimisch *adj*

autochthonous : autochthon, bodenständig, standortheimisch *adj*

autoclave : Autoklav *m*

autoclaving : Autoklavieren *nt*

~ : autoklavieren *v*

autogamy : Autogamie *f*, Selbstbefruchtung *f*

autographic : autografisch, autographisch, eigenhändig geschrieben, selbstschreibend *adj*

~ rain-gauge : Regenschreiber *m*

autolysis : Autolyse *f*, Selbstauflösung *f*

automatic : automatisch, Automatik- *adj*

automatically : automatisch *adv*

automatic || analyzer : Analyseautomat *m*

~ filter : Automatikfilter *m*

~ sampling : automatische Probenahme *(f)*

~ tipper : Selbstkipper *m*

~ titrator : Titrationsautomat *m*

automation : Automatisierung *f*

~ technology : Automatisierungstechnik *f*

automobile : Automobil *nt*

~ industry : Automobilindustrie *f*

~ tax : Kfz-Steuer *f*, Kraftfahrzeugsteuer *f*

autonomic : autonom *adj*

~ nervous system: autonomes Nervensystem *(nt)*, vegetatives Nervensystem *(nt)*

autotrophic : autotroph *adj*

~ organisms : Autotrophe *pl*, autotrophe Organismen *(pl)*

autotrophs : Autotrophe *pl*, autotrophe Organismen *(pl)*

auto wreck : Autowrack *nt*

autumn : Herbst *m*

~ overturn : Herbstzirkulation *f*

auxiliaries : Hilfsmittel *pl*

auxiliary : auxiliar, Hilfs-, Zusatz-, zusätzlich *adj*

~ flocculant : Flockungshilfsmittel *nt*

~ material : Hilfsmittel *nt*

~ spillway : provisorisches Überlaufbauwerk *(nt)*

auxin : Auxin *nt*, Pflanzenwuchsstoff *m*

availability : Verfügbarkeit *f*

available : erhältlich, gültig, lieferbar, verfügbar *adj*

~ for plants: pflanzenverfügbar *adj*

~ moisture reserve: Nutzwasserreserve *f*, Nutzwasservorrat *m*

~ soil moisture: verfügbare Bodenfeuchte *(f)*

~ sources of funding: verfügbare Finanzmittel *(f)*

~ supply of groundwater: Grundwasserdargebot *nt*

~ water supply: Wasserdargebot *nt*

avalanche : Lawine *f*

~ protection : Lawinenschutz *m*

~ wind : Lawinenwind *m*

avenue : Allee *f*

~ tree : Alleebaum *m*

average : durchschnittlich, mittlere, mittlerer, mittleres *adj*

~ : Durchschnitt *m*, Mittel *nt*, Mittelwert *m*

~ discharge : Mittelwasserabfluss *m*

~ dose equivalent : mittlere Äquivalentdosis *f*

~ ground slope : Geländegefälle *nt*

~ level fluctuation : mittlere Pegelschwankung *(f)*

~ noise level : mittlerer Lärmpegel *(m)*

avert : abwenden *v*

averting : Abwehr *f*

~ of danger: Gefahrenabwehr *f*

aviary : Voliere *f*

aviation : Luftfahrt *f*

~ law : Luftfahrtrecht *nt*

~ liability : Luftverkehrshaftung *f*

~ licence order : Luftverkehrszulassungsordnung *f*

~ rule : Luftverkehrsordnung *f*

avifauna : Avifauna *f*, Vogelwelt *f*

avoid : vermeiden *v*

avoidance : Vermeidung *f*

~ of rubbish production: Müllvermeidung *f*

~ of waste production: Abfallvermeidung *f*

~ costs : Vermeidungskosten *pl*

~ rule : Vermeidungsgebot *nt*

avoiding : meidend, vermeidend *adj*

~ waste production : Müllvermeidung *f*

award : Auszeichnung *f*, Bewilligung *f*, Preis *m*, Stipendium *nt*

~ : bewilligen *v*

awarded : bewilligt *adj*

awarding : Vergabe *f*

awareness : Bewusstsein *nt*

~-raising : Sensibilisierung *f*

axial : axial, Achsen-, Axial- *adj*

~ fan : Axialventilator *m*

~ flow compressor : Axialverdichter *m*

~-flow pump : Axialpumpe *f*, Propellerpumpe *f*

azoic *adj* azoisch

bacillary : bazillär *adj*

~ dysentery : Bakterienruhr *f*

bacilli : Bazillen *pl*, Bakterien *pl*

bacillus : Bazillus *m*, Bakterie *f*, Bakterium *nt*

back : abgelegen, früher, rückständig *adj*

~ : zurück *adv*

~ : Heck nt, Kiel *m*, Rücken *m*

~ : helfen, unterstützen, zurücksetzen *v*

~ face : Luvseite *f*

~ ~ of wave: Wellenluvseite *f*, Wellenwindseite *f*

backfill : Hinterfüllung *f*

backflow : Rückfluss *m*, Rücklauf *m*

backflush filter : Rückspülfilter *m*

background : Hintergrund *m*

~ level : Hintergrundwert *m*, natürliche Grundbelastung *(f)*

~ noise : Geräuschkulisse *f*, Hintergrundgeräusch *nt*

~ radiation : Hintergrundstrahlung *f*, natürliche (Erd-)Strahlung *(f)*

~ value : natürlicher Basiswert *(m)*

backpack : Rucksack *m*

backpacker : Rucksacktourist *m*, Rucksacktouristin *f*

back radiation : Gegenstrahlung *f*

backscatter : Rückstreuung *f*

~ : rückstreuen *v*

back siphonage : Rückfluss *m*, Rücklauf *m*

backslope : flache Böschung *(f)*

backstopping : Betreuung *f*, fachliche Unterstützung *(f)*

backswamp : Hinterland *nt*

back-to-nature freak : Naturapostel *m*

backup : begleitende Maßnahme, Reserve *f*, Stau *m*, Unterstützung *f*
{*also spelled: back-up*}

backwash : Wellenrücklauf *m*

backwater : Altwasser *nt*, Rückstau *m*, Staugewässer *nt*

~ dike : Rückstaudeich *m*

bacteria : Bakterien *pl*

~ beds : Tropfkörperanlage *f*

~ infestation : Bakterienbefall *m*

bacterial : bakteriell, Bakterien-, Keim- *adj*

~ colony : Bakterienkolonie *f*

~ content : Bakteriengehalt *m*

~ count : Keimzahl *f*

~ culture : Bakterienkultur *f*

~ genetics : Bakteriengenetik *f*

~ kinase : Bakterienkinase *f*

~ pollution : bakterielle Verunreinigung *(f)*, bakteriologische Verunreinigung *(f)*

~ resistance : Bakterienresistenz *f*

~ trap : Bakterienfilter *m*

bactericidal : bakterizid, germizid, keimtötend *adj*

bactericide : Bakterizid *nt*, Entkeimungsmittel *nt*

bacteriogenic : bakteriogen *adj*

bacteriological : bakteriologisch *adj*

~ pollution : bakterielle Verunreinigung *(f)*, bakteriologische Verunreinigung *(f)*

bacteriologist : Bakteriologe *m*, Bakteriologin *f*

bacteriology : Bakteriologie *f*

bacteriolysins : Bakteriolysine *pl*

bacteriolysis : Bakteriolyse *f*

bacteriolytic : bakteriolytisch *adj*

bacteriophage : Bakteriophage *m*

bacteriosis : Bakteriose *f*

bacteriostasis : Bakteriostase *f*

bacteriostatic : Bakteriostat *m*

bacteriotropic : bakteriotrop *adj*

bacterium : Bakterie *f*, Bakterium *nt*

bad : schlecht *adj*

~ state of dilapidation : Baufälligkeit *f*

badger : Dachs *m*

~ sett : Dachsbau *m*

badland : Ödland *nt*, Unland *nt*

badlands (Am) : Badlands *pl*

badly : schlecht *adv*

~ adjusted burner: schlecht eingestellter Brenner *(m)*

~ dilapidated: baufällig *adj*

~ ~ state: Baufälligkeit *f*

baffle : Schallschirm *m*, Schallwand *f*, Sperre *f*

~ block : Störkörper *m*

bag : Beutel *m*, Fang *m*, Jagdbeute *f*, Sackfilter *m*, Tasche *f*

~ filter : Beutelfilter *m*, Taschenfilter *m*

bait : Köder *m*

~ : beködern, mit einem Köder versehen *v*

~ spraying : Ködersspritzung *f*

bakery : Bäckerei *f*

balance : Bilanz *f*, Bilanzierung *f*, Gleichgewicht *nt*, Haushalt *m*, Waage *f*

- **~ of cut-and-fill:** Massenausgleich *m*
- **~ of loads:** Stofffrachtbilanz *f*
- **~ of matter:** Stoffbilanz *f*
- **~ of nature:** Naturhaushalt *m*, natürliches Gleichgewicht *(nt)*, ökologisches Gleichgewicht *(nt)*
- **~ of payments:** Zahlungsbilanz *f*
- **~ of trade:** Handelsbilanz *f*
- **~ on the national trade and industry:** gesamtwirtschaftliches Gleichgewicht *(nt)*

balanced : ausgewogen *adj*

~ diet : ausgewogene Ernährung *(f)*

~ water : Gleichgewichtswasser *nt*

balance || model : Gleichgewichtsmodell *nt*

~ sheet || profit : Bilanzgewinn *m*

~ ~ tax law : Bilanzsteuerrecht *nt*

balancing : ausgleichend *adj*

~ : Bilanzierung *f*

~ reservoir : Rückhaltebecken *nt*

~ tank : Ausgleichsbehälter *m*

bale : Ballen *m*

baler : Ballenpresse *f*

baling : in Ballen verpackend , zu Ballen bindend *adj*

~ press : Ballenpresse *f*, Paketierpresse *f*

ball : Ball *m*, Kugel *f*

ballast : Ballast *m*

ball diaphragm pump : Kolbendosierpumpe *f*

ballot : Abstimmung *f*

ball-planting : Ballenpflanzung *f*

ball valve : Kugelhahn *m*

balneology : Bäderkunde *f*, Balneologie *f*

balsa : Balsabaum *m*

~ wood : Balsaholz *nt*

Baltic : baltisch, Ostsee- *adj*

~ : Ostsee *f*

~ Sea : Ostsee *f*

bamboo : Bambus *m*

ban : Verbot *nt*

- **~ on sewage application to soil:** Aufbringungsverbot *nt*

~ : untersagen, verbieten *v*

band : Band *nt*, Frequenzband *nt*

~ application : Reihenablage *f*

- **~ ~ of fertilizer:** Banddüngung *f*

~ seeding : Reihensaat *f*

bank : Altmaterialcontainer *m*, Bank *f*, Damm *m*, Ufer *nt*

~ erosion : Uferabbruch *m*, Ufererosion *f*

~-filtered : uferfiltriert *adj*

~-~ water : Uferfiltrat *nt*

~ filtration : Uferfiltration *f*

banking : Bankwesen *nt*

bank || protection : Uferschutz *m*

~ reinforcement : Uferbefestigung *f*

~ revetment : Uferbefestigung *f*, Uferdeckwerk *nt*

bankruptcy : Konkurs *m*

bank || stabilization : Uferbefestigung *f*, Uferschutz *m*

~ ~ system : Uferschutz *m*

~ storage : Vorlandspeicherung *f*

banquette : Fußdeich *m*

bar : Mündungsbarre *f*

barb : Widerhaken *m*

~ : mit Widerhaken versehen *v*

barbed : mit Widerhaken versehen *adj*

~ wire : Stacheldraht *m*

barbel : Barbe *f*

~ region : Barbenregion *f*

~ zone : Barbenregion *f*

bare : kahl, vegetationslos *adj*

~ fallow : Schwarzbrache *f*

barium : Barium *nt*

~ concrete : Bariumbeton *m*

bark : Baumrinde *f*, Borke *f*, Gebell *nt*, Rinde *f*

barn : Scheune *f*

barograph : Barograf *m*, Luftdruckschreiber *m*

barometer : Barometer *nt*, Luftdruckmesser *m*, Luftdruckmessgerät *nt*

barometric : barometrisch *adj*

~ correction : Barometerkorrektur *f*, barometrische Korrektur *(f)*

~ pressure : Luftdruck *m*

barometrically : barometrisch *adv*

barrage : Damm *m*, Staudamm *m*, Wehr *nt*

~ weir with locks : Staustufe *f*

barrel : Barrel *nt*, Fass *nt*

barren : karg *adj*

~ land : Unland *nt*

barrier : Barriere *f*, Schranke *f*, Sperre *f*

~ dune : Schutzdüne *f*

~ reef : Barriereriff *nt*, Dammriff *nt*, Wallriff *nt*

barrister : Anwalt *m*

barrow : Hügelgrab *nt*

basal : grundlegend, Grund- *adj*

~ area : Grundfläche *f*

~ metabolic rate : Grundumsatz *m*

~ metabolism : Grundstoffwechsel *m*

~ (plant) cover : Basalbedeckung *f*

basalt : Basalt *m*

~ column : Basaltsäule *f*

~ pillow : Basaltkissen *nt*

base : Base *f*, Basis *f*, Hauptbestandteil *m*

~ : basieren *v*

~ charge : Grundbelastung *f*

based : angesiedelt (sein) *adj*

base || discharge : Basisabfluss *m*

~ exchange capacity : Basenaustauschkapazität *f*

~ flow : Basisabfluss *m*, Normalabfluss *m*

~ level : Basiswert *m*

~ -line : Grundlinie *f*, Standlinie *f*

~ load power station : Grundlastkraftwerk *nt*

~ map : Grundkarte *f*

~ run-off : Normalabfluss *m*

~ saturation : Basensättigung *f*

~ slope : Sohlengefälle *nt*

~ unit : Basiseinheit *f*

basic : alkalisch, basisch, elementar, grundlegend *adj*

basically : grundlegend *adv*

basic || annuity : Grundrente *f*

~ ecological function: ökologische Grundfunktion *(f)*

~ function : Grundfunktion *f*

basicity : Basizität *f*

basic || law : Grundgesetz *nt*

~ materials industry : Grundstoffindustrie *f*

~ needs : elementare Bedürfnisse *(pl)*, Grundbedürfnisse *pl*

~ ~ strategy : Grundbedürfnisstrategie *f*

~ noise : Grundgeräusch *nt*

~ infiltration rate : Basisinfiltrationsrate *f*, Basisversickerungsrate *f*

~ intake rate : Basisinfiltrationsrate *f*, Basisversickerungsrate *f*

~ research : Grundlagenforschung *f*

~ right : Grundrecht *nt*

~ ~ protection : Grundrechtsschutz *m*

~ ~s concerning the environment : Umweltgrundrecht *nt*

~ ~ violation : Grundrechtsverletzung *f*

~ slag: basische Schlacke *(f)*, Thomas-Schlacke *f*

~ survey : Grunddatenerhebung *f*

basin : Bassin *nt*, Becken *nt*, Einzugsgebiet *nt*, flaches Tal *(nt)*, Flussgebiet *nt*, Talkessel *m*

~ (Am) : Wasserbecken *nt*

~ listing : Kammerfurchenverfahren *nt*, Kulissenanbau *m*

~ tillage : Kammerfurchenverfahren *nt*, Kulissenanbau *m*

basis : Grundlage *f*

~ **for assessment:** Bemessungsgrundlage *f*

basket : Korb *m*

~ dam : Steinkorbdamm *m*

bass : Barsch *m*, Bass *m*, Bast *m*

~ deafness : Basstaubheit *f*

batch : Bündel *nt*, Gruppe *f*, Stapel *m*

~-weigher : Dosierwaage *f*, Portionierwaage *f*

~-weighing scale : Dosierwaage *f*

bath : Bad *nt*

~ drainage : Badablauf *m*

bathe : baden, spülen *v*

bathing : Bade-, badend *adj*

~ : Baden *nt*

~ area : Badegebiet *nt*

~ waters : Badegewässer *nt*

bathyal : bathyal *adj*

~ zone : bathyale Zone *(f)*

bathythermograph : Bathythermograf *m*

battery : Batterie *f*

~ disposal : Batterieentsorgung *f*

~ farming : Hühnerbatterien *pl*

~-powered : batteriebetrieben *adj*

~-~ item : Batteriegerät *nt*

battle : Bekämpfung *f*, Kampf *m*

~ **against erosion:** Erosionsbekämpfung *f*

battue : Treibjagd *f*

BAT value : BAT-Wert *m*

bauxite : Bauxit *nt*

bay : Bucht *f*, Meerbusen *m*, Meeresbucht *f*

beach : Küste *f*, Strand *m*

~-ball : Strandball *m*

~ erosion : Küstenerosion *f*

~ nourishment : Vorspülung *f*

beam : Geweihstange *f*

bear : Bär *m*

~ : tragen *v*

~ **the costs:** Kosten tragen *v*

bearer : Träger *m*, Trägerin *f*

bearing : Trag-, tragend *adj*

~ : Bedeutung *f*, Bezug *m*, Erdulden *nt*, Ertragen *nt*, Lage *f*, Lager *nt*, Verhalten *nt*, Zusammenhang *m*

~ capacity : Belastbarkeit *f*, Tragfähigkeit *f*

beartrap : Bärenfalle *f*

~ gate : Doppelklappe *f*

beater : Treiber *m*, Treiberin *f*

Beaufort scale : Beaufortskala *f*

beautify : verschönern *v*

become : werden *v*

becquerel : Becquerel *nt*

bed : Beet *nt*, Bett *nt*, Gesteinsschicht *f*, Sohle *f*

bedding : Bankung *f*, Saatbeetbereitung *f*, Schichtung *f*

bedload : Geschiebe *nt*, Geschiebefracht *f*

~ transport : Geschiebefracht *f*

bed plate : Bodenplatte *f*, Grundplatte *f*

bedrock : anstehender Fels *(m)*, Festgestein *nt*, Liegendes *nt*, Untergrund *m*

bee : Biene *f*

beech : Buche *f*

~ forest : Buchenwald *m*

bee-colony : Bienenstaat *m*

bee conservation : Bienenschutz *m*

beehive : Bienenkorb *m*

bee protection : Bienenschutz *m*

~ ~ regulation : Bienenschutzverordnung *f*

beekeeper : Bienenzüchter *m*, Bienenzüchterin *f*

beekeeping : Bienenzucht *f*

beer : Bier *nt*

bees' honey : Bienenhonig *m*

bee-sting : Bienenstich *m*

beeswax : Bienenwachs *nt*

beet : Rübe *f*

beginning : Anfang *m*, Beginn *m*

~ of damage: Schadenseintritt *m*

behaviour : Verhalten *nt*

behavioural : Verhaltens- adj

~ scientist : Verhaltensforscher *m*, Verhaltensforscherin *f*

behaviour pattern : Verhaltensmuster *nt*

behind : hinten *adv*

~ : Hinterteil *nt*

~ : hinter *prep*

~ the scenes: hinter den Kulissen *adv*

~-~-~ co-operation: verdeckte Zusammenarbeit *(f)*

belated : nachträglich *adj*

belatedly : nachträglich *adv*

bell : Brunftschrei *m*

bellows : Faltenbalg *m*

~ pump : Faltenbalgpumpe *f*

~ sealing : Faltenbalgabdichtung *f*

~ seal valve : Faltenbalgventil *nt*

below : darunter, hinab, hinunter, unten, unterhalb *adv*

~ : unter, unterhalb *prep*

~ sea level : unter dem Meeresspiegel

belt : Gürtel *m*

~ conveyor : Bandförderer *m*

~ dryer : Bandtrockner *m*

~-type filter : Bandfilter *m*

bench : Bank *f*,

~ (Am) : Flussterrasse *f*

~ flume : Gerinne *nt*

benchmark : Fixpunkt *m*, Höhenmarke *f*, Maßstab *m*, Pegelfestpunkt *m*, Vermessungspunkt *m*

{*also spelled: bench mark*}

~ chemical : Modellsubstanz *f*

~ soil : Leitboden *m*, regionaltypischer Boden *(m)*

bench terrace : Bankterrasse *f*

bend : Kurve *f*

beneficial : günstig, nutzbringend, nützlich, nutznießerisch, vorteilhaft *adj*

~ animal : Nützling *m*

~ organism : Nützling *m*

~ value : Nutzwert *m*

beneficially : günstig, nutzbringend, nützlich, vorteilhaft *adv*

beneficiary : Nutznießer *m*, Nutznießerin *f*

benefit : Nutzen *m*, Leistung *f*

~ to the public: Gemeinnützigkeit *f*

~ : nutznießen *v*

benthal : Benthal *nt*, Gewässerboden *m*

benthic : benthisch *adj*

~ organisms : Benthon *nt*, Benthos *nt*

~ region : Benthal *nt*, Gewässerboden *m*

~ zone : Benthal *nt*, Gewässerboden *m*

benthon : Benthon *nt*, Benthos *nt*

benthos : Benthon *nt*, Benthos *nt*

bentonite : Bentonit *nt*

benzene : Benzol *nt*

benzine : Benzin *nt*

benzolism : Benzolvergiftung *f*

Bergerhoff || gauge : Bergerhoff-Gefäß *nt*

~ sampler : Bergerhoff-Gefäß *nt*

Bergius-Pier process : Bergius-Pier -Verfahren *nt*

berm : Absatz *m*, Berme *f*

~ of dike: Deichberme *f*

Berne : Bern *nt*

~ Convention : Berner Konvention *f*, Übereinkommen über die Erhaltung der Europäischen wild lebenden Pflanzen und Tiere und ihrer natürlichen Lebensräume *(nt)*

berries : Beerenobst *nt*

berry : Beere *f*

berth : Liegeplatz *m*, Seeraum *m*

berylliosis : Berylliose *f*

Bessemer || converter : Bessemerbirne *f*

~ process : Bessemer-Verfahren *nt*

best : best-, beste, bester, bestes *adj*

~ available technology : beste verfügbare Technik *(f)*

bestial : tierisch *adj*

best || management practice : bestmögliche Landnutzung *(f)*

~ practicable treatment technology : optimale Abwasserbehandlungstechnologie *(f)*

~ practical environmental option: bestanwendbare Möglichkeit im Himblick auf die Umwelt *(f)*

~ practical mean : bestanwendbare Möglichkeit *(f)*

beta : Beta *nt*

~ decay : Beta-Zerfall *m*

~ diversity : Betadiversität *f*

~ **particle** : Beta-Teilchen *nt*

~ **radiation** : Betastrahlung *f*

~ **rays** : Betastrahlen *pl*

~ **uranium** : Beta-Uran *nt*

beverage : Getränk *nt*

~ **industry** : Getränkeindustrie *f*

~ **packaging** : Getränkeverpackung *f*

bibliographic : bibliografisch *adj*

bibliography : Bibliografie *f*

bicycle : Fahrrad *nt*, Rad *nt*, Zweirad *nt*

~ **path** : Radweg *m*

biennial : zweijährig *adj*

~ : zweijährige Pflanze *(f)*

bifurcation : Bifurkation *f*, Gabelung *f*, Gewässergabelung *f*, Stromverzweigung *f*

big : groß, Groß- *adj*

bigamy : Bigamie *f*

big game : Großwild *nt*, Hochwild *nt*

bight : Bucht *f*

big industry : Großindustrie *f*

bike : Fahrrad *nt*

biker : Motorradfahrer *m*, Motorradfahrerin *f*

bikeway : Fahrradweg *m*

bilateral : bilateral *adj*

bile : Galle *f*

bilge : Bilge *f*

~ **oil** : Bilgenöl *nt*

~ **water** : Bilgenwasser *nt*

bilharziasis : Bilharziose *f*

bill : Gesetzentwurf *m*, Gesetzesvorlage *f*

billy-goat : Bock *m*, Ziegenbock *m*

bimetal : Bimetall *nt*

bimetallic : Bimetall-, bimetallisch *adj*

~ **thermometer** : Bimetallthermometer *nt*

bin : Mülleimer *m*

~ **and hopper equipment:** Bunkereinrichtungen *pl*

~ **bag** : Mülltüte *f*

binder : Bindemittel *nt*

binding : bindend *adj*

~ **agent** : Bindemittel *nt*

~ **agreement** : verbindliche Vereinbarung *(f)*

binocular : binokular *adj*

~ : Binokular *nt*, Fernglas *nt*

~ **microscope** : Stereomikroskop *nt*

binomial : binär *adj*

~ **classification** : binäre Nomenklatur *(f)*

bioaccumulation : Bioakkumulation *f*

~ **potential** : Bioakkumulationspotenzial *nt*

bio-accumulative : bioakkumulativ *adj*

bio-activation : Belebungsverfahren *nt*

bioactive : biologisch aktiv *adj*

bioaeration : Belebtschlammverfahren *nt*, Schlammbelebung *f*

bio-alcohol : Bioalkohol *m*

~ **plant** : Bioalkoholanlage *f*

bioassay : Biotest *m*, Lebendversuch *m*

bio-availability : Bioverfügbarkeit *f*

biocenosis : Biozönose *f*

biochemical : biochemisch *adj*

~ **degradation** : biochemischer Abbau *(m)*

~ **detoxification process** : biochemisches Entgiftungsverfahren *(nt)*

~ **oxygen demand** : biochemischer Sauerstoffbedarf *(m)*

biochemist : Biochemiker *m*, Biochemikerin *f*

biochemistry : Biochemie *f*

biocide : Biozid *nt*

bioclimatic : bioklimatisch *adj*

bioclimatology : Bioklimatologie *f*

biocoenosis : Biozönose *f*, Lebensgemeinschaft *f*

bioconcentration : Biokonzentration *f*

~ **factor** : Biokonzentrationsfaktor *m*

biocontrol : biologische Schädlingsbekämpfung *(f)*

bioconversion : biologische Umsetzung *(f)*, Bioumwandlung *f*

biocybernetics : Biokybernetik *f*

biocycle : Biozyklus *m*

biodecay : biologische Zersetzung *(f)*

~ **capacity** : biologisches Zersetzungsvermögen *(nt)*

biodegradability : Bioabbaubarkeit *f*, biologische Abbaubarkeit *(f)*

biodegradable : biologisch abbaubar *adj*

biodegradation : Bioabbau *m*, biologischer Abbau *(m)*

~ **potential** : Bioabbaupotenzial *nt*

biodegrade : biologisch abbauen *v*

biodetergent : biologisches Reinigungsmittel *(nt)*, biologisches Waschmittel *(nt)*

biodiversity : Biodiversität *f*, biologische Vielfalt *(f)*

biodynamical : biologisch-dynamisch *adj*

~ **agriculture** : biologisch-dynamischer Landbau *(m)*

~ **farming** : biologisch-dynamischer Landbau *(m)*

bioenergy : Bioenergie *f*

bioengineering : Bioingenieurwesen *nt*, Biotechnik *f*, Biotechnologie *f*

bioethics : Bioethik *f*

biofilter : Biofilter *m*, Erdschichtfilter *m*

biofiltration : Tropfkörperbehandlung *f*

biofuel : Biobrennstoff *m*, Biokraftstoff *m*

biogas : Biogas *nt*, Faulgas *nt*

~ **plant** : Biogasanlage *f*

~ **utilization** : Biogasverwertung *f*

biogenic : biogen *adj*

biogenous : biogen *adj*

biogeocenosis : Biogeozönose *f*

biogeochemical : biogeochemisch *adj*

biogeochemistry : Biogeochemie *f*

biogeocoenosis : Biogeozönose *f*

biogeochemical : biogeochemisch *adj*

~ **cycle** : biogeochemischer Kreislauf *(m)*

biogeographer : Biogeograf *m*, Biogeografin *f*

biogeographical : biogeografisch *adj*

~ region: biogeografische Region *(f)*

biogeography : Biogeografie *f*

biogeosphere : Biogeosphäre *f*

bioindication : Bioindikation *f*

bioindicator : Bioindikator *m*

bioindustry : Bioindustrie *f*

bioinsecticide : Bioinsektizid *nt*, Insektizid auf Naturstoffbasis *(nt)*

biological : Bio-, bioaktiv, biologisch *adj*

~ agriculture : biologischer Landbau *(m)*

~ association : Artengemeinschaft *f*

~ balance : biologisches Gleichgewicht *(nt)*

~ cascade : biologische Kaskade *(f)*

~ clarification : biologische Reinigung *(f)*

~ clock : biologische Uhr *(f)*

~ contactor : Tauchkörper *m*

~ control (of pests) : biologische Schädlingsbekämpfung *(f)*

~ conversion : Biokonversion *f*

~ cycle : Lebenskreislauf *m*

~ desert : biologische Wüste *(f)*

~ detergent : biologisches Reinigungsmittel *(nt)*, biologisches Waschmittel *(nt)*, Biowaschmittel *nt*

~ diversity : Biodiversität *f*, biologische Vielfalt *(f)*

~ dosimetry : biologische Dosimetrie *(f)*

~ education : Biologieunterricht *m*

~ effect : biologische Wirkung *(f)*

~ ~ of pollution: biologische Schadstoffwirkung *(f)*

~ efficiency : biologischer Wirkungsgrad *(m)*

~ engineering : Biotechnik *f*

~ equilibrium : biologisches Gleichgewicht *(nt)*

~ erosion : Artenrückgang *m*

~ film : Biofilm *m*, biologischer Rasen *(m)*

~ filter : Tropfkörper *m*

~ half-life : biologische Halbwertszeit *(f)*

~ indicator : Bioindikator *m*

~ magnification : Bioakkumulation *f*

~ monitoring : Biomonitoring *nt*

~ pest control : biologische Schädlingsbekämpfung *(f)*

~ plant : Bioanlage *f*

~ plant protection agent : biologisches Pflanzenschutzmittel *(nt)*

~ production : biologische Produktion *(f)*, Bioproduktion *f*

~ purification plant : biologische Kläranlage *(f)*

~ radiation protection : biologischer Strahlenschutz *(m)*

~ refuse : Biomüll *m*

~ remediation : mikrobielle Sanierung *(f)*

~ seeding : biologische Impfung *(f)*

~ sewage purification : biologische Abwasserreinigung *(f)*

~ test : Biotest *m*

~ treatment : biologische Abwasserreinigung *(f)*

~ waste : biologischer Abfall *(m)*, Biomüll *m*

~ wastewater treatment : biologische Abwasserrreinigung *(f)*

~ weapon : biologisches Kampfmittel *(nt)*

biologist : Biologe *m*, Biologin *f*

biology : Biologie *f*

~ of building: Baubiologie *f*

~ of the atmosphere: Aerobiologie *f*

bioluminescence : Biolumineszenz *f*

biomagnification : Biomagnifikation *f*

biomanipulation : Biomanipulation *f*

biomass : Biomasse *f*

~ accumulation : Biomasseakkumulation *f*

~ determination : Biomassebestimmung *f*

~ fuel : Biomassebrennstoff *m*

~ production : Biomasseproduktion *f*

~ yield : Biomassenutzung *f*, Biomasseproduktion *f*

biome : Biom *nt*

biomedical : biomedizinisch *adj*

~ engineering : Bioingenieurwesen *nt*, Biotechnik *f*

biomedicine : Biomedizin *f*

biomembrane : Biomembran *f*

~ filtration : Biomembranfiltration *f*

biometeorology : Biometeorologie *f*

biomethanation : Biogaserzeugung *f*

biometrics : Biometrie *f*

biometry : Biometrie *f*

bionics : Bionik *f*

bionomy : Bionomie *f*

biopesticide : Pflanzenschutzmittel auf Naturstoffbasis *(nt)*

biophysics : Biophysik *f*

biophyte : fleischfressende Pflanze *(f)*, insektenfressende Pflanze *(f)*

bioreactor : Bioreaktor *m*

bioregion : Bioregion *f*

bioremediation : mikrobielle Sanierung *(f)*

biorhythm : Biorhythmus *m*

biosafety : Biosicherheit *f*

bio-scrubber (unit) : Biowäscher *m*

bioseston : Bioseston *nt*

biosphere : Biosphäre *f*, Ökosphäre *f*

~ park : Biosphärenpark *m*

~ reserve : Biosphärenreservat *nt*

biosynthesis : Biosynthese *f*

biosystem : Biosystem *nt*

biotechnological : biotechnisch *adj*

~ hazard : biotechnische Gefahr *(f)*

biotechnology : Biotechnologie *f*

biotemperature : Biotemperatur *f*

biotic : biotisch *adj*

~ balance : biologisches Gleichgewicht *(nt)*

~ barrier : Ausbreitungsbarriere *f*, biotische Schranke *(f)*

~ climax : Klimaxgesellschaft *f*

~ community : Artengemeinschaft *f*, Biozönose *f*, Lebensgemeinschaft *f*

~ decomposition : biologischer Abbau *(m)*

~ degradation : biologischer Abbau *(m)*

~ equilibrium : biologisches Gleichgewicht *(f)*

~ factor : biotischer Faktor *(m)*

~ index : biotischer Index *(m)*

~ pyramid : Nahrungspyramide *f*

biotite : Biotit *m*, Magnesium-Eisen-Glimmer *m*

biotope : Biotop *m*, Lebensraum *m*

~ networking : Biotopvernetzung *f*

~ conservation : Biotopschutz *m*

~ protection : Biotopschutz *m*

biotransformation : biologische Umsetzung *(f)*, Bioumwandlung *f*

bioturbation : Bioturbation *f*

biotype : Biotyp *m*, Sippe *f*

biowaste : Bioabfall *m*, Biomüll *m*, organischer Abfall *(m)*

~ processing : Bioabfallaufbereitung *f*

bird : Vogel *m*

~ of passage: Zugvogel *m*

~ of prey: Greifvogel *m*, Raubvogel *m*

~ of the year: Vogel des Jahres

~ box : Vogelkasten *m*

~-call : Vogelruf *m*

~ control : Vogelabwehr *f*

~ feeding : Vogelfraß *m*

birdlife : Vogelwelt *f*

bird || life : Vogelbestand *m*

~ migration : Vogelzug *m*

~ net : Vogelschutznetz *nt*

~ protection : Vogelschutz *m*

~ ~ bill : Vogelschutzgesetz *nt*

~-resistant : vogelfraßresistent *adj*

~ sanctuary : Vogelschutzgebiet *nt*

Birds Directive : Richtlinie über die Erhaltung der wild lebenden Vogelarten *(f)*, Vogelschutzrichtlinie *(f)*

bird || song : Vogelgesang *m*

~ species : Vogelart *f*

~ strike : Vogelschlag *m*

~ watcher : Vogelbeobachter *m*, Vogelbeobachterin *f*

birth : Geburt *f*

birthplace : Geburtsort *m*

birth rate : Geburtenrate *f*, Geburtenziffer *f*

bit : Bit *nt*, Stück *nt*, Stückchen *nt*

~ of information: Information *f*

bitumen : Asphalt *m*, Bitumen *nt*

~ mixing plant : Bitumenmischanlage *f*

~ processing : Bitumenverarbeitung *f*

bituminous : bituminös *adj*

~ rock : Ölschiefer *m*

~ roofing-felt : Teerpappe *f*

black : schwarz, Schwarz- *adj*

blackboard : Tafel *f*

black || coal : Steinkohle *f*

~ earth : Schwarzerde *f*, Tschernosem *f*

~ economy : Schattenwirtschaft *f*

~ frost : strenge, trockene Kälte *(f)*

~ ice : überfrierende Nässe *(f)*

~ liquor : Ablauge *f*, Schwarzwasser *nt*

~ spot : Schwarzfleckigkeit *f*, Sternrußtau *m*

~ water : Schwarzwasser *nt*

blade : Blatt *nt*

blank : leer *adj*

blanket : Decke *f*, Hülle *f*, Schutzabdeckung *f*

~ : bedecken *v*

~ bog : Deckenmoor *nt*, geländebedeckendes Hochmoor *(nt)*

blast : Druckwelle *f*, Explosion *f*, Gebläseluft *f*, Windstoß *m*

~ : sprengen, verdorren lassen *v*

~ furnace : Hochofen *m*

~ ~ gas : Gichtgas *nt*, Hochofengas *nt*

~ ~ ~ cleaning : Gichtgasreinigung *f*

~ ~ ~ cleaning plant : Gichtgasreinigungsanlage *f*

~ ~ ~ cleaning system : Gichtgasreinigungsanlage *f*

~ ~ works : Hochofenwerk *nt*

blasting : Spreng- *adj*

~ : Sprengung *f*

~ cap : Sprengkapsel *f*

~ practice : Sprengtechnik *f*

blaze : Schalm *m*

~ : markieren *v*

bleach : Bleichmittel *nt*

~ : bleichen *v*

~ plant effluents : Bleichereiabwasser *nt*

bleaching : Bleichen *nt*

~ agent : Bleichmittel *nt*

~ clay : Bleicherde *f*

~ plant : Bleicherei *f*

~ process : Bleichverfahren *nt*

blend : Mischkunststoff *m*

blight : Brand *m*, Trockenfäule *f*

~ : verschandeln, zerstören *v*

blind : blind, geblendet *adj*

~ drain : Steindrän *m*

blizzard : Blizzard *m*

blob : Flocke *f*

block : Block *m*

~ : verstopfen *v*

~ field : Blockhalde *f*, Blockmeer *nt*

~ rainfall : Blockregen *m*

~ stream : Blockstrom *m*

blood : Blut *nt*

~ bank : Blutbank *f*

~ cell : Blutkörperchen *nt*

~ chemistry : Blutchemismus *m*

~ circulation : Blutkreislauf *m*

~ corpuscle : Blutkörperchen *nt*

~ count : Blutbild *nt*

~ disease : Blutkrankheit *f*

~ examination : Blutuntersuchung *f*

~ group : Blutgruppe *f*

~ grouping : Einteilen nach Blutgruppen *(nt)*

~ pigment : Blutfarbstoff *m*

~ plasma : Blutplasma *nt*

~ platelet : Blutplättchen *nt*

~ poisoning : Blutvergiftung *f*

~ pressure : Blutdruck *m*

~ serum : Blutplasma *nt*, Blutserum *nt*

~ sports : Hetzjagd *f*

bloodstream : Blutstrom *m*

blood || sugar level : Blutzuckerspiegel *m*

~ test : Blutprobe *f*, Blutuntersuchung *f*

~ vessel : Blutgefäß *nt*

bloom : Blüte *f*

~ : blühen *v*

blossom : Blüte *f*

blow : Luftzug *m*

~ : aufwirbeln, blasen, wehen *v*

~-by : Durchblasegase *pl*, Kurbelgehäusegase *pl*

blower : Gebläse *nt*

~ hose : Gebläseschlauch *m*

blowhole : Blasloch *nt*

blowing out : Ausblasverfahren *nt*

blowing-up : Sprengung *f*

blow-off sound absorber : Abblaseschalldämpfer *m*

blow up : sprengen *v*

blubber : Tran *m*, Walspeck *m*

bluegrass meadow : Blaugrasrasen *m*

blueprint : Plan *m*

board : Amt *nt*, Behörde *f*, Komitee *nt*

- **~ of directors:** Vorstand *m*
- **~ of examiners:** Prüfungsausschuss *m*
- **~ of experts:** Sachverständigenrat *m*

boardwalk : Bohlensteg *m*, Bohlenweg *m*

boat : Boot *nt*

bodily : Körper-, körperlich, organisch *adj*

~ : ganz *adv*

~ injury : Körperverletzung *f*

BOD load : BSB-Belastung *f*, BSB-Fracht *f*

BOD loading : BSB-Belastung *f*, BSB-Fracht *f*

body : Einrichtung *f*, Gruppe *f*, Institution *f*, Körper *m*, Körperschaft *f*, Organ *nt*

~ fat : Fettgewebe *nt*

~ radioactivity : Körperradioaktivität *f*

bodywork : Karosserie *f*

bog : Bruch *m*, Moor *nt*

~ conservation : Moorschutz *m*

~ gley soil : Anmoor *m*, Moorgley *m*

boggy : Moor-, morastig *adj*

~ water : Moorwasser *nt*

bog iron ore : Raseneisenstein *m*

bogland : Moorland *nt*

bog || moss : Torfmoos *nt*

~ pond : Moorauge *nt*

~ soil : Moorboden *m*

~ woodland : Moorwald *m*

boil : kochen, sieden *v*

boiled : gekocht *adj*

boiler : Boiler *m*, Dampfkessel *m*, Heizkessel *m*, Kessel *m*, Warmwasserbereiter *m*

~ feedwater : Kesselspeisewasser *nt*

~ insulation : Kesselisolierung *f*

~ regulation : Dampfkesselverordnung *f*

~ scale : Kesselstein *m*

boiling : Siede-, siedend *adj*

~ point : Siedepunkt *m*

~ water reactor : Siedewasserreaktor *m*

bole : Baumstamm *m*, Schaft *m*

bomb : Bombe *f*, Lavabombe *f*

~ : bombardieren, Bomben werfen *v*

bond : Bindung *f*

~ : eine Bindung eingehen, (sich) verbinden *v*

bonding : Binden *nt*

~ effect : Bindungswirkung *f*

bone : Knochen *m*

~ conduction : Knochenleitung *f*, Knochenschallleitung *f*, Osteofonie *f*

~ marrow : Knochenmark *nt*

bonemeal : Knochenmehl *nt*

Bonn Convention : Bonner Konvention *f*

book : Buch *nt*

- **~ for identification:** Bestimmungsbuch *nt*
- **~ for young people:** Jugendbuch *nt*

bookkeeping : Buchhaltung *f*

boom : Knall *m*, Konjunktur *f*

booming : Dröhnen *nt*

boost : Auftrieb *m*, Zunahme *f*

- **~ to the economy:** Konjunkturspritze *f*

~ : ankurbeln, anpreisen, erhöhen, heben, hochheben, hochschieben, in die Höhe treiben, stärken, steigern, verstärken *v*

Bordeaux mixture : Bordeaux-Brühe *f*, Bordelaiser Kupferkalkbrühe *f*

border : Grenze *f*, Staatsgrenze *f*

- **~ of field:** Ackerrandstreifen *m*

~ : angrenzen, einfassen, umranden *v*

~ area : Grenzgebiet *nt*

~ dike : Begrenzungsdeich *m*

~ ditch : Begrenzungsgraben *m*

bordering : angrenzend *adj*

~ neighbour : Grenznachbar *m*

borderline : Grenze *f*

border state : Anliegerstaat *m*

bore : Bohrungsdurchmesser *m*, Bore *f*, Innendurchmesser *m*

~ : bohren *v*

boreal : boreal, nördlich *adj*

~ coniferous forest zone : boreale Nadelwaldzone *(f)*

~ life zone : boreale Lebenszone *(f)*

borehole : Bohrloch *nt*

~ measuring : Bohrlochmessung *f*

boring : Bohrung *f*

~ kernel : Bohrkern *m*

borosilicate glass : Borosilikatglas *nt*

borowina : Borowina *f*

borrowed : ausgeliehen, entlehnt, entliehen, geborgt, übernommen *adj*

~ capital : Fremdkapital *nt*

borrowpit : Bodenentnahme *f*, Bodenentnahmestelle *f*, Entnahmegrube *f*

boss : Chef *m*, Chefin *f*

botanical : botanisch, pflanzlich *adj*

~ garden : botanischer Garten *(m)*

~ insecticide : Insektizid auf Pflanzenbasis *(nt)*

~ specimens : Pflanzenexemplare *pl*, Pflanzenproben *pl*

botanist : Botaniker *m*, Botanikerin *f*

botany : Botanik *f*, Pflanzenkunde *f*

bother : beschäftigen, lästig sein, stören *v*

~ed by insects: durch Insekten belästigt

bottle : Flasche *f*

~ bank : Altglascontainer *m*

~ neck : Verengung *f*

~s gas : Flaschengas *nt*

bottom : Boden *m*, Fuß *m*, Grund *m*, Hinterteil *nt*, Sitz *m*, Sohle *f*, Unterseite *f*

~ fauna : Benthon *nt*, Benthos *nt*

~-feeder : Bodenernährer *m*

~ grade : Sohlengefälle *nt*

~ outlet : Grundablass *m*

botulism : Botulismus *m*

boulder : Felsblock *m*, Findling *m*, Flussstein *m*

~ clay : Geschiebelehm *m*

~ slide : Bergsturz *m*, Felssturz *m*

~ belt : Blockpackung *f*

bound : blockiert, gebunden, verbunden, zusammengebunden *adj*

~ water : gebundenes Wasser *(nt)*

boundary : Grenze *f*

~ conditions : Grenzbedingungen *pl*

~ crossing : Grenzüberschreitung *f*

~ effects : Grenzauswirkungen *pl*

~ layer : Grenzschicht *f*

bovine : bovin, dumm, einfältig, langweilig, Rinder-, stumpfsinnig, schwerfällig *adj*

~ : Ochse *m*

~ somatropin : Bovinsomatropin *nt*

box : Buchsbaum *m*, Buchsbaumholz *nt*, Hütte *f*, Kasten *m*, Kiste *f*

~ ridge (Am) : Kammerfurche *f*, Verbundreihe *f*

~-type delivery van : Kastenwagen *m*

boycott : Boykott *m*

boy scout : Pfadfinder *m*

brack : Brack *m*

brackish : brackig *adj*

~ mud soil : brackischer Wattboden *(m)*

~ water : Brackwasser *nt*

~ ~ plankton : Hyphalmyroplankton *nt*

~ ~ region : Brackwasserzone *f*

braided : geflochten, verästelt, zusammengebunden *adj*

~ channel : Umlagerungsstrecke *f*

brain : Gehirn *nt*

~ scanning : Gehirnabtastung *f*

brake : Bremse *f*

brambles : Gestrüpp *nt*

bran : Kleie *f*

branch : Abzweig *m*, Ast *m*, Zweig *m*

~ agreement : Branchenvereinbarung *f*

~ angle : Astwinkel *m*

~ base diameter : Aststärke *f*

~ coppice method : Kopfholzbetrieb *m*

~ cutting : Zweigsteckling *m*

~ distribution : Aststellung *f*

~ flattening : Zweigabplattung *f*

~ formation : Zweigbildung *f*

branchiness : Astigkeit *f*

branch || leader : Leitast *m*

~-mulching : Reisigbau *m*

~ node : Zweigknoten *m*

~ root : Seitenwurzel *f*

~ thinning : Auslichten *nt*

~ tip : Zweigspitze *f*

breach : Bresche *f*, Bruch *m*, Einbruch *m*, Verstoß *m*

~ of official duty: Amtspflichtverletzung *f*

breadth : Breite *f*

break : Ruhepause *f*

~ : brechen, unterbrechen, verletzen, verstoßen gegen, zerbrechen, zerreißen, zerstören, zertrümmern *v*

~ down : abbauen *v*

breakdown : Abbau *m*, Aufspaltung *f*, Fäulnis *f*, Zusammenbruch *m*

~ product : Abbauprodukt *nt*, Spaltprodukt *nt*

breaker : Brecher *m*

breakers : Brandung *f*

breaking : Brechen *nt*, Zerbrechen *nt*, Zerstören *nt*, Zertrümmern *nt*

~ of sound barrier: Durchbrechen der Schallmauer *(nt)*

~ of waves: Wellenbrechen *nt*, Wellenbruch *m*

~-down temperature : Abbautemperatur *f*, Zerfallstemperatur *f*

~ up : Auflockerung *f*, Aufschluss *m*

~ ~ of the cloud cover: Bewölkungsauflockerung *f*

break into : angreifen *v*

break through : durchbrechen *v*

~ ~ the sound barrier: die Schallmauer durchbrechen *v*

breakthrough : Durchbruch *m*

breakwater : Wellenbrecher *m*

bream : Blei *m*, Brachsen *m*, Brassen *m*

~ region : Bleiregion *f*, Brassenregion *f*

breath : atmen *v*

~ a sigh of relief: aufatmen *v*

breathing : Atmen *nt*, Atmung *f*

~ equipment : Atemschutzgerät *nt*

~ rate : Atemfrequenz *f*

~ resistance : Atemwegwiderstand *m*

breathtaking : atemberaubend *adj*

breccia : Breccie *f*

breed : Rasse *f*, Sorte *f*, Züchtung *f*

~ : brüten, vermehren, verursachen, züchten *v*

~ true : sich reinrassig vermehren *v*

breeder : Brüter *m*, Züchter *m*, Züchterin *f*

~ reactor : Brutreaktor *m*

breeding : Brut-, brütend *adj*

~ : Brüten *nt*, Züchten *nt*, Züchtung *f*

~ bird : Brutvogel *m*

~ ground : Brutgebiet *nt*, Brutrevier *nt*

~ place : Brutplatz *m*

~ site : Fortpflanzungsstätte *f*

~ zone : Brutgebiet *nt*

breeze : Brise *f*, Schlacke *f*

~ blocks : Schlackensteine *pl*
breezy : windig *adj*
brewing : Brauerei- *adj*
~ industry : Brauereiwesen *nt*
brewery : Brauerei *f*
brick : Baustein *m*, Ziegel *m*
brickworks : Ziegelei *f*
bridge : Brücke *f*, Flansch *m*
~ construction : Brückenbau *m*
bridle : Zaum *m*, Zaumzeug *nt*
~ : aufzäumen, im Zaum halten, zügeln *v*
~-path : Saumpfad *m*
also spelled: bridle path
~-road : Reitweg *m*
also spelled: bridle road
~-way : Reitweg *m*, Saumpfad *m*
also spelled: bridle way
briefing : Anweisungen *pl*, Briefing *nt*, Einsatzbesprechung *f*, Informationen *pl*, Instruktionen *pl*, Unterrichtung *f*
~ centre : Informationszentrum *nt*
brine : Sole *f*
bring : bringen *v*
~ **an action:** einen Strafantrag stellen *v*
~ **to the light:** zu Tage fördern *v*
~ **under control:** unter Kontrolle bringen *v*
bringing : Bringen *nt*, Mitbringen *nt*, Vorbringen *nt*
~ **of an action:** Klageerhebung *f*
~ **of a suit:** Klageerhebung *f*
bring system : Bringsystem *nt*
briquett : Brikett *nt*
briquetting : Brikettherstellung *f*
~ plant : Brikettieranlage *f*
~ press : Brikettierpresse *f*
British : britisch *adj*
~ Mountaineering Council: Britischer Bergsteigerverband *(m)*
~ thermal unit: BTU *nt*
~ Trust for Conservation Volunteers: Britische Stiftung der Naturschutzhelfer *(f)*
broad : breit *adj*
broadcast : Sendung *f*, Übertragung *f*
~: aussäen, ausstrahlen, senden, übertragen, verbreiten *v*
~ seeding : Breitsaat *f*
broad-crested : mit breiter Krone *adj*
~-~ weir : Wehr mit breiter Krone *(nt)*
broad || frequency noise : Breitbandlärm *m*
~ irrigation of sewage : Abwasserverrieselung *f*
broadleaf : Laubbaum *m*, Laubholz *nt*
broadleaved : breitblättrig, Laub- *adj*
~ evergreen : immergrüner Laubbaum *(m)*
~ tree : Laubbaum *m*
~ wood : Laubholz *nt*
broadness : Breite *f*
broad spectrum antibiotics : Breitbandantibiotikum *nt*
broker : Unterhändler *m*, Unterhändlerin *f*, Vermittler *m*, Vermittlerin *f*
~ : vermitteln *v*
bromometry : Bromometrie *f*
bronchi : Bronchien *pl*
bronchial : bronchial, Bronchial- *adj*
~ tubes : Bronchien *pl*
bronchitis : Bronchitis *f*
brood : Brut *f*, Küken *pl*
brook : Bach *m*, Bächlein *nt*, Wässerchen *nt*
brown : braun, Braun- *adj*
~ bread : Schwarzbrot *nt*
~ coal : Braunkohle *f*
~ ~ firing : Rohbraunkohlefeuerung *f*
~ ~ mining : Braunkohlenbergbau *m*
~ ~ mining district : Braunkohlenrevier *nt*
~ ~ power plant : Braunkohlenkraftwerk *nt*
~ earth : Braunerde *f*
~ fat : braunes Fettgewebe *(nt)*
brownfield : Brache *f*
brown || forest soil : Braunerde *f*
~ soil from carbonate rocks : Kalksteinbraunlehm *m*, Terra fusca *f*
~ ware recycling : Braune Ware-Recycling *nt*
browse : abfressen, abweiden *v*
~ line : Fraßhöhe *f*
browsing : Äsung *f*
brush : niederes Gebüsch *(nt)*, Unterholz *nt*
~-blinding : Reisigbettung *f*
~ dam : Faschinendamm *m*, Flechtwerksperre *f*
~ drain : Flechtwerkdrän *m*
~-gully check : Raupackung *f*
~-gully plug : Raupackung *f*
brushland : Buschland *nt*, Gebüsch *nt*
brush || management : Unterholzkontrolle *f*
~ matting : Faschine *f*, Packwerk *nt*
~-rock || dam : Faschinendamm *m*
~-~ earth mulching : Reisigbau *m*
~-~ mulching : Steingrasbau *m*
brushwood : Dickicht *nt*, Gestrüpp *nt*, Reisig *nt*, Unterholz *nt*
bubonic plague : Beulenpest *f*
buck : Bock *m*, Rammler *m*
bucket : Eimer *m*, Schaufelkammer *f*, Wassereimer *m*
~ conveyor : Becherwerksförderer *m*
~ excavator : Schaufelbagger *m*
bud : Keim *m*, Knospe *f*
budding : Sprossung *f*
budget : Budget *nt*, Haushalt *m*
~ **of materials:** Stoffhaushalt *m*
budgetary : Budget- *adj*
~ effect : Budgetwirkung *f*
~ law : Haushaltsrecht *nt*
~ policies : Haushaltspolitik *f*
budget || cost : Haushaltsbelastung *f*
~ cut : Haushaltskürzung *f*
~ theory : Haushaltstheorie *f*
buffalo : Büffel *m*
buffer : Puffer *m*, Pufferlösung *f*
~ : abpuffern, puffern *v*
~ capacity : Pufferkapazität *f*; Pufferungsvermögen *nt*
buffering : Pufferung *f*
~ action : Pufferwirkung *f*
buffer || solution : Pufferlösung *f*

~ storage : Abfallbunker *m*

~ strip : Erosionsschutzstreifen *m*, Pufferstreifen *m*, Schutzstreifen *m*

~ ~ cropping : Schutzstreifenanbau *m*

~ tank : Ausgleichsbehälter *m*

~ zone : Pufferzone *f*

build : aufbauen, bauen, errichten *v*

~ agreements : Vereinbarungen treffen *v*

builder : Bauunternehmer *m*, Bauunternehmerin *f*

building : Bau *m*, Bauen *nt*, Bauwerk *nt*, Errichtung *f*, Gebäude *nt*

~ **abandoned only half-finished:** Bauruine *f*

~ **of marshland by silt and salt plants:** Anwachs *m*

~ **on contaminated land:** Altlastenbebauung *f*

~-acoustic : bauakustisch *adj*

~ acoustics : Bauakustik *f*

~ activity : Bautätigkeit *f*

~ agency : Bauordnungsbehörde *f*

~ area : Baugebiet *nt*

~ authority : Bauordnungsbehörde *f*

~ ban : Bauverbot *nt*

~ biology : Baubiologie *f*

~ boom : Bauboom *m*

~ by-law : Bauordnung *f*

~ chemistry : Bauchemie *f*

~ cleaning : Gebäudereinigung *f*

~ code : Baugesetzbuch *nt*, Bauordnung *f*

~ ~ regulation : Bauordnungsrecht *nt*

~ component : Bauelement *nt*

~ construction : Bauwesen *nt*

~ contract : Bauvertrag *m*

~ ~ law : Bauvertragsrecht *nt*

~ contractor : Bauunternehmer *m*, Bauunternehmerin *f*

~ core disassembly : Entkernung *f*

~ costs : Baukosten *pl*, Baupreis *m*

~ density : Bebauungsdichte *f*

~ design : Bauplanung *f*

~ development : Bebauung *f*

~ engineer : Bauingenieur *m*, Bauingenieurin *f*

~ firm : Baufirma *f*, Bauunternehmen *nt*

~ ground : Bauland *nt*

~ industry : Bauwirtschaft *f*

~ inspection : Bauabnahme *f*

~ ~ authority : Bauaufsichtsbehörde *f*

~ inspectorate : Baupolizei *f*

~ insulation : Gebäudeisolierung *f*

~ land : Bauland *nt*

~ law : Baurecht *nt*

~ licence : Bebauungsgenehmigung *f*

~ line : Baulinie *f*

~ machinery : Baumaschine *f*

~ material : Baumaterial *nt*, Baustoff *m*

~ ~ debris : Baurestmasse *f*

~ ~s industry : Baustoffindustrie *f*

~ noise : Baulärm *m*

~ ~ act : Baulärmschutzgesetz *nt*

~ ~ protection : Baulärmschutz *m*

~ over : Überbauung *f*

~ permit : Baugenehmigung *f*

~ plan : Bauplan *m*

~ plot : Baugrundstück *nt*

~ project : Baumaßnahme *f*, Bauvorhaben *nt*

~ regulation : Bauordnung *f*

~ regulations : Bauvorschriften

~ release regulation : Baufreistellungsverordnung *f*

~ restoration : Gebäudesanierung *f*

~ restriction : Baubeschränkung *f*

~ rights : Baurecht *nt*

~ rubble : Bauschutt *m*

~ site : Baustelle *f*

~ ~ preparation : Baulanderschließung *f*, Erschließung von Bauland *(f)*

~ ~ rubble processing : Bauschuttaufbereitung *f*

~ ~ waste : Baustellenabfall *m*

~ statute book : Baugesetzbuch *nt*

~ stone : Baustein *m*

~ supervision : Bauaufsicht *f*

~ ~ board : Bauaufsichtsbehörde *f*

~ ~ plan : Bauleitplan *m*

~ ~ planning : Bauleitplanung *f*

~ ~ planning procedure : Bauleitplanungsverfahren *nt*

~ timber : Bauholz *nt*

~ trade : Baufach *nt*, Baugewerbe *nt*

~ waste : Abbruchmaterial *nt*, Bauabfall *m*, Bauschutt *m*

~ work : Bauarbeiten *pl*

~ worker : Bauarbeiter *m*, Bauarbeiterin *f*

build-up, buildup, build up : Akkumulation *f*, Anhäufung *f*, Anreicherung *f*

build up : anreichern (sich), aufstauen *v*

built : errichtet, gebaut *adj*

to be ~: entstehen *v*

~ environment : gebaute Umwelt *(f)*, Siedlungsraum *m*

~ surface area : Grundfläche *f*

~ up : bebaut *adj*

~-~ area : bebaute Fläche *(f)*, bebautes Gelände *(nt)*, geschlossene Ortschaft *(f)*

~ use zone : Baugebiet *nt*

bulb : Zwiebel *f*

bulk : Größe *f*, Menge *f*, Umfang *m*

~ : anschwellen lassen, an Umfang zunehmen lassen *v*

~ density : Lagerungsdichte *f*, Trockenraumdichte *f*

~ goods : Schüttgut *nt*

bulkhead : Schott *nt*

~ gate : Dammtafel *f*

bulking : anschwellend *adj*

~ sludge : Belebtschlamm *m*, Blähschlamm *m*

bulky : beleibt, massig, sperrig, unhandlich, wuchtig *adj*

~ refuse : Sperrmüll *m*

~ waste : Sperrmüll *m*

bull : Bulle *m*, Rind *nt*, Stier *m*

bulldozer : Planierfahrzeug *nt*, Planierraupe *f*

bull elk : Elchbulle *m*

bulletin : Bulletin *nt*

~ board (Am) : Anschlagtafel *f*

bullock : Ochse *m*

bunch : Anzahl *f*, Bund *m*, Strauß *m*, Traube *f*

~ : bündeln, zusammendrängen *v*

~-planting : Büschelpflanzung *f*

bund : Damm *m*

Bundestag Publication : Bundestagsdrucksache *f*

bunsen burner : Bunsenbrenner *m*

buoy : Boje *f*, Schwimmkörper *m*

buoyancy : Auftrieb *m*

burden : Belastung *f*, Bürde *f*, Last *f*, Schwerpunkt *m*, Tonnage *f*, Tragfähigkeit *f*

  ~ of proof: Beweislast *f*

~ : belasten *v*

bureaucratic : bürokratisch *adj*

~ machinery : Verwaltungsapparat *m*

bureaucratism : Bürokratismus *m*

bureaucratization : Bürokratisierung *f*

bureaucrazy : Beamtenapparat *m*, Beamtenschaft *f*, Bürokratie *f*

burial : Beerdigung *f*, Begräbnis *nt*, Beisetzung *f*, Bestattung *f*, Endlagerung *f*, Vergrabung *f*

~ ability : Deponierbarkeit *f*

~ site : Endlagerstätte *f*

~ test : Deponierbarkeitstest *m*

buried : begraben, eingegraben, vergraben *adj*

~ tank : Erdtank *m*

burn : Verbrennung *f*

~ : brennen, verbrennen *v*

~ (Br) : Bach *m*

burnable : brennbar *adj*

burner : Brenner *m*

~ reactor : Verbrennungsreaktor *m*

burning : Abbrennen *nt*, Abflämmen *nt*, Brennen *nt*, Verbrennung *f*

  ~ of hazardous waste: Sonderabfallverbrennung *f*, Sondermüllverbrennung *f*

~ kiln : Brennofen *m*

~ processes : Verbrennungsprozess *m*

~ temperature : Zündtemperatur *f*

burn off : Abfackelung *f*

burn-up : Abbrand *m*

burrow : Bau *m*, Fraßgang *m*, Fressgang *m*, Halde *f*

~ : buddeln, (einen Gang) graben, wühlen *v*

~ through : (sich) hindurchwühlen *v*

burrowing : grabend, wühlend *adj*

~ animals : Bodenwühler *pl*

burst : Bruch *m*

~ : aufbrechen, aufplatzen, bersten, brechen, explodieren, platzen, sprengen *v*

bursting : Bersten *nt*

~ disc : Berstscheibe *f*

~ test : Berstversuch *m*

burst pipe : Wasserrohrbruch *m*

bus : Bus *m*, Omnibus *m*

bush : Busch *m*

bushes : Gebüsch *nt*

bush-fallow : Buschbrache *f*

~-~ agriculture : Buschbrachefeldbau *m*

bush fire : Buschfeuer *nt*

bushland : Buschland *nt*

bushy : buschig *adj*

~ growth : Büschelwuchs *m*

~ tree : Kuschel *f*

business : Geschäft *nt*, Gewerbe *nt*, Gewerbebetrieb *m*, Handel *m*, Sache *f*

~ area : Gewerbegebiet *nt*

~ charter : Handelscharta *f*

~ co-operation : Unternehmenskooperation *f*

~ law : Wirtschaftsrecht *nt*

~ management : Betriebswirtschaft *f*

~ park : Gewerbegebiet *nt*, Gewerbepark *m*

~ people : Geschäftsleute *pl*

~ sector : Wirtschaftssektor *m*

~ structure : Betriebsstruktur *f*

~ tax : Gewerbesteuer *f*

~ zone : Kerngebiet *nt*

bus || lane : Busspur *f*

~ service : Busverbindung *f*, Omnibusverkehr *m*

~ shelter : Wartehäuschen *nt*

~ stop : Bushaltestelle *f*

busy : verkehrsreich *adj*

butter : Butter *f*

butterfly : Schmetterling *m*

~ valve : Absperrklappe *f*

butter || mountain : Butterberg *m*

~ regulation : Butterverordnung *f*

buttress : Brettwurzel *f*, Füllholz *nt*, Pfeiler *m*

~ dam : Pfeilerstaumauer *f*

buy : kaufen *v*

buyer : Käufer *m*, Käuferin *f*

by-catch : Beifang *m*

bye-law : Satzung *f*, Verordnung *f*

bylaw : Satzung *f*, Verordnung *f*

bypass : Ortsumgebung *f*, Überbrückung *f*, Umfahrung *f*, Umgehungsstraße *f*, Umleitung *f*

  ~ of a drop-structure: Untersturz *m*

~ : umgehen, vermeiden v

~ ditch : Trenngraben *m*, Umleitungsgraben *m*

~ road : Umgehungsstraße *f*

by-product : Nebenprodukt *nt*

byroad : Seitenstraße *f*

byssinosis : Baumwolllunge *f*

byssus : Fadengeflecht *nt*, Muschelseide *f*

~ threads : Byssusfäden *pl*

byway : Seitenweg *m*

cable : Kabel *nt*
~ **conveyor** : Seilförderer *m*
~ **recycling** : Kabelrecycling *nt*
~ ~ **plant** : Kabelrecyclinganlage *f*
~ **television** : Kabelfernsehen *nt*
cacao : Kakaobaum *m*, Kakaobohne *f*
~ **processing** : Kakaorösterei *f*
~ **tree** : Kakaobaum *m*
cadastral : Kataster- *adj*
~ **survey** : Grundbuchvermessung *f*
cadmium : Cadmium *nt*
~ **aerosol** : Cadmiumaerosol *nt*
~ **content** : Cadmiumgehalt *m*
~ **determination** : Cadmiumbestimmung *f*
~ **poisoning** : Cadmiumvergiftung *f*
caffeine : Koffein *nt*
caking : Verklumpen *nt*, Verkrusten *nt*, Zusammenbacken *nt*
~ **inhibitor** : Verkrustungsinhibitor *m*
calcareous : kalkhaltig, kalkig, kalkreich *adj*
~ **fen** : kalkreiches Niedermoor *(nt)*
~ **glacial till** : Geschiebemergel *m*
~ **grassland** : Kalkrasen *m*
~ **sinter** : Sinterbildung *f*
calcicole : Kalkpflanze *f*
calcicolous : kalkhold, kalkliebend *adj*
~ **plant** : Kalkpflanze *f*
calcification : Kalkablagerung *f*
calcified : verkalkt *adj*
calcifuge : kalkfliehende Pflanze *(f)*
calcimorphic : kalkreich *adj*
~ **soil** : kalkreicher Boden *(m)*
calciphile : Kalkpflanze *f*
calciphobe : kalkmeidende Pflanze *(f)*
calcite : Calcit *m*
calcium : Calcium *nt*, Kalzium *nt*
~ **fertilizer** : Kalkdünger *m*
~ **fertilizing** : Kalkdüngung *f*
~**-sodium-feldspar** : Kalknatronfeldspat *m*, Plagioklas *m*
calculation : Bemessung *f*, Berechnung *f*, Kalkulation *f*
~ **of emission**: Emissionsberechnung *f*
~ **method** : Berechnungsverfahren *nt*, Kalkulationsmethode *f*
caldera : Caldera *f*
Caledonian : kaledonisch *adj*
calf : Kalb *nt*
calibrating : Kalibrier- *adj*
~ **aerosol** : Kalibrieraerosol *nt*
calibration : Eichung *f*, Kalibrierung *f*
~ **curve** : Eichkurve *f*
~ **laboratory** : Kalibrierlaboratorium *nt*
~ **standard** : Eichstandard *m*
caliche : Ablagerung *f*
call : Ruf *m*
~ : bezeichnen *v*
call-box : Telefonhäuschen *nt*
calm : Windstille *f*
~ **inversion pollution** : Luftverunreinigung durch Inversion bei Windstillstand *(f)*
calor : Wärme *f*
caloric : kalorisch *adj*
~ **conductivity measurement** : Wärmeleitfähigkeitsmessung *f*
~ **requirement** : Kalorienbedarf *m*
~ **value** : Brennwert *m*, Kalorienwert *m*
Calorie : Kilokalorie *f*
~ : Kalorie *f*
calorific : wärmeerzeugend *adj*
~ **power** : Heizkraft *f*
~ **value** : Brennwert *m*, Heizwert *m*
~ ~ **of waste**: Müllheizwert *m*
calorimeter : Calorimeter *nt*, Wärmemengenmesser *m*
calorimetry : Kalorimetrie *f*, Wärmemengenmessung *f*
calyx : Blütenkelch *m*, Kelch *m*
cambered : gewölbt *adj*
~ **bed** : Hügelbeet *nt*
camouflage : Tarnung *f*
~ : tarnen (sich) *v*
camp : zelten *v*
campaign : Feldzug *m*, Kampagne *f*
campaigner : Vorkämpfer *m*, Vorkämpferin *f*
camper : Camper *m*, Camperin *f*, Campingbus *m*, Wohnmobil *nt*
camp-fire : Lagerfeuer *nt*
camping : Camping *nt*, Zelten *nt*
no ~: Zelten verboten
~**-ground (Am)** : Campingplatz *m*
~ **holiday** : Campingurlaub *m*
~ **site** : Campingplatz *m*
campsite : Campingplatz *m*
can : Blechdose *f*, Dose *f*
canal : Bewässerungskanal *m*, Kanal *m*, Wasserweg *m*
canalization : Kanalisierung *f*, Stauregelung *f*
canalize : kanalisieren *v*
canalizing : Kanalisierung *f*
canal network : Kanalnetz *nt*
can bank : Altblechcontainer *m*, Dosencontainer *m*
cancellation : Rücknahme *f*
cancer : Krebs *m*, Krebskrankheit *f*
cancerogen : karzinogener Stoff *(m)*
cancerogenesis : Kanzerogenese *f*
cancerous : krebsartig *adj*
cancer-producing : krebserregend *adj*
cancer risk : Krebsrisiko *nt*
candela : Candela *nt*
candidate : Anwärter *m*, Anwärterin *f*
canker : Brand *m*
canned : abgefüllt, aufgezeichnet, Dosen-, in Dosen *adj*
~ **goods industry** : Konservenindustrie *f*
~ **vegetables** : Gemüsekonserve *f*
canopy : Kronendach *nt*, Kronenschluss *m*, Laubdach *nt*
~ **cover** : Beschirmung *f*

~ **density** : Beschirmungsgrad *m*

~ **interception** : Interzeption *f*

cantonal : kantonal *adj*

~ **Chancellory** : Staatskanzlei *f*

canyon : Canyon *m*, Schlucht *f*

capabilities : Entwicklungsmöglichkeiten *pl*

capability : Fähigkeit *f*, Vermögen *nt*

~ **of survival:** Überlebensfähigkeit *f*

capacitor : Kondensator *m*

capacity : Fähigkeit *f*, Fassungsvermögen *nt*, Kapazität *f*

~ **for fundamental rights:** Grundrechtsfähigkeit *f*

~ **of hearing:** Hörvermögen *nt*

~ **to appear in court:** Prozessfähigkeit *f*

~ **building** : Qualifizierung *f*

capillarity : Kapillarität *f*

capillary : Haar-, haardünn, haarfein, haarförmig, kapillar, Kapillar- *adj*

~ : Kapillare *f*

~ **capacity** : Porensaugfähigkeit *f*

~ **column** : Kapillarsäule *f*

~ **conductivity** : Wasserleitfähigkeit *f*

~ **flow** : Kapillarbewegung *f*, Kapillarität *f*

~ **fringe** : Kapillarsaum *m*

~ **moisture** : Bodenfeuchte *f*

~ **porosity** : Kapillarporosität *f*

~ **potential (Am)** : Kapillarpotenzial *nt*

~ **rise** : Kapillarwasseraufstieg *m*

~ **suction time** : kapillare Fließzeit *(f)*

~ **water** : Kapillarwasser *nt*

~ **zone** : Haftwasserzone *f*, Kapillarzone *f*

capital : Kapital *nt*

~ **costs** : Kapitalkosten *pl*

~ **expenditure account** : Investitionsrechnung *f*

~ **export** : Kapitalexport *m*

~ **goods industry** : Investionsgüterindustrie *f*

~ **import** : Kapitalimport *m*

~ **investment grants act** : Investitionszulagengesetz *nt*

capitalist : kapitalistisch *adj*

~ **economy** : kapitalistisches Wirtschaftssystem *(nt)*

capitalistic : kapitalistisch *adj*

capital || levy : Vermögensabgabe *f*

~ **policy** : Kapitalpolitik *f*

~ **theory** : Kapitaltheorie *f*

~ **utilization** : Kapitalverwertung *f*

capsular : kapselförmig *adj*

capsule : Hülle *f*, Hülse *f*, Samenkapsel *f*

captivity : Gefangenschaft *f*

capture : Einnahme *f*, Fang *m*, Festnahme *f*

~ **of groundwater:** Grundwassererschließung *f*

~ : einfangen, einnehmen, erfassen, ergreifen, fangen, festnehmen, holen *v*

car : Auto *nt*

caramel : Karamel *nt*, Zuckercouleur *n*

caravan : Wohnwagen *m*

carbody : Autokarosserie *f*

~ **press** : Autokarossenpresse *f*

carbohydrate : Kohlenwasserstoff *m*

carbon : Kohlenstoff *m*

~**-14 dating** : Radiokarbonmethode *f*

carbonaceous : kohlenstoffhaltig *adj*

carbon || balance : Kohlenstoffhaushalt *m*

~ **black** : Ruß *m*

~ **cycle** : Kohlenstoffkreislauf *m*, Kohlenstoffzyklus *m*

~ **dating** : Radiokarbonmethode *f*

~ **determination** : Kohlenstoffbestimmung *f*

~ **dioxide** : Kohlendioxid *nt*

~ ~ **concentration** : Kohlendioxidkonzentration *f*

~ ~ **content** : Kohlensäuregehalt *m*

~ ~ **emissions** : Kohlendioxidausstoß *m*

~ **filter** : Kohlefilter *m*

carbonization : Inkohlung *f*

carbon || monoxide : Kohlenmonoxid *nt*

~ ~ **output** : Kohlenmonoxidanfall *m*

~ ~ **poisoning** : Kohlenmonoxidvergiftung *f*

~ **sequestration** : Kohlenstofffixierung *f*

~ **sink** : Kohlenstoffsenke *f*

carboxy-haemoglobin : Kohlenmonoxid-Hämoglobin *nt*

carburetion : Vergasung *f*

carburettor : Vergaser *m*

car camper : Wohnmobil *nt*

carcase : Tierkörper *m*

carcass : Tierkörper *m*

~ **disposal** : Tierkörperbeseitigung *f*

~ ~ **act** : Tierkörperbeseitigungsgesetz *nt*

carcinogen : Kanzerogen *nt*, Karzinogen *nt*

carcinogenesis : Kanzerogenese *f*

carcinogenic : kanzerogen, karzinogen, krebserregend *adj*

~ **substance** : krebserregender Stoff *(m)*

carcinogenicity : Kanzerogenität *f*, Karzinogenität *f*

~ **test** : Kanzerogenitätsprüfung *f*

cardboard : Pappe *f*

cardiac : Herz-, kardial, Magen- *adj*

~ **monitor** : Herzfrequenzmonitor *m*

cardinal : grundlegend, Haupt-, hauptsächlich, Kardinal-, scharlachfarben *adj*

~ : Kardinal *m*

~ **point** : Himmelsrichtung *f*

cardiogram : Kardiogramm *nt*

cardiology : Kardiologie *f*

cardiovascular : kardiovaskulär, Kreislauf- *adj*

~ **disease** : Kreislauferkrankung *f*

~ **system** : Blutgefäßsystem *nt*, kardiovakuläres System *(nt)*, Kreislaufsystem *nt*

care : Pflege *f*, Sorge *f*

~ **of the countryside:** Landespflege *f*

~ **for** : pflegen *v*

carelessness : Gedankenlosigkeit *f*, Nachlässigkeit *f*

care strategy : Vorsorgestrategie *f*

car exhaust gas : Auspuffgas *nt*, Autoabgas *nt*

cargo : Fracht *f*, Ladung *f*

~ ship : Frachtschiff *nt*

caring : sozial *adj*

car lobby : Autolobby *f*

carnivore : fleischfressendes Tier *(nt)*, Fleischfresser *m*, Karnivore *m*, Raubtier *nt*

carnivorous : fleischfressend *adj*

~ animal: Fleischfresser *m*

~ plant: fleischfressende Pflanze *(f)*

car ownership : Kfz-Besitz *m*, Kraftfahrzeugbesitz *m*

car-park : Parkhaus *nt*, Parkplatz *m*, Tiefgarage *f*

car-parking : Parken *nt*

carpel : Fruchtblatt *nt*

carpet : Teppich *m*

~ **of flowers**: Blütenteppich *m*

car pool : Fahrgemeinschaft *f*

carposis : Karpose *f*

carr : Bruchwald *m*, Flüsschen *nt*

carrageenan : Karrageen-Extrakt *m*

car recycling : Automobilrecycling *nt*, Autoverwertung *f*

carrier : Frachtführer *m*, Spediteur *m*, Träger *m*, Überträger *m*

~ catalyst : Trägerkatalysator *m*

~ liability : Frachtführerhaftung *f*

~-mounted : trägerfixiert *adj*

carry : tragen *v*

carrying : tragend *adj*

~ : Tragen *nt*

~ capacity : Belastbarkeitsgrenze *f*, Tragfähigkeit *f*

~ on : Ausübung *f*

~ out : Ausführung *f*, Durchführung *f*, Wahrnehmung *f*

carry on : ausüben *v*

carry out : ausführen, durchführen, verwirklichen, vollziehen *v*

~ ~ **a study**: eine Untersuchung durchführen

carry-over-effect : Carry-over-Effekt *m*

car sharing : Carsharing *nt*

car shredder : Autoshredder *m*

cartographic : kartografisch *adj*

cartography : Kartografie *f*

car traffic : Kfz-Verkehr *m*, Kraftfahrzeugverkehr *m*

cartridge : Kasette *f*, Patrone *f*, Tonabnehmer *m*

~ filter : Patronenfilter *m*

car-wash : Autowaschanlage *f*, Waschanlage *f*

car washing : Autowäsche *f*

car wreck : Altauto *nt*, Autowrack *nt*

cascade : Fallstufe *f*, Kaskade *f*

case : Behälter *m*, Fall *m*, Gehäuse *nt*, Hülse *f*, Krankheitsfall *m*, Patient *m*, Sache *f*

~ **of damage**: Schadensfall *m*

~ **of hardship**: Härtefall *m*

~-hardened : abgebrüht, gehärtet *adj*

~-~ steel : (einsatz-)gehärteter Stahl *(m)*

~ history : Krankengeschichte *f*

~ law : Fallrecht *nt*

~ study : Fallstudie *f*

cash : Bargeld *nt*, Geld *nt*

~ balance theory : Kassenhaltungstheorie *f*

~ crop : Nutzpflanze *f*, Verkaufsfrucht *f*, zum Verkauf bestimmtes landwirtschaftliches Erzeugnis *(nt)*

~ ~ farming : Erwerbslandwirtschaft *f*

~ crops : für den Markt erzeugte Agrarprodukte *(pl)*, Marktfrüchte *pl*

casing : Mantelrohr *nt*

casking : Einschließung *f*

~ **of radioactive waste**: Einschließung radioaktiver Abfälle *(f)*

CAS number : CAS-Nummer *f*

CAS Registration Number : CAS-Nummer *f*

cassette : Kassette *f*

~ filter : Kassettenfilter *m*

caste : Kaste *f*

~ system : Kastensystem *nt*

cast iron : Gusseisen *nt*

catabolism : Katabolismus *m*

catadromous : katadrom adj

catalogue : Katalog *m*

~ **of datasources**: Umwelt-Datenkatalog *m*

~ : katalogisieren *v*

catalyser : Katalysator *m*

catalysis : Katalyse *f*

catalyst : Katalysator *m*

~ deactivation : Katalysatorinaktivierung *f*

~ degradation : Katalysatorschädigung *f*

~ dust : Katalysatorstaub *m*

~s carrier material : Katalysatorträgermaterial *nt*

~ temperature : Katalysatortemperatur *f*

catalytic : katalytisch *adj*

~ afterburning plant : katalytische Nachverbrennungsanlage *(f)*

~ combustion : katalytische Verbrennung *(f)*

~ converter : Abgaskatalysator *m*, Kat *m*, Katalysator *m*

~ ~ equipped motorcar : Kat-Auto *nt*

{also spelled: motor car}

~ muffler (Am) : Katalysator *m*

~ reaction : katalytische Reaktion *(f)*

catalyze : katalysieren *v*

catastrophe : Katastrophe *f*

catastrophic : katastrophal *adj*

catch : Fang *m*

~ : angeln, fangen *v*

~ basin : Abflussrückhaltebecken *nt*, Auffangbecken *nt*, Senkgrube *f*

~ crop : Zwischenfrucht *f*

~ ~ growing : Zwischenfruchtbau *m*

~-cropping : Zwischenfruchtanbau *m*

catching : ansteckend *adj*

~ : Fang *m*

catchment : Einzugsgebiet *nt*, Wassereinzugsgebiet *nt*

~ area : Einzugsbereich *m*, Einzugsgebiet *nt*, Gewässereinzugsgebiet *nt*

~ characteristics : Einzugsgebietswert *m*

~ divide : Wasserscheide *f*

catchwater : Entwässerungsgraben *m*, Sickergraben *m*

~ drain : Abzugskanal *m*, Fangdrän *m*

catch-yield : Fangertrag *m*

category : Art *f*, Kategorie *f*, Typ *m*

- **~ of noise:** Lärmart *f*
- **~ of waste:** Abfallart *f*

catena : Bodenkatena *f*, Catena *f*

catenary : Ketten- *adj*

~ tide : Kettentide *f*

caterpillar : Raupe *f*

~ tractor : Gleiskettenschlepper *m*, Raupenschlepper *m*

cathedral : Kathedrale *f*

cathodic : kathodisch *adj*

~ protection against corrosion: kathodischer Korrosionsschutz *(m)*

cation : Kation *nt*

~ exchange : Kationenaustausch *m*

~ ~ capacity : Kationenaustauschkapazität *f*

~ exchanger : Kationenaustauscher *m*

cationic : kationisch *adj*

~ detergent : kationisches Detergens *(nt)*

catkin : Kätzchen *nt*

cattle : Rinder *pl*, Vieh *nt*

~ breeder : Viehzüchter *m*, Viehzüchterin *f*

~ breeding : Viehzucht *f*

~ drover : Viehtreiber *m*

~ dung : Rindermist *m*

~ farming : Viehhaltung *f*

~ feed : Viehfutter *nt*

~ fodder : Viehfutter *nt*

~ grid : Viehgitter *nt*, Weiderost *m*

~-guard (Am) : Viehgitter *nt*

cattleman : Viehzüchter *m*

cattle || market : Viehmarkt *m*

~ pass : Viehdurchlass *m*

~ ranch : Viehfarm *f*

~ run : Viehauslauf *m*

~ slurry : Rindergülle *f*

~ terrace : Viehgang *m*, Vieherrasse *f*, Viehtreppe *f*

~ track : Triftweg *m*

~-trough : Viehtränke *f*

cauliflorous : cauliflor *adj*

causality : Kausalität *f*

~ analysis : Kausalanalyse *f*

cause : Grund *m*, Sache *f*, Ursache *f*, Verursacher *m*, Verursacherin *f*

- **~ and effect:** Ursache-Wirkungs-Beziehung *f*
- **~ for concern:** Besorgnisgrundsatz *m*
- **~ for damage:** Schadensverursachung *f*
- **~ of death:** Todesursache *f*

~ : verursachen *v*

caused : verursacht *adj*

- **~ by environment:** umweltbedingt *adj*
- **~ by incident:** störfallbedingt *adj*
- **~ by the weather:** witterungsbedingt *adj*

cause-effect research : Ursache-Wirkungs-Forschung *f*

caustic : ätzend *adj*

~ solution : Lauge *f*

~ ~ recycling plant : Laugenrecyclinganlage *f*

cave : Höhle *f*

cavern : Höhle *f*, Kaverne *f*

~ deposition : Kavernenlagerung *f*

~ power station : Kavernenkraftwerk *nt*

cave water system : Höhlengewässer *nt*

cavitation : Hohlsog *m*, Kavitation *f*

cavity : Hohlraum *m*

~ insulation : Hohlmauerisolierung *f*

~ wall : Hohlmauer *f*

ceiling : Decke *f*

cell : Zelle *f*

~ culture : Zellkultur *f*

~ cycle : Zellzyklus *m*

~ division : Zellteilung *f*

~ fusion : Zellfusion *f*

~ membrane : Zellmembran *f*

cellophane : Zellglas *nt*

cell || physiology : Zellphysiologie *f*

~ structure : Zellstruktur *f*

cellular : zellular, Zell- *adj*

~ caoutchouc : Zellkautschuk *m*

~ ~ filter : Zellkautschukfilter *m*

~ tissue : Zellgewebe *nt*

cellulose : Zellstoff *m*, Zellulose *f*

~ factory : Zellstoffwerk *nt*

~ filter : Zellstofffilter *m*

~ industry : Zellstoffindustrie *f*

~ thinner : Nitroverdünnung *f*

cell wall : Zellwand *f*

Celsius : Celsius *nt*

cement : Bindemittel *nt*, Zement *m*

~ factory : Zementwerk *nt*

~ industry : Zementindustrie *f*

~ manufacture : Zementherstellung *f*

~ mortar : Zementmörtel *m*

~ plant : Zementwerk *nt*

cemetry : Friedhof *m*

cenosis : Zönose *f*

center (Am) : Mittelpunkt *m*, Zentrum *nt*

centigrade : Celsius *nt*

central : zentral *adj*

≗ Europe : Mitteleuropa *nt*

≗ European : mitteleuropäisch *adj*

≗ ~ Time : mitteleuropäische Zeit *(f)*

~ heating system : Zentralheizung *f*

~ idea : Konzeption *f*

~ nervous system : Zentralnervensystem *nt*

~ reservation : Mittelstreifen *m*

~ zone : Kernzone *f*

centre : Mittelpunkt *m*, Zentrum *nt*

- **~ of education:** Ausbildungsstätte *f*
- **~ of expertise:** Fachstelle *f*

centrifugal : zentrifugal *adj*

~ classifier : Fliehkraftsichter *m*

~ fan : Radialventilator *m*, Zentrifugalgebläse *nt*

~ pump : Kreiselpumpe *f*

~ separator : Fliehkraftabscheider *m*, Zentrifuge *f*

centrifuge : Zentrifuge *f*

cephalic : cephal, rostral *adj*

~ index : Schädelindex *m*

ceramic : keramisch *adj*

~ : Keramik *f*

~ filter : Keramikfilter *m*

~ tower packing : Keramikfüllkörper *m*

ceramics : Keramik *f*

~ manufacture : Keramikherstellung *f*

ceramizing : Keramisieren *nt*

cereal : Getreide *nt*, Getreideflocken *pl*, Getreidepflanze *f*

~ cropping : Getreideanbau *m*

~ pests : Getreideschädlinge *pl*

~ product : Getreideprodukt *nt*

cerebellum : Kleinhirn *nt*

cerebral : Gehirn-, intellektuell, zerebral *adj*

~ hemisphere : Gehirnhälfte *f*

cerebrum : Großhirn *nt*

certainty : Gewißheit *f*, Sicherheit *f*

~ **of the law:** Rechtssicherheit *f*

certificate : Zertifikat *nt*

certification : Zertifizierung *f*

certify : bescheinigen, erklären *v*

cesspit : Abwassergrube *f*, Klärgrube *f*, Senkgrube *f*

~ closet : Grubenabort *m*

cesspool : Grube *f*, Klärgrube *f*, Senkgrube *f*

C-factor : Chézy-Beiwert *m*

CFC : Fluorchlorkohlenwasserstoff *m*, FCKW *m*

~ **and halons prohibition:** FCKW-Halon-Verbot *nt*

~-free : FCKW-frei *adj*

chain : Kette *f*, Messkette *f*, Reihe *f*

~ harrow : Kettenegge *f*

chaining : Kettendurchzug *m*

chain reaction : Kettenreaktion *f*

chain saw : Motorsäge *f*

chair : Lehrstuhl *m*, Sessel *m*, Stuhl *m*, Vorsitz *m*, Vorsitzende *f*, Vorsitzender *m*

~ : den Vorsitz haben *v*

~-lift : Sessellift *m*

chairman : Präsident *m*, Vorsitzende *f*, Vorsitzender *m*, Vorstand *m*

chairperson : Vorsitzende *f*, Vorsitzender *m*

chalk : Kreide *f*

chalky : Kalk-, kalkig, kreidehaltig, kreidig *adj*

~ soil : Kalkboden *m*

challenge : Herausforderung *f*

chamber : Kammer *f*

~ filter press : Kammerfilterpresse *f*

chamois : Gams *f*

chancellor : Kanzler *m*, Kanzlerin *f*

~ **of the confederation:** Bundeskanzler *m*, Bundeskanzlerin *f*

change : Änderung *f*, Umstellung *f*, Veränderung *f*, Wandel *m*, Wechsel *m*

~ **in paradigm:** Paradigmenwechsel *m*

~ **in soil properties:** Veränderung von Bodeneigenschaften *(f)*

~ **in use:** Nutzungsänderung *f*

~ **in value:** Wertewandel *m*

~ **in weather:** Wetterveränderung *f*

~ **of harvest time:** Wechsel der Erntezeit

~ **of locality:** Ortswechsel *m*

~ **to the environment:** Umweltveränderung *f*

~ : ändern, verändern *v*

~ **course:** den Kurs ändern

~ container : Wechselbehälter *m*

~-over : Umstellung *f*

also spelled: changeover

channel : Fahrrinne *f*, Flussbett *nt*, Hafeneinfahrt *f*, Kanal *m*, Wasserweg *m*

~ : hindurchleiten, kanalisieren, leiten *v*

~ capacity : Auffangfähigkeit *f*

~ drainage : Grabenentwässerung *f*

~ impeller pump : Kanalradpumpe *f*

channelize : begradigen *v*

channelizing : Begradigung *f*

channel || rugosity : Kanalrauigkeit *f*

~ stabilization : Kanalbefestigung *f*

chaos : Chaos *nt*

~ **on the roads:** Verkehrschaos *nt*

character : Charakter *m*

characteristic : charakteristisch, kennzeichnend *adj*

~ : Eigenschaft *f*, Kenngröße *f*, Merkmal *nt*

~**s of public welfare situation:** Wohlfahrtsindikator *m*

~ species : Charakterart *f*, Kennart *f*

characterize : kennzeichnen *v*

character species : Charakterart *f*, Kennart *f*

charcoal : Aktivkohle *f*, Holzkohle *f*

~ filter : Kohlefilter *m*

charge : Auftrag *m*, Belastung *f*, Benutzungsgebühr *f*, Gebühr *f*, Klage *f*, Preis *m*, Tarif *m*

~ **for admission:** Eintrittspreis *m*

~ **on property:** Grundpfandrecht *nt*

charging : Aufladung *f*

~ regulator : Laderegler *m*

charitable : gemeinnützig, karitativ, wohltätig *adj*

~ trust : Stiftung *f*

charity : gemeinnützige Organisation *(f)*, karitative Organisation *(f)*, wohltätige Organisation *(f)*

chart : Diagramm *nt*, Karte *f*, Schaubild *nt*, Seekarte *f*

~ : aufzeichnen, kartografisch erfassen *v*

charter : Charta *f*

~ **of European Cities and Towns towards Sustainability:** Charta europäischer Städte und Gemeinden *(f)*

cheap : billig *adj*

check : Kontrolleinrichtung *f*, Überprüfung *f*

~ : prüfen, überprüfen *v*

~ **Against Delivery:** Es gilt das gesprochene Wort

checkdam : Geschiebesperre *f*, Sperre *f*

check drain : Überwachungsdrän *m*

check gate : Kontrolltor *nt*

checking : Kontroll- *adj*

~ system : Kontrollsystem *nt*

check valve : Rückschlagventil *nt*

chemical : Chemie-, Chemikalien-, chemisch *adj*

~ : Chemikalie *f*

~ accident : Chemieunfall *m*, Chemikalienunfall *m*

~ agent : C-Kampfstoff *m*

~ analysis : chemische Untersuchung *(f)*

~ ~ method : chemische Untersuchungsmethode *(f)*

~ bond : chemische Bindung *(f)*

~ closet : chemische Toilette *(f)*

~ composition : chemische Zusammensetzung *(f)*

~ **compound** : chemische Verbindung *(f)*

~ ~ **used in agriculture:** Agrochemikalie *f*

~ **conditioning process** : chemisches Aufbereitungsverfahren *(nt)*

~ **damage** : Chemikalienschaden *m*

~ **decomposition** : chemischer Abbau *(m)*

~ **degradation** : chemischer Abbau *(m)*

~ **discharge** : Chemieabwasser *nt*

~ **dosing plant** : Chemikaliendosieranlage *f*

~ **element** : chemisches Element *(nt)*, Element *nt*, Grundstoff *m*

~ **engineering** : Chemietechnik *f*

~ **exhaust gas treatment** : chemische Abgasreinigung *(f)*

~ **ferment** : anorganisches Ferment *(nt)*

~ **fertilizer** : Kunstdünger *m*, Mineraldünger *m*

~ **industry** : Chemieindustrie *f*, chemische Industrie *(f)*

~ **installation** : Chemieanlage *f*

~ **instruction** : Chemieunterricht *m*

~ **law** : Chemikaliengesetz *nt*

chemically : chemisch *adv*

~ **combined** : chemisch gebunden *adj*

chemical || mutagen : chemisches Mutagen *(nt)*

~ **oxygen demand** : chemischer Sauerstoffbedarf *(m)*

~ **pest control** : chemische Schädlingsbekämpfung *(f)*

~ **plant** : Chemieanlage *f*, Chemiefabrik *f*, Chemiewerk *nt*

~ **policy** : Chemiepolitik *f*

~ **pollution** : chemische Verschmutzung *(f)*, Verunreinigung durch Chemikalien *(f)*

~ **process engineering** : chemische Verfahrenstechnik *(f)*

~ **process of treatment** : chemisches Verfahren zur Abwasserbehandlung *(nt)*

~ **product** : Chemieprodukt *nt*

~ **pulp processing** : Zellstoffverarbeitung *f*

~ **quality of water** : chemische Wasserbeschaffenheit *(f)*

~ **radiation protection** : chemischer Strahlenschutz *(m)*

~ **raw material** : Chemierohstoff *m*

~ **resistant** : chemikalienbeständig *adj*

chemicals : Chemikalien *pl*

~ **in the environment:** Umweltchemikalien *pl*

~ **abatement agent** : Chemikalienbekämpfungsmittel *nt*

~ **act** : Chemikaliengesetz *nt*

~ **legislation** : Chemikalienrecht *nt*

chemical || soil analysis : chemische Bodenuntersuchung *(f)*

~ **spill** : Chemikalienverschüttung *f*

chemicals || recovery : Chemikalienrückgewinnung *f*

~ ~ **system** : Chemikalienrückgewinnungsanlage *f*

chemical || stabilization : chemische Stabilisierung *(f)*

~ **substances in the environment** : Umweltchemikalien *pl*

~ **toilet** : chemische Toilette *(f)*

~ **treatment** : chemische Abwasserreinigung *(f)*

~ **waste** : Chemieabfall *m*, Chemiemüll *m*

~ **weapons** : chemische Waffen *(pl)*

~ **weed control** : chemische Unkrautbekämpfung *(f)*

~ **worker** : Chemiearbeiter *m*, Chemiearbeiterin *f*

chemiluminescence : Chemilumineszenz *f*

chemisorption : Chemisorption *f*

chemist : Chemiker /-in *m/f*

chemistry : Chemie *f*, chemische Zusammensetzung *(f)*

~ **of building:** Bauchemie *f*

~ **of the atmosphere:** Atmosphärenchemie *f*

~ **of the blood:** Blutchemismus *m*

~ **education** : Chemieunterricht *m*

chemoautotrophic : chemoautotroph *adj*

chemolithotrophic : chemolithotroph *adj*

chemoorganotrophic : chemoorganotroph *adj*

chemoreceptor : Chemorezeptor *m*

chemosphere : Chemosphäre *f*

chemosynthesis : Chemosynthese *f*

chemotaxis : Chemotaxis *f*

chemotrophic : chemotroph *adj*

Chernobyl : Tschernobyl *nt*

chernozem : Schwarzerde *f*, Tschernosem *f*

chest : Brustkorb *m*, Thorax *m*

chestnut : Kastanie *f*

~ **forest** : Kastanienwald *m*

Chézy coefficient : Chézy-Beiwert *m*

chick : Küken *nt*

chicken : Hähnchen *nt*, Huhn *nt*

~-coop : Hühnerstall *m*

chief : führend, Haupt-, Ober- *adj*

~ : Chef *m*, Chefin *f*, Leiter *m*, Leiterin *f*, Oberhaupt *nt*, Vorsitzende *f*, Vorsitzender *m*

~ **executive** : Generalsekretär *m*, Generalsekretärin *f*

chiefly : hauptsächlich *adv*

child : Kind *nt*

~ **of nature:** Naturbursche *m*

children : Kinder *pl*

~'s book : Kinderbuch *nt*

chill : Kälte *f*

chimney : Kamin *m*, Rauchfang *m*, Schornstein *m*

~ **height** : Schornsteinhöhe *f*

~ **repair** : Kaminsanierung *f*

~ **stack** : Esse *f*, Schlot *m*, Schornstein *m*

~ **sweeper** : Schornsteinfeger *m*, Schornsteinfegerin *f*

China : China *nt*

≗ : Geschirr *nt*, Porzellan *nt*

≗ clay : Kaolin *nt*

~ **syndrome** : GAU *m*, Größter anzunehmender Unfall *(m)*

chip : hacken *v*

chipboard : Spanplatte *f*

chips : Späne *pl*

chisel : Meißel *m*, Stemmeisen *nt*

~ : hauen, hereinlegen, meißeln, stemmen *v*

chiseling : Lockern *nt*

chisel || planting : Nachsaat *f*

~ plough : Grubber *m*, Kultivator *m*

chitin : Chitin *nt*

chlorification : Chlorung *f*

chlorinated : chloriert *adj*

~ hydrocarbon : chlorierter Kohlenwasserstoff *(m)*, Chlorkohlenwasserstoff *m*

~ ~ insecticide : Chlorkohlenwasserstoff-Insektizid *nt*

chlorination : Chlorierung *f*, Chlorung *f*

chlorinator : Chlorgasanlage *f*

chlorine : Chlor *nt*

~ bleached : chlorgebleicht *adj*

~ chemistry : Chlorchemie *f*

~-containing : chlorhaltig *adj*

~-~ waste gas : chlorhaltiges Abgas *(nt)*

~ content : Chlorgehalt *m*

~ demand : Chlorbedarf *m*

~ dioxide meter : Chlordioxidmessgerät *nt*

~ emission : Chloremission *f*

chlorohydrocarbon : chlorierter Kohlenwasserstoff *(m)*

chlorophyll : Blattgrün *nt*, Chlorophyll *nt*

chloroplast : Chloroplast *m*

chlorosis : Chlorose *f*

choice : Wahl *f*

~ of location: Standortwahl *f*

~ of profession: Berufswahl *f*

~ tree species: Baumartenwahl *f*

choke : ersticken *v*

cholera : Cholera *f*

cholinesterase : Acetylcholinesterase *f*, Cholinesterase *f*

chopper : Messer *nt*

chosen : ausgewählt, gewählt *adj*

~ tree : Anwärter *m*

chromatograph : Chromatograf *m*

chromatographic : chromatografisch *adj*

~ analyzer : chromatografischer Analysator *(m)*

chromatography : Chromatografie *f*

chromatophore : Chomatophor *m*, Farbstoffzelle *f*

chrome : Chrom *nt*

~ iron ore : Chromeisenerz *nt*

chromite : Chromeisenerz *nt*

chromosomal : chromosomal, Chromosomen- *adj*

~ anomaly : Chromosomenanomalie *f*

~ mutation : Chromosomenmutation *f*

chromosome : Chromosom *nt*

~ aberration : Chromosomenaberration *f*

~ examination : Chromosomenuntersuchung *f*

chronic : chronisch, katastrophal *adj*

~ bronchitis : chronische Bronchitis *(f)*

~ toxicity : chronische Toxizität *(f)*

chronically : chronisch *adv*

chrono-biology : Chronobiologie *f*

chrysalis : Puppe *f*

chrysotile : Chrysotil *m*, Faserserpentin *m*

church : Kirche *f*

churn : Butterfass *nt*, Milchkanne *f*

~ : aufwühlen, durchdrehen, verbuttern, wallen, wirbeln *v*

~ out : massenweise ablassen, massenweise produzieren *v*

chute : Schussgerinne *nt*, Schussrinne *f*

~ spillway : Schussrinnenüberlauf *m*

cigarette : Zigarette *f*

~ end : Zigarettenstummel *m*

ciliate : bewimpert, gefranst *adj*

ciliated : Flimmer-, Wimper- *adj*

~ epithelium : Flimmerepithel *nt*

cilium : Cilie *f*, Wimper *f*

cill : Schwelle *f*

cinder : Schlacke *f*

cinders : Asche *f*

Cipoletti weir : Trapez-Messwehr *nt*

CIR aerial photography : CIR-Luftbildfotografie *f*

circadian : circadian *adj*

~ rhythm : Biorhythmus *m*, innere Uhr *(f)*

circle : Kreis *m*

circuit : Kreis *m*

circular : Kreis-, kreisförmig *adj*

~ : Rundbrief *m*, Rundschreiben *nt*, Werbeprospekt *m*

~ saw : Kreissäge *f*

circulate : zirkulieren *v*

circulating : zirkulierend *adj*

~ air : Umluft *f*

~ pump : Umwälzpumpe *f*

circulation : Kreislauf *m*, Kreislaufführung *f*, Zirkulation *f*

~ of carbon: Kohlenstoffkreislauf *m*

~ model : Zirkulationsmodell *nt*

circulatory : Kreislauf-, zirkulierend *adj*

~ system : Blutgefäßsystem *nt*, Kreislaufsystem *nt*

circumpolar : circumpolar *adj*

~ vortex : circumpolarer Jetstream *(m)*

cirque : Kar *nt*

cirrocumulus : Cirrocumulus *f*

cirrostratus : Cirrostratus *f*

cirrus : Cirrus *f*

cistern : Wasserkasten *m*

citizen : Bürger *m*, Bürgerin *f*, Staatsbürger *m*, Staatsbürgerin *f*

~ activist : Bürgerrechtler *m*, Bürgerrechtlerin *f*

~s' action group : Bürgerinitiative *f*

~s' initiative : Bürgerinitiative *f*

citric acid : Zitronensäure *f*

~ ~ cycle : Zitronensäurezyklus *m*

city : Großstadt *f*, Stadt *f*

~ centre : Stadtmitte *f*, Stadtzentrum *nt*

~ child : Stadtkind *nt*

~ council : Stadt *f*, Stadtverwaltung *f*, Stadtrat *m*

~ councillor : Stadtrat *m*, Stadträtin *f*

~-dweller : Stadtbewohner *m*, Stadtbewohnerin *f*, Städter *m*, Städterin *f*

~ flat : Stadtwohnung *f*

~ gas : Stadtgas *nt*

~ hall (Am) : Stadt *f*, Stadtverwaltung *f*

~ redevelopment : Stadtsanierung *f*

~ refuse compost : Stadtmüllkompost *m*

cityscape : Stadtbild *nt*

city-state : Stadtstaat *m*

city traffic : Stadtverkehr *m*

civic : Stadt-, städtisch *adj*

~ hall : Stadthalle *f*

civil : Bürger-, bürgerlich, Zivil-, zivil, zivilrechtlich *adj*

~ airfield : Zivilflugplatz *m*

~ aviation : Zivilluftfahrt *f*

~ code : Bürgerliches Gesetzbuch *(nt)*

~ court : Zivilgericht *nt*

~ engineering : Bauingenieurwesen *nt*, Bautechnik *f*, Tiefbau *m*

~ jurisdiction : Zivilgerichtsbarkeit *f*

~ law : Privatrecht *nt*, Zivilrecht *nt*

~ liability : zivilrechtliche Haftung *(f)*

- **~ ~ of the polluter:** Verursacherhaftung *f*

~ ~ insurance : Haftpflichtversicherung *f*

~ procedure : Zivilprozess *m*

~ servant : Angestellte /~r im öffentlichen Dienst *(f/m)*, Beamte *f*, Beamter *m*, Staatsbeamter *m*, Staatsbeamtin *f*

~ service : Staatsdienst *m*

civilization : Zivilisation *f*

cladding : Ummantelung *f*, Verkleidung *f*

claim : Anspruch *m*

- **~ for compensation:** Ausgleichsanspruch *m*
- **~ for compensation of expense:** Aufwendungsersatzanspruch *m*
- **~ for damages:** Ersatzanspruch *m*
- **~ for dedication:** Aufopferungsanspruch *m*
- **~ for mining damage:** Bergschadensanspruch *m*
- **~ for omission:** Unterlassungsanspruch *m*
- **~ for restitution:** Erstattungsanspruch *m*

claims settlement : Schadensregulierung *f*

clarification : Abwasserbehandlung *f*, Abwasserreinigung *f*, Klärung *f*, Reinigung *f*, Vorreinigung *f*

~ basin : Klärbecken *nt*

~ plant : Kläranlage *f*, Reinigungsanlage *f*

~ tank : Absetzbehälter *m*

clarifier : Sedimentationsbecken *nt*

clarify : klären *v*

clarifying : Klär-, klärend *adj*

~ efficiency : Kläreffekt *m*

clarity : Übersichtlichkeit *f*

class : Klasse *f*

~ : einstufen *v*

~ action suits law : Verbandsklagerecht *nt*

classification : Einstufung *f*, Klassifikation *f*, Klassifizierung *f*, Nomenklatur *f*

- **~ of building sites:** Baulandausweisung *f*
- **~ of lakes:** Seenklassifizierung *f*

classifier : Klassierer *m*, Klassiergerät *nt*, Sichtanlage *f*

classify : einordnen, einstufen, einteilen, für geheim erklären *v*

classroom : Klassenzimmer *nt*

class || society : Klassengesellschaft *f*

~ structure : Klassenstruktur *f*

~ theory : Klassentheorie *f*

clause : Bestimmung *f*

clay : Klei *m*, Lehm *m*, Ton *m*

~ eluviation : Lessivierung *f*, Tonverlagerung *f*

clayey : lehmhaltig, tonhaltig *adj*

clay || layer : Tonschicht *f*

~ mineral : Tonmineral *nt*

claypan : verdichtete Tonschicht *(f)*

clay pit : Tongrube *f*

clayslate : Tonschiefer *m*

clay soil : Lehmboden *m*, Pelosol *m*

claystone : Tonstein *m*

clean : rein, sauber *adj*

~ : reinigen, säubern *v*

~ air : saubere Luft *(f)*

~ ~ act : Luftreinhaltegesetz *nt*

~ ~ area : Reinluftgebiet *nt*

~ ~ guideline : TA Luft *f*

~ ~ legislation : Luftreinhalterecht *nt*

~ ~ plan : Luftreinhalteplan *m*

~ ~ planning : Luftreinhalteplanung *f*

~ ~ side : Reinluftseite *f*

~ ~ standard : Luftreinhaltungsnorm *f*

~ energy production : umweltfreundliche Energieerzeugung *(f)*

~ fuel : umweltfreundlicher Brennstoff *(m)*

~ gas : Reingas *nt*

cleaning : Läuterung *f*, Reinigen *nt*, Reinigung *f*

- **~ of air-emissions:** Abgasreinigung *f*
- **~ of exhaust gases:** Abluftreinigung *f*
- **~ of tanks:** Tankreinigung *f*

~ access fitting : Reinigungsverschluss *m*

~ agent : Reinigungsmittel *nt*

~ equipment : Reinigungsgerät *nt*

- **~ for small parts:** Kleinteilereiniger *m*

~ nozzle : Reinigungsdüse *f*

~ plant : Reinigungsanlage *f*

~ shaft : Reinigungswelle *f*

clean || power station : umweltverträgliches Kraftwerk *(nt)*

~ room installation : Reinraumanlage *f*

~ room coverall : Reinraumanzug *m*

~ room filter : Reinraumfilter *m*

cleanse : besonders sauber machen *v*

cleanser : Reiniger *m*, Reinigungsmittel *nt*

cleansing *adj* reinigend, Reinigungs- *adj*

~ agent : Reinigungsmittel *nt*, Waschmittel *nt*

~ department : Stadtreinigung *f*

~ product : Reinigungsmittel *nt*

~ ~s industry : Reinigungsmittelindustrie *f*

clean technology : umweltfreundliche Technik *(f)*

~ tillage : Bodenbearbeitung *f*

clean-up : Entsorgung *f*, Säuberung *f*, Säuberungsaktion *f*

also spelled ***cleanup*** *in American English*

clean up : säubern *v*

clear : klar, verständlich *adj*

~ **of** : frei von

~ : beseitigen, fällen, roden *v*

~ **the ground** : urbar machen *v*

~ **air** : klare Luft *(f)*

clearance : Abstandsfläche *f*, Ausscheidung *f*, Beseitigung *f*, Rodung *f*, Waldlichtung *f*

~ **decree** : Abstandserlass *m*

clear | -cut : Kahlschlag *m*

~-~ : abholzen, kahlschlagen *v*

~-~ **area** : Abhiebsfläche *f*, Kahlfläche *f*

~**-cutting** : Abtrieb *m*, Kahlhieb *f*, Kahlschlag *m*

~ **diameter** : lichte Weite *(f)*

cleared : abgeräumt, aufgeheitert, freigemacht, geklärt, geräumt, gereinigt, weggeräumt *adj*

~ **area** : Blöße *f*

~ **building plot** : baureifes Grundstück *(nt)*

clear | -fell : abholzen *v*

~**-felling** : Abtrieb *m*, Kahlhieb *m*, Kahlschlag *m*

~ ~ **high forest** : schlagweiser Hochwald *(m)*

~ ~ **system** : Kahlschlagbetrieb *m*, Kahlschlagsystem *nt*

clearing : Lichtung *f*, Räumung *f*, Roden *nt*

~**-house** : Zentrale *f*

clearly : deutlich, klar *adv*

clearness : Übersichtlichkeit *f*

clear || sound audiometric methods : Reintonaudiometrie *f*

~**-strip || felling** : Kahlstreifenschlag *m*

~-~ **system** : Kahlstreifensystem *nt*

~ **sky** : klarer Himmel *(m)*

clerk : Angestellter *m*, Angestellte *f*, Schriftführer *m*, Schriftführerin *f*

~ **of the works**: Bauleiter *m*, Bauleiterin *f*

~ **(Am)** : Verkäufer *m*, Verkäuferin *f*

~ **(Br)** : Parlamentssekretär *m*, Parlamentssekretärin *f*

cliff : Fels *m*, Felswand *f*, Kliff *nt*, Steilküste *f*

~ **edge** : Felswand *f*

climagraph : Klimagramm *nt*

climate : Klima *nt*

~ **chamber** : Klimakammer *f*

~ **change** : Klimaänderung *f*, Klimaveränderung *f*

~ **diagram** : Klimadiagramm *nt*

~ **fluctuation** : Klimaschwankung *f*

~ **measuring procedure** : Klimamessverfahren *nt*

~ **model** : Klimamodell *nt*

~ **protection** : Klimaschutz *m*

~ **summit** : Klimagipfel *m*

~ **system** : Klimasystem *nt*

climatic : Klima-, klimatisch *adj*

~ **alteration** : Klimaentwicklung *f*

~ **atlas** : Klimaatlas *m*

~ **chamber** : Klimakammer *f*

~ **change** : Klimaänderung *f*, Klimaveränderung *f*

~ **climax** : klimatisch bedingte Klimax *(f)*

~ **dependence** : Klimaabhängigkeit *f*

~ **effect** : Klimawirkung *f*

~ **element** : Klimaelement *nt*

~ **experiment** : Klimaexperiment *nt*

~ **factor** : Klimafaktor *m*, klimatischer Faktor *(m)*

~ **map** : Klimakarte *f*

~ **period** : Klimaperiode *f*

~ **region** : Klimaregion *f*

~ **simulation** : Klimasimulation *f*

~ **table** : Klimatabelle *f*

~ **zone** : Klimagürtel *m*, Klimazone *f*

climatize : klimatisieren *v*

climatological : Klima-, klimatologisch *adj*

~ **data** : Klimadaten *pl*

climatologist : Klimaforscher *m*, Klimaforscherin *f*, Klimatologe *m*, Klimatologin *f*

climatology : Klimakunde *f*, Klimatologie *f*

climatope : Klimatop *nt*

climax : Klimax *f*

~ **community** : Klimaxgesellschaft *f*

~ **complex** : Klimaxkomplex *m*

~ **forest** : Klimaxwald *m*

~ **tree species** : Klimaxbaumart *f*

~ **vegetation** : Klimaxvegetation *f*

climb : ansteigen, klettern *v*

climber : Kletterer *m*, Kletterin *f*, Klimmer *m*

climbing : Klettern *nt*

~ **plants** : Mauervegetation *f*

cline : Kline *f*

clinical : klinisch *adj*

~ **pathology** : klinische Pathologie *(f)*

~ **symptoms** : Krankheitsbild *nt*

clinker : Schlacke *f*

clinometer : Hangneigungsmesser *m*, Klinometer *m*

clock : Uhr *f*

clod : Klumpen *m*, Scholle *f*

clone : Klon *m*

~ : klonen, klonieren *v*

cloning : Klonen *nt*, Klonierung *f*

close : schließen *v*

~ **the file**: die Akten schließen

closed : geschlossen *adj*

~ **coverage type** : geschlossene Bauweise *(f)*

~ **ecosystem** : geschlossenes Ökosystem *(nt)*

~ **forest** : Bannwald *m*

~ **matter cycle** : geschlossener Stoffkreislauf *(m)*

~ ~ ~ **of a farm**: geschlossener Hofkreislauf *(m)*

close-to-nature : naturnah *adj*

~-~-~ **forestry**: naturnahe Forstwirtschaft *(f)*

~-~-~ **silviculture**: naturnaher Waldbau *(m)*

closing-down : Schließung *f*, Stilllegung *f*

~-~ **of firm**: Betriebsschließung *f*

closing duty : Abschlusspflicht *f*

cloth : Stoff *m*, Tuch *nt*

~ **filter** : Gewebefilter *m*

cloud : Wolke *f*
~ **of exhaust fumes:** Abgaswolke *f*
~ **over** : bewölken *v*
cloudbank : Wolkenbank *f*
cloudbase : Wolkenuntergrenze *f*
cloudburst : Wolkenbruch *m*
cloud || ceiling : Wolkenhöhe *f*
~ **chamber** : Nebelkammer *f*
~ **forest** : Wolkenwald *m*
~ **formation** : Wolkenbildung *f*, Wolkenformation *f*
clouding over : Bewölkung *f*
cloudlayer : Wolkenschicht *f*
cloudless : wolkenlos *adj*
cloud over : Bewölkung *f*
cloudy : bewölkt, wolkig *adj*
club : Club *m*, Keule *f*, Klub *m*, Verein *m*
~ **angler** : Sportangler *m*, Sportanglerin *f*
~ **angling** : Sportfischen *nt*
~ **fishing** : Sportfischen *nt*
club : Verein *m*
clump : Klumpen *m*, Zusammenballung *f*
~ : sich zusammenballen *v*
clutch : Gelege *nt*
CO_2 extinguishing plant : CO_2-Löschanlage *f*
CO_2 recorder : CO_2-Prüfer *m*
CO_2 tax : CO_2-Abgabe *f*
coach : Omnibus *m*
coachwork : Karosserie *f*
coagulant : Flockungsmittel *nt*, Gerinnungsmittel *nt*
coagulate : gerinnen *v*
coagulation : Ausflockung *f*, Flockung *f*, Gerinnung *f*, Koagulation *f*
~ **aid** : Flockungshilfsmittel *nt*
coal : Kohle *f*
~ **briquetting works** : Brikettfabrik *f*
~ **burning** : Kohleverbrennung *f*
~ **dust** : Kohlenstaub *m*
~ ~ **burner** : Kohlenstaubbrenner *m*
~ **equivalent** : Steinkohleneinheit *f*
coalescence : Verbindung *f*, Vereinigung *f*
~ **separator** : Koaleszenzabscheider *m*
coal | -fired : kohlebeheizt *adj*
~-~ **boiler:** kohlebeheizter Kessel *(m)*
~-~ **power plant:** Kohlekraftwerk *nt*
~-~ **power station:** Kohlekraftwerk *nt*, Steinkohlenkraftwerk *nt*
~ **firing** : Kohlefeuerung *f*
~ **gas** : Kohlengas *nt*
~ **gasification** : Kohlevergasung *f*
~ **industry** : Kohleindustrie *f*
~ **mine** : Kohlenbergwerk *nt*, Kohlengrube *f*
~ **mined area** : Kohlebergbaugebiet *nt*
~ **mining** : Kohlebergbau *m*
~ **pit** : Steinkohlenzeche *f*
~ **refining** : Kohleveredelung *f*
~ **seam** : Kohlenflöz *nt*
~ **tar** : Kohlenteer *m*, Steinkohlenteer *m*
~ ~ **pitch** : Teerpech *nt*
coarse : grob, Grob-, grobkörnig *adj*
~ **chert** : Schutt *m*
~ **fragments** : Grobfraktion *f*
~ **sand** : Grobsand *m*
coast : Küste *f*
coastal : in Küstenbereichen, Küsten- *adj*
~ **area** : Küstengebiet *nt*
~ **current** : Küstenströmung *f*
~ **defence** : Küstenschutz *m*
~ **dune** : Küstendüne *f*
~ **erosion** : Küstenerosion *f*
~ **fishery** : Küstenfischerei *f*
~ **fog** : Küstennebel *m*
~ **landscape** : Küstenlandschaft *f*
~ **marsh** : Küstenmarsch *f*, Marsch *f*
~ ~ **sediments** : Schlick *m*
~ **pollution** : Küstenverschmutzung *f*, Küstenverunreinigung *f*
~ **protection** : Küstenschutz *m*
~ ~ **area** : Küstenschutzgebiet *nt*
~ ~ **forest** : Küstenschutzwald *m*
~ ~ **project** : Küstenschutzprojekt *nt*
~ ~ **system** : Küstenschutzsystem *nt*
~ **research** : Küstenforschung *f*
~ **waters** : Küstengewässer *pl*, Küstenmeer *nt*
~ **zone** : Küstenvorfeld *nt*
coast | -dweller : Küstenbewohner *m*, Küstenbewohnerin *f*
~**line** : Küste *f*, Küstenlinie *f*
coating : Anstrich *m*, Beschichtung *f*
~ **agent** : Anstrichmittel *nt*
~ **medium** : Anstrichmittel *nt*
cobble : Geröll *nt*, Kopfstein *m*, Rollkiesel *m*
cobblestone : Kopfstein *m*, Pflasterstein *m*
cock : Hahn *m*
CO conversion : CO-Konvertierung *f*
CO converter : CO-Konvertierungsanlage *f*
cod : Dorsch *m*, Kabeljau *m*
~ **liver oil** : Lebertran *m*
code : Code *m*, Gesetzbuch *nt*, Kode *m*, Kodex *m*
~ **of behaviour:** Verhaltenskodex *m*
~ **of civil procedure:** Zivilprozessordnung *f*
~ **of conduct:** Verhaltenskodex *m*
~ **of criminal procedure:** Strafprozessordnung *f*
~ **of industrial relations:** Betriebsverfassung *f*
~ **of practice:** Ausführungsvorschrift *f*, Kodex *m*, Regel der Technik *(f)*
~ **of principles:** Grundsatzkodex *m*
~ : kodieren *v*
co-decision : Mitentscheidung *f*
codification : Kodifikation *f*
codistillation : Kodestillation *f*
coefficient : Beiwert *m*, Koeffizient *m*
~ **of discharge:** Abflusskoeffizient *m*
~ **of drag:** Reibungsverlustzahl *f*
~ **of friction:** Reibungsverlustzahl *f*
~ **of permeability:** Durchlässigkeitsbeiwert *m*
~ **of roughness:** Rauigkeitsbeiwert *m*
~ **of run-off:** Abflusskoeffizient *m*
coeliac : abdominal *adj*
coenosis : Zönose *f*

coerce : zwingen *v*

coercion : Zwang *m*

coercive : Zwangs- *adj*

~ measure : Zwangsmaßnahme *f*

coffee : Kaffee *m*

~ plantation : Kaffeeplantage *f*

~ roasting establishment : Kaffeerösterei *f*

cofferdam : Caisson *m*, Kofferdamm *m*, Senkkasten *m*

co-financing : finanzielle Beteiligung *(f)*, Kofinanzierung *f*, Mitfinanzierung *f*

cogency : Beweiskraft *f*

co-generation : Kraft-Wärme-Kopplung *f*

~ plant : Blockheizkraftwerk *nt*

coherence : Kohärenz *f*

coherent : zusammenhängend *adj*

coherently : zusammenhängend *adv*

cohesion : Bindigkeit *f*, Kohäsion *f*, Zusammenhalt *m*

~ funds : Kohäsionsfonds *pl*

cohesionless : nichtbindig *adj*

~ soil : nichtbindiger Boden *(m)*

cohesion policy : Kohäsionspolitik *f*

cohesive : geschlossen, in sich ruhend, kohäsiv, stimmig *adj*

~ soil : bindiger Boden *(m)*

co-incineration : Mitverbrennung *f*

coir : Kokosfaser *f*

coke : Koks *m*

~-oven gas : Kokereigas *nt*, Koksofengas *nt*

~-~ ~ desulfurization : Kokereigasentschwefelung *f*

~ plant : Kokerei *f*

coking : verkokend *adj*

~ : Verkoken *nt*, Verkokung *f*

~ plant : Kokerei *f*

col : Gebirgspass *m*, Joch *nt*, Sattel *m*

cold : kalt *adj*

~ : Kälte *f*

~-cleaning agent : Kaltreiniger *m*

~ front : Kaltfront *f*

~ hardening : Winterhärten *nt*

coldness : Kälte *f*

cold || protection suit : Kälteschutzanzug *m*

~ storage : Kühllagerung *f*

coli bacteria : Colibakterien *pl*, Kolibakterien *pl*

coli bacterium : Colibakterium *nt*, Kolibakterium *nt*

coliform : coliform *adj*

collaboration : Zusammenarbeit *f*

collagen : Kollagen *nt*

collapse : Zerfall *m*, Zusammenbruch *m*

~ : zerfallen *v*

collapsed : zerfallen *adj*

collect : sammeln *v*

collecting : Sammel-, sammelnd *adj*

~ : Sammeln *nt*

~ basin : Auffangwanne *f*

~ chamber : Auffangraum *m*

~ container : Sammelbehälter *m*

~ device : Auffangvorrichtung *f*

~ ditch : Sammelgraben *m*

~ installation : Auffangvorrichtung *f*

~ place : Sammelstelle *f*

~ ~ **for hazardous materials:** Gefahrgutsammelstelle *f*

~ point : Sammelplatz *m*

~ receptacles : Sammelbehältnis *nt*

~ system : Sammelsystem *nt*

~ tub : Auffangwanne *f*

~ works : Beileitung *f*

collection : Erfassung *f*, Erhebung *f*, Sammlung *f*

~ **of biological waste:** Biomüllsammlung *f*

~ **of bulky waste:** Sperrmüllabfuhr *f*

~ **of domestic waste:** Hausmüllsammlung *f*

~ **of duties:** Abgabenerhebung *f*

~ **of field data:** Felddatenerfassung *f*

~ **of rainfall data:** Regenreihe *f*

~ **of rates:** Abgabenerhebung *f*

~ **of taxes:** Abgabenerhebung *f*

~ **of used oil:** Altölerfassung *f*, Altölsammlung *f*

~ **of valuable substances:** Wertstoffsammlung *f*

~ **of waste:** Abfallsammlung *f*

collective : kollektiv *adj*

collector : Kollektor *m*

~ drain : Fanggraben *m*, Sammler *m*

college : Fachhochschule *f*, Hochschule *f*

~ **of Education:** Pädagogische Hochschule *(f)*

~ education : Hochschulausbildung *f*, Hochschulbildung *f*

~ student : Hochschüler *m*, Hochschülerin *f*

~ studies : Hochschulstudium *nt*

~ system : Hochschulwesen *nt*

~ teacher : Hochschullehrer *m*, Hochschullehrerin *f*

colliery : Kohlengrube *f*

~ coking plant : Zechenkokerei *f*

~ power station : Zechenkraftwerk *nt*

~ spoil area : Zechenhalde *f*

colline : Kollin *nt*

colloid : Kolloid *nt*

colloidal : kolloidal *adj*

colloidally : kolloidal *adv*

~ dispersed : kolloiddispers *adj*

colluvial : kolluvial, zusammengeschwemmt *adj*

~ deposit : Hangschutt *m*, Kolluvium *nt*

~ soil : Kolluvialboden *m*, Kolluvium *nt*

colluvium : Hangschutt *m*, Kolluvialboden *m*, Kolluvium *nt*

colonial : in Kolonien lebend, koloniebildend *adj*

colonisation (Br) : Anflug *m*, Ansiedlung *f*, Besiedlung *f*

colonise (Br) : ansiedeln (sich), besiedeln *v*

colonist : Siedler *m*, Siedlerin *f*

colonization : Anflug *m*, Ansiedlung *f*, Besiedlung *f*

colonize : ansiedeln (sich), besiedeln *v*

colonizer : Besiedler *m*

colony : Kolonie *f*

~ **of bacteria:** Bakterienkolonie *f*

color (Am) : Farbe *f*

~ (Am) : färben *v*

coloration (Am) : Färbung *f*

colorimeter : Colorimeter *nt*, Farbmessgerät *nt*

colorimetry : Kolorimetrie *f*

colour : Farbe *f*

~ : färben *v*

colourant : Farbstoff *m*

~ residue : Farbstoffrückstand *m*

colouration : Färbung *f*

colouring : Farb- *adj*

~ : Ausmalen *nt*, Farben *pl*, Malen *nt*

~ agent : Farbstoff *m*

~ matter : Farbstoff *m*

colourless : farblos *adj*

colour slide : Farbdia *nt*, Farbdiapositiv *nt*

column : Kolonne *f*, Säule *f*

columnar : säulenförmig *adj*

column chromatography : Säulenchromatografie *f*

comb : Kamm *m*

~ : durchkämmen, kämmen *v*

combat : bekämpfen *v*

combination : Kombination *f*, Verbindung *f*, Verknüpfung *f*

~ effect : Kombinationswirkung *f*

~ measuring equipment : Kombinationsmessgerät *nt*

combine : verbinden *v*

combined : Misch-, vereint *adj*

~-cycle power station : Kombikraftwerk *nt*

~ heat and power plant : Heizkraftwerk *nt*

~ heat and power scheme : Kraft-Wärme-Kopplung *f*

~ sealing : Kombinationsdichtung *f*

~ sewer system : Mischkanalisation *f*

~ system : Mischsystem *nt*

~ wastewater : Mischwasser *nt*

~ water outlet : Mischwasserauslass *m*

~ weir : kombiniertes Wehr *(nt)*

combine harvester : Mähdrescher *m*

combing : Kämmen *nt*

~-out effect : Auskämmeffekt *m*

combust : verbrennen, verfeuern *v*

combustibility : Brennbarkeit *f*

combustible : brennbar *adj*

~ : Brennstoff *m*

combustion : Verbrennung *f*, Verfeuerung *f*

- **~ of exhaust gas:** Abgasverbrennung *f*
- **~ of flue gas:** Rauchgasverbrennung *f*
- **~ of waste gas:** Abgasverbrennung *f*, Verbrennung der Abgase *(f)*

~ chamber : Brennkammer *f*

~ ~ temperature : Brennkammertemperatur *f*

~ engine : Verbrennungsmotor *m*

~ gas : Verbrennungsabgas *nt*

~ rate : Verbrennungsleistung *f*

~ residue : Verbrennungsrückstand *m*

~ sewage sludge : Klärschlammverbrennung *f*

~ ship : Verbrennungsschiff *nt*

~ systems : Verbrennungssysteme *pl*

combustor : Combustor *m*

commensalism : Kommensalismus *m*

comment : Stellungnahme *f*

commercial : Gewerbe-, gewerblich, handelsüblich, kommerziell *adj*

~ aircraft : Verkehrsflugzeug *nt*

~ enterprise : Gewerbebetrieb *m*, Handelsunternehmen *nt*

~ fertilizer : Handelsdünger *m*

~ law : Handelsrecht *nt*, Wirtschaftsrecht *nt*

~ refuse : Handelsmüll *m*

~ timber : Nutzholz *nt*

~ trade : Handelsgewerbe *nt*

~ variety : handelsübliche Sorte *(f)*

~ vehicle : Nutzfahrzeug *nt*

~ waste : Gewerbeabfall *m*, Gewerbemüll *m*

~ zone : Gewerbegebiet *nt*

commercially : kommerziell *adv*

comminuting : Zerkleinern *nt*

~ equipment : Zerkleinerungseinrichtung *f*

~ machine : Zerkleinerungsmaschine *f*

~ plant : Zerkleinerungsanlage *f*

comminution : Zerkleinerung *f*

comminutor : Feinzerkleinerer *m*, Rechengutzerkleinerer *m*

commission : Auftrag *m*, Kommission *f*

commissioner : Ausschussmitglied nt, Beauftragte /-r *f/m*, Kommissar /-in *m/f*, Kommissionsmitglied *nt*, Präsident /-in *m/f*

- **~ for dangerous goods:** Gefahrgutbeauftragte /-r *f/m*
- **~ for waste management:** Abfallbeauftragte /-r *f/m*

commissioning : Inbetriebsetzung *f*

commit : verpflichten *v*

commitment : Engagement *nt*, Verpflichtung *f*, Zusage *f*

committed : engagiert *adj*

committee : Ausschuss *m*, Komitee *nt*

commodities : Gebrauchsgüter *pl*, Verbrauchsgüter *pl*

commodity : Bedarfsgegenstand *m*, Rohstoff *m*, Ware *f*, Wirtschaftsgut *nt*

common : alltäglich, gemein, gemeinsam, gemeinschaftlich, gewöhnlich *adj*

~ : Allmende *f*, Gemeindeland *nt*

≗ Agricultural Policy : EU-Agrarpolitik *f*, Gemeinsame Agrarpolitik *(f)*

~ good clause : Gemeinwohlklausel *f*

~ land : Allmende *f*, Gemeindeland *nt*

~ law : Gewohnheitsrecht *nt*

~ nuisance : öffentliches Ärgernis *(nt)*

~ outlet : Mehrfachdränauslass *m*

≗ Procurement Vocabulary : Gemeinsames Vokabular für öffentliche Aufträge *(nt)*

~ property : Gemeinbesitz *m*, Gemeineigentum *nt*

communicable : ansteckend *adj*

communism : Kommunismus *m*

communication : Kommunikation *f*

community : Gemeinde *f*, Gemeinschaft *f*, Gemeinwesen *nt*, Gesellschaft *f*, Lebensgemeinschaft *f*, Öffentlichkeit *f*

- **~ at large:** breite Öffentlichkeit *(f)*

~ **for dike maintenance:** Deichverband *m*

~ **of nations:** Völkergemeinschaft *f*

~ **pays principle:** Gemeinlastprinzip *nt*

~ **architecture** : volksnahe Architektur *(f)*

~ **council** : Gemeinderat *m*

~ **development** : Gemeinwesenentwicklung *f*

~ **heating** : Fernwärme *f*

~ **initiative** : Gemeinschaftsinitiative *f*

~ **instrument** : Gemeinschaftsinstrument *nt*

~ **land** : Allmende *f*

~ **medicine** : Sozialmedizin *f*, Umweltmedizin *f*

~ **physician** : Sozialmediziner *m*, Sozialmedizinerin *f*, Umweltmediziner *m*, Umweltmedizinerin *f*

~ **policy** : Gemeinschaftspolitik *f*

~ **reaction** : Bevölkerungssreaktion *f*

~ **services** : gemeinnütziger Dienst *(m)*

commute : pendeln *v*

commuter : Pendler *m*, Pendlerin *f*

~ **belt** : Einzugsgebiet *nt*

~ **traffic** : Berufsverkehr *m*, Pendlerverkehr *m*

~ **train** : Pendlerzug *m*

commuting : Pendeln *nt*

compact : verdichten *v*

compacted : verdichtet *adj*

compacting : Verdichten *nt*

~ **container** : Presscontainer *m*

~ **device** : Verdichtungseinrichtung *f*

compaction : Verdichten *nt*, Verdichtung *f*

compactor : Verdichter *m*

~ **truck** : Müllfahrzeug *nt*

companion : Begleiter *m*, Begleiterin *f*

~ **crop** : Begleitfrucht *f*, Untersaat *f*

~ **flora** : Begleitflora *f*

~ ~ **to agricultural crops:** Ackerbegleitflora *f*

~ **plants** : Mischkultur *f*, verträgliche Pflanzen *(pl)*

~ **species** : Beikraut *nt*

company : Unternehmen *nt*

~ **law** : Gesellschaftsrecht *nt*

~ **policy** : Unternehmenspolitik *f*

comparative : relativ, vergleichend *adj*

~ **test** : Vergleichsuntersuchung *f*

comparatively : verhältnismäßig *adv*

comparing : Vergleichen *nt*

comparison : Vergleich *m*

compartment : Abteilung *f*

compatibility : Kompatibilität *f*, Verträglichkeit *f*

~ **to plants:** Pflanzenverträglichkeit *f*

compatible : vereinbar, verträglich *adj*

compel : zwingen *v*

compensation : Abfindung *f*, Ausgleich *m*, Entschädigung *f*, Entschädigungssumme *f*, Ersatz *m*, Kompensation *f*, Schmerzensgeld *nt*

~ **for expropriated property:** Enteignungsentschädigung *f*

~ **for suffering:** Schmerzensgeld *nt*

~ **for use:** Nutzungsentschädigung *f*

~ **claim** : Entschädigungsanspruch *m*

~ **depth** : Kompensationstiefe *f*

~ **level** : Kompensationsebene *f*

~ **payment** : Ausgleichszahlung *f*, Entschädigungszahlung *f*

~ **point** : Lichtkompensationspunkt *m*

compensatory : Ausgleichs-, Ersatz- *adj*

~ **measure** : Ausgleichsmaßnahme *f*, Ersatzmaßnahme *f*

~ **tax** : Ausgleichsabgabe *f*

competence : Fähigkeiten *pl*, Kompetenz *f*, Zuständigkeit *f*

competency : Fähigkeiten *pl*, Kompetenz *f*

competition : Konkurrenz *f*, Wettbewerb *m*

~ **effect** : Wettbewerbseffekt *m*

~ **model** : Wettbewerbsmodell *nt*

~ **right** : Wettbewerbsrecht *nt*

competitive : konkurrenzfähig, Leistungs-, leistungsfähig, wettbewerbsfähig *adj*

competitively : konkurrenzfähig, leistungsfähig, wettbewerbsfähig *adv*

competitive market: Wettbewerbsmarkt *m*

competitiveness : Konkurrenzfähigkeit *f*, Wettbewerbsfähigkeit *f*

competitive society: Leistungsgesellschaft *f*

compilation : Zusammenstellung *f*

complainant : Beschwerdeführer *m*, Beschwerdeführerin *f*

complaint : Beanstandung *f*

complementary : komplementär *adj*

complete : absolut, fertig, fertig gestellt, komplett, perfekt, völlig, vollständig, vollzählig *adj*

~ : abschließen, ausfüllen, beenden, erfüllen, fertig stellen, komplettieren, vervollständigen *v*

completed : beendet, erfüllt, fertig gestellt, vollendet *adj*

~ **compost** : Fertigkompost *m*

complete fertilizer : Volldünger *m*

completely : total *adv*

completion : Beendigung *f*, Fertigstellung *f*

complex : Komplex *m*

complexation : Komplexbildung *f*

complex || compound : Komplexverbindung *f*

~ **fertilizer** : Komplexdünger *m*

complexing : Komplex-, Komplexierungs- *adj*

~ : Komplexbildung *f*

~ **agent** : Komplexbildner *m*

complexity : Komplexität *f*

complexometry : Komplexometrie *f*

compliance : Einhaltung *f*, Erfüllung *f*, Verträglichkeit *f*

complicity : Mittäterschaft *f*

comply : erfüllen *v*

~ **with sth.:** sich an etwas halten *v*

component : Element *nt*, Inhaltsstoff *m*, Bestandteil *m*

compose : aufbauen, bilden, sich zusammensetzen *v*

composite : zusammengesetzt *adj*

~ : Gemisch *nt*, Komposite *f*, Komposition *f*, Korbblütler *m*

~ **material** : Verbundmaterial *nt*, Verbundwerkstoff *m*

~ **sample** : Mischprobe *f*

composition : Beschaffenheit *f*, Zusammensetzung *f*

~ **of waste:** Abfallzusammensetzung *f*

~ **proceedings** : Vergleichsverfahren *nt*

compost : Humus *m*, Kompost *m*, Nährboden *m*

~ **from garbage:** Müllkompost *m*

~ : kompostieren *v*

compostable : kompostierbar *adj*

compost || aeration : Kompostbelüftung *f*

~ **distribution** : Kompostausbringung *f*

~ **filter** : Kompostfilter *m*

~ **heap** : Komposthaufen *m*

composting : Kompostieren *nt*, Kompostierung *f*, Verkompostieren *nt*

~ **by waste producer:** Eigenkompostierung *f*

~ **in drum reactors:** Trommelkompostierung *f*

~ **in piles:** Streifenkompostierung *f*

~ **landfill** : Rottedeponie *f*

~ **plant** : Kompostieranlage *f*

~ **process** : Kompostierungsverfahren *nt*

compost || milling cutter : Kompostfräse *f*

~ **pile** : Komposthaufen *m*

~ **preparation** : Kompostierung *f*

~ **production** : Kompostproduktion *f*

~ **quality** : Kompostqualität *f*

~ **shifting spreader** : Kompostumsetzstreuer *m*

~ **soil** : Komposterde *f*

~ **thermometer** : Komposttemperaturmessgerät *nt*, Kompostthermometer *nt*

compound : Mittel *nt*, Verbindung *f*

~ **biotopes** : Biotopverbund *m*

comprehension : Verständnis *nt*

~ **exercise** : Übung zum Textverständnis *(f)*

comprehensive : allseitig, umfassend, universal, Vollkasko- *adj*

~ : Gesamtschule *f*

comprehensively : umfassend *adv*

comprehensive || school : Gesamtschule *f*

~ **survey** : umfassende Erhebung *(f)*

compressed : komprimiert,verdichtet *adj*

~ **air** : Druckluft *f*, Pressluft *f*

compressibility : Kompressibilität *f*

compression : Verdichtung *f*

~ **wood** : Druckholz *nt*

compressor : Kompressor *m*, Verdichter *m*

comprise : umfassen *v*

compromise : Kompromiss *m*

~ **agreement** : Kompromissvereinbarung *f*

~ **decision** : Kompromissentscheidung *f*

comptroller : Controller *m*

≗ **General** : Präsident / ~in des Rechnungshofes *(m/f)*

compulsion : Zwang *m*

~ **to be represented by a lawyer:** Anwaltszwang *m*

compulsory : obligatorisch *adj*

~ **connection** : Anschlusszwang *m*

~ **control** : Aufsichtspflicht *f*

~ **disposal** : Beseitigungspflicht *f*

~ **execution** : Zwangsvollstreckung *f*

~ **measure** : Zwangsmaßnahme *f*

~ **mixer** : Zwangsmischer *m*

~ **purchase** : Enteignung *f*

~ **use** : Benutzungszwang *m*

computer : Computer *m*

~**-controlled** : computergesteuert, rechnergeführt, rechnergesteuert *adj*

~-~ **catalytic converter** : geregelter Katalysator *(m)*

~ **model** : Rechenmodell *nt*

~ **program (Am)** : Computerprogramm *nt*

~ **programme** : Computerprogramm *nt*

computing : berechnend, Rechen-, rechnend *adj*

~ **process** : Rechenverfahren *nt*

concealed : verdeckt *adj*

concentrate : Gehalt *m*, Konzentrat *nt*, Konzentration *f*

~ : eindampfen, eindicken, konzentrieren, sättigen, verdichten *v*

concentration : Anreicherung *f*, Eindickung *f*, Konzentration *f*

~ **of dry solids:** Trockenmassenkonzentration *f*, Trockensubstanzgehalt *m*

~ **of firms:** Unternehmenskonzentration *f*

~ **of harmful substance:** Schadstoffkonzentration *f*

~ **of poison:** Giftkonzentration *f*

~ **limit** : Grenzkonzentration *f*

~ **measurement** : Konzentrationsmessung *f*

~ **result of licence** : Konzentrationswirkung *f*

~ **time** : Sammelzeit *f*

concept : Konzept *nt*, Vorstellung *f*

~ **of waste disposal:** Abfallentsorgungskonzept *nt*

conception : Konzeption *f*

concept permission : Konzeptgenehmigung *f*

concern : Belang *m*, Beunruhigung *f*

concert : Konzert *nt*

concession : Konzession *f*, Zugeständnis *nt*

concessional : behördlich genehmigt, konzessionär, konzessioniert *adj*

~ **assistance** : Hilfe zu konzessionären Bedingungen *(f)*

~ **financing** : Zusatzfinanzierung *f*

~ **terms** : Vorzugskonditionen *pl*

concessionary : Konzessions- *adj*

~ **route:** Fußweg mit freiwillig (vom Eigentümer) gewährter Benutzbarkeit *(m)*, Konzessionsweg *m*

concession || contract : Konzessionsvertrag *m*

~ **footpath** : Fußweg mit freiwillig (vom Eigentümer) gewährter Benutzbarkeit *(m)*, Konzessionsweg *m*

conclusion : Abschluss *m*, Beendigung *f*, Ergebnis *nt*, Schlussfolgerung *f*

concomitance : gleichzeitiges Vorhandensein *(nt)*, Gleichzeitigkeit *f*

~ **of offences:** Tatbestandseinheit *f*

concomitant : Begleit-, begleitend *adj*

~ : Begleiterscheinung *f*, Nebenerscheinung *f*

concrete : konkret *adj*

~ : Beton *m*

~ : betonieren *v*

~ **beam** : Betonträger *m*

~ **box** : Betonbunker *m*

~ **building** : Betonbau *m*

~ **bunker** : Betonbunker *m*

~ **construction** : Betonbau *m*

~ **desert** : Betonlandschaft *f*, Betonwüste *f*

~**-mixer** : Betonmischer *m*

~ **post** : Betonpfosten *m*

~ **products industry** : Betonsteinindustrie *f*

~ **repair** : Betonsanierung *f*

~ **steel** : Stahlbeton *m*

concreting : Betonierung *f*

concretion : Konkretion *f*

concurring : konkurrierend *adj*

~ **legislation** : konkurrierende Gesetzgebung *(f)*

concussion : Gehirnerschütterung *f*, Konkussion *f*

~ **deafness** : Erschütterungstaubheit *f*

condensate : Kondensat *nt*

condensation : Beschlag *m*, Kondensation *f*, Niederschlag *m*

~ **aerosol** : Kondensationsaerosol *nt*

~ **nucleus** : Kondensationskern *m*

~ **plant** : Kondensationsanlage *f*

condense : kondensieren, niederschlagen, verdichten, verflüssigen *v*

condensed : kondensiert *adj*

condenser : Kondensator *m*, Kondensatorkühler *m*, Verflüssiger *m*

condition : Bedingung *f*, Beschaffenheit *f*, Lage *f*, Verfassung *f*, Zustand *m*

~ **of storage:** Lagerungsbedingung *f*

~ **of the soil:** Bodenbeschaffenheit *f*

~ **of water:** Gewässerzustand *m*

~ : bestimmen, dressieren, in Form bringen *v*

conditional : an Auflagen gebunden *adj*

conditioned : bestimmt, dressiert *adj*

~ **reflex** : bedingter Reflex *(m)*

conditioning : Aufbereitung *f*, Konditionierung *f*

~ **process** : Aufbereitungsverfahren *nt*

conditions : Verhältnisse *pl*

~**s of use:** Anwendungsbedingungen *pl*

conduct : durchführen, leiten *v*

conduction : Leitung *f*, Übertragung *f*

~ **drain** : Hauptdrän *m*

conductivity : Leitfähigkeit *f*

~ **hygrometer** : Leitfähigkeitsfeuchtemesser *m*

conductometry : Konduktometrie *f*

conduit : Isolierrohr *nt*, Leitung *f*, Rohrleitung *f*, Wasserleitung *f*

cone : Kegel *m*, Netzhautzapfen *m*, Trichter *m*, Zapfen *m*

~ **of depression:** Senkungstrichter *m*

~ **of influence:** Absenktrichter *m*, Absenkungstrichter *m*

~ **of pumping depression:** Absenktrichter *m*, Absenkungstrichter *m*

~ **penetrometer** : Penetrometer *nt*

conference : Arbeitstagung *f*, Fachtagung *f*, Konferenz *f*, Tagung *f*

~ **on environment:** Umweltkonferenz *f*

~ **on the law of the sea:** Seerechtskonferenz *f*

~ **report** : Tagungsbericht *m*

confidence : Vertrauen *nt*

~ **protection** : Vertrauensschutz *m*

configuration : Gestaltung *f*

confinement : Arrest *m*

confirm : bestätigen *v*

confiscate : beschlagnahmen, sicherstellen *v*

confiscated : beschlagnahmt *adj*

confiscation : Beschlagnahme *f*, Einziehung *f*, Sicherstellung *f*

conflict : Konflikt *m*

~ **of aims:** Zielkonflikt *m*

~ **of interests:** Interessenkonflikt *m*

~ **analysis** : Konfliktanalyse *f*

~**-free** : konfliktfrei, konfliktlos *adj*

conflicting : entgegengesetzt, sich widersprechend, widersprüchlich, widerstrebend, widerstreitend, zwiespältig *adj*

~ **use** : Nutzungskonflikt *m*

conflict || resolution : Konfliktbewältigung *f*

~ **search** : Konfliktanalyse *f*

confluence : Einmündung *f*, Konfluenz *f*, Zusammenfluss *m*

conformity : Konformität *f*

~ **of market:** Marktkonformität *f*

congeliturbation : Brodelboden *m*

congenital : angeboren *adj*

~ **defect** : Geburtsfehler *m*

congenitally : angeboren, von Geburt an *adv*

congested : überfüllt, verstopft *adj*

congestion : Stau *m*, Stockung *f*

conglomerate : Konglomerat *nt*

conifer : Konifere *f*, Nadelbaum *m*

~ **monoculture** : Nadelholzmonokultur *f*

coniferous : Nadel-, zapfentragend *adj*

~ **forest** : Nadelwald *m*

~ ~ **zone** : Nadelwaldzone *f*

~ **wood** : Nadelholz *nt*

~ **woodland** : Nadelwald *m*

conjugative : konjugativ *adj*

connect : verbinden *v*

connecting : verbindend, Verbindungs- *adj*

~ **road** : Verbindungsstraße *f*

connection : Anschlusskanal *m*, Verbindung *f*, Zusammenhang *m*

in ~ with: in Zusammenhang mit

connective : verbindend *adj*

~ **tissue** : Bindegewebe *nt*

consent : Einwilligung *f*

consciousness : Bewusstsein *nt*

consensus : Konsens *m*

consent : Zustimmung *f*

~ : zustimmen *v*

consequence : Auswirkung *f*

conservable : erhaltbar *adj*

conservancy : Schutzbehörde *f*

~ board : Schutzbehörde *f*

conservation : Bewahrung *f*, Erhaltung *f*, sparsamer Umgang *(m)*, Schutz *m*

- **~ of energy:** Energieeinsparung *f*, Energiesparen *nt*
- **~ of soil:** Bodenerhaltung *f*, Bodenschutz *m*
- **~ of water resources:** Gewässerschutz *m*

~ area : denkmalschutzwürdiges Gebiet *(nt)*, Kulturdenkmal *nt*, Schutzgebiet *nt*

~ authority : Naturschutzbehörde *f*

~ easement (Am) : Naturschutzvertrag *m*

~ farming : bodenerhaltende Landbewirtschaftung *(f)*, bodenschonende Bewirtschaftung *(f)*, ressourcenschonende Landwirtschaft *(f)*

~ function : Schutzfunktion *f*

~ initiative : Umweltinitiative *f*

conservationist : Naturschützer *m*, Naturschützerin *f*, Umweltschützer *m*, Umweltschützerin *f*

conservation || law : Schutzgesetz *nt*

~ measure : Erhaltungsmaßnahme *f*, Schutzmaßnahme *f*

~ objective : Erhaltungsziel *nt*

~ organisation : Umweltorganisation *f*

~ organization : Umweltorganisation *f*

~ policy : Erhaltungspolitik *f*, Schutzpolitik *f*

~ practice : Erhaltungstechnik *f*

~ programme : Schutzprogramm *nt*

~ resource : Schutzgut *nt*

~ status : Erhaltungszustand *m*

~ target : Schutzziel *nt*

~ tillage : schonende Bodenbearbeitung *(f)*

~ value : Schutzwert *m*

~ volunteer : Naturschutzhelfer *m*, Naturschutzhelferin *f*

conservatism : Konservatismus *m*

conservative : erhaltend, konservativ, konservierend, vorsichtig *adj*

~ status : Erhaltungszustand *m*

conserve : bewahren, erhalten, konservieren, schonen, schützen *v*

consider : abwägen, betrachten, erwägen *v*

considerate : human *adj*

considerately : human *adv*

consideration : Abwägung *f*, Berücksichtigung *f*, Erwägung *f*

- **~ of adjacent uses:** Rücksichtnahmegebot *nt*
- **~ of interests:** Interessenabwägung *f*
- **~ of planning:** Planungsermessen *nt*

consientious : gewissenhaft *adj*

consignment note : Begleitpapier *nt*, Begleitschein *m*

consist : bestehen *v*

- **~ in:** bestehen in *v*
- **~ of:** bestehen aus *v*

consistence : Konsistenz *f*

consistency : Konsistenz *f*

consociation : Konsoziation *f*

consolidate : verzahnen *v*

consolidated : gefestigt, konsolidiert, verfestigt, zusammengelegt *adj*

~ rock : Festgestein *nt*

consolidation : Konsolidierung *f*, Verfestigung *f*

~ agent : Festigungsmittel *nt*

conspicuous : auffallend *adj*

conspicuously : auffallend *adv*

constancy : Beständigkeit *f*, Gleichmäßigkeit *f*, Standhaftigkeit *f*, Treue *f*

- **~ of crop yield:** Ertragskonstanz *f*

constant : fortwährend, gleichbleibend, gleichmäßig, konstant, standhaft, ständig *adj*

~ angle arch dam : Gleichwinkelstaumauer *f*

~ radius arch dam : Gleichradienstaumauer *f*

constituent : Bestandteil *m*, Inhaltsstoff *m*

~ part : Bestandteil *m*

constituting : begründend, bildend, gründend, konstituierend *adj*

- **~ a hazard to other traffic:** Verkehrsgefährdung *f*

constitution : Konstitution *f*, Verfassung *f*

constitutional : konstituierend *adj*

~ amendment : Verfassungsänderung *f*

~ appeal : Verfassungsbeschwerde *f*

~ court : Verfassungsgericht *nt*, Verfassungsgerichtshof *m*

constitutionality : Rechtsstaatsprinzip *nt*, Verfassungsmäßigkeit *f*

constitutional || law : Staatsrecht *nt*, Verfassungsrecht *nt*

~ state : Rechtsstaat *m*

constraint : Enge *f*, Einschränkung *f*, Gezwungenheit *f*, Zwang *m*

- **~ for use:** Benutzungszwang *m*

construct : bauen *v*

construction : Anlage *f*, Bau *m*, Bautätigkeit *f*, Errichtung *f*

- **~ of garbage dumps:** Deponiebau *m*
- **~ of installations:** Anlagenbau *m*
- **~ of pipelines:** Rohrleitungsbau *m*
- **~ of sewers:** Kanalbau *m*
- **~ of steam boilers:** Dampfkesselbau *m*
- **~ of traffic facilities:** Verkehrsbau *m*
- **~ of vehicles:** Fahrzeugbau *m*
- **~ of water conduit:** Wasserleitungsbau *m*
- **~ of wells for landfill gases:** Deponiegasbrunnenbau *m*

constructional : bautechnisch *adj*

constructionally : bautechnisch *adv*

construction || costs : Baukosten *f*

~ drawing : Bauzeichnung *f*

~ engineering : Bauingenieurwesen *nt*

~ firm : Baufirma *f*

~ industry : Bauwirtschaft *f*

~ inspection : Bauaufsicht *f*

~ machinery : Baumaschine *f*

~ material : Baustoff *m*

~ noise : Baulärm *m*

~ ~ **control** : Baulärmschutz ***m***

~ **permission** : Errichtungsgenehmigung ***f***

~ **permit** : Baugenehmigung ***f***, Bebauungsgenehmigung ***f***

~ **plan** : Bauplan ***m***

~ **planning law** : Bauplanungsrecht ***nt***

~ **project** : Bauvorhaben ***nt***

~ **regulations** : Bauvorschriften ***pl***

~ **remainder materials** : Baurestmasse ***f***

~ **site** : Baustelle ***f***

~ **supervision** : Bauaufsicht ***f***, Bauüberwachung ***f***

~ **time** : Bauzeit ***f***

~ **waste** : Baustellenabfall ***m***

~ **work** : Bauarbeiten ***pl***

~ **worker** : Bauarbeiter ***m***, Bauarbeiterin ***f***

constructive : Bau-, konstruktiv, schöpferisch ***adj***

constructively : bautechnisch gesehen, konstruktiv ***adv***

constructive || plant : bauliche Anlage ***(f)***

~ **testing** : Bauprüfung ***f***

~ **testing regulation** : Bauprüfungsverordnung ***f***

~ **utilization** : bauliche Nutzung ***(f)***

constructor : Bauunternehmer ***m***, Bauunternehmerin ***f***

consultancy : Beratung ***f***

~ **on fire protection:** Brandschutzberatung ***f***

~ **work** : Beratungstätigkeit ***f***

consultant : Berater ***m***, Beraterin ***f***

consultation : Beratung ***f***

~ **period** : Konzertierungsphase ***f***, Konzertierungszeitraum ***m***

~ **procedure** : Konzertierungsverfahren ***nt***

consulting : Beratung ***f***

consumable : genießbar, kurzlebig ***adj***

~ **goods** : Konsumgüter ***pl***, Verbrauchsgüter ***pl***

consumables : Konsumgüter ***pl***, Verbrauchsgüter ***pl***

consume : konsumieren, verbrauchen ***v***

consumer : Konsument ***m***, Konsumentin ***f***, Verbraucher ***m***, Verbraucherin ***f***

~ **article** : Konsumartikel ***m***

~ **awareness** : Konsumentenbewusstsein ***nt***

~ **behaviour** : Konsumverhalten ***nt***

~ **council** : Verbraucherorganisation ***f***

~ **durables** : Gebrauchsgüter ***pl***

~ **goods** : Konsumartikel ***pl***, Konsumgüter ***pl***

~ ~ **commerce** : Verbrauchsgütergewerbe ***nt***

~ ~ **industry** : Konsumgüterindustrie ***f***, Verbrauchsgüterindustrie ***f***

~ ~ **trade** : Verbrauchsgütergewerbe ***nt***

~ **group** : Verbrauchergruppe ***f***

~ **habits** : Konsumgewohnheiten ***pl***

~ **information** : Verbraucherinformation ***f***

consumerism : Konsumerismus ***m***, Konsumverhalten ***nt***, Verbraucherbewegung ***f***, Verbraucherschutzbewegung ***f***

consumer || item : Gebrauchsgut ***nt***, Konsumartikel ***m***

~ **market** : Verbrauchermarkt ***m***

~ **organisation** : Verbraucherorganisation ***f***

~ **organization** : Verbraucherorganisation ***f***

~ **panel** : Verbrauchergremium ***nt***

~ **price index** : Konsumgüter-Preisindex ***m***

~ **products** : Konsumgüter ***pl***

~ **protection** : Verbraucherschutz ***nt***

~ **research** : Verbraucherforschung ***f***

~ **society** : Konsumgesellschaft ***f***

~ **surplus** : Konsumentenrente ***f***

consuming : ganz in Anspruch nehmend, verbrauchend ***adj***

consumption : Konsum ***m***, Verbrauch ***m***, Verzehr ***m***

~ **discounting** : Konsumdiskontierung ***f***

~ **fee** : Verbrauchssteuer ***f***

~ **pattern** : Verbrauchsmuster ***nt***

~ **patterns** : Konsumgewohnheiten ***pl***, Konsumverhalten ***nt***

~ **residue** : Verbraucherabfall ***m***

consumptive : schwindsüchtig, verbrauchend ***adj***

~ **water use** : Gesamtwasserbedarf ***m***, Wasserverbrauch ***m***

contact : Berührung ***f***, Kontakt ***m***, Kontaktperson ***f***, Verbindung ***f***

be in ~: in Kontakt sein ***v***

have ~: berühren, Kontakt haben ***v***

~ : Kontakt aufnehmen (mit), sich in Verbindung setzen ***v***

~ **dryer** : Kontakttrockner ***m***

~ **herbicide** : Kontaktherbizid ***nt***

~ **insecticide** : Kontaktinsektizid ***nt***

~ **load** : Geschiebe ***nt***, Geschiebespende ***f***

~ **poison** : Kontaktgift ***nt***

~ **time** : Kontaktzeit ***f***

~ **weedkiller** : Kontaktherbizid ***nt***

contagion : Ansteckung ***f***

contagious :ansteckend ***adj***

contain : enthalten ***v***

container : Behälter ***m***, Container ***m***, Gefäß ***nt***, Hülse ***f***, Reservoir ***nt***

~ **for hazardous materials:** Gefahrstoffcontainer ***m***

~ **agitator** : Containerrührwerk ***nt***

~ **dumping** : Behälterdeponie ***f***

~ **plant** : Containerpflanze ***f***

~ **service** : Containerdienst ***m***

~ **system** : Behältersystem ***nt***

~ **transshipment installation** : Containerumschlaganlage ***f***

~**-type water treatment plant** : Container-Wasseraufbereitungsanlage ***f***

containing : -haltig ***adj***

~ **dust** : staubhaltig ***adj***

~ **enzymes** : enzymhaltig ***adj***

~ **mercury** : quecksilberhaltig ***adj***

~ **no sewage** : abwasserfrei ***adj***

~ **oil** : ölhaltig ***adj***

~ **PCB** : PCB-haltig ***adj***

~ **radium** : radiumhaltig ***adj***

~ **tar** : teerhaltig ***adj***

containment : Aufhalten *nt*, Eindämmung *f*, Einkapselung *f*

contaminant : Schadstoff *m*, Schmutzstoff *m*, Umweltgift *f*

contaminate : infizieren, kontaminieren, verschmutzen, verseuchen, verunreinigen *v*

contaminated : kontaminiert, verschmutzt, verseucht, verunreinigt *adj*

~ atmosphere : verschmutzte Atmosphäre *(f)*

~ land : Altlast *f*

~ ~ register : Altlastenkataster *nt*

~ site : Altlast *f*

~ soil : kontaminierter Boden *(m)*, verunreinigter Boden *(m)*

contamination : Kontamination *f*, Kontaminierung *f*, Verschmutzung *f*, Verseuchung *f*, Verunreinigung *f*

~ **of effluent water:** Abwasserbelastung *f*

~ **of foodstuff:** Verseuchung der Nahrungsmittel *(f)*

~ **of the environment:** Umweltverseuchung *f*

~ level : Verseuchungsdosis *f*

~ monitor : Kontaminationsmonitor *m*

contemporary : gleichaltrig, heutig, zeitgenössisch *adj*

~ : Altersgenosse *m*, Altersgenossin *f*, Zeitgenosse *m*, Zeitgenossin *f*

~ history : Zeitgeschichte *f*

content : Gehalt *m*, Inhalt *m*, Konzentration *f*

contents : Gehalt *m*, Inhalt *m*

contest : anfechten *v*

contestable : angreifbar *adj*

context : Zusammenhang *m*

continent : Erdteil *m*, Kontinent *m*

continental : Festlands-, kontinental, Kontinental- *adj*

~ climate : Kontinentalklima *nt*

~ margin : Kontinentalrand *m*

≗ region : kontinentale Region *(f)*

~ shelf : Festlandsockel *m*, Kontinentalschelf *m*, Kontinentalsockel *m*

~ slope : Kontinentalabhang *m*

contingency : Eventualfall *m*, Eventualität *f*, unvorhergesehene Ausgabe *(f)*, unvorhergesehenes Ereignis *(nt)*

~ plan : Alternativplan *m*, Krisenplan *m*, Maßnahmenplan *m*

continuation : Fortsetzung *f*

~ declaratory action : Fortsetzungsfeststellungsklage *f*

continuing : andauernd, bleibend *adj*

~ costs : Betriebskosten *pl*

~ education : Weiterbildung *f*

continuous : anhaltend, Dauer-, durchgezogen, fortlaufend, ständig, ununterbrochen *adj*

~-band filter press : Bandfilterpresse *f*

~ grazing : Dauerbeweidung *f*

~ load : Dauerbelastung *f*

~ mixer : Durchlaufmischer *m*

~ noise : Dauerlärm *m*

~ ~ level : Dauerschallpegel *m*

~ operation : Dauerbetrieb *m*

~ over-fertilization : Dauerüberdüngung *f*

~-transit weigher : Durchlaufwaage *f*

contour : Höhenlinie *f*, Isohypse *f*

~ bank : Konturstützmauer *f*

~ bund : Konturstützmauer *f*

~ canal : Hangkanal *m*

~ cultivation : Konturnutzung *f*

~ ditch : Konturgraben *m*

~ farming : Hanganbau *m*, Konturbewirtschaftung *f*, Konturnutzung *f*

~ furrow : Konturfurche *f*

~ guideline : Konturführungslinie *f*

~ hedge : Konturhecke *f*

contouring : Konturnutzung *f*

contour || interval : Höhenlinienabstand *m*, Höhenunterschied *m*

~ irrigation : Konturbewässerung *f*

~ line : Konturlinie *f*

~ map : Höhenlinienkarte *f*, Höhenplan *m*

~ planting : Konturpflanzung *f*

~ ploughing : Konturpflügen *nt*

~ ridging : Konturpflügen *nt*

~ row : Konturreihe *f*

~ strip cropping : Konturstreifenkultur *f*

~ trench : Hanggraben *m*

contract : Kontrakt *m*, Vertrag *m*

~ **on composition:** Vergleichsvertrag *m*

~ **under public law:** öffentlich-rechtlicher Vertrag *(m)*

~ : einen Vertrag schließen, kontrahieren, schrumpfen lassen, verengen, zusammenziehen *v*

contracted : geschrumpft, verengt, zusammengezogen *adj*

~ weir : Wehr mit Seitenkontraktion *(nt)*

contracting : Vergabe *f*

contract || law : Vertragsrecht *nt*

~ obligation : Abschlusspflicht *f*

contractual : vertraglich *adj*

~ act : vertragliche Vereinbarung *(f)*

contradiction : Widerspruch *m*

contrast : Gegensatz *m*, Kontrast *m*

~ : gegenüberstellen, kontrastieren *v*

~ examination : Kontrastuntersuchung *f*

contravene : verstoßen gegen, zuwiderhandeln *v*

contribute : beitragen *v*

contribution : Abgabe *f*, Beitrag *m*

control : Bekämpfung *f*, Eindämmung *f*, Kontrolle *f*, Steuerung *f*, Überwachung *f*

~ **of air pollution:** Luftreinhaltung *f*

~ **of consideration:** Abwägungskontrolle *f*

~ **of epidemics:** Seuchenbekämpfung *f*

get out of ~: außer Kontrolle geraten *v*

~ : kontrollieren, überwachen, unter Kontrolle bringen *v*

~ badge : Kontrolldosimeter *nt*

~ circuit : Regelkreis *m*

~ cock : Stellhahn *m*

~ engineering : Regeltechnik *f*

~ flap : Stellklappe *f*

~ function : Kontrollfunktion *f*

~ gap : Regelungslücke *f*

~ group : Kontrollgruppe *f*

controlled : geordnet, gezielt, kontrolliert, überwacht *adj*

~ **burning:** gezieltes Abbrennen *(nt)*, kontrolliertes Brennen *(nt)*

~ **disposal:** geordnete Ablagerung von Abfall *(f)*

~ **drug** : Betäubungsmittel *nt*, Rauschgift *nt*

~ **dump** : geordnete Mülldeponie *(f)*

~ **economy** : staatlich gelenktes Wirtschaftssystem *(nt)*

~ **grazing** : kontrollierte Beweidung *(f)*

~ **tipping** : geordnete Deponie *(f)*, kontrollierte Müllablagerung *(f)*

~ **weir** : bewegliches Wehr *(nt)*

controller : Chef *m*, Chefin *f*, Controller *m*, Leiter *m*, Leiterin *f*

~ **for burners:** Brennersteuerung *f*

~ **for heating systems:** Heizungsregler *m*

controlling : kontollierend, lenkend, regelnd, steuernd *adj*

~ **authority** : Aufsichtsbehörde *f*

~ **station** : Kontrollstation *f*, Überwachungsstation *f*

control || measure : Kontrollmaßnahme *f*

~ **valve** : Stellventil *nt*

controversial : polemisch, streitsüchtig, umstritten *adj*

controversy : Auseinandersetzung *f*, Kontroverse *f*

conurbation : Ballungsgebiet *nt*, Ballungsraum *m*, Ballungszentrum *nt*

convection : Konvektion *f*

~ **dryer** : Konvektionstrockner *m*

convenience : Annehmlichkeit *f*

convenient : möglich *adj*

convention : Konvention *f*, Übereinkommen *nt*

~ **on Biological Diversity:** Biodiversitätskonvention *f*, Konvention über Biologische Vielfalt *(f)*

~ **on International Trade in Endangered Species of Wild Fauna and Flora:** Übereinkommen über den internationalen Handel mit gefährdeten Arten frei lebender Tiere und Pflanzen *(nt)*, Washingtoner Artenschutzübereinkommen *(nt)*

~ **on the Conservation of the European Wildlife and Natural Habitats:** Berner Konvention *(f)*, Übereinkommen über die Erhaltung der Europäischen wild lebenden Pflanzen und Tiere und ihrer natürlichen Lebensräume *(nt)*

conventional : herkömmlich, konventionell *adj*

~ **medicine** : konventionelle Medizin *(f)*, Schulmedizin *f*

~ **power station** : konventionelles Kraftwerk *(nt)*

~ **tillage** : herkömmliche Bodenbearbeitung *(f)*

convergence : Konvergenz *f*

conversion : Überführung *f*, Umstellung *f*, Umwandlung *f*

~ **to ecofarming:** Umstellung auf ökologischen Landbau *(f)*

~ **cell** : Umwandlungszelle *f*

~ **farm** : Umstellungsbetrieb *m*

convert : umbauen, umformen, umwandeln *v*

converter : Konverter *m*, Wandler *m*

~ **gas** : Konvertergas *nt*

~ ~ **cleaning plant** : Konvertergasreinigungsanlage *f*

~ ~ **recovery** : Konvertergasrückgewinnung *f*

conveying : befördernd, übermittelnd, vermittelnd *adj*

~ **equipment** : Fördereinrichtung *f*

~ **hose** : Förderschlauch *m*

conveyor : Förderer *m*

~ **for bulk materials:** Schüttgutförderer *m*

~ **belt** : Fördergurt *m*

~ ~ **scale** : Förderbandwaage *f*

conviction : Überzeugung *f*

convinced : überzeugt *adj*

cooker : Ofen *m*

cool : kühl *adj*

~ : abkühlen, erkalten, kühlen *v*

coolant : Kühlflüssigkeit *f*, Kühlmittel *nt*, Kühlwasser *nt*

cooler : Kühler *m*

cooling : Kühl-, kühlend *adj*

~ : Abkühlung *f*, Kühlen nt, Kühlung *f*

~ **method** : Kühlverfahren *nt*

~ **pond** : Abklingbecken *nt*, Kühlbecken *nt*, Kühlteich *m*

~ **scrap** : Kühlschrott *m*

~ **system** : Kühlsystem *nt*

~ **tower** : Kühlturm *m*

~ ~ **chimney** : Kühlturmkamin *m*

~ ~ **mixed plume** : Kühlturmmischfahne *f*

~ ~ **plume** : Kühlturmfahne *f*

~ **water** : Kühlwasser *nt*

~ ~ **culvert** : Kühlwasserableitung *f*

~ ~ **recooling plant** *nt*, Kühlwasserrückkühler *m*

coop : Stall *m*

co-operate : zusammenarbeiten *v*

also spelled: cooperate

co-operation : Kooperation *f*, Mitarbeit *f*, Zusammenarbeit *f*

also spelled: cooperation

~-~ **principle** : Genossenschaftsprinzip *nt*, Kooperationsprinzip *nt*

co-operative : hilfsbereit, kooperativ *adj*

~ : Genossenschaft *f*

also spelled: cooperative

~-~ **act** : Genossenschaftsgesetz *nt*

co-ordinate : koordinieren *v*

co-ordination : Abstimmung *f*, Koordinierung *f*

~-~ **requirement** : Abstimmungsgebot *nt*

copper : Kupfer *nt*

~ **determination** : Kupferbestimmung *f*

~ **extraction** : Kupfergewinnung *f*

~ **foil** : Kupferfolie *f*

~ **smelting plant** : Kupferhütte *f*

coppice : Ausschlagwald *m*, Niederwald *m*

~**-with-standard-system:** Mittelwaldbetrieb *m*

~ : auf den Stock setzen, Niederwald bewirtschaften *v*

~ **forest** : Niederwald *m*

~ **regeneration** : Ausschlagverjüngung *f*

~ **shoot** : Stockausschlag *m*

~ **stand** : Ausschlagbestand *m*

~ **system** : Niederwaldbetrieb *m*

~**-wood** : Unterholz *nt*

coppicing : Auf-den-Stock-setzen *nt*

copse : Gehölz *nt*, Unterholz *nt*, Wäldchen *nt*

copulation : Paarung *f*

copyright : Urheberrecht *nt*

coral : Korallen- *adj*

~ : Koralle *f*

~ **reef** : Korallenriff *nt*

~ **sand** : Korallensand *m*

cordwood : Klafterholz *nt*

core : Core *nt*, Kern *m*, Kerngehäuse *nt*, Magnetkern *m*, Reaktorkern *m*, Seele *f*

~ : entkernen *v*

~ **area** : Kerngebiet *nt*, Kernzone *f*

~**-cooling system** : Kernkühlungssystem *nt*

~ **meltdown** : Kernschmelze *f*

~ ~ **accident** : Kernschmelzunfall *m*

~ **sample** : Stechprobe *f*

~ **sampler** : Stechzylinder *m*

~**-stone weathering** : Wollsackverwitterung *f*

cork : Kork *m*, Korkrinde *f*

~ **plate** : Korkplatte *f*

cormus : Kormus *m*

corn : Getreide *nt*, Korn *nt*

~ **(Am)** : Mais *m*

~ **barn** : Getreidescheune *f*

~ **belt (Am)** : Maisgürtel *m*

~ **cob (Am)** : Maisspindel *f*

~ **cutter** : Getreidemähmaschine *f*

~ **drill** : Getreidedrillmaschine *f*

~ **drying shed (Am)** : Maistrockenschuppen *m*

~ **exchange** : Getreidebörse *f*

cornfield : Getreideacker *m*, Getreidefeld *nt*

corn || growing : Getreideanbau *m*

~ **harvester (Am)** : Maiserntemaschine *f*

~ **heat unit (Am)** : Maiswärmeeinheit *f*

~ **kernel (Am)** : Maiskorn *nt*

~ **meal** : Getreidemehl *nt*

~ **mill** : Getreidemühle *f*

~ **planter (Am)** : Maislegemaschine *f*

~ **sheaf** : Getreidegarbe *f*

~ **stalk** : Getreidehalm *m*

~ **stubble** : Getreidestoppel *f*

~ **sugar (Am)** : Maiszucker *m*

~ **syrup (Am)** : Maissirup *m*

~ **weed** : Getreideunkraut *nt*

corolla : Blütenkrone *f*

corona : Aureole *f*, Korona *f*

corrasion : Abrasion *f*, Abschliff *m*, Korrasion *f*

correct : formgerecht, vorschriftsmäßig *adj*

~ : verbessern *v*

correcting : ausgleichend, Korrektur-, korrigierend, verbessernd *adj*

~ **unit** : Stellgerät *nt*

correction : Begradigung *f*, Korrektur *f*

~ **strip** : Ausgleichsstreifen *m*

correctly : formgerecht, vorschriftsmäßig *adv*

correlation : Korrelation *f*

~ **analysis** : Korrelationsanalyse *f*

corresponding : entsprechend *adj*

corridor : Korridor *m*

corrode : korrodieren, rosten, zerfressen *v*

corrosion : Korrosion *f*, Zerfall *m*

~ **inhibitor** : Korrosionsschutzmittel *nt*

~ **protection** : Korrosionsschutz *m*

~ **resistance** : Korrosionsbeständigkeit *f*, Korrosionsfestigkeit *f*

~**-resistant** : korrosionsbeständig *adj*

~ **testing equipment** : Korrosionsprüfanlage *f*

corrosive : aggressiv, korrodierend, korrosiv *adj*

~ **fluid** : Beizmittel *nt*

~ **gas** : aggressives Gas *(nt)*

~ **substance** : Ätzmittel *nt*

~ **waste** : aggressiver Abfall *(m)*

cosmetics : Kosmetika *pl*

cosmic : kosmisch *adj*

~ **radiation:** Höhenstrahlung *f*, kosmische Strahlung *(f)*, Weltraumstrahlung *f*

~ **rays:** kosmische Strahlung *(f)*

cosmopolitan : Kosmopolit *m*

cosmos : Kosmos *m*

cost : Kosten *pl*, Preis *m*

~ **of living:** Lebenshaltungskosten *pl*

~ : kosten *v*

~ **accounting** : Kostenrechnung *f*

~ **analysis** : Kostenanalyse *f*

~**-benefit || analysis** : Kosten-Nutzen-Analyse *f*

~-~ **ratio** : Kosten-Nutzen-Verhältnis *nt*

~ **comparison** : Kostenvergleich *m*

~**-effective** : kostengünstig, rentabel *adj*

~**-effectiveness** : Rentabilität *f*

~ **increase** : Kostensteigerung *f*

costly : kostspielig *adj*

cost || reduction : Kostensenkung *f*

~ **refund** : Kostenerstattung *f*

costs : Kosten *pl*

~ **of the national economy:** gesamtwirtschaftliche Kosten *(pl)*

~ **sketch of avoidance:** Vermeidungskonzept *nt*

cost || structure : Kostenstruktur *f*

~ **unit** : Kostenträger *m*

cottage : Hütte *f*

~ **industry** : Heimarbeit *f*

cotton : Baumwolle *f*

cotyledon : Keimblatt *nt*

coulometry : Coulometrie *f*

council : Rat *m*

~ **Directive on the conservation of natural habitats and of wild fauna and flora:** Richtlinie des Rates zur Erhaltung der natürlichen Lebensräume sowie der wild lebenden Tiere und Pflanzen *(f)*

~ **for the Protection of Rural England:** Rat für den Schutz des ländlichen England *(m)*

~ **flat** : Sozialwohnung *f*

~ **office building** : Stadthaus *nt*

~ **services** : Stadtwerke *pl*

count : Anklagepunkt *m*, Ergebnis *nt*, Impuls *m*, Impulszahl *f*, Zählen *nt*, Zählung *f*

~ : halten für, mitzählen, zählen *v*

~ controller : Mengenzähler *m*

counter : entgegengesetzt, Gegen-, gegen- *adj*

~ : Büfett *nt*, Ladentisch *m*, Schalter *m*, Zähler *m*

counteract : entgegenwirken *v*

counteraction : Gegenwirkung *f*, Widerklage *f*

countercurrent : Gegenstrom- *adj*

also spelled: counter-current

~ aerator : Gegenstrombelüfter *m*

~ principle : Gegenstromprinzip *nt*

countermeasure : Gegenmaßnahme *f*

also spelled: counter-measure

counter-productive : kontraproduktiv *adj*

also spelled: counterproductive

counterradiation : Gegenstrahlung *f*

counter tube equipment : Zählrohrgerät *nt*

countervailing : ausgleichend, Ausgleichs- *adj*

~ charge : Ausgleichsabgabe *f*

~ duty : Ausgleichsabgabe *f*, Ausgleichszoll *m*

~ power : Gegenmacht *f*

country : Land *nt*

(out) in the ~: im Grünen *adj*

~ park : Erholungsgebiet *nt*, Landschaftspark *m*

countryside : Land *nt*

≗ Commission : Landschaftsverwaltung *f*

county : Grafschaft *f*, Kreis *m*, Landkreis *m*

~ council : Grafschaftsrat *m*, Kreisrat *m*, Kreistag *m*

~ seat (Am) : Kreisstadt *f*

~ town : Kreisstadt *f*

coup de grâce : Fangschuss *m*

coupe : Schlag *m*

coupler : Koppel *f*, Kupplung *f*

course : Kurs *m*, Lehrgang *m*

~ of lectures: Vorlesungsreihe *f*

court : Gericht *m*

~ of appeal: Einspruchsgericht *nt*, Einspruchsinstanz *f*

~ of jurisdiction: zuständiges Gericht *(nt)*

~ of justice: Gerichtshof *m*

~ of first instance: Amtsgericht *nt*

≗ of Human Rights: Europäischer Gerichtshof für Menschenrechte *(m)*

~ order for taking evidence: Beweisbeschluss *m*

~ injunction : richterliche Verfügung *(f)*

cove : Bucht *f*

cover : Abdeckung *f*, Bedeckung *f*, Bewuchs *m*, Bodenbedeckung *f*, Decke *f*, Deckel *m*, Deckungsgrad *m*

coverage : Abdeckung *f*

cover crop : Bodendecker *m*, Deckfrucht *f*

covered : bedeckt *adj*

~ by a patent: geschützt durch ein Patent

~ digester : geschlossener Faulbehälter *(m)*

cover establishment : Grünverbauung *f*, Lebendverbauung *f*

covering : bedeckend *adj*

~ : Abdeckung *f*

~ of costs: Kostendeckung *f*

~ the whole area: flächendeckend *adj*

~ the whole territory: flächendeckend *adj*

~ topsoil layer : Kulturbodendecke *f*, Mutterbodendecke *f*

cow : Kuh *f*, Rind *nt*

~ elk : Elchkuh *f*

cowherd : Viehhirt *m*

cows : Rinder *pl*

cowshed : Stall *m*, Viehstall *m*

crack : Kluft *f*

cracked : aufgesprungen, gespalten, gesprungen, rissig *adj*

~ gas: Spaltgas *nt*

cracking : Crackverfahren *nt*

cradge bank : Sommerdeich *m*

craftsperson : Handwerker *m*, Handwerkerin *f*

crag : Bergsteiger *m*, Bergsteigerin *f*, Klippe *f*

crane : Kran *m*

crash : krachend *adv*

~ : Krachen *nt*, Zusammenbruch *m*, Zusammenstoß *m*

~ : abstürzen, einen Unfall haben, krachen, schmettern, zusammenbrechen *v*

crater : Krater *m*

~ lake : Kratersee *m*

crawler : Gleiskette *f*, Kriecher *m*, Kriechtier *nt*, Raupe *f*, Raupenschlepper *m*

~ lane : Kriechspur *f*

~ loader : Raupenlader *m*

~ tractor : Gleiskettenschlepper *m*, Raupenschlepper *m*

create : einrichten, erzeugen, schaffen *v*

creation : Errichtung *f*, Schaffung *f*

creativity : Kreativität *f*

credential : Zeugnis *nt*

credible : glaubwürdig, vertrauenswürdig *adj*

credit : Kredit *m*

~ aid : Kredithilfe *f*

~ assistance : Kredithilfe *f*

~ bank : Kreditinstitut *nt*

~ financing : Kreditfinanzierung *f*

~ policy : Kreditpolitik *f*

~ repayment : Kredittilgung *f*

creek : Flussarm *m*, Hafen *m*, Priel *m*

~ (Am) : Nebenfluss *m*

~ (Austr) : Bach *m*

~ (Br) : Bucht *f*

~-bank : Prielböschung *f*

creep : Bodenkriechen *nt*

~ : kriechen *v*

crest : Dammkrone *f*, Grat *m*, Kamm *m*, Kammlinie *f*, Krone *f*

~ of dam: Dammkrone *f*

~ of dike: Deichkrone *f*

~ of floodbank: Deichkrone *f*

~ length : Kronenlänge *f*

~ level : Kronenhöhe *f*

~ structure : Kronenbauwerk *nt*

~ width : Kronenbreite *f*

Cretan : kretisch *adj*

crevasse : Gletscherspalte *f*

crevice : Felsspalte *f*, Riss *m*, Spalte *f*

cribfill : Hinterfüllung *f*

crill : Krill *m*

crime : Verbrechen *nt*

~ against the environment: Umweltverbrechen *nt*

criminal : kriminell, strafbar *adj*

~ : Kriminelle *f*, Krimineller *m*

~ code : Strafgesetzbuch *nt*

~ court : Strafkammer *f*

~ law : Strafgesetz nt, Strafrecht *nt*

~ offence : Straftat *f*

~ proceedings : Strafprozess *m*, Strafverfahren *nt*

~ prosecution : Strafverfolgung *f*

criminology : Kriminologie *f*

crisis : Krise *f*, Krisis *f*

~ theory : Krisentheorie *f*

criteria : Kriterien *pl*

criterion : Kriterium *nt*

~ of factual statement: Tatbestandsmerkmal *nt*

critical : entscheidend, kritisch *adj*

~ depth : Grenztiefe *f*

~ flow velocity : kritische Fließgeschwindigkeit *(f)*

criticality : Kritizität *f*

critical || link : wichtiges Glied *(nt)*

~ load : Belastungsgrenze *f*, kritische Belastung *(f)*

critically : kritisch *adv*

~ ill : schwer krank *adj*

~ polluted : kritisch belastet *adj*

critical || mass : kritische Masse *(f)*

~ organ : kritisches Organ *(nt)*

~ path method : Netzplantechnik *f*

~ pollution level : kritischer Verunreinigungsgrad *(m)*

~ pressure : kritischer Druck *(m)*

~ slope : kritisches Gefälle *(nt)*

~ slope angle : kritisches Gefälle *(nt)*

~ temperature : kritische Temperatur *(f)*

~ threshold : kritischer Schwellenwert *(m)*

~ value : kritischer Wert *(m)*

~ velocity : Grenzgeschwindigkeit *f*

criticise (Br) : kritisieren *v*

criticism : Kritik *f*

criticize : kritisieren *v*

critique : Kritik *f*

crop : Agrarprodukt *nt*, Anbaufrucht *f*, Ernte *f*, Ertrag *m*, Feldfrucht *f*, Frucht *f*, Kropf *m*, Kulturpflanze *f*, Kulturpflanzenbestand *m*, Nutzpflanze *f*

~ and stock farming: Ackerbau und Viehzucht

~ : Ertrag bringen, Frucht tragen *v*

~ area : Anbaufläche *f*

~ calendar : Anbaukalender *m*

~ dusting : Schädlingsbekämpfung mit Flugzeugen *(f)*

~ failure : Missernte *f*

~ growing : Anbau *m*

~ ~ condition : Anbaubedingung *f*

~ husbandry : Pflanzenbau *m*

~ intensity : Anbauintensität *f*

cropland : Ackerland *nt*, Kulturland *nt*

crop || loss : Ernteausfall *m*, Ertragsausfall *m*

~ losses : Ernteverlust *m*

~ management : Pflanzenbau *m*

cropper : ertragreiche Pflanze *(f)*

cropping : Anbau *m*

~ area : Ackerfläche *f*

~ pattern : Anbaustruktur *f*

~ system : Anbausystem *nt*, Feldbausystem *nt*

crop || production : Pflanzenbau *m*

~ ratio : Kulturartenverhältnis *nt*

~ residue : Ernterückstand *m*

~ root : Pflanzenwurzel *f*

~ rotation : Fruchtfolge *f*, Fruchtwechsel *m*, Rotation *f*

~ ~ farming : Fruchtwechselwirtschaft *f*

~ science : Nutzpflanzenkunde *f*

~ system : Anbausystem *nt*, Feldbausystem *nt*

~ type : Fruchtart *f*

~ waste : Ernteabfall *m*

~ yield : Bodenertrag *m*, Ernteergebnis *nt*, Ernteertrag *m*

cross : ärgerlich, Kreuz-, Quer-, verärgert *adj*

~ : Kreuz *nt*, Kreuzung *f*, Mittelding *nt*

~ : durchkreuzen, durchqueren, kreuzen, überqueren *v*

~ appeal : Anschlussberufung *f*

~-border : grenzüberschreitend *adj*

crossbow : Armbrust *f*

cross | -bred : gekreuzt *adj*

~-breed : Bastard *m*, Hybride *f*

~-~ : kreuzen *v*

also spelled: crossbreed

~-breeding : Bastardierung *f*, Einkreuzung *f*, Kreuzung *f*

~-country skiing trail : Loipe *f*

~-fertilization : Fremdbestäubung *f*, Kreuzbefruchtung *f*

~-flow filtration : Querstromfiltration *f*

~-flow turbine : Durchströmturbine *f*

~-frontier : grenzüberschreitend *adj*

~-pollination : Fremdbestäubung *f*

~-section : Querprofil *nt*, Querschnitt *m*

~-sectional : abteilungsübergreifend, Querschnitts- *adj*

~-~ area : Querschnittsfläche *f*

~-~ of flow : Durchflussquerschnitt *m*, Fließquerschnitt *m*

crown : Baumkrone *f*, Krone *f*

crucial : entscheidend *adj*

~ data : aussagekräftige Daten *(pl)*

crucially : entscheidend *adv*

crude : grob, primitiv, roh, Roh-, unbereinigt *adj*

~ : Erdöl *nt*, Rohöl *nt*

~ gas dust content : Rohgasstaubgehalt *m*

~ oil : Erdöl nt, Rohöl *nt*

~ ~ extraction : Erdölförderung *f*

~ petroleum : Rohöl *nt*

cruelty : Grausamkeit *f*, Unbarmherzigkeit *f*

~ to animals: Tierquälerei *f*

crumb : Krümel *m*

crumble : zerbröckeln *v*

crumb structure : Krümelstruktur *f*

crusher : Brecher *m*, Prallreißer *m*

crushing : niederschmetternd, vernichtend *adj*

~ : Zerkleinerung *f*

~ **and grinding plant:** Mahlanlage *f*

~ machine : Zerkleinerungsmaschine *f*

crust : Kruste *f*

crustability : Verkrustungsneigung *f*

crustacean : Krebs *m*

crustaceous : krustenartig *adj*

crusting : Verkrusten *nt*

cryogenic : kryogen, kryogenisch, tiefkalt, Tieftemperatur- *adj*

~ agent : Kältemittel *nt*

~ soil : Frostboden *m*

cryophyte : Kryophyt *m*

cryostat : Kryostat *m*

cryoturbation : Brodelboden *m*

cryptic : geheimnisvoll, kryptisch, undurchschaubar *adj*

~ coloration : Schutzfärbung *f*, Tarntracht *f*

cryptically : geheimnisvoll, kryptisch, undurchschaubar *adv*

crystal : Kristall *m*

crystalline : kristallin *adj*

crystallization : Kristallisation *f*

crystallizer : Kristallisationsanlage *f*

crystallography : Kristallografie *f*

cubic : Kubik-, kubisch, Raum-, würfelförmig *adj*

~ index : Baumassenzahl *f*

~ metre solid : Festmeter *m*

cuesta : Schichtstufe *f*

cul-de-sac : Sackgasse *f*

cull : Abschuss *m*, Ausmerzung *f*, Reduzierungsabschuss *m*

~ : abschießen, ausmerzen, aussondern, auswählen, pflücken *v*

cullet : Bruchglas *nt*, Glasbruch *m*

culling : Ausmerzen *nt*

culm : Halm *m*, Kohlenstaub *m*, Schößling *m*, Staubkohle *f*, Stengel *m*

cultch : Austerngrus *m*

cultipacker : Krummpacker *m*

cultivable : kultivierbar *adj*

cultivar : Cultivar *m*, Kulturrasse *f*, Zuchtsorte *f*

cultivatable : nutzbar *adj*

cultivate : anbauen, bearbeiten, bestellen, kultivieren, pflegen, urbar machen, züchten *v*

cultivated : bewirtschaftet, genutzt, gezüchtet, kultiviert adj

~ area : Kulturland *nt*

~ land : Ackerland nt, Kulturland *nt*

~ landscape : Agrarlandschaft *f*

~ plant : Kulturpflanze *f*

cultivation : Anbau *m*, Bebauung *f*, Bestellung *f*, Bewirtschaftung *f*, Inkulturnahme *f*, Kultivierung *f*, Urbarmachung *f*, Züchtung *f*

~ **by burning over:** Brandkultur *f*

~ **of cereals:** Getreideanbau *m*

~ **of meadows:** Grünlandwirtschaft *f*, Wiesenbau *m*

~ **of moorland:** Moorkultur *f*

~ **of peat bogs:** Moorkultur *f*

~ **of soil:** Bodenbearbeitung *f*

~ **of virgin land:** Neulandgewinnung *f*

~ **of waters:** Gewässerpflege *f*

~ condition : Anbaubedingung *f*

~ system : Anbausystem *nt*, Bewirtschaftungsform *f*

cultivator : Ackerbauer *m*, Grubber *m*, Kultivator *m*, Landwirt *m*, Landwirtin *f*

cultural : Kultur-, kulturell *adj*

~ **and educational policy:** Kulturpolitik *f*

~ biotope : Kulturbiotop *m*

~ goods : Kulturgut *nt*

~ heritage : Kulturerbe *nt*

~ history : Kulturgeschichte *f*

~ landscape : Kulturlandschaft *f*

culturally : kulturell *adv*

~ induced erosion : durch Landnutzung verursachte Erosion *(f)*

cultural || monument : Kulturdenkmal *nt*

~ operations : Kulturarbeiten *pl*

~ possessions : Kulturgut *nt*

~ practice : Anbauverfahren *nt*

culture : Bakterienkultur *f*, Kultur *f*

~ : kultivieren, züchten *v*

~ medium : Kulturmedium *nt*, Nährboden *m*, Nährmedium *nt*

culvert : Dole *f*, Durchlass *m*, Rohrdurchlass *m*, unterirdischer Kanal *(m)*

cumulative : kumulativ, kumulierend, zusätzlich *adj*

~ infiltration : Infiltrationssummenlinie *f*, Versickerungssummenlinie *f*

cumulatively : kumulativ *adv*

cumulative run-off : Abflusssummenlinie *f*

cumulonimbus : Kumulonimbus *f*

cumulus : Haufenwolke *f*, Kumulus *m*, Quellwolke *f*

cupola furnace : Kupolofen *m*

curie : Curie *nt*

currency : Währung *f*

~ fluctuation : Wechselkursschwankung *f*

current : gegenwärtig *adj*

~ : Strom *m*, Stromstärke *f*, Strömung *f*, Tendenz *f*, Trend *m*

currently : gegenwärtig, zur Zeit *adv*

current || meter : Messflügel *m*

~ technology : Stand der Technik *(m)*

curriculum : Curriculum *nt*, Lehrplan *m*

~ investigation : Curriculumforschung *f*

curtain : Vorhang *m*

curvature : Krümmung *f*

curve : Ganglinie *f*, Kurve *f*

curved : gebogen *adj*

~ screen : Bogensieb *nt*

custody : Haft *f*, Obhut *f*

customer : Kunde *m*, Kundin *f*

customs : Zoll *m*

cut : Abgrabung *f*, Abtrag *m*, Einschlag *m*, Hieb *m*, Schlag *m*

~ : abschneiden, mähen, schneiden *v*

cut-and-carry system : Grünfütterung *f*

cut-and-fill : Ab- und Auftrag *n*

cut down : fällen *v*

cuticle : Kutikula *f*

cut-off : Ausschaltung *f*, Ausschaltmechanismus *m*, Trennung *f*

also spelled: cutoff

~-~ drain : Fangdrän *m*

~-~ meander : Altwasser *nt*

~-~ spur : Inselberg *m*, Umlaufberg *m*

~-~ trench : Dammentwässerungsgraben *m*, Schlitzwand *f*

~-~ wall : Herdmauer *f*

cut-rate : herabgesetzt, verbilligt *adj*

~-~ supermarket : Verbrauchermarkt *m*

cut slope : Böschung *f*

cutter : Messer *nt*

cutting : beißend, Schneid-, schneidend *adj*

~ : Abschneiden *nt*, Ableger *m*, Einschnitt *m*, Holzeinschlag *m*, Schlagen *nt*, Steckling *m*

~ area : Schlag *m*

~ cycle : Hiebsumlauf *m*

~ down : Rückbau *m*

~ oil : Schneidöl *nt*

~ roll : Schneidwalze *f*

cyanosis : Blausucht *f*, Zyanose *f*

cybernetics : Kybernetik *f*

cyclamate : Cyclamat *nt*, Zyklamat *nt*

cycle : Haushalt *m*, Kreislauf *m*, Zyklus *m*

~ hire : Fahrradverleih *m*

~ model : Kreislaufmodell *nt*

~-path : Radweg *m*

~-track : Radweg *m*

cyclical : zyklisch *adj*

cycling : Kreislauf *m*, Radfahren *nt*, Radwandern *nt*

~ of materials: Stoffkreislauf *m*

~ of matter: Stoffkreislauf *m*

~ of substances: Stoffkreislauf *m*

cyclist : Radfahrer *m*, Radfahrerin *f*

cyclone : Fliehkraftabscheider *m*, Staubabscheider *m*, Tiefdruckgebiet *nt*, Zyklon *m*, Zyklone *f*, Zyklonentstauber *m*

~ dust separator : Zyklonentstauber *m*

~ filter : Zyklonfilter *m*

~ precipitator : Zyklonabscheider *m*

cyclonic : zyklonisch *adj*

in a ~ direction: zyklonal *adj*

cyclonically : zyklonal *adv*

cylindrical : zylindrisch *adj*

~ gabion : Drahtschotterwalze *f*

~ rotary kiln : Drehrohrverbrennungsanlage *f*

cypress : Zypresse *f*

~ forest : Zypressenwald *m*

cyprinid : karpfenartig *adj*

~ : Cyprinide *m*, Karpfenfisch *m*

~ region : Cyprinidenregion *f*

cytochemistry : Zytochemie *f*

cytogenetics : Zytogenetik *f*

cytokinesis : Zytokinese *f*

cytology : Cytologie *f*, Zellenlehre *f*, Zytologie *f*

cytolysis : Zellauflösung *f*, Zytolyse *f*

cytoplasm : Zellplasma *nt*, Zytoplasma *nt*

cytoplasmic : zytoplasmatisch *adj*

cytosine : Cytosin *nt*, Zytosin *nt*

cytostatic : zytostatisch *adj*

~ drug : Zytostatikum *nt*

cytotoxicity : Zytotoxizität *f*

cytotoxin : Cytotoxin *nt*, Zellgift *nt*, Zytotoxin *nt*

D

daily : Tages-, täglich *adj*

~ amount : Tagesmenge *f*

~ ~ of sewage : täglicher Schmutzwasseranfall *(m)*

~ consumption : Tagesverbrauch *m*

~ flow : Tagesanfall *m*

~ fluctuation: Tagesschwankung *f*

~ per capita consumption: Verbrauch pro Kopf und Tag *(m)*

~ pumpage: Tagesfördermenge *f*

~ record: Tagesaufzeichnungen *pl*

~ ~ of weather conditions: Tagesaufzeichnungen der Wetterverhältnisse *(pl)*

~ rhythm: Tagesperiodik *f*

dairy : Molkerei *f*

~ cattle : Milchvieh *nt*

~ farmer : Milcherzeuger *m*

~ farming : Milchviehhaltung *f*, Milchviehwirtschaft *f*

~ product : Molkereiprodukt *nt*

dale : Tal *nt*

dam : Damm *m*, Stauanlage *f*, Staudamm *m*, Talsperre *f*

~ : aufstauen, stauen *v*

damage : Beeinträchtigung *f*, Schaden *m*, Schädigung *f*

~ by inconfidence: Vertrauensschaden *m*

~ by salt: Salzschaden *m*

~ by sonic bang: Überschallschaden *m*

~ caused by game: Wildschaden *m*

~ caused by radiation: Strahlenschaden *m*

~ caused by water: Wasserschaden *m*

~ due to erosion: Erosionsschaden *m*

~ due to mining operations: Bergschaden *m*

~ from military manoeuvres: Manöverschaden *m*

~ to audibility: Hörschaden *m*

~ to forests: Waldschaden *m*

~ to health: Gesundheitsschaden *m*

~ **to organ:** Organschädigung *f*

~ **to plant:** Pflanzenschaden *m*

~ **to sensitive ecosystems:** Schaden für empfindliche Ökosysteme *(m)*

~ **to the fields:** Flurschaden *m*

~ **to the environment:** Umweltschaden *m,* Umweltschädigung *f*

~ **to the landscape:** Landschaftsschaden *m*

~ **to the soil:** Bodenschädigung *f*

~ **to trees:** Baumschaden *m*

~ **to vegetation:** Vegetationsschaden *m*

~ **to waters:** Gewässerschaden *m*

~ : beeinträchtigen, beschädigen, schädigen *v*

~ appearance : Schadbild *nt*

~ compensation : Schadensausgleich *m*

damaged : beeinträchtigt *adj*

damage || investigation : Schadensermittlung *f*

~ prevention : Schadensvermeidung *f*

~ protection service : Havariedienst *m*

~ valuation : Schadensbewertung *f*

dam construction : Dammbau *m*

damp : feucht *adj*

dampen : anfeuchten, benetzen, dämpfen, drosseln *v*

damp ground : Nassboden *m*

damping : Schalldämmung *f*

~-off : Keimlingsfäule *f,* Keimlingskrankheit *f,* Keimlings-umfallkrankheit *f*

~ plate : Dämpfungsplatte *f*

dam plant : Stauanlage *f*

dampness : Nässe *f*

damp off : an der Keimlingsumfallkrankheit eingehen *v*

damp-proof : feuchtigkeitsbeständig *adj*

dam structure : Absperrbauwerk *nt*

dam up : aufstauen *v*

danger : Gefahr *f*

~ **in operating:** Betriebsgefahr *f*

~ **of explosion:** Explosionsgefahr *f*

~ **of pollution:** Verschmutzungsgefahr *f*

~ **to the environment:** Umweltgefährdung *f*

~ area : Gefahrenbereich *m*

~ class : Gefahrenklasse *f*

~ indication order : Gefährlichkeitsmerkmale-Verordnung *f*

dangerous : bedrohlich, gefährlich *adj*

~ **to the public:** gemeingefährlich *adj*

~ drug : Betäubungsmittel *nt,* Rauschgift *nt*

~ goods legislation : Gefahrgutrecht *nt*

~ goods regulation : Gefahrgutverordnung *f*

dangerously : gefährlich *adv*

dangerousness : Gefährlichkeit *f*

dangers : Gefahren *pl*

~ **of microwave radiation:** Gefahren der Mikrowellen *(pl)*

danger || sign : Warnschild *nt*

~ spot : Gefahrenstelle *f*

~ threshold : Gefährdungsschwelle *f*

~ zone : Gefahrenzone *f*

Darwinian fitness : Fitness *f,* Selektionswert *m*

Darwinism : Darwinismus *m*

dash : Schuss *m*

data : Daten *pl,* Messwerte *pl*

~ acquisition : Datenerfassung *f,* Datensammlung *f,* Messwerterfassung *f*

~ bank : Datenbank *f*

{also spelled: databank}

~ ~ **of facts:** Faktendatenbank *f*

~ ~ **of methods:** Methodenbank *f*

~ base : Datenbank *f*

{also spelled: database}

~ ~ **for hazardous materials:** Gefahrstoffdatenbank *f*

~ catalogue : Datenkatalog *m*

~ collection : Datensammlung *f*

~ exchange : Datenaustausch *m*

~ logger : Datenerfassungsgerät *nt*

~ logging : Datenspeicherung *f,* Messwerterfassung *f*

~ model : Datenmodell *nt*

~ processing : Datenverarbeitung *f,* Messwertverarbeitung *f*

~ protection : Datenschutz *m*

~ storage : Datenspeicherung *f*

~ transmission : Datenübertragung *f*

date : Termin *m*

~ **for argument:** Erörterungstermin *m*

dating : Altersbestimmung *f,* Datierung *f*

~ **of soil:** Boden-Altersdatierung *f*

datum : Datum *nt,* Faktum *nt,* Nullpunkt *m*

~ plane : Bezugshöhe *f,* Höhenmarke *f*

daughter : Tochter *f*

~ cell : Tochterzelle *f*

~ product : Zerfallsprodukt *nt*

day : Tag *m*

~ flow : Tageszufluss *m*

daylight : Tageslicht *nt*

day || nursery : Kindertagesstätte *f*

~ permit : Tageserlaubnisschein *m*

daytime : Tageszeit *f*

~ retreat : Tagesunterschlupf *m*

day visitor : Tagesbesucher *m,* Tagesbesucherin *f*

dazzle : blenden, überwältigen *v*

dazzling : blendend, überwältigend *adj*

dBA scale : dB(A)-Skala *f*

DDT act : DDT-Gesetz *nt*

deacidification : Entsäuerung *f*

deacidify : entsäuern *v*

deactivate : auflösen, desaktivieren, entschärfen *v*

dead : tot *adj*

~ end : Sackgasse *f*

deadline : Termin *m*

dead || matter : Aas *nt*

~ ore heap : Halde *f*

~ storage : Totraum *m*

~ wood : totes Holz *(nt)*

deadwood : Totholz *nt*

deafening : ohrenbetäubend *adj*

~ : Vertaubung *f*

~ threshold : Taubheitsschwelle *f*

deafness : Taubheit *f*

dealkalinization : Entbasung *f*

death : Tod *m*

~ **of fish:** Fischsterben *nt*

~ rate : Sterbeziffer *f*

deaths : Todesfälle *pl*

~ **caused by lead poisoning:** durch Bleivergiftung verursachte Todesfälle *(pl)*

debacle : Eisaufbruch *m*, Eisstoß *m*

debris : Abfall *m*, Bruchstücke *f*, Detritus *m*, Geröll *nt*, Geschiebe *nt*, Gesteinsschutt *m*, Schutt *m*, Treibgut *nt*, Trümmer *pl*

~ **avalanche** : Geschiebelawine *f*

~ **basin** : Absetzbecken *nt*

~ **dam** : Geschiebesperre *f*

~ **flow** : Schuttfließen *nt*, Schuttstrom *m*

~ **guard** : Geschiebegitter *nt*

~ **remover** : Geröllentferner *m*

debt : Schuld *f*, Verschuldung *f*

~ **repayment** : Schuldenrückzahlung *f*

~ **service** : Kapitaldienst *m*

decade : Dekade *f*, Jahrzehnt *nt*

decalcification : Entkalkung *f*

decalcified : entkalkt *adj*

~ **fixed dune** : Braundüne *f*

~ **loess** : Lösslehm *m*

decalcify : entkalken *v*

decantation : Abscheidung *f*, Dekantierung *f*

decanter : Dekanter *m*

decanting : Dekantierung *f*

~ **centrifuge** : Dekantierzentrifuge *f*

decarbonizing : Entkarbonisierung *f*

~ **plant** : Entkarbonisierungsanlage *f*

decay : Fäulnis *f*, Verfall *m*, Verwesung *f*, Zerfall *m*

~ : verfaulen, verrotten, verwesen, zerfallen, zersetzen (sich) *v*

~ **capacity** : Zersetzungsvermögen *nt*

~ **heat** : Abschaltwärme *f*, Zerfallswärme *f*

~ **product** : Folgeprodukt *nt*, Zerfallsprodukt *nt*

decentralisation (Br) : Dezentralisierung *f*

decentralised (Br) : dezentral *adj*

decentralization : Dezentralisierung *f*

decentralized : dezentral *adj*

dechlorinate : entchloren *v*

dechlorination : Entchlorung *f*

decibel : Dezibel *nt*

~ **A scale** : dB(A)-Skala *f*

deciduous : abfallend, abgeworfen, Laub-, laubabwerfend, laubwechselnd *adj*

~ **forest** : Laubwald *m*

~ **teeth** : Milchzähne *pl*

~ **tree** : Laubbaum *m*

decimate : dezimieren *v*

decision : Entscheidung *f*

~ **on fundamental principles:** Grundsatzentscheidung *f*

~ **maker** : Entscheidungsträger *m*, Entscheidungsträgerin *f*

~-making : Beschlussfassung *f*, Entscheidungsfindung *f*

~-~ process : Entscheidungsprozess *m*

~ **model** : Entscheidungsmodell *nt*

~ **theory** : Entscheidungstheorie *f*

decisive : bestimmt, entscheidend, entschlussfreudig *adj*

~ **action** : entschlossenes Handeln *(nt)*

~ **factors** : Entscheidungsgründe *pl*

decisively : entscheidend, entschlossen *adv*

decisiveness : entscheidende Bedeutung *(f)*, Entschiedenheit *f*, Entschlossenheit *f*

declaration : Ausweisung *f*, Erklärung *f*

~ **of acceptance:** Annahmeerklärung *f*

~ **of intent** : Absichtserklärung *f*

~ **of principle** : Grundsatzerklärung *f*

Rio ~ on Environment and Development : Erklärung von Rio über Umwelt und Entwicklung *(f)*

~ **analysis** : Deklarationsanalyse *f*

declassification : Aufhebung *f*, Aufhebung einer Klassifizierung *(f)*

declination : Deklination *f*

decline : Abnahme *f*, Rückgang *m*

~ **in population:** Bevölkerungsabnahme *f*, Bevölkerungsschwund *m*

~ : abnehmen, zurückgehen *v*

declining : abschüssig, hängig *adj*

decolouration : Entfärbung *f*

decolourize : entfärben *v*

decolourizing : entfärbend *adj*

~ **agent** : Entfärbungsmittel *nt*

decomposable : abbaubar *adj*

decompose : abbauen, sich auflösen, sich zersetzen, verwesen *v*

decomposer : Destruent *m*, Reduzent *m*

decomposing : Abbau- *adj*

~ **activity** : Abbauaktivität *f*

decomposition : Abbau *m*, Fäulnis *f*, Verrottung *f*, Verwesung *f*, Zersetzung *f*

~ **of harmful substances:** Schadstoffabbau *m*

~ **process** : Aufschlussverfahren *nt*

~ **product** : Abbauprodukt *nt*

~ **rate** : Abbauleistung *f*

~ **temperature** : Zersetzungstemperatur *f*

decompression : Dekompression *f*

~ **method** : Dekompressionsverfahren *nt*

decontaminant : Dekontaminant *nt*, Entseuchungsmittel *nt*

decontaminate : dekontaminieren, entgiften *v*

decontamination : Dekontamination *f*, Dekontaminierung *f*, Entgiftung *f*, Entseuchung *f*

~ **of workers exposed to radiation:** Dekontaminierung von Strahlenarbeitern *(f)*

~ **factor** : Dekontaminationsfaktor *m*

~ **plant** : Dekontaminationsanlage *f*, Entgiftungsanlage *f*

~ **properties** : Dekontaminierbarkeit *f*

~ **service** : Entseuchungsdienst *m*

~ **technique** : Entseuchungstechnik *f*

decoy : Lockmittel *nt*, Lockvogel *m*, Verlockung *f*

~ : betören, locken *v*

decrease : Abnahme *f*, Verringerung *f*

~ in population: Bevölkerungsrückgang *m*

~ in profits: Ertragseinbuße *f*, Ertragsminderung *f*

~ of species: Artenschwund *m*

~ : abnehmen *v*

decree : Dekret *nt*, Erlass *m*, Gesetz *nt*, Rechtsverordnung *f*, Urteil *nt*, Verfügung *f*, Verordnung *f*

~ on the harmfulness of wastewater: Abfallschädlichkeitsverordnung *f*

~ over conditions in the workplace: Arbeitsstättenverordnung *f*

~ on public order: Ordnungsverfügung *f*

dedust : entstauben *v*

deduster : Entstaubungsanlage *f*

dedusting : Entstaubung *f*

deep : tief, Tief-, Tiefen- *adj*

~ **boring** : Tiefbohrung *f*

~ **burial repository** : untertägige Lagerung *(f)*

~ **depository** : Endlagerstätte *f*

~ **ecology** : extreme Ökologie *(f)*

deepening : Vertiefung *f*

deep || loosening : Tiefenlockerung *f*, Untergrundlockerung *f*

~ **percolation** : Tiefendurchsickerung *f*, Tiefenversickerung *f*

~ **ploughing** : Tiefpflügen *nt*, Tiefumbruch *m*

~ **sea** : Hochsee *f*, Tiefsee *f*

~**-sea** : Tiefsee- *adj*

~-~ **deposit** : Tiefseeablagerung *f*

~-~ **disposal** : Tiefversenkung *f*

~-~ **dumping** : Ablagern in der Tiefsee *(nt)*

~-~ **fisheries** : Hochseefischerei *f*

~-~ **fishing** : Hochseefischerei *f*

~-~ **fishing vessel** : Hochseefischereifahrzeug *nt*

~-~ **fleet** : Hochseeflotte *f*

~-~ **mining** : Tiefseebergbau *m*

~-~ **research** : Tiefseeforschung *f*

~-~ **vessel** : Hochseeschiff *nt*

~ **seepage** : Tiefenversickerung *f*

~ **storage** : Tieflagerung *f*

~ **tillage** : Tiefenbearbeitung *f*

~ **underground disposal** : Tiefendlagerung *f*

~ **water** : Tiefenwasser *nt*, tiefes Wasser *(nt)*

~ **well** : Tiefbrunnen *m*

~ ~ **pump** : Tiefbrunnenpumpe *f*

~ ~ **pumping station** : Tauchanordnung *f*

deer : Hirsch *m*

~ **calf** : Hirschkalb *nt*

~ **cull** : Rotwildabschuss *m*

deface : entstellen *v*

defeat : Niederlage *f*

~ of the vote: Abstimmungsniederlage *f*

~ : besiegen *v*

defective : defekt, schadhaft *adj*

~ **hearing** : Schwerhörigkeit *f*

~ **noise hearing** : Lärmschwerhörigkeit *f*

defectiveness : Schadhaftigkeit *f*

defence : Abwehr *f*, Schutz *m*

defendant : Beklagte *f*, Beklagter *m*

deferred : aufgeschoben, zurückgestellt *adj*

~ **grazing** : Rotationsbeweidung *f*

~**-rotation grazing** : Rotationsbeweidung *f*

deferrization : Enteisenung *f*

~ **plant** : Enteisenungsanlage *f*

deficiency : Mangel *m*

~ **analysis** : Schwachstellenanalyse *f*

~ **disease** : Mangelkrankheit *f*

deficient : arm (an), Mangel leidend *adj*

~ in water: wasserarm *adj*

defined : definiert *adj*

~ **tracer concentration** : definierte Spurenstoffkonzentration *(f)*

definition : Begriffsbestimmung *f*, Definition *f*

~ of waste: Abfallbegriff *m*

~ of wastewater: Abwasserbegriff *m*

definitive : definitiv, endgültig, entscheidend, entschieden, maßgeblich *adj*

~ **host** : Endwirt *m*, Hauptwirt *m*

definitively : definitiv, engültig, mit Entschiedenheit *adv*

deflagration : Deflagration *f*

deflation : Auswehung *f*

~ **basin** : Schlatt *nt*, Windausblasungsmulde *f*

deflocculation : Flockenzerstörung *f*

defluoridation : Entfluoridierung *f*

defoamer : Antischaummittel *nt*

defoliant : Defoliant *m*, Entlaubungsmittel *nt*

defoliation : Entlaubung *f*

deforest : abholzen, entwalden *v*

deforestation : Abholzung *f*, Deforestation *f*, Entwaldung *f*, Kahlschlag *m*

defrosting : abtauend, Auftau-, auftauend, enteisend, Enteiser-, Enteisungs- *adj*

~ **agent** : Auftaumittel *nt*

degas : entgasen *v*

degasification : Entgasung *f*

degasify : entgasen *v*

degassing : Ausgasung *f*, Entgasung *f*

~ **equipment** : Entgasungsgerät *nt*

~ **plant** : Entgasungsanlage *f*

degeneracy : Degeneration *f*, Morbidität *f*

degeneration : Degeneration *f*, Entartung *f*

degermination : Entkeimen *nt*, Entkeimung *f*

~ **filter** : Entkeimungsfilter *m*

~ **plant** : Entkeimungsanlage *f*

degradability : Abbaubarkeit *f*

degradable : abbaubar, abbaufähig *adj*

~ **packaging material** : abbaufähiges Verpackungsmaterial *(nt)*

degradation : Abbau *m*, Degeneration *f*, Degradation *f*, Entwertung *f*, Erniedrigung *f*, Verschlechterung *f*, Zerlegen *nt*, Zerlegung *f*

~ of air: Luftverschmutzung *f*

~ **kinetics**: Abbaukinetik *f*

~ **performance**: Abbauleistung *f*

~ **product** : Abbauprodukt *nt*

~ **rate**: Abbaugeschwindigkeit *f*, Abbaurate *f*

~ ~ **constant**: Abbaugeschwindigkeitskonstante *f*

~ **temperature** : Abbautemperatur *f*

degrade : abbauen, erniedrigen, verschlechtern, zerlegen *v*

degraded : abgebaut, geschädigt, verschlechtert, zerlegt *adj*

~ raised bog : geschädigtes Hochmoor *(nt)*

degrease : entfetten *v*

degreasing : Entfetten *nt*, Entfettung *f*

~ plant : Entfettungsanlage *f*

degree : Grad *m*, Maß *nt*

- ~ **of anaerobic stabilization:** Faulgrad *m*
- ~ **of biodegradability:** biologischer Abbaubarkeitsgrad *(m)*
- ~ **of conservation:** Erhaltungsgrad *m*
- ~ **of degradability:** Abbaubarkeitsgrad *m*
- ~ **of degradation:** Abbaugrad *m*
- ~ **of hardness:** Härtegrad *m*
- ~ **of isolation:** Isolierungsgrad *m*
- ~ **of representativity:** Repräsentativitätsgrad *m*
- ~ **of saprobity:** Saprobiegrad *m*, Saprobiestufe *f*
- ~ **of separation:** Abscheidegrad *m*
- ~ **of temperature decrease by heat extraction:** Temperaturentzugsspanne *f*
- ~ **of temperature increase by thermal pollution:** Aufwärmspanne *f*
- ~ **of trophication:** Trophiegrad *m*
- ~ **of use:** Nutzungsgrad *m*
- ~ **of utilization:** Auslastungsgrad *m*

~-day : Tageswärmegrad *nt*

dehalogenation : Dehalogenierung *f*

dehisce : aufplatzen, aufspringen *v*

dehiscence : Aufplatzen *nt*, Aufspringen *nt*

dehiscent : aufplatzend *adj*

dehumidifier : Entfeuchtungsapparat *m*

dehydrate : austrocknen, entwässern, trocknen *v*

dehydrating : entwässernd *adj*

~ agent : Entwässerungsmittel *nt*

dehydration : Austrocknung *f*, Dehydratation *f*, Dehydratisierung *f*, Entwässerung *f*, Wasserentzug *m*

dehydrogenase activity : Dehydrogenaseaktivität *f*

de-icing : Auftau-, enteisend, Enteisungs- *adj*

~-~ agent : Auftaumittel *nt*

~-~ service : Winterdienst *m*

de-inking : De-Inking *nt*, Entfärbung *f*, Entschwärzung *f*

~ process : De-Inking-Verfahren *nt*

deintensified : extensiviert *adj*

~ farming : extensivierte Landwirtschaft *(f)*

deletion : Deletion *f*

deliberate : absichtlich *adj*

delimit : begrenzen *v*

delimitation : Begrenzung *f*

delivery : Förderstrom *m*

dell : Delle *f*

delta : Delta *nt*, Flussdelta *nt*

deltaic : Delta- *adj*

~ deposit : Deltaablagerung *f*

demand : Anforderung *f*, Anspruch *m*, Bedarf *m*, Nachfrage *f*

- ~ **for land:** Raumanspruch *m*
- ~ **for removal:** Beseitigungsanspruch *m*
- ~ **for waste heat:** Abwärmenutzungsgebot *nt*

~ : fordern *v*

~ analysis : Bedarfsanalyse *f*

~ structure : Nachfragestruktur *f*

demanganizing : Entmanganung *f*

~ plant : Entmanganungsanlage *f*

demersal : benthonisch *adj*

~ fishery : Grundfischerei *f*

demineralize : entsalzen *v*

demineralized : entsalzt *adj*

~ water : entsalztes Wasser *(nt)*

democracy : Demokratie *f*

democratization : Demokratisierung *f*

demographic : demografisch *adj*

demographical : demografisch *adj*

~ policy : Bevölkerungspolitik *f*

demographic || pressure: Bevölkerungsdruck *m*

~ structure: Bevölkerungsstruktur *f*

~ transition: demografischer Übergang *(m)*

~ trend: Bevölkerungsentwicklung *f*

demography : Bevölkerungsstatistik *f*, Bevölkerungswissenschaft *f*, Demografie *f*

demolition : Abbruch *m*, Abriss *m*, Rückbau *m*

~ concept : Abrisskonzept *nt*

~ order : Abbruchsverfügung *f*

~ permit : Abrissgenehmigung *f*

~ waste : Bauabfall *m*, Bauschutt *m*

~ work : Abbrucharbeit *f*

demonstrate : zeigen *v*

demonstration : Demonstration *f*

demonstrator : Demonstrant *m*, Demonstrantin *f*

demoscopy : Demoskopie *f*, Meinungsforschung *f*

demotope : Demotop *m*

demulsification : Demulgierung *f*

~ agent : Emulsionsspalter *m*

~ plant : Emulsionsspaltanlage *f*

denature : denaturieren *v*

denatured : denaturiert, vergällt *adj*

~ alcohol : vergällter Alkohol *(m)*

dendritic : verästelt, verzweigt *adj*

~ drainage : verzweigtes Dränsystem *(nt)*

dendrochronology : Dendrochronologie *f*

dendroclimatology : Dendroklimatologie *f*

dendrology : Dendrologie *f*

dendrometry : Dendrometrie *f*

denitrificate : denitrifizieren *v*

denitrification : Denitrifikation *f*, Denitrifizierung *f*, Entstickung *f*

~ plant : Denitrifikationsanlage *f*

denitrifiers : Denitrifikanten *pl*, denitrifizierende Bakterien *(pl)*, stickstoffabbauende Bakterien *(pl)*

denitrify : denitrifizieren *v*

denitrifying : denitrifizierend, stickstoffabbauend *adj*

~ bacteria : Denitrifikanten *pl*, denitrifizierende Bakterien *(pl)*

denitrogenation : Stickstoffentzug *m*

denounce : kündigen *v*

dense : dicht, massiv *adj*

densely : dicht *adv*

~ populated : dicht besiedelt *adj*

~ ~ area : Ballungsgebiet *nt*, Verdichtungsraum *m*

~ wooded : waldreich *adj*

denseness : Dichte *f*

densimeter : Densitometer *nt*, Dichtewaage *f*

densitometer : Densitometer *nt*, Dichtewaage *f*

density : Artdichte *f*, Dichte *f*, Dichtheit *f*, Dichtigkeit *f*

- **~ of air traffic:** Flugdichte *f*
- **~ of branches:** Zweigdichte *f*
- **~ of built use:** Maß der baulichen Nutzung *(nt)*
- **~ of development:** Bebauungsdichte *f*
- **~ of planting:** Pflanzdichte *f*
- **~ of population:** Siedlungsdichte *f*
- **~ of refuse:** Müllanfall *m*
- **~ of waste:** Abfalldichte *f*

~ current : Dichteströmung *f*

~ dependence : Dichteabhängigkeit *f*

~ dependent : dichteabhängig *adj*

~ gradient : Dichtegradient *m*

~ independent : dichteunabhängig *adj*

~ measurement : Dichtemessung *f*

~ regulation : Dichteregulation *f*

dental : dental *adj*

~ mechanic waste : zahnmedizinischer Abfall *(m)*

dentate : gezähnt *adj*

~ sill : Zahnschwelle *f*

denudation : (flächenhafte) Abtragung *f*, Denudation *f*, Entwaldung *f*, Verödung *f*

denude : abtragen, entblößen, entwalden *v*

deodorant : geruchstilgendes Mittel *(nt)*

deodoring : geruchstilgend *adj*

deodorization : Geruchsbeseitigung *f*

deoil : entölen *v*

deoxygenation : Sauerstoffentzug *m*

department : Abteilung *f*, Amt *nt*, Behörde *f*, Fachbereich *m*, Fachgebiet *nt*, Ministerium *nt*

- **~ of Energy:** US-Energieministerium *nt*
- **~ of planning and building inspection:** Bauamt *nt*
- **~ of the Environment:** Britisches Umweltministerium *(nt)*
- **~ of the Interior:** Innenministerium *nt*

departmental : Abteilungs-, Amts-, Ministerial- *adj*

~ manager : Abteilungsleiter/ -in *m/f*

department store : Warenhaus *nt*

depend : abhängen *v*

dependence : Abhängigkeit *f*

- **~ on day-time:** Tageszeitabhängigkeit *f*

dependent : abhängig *adj*

deplete : erheblich verringern, erschöpfen, vermindern *v*

depleted : erschöpft *adj*

depletion : Erschöpfung *f*, Schwund *m*, Verarmung *f*, Verminderung *f*

- **~ of resources:** Erschöpfung der Naturschätze *(f)*
- **~ of the ozone layer:** Ozonabbau *m*, Ozonschwund *m*

depopulation : Entvölkerung *f*

- **~ of the countryside:** Entvölkerung des flachen Landes *(f)*

deposit : Abfall *m*, Ablagerung *f*, Aufschüttung *f*, Bodensatz *m*, Lagerstätte *f*, Pfand *nt*

- **~ of humus:** Mutterbodenandeckung *f*

~ : ablagern, aufschütten, deponieren *v*

~ area : Deponiefläche *f*

deposition : Ablagerung *f*, Absetzung *f*, Deposition *f*

- **~ of sludge:** Schlammablagerung *f*

~ area : Ablagerungsfläche *f*

~ capacity : Abscheideleistung *f*

~ velocity : Ablagerungsgeschwindigkeit *f*

depository : Lagerstätte *f*

deposit scheme : Pfandregelung *f*

depreciation : Wertminderung *f*

~ allowance : Abschreibung *f*

~ provision : Abschreibung *f*

depression : Geländesenke *f*, Niederung *f*, Tief *nt*, Tiefdruckgebiet *nt*

~ head : Absenkung *f*, Absenkung des Wasserspiegels *(f)*, Wasserspiegelsenkung *f*

~ storage : Oberflächenrückhaltung *f*

deprive : nehmen *v*

depth : Tiefe *f*

- **~ of annual runoff:** Jahresabflusshöhe *f*
- **~ of development:** Bebauungstiefe *f*
- **~ of rainfall:** Niederschlagshöhe *f*
- **~ of tillage:** Bodenbearbeitungstiefe *f*
- **~ of water:** Wassertiefe *f*

~-area curve : Regenintensitätsgebietskurve *f*

~-specific : tiefenspezifisch *adj*

~-~ extinction coefficient : tiefenspezifischer Extinktionskoeffizient *(m)*

depuration : Ausscheidung *f*

deregulation : Deregulation *f*

derelict : aufgegeben, verfallen, verlassen *adj*

~ land : Brache *f*, Altlast *f*, Ödland *nt*

derivation : Ableitung *f*

derivative : abgeleitet, indirekt, nachahmend *adj*

~ : Abkömmling *m*, Ableitung *f*, Derivat *nt*, Produkt *nt*

derive : ableiten *v*

dermatosis : Dermatose *f*

derogate : abweichen *v*

derogation : Abweichung *f*, Ausnahme *f*, Schmälerung *f*

derrick : Bohrturm *m*

desalinate : entsalzen *v*

desalination : Entsalzung *f*

- **~ of brackish water:** Brackwasserentsalzung *f*

~ plant : Entsalzungsanlage *f*

~ process : Entsalzungsverfahren *nt*

desalinization : Entsalzung *f*

~ plant : Entsalzungsanlage *f*

~ process : Entsalzungsverfahren *nt*

desalting : Entsalzen *nt*

descent : Abfall *m*, Abnahme *f*, Gefälle *nt*, Talfahrt *f*

describe : bezeichnen *v*

description : Beschreibung *f*

- **~ of nature:** Naturbeschreibung *f*

desert : Wüste *f*

desertification : Desertifikation *f*, Verwüstung *f*, Wüstenausbreitung *f*, Wüstenbildung *f*

~ control : Desertifikationsbekämpfung *f*

~ map : Wüstenkarte *f*

desertify : verwüsten *v*

desert || pavement : Steinsohle *f*

~ soil : Wüstenboden *m*

~ spreading : Wüstenausbreitung *f*

desiccant : Abbrandmittel *nt*, Trockenmittel *nt*

desiccate : austrocknen, vertrocknen *v*

desiccation : Austrocknung *f*

~ crack : Trocknungsriss *m*

design : Auslegung *f*, Entwurf *m*, Konstruktion *f*

~ of a product: Produktgestaltung *f*

~ : entwickeln, planen *v*

designate : ausweisen (als), bestimmen, bezeichnen, erklären, kennzeichnen *v*

designation : Ausweisung *f*, Bezeichnung *f*

design || capacity : Entwurfskapazität *f*

~ discharge : Ausbauabfluss *m*, Bemessungsdurchfluss *m*

~ flood : Bemessungshochwasser *nt*, Entwurfshochwasser *nt*

~ rainfall duration : Regendauer für Beckenbemessung *(f)*

~ rainfall intensity : Bemessungsregenspende *f*

~ rainstorm : Entwurfsregen *m*

~ runoff : Entwurfshochwasser *nt*

~ stormwater : Bemessungsregen *m*

desilter : Entsander *m*

desilting : Entschlammen *nt*

~ area : Sinkstoffablagerungsfläche *f*

~ basin : Sandfang *m*

~ channel : Schlickabsetzgraben *m*

desirability : Zweckdienlichkeit *f*

desired : begehrt, gewünscht *adj*

~ size : Sollweite *f*

de-sludging : Entschlammung *f*

desolation : Öde *f*, Verlassenheit *f*, Verwüstung *f*, Verzweiflung *f*

~ zone : Vernichtungszone *f*, Verödungszone *f*

desorption : Desorption *f*

desoxyribonucleic : Desoxyribonuklein- *adj*

~ acid : Desoxyribonucleinsäure *f*

disperse : sich zerstreuen *v*

dispersion : Zerstreuung *f*

despoliation : Plünderung *f*

~ by development: Zersiedelung *f*

destination : Ziel *nt*

destined (for) : bestimmt (für) *adv*

destroy : ausrotten, vernichten, zerstören *v*

~ the balance of the environment: das ökologische Gleichgewicht zerstören *v*

destruction : Untergang *m*, Vernichtung *f*, Zerstörung *f*

~ of animal carcasses: Tierkörperbeseitigung *f*

~ of the environment: Umweltzerstörung *f*

desulfurization (Am) : Entschwefelung *f*

~ of coal: Kohleentschwefelung *f*

~ of heavy oil: Schwerölentschwefelung *f*

~ degree (Am) : Entschwefelungsgrad *m*

~ plant (Am) : Entschwefelungsanlage *f*

~ process (Am) : Entschwefelungsverfahren *nt*

desulfurize (Am) : entschwefeln *v*

desulfurized (Am) : entschefelt *adj*

~ crude oil : entschwefeltes Rohöl *(nt)*

desulphurization : Entschwefelung *f*

~ degree : Entschwefelungsgrad *m*

~ plant : Entschwefelungsanlage *f*

~ process : Entschwefelungsverfahren *nt*

detachability : Ablösbarkeit *f*, Loslösbarkeit *f*

detached : unbeteiligt, unvoreingenommen *adj*

~ : Einzelhaus *nt*

~ house : Einzelhaus *nt*

detachment : Loslösung *f*

~ capacity : Loslösungsvermögen *nt*

detail : Einzelheit *f*

detect : aufdecken, entdecken, feststellen *v*

detectability : Nachweisbarkeit *f*

detectable : erkennbar, feststellbar, nachweisbar *adj*

detection : Entdeckung *f*, Feststellung *f*, Nachweis *m*, Wahrnehmung *f*

~ limit : Nachweisgrenze *f*

~ sensitivity : Nachweisempfindlichkeit *f*

detector : Detektor *m*, Nachweisgerät *nt*

~ tube : Detektorröhre *f*

detention : Arrest *m*, Retention *f*

~ period : Verweilzeit *f*

~ storage : Oberflächenrückhaltung *f*

detergent : Detergens *nt*, Reinigungsmittel *nt*, Waschmittel *nt*

~ containing enzymes : enzymhaltiges Waschmittel *(nt)*

~ foam : Detergentienschaum *m*

detergents : Detergentien *pl*

deteriorate : (sich) verschlechtern *v*

deterioration : Beschädigung *f*, Verfall *m*, Verschlechterung *f*

~ of the environment: Umweltverschlechterung *f*

determination : Bestimmung *f*, Ermittlung *f*

~ of density: Dichtebestimmung *f*

~ of pollutant immissions: Schadstoffimmissionsberechnung *f*

~ of smoke spot number: Rußzahlbestimmung *f*

~ of toxicity: Toxizitätsmessung *f*

~ method : Bestimmungsmethode *f*

determine : beenden, bestimmen, determinieren, ermitteln *v*

determined : entschlossen *adj*

~ protestors : entschlossene Demonstranten *(pl)*

deterrence : Abschreckung *f*

deterrent : abschreckend *adj*

~ : Abschreckung *f*, Abschreckungsmittel *nt*

detinning : Entzinnung *f*

detonation : Detonation *f*

detonator : Sprengkapsel *f*

detour : Umweg *m*

detoxicate : entgiften *v*

detoxication : Detoxifikation *f*, Entgiftung *f*

detoxification : Detoxifikation *f*, Entgiftung *f*

~ method : Entgiftungsverfahren *nt*

~ plant : Entgiftungsanlage *f*

~ process : Entgiftungsverfahren *nt*

detoxify : entgiften *v*

detract (from) : beeinträchtigen *v*

detracting : Beeinträchtigung *f*

detrimental : nachteilig, schädlich *adj*

~ **to health:** gesundheitsschädlich *adj*

detrital : detritisch *adj*

detritophage : Detritovore *m/pl*, Detritusfresser *m/pl*

detritovore : Detritovore *m/pl*, Detritusfresser *m/pl*

detritus : Detritus *m*, Gesteinsschutt *m*

~-eater : Detritovore *m/pl*, Detritusfresser *m/pl*

~-feeder : Detritovore *m/pl*, Detritusfresser *m/pl*

deurbanization : Entvölkerung der Städte *(f)*

deuterium : Deuterium *nt*

~ oxide : Deuteriumoxid *nt*

devastate : verwüsten *v*

devastating : niederschmetternd, verheerend, verwüstend *adj*

devastation : Devastierung *f*, Verheerung *f*, Verwüstung *f*

develop : entwickeln, erschließen *v*

developed : entwickelt *adj*

~ country : Industrieland *nt*, Industriestaat *m*

developer : Bauunternehmer *m*, Bauunternehmerin *f*, Entwicklungsingenieur *m*, Entwicklungsingenieurin *f*, Häusermakler *m*, Häusermaklerin *f*

developing : Entwicklungs- *adj*

~ country : Entwicklungsland *nt*

~ nation : Entwicklungsland *nt*

development : Aufschluss *m*, Entwicklung *f*, Erschließung *f*

~ **of legal affairs:** Rechtsentwicklung *f*

~ **of wages:** Lohnentwicklung *f*

~ **of world economy:** Weltwirtschaftsentwicklung *f*

~ aid : Entwicklungshilfe *f*

developmental : Entwicklungs- *adj*

development || area : Entwicklungsgebiet *nt*, Erschließungsgebiet *nt*, Fördergebiet *nt*

~ capacity : Entwicklungskapazität *f*

~ committee : Entwicklungsausschuss *m*

~ company : Baugesellschaft *f*

~ concept : Entwicklungskonzept *nt*

~ costs : Erschließungskosten *pl*

~ grant : Entwicklungsförderung *f*

~ issues : Entwicklungsfragen *pl*

~ law : Erschließungsrecht *nt*

~ model : Entwicklungsmodell *nt*

~ option : Entwicklungsmöglichkeit *f*, Entwicklungsperspektive *f*

~ phase : Entwicklungsphase *f*

~ plan : Ausbauplan *m*, Bebauungsplan *m*, Entwicklungsplan *m*, Erschließungsplan *m*

~ ~ control : Bebauungsplankontrolle *f*

~ planning : Erschließungsplanung *f*

~ policy : Entwicklungspolitik *f*

~ process : Entwicklungsprozess *m*

~ programme : Entwicklungsprogramm *nt*

~ project : Erschließungsprojekt *nt*, Erschließungsvorhaben *nt*

~ prospects : Entwicklungsaussichten *pl*

~ rule : Entwicklungsgebot *nt*

~ site : Baugrundstück *nt*

~ statute : Gestaltungssatzung *f*

~ strategy : Entwicklungsstrategie *f*

~ zone : Baufläche *f*, Entwicklungsgebiet *nt*, Fördergebiet *nt*

deviate : abweichen *v*

deviation : Abweichung *f*

device : Apparat *m*, Gerät *nt*, Vorrichtung *f*

devolution : Degeneration *f*, Delegieren *nt*, Devolution *f*, Dezentralisierung *f*, Übergang *m*, Übertragung *f*

devolutionary : devolutiv *adj*

~ effect : Devolutiveffekt *m*

devolution period : Übergangsfrist *f*

dew : Tau *m*

dewater : entwässern, trocken legen *v*

dewatering : entwässernd *adj*

~ fluid : selbstentwässernde Flüssigkeit *(f)*

dew || point : Taupunkt *m*

~ pond : Tauteich *m*, Tümpel *m*

diagnosis : Bestimmung *f*

diagram : Diagramm *nt*, Graph *m*, Schaubild *nt*

dial : Skala *f*, Wählscheibe *f*, Zifferblatt *nt*

~ : wählen *v*

dialectic : dialektisch *adj*

~ materialism : dialektischer Materialismus *(m)*

dial flow-meter : Messuhr *f*

dialogue : Dialog *m*

dialysis : Dialyse *m*

dialyzer : Dialysegerät *nt*

dialyzing : Dialysier- *adj*

~ membrane : Dialysiermembran *f*

diameter : Durchmesser *m*

~ **at breast height:** Brusthöhendurchmesser *m*

diaphragm : Membran *f*

~ compressor : Membrankompressor *m*

~ hose valve : Membranschlauchventil *nt*

~ pump : Membranpumpe *f*

~ valve : Membranventil *nt*

~ wall : Dichtungswand *f*

diarrhoea : Durchfall *m*

diatomist : Diatomeenkundler *m*, Diatomeenkundlerin *f*

dibbling : Lochpflanzung *f*

dicotyledon : zweikeimblättrige Pflanze *(f)*
dictatorship : Diktatur *f*
didactic : didaktisch *adj*
didactics : Didaktik *f*
die : eingehen, sterben *v*
dieback : Baumsterben *nt*, Waldsterben *nt*, Wipfeldürre *f*
die || back : absterben *v*
~ down : nachlassen *v*
~ out : aussterben *v*
diesel : Diesel *m*, Dieselöl *nt*
~ engine : Dieselmotor *m*
~-engined : dieselbetrieben *adj*
~-~ road vehicle : Diesel-Straßenfahrzeug *nt*
~-~ vehicle : Dieselfahrzeug *nt*
~ exhaust || gas : Dieselabgas *nt*
~ ~ particulate filter : Dieselpartikelfilter *m*
~ ~ particulates : Dieselruß *m*
~-fired : dieselbefeuert *adj*
~-~ power station : Dieselkraftwerk *nt*
~ fuel : Dieselkraftstoff *m*
~ index : Dieselindex *m*
~ oil : Dieselöl *nt*
diet : Diät *f*, Kost *f*, Nahrungsspektrum *nt*
~ : Diät halten *v*
dietary : diätetisch *adj*
~ fibre : Ballaststoff *m*, Faserstoff *m*
~ roughage : Ballaststoff *m*
dietetic : diätetisch *adj*
dietetics : Diätetik *f*, Diätlehre *f*
diet regulation : Diätverordnung *f*
difference : Unterschied *m*
different : andere /~r /~s *adj*
~ : anders *adv*
differential : gestaffelt, ungleich, unterscheidend, unterschiedlich, verschieden *adj*
~ : Differenzial *nt*
~ diagnosis : Differenzialdiagnose *f*
~ erosion : gestaffelte Erosion *(f)*
~ head : Filterdruck *m*
~ pressure gauge : Differenzdruckanometer *nt*
~ profit : Differenzialrente *f*
~ sheet erosion : Plattenabtrag *m*
~ species : Differenzialart *f*, Trennart *f*
differentiation : Differenzierung *f*
difficult : schwer, schwierig *adj*
~ to measure: schwer messbar *adj*
~ waste : Problemabfall *m*
difficulty : Erschwernis *f*
diffuse : diffus, weitschweifig *adj*
~ : ausbreiten, diffundieren, eindringen *v*
diffused : ausgebreitet, diffundiert, verbreitet *adj*
~ air aeration: Druckbelüftung *f*
~ air tank: Druckluftbecken *nt*
diffuse irridiance : diffuse Himmelsstrahlung *f*
diffuser : Diffusor *m*, Lichtdiffusor *m*
~ plate : Filterplatte *f*
diffuse source : diffuse Quelle *(f)*
~ ~ of pollution: diffuse Verschmutzungsquelle *(f)*
diffusion : Diffusion *f*, Eindringen *nt*
dig : schaufeln *v*
digest : abbauen, ausfaulen, verdauen, vergären *v*
digested : abgebaut *adj*
~ sludge : Faulschlamm *m*
digester : Faulbehälter *m*
~ gas : Biogas *nt*, Faulgas *nt*
~ ~ collector : Faulgassammler *m*
~ ~ filter : Faulgasfilter *m*
~ ~ production : Faulgasanfall *m*
~ ~ reservoir : Faulgasspeicher *m*
digestible : verdaulich *adj*
digestion : Abbau *m*, Ausfaulung *f*, Faulung *f*, Verdauung *f*
~ chamber : Faulraum *m*
~ gas : Faulgas *nt*
~ limit : Faulgrenze *f*
~ process : Aufschlussverfahren *nt*, Faulverfahren *nt*
~ sludge : Faulschlamm *m*
~ tank : Faulbecken *nt*
~ time : Faulzeit *f*
~ tower : Faulturm *m*
digestive : Verdauungs- *adj*
~ (Br) : Vollkornkeks *m*
~ enzyme : Verdauungsenzym *nt*, Verdauungsferment *nt*
~ system : Verdauungssystem *nt*
~ tract : Verdauungstrakt *m*
digging-off : Abgrabung *f*
digital : digital *adj*
~ computer : Digitalrechnung *f*
~ readout : digitale Anzeige *(f)*
~ thermometer : Digitalthermometer *nt*
digitate : fingerartig *adj*
digitizing : Digitalisierung *f*
dignity : Würde *f*
dig out: ausgraben *v*
dike : Deich *m*, Entwässerungsgraben *m*, Graben *m*
~ direct along a waterway: Schardeich *m*
~ construction : Deichbau *m*
~ failure : Deichbruch *m*
~ line : Deichlinie *f*
~ lock : Siel *nt*
~ ~ forebay : Außenspeicher *m*
~ opening : Deichöffnung *f*
~ ~ with gate: Deichscharte *f*
~ protective structure : Deichsicherungswerk *nt*
~ ramp : Deichrampe *f*
~ road : Deichverteidigungsweg *m*
~ sluice : Siel *nt*
dilapidated : verfallen, verwahrlost *adj*
digestion : Vergärung *f*
dilapidation : Verfall *m*
diluent : Verdünnungsmittel *nt*
dilute : verdünnt *adj*
~ acid : Dünnsäure *f*
~ : verdünnen *v*
diluter : Dilutor *m*
dilution : verdünnte Lösung *(f)*, Verdünnung *f*
~ of polluting material: Verdünnung der Schadstoffe *(f)*
diluvial : diluvial *adj*
~ soil : Diluvialboden *m*
diluvium : Diluvium *nt*, Pleistozän *nt*

dimension : Abmessung *f*, Ausmaß *nt*, Dimension *f*

dimictic : dimiktisch *adj*

~ **lake** : dimiktischer See *(m)*

diminish : abnehmen, beeinträchtigen, vermindern, (sich) verringern *v*

diminution : Beeinträchtigung *f*

DIN directive : DIN-Richtlinie *f*

dinghy : Dinghi *nt*, Schlauchboot *nt*

DIN standard : DIN-Norm

dioxins : Dioxine *pl*

dipole : Dipol *m*

dip : abfallen, eintauchen *v*

dipping : abfallend, sinkend, Tauch-, tauchend *adj*

~ : Eintauchen *nt*

~ **bath** : Tauchbad *nt*

dip-stick : Ölmessstab *m*

direct : direkt, genau *adj*

~ : lenken *v*

~ **constraint** : unmittelbarer Zwang *(m)*

~ **discharge** : Direktabfluss *m*, Direkteinleitung *f*

~ **discharger** : Direkteinleiter *m*

~ **drilling** : Direktsaat *f*

~ **feed of gaseous chlorine** : direkte Chlorung *(f)*

~**-reading frequency measurement system** : Zeiger-Frequenzmessgerät *nt*

~ **reduction** : Direktreduktion *f*

~ ~ **plant** : Direktreduktionsanlage *f*

~ **runoff** : Direktabfluss *m*

~ **seeding** : Direktsaat *f*

~ **sunlight** : direktes Sonnenlicht *(nt)*

direction : Anordnung *f*, Führung *f*, Leitung *f*, Richtung *f*

~**s for use:** Anwendungsvorschrift *f*, Bedienungsanleitung *f*, Gebrauchsanweisung *f*

directive : Richtlinie *f*

≗ **on the Conservation of Natural Habitats and of Fauna and Flora:** Fauna-Flora-Habitat-Richtlinie *f*, FFH-Richtlinie *f*, Richtlinie zur Erhaltung der natürlichen Lebensräume sowie der wild lebenden Tiere und Pflanzen *(f)*

≗ **on the Conservation of Wild Birds:** Richtlinie über die Erhaltung der wild lebenden Vogelarten *(f)*, Vogelschutzrichtlinie *f*

≗ **on the Freedom of Access to Environmental Information:** Umweltinformationsrichtlinie *f*

directly : direkt *adv*

~ **separable** : direkt abscheidbar *adj*

dirt : Schmutz *m*

dirty : schmutzig *adj*

~ **water pump** : Schmutzwasserpumpe *f*

disabled : behindert *adj*

~ : Behinderte *pl*

~ **badge** : Behindertenabzeichen *nt*

disappear : verschwinden *v*

disappearance : Verschwinden *nt*

disarmament : Abrüstung *f*

disaster : Katastrophe *f*, Unglück *nt*

~ **area** : Katastrophengebiet *nt*

~ **contingency planning** : Katastrophenplan *m*

~ **control service** : Katastrophenschutz *m*

~ **prevention** : Katastrophenabwehr *f*, Katastrophenschutz *m*

~ **relief operation** : Katastrophenhilfe *f*

~**-response team** : Katastrophendienst *m*

~ **theory** : Katastrophentheorie *f*

disastrous : katastrophal *adj*

discard : fallen lassen, wegwerfen *v*

discharge : Abfluss *m*, Abflussmenge *f*, Abführen *nt*, Ablassen *nt*, Ablauf *m*, Einbringen *nt*, Einbringung *f*, Einleiten *nt*, Einleitung *f*, Schüttung *f*

~ **of cooling water:** Kühlwasserableitung *f*

~ **of effluents:** Abwassereinleitung *f*

~ **of groundwater:** Grundwasserspende *f*

~ **of pollutants:** Ablassen von Verschmutzungsstoffen *(nt)*, Schadstoffeinleitung *f*

~ **of waste salts:** Abführen von Abfallsalzen *(nt)*

~ **of wastewater:** Abwassereinleitung *f*

~ : ablassen, absondern, einbringen, einleiten, münden *v*

~ **basin** : Entlastungsbecken *nt*

~ **capacity** : Abflussvermögen *nt*

~ **coefficient** : Abflussbeiwert *m*

~ **curve** : Abflusskurve *f*

~ **formula** : Abflussformel *f*

~**-frequency curve** : Häufigkeitslinie (der Abflussmengen) *f*

~ **hydrograph** : Abflussganglinie *f*, Abflussmengenkurve *f*

~ **intensity** : Abflussmenge *f*

~ **measurement** : Abflussmessung *f*

~ **pipe** : Ablaufrohr *nt*, Ableitungsrohr *nt*

~ **point** : Ablaufstelle *f*

~ **rate** : Abflussspende *f*

~ **regime** : Abflussregime *nt*

~ **volume** : Volumenfluss *m*

discharging : ablassend, absondernd, entladend, erfüllend, mündend *adj*

~ **equipment** : Austragseinrichtung *f*

discolor (Am) : entfärben, verfärben *v*

discoloration : Entfärbung *f*, Verfärbung *f*

discolored (Am) : entfärbt, verfärbt *adj*

discolour : entfärben, verfärben *v*

discoloured : entfärbt, verfärbt *adj*

discontinuous : diskontinuierlich, unterbrochen, zusammenhanglos *adj*

discotheque : Diskothek *f*

discounting : Diskontierung *f*

discretion : Ermessen *nt*

discretionary : Ermessens- *adj*

~ **decision** : Ermessensentscheidung *f*

~ **powers** : Ermessensspielraum *m*

discrimination : Diskriminierung *f*

disease : Erkrankung *f*, Krankheit *f*

~ **carrier** : Krankheitsüberträger *m*

diseased : befallen, erkrankt *adj*

disease || transmitter : Krankheitsüberträger *m*

~-transmitting : krankheitsübertragend *adj*

disgusting : ekelhaft, widerlich *adj*

dish : Gericht *nt*, Platte *f*, Schale *f*, Schüssel *f*

~-water : Spülwasser *nt*

also spelled: dish water

disinfect : desinfizieren, entkeimen *v*

disinfectant : Desinfektionsmittel *nt*

disinfection : Desinfektion *f*, Entkeimung *f*, Hygienisierung *f*

~ plant : Desinfektionsanlage *f*

disinfest : entwesen *v*

disinfestation : Entwesung *f*

disintegrate : aufbrechen, zerbröckeln, zerfallen *v*

disintegrated : zerfallen *adj*

disintegration : Aufbrechen *nt*, Auflösung *f*, Zerfall *m*, Zerkleinerung *f*, Zersetzung *f*

~ process : Zerfallsprozess *m*

disjunct : disjunkt *adj*

~ distribution : disjunktes Areal *(nt)*

disk : Scheibe *f*

~ cultivator : Scheibenkultivator *m*

~ filter : Scheibenfilter *m*

~ harrow : Scheibenegge *f*

~ plough : Scheibenpflug *m*

~ plow (Am) : Scheibenpflug *m*

~ tiller : Scheibenschälpflug *m*

dismantle : abbauen, abreißen, demontieren, zerlegen *v*

dismantling : Abbau *m*, Abreißen *nt*, Zerlegen *nt*, Zerlegung *f*

~ plant : Zerlegeanlage *f*

dismigration : Dismigration *f*

dismiss : abweisen, entlassen, kündigen, niederschlagen *v*

dismissal : Ablehnung *f*, Abweisung *f*, Aufhebung *f*, Auflösung *f*, Entlassung *f*

- **~ of the action:** Klageabweisung *f*
- **~ of the suit:** Klageabweisung *f*

disoxidation : Sauerstoffabgabe *f*

disparate : getrennt *adj*

disparity : Disparität *f*, Ungleichgewicht *f*

dispatch : Absenden *nt*, Bericht *m*, Entsendung *f*, Erledigung *f*, Tötung *f*

~ : erfüllen, erledigen, schicken, töten, verschlingen *v*

~ note : Begleitschein *m*

dispensary : Apotheke *f*

dispensation : Gewährung *f*, Sonderregelung *f*, Verfügung *f*, Verteilung *f*

- **~ of justice:** Rechtsanwendung *f*

dispenser : Dispensor *m*

dispersal : Ausbreitung *f*, Verbreitung *f*

dispersant : Dispergiermittel *nt*, Dispersionsmittel *nt*

disperse : ausbreiten, dispergieren, verstreuen, verteilen *v*

dispersed : dispergiert *adj*

~ particles : dispergierte Teilchen *(pl)*

dispersing : Dispergierung *f*

~ agent : Dispergator *m*, Dispergiermittel *nt*, Dispersionsmittel *nt*

dispersion : Dispergieren *nt*, Dispersion *f*, Verteilung *f*, Verteilungsmuster *nt*, Zerstreuung *f*

- **~ of oil slicks:** Zerstreuung des Ölteppichs *(f)*

~ aerosol : Dispersionsaerosol *nt*

~ calculation : Ausbreitungsrechnung *f*

~ dynamics : Dispersionsdynamik *f*

~ factor : Dispersionsfaktor *m*

~ lacquer : Dispersionslack *m*

~ model : Ausbreitungsmodell *nt*

~ process : Dispersionsprozess *m*

dispersoid : Dispersoid *nt*

dispersometer : Dispersometer *nt*

displacement : Entlassung *f*, Ersetzung *f*, Hubraum *m*, Verdrängung *f*, Verschiebung *f*

display : Anzeige *f*, Ausstellung *f*

~ : ausstellen *v*

~ scope text : Bildschirmtext *m*

disposability : Deponierbarkeit *f*

disposable : disponibel, verfügbar, Wegwerf- *adj*

~ : Einmalartikel *m*, Wegwerfartikel *m*

~ apron : Einwegschürze *f*

~ coverall : Einwegschutzanzug *m*

~ cutlery : Einweggeschirr *nt*

~ gloves : Einweghandschuhe *pl*

~ wrapping : Einwegverpackung *f*

disposal : Ablagerung *f*, Ableitung *f*, Beseitigung *f*, Entsorgung *f*, Versenkung *f*

- **~ of ammonia:** Ammoniakentsorgung *f*
- **~ of asbestos:** Asbestentsorgung *f*
- **~ of biological waste:** Biomüllentsorgung *f*
- **~ of chemicals:** Entsorgung von Chemikalien *(f)*
- **~ of chlorinated fluorohydrocarbons:** FCKW-Entsorgung *f*
- **~ of domestic waste:** Hausmüllentsorgung *f*
- **~ of filter dust:** Filterstaubentsorgung *f*
- **~ of fluorescent lamps:** Leuchtstofflampenentsorgung *f*
- **~ of hazardous waste:** Sonderabfallentsorgung *f*
- **~ of hospital waste:** Entsorgung krankenhausspezifischer Abfälle *(f)*
- **~ of liquid manure:** Fäkalienentsorgung *f*
- **~ of mercury:** Quecksilberentsorgung *f*
- **~ of motorcar coolants:** Kfz-Kühlmittelentsorgung *f*, Kraftfahrzeugkühlmittelentsorgung *f*

  {also spelled: motor car}
- **~ of nuclear waste:** nukleare Abfallentsorgung *(f)*
- **~ of PCB:** PCB-Entsorgung *f*
- **~ of PER:** PER-Entsorgung *f*
- **~ of pollutants:** Schadstoffentsorgung *f*
- **~ of radioactive wastes:** Entsorgung von radioaktiven Abfällen *(f)*
- **~ of refuse at sea:** Versenkung von Abfällen im Meer *(f)*
- **~ of rubble:** Bauschuttentsorgung *f*
- **~ of unused drugs and medicines:** Altmedikamentenentsorgung *f*
- **~ of valuable substances:** Wertstoffentsorgung *f*
- **~ of waste:** Abfallbeseitigung *f*, Abfallentsorgung *f*
- **~ of warfare materials:** Kampfmittelentsorgung *f*

~ area : Abraumfläche *f*

~ company : Entsorgungsfirma *f*

~ concept : Entsorgungskonzept *nt*

~ **cost reduction** : Abfallkostensenkung *f*

~ **costs** : Deponiekosten *pl*

~ **facility** : Entseuchungseinrichtung *f*

~ **net costs** : Nettobeseitigungskosten *pl*

~ **obligation** : Entsorgungspflicht *f*

~ **plant** : Entsorgungsanlage *f*

~ **practice** : Entsorgungsverfahren *nt*

~ **proof** : Entsorgungsnachweis *m*

~ **site** : Deponie *f*

~ **technology** : Entsorgungstechnik *f*

~ **well** : Schluckbrunnen *m*

dispose (of) : ablagern, beseitigen, deponieren, entsorgen *v*

dispute : Meinungsverschiedenheiten *pl*, Streit *m*

~ : angreifen, anfechten, bekämpfen, bestreiten, sich streiten *v*

disquiet : Unruhe *f*

disruption : Erschütterung *f*, Störung *f*, Unterbrechung *f*, Zerschlagung *f*

disseminate : verbreiten *v*

dissemination : Ausstreuung *f*, Verbreitung *f*, Weitergabe *f*

dissimilation : Dissimilation *f*

dissociation : Dissoziation *f*

dissolvable : löslich *adj*

dissolve : auflösen, sich lösen *v*

dissolved : gelöst *adj*

~ **air flotation plant:** Entspannungsflotationsanlage *f*

~ **matter:** gelöster Stoff *(m)*

~ **organic carbon:** gelöster organisch gebundener Kohlenstoff *(m)*

dissolving : Auflösung *f*

~ **power** : Auflösungsvermögen *nt*

distance : Abstand *m*

~ **irradiation** : Fernbestrahlung *f*

distant : distanziert, entfernt, fern *adj*

distantly : entfernt, fern, reserviert *adv*

distant-reading pressure gauge: Druckfernmessgerät *nt*

distil : destillieren, verschwelen *v*

distill (Am) : destillieren, verschwelen *v*

distillation : Destillation *f*

~ **equipment** : Destillationsgerät *nt*, Destilliergerät *nt*

~ **plant** : Destillieranlage *f*

distilled : destilliert *adj*

~ **water:** destilliertes Wasser *(nt)*

distillery : Brennerei *f*

distilling : Destillations-, destillierend *adj*

~ **plant:** Destillationsanlage *f*

distinctive : ausgeprägt, unverwechselbar *adj*

distinctively : unverwechselbar *adv*

distortion : Entstellung *f*, Verdrehung *f*, Verzerrung *f*

~ **of competition:** Wettbewerbsverzerrung *f*

distribute : verbreiten *v*

distributed : verbreitet *adj*

distribution : Areal *nt*, Distribution *f*, Verbreitung *f*, Verteilung *f*

~ **of woodland and cultivated areas:** Wald-Feld-Verteilung *f*

~ **effect** : Verteilungseffekt *m*

~ **map** : Verbreitungskarte *f*

~ **policy** : Verteilungspolitik *f*

district : Bezirk *m*, Distrikt *m*, Gebiet *nt*, Kreis *m*, Landkreis *m*, Stadtteil *m*, Stadtviertel *nt*

~ **of preserved forest:** Waldschutzgebiet *nt*

~ **council** : Bezirkstag *f*, Kreisrat *m*

~ **court** : Amtsgericht *nt*

~ ~ **(Am)** : Bezirksgericht *nt*

~ **heat** : Fernwärme *f*

~ **heating** : Fernheizung *f*, Fernwärme *f*

~ ~ **plant** : Fernheizwerk *nt*

~ ~ **supply** : Fernwärmeversorgung *f*

~ **sewage board** : Abwasserverband *m*

disturb : aufjagen, beunruhigen, stören *v*

~ **the balance of nature:** das natürliche Gleichgewicht stören *v*

disturbance : Störung *f*

~ **of environment:** Umweltbeeinträchtigung *f*

~ **of equilibrium:** Gleichgewichtsstörung *f*

~ **of steady state:** Fließgleichgewichtsstörung *f*

disturbed : gestört *adj*

disturbing: ruhestörend, störend *adj*

~ **noise** : ruhestörender Lärm *(m)*

disused : ausrangiert, leer stehend, stillgelegt *adj*

~ **military site** : Rüstungsaltlast *f*

ditch : Graben *m*, Wassergraben *m*

~ **drainage** : Grabendränierung *f*, Grabenentwässerung *f*

diuresis : Diurese *f*

diuretic : harntreibend *adj*

~ : Diureticum *nt*

diurnal : Tages-, täglich *adj*

~ **cycle** : Tageszyklus *m*

~ **rhythm** : 24-Stunden-Rhythmus *m*, zirkadiane Rhythmik *(f)*

diverse : breit gefächert, bunt, umfassend, unterschiedlich, verschieden, verschiedenartig, vielfältig, vielseitig *adj*

diversification : Diversifikation *f*, Diversifizierung *f*

diversify : diversifizieren *v*

diversion : Umleitung *f*

~ **channel** : Ableitungskanal *m*, Umleitungskanal *m*

~ **dam** : Leitwerk *nt*

~ **terrace** : Ableitungsterrasse *f*

diversity : Diversität *f*, Vielfalt *f*

~ **of species:** Artenvielfalt *f*

~ **index** : Diversitätsindex *m*

divert : ableiten *v*

divide : Grenze *f*, Kluft *f*, Riss *m*, Wasserscheide *f*

~ : aufteilen, teilen *v*

dividing : teilend, trennend, Trennungs- *adj*

~ **line** : Grenze *f*

division : Abtrennung *f*, Teilung *f*

~ **of labour:** Arbeitsteilung *f*

divisional : Abteilungs- *adj*

division permission : Teilungsgenehmigung *f*

DNA : DNA *f*, DNS *f*

~ **analysis** : DNA-Analyse *f*

~ **probe** : DNA-Sonde *f*

~ virus : DNA-Virus *m*

do : ausüben, tun *v*

doctrine : Lehre *f*

document : Dokument *nt*

~ destroying machine : Aktenvernichter *m*

~ type : Dokumenttyp *m*

doe : Häsin *f*

doe hare : Häsin *f*

dog : Hund *m*

~ off leads: freilaufender Hund *(m)*

doing : Ausübung *f*

doldrums : Doldrums *pl*, Kalmengürtel *m*

doline : Doline *f*, Karsttrichter *m*

dolomite : Dolomit *m*

dolphinarium : Delphinarium *nt*

dome : Kuppe *f*

~ dam : Kuppelstaumauer *f*

domestic : einheimisch, familiär, Haus-, häuslich, inländisch, innenpolitisch *adj*

~ and industrial wastewater: Schmutzwasser *nt*

~ and industrial wastewater discharge rate: Schmutzwasserabflussspende *f*

~ and industrial wastewater flow: Schmutzwasserabfluss *m*

~ animal : Haustier *nt*, Nutztier *nt*

~ animals : Nutzvieh *nt*

~ appliances : Haushaltsgerät *nt*

~ consumption : Haushaltsverbrauch *m*

~ current consumer : Haushalts-Stromverbraucher *m*

~ fuel : Hausbrand *m*

~ garbage dump : Hausmülldeponie *f*

~ livestock : Hausvieh *nt*

~ noise : Hauslärm *m*

~ sewage : Haushaltsabwässer *pl*, häusliches Abwasser *(nt)*, häusliches Schmutzwasser *(nt)*

~ waste : Haushaltsabfall *m*, Hausmüll *m*

~ ~ landfill : Hausmülldeponie *f*

~ ~ water : Haushaltsabwasser *nt*, häusliches Schmutzwasser *(nt)*

domesticated : domestiziert *adj*

dominance : Deckungsgrad *m*, Dominanz *f*, Vorherrschaft *f*

~ class : Stammklasse *f*

dominant : dominant, dominierend, herrschend *adj*

donate : spenden *v*

donation : Spende *f*

donn : Donn *m*

donor : Spenderorganismus *m*

~ area : Entnahmegebiet *nt*

Doppler effect : Dopplereffekt *m*

dormance : Dormanz *f*, Ruhezustand *m*

dormancy : Dormanz *f*, Ruhezustand *m*, Wachstumsruhe *f*

dormant : ruhend *adj*

~ plant : ruhende Pflanze *(f)*

~ volcano : untätiger Vulkan *(m)*

dormitory : Schlaf- *adj*

~ : Schlafsaal *m*

~ (Am) : Studentenwohnheim *nt*

~ town (Br) : Schlafstadt *f*

dorsal : dorsal *adj*

Dortmund tank : Dortmundbecken *nt*

dosage : Dosierung *f*, Dosis *f*, Zumessung *f*

dose : Dosis *f*

~ calculation : Dosisberechnung *f*

~-effect || curve : Dosis-Wirkungs-Kurve *f*

~-~ relation : Dosis-Wirkungs-Beziehung *f*

~ equivalent : Äquivalentdosis *f*

~-frequency relation : Dosis-Häufigkeits-Beziehung *f*

~ integration principle : Dosiszusammenfassungsprinzip *nt*

~ load : Dosisbelastung *f*

dosemeter : Dosimeter *nt*, Dosismesser *m*, Dosismessgerät *nt*

dose || rate : Dosisleistung *f*

~ ~ measuring device : Dosisleistungsmesser *m*

~ ~ warning device : Dosisleistungsmesser *m*

~-response relationship : Dosis-Wirkungs-Beziehung *f*

dosimeter : Dosimeter *nt*, Dosismesser *m*, Dosismessgerät *nt*

dosimetry : Dosimetrie *f*

~ probe : Strahlenmesssonde *f*

dosing : Dosierung *f*, Zumessung *f*

~ apparatus : Dosiergerät *nt*, Zumessgerät *nt*

~ device : Dosiergerät *nt*, Zumessgerät *nt*

~ point : Dosierstelle *f*

~ pump : Dosierpumpe *f*, Zumesspumpe *f*

~ system : Dosiertechnik *f*

dot : Punkt *m*, Pünktchen *nt*

~ : punktieren, sprenkeln, verteilen *v*

~-like : punktförmig *adj*

~ planimeter : Planraster *nt*

double : Doppel-, doppelt *adj*

~ : doppelt *adv*

~ : Doppelte *m/nt*

~ : doppelt nehmen, (sich) verdoppeln *v*

~-action harrow : gegenläufige Scheibenegge *(f)*

~-beam system : Doppelstrahlsystem *nt*

~ bottom ship : Doppelbodenschiff *nt*

~-cropping : Doppelanbau *m*

~-disk harrow : Doppelscheibenegge *f*

~-leaf : doppelfoliert *adj*

~-pipe system : Doppelrohrsystem *nt*

~-walled : Doppelwand-, doppelwandig *adj*

~-~ container : Doppelwandbehälter *m*

doubling : verdoppelnd, Verdopplungs- *adj*

~ time : Verdopplungszeit *f*

dove : Taube *f*

~ cote : Taubenschlag *m*

down : unten *adv*

~ : Daunen *pl*, Flaum *m*, Flausch *m*, Höhenzug *m*

~ : herunter, hinunter, unter *prep*

~ : konsumieren *v*

~ draft (Am) : Abwind *m*, Leewirbel *m*

~ draught : Abwind *m*, Leewirbel *m*

downhearted : niedergeschlagen *adj*

downland : Hügelland *nt*

downpipe : Regenfallrohr *nt*

downslope : hangabwärts *adj*

downs : Hügelland *nt*

downstream : flussabwärts, stromabwärts, talwärts *adj/adv*

~ face : Luftseite *f*, Mauerrücken *m*

~ ~ of a weir: Wehrrücken *m*

~ floor : Nachboden *m*

downtown (Am) : stadteinwärts *adv*

~ area (Am) : Stadtmitte *f*, Stadtzentrum *nt*

downward : nach unten, nach unten gerichtet *adj*

~ : abwärts, nach unten *adv*

~ long-wave radiation : Gegenstrahlung *f*

~ sloping : abschüssig *adj*

down wash : Absinken *nt*

dozer : Planierraupe *f*

~ blade : Planierschild *m*

dracunculiasis : Drakunkulose *f*

draft : Entwurf *m*

drafting : Formulierung *f*

draft legislation : Gesetzentwurf *m*

drag : Hemmnis *nt*, Hindernis *nt*, Reitjagd *f*, Schleppjagd *f*, Strömungswiderstand *m*, Suchanker *m*

~ : schleifen, schleppen *v*

dragging : Schleif-, schleifend, Schlepp-, schleppend *adj*

~ basket : Schleifkorb *m*

drag-hound : Hund für die Schleppjagd *(m)*

drag-net : Netz *nt*, Schleppnetz *nt*

drag on : hinziehen *v*

drain : Abfluss *m*, Abflussrohr *nt*, Abflussvorrichtung *f*, Abwasserkanal *m*, Ausguss *m*, Drän *m*, Entwässerungskanal *m*, Kanal *m*, Rohr *nt*

~ : abfließen, auslaugen, dränieren, einmünden, entwässern, trocken legen *v*

~ nutrients from the ground: den Boden auslaugen *v*

drainable : dränbar *adj*

~ water : freies Wasser *(nt)*

drainage : Abwasserkanalisation *f*, Dränage *f*, Dränagesystem *nt*, Dränung *f*, Entwässerung *f*, Trockenlegung *f*

~ by pumping station: Schöpfentwässerung *f*

~ through a tide gate: Sielentwässerung *f*

~ area : Entwässerungsgebiet *nt*

~ basin : Einzugsgebiet *nt*, Niederschlagsgebiet *nt*, Wassereinzugsgebiet *nt*

~ capability : Vorflut *f*

~ channel : Drängraben *m*, Entwässerungsgraben *m*

~ ~ with tide gates: Sieltief *nt*

~ coefficient : Entwässerungsbeiwert *m*

~ deficiency : Abflussdefizit *nt*

~ density : Wasserlaufdichte *f*

~ ditch : Abflussgraben *m*, Deichgraben *m*, Entwässerungsgraben *m*, Fanggraben *m*

~ gate : Fluttor *nt*

~ installation : Dräneinrichtung *f*

~ modulus : Entwässerungsbeiwert *m*

~ pattern : Dränmodell *nt*

~ pit : Sickergrube *f*

~ sluice : Siel *nt*

~ system : Dränsystem *nt*, Entwässerungsanlage *f*, Entwässerungssystem *nt*

~ technology : Entwässerungstechnik *f*

~ terrace : Entwässerungsterrasse *f*

~ trench : Drängraben *m*, Entwässerungsgraben *m*

~ water : Dränwasser *nt*

~ way : Entwässerungsgraben *m*

~ well : Dränbrunnen *m*, Entwässerungsschacht *m*, Entwässerungsschlucker *m*

drained : entwässert *adj*

~ coastal marsh sediments : Klei *m*

draining : abfließend, entwässernd *adj*

~ away : Abfließen *nt*, Abfluss *m*

drain off : abgießen *v*

drainpipe : Abfluss *m*, Abflussrohr *nt*, Dränrohr *nt*

draught : Luftzug *m*, Zug *m*

~ animal : Zugtier *nt*

~ regulator : Zugregler *m*

draw : hinziehen, zeichnen, ziehen *v*

drawdown : Absenkung *f*, Absenkung des Wasserspiegels *(f)*, Wasserspiegelsenkung *f*

~ area : Absenkungsbereich *m*, Absenkungsfläche *f*

~ cone : Absenktrichter *m*, Absenkungstrichter *m*

~ curve : Absenkungskurve *f*, Absenkungslinie *f*

draw up : aufstellen, entwerfen *v*

dredge : ausbaggern, ausgraben *v*

dredged : ausgebaggert, Bagger- *adj*

~ material : Baggergut *nt*

~ sediments : Baggergut *nt*

dredger : Bagger *m*, Nassbagger *m*, Schwimmbagger *m*

dredge up : ausgraben *v*

dredging : Ausbaggern *nt*, Baggerarbeit *f*

~ pool : Baggersee *m*

dress : aufbereiten *v*

dried : getrocknet, Trocken- *adj*

dried up : ausgetrocknet *adj*

drier : Trockner *m*

drift : Abdrift *f*, Abtrift *f*, Drift *f*, Driften *nt*, Geschiebe *nt*, Strömung *f*, Tendenz *f*, Treiben *nt*, Treibzeug *nt*, Verlagerung *f*, Verwehung *f*, Wanderung *f*

~ : treiben, ziehen *v*

~ current : Driftströmung *f*

~ ice : Treibeis *nt*

drifting : treibend *adj*

~ oil : treibendes Öl *(nt)*

~ snow : Treibschnee *m*, Triebschnee *m*

drift || line : Spülsaum *m*

~ net : Treibnetz *nt*

~ ~ fishing : Treibnetzfischerei *f*

drill : Bohrer *m*, Bohrinstrument *nt*, Bohrmaschine *f*, Drillbohrer *m*, Drillmaschine *f*, Prozedur *f*, Saatrille *f*, Übung *f*

~ : bohren *v*

~ core : Bohrkern *m*

~-hole : Bohrloch *nt*

drilling : Bohr-, bohrend *adj*

~ : Bohren *nt*, Bohrprobe *f*, Bohrung *f*

~ **for oil:** Ölbohrung *f*

~ **mud** : Bohrschlamm *m*, Bohrspülung *f*

~ **plant** : Bohranlage *f*

~ **platform** : Erdölbohrinsel *f*

~ **rig** : Bohrinsel *f*, Bohrloch *nt*

drill rod : Bohrgestänge *nt*

drink : Getränk *nt*

drinkable : trinkbar *adj*

drinking : Trink-, trinkend *adj*

~ : Trinken *nt*

~ **water** : Trinkwasser *nt*

also spelled: drinking-water

~ ~ **abstraction** : Trinkwassergewinnung *f*

~ ~ **analysis** : Trinkwasseranalyse *f*

~ ~ **analytics** : Trinkwasseranalytik *f*

~ ~ **chlorination** : Trinkwasserchlorung *f*

~ ~ **clarifier** : Trinkwasserklärapparat *m*

~ ~ **distribution** : Trinkwasserverteilung *f*

~ ~ **examination** : Trinkwasseruntersuchung *f*

~ ~ **filter** : Trinkwasserfilter *m*

~ ~ **Ordinance** : Trinkwasserverordnung *f*

~ ~ **preparation** : Trinkwasseraufbereitung *f*

~ ~ **protection area** : Trinkwasserschutzgebiet *nt*

~ ~ **quality** : Trinkwasserqualität *f*

~ ~ **Regulation** : Trinkwasserverordnung *f*

~ ~ **reserve** : Trinkwasserreserve *f*

~ ~ **reservoir** : Trinkwasserreservoir *nt*

~ ~ **shortage** : Trinkwasserknappheit *f*

~ ~ **spring** : Trinkwasserquelle *f*

~ ~ **supply** : Trinkwasserversorgung *f*

~ ~ **technology** : Trinkwassertechnologie *f*

~ ~ **transfer** : Trinkwasserüberleiter *m*

~ ~ **treatment** : Trinkwasseraufbereitung *f*

~ ~ ~ **plant** : Trinkwasseraufbereitungsanlage *f*

drinks : Getränke *pl*

~ **packaging** : Getränkeverpackung *f*

drip : Tropfen *m*, Tropfinfusion *f*

~ : triefen, tropfen, tropfen lassen *v*

~ **irrigation** : Tröpfchenbewässerung *f*, Tropfenbewässerung *f*

~ **water** : Tropfwasser *nt*

drive : Ansteuerung *f*, Antrieb *m*, Bewegung *f*, Fahren *nt*, Fahrt *f*, Fahrweg *m*, Laufwerk *nt*, Spazierfahrt *f*, Spritztour *f*, Steuerung *f*, Treibjagd *f*, Werbefeldzug *m*

~ : ansteuern, antreiben, fahren, flößen, führen, jagen, lenken *v*

~ **(Am)** : Sammelaktion *f*

driven : gefahren, getrieben *adj*

~ **snow** : Treibschnee *m*, Triebschnee *m*

drive-ride-system : Rad-Schiene-System *nt*

driving : Fahr-, treibend *adj*

~ : Fahren *nt*

~ **noise** : Fahrgeräusch *nt*

drizzle : Nieselregen *m*, Sprühregen *m*

drizzly : nieselnd *adj*

drop : Abfallen *nt*, Fallobst *nt*, Rückgang *m*, Tropfen *m*

~ **in pressure:** Druckabfall *m*

~ **of water:** Wassertropfen *m*

~ : fallen, fallen lassen, sinken, zurückgehen *v*

~**-down curve** : Senkungskurve *f*, Senkungslinie *f*

~ **forging** : Gesenkschmieden *nt*

~**-inlet spillway** : Schachtüberfall *m*

droplet : Tröpfchen *nt*

~ **separator** : Tropfenabscheider *m*

droppings : Kot *m*, Mist *m*, Tierkot *m*

drop-size distribution : Tropfengrößenverteilung *f*

drop structure : Absturzbauwerk *nt*, Sohlstufe *f*

drought : Dürre *f*, Trockenheit *f*

~ **avoidance** : Dürrevermeidung *f*

~ **resistance** : Dürreresistenz *f*

~**-resistant** : dürreresistent, trockenresistent *adj*

~ **year** : Dürrejahr *nt*, Trockenjahr *nt*, Trockenperiode *f*

drouth : Dürre *f*

drover : Viehtreiber *m*

drowned : überflutet, überschwemmt, verwässert *adj*

~ **valley** : ertrunkenes Tal *(nt)*

drug : Arzneimittel *nt*, Droge *f*, Medikament *nt*

~ **abuse** : Drogenmissbrauch *m*

~ **tolerance** : Arzneimitteltoleranz *f*

drugs || legislation : Arzneimittelrecht *nt*

~ **licensing** : Arzneimittelzulassung *f*

~ **testing** : Arzneimittelprüfung *f*

drum : Fass *nt*, Trommel *f*

~ **gate** : Trommel *f*

drumlin : Drumlin *m*, Rundhöcker *m*

drum mill : Trommelmühle *f*

drumming : Dröhnen

drum || screen : Trommelsieb *nt*, Trommelsiebanlage *f*

~**-type screen** : Siebtrommel *f*

drupe : Steinfrucht *f*

dry : niederschlagsfrei, trocken, Trocken- *adj*

~ : trocknen *v*

~ **air filter** : Trockenluftfilter *m*

~ **bed treatment** : Trockenbettbehandlung *f*

~**-cleaning** : chemische Reinigung *(f)*, Trockenreinigung *f*

also spelled: dry cleaning

~-~ **plant** : Chemischreinigungsanlage *f*

~-~ **plant regulation** : Chemischreinigungsanlagenverordnung *f*

~ **collection technique** : Trockenentstaubungsverfahren *nt*

~ **deposition** : trockene Deposition *(f)*

~ **desulfurization** : Trockenentschwefelung *f*

~ **dust || collection plant** : Trockenentstaubungsanlage *f*

~ ~ collector : Trockenentstauber *m*

~ ~ precipitation : Trockenentstaubung *f*

~ ~ remover : Trockenentstaubungsanlage *f*

~ electrostatic filter : Trockenelektrofilter *m*

dryer : Trockner *m*

dry || farming : Trockenfeldbau *m*

~-feed chlorination : direkte Chlorung *(f)*

~ gas purge system : Trockengasreinigungssystem *nt*

~ grassland : Trockenrasen *m*

~ ice : Trockeneis *nt*

drying : Trocknen *nt*, Trocknung *f*

~ **of sludge:** Schlammtrocknung *f*

~ agent : Trockenmittel *nt*, Trocknungsmittel *nt*

~ cabinet : Trockenschrank *m*

~ chamber : Trockenschrank *m*, Trocknungskammer *f*

~ furnace : Trockenofen *m*

~ installation : Trocknungsanlage *f*

~ kiln : Trockenofen *m*

~ loft : Trockenboden *m*

~ out : Austrocknung *f*

~ process : Trocknungsverfahren *nt*

~ rate : Trocknungsgeschwindigkeit *f*

~ system : Trockenvorrichtung *f*

~ time : Trocknungszeit *f*

~ tower : Trockenturm *m*

~ up : Abtrocknen *nt*

dry land : Festland *nt*

dryland : Trockengebiet *nt*

~ farming : Trockenfeldbau *m*

dry || matter : Trockenmasse *f*, Trockensubstanz *f*

~ month : Trockenmonat *m*

dryness : Trockenheit *f*

dry || out : austrocknen *v*

~ period : Trockenperiode *f*

~ process : Trockenverfahren *nt*

~ residue : Trockenrückstand *f*

~ rot : Hausschwamm *m*, Holzschwamm *m*, Mauerschwamm *m*, Trockenfäule *f*

~ season : Trockenzeit *f*

~ seeding : Trockenansaat *f*, Trockensaat *f*

~ sludge gully : Trockenschlammsinkkast *m*

~ solids : Trockenmasse *f*, Trockensubstanz *f*

~ sorption plant : Trockensorptionsanlage *f*

~ spell : Trockenperiode *f*

~-stone wall : Trockenmauer *f*

~-~ wall cleaning : Trockenmauersanierung *f*

~-type cooling tower : Trockenkühlturm *m*

~-type filter : Trockenfilter *m*

~ up : austrocknen, versiegen *v*

~ valley : Trockental *nt*

~ wall (Am) : Trockenmauer *f*

~-weather || flow : Trockenwetterabfluss *m*

~-~ flow treatment plant : Abwasserbehandlungsanlage für Trockenwetterabfluss *(f)*

~ weight : Trockengewicht *nt*

~ ~ **of sludge:** Schlammtrockengewicht *nt*

~-wood : Dürrholz *nt*

dual : Doppel-, doppelt *adj*

~ economy : Dualwirtschaft *f*

~ waste management system : Duale Abfallwirtschaft *(f)*

duck : Ente *f*

duckfoot : Entenfuß *m*, Gänsefuß *m*

~ cultivator : Gänsefußkultivator *m*

~ share : Gänsefußschar *f*

duckling : Entenjunges *nt*, Entenküken *nt*

duck's egg : Entenei *nt*

duck shooting : Entenjagd *f*

duct : Kanal *m*, Lüftungskanal *m*, Rohr *nt*, Röhre *f*, Rohrleitung *f*

due : angemessen *adj*

~ **to seasonal influences:** saisonbedingt *adj*

dug-out : ausgegraben *adj*

~-~ : Einbaum *m*, Unterstand *m*

also spelled: dug out

~-~ pond : Erdwasserbecken *nt*

dump : Abladestelle *f*, Abkippstelle *f*, Halde *f*, Müllabladeplatz *m*, Mülldeponie *f*, Müllkippe *f*, Schutthaufen *m*

~ : abkippen, abladen, wegkippen *v*

~ **at sea:** verklappen *v*

~ **for hazardous waste:** Sondermülldeponie *f*

~ **for toxic materials:** Schadstoffdeponie *f*

~ base : Deponiesohle *f*

~-gate : Reinigungsklappe *f*

~ impounded water : Deponiestauwasser *nt*

dumping : Ablagern *nt*, Ablagerung *f*, Schuttabladen *nt*

~ **at sea:** Verklappung *f*, Versenkung von Abfällen im Meer *(f)*

~ **from barges:** Verklappung *f*

~ area : Ablagerungsbeeich *m*, Deponieraum *m*

~-ground : Abstellplatz *m*, Müllkippe *f*, Schuttabladeplatz *m*

also spelled: dumping ground

~ plan : Ablagerungsplan *m*

~ site : Deponiestandort *m*, Verklappungsstelle *f*

~ ~ body : Deponiekörper *m*

~ underground : Deponieuntergrund *m*

dumpsite : Müllabladeplatz *m*, Mülldeponie *f*

also spelled: dump site

dumpy : plump, pummelig *adj*

~ level : Baunivellier *m*, Teleskopwaage *f*

dune : Düne *f*

~ blow out : Windriss *m*

~ conservation : Dünenbau *m*

~ dike : Dünendeich *m*

~ erosion : Dünenabbruch *m*

~ island : Düneninsel *f*

~ landscape : Dünenlandschaft *f*

~ protection : Dünenschutz *m*

~ sand : Dünensand *m*

~ slack : Dünental *nt*

~ stabilization : Dünenbefestigung *f*

~ water : Dünensee *m*, Dünenwasser *nt*

dung : Dung *m*, Dünger *m*, Mist *m*

durability : Haltbarkeit *f*

duramen : Kernholz *nt*

duration : Dauer *f*

~ **of noise:** Lärmwirkzeit *f*

~ **of rainfall:** Regendauer *f*

~ **of sunshine:** Sonnenscheindauer *f*

durum : Hartweizen *m*

dust : Staub *m*

~ **abatement** : Staubbekämpfung *f*

~ **analysis** : Staubanalyse *f*

~ **analyzer** : Staubanalysator *m*

dustbin : Mülleimer *m*, Mülltonne *f*

dust binder : Staubbindemittel *nt*

dustbin || liner : Müllbeutel *m*

~ **lorry** : Müllwagen *m*

dust || bowl : Staubwolke *f*

~ **burden** : Staubgehalt *m*, Staubkonzentration *f*

dustcart : Müllwagen *m*

~ **driver** : Müllfahrer *m*, Müllfahrerin *f*

dust || catcher : Staubfänger *m*

~ **channel test** : Staubkanalversuch *m*

~ **characteristic** : staubspezifische Kenngröße *(f)*

~**-collecting** : staubsammelnd *adj*

~-~ **appliance** : Staubsammler *m*

~-~ **plate** : Staubsammelplatte *f*

~ **collection** : Entstaubung *f*

~ ~ **device** : Staubabscheideanlage *f*

~ ~ **plant** : Entstaubungsanlage *f*

~ ~ **process** : Entstaubungsverfahren *nt*

~ **collector** : Staubabscheider *m*

~ **composition** : Staubzusammensetzung *f*

~ **concentration** : Staubkonzentration *f*

~ **content** : Staubgehalt *m*

~ **control** : Staubbeseitigung *f*

~ ~ **equipment** : Entstaubungsanlage *f*

~ **deposition** : Staubablagerung *f*

~ **deposits** : Staubniederschlag *m*

~ **devil** : Windhose *f*

~ **elimination** : Staubabscheidung *f*

~ **emission** : Staubaustrag *m*, Staubemission *f*, Staubfreisetzung *f*

~ ~ **limit** : Staubemissionsgrenze *f*

~ ~ **measurement** : Staubemissionsmessung *f*

~ **exhaust ventilation plant** : Staubabsauganlage *f*

~ **explosion** : Staubexplosion *f*

~ **extraction || capacity** : Abscheideleistung *f*

~ ~ **system** : Staubabsauganlage *f*

~ **filter** : Staubfilter *m*

~ **filtration** : Staubfiltration *f*

~ **formation** : Staubentwicklung *f*

~**-free** : staubfrei *adj*

~ **generation** : Staubentwicklung *f*

~ **immission** : Staubimmission *f*

~ ~ **limit** : Staubimmissionsgrenze *f*

~**-in-air measuring equipment**: Staubgehaltmessgerät *nt*

~ **index** : Staubzahl *f*

dusting : Bestäubung *f*, Trockenbestäubung *f*

dust inhalation : Staubinhalation *f*

dust-laden : staubhaltig *adj*

~-~ **air** : Staubluft *f*

~ **layer** : Staubschicht *f*

dustlike : staubförmig *adj*

~ **air pollution** : staubförmige Luftverunreinigung *(f)*

dust || limit value : Staubgrenzwert *m*

~ **mask** : Staubschutzmaske *f*

~ **measurement** : Staubmessung *f*

~**-measuring** : Staubmess- *adj*

~-~ **equipment** : Staubmessgerät *nt*

~ **mulch** : Staubmulch *m*

dustpan : Schaufel *f*

dust || precipitation : Staubniederschlag *m*

~ ~ **plant** : Entstaubungsanlage *f*

~ **precipitator** : Staubabscheider *m*

~ **protection** : Staubschutz *m*

~ ~ **glasses** : Staubschutzbrille *f*

~ **recovery plant** : Staubrückgewinnungsanlage *f*

~ **removal** : Entstaubung *f*

dusts : Stäube *pl*

dust || separation : Staubabscheidung *f*

~ **separator** : Staubabscheider *m*

~ **shield** : Staubschutz *m*

~ **storm** : Staubsturm *m*

~ **veil** : Dunstglocke *f*

Dutch : holländisch, niederländisch *adj*

~ : Holländer *m*, Holländerin *f*, Holländisch *nt*, Niederländer *m*, Niederländerin *f*, Niederländisch *nt*

~ **elm disease** : Ulmensterben *nt*

duty : Abgabe *f*, Aufgabe *f*, Pflicht *f*, Verpflichtung *f*, Zollerhebung *f*

~ **of care:** Sorgfaltspflicht *f*

~ **for termination:** Abschlusspflicht *f*

~ **to apply for a licence:** Erlaubnispflicht *f*

~ **to register:** Anmeldepflicht *f*

~ **to tolerate:** Duldungspflicht *f*

~ **to waste disposal:** Abfallbeseitigungspflicht *f*

with ~ of declaration: meldepflichtig *adj*

dwarf : winzig, Zwerg- *adj*

~ : Zwerg *m*, Zwergbaum *m*, Zwergin *f*, Zwergpflanze *f*, Zwergtier *nt*

~ : verkümmern lassen, verzwergen *v*

dwarfing : Nanismus *m*, Verzwergung *f*

~ **rootstock** : Zwergwuchsunterlage *f*

dwarfism : Zwergwuchs *m*, Zwergwüchsigkeit *f*

dwarf scrub heath : Zwergstrauchheide *f*

dwell : wohnen *v*

dweller : Bewohner *m*, Bewohnerin *f*, Einwohner *m*, Einwohnerin *f*

dy : Dy *m*

dye : Farbstoff *m*

~ **laser** : Farbstofflaser *m*

dyestuff : Färbemittel *nt*

~ **industry** : Farbenindustrie *f*

dye works : Färberei *f*

dying : absterbend, aussterbend, eingehend, erlöschend, sterbend, verendend *adj*

~ : Sterben *nt*

~ **of forests:** Waldsterben *nt*

dyke : Deich *m*, Entwässerungsgraben *m*

~ : eindämmen, eindeichen *v*

~ building : Eindeichung *f*

dynamic : dynamisch *adj*

~ equilibrium : Fließgleichgewicht *nt*

~ viscosity : dynamische Viskosität *(f)*

~ water level : Pumpwasserspiegel *m*, Pumpwasserstand *m*

dynamics : Dynamik *f*

dynamite : Dynamit *nt*, Sprengstoff *m*

~ : mit Dynamit sprengen *v*

dynamiting : Fischfang mit Dynamit *(m)*

dysenteric : dysenterisch *adj*

dysentery : Ruhr *f*

dysphotic : dysphotisch, lichtarm *adj*

~ zone : dysphotische Zone *(f)*

dystrophic : dystroph *adj*

~ lake : Braunwassersee *m*, dystropher See *(m)*

E

ear : Ohr *nt*

early : früh *adj*

~ attention for a site : Standortvorsorge *f*

~ growth : Jungwachstum *nt*

~ recognition : Früherkennung *f*

~-warning system : Frühwarnsystem *nt*

ear muffs : Gehörschutz *m*, Ohrenkappen *pl*

earning : Einnahme *f*

earnings : Arbeitslohn *m*

ear protectors : Gehörschutz *m*

earth : Erde *f*, Erdboden *m*

~ auger : Bodenbohrer *m*

~ bank : Aufschüttung *f*

~ basin : Erdbecken *nt*

~ ~ **for digestion:** Erdfaulbecken *nt*

~-block slide : Grabenrutsch *m*

~ closet : Trockenabort *m*

~ dam : Erddamm *m*, Erdwall *m*

≗ Day : Tag der Erde *(m)*

~ education : Umwelterziehung *f*

~ fall : Erdfall *m*

~ filter : Erdfilter *m*

~ flow : Bodenfließen *nt*, Solifluktion *f*

~ life : Bodenleben *nt*

~ pillar : Erdpfeiler *m*

~ pressure : Erddruck *m*

~ pyramid : Erdpyramide *f*

earthquake : Erdbeben *nt*

~ prediction : Erdbebenvorhersage *f*

earth reservoir : Tiefbehälter *m*

earth's atmosphere : Erdatmosphäre *f*

earth || sciences : Geowissenschaften *pl*

~ scientist : Bodenkundler *m*, Bodenkundlerin *f*

~'s crust : Erdkruste *f*, Erdrinde *f*

~ slide : Grabenrutsch *m*

~'s surface : Erdoberfläche *f*

~ summit : Erdgipfel *m*

~ tank : Tiefbehälter *m*

~ tremor : Erdbeben *nt*

~ walk : Naturerlebniswanderung *f*

~ ware : Grobkeramik *f*

~-work : Bodenbewegung *f*

earthworks : Erdarbeiten *pl*, Erdbau *m*

earthworm : Regenwurm *m*

ease : Entspannung *f*, Muße *f*, Müßiggang *m*, Ruhe *f*

~ lindern *v*

easily : leicht, ohne weiteres *adv*

~ degradable : leicht abbaubar *adj*

~ inflammable waste : leicht entzündlicher Abfall *(m)*

east : östlich *adj*

~ : Osten *m*

easterly : östlich *adj*

eastern : östlich *adj*

≗ Europe : Osteuropa *nt*

~ European : osteuropäisch *adj*

East || European : osteuropäisch *adj*

~-West relations : Ost-West-Beziehung *f*

~-West trade : Ost-West-Handel *m*

east wind : Ostwind *m*

easy : leicht *adj*

eat : essen, fressen *v*

eating : Fressen *nt*

ebb : Ebbe *f*, Niedergang *m*

~ : schwinden, zurückgehen *v*

~-tide : Ebbe *f*

ebony : Ebenholz *nt*

eccentric : ausgefallen, einseitig, exzentrisch, ungewöhnlich *adj*

~ screw pump : Exzenterschneckenpumpe *f*

ecdysis : Häutung *f*

echo : Echo *nt*, Widerhall *m*

~ : hallen, schallen, wiederholen *v*

echolocation : Echoorientierung *f*, Echoortung *f*, Echopeilung *f*

echosounder : Echolot *nt*

echosounding : Echolotsystem *nt*, Echolotung *f*

eclipse : Eklipse *f*, Finsternis *f*

eco-audit : Ökoaudit *nt*

~-~ regulation : Ökoauditverordnung *f*

eco-balance : Ökobilanz *f*

ecocide : Umweltzerstörung *f*

ecoclimate : Biotopklima *nt*

ecocline : Ökokline *f*

eco-controlling : Ökocontrolling *nt*

ecocycle : Ökozyklus *m*

eco-ethology : Öko-Ethologie *f*

ecofarming : ökologische Landwirtschaft *(f)*

eco-formula : Ökoformel *f*

eco-game : Umweltspiel *nt*

ecogenesis : Ökogenese *f*

ecological : Öko-, ökologisch, umweltbedingt *adj*

~ adaptability : ökologische Anpassungsfähigkeit *(f)*

~ amplitude : ökologische Amplitude *(f)*

~ balance : Ökobilanz *f*, ökologisches Gleichgewicht *(nt)*

~ catastrophy : Ökokatastrophe *f*

~ climate : Biotopklima *nt*

~ controlling : Ökocontrolling *nt*

~ crisis : Umweltkrise *f*

~ disaster : Umweltkatastrophe *f*

~ efficiency : ökologische Effizienz *(f)*, ökologischer Wirkungsgrad *(m)*

~ equilibrium : ökologisches Gleichgewicht *(nt)*

~ factor : Ökofaktor *m*, ökologischer Faktor *(m)*, Umweltfaktor *m*

~ forest map : forstliche Standortkarte *(f)*

~ group : ökologische Gruppe *(f)*

~ guild : ökologische Gilde *f*

~ harmfulness : Umweltschädlichkeit *f*

~ hazard : Umweltgefahr *f*

~ indicator : Bioindikator *m*

~ load : ökologische Belastung *(f)*

~ ~ capacity : ökologische Tragfähigkeit *f*

ecologically : ökologisch *adv*

~ compatible energy generating plant : umweltgerechte Energieerzeugungsanlage *(f)*

~ harmful : umweltfeindlich *adj*

~ harmless : umweltverträglich *adj*

~-minded farmer : Ökobauer *m*

ecological || model : Ökomodell *nt*

~ movement : Umweltbewegung *f*

~ niche : ökologische Nische *(f)*

~ planning : ökologische Planung *(f)*

~ potential : ökologische Potenz *(f)*

~ product : Ökoprodukt *nt*

~ pyramid : Nahrungspyramide *f*

~ radiation : ökologische Radiation *(f)*

~ results : Ökobilanz *f*

~ rule : ökologische Regel *(f)*

~ stability : ökologische Stabilität *(f)*

~ survey : Umweltüberwachung *f*

~ tax : Ökosteuer *f*

~ toxicology : Ökotoxikologie *f*

~ valence : ökologische Valenz *(f)*

ecologist : Ökologe *m*, Ökologin *f*, Umweltschutzexperte *m*, Umweltschutzexpertin *f*

~ movement : Ökologiebewegung *f*

ecology : Ökologie *f*

~ movement : Ökologiebewegung *f*, Umweltschutzbewegung *f*

~ party : Öko-Partei *f*

economic : gewinnbringend, ökonomisch, rentabel, wirtschaftlich, Wirtschafts- *adj*

≗ and Monetary Union: Wirtschafts- und Währungsunion *(f)*

~ adviser : Wirtschaftberater *m*, Wirtschaftsberaterin *f*

~ agreement : Wirtschaftsabkommen *nt*

~ aid : Wirtschaftshilfe *f*

economical : ökonomisch, sparsam, wirtschaftlich *adj*

~ car : benzinsparendes Auto *(nt)*

~ use of resources : sparsamer Verbrauch von Ressourcen *(m)*

economically : ökonomisch, wirtschaftlich *adv*

economic || analysis : ökonomische Analyse *(f)*

~ assessment : Wirtschaftlichkeitsuntersuchung *f*

~ committee : Wirtschaftsausschuss *m*

~ community : Wirtschaftsgemeinschaft *f*

~ control : Wirtschaftslenkung *f*

~ crisis : Wirtschaftskrise *f*

~ depression : Depression *f*, Flaute *f*

~ development : industrielle Entwicklung *(f)*, wirtschaftliche Entwicklung *(f)*, Wirtschaftsentwicklung *f*

~ dimensions : Wirtschaftsfragen *pl*

~ efficiency : ökonomische Effizienz *(f)*, effiziente Nutzung *(f)*, rationelle Nutzung *(f)*, wirtschaftliche Effizienz *(f)*

~ ends : Wirtschaftsziele *pl*

~ forecast : Wirtschaftsprognose *f*

~ geography : Wirtschaftsgeografie *f*

~ geology : angewandte Geologie *(f)*, Lagerstättenkunde *f*

~ growth : Wirtschaftswachstum *nt*

~ history : Wirtschaftsgeschichte *f*

~ incentive : wirtschaftlicher Anreiz *(m)*

~ instrument : ökonomisches Instrument *(nt)*

~ model : ökonomisches Modell *(nt)*

~ planning : Wirtschaftsplanung *f*

~ policy : Wirtschaftspolitik *f*

~ programme : Wirtschaftsprogramm *nt*

~ region : Wirtschaftsraum *m*

~ return : finanzieller Ertrag *(m)*

economics : Betriebswirtschaft *f*, Ökonomie *f*, Ökonomik *f*, Volkswirtschaft *f*, Wirtschaftswissenschaften *pl*

economic || science : Wirtschaftswissenschaften *pl*

~ situation : Wirtschaftslage *f*

~ statistics : Wirtschaftsstatistik *f*

~ structure : Wirtschaftsstruktur *f*

~ system : Wirtschaftsform *f*, Wirtschaftsordnung *f*, Wirtschaftssystem *nt*

~ trend : Konjunktur *f*

~ union : Wirtschaftsunion *f*

~ upturn : Wirtschaftsaufschwung *m*

~ viability : Wirtschaftlichkeit *f*

economist : Ökonom *m*, Volkswirt *m*, Volkswirtin *f*, Wirtschaftswissenschaftler *m*, Wissenschaftlerin *f*

economize : sparen *v*

~ on petrol: Benzin sparen *v*

economizer : Vorwärmer *m*

economy : Konjunktur *f*, Ökonomie *f*, Sparsamkeit *f*, Wirtschaft *f*, Wirtschaftssystem *nt*

~ of agricultural products: Agrarökonomie *f*

~ car : benzinsparendes Auto *(nt)*

~ measure : Einsparmaßnahme *f*, Sparmaßnahme *f*

eco-paediatrics : Ökopädiatrie *f*

ecoproblem : Umweltproblem *nt*

ecosphere : Biosphäre *f*, Ökosphäre *f*

ecosystem : Ökosystem *nt*

~ analysis : Ökosystemanalyse *f*

~ model : Ökosystemmodell *nt*

~ parameter : Ökosystemparameter *m*

~ research : Ökosystemforschung *f*

ecotone : Ökoton *m*

ecotope : Ökotop *m*

eco-tourism : Ökotourismus *m*, Sanfter Tourismus *(m)*

ecotoxicity : Ökotoxizität *f*

ecotoxicological : ökotoxikologisch *adj*

ecotoxicologically : ökotoxikologisch *adv*

ecotoxicology : Ökotoxikologie *f*

ecotype : Ökotyp *m*

ectoparasite : Außenschmarotzer *m*, Ektoparasit *m*

edaphic : bodenbedingt, edaphisch *adj*

~ climax : edaphische Klimax *(f)*

~ factor : edaphischer Faktor *(m)*

edaphon : Edaphon *nt*

eddy : Deckwalze *f*, Wirbel *m*

edge : Abschluss *m*, Rand *m*

~ of the forest: Waldrand *m*

~ effect : Randeffekt *m*

~ strip disposal plant : Randstreifenentsorgungsanlage *f*

~-type terrace : Wallterrasse *f*

edibility : Genießbarkeit *f*

edible : essbar *adj*

~ fat : Speisefett *nt*

~ fungi : Speisepilze *pl*

~ oil : Speiseöl *nt*

edition : Auflage *f*

educate : bilden, erziehen, schulen *v*

educated : gebildet *adj*

education : Aufklärungsmaßnahmen *pl*, Bildung *f*, Erziehung *f*, Pädagogik *f*

~ in politics: politische Bildung *(f)*

~ in religion: Religionsunterricht *m*

educational : Bildungs-, erzieherisch, pädagogisch *adj*

~ equipment : Lehrmittel *pl*

~ establishment : Bildungseinrichtung *f*, Bildungsstätte *f*

educationalist : Erziehungswissenschaftler *m*, Erziehungswissenschaftlerin *f*, Pädagoge *m*, Pädagogin *f*

educational leave : Bildungsurlaub *m*

educationally : pädagogisch *adv*

educational || policy : Bildungspolitik *f*

~ resource : Bildungsmöglichkeiten *pl*

~ system : Bildungswesen *nt*

~ tool : Lehrmittel *pl*

~ use : Bildungsnutzung *f*

~ work : Bildungsarbeit *f*

education || authority : Schulbehörde *f*

~ centre : Bildungseinrichtung *f*

~ grant : Ausbildungsbeihilfe *f*

educative : pädagogisch *adj*

educator : Ausbilder *m*, Ausbilderin *f*, Pädagoge *m*, Pädagogin *f*

eel : Aal *m*

eelgrass : Seegras *nt*

~ bed : Seegraswiese *f*

eel ladder : Aalleiter *f*

effect : Auswirkung *f*, Effekt *m*, Wirkung *f*

~ of demand: Nachfrageeffekt *m*

~ of foreclosure: Präklusionswirkung *f*

~ of herbicide: Herbizidwirkung *f*

~ of noise: Lärmeinwirkung *f*

~ of over-fertilization: Überdüngungseffekt *m*

~ of rationalization: Rationalisierungseffekt *m*

~ of soil improvement: Meliorationseffekt *m*

~ of the weather: Witterungseinfluss *m*

~ of vibration: Erschütterungswirkung *f*

~ on the national economy: gesamtwirtschaftliche Wirkung *(f)*

~ on the system of individual enterprise: einzelwirtschaftliche Wirkung *(f)*

~ on third party: Drittwirkung *f*

~ on yield: Ertragsbeeinflussung *f*

effective : effektiv, wirksam *adj*

~ dose : wirksame Dosis *(f)*

~ height : effektive Höhe *(f)*

effectively : effektiv, wirkungsvoll *adv*

effectiveness : Effektivität *f*, Wirksamkeit *f*

effective || precipitation : nutzbarer Niederschlag *(m)*

~ rainfall : nutzbarer Niederschlag *(m)*

~ soil depth : durchwurzelbare Bodenschicht *(f)*

effects research : Wirkungsforschung *f*

efficiency : Effizienz *f*, Leistungsfähigkeit *f*, Wirksamkeit *f*, Wirkungsgrad *m*

~ of degradation: Abbauleistung *f*

~ criterion : Effizienzkriterium *nt*

~ level : Wirkungsgrad *m*

efficient : effizient, leistungsfähig, rationell *adj*

efficiently : effizient *adv*

effluent : Abfluss *m*, Ablauf *m*, Abwasser *nt*, Ausfluss *m*

~ charge : Abwasserabgabe *f*

~ discharge : Abwassereinleitung *f*

~ ~ fee : Kanalisationsgebühr *f*

~ disposal plan : Abwasserbeseitigungsplan *m*

~ **fee** : Abwasserabgabe *f*

~ **irrigation** : Abwasserverregnung *f*

~ **monitor** : Emissionsüberwachungsgerät *nt*

~ **standard** : Einleitungsgrenzwert *m*, Einleitungsstandard *m*

effort : Anstrengung *f*, Bemühung *f*

egg : Ei *nt*

~**-laying** : Eiablage *f*

~ **shell** : Eierschale *f*

EIA directive : UVP-Richtlinie *f*

EIA law : UVP-Gesetz *nt*

ejecta : Auswurfsmaterial *nt*

elastic : elastisch *adj*

~ **element pressure gauge** : Federmanometer *nt*

elasticity : Anpassungsfähigkeit *f*, Auslegbarkeit *f*, Elastizität *f*, Flexibilität *f*, Geschmeidigkeit *f*

~ **of bid:** Angebotselastizität *f*

~ **of demand:** Nachfrageelastizität *f*

~ **of supply:** Angebotselastizität *f*

eldrin : Eldrin *nt*

election : Wahl *f*

electret : Elektret- *adj*

~ **filter** : Elektretfilter *m*

electric : elektrisch, Elektro- *adj*

electrical : elektrisch, Elektro- *adj*

~ **appliance** : Elektroartikel *m*, Elektrogerät *nt*

~ **car** : Elektromobil *nt*

~ **charging** : elektrische Aufladung *(f)*

~ **conductivity** : elektrische Leitfähigkeit *(f)*

~ **dust precipitation** : Elektroentstaubung *f*

~ **energy** : elektrische Energie *(f)*

~ **engineer** : Elektroingenieur *m*, Elektroingenieurin *f*

~ **engineering** : Elektrotechnik *f*

~ **furnace** : Elektroofen *m*

~ **gas cleaning** : elektrische Gasreinigung *(f)*

~ **goods industry** : Elektroindustrie *f*

~ **heating** : elektrische Heizung *(f)*

~ **industry** : Elektroindustrie *f*

electrically : elektrisch *adv*

electrical || osmosis : Elektroosmose *f*

~ **particle precipitation** : elektrische Teilchenabscheidung *(f)*

~ **precipitator** : Elektroabscheider *m*

electric || bus : Elektrobus *m*

~ **commercial vehicle** : Elektronutzfahrzeug *nt*

~ **discharge lamp** : Gasentladungslampe *f*

~ **drive** : Elektroantrieb *m*

~ **engine** : Elektromotor *m*

~ **field** : elektrisches Feld *(nt)*

~ **filter** : Elektrofilter *m*

~ **flue gas precipitation** : elektrische Rauchgasreinigung *(f)*

~ **heating device** : Elektroheizgerät *nt*

electrician : Elektroinstallateur *m*, Elektroinstallateurin *f*

electricity : Elektrizität *f*

~ **generated by nuclear power:** Atomstrom *m*

~ **consumption** : Elektrizitätsverbrauch *m*

~ **costs** : Elektrizitätskosten *pl*

~ **distribution** : Elektrizitätsverteilung *f*

~ **generation** : Elektrizitätserzeugung *f*

~ ~ **costs** : Elektrizitätserzeugungskosten *pl*

~ **heater** : Heizstrahler *m*

~ **meter** : Elektrizitätszähler *m*

~ **power company** : Elektrizitätsgesellschaft *f*

~ **production** : Elektrizitätserzeugung *f*

~ ~ **costs** : Elektrizitätserzeugungskosten *pl*

~ **pylon** : Hochspannungsmast *m*

~ **supply** : Elektrizitätsversorgung *f*

~ ~ **industry** : Elektrizitätswirtschaft *f*

~ **tariff** : Elektrizitätstarif *m*

electric || machine : Elektrogerät *nt*

~ **motor** : Elektromotor *m*

~ **municipal vehicle** : Elektrokommunalfahrzeug *nt*

~ **power** : Elektroenergie *f*

~ ~ **generation** : Elektroenergieerzeugung *f*

~ ~ **industry** : Elektrizitätswirtschaft *f*

~ ~ **supply** : Elektroversorgung *f*

~ ~ ~ **company** : Elektroversorgungsunternehmen *nt*

~ ~ **transmission** : Elektrizitätsverteilung *f*

~ **storm** : Gewittersturm *m*

~ **vehicle** : Elektrofahrzeug *nt*

electrification : Elektrifizierung *f*

electrify : elektrifizieren, elektrisieren *v*

electro-analysis : Elektroanalyse *f*

electrocardiography : Elektrocardiografie *f*

electrochemical : elektrochemisch *adj*

~ **sewage treatment** : elektrochemische Abwasserbehandlung *(f)*

electrochemistry : Elektrochemie *f*

electrode : Elektrode *f*

electro dialysis : Elektrodialyse *f*

electrofilter : Elektrofilter *m*

electrofishing : Elektrobefischung *f*

electro induction furnace : Elektroinduktionsofen *m*

electrokinetic : elektrokinetisch *adj*

electrokinetics : Elektrokinetik *f*

electrolysis : Elektrolyse *f*

electrolyte : Elektrolyt *m*

electrolytic : elektrolytisch *adj*

electromagnet : Elektromagnet *m*

electromobile : Elektromobil *nt*

electron : Elektron *nt*

electronic : elektronisch *adj*

electronics : Elektronik *f*

electronic scrap : Elektronikschrott *m*

~ ~ **dismantling** : Elektronikschrottdemontage *f*

~ ~ **recycling** : Elektronikschrottrecycling *nt*

~ ~ regulation : Elektronikschrott-Verordnung *f*

electron || microscope : Elektronenmikroskop *nt*

~ mikroscopy : Elektronenmikroskopie *f*

electrophoresis : Elektrophorese *f*

electroplating : Galvanik *f*

electroporation : Elektroporation *f*

electrosmog : Elektrosmog *m*

electrostatic : elektrostatisch *adj*

~ precipitator: elektrostatischer Abscheider *(m)*, Elektroabscheider *m*, Elektrofilter *m*

element : Element *nt*, Grundstoff *m*, Nährelement *nt*

~s of an offence: Tatbestand *m*

elemental : elementar, Elementar-, grundlegend, Natur-, natürlich, urgewaltig, ursprünglich, urwüchsig *adj*

elementary : Anfangs-, Ausgangs-, elementar, Elementar-, grundlegend, Grundschul-, schlicht *adj*

elevation : Ansicht *f*, Aufriss *m*, Erhebung *f*

elevator : Steilförderer *m*

eliminate : ausmerzen, ausschalten, beseitigen, eliminieren *v*

eliminating : beseitigend *adj*

elimination : Beseitigung *f*, Elimination *f*

élite : Elite *f*

~ tree : Elitebaum *m*

elk : Elch *m*

El Niño : El-Niño *m*

eluate : Eluat *nt*

elucidate : erläutern *v*

elution : Auswaschung *f*

elutriation : Abschlämmen *nt*, Ausschlämmen *nt*, Ausschwemmen *nt*

~ by wind: Windsichtung *f*

eluvial : Eluvial- *adj*

~ horizon : Eluvialhorizont *m*

eluviation : Auslaugen : Auswaschung *f*

emancipation : Emanzipation *f*, Frauenbewegung *f*

emancipatory : emanzipatorisch *adj*

embank : eindeichen *v*

embanked : eingefasst *adj*

embanking : Eindeichung *f*

embankment : Böschung *f*, Damm *m*, Deich *m*, Eindeichung *f*, Flussdeich *m*, Randstreifen *m*, Uferböschung *f*

~ along the waterway: Schardeich *m*

~ breach : Dammbruch *m*

~ construction : Deichbau *m*

~ foreshore : Deichvorland *nt*

~ height : Deichhöhe *f*

embargo : Verbot *nt*

~ of participation: Mitwirkungsverbot *nt*

~ on arbitrary act: Willkürverbot *nt*

~ on construction: Bauverbot *nt*

~ on excavation: Abgrabungsverbot *nt*

~ on food additives: Lebensmittelzusatzstoffverbot *nt*

~ on irradiation of foodstuffs: Lebensmittelbestrahlungsverbot *nt*

~ on pesticides: Pflanzenschutzmittelverbot *nt*

embassy : Botschaft *f*

embryo : Embryo *m*, Keim *m*, Keimling *m*

embryogenesis : Embryonalentwicklung *f*

embryonic : embryonal *adj*

~ shifting dune : Primärdüne *f*

emerge : auftauchen, entstammen, entstehen, hervorgehen *v*

emerged : aufgetaucht, hervorgegangen *adj*

~ macrophytes : Hartflora *f*

emergence : Auflaufen *nt*, Emergenz *f*, Emersion *f*

emergency : Not- *adj*

~ : Ausnahmezustand *m*, Notfall *m*, Notlage *f*

~ act : Notstandsgesetz *nt*

~ conditions : Störzustand *m*

~ constitution : Notstandsverfassung *f*

~ cooling : Notkühlung *f*

~ core-cooling system : Kernkühlungssystem für den Notfall *(nt)*

~ decree : Notstandsverfügung *f*

~ equipment : Notfalleinrichtungen *pl*

~ gate : Revisionsverschluss *m*

~ generator set : Notstromaggregat *nt*

~ kit : Notfallkoffer *m*

~ law : Notstandsrecht *nt*

~ light : Notbeleuchtung *f*

~ management : Notfallmanagement *n*

~ outlet : Notauslass *m*

~ overflow : Notüberlauf *m*

~ programme : Sofortprogramm *nt*

~-response centre : Notfallzentrum *nt*

~ shut-down : Notabschaltung *f*, Schnellabschaltung *f*

~ ~-~ power : Grenzleistung bei Schnellabschaltung *(f)*

~ ~-~ system : Not-Aus-System *nt*

~ spillway : Notüberlauf *m*

~ ward : Unfallstation *f*

~ water supply : Notwasserversorgung *f*

emergent : aufragend, aufstrebend, jung, sprießend *adj*

~ plant : Schwimmpflanze *f*, Überwasserpflanze *f*

emerging : entstehend *adj*

emigration : Auswanderung *f*, Emigration *f*

emission : Emission *f*

~ of fumes: Rauchemission *f*

~ of pollutants: Schadstoffausstoß *m*

~ analysis : Emissionsanalyse *f*

~ concentration : Emissionskonzentration *f*

~ control : Abgasentgiftung *f*, Emissionsmessung *f*, Emissionsüberwachung *f*

~ data : Emissionsdaten *pl*

~ declaration : Emissionserklärung *f*

~ ~ ordinance : Emissionserklärungsverordnung *f*

~ density : Emissionsdichte *f*

~ factor : Emissionsfaktor *m*

~ forecasting : Emissionsprognose *f*

~ inventories : Emissionskataster *nt*

~ level : Emissionspegel *m*

~ ~ fluctuation : Emissionspegelschwankung *f*

~ **limit** : Emissionsgrenze *f*

~ **limitations** : Emissionsbegrenzung *f*

~ **load** : Emissionsbelastung *f*

~ **measurement technique** : Emissionsmesstechnik *f*

~ **measuring equipment** : Emissionsmessgerät *nt*

~ **monitoring** : Emissionsüberwachung *f*

~ **parameter** : Emissionsparameter *m*

~ **pollution** : Emissionsbelastung *f*

~ **rate** : Emissionsrate *f*

~ **reduction** : Emissionsminderung *f*, Emissionsverminderung *f*

~ ~ **plan** : Emissionsminderungsplan *m*

~ **register** : Emissionskataster *nt*

~ **restriction** : Emissionsbeschränkung *f*

~ **site** : Emissionsort *m*

~ **situation** : Emissionssituation *f*

~ **source** : Emissionsquelle *f*, Emittent *m*

~ **spectrometry** : Emissionsspektralanalyse *f*

~ **spectrum** : Emissionsspektrum *nt*

~ **standard** : Emissionsgrenzwert *m*, Emissionsnorm *f*, Emissionsstandard *m*

~ ~**s for vehicles:** Emissionsgrenzwerte für Kfz-Abgase *(pl)*

emit : ausstoßen, ausstrahlen, emittieren *v*

emitter : Emissionsquelle *f*, Emittent *m*

emphasis : Akzent *m*

empirical : empirisch *adj*

~ **examination:** empirische Untersuchung *(f)*

emphasis : Betonung *f*, Gewicht *nt*

emphasise (Br) : betonen, Gewicht auf etwas legen *v*

emphasize : betonen, Gewicht auf etwas legen *v*

empirical : empirisch, empirisch begründet *adj*

~ **examination** : empirische Untersuchung *(f)*

empirically : empirisch *adv*

emplacement || area : Ablagerungsbereich *m*

~ **plan** : Ablagerungsplan *m*

employe (Am) : Arbeitnehmer *m*, Arbeitnehmerin *f*

employee : Arbeitnehmer *m*, Arbeitnehmerin *f*

~ **in the public service:** Angestellte /~er im öffentlichen Dienst *(f/m)*

~ **involvement** : Arbeitnehmermitbestimmung *f*

~ **participation** : Arbeitnehmermitbestimmung *f*

employer : Arbeitgeber *m*, Arbeitgeberin *f*

employment : Arbeit *f*, Beschäftigung *f*

~ **of young people:** Jugendarbeit *f*

~ **level effect** : Beschäftigungseffekt *m*

~ **policy** : Beschäftigungspolitik *f*

~ **relationship** : Arbeitsverhältnis *nt*

empowered : befugt *adj*

empty : leer *adj*

~ : entleeren *v*

emptying : Entleerung *f*

~ **device** : Entleervorrichtung *f*

~ **time** : Entleerungszeit *f*

empty sack disposal : Leersackbeseitigung *f*

emulsification : Emulgierung *f*

emulsifier : Emulgator *m*

emulsify : emulgieren *v*

emulsion : Emulsion *f*

~ **separation** : Emulsionstrennung *f*

enact : in Kraft setzen *v*

enamel : Email *nt*

enamelling : Einbrennlackierung *f*

encapsulation : Kapselung *f*

encasing : Einhausung *f*

encephalographic : enzephalografisch *adj*

~ **examination** : enzephalografische Untersuchung *(f)*

enclose : als Anlage beifügen, einfrieden, einschließen, einzäunen *v*

enclosed : eingeschlossen, eingezäunt *adj*

~ **sea** : Binnenmeer *nt*

enclosure : Anlage *f*, Bannwald *m*

encourage : ermutigen, fördern, unterstützen *v*

encouragement : Ansporn *m*, Ermunterung *f*, Ermutigung *f*, Förderung *f*

encroach (on) : angreifen, vordringen (in) *v*

encroachment : Eindringen *nt*, Übergriff *m*

end : Beendigung *f*, Ende *nt*, Ziel *nt*

~ : beenden *v*

endanger : bedrohen, gefährden *v*

endangered : bedroht, gefährdet *adj*

~ **species** : gefährdete Art *(f)*

endangering : Gefährdung *f*

~ **of water:** Gewässergefährdung *f*

endeavor (Am) : Bemühung *f*, Versuch *m*

~ **(Am)** : bemühen *v*

endeavour (Br) : Bemühung *f*, Versuch *m*

~ : bemühen *v*

endemic : endemisch *adj*

~ **species** : Endemit *m*

end moraine : Endmoräne *f*

endocrine : endokrin *adj*

endocrinology : Endokrinologie *f*

end-of-life vehicle : Altfahrzeug *nt*

end-of-pipe technology : End-of pipe Technik *f*

endogenic : endogen *adj*

~ **periodicity** : endogene Periodizität *(f)*

endogenous : endogen *adj*

~ **respiration** : endogene Atmung *(f)*, Grundatmung *f*

endoparasite : Endoparasit *m*, Innenschmarotzer *m*

endorse : bestätigen, unterstützen *v*

endorsement : Bekräftigung *f*, Unterstützung *f*

endotoxin : Endotoxin *nt*

end overlap : Längsüberdeckung *f*

endowment : Begabung *f*

end sill : Endschwelle *f*

end-use efficiency : rationeller Endenergieverbrauch *(m)*

end user : Endverbraucher *m*, Endverbraucherin *f*

energize : Energie zuführen *v*

energy : Energie *f*

~ **agriculture** : Landbau für Energieerzeugung *(m)*

~ **application** : Energieanwendung *f*

~ **balance** : Energiebilanz *f*, Energiehaushalt *m*, Energieumsatz *m*

~ **budget** : Energiebilanz *f*

~ **concept** : Energiekonzept *nt*

~ **-conscious** : energiebewusst *adj*

~ **conservation** : Energieeinsparung *f*

≗ ≗ **Act** : Energieeinsparungsgesetz *nt*

~ **consuming countries** : Energieverbraucherländer *pl*

~ **consumption** : Energieverbrauch *m*

~ ~ **categorisation act** : Energieverbrauchs-Kennzeichnungsgesetz *nt*

~ **conversion** *f* Energieumwandlung *f*

~ ~ **technology** : Energieumwandlungstechnik *f*

~ **costs** : Energiekosten *pl*

~ **crisis** : Energiekrise *f*

~ **crops** : Energiepflanzen *pl*

~ **demand** : Energiebedarf *m*, Energienachfrage *f*

~ **dependance** : Energieabhängigkeit *f*

~ **development** : Energieentwicklung *f*

~ **dissipation** : Energieverschwendung *f*

~ ~ **structure** : Energieumwandlungsbauwerk *nt*

~ **efficiency** : Energieausnutzung *f*, Energieeffizienz *f*

~**-efficient** : energiesparend *adj*

~-~ **machine** : energiesparende Maschine *(f)*

~ **extraction** : Energieentzug *m*

~ **farm** : Energiefarm *f*

~ **flow** : Energiefluss *m*

~ **form** : Energieart *f*

~ **gap** : Energielücke *f*

~ **generating plant** : Energieerzeugungsanlage *f*

~ **generation** : Energieerzeugung *f*, Energiegewinnung *f*

≗**-giving** : energiespendend *adv*

~ **gradient** : Energiegefälle *nt*

~ **law** : Energierecht *nt*

~ **legislation** : Energierecht *nt*

~ **management** : Energiebewirtschaftung *f*, Energiemanagement *nt*, Energiewirtschaft *f*

~ ~ **act** : Energiewirtschaftsgesetz *nt*

~ **market** : Energiemarkt *m*

~ **optimization** : Energieoptimierung *f*

~ **policy** : Energiepolitik *f*

~ **problem** : Energieproblem *nt*

~ **production** : Energiegewinnung *f*

~ **programme** : Energieprogramm *nt*

~ **recovery** : Energierückgewinnung *f*

~ **requirement** : Energiebedarf *m*

~ ~ **for removal**: Abbauaufwand *m*

~ **research** : Energieforschung *f*

~ **reserves** : Energievorrat *m*

~ **resources** : Energieressourcen *pl*

~ **safeguarding** : Energiesicherung *f*

~**-saving** : energiesparend *adj*

~-~ **technology** : energiesparende Technik *(f)*

~ **saving** : Energieeinsparung *f*

~ ~ **lamp** : Energiesparlampe *f*

~ ~ **measure** : Energiesparmaßnahme *f*

~ ~ **motor** : Energiesparmotor *m*

~ ~ **potential** : Energieeinsparpotenzial *nt*

~ ~ **programme** : Energiesparprogramm *nt*

~ ~ **system** : Energiesparsystem *nt*

~ **shortage** : Energieknappheit *f*

~ **situation** : Energielage *f*

~ **source** : Energiequelle *f*, Energieträger *m*

~ ~ **matrial** : Energieträger *m*

~ **statistics** : Energiestatistik *f*

~ **storage** : Energiespeicherung *f*

~ **strategy** : Energiekonzept *nt*

~ **supply** : Energielieferung *f*, Energieversorgung *f*, Energiezufuhr *f*

~ ~ **act** : Energieversorgungsgesetz *nt*

~ **technology** : Energietechnik *f*

~ **type** : Energieart *f*

~ **use** : Energienutzung *f*, Energieverbrauch *m*

~ **utilization** : Energieausnutzung *f*, Energienutzung *f*

~ **value** : Energiewert *m*, Nährwert *m*

~ **yield** : Energieertrag *m*

enforce : erzwingen *v*

enforceable : durchsetzbar *adj*

enforcement : Durchsetzung *f*, Erzwingung *f*, Vollzug *m*

engine : Lok *f*, Lokomotive *f*, Motor *m*, Triebwerk *nt*

~ **compartment** : Motorraum *m*

engineer : Ingenieur *m*, Ingenieurin *f*

engineering : Technik *f*

~ **of special-purpose plants**: Sonderanlagenbau *m*

~ **feasibility** : technische Durchführbarkeit *(f)*

engine || knocking : Motorenklopfen *nt*

~ **noise** : Maschinenlärm *m*, Motorengeräusch : Motorenlärm *m*

~ **oil** : Motoröl *nt*

~ **performance** : Motorleistung *f*

~ **trouble** : Motorschaden *m*

~ **wash-down** : Motorwäsche *f*

English : englisch *adj*

~ : Engländer *pl*, Englisch *nt*

~ **Nature** : Englands Natur *(f)*

enhance : erhöhen, steigern, verbessern, verstärken *v*

enhanced : verbessert, verstärkt *adj*

enhancement : Erhöhung *f*, Steigerung *f*, Verstärkung *f*

enhancer : Geschmacksverstärker *m*

enjoy : erfreuen, genießen *v*

enjoyment : Vergnügen *nt*

enlarge : erweitern *v*

enlarged : erweitert *adj*

~ access : erweiterter Zugang *(m)*

enlargement : Erweiterung *f*

enlightened : weitsichtig *adj*

en masse : en masse, in großer Menge, in großer Zahl, reihenweise *adv*

~ conveyor : Trogkettenförderer *m*

enrich : anreichern, bereichern *v*

enriched : angereichert *adj*

~ fission material: angereichertes Spaltmaterial *(nt)*

enrichment : Anreicherung *f*

~ with harmful substances: Schadstoffanreicherung *f*

~ ratio : Anreicherungsverhältnis *nt*

ensilage : Silierung *f*

ensiling : Silierung *f*

ensue : folgen *v*

ensure : gewährleisten, schützen, (sich) vergewissern *v*

ensuring : gewährleistend, schützend, vergewissernd *adj*

~ : Gewährleistung *f*

~ enough energy : Energiesicherung *f*

entail : mit sich bringen *v*

enter : eintreten *v*

~ into force: in Kraft treten *v*

enteric : Darm-, Entero- *adj*

~ bacteria : Enterobakterien *pl*

~ virus : Enterovirus *m*

entering : Eintreten *nt*

enterprise : Betrieb *m,* Unternehmen *nt*

enthalpy : Enthalpie *f*

entitle : berechtigen *v*

entitlement : Anrecht *nt,* Anspruch *m,* Berechtigung *f*

~ to petition: Antragsbefugnis *f*

entity : Eigenständigkeit *f*

entombment : Einsargung *f*

entomological : entomologisch *adj*

entomologist : Entomologe *m,* Entomologin *f*

entomology : Entomologie *f,* Insektenkunde *f*

entomophages : Entomophage *pl*

entrainment : Mitschleppen *nt*

entrance : Eingang *m*

~ to the town: Ortseingang *m*

~ to the village: Ortseingang *m*

entrap : abfangen, binden, einschließen *v*

entrepreneurship : Unternehmertum *nt*

entropy : Entropie *f*

entry : Betreten *nt*

~ right : Betretungsrecht *nt*

environics : Umweltüberwachung *f*

environment : Lebensraum *m,* Umgebung *f,* Umwelt *f*

~ agency : Umweltamt *nt*

environmental : Öko-, Umgebungs-, umgebungsabhängig, umgebungsbedingt, Umwelt-, umweltabhängig, umweltpolitisch, umweltschützerisch *adj*

~ academy : Umweltakademie *f*

~ acceptability : Umweltfreundlichkeit *f*

~ accounting : umweltökonomische Gesamtrechnung *(f)*

~ activism : Umweltaktivismus *m*

~ actor : Umweltakteur *m*

~ advice : Umweltberatung *f*

~ adviser : Umweltberater *m,* Umweltberaterin *f*

~ affair : Umweltfrage *f*

~ agency : Umweltagentur *f*

~ air : Umgebungsluft *f*

~ anxiety : Umweltangst *f*

~ aspect : Umweltaspekt *m*

~ assessment : Umweltbewertung *f,* Umweltverträglichkeitsprüfung *f*

~ attitude : Umwelteinstellung *f*

~ audit : Umweltaudit *nt*

~ ~ Act : Umweltauditgesetz *nt*

~ award : Umweltpreis *m*

~ awareness : Umweltbewusstsein *nt*

~ balance : Umweltbilanz *f*

~ behaviour : Umweltverhalten *nt*

~ benefit : ökologische Leistung *(f)*

~ biology : Umweltbiologie *f*

~ catastrophe : Umweltkatastrophe *f*

~ chamber : Klimaprüfkammer *f*

~ change : Umweltveränderung *f*

~ chemicals legislation : Umweltchemikalienrecht *nt*

~ chemistry : Umweltchemie *f*

~ code : Umweltgesetzbuch *nt*

~ committee : Umweltausschuss *m*

~ compatibility : Umweltverträglichkeit *f*

~ conflict theme : Umweltkonfliktthema *nt*

~ consciousness : Umweltbewusstsein *nt*

~ consequences : Umweltauswirkung *f*

~ conservation : Umweltschutz *m*

~ consultant : Umweltberater *m,* Umweltberaterin *f*

~ contamination : Umweltkontamination *f*

~ contemplation : Umweltbetrachtung *f*

~ control : Umweltkontrolle *f,* Umweltüberwachung *f*

~ ~ measure : Umweltschutzmaßnahme *f*

~ costs : Umweltkosten *pl*

~ crime : Umweltkriminalität *f*

~ ~ law : Umweltkriminalitätsgesetz *nt*

~ criminal law : Umweltstrafrecht *nt*

~ criterion : Umweltkriterium *nt*

~ damage : Umweltschaden *m,* Umweltschädigung *f*

~ data : Umweltdaten *pl*

~ database : Umweltdatenbank *f*

~ data matrix : Umweltdatenmatrix *f*

~ data processing : Umweltdatenverarbeitung *f*

~ destruction : Umweltzerstörung *f*

~ deterioration : Umweltverschlechterung *f*

~ **didactics** : Umweltdidaktik *f*

~ **dimension** : Umweltdimension *f*

~ **disaster** : Umweltkatastrophe *f*

~ **economics** : Umweltökonomie *f*

~ ~ **of firms** : betriebliche Umweltökonomie *(f)*

~ **education** : Umweltbildung *f*, Umwelterziehung *f*

~ **effect** : Umweltauswirkung *f*

~ **engineer** : Umweltschutzingenieur *m*, Umweltschutzingenieurin *f*

~ **engineering** : Umwelttechnik *f*

~ **evaluation** : Umweltbewertung *f*, Umweltgutachten *nt*

~ **factor** : Umweltfaktor *m*

~ **finance legislation** : Umweltfinanzrecht *nt*

~ **forum** : Umweltforum *nt*

~ **foundation** : Umweltstiftung *f*

~ **friendly procurement** : umweltfreundliche Beschaffung *(f)*

~ **funds** : Umweltfonds *m*

~ **geology** : Umweltgeologie *f*

~ **group** : Umweltorganisation *f*

~ **hazard** : Umweltgefährdung *f*

~ **health officer** : Umweltbeauftragte *f*, Umweltbeauftragter *m*, Umweltschutzbeauftragte *f*, Umweltschutzbeauftragter *m*

~ **history** : Umweltgeschichte *f*

~ **hygiene** : Umwelthygiene *f*

~ **imbalance** : Umweltungleichgewicht *nt*

~ **impact** : Umweltauswirkung *f*, Umweltbelastung *f*, Umweltwirkung *f*

~ ~ **assessment** : Umweltverträglichkeitsprüfung *f*

≗ ≗ ≗ **Act** : Gesetz über die Umweltverträglichkeitsprüfung *(nt)*

~ ~ **study** : Umweltverträglichkeitsstudie *f*

~ **improvement programme** : Umweltprogramm *nt*

~ **indicator** : Umweltindikator *m*

~ **influence** : Umwelteinfluss *m*, Umwelteinwirkung *f*

~ **informatics** : Umweltinformatik *f*

~ **information** : Umweltinformation *f*

≗ ≗ **Act** : Umweltinformationsgesetz *nt*

~ ~ **system** : Umweltinformationssystem *nt*

~ **infringement** : Umweltbeeinträchtigung *f*

~ **investment** : Umweltinvestition *f*, Umweltschutzinvestition *f*

~ **issue** : Umweltfrage *f*, Umweltproblem *nt*

environmentalist : Umweltschützer *m*, Umweltschützerin *f*

~ **lobby** : Umweltlobby *f*

environmental || knowledge : Umweltwissen *nt*

~ **label** : Umweltzeichen *nt*

~ **law** : Umweltgesetz *nt*

~ **legislation** : Umweltgesetzgebung *f*, Umweltrecht *nt*, Umweltschutzgesetzgebung *f*

~ ~ **on agriculture:** Agrarumweltrecht *nt*

~ **liability** : Umwelthaftung *f*

≗ ≗ **Act** : Umwelthaftungsgesetz *nt*

~ **licence** : Umweltlizenz *f*

environmentally : im Hinblick auf die Umwelt, umwelt-, umweltmäßig *adv*

~ **aware** : umweltbewusst *adj*

~ **conscious** : umweltbewusst *adj*

~ **friendly** : umweltfreundlich *adj*, umweltorientiert *adj*

~ ~ **materials** : umweltfreundliches Material *(f)*

~ ~ **product** : umweltfreundliches Produkt *(f)*

~ **harmful** : umweltschädlich *adj*

~ **induced** : umweltverursacht *adj*

~ ~ **disease** : umweltverursachte Krankheit *(f)*

~ **orientated** : umweltorientiert *adj*

~ **sensitive** : umweltgerecht *adj*

~ ~ **building** : umweltgerechtes Bauen *(nt)*

~ **sound** : umweltfreundlich *adj*, umweltgerecht *adj*, umweltverträglich *adj*

environmental || management : Umweltgestaltung *f*, Umweltmanagement *nt*

~ ~ **system** : Umweltmanagementsystem *nt*

~ **master plan** : Umweltleitplan *m*

~ **measuring || station** : Umweltmessstation *f*

~ ~ **system** : Umweltmesssystem *nt*

~ **medicine** : Umweltmedizin *f*

~ **meteorology** : Umweltmeteorologie *f*

~ **ministers' conference** : Umweltministerkonferenz *f*

~ **ministry** : Umweltministerium *nt*

~ **model** : Umweltmodell *nt*

~ **monitoring** : Umweltmonitoring *nt*, Umweltüberwachung *f*

~ ~ **program (Am)** : Umweltüberwachungsprogramm *nt*

~ ~ **programme** : Umweltüberwachungsprogramm *nt*

~ ~ **system** : Umweltkontrollsystem *nt*, Umweltüberwachungssystem *nt*

~ **movement** : Umweltbewegung *f*

~ **noise** : Umgebungslärm *m*

~ **nongovernmental organisation/organization** : Umweltverband *m*

~ **noxiousness** : Umweltschädlichkeit *f*

~ **offence** : Umweltdelikt *nt*

~ **operation testing** : Umweltbetriebsprüfung *f*

~ **organisation** : Umweltorganisation *f*

~ **organization** : Umweltorganisation *f*

~ **pacifism** : Ökopazifismus *m*

~ **plan** : Umweltplan *m*

~ **planning** : Umweltplanung *f*

~ **plant** : Umweltanlage *f*

~ **performance** : Umweltleistung *f*

~ **policy** : Umweltpolitik *f*

~ **pollutant** : Umweltgift *nt*

~ **pollution** : Umweltbelastung *f*, Umweltverschmutzung *f*

~ **precautions** : Umweltvorsorge *f*

~ **preservation** : Umwelterhaltung *f*

~ **profile** : Umweltprofil *nt*

~ **program (Am)** : Umweltprogramm *nt*

~ **programme** : Umweltprogramm *nt*

~ **project** : Umweltvorhaben *nt*

~ **protection** : Umweltschutz *m*

~ ~ **agency** : Umweltbehörde *f*, Umweltschutzbehörde *f*

~ ~ **concept** : Umweltschutzkonzept *nt*

~ ~ **costs** : Umweltschutzkosten *pl*

~ ~ **industry** : Umweltschutzindustrie *f*

~ ~ **in the enterprise:** betrieblicher Umweltschutz *(m)*

~ ~ **management** : Umweltschutzmanagement *nt*

~ ~ **manual** : Umweltschutzhandbuch *nt*

~ ~ **market** : Umweltschutzmarkt *m*

~ ~ **ordinance** : Umweltschutzauflage *f*

~ ~ **organisation** : Umweltschutzorganisation *f*

~ ~ **organization** : Umweltschutzorganisation *f*

~ ~ **regulation** : Umweltschutzvorschrift *f*

~ ~ **standard** : Umweltschutznorm *f*

~ ~ **technology** : Umweltschutztechnik *f*

~ **psychology** : Umweltpsychologie *f*

~ **quality** : Umweltqualität *f*

~ ~ **criterion** : Umweltqualitätskriterium *nt*

~ ~ **objective** : Umweltqualitätsziel *nt*

~ ~ **standard** : Umweltqualitätsnorm *f*, Umweltqualitätsstandard *m*

~ **radioactivity** : Umweltradioaktivität *f*

~ **registration** : Umwelterfassung *f*

~ **rehabilitation** : Umweltneugestaltung *f*, Umweltsanierung *f*

~ **relevance** : Umweltrelevanz *f*

~ **report** : Umweltbericht *m*

~ **research** : Umweltforschung *f*

~ **resistance** : Resistenz gegen Umwelteinflüsse *(f)*

~ **resources** : Umweltgüter *pl*

~ **risk** : Umweltrisiko *nt*

~ ~ **analysis** : Umweltrisikoanalyse *f*

~ **science** : Umweltwissenschaft *f*

~ **soundness** : Umweltverträglichkeit *f*

~ **specimen bank** : Umweltprobenbank *f*

~ **standard** : Umweltnorm *f*

~ **statement** : Umwelterklärung *f*

~ **statistics** : Umweltstatistik *f*

~ **stress** : Umweltbelastung *f*

~ **studies** : Umweltstudien *pl*

~ **supervision plan** : Umweltleitplan *m*

~ **tax** : Umweltsteuer *f*

~ **technology** : Umwelttechnik *f*

~ **training** : Umweltausbildung *f*, Umweltbildung *f*

~ ~ **course** : Umweltseminar *nt*

~ ~ **system** : Umweltbildungssystem *nt*

~ **verifier** : Umweltgutachter *m*, Umweltgutachterin *f*

environment || -conscious : umweltbewusst *adj*

~**-friendly** : umweltfreundlich *adj*

~ **load** : Umgebungsbelastung *f*

~ **protection** : Umweltschutz *m*

~ **quality** : Umweltbeschaffenheit *f*

enzymatic : enzymatisch *adj*

~ **activity** : Enzymaktivität *f*

~ **assay** : Enzymanalyse *f*

enzyme : Enzym *nt*, Ferment *nt*

eolian (Am) : äolisch, Wind-, windbedingt, windverursacht *adj*

~ **deposit (Am)** : Äolium *nt*, Windablagerung *f*

~ **erosion (Am)** : Winderosion *f*

~ **soil (Am)** : äolischer Boden *(m)*

EOX value : EOX-Wert *m*

ephemeral : eintägig, ephemer, kurzlebig *adj*

~ **stream** : intermittierender Strom *(m)*, Trockenfluss *m*, Wadi *m*

epibenthic : epibenthisch *adj*

epibiont : Epibiont *m*

epibiosis : Epibiose *f*

epicentre : Epizentrum *nt*

epicormics : Wasserreiser *pl*

epidemic : epidemisch *adj*

~ : Epidemie *f*, Seuche *f*

epidemiological : epidemiologisch *adj*

~ **assessment** : epidemiologische Einschätzung *(f)*

~ **examination** : epidemiologische Untersuchung *(f)*

epidemiology : Epidemiologie *f*

epigeal : epigäisch *adj*

epilimnion : Epilimnion *nt*

epiphyte : Epiphyt *m*

episode : Begebenheit *f*, Vorfall *m*

epithelium : Epithel *nt*

epizoite : Epizoon *nt*

epoch : Epoche *f*

~**-making** : epochemachend *adj*

equal : ausgeglichen, gerecht, gleich *adj*

~ : Gleichgestellte *f*, Gleichgestellter *m*

equally : ebenso, gleich, in gleicher Weise, in gleiche Teile *adv*

equal treatment principle : Gleichbehandlungsgebot *nt*

equator : Äquator *m*

equatorial : äquatorial *adj*

~ **region** : äquatoriale Zone *(f)*

equilibrate : im Gleichgewicht halten *v*

equilibrium : Bilanzgleichgewicht *nt*, Gleichgewicht *nt*, Gleichgewichtssinn *m*

~ **constant** : Gleichgewichtskonstante *f*

equip : ausrüsten, ausstatten *v*

equipment : Anlage *f*, Ausrüstung *f*, Ausstattung *f*, Einrichtung *f*, Gerät *nt*

equipped : ausgerüstet *adj*

ill ~: schlecht ausgerüstet *adj*

well ~: gut ausgerüstet *adj*

equitable : ausgewogen, billig, gerecht, gleichberechtigt *adj*

equitably : gerecht *adv*

equity : billiges Recht *(nt)*, Billigkeit *f*, Eigenkapital *nt*, Gerechtigkeit *f*, natürliches Recht *(nt)*

equivalence : Äquivalenz *f*, Bedeutungsgleichheit *f*, Gleichwertigkeit *f*

equivalency : Gleichwertigkeit *f*

equivalent : äquivalent, gleichwertig *adj*

~ continuous noise level : äquivalenter Dauerschallpegel *(m)*

~ dose : Äquivalentdosis *f*

~ grain size : äquivalente Korngröße *(f)*

~ weight : Äquivalentgewicht *nt*

era : Ära *f*

eradicate : auslöschen, ausrotten, vernichten *v*

eradication : Ausrottung *f*, Vernichtung *f*

erect : aufbauen, errichten *v*

ergonomics : Arbeitsphysiologie *f*, Ergonomie *f*

ergot : Mutterkorn *nt*

ergotism : Ergotismus *m*, Mutterkornvergiftung *f*

erode : abtragen, angreifen, erodieren, unterminiert werden, verwittern *v*

erodibility : Erodierbarkeit *f*, Erosionsanfälligkeit *f*, Erosionsempfindlichkeit *f*

erodible : erodierbar *adj*

erosion : Abtragung *f*, Eintiefung *f*, Erosion *f*

erosional : Erosions- *adj*

~ base : Erosionsbasis *f*

~ processes : Erosionsprozesse *pl*

~ system : Erosionssystem *nt*

erosion || avoidance : Erosionsvermeidung *f*

~ class : Erosionsklasse *f*

~ control : Erosionsschutz *m*

~ ~ measure : Erosionsschutzmaßnahme *f*

~ damage : Erosionsschaden *m*

~ form : Erosionsform *f*

~ hazard : Erosionsgefährdung *f*

~ increase : Erosionszunahme *f*

~ index : Erosionsgrad *m*, Erosionsindex *m*

~ mapping : Erosionskartierung *f*, Erosionsschadenskartierung *f*

~ pavement : Erosionspflaster *nt*

~ pin : Erosionsnagel *m*

~ plot : Erosionsmessparzelle *f*

~ potential : Erosionskraft *f*, Erosionspotenzial *nt*, Erosionsvermögen *nt*

~ prevention : Erosionsverhütung *f*

~ protection : Erosionsschutz *m*

~ ~ strip : Erosionsschutzstreifen *m*

~ relict : Felsfreistellung *f*

~ stake : Erosionsmessstab *m*

~ susceptibility : Erosionsanfälligkeit *f*

~ type : Erosionsform *f*

erosive : erodierend, erosiv *adj*

~ velocity : erosive Fließgeschwindigkeit *(f)*, Grenzgeschwindigkeit *f*

erosivity : Erosionsgefährdung *f*, Erosivität *f*

~ index : Erosivitätsindex *m*

erratic : erratisch *adj*

~ block : Findling *m*

error : Fehler *m*

- **~ in consideration:** Abwägungsfehler *m*
- **~ of approximation:** Verfahrensfehler *m*

~ distribution : Fehlerverteilung *f*

erupt : ausbrechen *v*

eruption : Ausbruch *m*, Eruption *f*

erythrocythes : Erythrozyten *pl*

escape : Ausströmen *nt*, Entweichen *nt*, verwilderte Kulturpflanze *(f)*, verwildertes Haustier *(nt)*

~ : ausströmen, entweichen, verwildern *v*

escarpment : steile Böschung *(f)*, Steilstufe *f*

esker : Os *nt*

eskers : Oser *pl*

essence : ätherisches Öl *(nt)*, Essenz *f*

essential : essenziell, wesentlich *adj*

~ element : essenzielles Nährelement *(nt)*

~ elements : Mineralstoffe *pl*

~ fatty acid : essenzielle Fettsäure *(f)*

~ oil : ätherisches Öl *(nt)*

establish : ansiedeln (sich), beweisen, einbürgern, ermitteln, niederlassen *v*

established : angesiedelt, bewiesen, eingebürgert, ermittelt *adj*

~ right : Gewohnheitsrecht *nt*

establishment : Aufbau *m*, Einrichtung *f*, Ermittlung *f*, Errichtung *f*, Herstellung *f*

- **~ of a dump:** Deponiegestaltung *f*
- **~ of forests:** Waldbau *m*
- **~ of niche:** Einnischung *f*
- **~ of permanent forests:** Einforsten *nt*

estate : Anwesen *nt*, Besitz *m*, Gut *nt*, Gutshof *m*, Siedlung *f*

~ agriculture : großbetriebliche Landwirtschaft *(f)*

estavelle : Estavelle *f*

esteem : Wertschätzung *f*

esterase : Esterase *f*

estimate : Einschätzung *f*, Schätzung *f*

~ : einschätzen, schätzen *v*

- **~ of costs:** Kostenvorausschätzung *f*

estimation : Beurteilung *f*, Bewertung *f*, Einschätzung *f*, Ermessen *nt*, Schätzung *f*, Wertschätzung *f*

estivation : Aestivation *f*

estuarine : Ästuar- *adj*

~ deposition : Ablagerungen im Mündungsgebiet *(pl)*

~ plant : Brackwasserpflanze *f*

estuary : Ästuar *m*, Flussmündung *f*, Meeresarm *m*, Trichtermündung *f*

etching : ätzend *adj*

~ : Ätzung *f*, Radierung *f*

~ agent : Ätzmittel *nt*

~ substance : Ätzmittel *nt*

ethical : Ethik-, ethisch, moralisch *adj*

~ committee : Ethikkommission *f*

ethics : Berufsethos *nt*, Ethik *f*, Standesethos *nt*, Standesmoral *f*

ethnobotany : Ethnobotanik *f*

ethnology : Ethnologie *f*, Völkerkunde *f*

ethology : Ethologie *f*, Verhaltensforschung *f*

ethylation : Ethylierung *f*

etiolation : Etiolement *nt*, Vergeilung *f*

eu-atlantic : euatlantisch *adj*

EU biocide directive : EU-Biozidrichtlinie *f*

EU council : Rat der Europäischen Union *(m)*

~ ~ of ministers: EU-Ministerrat *m*

EU directive : EU-Richtlinie *f*

~ ~ establishing a Framework for Community Action in the Field of Water policy: EU-Richtlinie zur Schaffung eines Ordnungsrahmens für Maßnahmen der Gemeinschaft im Bereich der Wasserpolitik *(f)*

~ ~ on waste disposal: EU-Deponierichtlinie *f*

EU eco-management and audit regulation : EU-Ökoauditverordnung *f*

EU funding : EU-Förderung *f*

euphotic : euphotisch, lichtliebend *adj*

~ zone : euphotische Wasserschicht *(f)*, euphotische Zone *(f)*

EU regulation : EU-Verordnung *f*

~ ~ on existing chemicals: EU-Altstoffverordnung *f*

Europe : Europa *nt*

European : europäisch *adj*

~ : Europäer *m*, Europäerin *f*

~ Atomic Energy Community : Europäische Atomgemeinschaft *(f)*

~ Community : Europäische Gemeinschaft *(f)*

~ Credit Transfer System : Europäisches System zur Anrechnung von Studienleistungen *(nt)*

~ Cultural Convention : Europäisches Kulturabkommen *(nt)*

~ Economic Community : Europäische Wirtschaftsgemeinschaft *(f)*

~ Environmental Agency : Europäische Umweltagentur *(f)*

~ Free Trade Assiciation : Europäische Freihandelsgemeinschaft *(f)*, Europäische Freihandelszone *(f)*

~ Parliament : Europa-Parlament *nt*

~ Recovery Programme : Europäisches Wiederaufbauprogramm *(nt)*

~ Union : Europäische Union *(f)*

~ Water Charter : Europäische Wassercharta *(f)*

euryecious : euryök *adj*

euryhalin : euryhalin *adj*

euryoecious : euryök *adj*

eurythermal : eurytherm *adj*

eurythermous : eurytherm *adj*

eurytopic : euytop *adj*

eustasy : Eustasie *f*

EU Treaty : EU-Vertrag *m*

eutrophic : eutroph, nährstoffreich *adj*

~ lake : eutropher See *(m)*

eutrophicated : eutrophiert *adj*

eutrophication : Eutrophierung *f*

eutrophy : Eutrophie *f*

~ : eutrophieren *v*

EU water framework directive : EU-Wasserrahmenrichtlinie *f*

EU water protection directive : EU-Gewässerschutzrichtlinie *f*

evaluate : abschätzen, beurteilen, bewerten *v*

evaluation : Auswertung *f*, Berechnung *f*, Beurteilung *f*, Bewertung *f*, Einschätzung *f*, Evaluierung *f*, Schätzung *f*

~ of value: Wertermittlung *f*

~ criteria : Bewertungskriterien *pl*

~ criterion : Bewertungskriterium *nt*

~ curve : Bewertungskurve *f*

~ factor : Bewertungsfaktor *m*

~ method : Bewertungsmethode *f*, Bewertungsverfahren *nt*

~ process : Auswertungsverfahren *nt*

~ scheme : Bewertungsschema *nt*

evaporate : eindampfen, verdampfen, verdunsten *v*

evaporated : verdunstet *adj*

evaporation : Eindampfung *f*, Evaporation *f*, Verdampfung *f*, Verdunstung *f*

~ area : Verdunstungsfläche *f*

~ loss : Verdunstungshöhe *f*

~ plant : Eindampfanlage *f*

~ residue : Eindampfrückstand *m*

evaporator : Verdampfer *m*

evaporimeter : Evaporimeter *nt*, Verdunstungsmesser *m*

evapotranspiration : Evapotranspiration *f*

evapotranspire : verdunsten *v*

evasion : Evasion *f*

even : eben, glatt, gleich *adj*

~-aged : gleichaltrig *adj*

event : Ereignis *nt*, Veranstaltung *f*, Vorfall *m*

evergreen : immergrün *adj*

~ : immergrüne Pflanze *(f)*

eviction : Vertreibung *f*

evidence : Beweis *m*

evolution : Evolution *f*

ewe : Mutterschaf *nt*

exacerbate : verstärken *v*

examination : Prüfung *f*, Prüfungsarbeit *f*, Überprüfung *f*, Untersuchung *f*

~ for exception: Sonderfallprüfung *f*

~ of aircraft noise: Fluglärmuntersuchung *f*

~ of interests: Interessenanalyse *f*

~ of the condition of buildings: Bausubstanzuntersuchung *f*

~ regulations : Prüfungsordnung *f*

examine : prüfen, überprüfen, untersuchen *v*

examiner : Prüfer *m*, Prüferin *f*

example : Beispiel *nt*

~ for instruction: Unterrichtsbeispiel *nt*

excavate : ausgraben, ausheben *v*

excavated : ausgegraben, ausgehoben *adj*

~ hole : Baggerloch *nt*

~ soil : Bodenaushub *m*

excavating : ausgrabend, Ausgrabungs- *adj*

~ works : Baggerarbeit *f*

excavation : Abgrabung *f*, Ausgrabung *f*, Aushebung *f*, Baggerarbeit *f*, Baugrube *f*, Bodenaushub *m*

~ material : Aushub *m*

excavator : Bagger *m*

exceed : überschreiten, übersteigen *v*

exceeding : außerordentlich, äußerst, überaus, übermäßig, überschreitend, übersteigend *adj*

~ : Übererfüllung *f*, Überschreitung *f*

~ **of the threshold:** Grenzwertüberschreitung *f*

not ~: nicht höher als

exceedingly : ausgesprochen, äußerst, überaus *adv*

except : außer *prep*

~ **for access:** Anlieger frei

~ : absehen, ausnehmen, Einwendungen machen, vorbehalten *v*

exceptional : Ausnahme-, ausnehmend, außergewöhnlich, besondere /~r /~s, Sonder- *adj*

~ **case** : Ausnahmefall *m*

exceptionally : ausnahmsweise, außergewöhnlich *adv*

excess : überschüssig *adj*

~ : Übermaß *nt*, Überschuss *m*

in ~ (of): hinausgehend (über), überschreitend *adj*

~ **cutting** : Übernutzung *f*

~ **embargo** : Übermaßverbot *nt*

~ **rainfall** : Regenüberschuss *m*, überschüssiger Niederschlag *(m)*

~ **water** : Überschusswasser *nt*

excessive : exzessiv, übermäßig, übertrieben, unmäßig, zu stark *adj*

~ **dose** : Überdosierung *f*

excessively : exzessiv, übertrieben, unmäßig *adv*

excessive noise : übermäßiger Lärm *(m)*

exchange : Austausch *m*

~ **of experience:** Erfahrungsaustausch *m*

~ **of ideas:** Gedankenaustausch *m*

~ **of information:** Erkenntnisaustausch *m*, Informationsaustausch *m*

~ : austauschen *v*

exchangeable : austauschbar *adj*

~ **nutrient** : austauschbarer Nährstoff *(m)*

exchange || complex : Austauschkomplex *m*

~ **process** : Austauschprozess *m*

exchanger : Austauscher *m*

exchange || rate : Wechselkurs *m*

~ **scheme** : Austauschprogramm *nt*

excitation : Anregung *f*, Erregung *f*

~ **spectrum** : Anregungsspektrum *nt*

exclude : ausschließen *v*

exclusive : Allein-, alleinig, ausschließlich, einzig, exklusiv, Exklusiv-, ungeteilt *adj*

~ **legislation** : ausschließliche Gesetzgebung *(f)*

excrement : Exkremente *pl*, Kot *m*

excreta : Ausscheidungsstoffe *pl*, Exkreta *pl*, Fäkalien *pl*, Kot *m*

~ **disposal** : Fäkalienablagerung *f*, Fäkalienbeseitigung *f*

~ **fertilizing** : Exkrementdüngung *f*

excrete : absondern, ausscheiden *v*

excreting : absondernd *adj*

excretion : Ausscheidung *f*, Exkretion *f*

execute : vollziehen *v*

execution : Ausführung *f*, Durchführung *f*, Unterzeichnung *f*, Vollstreckung *f*, Vollziehung *f*, Vollzug *m*

~ **at discretion:** Ermessensausübung *f*

~ **act** : Ausführungsgesetz *nt*

~ **helper** : Verrichtungsgehilfe *m*

executive : Ausführungs-, Durchführungs-, exekutiv, geschäftsführend, leitend *adj*

~ : Exekutive *f*, leitende Angestellte *(f)*, leitender Angestellter *(m)*, Vorstand *m*

~ **code** : Ausführungsvorschrift *f*, Durchführungsvorschrift *f*

~ **committee** : Vorstand *m*

~ **order** : Durchführungsverordnung *f*, Vollzugsanordnung *f*

~ **power** : Staatsgewalt *f*

exemplary : beispielhaft *adj*

~ **damages** : Schmerzensgeld *nt*

exempt : ausnehmen, befreien *v*

exemption : Befreiung *f*

~ **permit** : Ausnahmegenehmigung *f*

~ **regulation** : Ausnahmeverordnung *f*

~ ~ **on the transport of dangerous goods by rail:** Eisenbahngefahrgutausnahmeverordnung *f*

exercise : Auslauf *m*, Ausübung *f*, Bewegung *f*, Manöver *nt*, Training *nt*, Übung *f*

~ : ausüben *v*

~ **area** : Bewegungsraum *m*

exercising : Ausübung *f*

exhalation : Atemzug *m*, Ausatmung *f*, Exhalation *f*, exhalierte Dämpfe *(pl)*, exhalierte Gase *(pl)*

~ **conduit** : Gasexhalationskanal *m*

exhaust : Abgase *pl*, Abgasleitung *f*, Abgasrohr *nt*, Auspuff *m*, Auspuffgase *pl*

~ : auspumpen, ausschöpfen, erschöpfen, herauspumpen *v*

~ **air** : Abluft *f*

~ ~ **cleaning** : Abluftreinigung *f*

~ ~ **containing dust** : staubhaltige Abluft *(f)*

~ **device** : Auspuffanlage *f*

~-driven turbine : Abgasturbine *f*

exhausted : erschöpft *adj*

exhaust emission || standard : Abgasnorm *f*

~ ~ **specification** : Abgassollwert *m*

~ **standard** : Abgasvorschrift *f*

~-free : abgasfrei *adj*

~ **fumes** : Abgas *nt*, Auspuffgase *pl*

~ **gas** : Abgas *nt*

~ ~ **afterburning** : Abgasnachverbrennung *f*

~ ~ **catalyst** : Abgaskatalysator *m*

~ ~ **cleaning system** *nt*, Abgasreinigungssystem *nt*

~ ~ **composition** : Abgaszusammensetzung *f*

~ ~ **desulfurization (Am)** : Abgasentschwefelung *f*, Entschwefelung von Abgas *(f)*

~ ~ **desulphurization** : Abgasentschwefelung *f*, Entschwefelung von Abgas *(f)*

~ ~ **detoxification** : Abgasentgiftung *f*

~ ~ **diffusion** : Abgasausbreitung *f*

~ **gases** : Auspuffgase *pl*

~ **gas || extraction** : Abgasabsaugung *f*

~ ~ **hose** : Abgasschlauch *m*

~ ~ **humidity** : Abgasfeuchte *f*, Abgasfeuchtigkeit *f*

~ ~ **jet** : Abgasstrahl *m*

~ ~ **limit** : Abgasgrenzwert *m*

~ ~ **measurement** : Abgasmessung *f*, Abgasuntersuchung *f*

~ ~ **rate** : Abgasmenge *f*

~ ~ **recirculation** : Abgasrückführung *f*

~ ~ **recirculation system** : Abgasrückführungssystem *nt*

~ ~ **regulations** : Abgasbestimmungen *pl*

~ ~ **temperature** : Abgastemperatur *f*

~ ~ **treatment** : Abgasreinigung *f*

exhaustible : begrenzt , erschöpflich *adj*

exhaust installation : Auspuffanlage *f*

exhaustion : Ausschöpfung *f*, Erschöpfung *f*

exhaust || noise : Auspuffgeräusch *nt*

~ **pipe** : Auspuffrohr *nt*

~ **steam** : Abdampf *m*

~ **sucking-off** : Absaugung *f*

~ **tail** : Abgasfahne *f*

~ **ventilation || equipment** : Absauganlage *f*

~ ~ ~ **for swarf:** Späneabsauganlage *f*

~ ~ **hood** : Absaughaube *f*

~ ~ **hose** : Absaugschlauch *m*

~ ~ **system** : Absauganlage *f*

~ ~ **wall** : Absaugwand *f*

exhibition : Ausstellung *f*

~ **hall** : Messehalle *f*

~ **site** : Ausstellungsgelände *nt*

existence : Existenz *f*, Vorhandensein *nt*

existing : Alt-, vorhanden *adj*

~ **chemical** : Altstoff *m*

~ **plant** : Altanlage *f*

~ **substance** : Altstoff *m*

~ ~**s Regulation** : Altstoffverordnung *f*

exodus : Abwanderung *f*, Auswanderung *f*

~ **from the cities:** Stadtflucht *f*

exogenous : exogen *adj*

exosphere : Exosphäre *f*

expanded : aufgeschäumt, geschäumt *adj*

~ **slate** : Blähschiefer *m*

expanding : wachsend *adj*

~ **agent** : Treibmittel *nt*

expanse : Fläche *f*

~ **of water:** Wasserfläche *f*

expansion : Ausdehnung *f*, Erweiterung *f*, Expansion *f*, Vergrößerung *f*

~ **of built-up areas:** Ausdehnung von bebauten Flächen *(f)*

~ **joint** : Bewegungsfuge *f*, Kompensator *m*

expectation : Erwartung *f*

expedition : Forschungsreise *f*

expenditure : Aufwand *m*, Ausgaben *pl*

~ **of energy:** Energieaufwand *m*

expense : Ausgabe *f*

experience : Erfahrung *f*

~ : erfahren, erleben, kennen lernen *v*

experienced : erfahren *adj*

experiment : Experiment *nt*, Versuch *m*

experimental : Experimental-, experimentell, Experimentier-, Versuchs- *adj*

~ **design** : Versuchsanordnung *f*

experimentally : experimentell, versuchsweise *adv*

experimental || plantation : Versuchspflanzung *f*

~ **plot** : Versuchsfläche *f*, Versuchsparzelle *f*

~ **setup** : Versuchsanordnung *f*

expert : Experte *m*, Expertin *f*, Fachfrau *f*, Fachmann *m*, Sachverständige *f*, Sachverständiger *m*

~ **in constitutional law:** Staatsrechtler *m*, Staatsrechtlerin *f*

expertise : Erfahrung *f*, Gutachten *nt*, Sachverständigengutachten *nt*, Wissen *nt*

expert opinion : fachliche Beurteilung *(f)*, Gutachten *nt*

expiration : Ausatmung *f*

expiry : Ablauf *m*, Außerkrafttreten *nt*, Erlöschen *nt*, Verfall *m*

explain : erklären *v*

explained : aufgeklärt, erklärt *adj*

explode : explodieren, sprengen *v*

exploit : ausbeuten, ausnutzen, nutzen *v*

~ **mineral resources** : Bodenschätze ausbeuten

exploitability : Nutzbarkeit *f*

exploitable : nutzbar *adj*

exploitation : Abbau *m*, Ausbeutung *f*, Ausnutzung *f*, Nutzung *f*, Verwertung *f*

~ **of a mine:** Ausbeutung eines Bergwerks *(f)*

~ **of ore:** Erzgewinnung *f*

exploration : Erforschung *f*, Erkundung *f*, Untersuchung *f*

~ **work** : Aufschließungsarbeit *f*

explore : erkunden *v*

explosion : Detonation *f*, Explosion *f*

~ **damage protection** : Explosionsschutz *m*

~ **limit** : Zündtemperaturgrenze *f*

~ **protection** : Explosionsschutz *m*, Explosionsunterdrückung *f*

~ ~ **net** : Explosionsschutznetz *nt*

~ **suppression** : Explosionsunterdrückung *f*

explosive : explosionsfähig, explosionsgefährlich, explosiv, sich schnell vermehrend *adj*

~ **concentration of noxious substances** : explosionsfähige Schadstoffkonzentration *(f)*

~ : Explosivstoff *m*, Sprengstoff *m*

~ **device** : Sprengkörper *m*

~ **ordinance disposal** : Kampfmittelräumung *f*

explosives law : Sprengstoffrecht *nt*

exponential : exponentiell *adj*

~ **growth** : exponentielles Wachstum *(nt)*

exponentially : exponentiell *adv*

export : Ausfuhr *f*, Export *m*

~ **license** : Ausfuhrgenehmigung *f*

~ **permit** : Ausfuhrgenehmigung *f*

~ **trade** : Außenhandel *m*

~ ~ **permission** : Ausfuhrgenehmigung *f*

expose : aufdecken, aussetzen, enthüllen, entlarven *v*

exposed : aufgedeckt, ausgesetzt, enthüllt, entlarvt, strahlenexponiert, trockengefallen *adj*

exposition : Ausstellung *f*, Darstellung *f*, Exposition *f*

exposure : Aufschluss *m*, Ausgesetztsein *nt*, Aussetzung *f*, Exposition *f*, Strahlenbelastung *f*

~ **to dust:** Staubexposition *f*

~ **dose** : Expositionsdosis *f*, Strahlendosis *f*

~ **duration** : Expositionsdauer *f*

~ **hazard** : Bestrahlungsrisiko *nt*

expression : Ausdruck *m*

expressway : Schnellstraße *f*

expropriation : Enteignung *f*, Expropriation *f*, Verstaatlichung *f*

~ **activity** : enteignender Eingriff *(m)*

~ **proceedings** : Enteignungsverfahren *nt*

~ **reversibility** : Rückenteignung *f*

extend : ausbauen, ausbreiten, ausdehnen, ausstrecken, ausziehen, erweisen, erweitern, gewähren, spannen, verlängern *v*

extended : ausgedehnt, erweitert, verlängert *adj*

~ **aeration** : Langzeitbelebung *f*

~ **family** : Großfamilie *f*

extensification : Extensivierung *f*

extension : Ausdehnung *f*, Beratung *f*, Erweiterung *f*, Vergrößerung *f*

~ **agency** : Beratungsdienst *m*

~ **agent** : Berater *m*, Beraterin *f*

extensionist : Berater *m*, Beraterin *f*

extension || message : Beratungsinhalt *m*

~ **officer** : Berater *m*, Beraterin *f*

~ **service** : Beratungsdienst *m*

extensive : ausführlich, ausgedehnt, beträchtlich, extensiv, flächenhaft, flächig, langwierig, raumgreifend, umfassend, umfangreich, weitreichend *adj*

~ **grazing** : extensive Beweidung *(f)*

extensively : ausführlich, beträchtlich, flächenhaft, flächig, gründlich *adv*

extent : Umfang *m*

~ **of cover:** Deckungsumfang *m*

exterminate : ausrotten, vernichten *v*

extermination : Ausrottung *f*

external : Außen-, äußer-, äußerlich, extern *adj*

~ **affairs** : Außenpolitik *f*

~ **competence** : Außenkompetenz *f*

~ **determination** : Fremdbestimmung *f*

~ **effects** : externe Effekte *(pl)*

~ **monitoring** : Fremdüberwachung *f*

~ **radioactive contamination** : äußere radioaktive Verseuchung *(f)*

~ **respiration** : äußere Atmung *(f)*

~ **trade** : Außenhandel *m*

externalities : externe Effekte *(pl)*, externe Kosten *(pl)*

externally : äußerlich, extern *adv*

extinct : ausgerottet, ausgestorben, erloschen *adj*

become ~: aussterben *v*

extinction : Ausrottung *f*, Aussterben *nt*

~ **coefficient** : Extinktionskoeffizient *m*

extinguishing : beseitigend, Lösch-, löschend *adj*

~ **plant** : Löschanlage *f*

extra : Mehr-, Sonder-, überzählig, zusätzlich *adj*

~ : besonders, extra *adv*

extrachromosomal : extrachromosomal *adj*

extract : Auszug *m*, Extrakt *m*

~ : abbauen, extrahieren, gewinnen, herausziehen *v*

extractable : extrahierbar *adj*

extracting : extrahierend, Extraktions- *adj*

~ **plant** : Extraktionsanlage *f*

extraction : Abbau *m*, Aushieb *m*, Entnahme *f*, Extraktion *f*, Gewinnung *f*, Herausziehen *nt*

~ **of air at ground level:** Bodenluftabsaugung *f*

~ **of environmental data:** Umweltdatengewinnung *f*

~ **column** : Extraktionskolonne *f*

extractive : rohstofferzeugend *adj*

extractor : Absaugvorrichtung *f*, Extraktionsapparat *m*

~ **fan** : Exhaustor *m*, Saugzuglüfter *m*

extra-curricular : außerschulisch *adj*

extraneous : belanglos, körperfremd, von außen *adj*

~ **noise** : Fremdgeräusch *nt*

extra space gained : Raumgewinn *m*

extreme : äußerst, gewaltig *adj*

~ : Extrem *nt*, Gegensatz *m*

extremely : äußerst, höchst *adv*

eye : Auge *nt*

~ **bank** : Augenbank *f*

eyebrow : Augenbraue *f*

~ **terrace** : Einzelterrasse *f*

eye || irritation : Augenreizung *f*

~ **protection** : Augenschutz *m*

eyesore : Schandfleck *m*

eyewash : Augenauswischerei *f*, Augenwasser *nt*

~ **bottle station** : Augenspülflasche *f*

~ **station** : Augenspülbrunnen *m*

eyrie : Horst *m*

F1 hybrid : F1 Hybride *f*

fabric : Gewebe *nt*

~ filter : Gewebefilter *m*

~ softener : Weichspüler *m*

facies : Fazies *f*

facilitate : erleichern *v*

facility : Anlage *f*, Einrichtung *f*

factor : Faktor *m*

~ market : Faktormarkt *m*

factory : Betrieb *m*, Fabrik *f*

~ act : Arbeitsschutzgesetz *nt*

~ farming : Massentierhaltung *f*

~ inspector : Gewerbeaufsichtsbeamte *f*, Gewerbeaufsichtsbeamter *m*

~ noise : Werkslärm *m*

~ ship : Fabrikschiff *nt*

facts : Fakten *pl*, Tatbestand *m*

faculty : Fachbereich *m*

faecal : fäkal, Fäkal- *adj*

~ bacteria : Fäkalbakterien *pl*

~ contamination : Fäkalienverseuchung *f*

~ matter : Fäkalien *pl*, Fäkalienmasse *f*

~ sludge : Fäkalschlamm *m*

faeces : Fäkalien *pl*, Kot *m*

Fahrenheit : Fahrenheit *nt*

failure : Ablehnung *f*, Fehlen *nt*, Nachlassen *nt*, Scheitern *nt*, Versagen *nt*, Versäumnis *nt*, Verschlechterung *f*, Zusammenbruch *m*

~ of the building: Baumangel *m*

faint : leise *adj*

fair : begründet, gerecht *adj*

faithful : naturgetreu, originalgetreu, treu *adj*

faithfulness : Genauigkeit *f*, Treue *f*

~ to place: Ortstreue *f*

faithfully : gewissenhaft, naturgetreu, pflichtreu, treu *adv*

falconer : Falkner *m*, Falknerin *f*

falconry : Falknerei *f*

fall : Fall *m*, Fallen *nt*, Niederschlag *m*

~ of snow: Schneefall *m*

~ : abstürzen, fallen *v*

~ (Am) : Herbst *m*

fallout : Fall out *m*, (radioaktiver) Niederschlag *m*

~ shelter : Atombunker *m*

fallow : brach, Brach-, brachliegend *adj*

~ : Brache *f*

let land lie ~: Land brachliegen lassen

~ area : Brachfläche *f*

~ crop : Brachfrucht *f*

~ cropping system : Brache-Anbau-System *nt*

~ cultivator : Brachlandgrubber *m*

~ deer : Damwild *nt*

~ field : Brachfläche *f*, Erholungsfläche *f*

~ land : Brache *f*, Brachland *nt*

~ recultivation : Brachflächenreaktivierung *f*

~ ~ treatment : Brachebehandlung *f*

~ period : Brachedauer *f*, Brachezeit *f*

~ plough : Brachpflug *m*

~ rotation : Bracherotation *f*

~ season : Brachezeit *f*

falls : Wasserfälle *pl*

fallspeed : Fallgeschwindigkeit *f*

fallstreak : Fallstreifen *m*

fall structure : Absturzbauwerk *nt*, Sohlstufe *f*

false : falsch *adj*

family : Familie *f*

~ income : Familieneinkommen *nt*

~ planning : Familienplanung *f*

~ policy : Familienpolitik *f*

famine : Hungersnot *f*

~-stricken countries: von Hungersnot bedrohte Länder *(pl)*

~ relief : Hungerhilfe *f*

famous : berühmt *adj*

fan : Gebläse *nt*, Ventilator *m*

~ : anfachen, fächeln *v*

fangs : Fang *m*

fanning : Rauchfahne *f*

fan out : auffächern, ausfächern, sich ausbreiten *v*

fare : Fahrgeld *nt*, Fahrpreis *m*

fares : Tarif *m*

farm : Bauernhof *m*, landwirtschaftlicher Betrieb *(m)*

~ : bebauen, Landwirtschaft betreiben, züchten *v*

~ budget : Betriebshaushalt *m*

farmed : bewirtschaftet, gezüchtet *adj*

~ landscape : Agrarlandschaft *f*

farmer : Bauer *m*, Bäuerin *f*, Landwirt *m*, Landwirtin *f*

farm-forestry : Agroforstwirtschaft *f*

farmhand : Farmarbeiter *m*, Farmarbeiterin *f*

farmhouse : Bauernhaus *nt*

farming : Ackerbau *m*, Agrarwirtschaft *f*, Landbau *m*, Landwirtschaft *f*, Viehzucht *f*

~ system : Anbausytem *nt*

~ technique : Anbauverfahren *nt*

farmland : Ackerland *nt*, Agrarland *nt*, Anbaufläche *f*, Nutzfläche *f*

farm legislation : Agrargesetzgebung *f*

farm management : Hofbewirtschaftung *f*

farm manure : Wirtschaftsdünger *m*

farmstead : Gehöft *nt*

farm vehicle : (landwirtschaftliches) Nutzfahrzeug *nt*

farmyard : Hof *m*

~ manure : Stalldung *m*, Stalldünger *m*, Stallmist *m*

far-reaching : raumgreifend *adj*

fascine : Faschine *f*, Packwerk *nt*

~ drain : Faschinendrän *m*

fascism : Faschismus *m*

fast : schnell *adj*

~ breeder reactor : Schneller Brüter *(m)*

~ fission : Schnellspaltung *f*

~-growing : schnellwachsend *adj*

~-~ species plantation : Schnellwuchsplantage *f*

~-moving : schnell, schnell fahrend, tempogeladen *adj*

~-~ traffic : Schnellverkehr *m*

fasten : befestigen *v*

fastening : Befestigung *f*

fat : fett *adj*

~ : Fett *nt*

fatal : fatal *adj*

fate : Schicksal *nt*, Verbleib *m*

fat-free : fettfrei, fettlos *adj*

fat-soluble : fettlöslich *adj*

fat-solubility : Fettlöslichkeit *f*

fatstock : Masttier *nt*, Mastvieh *nt*

fatten : mästen *v*

fatty : fett, fettfaltig *adj*

~ acid : Fettsäure *f*

faucet (Am) : Abflusshahn *m*, Wasserhahn *m*

fault : Bruch *m*, Defekt *m*, Fehler *m*, Schuld *f*, Störung *f*, Verlieren der Fährte *(nt)*, Verschulden *nt*, Verwerfung *f*

through someone else's ~: durch fremdes Verschulden

~-plane : Verwerfungsfläche *f*

fauna : Fauna *f*, Tierwelt *f*

~ falsification : Faunenverfälschung *f*

favourable : freundlich, gewogen, günstig, vielversprechend, wohlmeinend, zustimmend *adj*

most ~ judgement: billiges Ermessen *(nt)*

fawn : Hirschkalb *nt*, Rehkitz *nt*

feasibility : Annehmlichkeit *f*, Anwendbarkeit *f*, Durchführbarkeit *f*, Machbarkeit *f*, Möglichkeit *f*, Realisierbarkeit *f*

~ study : Durchführbarkeitsstudie *f*, Eignungsstudie *f*, Machbarkeitsstudie *f*

feasible : anwendbar, durchführbar, erreichbar, machbar, möglich *adj*

feather : Feder *f*

feathers : Gefieder *nt*

feature : Eigenschaft *f*, Merkmal *nt*

~ of habitat: Habitatelement *nt*, Lebensraumelement *nt*

~ of landscape: Landschaftselement *nt*

~ : erscheinen *v*

fecal (Am) : fäkal, Fäkalien- *adj*

~ contamination (Am) : Fäkalienverseuchung *f*

~ matter (Am) : Fäkalienmasse *f*

feces (Am) : Fäkalien *pl*

federal : Bundes-, bundeseigen, bundesweit, föderalistisch, föderativ, föderiert *adj*

~ agency : Bundesamt *nt*

≗ ≗ for Nature Conservation : Bundesamt für Naturschutz *(nt)*

≗ ≗ for the Environment : Umweltbundesamt *nt*

≗ Allotment Act : Bundeskleingartengesetz *nt*

≗ Armed Forces : Bundeswehr *f*

~ association : Bundesverband *m*

≗ Audit Office : Bundesrechnungshof *m*

~ authority : Bundesbehörde *f*, Bundeskompetenz *f*

~ bank : Bundesbank *f*

~ budget : Bundeshaushalt *m*

≗ Building Act : Bundesbaugesetz *nt*

≗ Cabinet : Bundeskabinett *nt*

≗ Chancellery : Bundeskanzlei *f*

≗ Chancellor : Bundeskanzler *m*

~ competence : Bundeskompetenz *f*

~ constitution : Bundesverfassung *f*

~ co-operation : Bund-Länder-Zusammenarbeit *f*

≗ Council : Bundesrat *m*

≗ Court : Bundesgericht *nt*

≗ Criminal Investigation Agency : Bundeskriminalamt *nt*

~ department : Bundesamt *nt*

≗ Environment Ministry : Bundesumweltministerium *nt*

≗ Fiscal Court : Bundesfinanzhof *m*

≗ Forests Act : Bundeswaldgesetz *nt*

~ funds : Bundesmittel *pl*

≗ Game Protection Regulation : Bundeswildschutzverordnung *f*

≗ Gazette : Bundesanzeiger *m*

≗ Government : Bundesregierung *f*

~ highway : Bundesstraße *f*

≗ Immission || Control Act : Bundes-Immissionsschutzgesetz *nt*

≗ ≗ Control Ordinance : Bundesimmissionsschutzverordnung *f*

~ institute : Bundesanstalt *f*

~ law : Bundesgesetz *nt*, Bundesrecht *nt*

≗ ≗ on Epidemic Control: Bundesseuchengesetz *nt*

≗ ≗ on Epidemics: Bundesseuchengesetz *nt*

≗ ≗ on Forest Management: Bundeswaldgesetz *nt*

≗ ≗ on Hunting: Bundesjagdgesetz *nt*

≗ ≗ on Immission: Bundesimmissionsschutzgesetz *nt*

≗ ≗ on Nature Conservation: Bundesnaturschutzgesetz *nt*

≗ ≗ Gazette : Bundesgesetzblatt *nt*

~ legislation : Bundesgesetzgebung *f*

~ level : Bundesebene *f*

at ~ ~: auf Bundesebene

≗ Lower House of Parliament : Bundestag *m*

federally uniform : bundeseinheitlich *adj*

Federal Mining Act : Bundesberggesetz *nt*

Federal Minister : Bundesminister *m*, Bundesministerin *f*

federal || ministry : Bundesministerium *nt*

≗ ≗ for the Environment, Nature Conservation and Nuclear Safety: Bundesministerium für Umwelt, Naturschutz und Reaktorsicherheit *(nt)*, Bundesumweltministerium *nt*

≗ ≗ of the Interior: Bundesinnenministerium *nt*

~ motorway : Bundesautobahn *f*

≗ Nature Conservation Act : Bundesnaturschutzgesetz *nt*

~ office : Bundesamt *nt*

~ parliamentary group : Bundestagsfraktion *f*

≗ President : Bundespräsident *m*, Bundespräsidentin *f*

~ programme : Bundesprogramm *nt*

≗ ≗ for Regional Planning: Bundesraumordnungsprogramm *nt*

≗ Prosecutor : Bundesanwalt *m*

≗ Railway : Bundesbahn *f*

~̊ Railways Act : Bundesbahngesetz *nt*

~̊ Regional || Planning Act : Bundesraumordnungsgesetz *nt*

~̊ ~ Studies and Planning Research Institute : Bundesforschungsanstalt für Landeskunde und Raumordnung *(f)*

~̊ Soil Protection Act : Bundes-Bodenschutzgesetz *nt*

~ state : Bundesland *nt*, Bundesstaat *m*

~ ~ level : Landesebene *f*

at ~ ~ ~: auf Landesebene

~̊ Supreme Court : Bundesgerichtshof *m*

~̊ ~̊ ~̊ prosecutors : Bundesanwaltschaft *f*

~ territory : Bundesgebiet *nt*

~̊ Transport Network Plan : Bundesverkehrswegeplan *m*

~ transportation network plan : Bundesverkehrswegeplan *m*

~ trunk road : Bundesfernstraße *f*

~̊ ~̊ ~̊ Law : Bundesfernstraßengesetz *nt*

~̊ Upper House of Parliament : Bundesrat *m*

~ waterway : Bundeswasserstraße *f*

~̊ ~̊s Act : Bundeswasserstraßengesetz *nt*

federalism : Föderalismus *m*

feed : Futter *nt*

~ : ernähren, fressen, füttern, speisen, zuführen *v*

~ in addition: zufüttern *v*

~ analysis : Futtermittelanalyse *f*

~ ~ laboratory : Futtermittelprüfstelle *f*

~ area : Futterfläche *f*

feedback : Feedback *nt*, Reaktion *f*, Rückkopplung *f*

~ cycle : Regelkreis *m*

feed || bag : Futtersack *m*

~ balance : Futterbilanz *f*

~ capacity : Nährstoffaufnahmevermögen *nt*

~ cereal : Futtergetreide *nt*

~ cleaning machine : Futterreinigungsmaschine *f*

~ composition : Futterzusammensetzung *f*

~ concentrate : Futterkonzentrat *nt*

~ consumption : Futterverbrauch *m*

~ crop : Futterkultur *f*

feeder : Masttier *nt*, Mastvieh *nt*, Viehmäster *m*

~ reservoir : Speisebecken *nt*

~ stream : Zufluss *m*

feed || frequency : Fütterungshäufigkeit *f*

~-in current : Elektrizitätseinspeisung *f*

feeding : Ernährung *f*, Fütterung *f*, Weiden *nt*

~ equipment : Aufgabeeinrichtung *f*

~ experiment : Fütterungsversuch *m*

~ ground : Futtergebiet *nt*, Futterstelle *f*

~ habitat : Nahrungshabitat *nt*

~ place : Futterstelle *f*

feed || intake : Futteraufnahme *f*

~ law : Futtermittelrecht *nt*

feedlot : Mastweide *f*

~ system : Parzellenfreilandhaltung *f*

feed || management : Fütterungsregime *nt*, Futterwirtschaft *f*

~ metering hopper : Futterdosierer *m*

~ mix : Futtergemisch *nt*

~ mixer : Futtermischer *m*

~ plan : Fütterungsplan *m*

~ planning : Futterplanung *f*

~ practice : Fütterungspraxis *f*

~ preparation : Futterbereitung *f*

~ processing : Futteraufbereitung *f*

~ ~ plant : Futteraufbereitungsanlage *f*

~ quality : Futterqualität *f*

~ rate : Fressgeschwindigkeit *f*

~ ration : Futterration *f*

~ rationing : Futterrationierung *f*

~ requirement : Futterbedarf *m*

~ root : Futterhackfrucht *f*

~ stall : Fressplatz *m*

~ stock : Futterstock *m*

~ technique : Fütterungstechnik *f*

~ technology : Fütterungstechnologie *f*

~ water : Speisewasser *nt*

feel : empfinden, fühlen *v*

feldspar : Feldspat *m*

fell : Berg *m*, Moorland *nt*

~ : abholzen, fällen, niederschlagen *v*

felled : gefällt *adj*

~ area : Abhiebsfläche *f*

feller : Fällmaschine *f*

~-buncher : Fäll-Bünder-Maschine *f*

~-chipper : Hackschnitzelvollerntemaschine *f*

~-delimber : Fäll-Entastungs-Maschine *f*

~-~-buncher : Langholzvollerntemaschine *f*

~-~-slasher-buncher : Kurzholzvollerntemaschine *f*

~-~-slasher-forwarder : Fäll-Aufarbeitungs-Maschine *f*

~-forwarder : Fäll-Rücke-Maschine *f*

~-processor : Fäll-Aufarbeitungs-Kombine *f*

~-skidder : Fäll-Rücke-Maschine *f*

felling : Einschlag *m*, Holzeinschlag *m*

~ age : Hiebsalter *nt*

~ area : Einschlagsfläche *f*, Schlag *m*

~ axe : Fällaxt *f*

~ circle : Umlaufzeit *f*

~ class : Hiebsklasse *f*

~ cut : Fällschnitt *m*

~ cycle : Hiebsumlauf *m*

~ instruction : Hiebsanweisung *f*

~ machine : Fällmaschine *f*

~ method : Hiebsmethode *f*

~ operation : Eingriff *m*

~ period : Fällperiode *f*

~ permit : Schlaganweisung *f*

~ plan : Einschlagsplan *m*

~ point : Abhieb *m*

~ refuse : Schlagabraum *m*

~ saw : Fällsäge *f*

~ sequence : Schlagfolge *f*

~ series : Schlagfolge *f*, Schlagreihe *f*

~ technique : Fällungstechnik *f*

~ type : Hiebsart *f*

~ yield : Hiebsertrag *m*

fellow : Mit- *adj*

~ : Freund *m*, Gegenstück *nt*, Kamerad *m*, Mitglied des Verwaltungsrates *(nt)*, Zeitgenosse *m*, Zeitgenossin *f*

~ species : Mitgeschöpf *nt*

female : Weibchen *nt*, weibliche Blüte *(f)*, weibliches Tier *(nt)*

femel || felling : Femelhieb *m*

~ system : Femelschlagbetrieb *m*

fen : Flachmoor *nt*, Niedermoor *nt*

fence : Zaun *m*

~ : einzäunen, zäunen *v*

~-building : Zaunbau *m*

~ off : abzäunen *v*

~ post : Zaunpfahl *m*

~ rail : Zaunriegel *m*

~ wire : Zaundraht *m*

fencing : Einzäunen *nt*, Einzäunung *f*, Zaunbau *m*

fenland : Marschland *nt*, Moorland *nt*, Moos *nt*

fen meadow : Moorwiese *f*

feral : verwildert *adj*

ferment : Ferment *nt*

fermentability : Fermentierbarkeit *f*

fermentation : Fermentation *f*, Fermentierung *f*, Gärung *f*, Vergärung *f*

~ chamber : Faulkammer *f*, Fermentationskammer *f*

~ gas : Biogas *nt*, Faulgas *nt*

~ plant : Fermentationsanlage *f*, Vergärungsanlage *f*

fermentative : fermentativ, Gärungs- *adj*

~ process : Gärungsprozess *m*

ferment || poison : Fermentgift *nt*

ferrite : Ferrit *nt*

ferrization : Vereisenung *f*

ferro-alloy : Ferrolegierung *f*

~-~ furnace : Ferrolegierungsofen *m*

ferrous : Eisen-, eisenhaltig *adj*

~ alloy : Eisenlegierung *f*, Ferrolegierung *f*

ferruginous : eisenführend, eisenhaltig *adj*

ferry : Fährschiff *nt*

fertile : befruchtet, ertragfähig, fortpflanzungsfähig, fruchtbar *adj*

~ material : Spaltstoff *m*

fertility : Ertragfähigkeit *f*, Fertilität *f*, Fruchtbarkeit *f*

~ index : Fruchtbarkeitskennziffer *f*

~ rate : Fertilitätsrate *f*

fertilization : Befruchtung *f*, Düngemittelanwendung *f*, Düngung *f*, Fruchtbarmachung *f*

~ effect : Düngewirkung *f*

fertilize : befruchten, düngen *v*

fertilizer : Düngemittel : Dünger *m*

~ application : Düngergabe *f*, Düngung *f*

~ ~ rate : Düngerdosis *f*

~ distributor : Düngerstreuer *m*

~ efficiency : Düngewirkung *f*

~ industry : Düngemittelindustrie *f*

~ influence : Düngereinfluss *m*

~ law : Düngemittelgesetz *nt*, Düngemittelrecht *nt*

~ manufacture : Düngemittelherstellung *f*

~ ordinance : Düngemittelverordnung *f*

~ requirement : Düngebedarf *m*

~ sprayer : Düngerstreuer *m*

~ utilization regulation : Düngemittelanwendungsverordnung *f*

fertilizing : Düngen *nt*, Düngung *f*

~ system : Düngungssystem *nt*

~ value : Düngewert *m*

fettling : Entgraten *nt*, Gussputzen *nt*, Gussschleifen *nt*

~ plant : Gussputzerei *f*

fetus : Fötus *m*

feudalism : Feudalismus *m*

fiber (Am) : Faser *f*, Fiber *f*

fibre : Faser *f*, Fiber *f*

~-concrete : Faserzement *m*

~ dust : Faserstaub *m*

~-optical cable : Lichtleitkabel *nt*

fibrous : Faser-, faserig *adj*

~ rooted plants : Faserwurzler *pl*

fidelity : Treue *f*

- **~ to place:** Ortstreue *f*

field : Acker *m*, Fach *nt*, Fachgebiet *nt*, Feld *nt*, Gebiet *nt*, Sektor *m*

- **~ and forestry criminal law:** Feld- und Forststrafrecht *nt*
- **~ and forestry law:** Feld- und Forstordnungsgesetz *nt*
- **~ and forestry protection law:** Feld- und Forstschutzgesetz *nt*
- **~ of competence:** Amtsbereich *m*
- **~ of lava:** Lavafeld *nt*
- **~ of research:** Forschungsgebiet *nt*
- **~ of vision:** Blickfeld : Gesichtsfeld *nt*

~ botanist : Feldbotaniker *m*, Feldbotanikerin *f*, Freilandbotaniker *m*, Freilandbotanikerin *f*

~ capacity : Feldkapazität *f*, Wasserkapazität *f*

~ charging : Feldaufladung *f*

~ crop : Feldfrucht *f*

~ damage : Flurschaden *m*

~ data : Geländedaten *pl*

~ day : Feldbegehung *f*

~ destruction : Landschaftszerstörung *f*

~ ditch : Bewässerungsgraben *m*

~ equipment : Feldgerät *nt*

~ experiment : Feldversuch *m*, Freilandversuch *m*

~ implement : Ackergerät *nt*

~ investigation : Freilanduntersuchung *f*

~ knowledge : Wissensgebiet *nt*

~ management : Feldbewirtschaftung *f*

~ margin : Feldrand *m*

~ moisture : Feldfeuchte *f*

~ observation : Feldbeobachtung *f*, Freilandbeobachtung *f*

~ planning representative : Fachplanungsträger *m*

~ soil-moisture : Feldfeuchte *f*

~ station : Feldforschungsstation *f*

~ study : Feldstudie *f*

~ test : Feldversuch *m*

~ trial : Feldversuch *m*, Freilandversuch *m*

~ weed : Ackerunkraut *nt*

~ **zoologist** : Feldbiologe *m*, Feldbiologin *f*, Freilandbiologe *m*, Freilandbiologin *f*

fieldwork : Feldforschung *f*, Freilandstudie *f*

fight : bekämpfen, kämpfen, streiten *v*

fighting : Kampf-, kämpfend *adj*

~ : Bekämpfung *f*, Kampf *m*, Schlacht *f*, Streit *m*

~ **forest fires** : Waldbrandbekämpfung *f*

figure : Zahl *f*

file : Ablage *f*, Akte *f*, Akten *pl*, Datei *f*, Kartei *f*, Kassette *f*, Ordner *m*

~ : ablegen, archivieren, einordnen, einreichen, einsenden *v*

~ **away** : ablegen, zu den Akten legen *v*

~ **destruction** : Aktenvernichtung *f*

filing : Ablage *f*

~ **of a suit:** Klageerhebung *f*

filings : Späne *pl*

fill : füllen *v*

~ **in** : auffüllen *v*

filling : Füll-, füllend, sättigend *adj*

~ : Aufstrich *m*, Füllung *f*, Plombe *f*

~ **material** : Füllmaterial *nt*

~ **station** : Tankstelle *f*

~ **system:** Abfülleinrichtung *f*

~ **volume:** Auffüllvolumen *nt*

fill up : auffüllen *v*

film : Film *m*, Folie *f*, Rasen *m*

~ **of oil:** Ölfilm *m*

~ **badge** : Strahlenplakette *f*

~ **water** : Haftwasser *nt*

filter : Filter *m/nt*

~ **for coarse materials:** Grobfilter *m*

~ **for domestic water:** Haushaltswasserfilter *m*

~ **for fine materials:** Feinfilter *m/nt*

~ : durchsickern, filtern, filtrieren *v*

filterability : Filtrierfähigkeit *f*

filterable : abfiltrierbar *adj*

~ **solids** : abfiltrierbare Stoffe *(pl)*

filter || anthracite : Filteranthrazit *m*

~ **area** : Filterfläche *f*

~ **bag** : Filtertasche *f*

~ **band** : Filterband *nt*

~ **basin** : Filterbecken *nt*

~ **basket** : Filterkorb *m*

~ **bed** : Filterbett *nt*, Filterschicht *f*, Filterschüttung *f*

~ **body** : Filterkörper *m*

~ **box** : Filterbecken *nt*

~ **cake** : Filterkuchen *m*

~ ~ **comminuting plant** : Filterkuchenzerkleinerungsmaschine *f*

~ **capacity** : Filterbelastbarkeit *f*, Filterdurchsatz *m*, Filterkapazität *f*, Filterleistung *f*

~ **cardboard** : Filterkarton *m*

~ **cartridge** : Filtereinsatz *m*, Filterkerze *f*, Filterpatrone *f*

~ **cassette** : Filterkassette *f*

~ **chamber** : Filterkammer *f*

~ **cleaning** : Filterreinigung *f*

~ **cloth** : Filtertuch *nt*

~ ~ **washing plant** : Filtertuchwaschanlage *f*

~ **compartment** : Filterkammer *f*

~ **conditioning chamber** : Filterkonditionierkammer *f*

~ **cyclone** : Filterzyklon *m*

~ **deduster** : Filterentstauber *m*

~ **distributor** : Tropfkörpersprenger *m*

~ **drum** : Filtertrommel *f*

~ **efficiency** : Filterwirkung *f*

~ **effluent** : Filtrat *nt*

~ **element** : Filterelement *nt*

~ **equipment** : Filterausrüstung *f*

~ **fabric** : Filtergewebe *nt*

~ **felt** : Filterfilz *m*

~**-feeders** : Filtrierer *pl*

~ **frame** : Filterrahmen *m*

~ **height** : Filterhöhe *f*

~ **hose** : Filterschlauch *m*

~ **housing** : Filtergehäuse *nt*

~ **humus** : Tropfkörperschlamm *m*

filtering : Filtern *nt*, Filterung *f*, Filtrierung *f*

~ **cloth** : Filtertuch *nt*

~ **layer** : Filterschicht *f*

~ **nonwoven** : Filtervliesstoff *m*

~ **process** : Filtervorgang *m*

~ **property** : Filtereigenschaft *f*

~ **surface** : Filterfläche *f*

~ **well** : Filterbrunnen *m*

filter || mask : Filtermaske *f*

~ **mat** : Filtermatte *f*

~ **material** : Filtermasse *f*, Filtermaterial *nt*, Filtermedium *nt*

~ **medium** : Filterstoffe *pl*

~ **monitoring equipment** : Filterüberwachungsgerät *nt*

~ **operation** : Filterbetrieb *m*

~ **paper** : Filterpapier *nt*

~ ~ **method** : Filterpapierverfahren *nt*

~ **parameter** : Filterparameter *m*

~ **permeability** : Filterdurchlässigkeit *f*

~ **pipe** : Filterrohr *nt*

~ **plant** : Filteranlage *f*

~ **plate** : Filterplatte *f*

~ **press** : Filterpresse *f*

~ **residue** : Filterrückstand *m*

~ **run** : Filterlaufzeit *f*

~ **sock** : Filterstrumpf *m*, Schlauchfilter *m*

~ **strip** : Vegetationsstreifen *m*

~ **system** : Filteranlage *f*, Filtersystem *nt*

~ **tank** : Filtertank *m*

~ **test** : Filtertest *m*

~ **testing device** : Filtertestgerät *nt*

~ **unit** : Filteraggregat *nt*

filtrate : Filtrat *nt*

~ **separator** : Filtratabscheider *m*

filtration : Filtern *nt*, Filtration *f*

~ **dust** : Filterstaub *m*

~ **equipment** : Filtriergeräte *pl*

~ **plant** : Filtrationsanlage *f*

~ **rate** : Filtergeschwindigkeit *f*

final : End-, endgültig, letzt-, Nach-, Schluss- *adj*

~ : Abschlussprüfung *f*, Examen *nt*, Finale *nt*, Spätausgabe *f*

~ **clarification** : Nachklärung *f*

~ **cut** : Endnutzung *f*

~ **decomposition** : Nachverrottung *f*

~ **deposition** : Endlagerung *f*

~ **drying process** : Nachtrocknen *nt*

~ **dumping** : Endlagerung *f*

~ ~ **site** : Endlager *nt*, Endlagerstätte *f*

~ **dust content** : Reststaubgehalt *m*

~ **felling** : Endnutzung *f*

~ **infiltration rate** : Endinfiltrationsrate *f*

~ **judgement** : Endurteil *nt*

~ **provision** : Schlussbestimmung *f*

~ **shredding** : Nachzerkleinerung *f*

~ **storage** : Endlagerung *f*

~ **treatment** : Nachbehandlung *f*

finance : Gelder *pl*, Geldmittel *pl*, Geldwesen *nt*

~ : finanziell unterstützen, finanzieren *v*

~ **constitution** : Finanzverfassung *f*

finances : Finanzen *pl*

financial : finanziell *adj*

~ **circumstances** : Vermögensverhältnisse *pl*

~ **contribution** : Finanzierungshilfe *f*

~ **drain** : Geldmangel *m*

~ **footing** : finanzielle Basis *(f)*

~ **planning** : Finanzplanung *f*

~ **policy** : Finanzpolitik *f*

~ **resources** : Kapital *nt*

financing : Finanzierung *f*

~ **assurance** : Finanzierungszusage *f*

~ **concept** : Finanzierungskonzept *nt*

~ **programme** : Finanzierungsprogramm *nt*

fine : edel, empfindlich, fein, Fein-, feinkörnig, gut, hochwertig, rein, scharf, schön, spitz, zart *adj*

~ : fein, gewählt, gut *adv*

~ : Bußgeld *nt*, Geldstrafe *f*

~ : mit einer Geldstrafe belegen *v*

~ **chert** : Grus *m*

~ **cleaning** : Feinreinigung *f*

fined : mit einem Bußgeld belegt, mit einer Geldstrafe belegt *adj*

be ~: einen Bußgeldbescheid bekommen

fine || dust : Feinstaub *m*

~ ~ **filter** : Feinstaubfilter *m*

~ **earth** : Feinerde *f*

~ **filter** : Feinfilter *m/nt*

~ **purification process** : Feinreinigungsverfahren *nt*

fines : Geldbuße *f*

fine || sieve: Feinsieb *nt*

~ **waste:** Feinmüll *m*

finger : Finger *m*

fingerprint : Fingerabdruck *m*

finger test : Fingerprobe *f*

finish : Ziel *nt*

finished : fertig gestellt *adj*

~ **compost** : Fertigkompost *m*

finite : begrenzt, endlich *adj*

~ **resources** : nicht erneuerbare Resourcen *(pl)*

fiord : Fjord *m*

fir : Tanne *f*

~ **cone** : Tannenzapfen *m*

fire : Brand *m*, Feuer *nt*

~ **alarm** : Brandmeldeanlage *f*

firebreak : Brandschutzschneise *f*, Feuerschneise *f*, Feuerschutzstreifen *m*

fire || climax : Feuerklimax *nt*

~ **control** : Feuerschutz *m*

~**-control line** : Brandschutzschneise *f*, Feuerschneise *f*

~ **cultivation** : Brandkultur *f*

~ **damage** : Brandschaden *m*

~**damp** : Grubengas *nt*

fired : angezündet, befeuert, begeistert, gebrannt, gefeuert, gezündet *adj*

~ **clay** : Keramik *f*

fire || debris : Brandschutt *m*

~ **door** : Brandschutztür *f*

~ **ecology** : Feuerökologie *f*

~ **hazard** : Brandgefahr *f*

fireplace : Feuerstätte *f*

fire || precaution : Brandschutz *m*

~ **protection** : Brandschutz *m*

~ ~ **valves and fittings:** Feuerschutzarmaturen *pl*

~ ~ **agent** : Brandschutzmittel *nt*

~ ~ **coating** : Brandschutzbeschichtung *f*

~ ~ **insulation** : Brandschutzisolierung *f*

~ ~ **wall** : Brandschutzwand *f*

~ **service** : Feuerwehr *f*

~ **suppression** : Feuerunterdrückung *f*

~ **wall** : Brandabschottung *f*

firewood : Brennholz *nt*

firework : Feuerwerk *nt*

firing : Feuerung *f*

~ **system** : Feuerungsanlage *f*

~ **technique** : Feuerungstechnik *f*

firm : Arbeitsgemeinschaft *f*, Firma *f*, Team *nt*

~ **of solicitors:** Anwaltsbüro *nt*, Anwaltskanzlei *f*

~ **who trains apprentices:** Ausbildungsbetrieb *m*

firmness : Bestimmtheit *f*

firn : Firn *m*, Firnschnee *m*

~ **snow** : Firnschnee *m*

first : Erst-, erst- *adj*

~ : erstmals, vorher, zuerst *adv*

~ : Erste *f*, Erster *m*, Erstes *nt*

~ **aid** : Erste Hilfe *(f)*

~ ~ **equipment** : Erste-Hilfe-Ausrüstung *f*

firsthand : aus erster Hand *adj*

{*also spelled first-hand and first hand*}

~ **contact** : direkter Kontakt *(m)*

~ **experience** : eigene Erfahrung *(f)*, Primärerfahrung *f*

fiscal : finanzpolitisch, Fiskal-, fiskalisch *adj*

~ **balance** : ausgeglichener Haushalt *(m)*

~ **court** : Finanzgericht *nt*

fiscally : finanzpolitisch, fiskalisch *adv*

fiscal || policy : Fiskalpolitik *f*, Steuerpolitk *f*

~ **position** : Haushaltslage *f*

Fischer-Tropsch process : Fischer-Tropsch-Verfahren *nt*

fish : Fisch *m*

~ : angeln, fischen *v*

~ **corral** : Fischrechen *m*

~ **deaths** : Fischsterben *nt*

~ **disease** : Fischkrankheit *f*

fisheries : Fischerei *f*, Fischgründe *pl*

~ agreement : Fischereiabkommen *nt*

~ regulations : Fischereivorschriften *pl*

fisherman : Fischer *m*

fishery : Fischerei *f*, Fischereigewässer *nt*, Fischereizone *f*, Fischfang *m*, Fischfanggebiet *nt*

~ law : Fischereigesetz *nt*

~ management : Fischereiwirtschaft *f*

~ policy : Fischereipolitik *f*

~ practices : Fischfangmethoden *pl*

~ protection : Fischereischutz *m*

~ ~ vessel : Fischereischutzboot *nt*

~ ~ zone : Fischereizone *f*

fish || factory : Fischfabrik *f*

~-farm : Fischzuchtanlage *f*, Fischzuchtbetrieb *m*

~-farming : Fischzucht *f*, Teichwirtschaft *f*

~ food : Fischnahrung *f*

~ ~ organisms : Fischnährtiere *pl*

fishing : Angeln *nt*, Fischen *nt*, Fischerei *f*, Fischfang *m*

~ boat : Fischerboot *nt*

~ fleet : Fangflotte *f*, Fischereiflotte *f*, Fischfangflotte *f*

~ grounds : Fischfanggebiet *nt*, Fischgründe *pl*

~ harbour : Fischereihafen *m*

~ industry : Fischereiwirtschaft *f*, Fischindustrie *f*, Fischwirtschaft *f*

~ limit : Fischereigrenze *f*

~ method : Fischereimethode *f*

~ net : Fischernetz *nt*

~ permit : Angelschein *m*, Fischereischein *m*

~ policy : Fischereipolitik *f*

~ port : Fischereihafen *m*

~ quota : Fischfangquote *f*

~ restriction : Fischereiverbot *nt*

~ right : Fischereiberechtigung *f*

~ rights : Fischereirecht *nt*

~ tackle : Fischereigerät *nt*

~ vessel : Fischereifahrzeug *nt*

~ waters : Fischereigewässer *nt*

~ zone : Fischereizone *f*

fish || kill : Fischsterben *nt*

~ ladder : Fischleiter *f*, Fischtreppe *f*

~ landings : Fischertrag *m*

fishless : fischleer *adj*

~ lake : fischleerer See *(m)*

fish || lock : Fischschleuse *f*

~ market : Fischmarkt *m*

~-meal : Fischmehl *nt*

~ migration : Fischwanderung *f*

fishmonger : Fischhändler *m*

fish || pass : Fischpass *m*, Fischtreppe *f*, Fischweg *m*

~ poaching : Fischfrevel *m*, Fischwilderei *f*

~-pond : Fischteich *m*

~ population : Fischbestand *m*, Fischpopulation *f*

~-processing : fischverarbeitend *adj*

~-~ : Fischverarbeitung *f*

~-~ plant : fischverarbeitende Fabrik *(f)*

~ refuge : Fischunterstand *m*

~ region : Fischregion *f*

~ species : Fischart *f*

~ stock : Fischbestand *m*

~ test : Fischtest *m*

~ toxicity : Fischtoxizität *f*

~ trade : Fischhandel *m*

fissile : spaltbar *adj*

fission : Spaltung *f*, Teilung *f*

~ : spalten *v*

fissionable : spaltbar, spaltfähig *adj*

~ material : spaltbares Material *(nt)*

fission || material : Spaltmaterial *nt*

~ plant : Spaltanlage *f*

~ product : Spaltprodukt *nt*

~ ~ disposal : Beseitigung von Spaltprodukten *(f)*

fissure : Kluft *f*, Riss *m*, Spalte *f*

fit in : einfügen *v*

fitness : Eignung *f*, Fitness *f*

fitting : Armatur *f*

fittings : Fittings *pl*

fixation : Bindung *f*, Fixierung *f*

fixed : befestigt, fest *adj*

~ assets : unbewegliche Sachen *(pl)*

~-bed process : Festbettverfahren *nt*

~-bed reactor : Festbettreaktor *m*

~ biological film : biologischer Rasen *(m)*

~ dune : Graudüne *f*

~ film reactor : Biofilmreaktor *m*

~ oil : fettes Öl *(nt)*, Fettöl *nt*

~ penalty code : Bußgeldkatalog *m*

~ penalty notice : Bußgeldbescheid *m*

~ penalty regulation : Bußgeldvorschrift *f*

fixing : Befestigung *f*

~ bath : Fixierbad *nt*

~ ~ saving equipment : Fixierbadspargerät *nt*

flag : Flagge *f*

~ **of convenience:** Billigflagge *f*

flagship : Flaggschiff *nt*

~ species : VIP-Art *f*

flake : Flocke *f*

flame : Flamme *f*

~ emission spectrophotometry : Flammenemissionsspektrometrie *f*

~ ionisation detector : Flammenionisationsdetektor *m*

~ photometer : Flammenfotometer *nt*

~ photometry : Flammenfotometrie *f*

~ retardance : Brennverhalten *nt*, Flammwidrigkeit *f*

~ -retardant : feuerhemmend *adj*

~ spectroscopy : Flammenspektroskopie *f*

~ trap : Flammensperre *f*

flammability : Brennbarkeit *f*

flammable : brennbar *adj*

flange : Flansch *m*, Spurkranz *m*

~ gasket : Flanschdichtung *f*

flanking : flankierend *adj*

~ measure : flankierende Maßnahme *(f)*

flap : Klappe *f*, Lasche *f*

~ : flattern, schlagen *v*

~ gate : Stauklappe *f*

flare : Abfackelung *f*, Fackel *f*

~ : abfackeln *v*

~ gas recovery : Fackelgasrückgewinnung *f*

flaring : Abfackeln *nt*, Abfackelung *f*

flash : Aufblinken *nt*, Aufblitzen *nt*, Aufflammen *nt*, Blitz *m*

~ cooler : Vakuumkühler *m*

~ drying : Zerstäubungstrocknung *f*

~ evaporation : Entspannungsverdampfung *f*

~ flood : plötzliche Überschwemmung *(f)*

~ point : Flammpunkt *m*

~ ~ tester : Flammpunktprüfer *m*

flask : Flasche *f*, Reiseflasche *f*

flat : eben, flach, flächig *adj*

~ : Wohnung *f*

~ bottom tank : Flachbodentank *m*

~-rate : Pauschalgebühr *f*

~-~ charge : Pauschalgebühr *f*

flavour : Aroma *nt*

flavouring (Br) : Aroma *nt*

~ substance : Geschmacksstoff *m*

flay : abziehen, abschälen, häuten, heruntermachen, schälen *v*

flaying : Häuten *nt*

~ house : Tierkörperbeseitigungsanstalt *f*

flexible : flexibel *adj*

~ tube water level : Schlauchwaage *f*

flexibly : elastisch, flexibel *adv*

flier : Faltblatt *nt*, Flugblatt *nt*

flight : Flucht *f*, Flug *m*, Schwarm *m*

~ farming : Flugpflanzung *f*

~ lane : Flugschneise *f*

flightless : flugunfähig *adj*

~ bird : flugunfähiger Vogel *(m)*

flight || path : Flugbahn *f*, Flugschneise *f*

~ restriction : Flugbeschränkung *f*

flinz : Flinz *m*

flip : Ausflug *m*

~ : schnipsen *v*

~ bucket : Sprungschanzenüberfall *m*

~ chart : Flip-chart *f*

float : Bargeld *nt*, Floß *nt*, Schwimmblase *f*, Schwimmer *m*, Schwimmkörper *m*, Wagen *m*

~ : auf den Markt bringen, ausgeben, flößen, gründen, schweben, schweben lassen, treiben *v*

~ cock : Schwimmerhahn *m*

floating : schwimmend, treibend *adj*

~ bridge : Kettenfähre *f*, Pontonbrücke *f*

~ oil : treibendes Öl *(nt)*

~ solids : Schwimmstoffe *pl*

~ sludge : Schwimmschlamm *m*

float valve : Schwimmerventil *nt*

floc : Flocken *pl*

~ : flocken *v*

~ basin : Ausflockungsbecken *nt*

flocculant : Flockungsmittel *nt*, Koagulationsmittel *nt*

flocculation : Ausflockung *f*, Flockung *f*, Koagulation *f*

~ basin : Ausflockungsbecken *nt*

~ plant : Flockungsanlage *f*

flocculator : Ausflockungsbecken *nt*

flocculent : Flocken-, flockig *adj*

~ sludge : Flockenschlamm *m*

floc formation : Flockenbildung *f*

flock : Herde *f*, Schar *f*, Schwarm *m*

floc solids : Flockenschlamm *m*

flood : Flut *f*, Hochwasser *nt*, Überschwemmung *f*, Wasserflut *f*

~ fluten, überfluten, überschwemmen *v*

~ abatement : Hochwasserschutz *m*

~ alleviation : Hochwasserschutz *m*

floodbank : Deich *m*, Schutzdamm *m*

flood || control : Hochwasserbekämpfung *f*, Hochwasserrückhalt *m*, Hochwasserschutz *m*

~ ~ basin : Hochwasserrückhaltebecken *nt*

~ ~ measures : Hochwasserschutz *m*

~ ~ reservoir : Hochwasserrückhaltebecken *nt*, Hochwasserspeicher *m*

~ ~ storage : Hochwasserrückhalteraum *m*

~ crest : Hochwasserscheitel *m*

~ damage : Hochwasserschaden *m*, Wasserschaden *m*

~ defence : Hochwasserschutz *m*

flooded : überflutet, überschwemmt *adj*

flood || emergency : Hochwassernotstand *m*

~ forecast : Hochwasserprognose *f*

~ frequency : Hochwasserhäufigkeit *f*

floodgate : Fluttor *nt*, Hochwasserverschluss *m*, Siel *nt*

flood || grassland : Flutrasen *m*

~ hazard : hochwassergefährdet *adj*

~ ~ area : hochwassergefährdetes Gebiet *(nt)*

~ hydrograph : Hochwasserganglinie *f*

flooding : Fluten *nt*, Überschwemmung *f*

~ **from contour ditches:** Hanggrabenberieselung *f*

flood peak : Hochwasserspitze *f*

floodplain : Aue *f*, Flussaue *f*, Hochwassergebiet *nt*, Schwemmebene *f*, Überschwemmungsgebiet *nt*

~ **of a stream:** Bachaue *f*

~ valley : Sohlental *nt*

flood || prevention : Hochwasserschutz *m*, Überschwemmungsschutz *m*

~ protection : Hochwasserschutz *m*

~ ~ dam : Hochwasserdeich *m*

~ ~ system : Hochwasserschutzsystem *nt*

~ regulating reservoir : Hochwasserrückhaltebecken *nt*

~ relief area : Hochwasserabflussgebiet *nt*

~ relief channel : Hochwasserentlastungskanal *m*

~ risk : Hochwasserrisiko *nt*

~ routing : Hochwasserberechnung *f*

~ storage capacity : Rückhaltevolumen *nt*

~ tide : Flut *f*

~ warning : Hochwasserwarnung *f*

floodwater : Hochwasser *nt*

~ flow : Hochwasserabfluss *m*

~-retarding structure : Rückstaudeich *m*

floodway : Hochwasserquerschnitt *m*

floor : Boden *m*, Geschoss *nt*, Grund *m*

~ drainage : Bodenablauf *m*

~ space : Geschossfläche *f*

~ ~ index : Geschossflächenzahl *f*

flora : Flora *f*, Pflanzenwelt *f*

~ falsification : Florenverfälschung *f*

floral : Blumen-, blumig, floral, Floren- *adj*

~ decoration : Blumenschmuck *m*

~ district : Florenbereich *m*, Florenbezirk *m*

floret : Einzelblüte *f*

floristic : Floren-, floristisch *adj*

~ kingdom : Florenreich *nt*

flotation : Flotation *f*

~ plant : Flotationsanlage *f*, Schwimmaufbereitungsanlage *f*

flotsam : Treibgut *nt*, Treibsel *nt*

flour : Mehl *nt*

flourish : gedeihen *v*

flour-pellet : Mehlklumpen *m*

~-~ method : Mehlklumpenverfahren *nt*

flow : Durchfluss *m*, Durchflussmenge *f*, Fließen *nt*, Fluss *m*

~ : fließen *v*

~ in a partially-filled sewer: Teilfüllungsabfluss *m*

~ of combined water: Mischwasserabfluss *m*

~ of information: Informationsfluss *m*

~ of stored storm-water: Regenbeckenabfluss *m*

~ of traffic: Verkehrsfluss *m*

~ controller : Durchflussregler *m*, Durchflusswächter *m*

~ distance : Fließstrecke *f*

~ ~ needed for mixing: Durchmischungsstrecke *f*

~-dividing structure : Trennbauwerk *nt*

~ duration curve : Dauerlinie der Abflussmengen *(f)*

~ equilibrium : Fließgleichgewicht *nt*

flower : Blume *f*

~ of the year: Blume des Jahres *(f)*

~ : blühen *v*

~-bed : Blumenbeet *nt*

~-border : Blumenrabatte *f*

~-bud : Blütenknospe *f*

~-garden : Blumengarten *m*

flowering : Blüte-, Blüten- *adj*

~ plant : Blütenpflanze *f*

~ time : Blütezeit *f*

flower-rich : blumenreich *adj*

~-~ meadow : Blumenwiese *f*

flow || gaging (Am) : Abflussmessung *f*

~ gauging : Abflussmessung *f*

flowing : fließend *adj*

~ water : Fließgewässer *nt*

flow || intensity : Abflussmenge *f*

~ measurement : Abflussmessung *f*

~ measuring : Durchflussmessung *f*

flowmeter : Durchflussmesser *m*

flow-off : Abfluss *m*

flow || out : ausfließen *v*

~ rate : Abflussmenge *f*, Fließgeschwindigkeit *f*

~ record : Abflussmessung *n*

~ smoothing inlet structure : Einlaufvorrichtung *f*

~ through : Durchfluss *m*, Durchflussmenge *f*

~ time : Fließzeit *f*

~ velocity : Fließgeschwindigkeit *f*

fluctuate : fluktuieren, schwanken *v*

fluctuation : Fluktuation *f*, Schwankung *f*

~ of climate: Klimaschwankung *f*

~ of immission concentration: Immissionspegelschwankung *f*

flue : Rauchabzug *m*, Rauchgaskanal *m*, Zug *m*

~ dust : Flugasche *f*, Flugstaub *m*

~ ~ collector : Flugascheabscheider *m*

~ ~ filter : Flugstaubfilter *m*

~ ~ particle : Flugstaubteilchen *nt*

~ gas : Abgas *nt*, Rauchgas *nt*

~ ~ analysis : Rauchgasanalyse *f*

~ ~ boiler : Abgaskessel *m*

~ ~ cleaning: Abgasreinigung *f*

~ ~ cloud : Rauchgaswolke *f*

~ ~ composition : Rauchgaszusammensetzung *f*

~ ~ desulfurization (Am) : Rauchgasentschwefelung *f*

~ ~ ~ plant (Am) : Rauchgasentschwefelungsanlage *f*

~ ~ desulphurization : Rauchgasentschwefelung *f*

~ ~ ~ plant : Rauchgasentschwefelungsanlage *f*

~ ~ emission : Rauchgasemission *f*

~ ~ heat : Abgaswärme *f*

~ ~ ~ recovery : Rauchgashitzeverwertung *f*

~ ~ precipitation : Rauchgasreinigung *f*

~ ~ precipitator : Rauchgasreiniger *m*

~ ~ purification : Rauchgasreinigung *f*

~ ~ recirculation : Rauchgasrückführung *f*

~ ~ scrubber : Rauchgaswäscher *m*

~ ~ scrubbing : Abgaswäsche *f*

~ ~ tester : Rauchgasprüfer *m*

~ ~ treatment : Rauchgasbehandlung *f*

fluid : fließend, fluid, flüssig, ungewiss, unklar *adj*

~ : Fluid *nt*, Flüssigkeit *f*

~ bed kiln : Wirbelschichtfeuerung *f*

~ chromatography : Fluidchromatografie *f*, Flüssigkeitschromatografie *f*

fluidity : Fluidität *f*, Flüssigkeit *f*

~ tester : Fließprüfgerät *nt*

fluidization : Wirbelverfahren *nt*

fluidized : fluidisiert *adj*

~ **bed** : Wirbelschicht *f*

~ ~ **combustion** : Verbrennung in der Wirbelschicht *(f)*, Wirbelschichtverbrennung *f*

~ ~ **dryer** : Wirbelschichttrockner *m*

~ ~ **drying** : Wirbelschichttrocknung *f*

~ ~ **filter** : Wirbelschichtfilter *m*

~ ~ **furnace** : Wirbelschichtfeuerung *f*

~ ~ **incinerating plant** : Wirbelschichtverbrennungsanlage *f*

~ ~ **operation** : Wirbelschichtverfahren *nt*

~ ~ **reactor** : Wirbelschichtreaktor *m*

~ **catalyser** : fluidisierter Katalysator *(m)*

~ **dry matter** : Fluidat *nt*

fluid pressure : hydrostatischer Schalldruck *(m)*

flume : Ablaufrinne *f*, Gerinne *nt*

fluorescence : Fluoreszenz *f*

fluorescent : fluoreszierend, Leucht-, Leuchtstoff- *adj*

~ **lamp** : Leuchtstofflampe *f*

~ ~ **recycling** : Leuchtstofflampenrecycling *nt*

~ **lighting** : Leuchtstofflampe *f*

~ **tube** : Leuchtstoffröhre *f*

~ ~ **recycling plant** : Leuchtstoffröhrenrecyclinganlage *f*

fluoridate : fluoridieren *v*

fluoridation : Fluorbehandlung *f*, Fluoridierung *f*

fluoride : Fluorid *nt*

fluoridification : Fluoridierung *f*

fluorimeter : Fluoreszenzmesser *m*

fluorination : Fluoridierung *f*

fluorine : Fluor *nt*

~ **compound** : Fluorverbindung *f*

~ **concentration** : Fluorkonzentration *f*

~ **poisoning** : Fluorvergiftung *f*

fluorite : Flussspat *m*

fluorometer : Fluorometer *nt*

fluorometry : Fluorimetrie *f*

fluorosis : Fluorose *f*

~ **caused by drinking-water:** Trinkwasserfluorose *f*

fluorspar : Flussspat *m*

flush : Anreicherungshorizont *m*, Austrieb *m*, Blüte *f*, Flut *f*, Quelle *f*, Sickerquelle *f*, Spülung *f*, Wasserspülung *f*

~ : spülen *v*

~ **away** : fortspülen *v*

flushing : ausspülend, durchspülend, Spül-, spülend *adj*

~ **conduit** : Spülrinne *f*

~ **equipment** : Spülgerät *nt*

~ **gate** : Spülverschluss *m*

~ **system** : Wasserspülung *f*

~ **vehicle** : Spülfahrzeug *nt*

flush toilet : Spülklosett *nt*, Toilette mit Wasserspülung *(f)*

fluvial : fluvial *adj*

~ **deposit** : fluviale Ablagerung *(f)*, Flussablagerung *f*

~ **erosion** : fluviale Erosion *(f)*, Wassererosion *f*

~ **lowland** : Flussniederung *f*

~ **mud soil** : fluviatiler Wattboden *(m)*

~ **sand** : Flusssand *m*

~ **water** : Flusswasser *nt*

fluviatile : fluviatil *adj*

~ **deposit** : fluviatile Ablagerung *(f)*

flux : Fluss *m*

fly : Fliege *f*

~ : fliegen *v*

~ **ash** : Flugasche *f*

~ ~ **analysis** : Flugascheanalyse *f*

~ ~ **filter** : Flugstaubfilter *m*

flyer : Faltblatt *nt*, Flugblatt *nt*

fly-fish : mit (künstlichen) Fliegen fischen *v*

fly-fishing : Fliegenfischerei *f*

fly-tipping : unerlaubtes Müllabladen *(nt)*

foam : Schaum *m*

~ **depressant** : Antischaummittel *nt*

~ **extinguishing plant** : Schaumlöschanlage *f*

~ **formation** : Schaumbildung *f*

~ **glass** : Schaumglas *nt*

foaming : Schaum-, schäumend *adj*

~ **agent** : Schaumbildner *m*

foam || plastic : Schaumkunststoff *m*

~ **rubber** : Schaumstoff *m*

focal : Brenn-, fokal, Fokus-, im Brennpunkt stehend *adj*

~ **point** : Brennpunkt *m*

focus : Akzent *m*, Brennpunkt *m*, Brennweite *f*, Erdbebenherd *m*, Herd *m*, Hypozentrum : Mittelpunkt *m*, Scharfeinstellung *f*, Zentrum *nt*

~ : bündeln, einstellen, fokussieren, konzentrieren, zielen (auf) *v*

~ **on** : Akzent setzen auf *v*

fodder : Futter *nt*, Futtermittel *nt*

~ **crop** : Futterpflanze *f*

~ **plant** : Futterpflanze *f*

foehn : Föhn *m*

fog : Nebel *m*

foggy : neb(e)lig *adj*

foil : Folie *f*

~ **for garbage dumps:** Deponiefolie *f*

~ **for reservoir:** Beckenfolie *f*

fold : Falte *f*

foliage : Austrieb *m*, Belaubung *f*, Blattwerk *nt*, Laub *nt*, Laubwerk *nt*

foliar : Blatt- *adj*

~ **diagnosis** : Blattanalyse *f*

~ **feed** : Blattdünger *m*

follow : ausüben *v*

following : Ausübung *f*

follow-up : Nachbetreuung *f*

fond : gutgläubig, liebevoll, voreingenommen, zärtlich *adj*

be ~ of: gern haben, mögen *v*

~ **of animal:** tierliebend *adj*

food : Kost *f*, Lebensmittel *nt*, Nahrung *f*, Nahrungsmitel *nt*

~ **and drugs act:** Lebensmittelrecht *nt*

~ **additive** : Lebensmittelzusatz *m*, Lebensmittelzusatzstoff *m*

~ **allergies** : Lebensmittelallergien *pl*

~ **chain** : Nahrungskette *f*

~ **chemistry** : Lebensmittelchemie *f*

~ **commerce** : Nahrungsmittelgewerbe *nt*

~ **contamination** : Lebensmittelkontamination *f*

~ **crop** : Nahrungspflanze *f*

~ **poisoning** : Lebensmittelvergiftung *f*

~ **preservation** : Lebensmittelkonservierung *f*

~ **processing industry** : Lebensmittelindustrie *f*

~ **production** : Nahrungsmittelproduktion *f*, Nahrungsproduktion *f*

~ **quality** : Lebensmittelqualität *f*

~ ~ **maintenance measures** : Lebensmittelreinhaltung *f*

~ **science** : Lebensmittelkunde *f*

~ **security** : Ernährungssicherung *f*

~ **source** : Nahrungsquelle *f*

foodstuff : Lebensmittel *nt*, Nahrungsmittel *nt*

~ **examination** : Lebensmitteluntersuchung *f*

~ **hygiene** : Lebensmittelhygiene *f*

~ **inspection** : Lebensmittelüberwachung *f*

~ **irradiation** : Lebensmittelbestrahlung *f*

~ **manufacture** : Lebensmittelherstellung *f*

~**s industry** : Nahrungsmittelindustrie *f*

food || technology : Lebensmitteltechnologie *f*

~ **web** : Nahrungsnetz *nt*

foot : Fuß *m*

~**-and-mouth disease:** Maul- und Klauenseuche *f*

footfall : Schritt *m*

~ **sound** : Trittschall *m*

~ ~ **insulation** : Trittschalldämmung *f*

foothill : Ausläufer *m*, Gebirgsausläufer *m*

foothills : Vorland *nt*

~ **of the Alps:** Alpenvorland *nt*

footing : Basis *f*

footpath : Fußsteig *m*, Fußweg *m*, Wanderweg *m*

~ **construction** : Wegebau *m*

~ **maintenance** : Wanderwegeunterhaltung *f*

~ **system** : Wanderwegenetz *nt*

footway : Bürgersteig *m*

forage : Futter *nt*, Futtersuche *f*, Nahrungssuche *f*

~ : auf Nahrungssuche sein, Futter suchen, stöbern *v*

~ **contamination** : Futtermittelkontamination *f*

~ **cultivation** : Futterbau *m*

~ **law** : Futtermittelgesetz *nt*

~ **plant** : Futterpflanze *f*

~ **production** : Futtermittelherstellung *f*

~ **quality** : Futtermittelqualität *f*

~ **regulation** : Futtermittelverordnung *f*

~ **treatment order** : Futtermittelbehandlungsverordnung *f*

foraging : futtersuchend *adj*

forbid : untersagen *v*

forbidden : nicht erlaubt, verboten *adj*

~ **by law:** gesetzlich geschützt *adj*

force : Gewalt *f*, Kraft *f*, Stärke *f*, Wucht *f*

be in ~: Geltung haben *v*

~ **of law:** Gesetzeskraft *f*

~ **of nature:** Naturgewalt *f*

~**s of nature:** Naturkräfte *pl*

~ : zwingen *v*

forced : erzwungen, gewollt, gezwungen, Zwangs- *adj*

~ **connection** : Anschlusszwang *m*

~ **drying** : Schnelltrocknen *nt*

~ **money** : Zwangsgeld *nt*

forecast : Prognose *f*, Voraussage *f*, Vorhersage *f*

~ : voraussagen, vorhersagen *v*

forecasting : Prognose *f*, Voraussage *f*, Vorhersage *f*

forecast model : Prognosemodell *nt*

foreclosure : Präklusion *f*

foredune : Primärdüne *f*, Vordüne *f*

forego : verzichten auf *v*

~ **act** : Verzichthandlung *f*

foreign : ausländisch, fremd, fremdartig, fremdländisch *adj*

~ **affairs** : Außenpolitik *f*

~ **body** : Fremdkörper *m*

~ **debts** : Auslandsschulden *pl*, Auslandsverschuldung *f*

~ **economic relations** : Außenwirtschaft *f*

~ **exchange market** : Devisenmarkt *m*

~ **matter** : Fremdstoff *m*

~ ~ **content** : Fremdstoffanteil *m*

~ **policy** : Außenpolitik *f*

~ **substance:** Fremdstoff *m*

~ **trade** : Außenhandel *m*

~ ~ **balance** : außenwirtschaftliches Gleichgewicht *(nt)*

~ ~ **effect** : Außenwirtschaftseffekt *m*

~ ~ **policy** : Außenwirtschaftspolitik *f*

~ ~ **theory** : Außenwirtschaftstheorie *f*

foreshock : Vorbeben *nt*

foreshore : Deichvorland *nt*, Küstenvorland *nt*, Vorland *nt*

~ **land reclamation** : Vorlandgewinnung *f*

~ **soil** : Wattboden *m*

forest : Forst *m*, Wald *m*

~ **on poor soils:** Heidewald *m*

~ : Wald bewirtschaften *v*

~ **administration** : Forstverwaltung *f*

~ **amelioration** : Forstmelioration *f*

~ **area** : Waldfläche *f*, Waldgebiet *nt*

~ **authority** : Forstbehörde *f*

~ **biocoenosis** : Waldlebensgemeinschaft *f*

~ **care** : Waldpflege *m*

~ **clearance** : Abholzung *f*

~ **community** : Waldgesellschaft *f*

~ **control** : Forstkontrolle *f*

~ **cover** : Waldbedeckung *f*, Walddecke *f*

~ **damage** : Waldschaden *m*

~ **decline** : Waldsterben *nt*

~ **destruction** : Waldzerstörung *f*

~ **devastation** : Waldverwüstung *f*

~ **dieback** : Waldsterben *nt*

~ **disease** : Walderkrankung *f*

~ **district** : Forstrevier *nt*

~ dweller : Waldbewohner *m*, Waldbewohnerin *f*

~ ecosystem : Waldökosystem *nt*

forested : bewaldet *adj*

~ area : Holzbodenfläche *f*

~ land : Holzbodenfläche *f*, forstliche Landfläche *(f)*

forest || effect : Waldleistung *f*

~ enclosure : Schonung *f*

forester : Förster *m*, Försterin *f*

forest || establishment plan : Forsteinrichtungsplan *m*

~ exploitation : Forstnutzung *f*

~ farming : Wald-Feld-Bau *m*

~ fertilization : Forstdüngung *f*

~ fire : Waldbrand *m*

~ ~ control : Waldbrandbekämpfung *f*

~ ~ prevention : Waldbrandverhütung *f*

~ floor : Waldboden *m*

~ function : Waldfunktion *f*

~ grazing : Waldweide *f*

~ growth : Waldwachstum *nt*

~ guard : Forstschutzbeauftragte *f*, Forstschutzbeauftragter *m*, Waldaufseher *m*, Waldaufseherin *f*

~ habitat : Waldbiotop *m*

~ heritage : Waldbestand *m*

~ hydrology : Forsthydrologie *f*

~ industries : Holzwirtschaft *f*

~ influence : Waldwirkung *f*

~ influences : Waldfunktion *f*

~ inventory : Waldinventur *f*

~ laborer : Forstwirt *m*, Forstwirtin *f*

~ land : forstliche Landfläche *(f)*

~ limit : Waldgrenze *f*

~ line : Waldgrenze *f*

~ litter : Waldstreu *f*

~ management : Forstwirtschaft *f*, Waldmanagement *nt*

~ ~ plan : Forsteinrichtungsplan *m*

~ ~ planning : Forsteinrichtung *f*

~ ~ unit : Bewirtschaftungseinheit *f*

~ mantle : Waldmantel *m*

~ margin : Waldrand *m*

~ nursery : Forstgarten *m*

~ owner : Waldbesitzer *m*, Waldbesitzerin *f*

~ pasturage : Waldweide *f*

~ pasture : Waldweide *f*

~ path : Waldweg *m*

~ penny : Waldpfennig *m*

~ pest : Forstschädling *m*

~ plant : Waldpflanze *f*

~ plantation : Forstkultur *f*

~ preservation : Walderhaltung *f*

~ preserve : Waldschutz *m*

~ product : Waldprodukt *nt*

~ property : Waldeigentum *nt*

~ protection : Forstschutz *m*

~ range : Forstrevier *nt*

~ regeneration : Waldregenerierung *f*, Waldverjüngung *f*

~ regulation : Betriebsplanung *f*

~ renewal : Forsterneuerung *f*

~ reservation : Naturwaldreservat *nt*

~ reserve : Waldschutzgebiet *nt*

~ ride : Rückeweg *m*

forestry : Forstwirtschaft *f*

~ act : Forstgesetz *nt*

≗ Commission : Forstverwaltung *f*

~ law : Forstgesetz *nt*

~ legislation : Forstrecht *nt*

~ office : Forstamt *nt*

~ official : Forstbeamter *m*

~ planning : Forstplanung *f*

~ product : Forstprodukt *nt*

~ science : Forstwissenschaft *f*

~ worker : Waldarbeiter *m*, Waldarbeiterin *f*

forests : Waldbestand *m*

forest || scout : Waldaufseher *m*, Waldaufseherin *f*

~ site survey : forstliche Standorterkundung *(f)*

~ soil : Waldboden *m*

~ stand : Baumbestand *m*

~ steppe : Waldsteppe *f*

~ structure type : Waldgefügetyp *m*

~ succession : Forstfolge *f*

~ survey : Waldinventur *f*

~ track : Waldweg *m*

~ tree : Waldbaum *m*

~ type : Waldtyp *m*

~ use plan : Waldfunktionsplan *m*

~ utilization : Forstnutzung *f*

~ value : Waldwert *m*

~ vegetation : Waldvegetation *f*

~ ~ type : Waldvegetationstyp *m*

~ waste : forstwirtschaftlicher Abfall *(m)*

forfeit : verwirken *v*

forfeiture : Verwirkung *f*

forge : Schmiede *f*

forgo : verzichten auf *v*

~ act : Verzichthandlung *f*

fork : Gabel *f*, Gabelung *f*, Stromverzweigung *f*

forked : gegabelt *adj*

form : Form *f*, Formblatt *nt*, Formular *nt*

- **be ~ed:** entstehen *v*
- **~ of energy:** Energieform *f*
- **~ of evidence:** Beweismittel *nt*
- **~ of government:** Staatsform *f*
- **~ of local transport:** Nahverkehrsmittel *nt*

~ : formen *v*

formal : formal, formell *adj*

~ education : schulische Bildung *(f)*

formaldehyde : Formaldehyd *nt*

~ evaporation : Formaldehydausdünstung *f*

formalised (Br) : geordnet *adj*

formalism : Formalismus *m*

formalist : Formalist *m*, Formalistin *f*

formalistic : formalistisch *adj*

formalistically : formalistisch *adv*

formality : Formalie *f*, Formalität *f*, Formfrage *f*, Formsache *f*

formalization : Formalisierung *f*

formalize : formalisieren *v*

formalized : geordnet *adj*

formally : formal, formell *adv*

format : Format *nt*, Formular *nt*

formation : Ausarbeitung *f*, Bildung *f*, Entstehung *f*, Formation *f*, Formung *f*

- **~ of aerosol:** Aerosolentstehung *f*

former : ehemalig, früher *adj*

~ deposit restoration : Altlastensanierung *f*

~ plant regeneration : Altanlagensanierung *f*

form factor : Formzahl *f*

form-height quotient : Formhöhe *f*

formula : Formel *f*

formulate : formulieren *v*

formulation : Formulierung *f*

~ material : Formulierungsstoff *m*

fortune : Vermögen *nt*

forum : Forum *nt*

forward : fortschrittlich, frühreif, verfrüht, Vorder-, vorwärts gerichtet *adj*

~ : heran, nach vorn, vor-, voraus-, vorwärts *adv*

~ : abschicken, beschleunigen, nachschicken, voranbringen, weiterleiten, weiterreichen *v*

forwarding : beschleunigend, voranbringend, weiterleitend *adj*

~ agent : Spediteur *m*

~ ~'s liability : Spediteurhaftung *f*

forward-looking : vorausschauend *adj*

in a ~-~ way: zukunftsweisend *adv*

fossil : fossil *adj*

~ : Fossil *nt*

~ energy : fossile Energie *(f)*

~ energy source : fossiler Energieträger *(m)*

~ fuel : fossiler Brennstoff *(m)*

~-fueled : fossil befeuert *adj*

fossilization : Versteinerung *f*

fossilize : versteinern *v*

fossilized : versteinert *adj*

foster : fördern *v*

foul : Schmutz-, schmutzig, unsauber *adj*

~ air : Abluft *f*, verbrauchte Luft *(f)*

fouling : Fouling *nt*

foul water : Abwasser *nt*

found : errichten, gründen *v*

foundation : Errichtung *f*, Stiftung *f*

~ permit : Errichtungsgenehmigung *f*

foundry : Gießerei *f*

four stroke : Viertakt- *adj*

~ ~ engine : Viertaktmotor *m*

fowl : Geflügel *nt*

~ pest : Hühnerpest *f*

foxhole : Fuchsbau *m*

fox-layer : Fuchsbau *m*

foyer : Halle *f*

fraction : Fraktion *f*

fractional : fraktioniert *adj*

~ distillation : fraktionierte Destillation *(f)*

fractionation : Fraktionierung *f*

fracture : Bruch *m*, Spalte *f*

fragile : empfindlich, zerbrechlich *adj*

fragment : Bruchstück *nt*

fragmentation : Zerschneidung *f*

fragrance : Aroma *nt*

frame : Gerüst *nt*, Gestell *nt*, Körper *m*, Rahmen *m*, Struktur *f*, Tragwerk *nt*

~ : aufbauen, aufstellen, entwerfen, formulieren, gestalten, konstruieren, rahmen, schaffen, umrahmen *v*

~ filter press : Kammerfilterpresse *f*

~ hive : Bienenkasten *m*

framework : Rahmen *m*, Rahmenbedingungen *pl*, System *nt*

~ conditions : Rahmenbedingungen *pl*

~ convention : Rahmenkonvention *f*

~ legislation : Rahmengesetzgebung *f*

~ programme : Rahmenprogramm *nt*

framing : Fachwerk *nt*

Francis turbine : Francisturbine *f*

free : frei, kostenlos *adj*

~ from chemicals: chemiefrei *adj*

~ from tax: abgabenfrei *adj*

~ acceleration test : Abgastest *m*

freeboard : Freibord *m*

freedom : Freiheit *f*, Freiraum *m*

~ of establishment: Niederlassungsfreiheit *f*

~ to trade: Gewerbefreiheit *f*

free | -draining : selbstentwässernd *adj*

~-~ soil : selbstentwässernder Boden *(m)*

~-floating : freischwimmend *adj*

~ good : freies Gut *(nt)*

~ heat : freie Wärme *(f)*

~-living : frei lebend *adj*

~-~ animal : frei lebendes Tier *(nt)*

freely : frei, freimütig, großzügig *adv*

free || market economy : freie Marktwirtschaft *(f)*

~-range : freilaufend *adj*

~-~ eggs : Eier von frei laufenden Hühnern *(pl)*

~-~ farming : Freilaufhaltung *f*

~-~ management : Auslaufhaltung *f*

~-~ poultry farming : Geflügelfreilaufhaltung *f*

~-surface : Freispiegel- *adj*

~-~ flow : Freispiegelströmung *f*

~ water : freies Wasser *(nt)*

freeway (Am) : Stadtautobahn *f*

freeze : einfrieren, frieren, frosten, gefrieren *v*

~ drying : Gefriertrocknung *f*

freezing : Gefrieren *nt*

~ cabinet : Tiefkühlschrank *m*

~ chest : Tiefkühltruhe *f*

~ fog : Frostnebel *m*

~ level : Frostgrenze *f*, Nullgradgrenze *f*

~ point : Gefrierpunkt *m*

~ process : Gefrierverfahren *nt*

freight : Charter *f*, Fracht *f*, Frachtsendung *f*

~ : befrachten, chartern, vermieten *v*

~ traffic : Güterverkehr *m*

~ ~ centre : Güterverkehrszentrum *nt*

French : französisch *adj*

~ : Französisch *nt*

~ drain (Am) : Steindrän *m*

frequency : Frequenz *f*, Häufigkeit *f*

~ of flying: Flugfrequenz *f*

~ analysis : Frequenzanalyse *f*, Schallanalyse *f*

~ weighting diagram : Frequenzbewertungskurve *f*

fresh : frisch, Frisch-, Roh- *adj*

~ air : frische Luft *(f)*, Frischluft *f*

~ ~ requirement : Frischluftbedarf *m*

~ ~ **system** : Frischluftsystem *nt*

~ **compost** : Rohkompost *m*

freshwater : Süßwasser *nt*

~ **fisheries** : Binnenfischerei *f*

~ **habitat** : Süßwasserlebensraum *m*

friable : bröckelig, krümelig, zerreibbar *adj*

~ **iron-humus-pan** : Orterde *f*

friction : Reibereien *pl*, Reibung *f*

~ **head** : Reibungsverlusthöhe *f*

~ **lining** : Reibbelag *m*

fridge : Kühlschrank *m*

friend : Freund *m*, Freundin *f*

~s of the Earth: Freunde der Erde *(pl)*

friendly : freundlich *adj*

fringe : Franse *f*, Fransen *pl*, Rand *m*, Saum *m*, Ufervegetation *f*

~ : mit Fransen versehen, säumen *v*

~ **area** : Außenbezirk *m*, Randgebiet *nt*

fringed : befranst, fransig, gefranst, umsäumt *adj*

~ **with trees:** von Bäumen umsäumt *adj*

fringing : Saum-, säumend *adj*

~ **forest** : Galeriewald *m*

front : Front *f*

at the ~: vorn *adv*

frontal : frontal, Frontal-, Fronten-, Stirn- *adj*

frontally : frontal *adv*

frontal || system : Frontensystem *nt*

~ **wave** : Frontenwoge *f*

front dune : Randdüne *f*

frontier : Grenze *f*

~**-crossing** : grenzüberschreitend *adj*

~**-~ permit** : Grenzüberschreitungsgenehmigung *f*

frost : Frost *m*

~ **action** : Frosteinwirkung *f*

frostbite : Erfrierung *f*, Frostbeule *f*

frostbitten : erfroren *adj*

frost || crack : Frostriss *m*

~**-free** : frostfrei *adj*

~**-~ level:** frostfreie Tiefe *(f)*

~ **hollow** : Frostloch *nt*

~ **lifting** : Auffrieren *nt*

~ **penetration** : Frosttiefe *f*

~ ~ **depth** : Frosteindringtiefe *f*, Frosttiefe *f*

~ **period** : Frostperiode *f*

~ **pocket** : Frostloch *nt*

~ **point** : Frostpunkt *m*, Gefrierpunkt *m*

~**-proof** : frostsicher *adj*

~**-susceptible** : frostempfindlich *adj*

frosty : frostig *adj*

frozen : eingefroren, erfroren, gefroren, tiefgefroren, tiefgekühlt, zugefroren *adj*

fructification : Fruktifikation *f*

fruit : Frucht *f*, Obst *nt*

~ **of a leguminous plant:** Hülsenfrucht *f*

~ : fruchten, Früchte tragen, Frucht tragen *v*

~ **farming** : Obstanbau *m*

~ ~ **region** : Obstanbaugebiet *nt*

fruitful : fruchtbar, fruchtbringend *adj*

fruit growing : Obstbau *m*

fruiting : fruchtend, Früchte tragend *adj*

~ : Fruchten *nt*

~ **season** : Fruchtreifezeit *f*

fruit || juice : Fruchtsaft *m*

~ ~ **regulation** : Fruchtsaftverordnung *f*

~ **production** : Obstproduktion *f*

~ **quality** : Fruchtqualität *f*

~ **retail trade** : Obsteinzelhandel *m*

~ **ripening** : Fruchtreifung *f*

~ **rot** : Fruchtfäule *f*

~ **size** : Fruchtgröße *f*

~ **species** : Obstart *f*

~ **stem** : Fruchtstiel *m*

~ **storage** : Obstlagerung *f*

~**-tree** : Obstbaum *m*

~**-~ planting** : Obstplantage *f*

~ **vegetable** : Fruchtgemüse *nt*

~ **wholesale trade** : Obstgroßhandel *m*

fruitwood : Obstbaumholz *nt*

fry : Brut *f*, Setzlinge *pl*

fuel : Brennstoff *m*, Energieträger *m*, Kraftstoff *m*, Treibstoff *m*

~ **and power costs:** Energiekosten *pl*

~ : mit Brennstoff versorgen *v*

~ **additive** : Kraftstoffzusatz *m*

~ **cell** : Brennstoffzelle *f*

~ **circulation** : Brennstoffkreislauf *m*

~ **composition** : Brennstoffzusammensetzung *f*

~ **consumption** : Benzinverbrauch *m*, Brennstoffverbrauch *m*, Kraftstoffverbrauch *m*

~ **conversion** : Brennstoffumwandlung *f*

~ **cooling installation** : Abklinganlage *f*

~ **cycle** : Brennstoffkreislauf *m*

~ **denitrogenation** : Brennstoffentstickung *f*, Kraftstoffdenitrierung *f*

~ **desulfurization (Am)** : Brennstoffentschwefelung *f*

~ **desulphurization** : Brennstoffentschwefelung *f*

~ **efficiency** : energetischer Wirkungsgrad *(m)*, Nutzungsgrad *m*

~ **element** : Brennelement *nt*

~ **extraction** : Brennstoffgewinnung *f*

~ **feed** : Brennstoffzufuhr *f*

~ **filter** : Kraftstofffilter *m*

fuelgas : Heizgas *nt*

fuel || hopper : Brennstoffbeschickungsschacht *m*

~ **injection** : Kraftstoffeinspritzung *f*

~ ~ **engine** : Einspritzmotor *m*

~ **oil** : Heizöl *nt*

~ ~ **consumption** : Heizölverbrauch *m*

~ ~ **residues** : Heizölreststoffe *pl*

~ ~ **trap** : Heizölabscheider *m*

~ **pipe** : Benzinleitung *f*

~ **production** : Brennstoffgewinnung *f*

~ **pump** : Benzinpumpe *f*

~ **rod** : Brennstab *m*

~ **saving** : Brennstoffeinsparung *f*

~ **substitution** : Brennstoffsubstitution *f*

~ **supply** : Brennstoffversorgung *f*

~ **tank** : Kraftstoffbehälter *m*

~ ~ **installation** : Tankanlage *f*

~ **value** : Brennwert *m*

fuelwood : Brennholz *nt*

~ **chipping** : Brennholzhacken *nt*

~ **forest** : Wald zur Brennholzgewinnung *(m)*

fugability : Genügsamkeit *f*

fulfil : ausführen, beenden *v*

fulfill (Am) : ausführen, beenden, erfüllen *v*

fulfilling : erfüllend *adj*

fulfilment : Verwirklichung *f*

full : ausführlich, ganz, satt, umfassend, voll, Voll-, vollwertig *adj*

~ **of flowers:** blumenreich *adj*

~ **employment** : Vollbeschäftigung *f*

~ **face mask** : Vollmaske *f*

~ **moon** : Vollmond *m*

~ **supply level** : Stauziel *nt*

~**-time** : Vollzeit- *adj*

{also spelled: full time}

~-~ **post** : Vollzeitstelle *f*

~-~ **ranger** : Vollzeitschutzgebietsbetreuer /~in *m/f*

fully : ausführlich, fest, voll *adv*

~ **biological** : voll biologisch *adj*

~ **penetrating well** : vollkommener Brunnen *(m)*

fumarole : Fumarole *f*

fume : Schwaden *m*

fumes : Abgas *nt*, Dämpfe *pl*, Flugstaub *m*

fumigant : Begasungsmittel *nt*, Räuchermittel *nt*

fumigate : ausräuchern *v*

fumigation : Ausräucherung *f*, Begasung *f*

function : Aufgabe *f*, Funktion *f*

functional : funktional, funktionell, funktionsfähig *adj*

~ **building** : Zweckbau *m*

~ **model** : Funktionsmodell *nt*

~ **value** : Gebrauchswert *m*

function model : Funktionsmodell *nt*

fund : finanziell ausstatten, finanzieren *v*

fundamental : grundlegend, grundsätzlich *adj*

~ **law** : Grundgesetz *nt*

fundamentally : grundlegend, grundsätzlich *adv*

fundamental right : Grundrecht *nt*

fundamentals : (allgemeine) Grundlagen *(pl)*

funds : Kapital *nt*, Mittel *pl*

fungal : pilzartig *adj*

fungicidal : fungizid, pilztötend *adj*

fungicide : Fungizid *nt*

~ **application** : Fungizidanwendung *f*

fungistat : Fungistatikum *nt*

fungoid : schwammartig *adj*

fungus : Pilz *m*

~ **disease** : Pilzbefall *m*

~ **poisoning** : Pilzvergiftung *f*

funnel : Schornstein *m*, Trichter *m*

fur : Fell *nt*, Pelz *m*

~ **animal** : Pelztier *nt*

furnace : Kessel *m*, Ofen *m*

~ **gas** : Feuerungsgas *nt*

~ **gases** : Feuerungsabgase *pl*

~ **order** : Feuerungsanlagenverordnung *f*

furnishing : Lieferung *f*, Möblierung *f*

~ **of securities:** Sicherheitsleistung *f*

furrow : Ackerfurche *f*, Furche *f*

~ : pflügen *v*

~ **crest** : Furchenkamm *m*

~ **fertilization** : Furchendüngung *f*

furrowing : Furchenziehen *nt*

furrow irrigation : Furchenbewässerung *f*

furry : pelzig *adj*

~ **game** : Haarwild *nt*

further : weitere /~r /~s, weiter entfernt *adj*

~ : außerdem, weiter *adv*

~ : fördern *v*

furtherance : Förderung *f*

further || education : Fortbildung *f*

~ ~ **course** : Fortbildungskurs *m*

~ ~ **institute** : Fortbildungsinstitution *f*

~ **spreading** : Wiederausbreitung *f*

fusariumtoxin : Fusariumtoxin *nt*

fuse : verbinden, vereinigen, verschmelzen *v*

fusible : schmelzbar *adj*

fusion : Fusion *f*, Kernfusion *f*

~ **electrolysis** : Schmelzflusselektrolyse *f*

futile : nutzlos, vergeblich *adj*

futilely : nutzlos, vergeblich *adv*

future : künftig, zukünftig, Zukunfts- *adj*

~ **crop tree** : Zukunftsbaum *m*, Zukunftsstamm *m*

~ : Zukunft *f*

futurology : Futurologie *f*

gabion : Drahtschotterkasten *m*, Gabion *m*

~ check dam : Drahtschottersperre *f*

~ dam : Steinkorbdamm *m*

~ groyne : Drahtkorbbuhne *f*

~ spur : Drahtkorbbuhne *f*

gage (Am) : Messgerät *nt*, Pegel *m*

~ datum (Am) : Pegelnullpunkt *m*

~ height (Am) : Pegelhöhe *f*

gall : Galle *f*

gallery : Galerie *f*, Stollen *m*

~ forest : Galeriewald *m*

galvanization : Verzinkung *f*

~ waste : Galvanoabfall *m*

galvanizing : Verzinkung *f*

~ bath : Galvanisierbad *nt*

galvanometry : Galvanometrie *f*

galvanotechnique : Galvanotechnik *f*

game : lahm, mutig *adj*

~ : Branche *f*, Gewerbe *nt*, Partie *f*, Spiel *nt*, Vorhaben *nt*, Wild *nt*, Wildbret *nt*, Wildfleisch *nt*

~ birds : Federwild *nt*

~ bird shooting : Federwildjagd *f*

~ enclosure : Wildgehege *nt*

gamekeeper : Hegemeister *m*, Jagdaufseher *m*, Wildhüter *m*

game || law : Jagdrecht *nt*

~ licence : Jagdschein *m*

~ management : Wildbewirtschaftung *f*, Wildhege *f*

~ park : Wildpark *m*

~ population : Wildbestand *m*

~ ~ management : Wildbestandsregulierung *f*

~ preservation : Wildschutz *m*

~ preserve : Wildpark *m*

~ protecting fence : Wildschutzzaun *m*

~ ranching : Wildtierhaltung *f*

~ reserve : Wildreservat *nt*, Wildschutzgebiet *nt*

~ sanctuary : Wildschutzgebiet *nt*

~ species : Wildart *f*

games theory : Spieltheorie *f*

gamete : Gamete *f*, Geschlechtszelle *f*

game-tenant : Jagdpächter *m*, Jagdpächterin *f*

gametocide : Gametozid *nt*

gametocytes : Gametozyten *pl*

game || toxicology : Wildtoxikologie *f*

~ warden : Jagdaufseher *m*, Wildhüter *m*

gamma : Gamma *nt*

~ irradiation : Gammabestrahlung *f*

~ radiation : Gammastrahlung *f*

~ rays : Gammastrahlen *pl*, Röntgenstrahlen *pl*

~ spectroscope : Gammaspektroskop *nt*

~ spectroscopy : Gammaspektroskopie *f*

gander : Ganser *m*, Gänserich *m*, Ganter *m*

garage : Garage *f*

~ ordinance : Garagenverordnung *f*

garbage (Am) : Abfall *m*, Müll *m*

~ bag (Am) : Abfallbehälter *m*, Müllsack *m*

~ can (Am) : Abfalleimer *m*, Mülltonne *f*

~ ~ liner (Am) : Müllbeutel *m*

~ chute (Am) : Müllschlucker *m*

~ collecting container : Müllbehälter *m*

~ collection (Am) : Müllabfuhr *f*

~ compacting container : Müllpresscontainer *m*

~ disinfecting : Mülldesinfektion *f*

~ ~ container : Mülldesinfektionsbehälter *m*

~ dump (Am) : Abfalldeponie *f*, Deponieanlage *f*, Mülldeponie *f*, Schuttabladeplatz *m*

~ ~ **for demolition rubble:** Bauschuttdeponie *f*

~ ~ leakage water (Am) : Deponiesickerwasser *nt*

~ ~ sealing (Am) : Deponieabdichtung *f*

~ ~ shaft : Deponieschacht *m*

~ grinder (Am) : Abfallzerkleinerer *m*, Müllwolf *m*

~ incineration (Am) : Abfallverbrennung *f*, Müllverbrennung *f*

~ ~ plant (Am) : Abfallverbrennungsanlage *f*

~ incinerator (Am) : Müllverbrennungsanlage *f*

~ lighter (Am) : Müllleichter *m*

~ press (Am) : Abfallpresse *f*

~ recycling (Am) : Müllverwertung *f*

~ truck (Am) : Müllwagen *m*

~ ~ driver (Am) : Müllfahrer *m*, Müllfahrerin *f*

garden : Garten *m*

~ city : Gartenstadt *f*

gardener : Gärtner *m*, Gärtnerin *f*

gardening : Gartenarbeit *f*, Gartenbau *m*

garden || rubbish : Gartenabfall *m*

~-soil : Gartenboden *m*

~ suburb : Gartenvorort *m*

~ waste : Gartenabfall *m*

gas : Gas *nt*

~ **from dumps:** Deponiegas *nt*

~ **from firing systems:** Feuerungsabgase *pl*

~ (Am) : Benzin *nt*

~ alarm : Gaswarneinrichtung *f*

~ analysis : Gasanalyse *f*

~ analyzer : Gasanalysator *m*

~-based power plant : Gaskraftwerk *nt*

~ burner : Gasbrenner *m*

~ canister : Gasflasche *f*

~ central heating : Gasheizung *f*

~ chromatograph : Gaschromatograf *m*

~ chromatography : Gaschromatografie *f*

~ cleaning : Gasreinigung *f*, Gaswaschen *nt*

~ ~ plant : Gasreinigungsanlage *f*

~ cloud : Abgaswolke *f*, Gaswolke *f*

~ collection : Gasgewinnung *f*

~ **combustion** : Abgasverbrennung *f*

~ **composition** : Abgaszusammensetzung *f*

~ **concentration measuring equipment** : Gaskonzentrationsmessgerät *nt*

~**-cooled** : gasgekühlt *adj*

~-~ **reactor** : gasgekühlter Reaktor *(m)*

~ **count controller** : Gasmengenzähler *m*

~ **densitometer** : Gasdichtewaage *f*

~ **detector** : Gasspürgerät *nt*

~ **drainpipe:** Abgasrohr *nt*

~ **duct** : Abgasweg *m*

~ **emission** : Gasausströmung *f*

~ **engine** : Gasmotor *m*

gaseous : gasförmig *adj*

~ **air pollution** : gasförmige Luftverunreinigung *(f)*

~ **effluents** : Abgas *nt*

~ **pollutant** : gasförmiger Schadstoff *(m)*

gas || examination : Abgasuntersuchung *f*

~ **exchange** : Gasaustausch *m*

~ **extraction** : Deponiegasgewinnung *f*, Gasgewinnung *f*

~ **field** : Erdgasvorkommen *nt*

~ **filtration** : Gasfiltration *f*

~**-fired** : gasbefeuert, gasbeheizt *adj*

~ **firing** : Gasheizung *f*

~ **fuel** : gasförmiger Brennstoff *(m)*

~ **furnace** : Gasfeuerung *f*, Gasofen *m*

~ **generation** : Gaserzeugung *f*

~ **generator** : Gasgenerator *m*

~**-heated** : gasbeheizt *adj*

~ **heating** : Gasheizung *f*

gasification : Vergasen *nt*, Vergasung *f*

~ **of fuel:** Brennstoffvergasung *f*

gasifier : Vergasungsanlage *f*

gas industry : Gaswirtschaft *f*

gasket : Dichtung *f*

gas || laser : Gaslaser *m*

~ **leak detector** : Gaslecksuchgerät *nt*

~**-liquid chromatography** : Gas-Flüssig-Chromatografie *f*

~ **mask** : Gasmaske *f*

~ **measurement** : Gasmessung *f*

~ **meter** : Gaszähler *m*

~ **mixture** : Gasgemisch *nt*

gasoline (Am) : Benzin *nt*

~ **separator** : Benzinabscheider *m*

~ **trap** : Benzinabscheider *m*, Leichtflüssigkeitsabscheider *m*

~ **vapour** : Benzindampf *m*

~ ~ **recovery plant** : Benzindampfrückgewinnungsanlage *f*

gasometer : Gasbehälter *m*

gas || pipe : Gasleitung *f*

~ **pipeline** : Gasleitung *f*

~ **plant** : Gasaufbereitungsanlage *f*

~ **poisoning** : Gasvergiftung *f*

~ **power station** : Gaskraftwerk *nt*

~ **preheating** : Abgasvorwärmung *f*

~ **processing plant** : Gasaufbereitungsanlage *f*

~ **production** : Gaserzeugung *f*

~ **protection suit** : Gasschutzanzug *m*

~ **purification** : Gasreinigung *f*

~ **purifier** : Gasreinigungsanlage *f*

~ **recirculation** : Gasrückführung *f*

~ **recovery** : Gasrückgewinnung *f*

~ **reservoir** : Gasspeicher *m*

~ **scrubber** : Abgaswäscher *m*, Gaswäscher *m*

~ **sensor** : Gassensor *m*

~ **separating plant** : Gasabscheideanlage *f*

gassing : Begasen *nt*, Vergasung *f*

gas || situation : Abgasverhältnisse *pl*

~ **stove** : Gasofen *m*

~ **system** : Abgassystem *nt*

~ **tap** : Gashahn *m*

~ **temperature** : Abgastemperatur *f*

~ **thermometer** : Gasausdehnungsthermometer *nt*

~**-tight** : gasdicht *adj*

~ **treatment works** : Abgaswaschanlage *f*

gastric : gastrisch, Magen- *adj*

~ **acid** : Magensäure *f*

~ **juices** : Magensäfte *pl*

gastroenteritis : Gastroenteritis *f*, Magen-Darm-Entzündung *f*

gastrointestinal : gastrointestinal, Magen-Darm-*adj*

~ **tract** : Magen-Darm-Trakt *m*

gas || turbine : Gasturbine *f*

~ **volume** : Abgasvolumen *nt*

~ **washer** : Abgaswäscher *m*

~ **water heater** : Gasbadeofen *m*

gasworks : Gaswerk *nt*

~ **wastewater** : Gaswasser *nt*

gas yield : Gasausbeute *f*

gate : Tor *nt*, Wehrverschluss *m*

~ **valve** : Absperrschieber *m*

gather : entnehmen, versammeln *v*

gatherer : Sammler *m*

gathering : Entnahme *f*, Gruppe *f*, Versammlung *f*

~ **grounds** : Einzugsgebiet *nt*

~ **time** : Sammelzeit *f*

gauge : Kaliber *nt*, Kriterium *nt*, Lehre *f*, Maßstab *m*, Messgerät *nt*, Pegel *m*, Spurweite *f*, Wasserstandsanzeiger *m*

~ : beurteilen, messen *v*

~ **datum** : Pegelnullpunkt *m*

~ **height** : Pegelhöhe *f*

gauging : beurteilend, Mess-, messend *adj*

~ : Beurteilen *nt*, Messen *nt*

~ **station** : Messstelle *f*, Pegelstelle *f*

gazette : Amtsblatt *nt*, Anzeiger *m*

~ : bekannt geben *v*

≗ of the European Communities: Amtsblatt der Europäischen Gemeinschaften *(nt)*

GDR legislation : DDR-Recht *nt*

gear : Gang *m*

~ **pump** : Zahnradpumpe *f*

gears : Getriebe *nt*

geest : Geest *f*

geiger counter : Geigerzähler *m*

Geiger-Mueller counter : Geigerzähler *m*

gel : Gel *nt*

gelatin : Gelatine *f*

~ manufacture : Gelatineherstellung *f*

gel chromatography : Gelchromatografie *f*

gender mainstreaming : Berücksichtigung geschlechtsspezifischer Unterschiede *(f)*

gene : Gen *nt*

~ bank : Genbank *f*

~ mobilisation : Genmobilisierung *f*

~ mutation : Genmutation *f*

genera : Gattungen *pl*

general : allgemein *adj*

~ Administrative Regulation on the Classification of Substances Hazard to Waters into Hazard Classes: Allgemeine Verwaltungsvorschrift über die Einstufung wassergefährdender Stoffe in Wassergefährdungsklassen *(f)*

~ assembly : Generalversammlung *f*

~ building planning : Bauleitplanung *f*

~ clause : Generalklausel *f*

~ conditions : Rahmenbedingungen *pl*

~ consensus : allgemeine Auffassung *(f)*, allgemeine Anschauung *(f)*

~ decree : Allgemeinverfügung *f*

~ dump : Mischdeponie *f*

~ instruction : Rahmenvorschrift *f*

generalist : Generalist *m*

generally : allgemein *adv*

general || plan : Rahmenplan *m*

~ planning on water resources development : wasserwirtschaftlicher Rahmenplan *(m)*

~ population: Allgemeinbevölkerung *f*

~ public : breite Öffentlichkeit *(f)*

~ transport plan : Generalverkehrsplan *m*

generate : erzeugen, produzieren *v*

~ wastes : Abfälle produzieren

generation : Generation *f*

~ of test aerosols: Prüfaerosolerzeugung *f*

generator : Generator *m*

~ gas : Generatorgas *nt*

gene recombination : Genrekombination *f*

generic : Gattungs-, gattungsmäßig, generisch *adj*

~ name : Gattungsbezeichnung *f*, Gattungsname *m*

generosion : Generosion *f*

genes : Erbsubstanz *f*, Gene *pl*

genesis : Entstehung *f*

gene stability : Genstabilität *f*

genet : genetisches Individuum *(nt)*, gengleiches Individuum *(nt)*

genetic : genetisch, gentechnisch *adj*

~ adaptation : genetische Anpassung *(f)*

genetical : genetisch *adj*

~ boundary of species : Artgrenze *f*

genetically : genetisch, gentechnisch *adv*

~ modified : genetisch verändert, gentechnisch verändert *adj*

genetic || code : genetischer Kode *(m)*

~ depletion : genetische Verarmung *(f)*

~ ecology : Genökologie *f*

~ engineering : Gentechnik *f*, Gentechnologie *f*

~ ~ legislation : Gentechnikrecht *nt*

~ ~ liability : Gentechnikhaftung *f*

~ localization : Genlokalisation *f*

~ material : Erbanlage *f*, Genmaterial *nt*

genetics : Genetik *f*

genetic structure : Genstruktur *f*

gene || toxicity : Gentoxizität *f*

~ transfer : Gentransfer *m*

genome : Genom *nt*

~ investigation : Genomanalyse *f*

genotype : Genotyp *m*

gentle : leicht, leise, mäßig, sanft, schwach *adj*

gently : behutsam, leise, sanft, vorsichtig, zart *adv*

genuine : aufrichtig, authentisch, echt, ernstgemeint, ernsthaft, überzeugt, wahr, wirklich *adj*

~ : wirklich *adv*

~ involvement : voller Einsatz *(m)*

genus : Gattung *f*

geo-accumulation : Geoakkumulation *f*

geochemistry : Geochemie *f*

geocline : Geokline *pl*

geodesy : Geodäsie *f*

geodetic : geodätisch *adj*

geoecology : Geoökologie *f*

geo-engineering : Ingenieurgeologie *f*

geofactor : Geofaktor *m*

geogenic : geogen *adj*

geographer : Geograf *m*, Geografin *f*

geographic : geografisch *adj*

geographical : geografisch *adj*

~ classification of natural landscapes : naturräumliche Gliederung *(f)*

geographically : geografisch *adv*

geographical situation : geografische Lage *(f)*

geographic information system : Geografisches Informationssystem *(nt)*

geography : Geografie *f*

geological : geologisch *adj*

geologist : Geologe *m*, Geologin *f*

geology : Geologie *f*

geomagnetic : erdmagnetisch, geomagnetisch *adj*

~ pole : erdmagnetischer Pol *(m)*, geomagnetischer Pol *(m)*

geomagnetism : Erdmagnetismus *m*, Geomagnetismus *m*

geomorphology : Geomorphologie *f*

geophone : Geofon *nt*

geophysical : geophysikalisch *adj*

~ examination : geophysikalische Untersuchung *(f)*

geophysicist : Geophysiker *m*, Geophysikerin *f*

geophysics : Geoelektrik *f*, Geophysik *f*

geosciences : Geowissenschaften *pl*

geosphere : Erdhülle *f*, Geosphäre *f*

geostrophic : geostrophisch *adj*

~ wind : geostrophischer Wind *(m)*

geosyncline : Geosynklinale *f*

geotechnic : geotechnisch *adj*

~ consulting : geotechnische Beratung *(f)*

geotextile : Geotextilie *f*

geothermal : geothermisch *adj*

~ collector : Erdwärmekollektor *m*

~ energy : Erdwärme *f*, Erdwärmeenergie *f*, geothermische Energie *(f)*

~ gradient : geothermaler Gradient *(m)*

~ power : Erdwärmeenergie *f*

~ ~ plant : Geothermalkraftwerk *nt*

~ ~ station : Erdwärmekraftwerk *nt*

~ steam : Geothermaldampf *m*

~ step : geothermische Tiefenstufe *(f)*

geriatrics : Altersheilkunde *f*, Geriatrie *f*

germ : Bakterium *nt*, Keim *m*, Krankheitserreger *m*

~ carrier : Bakterienträger *m*

~ cell : Keimzelle *f*

~ count : Keimzahl *f*

germicide : Bakterizid *nt*, Keimhemmer *m*

germinate *v* keimen

germination : Keimen *nt*, Keimung *f*

~ capacity : Keimfähigkeit *f*

germ warfare : Bakterienkrieg *m*

gestation : Trächtigkeit *f*

getting : Beschaffung *f*

geyser : Geysir *m*

ghost : Geist *m*

giant : Riese *m*

~'s kettle : Gletschermühle *f*

gift : Geschenk *nt*, Spende *f*, Veranlagung *f*

gifted : begabt *adj*

gigawatt : Gigawatt *nt*

~-hour : Gigawattstunde *f*

gillie : Jagdgehilfe *m*

gillnet : Stellnetz *nt*

gills : Kiemen *pl*, Lamellen *pl*

girder : Träger *m*

girl : junge Frau *(f)*, Mädchen *nt*

~ scout : Pfadfinderin *f*

girth : Umfang *m*

~ limit felling : Selektionshieb *m*

give : geben *v*

~ the power of attorney: bevollmächtigen *v*

glacial : eisig, eiskalt, Eiszeit-, eiszeitlich, glazial, Glazial-, Gletscher- *adj*

~ climatologist : Eiszeitklimatologe *m*, Eiszeitklimatologin *f*

~ deposit : eiszeitliche Ablagerung *(f)*, glaziale Ablagerung *(f)*

~ drift : Glazialgeschiebe *nt*

~-lobe lake : Zungenbeckensee *m*

~ period : Glazialperiode *f*

~ polish : Gletscherschliff *m*

~ pothole : Gletschertopf *m*

~ stratigraphy: Glazialstratigrafie *f*

~ striation : Gletscherschramme *f*

~ till : Geschiebelehm *m*, Glazialboden *m*, Glazialsubstrat *nt*

~ valley : Urstromtal *nt*

glaciation : Vereisung *f*, Vergletscherung *f*

glacier : Gletscher *m*

glaciofluvial : glazifluviatil *adj*

glacigenous : glazigen, gletscherbedingt, gletscherbürtig *adj*

glaciologist : Glaziologe *m*, Glaziologin *f*

glaciology : Glaziologie *f*, Gletscherkunde *f*

glade : Waldlichtung *f*

gland : Drüse *f*

~ packing : Stopfbuchsenpackung *f*

glass : Glas *nt*

~ used in packaging: Verpackungsglas *nt*

~ fibre : Glasfaser *f*

~ ~ filter : Glasfaserfilter *m*

~ ~ paper : Glasfaserpapier *nt*

glassification : Verglasung *f*

glass || industry : Glasindustrie *f*

~ processing : Glasverarbeitung *f*

~ recycling : Glasrecycling *nt*

~ sorting plant : Glassortieranlage *f*

~ tube : Glasrohr *nt*

glassware : Glas *nt*

glass wool : Glaswolle *f*

~ ~ insulating material : Glaswolledämmstoff *m*

glaucoma : Glaukom *nt*

glaze : lasieren, glasieren *v*

glazed : glasiert, glasig, lasiert, satiniert *adj*

~ frost : Glatteis *nt*

glen : enges Gebirgstal *(nt)*

gley : Gley *m*

gleyed : vergleyt *adj*

~ soil : vergleyter Boden *(m)*

gley soil : Gley *m*

gleyzation : Vergleyung *f*

glider : Segelflugzeug *nt*

~ pilot : Segelflieger *m*, Segelfliegerin *f*

gliding : Segelfliegen *nt*

global : Gesamt-, global, Global-, Welt-, weltweit *adj*

~ assessment : Gesamtbeurteilung *f*

~ community : Weltgemeinschaft *f*

~ ecological value : ökologischer Gesamtwert *(m)*

~ economy : Weltwirtschaft *f*

~ grant : Globalzuschuss *m*, institutionelle Förderung *(f)*

~ income : Welteinkommen *nt*

~ model : Globalmodell *nt*

~ population : Weltbevölkerung *f*

~ radiation : Globalstrahlung *f*

~ regulation : Globalsteuerung *f*

~ solar radiation : Gesamtsonneneinstrahlung *f*

~ temperature : globale Temperatur *(f)*

~ value : Gesamtwert *m*

~ **warming** : Erwärmung der Erdatmosphäre *(f)*, globale Erwärmung *(f)*

globe : Erdball *m*, Globus *m*

globule : Tröpfchen *nt*

gloom : Bewölkung *f*, Finsternis *f*

glycolysis : Glykolyse *f*

gneiss : Gneis *m*

go : gehen, laufen *v*

~ **on stream:** ans Netz gehen *v*

goal : Ziel *nt*

~**s of individual economic business:** einzelwirtschaftliches Ziel *(nt)*

~ **achievement** : Zielerfüllung *f*, Zielerreichung *f*

~ **finding** : Zielanalyse *f*

goat : Ziege *f*

gob : Schlacke *f*, Steinkohlenklein *nt*

go down : absinken *v*

good : ausreichend, geeignet, günstig, gut, schön, zuverlässig *adj*

~ : gut *adv*

~ : Gut *nt*, Gute *nt*, Nutzen *m*

~ **hunting** : Waidmannsheil *nt*

goods : Fracht *f*, Güter *pl*, Waren *pl*

~ **market** : Gütermarkt *m*

~ **traffic** : Güterverkehr *m*

~ **vehicle** : Nutzfahrzeug *nt*

goose : Gans *f*

~**-egg** : Gänseei *nt*

gorge : Klamm *f*, Schlucht *f*

gorse : Heideginster *m*, Stechginster *m*

gosling : Gänschen *nt*, Gänsejunge *nt*

governance : Regierungsgewalt *f*

governing : dominierend, geltend, regierend *adj*

~ **body** : Verwaltungsrat *m*, Vorstand *m*

government : Regierung *f*

~ **agency** : Regierungsorganisation *f*, staatliche Stelle *(f)*

governmental : behördlich, Regierungs- *adj*

~ **action** : Staatshandeln *nt*

~ **agreement** : behördliches Einvernehmen *(nt)*

~ **authority** : Regierungsbehörde *f*, Staatsgewalt *f*

~ **conference** : Regierungskonferenz *f*

~ **draft** : Regierungsentwurf *m*

~ **liability law** : Staatshaftungsrecht *nt*

governmentally : behördlich *adv*

governmental || purpose : Staatszweck *m*

~ **target** : Staatsziel *nt*

government || body : staatliche Einrichtung *(f)*

~ **department** : Regierungsstelle *f*

≗ **Health Inspector** : Gewerbeaufsichtsbeamte *f*, Gewerbeaufsichtsbeamter *m*

~ **liability** : Staatshaftung *f*

~ **money** : staatliche Mittel *(pl)*

~ **official** : Regierungsvertreter *m*, Regierungsvertreterin *f*

~ **policy** : Regierungspolitik *f*

grab : Greifer *m*

graben : Graben *m*

grab sample : Stichprobe *f*

gradation : Gradation *f*

grade (Am) : Gefälle *nt*, Hangneigung *f*, Schwierigkeitsgrad *m*, Steigung *f*

~ **flare** : Bodenfackel *f*

~ **line** : Gefällelinie *f*

grader : Grader *m*

grade school (Am) : Grundschule *f*

gradient : Abfall *m*, Abfolge *f*, Anstieg *m*, Gefälle *nt*, Gradient *m*, Hangneigung *f*, Neigung *f*, Steigung *f*

~ **of the groundwater:** Grundwassergefälle *nt*

graduated : abgestuft, graduiert, mit einer Skala versehen *adj*

~ **measure** : Messglas *nt*

graft : Pfropfreis *nt*, Transplantat *nt*

~ : pfropfen, transplantieren, verpflanzen *v*

grain : Getreide *nt*, Getreidekorn *nt*, Gran *nt*, Halmfrüchte *pl*, Korn *nt*, Korngröße *f*

~ **drying** : Getreidetrocknung *f*

~ **growing** : Getreideanbau *m*

~ **harvest** : Getreideernte *f*

~ **size** : Korngröße *f*, Körnung *f*

~ ~ **analyzer** : Korngrößenmessgerät *nt*

gram : Gramm *nt*

~ **calorie** : Kalorie *f*

grammar : Grammatik *f*

~ **school (Br)** : Gymnasium *nt*

~ ~ **(Am)** : Realschule *f*

gram-negative : gramnegativ *adj*

gram-positive : grampositiv *adj*

granary : Kornkammer *f*

granite : Granit *m*

grant : Stipendium : Zuschuss *m*

~ : bewilligen, genehmigen *v*

granting : Bewilligung *f*, Erteilung *f*, Genehmigung *f*

~ **of a privilege:** Privilegierung *f*

granulated : granuliert *adj*

granulating : Granulier- *adj*

~ **equipment** : Granuliereinrichtung *f*

~ **machine** : Granuliermaschine *f*

~ **plant** : Granulieranlage *f*

granule : Feinkies *m*, Körnchen *nt*, Krümel *m*

granules : Granulat *nt*

grape : Weinbeere *f*, Weintraube *f*

~ **draff** : Traubentrester *m*

grapevine : Rebe *f*, Wein *m*

also spelled: grape-vine

graph : Diagramm *nt*, Graph *m*, Kurve *f*, Schaubild *nt*

graphic : grafisch *adj*

graphite : Graphit *m*

~ **gasket** : Graphitdichtung *f*

grass : Gras *nt*, Rasen *m*

~**-crete** : Grasbeton *m*

~ **farming** : Grünlandwirtschaft *f*, Wiesenbau *m*

~ **fire** : Grasbrand *m*

grasshopper : Grashüpfer *m*

grassland : Grasflächen *pl*, Grasland *nt*

~ **ecosystem** : Grünlandökosystem *nt*

~ **farming** : Grünlandbewirtschaftung *f*, Grünlandwirtschaft *f*

~ **index** : Grünlandzahl *f*

~ **species** : Grünlandart *f*

grass lining : Rasenbelag *m*, Rasenziegelbelag *m*

grassroot : Basis- *adj*

~ democracy : Basisdemokratie *f*

grassroots : Basis *f*, Wurzeln *pl*

grass || stand : Grasbestand *m*

~ strip : Grasstreifen *m*

~ turf : Grasnarbe *f*

grate : Kamin *m*, Rost *m*

~ : knirschen, raspeln, reiben *v*

~ firing : Rostfeuerung *f*

~ furnace : Rostfeuerung *f*

grating : Gitter *nt*, Raspeln *nt*,

~ : Rechen *m*
{Gitter an Gewässern}

gravel : Geröll *nt*, Kies *m*, Schotter *m*
~ **and cobbles with sand:** Schotter *m*

~ drain : Filterkeil *m*, Sickerschlitz *m*

graveled (Am) : kiesig *adj*

gravel || envelope : Kiesmantel *m*, Kiespackung *f*

~ filter : Kiesfilter *m*

gravelled : kiesig *adj*

~ : heiser, rau *adj*
{~e Stimme}

gravelly : kiesig, steinig *adj*

gravel || path : Kiesweg *m*

~-pit : Kiesgrube *f*

~-~ lake : Baggersee *m*

graveyard : Atommülldeponie *f*, Atommülllager *nt*

gravid : trächtig *adj*

gravimetry : Gravimetrie *f*

gravitational : Gravitations- *adj*

~ water : Gravitationswasser *nt*

gravitation : Gravitation *f*

~ energy : Gravitationsenergie *f*

~ separator : Schwerkraftabscheider *m*

gravity : Gewicht *nt*, Schwerkraft *f*

~ dam : Gewichtsstaumauer *f*

~ dewatering : Schwerkraftentwässerung *f*

~ dust trap : Gravitationsstaubabscheider *m*

~ filter : Schwerkraftfilter *m*

~ flow : freier Fluss *(m)*

~ oil separator : Schwerkraftölabscheider *m*

grayling : Äsche *f*

~ region : Äschenregion *f*

~ zone : Äschenregion *f*

grazable : abweidbar, beweidbar *adj*

graze : grasen, weiden *v*

grazier : Viehzüchter *m*, Viehzüchterin *f*

grazing : Weide-, weidend *adj*

~ : Äsung *f*, Beweidung *f*, Weide *f*, Weidegang *m*, Weideland *nt*, Weiden *nt*

~ capacity : Tragfähigkeit *f*

~ intensity : Beweidungsintensität *f*

~ land : Weideland *nt*

~ period : Weideperiode *f*

~ rights : Weiderecht *nt*

~ season : Weidesaison *f*

~ system : Weidesystem *nt*

grease : Fett *nt*

~ filter : Fettfilter *m*

~ ~ plate : Fettfilterplatte *f*

~ separation : Fettabscheidung *f*

~ separator : Fettabscheider *m*

~ trap : Fettfang *m*

great : groß, Groß-, großartig *adj*

~ : Größe *f*

~ majority : überwiegende Mehrzahl *(f)*

~ variety of forms : Formenreichtum *m*
with ~ variety of forms: formenreich *adj*

Greek : griechisch *adj*

green : grün, Grün-, umweltbewusst *adj*
The Greens: Die Grünen *(pl)*

~ area : Grünfläche *f*

~ belt : Grüngürtel *m*, Grünzone *f*, Grünzug *m*

~ building : Ökohaus *nt*

~ consumerism : umweltbewusstes Konsumverhalten *(nt)*, umweltbewusste Verbraucherbewegung *(f)*

~ cover crop : Gründeckfrucht *f*

greenfield : auf der grünen Wiese, im Grünen *adj*

~ mill : Fabrik auf der grünen Wiese *(f)*

~ site : Bauplatz im Grünen *(m)*

greenhouse : Gewächshaus *nt*, Treibhaus *nt*

~ cultivation : Unterglasanbau *m*

~ effect : Treibhauseffekt *m*

~ gas : Treibhausgas *nt*

~ heating : Gewächshausheizung *f*

greening : Begrünung *f*, Ökologisierung *f*

green || manure : Gründünger *m*

~ movement : Umweltbewegung *f*

≗ Party : Die Grünen *(pl)*

Greenpeace : Greenpeace *m*

green || politics : grüne Politik *(f)*

~ revolution : Grüne Revolution *(f)*

~ space : Grünfläche *f*

~ structures plan : Grünordnungsplan *m*

~ vegetable : Blattgemüse *nt*

~ waste : Biomüll *m*

gregariousness : Soziabilität *f*

grey : grau, Grau- *adj*

~ dune : Graudüne *f*

greywacke : Grauwacke *f*

grid : Gitter *nt*, Netz *nt*

~ reference : Koordinaten *pl*, Planquadratangabe *f*

grinder : Schleifmaschine *f*

grinding : Schleif-, schleifend *adj*

~ : Mahlen *nt*, Pulverisieren *nt*, Schleifen *nt*

~ machine : Schleifmaschine *f*

grip : Griff *m*

grit : Grobstaub *m*, Sand *m*, Sandfanggut : Splitt *m*

~ chamber : Sandfang *m*

~ separating device : Klassierer *m*

gritstone : Sandstein *m*

grit washer : Klassierer *m*

groden : Groden *pl*

groove : Furche *f*, Rille *f*, Rinne *f*

~ lake : Rinnensee *m*

gross : brutto, Brutto- *adj*

~ calorific value : Verbrennungswärme *f*

~ **domestic product** : Bruttoinlandsprodukt *nt*

~ **floor space** : Bruttogeschossfläche *f*

~ **national product** : Bruttosozialprodukt *nt*

~ **primary production** : Bruttoprimärproduktion *f*

~ **production rate** : Bruttoproduktionsrate *f*

~ **productivity** : Bruttoproduktivität *f*

~ **storage** : Gesamtspeicherraum *m*, Gesamtstauraum *m*

grotto : Grotte *f*

ground : Boden *m*, Erdboden *m*, Erde *f*, Gebiet *nt*, Gelände *nt*, Grund *m*

~ **air** : Bodenluft *f*

~ **cause** : Grund *m*

~ **cover** : Bodenbedeckung *f*, Bodenflora *f*

~ **frost** : Bodenfrost *m*

~ **game** : Haarwild *nt*

~**-level || air analytics** : Bodenluftanalytik *f*

~-~ **air improvement** : Bodenluftsanierung *f*

~-~ **ozone** : bodennahes Ozon *(nt)*

~ **moraine** : Grundmoräne *f*

~ ~ **lake** : Grundmoränensee *m*

~ **reservoir** : Tiefbehälter *m*

~ **servitude** : Grunddienstbarkeit *f*

~ **sill** : Sohlschwelle *f*

~ **temperature** : Bodentemperatur *f*

~ ~ **regimes** : Bodentemperaturverhältnisse *pl*

~ **vegetation** : Bodenvegetation *f*

groundwater : Grundwasser *nt*

~ **artery** : Grundwasserader *f*

~ **balance** : Grundwasserbilanz *f*

~ **basin** : Grundwasserbecken *nt*

~ **bottom** : Grundwassersohle *f*

~ **cascade** : Grundwasserkaskade *f*

~ **characteristics** : Grundwasserbeschaffenheit *f*

~ **cleaning** : Grundwasserreinigung *f*

~ **contour** : Grundwasserhöhenkurve *f*

~ ~ **line** : Grundwasserhöhenlinie *f*

~ **dam** : Grundwasserdamm *m*

~ **decontamination** : Grundwasserdekontamination *f*

~ **depletion** : Grundwasserabsenkung *f*

~ **discharge** : Grundwasserspende *f*

~ **divide** : Grundwasserscheide *f*

~ **endangering** : Grundwassergefährdung *f*

~ **extraction** : Grundwasserentnahme *f*

~ **flow** : Grundwasserbewegung *f*, Grundwasserströmung *f*

~ **formation** : Grundwasserbildung *f*

~ **hydrology** : Grundwasserhydrologie *f*

~ **improvement** : Grundwassersanierung *f*

~ **layer** : Grundwasserleiter *m*

~ **level lowering** : Grundwasserabsenkung *f*

~ **lowering pump** : Grundwasserabsenkpumpe *f*

~ **management** : Grundwasserbewirtschaftung *f*

~ **model** : Grundwassermodell *nt*

~ **observation well** : Grundwasserbeobachtungsbrunnen *m*

~ **pollution** : Grundwasserverunreinigung *f*

~ **protection** : Grundwasserschutz *m*

~ **province** : Grundwassergebiet *nt*

~ **purification** : Grundwasserreinigung *f*

~ **quality** : Grundwasserbeschaffenheit *f*

~ **recharge** : Grundwasseranreicherung *f*, Grundwasserneubildung *f*

~ ~ **area** : Infiltrationsgebiet *nt*

~ **regime** : Grundwasserverhältnisse *pl*

~ **replenishment** : Grundwasseranreicherung *f*

~ **reservoir** : Grundwasserreservoir *nt*

~ **resources** : Grundwasservorkommen *nt*

~ **ridge** : Grundwasserrücken *m*

~ **runoff** : Grundwasserabfluss *m*

~ **sounder** : Grundwasserlot *nt*

~ **storey** : Grundwasserstockwerk *nt*

~ **surface** : Grundwasseroberfläche *f*

~ **table** : Grundwasserspiegel *m*, Grundwasserstand *m*

~ **trench** : Grundwassersenke *f*

~ **use** : Grundwassernutzung *f*

~ **well** : Grundwasserbrunnen *m*

group : Gruppe *f*, Sippe *f*

~ : gruppieren *v*

~ **effect** : Gruppeneffekt *m*

~**-selection felling** : Femelhieb *m*

~**-selection system** : Femelschlagbetrieb *m*

~ **suit** : Verbandsklage *f*

grout : Mörtelschlamm *m*

~ : ausfugen, verfugen, verstreichen *v*

~ **curtain** : Dichtungsschleier *m*

grove : Hain *m*, Wäldchen *nt*

grow : anschwellen, wachsen, werden *v*

growing : umfangreicher werdend, wachsend *adj*

~ : Anbau *m*

~ **point** : Vegetationspunkt *m*

~ **season** : Anbauperiode *f*, Vegetationsperiode *f*, Vegetationszeit *f*, Wachstumsperiode *f*

~ **stock** : Bestockung *f*, Holzproduktionskapital *nt*, Holzvorrat *m*, Vorrat *m*

growth : Anwachsen *nt*, Bewuchs *m*, Wachsen *nt*, Wachstum *nt*, Wuchs *m*

~ **disturbance** : Wachstumsstörung *f*

~ **factor** : Wachstumsfaktor *m*

~ **form** : Wuchsform *f*

~ **hormone** : Wachstumshormon *nt*

~**-inhibiting** : wachstumshemmend *adj*

~ **inhibitor** : Wachstumshemmer *m*, Wachstumshemmstoff *m*, Wuchshemmstoff *m*

~ **path** : Wachstumspfad *m*

~ **periodicity** : Periodizität des Wachstums *(f)*

~ **promoter** : wachstumsförderndes Mittel *(nt)*

~-**promoting** : wachstumsfördernd *adj*

~ **promotion policy** : Wachstumspolitik *f*

~ **promoter** : Wachstumsförderer *m*

~ **rate** : Wachstumsrate *f*

~ **region** : Wuchsbezirk *m*

~ **regulator** : Wachstumsregulator *m*

~ **retardant** : Wachstumsregulator *m*

~ **ring** : Jahresring *m*

~ **stimulant** : Wachstumsförderer *m*

~ **zone** : Wuchsgebiet *nt*

groyne : Buhne *f*, Sporn *m*

grub : Engerling *m*, Larve *f*, Made *f*, Raupe *f*

~ : aufwühlen, ausgraben, buddeln, roden, umgraben, wühlen *v*

grubbing : Rodung *f*, Urbarmachung *f*

grub up : ausgraben *v*

guano : Guano *m*

guarantee : Garantie *f*, Garantieschein *m*, Gewährleistung *f*, Sicherstellung *f*

~ **of self-government:** Selbstverwaltungsgarantie *f*

~ : bürgen für, garantieren, sicherstellen *v*

guarding : beschützend, bewachend, schützend *adj*

~ **effect** : Abschirmwirkung *f*

guest : Gast *m*

~-**house** : Pension *f*

also spelled: guesthouse, guest house

~-**room** : Gästezimmer *nt*

also spelled: guest room

guidance : Anleitung *f*

guide : Führer *m*

~ : anleiten, führen *v*

guided : geführt *adj*

guideline : Richtlinie *f*, Vorgabe *f*

guild : Gilde *f*

guilt : Verschulden *nt*

gulf : Golf *m*, Meerbusen *m*

≗ **Stream** : Golfstrom *m*

gulley (Am) : Erosionsgraben *m*, Erosionsschlucht *f*

gully : Abzugskanal *m*, Abzugsrinne *f*, Erosionsgraben *m*, Erosionsschlucht *f*, Gully *m*, Rinne *f*, Runse *f*, Wasserablauf *m*

~ **cleaning** : Rinnsteinsäuberung *f*

~ **control** : Schluchtenverbau *m*

~ **erosion** : Grabenerosion *f*, Rinnenerosion *f*, Schluchterosion *f*

~ **hole** : Senkgrube *f*

gullying : Grabenerosion *f*

gum : Gummi *m*

gun : Geschütz *nt*, Gewehr *nt*, Schusswaffe *f*

gundog : Jagdhund *m*

also spelled: gun dog

gust : Bö *f*

~ : böig wehen *v*

gusty : böig *adj*

gutter : Abflussrinne *f*

gypsophilous : gypsophil *adj*

gypsum : Gips *m*

~ **block** : Gipsmembran *f*

~ **industry** : Gipsindustrie *f*

gyttja : Gyttja *f*

haar : Seenebel *m*

habit : Gestalt *f*, Habitus *m*, Lebensform *f*

habitat : Habitat *nt*, Lebensraum *m*

~ **altering** : Lebensraumveränderung *f*

~ **bond** : Lebensraumbindung *f*

~ **connection** : Biotopverbund *m*

~ **destruction** : Lebensraumvernichtung *f*, Lebensraumzerstörung *f*

~ **isolation** : Inseleffekt *m*

~ **management** : Biotoppflege *f*

~ **map** : Biotopkarte *f*, Biotopkartierung *f*

~ **mapping** : Biotopkartierung *f*

~ **network** : Biotopverbundsystem *nt*

~ **protection** : Flächenschutz *m*, Lebensraumschutz *m*

Habitats Directive : Fauna-Flora-Habitat-Richtlinie *f*, FFH-Richtlinie *f*, Richtlinie zur Erhaltung der natürlichen Lebensräume sowie der wild lebenden Tiere und Pflanzen *(f)*

habitat type : Biotoptyp *m*, Habitattyp *m*, Lebensraumtyp *m*

habituate : gewöhnen *v*

habituation : Gewöhnung *f*, Habituation *f*

haematite : Hämatit *m*

haematology : Hämatologie *f*

haemoglobin : Hämoglobin *nt*

hail : Hagel *m*

~ : hageln *v*

hailstone : Hagelkorn *nt*

hailstorm : Hagelschauer *m*

hair : Haar *nt*

hairpin : Haarnadel *f*

~ **bend** : Haarnadelkurve *f*, Kehre *f*, Serpentine *f*

hairspray : Haarspray *nt*

hairy : behaart, haarig *adj*

half : halb *adj*

~ : halb, halb-, zur Hälfte *adv*

~ : Hälfte *f*

~-bog : anmoorig *adj*

~-~ gley soil : Anmoorgley *m*, anmooriger Boden *(m)*

~-~ soil : Anmoorgley *m*, anmooriger Boden *(m)*

~-hardy : frostresistent *adj*, kälteresistent *adj*, winterhart *adj*

~-life : Halbwertszeit *f*

also spelled: half life

~-~ of elimination: Eliminationshalbwertszeit *f*

~-timbered : Fachwerk- *adj*

~-~ building : Fachwerkgebäude *nt*

~-~ construction : Fachwerk *nt*

~-~ house : Fachwerkhaus *nt*

~-timbering : Fachwerk *nt*

hall : Halle *f*, Herrenhaus *nt*

halo : Halo *m*, Hof *m*

halobiont : Halobiont *m*

halobiotic : halobiontisch *adj*

halocline : Salzgehaltssprungschicht *f*

halogen : Halogen *nt*

~ determination : Halogenbestimmung *f*

halomorphic : halomorph *adj*

~ soil : halomorpher Boden *(m)*, Salzboden *m*

halo-nitrophilous : halo-nitrophil *adj*

halophile : salzliebendes Lebwesen *(nt)*

halophilic : halophil *adj*

halophilous : halophil *adj*

halophyte : Halophyt *m*, Salzpflanze *f*

halophytic : halophytisch, salzliebend *adj*

hammer : Hammer *m*

~ crusher : Hammerbrecher *m*

hamper : behindern, hemmen *v*

hand : Hand *f*, Handschrift *f*, Unterschrift *f*

~ : geben, helfen, übergeben *v*

~-foot monitor : Hand-Fuß-Monitor *m*

~-held extinguisher : Handlöschgerät *nt*

handicraft : Handarbeit *f*, Handfertigkeit *f*, Handwerk *nt*

~ business : Handwerksunternehmen *nt*

handlevel : Hangneigungsmesser *m*, Klinometer *nt*

handling : Umgang *m*

hands-on : praktisch *adj*

~-~ training : praktische Ausbildung *(f)*

hang-glider : Drachenflieger *m*, Flugdrachen *m*, Hängegleiter *m*

~-~ pilot : Drachenflieger *m*, Drachenfliegerin *f*

hang-gliding : Drachenfliegen *nt*, Hängegleiterfliegen *nt*

hanging : hängend *adj*

~ : Abhängen *nt*, Abkleben *nt*, Aufhängen *nt*, Einhängen *nt*

~ valley : Hängetal *nt*

harbour : Hafen *m*

~ regulation : Hafenverordnung *f*

hard : hart, schwierig *adj*

hardboard : Hartfaserplatte *f*

hard || coal : Steinkohle *f*

~ ~ mining : Steinkohlenbergbau *m*

~ detergent : biologisch nicht abbaubares Detergens *(nt)*

harden : härten *v*

hardener : Härtemittel *nt*, Härter *m*

hardening : Härten *nt*, Verhärtung *f*

~ plant : Härterei *f*

~ salt : Härtesalz *nt*

harden off : abhärten, widerstandsfähig machen *v*

hard frost : strenger Frost *(m)*

hardness : Härte *f*

~ scale : Härteskala *f*

hardpan : Ortstein *m*, Verdichtungshorizont *m*, Verhärtungsschicht *f*

hard rubber : Hartgummi *m*

hardsetting : Verhärtung *f*

hardship : Elend *nt*, Not *f*, Notlage *f*, Unannehmlichkeit *f*

~ case : Härtefall *m*

~ fund : Härtefonds *m*

~ payment : Härteausgleich *m*

hard | -surfaced : mit harter Oberfläche *adj*

~-~ path : Weg mit harter Oberfläche *(m)*

~ water : hartes Wasser *(nt)*, kalkhaltiges Wasser *(nt)*

~ winter : harter Winter *(m)*, strenger Winter *(m)*

hardwood : Hartholz *nt*, Laubholz *nt*

~ cutting : Steckholz *nt*

hardy : winterhart *adj*

hare : Hase *m*

~-coursing : Hasenjagd *f*

~-hunting : Hasenjagd *f*

~ shoot : Hasenjagd *f*

harm : Beeinträchtigung *f*

~ : beeinträchtigen, schädigen *v*

harmful : schädlich *adj*

harmfulness : Schädlichkeit *f*

~ of wastewater: Abwasserschädlichkeit *f*

harmless : gefahrlos, harmlos *adj*

harmlessness : Gefahrlosigkeit *f*, Harmlosigkeit *f*

harmonious : harmonisch *adj*

harmoniously : harmonisch *adv*

harmonisation (Br) : Harmonisierung *f*

~ of law: Rechtsangleichung *f*, Rechtsvereinheitlichung *f*

harmonise : abstimmen *v*

harmonization : Harmonisierung *f*

harmony : Einklang *m*

harness : ausnutzen, nutzbar machen, nutzen *v*

harrow : Egge *f*

~ : eggen *v*

harrowing : Eggen *nt*

harvest : Ernte *f*

~ : ernten *v*

~ cut : Erntehieb *m*

~ time : Erntezeit *f*

hatch : Brut *f*, Schlüpfen *nt*

~ : ausbrüten, ausschlüpfen, brüten, schlüpfen *v*

hatchery : Brutplatz *m*, Laichplatz *m*

hatching : Brüten *nt*, Schlüpfen *nt*

~ site : Geburtsplatz *m*

hatchling : Junge *nt*, Jungtier *nt*
haul : Beute *f*, Fang *m*
haulage : Transport *m*, Transportkosten *pl*
~ **contractor** : Spediteur *m*
haulier : Spediteur *m*
hauling : schleppend, ziehend *adj*
~ : Schleppen *n*
~ **damage** : Rückeschaden *m*
haulm : Halm *m*, Kraut *nt*, Stiel *m*
haul-out : Ruheplatz *m*
haulroad : Holzrückeweg *m*
havoc : Chaos *nt*, Verwüstungen *pl*
hawk : beizen *v*
hawking : Beize *f*, Beizjagd *f*
hay : Heu *nt*
haycock : Heuhaufen *m*
hay fever : Heuschnupfen *m*
haymaking : Heuen *nt*, Heuernte *f*
hay meadow : Mähwiese *f*
hazard : Gefahr *f*, Gefährdung *f*, Risiko *nt*
~ **of poisoning:** Vergiftungsgefahr *f*
~ **classification** : Gefährdungsklassifizierung *f*
~ **mapping** : Gefährdungskartierung *f*
hazardous : gefährlich, risikoreich, riskant *adj*
~ **abandoned site** : Altlast *f*
~ **goods** : Gefahrgut *nt*
~ **incidence ordinance** : Störfall-Verordnung *f*
hazardously : gefährlich, riskant *adv*
hazardous || material : gefährlicher Stoff *(m)*, Gefahrstoff *m*
~ **materials** : Sondermaterialien *pl*
~ **substance** : Gefahrstoff *m*
~ **substances legislation** : Gefahrstoffrecht *nt*
~ **waste** : gefährlicher Abfall *(m)*, Sonderabfall *m*, Sondermüll *m*
~ ~ **dump** : Sonderabfalldeponie *f*, Sondermülldeponie *f*
~ ~ **dumping** : Sonderabfalllagerung *f*
~ ~ **incineration plant** : Sondermüllverbrennungsanlage *f*
~ ~ **regulation** : Sonderabfallverordnung *f*
~ ~ **treatment** : Sonderabfallbehandlung *f*, Sondermüllbehandlung *f*
~ ~ **treatment plant** : Sonderabfallbehandlungsanlage *f*, Sondermüllbehandlungsanlage *f*
haze : Dunst *m*, Höhenrauch *m*
~ **canopy** : Dunstglocke *f*
head : Druck *m*, Kopf *m*, Leiter *m*, Leiterin *f*, Quellgebiet *nt*
~ **of department:** Abteilungsleiter /-in *m/f*
~ **of government:** Regierungschef *m*, Regierungschefin *f*
~ **of state:** Staatschef *m*, Staatschefin *f*, Staatsoberhaupt *nt*
~ **of water:** Wassersäule *f*
headache : Kopfschmerz *m*
headcut : kopflos *adj*
~ **recession** : rückschreitende Erosion *(f)*
headland : Landspitze *f*, Rain *m*, Vorgewende *nt*
headless : kopflos *adj*
head loss : Druckhöhenverlust *m*
headmaster : Schulleiter *m*
headmistress : Schulleiterin *f*
headstream : Quellfluss *m*
head teacher : Schulleiter *m*, Schulleiterin *f*
headward : kopfwärts, retrograd *adj*
headwater : Oberlauf *m*, Quellfluss *m*
~ **erosion** : rückschreitende Erosion *(f)*
health : Gesundheit *f*
≗ **and Safety at Work Act:** Gesetz zum Schutz der Gesundheit und Unfallverhütung am Arbeitsplatz *(nt)*
~ **care** : Gesundheitsfürsorge *f*, Hygiene *f*
~ **damage** : Gesundheitsschaden *m*, Gesundheitsschädigung *f*
~ **education** : Gesundheitserziehung *f*
~ **food** : Reformkost *f*
~ **hazard** : Gesundheitsgefahr *f*, Gesundheitsgefährdung *f*
~ **policy** : Gesundheitspolitik *f*
~ **programme** : Gesundheitsprogramm *nt*
~ **protection** : Gesundheitsschutz *m*
~ **regulation** : Gesundheitsrecht *nt*
~ **resort** : Kurort *m*
~ **risk** : Gesundheitsrisiko *nt*
~ **statistics** : Gesundheitsstatistik *f*
~**-threatening** : gesundheitsschädlich *adj*
healthy : gesund *adj*
heap : Haufen *m*
~ **of garbage:** Müllhaufen *m*
~ **of rubbish:** Müllhaufen *m*
~ **up** : aufschütten *v*
hearing : Anhörung *f*, Gehör *nt*, Gehörsinn *m*, Hörvermögen *nt*
~ **of evidence:** Beweisaufnahme *f*
~ **ability** : Hörfähigkeit *f*
~ **authority** : Anhörungsbehörde *f*
~ **disturbance** : Hörstörung *f*
~ **field** : Schallfeld *nt*
~ **impairment** : Gehörschädigung *f*
~ **loss** : Hörverlust *m*
~ ~ **abatement** : Bekämpfung des Hörverlusts *(f)*
~ **procedure** : Anhörungsverfahren *nt*
~ **protection** : Gehörschutz *m*
~ **protector** : Gehörschutz *m*
~ **sense** : Gehör *nt*
heart : Herz *nt*
~ **rate** : Herzfrequenz *f*
heartwood : Kernholz *nt*
heat : Brunft *f*, Brunftzeit *f*, Hitze *f*, Wärme *f*
be in ~: brunften *v*
be on ~: brunften *v*
~ **of reaction:** Prozesswärme *f*, Reaktionswärme *f*
in ~: brunftig *adj*
on ~: brunftig *adj*
~ : erhitzen, erwärmen, heizen *v*
~ **accumulator** : Wärmespeicher *m*
~ **balance** : Wärmebilanz *f*, Wärmehaushalt *m*
~ **boiler** : Abwärmeboiler *m*
~ **capacity** : Wärmekapazität *f*
~ **charge** : Abwärmeabgabe *f*

~ conductivity : Wärmeleitfähigkeit *f*

~ content : Wärmeinhalt *m*

heated : heizbar *adj*

heat || efficiency : Wärmeausnutzungsgrad *m*

~ engine : Wärmemaschine *f*

heater : Heizgerät *nt*, Ofen *m*

heat || exchange : Wärmeaustausch *m*

~ exchanger : Wärmeaustauscher *m*, Wärmetauscher *m*

~ exhaustion : Hitzschlag *m*

~ extraction : Wärmeentnahme *f*, Wärmeentzug *m*

~ flow : Wärmefluss *m*

~ ~ rate : Wärmestrom *m*

~ flux : Wärmestrom *m*

~ ~ diagram : Wärmestrombild *nt*

~-generating : wärmeerzeugend *adj*

~ generation : Wärmeerzeugung *f*

heath : Heide *f*

heat haze : Hitzeflimmern *nt*

heather moorland : Moorheide *f*

heathland : Heide *f*, Heidelandschaft *f*

heat image equipment : Wärmebildgerät *nt*

heating : Heizung *f*

~ **and power station:** Heizkraftwerk *nt*

~ **of buildings:** Gebäudeheizung *f*

~ appliance : Heizgerät *nt*

~ costs : Heizkosten *pl*

~ ~ regulation : Heizkostenverordnung *f*

~ element : Heizelement *nt*

~ energy : Heizenergie *f*

~ ~ saving : Heizenergieeinsparung *f*

~ fuel : Brennmaterial *nt*

~ hose : Heizschlauch *m*

~ house : Heizhaus *nt*

~ installation : Heizungsanlage *f*

~ ~ regulation : Heizungsanlagen-Verordnung *f*

~ oil : Heizöl *nt*

~ operation regulation : Heizungsbetriebsverordnung *f*

~ plant : Heizkraftwerk *nt*, Heizwerk *nt*

~ power : Heizkraft *f*

~ saving : Heizenergieeinsparung *f*

~ system : Heizanlage *f*, Heizungsanlage *f*

~ technique : Heizungstechnik *f*

~ technology : Feuerungstechnik *f*, Heizungstechnik *f*

~ unit : Heizelement *nt*

~ value : Brennwert *m*

heat || inlet : Wärmeeinleitung *f*

~ insulating material : Wärmedämmstoff *m*

~ insulation : Wärmedämmung *f*

~ ~ ordinance : Wärmeschutzverordnung *f*

~ levy : Abwärmeabgabe *f*

~ loss : Abwärme *f*, Wärmeverlust *m*

~ losses : Wärmeverluste *pl*

~ order : Abwärmenutzungsgebot *nt*

~ propagation : Wärmeausbreitung *f*

~ protection suit : Wärmeschutzanzug *m*

~ pump : Wärmepumpe *f*

~ radiation : Wärmestrahlung *f*

~ reclamation : Wärmegewinnung *f*

~ recovery : Abwärmeverwertung *f*, Wärmerückgewinnung *f*

~ ~ plant : Wärmerückgewinnungsanlage *f*

~ ~ system : Wärmerückgewinnungsanlage *f*

~ register : Abwärmekataster *nt*

~ sink : Wärmesenke *f*

~ source : Wärmequelle *f*

~ storage : Wärmespeicherung *f*

~ supply : Wärmeversorgung *f*

~ technology : Wärmetechnik *f*

~ testing chamber : Kälteprüfkammer *f*, Wärmeprüfkammer *f*

~ transfer : Wärmeübertragung *f*

~ ~ liquid : Wärmeträgerflüssigkeit *f*

~ transformer : Wärmetransformator *m*

~ transport : Wärmetransport *m*

~-up velocity : Aufheizgeschwindigkeit *f*

~ use : Abwärmenutzung *f*

~ utilization : Abwärmenutzung *f*, Wärmenutzung *f*

~ ~ concept : Wärmenutzungskonzept *nt*

~ ~ plant : Abwärmenutzungsanlage *f*

~ ~ regulation : Wärmenutzungsverordnung *f*

heavily : dicht, schwer, stark *adv*

~ overcast : dicht bewölkt *adj*

heavy : schwer, Schwer- *adj*

~ atom method : Röntgenstrukturanalyse *f*

~ cropper : ertragreiche Pflanze *(f)*

~ fuel oil : schweres Heizöl *(nt)*

~ goods transport : Schwerlastverkehr *m*

~ goods vehicle : Lastkraftwagen *m*

~ hydrogen : schwerer Wasserstoff *(m)*

~ metal : Schwermetall *nt*

~ ~ accumulation : Schwermetallakkumulation *f*

~ ~ aerosol : Schwermetallaerosol *nt*

~ ~ analyzer : Schwermetallanalysator *m*

~ ~ bonding : Schwermetallbindung *f*

~ ~ compound : Schwermetallverbindung *f*

~ ~ contamination : Kontamination durch Schwermetalle *(f)*

~ ~ content : Schwermetallgehalt *m*

~ ~ determination: Schwermetallbestimmung *f*

~ ~ discharge : Schwermetalleinleitung *f*

~ ~ load : Schwermetallbelastung *f*

~ ~ mobilization : Schwermetallmobilisierung *f*

~ ~ re-mobilization : Schwermetallremobilisierung *f*

~ liquid : Schwerflüssigkeit *f*

~ sea : starker Seegang *(m)*

~ **water** : Schwerwasser *nt*
hectare : Hektar *m*
hedge : Hecke *f*
~**-branch layering** : Heckenbuschlagenbau *m*
~**-brush layer construction** : Heckenbuschlagenbau *m*
hedgelaying : Heckenlegen *nt*
hedgerow : Hecke *f*
~ **intercropping** : Alleeanbau *m*
~ **trees** : Flurholz *nt*
hedging : Heckenkultur *f*
heel : Ferse *f*
hefted : frei laufend *adj*
~ **ewe** : frei laufendes Mutterschaf *(nt)*
he-goat : Bock *m*, Ziegenbock *m*
height : Größe *f*, Höhe *f*
~ **of dam**: Dammhöhe *f*
~**-area curve** : Stauoberflächenlinie *f*
~ **site index** : Höhenbonität *f*
~**-volume** : Stauinhalt *m*
~**-~ curve** : Stauinhaltslinie *f*
helicopter : Hubschrauber *m*
heliophyte : Heliophyt *m*, Lichtpflanze *f*
Hellenic : griechisch *adj*
heller : Heller *m*
help : helfen *v*
helper : Aushilfskraft *f*, Helfer *m*, Helferin *f*
~ **virus** : Helfervirus *m*
hemerochory : Hemerochorie *f*
hemerophily : Hemerophilie *f*
hemerophoby : Hemerophobie *f*
hemisphere : Erdhalbkugel *f*, Halbkugel *f*, Hemisphäre *f*
hemoglobin (Am) : Hämoglobin *nt*
hemolysis : Hämolyse *f*
hemolyzing : hämolysierend *adj*
herb : Kraut *nt*, Staude *f*
herbaceous : krautartig, krautig *adj*
~ **border** : Blumenrabatte *f*, Staudenrabatte *f*
herbage : Grünpflanzen *pl*, Kraut *nt*, Weide *f*, Grünzeug *nt*, Weide *f*
~ **crop** : Futterpflanze *f*
herbalism : Kräuterheilkunde *f*
herbal : Kräuter-, mit Heilkräutern *adj*
~ : Kräuterbuch *nt*, Pflanzenbuch *nt*
~ **remedies** : Kräuterheilmittel *nt*
herbarium : Herbarium *nt*
herb garden : Kräutergarten *m*
herbicide : Herbizid *nt*, Unkrautvernichtungsmittel *nt*
~ **appplication** : Herbizidanwendung *f*
~ **degradation** : Herbizidabbau *m*
~ **residue** : Herbizidrückstand *m*
~ **resistance** : Herbizidresistenz *f*
herbivore : Pflanzenfresser *m*
herbivorous : herbivor, pflanzenfressend *adj*
~ **animal** : Pflanzenfresser *m*
herd : Herde *f*
~ : hüten *v*
herdsman : Hirte *m*, Viehhirt *m*
hereditary : erblich *adj*
~ **anomaly** : Erbschaden *m*
~ **factors** : Erbfaktoren *pl*
~ **disease** : Erbkrankheit *f*
heredity : Erblichkeit *f*, Vererbung *f*
heritage : Erbe *nt*
~ **building right** : Erbbaurecht *nt*
herpesvirus : Herpesvirus *m*
herpetology : Herpetologie *f*
heterocyclic : heterozyklisch *adj*
~ **compound** : heterozyklische Verbindung *(f)*
heterogeneous : heterogen, ungleichartig, verschiedenartig, von fremdem Ursprung *adj*
~ **radiation** : heterogene Strahlung *(f)*
heterotrophic : heterotroph *adj*
~ **organism** : heterotropher Organismus *(m)*
heyday : Blütezeit *f*
hibernaculum : Winterlager *nt*, Winterquartier *nt*
hibernate : Winterschlaf halten *v*
hibernation : Hibernation *f*, Winterruhe *f*, Winterschlaf *m*
~ **site** : Winterquartier *nt*
hide : Beobachtungsstand *m*
hierarchical : hierarchisch *adj*
hierarchy : Hierarchie *f*
high : hoch *adj*
~ : Hoch *nt*, Hochdruckgebiet *nt*
~ **alumina cement** : Tonerdeschmelzzement *m*
~ **blood pressure** : Bluthochdruck *m*
higher : höher, Ober- *adj*
~ **administrative court** : Oberverwaltungsgericht *nt*
~ **education student** : Schüler /~in einer höheren Schule *(m/f)*
~ **regional court** : Oberlandesgericht *nt*
highest : höchst-, höchste, höchster, höchstes *adj*
~ **possible profit** : Gewinnmaximierung *f*
~**-purity water** : Reinstwasser *nt*
~**-~ ~ analysis** : Reinstwasseranalyse *f*
~**-~ ~ plant** : Reinstwasseranlage *f*
high || fat content : fettreich *adj*
~ **fibre diet** : ballaststoffreiche Kost *(f)*
~ **forest** : Hochwald *m*
~ ~ **system** : Hochwaldbetrieb *m*
~**-grade steel** : Edelstahl *m*
highland : montan adj
~ : Hochland *nt*
~ **water** : Gebirgsbach *m*
high || latitudes : nördliche Breiten *(pl)*
~**-level** : auf hoher Ebene, hochaktiv, hochrangig *adj*
~**-~ inversion** : Höheninversion *f*
~**-~ radioactive** : hochradioaktiv *adj*
~**-~ (radioactive) waste** : hoch(radio)aktiver Abfall *(m)*
highly : äußerst, hoch, hoch-, leicht, sehr, stark *adv*
~ **active** : hochaktiv *adj*
~ ~ **waste** : hochaktiver Abfall *(m)*
~ **contaminated** : höherkontaminiert *adj*
~ **explosive** : hochexplosiv *adj*
~ **poisonous** : hochgiftig *adj*
high || mountains : Hochgebirge *nt*

~ pressure : Hochdruck *m*

~-pressure : aggressiv, aufdringlich, Hochdruck- *adj*

~-~ cleaning equipment : Hochdruckreinigungsgerät *nt*

~-~ filter : Hochdruckfilter *m*

~-~ liquid chromatography : Flüssigkeits-Hochdruckchromatografie *f*

~-~ pipeline : Hochdruckrohrleitung *f*

~-~ process : Hochdruckverfahren *nt*

~-~ soil cleaning plant : Hochdruckbodenwaschanlage *f*

~ quality : hohe Qualität *(f)*

~-rise building : Hochhaus *nt*

~-risk : hochgefährlich, hochgradig gefährdet *adj*

~-~ chemical : hochgefährliche Chemikalie *(f)*

~-~ patient : Risikopatient *m*, Risikopatientin *f*

~ sea : Hochsee *f*, hohe See *(f)*, offene See *(f)*

~ season : Hochsaison *f*

~-speed : Hochgeschwindigkeits-, Schnell- *adj*

~-~ railway : Hochgeschwindigkeitsbahn *f*, Schnellbahn *f*

~-~ road : Schnellverkehrsstraße *f*

~-~ traffic : Schnellverkehr *m*

~-temperature : Hochtemperatur-, hochtemperatur- *adj*

~-~ gas-cooled : hochtemperaturgasgekühlt *adj*

~-~ gas-cooled reactor : hochtemperaturgasgekühlter Reaktor *(m)*

~-~ hose : Hochtemperaturschlauch *m*

~-~ reactor : Hochtemperaturreaktor *m*

~-~ separation : Hochtemperaturabscheidung *f*

~ tension : Hochspannung *f*

~ ~ electric line : Hochspannungsleitung *f*

~ tide : Flut *f*, Hochwasser *nt*

~ ~ roost : Tiderastplatz *m*

~ voltage : Hochspannung *f*

~ ~ line : Hochspannungsleitung *f*

~ ~ transmission line : Hochspannungsleitung *f*

~ water : Hochwasser *nt*

~ ~ mark : Hochwassermarke *f*, Hochwasserstandsmarke *f*

highway : Autobahn *f*, Fernstraße *f*

~ noise : Autobahnlärm *m*

high-yielding : ertragreich *adj*

hill : Hügel *m*

hillock : Anhöhe *f*, Hügel *m*

hillside : Hang *m*

hilly : bergig, hügelig *adj*

Himalayas : Himalaya *m*

hind : Hirschkuh *f*

hindrance : Behinderung *f*, Hindernis *nt*

hinterland : Hinterland *nt*

hire : mieten *v*

histamine : Histamin *nt*

histochemistry : Histochemie *f*

histology : Histologie *f*

historic : historisch *adj*

~ centre : Altstadt *f*

historical : geschichtlich, historisch *adj*

historically : historisch, in der Geschichte *adv*

historical monument : Baudenkmal *nt*

history : Geschichte *f*

- **~ of law:** Rechtsgeschichte *f*
- **~ of science:** Wissenschaftsgeschichte *f*
- **~ of the town:** Stadtgeschichte *f*

hit : schlagen *v*

hoar : Reif *m*

~ frost : Raureif *m*

hobby : Freizeitbeschäftigung *f*, Hobby *nt*

hoe : Hacke *f*, Handhacke *f*

~ : hacken *v*

- **~ with a rotary cultivator:** fräsen *v*

~ down : umhacken, weghacken *v*

hoeftland : Höftland *nt*

hoe in : einhacken *v*

~ up : heraushacken, weghacken *v*

holarctic : holarktisch *adj*

hold : abhalten, ausüben, besitzen, durchführen, festhalten, halten, innehaben, stattfinden lassen, stützen, tragen, veranstalten *v*

- **~ in suspension:** in der Schwebe halten *v*

~ : Einfluss *m*, Griff *m*

holder : Inhaber *m*, Inhaberin *f*, Träger *m*, Trägerin *f*

- **~ of a utilization permit:** Nutzungsberechtigte *f*, Nutzungsberechtigter *m*

holding : Ausübung *f*, Besitz *m*, Durchführung *f*, Unternehmen *nt*

hole : Bau *m*

- **~ in the ozone layer:** Ozonloch *nt*

~ planting : Lochpflanzung *f*

holiday : Erholungsaufenthalt *m*, Ferien *pl*

- **~ for convalescence:** Erholungsurlaub *m*

~ area : Erholungsgebiet *nt*

~ camp : Feriendorf *nt*, Ferienpark *m*

~ chalet : Ferienhaus *nt*

~ flat : Ferienwohnung *f*

~ home : Ferienhaus *nt*

~-maker : Urlauber *m*, Urlauberin *f*

also spelled: holidaymaker

~ resort : Ferienort *m*, Urlaubsort *m*

~ season : Urlaubszeit *f*

~ traffic : Erholungsverkehr *m*, Freizeitverkehr *m*

~ trip : Erholungsreise *f*

~ villa : Ferienvilla *f*

holism : Holismus *m*, Ganzheitlichkeit *f*

holistic : ganzheitlich *adj*

~ approach : ganzheitlicher Ansatz *(m)*

hollow : hohl, Hohl- *adj*

~ : Höhlung *f*, Mulde *f*, Senke *f*, Vertiefung *f*

~ glass : Hohlglas *nt*

~ space : Hohlraum *m*

~ ~ reconstruction : Hohlraumsanierung *f*

holography : Holografie *f*

home : Haus-, Haushalts-, häuslich, heim-, nahe gelegen, selbst- *adj*

~ : nach Hause, zu Hause *adv*

~ : Haus *nt*, Heim *nt*, Heimat *f*, Wohnung *f*

~ : zurückkehren *v*

~ **consumption** : Haushaltsverbrauch *m*

homeland : Heimat *f*, Heimatland *nt*, Homeland *nt*

~ **protection** : Heimatschutz *m*

Home Office : Innenministerium *nt*

homeostasis : Homöostase *f*

home || range : Territorium *nt*, Wohngebiet *nt*, Wohnrevier *nt*

~ **wiring** : Hausinstallation *f*

homogeneous : homogen *adj*

homogenizing : Homogenisier-, homogenisierend *adj*

~ **equipment** : Homogenisiergerät *nt*

homograft : Homotransplantation *f*

homoiotherm : Warmblüter *m*

homosphere : Homosphäre *f*

honey : Honig *m*

honeycomb : Wabe *f*

honey pot : Anziehungspunkt *m*, Attraktion *f*

hood : Kapuze *f*

hooded : mit Kapuze *adj*

~ **inlet** : Haubeneinlass *m*

hoof : Huf *m*

hoofed : behuft, gehuft, Huf- *adj*

~ **game** : Schalenwild *nt*

hook : Haken *m*

hoover : absaugen *v*

horizon : Horizont *m*, Schicht *f*

horizontal : eben *adj*

~ **drilling** : Horizontalbohrung *f*

~ **filter well** : Horizontalfilterbrunnen *m*

hormonal : hormonal, hormonell *adj*

~ **deficiency** : Hormonmangel *m*

hormone : Hormon *nt*

~ **rooting powder** : Wurzelwuchspulver *nt*

~ **weedkiller** : Wuchsstoffherbizid *nt*

horse : Pferd *nt*

~ **manure** : Pferdemist *m*

~ **riding** : Reiten *nt*

horticulture : Gartenbau *m*, Gärtnerei *f*

horticulturist : Gärtner *m*, Gärtnerin *f*

hortisol : Gartenboden *m*, Hortisol *m*

hose : Schlauch *m*, Wasserschlauch *m*

~ **coupling** : Schlauchkupplung *f*

~**-level** : Schlauchwaage *f*

hosepipe : Schlauch *m*, Wasserschlauch *m*

~ **level** : Schlauchwaage *f*

hose relining : Schlauchrelining *nt*

hospital : Krankenhaus *nt*

~ **waste** : Krankenhausabfall *m*

host : Wirt *m*

~ : ausrichten *v*

~ **organism** : Wirtsorganismus *m*

~ **plant** : Wirtspflanze *f*

hot : heiß, Heiß-, scharf, warm *adj*

hotel : Hotel *nt*

hot || galvanizing : Feuerverzinkung *f*

~ **gas** : Heißgas *nt*

~ ~ **cleaning plant** : Heißgasreinigungsanlage *f*

~ ~ **filter** : Heißgasfilter *m*

~**-rolling mill** : Warmwalzwerk *nt*

hotspot : Brennpunkt *m*

hot-water : Heißwasser *nt*, Warmwasser *nt*

{*also spelled: hot water*}

~-~ **boiler** : Heißwasserkessel *m*

~-~ **central heating** : Warmwasserheizung *f*

~-~ **heating system** : Warmwasserheizung *f*

~-~ **pipe** : Warmwasserleitung *f*

~-~ **supply** : Warmwasserversorgung *f*

~-~ **tank** : Boiler *m*

~-~ **preparation** : Warmwasserbereitung *f*

hound : Jagdhund *m*

house : Haus *nt*

≈ of Representatives (Am): Repräsentantenhaus *nt*

~ **building** : Wohnungsbau *m*

~ **construction** : Wohnungsbau *m*

household : Haushalt *m*

~ **chemicals** : Haushaltschemikalien *pl*

~ **cleaner** : Haushaltsreiniger *m*

~ **refuse** : Hausmüll *m*, Restmüll *m*

~ **sewage** : Haushaltsabwässer *pl*

~ **waste** : Haushaltsabfall *m*, Hausmüll *m*

~ ~ **collection** : Hausmüllsammlung *f*

~ ~ **incinerating plant** : Hausmüllverbrennungsanlage *f*

~ ~ **incineration** : Hausmüllverbrennung *f*

~ ~ **treatment** : Hausmüllaufbereitung *f*, Hausmüllverwertung *f*

housing : Gehäuse *nt*, Unterkunft *f*, Wohnungen *pl*, Wohnungsbeschaffung *f*, Wohnungswesen *nt*

~ **area** : Siedlungsgebiet *nt*, Wohngebiet *nt*

~ **density** : Bebauungsdichte *f*, Wohndichte *f*

~ **estate zone** : Kleinsiedlungsgebiet *nt*

~ **requirement** : Wohnungsbedarf *m*

hovercraft : Luftkissenfahrzeug *nt*

HPLC || analytics : HPLC-Analytik *f*

~ **chromatograph** : HPLC-Chromatograf *m*

hull : Hülse *f*

human : human, Human-, menschlich *adj*

~ : Mensch *m*

~ **being** : Mensch *m*

~ **biology** : Humanbiologie *f*

~ **capital** : Humankapital *nt*

~ **community** : menschliche Gemeinschaft *(f)*

~ **development** : menschliche Entwicklung *(f)*

~ **dignity** : Menschenwürde *f*

humane : human *adj*

human || ecology : Humanökologie *f*

~ exploitation : menschliche Nutzung *(f)*

~ genetics : Humangenetik *f*

~ health : menschliche Gesundheit *(f)*

~ inhabitation : menschliche Besiedlung *(f)*

~ interest : menschliches Interesse *(nt)*

humanities : Geisteswissenschaften *pl*

humanity : Humanität *f*, Menschheit *f*, Menschlichkeit *f*, Menschsein *nt*

humanization : Humanisierung *f*

~ of workplaces: Arbeitsplatzhumanisierung *f*

humanize : humanisieren *v*

humanly : human *adv*

human || nature : menschliche Natur *(f)*

~ physiology : Humanphysiologie *f*

~ race : menschliche Rasse *(f)*

~ requirements : menschliche Bedürfnisse *(pl)*

~ rights : Menschenrechte *pl*

~ ~ convention : Menschenrechtskonvention *f*

~ suffering : menschliches Leid *(nt)*

humate : Humat *nt*

humic : humos, Humus-, humusreich *adj*

~ acid : Huminsäure *f*

~ matter : Huminstoff *m*

~ water : Braunwasser *nt*

humid : feucht, humid *adj*

humidifier : Befeuchter *m*, Befeuchtungsanlage *f*

humidify : befeuchten *v*

humidity : Feuchte *f*, Feuchtigkeit *f*, Luftfeuchtigkeit *f*, Wassergehalt *m*

~ control : Luftfeuchtigkeitsregulierung *f*

~ controller : Feuchteregler *m*

~ measuring : Feuchtemessung *f*, Feuchtigkeitsmessung *f*

~ protection : Feuchtigkeitsschutz *m*

humification : Humifizierung *f*, Humusbildung *f*

humify : humifizieren *v*

hummock : Buckel *m*, Bult *m*, Eishügel *m*, Hügel *m*

~ (Am): Waldinsel *f*

hummocked : zu Buckeln geformt *adj*

~ ice : aufgepresstes Eis *(nt)*

hummock ice : Zone mit aufgepresstem Eis *(f)*

hummocking : Hügelbildung *f*

~ of ice: Aufpressen des Eises *(nt)*

hummock || ridge : Strang *m*

~ tundra : Bultentundra *f*

hummocky : buckelig, hügelig *adj*

~ meadow : Buckelwiese *f*

humus : Humus *m*

~ formation : Humusbildung *f*

~ layer : Humusschicht *f*

~ matter : Humusstoff *m*

~-pan : Ortstein *m*

~-poor : humusarm *adj*

~-rich : humusreich *adj*

~ sludge : Tropfkörperschlamm *m*

~ soil : Humusboden *m*

~ tank : Nachklärbecken (nach einem Tropfkörper) *nt*

hunger : Hunger *m*

hunt : Hetzjagd *f*, Jagd *f*

~ : jagen *v*

hunter : Jäger *m*, Waidmann *m*, Weidmann *m*

~s and gatherers: Jäger und Sammler *(pl)*

hunting : Jagd-, waidmännisch, weidmännisch *adj*

~ : Jagd *f*, Jagdwesen *m*, Jägerei *f*

~ ban : Jagdverbot *nt*

~ box : Jagdhütte *f*

~ corporation : Jagdgenossenschaft *f*

~ damage : Jagdschaden *m*

~-dog : Jagdhund *m*

also spelled: hunting dog

~-fever : Jagdfieber *nt*

~ ground : Jagdgebiet *nt*, Wildbahn *f*

~-horn : Jagdhorn *nt*

~ knife : Hirschfänger *m*, Jagdmesser *nt*

~ language : Jägersprache *f*

~ law : Jagdgesetz *nt*

~ licence : Jagdschein *m*

~ lodge : Jagdhaus *nt*

~ party : Jagdgesellschaft *f*

~ preserve : Jagdgehege *nt*

~ restriction : Jagdbeschränkung *f*

~ rifle : Jagdflinte *f*, Jagdgewehr *nt*

~ right : Jagdausübungsrecht *nt*

~ rights : Jagdrecht *nt*

~ season : Jagdzeit *f*

~ weapon : Jagdwaffe *f*

huntress : Jägerin *f*

huntsman : Jäger *m*, Waidmann *m*, Weidmann *m*

like a ~: waidmännisch, weidmännisch *adv*

huntsmans : waidmännisch, weidmännisch *adj*

huntswoman : Jägerin *f*

hurricane : Hurrikan *m*, Orkan *m*, Wirbelsturm *m*

~ force wind : Wind mit Orkanstärke *(m)*

hurt : schädigen, verletzen *v*

husbanding : sparsamer Umgang *(m)*

husbandry : Landwirtschaft *f*, Pflege *f*, Zucht *f*

hut : Hütte *f*

hutch : Stall *m*

hybrid : hybrid, Hybrid- *adj*

~ : Hybride *f*, Kreuzung *f*

~ cooling tower : Hybridkühlturm *m*

~ drive : Hybridantrieb *m*

hybridization : Hybridisation *f*, Hybridisierung *f*, Kreuzung *f*

hydration : Hydratisierung *f*

hydraulic : hydraulisch *adj*

~ and sanitary engineering: Siedlungswasserbau *m*

~ conductivity : Wasserleitfähigkeit *f*

~ efficiency : hydraulischer Wirkungsgrad *m*

~ energy : Wasserkraft *f*

~ engineer : Wasserbauingenieur *m*, Wasserbauingenieurin *f*

~ engineering : Wasserbau *m*

~ fluid : Hydraulikflüssigkeit *f*

~ **gradient** : Druckgefälle *nt*, Senkkurve *f*, Spiegelgefälle *nt*

~ **retention time** : Durchflusszeit *f*

~ **unit** : Hydraulikaggregat *nt*

hydraulics : Hydraulik *f*

hydrobiology : Hydrobiologie *f*

hydrocarbon : Kohlenwasserstoff *m*

~ **vapours** : Kohlenwasserstoffdämpfe *pl*

hydrochemistry : Hydrochemie *f*

hydrochloric : salzsauer *adj*

~ **acid** : Salzsäure *f*

~ ~ **emission** : Salzsäureemission *f*

hydro-cyclone : Hydrozyklon *m*

hydrodesulfuration : Wasserstoffentschwefelung *f*

~ **plant** : Wasserstoffentschwefelungsanlage *f*

hydrodynamics : Hydrodynamik *f*

hydroelectric : hydroelektrisch *adj*

also spelled: hydro-electric

~ **dam** : Wasserkrafttalsperre *f*

~ **energy** : Hydroelektrizität *f*

hydroelectricity : Hydroelektrizität *f*

hydroelectric || power : Elektrizität aus Wasserkraft *(f)*, Wasserkraft *f*

~ ~**-plant** : Wasserkraftwerk *nt*

~ ~ **station** : Wasserkraftanlage *f*, Wasserkraftwerk *nt*

~ **generation** : Elektrizitätserzeugung durch Wasserkraft *(f)*

hydrogen : Wasserstoff *m*

hydrogenation : Hydrierung *f*

~ **of coal**: Kohlehydrierung *f*

hydrogen || obtaining : Wasserstoffgewinnung *f*

~ **plant** : Wasserstoffanlage *f*

~ **potential** : pH-Wert *m*

~ **technology** : Wasserstofftechnologie *f*

hydrogeology : Hydrogeologie *f*

hydrograph : Abflussganglinie *f*, Abflussmengenkurve *f*, Ganglinie *f*, Hydrograf *m*, Wasserstandsganglinie *f*

hydrographic : hydrografisch *adj*

~ **network** : Gewässersystem *nt*

hydrography : Gewässerkunde *f*, Hydrogeografie *f*, Hydrografie *f*

hydroids : Hydroiden *pl*

hydro-isobath : Grundwassertiefenlinie *f*

hydrologic : hydrologisch *adj*

~ **soil group** : Bodengruppe *f*

hydrological : hydrologisch *adj*

~ **balance** : Wasserbilanz *f*, Wasserhaushalt *m*

~ **conditions** : Wasserverhältnisse *pl*

~ **cycle** : Wasserkreislauf *m*

~ **model** : Wasserkreislaufmodell *nt*

hydrology : Gewässerkunde *f*, Hydrologie *f*

hydrolyse : hydrolysieren *v*

hydrolysis : Hydrolyse *f*

hydrolyze (Am) : hydrolysieren *v*

hydromechanics : Hydromechanik *f*

hydro-metallurgy : Hydrometallurgie *f*

hydrometeorology : Hydrometeorologie *f*

hydrometer : Hydrometer *nt*, Wassermesser *m*

hydromorphic : hydromorph *adj*

~ **soil** : hydromorpher Boden *(m)*

hydromulching : Nassmulch *m*

hydrophilous : hydrophil *adj*

hydrophobia : Hydrophobie *f*

hydrophyte : Hydrophyt *m*, Wasserpflanze *f*

hydroponics : Hydrokultur *f*, Hydroponik *f*

hydropower : Wasserkraft *f*

hydroseeding : Nassansaat *f*

hydrosere : Hydroserie *f*

hydrosphere : Hydrosphäre *f*

hydrostatic : hydrostatisch *adj*

~ **pressure** : hydrostatischer Druck *(m)*, Staudruck *m*

hydrothermal : hydrothermal *adj*

~ **formation** : hydrothermale Formation *(f)*

~ **vent** : hydrothermaler Schlot *(m)*

hydrothermics : Hydrothermik *f*

hydrous : wasserhaltig *adj*

hyetograph : Niederschlagsschreiber *m*, Regenschreiber *m*

hygiene : Hygiene *f*

~ **articles** : Hygieneartikel *pl*

hygienic : Hygiene-, hygienisch *adj*

~ **directive** : Hygienevorschrift *f*

hygienics : Hygiene *f*

hygienization : Keimfreimachung *f*, Sterilisation *f*

~ **plant** : Hygienisieranlage *f*

hygrometer : Feuchtemesser *m*, Hygrometer *nt*

hygrometry : Feuchtemessung *f*, Feuchtigkeitsmessung *f*, Hygrometrie *f*

hygroscope : Hygroskop *nt*

hygroscopic : hygroskopisch *adj*

hyperactive : hyperaktiv *adj*

hyperparasite : Hyperparasit *m*

hypersensitive : hypersensibel, überempfindlich *adj*

hypersensitivity : Hypersensibilität *f*, Überempfindlichkeit *f*

hypertrophic : hypertroph *adj*

hypocrite : Heuchler *m*, Heuchlerin *f*

hypodermic : hypodermatisch, subkutan *adj*

~ : Hypoderm *nt*, Spritze *f*, subkutane Injektion *(f)*

~ **syringe** : hypodermatische Spritze *(f)*, subkutane Spritze *(f)*

hypolimnion : Hypolimnion *nt*

hypotension : niedriger Blutdruck *(m)*

hypothermia : Hypothermie *f*, Unterkühlung *f*

hypothesis : Hypothese *f*

hypotrophic : hypotroph *adj*

hypsometric : hypsografisch, hypsometrisch *adj*

~ **curve** : hypsografische Kurve *(f)*

hysteresis : Hysterese *f*

I

Iberian : iberisch *adj*

ice : Eis *nt*

~ age : Eiszeit *f*

iceberg : Eisberg *m*

ice || cap : Eiskappe *f*, Polkappe *f*
also spelled: ice-cap

~ floe : Eisscholle *f*, Treibeis *nt*

~ ridge : Presseisrücken *m*

~ sheet : Eisdecke *f*, Inlandeis *nt*

~ wedge : Eiskeil *m*

ichthyo-biology : Fischbiologie *f*

ichthyology : Ichthyologie *f*

icy : eisig *adj*

idea : Gedanke *m*, Konzeption *f*

identical : identisch *adj*

~ twins: eineiige Zwillinge *(pl)*

identification : Bestimmung *f*, Gleichsetzung *f*, Identifikation *f*, Identifizierung *f*, Wiedererkennen *nt*
~ **of waste:** Abfallbeurteilung *f*

~ guide : Bestimmungsbuch *nt*, Bestimmungsschlüssel *m*

identity : Identität *f*

ideology : Ideologie *f*

~ criticism : Ideologiekritik *f*

idle : arbeitslos, außer Betrieb, faul, fruchtlos, müßig, sinnlos, träge, unbegründet, unbeschäftigt, vergeblich *adj*

~ : Leerlauf *m*

~ : faulenzen, im Leerlauf laufen *v*

~ land : Ödland *nt*, Sozialbrache *f*

~ motion : Leerlauf *m*

~ state : Leerlauf *m*

idling : Leerlauf *m*

igneous : eruptiv, magmatisch, vulkanisch *adj*

~ rock : Erstarrungsgestein *nt*

ignition : Zündung *f*

~ system : Zündanlage *f*

ill : krank *adj*

~ health: Krankheit *f*

illegal : gesetzwidrig, illegal, rechtswidrig, unerlaubt *adj*

illegality : Rechtswidrigkeit *f*

illegally : gesetzwidrig, illegal, rechtswidrig *adv*

illicit : Schwarz-, unerlaubt, verboten *adj*

~ act: unerlaubte Handlung *(f)*

illicitly : illegal *adv*

illiteracy : Analphabetismus *m*

illness : Krankheit *f*

ill-planned : schlecht geplant *adj*

illumination : Beleuchtung *f*

~ intensity : Beleuchtungsstärke *f*

~ system : Beleuchtungsanlage *f*

illustrate : erläutern, veranschaulichen, verdeutlichen *v*

illustrative : erläuternd, illustrativ *adj*

~ material : Beispielmaterial *nt*

illuvial : illuvial, Illuvial- *adj*

~ horizon: Illuvialhorizont *m*

illuviation : Einwaschung *f*

image : Bild *nt*, Image *nt*

~ advertising : Imagewerbung *f*

~ analyzing system : Bildanalysensystem *nt*

~ converter : Bildumwandler *m*

~ magnifier : Bildverstärker *m*

~ processing : Bildverarbeitung *f*

imagery : Satellitenbilddarstellung *f*

imagine : vorstellen *v*

imbalance : Ungleichgewicht *nt*

IMCO Conference : IMCO-Konferenz *f*

Imhoff tank : Emscherbecken *nt*

immature : unreif *adj*

~ cell: unausgereifte Zelle *(f)*

immediate : engst-, nächst-, prompt, Sofort-, umgehend, unmittelbar, unverzüglich *adj*

~ measure : Sofortmaßnahme *f*

~ programme : Sofortprogramm *nt*

immediately : direkt, sofort, unmittelbar, unverzüglich *adv*

immersion : Eintauchen *nt*, Vertiefung *f*

~ heating element : Tauchheizelement *nt*

immigration : Einwanderung *f*, Immigration *f*

immission : Eintrag *m*, Immission *f*
~ **of noxious gas:** Schadgasimmission *f*
~ **of pollutants:** Schadstoffeintrag *m*

~ assessment : Immissionsbeurteilung *f*

~ concentration : Immissionskonzentration *f*

~ condition : Immissionssituation *f*

~ control : Immissionsmessung *f*, Immissionsschutz *m*

~ ~ commissioner : Immissionsschutzbeauftragte *f*, Immissionsschutzbeauftragter *m*

~ ~ legislation : Immissionsschutzrecht *nt*

~ ~ ordinance : Immissionsschutzverordnung *f*

~ ~ problem : Immissionsschutzproblem *nt*

~ damage : Immissionsschaden *m*

~ data : Immissionsdaten *pl*

~ distribution : Immissionsverteilung *f*

~ ecology : Immissionsökologie *f*

~ evaluation : Immissionsbeurteilung *f*

~ forecast : Immissionsprognose *f*

~ generation : Immissionsverursachung *f*

~ influence : Immissionseinfluss *m*

~ inspection : Immissionskontrolle *f*

~ level : Immissionspegel *m*

~ limit : Immissionsgrenzwert *m*

~ ~ value : Immissionsgrenzwert *m*, Immissionsschutzwert *m*

~ load : Immissionsbelastung *f*

~ measurement : Immissionsmessung *f*

~ measuring technique : Immissionsmesstechnik *f*

~ monitoring : Immissionsüberwachung *f*

~ prognosis : Immissionsprognose *f*

~ rate : Immissionsrate *f*

~ register : Immissionskataster *nt*

immobilization : Immobilisierung *f*

immovables : unbewegliche Sachen *(pl)*

immune : immun, Immun- *adj*

~ system: Immunsystem *nt*

immunity : Immunität *f*

immunization : Immunisierung *f*, Impfung *f*

immunize : immunisieren, immun machen *v*

immunology : Immunologie *f*

impact : Aufprall *m*, Einfluss *m*, Eingriff *m*, Einwirkung *f*, Wirkung *f*

~ of civilization: Folgen der Zivilisation *(pl)*

~ drip separator : Pralltropfenabscheider *m*

~ mill : Prallmühle *f*

~ regulation : Eingriffsregelung *f*

~ -resistant : druckstoßfest *adj*

~ sound : Körperschall *m*, Trittschall *m*

~ ~ insulation : Trittschalldämmung *f*

impair : beeinträchtigen *v*

impaired : beeinträchtigt *adj*

~ hearing : Gehörschädigung *f*

impairment : Beeinträchtigung *f*, Rückbildung *f*

~ of auditory acuity: Rückbildung der Hörschärfe *(f)*

~ of nature and landscape: Beeinträchtigung von Natur und Landschaft *(f)*

impede : behindern *v*

impeded : behindert, eingeschränkt *adj*

~ drainage : Staunässe *f*

imperfect : mangelhaft, unfertig, unvollständig *adj*

~ well : unvollkommener Brunnen *(m)*

imperfectly : unvollständig *adv*

imperialism : Imperialismus *m*

impermeability : Undurchlässigkeit *f*

impermeable : impermeabel, undurchlässig, versiegelt *adj*

~ areas : versiegelte Flächen *(pl)*

impervious : dicht, impermeabel, undurchlässig *adj*

impetus : Auftrieb *m*

implement : Gerät *nt*

~ : ausführen, durchführen, erfüllen, einhalten, umsetzen, vollziehen *v*

implementation : Anwendung *f*, Ausführung *f*, Durchführung *f*, Implementierung *f*, Realisierung *f*, Umsetzung *f*

~ act : Ausführungsgesetz *nt*

~ gap : Vollzugsdefizit *nt*

~ regulation : Ausführungsvorschrift *f*

implementing : erfüllend *adj*

implication : Auswirkung *f*

import : Einfuhr *f*, Import *m*

importance : Bedeutung *f*

important : bedeutsam, wichtig *adj*

~ issue: Kernproblem *nt*

importer : Importeur *m*, Importeurin *f*

import permission : Einfuhrgenehmigung *f*

impose : einleiten *v*

impound : beschlagnahmen, einpferchen, einsperren, sicherstellen *v*

impounded : beschlagnahmt, eingesperrt, eingepfercht, sichergestellt *adj*

~ reservoir : Stausee *m*, Talsperre *f*

~ water : Stauwasser *nt*

impounding : Sicherstellung *f*

~ dam : Staudamm *m*, Staumauer *f*

~ head : Stauspiegel *m*

~ weir : Stauwehr *nt*

impoundment : Aufstauung *f*, Stauhaltung *f*, Stauung *f*

~ surface area : Stauoberfläche *f*

impoverish : aushagern, auslaugen *v*

impoverished : ausgehagert, ausgelaugt, verarmt *adj*

impoverishment : Aushagerung *f*, Auslaugung *f*, Verarmung *f*

impregnate : durchtränken, imprägnieren, tränken *v*

impregnating : imprägnierend, Imprägnierungs- *adj*

~ agent: Imprägnierungsmittel *nt*

impregnation : Imprägnierung *f*

imprint : prägen *v*

imprison : in Haft nehmen *v*

improper : falsch, formwidrig *adj*

improperly : formwidrig *adv*

impropriety : Formverstoß *m*

improve : verbessern *v*

improved : melioriert *adj*

improvement : Verbesserung *f*

~ by selection: (forstliche) Auslese *(f)*

~ of efficiency: Wirkungsgradverbesserung *f*

~ of garbage dumps: Deponiesanierung *f*

~ of noisy condition: Lärmsanierung *f*

~ of pipes: Rohrsanierung *f*

~ of sewers: Kanalsanierung *f*

~ of the environment: Umweltverbesserung *f*

~ using robots: Robotersanierung *f*

~ cutting : Gesundheitshieb *m*

~ felling : Anreicherungshieb *m*, Pflegehieb *m*

improving : verbessernd *adj*

impulse : Impuls *m*, Impulsivität *f*, Stoß *m*, Stoßkraft *f*

~ loading : Stoßbelastung *f*

~ sound : Impulsschall *m*

~ technique : Antriebstechnik *f*

impure : unrein, verunreinigt *adj*

impurities : Fremdbestandteile *pl*, Verunreinigungen *pl*

impurity : Fremdstoff *m*

inaccurate : ungenau *adj*

inaction : Untätigkeit *f*

inactivate : deaktivieren, inaktivieren, unwirksam machen *v*

inactive : erloschen, inaktiv, untätig *adj*

~ storage: Reserveraum *m*

~ volcano: untätiger Vulkan *(m)*

inadequate : unzulänglich *adj*

inanimate : unbelebt *adj*

inappropriate: ungeeignet *adj*

inbreeding : Inzucht *f*

~ depression : Inzuchtdepression *f*

in-by land : Land innerhalb (der Umzäunung) einer Farm *(nt)*

incentive : Anreiz *m*

~ **for innovation:** Innovationsanreiz *m*

incidence : Auftreten *nt*, Häufigkeit *f*, Inzidenz *f*

~ **with duty of declaration:** meldepflichtiges Ereignis *(nt)*

incident : Begebenheit *f*, Ereignis *nt*, Störfall *m*, Vorfall *m*, Zwischenfall *m*

incidental : unbeabsichtigt *adj*

~ **provision:** Nebenbestimmung *f*

incident : einfallend *adj*

~ : Begebenheit *f*, Vorfall *m*, Vorkommnis *nt*, Zwischenfall *m*

~ **(to)** : verbunden (mit) *adj*

~**-light microscope** : Auflichtmikroskop *nt*

incinerate : veraschen, verbrennen *v*

incinerating : verbrennend, Verbrennungs- *adj*

~ **plant** : Verbrennungsanlage *f*

~ ~ **for domestic refuse:** Hausmüllverbrennungsanlage *f*

incineration : Veraschung *f*, Verbrennung *f*

~ **of waste oil:** Altölverbrennung *f*

~ **embargo** : Verbrennungsverbot *nt*

~ **plant** : Verbrennungsanlage *f*

~ **residue** : Verbrennungsrückstand *m*

incinerator : Müllverbrennungsofen *m*, Veraschungsanlage *f*, Verbrennungsanlage *f*

~ **residue** : Verbrennungsrückstand *m*

incipient : beginnend *adj*

~ **lethal level** : anfängliche Letaldosis *(f)*, minimale Letaldosis *(f)*

incite : ermutigen *v*

inclination : Einfallswinkel *m*, Inklination *f*, Neigung *f*, Neigungswinkel *m*

~ **balance** : Neigungswaage *f*

inclined : schief *adj*

include : aufnehmen, beteiligen *v*

inclusive : einschließlich, Gesamt-, Inklusiv-, inklusive, Pauschal- *adj*

~ **fitness:** Gesamtfitness *f*

income : Einkommen *nt*, Einnahme *f*

~ **aid** : Einkommensbeihilfe *f*

~ **distribution** : Einkommensverteilung *f*

~ **effect** : Einkommenseffekt *m*

~ **flexibility** : Einkommenselastizität *f*

~ **loss** : Einkommensausfall *m*

~ **policy** : Lohnpolitik *f*

~ **statistics** : Einkommensstatistik *f*

~ **tax** : Einkommensteuer *f*

~ **taxation act** : Einkommensteuergesetz *nt*

~ **tax law** : Einkommensteuerrecht *nt*

incompatibility : Inkompatibilität *f*, Unverträglichkeit *f*

incompatible : inkompatibel, unverträglich *adj*

incomplete : unvollständig *adj*

~ **combustion:** unvollständige Verbrennung *(f)*

incompletely : unvollständig *adv*

inconceivable : unvorstellbar *adj*

inconsistency : Widerspruch *m*

inconspicuous : unscheinbar *adj*

incorporate : aufnehmen, einarbeiten, vereinigen *v*

incorporating : aufnehmend *adj*

incorporation : Inkorporation *f*

incorrectly : falsch *adv*

increase : Zunahme *f*

~ **in population:** Bevölkerungszunahme *f*, Bevölkerungszuwachs *m*

~ **in profits:** Ertragssteigerung *f*

~ **in the cloud cover:** Bewölkungszunahme *f*

~ : ansteigen, sich ausdehnen, zunehmen *v*

increasing : wachsend, zunehmend *adj*

~ **water hardness** : Aufhärtung *f*

increment : Zuwachs *m*

incremental : steigend *adj*

increment || percent : Zuwachsprozent *nt*

~ **test** : Steigerungsversuch *m*

incrimate : belasten *v*

incriminating : belastend *adj*

~ **evidence** : belastende Beweise *(pl)*

incrustation : Krustenbildung *f*

~ **of ochre:** Verockerung *f*

incubator : Brutschrank *m*

incumbent : obliegend *adj*

~ : Amtsinhaber *m*, Amtsinhaberin *f*

~ **secretary-general** : amtierende /~r Generalsekretär /~in *(m/f)*

indefinite : unbestimmt *adj*

~ **legal concept** : unbestimmter Rechtsbegriff *(m)*

indemnification : Wiedergutmachung *f*

~ **claim** : Schadenersatzanspruch *m*

indemnity : Abfindung *f*, Entschädigung *f*, Schadenersatz *m*

~ **act** : Sicherstellungsgesetz *nt*

~ **claim** : Ersatzanspruch *m*

~ ~ **for expense:** Aufwendungsersatzanspruch *m*

~ **clause** : Freistellungsklausel *f*

~ ~ **against liability for contaminated land:** Altlastenfreistellungsklausel *f*

independence : Eigenständigkeit *f*, Unabhängigkeit *f*

independent : unabhängig *adj*

independently : unabhängig *adv*

index : Index *m*, Verzeichnis *nt*

indicate : andeuten, anzeigen *v*

indicated : gekennzeichnet *adj*

indication : Bezeichnung *f*

indicator : Anzeiger *m*, Indikator *m*, Indikatorstoff *m*

~ **organism** : Indikatororganismus *m*, Leitorganismus *m*

~ **plant** : Indikatorpflanze *f*, Leitpflanze *f*, Zeigerpflanze *f*

~ **species** : Indikatorart *f*, Zeigerart *f*

~ **substance** : Indikatorstoff *m*

indigenous : beheimatet, bodenständig, einheimisch, heimisch *adj*

~ **people** : Eingeborenenvölker *pl*

indirect : indirekt, umständlich *adj*

~ **discharge:** Indirekteinleitung *f*

~ ~ **regulation:** Indirekteinleiterverordnung *f*

~ **discharger:** Indirekteinleiter *m*

indirectly : auf Umwegen, indirekt *adv*

indirect recycling : indirektes Recycling *(nt)*, offener Kreislauf *(m)*

indiscriminate : nichtselektiv, ohne Unterschied, unkritisch, unterschiedslos, unüberlegt, wahllos, willkürlich *adj*

~ dumping: ungeordnete Ablagerung *(f)*

indiscriminately : unkritisch, unüberlegt, wahllos, willkürlich *adv*

indispensable : unentbehrlich *adj*

individual : einzeln, individuell *adj*

~ : Individuum *nt*

~ density : Abundanz *f*

~ distance : Individualdistanz *f*

~ fundamental right : Individualgrundrecht *nt*

individuality : Eigenart *f*

individual || motor car traffic : Individualverkehr *m*

{also spelled: motorcar}

~ organism : Individuum *nt*

~ right : Individualrecht *nt*

~ traffic : Individualverkehr *m*

indoor : für zu Hause, im Haus, Innen- *adj*

~ air quality : Wohnraumluftqualität *f*

indoors : drinnen, im Haus *adv*

induce : auslösen, induzieren, verursachen *v*

inducer : Induktor *m*

induction : Induktion *f*

industrial : Gewerbe-, gewerblich, Industrie-, industriell *adj*

~ accident : Industrieunfall *m*

~ agglomeration : Ballungsraum *m*, industrieller Ballungsraum *(m)*

~ area : Gewerbefläche *f*, Industriegebiet *nt*

~ association : Industrieverband *m*

~ atmosphere : Industrieluft *f*

~ chemistry : Großchemie *f*

~ code : Gewerbeordnung *f*

~ country : Industrieland *nt*, Industriestaat *m*

~ development : industrielle Erschließung *(f)*

~ disease: Berufskrankheit *f*

~ dust : Industriestaub *m*

~ effluent : Industrieabwasser *nt*

~ emission : Industrieemission *f*, industrielle Emission *(f)*

~ enterprise : Gewerbebetrieb *m*

~ fallow area : Industriebrache *f*

~ furnace : Industrieofen *m*

~ grade benzene : Lösungsbenzol *nt*

~ health : Arbeitshygiene *f*

industrialization : Industrialisierung *f*

industrialize : industrialisieren *v*

industrialized : industrialisiert *adj*

~ country : Industrieland *nt*

industrial || melanism : Industriemelanismus *m*

~ noise : Arbeitslärm *m*, Gewerbelärm *m*, Industrielärm *m*, Werkslärm *m*

~ ~ measurement : Industrielärmmessung *f*

~ packaging : Industrieverpackung *f*

~ park : Industriegelände *nt*

~ plant : Industrieanlage *f*

~ ~s register : Anlagenkataster *nt*

~ power plant : Industriekraftwerk *nt*

~ relations law : Betriebsverfassungsgesetz *nt*

~ research : Industrieforschung *f*

~ retreating work : Industrierückbau *m*

~ revolution : industrielle Revolution *(f)*

~ sewage : Industrieabwasser *nt*

~ site : Industriegelände *nt*, Industriestandort *m*

~ sludge : Industrieschlamm *m*

~ society : Industriegesellschaft *f*

~ sociology : Industriesoziologie *f*

~ vacuum cleaner : Industriestaubsauger *m*

~ waste : Gewerbeabfall *m*, Gewerbemüll *m*, Industrieabfall *m*, industrieller Abfall *(m)*, Industriemüll *m*

~ ~ gas : Industrieabgas *nt*

~ ~ treatment : Gewerbemüllaufbereitung *f*

~ ~ water : gewerbliches Schmutzwasser *(nt)*, industrielles Schmutzwasser *(nt)*

~ water : Betriebswasser *nt*, Brauchwasser *m*

~ ~ requirement : Betriebswasserbedarf *m*

~ ~ treatment : Brauchwasseraufbereitung *f*

~ zone : Industriegebiet *nt*

industry : Industrie *f*

~ processing wood and timber: Holzwerkstoffindustrie *f*

ineffective : unwirksam *adj*

ineffectiveness : Unwirksamkeit *f*

inefficient : ineffizient *adj*

inert : inert, träge, unbeweglich *adj*

~ gas : Edelgas *nt*, inertes Gas *(nt)*, Schutzgas *nt*

inertia : Trägheit *f*

~ force separator : Massenkraftabscheider *m*

inerting : Inertisierung *f*

inert || rendering : Inertisierung *f*

~ waste : inerter Abfall *(m)*

inexhaustible : unerschöpflich *adj*

infect : anstecken, infizieren, verseuchen *v*

infecting : ansteckend, infektiös *adj*

infection : Ansteckung *f*, Infektion *f*, Verseuchung *f*

infectious : ansteckend, infektiös *adj*

~ disease : ansteckende Krankheit *(f)*, Infektionskrankheit *f*

infectivity : Infektiosität *f*

infertile : mager, Mager-, unfruchtbar *adj*

~ grassland : Magerrasen *m*

infertility : Infertilität *f*, Sterilität *f*, Unfruchtbarkeit *f*

infest : befallen, verseuchen *v*

infestation : Befall *m*, Infestation *f*, Verseuchung *f*

~ by worms: Wurmbefall *m*

infiltrability : Infiltrabilität *f*

infiltration : Einsickerung *f*, Infiltration *f*, Versickerung *f*
~ **area** : Filtereintrittsfläche *f*
~ **basin** : Sickerbecken *nt*
~ **capacity** : Infiltrationskapazität *f*, Versickerungsvermögen *nt*
~ **coefficient** : Versickerungskoeffizient *m*
~ **ditch** : Infiltrationsgraben *m*
~ **index** : Versickerungsindex *m*
~ **rate** : Einsickerungsmaß *nt*, Infiltrationsrate *f*, Versickerungsintensität *f*
~ **terrace** : Infiltrationsterrasse *f*, Versickerungsterrasse *f*
~ **volume** : Einsickerungsmenge *f*
~ **water discharge rate** : Fremdwasserabflussspende *f*
~ **well** : Schluckbrunnen *m*
infiltrometer : Infiltrometer *nt*
inflatable : aufblasbar *adj*
~ **weir** : Schlauchwehr *nt*
inflation : Inflation *f*
inflexible : unflexibel *adj*
inflorescence : Blütenstand *m*, Infloreszenz *f*
inflow : Zufluss *m*, Zustrom *m*
~ **of water:** Wasserzufluss *m*
influence : Einfluss *m*, Einwirkung *f*
~ **on climate:** Klimabeeinflussung *f*
~ : beeinflussen *v*
influenced : beeinflusst *adj*
~ **by the tides:** tidebeeinflusst *adj*
influencing : Einfluss- *adj*
~ : Steuerung *f*
~ **factor** : Einflussfaktor *m*
influent : Einlauf *m*, Nebenfluss *m*, Zulauf *m*
~ **water** : Sinkwasser *nt*
influx : Zufluss *m*, Zustrom *m*
inform : informieren *v*
informal : formlos, zwanglos *adj*
~ **education** : außerschulische Bildung *(f)*
informality : Formlosigkeit *f*
informally : formlos *adv*
informal || parking : wildes Parken *(nt)*
~ **settlement** : wilde Siedlung *(f)*
informant : Informant *m*, Informantin *f*
informatics : Informatik *f*
information : Information *f*, Informationen *pl*, Unterrichtung *f*
informational : Informations-, informatorisch, mitteilsam *adj*
~ **literature** : Informationsmaterial *nt*
information || board : Informationstafel *f*
~ **bureau** : Informationsbüro *nt*
~ **centre** : Informationszentrum *nt*
~ **costs** : Informationskosten *pl*
~ **exchange** : Informationsvermittlung *f*
~**-gathering** : Informationsbeschaffung *f*
~ **management** : Informationsmanagement *nt*
~ **network** : Informationsnetz *nt*
~ **office** : Informationsbüro *nt*
~ **retrieval** : Informationsgewinnung *f*
~ **stand** : Informationsstand *m*
~ **system** : Informationssystem *nt*
~ ~ **for hazardous materials:** Gefahrstoffinformationssystem *nt*
~ **theory** : Informationstheorie *f*
informative : informativ *adj*
informatively : informativ *adv*
informatory : informatorisch *adj*
infra-red : infrarot, Infrarot- *adj*
~-~ **photography** : Infrarotfotografie *f*
~-~ **radiation** : Infrarotstrahlung *f*
~-~ **rays** : Infrarotstrahlen *pl*
infra-sound : Infraschall *m*
infrastructure : Infrastruktur *f*
~ **planning** : Infrastrukturplanung *f*
~ **policy** : Infrastrukturpolitik *f*
infringement : Eingriff *m*, Übergriff *m*, Verstoß *m*
~ **of the law:** Rechtsgutverletzung *f*, Rechtsverletzung *f*
~ **of the regulations:** Ordnungswidrigkeit *f*
ingestion : Nährstoffaufnahme *f*
ingredient : Bestandteil *m*, Inhaltsstoff *m*
ingrowth : Einwuchs *m*
inhabit : besiedeln, bevölkern, bewohnen *v*
inhabitant : Bewohner *m*, Bewohnerin *f*
inhabitation : Besiedlung *f*
inhabitor : Anwohner *m*
~ **of a property:** Hinterlieger *m*
inhalation : Inhalation *f*
inhibit : hemmen, hindern, inhibieren *v*
inhibitor : Hemmstoff *m*
inhospitable : unwirtlich *adj*
initial : anfänglich, ursprünglich *adj*
~ **abstraction** : Anfangsentzug *m*
~ **decomposition** : Vorverrottung *f*
~ **storage** : Anfangsrückhalt *m*
~ **suspicion** : Anfangsverdacht *m*
~ **value** : Basiswert *m*
initially : anfangs, ursprünglich *adv*
initiate : anstrengen, aufnehmen, einleiten, eröffnen, in die Wege leiten, initiieren *v*
initiating : Ausgangs-, eröffnend, Eröffnungs-, Grund-, initiierend *adj*
~ **event** : Anstoß *m*, Ausgangsereignis *nt*, Grundereignis *nt*
initiation : Begründung *f*
initiative : Initiative *f*
injection : Injektion *f*
~ **syringe** : Injektionsspritze *f*
injunction : Verfügung *f*
~ **for demolition:** Abbruchsverfügung *f*
injure : verletzen *v*
injured : verletzt *adj*
with an ~ wing: flügellahm *adj*
injury : Verletzung *f*
~ **to persons:** Personenschaden *m*
ink : Tinte *f*
~ **cartridge** : Tintenpatrone *f*
inland : Binnen- *adj*
~ **dune** : Binnendüne *f*
~ **fisheries** : Binnenfischerei *f*
~ **navigation** : Binnenschifffahrt *f*
~ **sea** : Binnenmeer *nt*
~ **shore** : Binnenküste *f*
~ **waters** : Binnengewässer *pl*

~ **waterway** : Binnenwasserstraße *f*

~ ~ **transport** : Binnenschifffahrt *f*

~ ~ **transport act** : Binnenschifffahrtsgesetz *nt*

~ ~ **transport legislation** : Binnenschifffahrtsrecht *nt*

~ ~ **tansport traffic regulation** : Binnenschifffahrtsstraßenordnung *f*

~ ~ **vessel** : Binnenschiff *nt*

inlet : Bucht *f,* Einlass *m,* Einlassöffnung *f,* Einlauf *m,* Meeresarm *m*

~ **pipe** : Zuleitung *f,* Zuleitungsrohr *nt*

~ **structure** : Einlaufbauwerk *nt*

~ **valve** : Einlassventil *nt*

inn : Gaststätte *f*

inner : Binnen-, Innen-, inner-, verborgen *adj*

~ **area** : Innenbereich *m*

~ **bark** : lebende Rinde *(f)*

~ **city** : Innenstadt *f,* Stadtkern *m,* Stadtzentrum *nt*

~ **development** : Innenentwicklung *f*

~ **dike** : Binnendeich *m*

~ **slope** : Binnenböschung *f*

~ **zone**: Innenbereich *m*

inn law : Gaststättenrecht *nt*

innocence : Unschuld *f*

innocently : in aller Unschuld, unschuldig *adv*

innovation : Innovation *f,* Neuerung *f*

~ **effect** : Innovationseffekt *m*

~ **policy** : Innovationspolitik *f*

~ **potential** : Innovationspotenzial *nt*

innovative : innovativ *adj*

~ : Entwicklungsinitiative *f*

inn permit : Gaststättenerlaubnis *f*

inorganic : anorganisch *adj*

~ **acid** : anorganische Säure *(f)*

~ **compound** : anorganischer Stoff *(m)*

input : Aufnahme *f,* Input *m,* Investition *f,* Zufuhr *f*

~ : eingeben, zuführen *v*

~**-output-analysis** : Input-Output-Analyse *f*

inputs : Betriebsmittel *pl*

inquire : fragen (nach), nachfragen *v*

inquiry : Anfrage *f,* Erkundigung *f,* Forschung *f,* Untersuchung *f*

~ **of queries:** Fragebogenerhebung *f*

~ **on waste:** Abfallerhebung *f*

insanitary : unhygienisch *adj*

insect : Insekt *nt*

~ **bite** : Insektenstich *m*

~ **control** : Insektenbekämpfung *f*

also spelled: insect-control

~ **damage** : Insektenschaden *m*

~**-damaged** : insektengeschädigt *adj*

~ **eater** : Insektenfresser *m*

~**-eating**: insektenfressend *adj*

insecticide : Insektengift *nt,* Insektenvertilgungsmittel *nt,* Insektizid *nt*

~ **application** : Insektizidanwendung *f*

~ **residue** : Insektizidrückstand *m*

~ **spray** : Spritzmittel zur Insektenvernichtung *(nt)*

insect-infested : insektenbefallen *adj*

insectivore : Insektenfresser *m*

insectivorous : insektenfressend *adj*

~ **animal** : Insektenfresser *m*

~ **plant** : insektenfressende Pflanze *(f)*

insect || pests : Schadinsekten *pl*

~**-powder** : Insektenpulver *nt*

~ **repellant** : insektenvertreibendes Mittel *(nt)*

~**-resistant** : insektenfest *adj*

insecurity : Unsicherheit *f*

insemination : Befruchtung *f*

insert : einfügen *v*

insertion : Einfügung *f,* Insertion *f*

~ **rule** : Einfügungsgebot *nt*

inshore : Küsten- *adj*

~ : auf die Küste zu, in Küstennähe *adv*

~ **fisheries:** Küstenfischerei *f*

inside : Innen-, innere /~r /~s, intern *adj*

~ : innen, nach innen *adv*

~ : Eingeweide *pl,* Innenseite *f,* Innere *nt*

~ : in, in hinein *prep*

~ **air** : Innenraumluft *f*

in situ : in originaler Lage, in natürlicher Lage, in situ *adv*

~ ~ **gasification** : Untertagevergasung *f*

~ ~ **PUR foam** : PUR-Ortschaum *m*

insolation : Insolation *f,* Sonneneinstrahlung *f*

insoluble : unlöslich *adj*

~ **in water:** wasserunlöslich *adj*

insomnia : Schlafstörung *f*

inspect : kontrollieren, prüfen *v*

inspected : inspiziert, kontrolliert, überprüft *adj*

~ **dike** : Schaudeich *m*

inspection : Inspektion *f,* Kontrolle *f,* Prüfung *f,* Untersuchung *f*

~ **of dikes:** Deichschau *f*

~ **of files:** Akteneinsicht *f*

~ **of records:** Akteneinsicht *f*

~ **chamber** : Kontrollschacht *m,* Prüfschacht *m*

~ **equipment** : Inspektionsgerät *nt*

~ **gallery** : Kontrollgang *m*

~ **system** : Kontrollanlage *f*

inspector : Inspektor *m,* Inspektorin *f,* Kontrolleur *m,* Kontrolleurin *f*

~ **of factories:** Gewerbeaufsichtsbeamte *f,* Gewerbeaufsichtsbeamter *m*

installation : Anlage *f,* Einrichtung *f,* Montage *f*

instigate : anstiften, anzetteln, initiieren *v*

~ **legal proceedings:** einen Strafantrag stellen *v*

institution : Einrichtung *f*

institutionalism : Institutionalismus *m*

institutionalization : Institutionalisierung *f*

institution building : institutionelle Förderung *(f),* Trägerförderung *f*

instruction : Anordnung *f,* Auftrag *m,* Unterricht *m,* Vorschrift *f*

~ **in geography:** Geografieunterricht *m*

~ **in history:** Geschichtsunterricht *m*

~ on plea: Rechtsbehelfsbelehrung *f*

~ on right of appeal: Rechtsmittelbelehrung *f*

~ **course** : Ausbildungslehrgang *m*

instructions : Anleitung *f*

instructor : Ausbilder *m*, Ausbilderin *f*

instrument : Gerät *nt*, Instrument *nt*

insufficient : unzureichend *adj*

insufficiently : unzureichend *adv*

insulant : Isolierstoff *m*

insulate : abdichten, isolieren *v*

insulated : isoliert *adj*

insulating : isolierend *adj*

~ **building material** : Isolierbaustoff *m*

~ **material** : Dämmstoff *m*, Isoliermaterial *nt*

insulation : Dämmung *f*, Isolation *f*, Isolierung *f*

~ **board** : Dämmplatte *f*

~ **material** : Dämmstoff *m*, Isoliermaterial *nt*, Isolierstoff *m*

insult : Beleidigung *f*

~ : beleidigen *v*

insurance : Versicherung *f*

~ **contract** : Versicherungsvertrag *m*

~ **coverage** : Versicherungsschutz *m*

~ **law** : Versicherungsrecht *nt*

intake : Aufnahme *f*, Einsickerung *f*, Entnahme *f*, Infiltration *f*, Versickerung *f*

~ **floor** : Einlaufboden *m*

~ **rate** : Infiltrationsrate *f*, Versickerungsintensität *f*

~ **sluice** : Aufnahmeschleuse *f*

~ **structure** : Einlaufbauwerk *nt*, Entnahmeanlage *f*

~ **tower** : Entnahmeturm *m*

integrated : integriert *adj*

~ **biotope planning** : Biotopverbundplanung *f*

~ **pest control** : integrierte Schädlingsbekämpfung *(f)*

~ **pest management** : integrierte Schädlingsbekämpfung *(f)*

~ **survey** : integrierte Untersuchung *(f)*

integration : Eingliederung *f*, Integration *f*, Verflechtung *f*

integrator : Integrator *m*

integrity : Integrität *f*

intellectual : abstrakt, geistig, geistig anspruchsvoll, intellektuell *adj*

~ : Intellektuelle *f/pl*, Intellektueller *m*

~ **property** : geistiges Eigentum *(nt)*

intelligence : Intelligenz *f*

~ **quotient** : Intelligenzquotient *m*

intensification : Intensivierung *f*, Verstärkung *f*

intensify : intensivieren, verstärken *v*

intensity : Intensität *f*

~ of irrigation: Bewässerungsintensität *f*

~ of land utilization: Bewirtschaftungsintensität *f*

~ of protection: Schutzintensität *f*

intensive : intensiv, Intensiv- *adj*

~ **animal breeding** : Massentierhaltung *f*

~ **cultivation** : Intensivnutzung *f*

~ **farming** : Intensivlandwirtschaft *f*, Intensivnutzung *f*

~ **livestock farming** : Massentierhaltung *f*

intensively : intensiv *adv*

interaction : Wirkungszusammenhang *m*

interbreed : sich kreuzen *v*

intercept : abfangen *v*

intercepted : abgefangen, abgehört, abgewehrt, Interceptions- *adj*

~ **moisture** : Interzeptionsfeuchte *f*, Interzeptionswasser *nt*

intercepting : Abfangen *nt*, Abhören *nt*

~ **sewer** : Sammler *m*

interception : Interzeption *f*

~ **drainage** : Hangentwässerung *f*

interceptor : Abfangjäger *m*, Abscheider *m*, Fänger *m*

~ **terrace** : Entwässerungsterrasse *f*

interchangeable : austauschbar *adj*

intercropping : Zwischenanbau *m*

interdependent : interdependent, wechselseitig voneinander abhängig *adj*

interdisciplinary : interdisziplinär *adj*

interest : Interesse *nt*, Zins *m*

~ **group** : Interessengruppe *f*, Interessenverband *m*

~ **policy** : Zinspolitik *f*

interference : Einmischung *f*, Interferenz *f*, Missbrauch *m*, Störeinfluss *m*, Störung *f*

~ **radiator** : Störstrahler *m*

interferometer : Interferometer *nt*

interferometry : Interferometrie *f*

interflow : Bodenwasserabfluss *m*, unterirdischer Abfluss *(m)*

interfluve : Zwischenstromland *nt*

interglacial : Interglazial *nt*, Zwischeneiszeit *f*

interim : dazwischenliegend, vorläufig, Zwischen- *adj*

~ **decision** : Teilbescheid *m*, Zwischenentscheidung *f*

~ **proceedings** : Zwischenverfahren *nt*

interior : Binnen-, Inlands-, Innen-, inner- *adj*

~ : Innenraum *m*, Inneres *nt*, Landesinneres *nt*

~ **area statute** : Innenbereichssatzung *f*

interlaboratory : zwischen Laboratorien *adj*

~ **comparison** : Ringversuch *m*

intermediate : dazwischenliegend, intermediär, Zwischen- *adj*

~ : Zwischenprodukt *nt*

~ **cooler** : Zwischenkühler *m*

~ **cut** : Vornutzung *f*

~ **fellings** : Vornutzung *f*

~ **germ carrier** : Bakterienzwischenträger *m*

~ **host** : Zwischenwirt *m*

~**-level** : mittelaktiv *adj*

~ **product** : Zwischenprodukt *nt*

~ **storage** : Zwischenlagerung *f*

~ **technology** : angepasste Technologie *(f)*, mittlere Technologie *(f)*

~ **verdict** : Zwischenurteil *nt*

~ **waste** : mittelradioaktiver Abfall *(m)*

intermittent : intermittierend *adj*

~ **grazing** : rotierende Beweidung *(f)*

~ **noise** : intermittierender Lärm *(m)*

~ **stream** : intermittierender Strom *(m)*, Trockenfluss *m*, Wadi *m*

intermittently : in Abständen, intermittierend *adv*

~ **flowing** : nicht ständig fließend *adj*

internal : Innen-, inner-, innere, innerer, inneres, innerlich, intern *adj*

~ **combustion engine** : Ottomotor *m*, Verbrennungsmotor *m*

~ **drainage** : innere Entwässerung *(f)*

internalization : Internalisierung *f*

~ **of external costs:** Kosteninternalisierung *f*

internally : intern *adv*

internal || radioactive contamination : innere radioaktive Verseuchung *(f)*

~ **scouring** : unterirdische Ausspülung *(f)*

~ **relationship** : Innenverhältnis *nt*

~ **respiration** : innere Atmung *(f)*

international : international, zwischenstaatlich *adv*

≗ **Bank for Reconstruction and Development** : Internationale Bank für Wiederaufbau und Entwicklung *(f)*

≗ **Court of Justice** : Internationaler Gerichtshof *(m)*

≗ **Development Association** : Internationale Entwicklungs-Organisation *(f)*

~ **economics policy** : Weltwirtschaftspolitik *f*

~ **energy programme** : internationales Energieprogramm *(nt)*

~ **law** : Völkerrecht *nt*

~ ~ **on the high sea** : Meeresvölkerrecht *nt*

≗ **Ranger Federation** : Internationaler Ranger-Verband *(m)*

~ **treaty** : Staatsvertrag *m*

≗ **Union for the Conservation of Nature and Natural Resources:** Internationale Union für Naturschutz *(f)*

≗ **Whaling Commission:** Internationale Walfangkommission *(f)*

≗ **Whaling Convention:** Internationale Walfangkonvention *(f)*

interoceptor : Entero-Rezeptor *m*

interpellation : Anfrage *f*

interplanting : Nachbesserungspflanzung *f*, Zwischenpflanzung *f*

interpolate : interpolieren *v*

interpolation : Interpolation *f*

interpret : auslegen, erklären, erläutern *v*

interpretation : Auslegung *f*, Auswertung *f*, Erklärung *f*, Erläuterung *f*, Interpretation *f*

~ **method** : Auswertungsverfahren *nt*

~ **process** : Auswertungsverfahren *nt*

interpretative : erläuternd *adj*

interrelated : verwandt, zusammenhängend *adj*

~ **area** : Verflechtungsbereich *m*

interrelatedness : Verwobenheit *f*

interrelationship : Wechselbeziehung *f*, Wechselwirkung *f*

interrill : Flächen- *adj*

~ **erosion** : Flächenerosion *f*, Schichterosion *f*

interseeding : Zwischeneinsaat *f*, Zwischensaat *f*

interspecific : interspezifisch, zwischenartlich *adj*

interstate : zwischenstaatlich *adj*

~ **treaty** : Staatsvertrag *m*

interstice : Pore *f*, Zwischenraum *m*

interstitial : Interstitial *nt*

~ **water** : Porenwasser *nt*

intertidal : intertidal *adj*

~ **area** : Tidebereich *m*

~ **mudflats** : Watt *nt*, Wattenmeer *nt*

~ **zone** : Eulitoral *nt*, Gezeitenzone *f*

intervene : beitreten, eingreifen, vermitteln *v*

intervening : vermittelnd *adj*

~ **third party** : Drittbeteiligung *f*

intervention : Eingriff *m*

interview : Interview *nt*

intestine : Darm *m*

intraspecific : innerartlich, intraspezifisch *adj*

introduce : einführen, einbringen *v*

~ **a bill:** ein Gesetz einbringen *v*

introduction : Ansiedlung *f*, Einführung *f*

intrusion : Eindringen *nt*, Intrusion *f*

inundate : überfluten, überschwemmen *v*

inundated : überflutet, überschwemmt *adj*

~ **horizon** : Staunässehorizont *m*

inundation : Überflutung *f*, Überschwemmung *f*, Überstauung *f*

~ **area** : Überschwemmungsgebiet *nt*

~ **meadow** : Überflutungswiese *f*, Überschwemmungswiese *f*

invalidity : Nichtigkeit *f*

invaluable : unersetzlich, unschätzbar *adj*

invasion : Besiedlung *f*, Invasion *f*

~ **birds** : Invasionsvögel *pl*

inventory : Aufnahme *f*, Bestandsaufnahme *f*, Kataster *nt*

~ **of forest damage:** Waldschadenserhebung *f*, Waldschadensinventur *f*

~ **survey** : Bestandsaufnahme *f*

inversion : Inversion *f*, Temperaturumkehr *f*, Umkehrung *f*, vollständige Wendung *(f)*

~ **layer** : Inversionsschicht *f*

~ **weather condition** : austauscharme Wetterlage *(f)*

invert : Kanalsohle *f*

~ : umkehren, umstülpen, vertauschen *v*

invertebrate : wirbellos *adj*

~ : Wirbelloser *m*, wirbelloses Tier *(nt)*

inverted : umgekehrt, vertauscht *adj*

~ **siphon** : Düker *m*

investigate : untersuchen *v*

investigation : Ermittlung *f*, Untersuchung *f*

~ **of abandoned polluted areas:** Altlastenerkundung *f*

~ **area** : Untersuchungsgebiet *nt*

~ **principle** : Ermittlungsprinzip *nt*

~ **programme** : Untersuchungsprogramm *nt*

investment : Investition *f*

~ **in rationalization:** Rationalisierungsinvestition *f*

~ **control** : Investitionskontrolle *f*

~ **costs** : Investitionskosten *pl*

~ **credit system** : Investitionsförderung *f*

~ **effect** : Investitionseffekt *m*

~ **funds** : Investitionsfonds *m*

~ **goods industry** : Investitionsgüterindustrie *f*

~ **grant** : Investitionszulage *f*

~ **planning** : Investitionsplanung *f*

~ **policy** : Investitionspolitik *f*

investments : Vermögenswerte *pl*

investment theory : Investitionstheorie *f*

invitation : Einladung *f*

~ **to tender:** Ausschreibung *f*

in vitro : in vitro *adv*

in vivo : in vivo *adv*

involve : beteiligen, einbeziehen *v*

involved : beteiligt *adj*

involvement : Beteiligung *f*, Einmischung *f*, Einsatz *m*

inward : innere /~r /~s, innerlich, nach innen gehend, nach innen gerichtet *adj*

~ : einwärts *adv*

~ **slope** : Innenneigung *f*, Neigung nach innen *(f)*

~ ~ **terrace** : hangaufwärts geneigte Terrasse *(f)*

iodization : Jodierung *f*

iodometry : Jodometrie *f*

ion : Ion *nt*

~ **chromatograph** : Ionenchromatograf *m*

~ **chromatography** : Ionenchromatografie *f*

~ **exchange** : Ionenaustausch *m*

~ ~ **filter** : Ionenaustauscher *m*

~ **exchanger** : Ionenaustauscher *m*

~ ~ **plant** : Ionenaustauscheranlage *f*

~ **exchange water** : Ionenaustauschwasser *nt*

ionic : ionisch *adj*

~ **tenside** : ionisches Tensid *(nt)*

ionization : Ionisation *f*, Ionisierung *f*

~ **dosimetry** : Ionisationsdosimetrie *f*

ionize : ionisieren *v*

ionizer : Ionisator *m*

ionizing : ionisierend *adj*

ionosphere : Ionosphäre *f*

ion-selective : ionenselektiv *adj*

~-~ **electrode** : ionenselektive Elektrode *(f)*

iroko : Iroko *nt*

iron : Eisen *nt*

~ **and steel industry:** Hüttenindustrie *f*

~ **bacteria** : Eisenbakterien *pl*

~ **content** : Eisengehalt *m*

~ **curtain** : Eiserner Vorhang *(m)*

~ **filings** : Eisenspäne *pl*

~**-humus-pan** : Ortstein *m*

~ **industry** : Eisenindustrie *f*

~ **ore** : Eisenerz *nt*

~**-pan** : Ortstein *m*

~ **processing industry** : Eisenhüttenindustrie *f*

~ **pyrites** : Schwefelkies *m*

~ **removal** : Enteisenung *f*

ironworks : Eisenhütte *f*

~ **industry** : Eisenhüttenindustrie *f*

IR photography : IR-Fotografie *f*

irradiate : bestrahlen *v*

irradiated : bestrahlt *adj*

~ **fuel** : radioaktiver Brennstoff *(m)*

irradiation : Ausstrahlen *nt*, Bestrahlung *f*

~ **dose** : Strahlendosis *f*

~ **time** : Exponierungszeit *f*

~ **type** : Bestrahlungsart *f*

IR radiation : IR-Strahlung *f*

irregularity : Formfehler *m*, Ordnungswidrigkeit *f*

~ **act** : Ordnungswidrigkeitengesetz *nt*

irreplaceable : unersetzlich *adj*

irretrievable : unwiederbringlich *adj*

irreversible : irreversibel, nicht umkehrbar *adj*

~ **damage** : irreversibler Schaden *(m)*

irridiance : Himmelsstrahlung *f*

irrigate : bewässern *v*

irrigated : bewässert, beregnet *adj*

~ **agriculture** : Bewässerungslandbau *m*

~ **grassland** : Rieselwiese *f*

~ **surface** : Rieselfläche *f*

irrigation : Berieselung *f*, Bewässerung *f*

~**-bench terrace** : Bewässerungsterrasse *f*

~ **cess** : Bewässerungsgrundgebühr *f*

~ **channel** : Bewässerungskanal *m*

~ **cooler** : Rieselkühler *m*

~ **farming** : Bewässerungslandbau *m*

~ **field** : Rieselfeld *nt*

~ **plant** : Bewässerungsanlage *f*

~ **project** : Bewässerungsmaßnahme *f*

~ **system** : Bewässerungsanlage *f*

~ **technique** : Bewässerungstechnik *f*

~ **time** : Bewässerungszeit *f*

irritant : Reizmittel *nt*

~ **poison** : Reizgift *nt*

irritation : Reizung *f*

irruption : Irruption *f*

~ **birds** : Invasionsvögel *pl*

IR spectrometer : IR-Spektrometer *nt*

IR spectroscopy : IR-Spektroskopie *f*

island : Insel *f*

isobar : Isobare *f*

isobaric : isobarisch *adj*

~ **chart** : Bodenwetterkarte *f*

isoerodent : Isoerodente *f*

~ **map** : Isoerodentkarte *f*

isohaline : Isohaline *f*

isohyet : Isohyete *f*

isolate : isolieren *adj*

isolated : abgeschieden, isoliert *adj*

isolating isolierend, Trenn-, trennend *adj*

~ amplifier : Trennverstärker *m*

isolation : Isolierung *f*

~ **against vibrations:** Schwingungsisolation *f*, Schwingungsisolierung *f*

~ ward : Isolierstation *f*

isomer : Isomere *nt*

isotach : Isotache *f*

isotherm : Isotherme *f*

isotope : Isotop *nt*

~ application : Isotopenanwendung *f*

~ laboratory : Isotopenlabor *nt*

isotopic : Isotopen-, isotopisch *adj*

~ ratio : Isotopenverhältnis *nt*

issue : Angelegenheit *f*, Beweisgegenstand *m*

isthmus : Isthmus *m*, Landenge *f*

itai-itai : Itai-Itai-Krankheit *f*

~-~ disease : Itai-Itai-Krankheit *f*

item : Bestandteil *m*, Position *f*, Tagesordnungspunkt *m*

ivory : Elfenbein *nt*

J

jab : Schlag *m*, Stoß *m*, Stich *m*

~ : stechen, stoßen *v*

~ (Br) : Spritze *f*

~ stick : Pflanzstock *m*

~ ~ planting : Pflanzstockverfahren *nt*

jam : Blockierung *f*, Klemme *f*, Klemmen *nt*, Stau *m*

~ : blockieren, einklemmen, klemmen, lähmen, lahmlegen, stopfen, versperren, verstopfen *v*

~-packed : knallvoll, vollgestopft *adj*

jaw : Backe *f*, Kiefer *m*, Rachen *m*, Schlund *m*

~ crusher : Backenbrecher *m*

jeopardize : beeinträchtigen *v*

jet : Strahl *m*

~ **of water:** Wasserstrahl *m*

~ aircraft : Düsenflugzeug *nt*, Strahlflugzeug *nt*

~ bomber : Düsenbomber *m*

~ cleaning : Abdüsen *nt*

~ engine : Düsenmotor *m*, Düsentriebwerk *nt*, Strahltriebwerk *nt*

~ plane : Düsenflugzeug *nt*, Strahlflugzeug *nt*

~ propulsion : Düsenantrieb *m*, Strahlantrieb *m*

~ pump : Strahlpumpe *f*

jetsam : Spülsaum *m*

jetstream : Düsenstrahl *m*, Jetstream *m*, Strahlstrom *m*

jetty : Landungsbrücke *f*, Mole *f*, Steg *m*

job : Arbeit *f*, Arbeitsplatz *m*, Beruf *m*

~ creation : Beschäftigungsförderung *f*

~ ~ measure : Arbeitsbeschaffungsmaßnahme *f*

~ description : Berufsbild *nt*

job's mobility : Arbeitsplatzmobilität *f*

joinder : Verbindung *f*, Vereinigung *f*, Verschmelzung *f*

~ **of causes of action:** Klagehäufung *f*

joint : gemeinsam *adj*

~ : Fuge *f*, Gelenk *nt*, Knoten *m*, Nahtstelle *f*, Verbindung *f*

~ : ausfugen, verbinden, verfugen, zerlegen *v*

~ declaration : gemeinsame Erklärung *(f)*

~ debtor : Gesamtschuldner *m*, Gesamtschuldnerin *f*

~ implementation : gemeinsame Umsetzung *(f)*

~ liability : gesamtschuldnerische Haftung *(f)*

~ Ministerial Committee : Gemeinsamer Ministerausschuss *(m)*

~ monitoring programme : gemeinsames Überwachungsprogramm *(nt)*

~-stock company : Kapitalgesellschaft *f*

joule : Joule *nt*

journal : Zeitschrift *f*

journalism : Journalismus *m*

joy : Freude *f*

joyous : freudig, froh *adj*

joyously : freudig, froh *adv*

judgement : Urteil *nt*

judicial : gerichtlich, kritisch, Recht sprechend, richterlich, unvoreingenommen *adj*

~ assistance: Amtshilfe *f*

~ authority: richterliche Gewalt *(f)*

~ power: richterliche Gewalt *(f)*

~ proceedings: Gerichtsverfahren *nt*

~ ruling: Gerichtsentscheidung *f*

~ settlement: Verfahrensvergleich *m*

judiciary : gerichtlich, richterlich *adj*

~ : Gerichtswesen *nt*, Judikative *f*, Justiz *f*, Richterschaft *f*

~ act : Gerichtsverfassungsgesetz *nt*

jungle : Dschungel *m*, Urwald *m*

junk : Altmaterial *nt*, Altstoff *m*

~ dealing : Altstoffhandel *m*

jurisdiction : Gerichtsbarkeit *f*, Rechtsprechung *f*, Zuständigkeit *f*, Zuständigkeitsbereich *m*

jurisprudence : Rechtswissenschaft *f*

jury : Jury *f*

just : anständig, berechtigt, genau, gerecht *adj*

justified : berechtigt *adj*

justify : rechtfertigen *v*

juvenile : Jugend-, jugendlich, juvenil *adj*

~ : Jungpflanze *f*, Jungtier *nt*

~ hormone : Juvenilhormon *nt*, Larvalhormon *nt*

~ phase : Juvenilphase *f*

~ wood : Jugendholz *nt*

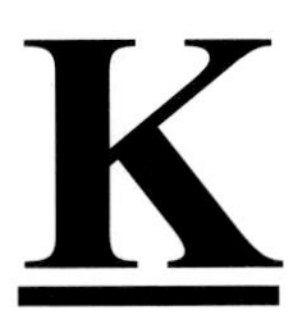

kala-azar : Kala-azar *f*

kame : Kames *m*

kaolin : Kaolin *nt*

kaolinite : Kaolinit *m*

Kaplan turbine : Kaplanturbine *f*

karren : Karren *pl*

karst : Karst *m*

~ area : Karstgebiet *nt*

~ cave : Karsthöhle *f*

~ fissure : Karstspalte *f*

~ formation : Verkarstung *f*

karstification : Verkarstung *f*

karst || pond : Karstsee *m*

~ spring : Karstquelle *f*

~ valley : Uvala *f*

~ water : Karstwasser *nt*

karyotype : Karyotyp *m*

katabatic : katabatisch *adj*

~ wind : Fallwind *m*, katabatischer Wind *(m)*

keeping : Behalten *nt*, Besitz *m*, Einhalten *nt*, Halten *nt*, Hüten *nt*, Instandhalten *nt*, Pflegen *nt*, Unterhalten *nt*

- **~ in stock:** Lagerung *f*
- **~ of animals:** Tierhaltung *f*

kelvin : Kelvin *nt*

kerosene : Kerosin *nt*, Petroleum *nt*

~ (Am) : Paraffinöl *nt*

kettle : Soll *m*, Toteisloch *nt*

~ hole : Soll *m*, Toteisloch *nt*

keuper : Keuper *m*

key : Schlüssel *m*

~ biotope : Schlüsselbiotop *m*

~ factor : Schlüsselfaktor *m*

- **~ ~ in:** Schlüsselfaktor für

~ habitat : Schlüsselbiotop *m*

~ role : Schlüsselrolle *f*

~ site : Schlüsselgebiet *nt*

~ species : Schlüsselart *f*

keystone : Grundpfeiler *m*, Schlussstein *m*

key terrace : Leitterrasse *f*

keyword : Schlüsselbegriff *m*, Schlüsselwort *nt*

khamsin : Khamsin *m*

kid : Rehkitz *nt*

kidney : Niere *f*

kieselguhr : Diatomeenerde *f*, Kieselgur *nt*

kill : Beute *f*, Jagdbeute *f*, Tötung *f*

~ : töten *v*

killing : Tötung *f*

kill off : ausrotten *v*

kiln : Brennofen *m*, Ofen *m*

kilo : Kilo *nt*

kilocalorie : Kilokalorie *f*

kilogram : Kilogramm *nt*

kilogray : Kilogray *nt*

kilojoule : Kilojoule *nt*

kilowatt : Kilowatt *nt*

~-hour : Kilowattstunde *f*

kindergarten : Kindergarten *m*

kinetic : kinetisch *adj*

~ energy : kinetische Energie *(f)*

kingdom : Reich *nt*

kinship : Verwandtschaft *f*

kitchen : Küche *f*

~ garden : Gemüsegarten *m*, Küchengarten *m*, Nutzgarten *m*

~ scrap : Küchenabfall *m*

~ waste : Küchenabfall *m*

knacker (Br) : Abdecker *m*

~'s yard : Abdeckerei *f*, Tierkörperbeseitigungsanstalt *f*

knick : Knick *m*

knife : Messer *nt*

knit : Strickware *f*

~ : stricken, (sich) verbinden, zusammenfügen, zusammenhalten, zusammenwachsen *v*

~ wire filter : Drahtgestrickfilter *m*

knock : klopfen *v*

~ down : niederschlagen *v*

knoll : Anhöhe *f*

knot : Knoten *m*

know : wissen *v*

know-how : Know-how *nt*

also spelled: knowhow

knowledge : Erkenntnis *f*, Kenntnisse *pl*, Wissen *nt*

~ **of species:** Artenkenntnis *f*

Krebs cycle : Krebszyklus *m*, Zitronensäurezyklus *m*

krenal : Krenal *nt*

krenon : Krenon *nt*

lab : Labor *nt*, Laboratorium *nt*

label : Aufkleber *m*, Etikett *nt*

~ **for hazardous goods:** Gefahrgutaufkleber *m*

~ : beschriften *v*

labelling : Kennzeichnung *f*

~ **with radioactive isotopes:** Isotopenmarkierung *f*

lability : Labilität *f*

laboratories : Laboratorien *pl*, Labors *pl*

laboratory : Labor *nt*, Laboratorium *nt*

~ **appliances in porcelain:** Laborgeräte aus Porzellan *(pl)*

~ **appliances made from metal:** Laborgeräte aus Metall *(pl)*

~ **valves and fittings:** Laborarmaturen *pl*

~ **analysis** : Laboruntersuchung *f*

~ **animal** : Versuchstier *nt*

~ ~ **experiment** : Tierlaborexperiment *nt*

~ **automation** : Laborautomation *f*

~ **balance** : Laborwaage *f*

~ **cabinet** : Laborschrank *m*

~ **chemicals** : Laborchemikalien *pl*

~ **computer** : Laborrechner *m*

~ **equipment** : Laboreinrichtung *f*, Laborgeräte *pl*

~ **exhaust ventilation system** : Laborabsauganlage *f*

~ **experiment** : Laborversuch *m*

~ **furnace** : Laborofen *m*

~ **furniture** : Labormöbel *pl*

~ **glass** : Laborglas *nt*

~ **glassware** : Laborgeräte aus Glas *(pl)*

~ **officer** : Laborleiter *m*, Laborleiterin *f*

~ **press** : Laborpresse *f*

~ **printer** : Labordrucker *m*

~ **pump** : Laborpumpe *f*

~ **recorder** : Laborschreiber *m*

~ **robot** : Laborroboter *m*

~ **supplies** : Laborbedarf *m*

~ **table** : Labortisch *m*

~ **technician** : Labortechniker *m*, Labortechnikerin *f*

~ **techniques** : Labortechniken *pl*

~ **waste** : Laborabfall *m*

labour : Arbeit *f*, Arbeiterschaft *f*, Lohnarbeit *f*, Mühe *f*

~ **force** : Arbeitskraft *f*

~**-intensive** : arbeitsintensiv *adj*

~ **law** : Arbeitsrecht *nt*

~ **legislation** : Arbeitsrecht *nt*

~ **management act** : Betriebsverfassungsgesetz *nt*

~ **market** : Arbeitsmarkt *m*

~ ~ **prognosis** : Arbeitsmarktprognose *f*

~ **movement** : Arbeiterbewegung *f*

lack : Fehlen *nt*

~ **of employment:** Arbeitslosigkeit *f*

~ **of evidence:** Beweisnot *f*

~ **of nutrients:** Nährstoffarmut *f*

~ **of space:** Raummangel *m*

lacquer : Lack *m*

lacustrine : lakustrisch *adj*

lag : Verzögerung *f*

~ : isolieren, verkleiden *v*

lagging : Isolierung *f*, Verkleidung *f*

lagoon (Am) : Becken *nt*

~ : Küstenlagune *f*, Lagune *f*

~ **coast** : Haffküste *f*

lagtime : Verzögerung *f*, Verzögerungszeit *f*

lake : See *m*

~ **behind a natural dam:** Abdämmungssee *m*

~ **bottom** : Seeboden *m*

~ ~ **sealing** : Seebodenversiegelung *f*

~ **catchment area** : Seeeinzugsgebiet *nt*

~ **condition index** : Seenbeschaffenheitsindex *m*

~**-level lowering** : Seespiegelabsenkung *f*

~ **management** : Seenbewirtschaftung *f*

~ **plankton** : Eulimnoplankton *nt*

~ police : Wasserschutzpolizei *f*

~ restoration : Seensanierung *f*

~ sediment : Seensediment *nt*

~ stratification : Seenschichtung *f*

~ terrace : Seeterrasse *f*

~ water : Seewasser *nt*

laminar : laminar *adj*

~ flow : Laminarströmung *f*

laminate : Laminat *nt*

~ lining : Laminatauskleidung *f*

lammas shoot : Augusttrieb *m*, proleptischer Trieb *(m)*

land : Boden *m*, Fläche *f*, Grundbesitz *m*, Land *nt*, Landfläche *f*

- **~ available for agriculture:** landwirtschaftliche Nutzfläche *(f)*
- **~ shortly to be made available for building:** Bauerwartungsland *nt*
- **~ under cultivation:** landwirtschaftlich genutzte Fläche *(f)*

~ : landen *v*

~ appraisal : Landbewertung *f*

~-based : vom Lande aus *adj*

~-~ marine pollution: Meeresverschmutzung vom Lande aus *(f)*

~ breeze : Landbrise *f*, Landwind *m*

~ capability : Landwert *m*

~ ~ classification : Landwertklassifikation *f*

~ characteristic : Landeigenschaft *f*

~ classification : Bodenklassifikation *f*, Bodenklassifizierung *f*, Landklassifikation *f*

~ clearing : Rodung *f*, Urbarmachung *f*

~ community : Raumgemeinschaft *f*

~ consolidation : Flurbereinigung *f*, Flurneugestaltung *f*, Ländliche Neuordnung *(f)*

~ ~ act : Flurbereinigungsgesetz *nt*

~ ~ area : Flurbereinigungsgebiet *nt*

~ ~ authority : Flurbereinigungsbehörde *f*

~ ~ legislation : Flurbereinigungsrecht *nt*

~ ~ plan : Flurbereinigungsplan *m*

~ ~ procedure : Flurbereinigungsverfahren *nt*

~ cover : Bodenbedeckung *f*

~ cultivation : Bodenkultur *f*

~ degradation : Bodenzerstörung *f*, Landdegradation *f*, Landerschließung *f*

~ demand : Flächenanspruch *m*

~ development : Grundstückserschließung *f*, Landentwicklung *f*, Raumentwicklung *f*

~ ~ plan : Flächennutzungsplan *m*

~ ~ planning : Flächennutzungsplanung *f*

~ drain : Dränleitung *f*

~ evaluation : Landbewertung *f*

~ ~ method : Landwertmethode *f*

landfall : Erdrutsch *m*

landfill : Ablagerung *f*, Auffüllung *f*, Deponie *f*, Geländeauffüllung *f*, Mülldeponie *f*

~ area : Deponieraum *m*

~ covering : Deponieabdeckung *f*

~ degasification : Deponieentgasung *f*

~ gas : Deponiegas *nt*

~ ~ plant : Deponiegasanlage *f*

landfilling : Ablagern *nt*, Deponierung *f*

landfill || leachate : Deponiesickerwasser *nt*

~ monitoring : Deponieüberwachung *f*

~ securing : Deponiesicherung *f*

~ site : Deponiestandort *m*

landform : Landform *f*, Landschaftsform *f*

land-forming : Oberflächengestaltung *f*

land improvement : Bodenverbesserung *f*, Grundverbesserung *f*, Melioration *f*

~ ~ scheme : Meliorationsplan *m*

landing : Anlege-, Lande-, landend *adj*

~ : Anlegen *nt*, Anlegestelle *f*, Landen *nt*, Landung *f*, Treppenabsatz *m*, Treppenflur *m*

~ permission : Flugplatzgenehmigung *f*

~ stage : Anlegestelle *f*, Bootssteg *m*, Landesteg *m*

land || law : Bodenrecht *nt*

~ legislation : Bodenrecht *nt*

~ leveller : Grader *m*

~ levelling : Planierung *f*

landlocked : landumgeben, von Land eingeschlossen *adj*

landlord : Verpächter *m*

land management : Bodenbewirtschaftung *f*, Landbewirtschaftung *f*

landmass : Landmasse *f*

land || monitoring : Raumbeobachtung *f*

~ organism : Landorganismus *m*

landowner : Grundbesitzer *m*, Grundbesitzerin *f*, Grundeigentümer *m*, Grundeigentümerin *f*

land || ownership : Grundeigentum *nt*

~ ~ registration : Grundbucheintragung *f*

~ planning : Bodenplanung *f*

~ policy : Bodenpolitik *f*

~ quality : Landwert *m*

landrace : Landrasse *f*

land || reclamation : Inkulturnahme *f*, Landgewinnung *f*, Neulandgewinnung *f*

~ recycling : Flächenrecycling *nt*

~ reform : Bodenreform *f*

~ register : Flurkataster *nt*, Grundbuch *nt*, Kataster *nt*

~ ~ data bank : Katasterdatenbank *f*

~ registry : Grundbuchamt *nt*

~ renovation : Geländesanierung *f*

~ research : Raumforschung *f*

~ resources : Bodenressourcen *pl*

~ resting : Brache *f*

~ right : Bodenrecht *nt*

~ roller : Walze *f*

landscape : Landschaft *f*, Landschaftsbild *nt*

- **~ following mining activities:** Bergbaufolgelandschaft *f*
- **~ resulting from the reclamation of mined areas:** Bergbaufolgelandschaft *f*

~ : landschaftsgärtnerisch gestalten *v*

~ **alteration** : Landschaftsveränderung *f*

~ **analysis** : Landschaftsanalyse *f*

~ **architect** : Landschaftsarchitekt *m*, Landschaftsarchitektin *f*

~ **architecture** : Landschaftsarchitektur *f*, Landschaftsgestaltung *f*

~ **component** : Landschaftsbestandteil *m*

~ **conservation** : Landschaftsschutz *m*

~ ~ **law** : Landschaftsgesetz *nt*

~ **consumption** : Landschaftsverbrauch *m*

~ **diagnosis** : Landschaftsdiagnose *f*

~ **ecology** : Landschaftsökologie *f*

~ **ecosystem** : Landschaftshaushalt *m*

~ **feature** : Landschaftselement *nt*

~ **form** : Landschaftsform *f*

~ **garden** : Landschaftsgarten *m*

~ **gardener** : Landschaftsgärtner *m*, Landschaftsgärtnerin *f*

~ **gardening** : Landschaftsgärtnerei *f*

~ **management** : Landschaftspflege *f*

~ **painter** : Landschaftsmaler *m*, Landschaftsmalerin *f*

~ **painting** : Landschaftsmalerei *f*

~ **plan** : Landschaftsplan *m*

~ **planning** : Landschaftsplanung *f*

~ **programme** : Landschaftsprogramm *nt*

~ **protection** : Landschaftsschutz *m*

~ ~ **order** : Landschaftsschutzverordnung *f*

~ **spoiling** : Landschaftsverschandelung *f*

~ **structure** : Landschaftsstruktur *f*

~ **utilization** : Landschaftsnutzung *f*

landscaping : Landschaftsbau *m*, Landschaftsgestaltung *f*

landshaping : Oberflächengestaltung *f*

landside : flugfeldabgewandt, landseitig *adj*

~ : Schar *f*

~ **clearance** : Scharschneidewinkel *m*

landslide : Erdrutsch *m*

landslip : Erdrutsch *m*, Hangrutschung *f*

land || smoothing : Planierung *f*

~ **subsidence** : Bodensenkung *f*

~ **suitability** : Landeignung *f*

~ ~ **classification** : Landeignungsklassifikation *f*

~ **survey** : Landvermessung *f*, Standortkartierung *f*

~ **tax** : Grundsteuer *f*

~ **tenure** : Landbesitz *m*, Landbesitzstruktur *f*

~ **title register** : Grundbuch *nt*

~ **usage** : Bodenverbrauch *m*

landuse : Bodenbewirtschaftung *f*, Bodennutzung *f*, Flächennutzung *f*, Landbau *m*, Landnutzung *f*, Raumnutzung *f*

~ **intensity** : Landnutzungsintensität *f*

~ **management** : Landbewirtschaftung *f*

~ **ordinance** : Baunutzungsverordnung *f*

~ **pattern** : Bodennutzungsschema *nt*

~ **plan** : Flächennutzungsplan *m*, Landnutzungsplan *m*

~ **planning** : Bodennutzungsplanung *f*, Landnutzungsplanung *f*

~ **policy** : Bodennutzungspolitik *f*

~ **price** : Bodenpreis *m*

~ **recommendation** : Bodennutzungsempfehlung *f*

~ **regulation** : Bodennutzungsverordnung *f*

land || utilization : Bodennutzung *f*, Flächennutzung *f*

~ ~ **plan** : Flächennutzungsplan *m*

~ ~ **regulation** : Bodennutzungsverordnung *f*

~ ~ **system** : Bodennutzungssystem *nt*

~ **value** : Bodenwert *m*

~ ~ **tax** : Bodenwertsteuer *f*

landward : landseitig *adj*

~ **side** : Landseite *f*

landwards : landeinwärts, landwärts *adv*

language : Sprache *f*

~ **of bees**: Bienensprache *f*

~ **course** : Sprachkurs *m*

~**-teacher** : Sprachlehrer *m*, Sprachlehrerin *f*

lapse : Zeitraum *m*, Zeitspanne *f*

~ **rate** : Temperaturgradient *m*

large : groß, Groß- *adj*

~ **calorie** : Kilokalorie *f*

~**-capacity vehicle** : Großraumfahrzeug *nt*

~ **cattle** : Großvieh *nt*

~ **combustion plant** : Großfeuerungsanlage *f*

~ **conurbation** : Ballungszentrum *nt*

~ **dune blow out** : Windmulde *f*

~ **intestine** : Dickdarm *m*

larger : größer *adj*

large research establishment : Großforschungseinrichtung *f*

larger game animals : Hochwild *nt*

large-scale : Groß- *adj*

~-~ **discharger** : Großeinleiter *m*

~-~ **firing** : Großfeuerung *f*

~-~ **industry** : Großindustrie *f*

~-~ **map** : Messtischblatt *nt*

~-~ **reserve** : Großschutzgebiet *nt*

~-~ **water flow indicator** : Großwasserzähler *m*

larva : Larve *f*

larvae : Larven *pl*

larval : larval, Larven- *adj*

~ **stage** : Larvenstadium *nt*

laser : Laser *m*

~ **absorption system** : Laserabsorptionssystem *nt*

~ **application** : Laseranwendung *f*

~ **spectroscopy** : Laserspektroskopie *f*

~ **vibration meter** : Laser-Schwingungsmessgerät *m*

latent : latent, Latent- *adj*

~ **heat** : Latentwärme *f*

~ **stock** : Latenzbestand *m*

later : nachträglich *adj*

lateral : lateral, Rand-, Seiten-, seitlich *adj*

~ bund : Seitendamm *m*

~ erosion : Seitenerosion *f*

~ moraine : Randmoräne *f*, Seitenmoräne *f*

~ spreading : Sackung *f*

laterite : Laterit *m*

~ soil : Lateritboden *m*

laterization : Lateritbildung *f*

latex : Latex *nt*

latitude : Breite *f*

latitudinal : Breiten- *adj*

~ climatic region : Breitenklimazone *f*

latosol : Latosol *m*

laundry : Wäsche *f*, Wäscherei *f*

~ service : Wäscherei *f*

laurel : Lorbeer *m*

~ forest : Lorbeerwald *m*

lava : Lava *f*

~ flow : Lavadecke *f*

~ tube : Lavahöhle *f*

law : Gesetz *nt*, Recht *nt*

- **become ~**: Gesetzeskraft erlangen *v*
- **~ governing the manufacture and prescription of medicines**: Arzneimittelrecht *nt*
- **~ of nations**: Völkerrecht *nt*
- **~ of nature**: Naturgesetz *nt*
- **~ of neighbours**: Nachbarrecht *nt*
- **~ of obligations**: Aktienrecht *nt*
- **~ of pharmacy**: Apothekenrecht *nt*
- **~ of property**: Sachenrecht *nt*
- **~ of public charges**: Beitragsrecht *nt*
- **~ of the sea**: Seerecht *nt*
- **~ of the sea convention**: Seerechtskonvention *f*, Seerechtsübereinkommen *nt*
- **~ on administrative procedure**: Verwaltungsverfahrensgesetz *nt*
- **~ on aircraft noise**: Fluglärmgesetz *nt*
- **~ on charges**: Gebührenrecht *nt*
- **~ on disaster control**: Katastrophenschutzgesetz *nt*
- **~ on energy saving**: Energieeinsparungsgesetz *nt*
- **~ on energy supply**: Energieversorgungsgesetz *nt*
- **~ on immission control**: Immissionsschutzgesetz *nt*
- **~ on taxation**: Steuergesetz *nt*
- **~ on the freedom of access to environmental information**: Umweltinformationsgesetz *nt*
- **~ on the safeguarding of energy**: Energiesicherungsgesetz *nt*
- **~ on the securing of enough water**: Wassersicherstellungsgesetz *nt*
- **~ on traffic noise**: Verkehrslärmgesetz *nt*
- **~ relating to cartels**: Kartellrecht *nt*
- **~s governing trade and industry**: Gewerbeordnung *f*
- **~ to amend the issue law**: Änderungsgesetz *nt*

~-abiding : gesetzestreu *adj*

~ agent : Rechtsanwalt *m*

~ amendment : Gesetzesnovellierung *f*

~-breaker : Gesetzesbrecher *m*, Gesetzesbrecherin *f*

lawcourt : Gerichtsgebäude *nt*, Gerichtssaal *m*

law || enforcement : Gesetzesvollzug *m*

~ firm (Am) : Anwaltsbüro *nt*, Anwaltskanzlei *f*

lawful : legal, legitim, rechtmäßig *adj*

lawfully : legal *adv*

lawfulness : Rechtmäßigkeit *f*

law gazette : Gesetzblatt *nt*

lawgiver : Gesetzgeber *m*

lawless : gesetzlos *adj*

lawmaker : Gesetzgeber *m*

~-making : Gesetzgebung *f*

lawn : Rasen *m*

~-mower : Rasenmäher *m*

~-~ noise : Rasenmäherlärm *m*

~-~ noise order : Rasenmäherlärm-Verordnung *f*

law officer : Justizbeamte *f*, Justizbeamter *m*

lawsuit : Prozess *m*, Rechtsstreit *m*

~ costs : Prozesskosten *pl*

lawyer : Rechtsanwalt *m*

lay : legen *v*

lay-by : Haltebucht *f*, Parkbucht *f*, Parkstreifen *m*

lay down : vorschreiben *v*

layer : Ableger *m*, Absenker *m*, Legehenne *f*, Schicht *f*

- **~ of air**: Luftschicht *f*
- **~ of dust**: Staubschicht *f*
- **~ of scum**: Schwimmdecke *f*

~ charge engine : Schichtlademotor *m*

layering : Schichtung *f*

lay-man : Laie *m*

layout : Auslegung *f*

- **~ of planting**: Pflanzverband *m*

~ time limit : Auslegungsfrist *f*

lay out : abstecken, gestalten *v*

lazy : faul *adj*

leach : auslaugen, herauslösen, sickern *v*

leachate : Auslaugprodukt *nt*, Deponiesickerwasser *nt*, Sickerwasser *nt*

~ disposal : Sickerwasserentsorgung *f*

~ drainage : Sickerwasserableitung *f*

~ treatment : Sickerwasserbehandlung *f*

leaching : Auslaugung *f*, Ausspülung *f*, Auswaschung *f*

- **~ of nutrients**: Nährstoffauswaschung *f*

~ field : Rieselfeld *nt*, Sickerfeld *nt*

~ requirement : Auswaschungsbedarf *m*

~ trench : Sickergraben *m*

lead : Blei *nt*

~ aerosol : Bleiaerosol *nt*

~ arrow : Bleimarkierstab *m*

~ compound : Bleiverbindung *f*

~ concentration : Bleigehalt *m*

~ ~ measurement : Bleigehaltsmessung *f*

~-containing : bleihaltig *adj*

~-~ dust : Bleistaub *m*

~ content : Bleigehalt *m*

~ damage : Bleischaden *m*

~ determination : Bleibestimmung *f*

leaded : bleihaltig, verbleit *adj*

~ fuel: bleihaltiger Kraftstoff *(m)*

~ petrol : verbleites Benzin *(nt)*

lead || emission : Bleiemission *f*

~-free : bleifrei *adj*

~-~ petrol : bleifreies Benzin *(nt)*

~-glazed : bleiglasiert *adj*

~-in-petrol law : Benzin-Blei-Gesetz *nt*

~ **level** : Bleispiegel *m*
~ ~ **in blood:** Blutbleispiegel *m*
~ **ore** : Bleierz *nt*
~ **paint** : Bleifarbe *f*
~ **poisoning** : Bleivergiftung *f*
also spelled: lead-poisoning
~ **refining plant** : Bleihütte *f*
~**-rich** : bleireich *adj*
~**-~ airborne dust:** bleireicher Flugstaub *(m)*
~ **rubber apron** : Bleischürze *f*
~ **salt** : Bleisalz *nt*
~ **secretion** : Bleiausscheidung *f*
~ **sheath** : Bleimantel *m*
~ **shielding** : Bleiabschirmung *f*
~ **soil** : Leitboden *m*
~ ~ **profile** : Leitprofil *nt*
~**-walled** : bleiumwandet *adj*
leaf : Blatt *nt*
leafage : Blattwerk *nt*
leaf || analysis : Blattanalyse *f*
~ **area** : Blattfläche *f*
~ ~ **index** : Blattflächenindex *m*
~ **arrangement** : Blattanordnung *f*
~ **aspirator** : Laubsauger *m*
~ **base** : Blattgrund *m*
~ **blade** : Blattspreite *f*
~ **blotch** : Blattfleckenkrankheit *f*
~ **blower** : Laubgebläse *nt*
~ **bud** : Blattknospe *f*
~ **burn** : Blattbrand *m*
~ **canopy** : Blätterdach *nt*
~ **cast** : Laubfall *m*
~ **catcher** : Krautfänger *m*
~ **chamber** : Blattkammer *f*
~ **change** : Laubwechsel *m*
~ **chlorosis** : Blattchlorose *f*
~ **crop** : Blattfrucht *f*
~ **cutting** : Blattsteckling *m*
~ **damage** : Blattschädigung *f*
~ **dressing** : Blattdüngung *f*
~ **drop** : Blattfall *m*
~**-eating** : blattfressend *adj*
~ **extension** : Blattstreckung *f*
~ **fall** : Blattfall *m*, Laubfall *m*
~ **feeding** : Blattdüngung *f*
~**-~** : Blattfraß *m*
~ **fibre** : Blattfaser *f*
~ **filter** : Blattfilter *m*, Scheibenfilter *m*
~ **fodder** : Futterlaub *nt*
~**-green** : Blattgrün *nt*
~**-~** : blattgrün *adj*
~ **growth** : Blattwachstum *nt*
~ **hairiness** : Blattbehaarung *f*
~ **herbicide** : Blattherbizid *nt*
leafing : Belaubung *f*
leafless : blattlos *adj*
leaflessness : Blattlosigkeit *f*
leaflet : Bedienungsanleitung *f*, Blättchen *nt*, Faltblatt *nt*, Handzettel *m*, Reklamezettel *m*
leaf || litter : Laubstreu *f*
~ **loss** : Blattverlust *m*
~ **margin** : Blattrand *m*
~ **mill** : Laubreißer *m*
~ **mold (Am)** : Lauberde *f*, Laubmulm *m*
~ **mould** : Lauberde *f*, Laubkompost *m*, Laubmulm *m*
~ **necrosis** : Blattnekrose *f*
~ **paling** : Blattaufhellung *f*
~ **petiole** : Blattstiel *m*
~ **pigment** : Blattfarbstoff *m*, Blattpigment *nt*
~ **resistance** : Blattwiderstand *m*
~ **respiration** : Blattatmung *f*
~ **rolling** : Blattrollung *f*
~ **rosette** : Blattrosette *f*
~ **rust** : Blattrost *m*
~ **sap** : Blattsaft *m*
~ **senescence** : Blattalterung *f*
~ **shape** : Blattform *f*
~ **shredder** : Laubreißer *m*
~ **size** : Blattgröße *f*
~ ~ **spectrum** : Blattgrößenspektrum *nt*
~ **smut** : Blattbrand *m*
~ **spot** : Blattflächenkrankheit *f*
~ **spotting** : Blattfleckigkeit *f*
~ ~ **disease** : Blattfleckenkrankheit *f*
~**-stalk** : Blattstiel *m*
~ **stripping** : Blattstreifigkeit *f*
~ **surface** : Blattoberfläche *f*
~ **sweep** : Laubbesen *m*
~ **testing** : Blattuntersuchung *f*
~ **tip** : Blattspitze *f*
~ **tissue** : Blattgewebe *nt*
~ **tree** : Laubbaum *m*
~ **undersurface** : Blattunterseite *f*
~ **vein** : Blattader *f*
~ **water || content** : Blattwassergehalt *m*
~ ~ **potential** : Blattwasserpotenzial *nt*
leafy : belaubt, Blatt- *adj*
~ **vegetable** : Blattgemüse *nt*
leak : Auslaufen *nt*, Ausströmen *nt*, Entweichen *nt*, Lecken *nt*
~ : ausfließen, auslaufen, ausströmen, entweichen, lecken *v*
leakage : Auslaufen *nt*, Ausströmen *nt*, Entweichen *nt*, Leckage *f*, Lecken *nt*
~ **of water:** Wasserverlust *m*
~ **controlled** : lecküberwacht *adj*
~ **detector** : Lecksuchgerät *nt*
~ **indicator** : Leckwassermelder *m*
~ **water** : Sickerwasser *nt*
~ ~ **from garbage dumps:** Deponiesickerwasser *nt*
~ ~ **collecting installation** : Sickerwasser *nt*
~ ~ **treatment** : Sickerwasserbehandlung *f*
leak detector : Lecksucher *m*, Lecksuchgerät *nt*
leaking : auslaufend, austretend, leckend, Sicker-, undicht *adj*
~ **water** : Sickerwasser *nt*
leak || monitoring device : Leckageerkennungseinrichtung *f*
~ **proof wall** : Dichtungswand *f*
~ **testing agent** : Leckprüfmittel *nt*
lean : hager, knapp, mager *adj*
~ : lehnen, neigen *v*
~**-burn** : abgasarm *adj*
~**-~ engine** : Magermixmotor *m*, Magermotor *m*, Magerverbrennungsmotor *m*
leaning : schief *adj*
learn : lernen *v*
learning : Gelehrsamkeit *f*, Gelerntes *nt*, Lernen *nt*, Wissen *nt*
~ **approach** : Lernansatz *m*
~ **objective** : Lernziel *nt*

~ **process** : Lernprozess *m*

~ **situation** : Lernsituation *f*

~ **sphere** : Lernbereich *m*

lease : Pacht *f*

~ : pachten, verpachten *v*

leat : Überleitungskanal *m*

leathal : tödlich *adj*

~ **dose** : tödliche Dosis *(f)*

~ **factor** : Letalfaktor *m*

~ **gene** : Letalgen *nt*

~ **time** : Letalzeit *f*

leather : Leder *nt*

~ **industry** : Lederindustrie *f*

~ **waste** : Lederabfall *m*

lecture : Vorlesung *f*, Vortrag *m*

lecturer : Vortragende *f*, Vortragender *m*

lecture tour : Vortragsreise *f*

lee : Lee *nt*, Schutz *m*

~ **face** : Leeseite *f*

~ ~ **of wave**: Wellenleeseite *f*

leeward : leewärts, windgeschützt *adj*

~ : Leeseite *f*

legal : gesetzlich, juristisch, legal, rechtlich, Rechts- *adj*

be ~ tender: Geltung haben *v*

~ **action** : Gerichtsverfahren *nt*, Prozess *m*, rechtliche Maßnahmen *(pl)*

~ ~ **enforcement procedure** : Klageerzwingungsverfahren *nt*

~ **basis** : Rechtsgrundlage *f*

~ **capacity** : Rechtsfähigkeit *f*

~ **claim for defence** : Abwehranspruch *m*

~ **concept** : Rechtsbegriff *m*

~ **digest** : Gesetzessammlung *f*

~ **duty** : Rechtspflicht *f*

~ **field** : Rechtsgebiet *nt*

~ **force** : Gesetzeskraft *f*

~ **information** : Rechtsinformation *f*

~ **insecurity** : Rechtsunsicherheit *f*

legality : Legalität *f*, Rechtmäßigkeit *f*

~ **preservation** : Gesetzesvorbehalt *m*

legally : gesetzlich, legal, rechtlich, rechtmäßig *adv*

~ **binding** : rechtsgültig, rechtsverbindlich *adj*

~ **protected right** : Rechtsgut *nt*

legal || norm : Rechtsnorm *f*

~ **opinion** : Rechtsgutachten *nt*

~ **partner's ability** : Beteiligtenfähigkeit *f*

~ **position** : Rechtslage *f*

~ **prescription** : Rechtsvorschrift *f*

~ **proceeding** : Rechtsweg *m*

~ **proceedings** : Gerichtsverfahren *nt*

~ **profession** : Anwaltschaft *f*

~ **protection** : Rechtsschutz *m*

~ **regulation** : Rechtsverordnung *f*

~ **remedy** : Rechtsbehelf *m*

~ **restraint** : Auflage *f*

~ **restriction of basic rights** : Grundrechtseingriff *m*

~ **security** : Rechtssicherheit *f*

~ **simplification** : Rechtsvereinfachung *f*

~ **sociology** : Rechtssoziologie *f*

~ **system** : Rechtsordnung *f*, Rechtssystem *nt*, Rechtswesen *nt*

~ **validity** : Rechtskraft *f*, Rechtswirksamkeit *f*

legend : Bildunterschrift *f*, Legende *f*

legislation : Gesetze *pl*, Gesetzgebung *f*, Legislatur *f*

~ **on excavation**: Abgrabungsgesetz *nt*

~ **on high seas dumping**: Hohe-See-Einbringungsgesetz *nt*

legislative : gesetzgebend *adj*

~ **authority** : Gesetzgeber *m*

~ **competence** : Gesetzgebungskompetenz *f*

~ **precedence** : Gesetzesvorrang *m*

~ **procedure** : Gesetzgebungsverfahren *nt*

legislator : Gesetzgeber *m*

legislature : Gesetzgeber *m*, Legislative *f*

~ **period** : Legislaturperiode *f*

legitimacy : Berechtigung *f*, Legitimität *f*, Rechtmäßigkeit *f*

~ **theory** : Legitimationstheorie *f*

legitimate : ausreichend, berechtigt, legitim, rechtmäßig, Rechts- *adj*

~ : legitimieren, rechtfertigen *v*

~ **claim** : Rechtsanspruch *m*

legitimisation : Legitimation *f*

legume : Hülsenfrüchtler *m*

leguminosa : Leguminose *f*

leguminous : Bohnen-, Hülsenfrucht-, hülsenfruchtartig, hülsentragend *adj*

~ **plant** : Hülsenfrüchtler *m*, Leguminose *f*

leisure : Freizeit *f*

~ **activity** : Freizeitaktivität *f*, Freizeitbeschäftigung *f*, Freizeitgestaltung *f*

~ **area** : Erholungsgebiet *nt*, Freizeitgebiet *nt*

~ **centre** : Erholungszentrum *nt*, Freizeitzentrum *nt*

~ **clothes** : Freizeitkleidung *f*

~ **industry** : Freizeitindustrie *f*

~ **persuit** : Freizeitbeschäftigung *f*

~ **society** : Freizeitgesellschaft *f*

~ **time** : Freizeit *f*

lender : Beliehene *f*, Beliehener *m*

lengthy : lang, überlang *adj*

leninism : Leninismus *m*

lentic : lenitisch, stehend *adj*

leprosy : Lepra *f*

less : weniger *adj*

lessen : senken, vermindern, verringern *v*

lessening : senkend *adj*

less || favoured area: benachteiligtes Gebiet *(nt)*

~ **intensive**: extensiv *adj*

lessivage : Auswaschung *f*

lesson : Lehre *f*, Schulstunde *f*, Unterrichtseinheit *f*

less-toxic: weniger giftig *adj*

lethal : letal, tödlich *adj*

~ **concentration** : letale Konzentration *(f)*

~ **dose** : Letaldosis *f*, letale Dosis *(f)*

~ **level** : Letaldosis *f*

letter : Brief *m*, Schreiben *nt*
~ **of intent:** Absichtserklärung *f*
~-writing campaign : Protestbriefaktion *f*
leucocytes : Leukozyten *pl*
leucosis : Leukämie *f*, Leukose *f*
~ abatement : Leukosebekämpfung *f*
leukaemia : Leukämie *f*, Leukose *f*
levee (Am) : Deich *m*, Flussdeich *m*, Schutzdamm *m*, Uferdamm *m*
~ terrace : Dammterrasse *f*, Häufelterrasse *f*, Wallterrasse *f*
level : eben, flach *adj*
~ : Anteil *m*, Ebene *f*, Gehalt *m*, Niveau *nt*, Pegel *m*, Spiegel *m*, Ziel *nt*
~ **of backed-up water:** Rückstauebene *f*
~ **of education:** Bildungsgrad *m*
~ **of radioactivity in the air:** Gehalt der Luft an Radioaktivität
~ **of the spring:** Quellwasserspiegel *m*
~ **of use:** Nutzungsintensität *f*
~ **of visitors:** Besucherzahlen *pl*
~ : ebnen, einebnen *v*
~ controller : Füllstandsmesser *m*, Füllstandsregler *m*
~ detector : Pegelmesser *m*
~ fluctuation : Pegelfluktuation *f*, Pegelschwankung *f*
~ indicator : Füllstandsanzeiger *m*
levelling : Einebnung *f*, Höhenmessung *f*, Planierung *f*
~ instrument : Nivelliergerät *nt*
level || monitor : Füllstandswächter *m*
~ terrace : ebene Terrasse *(f)*
levy : Steuer *f*, Steuererhebung *f*
lexikon : Lexikon *nt*
ley : Mähwiese *f*
~ farming : Feldgraswirtschaft *f*
liability : Haftpflicht *f*, Haftung *f*, Verpflichtung *f*
~ **for damage reduction:** Schadensminderungspflicht *f*
~ **for defects:** Mängelhaftung *f*
~ **for disturbance:** Störerhaftung *f*
~ **for jurisdiction:** Zustandshaftung *f*
~ **for negligent act:** Verschuldenshaftung *f*
~ **in torts:** Deliktshaftung *f*
~ **of indemnity:** Entschädigungspflicht *f*
~ **of the author:** Verursacherhaftung *f*
~ **to duty rate:** Abgabenpflicht *f*
~ **to insurance:** Versicherungspflicht *f*
~ **to pay dues:** Gebührenpflicht *f*
~ **to payment:** Leistungspflicht *f*
~ **to punishment:** Strafbarkeit *f*
~ **to taxation:** Abgabenpflicht *f*
~ **to tax rate:** Abgabenpflicht *f*
~ cause : Haftungsgrund *m*
~ claim : Haftungsanspruch *m*
~ convention : Haftungskonvention *f*
~ exclusion : Haftungsausschluss *m*
~ legislation : Haftungsrecht *nt*
~ limitation : Haftungsbeschränkung *f*
liable : haftbar, -pflichtig *adj*
~ **to compensation:** Schadenersatzpflichtige *f*, Schadenersatzpflichtiger *m*
~ **to indemnity:** entschädigungspflichtig *adj*
~ **to tax:** abgabenpflichtig *adj*
liaison : Verbindung *f*
liana : Liane *f*
lias : Lias *nt*
liberalism : Liberalismus *m*
librarian : Bibliothekar *m*, Bibliothekarin *f*
library : Bibliothek *f*
~ catalogue : Bibliothekskatalog *m*
~ system : Bibliothekswesen *nt*
~-user : Bibliotheksbenutzer *m*, Bibliotheksbenutzerin *f*
licence : Erlaubnis *f*, Genehmigung *f*, Gewerbezulassung *f*, Lizenz *f*
~ **for immission control handling:** immissionsschutzrechtliche Genehmigung *(f)*
~ **to production:** Betriebsgenehmigung *f*
~ duty : Konzessionsabgabe *f*
~ fee : Lizenzentgelt *nt*
license (Am) : Erlaubnis *f*, Genehmigung *f*, Gewerbezulassung *f*, Lizenz *f*
~ : erlauben, genehmigen, lizensieren *v*
licensing : Lizenzvergabe *f*
~ agency : Genehmigungsbehörde *f*
~ cancellation : Genehmigungswiderruf *m*
~ procedure : Genehmigungsverfahren *nt*
lie : Lage *f*, Lüge *f*
~ : liegen, lügen *v*
life : Leben *nt*
lifebelt : Rettungsgürtel *m*
lifeboat : Rettungsboot *nt*
lifebuoy : Rettungsring *m*
life | cycle : Entwicklungszyklus *m*, Lebenszyklus *m*
~ ~ assessment : Ökobilanzierung *f*
~ ~ costs : Folgekosten *pl*
~-expectancy : Lebenserwartung *f*
~ form : Lebensform *f*
~ ~ spectrum : Lebensformenspektrum *nt*
~ history : Entwicklungsgeschichte *f*, Lebensgeschichte *f*
lifelike : lebensecht, naturgetreu *adj*
lifeline : Lebenslinie *f*, Rettungsanker *m*, Rettungsleine *f*, Signalleine *f*, Verbindung *f*
lifelong : lebenslang, lebenslänglich *adj*
~ learning : lebenslanges Lernen *(nt)*
life sciences : Biowissenschaften *pl*
lifespan : Lebensdauer *f*, Lebenserwartung *f*
also spelled: life span
life stage : Lebensabschnitt *m*
lifestyle : Lebensart *f*, Lebensform *f*, Lebenshaltung *f*, Lebensstil *m*
also spelled: life style, life-style
life-sustaining : lebenserhaltend *adj*
life-threatening : lebensbedrohend *adj*
~-~ disease : lebensbedrohende Krankheit *(f)*
life zone : Lebenszone *f*
lift : Anstieg *m*, Auftrieb *m*, Aufzug *m*, Fahrstuhl *m*, Heben *nt*, Hub *m*, Mitfahrgelegenheit *f*

~ : anheben, aus der Erde nehmen, ernten, heben, sich auflösen *v*

lifter : Heber *m*

~ **for manhole covers:** Schachtdeckelheber *m*

lifting : hebend *adj*

~ : Heben *nt*

~ **hook type gate:** Hakenschütz *nt*

lift || installation : Aufzugsanlage *f*

~-off container : Absetzbehälter *m*

~-off vehicle : Absetzfahrzeug *nt*

~ **truck** : Stapler *m*

light : hell, leicht, leise *adj*

~ : Licht *nt*

~ **adaptation** : Helladaption *f*

~ **demander** : Lichtbaumart *f*

~ **diffusion** : Lichtstreuung *f*

~ **fuel oil** : leichtes Heizöl *(nt)*

lighting : Beleuchtung *f*

~ **equipment** : Beleuchtungsanlage *f*

~ **installation** : Beleuchtungsanlage *f*

light liquid : Leichtflüssigkeit *f*

lightly : leicht *adv*

light || metal : Leichtmetall *nt*

~ ~ **pipeline** : Leichtmetallrohrleitung *f*

~ **motor cycle** : Kleinkraftrad *nt*, Mokick *nt*

lightning : Blitz *m*

~ **arrester** : Blitzschutzanlage *f*

~ **conductor** : Blitzableiter *m*

~ **protection** : Blitzschutz *m*

~ **rod** : Blitzableiter *m*

light || reflex : Lichtreflex *m*

~ **source** : Lichtquelle *f*

~ **sea** : leichter Seegang *(m)*

~ **water reactor** : Leichtwasserreaktor *m*

lightweight : Leicht-, leicht, unmaßgeblich *adj*

~ : Leichtgewicht *nt*

~ **construction hall** : Leichtbauhalle *f*

light wind situation : Schwachwindlage *f*

ligneous : Holz-, holzig *adj*

~ **fibres** : Holzfaserstoff *m*

~ **plants** : Holzgewächse *pl*

lignite : Braunkohle *f*

~ **briquetting plant** : Braunkohlenbrikettfabrik *f*

~ **district** : Braunkohlenrevier *nt*

~ **mining** : Braunkohlenbergbau *m*

~ **open mining** : Braunkohlentagebau *m*

~ **power station** : Braunkohlenkraftwerk *nt*

lime : Kalk *m*

~ : kalken *v*

~ **content** : Kalkgehalt *m*

~ **deficient** : Kalkmangel *m*

~ **metering unit** : Kalkdosieranlage *f*

~ **mortar** : Kalkmörtel *m*

~ **paint** : Kalkfarbe *f*

~ **requirement** : Kalkbedarf *m*

limestone : Kalkgestein *nt*, Kalkstein *m*

lime || tuff : Kalktuff *m*, Sinterkalk *m*

~ **water** : Kalkmilch *f*

liming : Kalkung *f*

~ **material** : Düngekalk *m*, Kalkdüngemittel *nt*

limit : Begrenzung *f*, Grenze *f*, Grenzwert *m*

~ **of audibility:** Hörbarkeitsgrenze *f*, Hörschwelle *f*

~ **of backwater:** Staugrenze *f*

~ **of quantification:** Bestimmungsgrenze *f*

~ : begrenzen, beschränken *v*

limitation : Begrenzung *f*, Beschränkung *f*, Einschränkung *f*

~ **on air traffic:** Flugbetriebsbeschränkung *f*

~ **period** : Verjährungsfrist *f*

limited : beschränkt *adj*

to a ~ extent: in beschränktem Ausmaß

~ **tillage** : erhaltende Bodenbearbeitung *(f)*

limiting : begrenzend *adj*

~ **factor** : begrenzender Faktor *(m)*, limitierender Faktor *(m)*, Minimumfaktor *m*

~ **value** : Grenzwert *m*

limnetic : limnisch *adj*

~ **zone:** limnische Zone *(f)*, Limnobereich *m*

limnic : limnisch *adj*

~ **chalk** : Seekreide *f*

~ **marl** : Seemergel *m*

limnologist : Gewässerbiologe *m*, Gewässerbiologin *f*

limnology : Limnologie *f*, Süßwasserkunde *f*

limnophilic : limnophil *adj*

line : Bahnlinie *f*, Gleis *nt*, Leine *f*, Leitung *f*, Linie *f*, Reihe *f*, Richtung *f*, Schnur *f*, Strich *m*, Trasse *f*, Zeile *f*

~ **of optimum view:** Linie der besten Aussicht *(f)*

~ : abdichten, auskleiden *v*

linear : linear *adj*

~ **borrowpit** : lineare Bodenentnahme *(f)*

~ **erosion** : lineare Erosion *(f)*

line level : Schnurwaage *f*

liner : Abdichtung *f*

~ **material** : Dichtungsbahn *f*

line || source : Linienquelle *f*

~ ~ **of sound:** Linienschallquelle *f*

~ **squall** : Linienbö *f*

~ **suspension** : Leitungsaufhängung *f*

lining : Auskleidung *f*, Beschichtung *f*, Verkleidung *f*

~ **material** : Auskleidungsmaterial *nt*

link : Glied *nt*, Verbindung *f*, Verbindungsglied *nt*

linkage : Zusammenhang *f*

Linnaean System : Linnésches System *(nt)*

lipid : Fettstoff *m*, Lipid *nt*

lipide : Fettstoff *m*, Lipid *nt*

~ **metabolism** : Fettstoffwechsel *m*, Lipidstoffwechsel *m*

lipophilic: lipophil *adj*

liquefaction : Verflüssigung *f*

liquefied : verflüssigt *adj*

~ **gas** : Flüssiggas *nt*

~ **natural gas** : Flüssigerdgas *nt*

~ **petroleum gas** : Flüssiggas *nt*, Treibgas *nt*

liquefier : Verflüssiger *m*

liquefy : (sich) verflüssigen *v*

liquid : flüssig, Flüssig- *adj*

~ : flüssiger Stoff *(m)*, Flüssigkeit *f*

~ **binding agent** : Flüssigkeitsbindemittel *nt*

~ **chromatography** : Flüssigchromatografie *f*, Flüssigkeitschromatografie *f*

~ **crystal** : Flüssigkristall *m*

~ **Crystal Display** : Flüssigkristallanzeige *f*

~ **fertilizer application** : Flüssigdüngung *f*

~ **filtration** : Flüssigkeitsfiltration *f*

~ **fuel** : Flüssigbrennstoff *m*

~ **gas** : Flüssiggas *nt*

~ **limit** : Fließgrenze *f*

~ **manure** : Flüssigmist *m*, Gülle *f*, Jauche *f*

~ ~ **application** : Jauchedüngung *f*

~ ~ **regulation** : Gülleverordnung *f*

~ **membrane permeation** : Flüssig-Membran-Permeation *f*

~ **paraffin** : Weißöl *nt*

~ **pressure gauge** : Flüssigkeitsmanometer *nt*

~ **waste** : flüssiger Abfall *(f)*

liquor : Flotte *f*, Flüssigkeit *f*

list : Liste *f*, Verzeichnis *nt*

~ **of charges:** Klageschrift *f*

~ **of monument:** Denkmalliste *f*

~ **of signatures:** Unterschriftenliste *f*

~ **of standard specifications:** Normblatt *nt*

listed : aufgeführt *adj*

lister : Häufelpflug *m*

liter (Am) : Liter *m*

literature : Literatur *f*

~ **analysis and evaluation:** Literaturauswertung *f*

~ **data bank** : Literaturdatenbank *f*

~ **study** : Literaturstudie *f*

lithosol : Lithosol *m*, Skelettboden *m*

lithosphere : Gesteinshülle *f*, Lithosphäre *f*

lithospheric : lithosphärisch *adj*

litmus : Lackmus *m*

~ **blue** : Lackmusblau *nt*

~ **paper** : Lackmuspapier *nt*

litre : Liter *m*

litter : Abfall *m*, Einstreu *f*, Streu *f*, Wurf *m*

~ : Abfall wegwerfen, verstreuen, werfen *v*

littered : übersät *adj*

litterfall : Laubabwurf *m*

litter-free : abfallfrei *adj*

litter screen : Abfallsperre *f*

little : klein *adj*

~ **town** : Städtchen *nt*

littoral : Küsten-, litoral, Ufer- *adj*

~ : Küstengebiet *nt*, Küstenland *nt*, Litoral *nt*, Uferzone *f*

~ **current** : Küstenströmung *f*

~ **drift** : Küstendrift *f*, Litoraldrift *f*

~ **zone** : Gezeitenbereich *m*, Küstengebiet *nt*, Litoral *nt*, Litoralzone *f*, Uferbereich *m*

live : lebend *adj*

~ : leben *v*

~ **of** : sich ernähren von, leben von *v*

~ **on** : sich ernähren von, leben auf, leben von *v*

~ **on a starvation diet** : Hunger leiden *v*

~ **bait** : lebender Köder *(m)*

~**-brush checkdam** : lebende Sperre *(f)*

~ **modestly** : genügsam leben *v*

~ **staking** : Stecklingspflanzung *f*

livelihood : Lebensunterhalt *m*

liver : Leber *f*

~ **damage** : Leberschaden *m*

livestock : Nutztier *nt*, Vieh *nt*, Viehbestand *m*

~ **epidemic act** : Tierseuchengesetz *nt*

~ **farming** : Viehwirtschaft *f*

~ **husbandry** : Tierhaltung *f*, Viehhaltung *f*

~ **market** : Viehmarkt *m*

~ **pond** : Viehtränke *f*

~ **unit** : Vieheinheit *f*

living : belebt, gewachsen, lebend *adj*

~ : Leben *nt*, Lebensstil *m*, Lebensunterhalt *m*

~ **being** : Lebewesen *nt*

~ **conditions** : Lebensbedingungen *pl*

~ **creature** : Lebewesen *nt*

~ **free** : frei lebend *adj*

~ **in the wild** : frei lebend *adj*

~ **quality** : Wohnqualität *f*

~ **soil cover** : Bodenvegetation *f*

~ **standard** : Lebensstandard *m*

load : Belastung *f*, Fracht *f*, Ladung *f*, Stofffracht *f*

~ : beladen, belasten *v*

~ **capacity** : Belastbarkeit *f*, Tragfähigkeit *f*

~ **factor** : Belastungsfaktor *m*

loading : Aufladung *f*, Belastung *f*

~ **crane** : Ladekran *m*

~ **test** : Belastungsanalyse *f*

load || range : Belastungsbereich *m*

~ **register** : Belastungskataster *nt*

loam : Lehm *m*

loamy : lehmhaltig, lehmig *adj*

lobby : Halle *f*, Lobby *f*

~ : versuchen zu beeinflussen, seinen Einfluss geltend machen *v*

lobbyist : Lobbyist *m*, Lobbyistin *f*

local : bodenständig, einheimisch, kommunal, lokal, örtlich *adj*

~ **authorities** : Kommunalverwaltung *f*

~ **authority** : Gemeinde *f*

~ **charge** : Kommunalgebühr *f*

~ **community** : Gemeinde *f*

~ **condition** : Standortbedingung *f*

~ **development plan** : Bebauungsplan *m*

~ **environment** : örtliche Umwelt *(f)*

~ **fee** : Kommunalgebühr *f*

~ **government** : Gemeindeverwaltung *f*

~ ~ **officer** : Kommunalbeamte *f*, Kommunalbeamter *m*

~ ~ **official** : Kommunalbeamte *f*, Kommunalbeamter *m*

~ **heat supply** : Nahwärmeversorgung *f*

~ **material** : einheimisches Material *(nt)*

~ **Nature Reserve** : kommunales Naturschutzgebiet *(nt)*

~ passenger service : Personennahverkehr *m*

~ planning autonomy : kommunale Planungshoheit *(f)*

~ politics : Kommunalpolitik *f*

~ practice : Ortsüblichkeit *f*

~ regulation : Gemeindeordnung *f*

~ soil form : Lokalbodenform *f*

~ street : Gemeindestraße *f*

~ traffic : Nahverkehr *m*

~ train : Nahverkehrszug *m*

locating : Ortungs- *adj*

~ : Lokalisieren *nt,* Orten *nt,* Platzieren *nt*

~ device : Ortungsgerät *nt*

location : Standort *m*

~ of emplacement: Ablagerungsort *m*

~ deconcentration : Standortentflechtung *f*

~ map : Standortkarte *f*

~ safeguarding : Standortsicherung *f*

loch : See *m*

lock : Schleuse *f*

~ chamber : Schleusenkammer *f*

locked : eingeschlossen *adj*

lockjaw : Tetanus *m,* Wundstarrkrampf *m*

locomotion : Fortbewegung *f,* Lokomotion *f*

locomotive : Lokomotive *f*

lode : Erzader *f*

lodge : Gärtnerhaus *nt,* Hütte *f,* Hotel *nt,* Ortsgruppe *f,* Pförtnerhaus *nt*

~ : beherbergen, einlegen, einquartieren, einreichen, erheben, unterbringen, wohnen *v*

to ~ an appeal: Einspruch einlegen

loess : Löss *m*

~-loam : Lösslehm *m*

~ soil : Lössboden *m*

log : Baumstamm *m,* Holzscheit *nt*

~ chute : Floß *nt*

logger : Holzfäller *m,* Holzfällerin *f*

logging : Holzfällen *nt,* Holzrücken *nt*

~ equipment : Holzfällerausrüstung *f*

~ operation : Abholzung *f*

~ track : Holzrückeweg *m*

logistics : Logistik *f*

long : Fern-, Lang-, lang *adj*

~-distance || traffic : Fernverkehr *m*

~-~ transport system : Ferntransportsystem *nt*

~-~ water supply : Fernwasserversorgung *f,* Wasserfernversorgung *f*

longitude : Länge *f*

longitudinal : Längen-, Längs-, längsgerichtet, Longitudinal- *adj*

~ section : Längsprofil *nt*

long-range : langfristig, Langstrecken- *adj*

~-~ effect : Langzeitwirkung *f*

~-~ weather forecast : langfristige Wettervorhersage *(f)*

longshore : die Küste entlang, längs der Küste *adj*

~ bar : Nehrung *f*

~ current : Brandungslängsströmung *f*

~ drift : Küstenlängstransport *m,* Uferlängstransport *m*

long-term : Langfrist-, langfristig, Langzeit- *adj*

~-~ effect : Langzeitwirkung *f*

~-~ experiment : Langzeitversuch *m*

~-~ strategic planning : langfristige Planung *(f)*

~-~ research : Langfristforschung *f*

long ton : britische Tonne *(f)*

look : Aussehen *nt,* Blick *m*

~ : aussehen, nachsehen, sehen, sich ansehen *v*

~ after : nachsehen, pflegen, sich kümmern, sorgen für *v*

~-out : Aussichtsturm *m*

loophole : Lücke *f,* Maueröffnung *f,* Schießscharte *f*

~ in the law: Gesetzeslücke *f*

loose : locker, Locker- *adj*

loosening : Lockerung *f*

loose || rock : Lockergestein *nt*

~ ~ dam : Schotterwehr *nt,* Steinwurfwehr *m*

~ unweathered material : Lockergestein *nt*

lorry : Lastkraftwagen *m*

~ noise : Lastkraftwagenlärm *m*

loss : Verlust *m*

~ in production: Produktionsausfall *m*

~ of biotopes: Biotopverlust *m*

~ of hearing: Gehörverlust *m*

~ of heat: Wärmeverlust *m*

~ of land: Landverlust *m*

~ on ignition: Glühverlust *m*

lost : ausgestorben, verloren, vermisst, verpasst, versäumt, verschwendet *adj*

get ~: verloren gehen *v*

~ heat : Abwärme *f*

~ motion : Leerlauf *m*

lotic : lotisch *adj*

loudness : Lautheit *f,* Lautstärke *f*

~ contour : Isofone *f,* Linie gleicher Lautstärke *(f)*

~ level : Lautstärkepegel *m*

~ measurement : Lautstärkemessung *f*

~ scale : Lautstärkeskala *f*

lough : See *m*

love : Liebe *f*

~ of animals: Tierliebe *f*

~ : lieben *v*

low : flach, gering, niedrig, Niedrig-, tief, Tief-, tiefliegend *adj*

with ~ precipitation: niederschlagsarm *adj*

~ : leise, niedrig, tief *adv*

~ : Tief *nt*

~ : muhen *v*

~-altitude : in geringer Höhe *adj*

~-~ flight : Tiefflug *m*

~ blood pressure : niedriger Blutdruck *(m)*

~-calorie : kalorienarm *adj*

~-~ diet : kalorienarme Kost *(f)*

~ coast : Flachufer *nt*

~-cost : preisgünstig *adj*

~-~ housing : sozialer Wohnungsbau *(m)*

~-energy house : Niedrigenergiehaus *nt*

lower : Nieder-, untere /~r /~s, Unter- *adj*

~ : abnehmen, absenken, dämpfen, dunkler werden, herablassen, hinablassen, schwächen, senken, verderben, verringern, weniger werden *v*

~ **confining bed of an aquifer** : Grundwassersohle *f*

~ **course** : Unterlauf *m*

~ **House of Parliament** : [Bundestag] *m*

~ **reaches** : Unterlauf *m*

lowering : senkend *adj*

low-fat : fettarm, mager *adj*

~-~ **diet** : fettarme Kost *(f)*

low || flow : Niedrigwasser *nt*, Niedrigwasserabfluss *m*, Niedrigwasserdurchfluss *m*, Niedrigwasserführung *f*

~-**flow channel** : Niedrigwasserbett *nt*

~-**flow period** : Niedrigwasserperiode *f*

~-**grade** : leicht, minderwertig *adj*

~-~ **ore** : minderwertiges Erz *(nt)*

~-~ **petrol** : Benzin mit niedriger Oktanzahl *(nt)*

~-**intensity** : extensiv *adj*

~-~ **land** : extensiv bewirtschaftetes Land *(nt)*

lowland : Flachland-, Tiefland-, tiefländisch *adj*

~ **river** : Flachlandfluss *m*

~ : Tiefland *nt*

lowlands : Flachland *nt*, Niederung *f*, Tiefebene *f*, Tiefland *nt*

low-level : schwachaktiv *adj*

~-~ **radioaktive** : schwach radioaktiv *adj*

~-~ **waste** : schwach radioaktiver Abfall *(m)*

low-mountain region : Mittelgebirge *nt*

low || mountains : Mittelgebirge *nt*

~-**noise** : geräuscharm *adj*

~-**pass filter** : Tiefpass *m*, Tiefpassfilter *m*

~ **pressure** : Niederdruck *m*, Tiefdruck *m*

~-**rise building** : Flachbau *m*

~-**standard-of-living sociology** : Armutssoziologie *f*

~-**temperature** : Niedertemperatur- *adj*

~-~ **carbonization incineration** : Schwelverfahren *nt*

~-~ **combustion || plant** : Schwelbrennanlage *f*

~-~ ~ **process** : Schwelbrennverfahren *nt*

~ **tide** : Ebbe *f*, Niedrigwasser *nt*

~-**waste** : abfallarm *adj*

~-~ **technology** : abfallarme Technologie *(f)*

~ **water** : Niedrigwasser *nt*

~-~ **bed** : Niedrigwasserbett *nt*

~-~ **discharge** : Niedrigwasserabfluss *m*

~-~ **flow** : Niedrigwasserabfluss *m*, Niedrigwasserdurchfluss *m*, Niedrigwasserführung *f*

~-~ **level** : Niedrigwasserstand *m*

~-~ **mark** : Niedrigwassergrenze *f*, Niedrigwassermarke *f*

~-~ **period** : Niedrigwasserperiode *f*

~-~ **runoff** : Niedrigwasserabfluss *m*

~-~ **stage** : Niedrigwasserstand *m*

lubricant : Schmierstoff *m*

lucidity : Übersichtlichkeit *f*

lug : Henkel *m*

~ : schleppen, ziehen, zerren *v*

~ **worm** : Wattwurm *m*

lumber (Am): Holz *nt*, Nutzholz *nt*

~ **industry** : Holzindustrie *f*

lumberjack (Am) : Baumfäller *m*, Holzfäller *m*, Holzfällerin *f*

luminescence : Lumineszenz *f*

luminosity : Helligkeit *f*

lump : Beule *f*, Brocken *m*, Klotz *m*, Klumpen *m*, Knoten *m*, Stück *nt*

~ : sich abfinden mit, zusammentun *v*

~ **sum** : Pauschbetrag *m*

lunar : lunar, Mond- *adj*

~ **eclipse** : Mondfinsternis *f*

~ **phase** : Mondphase *f*

lung : Lunge *f*

~ **cancer** : Lungenkrebs *m*

lush : üppig *adj*

lye : Lauge *f*

lying : lügen *v*

lymph : Lymphe *f*

lymphocytes : Lymphozyten *pl*

lysimeter : Lysimeter *nt*

lysimetry : Lysimetrie *f*

maar : Maar *nt*

~ **lake** : Maarsee *m*

MAB programme : MAB-Programm *nt*

Macaronesian : makaronesisch *adj*

~ **region** : makaronesische Region *(f)*

machine : Apparat *m*, Maschine *f*

~ **construction** : Maschinenbau *m*

~ **noise** : Maschinenlärm *m*

~ **tool** : Werkzeugmaschine *f*

macrobiotic : makrobiotisch *adj*

~ **food** : makrobiotische Kost *(f)*

macrobiotics : Makrobiotik *f*

macroclimate : Makroklima *nt*

macroeconomic : gesamtwirtschaftlich *adj*
also spelled: macro-economic

~ **goal** : gesamtwirtschaftliches Ziel *(nt)*

macro-economics : Makroökonomie *f*

macrofauna : Makrofauna *f*

macroinjection : Makroinjektion *f*

macromolecule : Makromolekül *nt*

macronutrient : Makronährstoff *m*

macrophage : Makrophage *m*

macrophyte : Makrophyt *m*

MAC value : MAK-Wert *m*

magazine : Magazin *nt*, Zeitschrift *f*

maggot : Made *f*

magical : magisch, zauberhaft *adj*

magma : Magma *nt*

magmatic : magmatisch *adj*

magmatite : Magmatit *m*

magnesium : Magnesium *nt*

~-**iron-mica** : Biotit *m*, Magnesium-Eisen-Glimmer *m*

magnet : Magnet *m*

magnetic : Magnet-, magnetisch *adj*

~ anomaly : magnetische Anomalie *(f)*

~ belt conveyor drum : Magnetbandrolle *f*

~ belt roll : Magnetbandrolle *f*

~ belt separator : Überbandmangel *m*

~ declination : magnetische Deklination *(f)*

~ drum : Magnettrommel *f*

~ ~ for wet operation : Magnetnasstrommel *f*

~ ~ separator : Magnettrommelabscheider *m*

~ field : Magnetfeld *nt*, magnetisches Feld *(nt)*

~ grader : Magnetabscheider *m*

~ pole : Magnetpol *m*

~ separation : Magnetabscheidung *f*, Magnetscheiden *nt*

~ separator : Magnetabscheider *m*, Magnetscheider *m*

~ sorting : Magnetsortierung *f*

~ stirrer : Magnetrührer *m*

magnetohydrodynamics : Magnetohydrodynamik *f*

magnification : Anreicherung *f*, Vergrößerung *f*

magnifying : vergrößernd *adj*

~ glass : Lupe *f*

magnitude : Größe *f*

mahogany : Mahagoni *nt*

mailing : abschickend, Post- *adj*

~ : Post *f*, Sendung *f*

~ list : Adressenliste *f*

main : Haupt- *adj*

~ : Hauptleitung *f*, Hauptrohrleitung *f*

~ dike : Hauptdeich *m*

~ ditch : Hauptgraben *m*

~ drain : Hauptsammler *m*, Vorfluter *m*

~ drainage : Kanalisation *f*

~ groyne for land reclamation : Hauptlahnung *f*

mainland : Festland *nt*

mainly : vorwiegend *adv*

main || proceedings : Hauptverfahren *nt*

~ pumping station : Hauptschöpfwerk *nt*

~ river : Gewässer 1. Ordnung *(nt)*, Hauptfluss *m*

mains : Netz *nt*, Versorgungsnetz *nt*

main sewer : Hauptsammler *m*, Sammler *m*

maintain : aufrechterhalten, bewahren, wahren *v*

~ equilibrium: das/im Gleichgewicht halten

maintenance : Aufrechterhaltung *f*, Betreuung *f*, Erhaltung *f*, Fortbestand *m*, Instandhaltung *f*, Pflege *f*, Wahrung *f*, Wartung *f*

~ **of biotopes:** Biotoppflege *f*

~ **of sewers:** Kanalinstandhaltung *f*

~ **of waters:** Gewässerunterhaltung *f*

~ costs : Unterhaltskosten *pl*

~ duty : Instandsetzungsgebot *nt*

~-free : wartungsfrei *adj*

~ ration : Erhaltungsration *f*

main || tidal slough : Wattstrom *m*

~ trunk : Geweihstange *f*

maize : Mais *m*

major : bedeutend, größer, schwer *adj*

of ~ importance : von ausschlaggebender Bedeutung

~ agency : Sonderorganisation *f*

~ group : wichtige Gruppe *(f)*

majority : Mehrheit *f*, Mehrzahl *f*

make : machen *v*

~ **an assessment:** eine Einschätzung vornehmen *v*

~ **an effort:** bemühen *v*

~ **more difficult:** erschweren *v*

~ **use of:** verwerten *v*

~ tight : abdichten *v*

~-up water : Zusatzwasser *nt*

making : bauend, herstellend, machend *adj*

~ : Anlegen *nt*, Bauen *nt*, Herstellung *f*, Machen *nt*

~ leakproof : Abdichtung *n*

~ up : Befestigung *f*

makings : Anlagen *pl*, Gewinn *m*, Verdienst *m*

malaria : Malaria *f*

malarial : Malaria- *adj*

~ parasite : Malariaparasit *m*

male : männlich *adj*

~ : Männchen *nt*, männliche Blüte *(f)*, männliches Tier *(nt)*

malfunction : Störfall *m*

malnutrition : Fehlernährung *f*, Unterernährung *f*

malpractice : Amtsvergehen *nt*, Delikt *nt*, Kunstfehler *m*, Übeltat *f*

~ **in office:** Amtsdelikt *nt*

malthouse : Mälzerei *f*

mammal : Säuger *m*, Säugetier *nt*

man : Mann *m*, Mensch *m*

manage : abwickeln, bewirtschaften, halten, leiten, pflegen, schaffen, verwalten *v*

manageability : Machbarkeit *f*

manageable : machbar, zu bewältigen *adj*

managed : bewirtschaftet *adj*

~ woodland : Forst *m*

management : Bewirtschaftung *f*, Durchführung *f*, Leitung *f*, Management *nt*, Regulierung *f*, Unternehmensführung *f*, Verwaltung *f*

~ aim : Bewirtschaftungsziel *nt*

~ contract : Bewirtschaftungsvertrag *m*

~ costs : Bewirtschaftungskosten *pl*

~ goal : Wirtschaftsziel *nt*

~ measure : Pflegemaßnahme *f*, Regulierungsmaßnahme *f*

~ objective : Bewirtschaftungsziel *nt*

~ plan : Bewirtschaftungsplan *m*, Pflegeplan *m*

~ planning : Betriebsplanung *f*

~ prescription : Pflegevorschrift *f*

~ scheme : Pflegeplan *m*

manager : Geschäftsführer *m*, Geschäftsführerin *f*, Manager *m*, Managerin *f*

mandate : Auftrag *m*

mandatory : obligatorisch *adj*

~ restriction : Auflage *f*

manganese : Mangan *nt*

~ content : Mangangehalt *m*

~ determination : Manganbestimmung *f*

~ ore : Braunstein *m*

~ removal : Entmanganung *f*

mangrove : Mangrove *f*

~ swamp : Mangrovesumpf *m*

manhole : Einsteigöffnung *f*, Einsteigschacht *m*, Mannloch *nt*

~ entrance accessories : Einstieghilfe *f*

~ ladder : Schachtleiter *f*

man hour : Arbeitsstunde *f*

also spelled: man-hour

~ ~ reduction : Arbeitszeitverkürzung *f*

manipulation : Manipulation *f*

manipulator : Manipulator *m*

mankind : Menschheit *f*

man-made : anthropogen, vom Menschen verursacht *adj*

~-~ environment : gebaute Umwelt *(f)*

~-~ forest : Kunstforst *m*

~-~ landscape : Kulturlandschaft *f*

man-nature relationship : Mensch-Natur-Verhältnis *nt*

manoeuvre : Manöver *nt*

manometric : manometrisch *adj*

~ total lift : Gesamtförderhöhe *f*

manpower : Arbeitskraft *f*

~ planning : Personalplanung *f*

mantle : Erdmantel *m*, Mantel *m*

manual work : Handarbeit *f*

manufacture : erzeugen, herstellen *v*

~ **of chipboard:** Spanplattenherstellung *f*

~ **of recycled material:** Recyclatherstellung *f*

manufacturer : Hersteller *m*, Herstellerin *f*

manufactures : gewerbliche Güter, Industrieprodukte *pl*

manufacturing : produzierend *adj*

~ : Herstellung *f*

~ industry : verarbeitende Industrie *(f)*, verarbeitendes Gewerbe *(nt)*

~ plant: Fabrik *f*

~ ~ **for agricultural products:** Agrarfabrik *f*

manure : Dung *m*, Düngemittel *nt*, Dünger *m*, Mist *m*

~ : düngen *v*

~ application : Stalldunggabe *f*

~ composting : Güllekompostierung *f*

~ drying plant : Gülletrocknungsanlage *f*

~ gas : Faulgas *nt*

manuring : Düngung *f*

map : Karte *f*

~ : kartieren *v*

mapping : Kartieren *nt*, Kartierung *f*

~ **of lichens:** Flechtenkartierung *f*

~ **of water quality data:** Wassergütekartierung *f*

~ programme : Kartierungsprogramm *nt*

marble : Marmor *m*

~ cement : Marmorgips *m*

~ quarry : Marmorbruch *m*, Marmorsteinbruch *m*

marc : Traubentrester *m*

margarine : Margarine *f*

margin : Rand *m*, Saum *m*, Ufersaum *m*, Verlandungszone *f*

marginal : geringfügig, Grenz-, knapp, marginal, Marginal-, Rand-, unwesentlich *adj*

~ land: Marginalstandort *m*

~ regeneration: Randverjüngung *f*

~ seeding: Randbesamung *f*

~ site: Grenzstandort *m*

~ soil: Grenzertragsboden *m*

~ tree: Randbaum *m*

~ vegetation: Saumvegetation *f*

mariculture : Marikultur *f*

marina : Bootshafen *m*, Sporthafen *m*

marine: marin, Meeres- *adj*

~ abrasion: marine Erosion *(f)*

~ alluvial soil: Marschboden *m*

~ ~ soils: Marschen *pl*

~ animal: Meerestier *nt*

~ biologist: Meeresbiologe *m*, Meeresbiologin *f*

~ biology: Meeresbiologie *f*

~ botany: Meeresbotanik *f*

~ deposit: Meeressediment *nt*

~ disposal: Abfallbeseitigung auf hoher See *(f)*, Abwassereinleitung in das Meer *(f)*

~ ecology: Meeresökologie *f*

~ engineering: Schiffstechnik *f*

~ environment: Meeresumwelt *f*

~ fauna: Meeresfauna *f*

~ fisheries: Meeresfischerei *f*

~ flora: Meeresflora *f*

~ fuel oil: Schiffsdiesel *m*

~ geology: Meeresgeologie *f*

~ life: Meeresleben *nt*, Meereslebewesen *pl*

~ mammal: Meeressäuger *m*, Meeressäugetier *nt*

~ monitoring: Meeresüberwachung *f*

~ mud soil: mariner Wattboden *(m)*

~ organisms: Meeresorganismen *pl*

~ park: Meeresnationalpark *m*

~ pollution: Meeresverschmutzung *f*, Meeresverunreinigung *f*

~ ~ control: Meeresgewässerschutz *m*

~ research: Meeresforschung *f*

~ science: Ozeanologie *f*

~ technology: Meerestechnik *f*

~ vegetation: Meerespflanzen *pl*

~ waters: Meeresgewässer *pl*

~ waterway: Meeresstraße *f*

~ zoology: Meereszoologie *f*

maritime : Küsten-, Meeres-, See- *adj*

~ climate: Seeklima *nt*

~ law: Seerecht *nt*

~ navigation: Seeschifffahrt *f*

~ shipping: Hochseeschifffahrt *f*, Seeschifffahrt *f*

~ traffic: Seeverkehr *m*

mark : Zeichen *nt*

marked : ausgeprägt *adj*

marker : Korrektor *m*, Korrektorin *f*, Marker *m*, Markierung *f*, Sichtzeichen *nt*

~ gene : Markergen *nt*

~ pen : Markierstift *m*

market : Markt *m*

~ economy : Marktwirtschaft *f*

~ form : Marktform *f*

~ garden : Gemüseanbaubetrieb *m*

marketing : Marketing *nt*

~ study : Marktforschung *f*

market || mechanism : Marktmechanismus *m*

~ policy : Marktpolitik *f*

~ price : Marktpreis *m*

~ return : wirtschaftlicher Ertrag *(m)*

~ share : Marktanteil *m*

~ survey : Marktübersicht *f*

~ tendency : Marktentwicklung *f*

~ theory : Markttheorie *f*

~ waste : Marktabfall *m*

marking : Anzeichnung *f*, Bezeichnung *f*, Kennzeichnung *f*, Markierung *f*

marl : Mergel *m*

marlstone : Mergelstein *m*

Marpol agreement : Marpol-Übereinkommen *nt*

marsh : Marsch *f*, Morast *m*

marshalling : Aufstellen *nt*

~ yard : Rangierbahnhof *m*

marsh || gas : Methangas *nt*, Sumpfgas *nt*

~ island : Hallig *f*

marshland : Bruch *m*, Marschland *nt*

marsh soil : Marschboden *m*

marsh soils : Marschen *pl*

marshy : morastig, sumpfig *adj*

become ~: versumpfen *v*

~ soil : Moorboden *m*

marxism : Marxismus *m*

masonry : Mauerwerk *nt*

~ dam : Mauerdamm *m*, Staumauer *f*

mass : Masse *f*, Menge *f*

~ of water: Wassermasse *f*

~ balance : Massenbilanz *f*, Mengenbilanz *f*

~ consumption : Massenkonsum *m*

~ effect : Masseneffekt *m*

~ flow diagram : Massenstrombild *nt*

massif : Gebirgsmassiv *nt*

mass increase : Massenvermehrung *f*

massive : enorm, massiv *adj*

~ structure of a weir: Wehrkörper *m*

mass || media : Massenmedien *pl*

~ movement : Massenverlagerung *f*

~ number : Massenzahl *f*

~ production : Massenproduktion *f*

also spelled: massproduction

~ radiography : Röntgenreihenuntersuchung *f*

~ relation : Massenbezogenheit *f*

~ screening : Reihenuntersuchung *f*

~ separation : Stofftrennung *f*

~ spectrometer : Massenspektrometer *nt*

~ spectrometry : Massenspektrometrie *f*

~ transport : Stofftransport *m*

~ wasting : Bodenverlagerung *f*, Massenversatz *m*

mast : Mast *f*

~ cell : Mastozyt *m*, Mastzelle *f*

master : Haupt- *adj*

~ : Halter *m*, Herr *m*, Lehrer *m*, Magister *m*, Meister *m*, -meister, Original *nt*

~ : beherrschen, besiegen, erlernen, meistern, zügeln *v*

~ plan: Rahmenplan *m*

matching : korrespondierend, zusammenpassend *adj*

~ funds: korrespondierende Mittel *(pl)*

~ period: Anpassungsfrist *f*

material : Material *nt*, Stoff *m*, Werkstoff *m*

~ balance : Materialbilanz *f*, Stoffbilanz *f*

~ collection : Materialsammlung *f*

~ cycle : Stoffkreislauf *m*

~ damage : Materialschaden *m*, Sachschaden *m*

~ flow : Stofffluss *m*

~ goods protection : Sachgüterschutz *m*

materialism : Materialismus *m*

material recovery : Materialrückgewinnung *f*

materials : Materialien *pl*

material || saving : Materialeinsparung *f*

~ science : Werkstoffkunde *f*

~ testing : Materialprüfung *f*

maternity : Mutterschaft *f*

~ colony : Wochenstube *f*

mathematical : mathematisch *adj*

mathematics : Mathematik *f*

mating : Paarung *f*

matric : Matrix- *adj*

~ potential : Bodenfeuchtepotenzial *nt*, Kapillarpotenzial *nt*, Wasserspannung *f*

~ suction : Bodenwasserspannung *f*, Saugspannung *f*

matrix : Matrix *f*, Matrize *f*

matter : Angelegenheit *f*, Bestandteil *m*, Material *nt*, Sache *f*, Stoff *m*

~ of discretion: Ermessensfrage *f*

~ cycle : Stoffkreislauf *m*

matt-grass : Borstgras *nt*

~-~ meadow : Borstgrasrasen *m*

maturation : Ausreifen *nt*, Reifeprozess *m*, Reifung *f*

~ lagoon : Reifungsbecken *nt*

mature : ausgereift, ausgewachsen, geschlechtsreif, reif *adj*

~ plant community: Schlussgesellschaft *f*

~ river : Unterlauf *m*

~ stand : Altholz *nt*

~ timber : Altholz *nt*

maturing : Alterung *f*

maturity : Hiebsreife *f*, Reife *f*

maximal : maximal *adj*

maximally : maximal *adv*

maximum : maximal, Maximal- *adj*

~ : Maximalwert *m*, Maximum *nt*

~ acceptable limit : genehmigte Maximalgrenze *(f)*

~ admissible concentration : MAK-Wert *m*, maximal zulässige Konzentration *(f)*

~ allowable concentration : maximal zulässige Konzentration *(f)*

~ emission concentration : maximale Emissionskonzentration *(f)*

~ imission concentration : maximale Imissionskonzentration *(f)*, MIK-Wert *m*

~ lead concentration : Bleihöchstwert *m*

~ limit : Maximalgrenze *f*

~ ~ of liability: Haftungshöchstgrenze *f*

~-minimum-thermometer : Maximum-Minimum-Thermometer *nt*

~ permissible : höchstzulässig *adj*

~ ~ annual dose : maximal zulässige jährliche Dosis *(f)*

~ ~ average weekly dose : maximal zulässige durchschnittliche Wochendosis *(f)*

~ ~ contamination level : höchstzulässige Verseuchung *(f)*

~ ~ dose : maximal zulässige Äquivalentdosis *(f)*

~ ~ level : maximal zulässiger Pegel *(m)*

~ ~ ~ for phosphate: Phosphathöchstmenge *f*

~ sound level limit : maximale Lautstärkegrenze *(f)*

~ working site concentration : maximale Arbeitsplatzkonzentration *(f)*

mayor : Bürgermeister *m*, Bürgermeisterin *f*

meadow : Wiese *f*, Weide *f*

~ land : Grünland *nt*

~ outlet : Wiesenablaufmulde *f*

meagre : mager *adj*

mean : durchschnittlich, mittlere /~r /~s *adj*

~ : Durchschnitt *m*, Mittel *nt*, Mittelwert *m*

~ annual run-off : Jahresabflussmittelwert *m*

~ daily flow of discharge : Tagesmittel des Abflusses *(nt)*

~ flow per hour of discharge : Tagesstundenmittel des Abflusses *(nt)*

~ high water : mittleres Hochwasser *(nt)*

~ lethal dose : mittlere Letaldosis *(f)*

~ sea level : mittlere Meereshöhe *(f)*, mittlerer Meeresspiegel *(m)*, Normal-Null *nt*

~ temperature : Durchschnittstemperatur *f*, mittlere Temperatur *(f)*

meander : Mäander *m*, Windung *f*

~ : mäandern, mäandrieren, schlängeln (sich), winden (sich) *v*

~ belt : Mäanderbogen *m*

~ core : Inselberg *m*, Umlaufberg *m*

meandering : Mäanderung *f*

meaning : Bedeutung *f*

means : Mittel *pl*, Möglichkeit *f*, Weise *f*

~ of capture: Fanggeräte *pl*, Fangmethoden *pl*

~ of enclosure: Einfriedung *f*

~ of killing: Tötungsgeräte *pl*, Tötungsmethoden *pl*

~ of production: Produktionsmittel *pl*

~ of subsistence: Lebensgrundlage *f*

~ of transport: Verkehrsmittel *nt*

measles : Masern *pl*

measurable : messbar *adj*

measure : Maßnahme *f*

~ : messen *v*

measured : gemessen *adj*

~ value: Messwert *m*

~ ~ recorder: Messwertaufnehmer *m*

measurement : Abmessung *f*, Ausmaß *nt*, Messung *f*

~ by balloon: Ballonmessung *f*

~ of dampness: Feuchtigkeitsmessung *f*

measurements : Messergebnis *nt*

measures : Maßnahmen *pl*

~ to ensure the supply of water: Wasserversorgung *f*

measuring : Mess- *adj*

~ and control engineering: MSR-Technik *f*

~ and control equipment: MSR-Einrichtungen *pl*

~ cell : Messzelle *f*

~ criterion : Messgröße *f*

~ cylinder : Messzylinder *m*

~ device : Messgerät *nt*

~ frequency : Messfrequenz *f*

~ gas processing : Messgasaufbereitung *f*

~ glass : Messglas *nt*

~ inaccuracy : Messungenauigkeit *f*

~ instrument : Messgerät *nt*, Messinstrument *nt*

~ jug : Messbecher *m*

~ method : Messverfahren *nt*

~ point : Messpunkt *m*

~ programme : Messprogramm *nt*

~ range : Messbereich *m*

~-rod : Messstab *m*

~ site : Messstelle *f*

~ station : Messstation *f*

~ systems for environmental engineering : Umweltmesstechnik *f*

~ tank : Messbehälter *m*

~ technique : Messtechnik *f*

~ vehicle : Messfahrzeug *nt*

~ weir : Messwehr *nt*

meat : Fleisch *nt*

~-eating : fleischfressend *adj*

~-~ animal : fleischfressendes Tier *(nt)*, Fleischfresser *m*

~ hygiene act : Fleischhygienegesetz *nt*

~ processing : Fleischverarbeitung *f*

~ product : Fleischprodukt *nt*

mechanical : mechanisch *adj*

~ analysis: Korngrößenbestimmung *f*

~ breakdown : Motorschaden *m*

~ cleaning : mechanische Reinigung *(f)*

~ conveying and handling : Fördertechnik *f*

~ efficiency : mechanischer Wirkungsgrad *(m)*

~ engineering : Maschinenbau *m*

~ sewage purification : mechanische Abwasserreinigung *(f)*

~ sewage treatment : mechanische Abwasserrreinigung *(f)*

~ sorting : mechanische Sortierung *(f)*

~ vibration : Körperschall *m*

~ wastewater treatment : mechanische Abwasserreinigung *(f)*

mechanization : Mechanisierung *f*

mechanize : mechanisieren *v*

media : Medien *pl*

median : median, Mittel-, mittlere /~r /~s *adj*

~ strip (Am) : Mittelstreifen *m*

~ : Median *m*, Zentralwert *m*

media policy : Medienpolitik *f*

mediation : Konfliktvermittlung *f*, Mediation *f*

medical : medizinisch *adj*

~ aid : ärztliche Hilfe *(f)*

~ assistance : Krankenhilfe *f*

~ entomologist : medizinischer Entomologe *(m)*

~ waste : Medizinabfall *m*

medication : Behandlung *f*, Medikament *nt*, Medikation *f*

medicinal : Heil-, heilend, medizinisch *adj*

for ~ purposes: zu Heilzwecken

~ herb : Heilkraut *nt*, Heilpflanze *f*

~ plant : Heilpflanze *f*, Medizinalpflanze *f*

~ purpose : Heilzweck *m*

~ spring : Heilquelle *f*

medicinally : zu Heilzwecken, medizinisch *adv*

medicine : Arznei *f*, Arzneimittel *nt*, Heilkunde *f*, Medizin *f*

media : Medien *pl*

medio-European : kontinental, mitteleuropäisch *adj*

Mediterranean : mediterran, Mittelmeer- *adj*

~ climate : mediterranes Klima *(nt)*, Mittelmeerklima *nt*

~ region: mediterrane Region *(f)*

medium : mittel-, mittlere /~r /~s *adj*

~ : Bindemittel *nt*, Medium *nt*, Mittel *nt*, Mittelweg *m*, Umgebung *f*

~-level : mittelaktiv *adj*

~-range : mittelfristig *adj*

~-~ weather forecast : mittelfristige Wettervorhersage *(f)*

~-sized : mittelgroß *adj*

~-~ enterprise : Mittelbetrieb *m*, mittelgroßer Betrieb *(m)*

~-term : mittelfristig *adj*

~-~ planning : mittelfristige Planung *(f)*

meet : entsprechen, einhalten, kennen lernen, treffen *v*

~ the goal: das Ziel erreichen

meeting : Tagung *f*, Treffen *nt*, Vereinigung *f*, Versammlung *f*

~ the demand: Bedarfsdeckung *f*

megalopolis : Megalopolis *f*

megawatt : Megawatt *nt*

meio-organisms : Meioorganismen *pl*

meiosis : Meiose *f*, Reduktionsteilung *f*

melamine : Melamin *nt*

~ resin : Melaminharz *nt*

melanin : Melanin *nt*

melanism : Melanismus *m*

melanoma : Melanom *nt*

melioration : Melioration *f*

malleable : beeinflussbar, formbar, schmiedbar *adj*

melleable : beeinflussbar, formbar, schmiedbar *adj*

~ cast iron : Temperguss *m*

~ iron-steel foundry : Eisen-Stahl-Tempergießerei *f*

melt : flüssig werden, schmelzen, zerlassen *v*

meltdown : Durchschmelzen *nt*, Niederschmelzen *nt*

melting : Schmelzen *nt*

~ of glass: Glasschmelze *f*

~ of the snow: Schneeschmelze *f*

~ agent : Auftaumittel *nt*

~ point : Fließpunkt *m*, Schmelzpunkt *m*

meltwater : Schmelzwasser *nt*

~ channel : Schmelzwassertal *nt*

member : Abgeordnete *f*, Abgeordneter *m*, Mitglied *nt*

~ of parliament: Abgeordnete *f*, Abgeordneter *m*

~ of federal parliament: Bundestagsabgeordnete *f*, Bundestagsabgeordneter *m*

~ nation : Mitgliedsstaat *m*

membership : Mitgliedschaft *f*

~ fee : Mitgliedsbeitrag *m*

member state : Mitgliedsstaat *m*

membrane : Membran *f*

~ aerator : Membranbelüfter *m*

~ filter : Membranfilter *m*

~ ~ press : Membranfilterpresse *f*

~ process : Membranverfahren *nt*

memo : Notiz *f*

~ pad : Notizblock *m*

menace : Drohung *f*, Plage *f*

~ to the public: Gemeingefährdung *f*

~ : androhen, bedrohen, drohen *v*

menagerie : Tierschau *f*

menstrual : menstrual, Menstruations- *adj*

~ cycle : Menstruationszyklus *m*

menstruation : Menstruation *f*

mental : mental *adj*

Mercalli-scale : Mercalli-Skala *f*

mercurial : Quecksilber-, quecksilbrig, wechselhaft *adj*

~ poisoning : Quecksilbervergiftung *f*

mercury : Quecksilber *nt*

~ barometer : Quecksilberbarometer *nt*

~ content : Quecksilbergehalt *m*

~ determination : Quecksilberbestimmung *f*

~ poisoning : Quecksilbervergiftung *f*

~ pollution : Quecksilberverschmutzung *f*

~ precipitation : Quecksilberausscheidung *f*

~ spill damage : Quecksilberhavarie *f*

~ thermometer : Quecksilberthermometer *nt*

~ vapour : Quecksilberdampf *m*

merging : Vereinigung *f*

meridian : Meridian *m*

meridional : meridional *adj*

~ airstream : meridionaler Luftstrom *(m)*

merit : Verdienst *m*

~ : verdienen *v*

meritocracy : Leistungsgesellschaft *f*

mesa : Hochebene *f*, Tafelland *nt*

mesobenthos : Mesobenthos *nt*

mesoclimate : Mesoklima *nt*

mesofauna : Mesofauna *f*

mesohaline : mesohalin *adj*

mesomorph : mesomorph *adj*

mesopause : Mesopause *f*

mesophile : mesophil *adj*

mesophilic : mesophil *adj*

mesophilous : mesophil *adj*

mesophyll : Mesophyll *nt*

mesophyte : Mesophyt *m*

mesoplankton : Mesoplankton *nt*

mesosaprobic : mesosaprob *adj*

mesosphere : Mesosphäre *f*

mesothelium : Mesothelium *nt*
mesotherm : mesotherm *adj*
mesotrophic : mesotroph *adj*
~ **lake** : mesotropher See *(m)*
mesoxerophytic : mesoxerophytisch *adj*
~ **grassland** : Halbtrockenrasen *m*
message : Botschaft *f*
messenger : Bote *m*, Botin *f*
~ **RNA** : Boten-RNS *f*
metabolic : metabolisch, Stoffwechsel- *adj*
~ **activity** : Stoffwechselaktivität *f*
~ **change** : Stoffwechselveränderung *f*
~ **cycle** : Stoffwechselzyklus *m*
~ **disease** : Stoffwechselkrankheit *f*
metabolism : Metabolismus *m*, Stoffumsatz *m*, Stoffwechsel *m*
metabolite : Metabolit *m*, Stoffwechselprodukt *nt*
metabolize : metabolisieren, verstoffwechseln *v*
metainformation : Metainformation *f*
metal : Metall *nt*
~ **asbestos** : Metallasbest *nt*
~ **catalyst** : Metallkatalysator *m*
~ **detector** : Metalldetektor *m*
~ **hose** : Metallschlauch *m*
metalimnion : Metalimnion *nt*
metal industry : Metallindustrie *f*
metallic : metallisch *adj*
metallurgical : Hütten-, metallurgisch *adj*
~ **coking plant** : Hüttenkokerei *f*
~ **industry** : Hüttenindustrie *f*
metallurgy : Metallurgie *f*
metal || oxide catalyst : Metalloxidkatalysator *m*
~ **poisoning** : Metallvergiftung *f*
~ **products industry** : Metallwarenindustrie *f*
~ **recovery** : Metallrückgewinnung *f*
~ **refining** : Metallveredelung *f*
~ **remelting works** : Metallumschmelzwerk *nt*
~ **separator** : Metallscheideanlage *f*
~ **sorting** : Metallsortierung *f*
~ **tower packing** : Metallfüllkörper *m*
~ **wire** : Metalldraht *m*
~ ~ **reinforced** : metalldrahtverstärkt *adj*
~ **working** : Metallbearbeitung *f*
~-~ : metallverarbeitend *adj*
~-~ **industry** : metallverarbeitende Industrie *(f)*
metamorphic : metamorph *adj*
~ **rock** : metamorphes Gestein *(nt)*
metamorphism : Metamorphismus *m*
metamorphite : Metamorphit *m*
metamorphosis : Metamorphose *f*
meteorite : Meteorit *m*
~ **crater** : Meteoritenkrater *m*
meteorological : meteorologisch *adj*
~ **data** : Wetterdaten *pl*
~ **observatory** : meteorologisches Observatorium *(nt)*
~ **office** : Wetteramt *nt*
meteorologist : Meteorologe *m*, Meteorologin *f*
meteorology : Meteorologie *f*, Wetterkunde *f*
meter : Messgerät *nt*, Zähler *m*
~ : messen *v*
~ **(Am)** : Meter *m*
metering : Messung *f*
~ **of vibrations:** Schwingungsmessung
~ **control** : Dosiersteuerung *f*
~ **counter** : Dosierzähler *m*
~ **plant** : Dosieranlage *f*
~ **pump** : Dosierpumpe *f*, Zumesspumpe *f*
methane : Methan *nt*, Methangas *nt*
~ **bacteria** : methanproduzierende Bakterien *(pl)*
~ **collection** : Methangewinnung *f*
~ **converter** : Methankonverter *m*
~ **emissions** : Methanemissionen *pl*
~ **formation** : Methanbildung *f*
~ **gas** : Biogas, Methangas
~ ~ **recovery from landfill:** Deponiegasverwertung *f*
~ ~ **plant** : Biogasanlage *f*
methanogenic : methanbildend *adj*
~ **bacteria** : Methanbakterien *pl*
method : Methode *f*, Verfahren *nt*
~ **of building:** Bauweise *f*
~ **of construction:** Bauweise *f*
~ **of education:** Erziehungsmethode *f*
~ **of evaluation:** Bewertungsmethode *f*, Bewertungsverfahren *nt*
~ **of time catching:** Zeitfangmethode *f*
methylated : methyliert *adj*
~ **spirits** : Spiritus *m*
methylation : Methylierung *f*
metre : Meter *m*, Metrum *nt*, Versmaß *nt*
metric : metrisch *adj*
~ **system** : metrisches Maßsystem *(nt)*
~ **ton** : metrische Tonne *(f)*
metrology : Messtechnik *f*
~ **of analysis:** Analysenmesstechnik *f*
metropolis : Metropole *f*, Weltstadt *f*
metropolitan : weltstädtisch *adj*
mica : Glimmer *m*
microbalance : Mikrowaage *f*
microbe : Mikrobe *f*
microbial : mikrobiell *adj*
~ **disease** : durch Mikroben verursachte Krankheit *(f)*
microbicide : Mikrobizid *nt*
microbiological : mikrobiologisch *adj*
~ **analysis** : mikrobiologische Untersuchung *(f)*
~ **soil treatment plant** : biotechnische Bodenreinigungsanlage *(f)*
microbiologist : Mikrobiologe *m*, Mikrobiologin *f*
microbiology : Mikrobiologie *f*
microclimate : Kleinklima *nt*, Mikroklima *nt*
~ **conditions** : mikroklimatische Bedingungen *(pl)*
microclimatic : mikroklimatisch *adj*
microcomputer : Mikrocomputer *m*

micro-economy : Mikroökonomie *f*

microecosystem : Modellökosystem *nt*

microelectronics : Mikroelektronik *f*

microfauna : Mikrofauna *f*

microfilter : Mikrofilter *m*

microflora : Mikroflora *f*

microhabitat : Mikrohabitat *nt*

microinjection : Mikroinjektion *f*

micrometer : Feinmessschraube *f*, Mikrometer *nt*

micrometre : Mikrometer *m*

micron : Mikrometer *m*, Mikron *nt*

micronutrient : Spurenelement *nt*, Spurennährstoff *m*

microorganism : Mikroorganismus *m*

also spelled: micro-organism

microplankton : Mikroplankton *nt*

micropollutant : Mikroverunreinigung *f*, Spurenschadstoff *m*

micropolluters : Kleinverschmutzer *pl*

micropollution : Mikroverunreinigung *f*

microprobe : Mikrosonde *f*

micro-pump : Mikropumpe *f*

micro-relief : Kleinrelief *nt*, Mikrorelief *nt*

micro-reserve : kleinflächiges Naturschutzgebiet *(nt)*

microscope : Mikroskop *nt*

microscopic : mikroskopisch *adj*

microscopy : Mikroskopie *f*

microsome : Mikrosom *nt*

microtherm : Mikrotherm *m*

microtome : Mikrotom *nt*

microwave : Mikrowelle *f*

~ radiation : Mikrowellen *pl*

MIC value : MIK-Wert *m*

mid diameter : Mittendurchmesser *m*

middle : Mittel-, mittlere /~r /~s *adj*

~ : Mitte *f*, Mittelteil *m*

~ reaches : Mittellauf *m*

mid-latitudes : mittlere Breiten *(pl)*

mid-ocean ridge : Ozeanrücken *m*

mid-term : Halbzeit-, Zwischen- *adj*

~-~ review : Zwischenüberprüfung *f*

migrant : Gastarbeiter *m*, Gastarbeiterin *f*, Wanderarbeiter *m*, Wanderarbeiterin *f*, Zugvogel *m*

migrate : fortziehen, migrieren, wandern *v*

migration : Migration *f*, Wanderung *f*, Zug *m*

~ from the city: Stadtflucht *f*

~ route : Zugroute *f*, Zugweg *m*

~ velocity : Wanderungsgeschwindigkeit *f*

migratory : Nomaden-, Wander-, Zug- *adj*

~ bird : Zugvogel *m*

~ fish : Wanderfisch *m*

mild : gemäßigt, leicht, mild, sanft, zahm *adj*

~ detergent : Feinwaschmittel *nt*

mildew : Mehltau *m*

military : Militär-, militärisch *adj*

~ aircraft : Militärflugzeug *nt*

~ air traffic : Militärluftfahrt *f*

~ policy : Militärpolitik *f*

~ training ground : Truppenübungsplatz *m*

~ zone : Militärgebiet *nt*

milk : Milch *f*

~ of lime: Kalkmilch *f*

~ ~ ~ production plant: Kalkmilchanlage *f*

milking : Melken *nt*

~ ability : Melkbarkeit *f*

~ facility : Melkanlage *f*

~ house : Melkhaus *nt*

~ installation : Melkstandanlage *f*

~ machine : Melkmaschine *f*

~ method : Melkmethode *f*

~ platform : Melkplattform *f*

~ rate : Melkgeschwindigkeit *f*

milk production : Milchproduktion *f*

mill : Betrieb *m*, Fabrik *f*, Mühle *f*, Müllerei *f*, Werk *nt*

~ : fräsen, im Kreis laufen, mahlen *v*

milled : gemahlen *adj*

millibar : Millibar *nt*

milligauss : Milligauß *nt*

milligram : Milligramm *nt*

millilitre : Milliliter *m*

millimetre : Millimeter *m*

milling : Fräs-, fräsend, Mahl-, mahlend *adj*

~ : Fräsen *nt*, Mahlen *nt*

~ machine : Fräse *f*, Fräsmaschine *f*

million : Million *f*

~ tonnes : Megatonne *f*

~ of coal equivalent: Megatonne Steinkohleeinheiten *(f)*

millisievert : Millisievert *nt*

mill pond : Mühlteich *m*

also spelled: mill-pond

mill race : Mühlgerinne *nt*

also spelled: mill-race

millstone : Mühlstein *m*

millstream : Mühlbach *m*

mill wheel : Mühlrad *nt*

also spelled: mill-wheel

mimesis : Mimese *f*

mimic : Imitator *m*

~ : imitieren *v*

mimicry : Mimikry *f*

Minamata disease : Minamata-Krankheit *f*

mind : Geist *m*, Verstand *m*

minds-on : theoretisch *adj*

mine : Bergwerk *nt*, Grube *f*, Mine *f*, Revier *nt*, Zeche *f*

~ : abbauen, fördern *v*

mined : abgebaut, gefördert, gegraben, geschürft *adj*

~ area : Bergbaugebiet *nt*

mine || drainage : Grubenabwasser *nt*

~ dump : Abraumhalde *f*, Halde *f*

~-mouth power generating plant : Grubengaskraftwerk *nt*

miner : Bergmann *m*

mineral : Mineral-, mineralisch *adj*

~ : Mineral *nt*

~ coal : Steinkohle *f*

~ colour : Mineralfarbe *f*

~ **deposits** : Lagerstätte *f*, Minerallagerstätte *f*

~ **extraction hole** : Baggerloch *nt*

~ **fertilizer** : Mineraldünger *m*

~ **fertilizing** : Mineraldüngung *f*

~ **fibre** : Mineralfaser *f*

~ **nutrients** : Mineralstoffe *pl*

~ **oil** : Erdöl *nt*, Mineralöl *nt*

~ ~ **consumption** : Erdölverbrauch *m*

~ ~ **contaminated** : mineralölkontaminiert *adj*

~ ~ **extraction** : Erdölförderung *f*

~ ~ **industry** : Mineralölwirtschaft *f*

~ ~ **price** : Mineralölpreis *m*

~ ~ **processing** : Mineralölverarbeitung *f*

~ ~ **product** : Erdölprodukt *nt*

~ ~ **refinery** : Mineralölraffinerie *f*

~ ~ **reserves** : Erdölvorrat *m*

~ ~ **tax** : Mineralölsteuer *f*

~ ~ ~ **law** : Mineralölsteuergesetz *nt*

~ **pitch** : Asphalt *m*

~ **resource** : Bodenschatz *m*

~ **rock and earths industry** : Steine- und Erden-Industrie *f*

~ **soil** : mineralischer Boden *(m)*, Mineralboden *m*

~ **spring** : Mineralquelle *f*

~ **substances** : mineralische Stoffe *(pl)*

~ **water** : Mineralwasser *nt*, Tafelwasser *nt*

~ **wool insulating material** : mineralischer Dämmstoff *(m)*

mineralization : Mineralisation *f*, Mineralisierung *f*

mineralogy : Mineralogie *f*

mine | -shaft : Grubenschacht *m*

~ **water** : Grubenwasser *nt*

~ **worker** : Bergmann *m*

minimal : minimal, Minimal- *adj*

~ **area** : Minimalareal *nt*, Minimumareal *nt*

~ **cost planning** : Minimalkostenplanung *f*

minimization : Minderung *f*

~ **potential** : Minderungspotenzial *nt*

minimum : kleinste /~r /~s, Mindest-, Minimal-, *adj*

~ : Minimum *nt*

~ **area** : Minimumareal *nt*

~ **diameter** : Mindestweite *f*

~ **discharge** : Mindestabfluss *m*, Mindestdurchfluss *m*

~ **flow** : Mindestabfluss *m*, Mindestdurchfluss *m*

~ **intervention** : geringster Eingriff *(m)*

~ **operating (level)** : Absenkziel *nt*

~ **requirement** : Minimalanforderung *f*

≗ **Rule** : Minimumgesetz *nt*

~ **space** : Grenzabstand *m*

~ **specific discharge** : Mindestabflussspende *f*

~ **specific runoff** : Mindestabflussspende *f*

~ **tillage** : Minimalbodenbearbeitung *f*

~ **viable population** : kleinste überlebensfähige Population *(f)*

mining : Abbau *m*, Bergbau *m*

~ **agency** : Bergbehörde *f*

~ **authority** : Bergbehörde *f*

~ **charge** : Förderabgabe *f*

~ **damage** : Bergschaden *m*

~ **debris** : Zechenabraum *m*

~ **district** : Bergbaugebiet *nt*

~ **engineering** : Bergbauingenieurwesen *nt*

~ **industry** : Bergbau *m*

~ **law** : Bergrecht *nt*

~ **order** : Bergverordnung *f*

~ **regulation** : Bergverordnung *f*

~ **rights** : Bergbauberechtigung *f*

~ **sewage** : Grubenabwasser *nt*

~ **waste** : Bergbauabfall *m*

minister : Gesandte *f*, Gesandter *m*, Minister *m*, Ministerin *f*

- ≗ **of state:** Staatsminister *m*, Staatsministerin *f*, Staatssekretär *m*, Staatssekretärin *f*
- ≗ **of the Crown:** Kabinettsminister *m*, Kabinettsministerin *f*
- ≗ **of the Environment:** Umweltminister *m*
- ~ **without portfolio:** Staatsminister *m*, Staatsministerin *f*

ministerial : ministeriell *adj*

~ **conference** : Ministerkonferenz *f*

≗ **Declaration** : Erklärung der Minister *(f)*

Minister-President's Office : Staatskanzlei *f*

ministry : Ministerium *nt*

- ≗ **of Economic Affairs:** Wirtschaftsministerium *nt*
- ≗ **of Education:** Kultusministerium *nt*
- ≗ **of Energy:** Energieministerium *nt*
- ≗ **of Research:** Forschungsministerium *nt*
- ≗ **of the Environment:** Umweltministerium *nt*
- ≗ **of the Interior:** Innenministerium *nt*, Ministerium des Inneren
- ≗ **of Transport:** Verkehrsministerium *nt*

minor : geringere /~r /~s, kleinere /~r /~s, leicht, Neben- *adj*

~ : Minderjährige *f*, Minderjähriger *m*

~ : protokollieren *v*

~ **(Am)** : Nebenfach *nt*

~ **agency** : Unterorganisation *f*

~ **bed** : Niedrigwasserbett *nt*

~ **produce** : Nebennutzung *f*

minute : minutiös, minuziös, unbedeutend, winzig *adj*

~ : Augenblick *m*, Entwurf *m*, Memorandum *nt*, Minute *f*, Moment *m*, Notiz *f*, Vermerk *m*

~ : protokollieren, zu Protokoll nehmen *v*

minutes : Protokoll *nt*

- ~ **of a meeting:** Tagungsbericht *m*, Tagungsergebnisse *pl*

miosis (Am) : Meiose *f*, Reduktionsteilung *f*

mire : Feuchtgebiet *nt*, Morast *m*, Schlamm *m*

mirror : Spiegel *m*

~ **stereoscope** : Spiegelstereoskop *nt*

miry : schlammig *adj*

mission : Auftrag *m*

mist : Dunst *m*, (leichter) Nebel *m*, Schleier *m*, Wolke *f*

mistake : Fehler *m*

- ~ **in judgement:** Ermessensfehlgebrauch *m*

misty : dunstig, neb(e)lig *adj*

misuse : Missbrauch *m*

~ : falsch gebrauchen, missbrauchen *v*

mite : Milbe *f*

mitochondria : Mitochondrien *pl*

mitochondrium : Mitochondrium *nt*

mitosis : Mitose *f*

mixed : gemischt, Misch- *adj*

~ **cropping** : Mischkultur *f*

~ **economy** : Mischwirtschaft *f*

~ **farming** : Mischlandwirtschaft *f*

~**-flow pump** : Schraubenradpumpe *f*

~ **forest** : Mischwald *m*

~ **housing area** : Mischgebiet *nt*

~ **stand** : Mischbestand *m*

~ **use area** : Gemengelage *f*

~ **waste** : Mischabfall *m*

~ **woodland** : Mischwald *m*

mixer : Mischer *m*

mixing : Durchmischung *f*, Mischen *nt*

~ **activity** : Durchmischungsaktivität *f*

~ **plant** : Mischanlage *f*

mixture : Mischung *f*, Stoffgemisch *nt*

moat : Wallgraben *m*, Wassergraben *m*

mobile : mobil *adj*

~ **measuring unit** : Messwagen *m*

~ **sound absorbing wall** : Schallschutzstellwand *f*

~ **waste processing plant** : mobile Abfallaufbereitungsanlage *(f)*

mobility : Mobilität *f*

model : Modell *nt*

~ **of functions:** Funktionsmodell *nt*

~ **building code** : Musterbauordnung *f*

~ **calculation** : Modellrechnung *f*

~ **computation** : Modellrechnung *f*

~ **hierarchy** : Modellhierarchie *f*

modeling (Am) : formend *adj*

~ **(Am)** : Modellbildung *f*, Modellieren *nt*, Modellierung *f*

modelling : formend *adj*

~ : Modellbildung *f*, Modellieren *nt*, Modellierung *f*

~ **clay** : Knetmasse *f*, Modellierton *m*

model rainfall : Modellregen *m*

moder : Moder *m*

moderate : moderieren *v*

moderation : Moderation *f*

moderator : Moderator *m*

modern : modern *adj*

modernization : Modernisierung *f*

~ **programme** : Modernisierungsprogramm *nt*

modernize : modernisieren *v*

modest : genügsam *adj*

modestly : genügsam *adv*

modification : Änderung *f*

modified : verändert *adj*

~ **landscape** : genutzte Landschaft *(f)*

modify : ändern *v*

module : Modul *nt*

moduli : Module *pl*

modulus : Modul *nt*

~ **of rupture:** Bruchmodul *nt*

moist : feucht *adj*

~ **mountain forest** : Monsunbergwald *m*

~ **savanna** : Feuchtsavanne *f*

~ **sludge** : Feuchtschlamm *m*

moisten : anfeuchten, benetzen *v*

moisture : Feuchte *f*, Feuchtigkeit *f*, Wassergehalt *m*

~ **availability** : Feuchteverfügbarkeit *f*

~ **content** : Feuchtegehalt *m*, Feuchtegrad *m*

~ **meter** : Feuchtemesser *m*

~ **retention** : Feuchterückhalt *m*

~ **stress** : Feuchtestress *m*, Wasserstress *m*

molasses : Melasse *f*

mold (Am) : Humusboden *m*

mole : Maulwurf *m*, Mol *nt*

molecular : molekular, Molekular- *adj*

~ **biology** : Molekularbiologie *f*

~ **diffusion** : (molekulare) Diffusion *f*

~ **filter** : Molekularfilter *m*

~ **structure** : Molekülstruktur *f*

~ **weight** : Molekulargewicht *nt*, Molekularmasse *f*

molecule : Molekül *nt*

mole || drain : Maulwurfsdrän *m*

~ **drainage** : Maulwurfsdränung *f*

~ **draining plough** : Maulwurfsdränpflug *m*

molehill : Maulwurfshaufen *m*, Maulwurfshügel *m*

mollusc : Weichtier *nt*

molluscicide : Molluskizid *nt*

molten : geschmolzen, schmelzflüssig *adj*

~ **lava** : Flüssiglava *f*

~**-mass** : Schmelze *f*

~**-~ filter** : Schmelzefilter *m*

~**-~ pump** : Schmelzepumpe *f*

~ **metal** : Metallschmelze *f*

moment : Augenblick *m*, Moment *m/nt*

~ **of danger:** Gefahrenmoment *nt*

monadnock : Härtling *m*

monastry : Kloster *nt*

~ **church** : Klosterkirche *f*

monetarism : Monetarismus *m*

monetary : finanziell, Geld-, monetär, Währungs- *adj*

~ **management** : geldpolitische Steuerung *(f)*

~ **policy** : Geldpolitik *f*

~ **stability** : Geldwertstabilität *f*

money : Geld *nt*

~ **market** : Geldmarkt *m*, Kapitalmarkt *m*

monitor : Bildschirm *m*, Monitor *m*

~ : abschätzen, beobachten, kontrollieren, überwachen, warnen *v*

monitoring : Dauerbeobachtung *f*, Kontrolle *f*, Monitoring *nt*, Überwachung *f*

~ **of air pollution:** Überwachung der Luftverunreinigung *(f)*

~ **of rehabilitation:** Sanierungsüberwachung *f*

~ **equipment** : Überwachungsausrüstung *f*

~ **installation** : Überwachungsanlage *f*

~ **network** : Messstellennetz *nt*

~ **plot** : Dauerbeobachtungsfläche *f*

~ programme : Dauerbeobachtungsprogramm *nt*, Überwachungsprogramm *nt*

~ station : Überwachungsstation *f*

~ system : Überwachungssystem *nt*

~ well : Beobachtungsbrunnen *m*

monocline : Flexur *f*, Monoklinalfalte *f*

monocotyledon : Monokotyledone *f*, einkeimblättrige Pflanze *(f)*

monoculture : Monokultur *f*

monogamy : Monogamie *f*

monomorph : monomorph *adj*

monopoly : Monopol *nt*

monopolies : Monopole *pl*, Monopolstellungen *pl*

~ law : Kartellrecht *nt*

mono-purpose : Einzweck- *adj*

~ dump : Monodeponie *f*

monostructure : Monostruktur *f*

monozygotic : monozygot *adj*

monsoon : Monsun *m*

monsoonal : Monsun- *adj*

monsoon || climate : Monsunklima *nt*

~ forest : Monsunwald *m*

montane : montan *adj*

monument : Denkmal *nt*

~ conservation : Denkmalerhaltung *f*

~ damage : Denkmalschaden *m*

~ preservation : Denkmalpflege *f*

~ protecting organisation/organization : Denkmalschutzorganisation *f*

moon : Mond *m*

moonscape : Mondlandschaft *f*

moor : Moor *nt*

moorings : Anlegesteg *m*

moorland : Moorland *nt*

~ fire : Moorbrand *m*

~ vegetation : Moorvegetation *f*

moose : Elch *m*

moped : Moped *nt*

~-rider : Mopedfahrer *m*, Mopedfahrerin *f*

mor : Auflagehumus *m*, Moder *m*, Rohhumus *m*

morainal : Moränen-, moränenbedingt, moränenbürtig *adj*

~ lake : Endmoränensee *m*

moraine : Moräne *f*

~ region : Moränengebiet *nt*

moratorium : Moratorium *nt*

morbidity : Morbidität *f*

~ rate : Morbiditätsrate *f*

morbific : krankheitserregend *adj*

~ agent : Krankheitserreger *m*

morning : Morgen-, morgendlich *adj*

~ : Morgen *m*, Vormittag *m*

~ glory : Winde *f*

~ ~ spillway : Überfallturm *m*

morph : Morphe *f*

morphological : morphologisch *adj*

morphology : Formenlehre *f*, Morphologie *f*

mortality : Mortalität *f*, Sterblichkeit *f*

~ rate : Mortalitätsrate *f*

mortar : Mörtel *m*

mosaic : Mosaik *nt*, Mosaikkrankheit *f*

~ theory : Mosaiktheorie *f*

moss : Moor *nt*, Moos *nt*

~-covered : moosbedeckt *adj*

mossy : moosig *adj*

most : höchst *adv*

mother : Mutter *f*

~-of-pearl: Perlmutt *nt*

~ cell : Mutterzelle *f*

~'s milk : Muttermilch *f*

motion : Antrag *m*

~ to receive evidence: Beweisantrag *m*

motivate : motivieren *v*

motivation : Motivation *f*

~ to learn: Lernmotivation *f*

motive : Grund *m*

motor : Motor *m*

motorboat : Motorboot *nt*

motor || car : Automobil *nt*

~ ~ engineering : Kfz-Technik *f*, Kraftfahrzeugtechnik *f*

~ ~ tax : Kraftfahrzeugsteuer *f*

~ ~ ~ legislation : Kraftfahrzeugsteuergesetz *nt*

motorcycle : Kraftrad *nt*, Motorrad *nt*

~ race : Motorradrennen *nt*

~ racing : Motorradrennen *nt*

motorcycling : Motorradsport *m*

motorcyclist : Motorradfahrer *m*, Motorradfahrerin *f*

motor || fuel : Kraftstoff *m*

~ highway : Autobahn *f*

motorist : Autofahrer *m*, Autofahrerin *f*

motorization : Motorisierung *f*

motorize : motorisieren *v*

motorized : motorisiert *adj*

~ lathe : Drehmaschine *f*

~ sledge : Motorschlitten *m*

motor || scooter : Motorroller *m*

~ ship : Motorschiff *nt*

~ spirit (Br) : Benzin *nt*

~ sport : Motorsport *m*

~ traffic : Kraftverkehr *m*

~ ~ noise : Kfz-Lärm *m*, Kraftfahrzeuglärm *m*

~ vehicle : Automobil *nt*, Kraftfahrzeug *nt*, Motorfahrzeug *nt*

~ ~ recycling : Autoverwertung *f*

motorway : Autobahn *f*

motor yacht : Motorjacht *f*

mottled : marmoriert *adj*

mould : Humuserde *f*, Schimmelpilz *m*

mouldboard (Br) : Abstreichblech *nt*, Riester *nt*, Streichblech *nt*, Streichbrett *nt*

~ plough (Br) : Beetpflug *m*

moulding : Formen *nt*, Formling *m*, Formteil *nt*, Leiste *m*, Zierleiste *f*

~ machine : Fräse *f*, Fräsmaschine *f*

moult : Haarwechsel *m*, Häutung *f*, Mauser *f*

~ : (sich) haaren, (sich) häuten, (sich) mausern *v*

moulting : Abhaaren *nt*, Federwechsel *m*, Fellwechsel *m*, Gefiedererneuerung *f*, Haarwechsel *m*, Häutung *f*, Mauser *f*

~ season : Mauserzeit *f*

moult plumage : Mausergefieder *nt*

mound : Anhöhe *f*, Erdhügel *m*, Haufen *m*, Hügel *m*, Steinhaufen *m*
~ **of earth:** Erdhügel *m*
~ **of stones:** Steinhügel *m*
~ **planting** : Hügelpflanzung *f*
mountain : Berg *m*, Berggebiet *nt*
~ **area** : Berggebiet *nt*
~ **bike** : Mountain-Bike *nt*
~ **biking** : Mountain-Bike-Fahren *nt*
~ **chain** : Gebirgskette *f*
~ **climate** : Gebirgsklima *nt*
~ **crest** : Gebirgskamm *m*
~ **dweller** : Gebirgsbewohner *m*, Gebirgsbewohnerin *f*
mountaineer : Bergsteiger *m*, Bergsteigerin *f*
mountaineering : Bergsteigen *nt*
mountain landscape : Gebirgslandschaft *f*
mountainous : bergig, gebirgig *adj*
~ **forest** : Bergwald *m*
~ **region** : Gebirgslandschaft *f*
mountain || pasture : Bergwiese *f*
~ **people** : Gebirgsvolk *nt*
~ **range** : Bergkette *f*, Gebirge *nt*, Gebirgskette *f*, Gebirgszug *m*
~ **rescue** : Bergrettung *f*, Bergwacht *f*
~ ~ **post** : Bergrettungsstation *f*
~ **ridge** : Gebirgskamm *m*, Gebirgszug *m*
~ **road** : Gebirgsstraße *f*
mountains : Gebirge *nt*
mountain || scenery : Gebirgslandschaft *f*
~ **sickness** : Bergkrankheit *f*
mountainside : Berghang *m*
mountain || slope : Berghang *m*
~ **stream** : Gebirgsbach *m*
~ **tribe** : Gebirgsvolk *nt*
mounting : Armatur *f*
mouth : Maul *nt*, Mund *m*, Mündung *f*
movable : beweglich *adj*
~ **assets** : bewegliche Sachen *(pl)*
movables : bewegliche Sachen *(pl)*
move : bewegen *v*
movement : Bewegung *f*, Verlagerung *f*
~ **form** : Begleitschein *m*
movements : Transport *m*
mover : Antragsteller *m*, Antragstellerin *f*
moving : bewegend, beweglich, ergreifend *adj*
~**-bed dryer** : Fließbetttrockner *m*
mow : mähen *v*
mowing : Mahd *f*, Mähen *nt*
much-needed : dringend benötigt *adj*
muciparous : schleimabsondernd *adj*
muck : Jauche *f*
mucous : Schleim-, schleimig *adj*
~ **membrane** : Schleimhaut *f*
mucus : Schleim *m*
mud : Schlamm *m*, Schlick *m*
~ **avalanche** : Schlammlawine *f*
muddy : schlammig *adj*
mudflats : Schlickboden *m*, Schlickfläche *f*, Schlickwatt *nt*, Watt *nt*, Watten *pl*
mud || flow : Mure *f*, Schlammlawine *f*
~**-rock flow** : Mure *f*
mudskirt : Schlammufer *nt*
mudskirts : Schlammkrawatten *pl*
mud spate : Schlammlawine *f*
mudstream : Schlammstrom *m*
mud volcano : Schlammvulkan *m*
muffler (Am) : Auspufftopf *m*, Schalldämpfer *m*
mulch : Mulch *m*
~ : mulchen *v*
mulching : Mulchen *nt*
mulch || seeding : Mulchsaat *f*
~ **tillage** : mulchbelassende Bodenbearbeitung *(f)*
mull : Mull *m*
Mullerian mimicry : Müllersche Mimikry *f*
multi-compartment : Mehrkammer- *adj*
~-~ **septic tank** : Mehrkammergrube *f*
multicropping : Mehrfachanbau *m*
multidimensional : mehrdimensional *adj*
multidisciplinary : multidisziplinär *adj*
multielement : Multielement- *adj*
~ **analysis** : Multielementanalyse *f*
multifuel : mit mehreren Treibstoffen betrieben *adj*
~ **engine** : Vielstoffmotor *m*
multilateral : multilateral *adj*
multinational : multinational *adj*
multiple : mehrfach, Mehrfach- *adj*
~ **cropping** : Mehrfachanbau *m*
~ **land use** : Mehrfachnutzung *f*
~ **tube filter** : Kerzenfilter *m*
~ **use** : Mehrfachnutzung *f*, Mehrzwecknutzung *f*
~ **way cock** : Mehrwegehahn *m*
~ **way valve** : Mehrwegeventil *nt*
multiplier : Faktor *m*, Hebesatz *m*, Multiplikator *m*, Verstärker *m*, Vervielfacher *m*, Vorwiderstand *m*
~ **effect** : Multiplikatoreffekt *m*
multiply : vermehren *v*
multi-purpose : Mehrzweck- *adj*
~-~ **tree** : Mehrfachnutzbaum *m*
multistage : mehrstufig *adj*
multi-storey : mehrgeschossig, mehrstöckig *adj*
~-~ **cropping** : Mehrstockanbau *m*
multi-story (Am) : mehrgeschossig, mehrstöckig *adj*
~ **cropping (Am)** : Mehrstockanbau *m*
multivariance : Multivarianz- *adj*
~ **analysis** : Multivarianzanalyse *f*
municipal : kommunal, Kommunal-, städtisch *adj*
~ **association** : Zweckverband *m*
~ **authority** : Stadtverwaltung *f*
~ **budget** : Kommunalhaushalt *m*
~ **court** : Amtsgericht *nt*
~ **dump** : kommunale Mülldeponie *(f)*, städtische Mülldeponie *(f)*
~ **hall** : Stadthalle *f*

municipality : Gemeinde *f*, Gemeindeverwaltung *f*

~ **suit** : Gemeindeklage *f*

municipalization : Kommunalisierung *f*

municipal || law : Gemeinderecht *nt*

~ **level** : Kommunalebene *f*

municipally : städtisch *adv*

municipal || park : Stadtpark *m*

~ **policy** : Kommunalpolitik *f*

~ **railway** : Schnellbahn *f*

~ **rates act** : Kommunalabgabengesetz *nt*

~ **refuse** : kommunaler Müll *(m)*, städtischer Müll *(m)*

~ **services** : Kommunalverwaltung *f*, Stadtwerke *f*

~ **sewage** : Siedlungsabwasser *nt*

~ **statute** : Gemeindesatzung *f*

~ **vehicle** : Kommunalfahrzeug *nt*

~ **waste** : kommunaler Abfall *(m)*, kommunaler Müll *(m)*, Siedlungsabfall *m*, städtischer Müll *(m)*

~ ~ **water** : kommunales Schmutzwasser *(nt)*

~ **water management** : Siedlungswasserwirtschaft *f*

Muschelkalk : Muschelkalk *m*

muscle : Muskel *m*

mushroom : Pilz *m*

~ **cloud** : Atompilz *m*

~ **compost** : Nährboden für Champignons *(m)*

~ **rock** : Pilzfelsen *m*

~ **spawn** : Myzel *nt*

muskeg : Tundramoor *nt*

muskovite : Kaliglimmer *m*, Muskovit *m*

mussel : Muschel *f*

~-bed : Muschelbank *f*

mustard : Senf *m*

~ **gas** : Lost *m*

mutagen : Mutagen *nt*

mutagenesis : Mutagenese *f*

mutagenic : erbgutschädigend, mutagen *adj*

mutagenicity : Mutagenität *f*

~ **testing** : Mutagenitätsprüfung *f*

mutagens : mutagene Stoffe *(pl)*

mutant : mutiert *adj*

~ : Mutante *f*

mutate : mutieren *v*

mutation : Erbänderung *f*, Mutation *f*

~ **factor** : Mutationsfaktor *m*

mutilated : verstümmelt *adj*

mutual : beiderseitig, gegenseitig, gemeinsam, wechselseitig *adj*

~ **briefing session** : Informationsgespräch *nt*

mycelium : Myzel *nt*

mycology : Mykologie *f*, Pilzkunde *f*

mycorrhiza : Mykorrhiza *f*

mycosis : Pilzbefall *m*

mycotoxin : Mykotoxin *nt*

myiasis : Myiasis *f*

myxomatosis : Myxomatose *f*

nacre : Perlmutt *nt*

nacreous : Perlmutter- *adj*

~ **clouds** : Perlmutterwolken *pl*

naked : blank, bloß, nackt, offen, wehrlos *adj*

~ **flames** : offenes Feuer *(nt)*

name : Bezeichnung *f*, Name *m*

~ : benennen, ernennen, nennen *v*

naming : Benennen *nt*, Ernennen *nt*, Nennen *nt*

~ **a guarantor:** Garantenstellung *f*

nanoplankton : Nanoplankton *nt*

narcotic : Betäubungsmittel *nt*

~s act : Betäubungsmittelgesetz *nt*

nastic : nastisch *adj*

~ **response** : Nastie *f*

natality : Geburt *f*

~ **rate** : Geburtenrate *f*, Geburtenziffer *f*

nation : Nation *f*

national : einzelstaatlich, Landes-, landesweit, national, National-, Staats-, überregional, Volks- *adj*

~ : Landsmann *m*, Landsmännin *f*, Staatsbürger *m*, Staatsbürgerin *f*

~ **account:** volkswirtschaftliche Gesamtrechnung *(f)*

~ **budget:** Landeshaushalt *m*, Staatshaushalt *m*

~ **constitution:** Landesverfassung *f*

~ **debt:** Staatsschuld *f*, Staatsverschuldung *f*

~ **economy:** Volkswirtschaft *f*

~ **emergency:** Staatsnotstand *m*

~ **government:** Landesregierung *f*, Staatsregierung *f*

nationalization : Verstaatlichung *f*

national || law: Landesgesetz *nt*, Landesrecht *nt*

~ **legislation:** Landesgesetzgebung *f*

≗ **Nature Reserve:** nationales Naturschutzgebiet *(nt)*

~ **order:** Landesverordnung *f*

~ **park:** Nationalpark *m*, Naturschutzpark *m*

≗ ≗**s and Access to the Countryside Act** : Gesetz über Nationalparke und das Betreten der freien Landschaft *(nt)*

~ ~ **authority** : Nationalparkverwaltung *f*

~ ~ **ranger service** : Nationalparkwacht *f*

~ **planning || act** : Landesplanungsgesetz *nt*

~ ~ **law** : Landesplanungsrecht *nt*

~ **provision** : einzelstaatliche Vorschrift *(f)*

~ **territory** : Hoheitsgebiet *nt*, Staatsgebiet *nt*

≗ **Trust** : Nationalstiftung *f*

native : bodenständig, eingeboren, einheimisch, heimisch *adj*

~ **species** : einheimische Art *(f)*

nativeness : Bodenständigkeit *f*

natural : Natur-, naturbelassen, naturgemäß, natürlich, selbstverständlich, ursprünglich *adj*

~ **and inevitable:** naturgegeben *adj*

~ **area** : Naturraum *m*

~ **balance** : Naturhaushalt *m*

~ **catastroph** : Naturkatastrophe *f*

~ **childbirth** : natürliche Geburt *(f)*

~ **colour** : Naturfarbe *f*

~ **cooling** : Naturkühlung *f*

~ **cover** : Bewuchs *m*

~ **disaster** : Naturkatastrophe *f*

~ **dye** : Naturfarbe *f*

~ **ecosystem functioning** : Naturhaushalt *m*

~ **environment** : Naturmilieu *nt*

~ **equilibrium** : natürliches Gleichgewicht *(nt)*

~ **erosion** : natürliche Erosion *(f)*

~ **evaporation** : natürliche Verdunstung *(f)*

~ **fertilizer** : Naturdünger *m*

~ **fibre** : Naturfaser *f*

~ **forest** : Naturwald *nt*

~ **gas:** Erdgas *nt*

~ ~ **deposit** : Erdgasvorkommen *nt*

~ ~ **extraction** : Erdgasförderung *f*, Erdgasgewinnung *f*

~ ~ **field** : Erdgasfeld *nt*

~ ~ **processing plant** : Erdgasaufbereitungsanlage *f*

~ ~ **requirement** : Erdgasbedarf *m*

~ ~ **well** : Erdgasquelle *f*

~ **geographic region** : Naturraum *m*

~ **heritage** : Naturerbe *nt*

~ **history** : Naturgeschichte *f*, Naturkunde *f*

~ ~ : naturkundlich *adj*

~ ~ **research** : Naturforschung *f*

~ **immunity** : natürliche Immunität *(f)*

~ **increase** : natürliches Bevölkerungswachstum *(nt)*

~ **independence law** : Natureigenrecht *nt*

~ **landscape** : Naturlandschaft *f*

~ **law** : Naturrecht *nt*

~ **levee (Am)** : Uferwall *m*

~ **monument** : Naturdenkmal *nt*

~ **phenomenon** : Naturereignis *nt*, Naturerscheinung *f*

~ **pollutant** : natürlicher Schadstoff *(m)*

~ **product** : Naturerzeugnis *nt*, Naturprodukt *nt*

~ **production forest** : naturgemäßer Wirtschaftswald *(m)*

~ **radioactivity** : Eigenaktivität *f*

~ ~ **per water volume:** Eigenaktivitätskonzentration *f*

~ **regeneration** : Naturverjüngung *f*

~ **resource** : Naturgut *nt*, natürliche Ressource (f), natürlicher Rohstoff (m)

~ **resources** : Naturgüter *pl*, Naturschätze *pl*

~ **rubber** : Kautschuk *m*

~ **science** : Naturwissenschaft *f*

~ **scientist** : Naturwissenschaftler *m*, Naturwissenschaftlerin *f*

~ **seeding** : Anflug *m*, Ansamung *f*

~ ~ **of heavy seed:** Aufschlag *m*

~ **selection** : natürliche Auslese *(f)*, natürliche Selektion *(f)*

~ **spectacle** : Naturschauspiel *nt*

~ **stone** : Naturstein *m*

~ **substance** : Naturstoff *m*

~ **value** : Eigenwert *m*, Eigenwert der Natur *(m)*

~ **vegetation** : natürliche Vegetationsdecke *(f)*

~ **woodland** : naturverjüngter Wald *(m)*

naturalism : Naturalismus *m*

naturalist : Naturforscher *m*, Naturforscherin *f*

naturalistic : naturalistisch *adj*

naturalization : Einbürgerung *f*

naturalize : einbürgern, heimisch machen *v*

naturally : naturgemäß, natürlich, ursprünglich *adv*

~ **cloudy** : naturtrüb *adj*

~ **occuring building material** : Naturbaustoff *m*

naturalness : Natürlichkeit *f*, Ursprünglichkeit *f*

nature : Beschaffenheit *f*, Natur *f*

~ **of waste:** Abfallbeschaffenheit *f*

≗ **Conservancy || Council** : Naturschutzbehörde *f*

~ ~ **organisation/organization** : Naturschutzorganisation *f*

~ **conservation** : Naturschutz *m*

~ ~ **by contracts:** Vertragsnaturschutz *m*

~ ~ **authority** : Naturschutzbehörde *f*

~ ~ **education** : Naturschutzpädagogik *f*

~ ~ **law** : Landschaftsgesetz *nt*, Naturschutzgesetz *nt*, Naturschutzrecht *nt*

~ ~ **legislation** : Naturschutzrecht *nt*

~ ~ **levy** : Naturschutzabgabe *f*

~ ~ **official** : Naturschutzbeamtin *f*, Naturschutzbeamter *m*

~ ~ **ordinance** : Naturschutzverordnung *f*

~ ~ **programme** : Naturschutzprogramm *nt*

~ ~ **standpoint** : Naturschutzgesichtspunkt *m*

~ ~ **station** : Naturschutzstation *f*

~ **creation** : Naturschöpfung *f*

~ **destruction** : Naturzerstörung *f*

~ **film** : Naturfilm *m*

~ **lover** : Naturfreund *m*, Naturfreundin *f*

~ **monument** : Naturdenkmal *nt*

~ **park** : Naturpark *m*

~ **religion** : Naturreligion *f*

~ **reserve** : Naturschutzgebiet *nt*

~ **strategy** : Naturstrategie *f*

~ **study** : Naturkunde *f*

~ **trail** : Lehrpfad *m*, Naturlehrpfad *m*

naturopathic : Naturheil- *adj*

~ **treatment** : Naturheilverfahren *nt*

naturopathy : Naturheilkunde *f*

nauplius : Nauplius *f*

nautical : nautisch *adj*

~ **mile** : Seemeile *f*

navigability : Schiffbarkeit *f*

navigable : schiffbar *adj*

navigate : navigieren *v*

navigation : Schifffahrt *f*

~ **road** : Seewasserstraße *f*

neap : niedrig, Nipp- *adj*

~ **tide:** Nippflut *f*, Nipptide *f*, Nippzeit *f*

nearby : nahe gelegen *adj*

~ **recreational area** : Naherholungsgebiet *nt*

nearctic : nearktisch *adj*

≗ **Region** : nearktische Region *(f)*

near-natural : naturnah *adj*

necessary : erforderlich, nötig, notwendig *adj*

necrosis : Nekrose *f*

need : Bedarf *m*, Bedürfnis *nt*, Bedürftigkeit *f*, Not *f*, Notwendigkeit *f*

in ~ **of protection:** schutzbedürftig *adj*

~ : benötigen *v*

~ **analysis** : Bedarfsanalyse *f*

needle : Dammnadel *f*, Felsnadel *f*, Nadel *f*

~ **cast** : Nadelfall *m*

~**-leaved tree** : Nadelbaum *m*

~ **slot pipe** : Spaltrohr *nt*

~ **slot screen** : Spaltsieb *nt*

negative : negativ *adj*

~ **feedback** : negative Rückkopplung *(f)*

~ **ion generator** : Ionisator *m*

~ **selection:** negative Auslese *(f)*, Säuberung *f*

negentropy : Negentropie *f*

neglect : vernachlässigen *v*

negligence : Fahrlässigkeit *f*

negotiate : aushandeln, bewältigen, einlösen, passieren, überwinden, verhandeln *v*

negotiating : bewältigend, verhandelnd, Verhandlungs- *adj*

~ **solution** : Verhandlungslösung *f*

negotiation : Verhandlung *f*

nehrung : Nehrung *f*

neighbour : Nachbar *m*

neighbourhood : Nachbarschaft *f*, Wohnumfeld *nt*

~ **noise** : Umgebungslärm *m*

neighbouring : benachbart *adj*

~ **owner** : Anlieger *m*

neighbour's || complaint : Nachbarklage *f*

~ **right** : Nachbarrecht *nt*

~ ~ **for complaint:** Nachbarklagerecht *nt*

nekton : Nekton *nt*

nematocide : Nematozid *nt*

nematodes : Nematoden *pl*

neo-Darwinism : Neodarwinismus *m*

neritic : neritisch *adj*

~ **facies:** neritische Fazies *(f)*

~ **zone:** Flachseezone *f*, neritische Zone *(f)*

nerve : Nerv *m*

~ **cell** : Nervenzelle *f*

~ **gas** : Nervengas *nt*

nervous : Nerven-, nervös *adj*

~ **system** : Nervensystem *nt*

nervously : nervös *adv*

nest : Nest *nt*

~ : horsten, nisten *v*

nesthole : Nisthöhle *f*

~**-occupation** : Höhlenokkupation *f*

nesting : Brut-, brütend, Nist-, nistend *adj*

~ : Nisten *nt*

~ **birds** : Brutvögel *pl*, Nistvögel *f*

~ **box** : Nistkasten *m*

~ **place** : Nistplatz *m*

~ **season** : Brutzeit *f*

~ **site** : Nistplatz *m*

nestling : Nestling *m*

nest-site : Neststandort *m*

net : netto, Netto- *adj*

~ : Netz *nt*

~ : mit einem Netz fangen, mit einem Netz überziehen *v*

~ **product** : Wertschöpfung *f*

~ **productivity** : Nettoproduktivität *f*

~ **return** : Reinertrag *m*

network : Netz *nt*, Netzwerk *nt*

neurone : Nervenzelle *f*, Neuron *nt*

neurotoxicity : Neurotoxizität *f*

neurotoxin : Nervengift *nt*

neutral : neutral *adj*

~ **gear** : Leerlauf *m*

neutralization : Neutralisation *f*, Neutralisierung *f*

~ **plant** : Neutralisationsanlage *f*

~ **sludge** : Neutralisationsschlamm *m*

neutralize : neutralisieren *v*

neutralized : neutralisiert *adj*

neutron : Neutron *nt*

~ **emission** : Neutronenstrahlung *f*

~ **moisture probe** : Neutronenfeuchtesonde *f*

~ **radiation** : Neutronenstrahlung *f*

new : neu, Neu-, neuartig *adj*

~ **growth** : Anflug *m*

~ **installation** : Neuanlage *f*

~ **materials** : neuartige Materialien *(pl)*

~ **moon** : Neumond *m*

~ **planting** : Neuanpflanzung *f*

~ **technology** : neue Technologie *(f)*

~ **town** : Neustadt *f*

newly : neu *adv*

~ **mown** : frisch gemäht *adj*

news : Nachrichten *pl*

news item : Pressenotiz *f*

newsletter : Rundschreiben *nt*
newspaper : Zeitung *f*
news-sheet : Informationsblatt *nt*
newton : Newton *nt*
nib : Feder *f*
niche : Nische *f*
nickel : Nickel *nt*
~ **determination** : Nickelbestimmung *f*
nidicolous : nesthockend *adj*
~ **bird** : Nesthocker *m*
nidicoly : Nidikolie *f*
nidifugous : nestflüchtend *adj*
~ **bird** : Nestflüchter *m*
night : Nacht *f*
~ **flight** : Nachtflug *m*
~ **shooting** : Schießen bei Nacht *(nt)*
~ **soil** : Abtrittsdünger *m*
~**'s sleep** : Nachtruhe *f*
~ **traffic ban** : Nachtfahrverbot *nt*
nimbostratus : Nimbostratus *m*, Regenschichtwolke *f*
nitrate : Nitrat *nt*
~ **bacteria** : Nitratbakterien *pl*
~ **content** : Nitratgehalt *m*
~ **deposition** : Nitratdeposition *f*
~ **determination** : Nitratbestimmung *f*
~ **directive** : Nitratrichtlinie *f*
~ **fertilizer** : Nitratdünger *m*
~ **load** : Nitratbelastung *f*
~ **poisoning** : Nitratvergiftung *f*
~ **reductase** : Nitratreduktase *f*
~ **removing plant** : Nitratentfernungsanlage *f*
nitration : Nitrierung *f*
nitric : Stickstoff-, stickstoffhaltig *adj*
~ **acid** : Salpetersäure *f*
~ ~ **manufacture** : Salpetersäureherstellung *f*
nitrification : Nitrifikation *f*, Nitrifizierung *f*
~ **inhibitor** : Nitrifikationshemmer *m*
nitrifiers : Nitrifikanten *pl*, nitrifizierende Bakterien *(pl)*
nitrify : nitrifizieren *v*
nitrifying : nitrifizierend *adj*

nitrite : Nitrit *nt*
~ **pollution** : Nitritbelastung *f*
nitrogen : Stickstoff *m*
~ **bacteria** : Stickstoffbakterien *pl*
~ **balance** : Stickstoffbilanz *f*
~ **content** : Stickstoffgehalt *m*
~ **cycle** : Stickstoffkreislauf *m*, Stickstoffzyklus *m*
~ **determination** : Stickstoffbestimmung *f*
~ **enrichment** : Stickstoffanreicherung *f*
~ **fertilization** : Stickstoffdüngung *f*
~ **fertilizer** : Stickstoffdünger *m*
~ **fixation** : Stickstoffbindung *f*, Stickstofffixierung *f*
~ **levy** : Stickstoffabgabe *f*
~ **load** : Stickstofffracht *f*
~ **metabolism** : Stickstoffstoffwechsel *m*
~ **oxide** : Stickoxid *nt*
~ ~ **emission** : Stickoxidemission *f*
~ ~ **removal plant** : Entstickungsanlage *f*
~ **removal** : Stickstoffelimination *f*
nitrous : nitros *adj*
~ **gases** : nitrose Gase *(pl)*
noble : edel *adj*
~ **gas** : Edelgas *nt*
~ **metal** : Edelmetall *nt*
node : Knoten *m*, Nodus *m*
noise : Geräusch *nt*, Krach *m*, Lärm *m*
~ **by circulation around:** Umströmungslärm *m*
~ **from building work:** Baulärm *m*
~ **from car brakes:** Bremsgeräusch *nt*
~ **from car traffic:** Autoverkehrslärm *m*
~ **from construction:** Baulärm *m*
~ **from industry:** Industrielärm *m*
~ **from leisure activities:** Freizeitlärm *m*
~ **from rail traffic:** Schienenverkehrslärm *m*
~ **from sports boats:** Sportbootlärm *m*
~ **from sports facilities:** Sportanlagenlärm *m*
~ **from starter of a car:** Anlassergeräusch *nt*
~ **from stationary vehicles:** Standgeräusch *nt*

~ **from the workplace:** Arbeitsplatzlärm *m*
~ **abatement** : Lärmbekämpfung *f*, Lärmschutz *m*
~ ~ **belt** : Lärmschutzstreifen *m*
~ ~ **cabin** : Schallschutzkabine *f*
~ ~ **equipment** : Lärmschutzeinrichtung *f*
~ ~ **law** : Lärmschutzgesetz *nt*
~ ~ **measure** : Lärmbekämpfungsmaßnahme *f*, Schallschutzmaßnahme *f*
~ ~ **plan** : Lärmminderungsplan *m*
~ ~ **planning** : Schallschutzplanung *f*
~ ~ **society** : Gesellschaft zur Bekämpfung von Lärm *(f)*
~ ~ **wall** : Lärmschutzwand *f*
~ ~ **zone** : Lärmschutzbereich *m*, Lärmschutzzone *f*
~ **absorber** : Schallabsorber *m*
~**-absorbing** : schallschluckend *adj*
~-~ **mat** : Schallschutzmatte *f*
~ **analysis** : Geräuschanalyse *f*
~ **assessment** : Geräuschbeurteilung *f*, Lärmbewertung *f*
~ **barrier** : Lärmschutzwall *m*, Lärmschutzwand *f*
~ **carpet** : Lärmteppich *m*
~ **check** : Lärmkontrolle *f*
~ **contest proceedings** : Lärmstreitigkeit *f*
~ **contour** : Lärmzigarre *f*
~ **control** : Lärmschutz *m*, Lärmüberwachung *f*, Schallschutz *m*
~ ~ **area** : Lärmschutzbereich *m*, Lärmschutzzone *f*
~ ~ **equipment** : Schallschutzeinrichtung *f*
~ ~ **guideline** : Lärmschutzrichtlinie *f*
~ ~ **legislation** : Lärmschutzrecht *nt*
~ ~ **planning** : Lärmschutzplanung *f*
~ ~ **regulation** : Lärmschutzbestimmung *f*, Lärmschutzverordnung *f*, Lärmschutzvorschrift *f*
~ ~ **systems** : Schallschutztechnik *f*
~ **criteria** : Lärmrichtwerte *pl*

~ **deafness** : Lärmschwerhörigkeit *f*, Lärmtaubheit *f*, lärmbedingte Taubheit *(f)*

~ **dosimeter** : Lärmdosimeter *nt*

~ **effect** : Lärmwirkung *f*

~ **emission** : Geräuschemission *f*, Lärmemission *f*, Schallabgabe *f*, Schallemission *f*

~ ~ **levy** : Lärmabgabe *f*

~ ~ **source** : Geräuschemissionsquelle *f*

~ **equivalent** : Lärmäquivalent *nt*

~ ~ **to man:** biologisches Lärmäquivalent *(nt)*

~ **evaluation** : Lärmbeurteilung *f*, Lärmbewertung *f*

~ **exposition** : Lärmexposition *f*

~ **exposure** : Lärmbelastung *f*

~ ~ **forecast** : Lärmbelastungsprognose *f*

~ **forecasting** : Lärmprognose *f*

~ **generation** : Geräuschentwicklung *f*

~**-hygienic** : lärmhygienisch *adj*

~ **immission** : Geräuschimmission *f*, Lärmimmission *f*

~ ~ **source** : Geräuschimmissionsort *m*

~**-induced** : lärmbedingt *adj*

~-~ **risk for defective hearing:** Gehörschadenrisiko *nt*

~ **judgement** : Geräuschbeurteilung *f*

~ **lesion** : Lärmschädigung *f*

noiseless : lärmfrei *adj*

noise || level : Geräuschpegel *m*, Lärmpegel *m*

~ ~ **reduction** : Lärmminderung *f*, Schallpegelverringerung *f*

~ **limit** : Lärmgrenzwert *m*

~ ~ **value** : Lärmgrenzwert *m*

~ **load** : Lärmbelastung *f*

~ **map** : Lärmkarte *f*

~ **measurement** : Geräuschmessung *f*

~ **meter** : Geräuschmesser *m*, Lärmmessgerät *nt*

~ **metering** : Lärmmessung *f*

~ **monitoring** : Geräuschkontrolle *f*, Lärmüberwachung *f*

~ **nuisance** : Geräuschbelästigung *f*

~ **perception** : Geräuschimmission *f*, Lärmwahrnehmung *f*

~ **pollution** : Geräuschbelastung *f*, Lärmbelästigung *f*, Lärmbelastung *f*, unerwünschte Lärmimmission *(f)*

~ ~ **control** : Lärmüberwachung *f*

~ **prevention** : Lärmschutz *m*

~ ~ **measure** : Lärmschutzmaßnahme *f*

~ **production** : Lärmemission *f*

~ **prognosis** : Lärmprognose *f*

~**-protected** : schallgeschützt, Schallschutz- *adj*

~-~ **booth** : Schallschutzkabine *f*

~ **protection** : Schallschutz *m*

~ ~ **for buildings:** baulicher Schallschutz *(m)*

~ ~ **wall** : Lärmschutzwand *f*

~ ~ **window** : Schallschutzfenster *nt*

~ **rating** : Lärmbeurteilung *f*

~ ~ **curve** : Lärmbeurteilungskurve *f*

~ **reducing** : lärmmindernd *adj*

~ **reduction** : Geräuschminderung *f*, Lärmminderung *f*, Schallminderung *f*

~ **regulation** : Lärmverordnung *f*

~ **research** : Lärmforschung *f*

~ **sensitivity** : Lärmempfinden *nt*, Lärmempfindlichkeit *f*

~ **shield** : Lärmschutzschirm *m*

~ **source** : Geräuschquelle *f*, Lärmquelle *f*

~ **spectrum** : Geräuschspektrum *nt*

~ **statistics** : Lärmstatistik *f*

~ **stimulation** : Schallanregung *f*

~ **suppression** : Geräuschunterdrückung *f*

~ **threshold value** : Lärmgrenzwert *m*

~ **value** : Lärmwert *m*

~ **wave** : Lärmwelle *f*

~ **zone** : Lärmgebiet *nt*, Lärmzone *f*

noisy : geräuschintensiv, lärmintensiv, laut *adj*

~ **industry** : Lärmbetrieb *m*

~ **working place** : Lärmarbeitsplatz *m*

no-load : Leerlauf- *adj*

~ **capacity** : Eigenarbeit *f*

~-~ : Nulllast *f*

nomad : Nomade *m*, Nomadin *f*

nomadic : nomadisch *adj*

nomadism : Nomadismus *m*

nominal : äußerst gering, äußerst niedrig, nominal, Nominal-, nominell *adj*

~ **size** : Nennweite *f*

non-attainment : Nichterreichung *f*, Nichterzielung *f*, Nichtverwirklichung *f*

~-~ **area** : Gebiet in dem die gesetzliche Luftverschmutzungsgrenze überschritten wird *(nt)*

non-biodegradable : biologisch nicht abbaubar *adj*

non buildt-up : unbebaut *adj*

~ ~-~ **area** : unbebautes Gebiet *(nt)*

non-chemical : chemiefrei *adj*

~ **technology** : chemiefreie Technologie (f)

non-commercial : nicht kommerziell *adj*

~-~ **forest area** : Nichtwirtschaftswaldfläche *f*

non-corrosive : korrosionsfrei *adj*

non-degradable : nicht abbaubar *adj*

non-degradation : Reinhaltung *f*

non-destructive : zerstörungsfrei *adj*

~-~ **testing of materials:** zerstörungsfreie Materialprüfung *(f)*

non-distribution : Nichtverbreitung *f*

~-~ **treaty** : Nichtverbreitungsvertrag *m*

non-ferrous : Nichteisen- *adj*

~-~ **metal** : Nichteisenmetall *nt*

non-fiction : Sach-, Tatsachen- *adj*

~-~ **book** : Sachbuch *nt*

non-forest : Nichtholz-, Nichtwald- *adj*

~-~**land** : Nichtholzfläche *f*

non-governmental : Nichtregierungs-, nichtstaatlich *adj*

~ **organisation** : Nichtregierungsorganisation *f*, nichtstaatliche Organisation *(f)*

~ organization : Nichtregierungsorganisation *f*, nichtstaatliche Organisation *(f)*

non-ionic : nichtionisch *adj*

non-ionizing : nichtionisierend *adj*

non-metal : Nichtmetall *nt*

non-native : allochton, nicht heimisch *adj*

non-nucleated : ohne Zellkern *adj*

non-persistent : nicht persistent *adj*

non-point : diffus, nicht punktförmig *adj*

~-~ source : diffuse Quelle *(f)*

non-poisonous : ungiftig *adj*

non-pollutant : umweltfreundlich, unschädlich *adj*

~-~ packaging : umweltfreundliche Verpackung *(f)*

non-profit : gemeinnützig, nicht auf Gewinn ausgerichtet *adj*

~-~ organisation/organization: nicht auf Gewinn ausgerichtete Organisation *(f)*

non-proliferation : Nichtweitergabe *f*

~-~ treaty on nuclear weapon: Atomwaffensperrvertrag *m*

non-renewable : nichterneuerbar *adj*

~-~ resources: nicht erneuerbare Resourcen *(pl)*

non-returnable : Einweg-, nicht rückzahlbar *adj*

~-~ bottle : Einwegflasche *f*

~-~ container : Einwegbehälter *m*, Einwegverpackung *f*

~-~ diaper : Einwegwindel *f*

~-~ package : Einwegpackung *f*

~-~ pallet : Einwegpalette *f*

~-~ plastic bottle : Einwegkunststoffflasche *f*

~-~ product : Einwegerzeugnis *nt*, Einwegprodukt *nt*

non-return : ohne Rückkehr, Rückschlag- *adj*

~-~ check valve : Rückschlagklappe *f*

~-~ unit : Rückschlagklappe *f*

non-selective : nicht selektiv, nicht-selektiv *adj*

non-smoker : Nichtraucher *m*, Nichtraucherin *f*

non-timber : Nichtholz- *adj*

~-~ land : Nichtholzboden *m*

non-toxic : giftfrei, ungiftig *adj*

~-~ material : ungiftiger Stoff *(m)*

non-violent : gewaltfrei, gewaltlos *adj*

~-~ means : gewaltfreies Mittel *(nt)*

non-warranty : ohne Berechtigung, ohne Gewähr *adj*

~-~ clause : Freizeichnungsklausel *f*

non-waste : abfallfrei *adj*

~-~ technology : abfallfreie Technologie *(f)*

non-wood : Nichtholz- *adj*

~-~ forest product : Nichtholz-Waldprodukt *nt*

non-woven : nicht gewebt *adj*

~-~ filter fabric : Filtervlies *nt*

norm : Maßstab *m*, Norm *f*

normal : normal *adj*

~ cross of a dike : Deichbestick *nt*

~ erosion : natürliche Erosion *(f)*

~ top water level : Dauerstauziel *nt*

normalization : Normalisierung *f*

normalize : normalisieren *v*

normally : normal *adv*

normative : normativ *adj*

north : nördlich *adj*

~ : Norden *m*

northerly : nördlich *adj/adv*

northern : nördlich *adj*

~ Europe : Nordeuropa *nt*

~ Hemisphere : nördliche Hemisphäre *(f)*

~ Lights : Nordlicht *nt*

North || Pole : Nordpol *m*

~ Sea : Nordsee *f*

~ ~ Fisheries : Fischerei in der Nordsee *(f)*

~ ~ gas : Nordseegas *nt*

~ ~ oil : Nordseeöl *nt*

~-south conflict : Nord-Süd-Konflikt *m*

~ wind : Nordwind *m*

no smoking area : Nichtraucherbereich *m*

not : nicht *adv*

notched : gekerbt, kerbig *adj*

~ weir : Messwehr *nt*

note : Notiz *f*

~ block : Notizblock *m*

notebook : Notizbuch *nt*

noted : bekannt, berühmt *adj*

note pad : Notizblock *m*

notice : Ankündigung *f*, Anschlag *m*, Anzeige *f*, Aushang *m*, Beachtung *f*, Notiz *f*, Pressenotiz *f*

~ of building: Bauanzeige *f*

~ : bemerken, erwähnen, Notiz nehmen *v*

noticeboard : Anschlagtafel *m*, Informationstafel *f*

notifiable : meldepflichtig *adj*

~ disease : meldepflichtige Krankheit *(f)*

notification : Bekanntgabe *f*, Bekanntmachung *f*, Mitteilung *f*

notified : benannt *adj*

~ body : benannte Stelle *(f)*

notify : benachrichtigen, informieren, melden *v*

no-tillage : Nichtbearbeitung *f*

Notogea : Notogäa *f*

noxious : giftig, schädlich, umweltschädlich *adj*

~ air pollution : schädliche Luftverunreinigung *(f)*

~ animal : tierischer Schädling *(m)*

~ gas : Schadgas *nt*

~ material : Schadstoff *m*

~ matter : schädlicher Bestandteil *(m)*

~ waste : schädlicher Abfall *(m)*

noy : Noy *nt*

nozzle : Düse *f*

~ free jet : Düsenfreistrahl *m*

nuclear : atomar, atomgetrieben, Kern-, kerntechnisch, nuklear *adj*

~ accident : Atomunfall *m*

~ attack : Atomangriff *m*

~ bomb : Atombombe *f*

~ chain reaction : Kernkettenreaktion *f*

~ chemistry : Kernchemie *f*

~ **criticality safety** : Kritizitätssicherheit *f*

~ **damage** : atomarer Schaden *(m)*, nuklearer Schaden *(m)*

~ **detonation** : Kernexplosion *f*

~ **disarmament** : atomare Abrüstung *(f)*, Kernwaffenabrüstung *f*

~ **disaster** : Reaktorunglück *nt*

~ **energy** : Atomenergie *f*, Kernenergie *f*

~ ~ **administration process** : Atomverwaltungsverfahren *nt*

~ ~ **legislation** : Kernenergierecht *nt*

~ ~ **liability** : Kernenergiehaftung *f*

~ ~ ~ **act** : Kernenergiehaftpflichtgesetz *nt*

~ **engineering** : Kerntechnik *f*

~ **explosion** : Atombombenexplosion *f*, Atomexplosion *f*, Kernexplosion *f*

~ **explosive** : Atomsprengstoff *m*

~ **facility** : kerntechnische Anlage *(f)*

~ **fallout** : Fall out *m*, radioaktiver Niederschlag *(m)*

~ **family** : Kleinfamilie *f*

~**-free** : atomwaffenfrei *adj*, kernwaffenfrei *adj*

~-~ **zone** : kernwaffenfreie Zone *(f)*

~ **fuel** : Kernbrennstoff *m*, nuklearer Brennstoff *(m)*

~ ~ **cycle** : Kernbrennstoffzyklus *m*, nuklearer Brenstoffkreislauf *(m)*

~ ~ **element** : Brennelement *nt*, Kernbrennelement *nt*

~ ~ **pellet** : Kernbrennstofftablette *f*

~ ~ **reprocessing plant** : Aufbereitungsanlage für Kernbrennstoffe *(f)*, Kernbrennstoffaufbereitungsanlage *f*

~ **fission** : Kernspaltung *f*

~ **fusion** : Kernfusion *f*, Kernverschmelzung *f*

~ **heating** : Heizung aus Kernkraftwerken *(f)*

~ **industry** : Atomindustrie *f*, Kernindustrie *f*

~ **installation** : Atomanlage *f*, kerntechnische Anlage *(f)*

~ **liability** : Atomhaftung *f*

~ ~ **agreement** : Atomhaftungsabkommen *nt*

~ ~ **convention** : Atomhaftungskonvention *f*, Atomhaftungsübereinkommen *nt*

~ ~ **law** : Atomhaftungsrecht *nt*

~ ~ **legislation** : Atomhaftpflichtgesetz *nt*

~ **magnetic resonance spectrometry** : Kernresonanzspektrometrie *f*

~ **material** : Kernmaterial *nt*

~ ~**s management** : Bewirtschaftung von Kernmaterial *(f)*

~ **matter** : Kernmaterie *f*

~ **medicine** : Nuklearmedizin *f*

~ ~ **laboratory** : Nuklearmedizinlabor *nt*

~ ~ **techniques** : Nuklearmedizintechnik *f*

~ **meltdown** : Kernschmelze *f*

~ **ordinance** : Atomanlagenverordnung *f*

~ **physicist** : Atomphysiker *m*, Atomphysikerin *f*

~ **physics** : Kernphysik *f*, Nuklearphysik *f*

~ **plant** : Atomkraftwerk *nt*, Kernanlage *f*, Kernkraftwerk *nt*, kerntechnische Anlage *(f)*

~ **power** : Atomkraft *f*, Kernenergie *f*, Kernkraft *f*

~**-powered** : atomar angetrieben, atomgetrieben, mit Atomkraft angetrieben *adj*

~-~ **ship** : atomgetriebenes Schiff *(nt)*

~ **power || generation** : Kernenergieerzeugung *f*

~ ~ **plant** : Kernkraftwerk *nt*

~ ~ ~ **disposal** : Kernkraftwerksentsorgung *f*

~ ~ ~ **permission** : atomrechtliche Genehmigung (f)

~ ~ **production** : Kernenergieerzeugung *f*

~ ~ **program (Am)** : Kernenergieprogramm *nt*

~ ~ **station** : Atomkraftwerk *nt*, Kernkraftwerk *nt*

~ **propulsion** : Kernenergieantrieb *m*

~ **radiation** : Atomstrahlung *f*, Kernstrahlung *f*

~ **reaction** : Kernreaktion *f*

~ **reactor** : Atomreaktor *m*, Kernreaktor *m*

~ **Regulatory Commission (Am)** : kerntechnische Genehmigungsbehörde *(f)*

~ **research** : Kernforschung *f*

~ ~ **centre** : Kernforschungszentrum *nt*

~ ~ **plant** : Kernforschungsanlage *f*

~ **risk** : atomares Risiko *(nt)*

~ **safety** : Reaktorsicherheit *f*

~ ~ **commission** : Reaktorsicherheitskommission *f*

~ **scientist** : Kernforscher *m*, Kernforscherin *f*

~ **stalemate** : atomares Patt *(nt)*

~ **technology** : Kernkrafttechnologie *f*, Kerntechnik *f*

~ **test** : Atombombentest *m*, Atombombenversuch *m*, Atomtest *m*, Kernwaffenversuch *m*

~ ~ **ban** : Atomteststop *m*, Kernwaffenteststop *m*

~ **testing site** : Atomtestgelände *nt*

~ **test zone** : Atomtestgelände *nt*

~ **transformation** : Kernumwandlung *f*

~ **war** : Atomkrieg *m*

~ **waste** : Atommüll *m*, Kernabfall *m*, radioaktiver Abfall *(m)*

~ ~ **disposal** : Beseitigung von Kernabfall *(f)*

~ **weapon** : Atomwaffe *f*, Kernwaffe *f*

~ ~**s control** : Kernwaffenkontrolle *f*

~ ~ **test** : Kernwaffenversuch *m*

~ **winter** : nuklearer Winter *(m)*

nucleating : kernbildend *adj*

~ **agent** : Keimbildner *m*, Kondensationskernbildungsmittel *nt*

nucleic : Nuklein- *adj*

~ **acid**: Nukleinsäure *f*

nucleus : Kern *m*, Nukleus *m*, Zellkern *m*

nuclide : Nuklid *nt*

~ determination : Nuklidbestimmung *f*

nuisance : Ärgernis *nt*, Belästigung *f*

~ factor : Schadensfaktor *m*

~ threshold : Belästigungsschwelle *f*

nuke : nuklear *adj*

~ waste : radioaktiver Abfall *(m)*

number : Anzahl *f*, Zahl *f*

- **~ of inhabitants:** Einwohnerzahl *f*
- **~ of species:** Artenzahl *f*

numerical : numerisch *adj*

nursery : Anzuchtbeet *nt*, Baumschule *f*, Gärtnerei *f*, Kinderhort *m*, Zuchtstätte *f*

nurture : bilden, erziehen, schulen *v*

nut : Nuss *f*

nutrient : Nährelement *nt*, Nährstoff *m*

~ absorption : Nährstoffabsorption *f*

~ abundance : Nährstoffreichtum *m*

~ balance : Nährstoffbilanz *f*, Nährstoffhaushalt *m*

~ carrier : Nährstoffträger *m*

~ content : Nährstoffgehalt *m*

- **~ ~ of soil:** Bodennährstoffgehalt *m*

~ cycle : Nährstoffkreislauf *m*, Nährstoffzyklus *m*

~ cycling : Nährstoffkreislauf *m*

~ deficiency : Nährstoffmangel *m*

~ dose : Nährstoffdosis *f*, Nährstoffgabe *f*

~ dynamics : Nährstoffdynamik *f*

~ effect : Nährstoffwirkung *f*

~ efficiency : Nährstoffwirksamkeit *f*

~ fixation : Nährstoffbindung *f*, Nährstofffestlegung *f*, Nährstofffixierung *f*

~ inactivation : Nährstoffinaktivierung *f*

~ intake : Nährstoffeintrag *m*

~ load : Nährstoffbelastung *f*

~ losses : Nährstoffverluste *pl*

~ mobilization : Nährstoffmobilisierung *f*

~ potential : Nährstoffpotenzial *n*

~ precipitation : Nährstoffausfällung *f*

~ ratio : Nährstoffverhältnis *nt*

~ removal : Nährstoffelimination *f*, Nährstoffentzug *m*

~ requirement : Nährstoffbedarf *m*

~ reserve : Nährstoffreserve *f*, Nährstoffvorrat *m*

~ return : Nährstoffrückfluss *m*

~ salt : Nährsalz *nt*

~ stripping : Entfernen von Nährstoffen aus dem Wasser *(nt)*, Nährstoffentfernung aus dem Wasser *(f)*

~ supply : Nährstoffversorgung *f*, Nährstoffzufuhr *f*, Nährstoffzuführung *f*

~ transformation : Nährstofftransformation *f*

~ translocation : Nährstoffverlagerung *f*

~ transport : Nährstofftransport *m*

~ uptake : Nährstoffaufnahme *f*

~ utilization : Nährstoffausnutzung *f*

nutrition : Ernährung *f*

nutritional : nahrhaft *adj*

~ disorder : Ernährungsstörung *f*

~ value : Nährwert *m*

nutritionist : Ernährungsfachfrau *f*, Ernährungsfachmann *m*, Ernährungswissenschaftler *m*, Ernährungswissenschaftlerin *f*

nutrition science : Ernährungswissenschaft *f*

nutritious : nährstoffreich *adj*

nutritive : nahrhaft, Nahrungs- *adj*

~ base : Nahrungsbasis *f*

~ value : Nährwert *m*

nyctonasty : Nyctinastie *f*

n-year : n-jährlich *adj*

nymph : Nymphe *f*

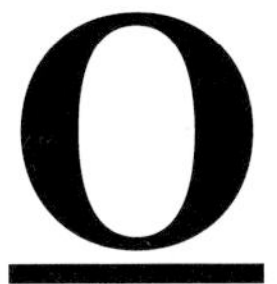

oasis : Oase *f*

oak : Eiche *f*

~-hornbeam forest : Eichen-Hainbuchenwald *m*

object : Objekt *nt*

- **~ of art:** Kunstwerk *nt*
- **~ of management:** Betriebsziel *nt*
- **~ protected by law:** Rechtsgut *nt*

objection : Anfechtung *f*, Einwendung *f*, Widerspruch *m*

~ rate : Beanstandungshäufigkeit *f*

objective : objektiv *adj*

~ : Aufgabenstellung *f*, Ziel *nt*, Zielsetzung *f*, Zweck *m*

~ noise meter : objektiver Geräuschmesser *(m)*

obligation : Pflicht *f*, Verpflichtung *f*, Zwang *m*

- **~ for care:** Pflegepflicht *f*
- **~ for connection:** Anschlusspflicht *f*
- **~ for control:** Überwachungspflicht *f*
- **~ for disposal:** Abwasserbeseitigungspflicht *f*
- **~ for maintenance:** Versorgungspflicht *f*
- **~ to construct:** Baulast *f*
- **~ to exemption:** Freistellungsverpflichtung *f*
- **~ to inform:** Anzeigepflicht *f*, Informationspflicht *f*
- **~ to label:** Kennzeichnungspflicht *f*
- **~ to notify:** Anmeldepflicht *f*
- **~ to obtain official approval:** Genehmigungspflicht *f*
- **~ to report:** Anzeigepflicht *f*
- **~ to reveal:** Offenbarungspflicht *f*
- **~ to the disposal of waste:** Abfallbeseitigungspflicht *f*
- **~ to traffic safety:** Verkehrssicherungspflicht *f*

~ claim : Verpflichtungsklage *f*

obligatory : obligatorisch *adj*

~ connection : Anschlusspflicht *f*

~ discretion : pflichtgemäßes Ermessen *(nt)*

~ **reconnaissance** : Aufklärungspflicht *f*

~ **removal** : Beseitigungspflicht *f*

~ **supervision** : Aufsichtspflicht *f*

obliterative : auslöschend, tilgend, vernichtend *adj*

~ **shading** : Schutzfärbung *f*

observance : Beachtung *f*, Befolgung *f*, Einhaltung *f*

observation : Beobachtung *f*

~ **of climate:** Klimabeobachtung *f*

~ **of nature:** Naturbeobachtung *f*

~ **monitor** : Fernbeobachtungsgerät *nt*

~ **tower** : Aussichtsturm *m*

~ **well** : Beobachtungsbrunnen *m*, Kontrollpegel *m*

~ **window** : Überwachungsfenster *nt*

observatory : Observatorium *nt*

obstacle : Hindernis *nt*

obstruction : Behinderung *f*, Blockierung *f*, Hemmnis *nt*, Hindernis *nt*, Obstruktion *f*, Verstopfung *f*

~ **to traffic:** Verkehrshindernis *nt*

~ **siting law** : Hemmnisbeseitigungsgesetz *nt*

obtain : bekommen, erlangen, erreichen, erwerben, erzielen, Geltung haben, herrschen, in Kraft sein, verbreitet sein *v*

~ **the opinion:** anhören *v*

obtaining : Beschaffung *f*

~ **of water:** Wassergewinnung *f*

occidental : abendländisch, okzidental *adj*

occluded : okkludiert *adj*

~ **front** : okkludierte Front *(f)*, Okklusion *f*

occlusion : Okklusion *f*

occupation : Beruf *m*

occupational : Arbeits-, beruflich, Berufs-, berufsbedingt, betrieblich *adj*

~ **deafness** : berufsbedingte Taubheit *(f)*

~ **disease** : Berufskrankheit *f*

~ **effect** : Beschäftigungseffekt *m*

~ **freedom** : Berufsfreiheit *f*

~ **group** : Berufsgruppe *f*

~ **health care** : Arbeitssicherheit *f*

~ **medicine** : Arbeitsmedizin *f*

~ **physiology** : Arbeitsphysiologie *f*

~ **policy** : Beschäftigungspolitik *f*

~ **promotion** : Berufsförderung *f*

~ **safety** : Arbeitssicherheit *f*

~ ~ **law** : Arbeitsschutzgesetz *nt*

~ ~ **legislation** : Arbeitssicherheitsrecht *nt*

~ ~ **regulation** : Arbeitsschutzvorschrift *f*

~ **structure** : Beschäftigungsstruktur *f*

~ **training law** : Berufsbildungsgesetz *nt*

occupationally : betrieblich *adv*

occupation health : Arbeitshygiene *f*

occupied : bewohnt *adj*

occur : vorkommen *v*

occurence : Auftreten *nt*

occuring : vorkommend *adj*

ocean : Meer *nt*, Ozean *m*

oceanarium : Ozeanarium *nt*

ocean || bed : Meeresboden *m*

~ **current** : Meeresströmung *f*

~ **dumping** : Abfallverklappung *f*, Verklappung *f*

~ **engineering** : Meerestechnologie *f*

~ **exploitation** : Meeresnutzung *f*

oceanic : ozeanisch *adj*

~ **crust** : ozeanische Kruste *(f)*

~ **organism** : Tiefseeorganismus *m*

~ **trench** : Tiefseegraben *m*

ocean || incineration : Abfallverbrennung auf hoher See *(f)*, Verbrennung von Abfällen auf dem Meer *(f)*

~ **mining** : mariner Abbau *(m)*

~ **observing system** : Meeresbeobachtungsnetz *nt*

oceanographic : ozeanografisch *adj*

oceanography : Meeresforschung *f*, Meereskunde *f*, Ozeanografie *f*

oceanology : Ozeanologie *f*

ocean thermal energy : Ozeanwärmeenergie *f*

~ ~ ~ **conversion** : Wärmeenergieumwandlung des Meeres *(f)*

ochre : Ocker *m*

octane : Oktan *nt*

~ **number** : Oktanzahl *f*

~ **rating** : Oktanzahl *f*

octave : Oktave *f*

~ **filter** : Oktavfilter *m*

~ **volume analysis** : Oktavbandanalyse *f*

odorant : Geruchsstoff *m*

odour : Geruch *m*

~ **control** : Geruchsbekämpfung *f*, Geruchsbeseitigung *f*

~ **emission** : Geruchsemission *f*

~ **filter** : Geruchsfilter *m*

~ **generation** : Geruchsentwicklung *f*

~ **immission** : Geruchsimmission *f*

odourless : geruchlos *adj*

odour || neutralizing agent : Geruchsbindemittel *nt*

~ **nuisance** : Geruchsbelästigung *f*

~ **reduction** : Geruchsminderung *f*

~ **removal** : Geruchsbeseitigung *f*

~ **spreading** : Geruchsausbreitung *f*

~ **threshold** : Geruchsschwelle *f*

~ **trap** : Geruchverschluss *m*

oestrogen : Östrogen *nt*

offence : Angriff *m*, Delikt *nt*, Kränkung *f*, Straftat *f*, Verstoß *m*

~ **against the environment:** Umweltdelikt *nt*, Umweltvergehen *nt*

~ **by commission:** Tätlichkeitsdelikt *nt*

~ **committed from over distance:** Distanzdelikt *nt*

~ **dealt with officials:** Offizialdelikt *nt*

offend : beleidigen, kränken *v*

offensive : anstößig, beleidigend, kränkend, offensiv, ungehörig, widerlich *adj*

~ **industry** : umweltschädigende Industrie *(f)*

~ **trade** : umweltschädigende Industrie *(f)*

~ : Angriff *m*, Offensive *f*, offensive Haltung *(f)*

offensively : abstoßend, auf beleidigende Weise, offensiv, unverschämt, widerlich *adv*

offer : Angebot *nt*

offering : Angebot *nt*

~ **for sale:** Feilhalten *nt*

off leads : freilaufend *adj*

office : Amt *nt*, Büro *nt*

be in ~: im Amt sein *v*

hold ~: amtieren *v*

hold the ~ of mayor: als Bürgermeister amtieren *v*

~ **bearer** : Amtsträger *m*, Amtsträgerin *f*

~ **holder** : Amtsträger *m* , Amtsträgerin *f*

~ ~ **liability claim** : Amtshaftungsanspruch *m*

officer : Funktionär *m*, Funktionärin *f*

official : Amts-, amtlich, behördlich *adj*

~ : Beamte *f*, Beamter *m*

~ **authorization of a construction type** : Bauartzulassung *f*

~ **demand for payment of a fine** : Bußgeldbescheid *m*

~ **announcement proceeding** : Anzeigeverfahren *nt*

~ **duty** : Amtspflicht *f*

~ **entities** : offizielle Stellen *(pl)*

~ **hearing** : (öffentliche) Anhörung *(f)*

~ **investigation principle** : Amtsermittlungsprinzip *nt*

~ **journal** : Amtsblatt *nt*

~ **responsibility** : Amtsträgerhaftung *f*

~**'s liability** : Amtshaftung *f*

officially : amtlich, behördlich *adv*

off-season : Nebensaison *f*

offshore : küstennah, küstenabgewandt *adj*

~ **drilling** : küstennahe Bohrung *(f)*, Offshore-Bohrung *f*

~ ~ **platform** : Offshore-Bohrplattform *f*

~ **engineering** : Offshoretechnik *f*

~ **island** : küstennahe Insel *(f)*

~ **oil platform** : Offshore-Bohrplattform *f*

~ **power plant** : Meereskraftwerk *nt*

~ **wind** : ablandiger Wind *(m)*

off-site : Außen-, vom Ausgangspunkt entfernt *adj*

~-~ **benefits** : Außennutzen *m*

~-~ **effects** : Außenwirkung *f*

oil : Öl *nt*

~ **and fat industry:** Öle-und-Fette-Industrie *f*

~**-in-water analyzer:** Öl-in-Wasser-Messgerät *nt*

~ **absorption** : Ölabschöpfung *f*

~ **accident** : Ölunfall *m*

~ **barrier** : Ölbarriere *f*

~ **bath** : Ölbad *nt*

~**-bearing** : ölhaltig *adj*

~ **binding agent** : Ölbindemittel *nt*, Ölbinder *m*

~ **boom** : Ölsperre *f*

~ ~ **tubing** : Ölsperrenschlauch *m*

~**-burner** : Ölbrenner *m*, Ölfeuerung *f*

oilcan : Ölkanister *m*, Ölkanne *f*

oil | -change : Ölwechsel *m*

~ **collector** : Ölfänger *m*

~ **consumption** : Ölverbrauch *m*

~**-contaminated** : ölverseucht *adj*

~ **control** : Ölbekämpfung *f*

~ **crisis** : Ölkrise *f*

~ **damage prevention** : Ölschadenvorsorge *f*

~**-degrading** : ölabbauend *adj*

~ **deposit** : Erdölvorkommen *nt*, Ölvorkommen *nt*

~ **disaster** : Ölunfall *m*

~ **dispersant** : Öldispersionsmittel *nt*

~ **drilling** : Erdölbohrung *f*, Ölbohrung *f*

~ ~ **plant** : Ölbohranlage *f*

~ ~ **rig** : Ölbohrinsel *f*

~ **drum** : Ölfass *nt*

~ **equivalent** : Öläquivalent *nt*

~**-exporting** : ölexportierend *adj*

oilfield : Ölfeld *nt*

also spelled: oil field

oil || filter : Ölfilter *m*

~ **filtration** : Ölfiltration *f*

~**-fired** : ölbefeuert, ölbeheizt *adj*

~-~ **(central) heating** : Ölheizung *f*, Ölzentralheizung *f*

~ **heater** : Ölofen *m*

~ **industry** : Erdölindustrie *f*, Ölindustrie *f*

~ **leak** : Ölleck *nt*

oilless : ölfrei *adj*

~ **compressor** : Ölfreikompressor *m*

oil | -level : Ölstand *m*

~**-mill** : Ölmühle *f*

~ **mist** : Ölnebel *m*

~ ~ **detector** : Ölnebeldetektor *m*

~ ~ **exhaust ventilation system** : Ölnebelabsauganlage *f*

~ ~ **filter** : Ölnebelfilter *m*

~ **mud** : Ölschlamm *m*

~ **paint** : Ölfarbe *f*

~**-pipe** : Ölleitung *f*

~ **pipeline** : Erdölleitung *f*, Ölfernleitung *f*, Ölleitung *f*

~ **plant** : Ölpflanze *f*

~**-polluted** : verölt *adj*

~ **pollution** : Ölpest *f*, Ölverschmutzung *f*, Ölverunreinigung *f*

~ ~ **abatement** : Ölpestbekämpfung *f*, Ölschadenbeseitigung *f*, Ölunfallbekämpfung *f*

~ ~ **casualty** : Ölverschmutzungsunfall *m*

~ **pool** : Erdöllagerstätte *f*, Ölreserve *f*

~ **power station** : Ölkraftwerk *nt*

~ **price** : Ölpreis *m*

oilproof : öldicht *adj*

~ **foundation for oil tanks:** Ölwanne *f*

oil || recovery vessel : Ölauffangschiff *nt*

~ **refinery** : Erdölraffinerie *f*, Ölraffinerie *f*

~ **regeneration plant** : Ölaufbereitungsanlage *f*, Ölaufbereitungsbetrieb *m*

~ **removal** : Entölung *f*

~ **requirement** : Erdölbedarf *m*

~ **residues** : Ölrückstände *pl*

~ **resources** : Ölvorräte *pl*

~ **rig** : Ölbohrinsel *f*, Ölförderturm *m*, Ölplattform *f*

~ **sand** : Ölsand *m*

~ **separator** : Ölabscheider *m*, Ölseparator *m*

~ **shale** : Ölschiefer *m*

~ **shortage** : Erdölverknappung *f*

~ skimmer : Ölskimmer *m*

~ skimming : Ölaufsaugen *nt*

oilskins : Ölzeug *nt*

oil || slick : Ölfilm *m*, Öllache *f*, Ölschlamm *m*, Ölteppich *m*

~ ~ licker : Abschäumer *m*

~ sludge : Ölschlamm *m*

~ spill : ausgeflossenes Öl *(nt)*, Ölpest *f*, Ölspill *nt*, Ölteppich *m*, Ölverseuchung *f*

~ ~ clearance vessel : Ölbekämpfungsschiff *nt*

~ ~ combatting equipment : Ölbekämpfungsausrüstung *f*

~ ~ control agent : Ölbindemittel *nt*, Ölbinder *m*

~ spray : Ölnebel *m*

~ supply : Erdölversorgung *f*

~-tank : Öltank *m*

~-tanker : Öltanker *m*, Öltankschiff *nt*

~ trap : Ölfang *m*

~-water separation plant : Öl-Wasser-Trennanlage *f*

~ well : Ölquelle *f*

oily : ölhaltig, ölig *adj*

okta : Okta *nt*

old : alt, Alt- *adj*

~ bottle : Altflasche *f*, Leergut *nt*

~ building : Altbau *m*

~ ~ restoration : Altbausanierung *f*

~ deposit : Altablagerung *f*

≗ Federal States : Alte Bundesländer *(pl)*

~-growth forest : Altwald *m*

~ hazardous site : Altlast *f*

~ installation : Altanlage *f*

~ landfill : Altablagerung *f*

~ plant : Altanlage *f*

~ river course : Altarm *m*, Altwasser *nt*

~ sand : Altsand *m*

~ substance : Altstoff *m*

~ town : Altstadt *f*

~ ~ conservation : Altstadterhaltung *f*

~ tyre : Altreifen *m*

olfactometry : Geruchsmessung *f*, Olfaktometrie *f*

olfactory : Geruchs-, olfaktorisch *adj*

~ sensibility : Geruchsempfindung *f*

oligohaline : oligohalin *adj*

oligopoly : Oligopol *nt*

oligosaprobic : oligosaprob *adj*

oligotrophic : Mager-, nährstoffarm, oligotroph *adj*

~ grassland : Magerrasen *m*

~ lake : oligotropher See *(m)*

oligotrophy : Oligotrophie *f*

olive : Olive *f*

~ stone : Olivenkern *m*

ombrogenous : ombrogen *adj*

ombrophilous : ombrophil *adj*

ombudsman : Ombudsmann *m*

omnipresence : Allgegenwart *f*

omnipresent : allgegenwärtig *adj*

omnivore : Allesfresser *m*, Omnivore *m*

omnivorous : allesfressend, omnivor *adj*

~ animal : Allesfresser *m*, Omnivore *m*

onchocerciasis : Onchozerkose *f*

oncology : Onkologie *f*

on-farm research : Feldforschung *f*

on-farm trial : Feldversuch *m*

onion : Zwiebel *f*

onshore : auflandig, an Land *adj*

~ : landwärts *adv*

~ site : Küstenstandort *m*

~ wind : auflandiger Wind *(m)*

on-site : vor Ort *adj*

on-station trial : Feldversuch *m*

on-the-job : arbeitsbegleitend *adj*

~-~-~ training: Ausbildung an der Arbeitsstelle *(f)*, praktische Ausbildung *(f)*

on-the-spot : vor Ort *adj*

~-~-~ fine: sofort zahlbares Bußgeld *(nt)*

ontogenesis : Ontogenese *f*

ooze : Schlamm *m*, Schlick *m*

~ : sickern *v*

opacity : Lichtundurchlässigkeit *f*, Opazität *f*

opaque : opak, undurchsichtig *adj*

open : offen *adj*

~-air : im Freien *adj*
also spelled: open air

~ area : Freifläche *f*

~ burning : offene Verbrennung *(f)*

~-cast : Tage-, Übertage- *adj*
also spelled: open cast

~-~ mine : Tagebau *m*

~-~ mining : Tagebau *m*

~ channel : Freispiegelleitung *f*, offenes Gerinne *(nt)*

~ ~ flow : Freispiegelströmung *f*

~ conduit : Freispiegelleitung *f*, offenes Gerinne *(nt)*

~ country : frei betretbares Land *(nt)*, freies Land *(nt)*, offenes Land *(nt)*

~ countryside : freie Landschaft *(f)*, freie Natur *(f)*

~ coverage type : offene Bauweise *(f)*

~ cut : Tagebau *m*

~ digester : offener Faulbehälter *(m)*

~ ditch drainage : Grabenentwässerung *f*

~ drain : offener Entwässerungsgraben *(m)*

~ ecosystem : offenes Ökosystem *(nt)*

opening : Öffnung *f*

~-up : Erschließung *f*

open || land : freies Land *(nt)*, offenes Land *(nt)*

~ landscape : Freifläche *f*, freie Landschaft *(f)*, offene Landschaft *(f)*, offenes Gelände *(nt)*

~-loop recycling : indirektes Recycling *(nt)*, offener Kreislauf *(m)*

openness : Empfindlichkeit *f*, Offenheit *f*, Weite *f*

open || pit : Tagebau *m*

~ range : offenes Weidegebiet *(nt)*

~ scrub : offenes Gebüsch *(nt)*

~ sea : Hochsee *f*, Meeresgewässer *pl*, offene See *(f)*

~ season (Br) : Fangzeit *f*, Jagdzeit *f*

~ space : Freifläche *f*

~ ~ planning : Grünplanung *f*

~ up : freischlagen *v*

~ woodland : Parklandschaft *f*

operating : arbeitend, Arbeits-, betreibend, Betriebs-, Operations-, operierend *adj*

~ conditions : Arbeitsbedingungen *pl*

~ costs : Betriebskosten *pl*

~ data : Betriebsdaten *pl*

~ diagram : Beladungsdiagramm *nt*

~ experience : Betriebserfahrung *f*

~ instruction : Betriebsvorschrift *f*

~ parameter : Betriebsparameter *m*

operation : Arbeitsweise *f*, Betrieb *m*, Einsatz *m*, Operation *f*, Vorgang *m*

- **~ and maintenance costs:** Folgekosten *pl*

~s research : Verfahrensforschung *f*

operational : Betriebs-, Einsatz- *adj*

- **~ freedom of building:** Baufreiheit *f*
- **~ freedom of construction:** Baufreiheit *f*

~ assessment : betriebswirtschaftliche Bewertung *(f)*

~ theory : Unternehmenstheorie *f*

~ training : betriebliche Ausbildung *(f)*

operationality : Operationalität *f*

operator : Bedienungskraft *f*, Betreiber *m*, Operator *m*, Unternehmer *m*, Unternehmerin *f*

- **~ of a nuclear plant:** Betreiber einer Kernanlage *(m)*

~ obligation : Betreiberpflicht *f*

opinion : Anschauung *f*, Ansicht *f*, Meinung *f*, Urteil *nt*

opportunistic : opportunistisch *adj*

opportunity : Gelegenheit *f*, Möglichkeit *f*

~ costs : Opportunitätskosten *pl*

~ principle : Opportunitätsprinzip *nt*

oppose : entgegenstellen, gegenüberstellen, opponieren gegen, (sich) wenden gegen *v*

opposed : entgegengesetzt, gegensätzlich *adj*

- **be ~ to:** dagegen sein *v*

optical : optisch *adj*

~ microscopy : Lichtmikroskopie *f*

~ range : Sichtweite *f*

optimization : Optimierung *f*

- **~ of installations:** Anlagenoptimierung *f*
- **~ of processes:** Verfahrensoptimierung *f*

~ model : Optimierungsmodell *nt*

optimum : Optimum *nt*

- **~ size of firm:** optimale Betriebsgröße *(f)*

oral : Mund-, mündlich, oral *adj*

~ question: große Anfrage *(f)*

orbit : Orbit *m*, Umlaufbahn *f*

~ : umkreisen *v*

orbital : orbital *adj*

~ road : ringförmige Umgehungsstraße *(f)*

orchard : Obstwiese *f*

~ landscape : Obstbaugebiet *nt*

~ terrace : Baumterrasse *f*

orchid : Orchidee *f*

~ conservation : Orchideenschutz *m*

order : Anordnung *f*, Auftrag *m*, Beschluss *m*, Ordnung *f*, Rechtsverordnung *f*, Verfügung *f*, Verordnung *f*, Vorschrift *f*

- **~ of refund:** Erstattungsbescheid *m*
- **~ of magnitude:** Größenordnung *f*
- **~ on irradiation of foodstuffs:** Lebensmittelbestrahlungsverordnung *f*

~ : anordnen, befehlen, bestellen *v*

ordinance : Auflage *f*, Dekret *nt*, Erlass *m*, Rechtsverordnung *f*, Verfügung *f*, Verordnung *f*

- **~ Concerning the Expansion of the Community Eco-Management and Audit Scheme to Additional Sectors under the Environmental Audit Act:** UAG-Erweiterungsverordnung *f*
- **~ on hazardous substances:** Gefahrstoffverordnung *f*
- **~ on parameters of noxiousness of wastewater:** Abwasserschädlichkeitsverordnung *f*
- **~ on species protection:** Artenschutzverordnung *f*
- **~ on the avoidance of packaging waste:** Verpackungsverordnung *f*
- **~ on utilization of buildings:** Baunutzungsverordnung *f*
- **~ on waste evidence:** Abfallnachweisverordnung *f*
- **~ on waste incineration plants:** Abfallverbrennungsanlagenverordnung *f*
- **~ on waste oils:** Altölverordnung *f*

ordinary : durchschnittlich *adj*

~ court : ordentliches Gericht *(nt)*

ordnance : Artillerie *f*, Geschütze *pl*

ore : Erz *nt*

~ body : Erzkörper *m*

~ mining : Erzbergbau *m*

~ processing : Erzverhüttung *f*

organ : Organ *nt*

organic : organisch *adj*

~ acid : organische Säure *(f)*

organically : organisch, organisch-biologisch *adv*

organic || compound : organische Verbindung *(f)*

~ content : Glühverlust *m*

~ disorder : Organstörung *f*

~ farming : organisch-biologischer Landbau *(m)*, organische Landwirtschaft *(f)*, organischer Landbau *(m)*

~ fertilizer : organischer Dünger *(m)*

~ manure : organischer Dünger *(m)*

~ matter : organisches Material *(nt)*

~ micropollutant : organischer Spurenschadstoff *(m)*

~ pollutant : organischer Schadstoff *(m)*

~ soil : organischer Boden *(m)*

~ substances : Biomasse *f*

~ waste : Bioabfall *m*, Biomüll *m*, organischer Abfall *(m)*

organisation : Organisation *f*, Vereinigung *f*

organism : Lebewesen *nt*, Organismus *m*

organisms : Organismen *pl*

organization : Apparat *m*, Organisation *f*, Vereinigung *f*

organoleptic : organoleptisch *adj*

~ properties : organoleptische Eigenschaften *(pl)*

organometallic : metallorganisch *adj*

organophosphorous : phosphororganisch *adj*

~ **insecticide** : organisches Phosphorinsektizid *(nt)*

organotherapy : Organotherapie *f*

organo-tin : zinnorganisch *adj*

~-~ **paint** : zinnorganische Farbe *(f)*

organ transplant : Organtransplantation *f*

oriental : morgenländisch, orientalisch, östlich *adj*

≗ **Region** : orientalische Region *(f)*

orientation : Ausrichtung *f*, Orientierung *f*

~ **for action:** Handlungsorientierung *f*

~ **course** : Einführungsveranstaltung *f*

orienteering : Orientierungsrennen *nt*

orifice : Mündung *f*, Öffnung *f*

origin : Abstammung *f*, Entstehung *f*

~ **of law:** Rechtsquelle *f*

~ **of waste:** Abfallentstehung *f*

original : ursprünglich *adj*

originally : ursprünglich *adv*

original soil : Originalboden *m*

originate : entstehen *v*

originating : entstehend *adj*

ornamental : dekorativ, Zier- *adj*

~ : Zierpflanze *f*

~ **plant** : Zierpflanze *f*

ornithogamy : Ornithogamie *f*

ornithological : ornithologisch, vogelkundlich *adj*

ornithologist : Ornithologe *m*, Ornithologin *f*, Vogelkundler *m*, Vogelkundlerin *f*

ornithology : Ornithologie *f*, Vogelkunde *f*

ornithophily : Ornithophilie *f*

orography : Orografie *f*

orthoclase : Kalifeldspat *m*, Orthoklas *m*

ortstein : Ortstein *m*

oscillate : oszillieren *v*

oscillation : Oszillation *f*, Schwingung *f*

~ **damping** : Schwingungsdämpfung *f*

~ **excitement** : Schwingungsanregung *f*

osmoreceptor : Osmorezeptor *m*

osmosis : Osmose *f*

osmotic : osmotisch *adj*

~ **potential** : osmotisches Potenzial *(nt)*

~ **pressure** : osmotischer Druck *(m)*

osteophony : Knochenleitung *f*, Knochenschallleitung *f*, Osteofonie *f*

Otto engine : Ottomotor *m*

Otto petrol : Ottokraftstoff *m*

out : heraus *adv*

~ : Ausweg *m*

~ : aus *prep*

outback : Hinterland *nt*, Landesinneres *nt*

outbreak : Ausbruch *m*

outbreeding : Kreuzungszucht *f*

outcrop : Anstehen *nt*, Ausstreichen *nt*, Zutageliegendes *nt*

~ : anstehen, ausstreichen, zu Tage liegen *v*

outdated : veraltet *adj*

outdoor : Außen-, Freiland-, Freiluft-, im Freien, im Freien befindlich *adj*

~ **air** : Außenluft *f*

~ **education** : Freilanderziehung *f*

~ **local recreation** : Naherholung *f*

~ **museum** : Freilichtmuseum *nt*

~ **recreation** : Erholung in freier Natur *(f)*

outdoors : draußen *adv*

~ : freie Natur *(f)*

outer : Außen- , äußer- *adj*

~ **bark** : Borke *f*

~ **space** : All *nt*, Außenbereich *m*, Weltraum *m*

~ **zone** : Außenbereich *m*

outfall : Abwasserkanal *m*, Abwasserrohr *nt*, Ausmündung *f*, Vorfluter *m*

~ **drain** : Hauptentwässerungsgraben *m*

~ **sewer** : Abwasserkanal *m*, Abwasserrohr *nt*

outflow : Abfluss *m*, Abflussmenge *f*, Ausfluss *m*, Austritt *m*

~ **pipe** : Abflussrohr *nt*

outlet : Abfluss *m*, Ablauf *m*, Auslass *m*, Auslauf *m*

~ **canal** : Abflusskanal *m*

~ **channel** : Vorflutgerinne *nt*

~ **cock** : Abflusshahn *m*

~ **pipe** : Abflussrohr *nt*

~ **structure** : Auslaufbauwerk *nt*

outline : Entwurf *m*

~ **legislation** : Rahmengesetze *pl*

~ **planning** : Rahmenplanung *f*

~ ~ **permission** : allgemeine Baugenehmigung *(f)*

out-marsh : Salzmarsch *f*

out of : aus, außer *prep*

~ ~ **town:** stadtauswärts *adv*

output : Ertrag *m*, Leistung *f*

outside : Außen-, äußer- *adj*

~ : Außenseite *f*

~ **slope** : Außenböschung *f*

outskirts : Außenbereich *m*, Stadtrand *m*

~ **of the town:** Stadtrand *m*

outward : äußere, äußerlich, Hin-, nach außen gerichtet *adj*

~ : nach außen *adv*

~**-sloping** : hangabwärts geneigt *adj*

~-~ **terrace:** hangabwärts geneigte Terrasse *(f)*

outwash : Gletscherschmelzwasser *nt*

~ **plain** : Sander *m*

outweigh : überwiegen, wettmachen *v*

ova : Eizellen *pl*

oven : Backofen *m*, Ofen *m*

~**-dry** : ofentrocken *adj*

overall : allgemein, Gesamt-, global *adj*

~ : im Großen und Ganzen, insgesamt *adv*

~ : Arbeitskittel *m*, Arbeitsmantel *m*

~ **concept** : Gesamtkonzept *nt*

~ **coverage** : Deckungssumme *f*

~ **energy || demand** : Gesamtenergienachfrage *f*

~ ~ **requirement** : Gesamtenergiebedarf *m*

~ **guideline** : Rahmenrichtlinie *f*

~ **land development plan** : Bauleitplan *m*

~ **noise level** : Gesamtschallpegel *m*

~ **planning** : Gesamtplanung *f*

~ **power consumption** : Gesamtstromverbrauch *m*

~ **wage tax** : Lohnsummensteuer *f*

overburden : Abraum *m,* Abraumgut *nt,* Abraummaterial *nt*

overcast : bedeckt, bewölkt, trübe *adj*

become ~: bewölken *v*

overcome : betäuben, bezwingen, überwinden *v*

overcrowding : Übervölkerung *f*

overcultivated : übernutzt *adj*

overdo : übertreiben *v*

overexploit : (völlig) ausbeuten, Raubbau betreiben *v*

overexploitation : Raubbau *m,* Übernutzung *f,* völlige Ausbeutung *(f)*

overfall : offener Überfall *(m)*

~ **structure** : Überfallbauwerk *nt*

~ **weir** : Überfallwehr *nt*

over-fertilization : Überdüngung *f*

over-fertilize : überdüngen *v*

overfish : überfischen *v*

overfishing : Überfischung *f*

overflow : überlaufen *v*

~ **channel** : Entlastungskanal *m,* Überlaufrinne *f*

~ **controller** : Überfüllsicherung *f*

~ **dike** : Überlaufdeich *m*

~ **head** : Überfallhöhe *f*

~ **pipe** : Überlaufrohr *nt*

~ **polder** : Sommerpolder *m,* Überlaufpolder *m*

~ **rainfall intensity** : abgeführte Regenspende *(f)*

~ **spillway** : Überlauf *m*

~ **structure** Überlaufbauwerk *nt*

~ ~ **spillway** : Überlauf *m*

overgraze : überweiden *v*

overgrazing : Überweidung *f*

over-harvesting : Übernutzung *f*

overhead : droben, Fahr-, frei, oben, oberirdisch, Overhead- *adj*

~ : Aufwand *m,* Gemeinkosten *pl,* Mehraufwand *m,* Organisationsablauf *m,* Zusatz *m,* Zuschlag *m*

~ **cable** : Freileitung *f*

~ **irrigation** : Beregnung *f*

~ **line** : Freileitung *f*

~ **manure carrier** : Dungbahn *f*

~ **power line** : Überlandleitung *f*

overheads : Gemeinkosten *pl*

overhead || shaker : Überkopfschüttler *m*

~ **transparency** : Folie für Tageslichtprojektor *(f),* Overheadfolie *f*

overland : auf dem Landweg, über Land, Überland- *adj/adv*

~ **flow** : Abrieseln *nt,* Oberflächenabfluss *m,* Rieseln *nt*

~ ~ **of sewage**: Abwasserverrieselung *f*

~ ~ **hydrograph** : Oberflächenabflussganglinie *f*

~ **route** : Landweg *m*

overlap : Überschneidung *f*

overlay : Auflage *f,* Overlay *nt,* Überlagerung *f,* Überzug *m,* Zurichtung *f*

~ : belegen, überlagern, überziehen *v*

~ **shelf** : Abraum *m*

overlook : Aussicht *f*

~ : übersehen *v*

overlying : überlagernd *adj*

~ **confining bed** : Grundwasserdeckschicht *f,* Grundwasserschirmfläche *f*

overmature : überreif *adj*

~ **phase** : Schlusswaldgesellschaft *f*

overpopulated : überbevölkert *adj*

overpopulation : Überbesatz *m,* Überbevölkerung *f,* Übervölkerung *f*

overpower : überwältigen *v*

overproduction : Überproduktion *f*

overriding : überwiegend *adj*

~ **public interest** : überwiegendes öffentliches Interesse *(nt)*

oversaturation : Übersättigung *f*

overshot : oberschlächtig *adj*

~ **waterwheel** : oberschlächtiges Wasserrad *(nt)*

over-stocking : Überbesatz *m*

overstorey : Baumschicht *f*

over-the-belt magnet : Überbandmagnet *m*

overturn : Zirkulation *f*

overuse : übermäßiger Gebrauch *(m)*

~ : übermäßig gebrauchen *v*

overview : Überblick *m*

~ **of**: Überblick über

overvoltage : Überspannung *f*

~ **protection system** : Überspannungsschutzeinrichtung *f*

overwintering : Überwinterung *f*

overwood : Baumschicht *f*

oviparous : eierlegend, ovipar *adj*

oviposition : Eiablage *f*

ovulation : Eisprung *m,* Ovulation *f*

ovum : Ei *nt,* Eizelle *f*

own : besitzen *v*

~ **capital funds** : Eigenkapital *nt*

owner : Besitzer *m,* Besitzerin *f,* Eigentümer *m,* Eigentümerin *f*

~ **of waste:** Abfallbesitzer /-in *m/f*

~**-occupied** : vom Besitzer bewohnt *adj*

~**-occupier** : Eigennutzer *m*

~ **operator** : Eigenbetrieb *m*

~**ship** : Besitz *m,* Eigentum *nt*

ox : Ochse *m*

oxbow : Altwasser *nt*

~ **lake** : Altwasser *nt,* toter Flussarm *(m)*

oxibiontic : oxibiont *adj*

oxidase : Oxidase *f*

oxidation : Oxidation *f,* Oxidierung *f*

~ **ditch** : Oxidationsgraben *m*

~ **inhibitor** : Antioxidationsmittel *nt*

~ **pond** : Abwasserteich *m,* Oxidationsteich *m,* Stabilisierungsteich *m*

~ **process** : Oxidationsverfahren *nt*

~**-reduction potential** : Redoxpotenzial *nt*

~ **zone** : Oxidationszone *f*

oxide : Oxid *nt*

~ **ceramic** : Oxidkeramik *f*

oxidize : oxidieren *v*

oxidizing : Oxidations-, oxidierend *adj*

~ agent : Oxidationsmittel *nt*

oxidoreductase : Oxidoreduktase *f*

oxygen : Sauerstoff *m*

~ absorbent : Sauerstoffabsorptionsmittel *nt*

~ analyser : Sauerstoffanalysator *m*

oxygenate : mit Sauerstoff anreichern *v*

oxygenation : Anreicherung mit Sauerstoff *(f)*, Sauerstoffbegasung *f*, Sauerstoffeintrag *m*, Sauerstoffzufuhr *f*

~ capacity : Sauerstoffeintrag *m*

oxygen || balance : Sauerstoffbilanz *f*, Sauerstoffgleichgewicht *nt*, Sauerstoffhaushalt *m*

~ ~ in water: Sauerstoffbilanz des Wassers *(f)*

~ bleaching : Sauerstoffbleiche *f*

~-blowing converter : Sauerstoffausblaskonverter *m*

~-combining capacity : Sauerstoffbindung *f*

~ concentration : Sauerstoffkonzentration *f*

~ consumption : Sauerstoffverbrauch *m*

~ content : Sauerstoffgehalt *m*

~ control : Sauerstoffregelung *f*

~ debt : Sauerstoffschuld *f*

~ deficiency : Sauerstoffdefizit *nt*, Sauerstoffmangel *m*

~ demand : Sauerstoffbedarf *m*

~ depletion : Sauerstoffverlust *m*

~ determination : Sauerstoffbestimmung *f*

~ diagram : Sauerstofflinie *f*

~ input : Sauerstoffeintrag *m*

~ lance : Sauerstofflanze *f*

~ minimum concentration : Sauerstoffminimum *nt*

~ profile : Sauerstoffprofil *nt*

~ requirement : Sauerstoffbedarf *m*

~ saturation : Sauerstoffsättigung *f*

~ ~ concentration : Sauerstoffsättigungskonzentration *f*

~ ~ factor : Sauerstoffsättigungsfaktor *m*

~ ~ index : Sauerstoffsättigungsindex *m*

~ supply : Sauerstoffzufuhr *f*

~ transfer : Sauerstoffübertragung *f*, Sauerstoffzufuhr *f*

~ ~ capacity : Sauerstoffzufuhrvermögen *nt*

~ uptake : Sauerstoffaufnahme *f*

~ ~ factor : Sauerstoffaufnahmefaktor *m*

~ utilization : Sauerstoffausnutzung *f*

oxyhaemoglobin : Oxyhämoglobin *nt*

oxyphobe : acidophob *adj*

~ : acidophobe Pflanze *(f)*

oxyphyte : Oxyphyt *m*

ozone : Ozon *nt*

~ concentration : Ozonkonzentration *f*

~ content : Ozongehalt *m*

~ creation : Ozonbildung *f*

~ ~ potential : Ozonbildungspotenzial *nt*

~-depleting : ozonabbauend, ozonschädigend, ozonzersetzend *adj*

~-~ potential : ozonzersetzendes Potenzial *(nt)*

~ depletion : Ozonabbau *m*

~ ~ potential : Ozonabbaupotenzial *nt*

~-destroying : ozonzerstörend *adj*

~ determination : Ozonbestimmung *f*

~ disinfection : Ozondesinfektion *f*

~-friendly : ozonfreundlich *adj*

~ generation : Ozonbildung *f*

~ generator : Ozongenerator *m*

~ hole : Ozonloch *nt*

~ layer : Ozongürtel *m*, Ozonschicht *f*

ozonelysis : Ozonabbau *m*

ozone || monitoring device : Ozonmessgerät *nt*

~ observation network : Ozonbeobachtungsnetz *nt*

~ theory : Ozontheorie *f*

~ treatment : Ozonbehandlung *f*

~ warning : Ozonwarnung *f*

ozonising : Ozonung *f*

ozonization : Ozonierung *f*

ozonizing : ozonisierend, Ozonisierungs- *adj*

~ plant : Ozonisierungsanlage *f*

ozonosphere : Ozonosphäre *f*, Ozonschicht *f*

P

pace : Tempo *nt*
pack : Rudel *nt*
package : Junktim *nt*
~ deal : Junktim *nt*
~ ~ clause : Junktimklausel *f*
packaging : Verpackung *f*, Verpackungsmaterial *nt*
~ industry : Verpackungsindustrie *f*
~ levy : Verpackungsabgabe *f*
~ material : Verpackungsmaterial *nt*
~ plant : Verpackungsanlage *f*
~ technique : Verpackungstechnik *f*
~ waste : Verpackungsabfall *m*
packed : gepackt, voll *adj*
~ bed : Festbett *nt*, Schüttbett *nt*
~ ~ filter : Schüttschichtfilter *m*
~ ~ scrubber : Füllkörperwäscher *m*
~ lunch : Lunchpaket *nt*
pack-horse : Packpferd *nt*
~-~ route : Saumpfad *m*
pack ice : Packeis *nt*
packing : Abdichtung *f*, Dichtungsmaterial *nt*, Verpackung *f*
~ industry : Verpackungsindustrie *f*
pact : Vertrag *m*
paddle : Schaufel *f*
~-steamer : Schaufeldampfer *m*
~-wheel : Schaufelrad *nt*
paddy : Reisfeld *nt*
~ field : Reisfeld *nt*
padi : Reisfeld *nt*
pain : Plage *f*, Qualen *pl*, Schmerz *m*, Schmerzen *pl*
~ : schmerzen *v*
pains : Anstrengung *f*, Mühe *f*
paint : Anstrich *m*, Anstrichmittel *nt*, Farbe *f*
pain threshold : Schmerzschwelle *f*
painting : Lackierung *f*
paint || mist : Farbnebel *m*
~ ~ exhaust ventilator : Farbnebelabsauganlage *f*
~ shop : Lackiererei *f*
palaearctic : paläarktisch *adj*
also spelled: palearctic
≗ Region : Paläarktis *f*, paläarktische Region *(f)*
palaeobotany : Paläobotanik *f*
also spelled: paleobotany
palaeoclimatology : Paläoklimatologie *f*
also spelled: paleoclimatology
palaeoecology : Paläökologie *f*
also spelled: paleoecology
palaeogeography : Paläogeografie *f*
also spelled: paleogeography
palaeomagnetism : Paläomagnetismus *m*
also spelled: paleomagnetism
palaeontology : Paläontologie *f*
also spelled: paleontology
palaeozoology : Paläozoologie *f*
also spelled: paleozoology
pale : blass, bleich, fahl *adj*
~ : blass werden, bleich werden *v*
~ earth : Fahlerde *f*
~ leached soil : Fahlerde *f*
palisade : Palisade *f*
~ construction : Palisadenbau *m*
palm : Palme *f*, Schaufel *f*
~ grove : Palmenhain *m*
~ oil : Palmfett *nt*, Palmöl *nt*
paludism : Malaria *f*, Paludismus *m*
palynology : Palynologie *f*
pampas : Pampas *f*
pamphlet : Druckschrift *f*
pan : verdichtete Bodenschicht *(f)*
~ : auswaschen *v*
pancreas : Bauchspeicheldrüse *f*, Pankreas *m*
pandemic : pandemisch *adj*
~ : Pandemie *f*
panel : Flügel *m*, Gremium *nt*, Kommission *f*, Paneel *nt*, Podium *nt*
~ of experts: Expertengremium *nt*
panemone : Horizontalwindrad *nt*
pan-European : paneuropäisch *adj*
pan evaporimeter : Verdunstungspfanne *f*
panicle : Rispe *f*
paper : Papier *nt*, Referat *nt*
~ chromatograph : Papierchromatograf *m*
~ chromatography : Papierchromatografie *m*
~ consumption : Papierverbrauch *m*
~ fibre : Papierfaser *f*
~ filter : Papierfilter *m*
~ incinerating plant : Papierverbrennungsanlage *f*
~ industry : Papierindustrie *f*
papermaking : Papierherstellung *f*
paper || manufacture : Papierherstellung *f*
~ mill : Papierfabrik *f*, Papiermühle *f*
~ recovery : Papierrückgewinnung *f*
~ recycling : Papierrecycling *nt*
~ ~ plant : Papierrecyclinganlage *f*
~ waste : Papierabfall *m*
papovavirus : Papovavirus *m*
para-brown earth : Parabraunerde *f*
paradigm : Paradigma *nt*
paraffin : Paraffin *nt*, Paraffinöl *nt*
paragraph : Absatz *m*
~ indication : Absatzbezeichnung *f*
parallax : Parallaxe *f*
parallel : Breitengrad *m*, Parallele *f*
~ current cooler : Gleichstromkühler *m*
~ permission : Parallelgenehmigung *f*
paralysis : Lähmung *f*
paramagnetic : paramagnetisch *adj*
~ analyzer : paramagnetischer Analysator *(m)*

parameter : Kenngröße *f*, Parameter *m*

pararendzina : Pararendzina *f*

parasite : Parasit *m*

parasitic : parasitär, parasitisch *adj*

parasiticide : Parasitizid *nt*

parasitism : Parasitismus *m*

parasitize : parasitieren *v*

parasitoid : Parasitoid *nt*

parasitology : Parasitologie *f*

parcel : Los *nt*, Paket *nt*, Partie *f*

~ **of air:** Luftpaket *nt*

parent : Elternteil *m*

parental : elterlich *adj*

~ **organism** : Ausgangsorganismus *m*

parent cell : Stammzelle *f*

parenthood : Elternschaft *f*

parent || material : Ausgangsgestein *nt*, Ausgangsmaterial *nt*, Ursprungsmaterial *nt*

~ **rock** : Muttergestein *nt*

parents : Eltern *pl*

parish : Pfarrei *f*

~ **church** : Pfarrkirche *f*

~ **council** : Gemeinderat *m*

park : Park *m*

~ : parken *v*

~ **and ride system:** Park-and-Ride System *nt*

parked : geparkt *adj*

parking : Parken *nt*

~ **fee** : Parkgebühr *f*

~ **ground** : Parkplatz *m*

~ **lot (Am)** : Parkplatz *m*

~ **place** : Parkplatz *m*

~ **provision** : Parkgebühr *f*

parkland : Parklandschaft *f*

park | -like : parkähnlich *adj*

~-~ landscape : Parklandschaft *f*

~ **landscape** : Parklandschaft *f*

~ **way (Am)** : Allee *f*

also spelled: parkway

parliament : Abgeordnetenhaus *nt*, Parlament *nt*

parshall flume : Parshallrinne *f*

part : Teil *m/nt*, Teilstück *nt*

on the ~ of the state authorities: von Staats wegen *adv*

~ **of the drainage area:** Teilentwässerungsgebiet *nt*

~ **of the landscape:** Landschaftsbestandteil *m*

~ **of the town:** Stadtteil *m*

parthenogenesis : Jungfernzeugung *f*, Parthenogenese *f*

partial : parteiisch, Partial-, partiell, teilweise, voreingenommen *adj*

~ **cut** : Aushieb *m*

~ **eclipse** : partielle Finsternis *(f)*

~ **nullity** : Teilnichtigkeit *f*

~ **permission** : Teilgenehmigung *f*

~ **pressure** : Partialdruck *m*

~ **sentence** : Teilurteil *nt*

partially : teilweise, zum Teil *adv*

~ **penetrating well** : unvollkommener Brunnen *(m)*

participant : Teilnehmer *m*, Teilnehmerin *f*

participate : (sich) beteiligen, teilnehmen *v*

participation : Beteiligung *f*, Partizipation *f*

participatory : mit Bürgerbeteiligung, mit Zuschauerbeteiligung, partizipativ *adj*

~ **democracy** : Beteiligungsdemokratie *f*

~ **learning approach** : partizipativer Lernansatz *(m)*

particle : Partikel *nt*, Teilchen *nt*

~ **concentration** : Partikelkonzentration *f*

~ **content** : Partikelgehalt *m*

~ **counting** : Teilchenzahlbestimmung *f*

~ **diameter** : Partikeldurchmesser *m*

particleous : partikelförmig *adj*

particle || precipitation : Teilchenabscheidung *f*

~ **separator** : Partikelabscheider *m*

~ **size** : Korngröße *f*, Partikelgröße *f*, Teilchengröße *f*

~ ~ **analysis** : Korngrößenbestimmung *f*, Partikelgrößenanalyse *f*

~ ~ **determination** : Teilchengrößenbestimmung *f*

~ ~ **distribution** : Korngrößenverteilung *f*, Sieblinie *f*

particular : ausführlich, besondere /~r /~s, detailliert, eigen, eingehend, genau, gründlich *adj*

in ~: insbesondere *adv*

particularly : besonders, insbesondere, speziell *adv*

particular responsibility : besondere Verantwortung *(f)*

particulars : Detail(s) *nt/pl*, Einzelheit(en) *f/pl*, Personalie(n) *f/pl*

particulate : korpuskular *adj*

~ : Feststoffteilchen *nt*, Teilchen *nt*

partnership : Partnerschaft *f*

parts : Teile *pl*

~ **per billion:** Teile auf 1 Milliarde

~ **per million:** Teile auf 1 Million

part-time : Teilzeit- *adj*

~-~ : halbtags, stundenweise *adv*

~-~ post : Teilzeitstelle *f*

~-~ staff : Teilzeitpersonal *nt*

party : Partei *f*

~-political : parteipolitisch *adj*

~-~ allegiance : parteipolitische Loyalität *(f)*

pass : Ausweis *m*, Berechtigungsschein *m*, Erlaubnisschein *m*

~ : erlassen, fließen, passieren, strömen, übergehen, verabschieden, wechseln, ziehen *v*

~ **a bill:** ein Gesetz verabschieden

passage : Durchgang *m*, Durchreise *f*, Gang *m*, Kanal *m*, Zug *m*

passenger : Beifahrer *m*, Beifahrerin *f*, Fahrgast *m*, Fluggast *m*, Mitfahrer *m*, Mitfahrerin *f*, Passagier *m*

~ **car recycling** : PKW-Recycling *nt*

~ **plane** : Verkehrsflugzeug *nt*

~ **service** : Personenverkehr *m*

~ **traffic** : Personenverkehr *m*

~ **transport** : Personenverkehr *m*

passive : passiv *adj*

~ **noise abatement** : passive Lärmbekämpfung *(f)*

~ **prove of identity** : Passivlegitimation *f*

~ **smoking:** Passivrauchen *nt*

paste-like : pastös *adj*

pasteurization : Pasteurisierung*f*

~ **plant** : Pasteurisieranlage *f*

pasteurize : pasteurisieren *v*

pasteurized : pasteurisiert *adj*

pastoral : ländlich, pastoral, Weide- *adj*

pastoralist : Schafzüchter *m*, Schafzüchterin *f*, Viehzüchter *m*, Viehzüchterin *f*

pastoral people : Hirtenvolk *nt*

pasturalist : Hirte *m*

pasturalists : Hirten *pl*, Hirtenvolk *nt*

pasture : Weide *f*, Weideland *nt*, Weideplatz *m*

~ : weiden lassen *v*

~ agronomist : auf Gräser spezialisierter Agronom *(m)*

~ farming : Weidewirtschaft *f*

~ husbandry : Weidepflege *f*

~ improvement : Weideverbesserung *f*

~ land : Weideland *nt*

~ management : Weidewirtschaft *f*

~ rearing : Weidehaltung *f*

~ seeding : Weideansaat *f*

~ weed: Weideunkraut *nt*

pasty : pastös *adj*

patchwork : Patchwork *nt*

~ **of fields:** buntes Mosaik von Feldern *(nt)*

patent : Patent *nt*

~ right : Patentrecht *nt*

paternia : Auenregosol *m*, Paternia *f*

path : Pfad *m*, Trampelpfad *m*, Weg *m*

pathogen : Erreger *m*, Krankheitserreger *m*

pathogenesis : Pathogenese *f*

pathogenetic : pathogenetisch *adj*

pathogenic : krankheitserregend, pathogen *adj*

~ germ : Krankheitserreger *m*

~ organism : pathogener Organismus *(m)*

pathogenicity : Pathogenität *f*

pathological : pathologisch *adj*

~ waste : pathologischer Abfall *(m)*

pathologist : Pathologe *m*, Pathologin *f*

pathology : Pathologie *f*

~ report : Pathologiebericht *m*

pattern : Muster *nt*, Verteilung *f*

patterned : gemustert, gestaltet *adj*

~ ground : Frostmusterboden *m*

pave : befestigen, pflastern *v*

paved : befestigt, gepflastert, versiegelt *adj*

~ area : befestigte Fläche *(f)*, versiegelte Fläche *(f)*

~ path : befestigter Weg *(m)*, gepflasterter Weg *(m)*

pavement : Bürgersteig *m*

paving : Pflasterung *f*

pay : zahlen *v*

~ attention : beachten *v*

PCB containing : PCB-haltig *adj*

peace : Frieden *m*

~ **and quiet:** Ruhe *f*

peaceful : friedvoll *adj*

peace movement : Friedensbewegung *f*

peak : Gipfel *m*, Kamm *m*, Peak *m*, Scheitelpunkt *m*, Schild *m*, Schirm *m*, Spitze *f*

~ consumption : Höchstverbrauch *m*

~ demand : Spitzenbedarf *m*

~ discharge : Spitzenabfluss *m*

~ ~ coefficient : Spitzenabflussbeiwert *m*

~ dose : Höchstdosis *f*

~ flood : Hochwasserspitze *f*

~ load : Höchstbelastung *f*, Spitzenlast *f*

~ ~ time : Spitzenbelastungszeit *f*

~ noise : Spitzenlärm *m*

~ period : Hauptbetriebszeit *f*, Spitzenzeit *f*

~ power : Spitzenlast *f*

~ ~ plant : Spitzenlastkraftwerk *nt*

~ run-off coefficient : Spitzenabflussbeiwert *m*

~ times : Spitzenzeiten *pl*

~ traffic hours : Verkehrsspitzenzeit *f*

~ value : Höchstwert *m*

peat : Torf *m*, Torfboden *m*, Torferde *f*, Torfsode *f*

~ bog : Torfmoor *nt*

also spelled: peatbog

~ clay : Torfton *m*

peatery : Torfgrube *f*

peat || extraction : Torfabbau *m*

~ fire : Torffeuerung *f*

~ hag : Torfloch *nt*

peatland : Moorland *nt*

~ protection : Moorschutz *m*

peat || mining : Torfabbau *m*

~ quarrying : Torfabbau *m*

~ substrate : Torfsubstrat *nt*

~ thickness : Torfmächtigkeit *f*

peaty : torfhaltig, torfig *adj*

pebble : Kiesel *m*, Kieselstein *m*

pebbles : Kies *m*

pebbly : kiesig, steinig *adj*

pedagogics : Pädagogik *f*

~ **through media:** Medienpädagogik *f*

pedestal : Erosionssockel *m*

pedestrian : Fußgänger *m*, Fußgängerin *f*

~ zone : Fußgängerzone *f*

pediment : Giebelfeld *nt*, Pediment *nt*

pedogenesis : Bodenbildung *f*, Bodenentwicklung *f*

pedology : Bodenkunde *f*, Bodenwissenschaft *f*

pedosphere : Pedosphäre *f*

peg : Pflock *m*

pegging : Absteckung *f*

peg out : abstecken *v*

pelagial : Pelagial *nt*

~ zone : Pelagial *nt*

pelagic : pelagisch *adj*

~ organism : pelagischer Organismus *(m)*

~ zone : Pelagial *nt*

pelletized : pelletiert *adj*

~ carbon black : pelletierter Ruß *(m)*

pelletizing : Pelletierung *f*

~ plant : Pelletieranlage *f*

pellicular : häutchenartig, häutchenförmig *adj*

~ water : Haftwasser *nt*

pelosole : Pelosol *m*

Pelton turbine : Freistrahlturbine *f*, Peltonturbine *f*

pen : Feder *f*, Federhalter *m*, Netzkäfig *m*, Stall *m*, weiblicher Schwan *(m)*

~ : niederschreiben *v*

~ (Am) : Knast *m*

penal : Straf-, strafbar, strafrechtlich *adj*

~ code : Strafgesetzbuch *nt*

penalty : Sanktion *f*, Strafe *f*, Strafmaß *nt*

pendency : Rechtshängigkeit *f*

peneplain : Rumpfebene *f*, Rumpffläche *f*

penetrate : durchdringen *v*

penetrating : durchdringend *adj*

penetrometer : Penetrometer *nt*

~ test : Penetrometertest *m*

penicillin : Penicillin *nt*

peninsula : Halbinsel *f*

pension : Rente *f*

pentad : Pentade *f*

people : Bevölkerung *f*, Leute *pl*

per capita : pro Kopf, Pro-Kopf-, pro Person *adv*

~ ~ data : Pro-Kopf-Daten *pl*

~ ~ income : Pro-Kopf-Einkommen *nt*

perceive : erfahren, spüren, wahrnehmen *v*

perceived : erfahrene /~r, /~s, wahrgenommene /~r, /~s *adj*

~ noise level : Lärmwahrnehmung *f*

perception : Wahrnehmung *f*

- **~ of loudness:** Lautstärkewahrnehmung *f*

perched : liegend, sitzend *adj*

~ water-table : artesisch gespannter Wasserspiegel *(m)*

percolate : durchsickern, sickern *v*

percolating : Sicker- *adj*

~ filter : Tropfkörper *m*

~ water : Sickerwasser *nt*

percolation : Durchsickerung *f*, Einsickerung *f*, Infiltration *f*, Perkolation *f*, Versickerung *f*

~ rate : Sickerrate *f*

~ well : Versenkbrunnen *m*

perennial : ausdauernd, mehrjährig, perennierend *adj*

~ : mehrjährige Pflanze *(f)*, perennierende Pflanze *(f)*

~ agriculture : Dauerfeldbau *m*

~ crop : mehrjährige Kultur *(f)*

perennially : das ganze Jahr über, ständig, ewig *adv*

perfect : perfekt, tadellos, umfassend, vollkommen *adj*

~ : perfektionieren, vervollkommnen *v*

~ well : vollkommener Brunnen *(m)*

perforated : durchlöchert, perforiert *adj*

~ plate : Lochblech *nt*

~ sheet : Lochblech *nt*

perform : ausführen, vollziehen *v*

performance : Ausführung *f*, Durchführung *f*, Erfüllung *f*

~-oriented : Leisungs-, leistungsorientiert *adj*

~-~ society: Leistungsgesellschaft *f*

perfusion : Perfusion *f*

perialpine : perialpin *adj*

perianth : Blütenhülle *f*

perimeter : Begrenzung *f*, Grenze *f*, Umfang *m*, Umriss *m*

~ development : Blockbebauung *f*

period : Periode *f*, Zeitraum *m*

- **~ allowed for an appeal:** Einspruchsfrist *f*
- **~ of breeding:** Fortpflanzungszeit *f*
- **~ of drought:** Dürreperiode *f*
- **~ of hibernation:** Überwinterungszeit *f*
- **~ of migration:** Wanderungszeit *f*
- **~ of rearing:** Aufzuchtszeit *f*
- **~ of validity:** Geltungsdauer *f*
- **~ of vegetation:** Vegetationsperiode *f*

periodic : Perioden-, periodisch *adj*

periodical : Zeitschrift *f*

periodicity : Periodizität *f*

periodic table: Periodensystem *nt*

period rainfall section : Regenabschnitt *m*

peripheral : peripher *adj*

~ nerve : peripherer Nerv *(m)*

~ nervous system : peripheres Nervensystem *(nt)*

periphyton : Aufwuchs *m*

perishability : Verderblichkeit *f*

perishableness : Verderblichkeit *f*

peristaltic : peristaltisch *adj*

~ pump : Schlauchpumpe *f*

permafrost : Dauerfrost *m*, Dauerfrostboden *m*, Dauerfrosthorizont *m*, Permafrost *m*, Permafrostboden *m*

permanence : Dauerzustand *m*

permanent : Dauer-, dauernd, permanent, ständig *adj*

~ disposal : Dauerbeseitigung des Abfalls *(f)*

~ forest : Dauerwald *m*

~ grassland : Dauergrünland *nt*

~ hardness : Nichtkarbonathärte *f*, permanente Härte *(f)*

~ irrigation : Dauerbewässerung *f*

~ observation area : Dauerbeobachtungsfläche *f*

~ pasture : Dauerweide *f*

~ secretary : Staatssekretär *m*, Staatssekretärin *f*

~ strip : Dauerstreifen *m*

permeability : Durchlässigkeit *f*, Permeabilität *f*

~ tester : Durchlässigkeitsprüfgerät *nt*

permeable : durchlässig, permeabel, wasserdurchlässig *adj*

~ weir : durchlässiges Wehr *(nt)*

permeameter : Durchlässigkeitsmessgerät *nt*, Permeameter *nt*

permissible : zulässig *adj*

~ colouring matter : zulässiger Farbstoff *(m)*

~ exposure limit : BAT-Wert *m*

~ flow velocity : zulässige Fließgeschwindigkeit *(m)*

~ noise level : zulässiger Geräuschpegel *(m)*

permission : Erlaubnis *f*, Genehmigung *f*, Zulassung *f*

- **give ~ for:** genehmigen *v*
- **~ to mine:** Bergbauberechtigung *f*

~ application : Genehmigungsantrag *m*

permit : Erlaubnis *f*, Erlaubnisschein *m*, Genehmigung *f*, Passierschein *m*

- **~ for partial construction:** Teilerrichtungsgenehmigung *f*

~ for waters utilization: Gewässerbenutzungserlaubnis *f*

~ to exploit water: Gewässernutzungserlaubnis *f*

~ : erlauben, genehmigen *v*

~ **licence** : Passierschein *m*

permitted : erlaubt *adj*

perniciousness : Verderblichkeit *f*

perpendicular : lotrecht, senkrecht *adj*

persist : beständig sein, bestehen bleiben, persistent sein, stabil sein *v*

persistence : Beständigkeit *f*, Persistenz *f*

persistent : beständig, persistent, stabil *adj*

~ **insecticide** : persistentes Insektizid *(nt)*

persistently : hartnäckig *adv*

person : Person *f*

~ **exposed to radiation:** strahlenexponierte Person *(f)*

~ **liable to compensation:** Schadenersatzpflichtige *f*, Schadenersatzpflichtiger *m*

personal : persönlich, Privat- *adj*

~ **dosimeter** : Privatdosimeter *nt*

~ **expenditure** : Personalkosten *pl*

~ **injury** : Personenschaden *m*

personality : Persönlichkeit *f*

~ **characteristics** : Persönlichkeitsmerkmal *nt*

personal || protection : Individualschutz *m*

~ **right** : Persönlichkeitsrecht *nt*

~ **responsibility** : Eigenverantwortung *f*

person responsible : Verursacher *m*, Verursacherin *f*

persuade : überzeugen *v*

persue : durchführen *v*

pervious (Am) : durchlässig, permeabel *adj*

~ **area** : durchlässige Fläche *(f)*

pest : Schädling *m*, Ungeziefer *nt*

~ **attack** : Schädlingsbefall *m*

~ **control** : Pflanzenschutz *m*, Schädlingsbekämpfung *f*, Schädlingsüberwachung *f*

~ ~ **method** : Schädlingsbekämpfungsmethode *f*

~ **epidemic** : Pestepidemie *f*

pesticidal : Pestizid- *adj*

~ **effect** : Pestizidwirkung *f*

pesticide : Pestizid *nt*, Pflanzenbehandlungsmittel *nt*, Pflanzenschutzmittel *nt*, Schädlingsbekämpfungsmittel *nt*

~ **admission** : Pflanzenbehandlungsmittelzulassung *f*

~ **content** : Pestizidgehalt *m*

~ **degradation** : Pestizidabbau *m*

~ **determination** : Pestizidbestimmung *f*

~ **pollution** : Pestizidbelastung *f*

~ **residue** : Pestizidrückstand *m*

pest || infestation : Schädlingsbefall *m*

~ **management** : Pflanzenschutz *m*, Schädlingsbehandlung *f*, Schädlingsbekämpfung *f*

~ ~ **using chemicals** : chemische Schädlingsbekämpfung *(f)*

pestology : Schädlingsbekämpfung *f*

pet : Haustier-, Lieblings-, zahm *adj*

~ : Haustier *nt*, Liebling *m*, Tier *nt*

~ : bevorzugen, streicheln, verwöhnen *v*

petal : Blütenblatt *nt*

petition : Antrag *m*, Unterschriftenaktion *f*

~ **for a penalty:** Strafantrag *m*

petitioner : Antragsteller *m*, Antragstellerin *f*

petition right : Antragsrecht *nt*

petrifaction : Petrifaktion *f*, Versteinerung *f*

petrified : versteinert *adj*

~ **forest** : versteinerter Wald *(m)*

petrify : petrifizieren, versteinern *v*

petrochemical : petrochemisch *adj*

~ : Erdölderivat *pl*, Mineralölerzeugnis *nt*

~ **industry** : petrochemische Industrie *(f)*

petrochemicals : Petrochemikalien *pl*

petrochemistry : Petrochemie *f*

petrography : Gesteinskunde *f*

petrol : Benzin *nt*, Erdöl *nt*

~ **chemistry** : Erdölchemie *f*

~ **engine** : Benzinmotor *m*, Ottomotor *m*

petroleum : Erdöl *nt*

~**-consuming** : erdölverbrauchend *adj*

~ **consumption** : Erdölverbrauch *m*

~ **deposit** : Erdöllagerstelle *f*

~**-exporting** : ölexportierend *adj*

~-~ **country** : ölexportierendes Land *(nt)*

~ **industry** : Erdölindustrie *f*

~ **product** : Erdölprodukt *nt*, Mineralölerzeugnis *nt*

~ **refining** : Erdölraffination *f*

~ **reserve** : Erdölvorrat *m*

~ **revenues** : Erdöleinnahmen *pl*

petrol market : Mineralölmarkt *m*

petrology : Petrologie *f*, Gesteinskunde *f*

petrol || separating plant : Benzinabscheider *m*

~ **separator** : Benzinabscheider *m*

~ **trap** : Benzinabscheider *m*

~ **vapour** : Benzindampf *m*

pet shop : Tierhandlung *f*

petty : Bagatell-, belanglos, geringfügig, klein, Klein-, kleinlich *adj*

~ **amount** : Bagatellmenge *f*

phaeopigments : Phaeopigmente *pl*

phagocyte : Fresszelle *f*, Phagozyte *f*

phagocytic : phagozytisch *adj*

pharmaceutical : pharmazeutisch *adj*

~ **industry** : pharmazeutische Industrie *(f)*

~ **residue** : Arzneimittelrückstand *m*

~ **waste** : Pharmaabfall *m*

pharmacokinetics : Pharmakokinetik *f*

pharmacology : Pharmakologie *f*

pharmacy : Apotheke *f*

~ **regulation** : Apothekenbetriebsordnung *f*

~ **rule** : Apothekenbetriebsordnung *f*

phase : Abschnitt *m*, Phase *f*, Stadium *nt*

~ **of building:** Bauabschnitt *m*

~ **of the moon:** Mondphase *f*

~ **out** : allmählich abschaffen, einschränken, einstellen *v*

phasing out : Ausstieg *m*

~ ~ **of nuclear energy:** Ausstieg aus der Kernenergie *(m)*

pH electrode : pH-Elektrode *f*

phenological : phänologisch *adj*

~ **stage** : Entwicklungsstadium *nt*

phenology : Phänologie *f*

phenol : Phenol *nt*

~ **poisoning** : Phenolvergiftung *f*

phenomena : Phänomene *pl*

phenomenon : Phänomen *nt*

phenotype : Phänotyp *m*

pH factor : pH-Wert *m*

philoprogenitive : fruchtbar *adj*

philosophy : Philosophie *f*

~ **of nature:** Naturphilosophie *f*

~ **of science:** Wissenschaftstheorie *f*

pH indicator : pH-Indikator *m*

~ ~ **paper** : pH-Indikatorpapier *nt*

phloem : Phloem *nt*, Rinde *f*

pH measuring : pH-Messung *f*

pH meter : pH-Messgerät *nt*, pH-Meter *nt*

phon : Phon *nt*

phosphate : Phosphat *nt*

~**-accumulating** : phosphatbindend *adj*

~**-based** : auf Phosphatbasis *adj*

~-~ **detergent** : Detergens auf Phosphatbasis *(nt)*

~**-containing** : phosphathaltig *adj*

~-~ **detergent** : phosphathaltiges Waschmittel *(nt)*

~ **content** : Phosphatgehalt *m*

~ **determination** : Phosphatbestimmung *f*

~ **eliminating plant** : Phosphateliminierungsanlage *f*

~ **fertilizer** : Phosphatdünger *m*, Phosphordüngemittel *nt*, Phosphordünger *m*

~ **fertilizing** : Phosphatdüngung *f*

~ **immission** : Phosphateintrag *m*

~ **loading** : Phosphatbelastung *f*

~ **removal** : Phosphatelimination *f*

~ **softening** : Phosphatenthärtung *f*

~ **substitute** : Phosphatersatzstoff *m*

~ **supply** : Phosphatzufuhr *f*

phosphorescence : Phosphoreszenz *f*

phosphorescent : phosphoreszierend *adj*

phosphorus : Phosphor *m*

~ **content** : Phosphorgehalt *m*

~ **cycle** : Phosphorkreislauf *m*

~ **fertilizer** : Phosphordünger *m*

~ **immission** : Phosphoreintrag *m*

~ **insecticide** : Phosphorinsektizid *nt*

~ **load** : Phosphorbelastung *f*

~ **removal** : Phosphorbeseitigung *f*, Phosphorelimination *f*

~ **sludge** : Phosphorschlamm *m*

photic : photisch *adj*

photo : Foto *nt*

photochemical : fotochemisch *adj*

~ **oxidant** : fotochemisches Oxidationsmittel *nt*

~ **oxidants** : Fotooxidantien *pl*

~ **oxidation** : Fotooxidation *f*

~ **smog** : fotochemischer Smog *(m)*

photochemistry : Fotochemie *f*

photoconverter : optisch-elektrischer Wandler *(m)*

photoelectric : lichtelektrisch, fotoelektrisch *adj*

~ **cell** : lichtelektrische Zelle *(f)*, fotoelektrische Zelle *(f)*, Fotozelle *f*

photoelectron : Fotoelektron *nt*

~ **spectroscopy** : Fotoelektronenspektroskopie *f*

photogenic : leuchtend, fotogen *adj*

photogrammetric : fotogrammetrisch *adj*

~ **photograph** : Messbild *nt*

photogrammetry : Fotogrammetrie *f*

photograph : Foto *nt*

photographic : fotografisch *adj*

~ **developer** : Entwickler *m*

photography : Fotografie *f*

photolysis : Fotolyse *f*

photometer : Fotometer *nt*

photometry : Fotometrie *f*

photonasty : Fotonastie *f*

photo-oxidant : Fotooxidationsmittel *nt*

photo-oxidation : Fotooxidation *f*

photoperiodicity : Fotoperiodismus *m*, Fotoperiodizität *f*

photoperiodism : Fotoperiodismus *m*, Fotoperiodizität *f*

photorespiration : Fotorespiration *f*

photosensitive : lichtempfindlich *adj*

photosensitivity : Lichtempfindlichkeit *f*

photosynthesis : Fotosynthese *f*

photosynthesize : fotosynthetisieren *v*

phototrophic : fototroph *adj*

phototropic : fototrop *adj*

phototropism : Fototropismus *m*

photovoltaic : Fotovoltaik *f*

~ **cell** : Fotoelement *nt*

phreatic : phreatisch *adj*

~ **line** : Grundwasserspiegellinie *f*

~ **water** : freies Grundwasser *(nt)*

phreatophyte : Phreatophyt *m*

phreatophytic : grundwasserbeeinflusst *adj*

pH sensor : pH-Sensor *m*

pH test : pH-Test *m*

pH value : pH-Wert *m*

phycology : Algenkunde *f*, Phykologie *f*

phyllocladous : phyllokladisch *adj*

phyllode : Phyllodie *f*

phyllopods : Blattfüßer *pl*

phylogeny : Phylogenie *f*, stammesgeschichtliche Entwicklung *(f)*

phylum : Phylum *nt*, Stamm *m*

physical : dinglich, körperlich, physikalisch, physisch, stofflich *adj*

~ **condition** : Gesundheitszustand *m*

~ **degradation** : physikalischer Abbau *(m)*

~ **geography** : physische Geografie *(f)*

physically : körperlich, physisch *adv*

physical || medicine : physikalische Medizin *(f)*

~ **planning** : Raumplanung *f*

~ **protection** : Objektschutz *m*

~ **roentgen equivalent** : physikalischer Röntgengleichwert *(m)*

~ **science** : Naturwissenschaft *f*

~ **soil analysis** : physikalische Bodenuntersuchung *(f)*

~ **state** : Aggregatzustand *m*

physicochemical : physikalisch-chemisch *adj*

physics : Physik *f*

~ **of construction:** Bauphysik *f*

~ **instruction** : Physikunterricht *m*

physio-ecology : Autökologie *f*

physiological : physiologisch *adj*

~ **specialization** : physiologische Spezialisierung *(f)*

physiologist : Physiologe *m*, Physiologin *f*

physiology : Physiologie *f*

~ **of sleep:** Schlafphysiologie *f*

phytobenthos : Phytobenthos *nt*

phytochemistry : Phytochemie *f*

phytocoenosis : Phytozönose *f*

phytogeographical : Floren-, pflanzengeografisch *adj*

~ **district:** Florenbereich *m*, Florenbezirk *m*

phytogeography : Phytogeografie *f*

phytoindicator : Phytoindikator *m*

phytomass : Phytomasse *f*

phytome : Phytom *nt*

phytopathology : Phytopathologie *f*

phytophages : Phytophagen *pl*

phytophagous : pflanzenfressend, phytophag *adj*

phytopharmaceutical : Pflanzenarzneimittel *nt*, Phytopharmakum *nt*

phytophysiology : Pflanzenphysiologie *f*

phytoplankton : Phytoplankton *nt*, Schwebepflanzen *pl*

~ **bloom** : Phytoplanktonblüte *f*

phyto-sanitary : Pflanzenschutz-, phytosanitär *adj*

~-~ **certificate** : Pflanzengesundheitszeugnis *nt*

~-~ **control legislation** : Pflanzenschutzrecht *nt*

phytosociology : Pflanzensoziologie *f*, Vegetationskunde *f*

phytotoxic : phytotoxisch *adj*

phytotoxicant : Phytotoxikum *nt*

phytotoxicity : Phytotoxizität *f*

phytotoxin : Phytotoxin *nt*

pick : pflücken *v*

picking : Pflücken *nt*

pickling : Beizen *nt*, Einlegen *nt*, Marinieren *nt*

~ **agent** : Beizmittel *nt*

~ **installation** : Beizerei *f*

~ **plant** : Beizerei *f*

pick up : aufheben *v*

picnic : Picknick *nt*

~ **area** : Picknickplatz *m*

~ **place** : Picknickplatz *m*

~ **site** : Picknickplatz *m*

~ **table** : Picknicktisch *m*

pictorial : bildlich, illustriert *adj*

picture : Bild *nt*

~ **tube** : Bildröhre *f*

~ ~ **recycling** : Bildröhrenrecycling *nt*

piece : Stück *nt*

~ **of evidence:** Beweisstück *nt*

~ **of information:** Information *f*

~ **of land:** Grundstück *nt*

~ **of scenery:** Kulisse *f*

pier : Pfeiler *m*

piercing : durchdringend, schneidend *adj*

~ **the corporate veil:** Haftungsdurchgriff *m*

piezometer : Piezometer *nt*

piezometric : piezometrisch *adj*

pig : Schwein *nt*

~ **cleaning** : Molchreinigung *f*

pigeon : Taube *f*

pig || iron : Roheisen *nt*

~ **manure** : Schweinegülle *f*

pigment : Pigment *nt*

pigmentation : Pigmentation *f*

pig sty : Schweinestall *m*

pile : Haufen *m*, Masse *f*, Pfahl *m*, Stapel *m*, Stoß *m*

~ : aufhäufen, aufstapeln, beladen *v*

~ **driving** : Einrammen *nt*

~ **up** : aufhäufen, aufschütten, aufstauen *v*

pilgrimage : Wallfahrt *f*

~ **church** : Wallfahrtskirche *f*

pillar : Pfeiler *m*

pilot : Pilot- *adj*

~ : Pilot *m*, Pilotin *f*, Lotse *m*

~ : fliegen, lotsen *v*

~ **a bill through the House:** einen Gesetzentwurf durchs Parlament bringen

~ **measure** : Pilotmaßnahme *f*

~ **plant** : Versuchsanlage *f*

~ **project** : Pilotprojekt *nt*, Pilotvorhaben *nt*

~ **study** : Pilotstudie *f*, Voruntersuchung *f*

~ **well** : Beobachtungsbrunnen *m*, Kontrollpegel *m*

pine : Kiefer *f*

~ **forest** : Kiefernwald *m*

pinewood : Kiefernholz *nt*

pingo : Pingo *m*

pinnacle : Felsnadel *f*, Gipfel *m*, Spitze *f*

pinnate: fiederblättrig *adj*

pioneer : Pionier *m*

~ : erkunden *v*

~ **formation** : Pionierformation *f*

pioneering : bahnbrechend *adj*

pioneer || plant : Pionierpflanze *f*

~ **tree species** : Pionierbaumart *f*

pipe : Leitung *f*, Rohr *nt*, Rohrleitung *f*, Schlotte *f*

~ **break** : Rohrbruch *m*

~ ~ **safety valve** : Rohrbruchsicherheitsventil *nt*

~ **cleaning** : Rohrreinigung *f*

~ ~ **agent** : Rohrreiniger *m*

piped : verrohrt *adj*

pipeline : Pipeline *f*, Rohrfernleitung *f*, Rohrleitung *f*

pipe repair : Rohrsanierung *f*

~ ~ system : Rohrsanierungssystem *nt*

pipework : Rohrleitung *f*, Rohrnetz *nt*, Verrohrung *f*

~ insulation : Rohrleitungsisolierung *f*

piping : Sickerröhrenbildung *f*, Wasserdurchtritt *m*

pisciculture : Fischkultur *f*, Fischzucht *f*

piston : Kolben *m*

~ compressor : Kolbenkompressor *m*

~ manometer : Kolbenmanometer *nt*

pit : Miete *f*

pitch : Pech *nt*, Tonhöhe *f*, Tonwert *m*, Standplatz *m*

pitchfork : Gabel *f*

pit || -coal : Steinkohle *f*

~ planting : Lochpflanzung *f*

pitting : Fressen *nt*, Kammerbeckenverfahren *nt*

pituitary : hypohysär, Schleim-, schleimabsondernd *adj*

~ : Hirnanhangdrüse *f*, Hypophyse *f*

~ body : Hirnanhangdrüse *f*, Hypophyse *f*

~ gland : Hirnanhangdrüse *f*, Hypophyse *f*

place : Ort *m*, Platz *m*, Stätte *f*

~ **of refuge:** Zufluchtsort *m*

~ **of residence:** Wohnort *m*

~ **of training:** Ausbildungsstätte *f*

~ **of work:** Arbeitsplatz *m*, Arbeitsstätte *f*

~ emphasis on : Akzent setzen auf *v*

placenta : Mutterkuchen *m*, Plazenta *f*

placing : Vergabe *f*

plaggen-soil : Plaggenesch *m*

plagioclas : Kalknatronfeldspat *m*, Plagioklas *m*

plagioclimax : Plagioklimax *f*

plague : Pest *f*, Plage *f*, Seuche *f*

~ **of insects:** Insektenplage *f*

plaice : Scholle *f*

plain : Ebene *f*, Flachland *nt*

~ table : Messtisch *m*

plaintiff : Kläger *m*, Klägerin *f*

plan : Plan *m*, Programm *nt*

~ **of action:** Aktionsplan *m*

~ **of landscape development:** Landschaftsentwicklungsplan *m*

~ **to be on the alert:** Alarmplan *m*

~ : planen *v*

~ drawing regulation : Planzeichenverordnung *f*

plane : Ebene *f*, Fläche *f*, Flugzeug *nt*, Hobel *m*, Niveau *nt*, Platane *f*

~ : gleiten, hobeln *v*

~ forest : Platanenwald *m*

~ source : Flächenquelle *f*

planet : Planet *m*

planetary : planetarisch *adj*

plan fixation procedure : Planfeststellungsverfahren *nt*

planimeter : Planimeter *m*

planktivorous : planktonfressend *adj*

plankton : Plankton *nt*

planktonic : Plankton-, planktonisch *adj*

~ algae : Planktonalgen *pl*

planned : geplant, Plan- *adj*

~ economy : Planwirtschaft *f*

planner : Planer *m*, Planerin *f*

planning : Planen *nt*, Planung *f*

~ **of dumps:** Deponieplanung *f*

~ **of fire protection:** Brandschutzplanung *f*

~ **of green areas:** Grünplanung *f*

~ application : Bauantrag *m*

~ ~ **laws and building regulations:** Baurecht *nt*

~ area : Planungsraum *m*

~ association : Planungsverband *m*

~ authority : Planungsbehörde *f*, Planungsträger *m*

~ autonomy : Planungshoheit *f*

~ claim : Planungsanspruch *m*

~ control : Planungskontrolle *f*

~ costs : Planungskosten *pl*

~ department : Planungsabteilung *f*

~ discretion : Planungsermessen *nt*

~ field : Planungsgebiet *nt*

~ injury : Planungsschaden *m*

~ law : Planungsrecht *nt*

~ method : Planungsmethode *f*

~ model : Planungsmodell *nt*

~ obligation : Planungspflicht *f*

~ permission : Baugenehmigung *f*, Planfeststellung *f*

~ ~ procedure : Baugenehmigungsverfahren *nt*

~ principle : Planungsgrundsatz *m*

~ procedure : Planungsverfahren *nt*

~ projection : Planungsprognose *f*

~ result : Planungsergebnis *nt*

~ sovereignty : Planungshoheit *f*

~ stage : Planungsstadium *nt*

~ symbol : Planzeichen *nt*

~ target : Orientierungswert *m*, Planungsziel *nt*

~ theory : Planungstheorie *f*

~ tool : Planungshilfe *f*

plant : pflanzlich *adj*

~ : Anlage *f*, Betriebsanlage *f*, Fabrik *f*, Pflanze *f*

~ : bepflanzen *v*

~ approval : Anlagengenehmigung *f*

~ association : Pflanzengesellschaft *f*

plantation : Bepflanzung *f*, Pflanzung *f*, Plantage *f*

~ agriculture : Plantagenwirtschaft *f*

~ woodland : gepflanzter Wald *(m)*

plant-available : pflanzenverfügbar *adj*

~-~ water : pflanzenverfügbares Wasser *(nt)*

plant || breeding : Pflanzenzucht *f*

~ community : Pflanzengesellschaft *f*

~ comparison : Anlagenvergleich *m*

~ construction : Anlagenbau *m*

~ contamination : Pflanzenkontamination *f*

~ cover : Pflanzendecke *f*, Vegetationsdecke *f*

~ design : Anlagenbemessung *f*

~ disease : Pflanzenkrankheit *f*

planted : angelegt, angepflanzt, ausgesät, gepflanzt *adj*

~ woodland : gepflanzter Wald *(m)*

plant || engineering : Anlagenbau ***m***

~ factor : Leistungsgrad eines Kraftwerks *(m)*

~-feeder : Pflanzenfresser ***m***

~ formation : Pflanzenformation ***f***

~ growth : Pflanzenwachstum ***nt***

~ hormone : Pflanzenhormon ***nt***, Pflanzenwuchsregulator ***m***

~ husbandry : Pflanzenproduktion ***f***

planting : Anbau ***m***, Bepflanzung ***f***

~ order : Pflanzgebot ***nt***

~ season : Pflanzzeit ***f***

~ work : Pflanzarbeit ***f***

plant || injunction : Anlagenuntersagung ***f***

~ locality : Pflanzenfundort ***m***

~ manure : Pflanzendünger ***m***

~ material : Pflanzgut ***nt***

~ metabolism : Pflanzenstoffwechsel ***m***

~ nutrient : Pflanzennährstoff ***m***

~ nutrition : Pflanzenernährung ***f***

~ operator : Anlagenbetreiber ***m***

~ optimization : Anlagenoptimierung ***f***

~ organ : Pflanzenorgan ***nt***

~ pathology : Pflanzenkrankheitskunde ***f***

~ pest : Pflanzenschädling ***m***

~ poison : Pflanzengift ***nt***

~ population : Pflanzenbestand ***m***

~ production : Pflanzenbau ***m***

~ protection : Pflanzenschutz ***m***

~ ~ agent : Pflanzenschutzmittel ***nt***

~ ~ research : Pflanzenschutzforschung ***f***

~ protective || law : Pflanzenschutzmittelrecht ***nt***

~ ~ legislation : Pflanzenschutzmittelgesetz ***nt***

~ ~'s application regulation : Pflanzenschutzmittelanwendungsverordnung ***f***

~ registration : Pflanzenerfassung ***f***

~ ~ programme : Pflanzenerfassungsprogramm ***nt***

~ residue : Pflanzenrückstand ***m***, pflanzlicher Abfall *(m)*

~ root : Pflanzenwurzel ***f***

~ security : Anlagensicherheit ***f***

~ size : Anlagengröße ***f***

~ sociology : Pflanzensoziologie ***f***

~ spacing : Anlagenabstand ***m***

~ species : Pflanzenart ***f***

~ supervision : Anlagenüberwachung ***f***

~ systematics : Pflanzensystematik ***f***

~ tolerance : Pflanzenverträglichkeit ***f***

~ trade : Pflanzenhandel ***m***

~ virus : Pflanzenvirus ***m***

plan zoning : Planaufstellung ***f***

plaque : Tafel ***f***

plasma : Plasma ***nt***

~ ceramic : Plasmakeramik ***f***

~ physics : Plasmaphysik ***f***

~ technology : Plasmatechnik ***f***

plaster : Mörtelgips ***m***

plastic : Kunststoff ***m***, Plastik ***nt***

~ bag : Plastikbeutel ***m***

~ coating : Kunststoffbeschichtung ***f***

~ cutlery : Plastikbesteck ***nt***

~ film : Kunststofffolie ***f***

~ foam : Kunststoffschaum ***m***, Schaumkunststoff ***m***, Schaumstoff ***m***

~ foil : Kunststofffolie ***f***

~ gloves : Kunststoffhandschuhe ***f***

~ hose : Kunststoffschlauch ***m***

plasticity : Bildsamkeit ***f***

~ index : Plastizitätsindex ***m***

~ number : Plastizitätsindex ***m***

plasticizer : Weichmacher ***m***

plastic || limit : Ausrollgrenze ***f***, Plastizitätsgrenze ***f***

~ lining : Kunststoffauskleidung ***f***

~ pipeline : Kunststoffrohrleitung ***f***

~ plate : Plastikteller ***m***

~ recycling : Kunststoffrecycling ***nt***

~ shoes : Kunststoffschuhe ***pl***

plastics processing : Kunststoffverarbeitung ***f***

plastic || tube : Kunststoffrohr ***nt***

~ ~ recycling : Kunststoffrohrrecycling ***nt***

~ tumbler : Plastikbecher ***m***

~ waste : Kunststoffabfall ***m***, Kunststoffmüll ***m***

plastid : Plastid ***nt***

plastosol : Plastosol ***m***

plate : Anode ***f***, Platte ***f***, Schild ***nt***, Teller ***m***

plateau : Hochebene ***f***, Plateau ***nt***

plateaux : Plateaus ***pl***

plate : Schild ***m***, Tafel ***f***, Teller ***m***

~ glass : Flachglas ***nt***

~ ~ manufacture : Flachglasherstellung ***f***

~ heat exchanger : Plattenwärmeaustauscher ***m***

~ scrap : Blechschrott ***m***

~ tectonics : Plattentektonik ***f***

~-type : Platten- ***adj***

~ heat exchanger : Plattenwärmeaustauscher ***m***

platform : Bahnsteig ***m***, Podium ***nt***, Strandterrasse ***f***

plating : galvanotechnisch ***adj***

platinum : Platin ***nt***

~ filter : Platinfilter ***nt***

~ sponge : Platinschwamm ***m***

playground : Spielplatz ***m***

pleasant : angenehm, nett, schön ***adj***

pleasantly : angenehm, freundlich, schön ***adv***

pleasant setting : schöne Umgebung *(f)*

pleasure : Freude ***f***, Vergnügen ***nt***

~ : erfreuen ***v***

~ boat : Vergnügungsboot ***nt***

~ craft : Vergnügungsboot ***nt***

~ cruise : Vergnügungsfahrt ***f***

~ ground : Vergnügungspark ***m***

plebiscite : Volksentscheid ***m***

pledge : Pfand ***nt***

Pleistocene : Pleistozän ***nt***

~ : pleistozän ***adj***

plenter felling : Plenterhieb ***m***

plenty : reichlich, reichlich vorhanden, viel *adj*

~ : reichlich, viel *adv*

~ : Fülle *f*, Menge *f*, Überfluss *m*

with ~ of water: wasserreich *adj*

plight : Zustand *m*

plot : Beet *nt*, Diagramm *nt*, Flurstück *nt*, Graph *m*, Schaubild *nt*

plotting : Entwerfen *nt*, Kartieren *nt*, Zeichnen *nt*

~ of aerial photographs: Luftbildauswertung *f*

plough : Pflug *m*

~ : ackern, pflügen *v*

ploughed : gepflügt *adj*

~ layer : Ackerkrume *f*, Bodenkrume *f*, Kulturbodenschicht *f*

ploughing : Pflügen *nt*

~ depth : Pflugtiefe *f*

plough || layer : Pflughorizont *m*

~ pan : Pflugsohle *f*

~ ridge : Pflugwall *m*

~ sole : Pflugsohle *f*

plow (Am) : Pflug *m*

pluck : pflücken *v*

plug : Schlotgang *m*

~ : abdichten *v*

~ dome : Staukuppe *f*

plumbism : Bleivergiftung *f*

plume : Abgasfahne *f*, Fahne *f*

~ rise : Schornsteinüberhöhung *f*

plunge : abstürzen, tauchen *v*

~ : Sprung *m*

~ pool : Auskolkung *f*, Kolk *m*

plutonic : vulkanisch *adj*

plutonite : Plutonit *m*, Tiefengestein *nt*

plutonium : Plutonium *nt*

~ enrichment : Plutoniumanreicherung *f*

~ poisoning : Plutoniumvergiftung *f*

~ production reactor : Produktionsreaktor für Plutonium *(m)*

~ reactor : Plutoniumreaktor *m*

~ recovery : Plutoniumrückgewinnung *f*

pluvial : Regen- *adj*

~ denudation : Regenerosion *f*

~ erosion : Regenerosion *f*, Spritzerosion *f*, Tropfenerosion *f*

pluviograph : Niederschlagsschreiber *m*, Regenschreiber *m*

pluviometer : Niederschlagsmesser *m*, Regenmesser *m*

pneumatic : Druckluft-, druckluftbetrieben, pneumatisch, Pressluft- *adj*

pneumatically : pneumatisch *adv*

pneumatic || conveyor : pneumatischer Förderer *(m)*

~ drill : Pressluftbohrer *m*

~ exhaust ventilation system : druckluftbetriebene Absauganlage *(f)*

~ hammer : Presslufthammer *m*

~ hole driver : Bodendurchschlagsrakete *f*

~ tool : Druckluftwerkzeug *nt*

pneumoconiosis : Pneumokoniose *f*, Staublunge *f*

have ~: eine Staublunge haben

poach : wildern *v*

poacher : Jagdfrevler *m*, Wilddieb *m*, Wilderer *m*

poaching : Jagdfrevel *m*, Wilddiebstahl *m*, Wilderei *f*, Wildern *nt*

pocket : Tasche *f*

~ dosimeter : Ansteckdosimeter *nt*

~-money : Taschengeld *nt*

pod : Hülse *f*, Schote *f*

podsol : Podsol *m*, Podsolboden *m*

podzol : Podsol *m*, Podsolboden *m*

podzolic : podsolig *adj*

podzolization : Podsolierung *f*

podzolized : podsoliert *adj*

poikilosmotic : poikilosmotisch *adj*

poikilotherm : poikilotherm, wechselwarm *adj*

~ : poikilothermes Lebewesen *(nt)*, wechselwarmes Lebewesen *(nt)*

point : Punkt *m*, Landspitze *f*

from the ~ of view of economic policy: wirtschaftspolitisch *adv*

from the ~ of view of town planning: städtebaulich *adv*

~ of view: Gesichtspunkt *m*, Standpunkt *m*

~ quadrat : Messquadrat *nt*

~ rainfall : örtliche Regenmenge *(f)*

~ source : punktförmige Quelle *(f)*, Punktquelle *f*

~ ~ of noise: Punktschallquelle *f*

~ ~ erosion : Erosion genau definierbaren Ursprungs *(f)*

poison : Gift *nt*

~ : vergiften *v*

~ control centre : Giftkontrollstelle *f*

poisened : vergiftet *adj*

~ field : Giftacker *m*

poison gas : Giftgas *nt*

poisoning : Fischfang mit Gift *(m)*, Vergiftung *f*

~ by heavy metal: Schwermetallvergiftung *f*

poisonous : Gift-, gifthaltig, giftig, toxisch *adj*

~ alga : Giftalge *f*

~ chemicals : giftige Chemikalien *(pl)*

~ gas : Giftgas *nt*

~ plant : Giftpflanze *f*

~ snake : Giftschlange *f*

polar : polar, Polar- *adj*

~ circle : Polarkreis *m*

~ climate : polares Klima *(nt)*

~ ice cap : polare Eiskappe *(f)*

polarimeter : Polarisationsmessgerät *nt*

polarography : Polarografie *f*

polar region : Polargebiet *nt*, Polarregion *f*

polder : Koog *m*, Polder *m*

pole : Pfahl *m*, Pfosten *m*, Pol *m*

~ climber : Steigeisen *nt*

~ drain : Stangendrän *m*

~ stand : Stangenholz *nt*

police : Polizei *f*

~ : kontrollieren, überwachen *v*

~ law : Polizeirecht *nt*

~ regulation : Polizeiverordnung *f*

policy : Politik *f*

~ in production: Produktionspolitik *f*

~ of media: Medienpolitik *f*

~ area : Politikbereich *m*

~ development : Politikentwicklung *f*

~ maker : Politiker *m*, Politikerin *f*

polio : Polio *f*

polished : poliert *adj*

~ surface : Schlifffläche *f*

polishing : Schönung *f*

political : politisch *adj*

~ counselling : Politikberatung *f*

~ counseling (Am) : Politikberatung *f*

~ ecology : politische Ökologie *(f)*

~ party : politische Partei *(f)*

politically : politisch *adv*

political || programme : Grundsatzprogramm *nt*

~ science : Politikwissenschaft *f*, Politologie *f*

~ subtleties : politische Feinheiten *(pl)*

politician : Politiker *m*, Politikerin *f*

politics : Politik *f*

polje : Polje *f*

poll : Fragebogenaktion *f*

pollard : Kopfbaum *m*

~ : kappen, köpfen, schneiteln *v*

pollarding : Köpfen *nt*

pollard || shoot : Kopfholz *nt*

~ system : Kopfholzbetrieb *m*

~ willow : Kopfweide *f*

pollen : Blütenstaub *m*, Pollen *m*

~ analysis : Pollenanalyse *f*

~ count : Pollenzahl *f*

pollinate : bestäuben, pollinieren *v*

pollination : Befruchtung *f*, Bestäubung *f*, Pollination *f*

pollinator : Bestäuber *m*

pollinosis : Heuschnupfen *m*, Pollinosis *f*

pollutant : Schadstoff *m*, Schmutzstoff *m*, Umweltschadstoff *m*, Verschmutzungsstoff *m*

~ absorption : Schadstoffaufnahme *f*

~ accumulation : Schadstoffakkumulation *f*

~ analysis : Schadstoffuntersuchung *f*

~ ~ of ambient air: Schadstoffuntersuchung in Innenräumen *(f)*

~ assessment : Schadstoffbewertung *f*

~ balance : Schadstoffbilanz *f*

~ ~ analysis : Schadstoffbilanz *f*

~ behaviour : Schadstoffverhalten *nt*

~ concentration : Schadstoffkonzentration *f*

~ content : Schadstoffgehalt *m*

~ degradation : Schadstoffabbau *m*

~ deposition : Schadstoffdeposition *f*

~ detection : Schadstoffnachweis *m*

~ determination : Schadstoffbestimmung *f*

~ dilution : Schadstoffverdünnung *f*

~ dispersion : Schadstoffausbreitung *f*

~ effect : Schadstoffwirkung *f*

~ elimination : Schadstoffelimination *f*

~ emission : Schadstoffausstoß *m*, Schadstoffemission *f*

~ exposure : Schadstoffexposition *f*

~ formation : Schadstoffbildung *f*

~-free : schadstofffrei *adj*

~ immission : Schadstoffimmission *f*

~ immobilization : Schadstoffimmobilisierung *f*

~ load : Schadstoffbelastung *f*

~ mobilization : Schadstoffmobilisierung *f*

~ pathway : Schadstoffverbleib *m*

~ reduction : Schadstoffminderung *f*

~ remobilization : Schadstoffremobilisierung *f*

pollute : belasten, vergiften, verschmutzen, verunreinigen *v*

polluted : verschmutzt *adj*

~ area : Belastungsgebiet *nt*

~ atmosphere : verschmutzte Atmosphäre *(f)*

~ site : Altlast *f*

polluter : Umweltsünder *m*, Umweltverschmutzer *m*, Verschmutzer *m*

~ pays principle : Verursacherprinzip *nt*

polluting : umweltverschmutzend, verschmutzend *adj*

~ matter : Schmutzstoff *m*

~ properties : Verschmutzungsvermögen *nt*

pollution : Belastung *f*, Umweltverschmutzung *f*, Verschmutzung *f*, Verunreinigung *f*

~ of waters: Gewässerverunreinigung *f*

~ abatement : Bekämpfung der Verchmutzung *(f)*

~ absorption capacity : Umweltbelastbarkeit *f*

~ control || equipment : Umweltschutzgerät *nt*

~ ~ tax : Umweltschutzabgabe *f*

~ ~ vessel : Verschmutzungskontrollschiff *nt*

~ damage : Verschmutzungsschäden *pl*

~ degree : Verschmutzungsgrad *m*

~ factor : Verschmutzungsfaktor *m*, Verunreinigungsfaktor *m*

~ level : Verunreinigungsgrad *m*

~ load : Schmutzfracht *f*

~ loading : Schmutzlast *f*

~ sink : Schadstoffsenke *f*

~ threat : Vergiftungsgefahr *f*

polya : Polje *f*

polycentrality : Polyzentralität *f*

polycondensates : Polykondensate *pl*

polycondensation : Polykondensation *f*

polycondensed : Polykondensat-, polykondensiert *adj*

~ plastic : Polykondensatkunststoff *m*

polycyclic : polyzyklisch *adj*

polygamy : Polygamie *f*

polygonal : Polygon- *adj*

~ ground : Polygonboden *m*

polymerisation : Polymerisation *f*

polymers : Polymere *pl*

polymorphism : Polymorphie *f*, Polymorphismus *m*

polyp : Polyp *m*

polyphagous : polyphag *adj*

polysaprobic : polysaprob *adj*

polytechnic : polytechnisch *adj*

~ : Fachhochschule *f*

polytechnical : polytechnisch *adj*

~ institute : Fachhochschule *f*

polyunsaturated : mehrfach ungesättigt *adj*

~ fat : mehrfach ungesättigte Fettsäure *(f)*

pome : Kernfrucht *f*

~ fruit : Kernobst *nt*

pomology : Pomologie *f*

pond : Becken *nt*, Stauteich *m*, Teich *m*, Weiher *m*

~ source : Tümpelquelle *f*

ponding : Aufstauen *nt*

ponor : Ponor *m*

pontoon : Ponton *m*

~ bridge : Pontonbrücke *f*

pony : Pony *nt*

pool : Teich *m*, Tümpel *m*, Wasserbecken *nt*

poor : arm, ertragsarm, karg, mager, schlecht *adj*

~ soil : magerer Boden *(m)*, schlechter Boden *(m)*, unfruchtbarer Boden *(m)*

populate : besiedeln, bevölkern, verbreiten *v*

populated : besiedelt *adj*

population : Bevölkerung *f*, Bevölkerungszahl *f*, Einwohner *pl*, Einwohnerzahl *f*, Population *f*

~ concerns : Bevölkerungsfragen *pl*

~ cycle : Populationszyklus *m*

~ decrease : Bevölkerungsrückgang *m*

~ density : Bevölkerungsdichte *f*, Einwohnerdichte *f*, Populationsdichte *f*, Siedlungsdichte *f*

~ dynamics : Populationsdynamik *f*

~ ecology : Demökologie *f*, Populationsökologie *f*

~ equivalent : Einwohnergleichwert *m*

~ equilibrium : Gleichgewichtsdichte *f*, Populationsgleichgewicht *nt*

~ explosion : Bevölkerungsexplosion *f*

~ forecast : Bevölkerungsvorausschätzung *f*

~ genetics : Populationsgenetik *f*

~ growth : Bevölkerungswachstum *nt*, Bevölkerungszuwachs *m*

~ ~ rate : Wachstumsrate der Bevölkerung *(f)*

~ increase : Bevölkerungswachstum *nt*, Bevölkerungszunahme *f*, Bevölkerungszuwachs *m*

~ policy : Bevölkerungspolitik *f*

~ pressure : Bevölkerungsdruck *m*, Populationsdruck *m*

~ programme : Bevölkerungsprogramm *nt*

~ pyramid : Bevölkerungspyramide *f*

~ reduction : Bevölkerungsrückgang *m*

~ size : Populationsgröße *f*

~ structure : Bevölkerungsstruktur *f*

~ surplus : Bevölkerungsüberschuss *m*

~ trend : Bevölkerungsentwicklung *f*

~ vulnerability analysis : Gefährdungsgradanalyse *f*

pore : Hohlraum *m*, Pore *f*

~ pressure : Porenwasserdruck *m*

~-size distribution : Porengrößenverteilung *f*

~ space : Porenraum *m*, Porosität *f*

porosity : Porosität *f*

~ tester : Porositätsprüfgerät *nt*

porous : porig, porös *adj*

port : Hafen *m*, Handelshafen *m*

~ authority : Hafenbehörde *f*

portfolio : Geschäftsbereich *m*, Mappe *f*, Portefeuille *nt*

~ protection : Bestandsschutz *m*

pose : Gehabe *nt*, Haltung *f*, Pose *f*

~ : aufstellen, aufwerfen, bedeuten, darstellen, mit sich bringen, posieren, vorbringen *v*

~ **a threat:** eine Gefahr bilden

position : Position *f*, Standort *m*

positive : positiv *adj*

~ feedback : positive Rückkopplung *(f)*

positively : positiv *adv*

positive selection : Begünstigung *f*, positive Auslese *(f)*

positivism : Positivismus *m*

possibility : Möglichkeit *f*

post : Pfosten *m*

postclimax : Postklimax *f*

post-harvest : Nachernte- *adj*

~ tillage : Nacherntebearbeitung *f*

postpone : hinausschieben *v*

postponement : Rückstellung *f*

post-treatment : Nachbehandlung *f*

potable : Trink-, trinkbar *adj*

~ water : Trinkwasser *nt*

potamal : Potamal *nt*

potamology : Potamologie *f*

potamon : Potamon *nt*

potash : Kaliumkarbonat *nt*, Pottasche *f*

~ fertilizer : Kalidüngemittel *nt*, Kalidünger *m*, Kaliumdüngemittel *nt*

potassium : Kalium *nt*

~-feldspar : Kalifeldspat *m*, Orthoklas *m*

~ fertilizer : Kalidüngemittel *nt*, Kalidünger *m*

~-mica : Kaliglimmer *m*, Muskovit *m*

~ mine : Kaligrube *f*

potato : Kartoffel *f*

~ starch : Kartoffelstärke *f*

potential : potenziell *adj*

~ : Potenzial *nt*, Potenz *f*

~ danger : Gefahrenmoment *nt*

~ measurement : Potenzialmessung *f*

~ natural vegetation : potenziell natürliche Vegetation *(f)*

potentiate : potenzieren *v*

potentiation : Potenzierung *f*

potentiometry : Potentiometrie *f*

pothole : Höhle *f*, Kolk *m*, Schlagloch *nt*

also spelled: pot-hole

potting : Eintopfen *nt*

~ compost : Blumenerde *f*

~ shed (Br) : Gewächshaus *nt*

poultry : Geflügel *nt*

~ farm : Geflügelfarm *f*

~ farming : Geflügelhaltung *f*

pourability : Rieselfähigkeit *f*

poverty : Armut *f*
~ **sociology** : Armutssoziologie *f*
powder : Puder *m*, Pulver *nt*
powdered : pulverisiert *adj*
powdery : pulverig, staubförmig *adj*
power : Befugnis *f*, Energie *f*, Gewalt *f*, Kraft *f*, Staub *m*
~**-and-heat integration:** Kraft-Wärme-Kopplung *f*
~ **of attorney:** Bevollmächtigung *f*
~ **per unit volume of reactor:** Leistungsdichte *f*
~**s of discretion:** Ermessensspielraum *m*
~**s of retention:** Merkfähigkeit *f*
~ **balance** : Energiebilanz *f*
~ **cable** : Starkstromkabel *nt*
~ **consumption** : Energieaufnahme *f*
~ **dam** : Kraftwerkstalsperre *f*
~ **generating heating plant** : Blockheizkraftwerk *nt*
~ **industry** : Energiewirtschaft *f*
~ **output** : Motorleistung *f*
~ **planning report** : Energieplanungsbericht *m*
~ **plant** : Kraftwerk *nt*
~ ~ **capacity** : Kraftwerksleistung *f*
~ ~ **location** : Kraftwerksstandort *m*
~ ~ **waste heat** : Kraftwerksabwärme *f*
~ **reactor** : Kraftwerksreaktor *m*
~ **saw** : Kettensäge *f*, Motorsäge *f*
~ **station** : Elektrizitätswerk *nt*, Kraftwerk *nt*
~ ~ **disposal** : Kraftwerksentsorgung *f*
~ ~ **siting** : Standort von Kraftwerken *(m)*
~ **supply** : Elektrizitätsversorgung *f*, Energieversorgung *f*
~ ~ **company** : Energieversorgungsunternehmen *nt*
poxvirus : Poxviren *pl*
practicability : Realisierbarkeit *f*
practicable : durchführbar *adj*
practical : praktisch *adj*
practically : praktisch *adv*
practice : Gewohnheit *f*, Praxis *f*, Technik *f*, Übung *f*
practise : ausüben *v*
practising : Ausübung *f*
practitioner : Fachfrau *f*, Fachmann *m*, Praktiker *m*, Praktikerin *f*
prairie : Grassteppe *f*, Prärie *f*, Steppe *f*
preamble : Präambel *f*
precaution : Schutzmaßnahme *f*, Vorsicht *f*, Vorsichtsmaßnahme *f*
~ **against disturbance:** Störfallvorsorge *f*
precautionary : vorbeugend *adj*
~ **land** : Vorsorgegebiet *nt*
~ **principle** : Vorsorgeprinzip *nt*
precious : wertvoll *adj*
~ **metall** : Edelmetall *nt*
~ **metal catalyst** : Edelmetallkatalysator *m*
precipitant : Fällmittel *nt*, Fällungsmittel *nt*
precipitate : Niederschlag *m*, Präzipitat *nt*
~ : abscheiden, ausfällen, fällen *v*
precipitating : fällend, Fällungs- *adj*
~ **agent** : Fällungsmittel *nt*
precipitation : Ausfällen *nt*, Ausfällung *f*, Fällen *nt*, Fällung *f*
with much ~: niederschlagsreich *adj*
~ **area** : Niederschlagsgebiet *nt*
~ **intensity** : Niederschlagsintensität *f*, Niederschlagsstärke *f*
~ **mass curve** : Niederschlagsmengenkurve *f*
~ **plant** : Fällungsanlage *f*
~ **scavenging** : Reinigungsfällung *f*
~ **sludge** : Fällungsschlamm *m*
~ **tank** : Absetzbecken *nt*, Klärtank *m*
~ **waters** : Niederschlagswasser *nt*
precipitator : Abscheider *m*
~ **capacity** : Abscheiderkapazität *f*
~ **size** : Abscheiderkapazität *f*
precise : präzis, präzise *adj*
precision : Präzision *f*
~ **manometer** : Präzisionsmanometer *nt*
preclusion : Ausschluss *m*
~ **from objection:** Einwendungsausschluss *m*
precoat : Umhüllung *f*, Vorstrich *m*
~ **filter** : Anschwemmfilter *m*
precondition : Voraussetzung *f*
precursor : Präkursor *m*, Vorläufer *m*, Vorstufe *f*
predation : Prädation *f*, Räubertum *nt*
predator : Beutegreifer *m*, Fressfeind *m*, Prädator *m*, Räuber *m*, Raubfisch *m*, Raubtier *nt*
~**-prey-relation** : Räuber-Beute-Beziehung *f*
predatory : räuberisch *adj*
~ **animal** : Beutegreifer *m*, Raubtier *nt*
prediction : Voraussage *f*, Vorhersage *f*
~ **on labour market:** Arbeitsmarktprognose *f*
predominant : vorherrschend *adj*
predominate : vorherrschen *v*
pre-emergence : Vorauflauf- *adj*
~ **tillage** : Vorauflaufbearbeitung *f*
preference : Präferenz *f*
preferendum : Präferendum *nt*
pregnancy : Gravidität *f*, Schwangerschaft *f*
pregnant : trächtig *adj*
preheating : Vorwärmung *f*
prehensile : Greif- *adj*
prejudice : Vorurteil *nt*
preliminary : einleitend, vorbereitend, vorläufig *adj*
~ **clarification** : mechanische Vorreinigung *(f)*
~ ~ **tank** : Vorklärbecken *nt*
~ **decision** : Vorbescheid *m*
~ **investigation** : Pilotstudie *f*, Voruntersuchung *f*
~ **measure** : vorläufige Maßnahme *(f)*
~ **proceedings** : Ermittlungsverfahren *nt*, Vorverfahren *nt*
premises : Gebäude *nt*, Gelände *nt*, Räumlichkeiten *pl*
~ **sewage works** : Hauskläranlage *f*
premiss : Voraussetzung *f*
preparation : Aufbereitung *f*, Erstellung *f*

~ **of plastic chips:** Aufbereitung von Kunststoffabfällen *(f)*

prepare : aufbereiten *v*

prerequisite : Voraussetzung *f*

prescribe : verordnen, verschreiben, vorschreiben *v*

prescribed : verordnet, verschreiben, vorgeschrieben *adj*

~ burning : Flämmen *nt*

~ yield : Hiebssatz *m*

prescription : Anordnung *f*, Vorschrift *f*

~ statutory limitation : Verjährung *f*

present : darstellen, moderieren, vortragen *v*

presentation : Darbietung *f*, Darlegung *f*, Darstellung *f*, Moderation *f*, Präsentation *f*, Schenkung *f*, Überreichung *f*, Verleihung *f*, Vorlage *f*, Vorstellung *f*, Vortrag *m*

~ **of the evidence:** Beweisführung *f*

preservation : Bewahrung *f*, Erhalt *m*, Erhaltung *f*, Konservierung *f*, Schutz *m*

~ **of evidence:** Beweissicherung *f*

~ **of historic monuments:** Denkmalpflege *f*

~ process : Konservierungsverfahren *nt*

~ statute : Erhaltungssatzung *f*

preservative : konservierend *adj*

~ : Konservierungsmittel *nt*, Konservierungsstoff *m*

preserve : Einflussbereich *m*, Gehege *nt*, Jagdrevier *nt*, Reservat *nt*, Schutzgebiet *nt*

~ : bewahren, erhalten, hegen, konservieren, schützen, unter Schutz stellen *v*

president : Präsident *m*, Präsidentin *f*, Staatspräsident *m*, Staatspräsidentin *f*

~ **of the Bundestag:** Bundestagspräsident *m*, Bundestagspräsidentin *f*

~ **of the confederation:** Bundespräsident *m*, Bundespräsidentin *f*

press : Presse *f*

~ **for barrels:** Fasspresse *f*

~ **for sheet or tin containers:** Blechemballagenpresse *f*

~ : pressen *v*

~ belt : Pressband *nt*

pressed : ausgepresst, gedrückt, gepresst *adj*

~ piece : Pressling *m*

pressing : dringend, dringlich, nachdrücklich *adj*

~ : Bügeln *nt*, Drücken *nt*, Keltern *nt*, Pressen *nt*, Pressung *f*

~ problem : dringendes Problem *(nt)*

pressure : Druck *m*, Zwang *m*

put ~ on: belasten *v*

~ boosting plant : Druckerhöhungsanlage *f*

~ chamber : Druckkammer *f*

~ controller : Druckregler *m*

~ control system : Druckregeleinrichtung *f*

~ gradient : Druckgefälle *nt*, Druckgradient *m*

~ group : Interessengruppe *f*, Pressure-Group *f*

~ head : Druckhöhe *f*

pressurize : unter Druck setzen *v*

pressure || main : Abwasserdruckleitung *f*

~ measurement : Druckmessung *f*

~ monitor : Druckwächter *m*

~ recorder : Druckschreiber *m*

~ reducing valve : Druckminderventil *nt*

~ relief : Druckentlastung *f*

~-resistant : druckfest *adj*

~ switch : Druckschalter *m*

~ tank : Druckbehälter *m*

~ ~ regulation : Druckbehälterverordnung *f*

~ ~ supervision : Dampfkesselüberwachung *f*

~ vessel : Druckbehälter *m*

~ ~ regulation : Druckbehälterverordnung *f*

pressurized : Druck-, druckfest gemacht, unter Druck gesetzt *adj*

~ fluidized-bed combustion: Wirbelschichtdruckverbrennung *f*

~ water reactor : Druckwasserreaktor *m*

prevailing : aktuell, herrschend, vorherrschend, vorwiegend *adj*

~ wind-direction : Hauptwindrichtung *f*, vorherrschende Windrichtung *(f)*

prevalence : Häufigkeit *f*, weite Verbreitung *(f)*

prevalent : häufig vorkommend, weit verbreitet *adj*

prevent : verhindern *v*

preventative : präventiv, vorbeugend *adj*

prevention : Verhinderung *f*, Verhütung *f*, Vorbeugung *f*

~ **of air pollution:** Luftreinhaltung *f*

~ **of disruption:** Störfallabwehr *f*

preventive : präventiv, vorbeugend *adj*

~ detention : Sicherungsverwahrung *f*

~ health measures : Gesundheitsvorsorge *f*

~ measure : vorbeugende Maßnahme *(f)*

~ medicine : Präventivmedizin *f*, vorbeugende Medizin *(f)*

preview : Vorschau *f*

prey : Beute *f*, Beutetier *nt*

~ (on) : Beute machen (auf) *v*

price : Preis *m*

~ **of farm products:** Agrarpreis *m*

~ **of scrap metal:** Schrottpreis *m*

~ control : Preiskontrolle *f*

~ flexibility : Preiselastizität *f*

~ policy : Preisgestaltung *f*

~ structure : Preisstruktur *f*

~ subsidy : Preisstützung *f*

~ support : Preisstützung *f*

~ trend : Preisentwicklung *f*

pricing : Preis- *adj*

~ : Preisauszeichnung *f*, Preiskalkulation *f*

~ policy : Preispolitik *f*

prickly : dornig, kratzig, stachlig *adj*

primary : Grund-, primär, Primär-, wesentlich *adj*

~ circuit : Primärkreislauf *m*, Primärkühlkreislauf *m*

~ clarification : mechanische Abwasserreinigung *(f)*

~ ~ plant : mechanische Kläranlage *(f)*

~ colour : Grundfarbe *f*, Grundstoffe *pl*

~ consumer : Primärkonsument *m*

~ coolant : Primärkühlmittel *nt*

~ dune : Kleindüne *f*, Primärdüne *f*

~ ecosystem : primäres Ökosystem *(nt)*

~ education : Primarstufe *f*

~ energy : Primärenergie *f*

~ ~ consumption : Primärenergieverbrauch *m*

~ ~ resource : primäre Energiequelle *(f)*

~ factor : Primärfaktor *m*

~ fermentation : Vorrotte *f*

~ forest : Primärwald *m*, Urwald *m*

~ industry : Grundstoffindustrie *f*

~ measure : Primärmaßnahme *f*

~ particulate : Primärteilchen *nt*

~ producers : Autotrophe *pl*, autotrophe Organismen *(pl)*

~ product : Primärprodukt *nt*, Rohstoff *m*

~ production : Primärproduktion *f*

~ productivity : primäre Produktivität *(f)*, Primärproduktivität *f*

~ school : Grundschule *f*

~ ~ teacher : Grundschullehrer *m*, Grundschullehrerin *f*

~ sere : Pioniergesellschaft *f*

~ sludge : Primärschlamm *m*

~ tillage : Grundbodenbearbeitung *f*, Primärbodenbearbeitung *f*

~ treatment : Vorbehandlung *f*

prime : erstklassig, Haupt-, hauptsächlich, vortrefflich *adj*

~ : Beste *nt*, Höhepunkt *m*, Primzahl *f*

~ : füllen, grundieren, vorbereiten *v*

~ minister : Premierminister *m*, Premierministerin *f*

primeval : ursprünglich *adj*

~ forest : Primärwald *m*, Urwald *m*

primitive : frühzeitlich, primitiv, ursprünglich, urzeitlich *adj*

~ people : Naturvolk *nt*

primitively : primitiv *adv*

primordial : primordial *adj*

principle : Artikel *m*, Grundsatz *m*, Komponente *f*, Prinzip *nt*

in ~: grundsätzlich *adj/adv*

on ~: grundsätzlich *adj/adv*

~ of equality: Gleichheitsgrundsatz *m*

~ of investigation: Untersuchungsgrundsatz *m*

~ of legality: Legalitätsprinzip *nt*

~ of performance: Leistungsprinzip *nt*

~ of sufficient specifity: Bestimmtheitsgrundsatz *m*

~ of sustainability: Nachhaltigkeitsprinzip *nt*

~ of sustained yield: Nachaltigkeit *f*

~ of territoriality: Territorialitätsprinzip *nt*

~ of welfare state: Sozialstaatsprinzip *nt*

printed : bedruckt, gedruckt, in Druckschrift, veröffentlicht *adj*

~ circuit board : Leiterplatte *f*

~ ~ ~ recycling : Leiterplattenrecycling *nt*

printing : Druck-, druckend *adj*

~ : Abziehen *nt*, Auflage *f*, Bedrukken *nt*, Drucken *nt*, Druckschrift *f*

~ ink : Druckfarbe *f*

~ office : Druckerei *f*

~ works : Druckerei *f*

prior : früher, Vor-, vorherig, vorrangig *adj*

~ incumbrance : Vorbelastung *f*

priority : prioritär *adj*

~ : Priorität *f*, vordringliche Angelegenheit *(f)*

~ area : Vorranggebiet *nt*

prismatic : Prismen-, prismenförmig *adj*

~ square: Winkelprisma *nt*

private : nicht beamtet, nicht öffentlich, persönlich, privat, Privat-, vertraulich *adj*

~ autonomy : Privatautonomie *f*

~ body : private Gruppe *(f)*

~ car : Personenkraftwagen *m*

~ economy : Privatwirtschaft *f*

~ household : Privathaushalt *m*

~ law : Privatrecht *nt*

~ ownership : Privateigentum *nt*

~ property : Privateigentum *nt*

~ sector : Privatwirtschaft *f*

~ sewerage system : Grundstücksentwässerung *f*

~ transport: Individualverkehr *m*

privatisation (Br) : Privatisierung *f*

privatization : Privatisierung *f*

probability : Wahrscheinlichkeit *f*

~ calculus : Wahrscheinlichkeitsrechnung *f*

probe : Muster *nt*, Sensor *m*, Sonde *f*

~ : erforschen, sondieren, untersuchen *v*

probing : Bodensondierung *f*

problem : Problem *nt*

~s of waste disposal: Abfallentsorgungsproblem *nt*

~ analysis : Problemanalyse *f*

~ solving : Problemlösung *f*

procedural : verfahrensmäßig, verfahrensrechtlich *adj*

~ acceleration : Verfahrensbeschleunigung *f*

~ error : Verfahrensfehler *m*

~ law : Prozessrecht *nt*

~ participation : Verfahrensbeteiligung *f*

procedure : Anleitung *f*, Prozedur *f*, Verfahren *nt*, Verfahrensweise *f*

proceeding : Tagungsbericht *m*

proceedings : Verfahren *nt*

~ for the preservation of evidence: Beweissicherungsverfahren *nt*

process : Prozess *m*, Technik *f*, Verfahren *nt*, Vorgang *m*

~ : aufbereiten, bearbeiten, behandeln, herstellen, verarbeiten, veredeln *v*

~ combination : Verfahrenskombination *f*

~ control engineering : Prozessleittechnik *f*

~ development : Verfahrensentwicklung *f*

processed : verarbeitet *adj*

process || engineering : Verfahrenstechnik *f*

~ heat : Prozesswärme *f*

processing : Aufbereitung *f*, Verarbeitung *f*

~ of abattoir waste: Schlachtabfallverwertung *f*

~ of animal carcasses: Tierkörperverwertung *f*

~ of edible fat: Speisefettverwertung *f*

~ of edible oil: Speiseölverwertung *f*

~ of fish: Fischverarbeitung *f*

~ of nuclear material: Verarbeitung von Kernmaterial *(f)*

~ of residual wood: Holzresteverwertung *f*

~ costs : Aufbereitungskosten *pl*

~ plant : Aufbereitungsanlage *f*

~ ~ for contaminated soils: Bodensanierungsanlage *f*

~ technique : Aufbereitungstechnik *f*

~ trade : verarbeitendes Gewerbe *(nt)*

process || innovation : Prozessinnovation *f*

~ parameter : Verfahrensparameter *m*

procurement : Beschaffung *f*

produce : erzeugen, herstellen, produzieren, zu Tage fördern *v*

the car ~s no exhaust fumes: das Auto fährt abgasfrei

producer : Erzeuger *m*, Erzeugerin *f*, Hersteller *m*, Herstellerin *f*, Produzent *m*

~ gas : Generatorgas *nt*

~ goods industry : Produktionsgüterindustrie *f*

~ liability : Herstellerhaftung *f*, Produzentenhaftung *f*

producing *adj* produzierend

product : Erzeugnis *nt*, Produkt *nt*

~ of catabolism: Abbauprodukt *nt*

~ of decomposition: Abbauprodukt *nt*

~ advertising : Produktwerbung *f*

~ comparison : Produktvergleich *m*

~ evaluation : Produktbewertung *f*

~ identification : Produktkennzeichnung *f*

~ information : Produktinformation *f*

~ innovation : Produktinnovation *f*

production : Erzeugung *f*, Herstellung *f*, Produktion *f*

~ of explosives: Sprengstoffproduktion *f*

~ class : Ertragsniveau *nt*, Leistungsklasse *f*

~ costs : Produktionskosten *pl*

~ ecology : Produktionsökologie *f*

~ embargo : Produktionsverbot *nt*

~ factor : Produktionsfaktor *m*

~ function : Produktionsfunktion *f*

~ forest : Wirtschaftswald *m*

~ goals : Produktionsziel *nt*

~ increase : Produktivitätssteigerung *f*

~ line : Fertigungsstraße *f*

~ objectives : Produktionsziel *nt*

~ platform : Bohrplattform *f*

~ potential : Produktionspotenzial *nt*

~ programme : Produktionsprogramm *nt*

~ quantity : Produktionsmenge *f*

~ rate : Produktionsrate *f*

~ ration : Leistungsration *f*

~ reactor : Produktionsreaktor *m*

~ residue : Produktionsabfall *m*

~ structure : Produktionsstruktur *f*

~ system : Produktionssystem *nt*

~ targets : Produktionsziel *nt*

~ technique : Produktionstechnik *f*

~ waste : Produktionsabfall *m*

productive : ergiebig, ertragreich, fruchtbringend, produktiv *adj*

~ capacities : Produktionskraft *f*

~ forest area : Forstbetriebsfläche *f*

~ soil : ertragreicher Boden *(m)*

productiveness : Ertragsfähigkeit *f*

productivity : Produktivität *f*

~ index : Produktivitätsindex *m*

~ reduction : Produktivitätssenkung *f*

~ trend : Produktivitätsentwicklung *f*

product || labelling : Produktkennzeichnung *f*

~ liability : Produkthaftung *f*

~ ~ act : Produkthaftungsgesetz *nt*

~ ~ law : Produkthaftungsrecht *nt*

~ observation : Produktbeobachtung *f*

~ standard : Produktnorm *f*

profession : Beruf *m*, ökologische Nische *(f)*

professional : beruflich, gewerbsmäßig, professionell *adj*

~ arrangement : Fachveranstaltung *f*

~ specification and qualification : Berufsbild *nt*

~ training law : Berufsbildungsgesetz *nt*

profession requiring education : Ausbildungsberuf *m*

profit : Ertrag *m*, Gewinn *m*

profitable : ertagfähig *adj*

profitability : Ertragfähigkeit *f*

profitably : vermögenswirksam *adv*

profit situation : Ertragslage *f*

profits tax : Ertragssteuer *f*

profound : gespannt, heftig, hochgradig, inhaltsschwer, lebhaft, nachhaltig, profund, scharfsinnig, schwierig, tief, tiefempfunden, tiefgreifend, tiefgründig, tiefschürfend, tiefsinnig, tiefsitzend, tödlich, unergründlich, verborgen, völlig *adj*

~ groundwater : Tiefengrundwasser *nt*

~ impact : maßgeblicher Einfluss *(m)*

profundal : Profundal *nt*

~ zone : Profundal *nt*, Profundalzone *f*, Tiefenwasser *nt*, Tiefenwasserzone *f*

prognostic : Prognose-, prognostisch *adj*

~ data : Prognosedaten *pl*

program (Am) : Programm *nt*

~ on waste management: Abfallwirtschaftsprogramm *nt*

programme : Programm *nt*

~ evaluation and review technique: Netzplantechnik *f*

~ on waste management: Abfallwirtschaftsprogramm *nt*

~ implementation : Programmdurchführung *f*

~ planning : Programmplanung *f*

programming : Programmierung *f*, Programmplanung *f*

~ language : Programmiersprache *f*

progress : Fortschritt *m*

~ line : Ganglinie *f*

prohibit : verbieten *v*

prohibited : verboten *adj*

prohibition : Untersagung *f*, Verbot *nt*

~ of grazing: Weideverbot *nt*

~ **on construction:** Bauverbot *nt*

prohibitive : prohibitiv, unerschwinglich, untragbar *adj*

without ~ **charges:** zu erschwinglichen Preisen

~ : unerschwinglich *adv*

project : Projekt *nt*, Vorhaben *nt*

~ : hervorragen, hervorspringen *v*

projectile : Geschoss *nt*

projection : Hochrechnung *f*

project || leader : Projektleiter *m*, Projektleiterin *f*

~ **management** : Projektmanagement *nt*

~ **study** : Projektstudium *nt*

~ **teaching** : Projektunterricht *m*

proletariate : Arbeiterklasse *f*, Proletariat *nt*

promiscuity : Promiskuität *f*

promontory : Landzunge *f*

promote : in Angriff nehmen, befördern, fördern, Werbung machen für *v*

~ **a bill:** einen Gesetzentwurf einbringen

promoter : wachstumsförderndes Mittel *(nt)*

promotion : Beförderung *f*, Begründung *f*, Einbringung *f*, Förderung *f*, Werbekampagne *f*, Werbung *f*

~ **of trade and industry:** Wirtschaftsförderung *f*

prompt : bereitwillig, sofortig *adj*

~ : pünktlich *adv*

~ : hervorrufen, provozieren, veranlassen *v*

~ **execution** : sofortige Vollziehung *(f)*

promulgate: verbreiten, verkünden *v*

pronounced : ausgeprägt *adj*

pronounciation : Aussprache *f*

proof : Beweis *m*

~ **for waste disposal:** Entsorgungsnachweis *m*

propagate : vermehren *v*

propagation : Fortpflanzung *f*, Verbreitung *f*, Vermehrung *f*

propagator : Anzuchtkasten *m*

propane : Propan *nt*, Propangas *nt*

propellant : Treibgas *nt*, Treibmittel *nt*, Treibstoff *m*

propeller : Propeller *m*

~ **drive** : Propellerantrieb *m*

~**-driven** : propellergetrieben *adj*

~**-~ aeroplane** : Propellerflugzeug *nt*

~**-~ plane** : Propellerflugzeug *nt*

~ **noise** : Propellerlärm *m*

~ **pump** : Axialpumpe *f*, Flügelzellenpumpe *f*, Propellerpumpe *f*

proper : formgerecht, vorschriftsmäßig, zuständig *adj*

~ **planning** : vernünftige Planung *(f)*

properly : formgerecht, vorschriftsmäßig *adv*

property : Besitz *m*, Eigentum *nt*, Grundbesitz *m*, Grundstück *nt*, Immobilie *f*, Vermögen *nt*

~ **damage** : Sachbeschädigung *f*, Vermögensschaden *m*

~ **fixation** : Eigentumsbindung *f*

~ **guarantee** : Eigentumsgarantie *f*

~ **law** : Sachenrecht *nt*

~ **market** : Bodenmarkt *m*

~ **nuisance** : Eigentumsstörung *f*

~ **price** : Bodenpreis *m*

~ **protection** : Eigentumsschutz *m*

~ **right** : Eigentumsrecht *nt*, Grundstücksrecht *nt*

~ **tax** : Vermögenssteuer *f*

prophylactic : prophylactic, vorbeugend *adj*

~ : Prophylaktikum *nt*, vorbeugendes Mittel *(nt)*

~ **substance** : Abwehrstoff *m*

prophylaxis : Prophylaxe *f*, Vorbeugung *f*

proportion : Dimension *f*, Menge *f*, Proportion *f*, Teil *m*, Verhältnis *nt*

~ **of paved area:** Befestigungsgrad *m*

proposal : Angebot *nt*, Anregung *f*, Unterbreitung *f*, Vorschlag *m*

propose : vorschlagen *v*

proprietary : Eigentümer-, Eigentums-, privat *adj*

~ **right** : Eigentumsrecht *nt*

proprietor : Eigentümer *m*, Eigentümerin *f*

propulsion : Antrieb *m*, Antriebskraft *f*

~ **noise** : Antriebsgeräusch *nt*

~ **technique** : Antriebstechnik *f*

propulsive : Antriebs-, mobilisierend *adj*

~ **unit** : Triebwerk *nt*

prosecuting : verfolgend *adj*

~ : (strafrechtliches) Verfolgen *(nt)*

~ **party** : Kläger *m*, Klägerin *f*

prosecution : Staatsanwaltschaft *f*, Strafverfolgung *f*

prosecutor : Kläger *m*, Klägerin *f*

prospect : Schürfstelle *f*

prospection : Prospektion *f*

prospective : potenziell, voraussichtlich, zukünftig *adj*

~ **drilling** : Aufschlussbohrung *f*

prospectively : in der Zukunft, vorsorglich *adv*

prospects : Zukunftsaussichten *pl*

prosperity : Wohlstand *m*

protease : Protease *f*, proteolytisches Enzym *(nt)*

protect : beschützen, schützen *v*

~ **from damp:** vor Nässe schützen

protected : geschützt, gesetzlich geschützt *adj*

~ **area** : Schutzgebiet *nt*

~ ~ **allocation** : Schutzgebietsausweisung *f*

~ **forest** : Schonwald *m*

~ **landscape** : Landschaftsschutzgebiet *nt*

~ ~ **area** : Landschaftsschutzgebiet *nt*

~ **part of landscape** : geschützter Landschaftsbestandteil *(m)*

~ **species** : geschützte Art *(f)*

~ **water || catchment area** : Wasserschutzgebiet *nt*

~ ~ **catchment area regulation** : Wasserschutzgebietsverordnung *f*

protecting : schützend *adj*

~ **the soil:** bodenschützend *adj*

protection : Schutz *m*, Unterschutzstellung *f*

~ **against corrosion:** Korrosionsschutz *m*

~ **against radiation:** Strahlenschutz *m*

~ **against vibrations:** Schwingungsschutz *m*

~ **from neighbour's actions:** Nachbarschutz ***m***

~ **of biotopes:** Biotopschutz ***m***

~ **of birds:** Vogelschutz ***m***

~ **of employees:** Arbeitnehmerschutz ***m***

~ **of green area:** Grünflächensicherung ***f***

~ **of historic monuments:** Denkmalschutz ***m***

~ **of inland waters:** Binnengewässerschutz ***m***

~ **of prehensile birds:** Greifvogelschutz ***m***

~ **of species:** Artenschutz ***m***

~ **of the coast:** Küstenschutz ***m***

~ **of valuable right:** Rechtsgüterschutz ***m***

~ **of victims:** Opferschutz ***m***

~ **effect** : Abschirmwirkung ***f***

~ **procedure** : Unterschutzstellungsverfahren ***nt***

~ **programme** : Schutzprogramm ***nt***

~ **status** : Schutzstatus ***m***

protective : protektionistisch, Schutz-, schützend ***adj***

~ **apparel** : Schutzkleidung ***f***

~ **apron** : Schutzschürze ***f***

~ **barrier** : Strahlenschutzwand ***f***

~ **clothing** : Schutzkleidung ***f***

~ **coating** : Versiegelung ***f***

~ **device** : Schutzvorrichtung ***f***

~ **equipment** : Schutzeinrichtung ***f***

~ ~ **against oil accidents:** Ölunfallschutzeinrichtung ***f***

~ **forest** : Bannwald ***m***, Schutzwald ***m***

~ **gas** : Schutzgas ***nt***

~ **gloves** : Schutzhandschuhe ***f***

~ **headgear** : Kopfschutz ***m***

~ **helmet** : Gehörschutzhelm ***m***, Schutzhelm ***m***

~ **hood** : Schutzhaube ***f***

~ **law** : Schutzrecht ***nt***

~ **plant** : Erosionsschutzpflanze ***f***

~ **planting** : Schutzpflanzung ***f***

~ **shoes** : Schutzschuhe ***pl***, Sicherheitsschuhe ***pl***

~ **structure** : Schutzwerk ***nt***

~ ~ **for the dam crest:** Kronensicherungsbauwerk ***nt***

~ **suit** : Schutzanzug ***m***

~ **zone** : Bremszone ***f***

protein : Eiweiß ***nt***, Eiweißstoff ***m***, Protein ***nt***

~ **biosynthesis** : Proteinbiosynthese ***f***

~ **deficiency** : Eiweißmangel ***m***

~ **production** : Eiweißgewinnung ***f***

proteolysis : Eiweißabbau ***m***, Eiweißspaltung ***f***, Proteolyse ***f***

proteolytic : eiweißabbauend, eiweißspaltend, proteolytisch ***adj***

~ **enzyme** : Protease ***f***, proteolytisches Enzym ***(nt)***

protest : Protest ***m***

~ : protestieren ***v***

~ **against something:** gegen etwas protestieren ***v***

~ **something (Am):** gegen etwas protestieren ***v***

protester : Demonstrant ***m***, Demonstrantin ***f***

protest letter : Protestbrief ***m***

protestor : Demonstrant ***m***, Demonstrantin ***f***

proton : Proton ***nt***

protoplasm : Protoplasma ***nt***

protoplasmic : protoplasmatisch ***adj***

protoplast : Protoplast ***m***, Zellleib ***m***

prototype : Prototyp ***m***

provable : beweisbar ***adj***

prove : beweisen ***v***

provenance : Herkunft ***f***

provide : bereitstellen, sorgen (für) ***v***

~ **assistance** : Hilfestellung geben

~ **educational resource** : Bildungsmöglichkeiten bereitstellen

providing : Bereitstellung ***f***

province : Bundesland ***nt***, Provinz ***f***

provincial : Provinz ***adj***

~ : Provinzbewohner ***m***, Provinzbewohnerin ***f***

~ **authority** : Landesbehörde ***f***

provision : Bereitstellen ***nt***, Bereitstellung ***f***, Bestimmung ***f***, Proviant ***m***, Verordnung ***f***, Vorrat ***m***, Vorschrift ***f***

~ **for sufficient cover:** Deckungsvorsorge ***f***

~ **of education grants:** Ausbildungsförderung ***f***

~ **of training grants:** Ausbildungsförderung ***f***

provisional : einstweilig, vorläufig ***adj***

~ **decree** : einstweilige Verfügung ***(f)***

~ **instruction** : einstweilige Anordnung ***(f)***

~ **legal protection** : vorläufiger Rechtsschutz ***(m)***

provocation : Herausforderung ***f***, Provokation ***f***

provoke : provozieren, veranlassen ***v***

prudent : besonnen, überlegt,vorsichtig ***adj***

prudently : besonnen, überlegt, vorsichtig ***adv***

prudent management: kluge Bewirtschaftung ***(f)***

pruner : Baumschere ***f***

pruning : Astung ***f***, Ästung ***f***, Baumschnitt ***m***

pseudofaeces : Pseudofaeces ***m***

pseudogley : Pseudogley ***m***

pseudogleyzation : Pseudovergleyung ***f***

psychic : psychisch ***adj***

psycho-acoustic : psychoakustisch, Psychoakustik- ***adj***

~-~ **analyzer** : Psychoakustikanalysator ***m***

psychological : psychologisch ***adj***

psychology : Psychologie ***f***

~ **of advertising:** Werbepsychologie ***f***

psychosomatic : psychosomatisch ***adj***

psychrometer : Psychrometer ***nt***

psychrophilic : psychrophil ***adj***

public : öffentlich ***adj***

~ : Öffentlichkeit ***f***

~ **acceptance** : (öffentliche) Akzeptanz ***f***

~ **action** : öffentliche Maßnahme ***(f)***

~ **administration** : öffentliche Verwaltung ***(f)***

publication : Veröffentlichung ***f***

public || awareness : öffentliches Bewusstsein *(nt)*

~ baths : Badeanstalt *f*

~ body : öffentliche Institution *(f)*, Träger öffentlicher Belange *(m)*

~ budget : öffentlicher Haushalt *(m)*

~ building : öffentliches Gebäude *(m)*

~ concern : öffentlicher Belang *(m)*

~ consumer independence : Konsumentensouveränität *f*

~ contracting : öffentliche Vergabe *(f)*

~ expense : öffentliche Ausgabe *(f)*

~ finances : Staatsfinanzen *pl*

~ financing : öffentliche Finanzierung *(f)*

~ funds : öffentliche Mittel *(pl)*

~ good : öffentliches Gut *(nt)*

~ health : Gesundheitswissenschaften *pl*, Volksgesundheit *f*

~ ~ inspector : Umweltbeauftragte *f*, Umweltbeauftragter *m*, Umweltschutzbeauftragte *f*, Umweltschutzbeauftragter *m*

~ information : Information der Öffentlichkeit *(f)*

~ institution : öffentliche Einrichtung *(f)*

~ interest : öffentliches Interesse *(nt)*

~ investment : öffentliche Investition *(f)*

~ law : öffentliches Recht *(nt)*

~ liability : Amtsträgerhaftung *f*

~ ~ claim : Amtshaftungsanspruch *m*

~ life : öffentliches Leben *(nt)*

~ neighbour's complaint : öffentlich-rechtliche Nachbarklage *(f)*

~ opinion : öffentliche Meinung *(f)*

~ ~ polling : Demoskopie *f*, Meinungsforschung *f*

~ park : Grünanlage *f*

~ participation : Beteiligung der Öffentlichkeit *(f)*, Bürgerbeteiligung *f*

~ procurement : öffentliche Beschaffung *(f)*

~ prosecutor : Bundesanwalt *m*, Staatsanwalt *m*

~ prosecutor's : Staatsanwaltschaft *f*

~ purpose land : Gemeinbedarfsfläche *f*

~ purse : Staatskasse *f*

~ relations work : Öffentlichkeitsarbeit *f*

~ revenue : öffentliche Einnahme *(f)*

~ road planning : Verkehrswegeplanung *f*

~ safety : öffentliche Sicherheit *(f)*

~ sector : öffentlicher Sektor *(m)*

~ ~ house building : sozialer Wohnungsbau *(m)*

~ service : öffentlicher Dienst *(m)*

~ support : öffentliche Unterstützung *(f)*

~ tendering : öffentliche Ausschreibung *(f)*

~ transport : öffentliche Verkehrsmittel *(pl)*, öffentlicher Personenverkehr *(m)*, öffentlicher Verkehr *(m)*

~ use : Gemeingebrauch *m*

~ utilities : Versorgungswirtschaft *f*

~ utility : Gemeinnützigkeit *f*

~ ~ vehicle : Kommunalfahrzeug *nt*

~ welfare : Allgemeinwohl *nt*, Gemeinwohl *nt*

publish : publizieren, veröffentlichen *v*

published : veröffentlicht *adj*

puddle : Lache *f*, Lacke *f*, Pfütze *f*, Tümpel *m*, Wasserlache *f*

~ of water: Wasserlache *f*

puddled : verschlämmt *adj*

~ soil : verschlämmter Boden *(m)*

puddling : Verschlämmung *f*

pull: hinziehen *v*

pull-in : Haltebucht *f*

pulling : schleppend, ziehend *adj*

~ : Schleppen *nt*, Ziehen *nt*

~ device for barrage sliding panels : Stauanlagenschützenzug *m*

~ down : Abriss *m*

pullover : Deichübergang *m*, Übergang *m*

pulmonary : Lungen- *adj*

~ disease : Lungenerkrankung *f*

pulp : Fruchtfleisch *nt*, Mark *nt*, Pülpe *f*, Zellstoff *m*

pulpwood : Faserholz *nt*, Papierholz *nt*

pulse : Anstieg *m*, Hülsenfrüchte *pl*, Puls *m*, Stoß *m*

pulverization : Pulverisierung *f*, Zerpulvern *nt*

pulverize : pulverisieren, zerpulvern *v*

pumice (stone) : Bims(stein) *m*

pump : Pumpe *f*

~ : pumpen *v*

~ diagram : Pumpenkennlinie *f*

~-fed : pumpengespeist *adj*

~-~ power station: Pumpspeicherkraftwerk *nt*

pumping : Pumpen *nt*

~ depression area : Absenkungsbereich *m*, Absenkungsfläche *f*

~-station : Pumpstation *f*, Pumpwerk *nt*, Schöpfwerk *nt*

~ water level : Pumpwasserspiegel *m*, Pumpwasserstand *m*

pump || plant : Pumpenanlage *f*

~ storage : Pumpspeicherbecken *nt*

~ ~ system : Pumpspeichersystem *nt*

~ up : aufpumpen *v*

punch : Locher *m*, Locheisen *nt*, Lochzange *f*, Schlagkraft *f*, Stempel *m*

~ : lochen, stoßen, vorwärts treiben *v*

~ planting : Stanzsaatverfahren *nt*

punctiform : punktförmig *adj*

punctual : punktförmig *adj*

punishable : strafbar *adj*

punishment : Sanktion *f*

pupa : Puppe *f*

pupate : (sich) verpuppen *v*

pupation : Verpuppung *f*

pupil : Schüler *m*, Schülerin *f*

purchase : Kauf *m*

~ : erwerben, kaufen *v*

pure : abwasserfrei, naturrein, pur, rein *adj*

~ alcohol : reiner Alkohol *(m)*

~ **food law** : Lebensmittelgesetz *nt*

~ **forest** : Reinbestand *m*

~ **stand** : Reinbestand *m*

~ **tone** : reiner Ton *(m)*, Sinuston *m*

PUR-foamed : PUR-geschäumt *adj*

~-~ **plastic** : PUR-Schaumstoff *m*

purification : Reinigung *f*

~ **of seepage water:** Sickerwasserreinigung *f*

~ **efficiency** : Reinigungsleistung *f*

~ **index** : Reinigungskennzahl *f*

~ **plant** : Kläranlage *f*, Reinigungsanlage *f*

~ **process** : Reinigungsverfahren *nt*

~ **stage** : Reinigungsstufe *f*

purify : aufbereiten, reinigen *adj*

purity : Reinheit *f*

~ **rule** : Reinheitsgebot *nt*

purpose : Zweck *m*

~**-built** : (eigens) zu diesem Zweck errichtet *adj*

push : schieben *v*

put : legen, setzen, stellen *v*

~ **into force** : in Kraft setzen *v*

~ **into practice:** durchführen, umsetzen, verwirklichen, zur Anwendung bringen *v*

~ **under preservation order:** unter Denkmalschutz stellen *v*

~ **down** : niederschlagen *v*

~ **forward** : aufwarten (mit) *v*, vorbringen *v*

~ ~ **a motion:** einen Antrag einbringen *v*

putrefaction : Fäule *f*, Faulen *nt*, Fäulnis *f*

putrefy : faulen, verfaulen *v*

putrescible : faulfähig, fäulnisfähig *adj*

put up : aufjagen, errichten *v*

pyknometer : Pyknometer *nt*

pylon : Mast *m*

pyramid : Pyramide *f*

~ **of biomass:** Biomassepyramide *f*

~ **of energy:** Energiepyramide *f*

pyrethroids : Pyrethroid *nt*

pyrethrum : Pyrethrum *nt*

pyrite : Pyrit *m*

pyrolysis : Pyrolyse *f*

~ **plant** : Pyrolyseanlage *f*

pyrophyte : Pyrophyt *m*

quad : Quad *nt*

quadrat : Quadrat *nt*

~ **frame** : Quadratrahmen *m*

quake : Erdbeben *nt*

quaking : bebend, schwingend *adj*

~ **bog** : Schwingrasenmoor *nt*

~**-grass** : Zittergras *nt*

qualification : Eignung *f*

~ **test** : Eignungsfeststellung *f*

qualified : qualifiziert *adj*

~ **majority** : qualifizierte Mehrheit *(f)*

qualitative : qualitativ *adj*

~ **analysis** : qualitative Analyse *(f)*

~ **inheritance** : qualitative Vererbung *(f)*

quality : Qualität *f*

~ **of life:** Lebensqualität *f*

~ **of water:** Wasserbeschaffenheit *f*

~ **of waters:** Gewässergüte *f*

~ **assurance** : Qualitätssicherung *f*

~ **criteria** : Gütekriterien *pl*

~ **index** : Zustandsstufe *f*

~ **produce** : Qualitätserzeugnisse *pl*

quango : halbstaatliche Organisation *(f)*

quantifiable : quantifizierbar *adj*

quantification : Berechnung *f*

quantify : quantifizieren, in Zahlen ausdrücken *v*

quantitative : quantitativ *adj*

~ **analysis** : quantitative Analyse *(f)*

~ **inheritance** : quantitative Vererbung *(f)*

quantity : Größe *f*, Menge *f*, Quantität *f*

~ **of waste:** Abfallanfall *m*, Abfallmenge *f*

~ **rationalization** : Mengenrationierung *f*

quarantine : Quarantäne *f*
~ : unter Quarantäne stellen *v*
quarry : Steinbruch *m*
~ : abbauen, brechen *v*
quarrying : Abbau *m*, Materialabbau *m*
quarterly : vierteljährlich *adj*
quartile : Quartil *nt*, Viertelwert *m*
quartz : Quarz *m*
~ **extraction** : Quarzgewinnung *f*
~**-glass pipeline** : Quarzglasrohrleitung *f*
~ **mining** : Quarzgewinnung *f*
quaternary : quartär *adj*
~ : Quartär *nt*
~ **period** : Quartär *nt*
question : Anfrage *f*, Frage *f*
questionnaire : Fragebogen *m*
quick : schnell *adj*
~**-drying** : schnelltrocknend *adj*
~ **flow** : Direktabfluss *m*
~**-growing** : schnellwachsend *adj*
~-~ **species plantation** : Schnellwuchsplantage *f*
quickly : schnell *adv*
quick sand : Fließsand *m*, Treibsand *m*
quickset : Hecke *f*, Heckenpflanze *f*
~ **level** : Baunivellier *m*
quiescent : ruhend, schlummernd, still *adj*
~ **seed** : ruhende Saat *(f)*
~ **volcano** : ruhender Vulkan *(m)*, schlummernder Vulkan *(m)*, untätiger Vulkan *(m)*
quiet : geräuscharm, leise, Ruhe-, ruhig *adj*
~ **period** : Ruhepause *f*
quietly : geräuscharm, leise *adv*
quill : Feder *f*
quinine : Chinin *nt*
~ **poisoning** : Chininvergiftung *f*
quininism : Chininvergiftung *f*
quinism : Chininvergiftung *f*
quota : Kontingent *nt*, Quantum *nt*, Quote *f*
~ **system** : Quotensystem *nt*
quotient : Quotient *m*

R

rabbit : Kaninchen *nt*
~**-burrow** : Kaninchenbau *m*, Kaninchenhöhle *f*
~**-warren** : Kaninchengehege *nt*
rabble : Mob *m*, Pöbel *m*
~ **rake** : Krählwerk *nt*
rabies : Tollwut *f*
race : Rasse *f*
~ **circuit** : Rennbahn *f*
raceme : Traube *f*
racing : Rennen *nt*
~ **car** : Rennwagen *m*
~ **start** : Kavalierstart *m*
rad : Rad *nt*
radar : Radar *nt*
radial : radial, Radial-, radiär, Speichen-, strahlenförmig, strahlenförmig angeordnet, strahlig *adj*
~ : Gürtelreifen *m*, Radialreifen *m*
~ **engine** : Sternmotor *m*
~ **gate** : Segment *nt*
radially : radial, strahlenförmig *adv*
radiant : strahlend *adj*
radiate : abstrahlen, ausstrahlen, strahlen *v*
radiation : Radiation *f*, Strahlung *f*
~ **accident** : Strahlenunfall *m*
~ **barrier** : Strahlenabschirmung *f*
~ **damage** : Strahlenschaden *m*, Strahlenschädigung *f*
~ **detector** : Strahlennachweisgerät *nt*
~ **disease** : Strahlenkrankheit *f*
~ **dose** : Strahlendosis *f*
~ **dosimeter** : Strahlendosimeter *nt*
~ **effect** : Strahlenwirkung *f*
~ **exposure** : Strahlenbelastung *f*, Strahlenexposition *f*
~ **hygienization** : Keimfreimachung durch Bestrahlung *(f)*
~ **injury** : Strahlenschaden *m*
~ **measurement** : Strahlenmessung *f*
~ **measuring device** : Strahlenmessgerät *nt*
~ **meter** : Bestrahlungsmessgerät *nt*
~ **monitoring badge** : Strahlenschutzüberwachungsplakette *f*
~ **pollution** : Strahlenverseuchung *f*
~**-proof** : strahlensicher *adj*
~ **protection** : Strahlenschutz *m*
~ ~ **apparel** : Strahlenschutzkleidung *f*
~ ~ **apron** : Strahlenschutzschürze *f*
~ ~ **commission** : Strahlenschutzkommission *f*
~ ~ **control** : Strahlenschutzkontrolle *f*
~ ~ **door** : Strahlenschutztüre *f*
~ ~ **equipment** : Strahlenschutzeinrichtung *f*
~ ~ **gloves** : Strahlenschutzhandschuhe *pl*
~ ~ **instruction** : Strahlenschutzanweisung *f*
~ ~ **law** : Strahlenrecht *nt*
~ ~ **measurement** : Strahlenschutzmessung *f*
~ ~ **precaution act** : Strahlenschutzvorsorgegesetz *nt*
~ ~ **regulation** : Strahlenschutzverordnung *f*
~ ~ **service** : Strahlenschutzüberwachungsdienst *m*
~ ~ **shield** : Strahlenschutzschild *m*
~ ~ **training** : Strahlenschutzausbildung *f*
~ **risk** : Strahlenrisiko *nt*
~ **safety** : Strahlensicherheit *f*
~ **sickness** : Strahlenkrankheit *f*
~ **staff** : Bestrahlungspersonal *nt*
~ ~ **monitoring** : Überwachung des Bestrahlungspersonals *(f)*
~ **therapy** : Strahlentherapie *f*
~ **treatment** : Bestrahlung *f*, Strahlentherapie *f*
~ **victim** : Strahlengeschädigte *f*, Strahlengeschädigter *m*

~ **zone** : strahlenverseuchtes Gebiet *(nt)*

radiator : Heizkörper *m*

radical : Radikal *nt*

radio : Rundfunk *m*

radioactive : radioaktiv, strahlend *adj*

~ **contamination** : radioaktive Kontamination *(f)*

~ **decay** : Atomzerfall *m*, radioaktiver Zerfall *(m)*

~ **fallout** : radioaktiver Niederschlag *(m)*

~ **isotope** : radioaktives Isotop *(nt)*, Radioisotop *nt*

~ **material** : radioaktiver Stoff *(m)*

~ **waste** : Atommüll *m*, radioaktiver Abfall *(m)*

~ ~ **container** : Behälter für radioaktiven Abfall *(m)*

radioactivity : Radioaktivität *f*

~ **in drinking-water:** Trinkwasserradioaktivität *f*

~ **concentration** : Radioaktivitätskonzentration *f*

~ **control** : Kontrolle der Radioaktivität *(f)*, Radioaktivitätsüberwachung *f*

~ **level** : radioaktiver Gehalt *(m)*

radiobiologist : Radiobiologe *m*, Radiobiologin *f*

radiobiology : Radiobiologie *f*, Strahlenbiologie *f*

radiocarbon : Radiokarbon *nt*, Radiokohlenstoff *m*

~ **dating** : Radiokarbonmethode *f*, Radiokohlenstoffdatierung *f*

radiodermatitis : Röntgendermatitis *f*

radio-ecology : Radioökologie *f*

radiogenic : radiogen *adj*

~ **heat** : radiogene Wärme *(f)*

radiograph : Röntgenaufnahme *f*, Röntgenbild *nt*

radiographer : Röntgenassistent *m*, Röntgenassistentin *f*

radiography : Radiografie *f*

radioisotope : Radioisotop *nt*

radiological : radiologisch, röntgenologisch *adj*

~ **examination** : Röntgenuntersuchung *f*

~ **minimization** : Strahlenminimierung *f*

~ ~ **rule** : Strahlenminimierungsgebot *nt*

~ **protection || personnel** : Strahlenschutzbeauftragte *f*, Strahlenschutzbeauftragter *m*

~ ~ **precaution** : Strahlenschutzvorsorge *f*

~ **risk** : Strahlenrisiko *nt*

radiologist : Radiologe *m*, Radiologin *f*

radiology : Radiologie *f*

radiolysis : Radiolyse *f*

radiometry : Radiometrie *f*

radionuclide : Radionuklid *nt*

radio-opaque : röntgendicht, röntgenfähig, röntgenstrahlenundurchlässig *adj*

~-~ **dye** : Kontrastmittel *nt*

radioscopy : Radioskopie *f*

radiosensitive : radiosensitiv, strahlenempfindlich *adj*

radiosonde : Radiosonde *f*

radiotherapy : Bestrahlung *f*, Radiotherapie *f*, Strahlentherapie *f*

radio traffic service : Verkehrsfunk *m*

radium : Radium *nt*

~ **rays** : Radiumstrahlen *pl*

~ **therapy** : Radiumtherapie *f*

raft : Floß *nt*

rags : Alttextilien *pl*, Lumpen *pl*

raid: plündern *v*

rail : Schiene *f*

rail-bound : schienengebunden *adj*

~ **vehicle** : Schienenfahrzeug *nt*

railbus : Schienenbus *m*

rail building : Gleisbau *m*

railroad (Am) : Eisenbahn *f*, Schienenbahn *f*

~ **construction (Am)** : Eisenbahnbau *m*, Gleisbau *m*

~ **installation (Am)** : Eisenbahnanlage *f*

~ **service (Am)** : Zugverbindung *f*

~ **traffic (Am)** : Eisenbahnverkehr *m*, Zugverkehr *m*

rails : Gleis *nt*

rail || service : Zugverbindung *f*

~ **traffic** : Schienenverkehr *m*, Zugverkehr *m*

~ **vehicle** : Schienenfahrzeug *nt*

railway : Bahn *f*, Eisenbahn *f*

~ **act** : Eisenbahngesetz *nt*

~ **line** : Bahnstrecke *f*

~ **noise** : Eisenbahnlärm *m*

~ **operating installation** : Bahnbetriebseinrichtung *f*

~ **station** : Bahnhof *m*

rain : Regen *m*

~**-bearing cloud** : Regenwolke *f*

rainbow : Regenbogen *m*

rain || cloud : Regenwolke *f*

~ **diagram** : Regendiagramm *nt*

~ **discharge** : Regenabfluss *m*

raindrop : Regentropfen *m*

~ **erosion** : Regenerosion *f*, Spritzerosion *f*, Tropfenerosion *f*

~ **size** : Regentropfengröße *f*

rain || erosion : Regenerosion *f*, Spritzerosion *f*, Tropfenerosion *f*

~ **erosivity** : Regenerosivität *f*

rainfall : Niederschlag *m*, Regen *m*, Regenhöhe *f*, Regenmenge *f*

~ **duration** : Regendauer *f*

~ **energy** : Regenenergie *f*

~ **erosivity** : Regenerosivität *f*

~ **event** : Niederschlagsereignis *nt*

~ **frequency** : Regenhäufigkeit *f*

~ **index** : Regenindex *m*

~ **intensity** : Regenintensität *f*, Regenspende *f*, Regenstärke *f*

~ ~ **curve** : Regenintensitätskurve *f*

~ ~ **duration curve** : Regenintensitätsdauerkurve *f*, Regenstärkenlinie *f*

~ **recorder** : Regenschreiber *m*

~ **simulation** : Regensimulation *f*

~ **simulator** : Regensimulator *m*

~ **summation curve** : Regensummenlinie *f*

rainfed : durch Niederschlagswasser gespeist, ombrogen *adj*

~ **agriculture** : Regenfeldbau *m*

~ **farming** : Regenfeldbau *m*

rainforest : Regenwald *m*

rain gauge : Niederschlagsmesser *m*, Niederschlagsmessgerät *nt*, Regenmesser *m*

rain intensity : Regenintensität *f*, Regenstärke *f*

rainmaking : Regenerzeugung *f*

rain recorder : Regenschreiber *m*

rains : Regenzeit *f*

rain shadow : Regenschatten *m*

rainstorm : heftiger Regenguss *(m)*, Starkregen *m*, stürmisches Regenwetter *(nt)*

rainulator (Am) : Regensimulator *m*

rainwash : Wassererosion *f*

rainwater : Niederschlagswasser *nt*, Regenwasser *nt*

~ reservoir : Regenwasserspeicher *m*

~ runoff : Niederschlagswasserabfluss *m*, Regenabfluss *m*

~ treatment : Regenwasserbehandlung *f*

~ yielding plant : Regenwassernutzungsanlage *f*

rainy : Regen-, regnerisch *adj*

~ season : Regenzeit *f*

~ weather : Regenwetter *nt*

raise : aufschütten, erhöhen, heben *v*

raised : aufgegangen, erhaben, erhoben *adj*

~ beach : Hebungsküste *f*

~ bog : Hochmoor *nt*

~ hide : Hochsitz *m*

raise money : Geld aufbringen *v*

raising : Aufschüttung *f*

- **~ of the hearing threshold:** Hörschwellenerhöhung *f*

rake : Rechen *m*

rally : Versammlung *f*

ram : Bock *m*, Schafbock *m*

rambla : Auenrohboden *m*, Rambla *f*

ramble : wandern *v*

rambler : Wanderer *m*, Wanderin *f*

~s association : Wandererverband *m*

ramet : Ursprungszelle *f*

ramification : Auswirkung *f*, Verästelung *f*, Verzweigung *f*

Ramsar Convention : Ramsar-Übereinkommen *nt*

ramshackle : baufällig *adj*

ranch : Ranch *f*, Weidebetrieb *m*

ranching : Viehzucht *f*

random : willkürlich, Zufalls- *adj*

- **at ~:** wahllos, willkürlich, ziellos *adj*

~ distribution : Zufallsverteilung *f*

~ sample : Stichprobe *f*, Zufallsprobe *f*

~ sampling : Stichprobenerhebung *f*

~ test : Stichprobe *f*

randomization : Zufallsverteilung *f*

range : Areal *nt*, Bandbreite *f*, Höhenzug *m*, Palette *f*, Reichweite *f*, Reihe *f*, Skala *f*, Verbreitung *f*, Verbreitungsgebiet *nt*, Weide *f*, Weideland *nt*

- **~ of hearing:** Hörbereich *m*
- **~ of hills:** Höhenzug *m*
- **~ of mountains:** Gebirge *nt*, Höhenzug *m*

rangeland : Weidegebiet *nt*

range || management : Weidewirtschaft *f*

~ pitting : Kammerbeckenverfahren *nt*

ranger : Ranger *m*, Schutzgebietsbetreuer *m*, Schutzgebietsbetreuerin *f*

~ force (Am) : Schutzgebietsbetreuer zur Überwachung der Schutzvorschriften *(m)*

~ interpreter (Am) : Schutzgebietsbetreuer zur Besucherinformation *(m)*

ranging : sich bewegend, sich erstreckend, sich hinziehend, umherschweifend, umherziehend *adj*

- **~ over wide areas:** große Lebensräume beanspruchend *adj*
- **~ out:** Ausfluchten *nt*
- **~ rod:** Bake *f*, Fluchtstab *m*

ranker : Ranker *m*

ransack : plündern *v*

rape : Raps *m*

~-oil : Rapsöl *nt*

~-seed : Rapssamen *m*

~-~ oil : Rapsöl *nt*

rapid : rasch *adj*

rapidly : schnell, zügig *adv*

~ degradable : schnell abbaubar *adj*

rapid || sand filter : Schnellsandfilter *m*

~ test : Schnelltest *m*

~ transit train : Schnellbahn *f*

rare : rar, selten *adj*

~ earth element : Seltenerdmetall *nt*

~ gas : Edelgas *nt*

rarity : Seltenheit *f*

rat : Ratte *f*

rate : Abgabe *f*, Gebühr *f*, Quote *f*, Rate *f*, Tarif *m*

- **~ of charge:** Gebührensatz *m*
- **~ of decomposition:** Abbauleistung *f*
- **~ of deforstation:** Entwaldungsrate *f*
- **~ of discount:** Diskontsatz *m*
- **~ of growth:** Wachstumsrate *f*
- **~ of natural increase:** Geburtenzuwachsrate *f*
- **~ of population growth:** Bevölkerungszuwachsrate *f*, Wachstumsrate der Bevölkerung *(f)*
- **~ of remuneration:** Vergütungssatz *m*

rating : Bemessen *nt*, Einstufung *f*, Klassifizierung *f*

~ level : Beurteilungspegel *m*

ratio : Verhältnis *nt*

ration : Ration *f*

rationalization : Rationalisierung *f*

rational : rational, vernunftbegabt, vernünftig *adj*

~ method : Flutplanverfahren *nt*

rat poison : Rattengift *nt*

rattan : Rattan *nt*

ravage : verwüsten *v*

ravine : Erosionsgraben *m*, Erosionsschlucht *f*, Klamm *f*

raw : Frisch-, roh, Roh- *adj*

~ humus : Rohhumus *m*

~ material : Rohstoff *m*

- **~ ~ for composting** : Kompostrohstoff *m*

~ ~ consumption : Rohstoffverbrauch *m*

~ ~ economy : Rohstoffwirtschaft *f*

~ ~ exploitation : Rohstoffgewinnung *f*

~ ~ extraction : Rohstoffgewinnung *f*

~ ~ **market** : Rohstoffmarkt *m*

~ ~ **price** : Rohstoffpreis *m*

~ ~ **recovery** : Rohstoffrückgewinnung *f*

~ ~ **recyclability** : Rohstoffrückgewinnbarkeit *f*

~ ~ **savings** : Rohstoffeinsparung *f*

~ ~ **securing** : Rohstoffsicherung *f*

~ ~ **shortage** : Rohstoffknappheit *f*, Rohstoffverknappung *f*

~ **sewage** : Rohabwasser *nt*

~ **sludge** : Frischschlamm *m*, Rohschlamm *m*

~ ~ **disposal** : Frischschlammablagerung *f*

~ **soil** : Rohboden *m*, Syrosem *m*

~ **waste** : Rohmüll *m*

~ **water** : Rohwasser *nt*

rayon : Zellwolle *f*

~ **industry** : Zellwollindustrie *f*

rays : Strahlen *pl*

react : reagieren *v*

~ **to something:** auf etwas reagieren *v*

~ **with something:** mit etwas reagieren *v*

reaction : Reaktion *f*

~ **equilibrium** : Reaktionsgleichgewicht *nt*

~ **gas analyzer** : Reaktionsgasanalysator *m*

~ **kinetics** : Reaktionskinetik *f*

~ **mechanism** : Reaktionsmechanismus *m*

~ **product** : Reaktionsprodukt *nt*

~ **rate** : Reaktionsgeschwindigkeit *f*

~ **temperature** : Reaktionstemperatur *f*

reactivation : Reaktivierung *f*, Revitalisierung *f*

reactive : reaktionsfähig, reaktiv *adj*

reactively : reaktiv *adv*

reactivity : Reaktionsfähigkeit *f*, Reaktivität *f*

reactor : Reaktor *m*

~ **accident** : Reaktorunfall *m*

~ **circuit** : Reaktorkreislauf *m*

~ **core** : Reaktorkern *m*

~ **safety** : Reaktorsicherheit *f*

readable : ablesbar *adj*

readily : bereitwillig, ohne weiteres *adv*

~ **biodegradable** : biologisch leicht abbaubar *adj*

reading : Anzeige *f*, Lektüre *f*, Lesen *nt*, Version *f*, Wert *m*

readout : Anzeige *f*, Ausgabe *f*

reaffirm : bekräftigen, bestätigen *v*

reaffirmation : Bekräftigung *f*, Bestätigung *f*

reafforestation : Wiederaufforstung *f*

reagent : Reagens *nt*

real : echt, real, total, wahr, wirklich *adj*

~ **(Am)** : echt, recht *adv*

~ **estate** : Grundbesitz *m*, Liegenschaft *f*

~ ~ **market** : Bodenmarkt *m*

~ **issue** : Kernproblem *nt*

realistic : realistisch *adj*

realization : Erkenntnis *f*, Realisierung *f*, Verwirklichung *f*

realize : verwirklichen *v*

really : wirklich *adv*

real property value : Immobilienwert *m*

reallocate : umschichten, umverteilen, verlagern *v*

reallocated : verlagert *adj*

reallocation : Umschichtung *f*, Umverteilung *f*, Verlagerung *f*

~ **of properties:** Umlegung *f*

rear : aufziehen *v*

rearrangement : Umstellung *f*

reason : Grund *m*

reasonableness : Zumutbarkeit *f*

re-building : Wiederaufbau *m*

receiving : aufnehmend, empfangend, erhaltend *adj*

~ **water** : Vorfluter *m*

recent : jüngst, Neu- *adj*

~ **woodland** : junger Wald *(m)*

receptacle : Behälter *m*, Behältnis *nt*

receptor : Rezeptor *m*

~ **area** : Umsiedlungsgebiet *nt*

~ **cell** : Rezeptorzelle *f*

recessive : rezessiv *adj*

recharge : Nachfüllen *nt*

~ : aufladen, nachladen *v*

~ **area** : Grundwasseranreicherungsgebiet *nt*, Infiltrationsgebiet *nt*

recipient : Empfängerorganismus *m*

reciprocate : austauschen, erwidern, (sich) hin- und herbewegen *v*

reciprocating: (sich) hin- und herbewegend *adj*

~ **engine** : Kolbenmaschine *f*

~ **piston engine** : Hubkolbenmotor *m*

~ **saw** : Gattersäge *f*

~ **shaft seal** : Gleitringdichtung *f*

reclaim : neugewinnen, urbar machen, wiedergewinnen *v*

reclamation : Aufbereitung *f*, Grundverbesserung *f*, Melioration *f*, Neugewinnung *f*, neugewonnenes Land *(nt)*, Rückgewinnung *f*, Urbarmachung *f*, Wiederaufbereitung *f*, Wiedergewinnung *f*, wiedergewonnenes Land *(nt)*

~ **of derelict land:** Altlastensanierung *(f)*

~ **of (derelict) soils:** Bodensanierung *f*

~ **of salt-affected soils:** Salzbodenmelioration *f*

~ **of slag:** Schlackenverwertung *f*

~ **of sludge:** Schlammverwertung *f*

~ **of useful materials:** Reststoffverwertung *f*

~ **plant** : Rückgewinnungsanlage *f*

~ **plough** : Umbruchpflug *m*

recognition : Anerkennung *f*

recognize : anerkennen *v*

recoil : Rückstoß *m*

~ **of wave:** Wellenrücklauf *m*

~ : zurückfahren, zurückschrecken *v*

recolonization : Wiederbesiedlung *f*

recolonize : wiederbesiedeln *v*

recommend : empfehlen, vorschlagen *v*

recommendation : Empfehlung *f*, Vorschlag *m*

recommended : empfohlen *adj*

~ **speed** : Richtgeschwindigkeit *f*

recompense : belohnen *v*

reconcile : beilegen *v*

reconciliation : Harmonisierung *f*, Versöhnung *f*

~ **of interests:** Interessenausgleich *m*

reconnaissance : Erkundung *f*

~ **of deposits:** Lagerstättenerkundung *f*

~ **survey** : Erkundungsstudie *f*, Vorerhebung *f*

reconstitute : wiederherstellen *v*

reconstruction : Rekonstruktion *f*, Wiederaufbau *m*

reconversion : Rückbau *m*, Rückumwandlung *f*

~ **of landfill sites:** Deponierückbau *m*

recooling : Rückkühl- *adj*

~ : Rückkühlung *f*

~ **plant** : Rückkühlanlage *f*

record : Aufzeichnung *f*

~ : aufzeichnen, verzeichnen *v*

recording : Aufzeichnen *nt*

recourse : Regress *m*, Rückgriff *m*, Zuflucht *f*, Zufluchtnahme *f*

~ **to the administrative court:** Verwaltungsrechtsweg *m*

recover : erholen, rückgewinnen, sich regenerieren, wiedergewinnen, zurückgewinnen *v*

recoverable : rückgewinnbar *adj*

~ **material** : rückgewinnbares Material *(nt)*

recovery : Erholung *f*, Genesung *f*, Rückgewinnung *f*, Weiterverwendung *f*, Wiederherstellen *nt*

~ **plant** : Rückgewinnungsanlage *f*

~ **programme** : Wiederaufbauprogramm *nt*

~ **rate** : Wiederfindungsrate *f*

recreation : Ausruhen *nt*, Erholung *f*, Freizeitbeschäftigung *f*, Hobby *nt*

recreational : Erholungs-, Freizeit- *adj*

~ **area** : Erholungsgebiet *nt*, Freizeitbereich *m*

~ **beach** : Badestrand *m*

~ **facility** : Freizeiteinrichtung *f*

~ **forest** : Erholungswald *m*

~ **interest** : Freizeitinteresse *nt*

recreationally : erholungs-, für die Erholung *adv*

~ **important** : erholungsbedeutsam *adj*

recreational || noise : Freizeitlärm *m*

~ **provision** : Erholungsvorsorge *f*

~ **traffic** : Urlauberverkehr *m*

~ **use** : Erholungsnutzung *f*, Freizeitnutzung *f*

~ **value** : Erholungswert *m*

recreation || area : Erholungsgebiet *nt*

~ **facility** : Erholungseinrichtung *f*

~ **pressure** : Erholungsdruck *m*

~ **space** : Erholungsfläche *f*

~ **use** : Erholungsnutzung *f*

recruitment : Neueinstellung *f*

~ **of members:** Mitgliederwerbung *f*

recultivation : Rekultivierung *f*

~ **of old dump sites:** Deponierekultivierung *f*

recuperator : Rekuperator *m*

recurrence : Wiederauftreten *nt*, Wiederholung *f*, Wiederkehr *f*

~ **interval** : Wiederkehrzeitraum *m*

recyclability : Recyclebarkeit *f*

recyclable : recyclinggerecht *adj*

recycle : recyceln, recyclieren, wiederaufbereiten, wiederverwenden, wiederverwerten *v*

recycled : recycelt, recycliert *adj*

~ **ink cartridge** : Recyclingtintenpatrone *f*

~ **material** : Recyclat *nt*

~ **paper** : Recyclingpapier *nt*, Umweltpapier *nt*, Umweltschutzpapier *nt*

recycling : Abfallwiederverwendung *f*, Abfallwiederverwertung *f*, Recycling *nt*, Wiederaufarbeitung *f*, Wiederverwertung *f*

~ **of asphalt:** Asphaltrecycling *nt*

~ **of batteries:** Batterierecycling *nt*

~ **of bitumen:** Bitumenrecycling *nt*

~ **of building materials:** Baustoffrecycling *nt*

~ **of building waste:** Bauschuttrecycling *nt*

~ **of cables:** Kabelrecycling *nt*

~ **of capacitors:** Kondensatorenrecycling *nt*

~ **of catalysts:** Katalysatorrecycling *nt*

~ **of chemicals:** Chemikalienrecycling *nt*

~ **of foils and film:** Folienrecycling *nt*

~ **of kegs and barrels:** Fassrecycling *nt*

~ **of photochemicals:** Fotochemikalienrecycling *nt*

~ **of plastics:** Kunststoffrecycling *nt*

~ **of precious metal:** Edelmetallrecycling *nt*

~ **of recyclates:** Wertstoffrecycling *nt*

~ **of rubber:** Gummirecycling *nt*

~ **of scrap metal:** Altmetallrecycling *nt*

~ **of sewage:** Abwasserwiederverwendung *f*

~ **of solvents:** Lösungsmittelrecycling *nt*

~ **of textiles:** Textilrecycling *nt*

~ **of typewriter ribbons:** Farbbandrecycling *nt*

~ **of used glassware:** Altglasrecycling *nt*, Altglasverwertung *f*

~ **of used tyres:** Altreifenrecycling *nt*

~ **of waste oil:** Altölrecycling *nt*

~ **of waste paper:** Altpapierrecycling *nt*

~ **capacity** : Recyclingleistung *f*

~ **management** : Kreislaufwirtschaft *f*

~ ~ **and waste law:** Kreislaufwirtschafts- und Abfallgesetz *nt*

~ **paper** : Recyclingpapier *nt*, Umweltpapier *nt*, Umweltschutzpapier *nt*

~ **partner** : Recyclingpartner *m*

~ **plant** : Abfallwiederverwertungsanlage *f*, Recyclinganlage *f*, Recyclingwerk *nt*

~ ~ **for asphalt:** Asphaltrecyclinganlage *f*

~ ~ **for building materials:** Baustoffrecyclinganlage *f*

~ ~ **for coating powder:** Lackpulverrecyclinganlage *f*

~ ~ **for electronic scrap:** Elektronikschrottrecyclinganlage *f*

~ ~ **for foamed materials:** Schaumstoffrecyclinganlage *f*

~ ~ **for plastics:** Kunststoffrecyclinganlage *f*

~ ~ **for precious metal:** Edelmetallrecyclinganlage *f*

~ **point** : Recyclinghof *m*

~ **potential** : Recyclingpotenzial *nt*

~ **process** : Recyclingprozess *m*

~ **product** : Recyclingprodukt *nt*

~ **quota** : Verwertungsquote *f*

~ **rate** : Recyclingrate *f*

~ **ratio** : Recyclingquote *f*

~ **solution** : Recyclinglösung *f*

~ **system** : Recyclingsystem *nt*

~ **technics** : Recyclingtechnik *f*

red : rot, Rot- *adj*

~ **and brown-red soil from carbonate rocks:** Kalksteinrotlehm *m,* Terra rossa *f*

Red Data Book : Rote Liste

red deer : Rothirsch *m,* Rotwild *nt*

red earth : Roterde *f,* Rotlatosol *m*

redesigning : Neugestaltung *f*

redevelop : sanieren *v*

redevelopment : Sanierung *f*

~ **of surfacings:** Flächensanierung *f*

~ **area** : Sanierungsgebiet *nt*

~ **bye-law** : Sanierungssatzung *f*

~ **measure** : Sanierungsmaßnahme *f*

~ **note** : Sanierungsvermerk *m*

~ **potential** : Sanierungspotenzial *nt*

red-latosol : Roterde *f,* Rotlatosol *m*

Red List : Rote Liste *f*

red mud : Rotschlamm *m*

redness : Röte *f*

redox : Redox- *adj*

~ **measuring** : Redoxmessung *f*

~ **meter** : Redoxmessgerät *nt*

~ **potential** : Redoxpotenzial *nt*

~ **titration** : Redoxtitration *f*

red tide : Rote Tide *f*

reduce : abbauen, reduzieren, verringern *v*

reduced : ermäßigt *adj*

~ **noise hearing** : Lärmminderhörigkeit *f*

reducer : Reduktionsmittel *nt,* Reduzent *m*

reduction : Abbau *m,* Reduktion *f,* Reduzierung *f,* Verringerung *f*

~ **in consumption:** Konsumverzicht *m*

~ **in emissions:** Emissionsverminderung *f*

~ **in night flights:** Nachtflugbeschränkung *f*

~ **in value:** Wertminderung *f*

~ **of pollutants:** Schadstoffreduzierung *f*

~ **process** : Reduktionsverfahren *nt*

~ **zone** : Reduktionszone *f*

redundant : redundant, überflüssig *adj*

~ **farmland** : überschüssige landwirtschaftliche Nutzfläche *(f)*

reed : Reet *nt,* Ried *nt,* Riedgras *nt,* Röhricht *nt,* Schilf *nt,* Schilfrohr *nt*

reedbed : Schilffeld *nt*

reed frequency measurement system : Zungen-Frequenzmessgerät *nt*

reef : Riff *nt*

re-establishment : Wiederaufnahme *f,* Wiederherstellung *f*

reference : Hinweis *m,* Konsultation *f,* Quellenangabe *f,* Referenz *f,* Verweis *m,* Zeugnis *nt*

~ **book** : Fachbuch *nt*

~ **material** : Referenzmaterial *nt*

~ **measuring process** : Referenzmessverfahren *nt*

~ **point** : Bezugspunkt *m*

~ **quantity** : Bezugsgröße *f*

~ **value** : Bezugsgröße *f,* Bezugswert *m,* Referenzwert *m*

~ **volume** : Bezugsvolumen *nt*

referendum : Volksbegehren *nt*

refine : raffinieren, veredeln *v*

refinery : Raffinerie *f*

refining : Raffination *f,* Veredelung *f*

reflagging : Umflaggen *nt*

reflect : reflektieren *v*

reflection : Reflexion *f*

~ **seismology** : Reflexionsseismik *f*

reflectometry : Reflexionsmessung *f*

reflex : reflektierend *adj*

~ : Reflex *m*

~ **action** : Reflexhandlung *f*

~ **baffle** : reflektierende Schallwand *(f)*

reflux : Rückfluss *m,* Rücklauf *m*

reforest : wiederbestocken *v*

reforestation : Wiederaufforstung *f*

~ **aid** : Aufforstungsprämie *f*

reform : Reform *f*

~ **policy** : Reformpolitik *f*

refract : brechen *v*

refraction : Brechung *f*

refractometer : Refraktometer *nt*

refractory : hartnäckig, hitzebeständig, schwer schmelzbar, störrisch, widerspenstig *adj*

~ : hitzebeständiges Material *(nt)*

~ **structure** : Feuerfestbau *m*

refreshing : erholsam *adj*

refrigerant : Kältemittel *nt,* Kühlmittel *nt*

~ **recovery plant** : Kältemittelrückgewinnungsanlage *f*

refrigerate : kühlen *v*

refrigerated : gekühlt *adj*

~ **centrifuge** : Kühlzentrifuge *f*

refrigerating : Gefrieren *nt*

~ **chest** : Kühltruhe *f*

refrigeration : Kälteerzeugung *f,* Kühlung *f*

~ **engineering** : Kältetechnik *f*

refrigerator : Kühlanlage *f,* Kühlschrank *m*

refuge : Refugialgebiet *nt,* Refugium *nt,* Verkehrsinsel *f,* Zuflucht *f,* Zufluchtsort *m*

~ **area** : Zufluchtsraum *m*

refugium : Refugialgebiet *nt,* Refugium *nt,* Zufluchtsort *m*

refusal : Ablehnung *f*

refuse : Abfall *m,* Müll *m*

~ : ablehnen, verweigern *v*

~ **bag** : Müllsack *m*

~ **burning** : Müllverbrennung *f,* Müllverschwelung *f*

~ **collection** : Abfallabfuhr *f,* Abfallsammlung *f,* Müllabfuhr *f,* Müllsammlung *f*

~ **compactor** : Müllverdichter *m*

~ **composition** : Müllzusammensetzung *f*

~ **composting** : Müllkompostierung *f*

~ **container** : Abfallbehälter *m,* Müllcontainer *m*

~ **density** : Mülldichte *f*

~**-derived** : aus Müll gewonnen *adj*

~-~ **fuel** : Brennstoff aus Müll *(m)*

~ **disposal** : Abfallbeseitigung *f,* Müllbeseitigung *f,* Müllentsorgung *f*

~ ~ **facility** : Abfallbeseitigungsanlage *f*

~ ~ **method** : Müllablagerungsmethode *f*

~ ~ **plant** : Abfallbeseitigungsanlage *f*

~ ~ **site** : Mülldeponie *f*

~ ~ **system** : Abfallentsorgungsanlage *f*

~ **dump** : Müllabladeplatz *m*, Müllhalde *f*

~ **heap** : Müllhalde *f*, Müllkippe *f*

~ **incineration** : Abfallverbrennung *f*, Müllverbrennung *f*

~ ~ **plant** : Abfallverbrennungsanlage *f*, Müllverbrennungsanlage *f*

~ ~ **power plant** : Müllverbrennungskraftwerk *nt*

~ **incinerator** : Müllverbrennungsanlage *f*

~ **pyrolysis** : Müllpyrolyse *f*

~ **recycling** : Müllverwertung *f*

~ **sack** : Müllsack *m*

~**-sludge compost** : Müll-Klärschlamm-Kompost *m*

~ **sorting plant** : Müllsortieranlage *f*

~ **storage area** : Mülllagerplatz *m*

~ **transfer station** : Müllumschlagstation *f*

regain : wiedererlangen *v*

regard : Beachtung *f*, Beziehung *f*

~ : beachten, berücksichtigen, betrachten, betreffen *v*

regenerate : erneuern, regenerieren *v*

regenerated : regeneriert *adj*

~ **rubber** : Gummiregenerat *nt*

regenerating : erneuernd, Regenerier-, regenerierend *adj*

~ **equipment** : Regeneriergerät *nt*

regeneration : Regeneration *f*, Sanierung *f*, Verjüngung *f*

~ **of old installations:** Altanlagensanierung *f*

~ **of old plants:** Altanlagensanierung *f*

~ **capacity** : Erneuerungsfähigkeit *f*, Regenerationsfähigkeit *f*

~ **system** : Verjüngungsverfahren *nt*

~ **zone** : Regenerationszone *f*

regenerative : erneuerbar, Regenerations-, regenerativ *adj*

~ **properties** : Regenerationsvermögen *nt*

regime : Regime *nt*, Verhältnisse *pl*

region : Landesteil *m*, Region *f*, Zone *f*

~ **for restoration:** Sanierungsgebiet *nt*

regional : landeskundlich, landschaftlich, regional *adj*

~ **authority** : Gebietskörperschaft *f*

~ **court** : Landgericht *nt*

~ **development** : Raumentwicklung *f*, Regionalentwicklung *f*

~ ~ **plan** : Raumordnungsplan *m*

~ ~ **planning** : Raumplanung *f*

~ ~ **programme** : Raumordnungsprogramm *nt*

~ **government** : Bezirksregierung *f*

regionalization : Regionalisierung *f*

regional || landscape || plan : Landschaftsrahmenplan *m*

~ ~ **planning** : Landschaftsrahmenplanung *f*

~ **model** : Regionalmodell *nt*

~ **park** : Regionalpark *m*

~ **plan** : Regionalplan *m*

~ **planner** : Landesplaner *m*, Landesplanerin *f*

~ **planning** : Landesplanung *f*, Raumordnung *f*, Raumplanung *f*, Regionalplanung *f*

~ ~ **act** : Raumordnungsgesetz *nt*

~ ~ **at regional level:** Regionalplanung *f*

~ ~ **authority** : Landesplanungsbehörde *f*

~ ~ **clause** : Raumordnungsklausel *f*

~ ~ **commission** : Raumordnungskommission *f*

~ ~ **land register** : Raumordnungskataster *nt*

~ ~ **law** : Raumordnungsgesetz *nt*

~ ~ **legislation** : Raumordnungsrecht *nt*

~ ~ **procedure** : Raumordnungsverfahren *nt*

~ ~ **programme** : Raumordnungsprogramm *nt*

~ ~ **report** : Raumordnungsbericht *m*

~ ~ **scheme** : Raumordnungsplan *m*

~ **policy** : Regionalpolitik *f*

~ **statistics** : Regionalstatistik *f*

~ **studies and planning academy** : Akademie für Raumforschung und Landesplanung *(f)*

register : Kataster *nt*, Klappe *f*, Register *nt*, Schieber *m*, Verzeichnis *nt*, Zählwerk *nt*

~ **of impacts:** Wirkungskataster *nt*

~ **of the obligation to construct:** Baulastenverzeichnis *nt*

~ : anmelden, einschreiben, eintragen, registrieren, verzeichnen *v*

registered : eingetragen, eingeschrieben, gesetzlich geschützt, registriert *adj*

registration : Anmeldung *f*, Einschreibung *f*, Erfassung *f*, Registrierung *f*, Zulassung *f*

~ **of contaminated land:** Altlastenerfassung *f*

~ **fee** : Anmeldegebühr *f*, Kursgebühr *f*

~ **obligation** : Anmeldepflicht *f*

~ **proceedings** : Anmeldeverfahren *nt*

regosol : Regosol *m*

regress : sich rückläufig entwickeln, sich zurückentwickeln *v*

regression : Regression *f*, Rückgang *m*

~ **analysis** : Regressionsanalyse *f*

regrowable : nachwachsend *adj*

regrowth : Regeneration *f*

regular (Am) : Normalbenzin *nt*

regulate : anpassen, begrenzen, einstellen, regeln, regulieren, senken *v*

regulating : begrenzend, Regel-, regelnd, regulierend, senkend *adj*

~ **potential** : Regulationsfähigkeit *f*

~ **power station** : Regelkraftwerk *nt*

regulation : Anpassung *f*, Begradigung *f*, Bestimmung *f*, Regel *f*, Regelung *f*, Regelwerk *nt*, Regulierung *f*, Steuerung *f*, Verfügung *f*, Verordnung *f*, Vorschrift *f*

~ **concerning large-scale firing:** Großfeuerungsanlagenverordnung *f*

~ **of waters:** Gewässerregulierung *f*

~ **on firing plants:** Feuerstättenverordnung *f*

~ **on food additives:** Lebensmittelzusatzstoffverordnung *f*

~ **on high seas dumping:** Hohe-See-Einbringungs-Verordnung *f*

~ **on maximum allowed solvent:** Lösungsmittelhöchstmengenverordnung *f*

~ **on maximum permissible limits:** Höchstmengenverordnung *f*

~ **on the use of liquid manure:** Gülleausbringungsverordnung *f*

regulations : Anleitung *f*, Regeln *pl*

~ **of international economy:** Weltwirtschaftsordnung *f*

regulative : regulativ *adj*

~ **law** : Ordnungsrecht *nt*

regulatory : Genehmigungs-, Ordnungs-, ordnungsmäßig, regulativ, Regulierungs- *adj*

~ **agency** : Ordnungsbehörde *f*

~ **committee** : Regelungsausschuss *m*

~ **commission** : Genehmigungsbehörde *f*

~ **disturbance** : Regulationsstörung *f*

~ **mechanism** : Regulationsmechanismus *m*

regurgitate : auswürgen *v*

rehabilitate : wieder nutzbar machen, wiederherstellen *v*

rehabilitation : Grundverbesserung *f*, Melioration *f*, Sanierung *f*, Wiedernutzbarmachung *f*

~ **measure** : Sanierungsmaßnahme *f*

reheat : wieder erhitzen, wieder erwärmen *v*

reheater : Zwischenüberhitzer *m*

reimbursement : Erstattung *f*, Rückerstattung *f*, Rückzahlung *f*

~ **of expenses:** Aufwendungsersatz *m*

reinforce : verstärken *v*

reinforced : verstärkt *adj*

~ **concrete** : Stahlbeton *m*

reinforcement : Bewehrung *f*

reinstatement : Wiederherstellung *f*

~ **procedure** : Wiedereinsetzungsverfahren *nt*

reintroducing : Wiederansiedlung *f*

reintroduction : Wiederansiedlung *f*, Wiedereinbürgerung *f*

rejection : Ablehnung *f*, Abstoßung *f*, Abweisung *f*, Verweigerung *f*, Zurückweisung *f*

~ **rate** : Beanstandungshäufigkeit *f*

~ **slip** : Absage *f*

reject : Ausgestoßene *f*, Ausgestoßener *m*, Ausschuss *m*

~ : ablehnen, abstoßen, abweisen, verweigern, zurückweisen *v*

~ **water** : Schlammwasser *nt*

relate : (sich) beziehen, erzählen, verbinden, in Zusammenhang bringen, zusammenhängen *v*

relating : betreffend, in Zusammenhang stehend *adj*

~ **to economic policy:** wirtschaftspolitisch *adj*

relation : Beziehung *f*, Zusammenhang *m*

~ **of cause and effect:** Kausalzusammenhang *m*

relations : Beziehungen *pl*, Verhältnis *nt*

relationship : Beziehung *f*, Verbindung *f*, Verhältnis *nt*, Zusammenhang *m*

relative : relativ *adj*

~ **abundance** : relative Dichte *(f)*, relative Häufigkeit *(f)*, relative Individuendichte *(f)*

~ **humidity** : relative Luftfeuchtigkeit *(f)*

relatively : verhältnismäßig *adv*

relative transpiration : relative Transpiration *(f)*

relax : erholen *v*

relaxation : Entspannung *f*

relay : Relais *nt*, Schicht *f*, Staffel *f*, Übertragung *f*

~ : übertragen, weiterleiten *v*

~ **cropping** : Staffelanbau *m*, Zwischeneinsaat *f*

release : Freisetzung *f*

~ **caused by incidents:** störfallbedingte Freisetzung *(f)*

~ : freisetzen *v*

releaser : Auslöser *m*

relevant : entsprechend, einschlägig, relevant, wichtig, zuständig *adj*

~ **to the environment:** umweltrelevant *adj*

relevé : Aufnahmefläche *f*

reliability : Zuverlässigkeit *f*

reliable : verlässlich, zuverlässig *adj*

relict : Relikt *nt*

relief : Geländegestalt *f*, Relief *nt*

~ **drain** : Entlastungsdrän *m*

religion : Religion *f*

relocation : Verlegung *f*, Versetzung *f*

rely : angewiesen (sein), sich verlassen *v*

rem : Rem *nt*

remaining : restlich, übrig *adj*

~ **stand** : verbleibender Bestand *(m)*

~ **species** : überlebende Art *(f)*

remains : Überreste *pl*

remedial : Förder-, Heil-, rehabilitierend, Sanierungs- *adj*

~ **plan** : Sanierungsplan *m*

remember : erinnern *v*

remit : niederschlagen *v*

remnant : Rest *m*, Überrest *m*

remobilization : Remobilisierung *f*

remobilize : remobilisieren *v*

remorse : Reue *f*

remote : abgelegen, distanziert, entfernt, fern, früh, gering, unnahbar *adj*

~ **control** : Fernüberwachung *f*

~ **sensing** : Fernerkundung *f*

~ ~ **device** : Fernerkundungsgerät *nt*

remould : runderneuern *v*, umgestalten *v*, ummodeln *v*

removal : Beseitigung *f*

~ **of oil from bilge:** Bilgenentölung *f*

~ **order** : Beseitigungsanordnung *f*

remove : beseitigen, entfernen, entlassen, entnehmen, wegnehmen *v*

remunerate : belohnen, bezahlen, entlohnen *v*

remuneration : Belohnung *f*, Bezahlung *f*, Entlohnung *f*

renaturalisation : Renaturierung *f*

renaturation : Renaturierung *f*

rendering : Aufführung *f*, Berapp *m*, Darstellung *f*, Putz *m*, Übersetzung *f*, Vortrag *m*, Wiedergabe *f*

~ plant : Abdeckerei *f*

rendzina : Rendzina *f*

renew : erneuern *v*

renewable : erneuerbar, nachwachsend, regenerativ, rückführbar *adj*

~ energy : erneuerbare Energien *(pl)*

~ energy source : erneuerbare Energiequelle *(f)*, erneuerbarer Energieträger *(m)*

~ raw material : nachwachsender Rohstoff *(m)*

~ resources : erneuerbare Ressourcen *(pl)*

~ source of energy : erneuerbare Energiequelle *(f)*, erneuerbarer Enegieträger *(m)*

~ sources of energy : regenerative Energien *(pl)*

renovation : Instandsetzung *f*

rent : Miete *f*, Mietpreis *m*, Pacht *f*

~ : mieten *v*

rental : Mietpreis *m*

reorganisation (Br) : Neugestaltung *f*

reorganization : Neugestaltung *f*, Umstellung *f*

reorientation : Neuorientierung *f*, Umstellung *f*

repair : Instandsetzung *f*, Reparatur *f*, Sanierung *f*

- **~ of chemical damage:** Chemikalienschadenssanierung *f*
- **~ of damage caused by water:** Wasserschadensanierung *f*
- **~ of fire damage:** Brandschadensanierung *f*
- **~ of oil damage:** Ölschadensanierung *f*

~ business : Instandsetzungsgewerbe *nt*

reparcelling : Neuordnung *f*

- **~ of agricultural land:** Flurbereinigung *f*, Flurneuordnung *f*, Ländliche Neuordnung *(f)*

repayment : Lohn *m*, Rückzahlung *f*

- **~ of expenses:** Aufwendungsersatz *m*

repeal : Außerkraftsetzen *nt*

repeated : mehrfach *adj*

repeatedly : mehrfach *adv*

repel : abstoßen, abwehren *v*

repellant : Abschreckmittel *nt*, abstoßendes Mittel *(nt)*, Abwehrmittel *nt*, Abwehrstoff *m*, Repellent *nt*

also spelled: repellent

repellent : abstoßend *adj*

~ chemical : abstoßende Chemikalie *(f)*

repentance : Reue *f*

replace : austauschen, ersetzen *v*

replaceable: austauschbar *adj*

replacement : Austausch *m*, Ersatz *m*

replanning : Neugestaltung *f*

replant : neu bepflanzen, umpflanzen, wiederbepflanzen *v*

replenish : auffüllen, wiederauffüllen *v*

replenishment : Anreicherung *f*

replication : Replikation *f*

repopulating : Bestandsauffüllung *f*

report : Bericht *m*, Referat *nt*, Reportage *f*, Zeugnis *nt*

- **~ on waste:** Abfallbericht *m*

~ : berichten, melden *v*

reportable : meldepflichtig *adj*

~ disease : meldepflichtige Krankheit *(f)*

reportage : Reportage *f*

reporting : Berichten *nt*, Melden *nt*, Übermitteln *nt*

- **~ of an offence:** Strafanzeige *f*

~ process : Meldeverfahren *nt*

repository (Am) : Ablagerungsort *m*, Endlager *nt*, Lager *nt*

repower : ein Kraftwerk modernisieren *v*

representative : repräsentativ *adj*

~ : Repräsentant *m*, Repräsentantin *f*, Vertreter *m*, Vertreterin *f*

- **~ of government:** Regierungsvertreter *m*, Regierungsvertreterin *f*

~ (Am) : Abgeordnete *f*, Abgeordneter *m*

representativity : Repräsentativität *f*

reprocess : aufbereiten, wiederaufbereiten, wiederverwerten *v*

reprocessing : Wiederaufbereitung *f*, Wiederverwertung *f*

~ costs : Aufbereitungskosten *pl*

~ plant : Aufbereitungsanlage *f*, Wiederaufbereitungsanlage *f*

reproducable : reproduzierbar *adj*

reproduce : fortpflanzen, reproduzieren, sich vermehren *v*

reproduction : Fortpflanzung *f*, Reproduktion *f*, Vermehrung *f*

~ rate : Reproduktionsrate *f*

reproductive : Fortpflanzungs- *adj*

~ capacity : Reproduktivität *f*

~ organ : Fortpflanzungsorgan *nt*

~ system : Fortpflanzungssystem *nt*

~ tract : Fortpflanzungstrakt *m*

reptile : Kriechtier *nt*

repulsion : Repulsion *f*

reputation : Ruf *m*

request : Anforderung *f*, Anfrage *f*, Antrag *m*

~ : beantragen *v*

requirement : Anforderung *f*, Bedarf *m*, Bedürfnis *nt*, Erfordernis *nt*

- **~ of licensing:** Genehmigungspflicht *f*

requiring : -bedürftig *adj*

~ approval : genehmigungsbedürftig *adj*

~ official approval : genehmigungspflichtig *adj*

~ official permission : genehmigungspflichtig *adj*

~ supervision : überwachungsbedürftig *adj*

requisite : Bedarfsgegenstand *m*

rescheduling : Umschuldung *f*

rescue : Rettung *f*

~ equipment : Rettungseinrichtungen *pl*

research : Forschung *f*

~ : forschen *v*

~ association : Forschungsgemeinschaft *f*

~ centre : Forschungszentrum *nt*

~ **contract** : Forschungsauftrag *m*

~ **co-operation** : Forschungskooperation *f*

~ **co-ordination** : Forschungskoordination *f*

~ **council** : Forschungsgemeinschaft *f*

researcher : Forscher *m*, Forscherin *f*

research || establishment : Forschungseinrichtung *f*

~ **laboratory** : Forschungslabor *nt*

~ **policy** : Forschungspolitik *f*

~ **programme** : Forschungsprogramm *nt*

~ **project** : Forschungsvorhaben *nt*

~ **promotion** : Forschungsförderung *f*

~ **reactor** : Forschungsreaktor *m*

~ **report** : Forschungsbericht *m*

~ **satellite** : Forschungssatellit *m*

~ **scientist** : Forscher *m*, Forscherin *f*

~ **technician** : Versuchstechniker *m*, Versuchstechnikerin *f*

reseeding : Nachsaat *f*, Neueinsaat *f*

reservation : Bedenken *pl*, Reservat *nt*, Reservation *nt*, Reservierung *f*, Schutzgebiet *nt*, Vorbehalt *m*

~ **for licencing:** Erlaubnisvorbehalt *m*

~ **of official approval:** Genehmigungsvorbehalt *m*

reserve : Reserve *f*, Rückstellung *f*

~ **area** : Reservefläche *f*

~ **fertilization** : Vorratsdüngung *f*

~ **fund** : Rückstellung *f*

reserves : Vorrat *m*

reservoir : Beckenraum *m*, Behälter *m*, Reservoir *nt*, Sammelbecken *nt*, Staubecken *nt*, Stausee *m*, Wasserbehälter *m*, Wasserspeicher *m*

~ **for power generation:** Wasserkraftspeicher *m*

~ **cascade** : Staubeckenkaskade *f*

~ **pump** : Behälterpumpe *f*

~ **surface** : Stauoberfläche *f*

resettlement : Umsiedlung *f*

reshaping : Neugestaltung *f*

residence time : Aufenthaltszeit *f*

resident : ansässig, ortstreu, wohnhaft *adj*

~ : Anlieger *m*, Anwohner *m*, Bewohner *m*, Bewohnerin *f*, Einwohner *m*, Einwohnerin *f*

~ **annoyance** : Anliegerbelästigung *f*

residential : Wohn- *adj*

~ **accomodation** : Unterbringung *f*

~ **area** : Siedlungsgebiet *nt*, Wohngebiet *nt*

~ **building** : Wohngebäude *nt*

~ ~ **easing act** : Wohnungsbauerleichterungsgesetz *nt*

~ **development zone** : Wohnbaufläche *f*

~ **group** : am Ort wohnende Gruppe *(f)*

~ **property act** : Wohneigentumsgesetz *nt*

~ **waste** : Siedlungsabfall *m*

~ **zone** : Wohngebiet *nt*

resident molestation : Anliegerbelästigung *f*

residual : bleibend, noch vorhanden, Rest-, restlich, ungeklärt, zurückgeblieben *adj*

~ : Rückstand *m*

~ **amount of water** : Restwassermenge *f*

~ **construction material** : Baustellenabfall *m*

~ **effects of fertilizers** : Düngemittelnachwirkung *f*

~ **hole** : Restloch *nt*

~ **loading** : Restlast *f*

~ **materials utilization requirement** : Verwertungsgebot *nt*

~ **oil** : Restöl *nt*, Rückstandsöl *nt*

~ **product** : Reststoff *m*

~ **risk** : Restrisiko *nt*

~**'s determination order** : Reststoffbestimmungs-Verordnung *f*

~ **spraying:** Sprühen von Kontaktgiften *(nt)*

~ **stand** : verbleibender Bestand *(m)*

~ **waste** : Restabfall *m*, Restmüll *m*

residue : Filterrückstand *m*, Rückstand *m*

~ **on evaporating:** Verdampfungsrückstand *m*

~ **analysis** : Rückstandsanalyse *f*

~ **recycling** : Rückstandsverwertung *f*

resilience : Belastbarkeit *f*, Spannkraft *f*, Stoßelastizität *f*, Widerstandsfähigkeit *f*

resilient : belastbar, elastisch *adj*

resin : Harz *nt*

resinous : harzig *adj*

resist : standhalten, widerstehen *v*

resistance : Resistenz *f*, Widerstand *m*

~ **in breathing:** Atemwegwiderstand *m*

~ **in the respiratory tract:** Atemwegwiderstand *m*

~ **to antibiotics:** Antibiotikaresistenz *f*

~ **to atmospheric conditions:** Witterungsbeständigkeit *f*

~ **to disease:** Krankheitsresistenz *f*

~ **to filtration:** Filtrationswiderstand *m*

~ **to pesticides:** Pestizidresistenz *f*

~ **breeding** : Resistenzzüchtung *f*

resistant : resistent, widerstandsfähig *adj*

becoming ~: Resistenzbildung *f*

~ **strain** : resistenter Stamm *(m)*

resorption : Aufsaugung *f*, Resorption *f*

resort : Erholungsort *m*

resound : schallen *v*

resource : Reserve *f*, Ressource *f*, Rohstoff *m*

~ **conservation** : Ressourcenerhaltung *f*

~ **economy** : Ressourcenökonomie *f*

~ **inventory** : Ressourcenaufnahme *f*, Ressourceninventur *f*, Ressourcenkataster *nt*

~ **management** : Ressourcenbewirtschaftung *f*, Ressourcenmanagement *nt*

~ **mobilization** : Ressourcenmobilisierung *f*

~ **monitoring** : Ressourcenüberwachung *f*

~ **planning** : Ressourcenplanung *f*

~ **policy** : Ressourcenökonomie *f*, Ressourcenpolitik *f*

~-recovery : Wiedergewinnung von Ressourcen *(f)*

~ utilization : Ressourcennutzung *f*

respiration : Atmung *f*, Respiration *f*

~ rate : Atemfrequenz *f*

respiratory : respiratorisch *adj*

~ : Atmungsorgan *nt*

~ air : Atemluft *f*

~ ~ device : Atemluftanlage *f*

~ disease : Erkrankung der Atmungsorgane *(f)*

~ disorder : Atemtrakterkrankung *f*

~ duct : Atemtrakt *m*

~ equipment : Atemschutzgerät *nt*

~ passage : Atemtrakt *m*

~ pigment : Atmungspigment *nt*

~ protection apparatus : Atemschutzgerät *nt*

~ quotient : Atmungsquotient *m*

~ system : Atmungsapparat *m*, Atmungssystem *nt*

~ ~ examination : Untersuchung der Atemorgane *(f)*, Untersuchung des Atemsystems *(f)*

~ tract : Atemtrakt *m*

~ ~ disease : Atemtrakterkrankung *f*

respond : ansprechen, antworten, reagieren *v*

~ to: ansprechen auf *v*

responsibility : Amtsbereich *m*, Haftung *f*, Verantwortlichkeit *f*, Verantwortung *f*, Zuständigkeit *f*

responsible : verantwortlich *adj*

≗ Care Programme : Programm für einen verantwortlichen Umgang *(f)*

rest : Erholung *f*, Ruhe *f*

~ : ausruhen, brachlegen, brachliegen, erholen, ruhen, ruhen lassen *v*

~ land : Land brachliegen lassen *v*

~ area : Rastbereich *m*

restful : erholsam *adj*

resting : Ruhe-, ruhend *adj*

~ form : Dauerform *f*

~ place : Rastplatz *m*, Ruhestätte *f*

restitutionability : Wiederherstellbarkeit *f*

restock : wiederbestocken *v*

restorable : wiederherstellbar *adj*

restoration : Sanierung *f*, Restaurierung *f*, Wiederherstellung *f*

~ of plants: Anlagensanierung *f*

~ of waters: Gewässersanierung *f*

~ measure : Restaurierungsmaßnahme *f*, Sanierungsmaßnahme *f*

~ possibilities : Wiederherstellungsmöglichkeiten *pl*

restore : wiederherstellen *v*

restoring : Restaurieren *nt*, Rückgabe *f*, Wiederherstellen *nt*, Zurückgeben *nt*

~ concept : Rückbaukonzept *nt*

restrict : beeinträchtigen, beschränken, einschränken *v*

restricted : beeinträchtigt *adj*

~ area of air space: Luftsperrgebiet *nt*

restriction : Beeinträchtigung *f*, Beschränkung *f*, Einschränkung *f*, Restriktion *f*

~ of basic right: Grundrechtseinschränkung *f*

~ of production: Produktionsbeschränkung *f*

~ on property: Eigentumsbeschränkung *f*

~ on trade: Handelseinschränkung *f*

~ to use: Anwendungsbeschränkung *f*

restructuring : Umstrukturierung *f*

result : Ergebnis *nt*, Resultat *nt*

~ of consideration: Abwägungsergebnis *nt*

~ of measurement: Messdaten *pl*

~ of research: Forschungsergebnis *nt*

~ of the vote: Abstimmungsergebnis *nt*

~ : resultieren *v*

resumption : Wiederaufnahme *f*

~ of proceedings: Wiederaufnahme eines Verfahrens *(f)*

retail : Einzel-, Einzelhandels- *adj*

~ : Einzelhandel *m*

~ : verkaufen, weitererzählen *v*

~ trade : Einzelhandel *m*

retain : beibehalten, bewahren, halten, speichern, stauen, zurückhalten *v*

retaining : beibehaltend, bewahrend, haltend, speichernd, stauend, zurückhaltend *adj*

~ dam : Staudamm *m*

retard : retardieren *v*

retardance : Verzögerung *f*, Verlangsamung *f*

~ factor : Rauigkeitsfaktor *m*

retardant : Hemmstoff *m*

retardation : Retardierung *f*, Rückhaltung *f*, Verzögerung *f*

retarder : Dauerbremse *f*

retarding : retardierend, verzögernd *adj*

~ basin : Rückhaltebecken *nt*, Rückhalteteich *m*

~ structure : Rückhaltebauwerk *nt*

retention : Retention *f*

~ dam : Rückhaltedamm *m*

~ pond : Rückhalteteich *m*

~ reservoir : Rückhaltebecken *nt*

~ terrace : Rückhalteterrasse *f*

retentivity : Remanenz *f*, Restmagnetismus *m*, Rückhaltefähigkeit *f*, Speicherfähigkeit *f*

retinol : Retinol *nt*

retired : aus dem Berufsleben ausgeschieden, in Rente, pensioniert, zurückgezogen *adj*

~ dike : Schlafdeich *m*

retread : runderneuern *v*

retrial : Wiederaufnahmeverfahren *nt*

retrofitting : Nachrüstung *f*

retrovirus : Retrovirus *m*

return : Ertrag *m*, Rückkehr *f*

~ to nature: Auswilderung *f*

~ to normal: normalisieren *v*

returnable : rückzahlbar *adj*

~ bottle : Mehrwegflasche *f*, Pfandflasche *f*

return || activated sludge : Rücklaufbelebtschlammm *m*

~ period : Wiederholungsperiode *f*, Wiederkehrwahrscheinlichkeit *f*

~ seepage : Qualmwasser *nt*

~ ~ dike : Qualmdeich *m*

~ sludge : Rücklaufschlamm *m*

~ ~ flow : Rücklaufschlammfluss *m*

~ system : Mehrwegsystem *nt*

~ visitor : wiederkehrender Besucher *(m)*

reusable : wiederverwendbar *adj*
{*also spelled: re-usable*}
~ packaging : Mehrwegverpackung *f*
~ transport container : Mehrwegtransportbehälter *m*
~ transport packaging : Mehrwegtransportverpackung *f*
reuse : Wiederverwendung *f*, Wiederverwertung *f*
~ of waste : Abfallwiederverwendung *f*
~ : wiederverwenden, wiederverwerten *v*
reutilization : Wiederverwertung *f*
reveal : enthüllen, verraten *v*
revegetation : Grünverbauung *f*, Lebendverbauung *f*, Wiederbegrünung *f*
revelation : Offenbarung *f*
revenue : Einnahme *f*
reverberation : Nachhall *m*
reverence : Erfurcht *f*
reversal : Umkehr *f*
~ burden of proof: Beweislastumkehr *f*
~ of evidence: Beweislastumkehr *f*
reverse : entgegengesetzt, umgekehrt, Umkehr- *adj*
~ : aufheben, umkehren, umstoßen *v*
~ osmosis: Umkehrosmose *f*
~ ~ plant: Umkehrosmoseanlage *f*
reversible : reversibel, umkehrbar *adj*
revetment : Befestigung *f*, Decklage *f*
review : Überprüfung *f*, Übersicht *f*
~ : überprüfen *v*
revise : durchsehen, revidieren *v*
revision : Durchsicht *f*
revitalisation : Revitalisierung *f*
revitalization : Revitalisierung *f*
~ of waters: Gewässerrevitalisierung *f*
revolution : Revolution *f*, Umdrehung *f*, Umlauf *m*
~s per minute: Drehzahl *f*
reward : Auszeichnung *f*, Belohnung *f*
rewet : wiedervernässen *v*
rhabdovirus : Rhabdovirus *m*
rheology : Rheologie *f*
rheophilic : rheophil *adj*
Rhine : Rhein *m*
rhinovirus : Rhinovirus *m*
rhitral : Rhitral *nt*
rhitron : Rhitron *nt*
rhizome : Rhizom *nt*, Wurzelstock *m*
rhizosphere : Rhizosphäre *f*, Wurzelraum *m*
rhizospheric : rhizosphärisch, Wurzelraum- *adj*
~ sewage treatment plant : Pflanzenkläranlage *f*
rhythm : Rhythmik *f*, Rhythmus *m*
ribbon : Band *nt*, Streifen *m*
~ cassette : Farbbandkassette *f*
ribbons : Fetzen *pl*
riboflavine : Riboflavin *nt*
ribosome : Ribosom *nt*
rice : Reis *m*
rich : fruchtbar, kalorienreich, reich, schwer *adj*
~ in: reich an
~ in epiphytes: epiphytenreich *adj*
~ in pollutants: schadstoffreich *adj*
~ in species: artenreich *adj*
~ in sphagnum moss: torfmoosreich *adj*
~ in undergrowth: gebüschreich *adj*
richness : Reichtum *m*
rich soil : fruchtbarer Boden *(m)*
Richter scale : Richter-Skala *f*
riddle : Rätsel *nt*
ride : reiten *v*
~ road : Fahrweg *m*
ridge : Ausläufer *m*, First *m*, Grat *m*, Hochdruckkeil *m*, Hügelkette *f*, Kamm *m*, Rain *m*, Rücken *m*
~ of ice: Presseisrücken *m*
~ : aufhäufeln, häufeln *v*
~ bed : Hügelbeet *nt*
~ cultivation : Dammanbau *m*
~ cutting : Plaggenhieb *m*
ridged : aufgehäufelt *adj*
~ ice : aufgepresstes Eis *(nt)*
ridge || height : Häufelhöhe *f*
~ planting : Dammanbau *m*, Kammpflanzung *f*
ridger : Häufelpflug *m*
ridge-type : dammartig, firstartig, rückenartig, wallartig *adj*
~-~ terrace : Dammterrasse *f*, Häufelterrasse *f*, Wallterrasse *f*
ridge up : aufhäufeln *v*
ridging : Häufeln *nt*
~ of ice: Aufpressen des Eises *(nt)*
riding : Reiten *nt*
riffle : felsiges Flussbett *(nt)*
rift : Riss *m*, Spalte *f*, Unstimmigkeit *f*
~ valley : Senkungsgraben *m*
right : Berechtigung *f*, Recht *nt*
be ~: Recht haben *v*
~ for clearing: Beseitigungsanspruch *m*
~ of access: Wegebenutzungsrecht *nt*, Zugangsrecht *nt*
~ of action: Aktivlegitimation *f*, Klagebefugnis *f*
~ of appeal: Beschwerderecht *nt*
~ of first refusal: Vorkaufsrecht *nt*
~ of fishery: Fischereirecht *nt*
~ of inspection of records: Akteneinsichtsrecht *nt*
~ of manufacturing affiliates: Konzernrecht *nt*
~ of motion: Antragsrecht *nt*
~ of ownership: Eigentumsrecht *nt*
~ of participation: Beteiligungsrecht *nt*, Mitwirkungsrecht *nt*
~ of property: Eigentumsordnung *f*
~ of recourse: Rückgriffsanspruch *m*
~ of refusal to give evidence: Zeugnisverweigerungsrecht *nt*
~ of the state: Hoheitsrecht *nt*
~ of use: Nutzungsrecht *nt*
~ of way : Wegerecht *nt*
~ ~ ~ in a forest: Waldbetretungsrecht *nt*
~ to carry on a business: Gewerbefreiheit *f*
~ to compensation: Entschädigungsrecht *nt*
~ to expropriate: Enteignungsrecht *nt*
~ to give instructions: Weisungsrecht *nt*
~ to information: Auskunftsanspruch *m*
~ to information denial: Auskunftsverweigerungsrecht *nt*
~ to sue: Aktivlegitimation *f*
right-angled : rechtwinklig *adj*
rightful : berechtigt, gerecht, rechtmäßig *adj*

rights : Rechte *pl*
~ **and obligations:** Rechte und Pflichten *(pl)*
~ **and responsibilities:** Rechte und Pflichten *(pl)*
rigosol : Rigosol *m*
rill : Bächlein *nt*, Erosionsrille *f*, Erosionsrinne *f*, Rinnsal *nt*, Runse *f*
~ **erosion** : Rillenerosion *f*, Runsenerosion *f*
rime : Raureif *m*
ring : Ring *m*
~ : beringen *v*
~ **dike** : Ringdeich *m*
ringing : Beringung *f*
~ **in the ears:** Ohrensausen *nt*
~ **of bells:** Glockengeläut *nt*, Glockenläuten *nt*
~ **of birds:** Vogelberingung *f*
ring out : schallen *v*
ring road : Ringstraße *f*
rinse : spülen *v*
~ **water** : Spülwasser *nt*
rinsing : Spül- *adj*
~ : Abspülen *nt*, Ausspülen *nt*, Durchspülen *nt*
~ **bath** : Spülbad *nt*
rip : aufreißen *v*
riparian : am Ufer gelegen *adj*
~ : Uferanlieger *m*
~ **fauna** : Uferfauna *f*
~ **forest** : Uferwald *m*
~ **land** : Ufergelände *nt*
~ **vegetation** : Ufervegetation *f*
~ **zone** : Gewässerrandstreifen *m*
rip current : Rippströmung *f*
ripeness : Reife *f*
~ **for cutting:** Hiebsreife *f*
ripple : Kräuselung *f*, kleine Welle *(f)*
riprap : Steinwurf *m*
riprapping : Steinwurf *m*
rip tide : Ripptide *f*
rise : anschwellen, ansteigen, entspringen *v*
rising : steigend *adj*
~ : Geländeerhebung *f*
~ **current separator** : Aufstromsortierer *m*
risk : Gefahr *f*, Risiko *nt*
at ~: gefährdet *adj*
~ **of infection:** Infektionsrisiko *nt*
~ : riskieren, wagen *v*
~ **analysis** : Risikoanalyse *f*
~ **assessment** : Risikoabschätzung *f*, Risikobeurteilung *f*
~**-benefit analysis** : Risiko-Nutzen-Analyse *f*
~ **capital** : Risikokapital *nt*
~ **factor** : Risikofaktor *m*
~ **foresight** : Risikovorsorge *f*
riskily : gewagt, riskant *adv*
riskiness : Gefährlichkeit *f*
risking : Gefährdung *f*
risk || perception : Risikowahrnehmung *f*
~ **preference** : Risikopräferenz *f*
~ **reduction** : Risikominderung *f*
risky : riskant *adj*
rivalry : Rivalität *f*
river : Fluss *m*
~ **bank** : Flussufer *nt*
{also spelled: riverbank}
~ ~ **erosion** : Flussufererosion *f*
~ ~ **stabilization** : Flussuferbefestigung *f*
~ **basin** : Flussgebiet *nt*, Wassereinzugsgebiet *nt*
~ **bed** : Flussbett *nt*
{also spelled riverbed}
~ ~ **erosion** : Flussbetterosion *f*
~ **branch** : Flussarm *m*
~ **course** : Flusslauf *m*
~ **engineering** : Flussbau *m*
~ **filtrate** : Uferfiltrat *nt*
~ **floor** : Gewässersohle *f*
~ **gradient** : Flussgefälle *nt*
~ **marsh soil** : Flussmarsch *f*
~ **mouth** : Flussmündung *f*
~ **police** : Wasserschutzpolizei *f*
~ **port** : Flusshafen *m*
~ **power station** : Flusskraftwerk *nt*
~ **sediment** : Flusssediment *nt*
riverside : am Fluss gelegen *adj*
~ : Flussufer *nt*
~ **country** : Flussanliegerstaat *m*
~ **forest** : Auwald *m*
~ **plantation** : Bachbepflanzung *f*
river || system : Flusssystem *nt*
~ **terrace** : Flussterrasse *f*
~ **training** : Flussbau *m*, Flusskorrektion *f*, Flussregulierung *f*
~ ~ **structure** : Flussbauwerk *nt*
~ **water** : Flusswasser *nt*
~ **works** : Gewässerausbau *m*
road : Straße *f*
~ **accident** : Verkehrsunfall *m*
roadless : ohne Straßen, straßenfrei *adj*
~ **areas** : unzerschnittene Räume *(pl)*
road || network : Wegenetz *nt*
~ **safety** : Verkehrssicherheit *f*
~ ~ **instruction** : Verkehrsunterricht *m*
~ ~ **training** : Verkehrserziehung *f*
~ **setting** : Fahrwegfestlegung *f*
~ **sign** : Verkehrszeichen *nt*
~ **tanker** : Tankfahrzeug *nt*
~ **user** : Verkehrsteilnehmer *m*, Verkehrsteilnehmerin *f*
~**-works** : Baustelle *f*, Straßenbauarbeiten *pl*, Straßenbaustelle *f*
also spelled: roadworks
roadworthy : verkehrssicher *adj*
roaring : Dröhnen *nt*
roasting : Braten *nt*, Rösten *nt*
~ **establishment** : Rösterei *f*
~ **plant** : Rösterei *f*
robot : Roboter *m*
roche moutonnée : Rundhöcker *m*
rock : Fels *m*, Gestein *nt*, Stein *m*
~ **climbing** : Felsklettern *nt*
~ ~ **area** : Felsklettergebiet *nt*
~ **crystal** : Bergkristall *m*
~ **face** : Felswand *f*
rockfall : Bergsturz *m*, Steinschlag *m*
~ **avalanche** : Felslawine *f*, Geröllawine *f*
rock | -fill dam : Steindamm *m*
~**-fragment avalanche** : Felslawine *f*, Geröllawine *f*
~ **meal** : Steinmehl *nt*
~ **mechanics** : Felsmechanik *f*
~ **needle** : Felsnadel *f*

~ **pool** : Gezeitentümpel *m*

rocks : Gestein *nt*

rock-salt : Steinsalz *nt*

~-~ **mining** : Steinsalzbergbau *m*

rock-scape : Felsbildung *f*, Felsenbild *nt*

rock || slide : Bergsturz *m*, Felssturz *m*

~ ~ **avalanche** : Felslawine *f*, Geröllawine *f*

~ **slope** : Felsabhang *m*

~ **surface** : Felskuppe *f*

~ **tower** : Felsturm *m*

~ **wool** : Steinwolle *f*

rod : Stäbchen *nt*

rodent : Nagetier *nt*

rodenticide : Rodentizid *nt*

rod-float : Stabschwimmer *m*

roebuck : Rehbock *m*

roe-deer : Reh *nt*, Rehwild *nt*

roentgen : Röntgen *nt*

~ **equivalent** : Röntgengleichwert *m*

roentgenology : Röntgenologie *f*

roentgen ray : Röntgenstrahl *m*

role : ökologische Nische *(f)*, Rolle *f*

~ **play** : Rollenspiel *nt*

~ **playing** : Rollenspielen *nt*

roll : Ballen *m*, Brötchen *nt*, Liste *f*, Rolle *f*, Rollen *nt*, Verzeichnis *nt*

~ : ausrollen, drehen, rollen, walzen *v*

~ **(Br)** : Anwaltsliste *f*

~ **crusher** : Walzenbrecher *m*

roller : Walze *f*

~ **conveyor** : Rollenbahn *f*

~ **drum gate** : Walze *f*

~ **grate** : Rollenrost *m*

rolling : Rollen *nt*

~ **mill** : Walzwerk *nt*

roll off : herunterrollen, sich in Bewegung setzen *v*

~-~ **container** : Abrollbehälter *m*

~-~ **vehicle** : Abrollfahrzeug *nt*

röntgen : Röntgen *nt*

roof : Dach *nt*

~ **of a building:** Gebäudedach *nt*

~ **collector** : Dachkollektor *m*

~ **weir** : Doppelklappe *f*

room : Platz *m*, Raum *m*

~ **air** : Raumluft *f*

~ ~ **conditions** : Raumluftverhältnisse *pl*

~ **heating** : Raumheizung *f*

~ **temperature** : Raumtemperatur *f*

~ ~ **controller** : Raumtemperaturregler *m*

roost : Schlafplatz *m*

~ : sich niederlassen *v*

rooster (Am) : Hahn *m*

roost site : Hangplatz *m*

root : Wurzel *f*

~ : wurzeln, Wurzeln schlagen *v*

~ **crop** : Hackfrucht *f*

~ **cutting** : Wurzelsteckling *m*

rooted : eingewurzelt *adj*

~ **branch** : Ableger *m*

rooting : Durchwurzelung *f*

~ **compound** : Wurzelwuchsstoff *m*

~ **depth** : Durchwurzelungstiefe *f*, Wurzelraumtiefe *f*

root || layer : Wurzelhorizont *m*

~ **plate** : Wurzelteller *m*

~ **pruning** : Wurzelschnitt *m*

~-**stock** : Unterlage *f*, Wurzelstock *m*

~ **system** : Wurzelsystem *nt*, Wurzelwerk *nt*

~ **vegetable** : Wurzelgemüse *nt*

~ **zone** : Wurzelbereich *m*, Wurzelraum *m*

rosette : Rosette *f*

rot : rotten, verfaulen, verrotten *v*

rotary : Dreh-, Rotations-, rotierend *adj*

~ **cultivator** : Bodenfräse *f*, Fräse *f*

~ **distributor** : Drehsprenger *m*

~ **drum** : Drehtrommel *f*

~ ~ **furnace** : Drehtrommelofen *m*

~ ~ **incinerating plant** : Drehtrommelverbrennungsanlage *f*

~ **furnace** : Drehofen *m*

~ **harrow** : Krümelwalze *f*

~ **hoe** : Kreiselegge *f*

~ **kiln** : Drehofen *m*, Drehrohrofen *m*

~ **machine** : Drehmaschine *f*

~ **piston** : Drehkolben *m*

~ ~ **compressor** : Drehkolbenkompressor *m*

~ ~ **count controller** : Drehkolbenmengenzähler *m*

~ ~ **engine** : Drehkolbenmotor *m*

~ ~ **pump** : Drehkolbenpumpe *f*

~ **plough** : Kreiselpflug *m*

~ **plow (Am)** : Kreiselpflug *m*

~ **screw pump** : Schraubenspindelpumpe *f*

~ **tiller** : Krümelwalze *f*

~ **tube furnace** : Drehofen *m*, Drehrohrofen *m*

~ **weeder** : Hackfräse *f*

rotate : rotieren *v*

rotating : Rotations-, rotierend *adj*

~ **biological contactor** : rotierender Tauchkörper *(m)*, Scheibentauchkörper *m*

~ **disk filter** : Scheibentauchkörper *m*

~ **evaporator** : Rotationsverdampfer *m*

rotation : Fruchtwechsel *m*, Rotation *f*

~ **of crops:** Fruchtfolge *f*, Fruchtwechsel *m*

rotational : Dreh-, Rotations-, Wechsel- *adj*

~ **cropping** : Fruchtwechselwirtschaft *f*

~ **grazing** : Wechselbeweidung *f*

rotation || pasture : Portionsweide *f*, Rotationsweide *f*, Wechselweide *f*

~ **period** : Umtriebszeit *f*

rotor : Rotor *m*

~ **mill** : Rotormühle *f*

rotting : Rotte *f*, Verrottung *f*

~ **compartment** : Rottezelle *f*

~ **process** : Rotte *f*

rough : aufgewühlt, derb, haarig, grob, hart, holprig, primitiv, rau, roh, stoppelig, uneben *adj*

~ **fish** : ungenießbarer Fisch *(m)*

~ **grazing** : natürliche Weide *(f)*

~ **sea** : schwerer Seegang *(m)*

roughage : Ballaststoff *m*, Faserstoff *m*

roughness : Rauigkeit *f*

round : rund, stattlich *adj*

~ : Ladung *f*, Runde *f*, Schuss *m*, Serie *f*

2 ~s of ammunition : 2 Schuss Munition *(f)*

~ : runden, rund machen, umfahren, umgehen *v*

rounded : abgerundet, ausgefeilt, harmonisch, rund, voll *adj*

~ hilltop : Kuppe *f*

rounding : Runden *nt*

~ off : Abrunden nt, Arrondierung *f*

round off : abrunden, arrondieren, komplettieren *v*

roundwood : Rundholz *nt*

route : Trasse *f*, Weg *m*

~ planning : Tourenplan *m*

routine : Routine-, routinemäßig *adj*

~ : Routine *f*

~ control : Routinekontrolle *f*

routinely : routinemäßig *adv*

routing : Führen *nt*

~ procedure : Linienbestimmungsverfahren *nt*

roving : ausfasernd, umherstreifend, umherstreunend *adj*

~ : Vagabundieren *nt*

~ birds : Zigeunervögel *pl*

row : Krach *m*, Reihe *f*, Zeile *f*

~ : rudern *v*

~ crop : Reihenfrucht *f*, Reihenkultur *f*

~ intercropping : Reihenzwischenanbau *m*

royal : königlich *adj*

~ Society for the Protection of Birds: Königliche Gesellschaft zum Schutz der Vögel *(f)*

rubber : Gummi *m*

~ abrasion : Gummiabrieb *m*

~ coating : Gummibeschichtung *f*

~ gloves : Gummihandschuhe *pl*

~ hose : Gummischlauch *m*

~ lining : Gummiauskleidung *f*

~ processing : Gummiverarbeitung *f*

~ recycling plant : Gummirecyclinganlage *f*

~ shoes : Gummischuhe *pl*

rubbish : Abfall *m*, Müll *m*, Schutt *m*

~ bin : Mülleimer *m*, Mülltonne *f*

~ chute : Müllschlucker *m*

~ dump : Schuttabladeplatz *m*

~ heap : Müllberg *m*

~ tip : Müllabladeplatz *m*, Müllgrube *f*, Schuttabladeplatz *m*

rubble : Schutt *m*

rucksack : Rucksack *m*

ruderal : ruderal, Ruderal- *adj*

~ plant : Ruderalpflanze *f*

~ species : Ruderalart *f*

ruffle : Kaulbarsch *m*

~-flounder region : Kaulbarsch-Flunder-Region *f*

~ zone : Kaulbarschregion *f*

rugosity : Rauigkeit *f*

~ factor : Rauigkeitsfaktor *m*

rule : Regel *f*, Verfügung *f*, Verordnung *f*

~ for the prevention of accidents: Unfallverhütungsvorschrift *f*

ruling : Grundsatzentscheidung *f*

ruminant : Wiederkäuer *m*

rummel : Rummel *m*

run : laufen *v*

~-back : Rückfluss *m*, Rücklauf *m*

runner : Absenker *m*, Ausläufer *m*

running : fortlaufend, hintereinander, ständig *adj*

~ : Laufen *nt*, Leitung *f*

~ costs : Betriebskosten *pl*, laufende Kosten *(pl)*

~-time : Betriebszeit *f*

~-~ meter : Betriebsstundenzähler *m*

~ water : Fließgewässer *nt*

run off : abfließen *v*

run-off : Abfluss *m*, Ablauf *m*, Ausfluss *m*

~-~ capability : Vorflut *f*

~-~ coefficient : Abflussbeiwert *m*, Abflussverhältnis *nt*

~-~ discharge rate : Regenabflussspende *f*

~-~ interceptor : Oberflächenabflussfangrinne *f*

~-~ model : Abflussmodell *nt*

~-~ sampler : Abflussprobennehmer *m*

runon : Zufluss *m*

run-on : angehängt *adj*

~ : fortlaufender Eintrag *(m)*

run out : ausfließen *v*

rural : ländlich *adj*

~ area : ländlicher Raum *(m)*

~ development : Entwicklung des ländlichen Raumes *(f)*, ländliche Entwicklung *(f)*

~ dweller: Landbewohner *m*, Landbewohnerin *f*

~ exodus: Landflucht *f*

~ management: Landeskultur *f*

~ people: ländliche Bevölkerung *(f)*

~ population: ländliche Bevölkerung *(f)*

rust : Rost *m*

~ : rosten *v*

~-proofer : Rostschutzmittel *nt*

~ retardant : rosthemmend *adj*

rusty *adj* rostig

be ~: aus der Übung sein *v*

rut : Brunft *f*, Brunftzeit *f*, Hirschbrunft *f*

~ : brunften *v*

rutting : brunftig *adj*

~ season : Brunftzeit *f*

~ stag : Brunfthirsch *m*

R-value : R-wert *m*

rye : Roggen *m*

S

saddle : Sattel *m*

safe : sicher, ungefährlich, zulässig *adj*

~ **dose** : zulässige Dosis *(f)*

safeguard : Schutz *m*

~ : schützen, sichern *v*

safeguarding : Sicherung *f*

safe handling : sicherer Umgang *(m)*

safely : gefahrlos, sicher, ungefährlich *adv*

safe(r) use : sicherer Umgang *(m)*

safe storage of hazardous materials : Gefahrstofflager *nt*

safety : Gefahrlosigkeit *f*, Sicherheit *f*

~ **analysis** : Sicherheitsanalyse *f*

~ **cabinet** : Sicherheitsschrank *m*

~ **concept** : Sicherheitskonzept *nt*

~ **cutoff system** : Sicherheitsabschaltsystem *nt*

~ **drum** : Sicherheitsfass *nt*

~ **engineering** : Sicherheitstechnik *f*

~ **glasses** : Schutzbrille *f*

~ ~ **for UV protection:** UV-Schutzbrille *f*

~ **measure** : Sicherheitsmaßnahme *f*

~ **precaution** : Sicherheitsvorkehrung *f*

~ ~**s for bursting:** Berstsicherung *f*

~ **reasons** : Sicherheitsgründe *pl*

~ **regulation** : Schutzvorschrift *f*

~ **risk** : Sicherheitsrisiko *nt*

~ **rule** : Sicherheitsvorschrift *f*

~ **shield** : Schutzschild *m*

~ **shoes** : Sicherheitsschuhe *pl*

~ **shower** : Notdusche *f*

~ **study** : Sicherheitsstudie *f*

~ **valve** : Sicherheitsventil *nt*

~ **zone** : Sicherheitszone *f*

sag : Durchhang *m*

~ : durchhängen, sich senken, sinken, zusammensacken *v*

~ **pipe** : Düker *m*

Sahara : Sahara *f*

Sahel : Sahel *f*

sail : Segel *nt*

~ : segeln *v*

sailing : segelnd *adj*

~ : Segeln *nt*, Segelsport *m*

~ **base** : Segelstützpunkt *m*

~**-boat** : Segelboot *nt*

~ **club** : Segelclub *m*

~ **regatta** : Segelregatta *f*

~ **ship** : Segelschiff *nt*

~**-yacht** : Segeljacht *f*

sale : Handel *m*, Verkauf *m*

sales tax (Am) : Umsatzsteuer *f*

salination : Versalzung *f*

saline : Salz-, salzartig, salzig *adj*

~ **alkali soil** : Salz-Alkaliboden *m*

~ **lake** : Salzsee *m*

~**-sodic soil** : Salznatriumboden *m*

~ **soil** : Salzboden *m*

~ **solution** : Kochsalzlösung *f*, Salzlösung *f*

~ **water** : Salzwasser *nt*

~ ~ **intrusion** : Salzwassereinbruch *m*

salinity : Salinität *f*, Salzgehalt *m*, Salzhaltigkeit *f*, Versalzungsgrad *m*

salinization : Versalzung *f*

salinized : versalzen *adj*

salinometer : Salinometer *nt*, Salzgehaltsmesser *m*

salmonella : Salmonellen *pl*

~ **poisoning** : Salmonellenvergiftung *f*, Salmonellose *f*

salmonid : Forellen-, Salmoniden- *adj*

~ **region** : Forellenregion *f*, Salmonidenregion *f*

~ **zone** : Forellenregion *f*, Salmonidenregion *f*

salse : Salse *f*

salt : Salz *nt*

saltation : Saltation *f*, Springen *nt*

~ **load** : Springgeschiebe *nt*

salt || balance : Salzbilanz *f*, Salzhaushalt *m*

~ **build-up** : Versalzung *f*

~ **concentration** : Salzkonzentration *f*

~ **content** : Salzgehalt *m*

~ **damage** : Salzschaden *m*

~ **deposit** : Salzablagerung *f*

~ **dome** : Salzdom *m*

~ **formation** : Salzbildung *f*

~**-free** : salzlos *adj*

~-~ **diet** : Schonkost *f*

~ **index** : Salzindex *m*

~ **lake** : Salzsee *m*

~ **lick** : Leckstein *m*

~ **load** : Salzbelastung *f*, Salzfracht *f*

~ **marsh** : Salzmarsch *f*, Salzsumpf *m*, Salzwiese *f*

~ **marshes** : Groden *pl*, Salzsümpfe *pl*

~ **meadow** : Salzwiese *f*

~ **mine** : Salzstock *m*

~ **mining** : Salzbergbau *m*

~ **pan** : Salzpfanne *f*

~ **plug** : Salzstock *m*

~ **solution** : Salzlösung *f*

~ **spring** : Solequelle *f*

~ **steppe** : Salzsteppe *f*

~ **tolerance** : Salztoleranz *f*

~ **waste** : Salzabfall *m*

~ **water** : Salzwasser *nt*

also spelled: saltwater

~ ~ **biotope** : Salzwasserbiotop *m*

~ ~ **fish** : Meeresfisch *m*, Seefisch *m*

salty : salzig *adj*

~ **meadow** : Salzwiese *f*

salvage : Bergegut *nt*, Bergelohn *m*, Bergung *f*, Sammelgut *nt*

~ : bergen, für die Wiederverwendung sammeln, retten *v*

~ **equipment** : Bergungsausrüstung *f*

sample : Probe *f*, Stichprobe *f*

~ **for analysis:** Analysenprobe *f*

~ : Probe(n) nehmen *v*

~ **bottle** : Probenflasche *f*

~ **changer** : Probenwechsler *m*

~ **digestation** : Probenaufschluss *m*

~ preparation : Probenaufbereitung *f*

~ processing : Probenvorbereitung *f*

sampler : Probenahmevorrichtung *f*, Probenehmer *m*

sampling : Probenahme *f*

~ cooler : Probenahmekühler *m*

~ device : Probenahmegerät *nt*

~ error : Probenahmefehler *m*

~ hole (Am) : Beobachtungsbrunnen *m*

~ method : Probenahmetechnik *f*

~ network : Probenahmenetz *nt*, Probenetz *nt*

~ procedure : Probenahmeverfahren *nt*

~ pump : Probenahmepumpe *f*

~ valve : Probenahmeventil *nt*

sanction : Sanktion *f*, Zwangsmaßnahme *f*

~ : sanktionieren *v*

sanctuary : Schutzgebiet *nt*, Zuflucht *f*, Zufluchtsort *m*

~ area : Schutzgebiet *nt*

sand : Sand *m*

~ : Sand streuen *v*

~ **the road:** die Straße mit Sand streuen

sandbag : Sandsack *m*

sandbank : Sandbank *f*

sand-bar : Sandbank *f*

sand || catcher : Sandfang *m*

~ dune : Düne *f*, Sanddüne *f*

~ filter : Sandfilter *m*

sandflats : Sandwatt *nt*

sandfly : Aprilfliege *f*

~ fever : Dreitagefieber *nt*, Pappatacifieber *nt*, Phlebotomusfieber *nt*

sand || heath : Sandheide *f*

~ lens : Sandlinse *f*

~ pit : Sandgrube *f*

sands : Sandbank *f*

sand sheet : Flugsanddecke *f*

sandstone : Sandstein *m*

sandstorm : Sandsturm *m*

sand trap : Sandfang *m*

sandwich : mehrschichtig, Verbund- *adj*

~ : Sandwich *nt*

~ : einschieben *v*

~ material : Verbundwerkstoff *m*

sandy : Sand-, sandig *adj*

~ beach : Sandstrand *m*

~ heath : Sandheide *f*

~ loam : Sandlehm *m*

~ plain : Sandebene *f*

~ soil : Sandboden *m*

sanitary : gesundheitlich, hygienisch, sanitär *adj*

~ engineering : Siedlungswasserwirtschaft *f*

~ fittings : sanitäre Einrichtung *(f)*

~ installation : sanitäre Einrichtung *(f)*

~ landfill : Deponieanlage *f*, geordnete Deponie *(f)*, hygienische Abdeckung *(f)*, kontrollierte Müllablagerung *(f)*, Mülldeponie *f*

~ landfilling : geordnete Deponie *(f)*, Deponierung *f*

sanitation : Hygiene *f*, Hygienisierung *f*

~ **of plants:** Anlagensanierung *f*

~ control : Gesundheitsvorsorge *f*, Hygienemaßnahmen *pl*

~ costs : Sanierungskosten *pl*

sap : Saft *m*

sapele : Sapelli *nt*

sapling : Heister *m*, junger Baum *(m)*, Jungpflanze *f*

sappy : saftig *adj*

saprobe : Saprobiont *m*

saprobes : Saprobien *pl*

saprobic : saprob, Saprobien- *adj*

~ index : Saprobienindex *m*

~ system : Saprobiensystem *nt*, Saprobiesystem *nt*

saprobiont : Saprobiont *m*

saprobity : Saprobie *f*, Saprobität *f*

saprogenous : saprogen *adj*

sapropel : Faulschlamm *m*, Mudde *f*, Sapropel *m*

saprophagous : saprophag *adj*

saprophyte : Saprophyt *m*

saprophytic : saprophytisch *adj*

sapwood : Splint *m*, Splintholz *nt*

Sargasso Sea : Sargassosee *f*

satellite : Satellit *m*

~ image : Satellitenbild *nt*

~ imagery : Satellitenbilddarstellung *f*

~ monitoring : Satellitenüberwachung *f*

~ television : Satellitenfernsehen *nt*

~ town : Satellitenstadt *f*

satisfaction : Befriedigung *f*, Genugtuung *f*

~ **of demand:** Bedarfsdeckung *f*

saturate : sättigen *v*

saturated : gesättigt *adj*

~ fat : gesättigtes Fett *(nt)*

saturating : sättigend *adj*

saturation : Sättigung *f*, Sättigungsgrad *m*

~ concentration : Sättigungskonzentration *f*

~ ~ **of oxygen:** Sauerstoffsättigungskonzentration *f*

~ deficit : Sättigungsdefizit *nt*

~ extract : Sättigungsextrakt *m*

saturnism : Bleivergiftung *f*, Saturnismus *m*

sausage : Wurst *f*, Würstchen *nt*

~ dam : Drahtschottergrundschwelle *f*

savage : tierisch, wild *adj*

savanna : Savanne *f*

also spelled: savannah

save : einsparen, retten *v*

saving : -sparend *adj*

~ : Ersparnis *f*, Rettung *f*

~ **of raw materials:** Rohstoffeinsparung *f*

savings : Ersparnisse *pl*

saw : Säge *f*

~ dust : Sägemehl *nt*

~ mill : Sägewerk *nt*

sawnwood : Sägeholz *nt*

scaffolding : Gerüst *nt*

scale : Bandbreite *f*, Kesselstein *m*, Maßstab *m*, Schuppe *f*, Skala *f*, Waage *f*

~ **of hardness:** Härteskala *f*

scaly : geschuppt, schuppig *adj*

scanning : Absuchen *nt*, Abtasten *nt*, Durchleuchten *nt*, Überwachen *nt*

~ electron || microscope : Rasterelektronenmikroskop *nt*

~ ~ **microscopy** : Rasterelektronenmikroskopie *f*

scar : Narbe *f*

~ : eine Narbe hinterlassen *v*

scarcity : Knappheit *f*, Seltenheit *f*

~ **of fish**: Fischarmut *f*

scarify : aufreißen *v*

scarp : Abhang *m*

scar tissue : vernarbtes Gewebe *(nt)*

scattered : vereinzelt, verstreut *adj*

~ **information** : vereinzelte Informationen *(pl)*

scavenge : sich von Aas ernähren *v*

scavenger : Aasfresser *m*, Detritophage *m/pl*, Detritusfresser *m/pl*, Saprophage *m/pl*, Zoosaprophage *m/pl*

scavenging : Ölabsaugung *f*, Reinigungsfällung *f*, Scavenging *nt*

scenario : Szenario *nt*

scenery : Landschaft *f*, Landschaftsbild *nt*, malerische Landschaft *(f)*

scenic : landschaftlich *adj*

~ **route** : Aussichtsstraße *f*

scent : Duft *m*, Geruch *m*, Parfüm *nt*, Witterung *f*

schedule : Zeitablauf *m*

scheme : Programm *nt*, Schema *nt*, System *nt*

schist : Schiefer *m*

schistosity : Schieferung *f*

schlatt : Schlatt *nt*

scholarly : wissenschaftlich *adv*

school : Fachbereich *m*, Schule *f*, Schulgebäude *nt*, Schwarm *m*

~ **for general education**: allgemeinbildende Schule *(f)*

~**-book** : Schulbuch *nt*

~ **building** : Schulgebäude *nt*

~ **bus** : Schulbus *m*

schoolchild : Schulkind *nt*

school || class : Schulklasse *f*

~ **education** : Schulbildung *f*

~ **English** : Schulenglisch *nt*

~ **exchange** : Schüleraustausch *m*

schoolgirl : Schülerin *f*

school || graduate : Schulabsolvent *m*, Schulabsolventin *f*

~ **grounds** : Schulgelände *nt*

schooling : Schulbesuch *m*, Schulbildung *f*

school || lessons : Schulunterricht *m*

~ **magazin** : Schülerzeitung *f*

~ **period** : Schulstunde *f*

~ **pond** : Schulteich *m*

schools broadcasting : Schulfunk *m*

school subject : Schulfach *nt*

schoolteacher : Schullehrer *m*, Schullehrerin *f*

school teaching : Schulunterricht *m*

science : Wissenschaft *f*

~ **of education**: Erziehungswissenschaften *pl*

~ **of history**: Geschichtswissenschaft *f*

~ **of mineral deposits**: Lagerstättenkunde *f*

~ **park** : Technologiepark *m*

scientific : wissenschaftlich *adj*

scientifical : wissenschaftlich *adj*

scientifically : wissenschaftlich *adj*

scientist : Wissenschaftler *m*, Wissenschaftlerin *f*

scintillation : Funke *m*, Funkeln *nt*, Szintillation *f*

~ **counter** : Szintillationszähler *m*

scion : Pfropfreis *nt*

sciophyte : Schattenpflanze *f*

sclerophyll : Hartlaub *nt*

~ **forest** : Hartlaubwald *m*

sclerophyllous : hartlaubig, sklerophyll *adj*

~ **scrub** : Hartlaubgebüsch *nt*

~ **species** : hartlaubige Baumart *(f)*

sclerophyll : Hartlaubgewächs *nt*

~ **woodland** : Hartlaubgehölz *nt*

scoop : Schaufel *f*

scope : Aufgabenbereich *m*, Bereich *m*, Betätigungsfeld *nt*, Entfaltungsmöglichkeiten *pl*, Fernrohr *nt*, Geltungsbereich *m*, Mikroskop *nt*, Rahmen *m*, Zuständigkeit *f*, Zuständigkeitsbereich *m*

~ **of discretion**: Ermessensspielraum *m*

scoping : Scoping-Verfahren *nt*

~ **procedure** : Scoping-Verfahren *nt*

scorbutic : skorbutisch *adj*

scorbutus : Skorbut *m*

scour : Kolk *m*, Scheuern *nt*

~ : abscheuern, herumrennen, scheuern, umherstreifen *v*

~ **basin** : Kolkbecken *nt*

~ **hole** : Kolkbecken *nt*

scouring : Ausspülung *f*

scourway : Erosionsrille *f*, Erosionsrinne *f*, Runse *f*

scrap : Abfall *m*, Altmaterial *nt*, Schrott *m*

~ : verschrotten *v*

~ **baler** : Schrottpaketierpresse *f*

~ **baling press** : Schrottpresse *f*

~ **bundle** : Schrottballen *m*

~ **cable** : Altkabel *nt*

~ **collection** : Schrottsammlung *f*

scraper : Erdhobel *m*, Räumer *m*

scrap grab : Schrottgreifer *m*

scraping : geizig, kratzend, schabend *adj*

~ : Abkratzen *nt*, Abstreifen *nt*, Kratzen *nt*, Schaben *nt*

~ **plant** : Räumanlage *f*

scrap | -iron : Eisenschrott *m*

~ **material** : Altstoff *m*

~ ~ **market** : Altstoffmarkt *m*

~ ~ **price** : Altstoffpreis *m*

~ **metal** : Altmetall *nt*, Schrott *m*

~ ~ **management** : Schrottwirtschaft *f*

scrapped car : Altauto *nt*

scrapping : Verschrottung *f*

scrap || preparation : Schrottaufbereitung *f*

~ **processing** : Schrottverarbeitung *f*

~ **recycling plant** : Schrottrecyclinganlage *f*

~ **rubber** : Altgummi *m*

~ **shear** : Schrottschere *f*

~ **shredder** : Schrottschredder *m*

~ **smelting** : Schrottverhüttung *f*

~ **transshipping plant** : Schrottverladeanlage *f*

~ tyre : Altreifen *m*

~ vehicle : Autowrack *nt*

scrapyard : Schrottplatz *m*

scree : Geröll *nt*, Geröllhalde *f*, Schotter *m*, Schutt *m*

~ cone : Schuttkegel *m*

screen : Rechen *m*, Schutz *m*, Sieb *nt*, Wand *f*

~ : eine Reihenuntersuchung durchführen *v*

~ changer : Siebwechsler *m*

~ cleaning machine : Rechenreinigungsmaschine *f*

screening : Reihenuntersuchung *f*, Screening *nt*

~ belt : Siebband *nt*

~ device : Abschirmeinrichtung *f*

~ effect : Abschirmwirkung *f*

~ equipment : Abschirmeinrichtung *f*

~ machine : Siebmaschine *f*

~ plant : Siebanlage *f*

screenings : Rechengut *nt*

~ press : Rechengutpresse *f*

screening wall : Abschirmwand *f*

screw : Schraube *f*

~ compressor : Schraubenkompressor *m*

~ connection : Verschraubung *f*

~ conveyor pump : Transportschneckenpumpe *f*

scrub : Buschholz *nt*, Buschwald *m*, Dickicht *nt*, Gebüsch *nt*, Gestrüpp *nt*

~ : auswaschen, waschen *v*

scrubber : Nassabscheider *m*, Wäscher *m*

scrubby : verbuscht *adj*

scrub encroachment : Verbuschung *f*

scrubland : Buschland *nt*

scrub || heath : Zwergstrauchheide *f*

~ stand : Knippelbestand *m*

~ typhus : Buschfleckfieber *nt*

scrutinize : untersuchen *v*

scrutiny : Untersuchung *f*

scuba : Scuba *m*

~ diving : Gerätetauchen *nt*

scum : Schwimmschlamm *m*

~-board : Tauchwand *f*

scurvy : Skorbut *m*

sea : Meer *nt*, See *f*

~ air : Seeluft *f*

~ bed : Meeresboden *m*, Seegrund *m*

also spelled: seabed

seabird : Seevogel *m*

seaboard : Küste *f*

sea || breeze : Seebrise *f*, Seewind *m*

~ cave : Meereshöhle *f*

~ cliff : Felsenküste *f*, Kliff *nt*

~ coast : Meeresküste *f*

~ current : Meeresströmung *f*

~ defence : Küstenschutz *m*

~ dike : Seedeich *m*

~ fog : Seenebel *m*

~-going ship : Seeschiff *nt*

~-going vessel : Hochseeschiff *nt*, Seeschiff *nt*

seal : Abdichtung *f*, Abschluss *m*, Dichtung *f*, Robbe *f*, Seehund *m*, Verschluss *m*, Versiegelung *f*

~ : abdichten, versiegeln *v*

~ cull : Robbenschlag *m*

sealed : versiegelt *adj*

sea level : Meereshöhe *f*, Meeresspiegel *m*

{also spelled: sea-level}

~ ~ rise : Meeresspiegelanstieg *m*

sealing : Abdichtung *f*, Versiegelung *f*

~ of buildings: Bauwerksabdichtung *f*

~ of side walls: Seitenwandabdichtung *f*

~ of substructures: Basisabdichtung *f*

~ ban : Versiegelungsverbot *nt*

~ compound : Dichtungsmasse *f*

~ material : Dichtungsmaterial *nt*

~ pad : Dichtkissen *nt*

~ system : Dichtungssystem *nt*

sea loch : Fjord *m*

sealskin : Seehundfell *nt*

seal stock : Seehundbestände *pl*

seam : Falte *f*, Flöz *m*, Naht *f*, Runzel *f*, Schicht *f*, Spalt *m*, Spalte *f*, Verbindung *f*

sea || mammal : Meeressäuger *m*, Meeressäugetier *nt*

~ mist : Küstennebel *m*, Seenebel *m*

seaplane : Wasserflugzeug *nt*

sea pollution : Meeresvergiftung *f*, Meeresverschmutzung *f*

search : Durchsuchung *f*, Suche *f*

~ for food: Nahrungssuche *f*

~ : absuchen, durchsuchen, suchen *v*

sea salt : Meersalz *nt*

season : Fangzeit *f*, Jahreszeit *f*, Saison *f*, Zeit *f*

~ of heat: Brunftzeit *f*

~ : ablagern, trocknen *v*

seasonal : jahreszeitlich, jahreszeitlich bedingt, saisonal, saisonbedingt *adj*

~ alteration of a biocenosis : Aspektwechsel *m*

~ dependance : Jahreszeitabhängigkeit *f*

~ supplement : Saisonzuschlag *m*

season ticket : Dauerkarte *f*, Jahreskarte *f*

sea || stack : Klippe *f*

~ surface : Meeresoberfläche *f*

~ wall : Ufermauer *f*

seawater : Meerwasser *nt*

{also spelled: sea water}

~ protection : Meeresgewässerschutz *m*

~ desalination : Meerwasserentsalzung *f*

~ desalinization : Meerwasserentsalzung *f*

~ ~ plant : Meerwasserentsalzungsanlage *f*

seaweed : Meeresalgen *pl*

second : zweite /~r /~s *adj*

~ : Sekunde *f*

~ : sekundieren, unterstützen *v*

secondary : sekundär, Sekundär-, weiterverarbeitend, zusätzlich, zweitrangig *adj*

~ biotope : Sekundärbiotop *m*

~ cleaning : Feinreinigung *f*

~ consumer : Sekundärkonsument *m*

~ dike : Mitteldeich *m*

~ dune : Sekundärdüne *f*, Weißdüne *f*

~ ecosystem : sekundäres Ökosystem *(nt)*, Sekundärökosystem *nt*

~ energy : Sekundärenergie *f*

~ forest : Sekundärwald *m*

~ industry : verarbeitende Industrie *(f)*

~ ions mass spectrometry : Sekundärionenmassenspektrometrie *f*

~ minerals : sekundäre Mineralien *(pl)*

~ modern school : Mittelschule *f*, Realschule *f*

~ particulate : Sekundärteilchen *nt*

~ pollution : Sekundärverunreinigung *f*

~ production : Sekundärproduktion *f*

~ pumping station : Zubringerschöpfwerk *nt*

~ raw material : Sekundärrohstoff *m*

~ reaction : Sekundärreaktion *f*

~ registration : Zweitanmeldung *f*

~ school : höhere Schule *(f)*, weiterführende Schule *(f)*

~ ~ **of ordinary level:** Realschule *f*

~ ~ stage : Sekundarstufe *f*

~ sludge : Sekundärschlamm *m*

~ tillage : Folgebearbeitung *f*

~ treatment : Nachbehandlung *f*

second || growth : Sekundärwald *m*

~-hand goods : Gebrauchtwaren *pl*

secrecy : Geheimhaltung *f*, Heimlichkeit *f*, Heimlichtuerei *f*

~ protection : Geheimhaltungsschutz *m*

secret : geheim *adj*

~ : Geheimnis *nt*

secretary : Sekretär *m*, Sekretärin *f*

≗ **for employment:** Arbeitsminister *m*, Arbeitsministerin *f*

~-general : Generalsekretär *m*, Generalsekretärin *f*

secret ballot : geheime Abstimmung *(f)*

secrete : absondern *v*

secreting : absondernd *adj*

~ mucous : schleimabsondernd *adj*

secretion : Absonderung *f*, Sekret *nt*, Sekretion *f*

section : Abschnitt *m*, Abteilung *f*, Fachgebiet *nt*, Paragraf *m*

~ **of sewer:** Haltung *f*

~ **of the population:** Bevölkerungsgruppe *f*

sectional : Gruppen-, partikular, Schnitt- *adj*

~ **view of a dumping ground:** Deponieaufbau *m*

section shape : Kanalprofil *nt*

sector : Sektor *m*

~ **of economy:** Wirtschaftszweig *m*

sectoral : sektoral *adj*

~ planning : Fachplanung *f*

sector gate : Sektor *m*

secure : sichern *v*

securing : Sicherung *f*

~ enough water : Wassersicherstellung *f*

~ method : Sicherstellungsverfahren *nt*

security : Pfand *nt*, Sicherheit *f*

~ **of installations:** Anlagensicherheit *f*

~ law : Sicherheitsrecht *nt*

~ order : Sicherstellungsanordnung *f*

sedge : Segge *f*

~ fen : Seggenried *nt*

~ rich : seggenreich *adj*

sediment : Ablagerung *f*, Bodensatz *m*, Sediment *nt*

sedimentary : sedimentär, Sediment-, Sedimentations- *adj*

~ cycle : Sedimentationszyklus *m*

~ rock : Sedimentgestein *nt*

~ structure : Sedimentstruktur *f*

sedimentation : Ablagerung *f*, Absetzung *f*, Sedimentation *f*, Sedimentieren *nt*

~ analysis : Schlämmanalyse *f*

~ basin : Absetzbecken *nt*

~ field : Lahnungsfeld *nt*

~ plant : Sedimentationsanlage *f*

~ pool : Geschiebefang *m*, Sedimentationsbecken *nt*

~ reservoir : Sedimentationsbecken *nt*

~ tank : Absetzbecken *nt*, Sedimentationsbecken *nt*

~ tester : Sedimentationsmessgerät *nt*

~ trap : Geschiebesperre *f*

sediment || body : Sedimentkörper *m*

~-control strucure : Sinkstoffrückhaltebauwerk *nt*

~ delivery ratio : Bodenaustragsverhältnis *nt*

~ discharge : Schwebstoffaustrag *m*

~ feeder : Sedimentfresser *m*

~ load : Geschiebefracht *f*

~ pool : Geschiebefang *m*, Sedimentationsbecken *nt*

~ regime : Feststoffhaushalt *m*

~ routing : Sedimentmengenberechnung *f*

~ runoff : Geschiebeführung *f*, Sinkstoffführung *f*

~ storage : Geschieberückhaltung *f*

~ ~ dam : Geschieberückhaltesperre *f*

~ testing : Sedimentanalyse *f*

~ trap : Geschiebesperre *f*, Sedimentfänger *m*

~ yield : Bodenaustrag *m*

seed : Saat *f*, Saatgut *nt*, Samen *m*

~ : aussäen (sich), einsäen, impfen *v*

~ bank : Samenbank *f*

seedbed : Saatbeet *nt*

~ preparation : Saatbeetbereitung *f*

seed || case : Samenkapsel *f*

~ dressing : Saatgutbeizmittel *nt*

~ growing : Saatgutvermehrung *f*

seeding : Säen *nt*, Impfung *f*

seed leaf : Keimblatt *nt*

seedling : Keimling *m*, Sämling *m*, Setzling *m*

seed || plant : Blütenpflanze *f*

~ propagation : Saatgutvermehrung *f*

~ tree : Samenbaum *m*

seep : Drängewasser *nt*

~ : durchsickern, sickern *v*

seepage : Durchsickern *nt*, Sickern *nt*, Sickerströmung *f*, Sickerung *f*, Sickerwasser *nt*, Versickerung *f*

~ **loss** : Sickerwasser *nt*

~ **meter (Am)** : Durchlässigkeitsmessgerät *nt*, Permeameter *nt*

~ **pit** : Sickerschacht *m*

~ **tank** : Sickerwassertank *m*

~ **water** : Sickerwasser *nt*

~ ~ **disposal** : Sickerwasserentsorgung *f*

~ ~ **treatment** : Sickerwasserbehandlung *f*

seep away : versickern *v*

seeping away : versickernd *adj*

seep water : Kuverwasser *nt*

~ ~ **dike** : Kuverdeich *m*

seep zone : Sickerbereich *m*, Sickerzone *f*

segment : Abschnitt *m*, Bereich *m*, Scheibe *f*, Segment *nt*, Stück *nt*

~ **of society**: Bevölkerungsschicht *f*

~ : aufteilen, teilen, untergliedern *v*

seismic : seismisch *adj*

~ **wave** : Erdbebenwelle *f*

seismograph : Seismograf *m*

seismological : seismologisch *adj*

seismologist : Seismologe *m*, Seismologin *f*

seismology : Seismik *f*, Seismologie *f*

seismonasty : Seismonastie *f*

seize : sicherstellen *v*

seizure : Beschlagnahme *f*, Sicherstellung *f*

~ **of profits**: Gewinnabschöpfung *f*

select : auswählen, selektieren, wählen *v*

selecting : Auswahl *f*

selection : Auslese *f*, Auswahl *f*, Selektion *f*, Wahl *f*

~ **felling** : Plenterhieb *m*, Selektionshieb *m*

~ **forest** : Plenterwald *m*

~ ~ **system** : Plenterwaldbetrieb *m*

selective : selektiv, trennscharf, wählerisch *adj*

~ **grazing** : Auslesebeweidung *f*

~ **herbicide** : selektives Herbizid *(nt)*

~ **logging** : Selektionshieb *m*

selectively : selektiv *adv*

selective || thinning : Auslesedurchforstung *f*

~ **weedkiller** : Selektivherbizid *nt*

selectivity : Selektivität *f*

self-adhesive : selbstklebend *adj*

self-cleaning : selbstreinigend *adj*

~-~ : Selbstreinigung *f*

self-closing : selbstschließend *adj*

~-~ **gate** : selbstschließendes Tor *(nt)*

self-compacting : selbstverdichtend *adj*

~-~ **container** : Selbstpressbehälter *m*

~-~ **receptacle** : Selbstpressbehältnis *nt*

self-contained : abgeschlossen, separat, unabhängig, verschlossen *adj*

self-determination : Selbstbestimmung *f*

self-digestion : Autolyse *f*, Selbstauflösung *f*

self-engagement : Selbstbindung *f*

self-evaluating : selbstauswertend *adj*

~-~ **sound level meter** : selbstauswertender Schallpegelmesser *(m)*

self-fertile : selbstbefruchtend *adj*

self-fertilization : Selbstbefruchtung *f*

self-government : Selbstverwaltung *f*

self-help : Selbsthilfe *f*

selfing : Selbstbefruchtung *f*

self-monitoring : Eigenüberwachung *f*

self-mulching : selbstmulchend *adj*

~-~ **soil** : selbstmulchender Boden *(m)*

self-pollination : Selbstbestäubung *f*

self-preservation : Selbstbehauptung *f*

self-pruning : Astreinigung *f*

self-purification : Selbstreinigung *f*

~-~ **capacity** : Selbstreinigungskraft *f*

self-regulating : selbstregulierend *adj*

self-reliance : Eigenständigkeit *f*

self-sacrifice : Aufopferung *f*, Selbstaufopferung *f*

self-sealing : selbstdichtend, selbstklebend *adj*

~-~ **light liquid separator** : Heizölsperre *f*

self-sterile : selbststeril *adj*

self-sufficiency : Autarkie *f*, Selbstversorgung *f*

self-supply : Selbstversorgung *f*

self-sustaining : selbsttragend *adj*

sell : verkaufen *v*

semi-automatic : halbautomatisch *adj*

semiarid : halbtrocken, semiarid *adj*

semiconductor : Halbleiter *m*

~ **laser** : Halbleiterlaser *m*

semi-detached : Doppelhaushälfte *f*

~-~ **house** : Doppelhaushälfte *f*

semihumid : halbfeucht, semihumid *adj*

semi-micro balance : Halbmikrowaage *f*

seminar : Konferenz *f*, Kurs *m*, Seminar *nt*

semi-natural : halbnatürlich, naturnah *adj*

semipermeable : semipermeabel *adj*

semisubhydrical : semisubhydrisch *adj*

~ **soil** : semisubhydrischer Boden *(m)*

semiterrestrial : semiterrestrisch *adj*

~ **soil** : semiterrestrischer Boden *(m)*

senescent : alternd *adj*

senior : älter, höher, leitend *adj*

~ : Ältere *f*, Älterer *m*, Vorgesetzte *f*, Vorgesetzter *m*

~ **adviser** : Chefberater *m*, Chefberaterin *f*

~ official : Amtschef *m*, Amtschefin *f*, höhere Beamtin *(f)*, höherer Beamter *(m)*

sensation : Aufsehen *nt*, Gefühl *nt*, Sensation *f*

~ range : Empfindlichkeitsbereich *m*

sense : Sinn *m*

~ of hearing: Gehörsinn *m*

~ of smell: Geruchssinn *m*, Witterung *f*

sensitive : empfindlich, sensibel *adj*

~ to noise: lärmempfindlich *adj*

sensitivity : Empfindlichkeit *f*, Sensibilität *f*, Sensitivität *f*

~ to weather change: Wetterfühligkeit *f*

~ analysis : Sensitivitätsanalyse *f*

sensitize : sensibilisieren *v*

sensor : Messfühler *m*, Sensor *m*

~ technology : Sensortechnik *f*

sensory : organoleptisch, sensorisch *adj*

~ neurone : sensorischer Nerv *(m)*

~ organ : Sinnesorgan *nt*

sentence : Gerichtsurteil *nt*, Strafurteil *nt*, Urteil *nt*

sepal : Kelchblatt *nt*

separable : abscheidbar *adj*

separate : gesondert, getrennt *adj*

~ : abscheiden, abtrennen *v*

~ sewage system : Trennkanalisation *f*

~ system : Trennsystem *nt*, Trennverfahren *nt*

separating : Trennen *nt*

~ plant : Aufbereitungsanlage *f*, Trenneinrichtung *f*

~ reactor : Spaltreaktor *m*

separation : Abscheidung *f*, Abtrennung *f*, Trennung *f*

~ of rubbish: Mülltrennung *f*

~ of waste: Abfallseparation *f*, Abfalltrennung *f*, Mülltrennung *f*

~ capacity : Abscheideleistung *f*

~ efficiency : Abscheideleistung *f*

separator : Abscheider *m*, Separator *m*

~ by absorption: Absorptionsabscheider *m*

~ for light fluids: Leichtflüssigkeitsabscheider *m*

~ for solid matter: Feststoffabscheider *m*

septic : septisch *adj*

~ tank : Abwassertank *m*, durchflossener Faulbehälter *(m)*, Faulbecken *nt*, Klärgrube *f*

~ ~ method : Faulverfahren *nt*

sequence : Sequenz *f*

~ of coupes: Schlagfolge *f*

~ analysis : Sequenzanalyse *f*

sequencing : Sequenzierung *f*

sequential : aufeinanderfolgend *adj*

~ costs : Folgekosten *pl*

~ cropping : Folgeanbau *m*

sequester : sequestrieren *v*

sequestration : Sequestrierung *f*

sere : Folgeserie *f*, Serie *f*, Sukzessionsfolge *f*, Sukzessionsreihe *f*

series : Reihe *f*, Schichtenfolge *f*, Serie *f*

~ of lectures: Vortragsreihe *f*

serology : Serologie *f*

serotinal : spätsommerlich *adj*

serpentine : Haarnadelkurve *f*, Serpentine *f*

serve : dienen *v*

~ as a deterrent: der Abschreckung dienen

service : Dienstleistung *f*, Wartung *f*

~ function : Dienstleistung *f*

~ gate : Betriebsverschluss *m*

~ industry : Dienstleistungsbranche *f*

~ instruction : Betriebsvorschrift *f*

~ occupation : Dienstleistungsgewerbe *nt*

~ outlet : Betriebsauslass *m*

services : Dienst *m*

servicing : Wartung *f*

serving : dienend *adj*

~ the public good: gemeinnützig *adj*

sessile : festsitzend, sessil *adj*

sessility : Sessilität *f*

seston : Seston *nt*

set : Absenker *m*

~ : absenken, legen, setzen, stellen, vorschreiben *v*

~ aside : aufheben, beiseite legen, stilllegen *v*

~-aside : Flächenstilllegung *f*, Stilllegung *f*

~-back line : Baugrenze *f*

~ priorities to : Akzent setzen auf, betonen *v*

sett : Bau *m*, Knolle *f*, Pflasterstein *m*, Setzling *m*

setting : Umgebung *f*

setting-up : Aufbauen *nt*, Aufstellen *nt*, Auslösen *nt*, Bildung *f*, Errichtung *f*, Gründung *f*

~ of industry: Industrieansiedlung *f*

settle : (sich) absetzen, (sich) ansiedeln, beilegen, bevölkern, sesshaft werden, (sich) setzen *v*

settleable : absetzbar *adj*

~ solids : absetzbare Stoffe *(pl)*

settled : abgesetzt, beruhigt, besiedelt, beständig, fest, festgelegt, geregelt, vorausbestimmt *adj*

~ sludge volume : Schlammabsetzvolumen *nt*

settlement : Abfindung *f*, Abfindungssumme *f*, Ansiedlung *f*, Ortschaft *f*, Siedlung *f*

~ of damage process: Entschädigungsverfahren *nt*

~ area : Siedlungsgebiet *nt*, Siedlungsraum *m*

~ concentration : Siedlungsverdichtung *f*

~ development : Siedlungsentwicklung *f*

~ ecology : Siedlungsökologie *f*

~ geography : Siedlungsgeografie *f*

~ sociology : Siedlungssoziologie *f*

~ spreading : Zersiedelung *f*

~'s size : Siedlungsgröße *f*

~ structure : Sieldungsstruktur *f*

~ waste : Siedlungsabfall *m*

~ ~ management : Siedlungsabfallwirtschaft *f*

settling : Setzung *f*

~ basin : Absetzbecken *nt*

~ chamber : Abscheider *m*

~ reservoir : Absetzbecken *nt*

~ tank : Absetzbehälter *m*

~ **velocity** : Absetzgeschwindigkeit *f*

set up : aufbauen, errichten *v*

several : einige, mehrere, verschieden *adv*

severally : gesondert *adv*

several times : mehrfach *adv*

severe : schwerwiegend *adj*

sewage : Abwasser *nt*

~ **analysis** : Abwasseruntersuchung *f*

~ **analytics** : Abwasseranalytik *f*

~ **bacteria** : Abwasserbakterien *pl*

~ **clarification** : Abwasserklärung *f*

~ **composition** : Abwasserbeschaffenheit *f*, Abwasserzusammensetzung *f*

~ **decontamination** : Abwasserentgiftung *f*

~ **discharge** : Abwassereinleitung *f*

~ ~ **embargo** : Abwasserbeseitigungsverbot *nt*, Abwassereinleitungsverbot *nt*

~ ~ **legislation** : Abwasserabgabenrecht *nt*

~ ~ **permit** : Abwassereinleitungserlaubnis *f*

~ **disinfection** : Abwasserdesinfektion *f*

~ **disinfecting plant** : Abwasserdesinfektionsanlage *f*

~ **disposal** : Abwasserbeseitigung *f*, Abwassereinleitung *f*, Abwasserentsorgung *f*

~ ~ **plan** : Abwasserbeseitigungsplan *m*

~ ~ **planning** : Abwasserbeseitigungsplanung *f*

~ **farm** : Rieselfeld *nt*

~ **farming** : landwirtschaftliche Abwasserverwertung *(f)*

~ **flow** : Abwassermenge *f*

~ **fungi** : Abwasserpilze *pl*

~ **gas** : Biogas *nt*, Faulgas *nt*

~ **irrigation field** : Rieselfeld *nt*

~ **lagoon** : Abwasserteich *m*

~ **lifting || installation** : Abwasserhebeanlage *f*

~ ~ **pump** : Abwasserhebeanlage *f*

~ **load** : Abwasserlast *f*

~ **loading** : Abwasserbelastung *f*

~ **plant operation** : Kläranlagenbetrieb *m*

~ **pond** : Abwasserteich *m*

~ **pumping station** : Abwasserpumpwerk *nt*

~ **purification** : Abwasserbehandlung *f*, Abwasserreinigung *f*

~ ~ **plant** : Kläranlage *f*

~ **reduction** : Abwasserminderung *f*

~ **removal** : Abwasserbeseitigung *f*

~ **sludge** : Abwasserschlamm *m*, Klärschlamm *m*

~ ~ **application** : Klärschlammausbringung *f*

~ ~ ~ **on land:** Klärschlammausbringung *f*

~ ~ **conditioning** : Klärschlammkonditionierung *f*

~ ~ **disposal** : Klärschlammablagerung *f*, Klärschlammbeseitigung *f*

~ ~ **drying** : Klärschlammtrocknung *f*

~ ~ **incinerating plant** : Klärschlammverbrennungsanlage *f*

~ ~ **pyrolysis** : Klärschlammpyrolyse *f*

~ ~ **regulation** : Klärschlammverordnung *f*

~ ~ **stabilization** : Klärschlammstabilisation *f*, Klärschlammstabilisierung *f*

~ ~ **treatment** : Klärschlammbehandlung *f*

~ ~ ~ **plant** : Klärschlammbehandlungsanlage *f*

~ ~ **utilization** : Klärschlammverwertung *f*

~ **spreading prohibition** : Aufbringungsverbot *nt*

~ **statistics** : Abwasserstatistik *f*

~ **statute** : Abwassersatzung *f*

~ **system** : Kanalisationsanlage *f*

~ **treatment** : Abwasserbehandlung *f*, Abwasserreinigung *f*

~ ~ **agent** : Abwasserbehandlungsmittel *nt*

~ ~ **measure** : Abwasserbehandlungsmaßnahme *f*

~ ~ **plant** : Abwasserbehandlungsanlage *f*, Abwasserreinigungsanlage *f*, Kläranlage *f*

~ ~ ~ **for flat roofs:** Flachdachkläranlage *f*

~ ~ **system** : Abwasserreinigungssystem *nt*

~ **works** : Abwasserbehandlungsanlage *f*, Abwasserreinigungsanlage *f*

~ ~ **effluent** : Kläranlagenablauf *m*

sewer : Abwasserkanal *m*, Abwasserleitung *f*, Abwasserrohr *nt*, Kanal *m*

sewerage : Kanalisation *f*

~ **board** : Abwasserverband *m*

~ ~ **legislation** : Abwasserverbandsgesetz *nt*

~ **building component** : Kanalisationsbauteil *nt*

~ **system** : Abwasserkanalsystem *nt*, Abwassersystem *nt*, Entwässerungsanlage *f*, Entwässerungssystem *nt*, Kanalisation *f*, Kanalnetz *nt*

~ **technology** : Entwässerungstechnik *f*

~ **worker** : Kanalarbeiter *m*, Kanalarbeiterin *f*

sewer || cleaning : Kanalreinigung *f*

~ **infiltration water** : Fremdwasser *nt*

~ ~ ~ **flow** : Fremdwasserabfluss *m*

~ **inspection** : Kanalinspektion *f*

~ **storage capacity** : Kanalstauraum *m*

sex : Geschlecht *nt*

~ **chromosome** : Geschlechtschromosom *nt*

~ **determination** : Geschlechtsbestimmung *f*

~**-linkage** : Geschlechtsgebundenheit *f*

~**-linked** : geschlechtsgebunden *adj*

~ **organ** : Geschlechtsorgan *nt*

sexual : geschlechtlich, sexuell *adj*

~ **attractant** : Sexuallockstoff *m*

~ **dimorphism** : Sexualdimorphismus *m*

sexuality : Sexualität *f*

sexual reproduction : geschlechtliche Fortpflanzung *(f)*

shade : Farbton *m*, Geist *m*, Schatten *m*, Schattierung *f*, Spur *f*

~ : abdunkeln, beschatten, schattieren *v*

~ **bearer** : Schattbaumart *f*

shaded : abgedunkelt, beschattet, schattiert *adj*

shade density : Überschirmungsgrad *m*

shaded relief : Schummerung *f*

shade-intolerant : schattenempfindlich, schattenverträglich *adj*

~-~ **tree (species)**: Lichtbaumart *f*

~ **plant** : Schattenpflanze *f*

~**-tolerant** : schattenertragend, schattenverträglich *adj*

~-~ **tree (species)**: Schattbaumart *f*

~ **tree** : Schattenbaum *m*

shading : Abschattung *f*, Beschattung *f*, Schattieren *nt*

shadow : Schatten *m*

~ **economy** : Schattenwirtschaft *f*

shaft : Fallschacht *m*

~ **furnace** : Schachtofen *m*

shaker : Schüttelapparat *m*

shale : Schiefer *m*

~ **oil** : Schieferöl *nt*

shallow : flach, seicht *adj*

~ : Flachwasser *nt*, Untiefe *f*

~ **place** : Untiefe *f*

~ **valley** : flaches Tal *(nt)*

~ **water** : Flachwasser *nt*

~ ~ **zone** : Flachwasserbereich *m*

~ **well** : Flachbrunnen *m*

~ **zone** : Flachwasserbereich *m*

shape : Form *f*, Gestalt *f*

~ : bearbeiten, formen, fräsen, gestalten, prägen *v*

shaped : geformt *adj*

shapeless : formlos *adj*

shapelessness : Formlosigkeit *f*

shaping : Abböschung *n*, Gestaltung *f*, Planierung *f*

share : Teil *m*

~ : beteiligt sein an, gemeinsam tragen, teilen, teilnehmen an *v*

~ **cropping** : Teilbau *m*

shared : gemeinsam getragen, geteilt *adj*

~ **responsibility** : gemeinsame Verantwortung *(f)*

shares (Br) : Aktien *pl*

~ **quotation** : Aktiennotierung *f*

~ **transaction law** : Aktienrecht *nt*

share tenancy : Teilbau *m*

sharp : scharf *adj*

shear : Scherung *f*

~ : abscheren, scheren *v*

shearing : Scheren *nt*

~ **roll** : Scherwalze *f*

shear || resistance : Scherfestigkeit *f*, Scherwiderstand *m*

~ **strength** : Scherfestigkeit *f*, Scherwiderstand *m*

~ **vane** : Scherflügelgerät *nt*

~ ~ **test** : Scherflügeltest *m*

~ **wave** : Scherwelle *f*

shed : Halle *f*, Schuppen *m*

sheep : Schaf *nt*

~**-breed** : Schafrasse *f*

~**-breeding** : Schafzucht *f*

~**-dog** : Hirtenhund *m*

also spelled: sheepdog

~**-farm** : Schaffarm *f*

~**-farmer** : Schafzüchter *m*, Schafzüchterin *f*

~**-farming** : Schafzucht *f*

~ **station** : Schaffarm *f*

sheet : Blatt *nt*

~ **source of noise:** Flächenschallquelle *f*

~ **erosion** : Flächenerosion *f*, Schichterosion *f*

~ **flow** : Schichtenströmung *f*

~ **lightning** : Wetterleuchten *nt*

~ **metal** : Blech *nt*

~ ~ **fabrication** : Blechkonstruktion *f*

~ ~ **pipeline** : Blechrohrleitung *f*

~ ~ **working** : Blechbearbeitung *f*

~ **rolling** : Blechverarbeitung *f*

~ **wash** : Flächenerosion *f*, Schichterosion *f*

shelf : Bord *nt*, Brett *nt*, Fach *nt*, Regal *nt*, Riff *nt*

~**-life** : Haltbarkeit *f*, Lagerfähigkeit *f*

shell : Flügeldecke *f*, Haus *nt*, Hülle *f*, Hülse *f*, Muschel *f*, Panzer *m*, Schale *f*, Schote *f*

~**-and-tube heat exchanger:** Rohrbündelwärmetauscher *m*

shellfish : Schalentier *nt*

~ **fisheries** : Muschelfischerei *f*

shelter : Beschirmung *f*, Schirm *m*, Schutz *m*, Windschutz *m*, Zuflucht *f*

~ : schützen *v*

~ **belt** : Schutzpflanzung *f*, Schutzstreifen *m*, Windschutzpflanzung *f*, Windschutzstreifen *m*

shelterwood : Schutzwald *m*

~ **cut** : Schirmhieb *m*

~ **system** : Schirmschlagbetrieb *m*

shepherd : Hirte *m*, Schafhirte *m*

shield : Schild *m*, Schutz *m*, Schutzplatte *f*, Schutzschirm *m*

~ : schützen *v*

shielding : Abschirmung *f*

~ **device** : Abschirmeinrichtung *f*

~ **wall** : Abschirmwand *f*

shift : Mittelumschichtung *f*, Verschiebung *f*, Versetzung *f*

~ : verlagern, verrücken, umstellen *v*

shifting : verlagernd, wechselnd *adj*

~ **cultivation** : Wanderfeldbau *m*

~ **dune** : Wanderdüne *f*

~ **sand dune** : Wanderdüne *f*, Weißdüne *f*

~ **sands** : Flugsand *m*

shingle : Kies *m*, Schindel *f*

~ **beach** : Kiesstrand *m*

shingles : Gürtelrose *f*, Schindeln *pl*

shingly : kiesig *adv*

~ **beach** : Kiesstrand *m*

ship : Schiff *nt*

~ : an Bord gehen, anheuern, einschiffen *v*

shipbuilding : Schiffbau *m*

ship || disaster : Schiffsunfall *m*

~ **fouling** : Schiffsbewuchs *m*

shipment : Beförderung *f*, Sendung *f*, Versand *m*, Verschiffung *f*

shipping : Schifffahrt *f*, Schiffsverkehr *m*

~ accident : Schiffsunfall *m*

~ law : Schifffahrtsrecht *nt*

~ operations : Schiffsverkehr *m*

~ traffic noise : Schifffahrtsverkehrslärm *m*

ship's || garbage : Schiffsmüll *m*

~ waste disposal : Schiffsentsorgung *f*

~ wreckage : Schiffswrack *nt*

shoal : Klippen *pl*, Riff *nt*, Sandbank *f*, Schwarm *m*, Untiefe *f*

shoaling : Auflandung *f*

shock : Erschütterung *f*, Stoß *m*

~ wave : Druckwelle *f*, Schockwelle *f*, Stoßwelle *f*

shoot : Jagd *f*, Jagdrevier *nt*, Keim *m*, Trieb *m*

~ : jagen, schießen *v*

shooting : Austrieb *m*, Jagd *f*, Schießen *nt*

~ box : Jagdhütte *f*

~ lodge : Jagdhaus *nt*

~ noise : Schießlärm *m*

~ party : Jagdgesellschaft *f*

~ range : Schießanlage *f*

~ season : Jagdzeit *f*

shopping : Einkaufs- *adj*

~ : Einkäufe *pl*, Einkaufen *nt*

~ centre : Einkaufszentrum *nt*

shore : Küste *f*, Ufer *nt*

shorebird : Küstenvogel *m*

shore erosion : Küstenerosion *f*, Ufererosion *f*

shoreland : Uferland *nt*

shoreline : Küstenlinie *f*, Uferlinie *f*

shore vegetation : Ufervegetation *f*

short : kurz *adj*

shortage : Engpass *m*

~ **of space:** Raumnot *f*

~ **of wood:** Holzmangel *m*

short || day plant : Kurztagpflanze *f*

~-stapled : kurzfaserig *adj*

~-~ asbestos : kurzfaseriger Asbest *(m)*

~-term : kurzfristig *adj*

~-~ planning : kurzfristige Planung *(f)*

~ ton : amerikanische Tonne *(f)*

shot : Schuss *m*

~ blaster : Sandstrahler *m*

shoulder : Bankett *nt*, Schulter *f*

shovel : Bagger *m*, Schaufel *f*

~ : schaufeln *v*

~ type stretcher : Schaufeltrage *f*

show : beweisen, zeigen *v*

shower : Dusche *f*, Regenguss *m*, Regenschauer *m*, Schauer *m*

shred : Fetzen *m*

~ : raspeln, zerkleinern *v*

shredder : Raspel *f*, Reisswolf *m*, Schnitzelwerk *nt*, Schredder *m*, Shredder *m*

~ plant : Schredderanlage *f*, Shredderanlage *f*

~ refuse : Schreddermüll *m*, Shreddermüll *m*

shredding : Schredder- *adj*

~ : Raspeln *nt*, Zerkleinern *nt*

~ machine : Schredderanlage *f*

shrinkage : Schrumpfung *f*

shrivel : schrumpfen, schrumplig machen *v*

shrub : Busch *m*, Strauch *m*

shrubby : buschig, strauchartig *adj*

shrubland : Buschland *nt*

shunt : Rangieren *nt*

~ : hin und her schieben, rangieren *v*

shunting : Rangier- *adj*

~ yard : Rangierbahnhof *m*

shut : geschlossen, zu *adj*

~ : schließen, zumachen *v*

shutdown : Schließung *f*, Stilllegung *f*

shut down : abschalten, schließen, stilllegen, zumachen *v*

shut off : absperren, abstellen, unterbrechen *v*

shut-off : Absperr- *adj*

~-~ bag : Absperrblase *f*

~-~ closure : Absperrverschluss *m*

~-~ device : Absperrvorrichtung *f*

~-~ ~ **for flue gas:** Rauchgasabsperrvorrichtung *f*

~-~ equipment : Absperreinrichtung *f*

~-~ unit : Absperrklappe *f*

sibling : Geschwister *nt*

~ species : Geschwisterart *f*

sibs : Geschwister *pl*

sick : erkrankt, krank *adj*

~ building syndrome : Neubaukrankheit *f*

~ forests : kranke Wälder *(pl)*

sickness : Erkrankung *f*

side : Seiten- *adj*

~ : Seite *f*

~ branch : Seitenarm *m*

~ bund : Nebendamm *m*

~-channel pump : Seitenkanalpumpe *f*

~ overlap : Querüberdeckung *f*

~ spillway : Hangüberlauf *m*

sidewalk (Am) : Bürgersteig *m*

side wall : Seitenwand *f*

sieve : Sieb *nt*

~ analysis : Siebanalyse *f*

~ belt : Siebband *nt*

~ bottom : Siebboden *m*

sievert : Sievert *nt*

sift : sieben, unter die Lupe nehmen *v*

sifting : siebend *adj*

~ : Durchsuchen *nt*, Sieben *nt*, Sortieren *nt*

~ **of waste:** Müllsortierung *f*

sight : Anblick *m*, Sehvermögen *nt*, Sichtweite *f*, Visier *nt*

~ : antreffen, anvisieren, sehen, sichten *v*

~ glass : Schauglas *nt*

sighting : Beobachtung *f*, Erscheinung *f*, Sichten *nt*, Sichtung *f*, Ziel *nt*, Zielen *nt*

~ device : Visiervorrichtung *f*

~ frame : Durchsichtrahmen *m*

~ level : Peilwaage *f*

sightseeing : Sightseeing *nt*

~ tour : Besichtigungsfahrt *f*, Sightseeingtour *f*

~ ~ **round the city/town:** Stadtrundfahrt *f*

signature : Unterschrift *f*

significance : Bedeutsamkeit *f*, Bedeutung *f*

significant : bedeutsam, entscheidend, signifikant *adj*

~ **change** : entscheidende Veränderung *(f)*

significantly : signifikant *adv*

signing : Beschilderung *f*, Unterzeichnung *f*

silage : Silage *f*, Silofutter *nt*

~ **additive** : Silagezusatz *m*

~ **cutter** : Silageschneider *m*

~ **effluent** : Silagesickersaft *m*

~ **fork** : Silagegabel *f*

~ **harvester** : Siloerntemaschine *f*

~ **making** : Silagebereitung *f*

~ **plant** : Silopflanze *f*

~ **quality** : Silagequalität *f*

~ **spreader** : Silageverteiler *m*

~ **trailer** : Silagewagen *m*

~ **unloading cutter** : Silageentnahmefräse *f*

silencer : Auspufftopf *m*, Schalldämpfer *m*

silica : Kieselerde *f*

~ **sand** : Quarzsand *m*

siliceous : Kiesel- *adj*

~ **earth** : Kieselerde *f*

silicosis : Silikose *f*

silk : Seide *f*

sill : Gang *m*, Grundschwelle *f*, Schwelle *f*

silo : Silo *nt*

silt : Feinsand *m*, Schlamm *m*, Schlick *m*, Schluff *m*, Schwemmsand *m*

siltation : Anschwemmung *f*, Versandung *f*

silt basin : Absetzbecken *nt*, Sandfang *m*

silted : verschlämmt *adj*

silting : Anschwemmung *f*, Schlickablagerung *f*, Verlandung *f*, Versandung *f*, Verschlammung *f*, Verschlickung *f*

~ **up** : Verlandung *f*, Verschlammung *f*

silt || trap : Geschiebesperre *f*, Sedimentfänger *m*

~ **up** : versanden, verschlammen, verschlämmen *v*

silty : schlammig *adj*

silvicide : Entwaldungsmittel *nt*

silvicultural : forstwirtschaftlich, waldbaulich *adj*

~ **system** : Betriebsart *f*, Schlagsystem *nt*, Waldbausystem *nt*

silviculture : Forstkultur *f*, Waldbau *m*

silvopastoral system : Forst-Weide-System *nt*, Wald-Weide-System *nt*

similarity : Ähnlichkeit *f*

~ **coefficient** : Ähnlichkeitskoeffizient *m*

simulation : Simulation *f*

~ **calculation** : Simulationsrechnung *f*

simultaneous : Simultan- *adj*

~ **precipitation** : Simultanabscheidung *f*

singe : absengen *v*

single : einzeln *adj*

≗ **European Act** : Einheitliche Europäische Akte *(f)*

~**-family house** : Einfamilienhaus *nt*

singular : eigenartig, einmalig, einzeln, einzigartig, sonderbar *adj*

~ : Einzahl *f*, Singular *m*

singularity : Eigenartigkeit *f*, Sonderbarkeit *f*

singular succession : Einzelrechtsnachfolge *f*

sink : Senke *f*

~ : absenken, absinken, sinken *v*

~ **hole** : Doline *f*, Erdfall *m*, Karsttrichter *m*, Ponor *m*, Schluckloch *nt*

~ **shaft** : Schluckschacht *m*

sinter : Sinter *m*, Sinterbildung *f*

sintered : Sinter- *adj*

~ **metal** : Sintermetall *nt*

~ ~ **filter** : Sintermetallfilter *m*

~ **multidisc filter** : Sinterlamellenfilter *m*

sintering : Sinterung *f*

~ **plant** : Sinteranlage *f*

sinter lime : Kalktuff *m*, Sinterkalk *m*

siphon : Düker *m*, Heber *m*, Saugheber *m*, Siphon *m*

~ **weir** : Heberwehr *nt*

sirocco : Schirokko *m*

site : Fundort *m*, Gebiet *nt*, Grundstück *nt*, Platz *m*, Sitz *m*, Standort *m*, Stätte *f*, Stelle *f*

~ **for building:** Bauplatz *m*

~ **for construction:** Bauplatz *m*

~ **of dumping:** Ablagerungsort *m*

~ **of engineering works:** Baustelle *f*, Eisenbahnbaustelle *f*

≗ **of Special Scientific Interest:** Gebiet von besonderem wissenschaftlichem Interesse *(nt)*

~ **of the fair:** Messegelände *nt*

~ **of vegetation:** Pflanzenwuchsort *m*

~ : anlegen, legen, stationieren *v*

~ **class determination** : Bonitierung *f*

~ **development** : Baulanderschließung *f*

~ **digestion gas analytics** : Deponiegasanalytik *f*

~ **factor** : Standortfaktor *m*

~ **fence** : Bauzaun *m*

~ **mapping** : Standortkartierung *f*

~ **occupancy index** : Grundflächenzahl *f*

~ **permit** : Standortgenehmigung *f*

~ **productivity** : Standortproduktivität *f*

~ **quality || assessment** : Bonitierung *f*

~ ~ **class** : Bonität *f*

~ **requirements** : Standortansprüche *pl*

~ **selection** : Standortwahl *f*

~ **survey** : Standorterkundung *f*, Standortkartierung *f*

~ **type** : Standortstyp *m*

siting : Aufstellung *f*, Lage *f*, Standortwahl *f*, Stationierung *f*

sitting : brütend, sitzend *adj*

~ : Sitzung *f*, Sitzungsperiode *f*

~ **tenant** : jetziger Mieter *(m)*, jetzige Mieterin *(f)*

SI unit : SI-Einheit *f*

sixvalent : sechswertig *adj*

size : Größe *f*, Format *nt*

~ **of firm:** Betriebsgröße *f*

~ **reduction** : Zerkleinern *nt*

skansen : Freilichtmuseum *nt*

skeletal : skelettartig *adj*

~ **muscle** : Skelettmuskel *m*

~ **soil** : Skelettboden *m*

skeleton : Skelett *nt*

~ **soil** : Skelettboden *m*

skidding : rutschend *adj*

~ : Abrutschen *nt*, Rutschen *nt*, Schleudern *nt*

~ **damage** : Rückeschaden *m*

skiing : Skilaufen *nt*, Skisport *m*

~ **area** : Skigebiet *nt*

ski-jumping : Skispringen *nt*

~-~ **hill** : Sprungschanze *f*

skill : Fähigkeit *f*, Fertigkeit *f*, Geschick *nt*, Können *nt*

skimmer : Abscheider *m*

skin : Haut *f*, Leder *nt*, Pelle *f*, Schale *f*

~ **flow** : Bodenfließen *nt*, Solifluktion *f*

~ **irritation** : Hautreizung *f*, Hautschädigung *f*

~ **poison** : Hautgift *nt*

~ **protection** : Hautschutz *m*

~ **tolerance** : Hautverträglichkeit *f*

sky : Himmel *m*

skyline : Horizont *m*, Silhouette *f*

slab : Platte *f*, Scheibe *f*, Tafel *f*

slag : Schlacke *f*

~ **cement** : Schlackenzement *m*

~ **dump** : Schlackendeponie *f*

~ **heap** : Abraumhalde *f*, Halde *f*

slaked : gelöscht, gestillt *adj*

~ **lime** : Löschkalk *m*

slash : aufschlitzen, zerfetzen *v*

~-**and-burn:** Brandrodung *f*, Brandwirtschaft *f*

~-~-~ **cultivation:** Brandrodungsfeldbau *m*

slate : Schiefer *m*

~ **quarry** : Schieferbruch *m*

~ **wall** : Schieferwall *m*

slaty : Schiefer-, schieferartig, schieferfarben, schieferig *adj*

~ **cleavage** : Schieferung *f*

slaughter : Abschlachten *nt*, Schlachten *nt*

~ **of birds:** Vogelmord *m*

~ : abschlachten, schlachten *v*

slaughterhouse : Schlachthof *m*

~ **waste** : Schlachtabfall *m*, Schlachthofabfall *m*

sleep : Schlaf *m*

~ **disturbance** : Schlafstörung *f*

sleet : Schneeregen *m*

~ : Schneeregen geben *v*

sleeve : Ärmel *m*

sleeved : -ärmelig, mit Ärmel(n) *adj*

~ **motor pump** : Spaltrohrmotorpumpe *f*

slide : Dia *nt*, Diapositiv *nt*, Folie (für Tageslichtprojektor), Overheadfolie *f*, Rutschung *f*

~ **mount** : Diarahmen *m*

~-**off vehicle** : Abgleitfahrzeug *nt*

~ **projector** : Diaprojektor *m*

~-**viewer** : Diabetrachter *m*

sliding : gleitend, rutschend *adj*

~ **block sound absorber** : Kulissenschalldämpfer *m*

~ **surface** : Gleitfläche *f*

~-**vane rotary compressor** : Drehschieberkompressor *m*

slight : leise *adj*

slightly : leise, schwach *adv*

slime : Rasen *m*, Schleim *m*

slip : Rutschung *f*

~ **erosion** : Erdrutsch *m*

~-**off slope** : Gleithang *m*

slop : Lache *f*, Schleim *m*

~ : kippen, schwappen, vollschütten *v*

slope : Böschung *f*, Gefälle *nt*, Hang *m*, Neigung *f*, Piste *f*, Steigung *f*

~ **of dike:** Deichböschung *f*

~ : abfallen, abschüssig sein, (sich) neigen, schief (sein) *v*

~ **angle gradient** : Hangneigung *f*

~ **class** : Hangneigungsstufe *f*

~ **drain** : Hanggraben *m*

~ **failure** : Böschungsbruch *m*

~ **fascines** : Hangfaschinen *pl*

~ **gradient** : Hangneigung *f*

~ **length** : Hanglänge *f*

~ **mire** : Hangmoor *nt*

~ **orientation** : Gefällerichtung *f*

~ **protection** : Böschungssicherung *f*

~ **revetment** : Böschungsverkleidung *f*

~ **stability** : Böschungsstandfestigkeit *f*, Hangstabilität *f*

~ **stabilization** : Böschungsstabilisierung *f*

~ **up** : ansteigen, daherkommen *v*

sloping : abfallend, abgeschrägt, geneigt, schief *adj*

~ **bank** : schräg abfallender Damm *(m)*

~ **berm** : schräger Absatz *(m)*

~ **sea wall** : geneigte Ufermauer *(f)*

slop | -pail : Abfalleimer *m*, Toiletteneimer *m*

~ **tank** : Sloptank *m*

slot : Nut *f*, Platz *m*, Schlitz *m*, Sendezeit *f*

~ : nuten, schlitzen, sich einfügen *v*

~ **drainage** : Sickerschlitzdränung *f*

~ **planting** : Schlitzsaatverfahren *nt*, Spaltpflanzung *f*

slotted : geschlitzt *adj*

slough : abgestreifte Haut *(f)*, Grüppe *f*, Schorf *m*

~ : abstreifen, (sich) häuten *v*

~ **enlargement** : Mahlbusen *m*

sloughing : Abstoßen des biologischen Rasens *(nt)*, Abstreifen *nt*, Häuten *nt*

~-**off** : Abstoßen des biologischen Rasens *(nt)*, Abstreifen *nt*

slow : langsam *adj*

~ **sand || filter** : Langsamsandfilter *m*

~ ~ **filtration** : Langsamsandfiltration *f*

sludge : Matsch *m*, Schlamm *m*

~ **from primary sedimentation tank:** Vorklärschlamm *m*

~ **ablution** : Schlammwaschung *f*

~ **age** : Schlammalter *nt*

~ **aging** : Schlammalterung *f*

~ **analysis** : Schlammanalyse *f*

~ **analyzer** : Klärschlammanalysator *m*

~ **bank** : Schlammbank *f*

~ **barge** : Klärschlammschute *f*

~ **barging** : Schlammverklappung *f*

~ **basin** : Schlammbassin *nt*, Schlammbecken *nt*, Schlammbeet *nt*

~ **blanket** : Flockenfilter *m*, Schlammdecke *f*, Schwebefilter *m*

~ ~ **process** : Schlammkontaktverfahren *nt*

~ ~ **reactor** : Schlammkontakt-Flockungsbecken *nt*

~ **bucket** : Schlammeimer *m*

~ **cake** : Schlammkuchen *m*

~ **chamber** : Schlammkammer *f*

~ **cleaning** : Schlammwaschung *f*

~ **collector** : Schlammfang *m*

~ **combustion** : Schlammverbrennung *f*

~ **component** : Schlammbestandteil *m*, Schlamminhaltsstoff *m*

~ **composition** : Schlammbeschaffenheit *f*, Schlammzusammensetzung *f*

~ **composting** : Schlammkompostierung *f*

~ **concentrator** : Schlammeindickbehälter *m*

~ **conditioning** : Schlammkonditionierung *f*

~ **contact || clarification** : Schlammkontaktverfahren *nt*

~ ~ **clarifier** : Schlammkontaktanlage *f*

~ **conveying equipment** : Schlammfördereinrichtung *f*

~ **deposit** : Schlammablagerung *f*

~ **dewaterability** : Schlammentwässerbarkeit *f*

~ **dewatering** : Schlammentwässerung *f*

~ ~ **plant** : Schlammentwässerungsanlage *f*

~ ~ **tank** : Schlammentwässerungsbehälter *m*

~ **digester** : Schlammfaulbehälter *m*

~ **digestion** : Schlammfaulung *f*

~ **chamber** : Faulraum *m*, Schlammfaulraum *m*

~ ~ **compartment** : Faulraum *m*

~ ~ **plant** : Faulanlage *f*, Schlammfaulanlage *f*

~ ~ **tower** : Faulturm *m*

~ **disposal** : Schlammbeseitigung *f*, Schlammentsorgung *f*

~ **drainage** : Schlammentwässerung *f*

~ **draining bed** : Schlammentwässerungsplatz *m*

~ **dryer** : Schlammtrockner *m*

~ **drying** : Schlammtrocknung *f*

~ ~ **bed** : Schlammtrockenbeet *nt*

~ ~ **plant** : Schlammtrocknungsanlage *f*

~ **dry residue** : Schlammtrockensubstanzgehalt *m*

~ **dry solids** : Schlammtrockenmasse *f*

~ **elutriation** : Schlammwäsche *f*, Schlammwaschung *f*

~ **extraction** : Schlammabzug *m*

~ ~ **pipe** : Schlammablass *m*

~ **filter** : Schlammfilter *m*

~ ~ **press** : Schlammfilterpresse *f*

~ **fixation** : Schlammstabilisierung *f*

~ **formation** : Schlammbildung *f*

~ **freezing plant** : Schlammgefrieranlage *f*

~ **gas** : Faulgas *nt*

~ **gulper** : Klärschlammtransporter *m*

~ **homogenization** : Schlammhomogenisierung *f*

~ **hopper** : Schlammkasten *m*, Schlammtrichter *m*

~ **incineration** : Schlammverbrennung *f*

~ **incinerator** : Schlammverbrennungsofen *m*

~ **lagoon** : Schlammteich *m*

~ **level meter** : Schlammpegelmesser *m*

~ **liquor** : Schlammwasser *nt*

~ **loading** : Schlammbelastung *f*

~ **mineralization** : Schlammmineralisierung *f*

~ **mixer** : Schlammmischer *m*

~ **outlet** : Schlammablass *m*

~ ~ **pipe** : Schlammablassleitung *f*

~ **particle** : Schlammpartikel *nt*

~ **pasteurisation** : Schlammpasteurisierung *f*

~ **pit** : Schlammgrube *f*

~ **pump** : Schlammpumpe *f*

~ **pyrolysis** : Schlammpyrolyse *f*

~ **recirculation** : Schlammrückführung *f*

~ ~ **pump** : Schlammrückführungspumpe *f*

~ **removal** : Schlammbeseitigung *f*

~ **respiration** : Schlammatmung *f*

~ **scraper** : Schlammkratzer *m*

~ **secondary treatment** : Schlammnachbehandlung *f*

~ **seeding** : Schlammimpfung *f*

~ **separator** : Schlammseparator *m*

~ **settling** : Schlammabsetzung *f*

~ ~ **pond** : Schlammteich *m*

~ **ship** : Klärschlammschiff *nt*, Schlammschiff *nt*

~ **spreader** : Schlammstreuer *m*

~ **stabilization** : Schlammstabilisierung *f*

~ **storage** : Schlammlagerung *f*

~ ~ **bin** : Schlammlagersilo *nt*

~ **sump** : Schlammsumpf *m*

~ **tank** : Schlammbecken *nt*

~ **tanker** : Schlammtankwagen *m*

~ **thickener** : Schlammeindicker *m*

~ **thickening** : Schlammeindickung *f*

~ **transport** : Schlammförderung *f*

~ ~ **system** : Schlammförderanlage *f*

~ **trap** : Schlammfang *m*

~ **treatment** : Schlammaufbereitung *f*, Schlammbehandlung *f*

~ ~ **agent** : Schlammbehandlungsanlage f, Schlammbehandlungsmittel *nt*

~ ~ **plant** : Schlammaufbereitungsanlage *f*

~ **use** : Schlammnutzung *f*

~ **utilization** : Schlammverwertung *f*

~ **volume || index** : Schlammindex *m*

~ ~ **surface loading** : Schlammvolumenbeschickung *f*

sludging : Einschlämmung *f*, Entschlammung *f*

sludgy : schlammig *adj*

slug : Nacktschnecke *f*

sluggish : flau, schleppend, schwerfällig, träge *adj*

sluggishly : schleppend, schwerfällig, träge *adv*

~ stream : träges Fließgewässer *(nt)*

sluice : Schleuse *f*, Schütz *nt*

~ control : Schleusenkontrolle *f*

~ gate : Schleusentor *nt*, Schütz *nt*

~-valve : Schieber *m*

~-way : Gerinne *nt*, Schleusenauslass *m*, Schleusenkanal *m*

~ weir : Schützwehr *nt*

slum : Slum *m*

slurry : Aufschlämmung *f*, Gülle *f*

~ application : Begüllung *f*, Gülleanwendung *f*, Gülleausbringung *f*

~ dressing : Güllegabe *f*

~ pipeline : Schlammpipeline *f*

~ pump : Schlammpumpe *f*

~ rate : Güllegabe *f*

~ silo : Güllesilo *nt*

~ solid : Güllefeststoff *m*

~ spreader : Gülleverteiler *m*

~ spreading : Gülleausbringung *f*

~ sprinkling : Gülleverregnung *f*

~ store : Güllebehälter *m*

~ tanker : Güllefahrzeug *nt*, Gülletankwagen *m*

~-water mixture : Gülle-Wasser-Gemisch *nt*

small : klein, Klein- *adj*

~ domestic animal : Kleinhaustier *nt*, Kleintier *nt*

~ enterprise : Kleinbetrieb *m*

~ fragment : Bröckel *nt*

~ game : Niederwild *nt*

~ groove erosion : Rillenerosion *f*

~ intestine : Dünndarm *m*

~ plant : Kleinanlage *f*

~ receptacle : Kleinbehältnis *nt*

~-scale : in kleinem Maßstab, klein, Klein- *adj*

~-~ business : Kleinunternehmen *nt*

~-~ discharger : Kleineinleiter *m*

~-~ firing plant : Kleinfeuerungsanlage *f*

~-~ incinerator regulation : Kleinfeuerungsanlagenverordnung *f*

~-~ nature reserve : kleinflächiges Naturschutzgebiet *(nt)*

~ sewage works : Kleinkläranlage *f*

~ wood : Gehölz *nt*, Wäldchen *nt*

smear : Ausstrich *m*

smell : Duft *m*

~ cocktail : Duftcocktail *n*

smelt : erschmelzen, schmelzen, verhütten *v*

smelter : Schmelzerei *f*, Schmelzhütte *f*

~ smoke : Hüttenrauch *m*

~ ~ damage : Hüttenrauchschaden *m*

smelting : Schmelze *f*, Verhüttung *f*

~ furnace : Schmelzofen *m*

~ plant : Schmelzhütte *f*

~ technique : Schmelztechnik *f*

~ technology : Schmelztechnik *f*

smithy : Schmiede *f*

smog : Smog *m*

~ alarm : Smogalarm *m*

~ catastrophe : Smogkatastrophe *f*

~ ordinance : Smogverordnung *f*

~ regulation : Smogverordnung *f*

~ warning : Smogwarnung *f*

~ ~ system : Smogwarnsystem *nt*

smoke : Rauch *m*

~ : rauchen *v*

~ alarm : Rauchmelder *m*

~ blow-in : Raucheinblasung *f*

~ control area : rauchfreies Gebiet *(nt)*

~ damage : Rauchschaden *m*

~-damaged range : Rauchschadensgebiet *nt*

~ damage evaluation : Rauchschadenbeurteilung *f*

~ ~ research : Rauchschadenforschung *f*

~ density : Rauchdichte *f*

~ ~ indicator : Rauchdichtemesser *m*

~ ~ measuring equipment : Rauchdichtemessgerät *nt*

~ detector : Rauchmelder *m*

~ emission : Rauchemission *f*

~ exhaust installation : Rauchabzugsanlage *f*

~ extracting fan : Entrauchungsventilator *m*

~ filter : Rauchfilter *m*

~ ~ unit : Rauchfilteranlage *f*

~ formation : Rauchentwicklung *f*

~-free area : Nichtraucherbereich *m*

smokeless : rauchfrei, rauchlos *adj*

~ area : Nichtraucherbereich *m*

~ fuel : rauchfreier Brennstoff *(m)*

~ zone : rauchfreies Gebiet *(nt)*

smoke || lug : Rauchfahne *f*

~ meter : Rauchmessgerät *nt*

~ nuisance : Rauchbelästigung *f*

~ plume : Rauchfahne *f*

~-preventing : rauchverhütend *adj*

smoker : Raucher *m*, Raucherin *f*

~'s cough : Raucherhusten *m*

smoke || shade method : Rauchschattenverfahren *nt*

~ spot number : Rußzahl *f*

~ stack : Abluftschlot *m*, Schornstein *m*

~ test : Rauchtest *m*

smoking : Rauchen *nt*

~ out : Ausräuchern *nt*

~ plant : Räucherei *f*

smoky : qualmend, rauchig *adj*

smooth : glatt *adj*

smoothing : Planierung *f*

smut : Brand *m*, Ruß *m*, Rußflocke *f*

snag : Dürrholz *nt*

snow : Schnee *m*

~ : schneien *v*

~ blindness : Schneeblindheit *f*

snowfall : Schneefall *m*

snowline : Schneegrenze *f*

snow-making : Schneeherstellung *f*

snow melting : Schneeschmelze *f*

snowplough : Schneepflug *m*

snow pocket : Schneetälchen *nt*

snow || sample : Schneeprobe *f*

~ scooter : Schneemobil *nt*

snowstorm : Schneesturm *m*

snowy : schneereich *adj*

soak : einweichen *v*

soakaway : Sickerschacht *m*

soap : Seife *f*

~ factory : Seifenfabrik *f*

soar : segeln *v*

soaring : hoch aufragend, schwebend, segelnd, sprunghaft ansteigend *adj*

~ club : Segelclub *m*

sociability : Soziabilität *f*

social : gesellschaftlich, sozial, Sozial-, staatenbildend *adj*

~ animal : soziales Tier *(nt)*

~ attraction : Sozialattraktion *f*

~ balance : Sozialbilanz *f*

~ benefit : gesellschaftliche Leistung *(f)*

~ carnivores : sozial lebende Raubtiere *(pl)*

~ committee : Sozialausschuss *m*

~ compatibility : Sozialverträglichkeit *f*

~ economics : Sozialökonomie *f*

~ economy : Gemeinwirtschaft *f*

~ equity : soziale Gerechtigkeit *(f)*

~ function : Sozialfunktion *f*

~ geography : Sozialgeografie *f*

~ history : Sozialgeschichte *f*

~ indicator : Sozialindikator *m*

~ medicine : Sozialmedizin *f*

~-minded behaviour : soziales Verhalten *(nt)*

~ movement : soziale Bewegung *(f)*

~ parasite : Sozialparasit *m*

~ pedagogics : Sozialpädagogik *f*

~ policy : Sozialpolitik *f*

~ psychology : Sozialpsychologie *f*

~ research : Sozialforschung *f*

~ responsibility : soziale Verantwortung *(f)*

~ restriction : Sozialbindung *f*

~ security || code : Sozialgesetzbuch *nt*

~ ~ insurance : Sozialversicherung *f*

~ ~ tribunal : Sozialgericht *nt*

~ services : sozialer Dienst *(m)*

~ statistics : Sozialstatistik *f*

~ structure : Sozialstruktur *f*

~ studies : Sozialkunde *f*

~ ~ teaching : Sozialkundeunterricht *m*

~ welfare court : Sozialgericht *nt*

~ system : Gesellschaftssystem *nt*

socialisation : Sozialisation *f*

socialism : Sozialismus *m*

socially : gesellschaftlich, sozial *adv*

~ acceptable : sozialverträglich *adj*

society : Gesellschaft *f*

~ **for the prevention of cruelty to animals:** Tierschutzverein *m*

socio-cultural : sozio-kulturell *adj*

socio-ecology : Sozialökologie *f*

socio-economic : sozio-ökonomisch *adj*

sociography : Soziografie *f*

sociology : Soziologie *f*

socio-political : gesellschaftspolitisch *adj*

sod : Rasenplagge *f*, Rasenziegel *m*, Sode *f*

soda : Soda *nt*

~ dust : Sodastaub *m*

~ factory : Sodawerk *nt*

~ lake : Natronsee *m*

sodding : Begrünung *f*, Berasung *f*

sodium : Natrium *nt*

~ adsorption ratio : Natriumadsorptionsvermögen *nt*

sod || mat : Grasnarbe *f*

~ slab : Rasenplagge *f*, Rasenziegel *m*

~ strips : Rollrasen *m*

~ waterway : grasbewachsener Wasserlauf *(m)*

soft : leise, weich *adj*

~ detergent : abbaubares Detergens *(nt)*

soften : enthärten, weich machen *v*

softening : Enthärtung *f*

~ plant : Enthärtungsanlage *f*

soft || soap : Schmierseife *f*

~ water : weiches Wasser *(nt)*

software : Software *f*

softwood : Nadelholz *nt*, Weichholz *nt*

soil : Boden *m*, Erde *f*

~ **and water engineering:** Kulturbautechnik *f*, Kulturtechnik *f*

~ **and water management:** Kulturbautechnik *f*, Kulturtechnik *f*

~ **rich in nutrients:** Nährboden *m*

~ **with very low groundwater table:** grundwasserferner Boden *(m)*

~ acidification : Bodenversauerung *f*

~ acidity : Bodenazidität *f*, Säuregehalt des Bodens *(m)*

~ activation : Bodenaktivierung *f*, Bodenbelebung *f*

~ aeration : Bodendurchlüftung *f*

~ aggregate : Bodenaggregat *nt*

~ air : Bodenluft *f*

~ ~ extraction : Bodenluftextraktion *f*

~ ~ regime : Bodenlufthaushalt *m*

~ ~ sampling : Bodenluftentnahme *f*

~ algae : Bodenalgen *pl*

~ alkalinity : Bodenalkalität *f*

~ alteration : Bodenveränderung *f*

~ amelioration : Bodenmelioration *f*

~ amendment : Bodenverbesserung *f*

~ analysis : Bodenanalyse *f*, Bodenuntersuchung *f*

~ analytics : Bodenanalytik *f*

~ animal : Bodentier *nt*

~ areal : Bodenareal *nt*

~ assessment : Bodenbewertung *f*

~ association : Bodengesellschaft *f*

~ atmosphere : Bodenatmosphäre *f*, Bodenluft *f*

~ **auger** : Bodenbohrer *m*, Erdbohrer *m*

~ **bacteria** : Bodenbakterien *pl*

~ **basicity** : Bodenalkalität *f*

~ **biology** : Bodenbiologie *f*

~ **body** : Bodenareal *nt*

~ **capping** : Bodenverschlämmung *f*

~ **care** : Bodenschutz *m*

~ **cartography** : Bodenkartierung *f*

~ **catena** : Bodenkatena *f*, Katena *f*

~ **characteristic** : Bodeneigenschaft *f*

~ **chemistry** : Bodenchemie *f*

~ **class** : Bodenklasse *f*

~ **classification** : Bodenklassifikation *f*, Bodenklassifizierung *f*

~ ~ **system** : Bodensystematik *f*

~ **cleaning** : Bodenreinigung *f*

~ ~ **plant** : Bodenwaschanlage *f*

~ **climate** : Bodenklima *nt*

~ **colloid** : Bodenkolloid *nt*

~ **color (Am)** : Bodenfarbe *f*

~ **colour** : Bodenfarbe *f*

~ **column** : Bodensäule *f*

~ **compaction** : Bodenverdichtung *f*

~ **component** : Bodenbestandteil *m*

~ **composition** : Bodenzusammensetzung *f*

~ **condition** : Bodenbeschaffenheit *f*

~ **conditioner** : Bodenhilfsstoff *m*, Bodenverbesserungsmittel *nt*

~ **conditioning** : Bodenverbesserung *f*

~ **conditions** : Bodenverhältnisse *pl*

~ **conservation** : Bodenerhaltung *f*, Bodenschutz *m*, Erosionsschutz *m*

~ ~ **legislation** : Bodenschutzrecht *nt*

~ ~ **measure** : Bodenerhaltungsmaßnahme *f*, Erosionsschutzmaßnahme *f*

~ ~ **practice** : Erosionsschutzmaßnahme *f*

~ ~ **practices** : Erosionsschutztechniken *pl*

~ ~ **programme** : Bodenerhaltungsprogramm *nt*

~ **consistency** : Bodenkonsistenz *f*

~ **constituent** : Bodenbestandteil *m*

~ **contamination** : Bodenkontamination *f*, Bodenverseuchung *f*

~ **cover** : Bodenbedeckung *f*, Bodendecke *f*

~ **creep** : Bodenkriechen *nt*

~ **crumb** : Bodenkrümel *m*, Krümel *m*

~ **crust** : Bodenkruste *f*, Oberflächenkruste *f*

~ **crusting** : Bodenverkrustung *f*

~ **cultivation** : Bodenbearbeitung *f*, Bodenbestellung *f*, Bodenkultivierung *f*, Bodenkultur *f*

~ **damage** : Bodenschädigung *f*

~ **decomposition** : Bodenabbau *m*

~ **decontamination** : Bodendekontamination *f*, Bodenentseuchung *f*

~ **degradation** : Bodendegradation *f*, Bodendegradierung *f*

~ **depletion** : Bodenerschöpfung *f*

~ **depth** : Bodentiefe *f*

~ **destruction** : Bodenzerstörung *f*

~ **detachment** : Bodenloslösung *f*

~ **deterioration** : Bodendegradation *f*

~ **devastation** : Bodenzerstörung *f*

~ **development** : Bodenentwicklung *f*

~ **disinfection** : Bodenentseuchung *f*

~ **division** : Bodenabteilung *f*

~ **drainage** : Bodenentwässerung *f*

~ ~ **class** : Bodenwasserstufe *f*

~ **dynamics** : Bodendynamik *f*

~ **ecology** : Bodenökologie *f*

~ **eluviation** : Bodenauslaugung *f*

~ **erosion** : Bodenabtrag *m*, Bodenauswaschung *f*, Bodenerosion *f*

~ ~ **control** : Bodenerosionskontrolle *f*

~ **evaluation** : Bodenschätzung *f*

~ ~ **map** : Bodenschätzungskarte *f*

~ **evaporation** : Bodenverdunstung *f*

~ **evolution** : Bodenevolution *f*

~ **exhaustion** : Bodenauslaugung *f*, Bodenerschöpfung *f*

~ **exhaust ventilation equipment** : Bodenluftabsauganlage *f*

~ **extract** : Bodenextrakt *m*

~ **fabric** : Bodengefüge *nt*

~ **fatigue** : Bodenmüdigkeit *f*

~ **fauna** : Bodenfauna *f*

~ **feature** : Bodenmerkmal *nt*

~ **fertility** : Bodenfruchtbarkeit *f*

~ ~ **parameter** : Bodenfruchtbarkeitskennziffer *f*

~ **filter** : Bodenfilter *m*

~ **filtration** : Bodenfiltration *f*

~ ~ **plant** : Bodenfilteranlage *f*

~ **flora** : Bodenflora *f*

~ **flow** : Bodenfließen *nt*, Solifluktion *f*

~ **form** : Bodenform *f*

~ **formation** : Bodenbildung *f*, Bodengenese *f*

~ **forming || factor** : Bodenbildungsfaktor *m*

~ ~ **processes** : Bodenbildungsprozesse *pl*

~ **form inventary** : Bodenformeninventar *nt*

~ **frost** : Bodenfrost *m*

~ **function** : Bodenfunktion *f*

~ **fungi** : Bodenpilze *pl*

~ **genesis** : Bodenbildung *f*, Bodengenese *f*

~ **heat** : Bodenwärme *f*

~ **herbicide** : Bodenherbizid *nt*

~ **horizon** : Bodenhorizont *m*, Bodenschicht *f*

~ **humidity** : Bodenfeuchte *f*, Bodenfeuchtigkeit *f*

~ **hygiene** : Bodenhygiene *f*

~ **impoverishment** : Bodenverarmung *f*

~ **improvement** : Bodenverbesserung *f*, Melioration *f*

~ ~ **using ashes:** Aschemelioration *f*

~ ~ **area** : Meliorationsfläche *f*

~ **improver** : Bodenverbesserungsmittel *nt*

~ **individuum** : Bodenindividuum *nt*, Pedotop *m*

~ **information system** : Bodeninformationssystem *nt*

~ **investigation** : Bodenuntersuchung *f*

~ **landscape** : Bodenlandschaft *f*, Pedochore *f*

~ **layer** : Bodenschicht *f*

soilless : erdelos *adj*

~ **gardening** : Hydrokultur *f*

soil || liming : Bodenkalkung *f*

~ **liquid phase** : Bodenflüssigkeit *f*

~ **loading** : Bodenbelastung *f*

~ **loosening** : Bodenlockerung *f*

~ **loss** : Bodenabtrag *m*, Bodenverlust *m*

~ ~ **equation** : Bodenabtragsgleichung *f*

~ ~ **estimation model** : Bodenabtragsmodell *nt*

~ ~ **model** : Bodenabtragsmodell *nt*

~ ~ **tolerance** : tolerierbarer Bodenabtrag *(m)*

~ **maintenance** : Bodenbehandlung *f*, Bodenpflege *f*

~ **management** : Bodenbehandlung *f*, Bodenbewirtschaftung *f*, Bodenkultur *f*, Bodenpflege *f*

~ ~ **group** : Bodenbehandlungsgruppe *f*

~ **map** : Bodenkarte *f*

~ **mapping** : Bodenkartierung *f*

~ ~ **unit** : Bodenkartierungseinheit *f*, Kartiereinheit *f*

~ **matrix** : Bodengerüst *nt*, Bodenmatrix *f*

~ **matter** : Bodensubstanz *f*

~ **mechanics** : Bodenmechanik *f*

~ **metabolism** : Stoffumsatz im Boden *(m)*

~ **micromorphology** : Bodenmikromorphologie *f*

~ **microorganisms** : Bodenmikroben *pl*, Bodenmikroorganismen *pl*

~ **moisture** : Bodenfeuchte *f*, Bodenfeuchtigkeit *f*

~ ~ **availability** : Bodenfeuchteverfügbarkeit *f*

~ ~ **capacity** : Bodenfeuchtekapazität *f*

~ ~ **content** : Bodenfeuchtegehalt *m*

~ ~ **deficiency** : Bodenfeuchtedefizit *nt*

~ ~ **model** : Bodenfeuchtemodell *nt*

~ ~ **potential** : Bodenfeuchtepotenzial *nt*, Kapillarpotenzial *nt*

~ ~ **regime** : Bodenfeuchteverhältnisse *pl*, Bodenwasserhaushalt *m*, Wasserregime *nt*

~ ~ **stress** : Feuchtestress *m*, Wasserstress *m*

~ ~ **suction** : Bodensaugspannung *f*, Bodenwasserspannung *f*, Saugspannung *f*

~ ~ ~ **curve** : Saugspannungskurve *f*

~ ~ **tension** : Bodensaugspannung *f*, Bodenwasserspannung *f*, Saugspannung *f*

~ **monitoring** : Bodenmonitoring *nt*

~ **monolith** : Bodenmonolith *m*

~ **morphology** : Bodenmorphologie *f*

~ **mosaic** : Bodenmosaik *nt*

~ **neutralization** : Bodenneutralisierung *f*

~ **nitrogen** : Bodenstickstoff *m*

~ **nutrient** : Bodennährstoff *m*

~ **order** : Bodenabteilung *f*, Bodenordnung *f*

~ **organism** : Bodenbewohner *m*, Bodenorganismus *m*

~ **oxygen** : Bodensauerstoff *m*

~ **particle** : Bodenteilchen *nt*

~ **pattern** : Bodenmosaik *nt*

~ **penetrometer** : Bodenpenetrometer *nt*

~ **permeability** : Bodendurchlässigkeit *f*

~ **phase** : Bodenform *f*

~ **physics** : Bodenphysik *f*

~ **pit** : Schürfgrube *f*

~ **pillar** : Spritzerosionssäule *f*

~ **policy** : Bodenpolitik *f*

~ **pollution** : Bodenkontamination *f*, Bodenverschmutzung *f*, Bodenverunreinigung *f*

~ ~ **control** : Bodenreinhaltung *f*

~ **porosity** : Bodenporosität *f*, Porenvolumen *nt*

~ **productivity** : Bodenproduktivität *f*

~ ~ **index** : Bodenproduktivitätsindex *m*, Bodenzahl *f*

~ **profile** : Bodenprofil *nt*

~ ~ **pit** : Bodenaufschluss *m*, Erdaufschluss *m*

~ **property** : Bodeneigenschaft *f*

~-**protecting** : bodenschützend *adj*

~ **protection** : Bodenschutz *m*

~ **purification** : Bodenreinigung *f*

~ **quality** : Bodengüte *f*, Bodenqualität *f*

~ ~ **index** : Bodenzustandsstufe *f*, Zustandsstufe *f*

~ **quarrying** : Bodenabbau *m*

~ **rating** : Bodenbeurteilung *f*

~ **reaction** : Bodenreaktion *f*

~ **regeneration** : Bodenregeneration *f*, Bodenregenerierung *f*

~ **regradation** : Bodenverbesserung *f*

~ **rehabilitation** : Bodenregeneration *f*, Bodenregenerierung *f*, Bodensanierung *f*

~ **remediation** : Bodensanierung *f*

~ **research** : Bodenforschung *f*

~ **resilience** : Bodenelastizität *f*

~ **respiration** : Bodenatmung *f*

~ **restoration** : Bodenregeneration *f*, Bodenregenerierung *f*

~ **salination** : Bodenversalzung *f*

~ **salinization** : Bodenversalzung *f*

~ **sample** : Bodenprobe *f*

~ **sampler** : Probenstecher *m*

~-**sanitary** : bodenhygienisch *adj*

~ **saturation** : Bodensättigung *f*

soilscape : Bodenlandschaft *f*

soil || science : Bodenkunde *f*, Bodenwissenschaft *f*

~ **scientist** : Bodenwissenschaftler *m*, Bodenwissenschaftlerin *f*

~ **sealing** : Bodenverschlämmung *f*

~ **separates** : Korngrößenklasse *f*

~ **sequence** : Catena *f*

~ **skeleton** : Bodenskelett *nt*

~ **solution** : Bodenlösung *f*

~ **stability** : Bodenstandsicherheit *f*

~ **stabilization** : Bodenstabilisierung *f*, Bodenverfestigung *f*

~ **stabilizer** : Bodenfestiger *m*

~-**stabilizing** : bodenstabilisierend *adj*

~ **stratification** : Bodenschichtung *f*

~ **stratum** : Bodenschicht *f*

~ **structure** : Bodengefüge *nt*, Bodenstruktur *f*

~ **suborder** : Bodenunterordnung *f*

~ **subsidence** : Bodensenkung *f*

~ **subtype** : Bodensubtyp *m*

~ **surface** : Bodenoberfläche *f*, Oberboden *m*

~ ~ **sealing** : Bodenversiegelung *f*

~ **survey** : Bodenkartierung *f*

~ **systematics** : Bodensystematik *f*

~ **temperature** : Bodentemperatur *f*

~ ~ **regimes** : Bodentemperaturverhältnisse *pl*

~ **testing** : Bodenuntersuchung *f*

~ ~ **laboratory** : Bodenuntersuchungslabor *nt*

~ **test pit** : Bodenaufschluss *m*

~ **texture** : Bodenart *f*, Bodentextur *f*, Körnung *f*

~ **tillage** : Bodenbearbeitung *f*

~ **tilth** : Bodengare *f*

~ **transformation** : Bodenumwandlung *f*

~ **treating** : Bodenbearbeitung *f*

~ **treatment plant** : Bodenreinigungsanlage *f*

~ **type** : Bodentyp *m*

~ ~ **classification** : Bodentypenklassifizierung *f*

~ **unit** : Bodeneinheit *f*

~ **use** : Bodennutzung *f*

~ **valuation** : Bodenbonitierung *f*

~ **variant** : Bodenvarietät *f*

~ **variety** : Bodenvarietät *f*

~ **washing** : Bodenwäsche *f*

~ **water** : Bodenwasser *nt*

~ ~ **content** : Bodenwassergehalt *m*

~ ~ **mass** : Bodenwassermasse *f*

~ ~ **redistribution** : Umverteilung des Bodenwassers *(f)*

~ ~ **storage** : Bodenwasserspeicherung *f*

~ **wetness** : Bodennässe *f*

~ **zone** : Bodenzone *f*

sokedyke : Sickergraben *m*

solar : solar, Solar- *adj*

~ **air collector** : Solarluftkollektor *m*

~ **battery** : Solarbatterie *f*

~ **cell** : Solarelement *nt*, Solarzelle *f*, Sonnenzelle *f*

~ ~ **array** : Solarzellenbatterie *f*, Sonnenbatterie *f*

~ **collector** : Solarkollektor *m*, Sonnenkollektor *m*

~ **controller** : Solarregler *m*

~ **cooker** : Solarherd *m*

~ **drier** : Solartrockner *m*, Sonnentrockner *m*

~ **dryer** : Solartrockner *m*, Sonnentrockner *m*

~ **eclipse** : Sonnenfinsternis *f*

~ **electronics** : Solarelektronik *f*

~ **elevation** : Sonnenstand *m*

~ **energy** : Solarenergie *f*, Sonnenenergie *f*

~ ~ **application** : Sonnenenergienutzung *f*

~ ~ **plant** : Solaranlage *f*, Solarenergieanlage *f*, Sonnenenergieanlage *f*

~ ~ **receptor** : Sonnenenergieaufnehmer *m*

~ **engineering** : Solartechnik *f*

~ ~ **plant** : solartechnische Anlage *(f)*

~ **flare** : Sonneneruption *f*

~-**generated energy** : Solarenergie *f*, Sonnenenergie *f*

~ **heat power station** : Sonnenwärmekraftwerk *nt*

~ **heat storage** : Sonnenenergiespeicherung *f*

~ **heating** : Solarheizung *f*, Sonnenenergieheizung *f*

solarization : Solarisation *f*

solar || module : Solarmodul *nt*

~ **panel** : Solarkollektor *m*

~ **plant** : Solaranlage *f*

~ **power** : Solarenergie *f*, Sonnenenergie *f*

~ ~ **plant** : Sonnenenergieanlage *f*

~ ~ **station** : Solarkraftwerk *nt*

~ **radiation** : Solarstrahlung *f*, Sonneneinstrahlung *f*

~ **roof** : Solardach *nt*

~ **room heating** : Raumheizung durch Sonnenwärme *(f)*

~ **steam power plant** : Solardampfkraftwerk *nt*

~ **system** : Sonnensystem *nt*

~ **technology** : Solartechnik *f*

~-**thermal system** : Sonnenwärmesystem *nt*

~ **tower** : Solarturm *m*

~ **vehicle** : Solarmobil *nt*

soled : besohlt *adj*

sole erosion : Eintiefung *f*, Sohlenerosion *f*

solenoid : Magnetspule *f*, Zylinderspule *f*

~ **valve** : Magnetventil *nt*

solicitor : Rechtsanwalt *m*

solid : fest *adj*

~ : Feststoff *m*, Stoff *m*

solidarity : Solidarität *f*

solid || content : Feststoffgehalt *m*

~ **food** : feste Nahrung *(f)*

~ **fuel** : Festbrennstoff *m*

~ **fuel heating** : Festbrennstoffheizung *f*

solidification : Erstarrung *f*, Verfestigung *f*

solidify : erstarren, sich verfestigen *v*

solid || matter : Feststoff *m*

~ **rock** : Festgestein *nt*

solids : feste Nahrung *(f)*, Feststoffe *pl*

~ **loading** : Flächenbelastung *f*

solid slurry fraction : Güllefeststoff *m*

solids pump : Feststoffpumpe *f*

solid || state ballast lamp : Festkörper-Ballaströhre *f*

~ waste : feste Abfallprodukte *(pl)*, feste Abfallstoffe *(pl)*, fester Abfall *(m)*

solifluction : Bodenfließen ***nt***, Solifluktion ***f***

solitary : solitär ***adj***

solstice : Sonnenwende ***f***

solubility : Lösbarkeit ***f***, Löslichkeit ***f***

~ **in water:** Wasserlöslichkeit ***f***

soluble : lösbar, löslich ***adj***

solum : Solum ***nt***

solute : Gelöstes ***nt***, gelöster Stoff *(m)*

solution : Lösung ***f***

solvable : lösbar ***adj***

solve : lösen ***v***

solvent : Lösemittel ***nt***, Lösungsmittel ***nt***

~ poisoning : Lösungsmittelvergiftung ***f***

~ recovery : Lösungsmittelrückgewinnung ***f***

~ ~ plant : Lösungsmittelrückgewinnungsanlage ***f***

~ recycling plant : Lösungsmittelrecyclinganlage ***f***

~ vapour : Lösungsmitteldampf ***m***

~ waste : Lösungsmittelabfall ***m***

sonar : Sonar ***nt***

sonde : Sonde ***f***

song : Gesang ***m***, Lied ***nt***, Ruf ***m***, Song ***m***

songbird : Singvogel ***m***

song post : Singwarte ***f***

sonic : Schall- ***adj***

~ boom : Überschallknall ***m***

~ ~ carpet : Knallteppich ***m***, Lärmschleppe ***f***, Schallschleppe ***f***

~s calculation : schalltechnische Berechnung *(f)*

soot : Ruß ***m***

~ filter : Rußfilter ***m***

~ formation : Rußbildung ***f***

~ manufacture : Rußherstellung ***f***

sophisticated : hochentwickelt ***adj***

sorption : Sorption ***f***

sorptivity : Aufnahmefähigkeit ***f***

sorted : sortiert ***adj***

~ waste : sortenreiner Abfall *(m)*

sorting : Sortierung ***f***

~ **of waste:** Abfallsortierung ***f***

~ conveyor : Sortierförderer ***m***

~ grap : Sortiergreifer ***m***

~ plant : Sortiereinrichtung ***f***

sort out : aussortieren ***v***

soul : Seele ***f***

sound : gesund, gut, intakt, solide, vernünftig ***adj***

~ : fest, tief ***adv***

~ : Klang ***m***, Laut ***m***, Ton ***m***, Meerenge ***f***, Meeresarm ***m***, Schall ***m***, Sund ***m***

~ **of the engines:** Motorengeräusch ***nt***

~ : ausloten, aussprechen, ertönen (lassen), klingen, tönen ***v***

~ absorbent : Schalldämmstoff ***m***

~ ~ material : Schallschluckstoff ***m***

~ absorber : Schalldämpfer ***m***

~ ~ **for cooling towers:** Kühlturmschalldämpfer ***m***

~-absorbing : schalldämmend, Schallschutz- ***adj***

~-~ ceiling : Schallschutzdecke ***f***

~-~ curtain : Schallschutzvorhang ***m***

~-~ door : Schallschutztür ***f***

~-~ wall : Schallschutzwand ***f***, Schallwall ***m***

~ absorption : Schallabsorption ***f***, Schalldämpfung ***f***, Schallschluckung ***f***

~ ~ coefficient : Schallabsorptionskoeffizient ***m***

~ barrier : Lärmschutzwand ***f***, Schallmauer ***f***

~-board : Schallboden ***m***

~ conductor : Schallleiter ***m***

~ damping rate : Schalldämmwert ***m***

~-deadening : schalldämmend ***adj***

~ ~ : Schalldämpfung ***f***

~-~ material : Schalldämmstoff ***m***

~ emission : Schallemission ***f***

~ energy : Schallenergie ***f***

~ generator : Schallerzeuger ***m***

~ immission : Schallimmission ***f***

sounding : Lotung ***f***, Peil ***m***, Sondierung ***f***

sound-insulating material : Schalldämmstoff ***m***

sound || insulation : Schalldämmung ***f***, Schallschutz ***m***

~ ~ **in building construction:** Schallschutz im Hochbau

~ intensity : Lautstärke ***f***

~ ~ level : Schallleistungspegel ***m***

~ level : Schallpegel ***m***

~ ~ indicator : Schallpegelanzeiger ***m***

~ ~ limit : Lautstärkegrenze ***f***

~ ~ measuring : Schallpegelmessung ***f***

~ ~ meter : Schallpegelmesser ***m***

~ ~ metering : Schallpegelmessung ***f***

~ ~ recorder : Schallpegelschreiber ***m***

~ measurement : Schallmessung ***f***

~ measuring technology : Schallmesstechnik ***f***

~ pressure : Schalldruck ***m***

~ ~ level : Schalldruckpegel ***m***

soundproof : schalldicht ***adj***

also spelled: sound-proof

~ : Schall dämmen ***v***

~ enclosure : Schallschutzkapselung ***f***

soundproofing : schalldämmend, Schallschutz- ***adj***

~ : Schallisolierung ***f***, Schallschutz ***m***

also spelled: sound-proofing

~ hood : Schallschutzhaube ***f***

~ measure : Schallschutzmaßnahme ***f***

~ planning : Schallschutzplanung ***f***

~ requirement : Schallschutzanforderung ***f***

soundproof window : Schallschutzfenster ***nt***

sound || propagation : Schallausbreitung ***f***

~ protection || panel : Schallschutzwand ***f***

~ ~ regulation : Schallschutzverordnung ***f***

~ radiation : Schallabstrahlung ***f***

~ ranging technique : Schallmesstechnik ***f***

~ **reduction** : Schalldämpfung *f*, Schallminderung *f*

~ ~ **factor** : Schalldämpfungsfaktor *m*

~ ~ **index** : Schalldämmmaß *nt*

~**-source** : Schallquelle *f*

~ **velocity** : Schallgeschwindigkeit *f*

~ **wave** : Schallwelle *f*

also spelled: soundwave

source : Quelle *f*, Ursprung *m*

~ **of emission:** Emissionsquelle *f*

~ **of energy:** Energiequelle *f*

~ **of food:** Nahrungsquelle *f*

~ **of heat:** Wärmequelle *f*

~ **of information:** Informationsquelle *f*

~ **of noise:** Geräuschquelle *f*, Lärmquelle *f*

~ **of noise generation:** Lärmemissionsquelle *f*

~ **of pollution:** Schadstoffquelle *f*

~ **of radiation:** Strahlenquelle *f*

~ **of vibration:** Erschütterungsquelle *f*

~ **area** : Quellbereich *m*

southern : südlich *adj*

≗ **Hemisphere** : südliche Hemisphäre *(f)*

sovereign : hoheitlich, souverän *adj*

~ **territory** : Hoheitsgebiet *nt*

sovereignty : Staatshoheit *f*

~ **right** : Hoheitsrecht *nt*

sow : säen *v*

soyabean : Sojabohne *f*

soybean : Sojabohne *f*

spa : Bad *nt*, Badeort *m*, Kurort *m*, Mineralquelle *f*

space : Platz *m*, Raum *m*

~ **flight technique** : Raumfahrttechnik *f*

~ **law** : Weltraumrecht *nt*

~ **loading** : Raumbelastung *f*

~ **probe** : Raumsonde *f*

~ **travel** : Raumfahrt *f*

spade : Spaten *m*

Spanish : spanisch *adj*

spark : Funke *m*

~ **barrier** : Funkensperre *f*

sparse : dünn, spärlich *adj*

spasmodic : krampfartig, spasmodisch, sporadisch *adj*

spasmodically : krampfartig, spasmodisch, sporadisch *adv*

spasmodic croup : Pseudo-Krupp *m*

spate : Hochwasser *nt*

be in (full) ~: Hochwasser führen *v*

spatial : raumbezogen, räumlich *adj*

spatially : räumlich *adv*

spawn : Brut *f*, Laich *m*, Pilzfäden *pl*

~ : ablegen, hervorbringen, laichen, produzieren *v*

spawning : Laich-, laichend *adj*

~ : Ablegen *nt*, Hervorbringen *nt*

~ **ground** : Fischlaichplatz *m*, Laichgebiet *nt*, Laichplatz *m*

speak : reden *v*

speaker : Redner *m*, Rednerin *f*, Sprecher *m*, Sprecherin *f*, Vortragende *f*, Vortragender *m*

special : besondere /~r /~s, Sonder-, speziell *adj*

~ **area of conservation** : besonderes Schutzgebiet *(nt)*

~ **authorisation** : Ausnahmegenehmigung *f*

~ **development zone** : Sonderbaufläche *f*

specialist : Fachfrau *f*, Fachmann *m*, Spezialist *m*, Spezialistin *f*

~ **agency** : Fachbehörde *f*

~ **book** : Fachbuch *nt*

~ **conference** : Fachtagung *f*

~ **dictionary** : Fachwörterbuch *nt*

~ **knowledge** : Fachkenntnis *f*, Fachwissen *nt*

~ **literature** : Fachliteratur *f*

~ **staff** : Fachpersonal *nt*

~ **term** : Fachausdruck *m*, Fachbegriff *m*

specialization : Fachgebiet *nt*, Spezialgebiet *nt*, Spezialisierung *f*

specialized : spezialisiert *adj*

~ **book** : Sachbuch *nt*

~ **knowledge** : Fachkenntnis *f*

special || permit : Ausnahmegenehmigung *f*

~ **protection area** : besonderes Schutzgebiet *(nt)*

~ **sacrifice** : Sonderopfer *nt*

~ **session** : Sondersitzung *f*

~ **tax** : Sonderabgabe *f*

~ **utilization** : Sondernutzung *f*

~ **waste** : Sonderabfall *m*

~ **zone** : Sondergebiet *nt*

speciation : Artbildung *f*, Speziation *f*

species : Art *f*, Arten *pl*, Spezies *f*

~ **of animal:** Tierart *f*

~ **of organisms:** Organismenart *f*

~ **area line** : Arten-Areal-Kurve *f*

~ **area relationship** : Arten-Areal-Kurve *f*

~ **conservation** : Artenschutz *m*

~ **diversity** : Artenreichtum *m*, Artenvielfalt *f*

~ **group** : Artengruppe *f*

~ **impoverishment** : Artenverarmung *f*

~ **inventory** : Artenliste *f*

~ **list** : Artenliste *f*

~ **preservation** : Arterhaltung *f*

~ **protection** : Artenschutz *m*

~ ~ **convention** : Artenschutzabkommen *nt*

~ ~ **programme** : Artenschutzprogramm *nt*

~ ~ **research** : Artenschutzforschung *f*

~ **reduction** : Artenrückgang *m*

~ **registration** : Artenbestandsaufnahme *f*

~ **relief programme** : Artenhilfsprogramm *nt*

~ **stock** : Artenbestand *m*

specific : arteigen, spezifisch *adj*

~ **to species:** artspezifisch *adj*

specification : Baubeschreibung *f*, Konstruktionsplan *m*, Spezifizierung *f*, technische Daten *(pl)*

~ **of costs:** Kostenteilung *f*

specific || fuel consumption : spezifischer Brennstoffverbrauch *(m)*

~ **gravity** : spezifisches Gewicht *(nt)*

~ **humidity** : spezifische Feuchtigkeit *(f)*

specificity : Spezifität *f*

specific name : Artbezeichnung *f*, Artname *m*

specimen : Exemplar *nt*, Probe *f*

spectra : Spektren *pl*

spectrofluorometer : Spektralfluorometer *nt*

spectrography : Spektrografie *f*

spectrophotometer : Spektralfotometer *nt*

spectrophotometry : Spektralfotometrie *f*

spectroscope : Spektroskop *nt*

spectroscopy : Spektralanalyse *f*, Spektroskopie *f*

spectrum : Spektrum *nt*

speech : Ansprache *f*, Vortrag *m*

speed : Gang *m*, Geschwindigkeit *f*, Lichtempfindlichkeit *f*, Schnelligkeit *f*, Tempo *nt*

~ **of sound:** Schallgeschwindigkeit *f*

~-limit : Geschwindigkeitsbeschränkung *f*, Tempolimit *nt*

speedometry : Geschwindigkeitsmessung *f*

spell : Periode *f*

~ **out** : genau erklären *v*

spelt : Dinkel *m*

spent : ausgelaugt, erschöpft, hinfällig, verbraucht *adj*

~ **air** : Abluft *f*

~ **fat** : Altfett *nt*

~ **fuel** : abgebrannter Brennstoff *(m)*

~ **gas liquor** : Ammoniakabwasser *nt*

~ **liquor** : Ablauge *f*

~ **lye** : Ablauge *f*

~ **oil** : Altöl *nt*

~ ~ **discharge** : Altölbeseitigung *f*

~ ~ **legislation** : Altölgesetz *nt*

~ ~ **reuse** : Altölverwertung *f*

sperm : Spermatozoon *nt*, Spermium *nt*

spermatogenesis : Spermatogenese *f*

spermatozoon : Spermatozoon *nt*, Spermium *nt*

sperm || bank : Samenbank *f*

~ **count** : Bestimmung der Spermienzahl *(f)*

spermicide : Spermizid *nt*

sperm number : Spermienzahl *f*

sphagnum : Sphagnum *nt*, Torfmoos *nt*

~ **moss** : Torfmoos *nt*

~ **peat** : Bleichmoostorf *m*, Sphagnumtorf *m*

sphere : Sektor *m*

spice : Gewürz(e) *nt/pl*, Würze *f*

~ : würzen *v*

~ **plant** : Gewürzpflanze *f*

spike : Ähre *f*

spill : ausgelaufene Flüssigkeit *(f)*

~ : auslaufen, verschütten *v*

spillage : Ausfluss *m*, Auslaufen *nt*, Verschütten *nt*

spill control || hose : Aufsaugschlauch *m*

~ ~ **mat** : Aufsaugmatte *f*

spillover : Überfall *m*

spillway : Entlastungsgerinne *nt*, Hochwasserentlastungsanlage *f*, Überfall *m*, Überlaufbauwerk *nt*, Wasserüberlauf *m*

~ **channel** : Überfallkanal *m*

spine : Buchrücken *m*, Rückgrat *nt*, Stachel *m*, Wirbelsäule *f*

~ **damage** : Rückenschaden *m*

spinney : Feldgehölz *nt*, Wäldchen *nt*

spiral : spiralförmig, spiralig *adj*

~ : Spirale *f*

~ **grain** : Drehwuchs *m*

~ **growth** : Drehwuchs *m*

spirally : spiralförmig, spiralig *adv*

spirit : Geist *m*

spiritual : geistig, geistlich, spirituell *adj*

spiritually : spirituell *adv*

spiritual nourishment : geistige Nahrung *(f)*

spit : Halbinsel *f*, Landzunge *f*, Sandbank *f*, Spatentiefe *f*, Untiefe *f*

splash : Plätschern *nt*, Spritzen *nt*, Spritzer *m*, Tupfer *m*

~ : spritzen, sprenkeln *v*

~ **board** : Spritzgutkasten *m*, Spritzschutz *m*

~ **cup** : Spritzgutschale *f*

~ **erosion** : Regenerosion *f*, Spritzerosion *f*, Tropfenerosion *f*

~ **funnel** : Spritzguttrichter *m*

~ **pedestal** : Spritzerosionssäule *f*

~ **wall** : Spritzwand *f*

splinter : Splitter *m*

~ : sich aufsplittern, splittern, zersplittern *v*

~ **protection glasses** : Splitterschutzbrille *f*

splitting : Spalt-, spaltend, teilend, trennend *adj*

~ : Spalten *nt*, Splittern *nt* Teilen *nt*, Zerreißen *nt*

~ **plant** : Spaltanlage *f*

~ **for residual reels:** Restrollenspaltanlage *f*

spoil : Abraum *m*, Abraumgut *nt*, Bodenaushub *m*

~ : beeinträchtigen, verderben *v*

~ **the view:** die Aussicht verschandeln

~ **bank** : Abraumhalde *f*, Grabenaushub *m*, Seitenablagerung *f*

~ **dump** : Halde *f*

spoiled : beeinträchtigt *adj*

spoiling : Beeinträchtigung *f*

spongy : schwammig *adj*

~ **platinum** : Platinschwamm *m*

sponsor : Sponsor *m*

~ : sponsern *v*

sponsored : gesponsert *adj*

spore : Spore *f*

sporicidal : sporenvernichtend *adj*

sporicide : Sporenvernichtungsmittel *nt*

sporophytes : Kryptogamen *pl*

sport : Sport *m*

~-fishing : Sportfischerei *f*

sporting : anständig, fair, großzügig, Sport-, sportlich *adj*

~ **gun** : Jagdgewehr *nt*

sports || aircraft : Sportflugzeug *nt*

~ **boat** : Sportboot *nt*

~ **club** : Sportverein *m*

~ **complex** : Sportanlage *f*

~ **facility** : Sportanlage *f*

~ **field** : Sportplatz *m*

~ **ground** : Sportfeld *nt*, Sportplatz *m*

sportsman : Sportler *m*

sports || pilot : Sportflieger *m*

~ **plane** : Sportflieger *m*, Sportflugzeug *nt*

sportswoman : Sportlerin *f*

spot : Punkt *m*

~ exhaust ventilation system : Punktabsaugsystem *nt*

sprawl : Ausbreitung *f*, Ausdehnung *f*

spray : Nieselregen *m*, Spray *nt*, Spritzmittel *nt*, Sprühnebel *m*, Sprühregen *m*

~ **irrigation of sewage:** Abwasserverregnung *f*

~ : besprühen, sprayen, spritzen, versprühen *v*

~ can : Sprühdose *f*

~ drift : Abdrift *f*, Verwehung *f*

sprayed : besprüht, gespritzt, gesprüht *adj*

~ asbestos : Spritzasbest *m*

spraying : Spritzen *nt*, Zerstäubung *f*

~ plant : Spritzlackiererei *f*

spray tower : Sprühwäscher *m*

spread : ausbreiten, verbreiten *v*

spreading : Ausbreitung *f*, Verbreitung *f*, Verteilung *f*

~ **of sound:** Schallausbreitung *f*

~ calculation : Ausbreitungsrechnung *f*

sprigging : Stecklingspflanzung *f*

spring : Feder *f*, Frühjahr *nt*, Frühling *m*, Quelle *f*

~ : entspringen *v*

~ balance : Federwaage *f*

springboard : Sprungbrett *nt*

spring || equinox : Frühlingsäquinoktikum *nt*, Frühlingstagundnachtgleiche *f*

~ mire : Quellmoor *nt*

~ overturn : Frühjahrszirkulation *f*

~ season : Frühling *m*

~ thermometer : Federthermometer *nt*

~ tide : Springflut *f*, Springtide *f*

~ water : Quellwasser *nt*

~ ~ gley soil : Quellengley *m*

~ zone : Quellregion *f*

sprinkler : Regner *m*, Sprinkler *m*

~ irrigation : Beregnung *f*

sprout : Keim *m*, Spross *m*, Trieb *m*

~ : keimen, sprießen, wachsen *v*

~ vegetable : Sprossgemüse *nt*

spruce : Fichte *f*

~ forest : Fichtenforst *m*

spur : Sporn *m*

~ dike : Buhne *f*

~ terrace : Ablenkdamm *m*

squall : Bö *f*, Stoßwind *m*

squally : böig *adj*

square : quadratisch, rechteckig *adj*

~ : breit, ehrlich, fair *adv*

~ : Platz *m*, Quadrat *nt*

~ : quadrieren, rechtwinklig machen *v*

~ dimension : Flächengröße *f*

squash : Fruchtsaftgetränk *nt*

~ : ablehnen, niederschlagen, pressen, (sich) quetschen, zerquetschen, zunichte machen *v*

~ valve : Quetschventil *nt*

stability : Beständigkeit *f*, Resistenz *f*, Stabilität *f*

stabilization : Befestigung *f*, Stabilisierung *f*

~ **of slope:** Böschungssicherung *f*

~ lagoon : Stabilisierungsbecken *nt*

~ policy : Konjunkturpolitik *f*

~ pond : Abwasserteich *m*, Oxidationsteich *m*, Stabilisierungsteich *m*

stabilize : (sich) stabilisieren *v*

stabilized : stabilisiert *adj*

~ grade : stabiles Sohlengefälle *(nt)*

~ sludge : stabilisierter Schlamm *(m)*

stabilizer : Antikatalysator *m*, Stabilisator *m*

stable : beständig, stabil *adj*

~ : Stall *m*

~ climax : stabile Klimaxgesellschaft *(f)*

~ humus : Dauerhumus *m*

~ population : stabile Population *(f)*

~'s spent air: Stallabluft *f*

stack : Klippe *f*, Schornstein *m*

stacked : gestapelt *adj*

~ cubic metre : Raummeter *m*, Ster *m*

~ volume : Raummeter *m*, Ster *m*

stacker : Stapler *m*

stack loss : Abgasverlust *m*

stadium : Sportstadion *nt*

staff : Personal *nt*, Stab *m*

~ exchange : Personalaustausch *m*

~ gauge : Lattenpegel *m*

stage : Abschnitt *m*, Phase *f*

~ **of biological cycle:** Lebensstadium *nt*

~ **of building:** Bauabschnitt *m*

~ **of life:** Entwicklungsstadium *nt*, Lebensstadium *nt*

~ hydrograph : Wasserstandsganglinie *f*

stagger : schwanken, zum Schwanken bringen, die Sprache verschlagen, torkeln, versetzt anordnen *v*

~ trench : Staffelgraben *m*

stagnant : abgestumpft, stagnierend, stehend *adj*

~ water : stehendes Gewässer *(nt)*

stagnate : stagnieren *v*

stagnation : Stagnation *f*

~ index : Stagnationsindex *m*

stagnopodzol : Staupodsol *m*

stain : Einfärbung *f*, Farbstoff *m*, Fleck *m*

~ : anfärben, einfärben, färben, Flecken hinterlassen *v*

staining : Anfärbung *f*, Färbung *f*

stainless : rostfrei *adj*

~ steel : Edelstahl *m*

~ ~ chimney : Edelstahlkamin *m*

~ ~ pipe : Edelstahlrohr *nt*

~ ~ pipe system : Edelstahlrohrleitung *f*

~ ~ pump : Edelstahlpumpe *f*

stake : Fluchtstab *m*

stakeholder : Beteiligter *m*

staking : Absteckung *f*

stalactite : Stalaktit *m*

stalagmite : Stalakmit *m*

stalemate : Patt *nt*

stalk : Stiel *m*

stamen : Staubblatt *nt*

stamp out : ausrotten, beseitigen *v*

stance : Haltung *f*

stand : Bestand *m*, Stand *m*, Ständer *m*, Tribüne *f*, Widerstand *m*, Zeugenstand *m*

~ **for garbage bags:** Müllsackständer *m*

standard : üblich *adj*

~ : Grenzwert *m,* Hochstamm *m,* Norm *f,* Standard *m*

~ **for drinking-water:** Trinkwassernorm *f*

~ **of air cleanness:** Luftreinheitsnorm *f*

~ **of living:** Lebensstandard *m*

~ **deviation** : Standardabweichung *f*

standardization : Eichung *f,* Normierung *f,* Normung *f,* Standardisierung *f*

standardize : normen, normieren, standardisieren *v*

standard || method : Standardmethode *f*

~ **pump** : Normpumpe *f*

~**s committee** : Normenausschuss *m*

standard || solution : Titrierlösung *f*

~ **state** : Normzustand *m*

stand || density : Bestockungsgrad *m*

~ **height** : Bestandeshöhe *f*

standing : stehend *adj*

~ **crop** : stehende Ernte *(f),* vorhandene Biomasse *(f)*

~ **timber** : Baumholz *nt,* stehendes Holz *(nt)*

standpoint : Standpunkt *m*

stand || structure : Bestandesaufbau *m*

~ ~ **type** : Bestandesaufbauform *f*

~ **table** : Durchmesserverteilung *f*

~ **type** : Bestandestyp *m*

~ **up** : eintreten, sich einsetzen *v*

staphylococcal : Staphylococcus- *adj*

~ **poisoning** : Staphylococcus-Vergiftung *f*

starch : Stärke *f*

~ **manufacture** : Stärkeherstellung *f*

starchy : stärkehaltig, stärkereich *adj*

start : starten *v*

~ **from cover:** aufjagen *v*

~ **of building:** Baubeginn *m*

~ **of construction:** Baubeginn *m*

starter : Anlasser *m*

starting-point : Ausgangspunkt *m*

start up : ans Netz gehen *v*

starvation : Hunger *m,* Hungern *nt,* Verhungern *nt*

starve : hungern *v*

stasis : Statik *f,* Stillstand *m*

state : Landes-, staatlich, Staats- *adj*

~ : Beschaffenheit *f,* Prunk *m,* Staat *m,* Stadium *nt,* Stand *m,* Zustand *m*

by the ~: staatlich *adv*

of the ~: staatlich *adj*

~ **founded on the rule of law:** Rechtsstaat *m*

~ **of economy:** Wirtschaftsstufe *f*

~ **of technological development:** Stand der Technik *(m)*

~ **of the art:** Stand der Technik *(m)*

~ **of the environment data:** Umweltzustandsdaten *pl*

~ **of the environment report:** Umweltbericht *m*

~ **of waste:** Abfallbeschaffenheit *f*

~ : angeben, äußern, darlegen, erklären, festlegen, vorschreiben *v*

~ **activity** : hoheitliche Maßnahme *(f)*

~**-approved:** staatlich anerkannt *adj*

~ **authority** : Landesbehörde *f*

~ **boundary** : Landesgrenze *f,* Staatsgrenze *f*

~ **budget** : Landeshaushalt *m*

~ **building code** : Landesbauordnung *f*

~ **constitution** : Landesverfassung *f*

stated : verordnet *adj*

~ **dose:** verordnete Dosis *(f)*

state || development : Landesentwicklung *f*

~ ~ **programme** : Landesentwicklungsprogramm *nt*

~ **duty** : hoheitliche Aufgabe *f*

~ **enterprise** : Staatsbetrieb *m*

~ **examination** : Staatsprüfung *f*

~**-financed** : staatlich finanziert *adj*

~ **forest law** : Landeswaldgesetz *nt*

~ **frontier** : Staatsgrenze *f*

~ **government** : Landesregierung *f,* Staatsregierung *f*

~ **hunting law** : Landesjagdgesetz *nt*

~ **law** : Landesgesetz *nt,* Landesrecht *nt*

~ **legislation** : Landesgesetzgebung *f*

statement : Aussage *f,* Behauptung *f,* Darlegung *f,* Erklärung *f,* Stellungnahme *f*

~ **of claim:** Klageschrift *f*

~ **of principle:** Grundsatzerklärung *f*

~ **load** : Darlegungslast *f*

state || monopole : Staatsmonopol *nt*

~ **order** : Landesverordnung *f*

~**-owned** : staatlich *adj*

~ **planning || act** : Landesplanungsgesetz *nt*

~ ~ **law** : Landesplanungsrecht *nt*

~ **president** : Staatspräsident *m,* Staatspräsidentin *f*

~ **property** : Staatseigentum *nt*

statesman : Staatsmann *m*

state || system : Staatsform *f*

~ **waste || disposal law** : Landesabfallgesetz *nt*

~ ~ **law** : Landesabfallgesetz *nt*

~ ~ **levy act** : Landesabfallabgabengesetz *nt*

~ **water law** : Landeswassergesetz *nt*

static : konstant, statisch *adj*

~ **electricity** : statische Elektrizität *(f)*

~ **equilibrium** : Statik *f*

statics : Statik *f*

static test : Belastungsanalyse *f*

station : Bahnhof *m,* Station *f*

stationary : stationär *adj*

~ **self-compacting container** : stationärer Selbstpressbehälter *(m)*

~ **waste processing plant** : stationäre Abfallaufbereitungsanlage *(f)*

statistical : statistisch *adj*

~ **evaluation** : statistische Auswertung *(f)*

statistics : Statistik *f*

~ **of waste:** Abfallstatistik *f*

~ **on accidents:** Unfallstatistik *f*

stator : Stator *m*

statute : Gesetz *nt*

~-book : Gesetzbuch *nt*

also spelled: statute book

be placed on the ~-~: Gesetzeskraft erlangen *v*

statutes : Satzung *f*

statutory : gesetzlich *adj*

~ act : Rechtsvorschrift *f*

~ footpath : Fußweg mit garantiert freier Benutzbarkeit *(m)*

~ form : Formvorschrift *f*

~ instrument : Rechtsvorschrift *f*

~ law : kodifiziertes Recht *(nt)*

steady : beständig, gleichbleibend, gleichmäßig, ruhig, stabil, standfest, standhaft, stetig, zuverlässig *adj*

~ : beruhigen, festhalten, ruhig halten, sich mäßigen, sich stabilisieren *v*

~ state : Fließgleichgewicht *nt*, Gleichgewicht *nt*

~ ~ theory : Gleichgewichtstheorie *f*

steam : Dampf *m*, Wasserdampf *m*

~ engine : Dampfmaschine *f*

~ generator : Dampferzeuger *m*

~ heating : Dampfheizung *f*

~ power : Dampfkraft *f*

~ ~ station : Dampfkraftwerk *nt*

~ pressure : Dampfdruck *m*

~ reactor : Dampfgenerator *m*

~ stripper : Dampfstripper *m*

~ turbine : Dampfturbine *f*

steel : Stahl *m*

~ basin : Stahlbecken *nt*

~ chimney : Stahlschornstein *m*

~ fibre nonwoven : Stahlfaservlies *nt*

~ industry : Stahlindustrie *f*

~ market : Stahlmarkt *m*

~ mill : Eisenhütte *f*

~ pipe : Stahlrohr *nt*

~ ~ system : Stahlabgasleitung *f*

~ refining : Stahlveredelung *f*

~ working : Stahlverformung *f*

steelworks : Stahlwerk *nt*

steep : steil *adj*

steering : Steuerung *f*

stem : Schaft *m*, Stamm *m*, Stiel *m*

~ analysis : Stammanalyse *f*

~ cutting : Stengelsteckling *m*

~ flow : Stammabfluss *m*

~ wood : Stammholz *nt*

stench : Gestank *m*

stenecious : stenök *adj*

stenoecious : stenök *adj*

stenohaline : stenohalin *adj*

stenothermous : stenotherm *adj*

step : Schritt *m*, Stufe *f*

~s to reduce CO_2 levels: CO_2-Reduzierungsschritte *pl*

~ filter : Etagenfilter *m*

steppe : Steppe *f*

become ~: versteppen *v*

stepped : abgestuft, gestuft, stufenförmig, stufig, terrassiert, treppenartig *adj*

steppe soil : Steppenboden *m*

stepping : Tritt- *adj*

~ stone : Trittstein *m*

stepwise : schrittweise *adj*

stereoscope : Stereoskop *nt*

stereoscopic : Raum-, stereoskopisch *adj*

~ model : Raummodell *nt*

sterile : fruchtlos *adj*

~ filter : Sterilfilter *m*

sterilization : Desinfektion *f*, Entkeimung *f*, Sterilisation *f*

~ effect : Entkeimungseffekt *m*

sterilize : keimfrei machen, sterilisieren *v*

sterilized : sterilisiert *adj*

steward : Verwalter *m*, Verwalterin *f*

stiff : förmlich, hart, hartnäckig, schwer, schwergängig, steif, steil, zäh *adj*

~ breeze : steifer Wind *(m)*

stile : Trittleiter *f*, Zauntritt *m*

stilling : beruhigend, beschwichtigend, dämpfend, glättend, stillend *adj*

~ basin : Beruhigungsbecken *nt*, Tosbecken *nt*

~ chamber : Toskammer *f*

~ pond : Beruhigungsbecken *nt*, Tosbecken *nt*

~ pool : Beruhigungsbecken *nt*, Tosbecken *nt*

stilt : Pfahl *m*, Stelze *f*, Stelzenläufer *m*

~ root : Stelzwurzel *f*

stimulate : anregen, Anreiz schaffen, ermutigen, reizen, stimulieren, wecken *v*

stimulation : Stimulation *f*

stimulus : Reiz *m*, Stimulus *m*

sting : Stachel *m*, Stich *m*

~ : stechen *v*

stink : Gestank *m*

~ : stinken *v*

stipulate : fordern, verlangen, vorschreiben *v*

stipulation : Bedingung *f*, Forderung *f*

stirrer : Rührgerät *nt*

stock : Abstammung *f*, Stamm *m*, Unterlage *f*, Vieh *nt*, Vorrat *m*

~ (Am) : Aktien *pl*

~-breeder : Viehzüchter *m*, Viehzüchterin *f*

~-breeding : Tierzucht *f*, Viehzucht *f*

~ culture : Stammkultur *f*

~ exchange : Aktienbörse *f*

~ ~ quotation : Börsennotierung *f*

~ farm : Viehfarm *f*

~ farmer : Viehhalter *m*

~ farming : Nutztierhaltung *f*, Viehhaltung *f*

Stockholm Conference : Stockholmer Konferenz *(f)*

~ ~ on the Human Environment: Stockholmer Konferenz für menschliche Umwelt *(f)*

stocking : Belieferung *f*, Besatz *m*, Bestockung *f*, Lagerhaltung *f*

~ density : Besatzstärke *f*

~ rate : Besatzstärke *f*

stock level : Viehdichte *f*

stockman : Arbeiter in der Viehzucht *(m)*

stock || management : Materialwirtschaft *f*, Viehhaltung *f*

~ market : Aktienbörse *f*

~ pond : Viehtränke *f*

~ quotation : Aktiennotierung *f*

stocks : Viehbestand *m*

stock-taking : Bestandsaufnahme *f*

stoichiometry : Stöchiometrie *f*

stolen : heimlich, verstohlen *adj*
stoma : Spaltöffnung *f*, Stoma *nt*
stomach : Bauch *m*, Magen *m*
~ **insecticide** : Fraßgift *nt*
stone : Stein *m*
~ **bund** : Steinwall *m*
~ **dust** : Gesteinsstaub *m*
~ **facing** : Steinpackung *f*
~**-fruit** : Steinobst *nt*
~ **lining** : Steinauskleidung *f*
~ **mattress** : Steinpacklage *f*
~ **mulch** : Steinmulch *m*
~ **substitute** : Steinersatzmasse *f*
~ **tip** : Steinhaufen *m*
stony : steinig *adj*
~ **bank** : Kiesstrand *m*
~ **beach** : Kiesstrand *m*
stool : Baumstumpf *m*, Wurzelstock *m*
~ **shoot** : Stockausschlag *m*
stop : Anschlag *m*, Halt *m*, Haltestelle *f*, Stop *m*
~ : abstellen, anhalten, aufhalten, beenden, einstellen, stoppen, unterbrechen, verhindern, verschließen *v*
~ **log** : Dammbalken *m*
~ ~ **device** : Zangenbalken *m*
~ **valve** : Absperrventil *nt*
storage : Lagerung *f*, Speichern *nt*, Speicherraum *m*, Speicherung *f*, Stauraum *m*
~ **of waste:** Abfalllagerung *f*
~ **battery** : Akkumulator *m*
~ **capacity** : Speicherfähigkeit *f*, Speicherinhalt *m*, Speicherkapazität *f*
~ **coefficient** : Rückhaltefaktor *m*
~ **dam** : Staudamm *m*
~ **ditch** : Speichergraben *m*
~ **level** : Stauspiegel *m*
~ **life** : Lagerfähigkeit *f*
~ **polder** : Entlastungspolder *m*, Speicherpolder *m*
~ **power station** : Speicherkraftwerk *nt*
~ **protein** : Speicherprotein *nt*
~ **reservoir** : Rückhaltebecken *nt*, Speicherbecken *nt*
~ ~ **for rainwater:** Regenwasserrückhaltebecken *nt*
~ **surface** : Speicheroberfläche *f*
store : speichern *v*
stored : gespeichert *adj*
~ **soil moisture** : Bodenwasservorrat *m*
storey : Bestandesschicht *f*, Geschoss *nt*
storm : Sturm *m*, Unwetter *nt*
~ **drain** : Regenwasserkanal *m*
~ **tide** : Sturmflut *f*
~ ~ **water level for dike design:** Bemessungswasserstand *m*
~**-water || flow** : Regenwetterzufluss *m*
~-~ **holding sewer** : Rückhaltekanal *m*
~-~ **holding tank** : Regenrückhaltebecken *nt*
~-~ **outlet** : Regenauslass *m*
~-~ **overflow** : Regenüberlauf *m*
~-~ ~ **rate** : Entlastung *f*
~-~ **sedimentation tank** : Regenklärbecken *nt*
~-~ **tank** : Regenbecken *nt*
~-~ ~ **with overflow:** Regenüberlaufbecken *nt*
stove : Ofen *m*
straight : aufrecht, direkt, glatt *adj*
straighten : begradigen, geradeziehen, glätten *v*
straight-way : Durchgangs- *adj*
~-~ **cock** : Durchgangshahn *m*
~-~ **valve** : Durchgangsventil *nt*
strain : Belastung *f*, Rasse *f*, Sorte *f*, Stamm *m*, Überbelastung *f*
strait(s) : Meerenge *f*
strands : Algenzöpfe *pl*
strangler : Würger *m*
strata : Schichten *pl*
strategic : bedeutsam, strategisch *adj*
~̣ **Environmental Assessment** : Strategische Umweltverträglichkeitsprüfung *(f)*
~ **planning** : langfristige Planung *(f)*
~ **research** : Grundlagenforschung *f*
strategical : bedeutsam, strategisch *adj*
strategically : strategisch *adv*
stratification : Schichtung *f*
stratified : geschichtet *adj*
~ **random sampling** : Schichtenprobenahme *f*
stratum : Schicht *f*, Stratum *nt*
~ **of society:** Bevölkerungsschicht *f*
stratus : Schichtwolke *f*
straw : Nichtigkeit *f*, Stroh *nt*, Strohhalm *m*, Strohhut *m*
~ **hive** : Bienenkorb *m*
streak : Ausstrich *m*
stream : Bach *m*
streambank : Bachufer *nt*, Flussufer *nt*, Ufer *nt*
~ **erosion** : Flussufererosion *f*
~ **stabilization** : Böschungssicherung *f*, Flussuferbefestigung *f*
streambed : Bachsohle *f*, Flussbett *nt*
~ **erosion** : Flussbetterosion *f*
streamflow : Fluss *m*
streamlined : stromlinienförmig *adj*
~ **spillway face** : Überlaufrücken *m*
street : Straße *f*
~ **plan** : Stadtplan *m*
strength : Stärke *f*
strengthen : stärken *v*
strengthening : Stärkung *f*
stress : Belastung *f*, Druck *m*, Spannung *f*
~ **factor** : Belastungsfaktor *m*
~ **tolerance** : Belastbarkeit *f*
~ ~ **level** : Belastbarkeit *f*
stretch : dehnbar *adj*
~ : Abschnitt *m*, Elastizität *f*
~ **of coast:** Küstenstrich *m*
~ : dehnen, erstrecken, spannen, strecken, überschreiten *v*
stretcher : Krankentrage *f*
striation : Furche *f*, Schramme *f*
strict : genau, streng, strikt *adj*
~ **forest reserve** : Naturwaldreservat *nt*
~ **liability** : Erfolgshaftung *f*
strictly : streng *adv*
strict || protection : strenger Schutz *(m)*
~ **reserve** : Totalreservat *nt*
strike : schlagen *v*

striking : auffallend, bemerkenswert, erstaunlich, schlagend *adj*

~ : Abbau *m*

stringent : einschneidend *adj*

~ measure : einschneidende Maßnahme *(f)*

strip : Streifen *m*

~ : entblättern, entfernen *v*

~ cropping : Anbau in schmalen Streifen *(m)*

~ cultivation : Streifenbearbeitung *f*

~ of soil : streifenweise Bodenbearbeitung *(f)*

~ grazing : Portionsweide *f*, Rotationsweide *f*, Wechselweide *f*

~ mine : Tagebau *m*

~ mining : Tagebau *m*

stripper : Abscheider *m*, Farbentferner *m*, Tapetenlöser *m*

strip || system : Saumschlagbetrieb *m*

~ tillage : Reihenbearbeitung *f*

strong : stark *adj*

strongly : stark *adv*

structural : baulich, bautechnisch *adj*

~ damage : Bauschaden *m*

~ ~ to building: Gebäudeschaden *m*

~ engineering : Bautechnik *f*, Hochbau *m*

~ height of dam : Dammhöhe *f*

structurally : bautechnisch *adv*

structural || plant : bauliche Anlage *(f)*

~ sound proofing : baulicher Schallschutz *(m)*

~ steel : Baustahl *m*

~ steelwork : Stahlbau *m*

~ ~ in tubular design : Stahlrohrkonstruktion *f*

~ testing : Bauprüfung *f*

~ utilization : bauliche Nutzung *(f)*

structure : Aufbau *m*, Bauweise *f*, Bauwerk *nt*, Konstruktion *f*, Struktur *f*, Strukturierung *f*

~ of duties: Abgabenstruktur *f*

~ of rates: Abgabenstruktur *f*

~ of taxes: Abgabenstruktur *f*

~ of the market: Marktstruktur *f*

~ with overflow: Entlastungsbauwerk *nt*

~ : bauen, konstruieren, regeln, strukturieren *v*

~-borne : körperbürtig *adj*

~-~ sound : Körperschall *m*

~-~ ~ insulating material : Körperschalldämmstoff *m*

~-~ ~ meter : Körperschallmessgerät *nt*

~-~ ~ microphone : Körperschallmikrofon *nt*

stub : Zigarettenkippe *f*

~ : ausdrücken, austreten *v*

stubble : Stoppel *f*

~ burning : Abbrennen von Stoppelfeldern *(nt)*

~ cleaner : Schälpflug *m*

~ field : Stoppelfeld *nt*

~ mulch : Stoppelmulch *m*

~ plough : Schälpflug *m*

stub out : ausdrücken *v*

student : Schüler *m*, Schülerin *f*

study : Lernen *nt*, Studie *f*, Studium *nt*, Untersuchung *f*

~ of historic monuments: Denkmalkunde *f*

~ : durchlesen, lernen, studieren, untersuchen *v*

~ area : Untersuchungsgebiet *nt*

~ course : Kurs *m*

~ group : Arbeitsgruppe *f*, Arbeitskreis *m*

~ unit : Lerneinheit *f*

stump : Rednertribüne *f*, Stockholz *nt*, Stummel *m*, Stumpf *m*

~ : durcheinander bringen, stapfen, trameln, verwirren *v*

stumpage : stehendes Holz *(m)*

~ rate : erntekostenfreier Holzerlös *(m)*

~ value : erntekostenfreier Holzerlös *(m)*

stump planting : Wurzelstockpflanzung *f*

stunning : bestürzend, betäubend, hinreißend, ohrenbestäubend, sensationell, umwerfend, wuchtig *adj*

stunt : hemmen, verkümmern lassen *v*

sty : Stall *m*

style : Stil *m*

~ of driving: Fahrstil *m*

subalpine : subalpin *adj*

subaqua : Tauchsport *m*

subaqua-diving : Gerätetauchen *nt*

subarctic : subarktisch *adj*

~ region : subarktische Region *(f)*

subatmospheric : subatmosphärisch *adj*

~ pressure : Unterdruck *m*

subcatchment : Teileinzugsgebiet *nt*, Untereinzugsgebiet *nt*

subcloud : an der Wolkenunterseite *adj*

~ layer : Luftschicht an der Wolkenunterseite *(f)*

subhydric : subhydrisch, Unterwasser- *adj*

~ soil : subhydrischer Boden *(m)*, Unterwasserboden *m*

subject : Fach *nt*, Thema *nt*

subjective : subjektiv *adj*

~ right : subjektives Recht *(nt)*

subject || teacher : Fachlehrer *m*, Fachlehrerin *f*

~ to : abhängig von *adj*

~ ~ duty: abgabenpflichtig *adj*

~ ~ interference: Eingriffsvorbehalt *m*

sublittoral : sublitoral *adj*

~ plant : sublitorale Pflanze *(f)*

submarine : unterseeisch *adj*

submerge : fluten, untertauchen, unter Wasser setzen *v*

submerged : geflutet, Tauch-, untergetaucht *adj*

~ contact aerator : Tauchkörper *m*

~ macrophytes : Weichflora *f*

~ pump : Tauchpumpe *f*

~ pumping station : Unterwasseranordnung *f*

~ trickling filter : Tauchtropfkörper *m*

~ vegetation : Unterwasservegetation *f*

~ weir : Grundwehr *nt*

submersible : Tauch-, tauchfähig *adj*

~ : Tauchboot *nt*

~ motor pump : Tauchmotorpumpe *f*

~ pump : Tauchpumpe *f*

~ turbo-generator : Tauchgeneratorturbine *f*

submountainous : submontan *adj*

subnatural : naturnah *adj*

sub-Saharan : südlich der Sahara gelegen *adj*

subsea : unterseeisch *adj*

~ **drilling** : Unterwasserbohrung *f*

subsection : Unterabschnitt *m*

subsequent : nachträglich *adj*

subsequently : nachträglich *adv*

subside : abklingen, nachlassen, sinken *v*

subsidence : Absackung *f*, Absinken *nt*, Einsturz *m*, Senkung *f*

~ **inversion** : Absinkinversion *f*

subsidize : finanziell unterstützen *v*

subsistence : Lebensgrundlage *f*, Überleben *nt*

~ **farming** : Ackerbau für den Eigenbedarf *(m)*

~ **food** : Erhaltungsnahrung *f*

subsoil : B-Horizont *m*, Unterboden *m*, Untergrund *m*

~ **cultivator** : Tiefenlockerer *m*, Untergrundlockerer *m*

subsoiler : Tiefenlockerer *m*, Untergrundlockerer *m*

subsoil erosion : Untergrunderosion *f*

subsoiling : Tiefenlockerung *f*, Unterbodenlockerung *f*, Untergrundlockerung *f*

subsoil || plow (Am) : Tiefenlockerer *m*, Untergrundlockerer *m*

~ **sealing** : Untergrundabdichtung *f*

~ **tillage** : Tiefenlockerung *f*, Unterbodenlockerung *f*, Untergrundlockerung *f*

~ **tiller** : Tiefenlockerer *m*, Untergrundlockerer *m*

~ **water** : Grundwasser *nt*

subspecies : Unterart *f*

substance : Mittel *nt*, Stoff *m*, Substanz *f*

~ **turnover** : Stoffkreislauf *m*

substitute : Ersatz *m*

~ : austauschen, ersetzen *v*

~ **community** : Ersatzgesellschaft *f*

~ **fertilizer** : Ersatzdünger *m*

substitution : Austausch *m*

substratum : Liegendes *nt*, Substratum *nt*, Untergrund *m*

subsurface : Untergrund-, unterirdisch *adj*

~ : Untergrund *m*

~ **drain** : Drän *m*

~ **draining** : Untergrundentwässerung *f*

~ **flow** : Bodenwasserabfluss *m*

~ **road** : Tiefstraße *f*

~ **tillage** : Unterbodenbearbeitung *f*

~ **water** : Tiefenwasser *nt*

subtlety : Feinheit *f*

subtropical : subtropisch *adj*

~ **high** : subtropisches Hoch *(nt)*, subtropisches Hochdruckgebiet *(nt)*

subtype : Untertyp *m*

suburban : Vorort-, am Stadtrand gelegen *adj*

~ **area** : Außenbereich *m*

subwatershed (Am) : Teileinzugsgebiet *nt*, Untereinzugsgebiet *nt*

subway : U-Bahn *f*

success : Erfolg *m*

succession : Folge *f*, Rechtsnachfolge *f*, Serie *f*

~ **of crops:** Fruchtfolge *f*, Fruchtwechsel *m*

~ **to rights and obligations:** Rechtsnachfolge *f*

successive : aufeinanderfolgend *adj*

succulent : fleischig *adj*

~ : Fettpflanze *f*

suck : lutschen, saugen *v*

~ **away** : absaugen *v*

sucker : Ausläufer *m*

suction : Absaugung *f*

~ **filter** : Vakuumfilter *m*

~ **head** : Saughöhe *f*

~ **hose** : Saugschlauch *m*

~ **lift** : Ansaughöhe *f*

~ **time** : Fließzeit *f*

~ **vehicle** : Saugfahrzeug *nt*

sue : klagen *v*

suffer : leiden *v*

suffering : duldend, erleidend, leidend *adj*

~ : Leid *nt*, Leiden *nt*

~ **from a water shortage:** wasserarm *adj*

sufficiency : Hinlänglichkeit *f*

sufficient : ausreichend *adj*

~ **resources** : ausreichende Mittel *(pl)*

suffructescent : halbstrauchig *adj*

suffruticose : halbstrauchig *adj*

sugar : Zucker *m*

~ **beet** : Zuckerrübe *f*

~ **cane** : Zuckerrohr *nt*

~ **industry** : Zuckerindustrie *f*

~ **substitute** : Zuckerersatz *m*

suggest : vorschlagen *v*

suggestion : Anregung *f*, Vorschlag *m*

suicide : Selbstmord *m*

~ **mutation** : Selbstmordmutation *f*

suit : Klage *f*

~ **in an administrative court:** Verwaltungsgerichtsprozess *m*

suitability : Eignung *f*

suitable : geeignet, zweckentsprechend *adj*

suited : geeignet *adj*

not well ~: nicht besonders geeignet *adj*

sulfur (Am) : Schwefel *m*

~ **bacteria (Am)** : Schwefelbakterien *pl*

~ **content (Am)** : Schwefelgehalt *m*

~ **cycle (Am)** : Schwefelkreislauf *m*

sulfuric acid (Am) : Schwefelsäure *f*

~ ~ **manufacture (Am)** : Schwefelsäureherstellung *f*

sulfur || recovery plant (Am) : Schwefelrückgewinnungsanlage *f*

~**-reducing (Am)** : schwefelreduzierend *adj*

sullage : häusliches Abwasser *(nt)*, Schlammablagerung *f*

sulphur : Schwefel *m*

~ **bacteria** : Schwefelbakterien *pl*

~ **content** : Schwefelgehalt *m*

~ **cycle** : Schwefelkreislauf *m*

sulphuric : Schwefel- *adj*

~ **acid** : Schwefelsäure *f*

~ ~ **manufacture** : Schwefelsäureherstellung *f*

sulphur || recovery plant : Schwefelrückgewinnungsanlage *f*

~**-reducing** : schwefelreduzierend *adj*

sum : Gesamtheit *f*, Summe *f*

summer : Sommer *m*

~ **activity** : Sommeraktivität *f*

~**-dike** : Sommerdeich *m*

~ **habitat** : Sommerlebensraum *m*

~**-smog** : Sommersmog *m*

~ **solstice** : Sommersonnenwende *f*

~ **sport** : Sommersport *m*

sump : Ölwanne *f*

sun : Sonne *f*

sunbaked : ausgedörrt *adj*

sunbathing : Sonnenbaden *nt*

sunburn : Sonnenbrand *m*

sunburnt : sonnenverbrannt *adj*

sundial : Sonnenuhr *f*

sunflower : Sonnenblume *f*

sunglasses : Sonnenbrille *f*

sunlight : Sonnenlicht *nt*

~ **energy** : Sonnenenergie *f*

sunlit : sonnenbeschienen, sonnig *adj*

sunny : sonnig *adj*

sunrise : Sonnenaufgang *m*

sun-seeker : Sonnenhungrige *f*, Sonnenhungriger *m*

sunset : Sonnenuntergang *m*

sunshine : Sonnenschein *m*

~ **duration** : Sonnenscheindauer *f*

Sunship Earth : Raumschiff Erde *nt*

sunspots : Sonnenflecken *pl*

sun-worshipper : Sonnenanbeter *m*, Sonnenanbeterin *f*

supercooled : unterkühlt *adj*

supercooling : Unterkühlung *f*

superficial : oberflächlich *adj*

superheated : überhitzt *adj*

superheater : Überhitzer *m*

superinsulated : total isoliert *adj*

superior : besonders gut, hochgestellt, höhere /~r /~s, überlegen *adj*

~ : Überlegene *f*, Überlegener *m*, Vorgesetzte *f*, Vorgesetzter *m*

~ **knowledge** : Informationsvorsprung *m*

supernatant : überstehend *adj*

~ : Aufschwemmung *f*, Überstand *m*

~ **liquor** : Faulwasser *nt*, Überstandswasser *nt*

supersaturated : übersättigt *adj*

supersonic : Überschall- *adj*

~ **aircraft** : Überschallflugzeug *nt*

~ **boom** : Überschallknall *m*

supervising : beaufsichtigend *adj*

~ **authority** : Aufsichtsbehörde *f*

supervision : Aufsicht *f*

~ **of building (works):** Bauaufsicht *f*

~ **of construction (works):** Bauaufsicht *f*

~ **of control:** Abwägungskontrolle *f*

~ **of installations:** Anlagenüberwachung *f*

~ **of local authorities:** Kommunalaufsicht *f*

~ **value** : Überwachungswert *m*

supervisory : Aufsichts- *adj*

~ **body** : Überwachungsbehörde *f*

~ **measures** : Kontrollmaßnahmen *pl*

supplement : Nachtrag *m*, Nachtragsband *m*, Zusatz *m*, Zuschlag *m*

supplementary : ergänzend, zusätzlich *adj*

~ **agreement** : Zusatzübereinkommen *nt*

~ **convention** : Zusatzübereinkommen *nt*

~ **education** : Ergänzungsunterricht *m*

~ **provisions** : ergänzende Bestimmungen *(pl)*

supplies : Lieferungen *pl*

~ **for dumps:** Deponiebedarf *m*

supply : Bereitstellen *nt*, Lieferung *f*, Versorgung *f*, Vorräte *pl*

~ **and demand:** Angebot und Nachfrage

~ : abhelfen, beliefern, bereitstellen, liefern, erfüllen, versorgen, zur Verfügung stellen *v*

~ **technique** : Versorgungstechnik *f*

support : Unterstützung *f*

~ **for decision:** Entscheidungshilfe *f*

~ : fördern, unterstützen *v*

supporter : Förderer *m*

supporting : stärkend, stützend *adj*

~ **beam** : Träger *m*

~ **mass** : Staukörper *m*

~ **programme** : Rahmenprogramm *nt*

support || media : Füllkörper *m*, Füllstoff *m*, Trägermaterial *nt*

~ **price** : Garantiepreis *m*

suppress : niederschlagen *v*

supreme : größt-, höchst- *adj*

~ **Administrative Court** : Bundesverwaltungsgericht *nt*

~ **Court** : Bundesverfassungsgericht *nt*, oberster Gerichtshof *(m)*

~ ~ **of Justice:** Kammergericht *nt*

surf : Brandung *f*

surface : Oberfläche *f*

~ **of the water:** Wasseroberfläche *f*

~**-active** : grenzflächenaktiv *adj*

~-~ **agent:** grenzflächenaktiver Stoff *(m)*, oberflächenaktiver Stoff *(m)*

~ **area** : Flächenausdehnung *f*

~ **catchment area** : oberirdisches Einzugsgebiet *(nt)*

~ **crust** : Bodenkruste *f*, Oberflächenkruste *f*

~ **detention** : Oberflächenrückhalt *m*

~ **drain** : Entwässerungsgraben *m*

~ **drainage** : Oberflächenentwässerung *f*

~ **erosion** : Oberflächenerosion *f*

~ **flow** : Oberflächenabfluss *m*

~ ~ **rate** : Flächenbeschickung *f*

~ **inlet** : Oberflächeneinlass *m*

~ **irrigation** : Oberflächenbewässerung *f*

~ **layering** : Spreitlagenbau *m*

~ **loading** : Flächenbelastung *f*

~ **mine** : Tagebau *m*

~ **mining** : Tagebau *m*

~ **retention** : Oberflächenrückhalt *m*

~ **roughness** : Oberflächenrauigkeit *f*

~ **run-off** : Oberflächenabfluss *m*

~ ~-~ **collector** : Oberflächenabflusssammler *m*

~ ~-~ **plot** : Oberflächenabflussmessparzelle *f*

~ **sealing** : Oberflächenabdichtung *f*, Oberflächenversiegelung *f*

~ **soil** : Ackerkrume *f*, Bodenkrume *f*, Oberboden *m*

~ **technology** : Oberflächentechnik *f*

~ **tension** : Oberflächenspannung *f*

~ **tillage** : Oberbodenbearbeitung *f*

~ **treatment** : Oberflächenbehandlung *f*

~ ~ **industry** : oberflächenveredelnde Industrie *(f)*

~ **vegetation** : Vegetationsdecke *f*

~ **water** : Oberflächenwasser *nt*

~ ~ **gley soil** : Pseudogley *m*

~ ~ **run-off** : Oberflächenabfluss *m*

~ **waters** : Oberflächengewässer *nt*

~ **wind** : Bodenwind *m*

surfactant : Tensid *nt*

surge : Anstieg *m*, Branden *nt*, Überspannung *f*, Welle *f*, Woge *f*, Zunahme *f*

~ : branden *v*

~ **arrester** : Überspannungsableiter *m*

surgery : Wundbehandlung *f*

surgical : chirurgisch *adj*

~ **waste** : chirurgischer Abfall *(m)*

surplus : überschüssig *adj*

~ : Überschuss *m*

~ **sludge** : Überschussschlamm *m*

surrounding : umgebend, umliegend *adj*

~ **air** : Umgebungsluft *f*

~ **countryside** : Umland *nt*

surroundings : Milieu *nt*, Umgebung *f*

surroyals : Krone *f*

surveillance : Überwachung *f*

survey : Betrachtung *f*, Erhebung *f*, Kartierung *f*, Überblick *m*, Übersicht *f*, Überwachung *f*, Umfrage *f*, Untersuchung *f*, Vermessen *nt*, Vermessung *f*

~ : betrachten, bewerten, inspizieren, überblicken *v*

surveying : Vermessung *f*

~ **instrument** : Vermessungsgerät *nt*

~ **service** : Vermessungsleistung *f*

survival : Überleben *nt*

survive : überleben *v*

survivor : Hinterbliebene *f*, Hinterbliebener *m*, Überlebende *f*, Überlebender *m*

survivorship : Überlebensrate *f*

~ **curve** : Überlebenskurve *f*

susceptibility : Anfälligkeit *f*, Empfänglichkeit *f*

~ **to disturbance:** Störanfälligkeit *f*

suspend : ausschließen, aussetzen, hängen, suspendieren *v*

~ **the proceedings:** das Verfahren aussetzen

suspended : ausgeschlossen, hängend, schwebend, suspendiert *adj*

~ **dust** : Schwebstaub *m*

~ **load** : Schwebstoffbelastung *f*, Schwebstofffracht *f*

~ **matter** : Trübstoffe *pl*

~ **material** : Schwebstoffe *pl*

~ **(particulate) matter** : Schwebstoffe *pl*

~ **sediment** : Schwebstoffe *pl*, Schwebstofffracht *f*, Sinkstoffe *pl*

~ **solids** : Schwebstoffe *pl*

suspension : Ausschluss *m*, Federung *f*, Radaufhängung *f*, Schwebe *f*, Sperrung *f*, Suspendierung *f*, Suspension *f*

~ **of building work:** Baustopp *m*

~ **bridge** : Hängebrücke *f*

sustain : erhalten, unterhalten *v*

sustainability : Nachhaltigkeit *f*

sustainable : nachhaltig *adj*

~ **development** : nachhaltige Entwicklung *(f)*

~ ~ **education** : Bildung für nachhaltige Entwicklung *(f)*

~ **forest** : Dauerwald *m*

≗ **Regional Development Policy** : Politik für Nachhaltige Regionalentwicklung *(f)*

~ **use** : nachhaltige Nutzung *(f)*

sustainably : nachhaltig *adv*

swallow : Schluck *m*, Schwalbe *f*

~ : hinunterschlucken, schlucken, verschlucken *v*

~ **hole** : Ponor *m*, Schluckloch *nt*, Schwinde *f*

sward : Grasbestand *m*

swards : Grasbestände *pl*, Grasnarbe *f*, Rasen *m*, Rasendecke *f*, Rasenfilz *m*

swarf : feine Metallspäne *(pl)*

~ **disposal** : Metallspäneentsorgung *f*

swarm : Schwarm *m*

~ **of bees:** Bienenschwarm *m*

~ : schwärmen *v*

sweeping : ausholend, durchschlagend, fegend, pauschal, schweifend, schwungvoll, umfassend, umwälzend, weitreichend *adj*

~ : Kehricht *m*

~ **truck** : Kehrfahrzeug *nt*

swell : Seegang *m*

~ : anschwellen *v*

swelling : Schwellung *f*

swidden : Brandrodungsfläche *f*

~ **agriculture** : Wanderackerbau *m*, Wanderfeldbau *m*

~ **farming** : Brandwirtschaft *f*, Wanderackerbau *m*, Wanderfeldbau *m*

swim : schwimmen *v*

swimming : Bade-, Schwimm-, schwimmend *adj*

~ : Schwimmen *nt*

~ **bath** : Badeanstalt *f*

~ **pool** : Schwimmbad *nt*, Schwimmbecken *nt*

~ **waters** : Badegewässer *nt*

Swiss : schweizerisch *adj*

~ **Federal Office of Environment, Forests and Landscape:** Schweizerisches Bundesamt für Umwelt, Wald und Landwirtschaft *(nt)*

switch : Schalter *m*, Umstellung *f*

~ : umstellen *v*

syllabus : Lehrplan *m*

symbiosis : Lebensgemeinschaft *f*, Symbiose *f*

sympathetic : verträglich *adj*

synanthropic : synanthrop *adj*

~ **species** : Kulturfolger *m*

synclinal : Mulden-, muldenförmig, synklinal *adj*

~ **valley** : Muldental *nt*

syncline : Synklinale *f*

synecology : Synökologie *f*

synergist : Synergist *m*

synergistic : synergistisch *adj*

synergy : Synergie *f*

synroc : Synthesegestein *nt*

synthesize : synthetisch herstellen, synthetisieren *v*

synthetic : Kunst-, künstlich, synthetisch *adj*

synthetically : künstlich, synthetisch *adv*

synthetic || fertilizer : Kunstdünger *m*

~ **fibre** : Kunstfaser *f*

~ **fuel** : synthetischer Energieträger *(m)*

~ **material** : Kunststoff *m*

~ **~s industry** : Kunststoffindustrie *f*

~ **resin** : Kunstharz *nt*

~ ~ **paint** : Kunstharzlack *m*

synthesis : Synthese *f*

~ **gas** : Synthesegas *nt*

synusia : Synusie *f*

syringe : Spritze *f*

syrosem : Rohboden *m*, Syrosem *m*

system : Apparat *m*, System *nt*

~ **of measuring sites:** Messstellennetz *nt*

~ **of protection:** Schutzsystem *nt*

~ **of trophication:** Trophiesystem *nt*

systematic : systematisch *adj*

systemic : systemisch *adj*

~ **fungicide** : systemisches Fungizid *(nt)*

~ **herbicide** : systemisches Herbizid *(nt)*

~ **insecticide** : systemisches Insektizid *(nt)*

systems || analysis : Systemanalyse *f*

~ **comparison** : Systemvergleich *m*

~ **study** : Systemstudie *f*

~ **technique** : Systemtechnik *f*

~ **theory** : Systemtheorie *f*

table : Tabelle *f*, Tafel *f*, Tisch *m*

~ **mountain** : Tafelberg *m*

tactical : taktisch, taktisch klug *adj*

tactically : taktisch *adv*

tactical planning : mittelfristige Planung *(f)*

tafone : Tafoni *pl*

tagging : Kennzeichnung *f*

taiga : Taiga *f*

tailings : Abfallerz *nt*

tailpipe (Am) : Auspuffrohr *nt*

tailrace : Unterlauf *m*

~ **channel** : Unterwasserkanal *m*

tailwater : Unterwasser *nt*

taint : verderben *v*

tainter gate : Segment *nt*

take : aufnehmen, entnehmen, nehmen *v*

~ **in the wild** : aus der Natur entnehmen *v*

~ **into account** : berücksichtigen *v*

~ **action** : Maßnahmen ergreifen *v*

~ **away** : wegnehmen *v*

~ **inventory (Am)** : Bestandsaufnahme *f*

~ **legal action** : klagen *v*

taken : durchgeführt *adj*

~ **measure** : durchgeführte Maßnahme *(f)*

take || off : abnehmen, absägen, abschneiden, abtrennen, abziehen, ausziehen, starten, steigen, übernehmen, wegätzen *v*

~-~ : Absprung *m*, Aufschwung *m*, Start *m*

~-~ **site** : Startplatz *m*

~ **over the sponsorship** : sponsern *v*

~ **place** : stattfinden *v*

~ **safety precautions** : Sicherheitsvorkehrungen treffen *v*

~ **someone's pulse** : jemandem den Puls messen *v*

~ **something for granted** : etwas für selbstverständlich halten *v*

taking : Aufnahme *nt,* Einnahme *f,* Einnahmen *pl,* Entnahme *f,* Nehmen *nt*

~ **from the wild:** Entnahme aus der Natur *(f)*

~ **of evidence:** Beweisaufnahme *f,* Beweiserhebung *f*

~ **back** : Rücknahme *f*

takings : Einnahme *f,* Einnahmen *pl*

talent : Begabung *f,* Talent *nt,* Veranlagung *f*

talented : begabt *adj*

talk : Vortrag *m*

~ : reden *v*

tall : groß, hoch *adj*

~ **(perennial) herb** : Hochstaude *f*

talus : Hangschutt *m,* Kolluvium *nt*

~ **cone** : Schuttkegel *m*

~ **creep** : Bodenkriechen *nt*

tame : zahm *adj*

~ : zähmen *v*

tang : Tang *m*

tank : Bassin *nt,* Behälter *m,* Reservoir *nt,* Tank *m,* Wasserbecken *nt,* Wasserspeicher *m*

tanker : Tanker *m,* Tankfahrzeug *nt,* Tankschiff *nt,* Tankwagen *m*

~ **accident** : Tankerunfall *m*

~ **operations** : Tankerbetrieb *m*

~ **ship** : Tankschiff *nt*

tank || farm : Tankanlage *f,* Tanklager *nt*

~ **overflow structure** : Tanküberlauf *m*

tap : Hahn *m*

~ : anzapfen, erschließen *v*

taper : Abholzigkeit *f*

tape : Band *nt*

~ : aufnehmen, kleben, zukleben *v*

~ **recorder** : Tonbandgerät *nt*

tap || oil resources : Ölvorräte erschließen

~ **root** : Pfahlwurzel *f*

~ **water** : Leitungswasser *nt*

tar : Teer *m*

~ : teeren *v*

~ **barrel** : Teerfass *nt*

~ **cancer** : Teerkrebs *m*

~ **destillation** : Teerdestillation *f*

target : Ziel *nt*, Zielsetzung *f*

~ **date** : Termin *m*

targeted : zielgerichtet *adj*

target || group : Zielgruppe *f*

~ **organism** : Zielorganismus *m*

~ **species** : Zielart *f*

tariff : Preisliste *f,* Tarif *m,* Zoll *m*

~**s of rates and charges:** Gebührenordnung *f*

~ **system** : Tarifsystem *nt*

tarn : Bergsee *m*

tar || pit : Teergrube *f*

~ **sand** : Teersand *m*

~ **surface** : Teerdecke *f*

tartrazine : Tartrazin *nt*

task : Aufgabe *f*

~ **force** : Sonderkommando *nt,* Sonderkommission *f*

taste : Geschmack *m*

taungya : Taungya *nt*

tax : Abgabe *f,* Gebühr *f,* Steuer *f,* Zoll *m*

~ **on capital:** Kapitalsteuer *f*

~ **on profits:** Ertragssteuer *f*

~ **on waste:** Abfallabgabe *f*

~ **advantage** : Steuervorteil *m*

~ **allowance** : Steuervergünstigung *f*

taxation : Besteuerung *f*

~ **code** : Abgabenordnung *f*

tax || balance sheet : Steuerbilanz *f*

~ **base** : Steuerbasis *f*

~ **law** : Steuerrecht *nt*

~ **legislation** : Abgabenrecht *nt*

taxon : Sippe *f*, Taxon *nt*

taxonomic : taxonomisch *adj*

taxonomical : taxonomisch *adj*

taxonomy : Taxonomie *f*

taxpayer : Steuerzahler *m,* Steuerzahlerin *f*

teacher : Lehrer *m,* Lehrerin *f*

~**'s handbook** : Lehrerhandbuch *nt*

teaching : Unterricht *m*

~ **of biology:** Biologieunterricht *m*

~ **model** : Unterrichtsmodell *nt*

~ **practice** : Schulpraktikum *nt*

teak : Teakholz *nt*

team : Gruppe *f,* Team *nt*

~ **work** : Gruppenarbeit *f*

technical : Fach-, fachlich, formaljuristisch, Technik-, technisch *adj*

~ **assistance** : technische Hilfe *(f)*

~ **book** : Fachbuch *nt*

~ **clause** : Technikklausel *f*

~ **college** : Berufsschule *f,* Fachschule *f*

~ **dictionary** : Fachwörterbuch *nt*

~ **discussion** : Fachgespräch *nt*

~ **expert** : Fachfrau *f,* Fachmann *m*

~ **high school** : Berufsfachschule *f*

~ **infrastructure** : technische Infrastruktur *(f)*

~ **inspection and control** : technische Überwachung *(f)*

instructions : technische Anleitung *(f)*

~ **jargon** : Fachjargon *m*

~ **law** : Technikrecht *nt*

~ **literature** : Fachliteratur *f*

technically : formaljuristisch, technisch *adv*

technical || planning : Fachplanung *f*

~ ~ **law** : Fachplanungsrecht *nt*

~ **regulations** : technische Anleitung *(f)*, technisches Regelwerk *(nt)*

~ **standardization** : technische Normung *(f)*

~ **support** : technische Unterstützung *(f)*

~ **term** : Fachausdruck *m,* Fachbegriff *m*

~ **terminology** : Fachsprache *f*

technician : Techniker *m,* Technikerin *f*

technique : Methode *f,* Technik *f,* Verfahren *nt*

technological : technisch, technologisch *adj*

~ **fix** : technische Lösung *(f)*

~ **progress** : technischer Fortschritt *(m)*

~ revolution : technische Revolution *(f)*

technologically : technisch *adv*

technology : Technik *f*, Technologie *f*

~ **of measurement:** Messtechnik *f*

~ acceptance : Technologieakzeptanz *f*

~ policy : Technologiepolitik *f*

~ transfer : Technologietransfer *m*

techno-soil : Technosol *m*

technosphere : technische Umwelt *(f)*

tectonic : tektonisch *adj*

tectonics : Tektonik *f*

tegel : Tegel *m*

telecommunication : Telekommunikation *f*

telematics : Telematik *f*

telemetry : Fernmessung *f*, Telemetrie *f*

telephone : Telefon *nt*

~-box : Telefonhäuschen *nt*

~ kiosk : Telefonzelle *f*

tele-thermometer : Fernthermometer *nt*

television : Fernsehen *nt*

~ technique : Fernsehtechnik *f*

tele-working : Telearbeit *f*

tell : anvertrauen, erzählen, feststellen, sagen *v*

~ lies : lügen *v*

temper : härten *v*

temperate : gemäßigt *adj*

~ climate : gemäßigtes Klima *(nt)*

~ forests : Wälder der gemäßigten Klimazonen *(pl)*

~ region : gemäßigte Zone *(f)*

~ zone : gemäßigte Zone *(f)*

temperature : Temperatur *f*

~ **of equilibrium:** Gleichgewichtstemperatur *f*

~ alarm : Temperaturmelder *m*

~ chart : Temperaturkurve *f*

~ coefficient : Temperaturkoeffizient *m*

~ control : Temperaturkontrolle *f*

~ controller : Temperaturregler *m*

~ dependence : Temperaturabhängigkeit *f*

~ distribution : Temperaturverteilung *f*

~ drop : Temperaturabsenkung *f*

~ gradient : Temperaturgefälle *nt*, Temperaturgradient *m*

~ graph : Temperaturkurve *f*

~ increase : Erwärmung *f*

~ indicating || colour : Temperaturmessfarbe *f*

~ ~ crayon : Temperaturmessstift *m*

~ ~ strip : Temperaturmessstreifen *m*

~ inversion : Temperaturinversion *f*, Temperaturumkehr *f*

~ measurement : Temperaturmessung *f*

~ measuring : Temperaturmessung *f*

~ monitor : Temperaturwächter *m*

~ probe : Temperaturfühler *m*

~ recorder : Temperaturschreiber *m*

~ resistance : Temperaturresistenz *f*

~ rise : Temperaturdifferenz *f*, Temperaturerhöhung *f*

~ stability : Temperaturbeständigkeit *f*

template : Schablone *f*

tempo : Tempo *nt*

temporary : behelfsmäßig, provisorisch, temporär, vorübergehend, zeitweilig *adj*

~ : Aushilfe *f*, Aushilfskraft *f*

~ hardness : Karbonathärte *f*, temporäre Härte *(f)*

~ storage : Zwischenlagerung *f*

tempt : locken, verführen *v*

tenancy : Mietdauer *f*, Miete *f*, Pacht *f*, Pachtdauer *f*

~ law : Mietrecht *nt*

tenant : Mieter *m*, Mieterin *f*, Pächter *m*, Pächterin *f*

~ farmer : Pächter *m*, Pächterin *f*

tenantry : Pächtergemeinschaft *f*, Pachtverhältnis *nt*

tend : bedienen, fließen, hüten, neigen, sich kümmern, sich zubewegen, tendieren *v*

tender : empfindlich, frostempfindlich *adj*

tending : fließend, tendierend *adj*

~ : Hüten *nt*

~ objective : Pflegeziel *nt*

tendon : Sehne *f*

~ sheath : Sehnenscheide *f*

tendril : Ranke *f*

tenside : Tensid *nt*

tensiometer : Tensiometer *nt*

tension : Spannung *f*

~ wood : Zugholz *nt*

tentacle : Fangarm *m*

tenure : Besitzstand *m*

teratogen : Teratogen *nt*

teratogenesis : Teratogenität *f*

~ screening : Teratogenitätsprüfung *f*

teratogenic : teratogen *adj*

terawatt : Terawatt *nt*

term : Bedingung *f*, Begriff *m*

~ **of preclusion:** Ausschlussfrist *f*

~**s of reference:** Aufgabenbereich *m*

~**s of waste:** Abfallbegriff *m*

~**s of wastewater:** Abwasserbegriff *m*

terminal : abschließend, End-, Terminal-, unheilbar *adj*

~ : Anschluss *m*, Bahnhof *m*, Pol *m*, Terminal *nt*

~ fall velocity : Endfallgeschwindigkeit *f*

~ moraine : Endmoräne *f*

terminate : beenden, kündigen *v*

terminology : Fachsprache *f*, Terminologie *f*

termitarium : Termitenhügel *m*

termite : Termite *f*

~'s nest : Termitenhügel *m*

terrace : Häuserreihe *f*, Terrasse *f*

~ : terrassieren *v*

~ crown : Terrassenkrone *f*

~ cultivation : Terrassenanbau *m*, Terrassenkultur *f*

terraced : terrassiert *adj*

~ house : Reihenhaus *nt*

terrace || height : Terrassenhöhe *f*

~-house : Reihenhaus *nt*

~ interval : Terrassenabstand *m*

~ outlet : Terrassenauslauf *m*

terracer : Erdhobel *m*

terrace || ridge : Terrassenkrone *f*

~ **spacing** : Terrassenabstand *m*

~ **system** : Terrassensystem *nt*

terracette : Viehgang *m*, Viehterrasse *f*, Viehtreppe *f*

terrace || type : Terrassentyp *m*

~ **width** : Terrassenbreite *f*

terracing : Terrassieren *nt*, Terrassierung *f*

terrain : Gelände *nt*, Terrain *nt*

~ **evaluation** : Geländebewertung *f*

~ **factors** : Geländefaktoren *pl*

terrestrial : Erd-, Land-, terrestrisch *adj*

~ **animal** : Landtier *nt*

~ **equator** : Erdäquator *m*

~ **magnetism** : Erdmagnetismus *m*

~ **plant** : Landpflanze *f*

~ **raw soil** : terrestrischer Rohboden *(m)*

~ **soil** : terrestrischer Boden *(m)*

terricolous : bodenlebend, terrikol *adj*

territorial : Gebiets-, Gelände-, Hoheits-, regional begrenzt, territorial *adj*

~ **approach** : flächenbezogene Ausrichtung *(f)*

~ **change** : Gebietsänderung *f*

territorialism : Territorialität *f*

territoriality : Territorialität *f*

terriorial || reforme : Gebietsreform *f*

~ **region** : Hoheitsgebiet *nt*

~ **sea** : Hoheitsgewässer *nt*, Territorialgewässer *nt*

~ **species** : territoriale Art *(f)*

~ **waters** : Hoheitsgewässer *nt*, Territorialgewässer *nt*

territory : Revier *nt*, Territorium *nt*, Zuständigkeitsbereich *m*

~ **calling** : Reviergesang *m*

~ **fidelity** : Reviertreue *f*

tertiary : tertiäre /~r /~s, Tertiär- *adj*

≗ : Tertiär- *adj*

~ **consumer** : Tertiärkonsument *m*

~ **industry** : Dienstleistungssektor *m*

≗ **Period** : Tertiär *nt*

~ **radiation** : Tertiärstrahlen *pl*

~ **sludge** : Tertiärschlamm *m*

~ **treatment stage** : Dritte Reinigungsstufe *(f)*

test : Test *m*, Untersuchung *f*, Versuch *m*

~ : prüfen, testen, untersuchen *v*

~ **animal** : Versuchstier *nt*

~ **case** : Musterprozess *m*

~ **drilling** : Probebohrung *f*

~ **facility** : Versuchsanlage *f*

~ **gas generator** : Prüfgasgenerator *m*

testimonial : Zeugnis *nt*

testing : Prüfung *f*

~ **of chemicals:** Chemikalienprüfung *f*

~ **of materials:** Materialprüfung *f*

~ **of plant protection products:** Pflanzenschutzmittelprüfung *f*

~ **closure** : Prüfverschluss *m*

~ **equipment** : Prüfgerät *nt*

~ **gas** : Prüfgas *nt*

~ **guideline** : Prüfvorschrift *f*

~ **kit** : Testsatz *m*

~ **method** : Prüfverfahren *nt*

~ **procedure** : Testverfahren *nt*

~ **sieve** : Prüfsieb *nt*

~ **tube** : Prüfröhrchen *nt*

test || organism : Testorganismus *m*

~ **pit** : Schürfgrube *f*

~ **plant** : Versuchspflanze *f*

~ **plot** : Versuchsfläche *f*, Versuchsparzelle *f*

~ **stand** : Prüfstand *m*

~ **stretch** : Versuchsstrecke *f*

~ **subject** : Versuchsperson *f*

~ **substance** : Testsubstanz *f*

~ **tube** : Reagenzglas *nt*

~ **vehicle** : Versuchsfahrzeug *nt*

tetanus : Tetanus *m*, Wundstarrkrampf *m*

tetracycline : Tetracyclin *nt*

textbook : Fachbuch *nt*, Lehrbuch *nt*

textile : textil *adj*

~ **filter material** : textiles Filtermedium *(nt)*

~ **analytics** : Textilanalytik *f*

~ **fibre** : Textilfaser *f*

~ **finishing** : Textilveredelung *f*

~ **industry** : Textilindustrie *f*

~ **machine** : Textilmaschine *f*

textiles : Textilien *pl*

textile || technology : Textiltechnik *f*

~ **waste** : Textilabfall *m*

texture : Beschaffenheit *f*, Körnung *f*, Textur *f*

~ **analysis** : Korngrößenbestimmung *f*

thallium : Thallium *nt*

~ **poisoning** : Thalliumvergiftung *f*

thatch : mit Reet decken *v*

thaw : Schneeschmelze *f*, Tauwetter *nt*

~ : auftauen, tauen *v*

thawing : tauend *adj*

~ : Auftauen *nt*, Aufwärmen *nt*, Tauen *nt*

~ **agent** : Auftaumittel *nt*

thaw out : auftauen *v*

theme : Thema *nt*

theodolite : Theodolit *m*

theology : Theologie *f*

theoretic : theoretisch *adj*

theoretical : theoretisch *adj*

~ **degree of degradation:** theoretischer Abbaugrad *(m)*

theoretically : theoretisch *adv*

theory : Lehre *f*, Theorie *f*

~ **of accumulation:** Akkumulationstheorie *f*

~ **of finance:** Finanztheorie *f*

~ **of income determination:** Einkommenstheorie *f*

~ **of knowledge:** Erkenntnistheorie *f*

~ **of money:** Geldtheorie *f*

~ **of the state:** Staatstheorie *f*

~ **on economics:** Wirtschaftstheorie *f*

~ **on planning:** Planungstheorie *f*

~ **on society:** Gesellschaftstheorie *f*

therapeutic : therapeutisch, therapeutisch wirksam *adj*

~ **purpose** : Heilzweck *m*

for ~ ~s: zu Heilzwecken *adv*

therapeutically : therapeutisch *adv*

therapy : Therapie *f*

thermal : thermisch *adj*

~ : thermischer Aufwind *(m)*, Thermik *f*

~ **analyzer** : Thermoanalysator *m*

~ **efficiency** : thermischer Wirkungsgrad *(m)*, Wärmewirkungsgrad *m*

~ **energy** : Wärmeenergie *f*

~ ~ **conversion** : Wärmeenergieumwandlung *f*

~ **insulation** : Wärmedämmung *f*, Wärmeisolierung *f*

~ ~ **of boilers:** Kesselwärmeschutz *m*

~ **load scheme** : Wärmelastplan *m*

~ **pollution** : Aufwärmung *f*, thermische Belastung *(f)*, Wärmebelastung *f*

~ ~ **control** : Überwachung der Wärmebelastung *(f)*

~ **power || plant** : Wärmekraftwerk *nt*

~ ~ **station** : Heizkraftwerk *nt*, Wärmekraftwerk *nt*

~ **protection regulation** : Wärmeschutzverordnung *f*

~ **radiation** : Wärmestrahlung *f*

~ **reactor** : thermischer Reaktor *(m)*

~ **spring** : Thermalquelle *f*, Therme *f*

~ **storage** : Wärmespeicherung *f*

~ **stratification** : thermische Schichtung *(f)*, Wärmeschichtung *f*

~ **waste disposal** : thermische Verwertung von Abfällen *(f)*

thermic : thermisch *adj*

~ **currents** : Thermik *f*

~ **regime** : Wärmehaushalt *m*

~ **water circulation** : thermische Konvektionsströmung *(f)*

thermobalance : Thermowaage *f*

thermocline : Metalimnion *nt*, Sprungschicht *f*

thermocouple : Thermoelement *nt*

thermodynamics : Thermodynamik *f*

thermograph : Temperaturschreiber *m*, Thermograf *m*

thermography : Thermografie *f*

thermokarst : Thermokarst- *adj*

~ **lake** : Permafrostsee *m*, Thermokarstsee *m*

thermoluminiscent : thermoluminiszent *adj*

thermolysis : Thermolyse *m*

thermometer : Thermometer *nt*

thermometry : Thermometrie *f*

thermonasty : Thermonastie *f*

thermonuclear : thermonuklear *adj*

~ **energy** : Fusionsenergie *f*, thermonukleare Energie *(f)*

~ **reaction** : thermonukleare Reaktion *(f)*

thermoperiodism : Thermoperiodizität *f*

thermophilic : thermophil, wärmeliebend *adj*

~ **aerobic digestion** : heiße Gärung *(f)*

thermoplastic : thermoplastisch *adj*

thermoselect process : Thermoselect-Verfahren *nt*

thermosetting : hitzezerstörbar, wärmezerstörbar *adj*

thermosphere : Thermosphäre *f*

thermostat : Thermostat *m*

therophyte : Therophyt *m*

thesaurus : Thesaurus *m*

thiamine : Thiamin *nt*

thick : dick *adj*

thicken : dicker machen, dicker werden, eindicken *v*

thickened : dichter geworden, dicker geworden, eingedickt *adj*

~ **sludge** : Dickschlamm *m*

thickener : Eindicker *m*

thickening : Bindemittel *nt*, Eindickung *f*, Verdichten *nt*, Verdicken *nt*, Verdickungsmittel *nt*

~ **filtration plant** : Eindickungsfiltrationsanlage *f*

thicket : Dickicht *nt*, Dickung *f*, geschlossenes Gebüsch *(nt)*

thickness : Dicke *f*

~ **of insulating layer:** Dämmschichtdicke *f*

thickwood : Derbholz *nt*

thin : dünn, Dünn-, mager *adj*

thing : Ding *nt*, Sache *f*

think : denken *v*

~ **tank** : Beraterstab *m*, Denkfabrik *f*

thin || layer chromatograph : Dünnschichtchromatograf *m*

~ **layer chromatography** : Dünnschichtchromatografie *f*

thinning : Durchforstung *f*, Vereinzeln *nt*, Verziehen *nt*

~ **class** : Durchforstungsart *f*

~ **cycle** : Durchforstungsumlauf *m*

~ **frequency** : Durchforstungsumlauf *m*

~ **grade** : Durchforstungsgrad *m*, Durchforstungsstärke *f*

~ **intensity** : Durchforstungsintensität *f*

~ **percent** : Vornutzungsprozent *nt*

~ **regime** : Durchforstungsweise *f*

thinnings : ausscheidender Bestand *(m)*

third : Dritt-, dritte /~r /~s *adj*

~ **party** : Drittbetroffene *pl*

~ ~ **litigation** : Drittklage *f*

~ ~ **protection** : Drittschutz *m*

≗ **world** : Dritte Welt *(f)*

thorax : Brustkorb *m*, Thorax *m*

thought : Gedanke *m*

thread : Faden *m*, Gewinde *nt*

~ : auffädeln, einfädeln *v*

~ **suction system** : Fädenabsauganlage *f*

threat : Bedrohung *f*, Gefahr *f*, Gefährdung *f*

~ **to nature:** Naturbedrohung *f*

threaten : bedrohen, gefährden *v*

threatened : bedroht, gefährdet *adj*

~ **species** : bedrohte Art *(f)*

threatening : bedrohlich *adj*

threeway : Dreiwege- *adj*

~ **catalytic converter** : Dreiwege-Katalysator *m*

threshold : Schwelle *f*, Schwellenwert *m*

~ **shift in acuity of hearing:** Gehörschwellenverschiebung *f*

~ **determination** : Grenzwertfestsetzung *f*

~ **request** : Grenzwertforderung *f*

~ **value** : Grenzwert *m*, Schwellenwert *m*

~ **velocity** : Grenzgeschwindigkeit *f*

thrive : gedeihen *v*

throttle : Drossel *f*

~-clack valve : Drosselklappe *f*

throughfall : Niederschlagsanteil *m*

throughflow : Bodenwasserabfluss *m*

throw : Verwerfung *f*, Verwurf *m*, Wurf *m*

~ : werfen *v*

~ away : wegwerfen *v*

~-~ society : Wegwerfgesellschaft *f*

thrust : Schub *m*, Überschiebung *f*

~ fault : inverse Verwerfung *(f)*

thunder : Donner *m*

thunderstorm : Gewitter *nt*, Gewittersturm *m*, Unwetter *nt*

thyroid : Schilddrüse *f*

~ gland : Schilddrüse *f*

~ hormone : Schilddrüsenhormon *nt*

thyroxine : Schilddrüsenhormon *nt*, Thyroxin *nt*

tick : Zecke *f*

~ bite : Zeckenbiss *m*

~ ~ fever : Zeckenbissfieber *nt*

~ fever : Zeckenbissfieber *nt*

tickly : kitzlig *adj*

tidal : Gezeiten-, Tide- *adj*

~ area : Gezeitenzone *f*, Tidegebiet *nt*

~ barrage : Gezeitenkraftwerk *nt*, Staumauer *f*

~ barrier : Staumauer *f*

~ basin : Tidebecken *nt*

~ creek : Priel *m*

~ current : Gezeitenstrom *m*, Gezeitenströmung *f*, Tideströmung *f*

~ ~ chart : Gezeitenstromkarte *f*

~ curve : Gezeitenkurve *f*

~ electric power generation : Elektroenergieerzeugung unter Nutzung der Gezeiten *(f)*

~ energy : Gezeitenenergie *f*

~ fall : Tidenfall *m*

~ flats : Wattflächen *pl*

~ flood current : Flutströmung *f*

~ harbour : Fluthafen *m*, Gezeitenhafen *m*, Tidehafen *m*

~ high water : Tidehochwasserstand *m*

~ ~ ~ barrage : Sperrwerk *nt*

~ inlet : Gezeitenbucht *f*

~ low water : Tideniedrigwasserstand *m*

~ mudflats : Wattgebiet *nt*

~ power : Gezeitenenergie *f*

~ ~ plant : Gezeitenkraftwerk *nt*, Tidekraftwerk *nt*

~ ~ station : Gezeitenkraftwerk *nt*

~ ~ turbine : Gezeitenkraftturbine *f*

~ rise : Tideanstieg *m*

~ river : Tide(n)fluss *m*

~ shore : Gezeitenküste *f*

~ slough : Priel *m*, Wattrinne *f*

~ surge : Gezeitensturmflut *f*

~ wave : Flutwelle *f*, Tsunami *f*

~ zone : Tidegebiet *nt*

tide : Gezeiten *pl*, Tide *f*

~-gate : Fluttor *nt*, Gezeitentor *nt*

~-table : Gezeitentafel *f*

tideway : Gezeitenströmung *f*, Priel *m*, Tidefluss *m*

tied : gebunden, verbunden *adj*

~ furrow (Am) : Kammerfurche *f*, Verbundreihe *f*

~ ridge : Kammerfurche *f*, Verbundreihe *f*

~ ridger : Kammerfurchenhäufler *m*

~ ridging : Kammerfurchenverfahren *nt*, Kulissenanbau *m*

tile : Fliese *f*, Kachel *f*, Wandplatte *f*, Ziegel *m*

~ : decken, fliesen, kacheln *v*

~ drain : Dränrohr *nt*

~ industry : Fliesenindustrie *f*

till : Geschiebelehm *m*, Grundmoräne *f*, Kasse *f*

~ : bestellen *v*

tillage : Ackerland *nt*, Bestellung *f*, Bodenbearbeitung *f*, Bodenbestellung *f*

~ equipment : Bodenbearbeitungsausrüstung *f*

~ farming : Ackerbau *m*

~ system : Bodenbearbeitungssystem *nt*

~ tool : Bodenbearbeitungsgerät *nt*

tiller : Bodenbearbeitungsgerät *nt*

tilt : Neigung *f*, Schräge *f*, Schräglage *f*

tilth : Bodengare *f*, bestelltes Land *(nt)*

timber : Bauholz *nt*, Holz *nt*, Nutzholz *nt*

~ **and wood working industry:** Holzverarbeitungsindustrie *f*

~ forest : Hochwald *m*

~ grade : Holzsorte *f*

~ harvest : Holzeinschlag *m*, Holzernte *f*, Holzgewinnung *f*

~ industry : Holzindustrie *f*

~ inventory : Holzvorratsinventur *f*

timberland : Forst *m*, Holzboden *m*

timber || line : Baumgrenze *f*, Waldgrenze *f*

~ market : Holzmarkt *m*

~ material : Holzwerkstoff *m*

~ plantation : Holzplantage *f*

~ sortiment : Holzsorte *f*

~ species : Holzart *f*

~ stand : Baumbestand *m*, Baumholz *nt*, Waldbestand *m*

~ survey : Holzvorratsinventur *f*

~ value : Holzerlös *m*

~ volume : Holzvolumen *nt*

~ waste : Holzabfall *m*

timberwork : Gebälk *nt*

timber yard : Holzlager *nt*

time : Zeit *f*

all the ~: ständig *adj*

~ **of concentration:** Sammelzeit *f*

~ **of exposure to irradiation:** Exponierungszeit *f*

~ coefficient : Zeitbeiwert *m*

~ dependency : Zeitverlauf *m*

~-flow parameter : Zeitabflussfaktor *m*

~ frame : Frist *f*

~ lag : Zeitverzögerung *f*

timeliness : Rechtzeitigkeit *f*

timely : frühzeitig, zeitgerecht *adv*

time || preference : Zeitpräferenz *f*

~-proportional : zeitproportional *adj*

~-~ sample : zeitproportionale Mischprobe *(f)*

~-scale : Zeitskala *f*

~ schedule : Zeitablauf *m*

~ series : Zeitreihe *f*

~ ~ analysis : Zeitreihenanalyse *f*

timespan : Zeitspanne *f*

time synchronizer : Zeitgeber *m*

timetable : Zeitplan *m*

tin : Zinn *nt*

~ compound : Zinnverbindung *f*

~ ore : Zinnerz *nt*

tincture : Anflug *m*, Beigeschmack *m*, leichter Geschmack *(m)*, Tinktur *f*

~ **of iodine:** Jodtinktur *f*

tine : Ende *nt*, Zinke *f*

tinned (Br) : Dosen- *adj*

~ can : Weißblechdose *f*

~ vegetables : Gemüsekonserve *f*

tinnitus : Ohrensausen *nt*

tin plate : Weißblech *nt*

tip : Abkippstelle *f*, Deponie *f*, Mülldeponie *f*

~ : ablagern *v*

tipping : Ablagern *nt*, Müllabladen *nt*

~ bucket : Kippwaage *f*

~ device : Kippvorrichtung *f*

tissue : Gewebe *nt*

~ culture : Gewebekultur *f*, Zellkultur *f*

titanium : Titan *nt*

~ dioxide || manufacture : Titandioxidherstellung *f*

~ ~ production : Titandioxidproduktion *f*

title : Bezeichnung *f*, Rechtsanspruch *m*, Titel *m*, Überschrift *f*

~ **to compensation:** Ersatzanspruch *m*

titration : Titration *f*

titre : Titer *m*

titrimetric : titrimetrisch *adj*

~ analysis : Titrimetrie *f*

toad : Kröte *f*

~ protection : Krötenschutz *m*

toadstool : ungenießbarer Pilz *(m)*

tobacco : Tabak *m*

~ smoke : Tabakrauch *m*

TOC chromatograph : TOC-Chromatograf *m*

TOC content : TOC-Gehalt *m*

toe : Fuß *m*, Zehe *f*

~ **of dike:** Deichfuß *m*

~ drain : Dammfußdrän *m*

toilet : Klosett *nt*, Toilette *f*

tolerable : tolerierbar *adj*

~ soil loss : tolerierbarer Bodenabtrag *m*

tolerance : Toleranz *f*, Verträglichkeit *f*

~ **for fish:** Fischverträglichkeit *f*

~ dose : Toleranzdosis *f*

tolerant : tolerant *adj*

tolerate : tolerieren, vertragen *v*

toleration : Tolerieren *nt*

~ level : Toleranzgrenze *f*

tomb : Grab *nt*, Grabmal *nt*

ton : Tonne *f*

tone : Ton *m*

toner : Toner *m*

~ cartridge : Tonerkartusche *f*

~ ~ recycling : Tonerkartuschenrecycling *nt*

~ modul : Tonermodul *nt*

~ recycling : Tonerrecycling *nt*

tongue : Dorn *m*, Feder *f*, Zunge *f*

tonne : (metrische) Tonne *(f)*

tool : Gerät *nt*, Instrument *nt*, Werkzeug *nt*

tooth : Zahn *m*

top : Krone *f*, Spitze *f*

top-dressing : Kopfdüngergabe *f*

topic : Thema *nt*

topical : topisch *adj*

~ drug : topisches Arzneimittel *(nt)*

topically : topisch *adv*

topographic : topografisch *adj*

~ map : topografische Karte *(f)*

topography : Topografie *f*

toposphere : Toposphäre *f*

topotype : Topotypus *m*

topple : Steinschlag *m*

top quality : Spitzenqualität *f*

topsoil : Ackerkrume *f*, Bodenkrume *f*, Erdkrume *f*, Krume *f*, Mutterboden *m*, Oberboden *m*

~ cover : Kulturbodendecke *f*

topsoiling : Andeckung *f*

top up : auffüllen *v*

tor : Felsburg *f*, Felsenspitze *f*, Hügel *m*

torch : Fackel *f*

tornado : Tornado *m*

torpidity : Torpidität *f*

torrent : Gebirgsbach *m*, Wildbach *m*

~ control : Wildbachverbau *m*, Wildbachverbauung *f*

torrential : gewaltig, reißend, überwältigend, wolkenbruchartig *adj*

~ erosion : Wildbacherosion *f*

~ rain : wolkenbruchartiger Regen *(m)*

torrent regulation : Wildbachverbau *m*

tort : Delikt *nt*

~ law : Deliktsrecht *nt*, Schadenersatzrecht *nt*

tortuous : gewunden, umständlich, verschlungen, verworren *adj*

tortuously : verschlungen *adv*

tortuousness : Umständlichkeit *f*

~ **of a river:** die vielen Windungen eines Flusses *(pl)*

tor weathering : Matratzenverwitterung *f*

total : gesamt, Gesamt-, total *adj*

~ amount of waste : Gesamtmüllaufkommen *nt*

~ annual precipitation : Jahresniederschlag *m*

~ area : Gesamtfläche *f*

~ body irradiation : Ganzkörperbestrahlung *f*

~ carbon : Gesamtkohlenstoff *m*

~ concept : Gesamtkonzeption *f*

~ costs : Gesamtkosten *pl*

~ eclipse : totale Finsternis *(f)*

~ energy consumption : Gesamtenergieverbrauch *m*

~ evaporation loss : Verdunstungshöhe *f*

~ flow : Gesamtfluss *m*

~ inorganic carbon content : TIC-Gehalt *m*

~ nitrogen : Gesamtstickstoff *m*

~ noise level : Gesamtschallpegel *m*

~ **phosphorus** : Gesamtphosphor *m*

~ **sewage amount** : Gesamtabwasseranfall *m*

~ **volume** : Gesamtvolumen *nt*

~ ~ **of combined water discharge** : Mischwasserabflusssumme *f*, Mischwassermenge *f*

~ ~ **of rainwater run-off discharge** : Regenabflussmenge *f*, Regenabflusssumme *f*

~ ~ **of water discharge** : Abflusssumme *f*

touch : Berührung *f*

get in ~: erleben *v*

get in ~ with nature: Natur erleben *v*

out of ~: beziehungslos *adj*

tough : belastbar *adj*

tour : Besichtigung *f*, Reise *f*, Rundreise *f*, Tour *f*, Tournee *f*

~ : besichtigen, eine Tour machen *v*

tourism : Fremdenverkehr *m*, Tourismus *m*

tourist : Touristen- *adj*

~ : Tourist *m*, Touristin *f*

~ **information office** : Verkehrsamt *nt*

~ **office** : Verkehrsbüro *nt*

tour organiser/organizer : Reiseveranstalter *m*

tower : Felsturm *m*, Turm *m*

~ **packings** : Füllkörper *m*

town : Ort *m*, Ortschaft *f*, Stadt *f*

into ~: stadteinwärts *adv*

~ **and country planning law:** Städtebauförderungsgesetz *nt*

~ **area** : Stadtgebiet *nt*

~ **centre** : Stadtmitte *f*, Stadtzentrum *nt*

~ **child** : Stadtkind *nt*

~ **cleaning** : Stadtreinigung *f*

~ **construction** : Städtebau *m*

~ **council** : Stadt *f*, Stadtrat *m*, Stadtverwaltung *f*

~ **councillor** : Stadtrat *m*, Stadträtin *f*

~-country relationship : Stadt-Land-Beziehung *f*

~ **district** : Stadtteil *m*

~-dweller : Stadtbewohner *m*, Stadtbewohnerin *f*, Städter *m*, Städterin *f*

~ **economy** : Stadtökonomie *f*

~ **ecosystem** : Stadtökosystem *nt*

~ **flat** : Stadtwohnung *f*

~ **gas** : Stadtgas *nt*

~ **house** : Stadthaus *nt*

townie : Stadtmensch *m*

town || plan : Stadtplan *m*

~ **planner** : Stadtplaner *m*, Stadtplanerin *f*

~ **planning** : Städtebau *m*, Stadtplanung *f*

of ~ ~: städtebaulich *adj*

~ ~ : städtebaulich *adj*

~ **redevelopment** : Stadtsanierung *f*

~ **road** : Stadtstraße *f*

townscape : Stadtbild *nt*, Stadtlandschaft *f*

~ **conservation** : Ortsbildpflege *f*

town || sociology : Stadtsoziologie *f*

~ **structure** : Stadtstruktur *f*

~ **traffic** : Stadtverkehr *m*

~ **tree** : Stadtbaum *m*

toxic : gifthaltig, giftig, toxisch *adj*

~ **agent** : Gift *nt*, Giftstoff *m*, Toxikum *nt*

~ **chemicals** : giftige Chemikalien *(pl)*

~ **deafness** : toxisch bedingte Taubheit *(f)*

~ **fumes** : giftige Abgase *(pl)*, giftige Dämpfe *(pl)*

toxicity : Giftigkeit *f*, Toxizität *f*

~ **of exhaust gas:** Abgasschädlichkeit *f*

~ **of polluting material:** Toxizität der Schadstoffe *(f)*

~ **to bees:** Bienentoxizität *f*

~ **threshold** : Giftwert *m*

toxicological : toxikologisch *adj*

~ **test laboratory** : Labor für toxikologische Untersuchungen *(nt)*

toxicologist : Toxikologe *m*, Toxikologin *f*

toxicology : Toxikologie *f*

toxicosis : Toxikose *f*

toxic || substance : Giftstoff *m*

~ **waste** : Giftmüll *m*

~ ~ **dump** : Giftmülldeponie *f*

toxin : Gift *nt*, Toxin *nt*

toxoid : Toxoid *nt*

toxoplasmosis : Toxoplasmose *f*

toys : Spielwaren *pl*

trace : Fährte *f*, Spur *f*

~ **analysis** : Spurenanalyse *f*

~ **constituent** : Spurenbestandteil *m*

~ **element** : Spurenelement *nt*

~ **gas** : Spurengas *nt*

~ ~ **analyzer** : Spurengasanalysator *m*

~ **matter** : Spurenstoff *m*

tracer : Indikator *m*, Leuchtspurgeschoss *nt*, Spurenstoff *m*, Tracer *m*

~ **concentration** : Spurenstoffkonzentration *f*

trace substance : Spurenstoff *m*

track : Fährte *f*, Gleis *nt*, Spur *f*

tracking form : Begleitschein *m*

track-layer tractor : Gleiskettenschlepper *m*, Raupenschlepper *m*

track vehicle : Schienenfahrzeug *nt*

tract : Gebiet *nt*, Trakt *m*

tractive : Schlepp-, Zug- *adj*

~ : Zug *m*

~ **force** : Schleppkraft *f*

tractor : Traktor *m*

trade : Fach *nt*, Gewerbe *nt*

~ **area** : Gewerbegebiet *nt*

~ **barrier** : Handelsschranke *f*

~ **cumulus** : Passatcumulus *m*

~ **cycle** : Konjunkturzyklus *m*

~ **fair** : Fachmesse *f*

~ **flow** : Handelsstrom *m*

~ **inspectorate** : Gewerbeaufsicht *f*

~ **law** : Gewerberecht *nt*

~ **noise** : Gewerbelärm *m*

~ **policies** : Handelspolitik *f*

~ **restriction** : Handelsbeschränkung *f*

~ **union** : Gewerkschaft *f*

~ **waste** : Gewerbeabfall *m*, Gewerbemüll *m*

~ **wind** : Passat *m*

trading : Handels- *adj*

~ : Handel *m*

~ **concern** : Handelsbetrieb *m*

~ system : Handelssystem *nt*

tradition : Tradition *f*

traditional : herkömmlich, traditionell *adj*

~ farming : traditioneller Landbau *(m)*

~ method : traditionelles Verfahren *(nt)*

traffic : Verkehr *m*

~ accident victim : Verkehrsopfer *nt*

~ artery : Verkehrsader *f*

~ calming : Verkehrsberuhigung *f*

~ chaos : Verkehrschaos *nt*

~ check : Verkehrskontrolle *f*

~ conditions : Verkehrsverhältnisse *pl*

~ congestion : Verkehrsstau *m*, Verkehrsstockung *f*

~ control : Verkehrslenkung *f*, Verkehrsregelung *f*, Verkehrsüberwachung *f*

~ density : Verkehrsdichte *f*

~ development : Verkehrserschließung *f*

~ emission : Verkehrsemission *f*

~ engineering : Verkehrstechnik *f*

~ flow : Verkehrsstrom *m*

~-free : verkehrsfrei *adj*

~ hold-up : Verkehrsstockung *f*

~ infrastructure : Verkehrsinfrastruktur *f*

~ island : Verkehrsinsel *f*

~ jam : Verkehrsstau *m*

~ junction : Verkehrsknotenpunkt *m*

~ lights : Lichtsignalanlage *f*, Verkehrsampel *f*

~ network : Verkehrsnetz *nt*

~ noise : Fahrgeräusch *nt*, Verkehrsgeräusch *nt*, Verkehrslärm *m*

~ ~ control : Verkehrslärmkontrolle *f*, Verkehrslärmschutz *m*

~ ~ ~ regulation : Verkehrslärmschutzverordnung *f*

~ planning : Verkehrsplanung *f*

~ police : Verkehrspolizei *f*

~ policy : Verkehrspolitik *f*

~ problems : Verkehrsprobleme *pl*

~ regulation : Verkehrsregel *f*

~ restraint : Verkehrsberuhigung *f*

~ restriction : Verkehrsbeschränkung *f*

~ right : Verkehrsrecht *nt*

~ route : Verkehrsweg *m*

~ ~ construction : Verkehrswegebau *m*

~ safety : Verkehrssicherheit *f*

~ sign : Verkehrszeichen *nt*

~ situation : Verkehrslage *f*

~ statistics : Verkehrsstatistik *f*

~ system : Verkehrssystem *nt*, Verkehrswesen *nt*

trail : Pfad *m*, Spur *f*

~ of oil: Ölspur *f*

train : Zug *m*

~ : ausbilden, schulen *v*

trainee : Auszubildende *f*, Auszubildender *m*, Praktikant *m*, Praktikantin *f*

~ post : Ausbildungsplatz *m*

trainer : Ausbilder *m*, Ausbilderin *f*

training : Ausbildung *f*, Bildung *f*, Qualifizierung *f*, Schulung *f*

~ bank : Leitdeich *m*

~ centre : Ausbildungsstätte *f*

~ college : berufsbildende Schule *(f)*

~ course : Fortbildungskurs *m*, Lehrgang *m*, Schulung *f*

~ event : Fortbildungsveranstaltung *f*

~ experiment : Unterrichtsexperiment *nt*

~ grant : Ausbildungsbeihilfe *f*

~ programme : Ausbildungsordnung *f*, Ausbildungsprogramm *nt*

~ regulation : Ausbildungsordnung *f*

~ scheme : Ausbildungsprogramm *nt*

~ subjects : Ausbildungsinhalte *pl*

~ syllabus : Ausbildungsgang *m*

~ use : Bildungsnutzung *f*

~ wall : Längsbauwerk *nt*, Leitdeich *m*, Leitwerk *nt*

trait : Eigenschaft *f*

trajectory : Flugbahn *f*

trample : niedertreten, zertrampeln *v*

trampled : niedergetreten, zertrampelt *adj*

trampling : Trittbelastung *f*

transaction : Geschäft *nt*, Transaktion *f*

~ costs : Transaktionskosten *pl*

transactions : Sitzungsberichte *pl*

transboundary : grenzübergreifend, grenzüberschreitend *adj*

~ movements : grenzüberschreitender Transport *(m)*

transcription : Transkription *f*

transducer : Geber *m*, Messwertgeber *m*, Messwertumformer *m*

transduction : Transduktion *f*

transect : Querschnitt *m*, Transekt *m*

transfer : Transfer *m*, Übertragung *f*

~ of knowledge: Wissenstransfer *m*

~ : transferieren, übertragen, umfüllen, umladen, umsetzen *v*

~ plant : Umfüllanlage *f*

~ point : Umladestation *f*

~ policy : Tranferpolitik *f*

~ station : Umladestation *f*

transformation : Transformation *f*, Umwandlung *f*, Verwandlung *f*

~ into steppe: Versteppung *f*

transformer : Transformator *m*

transfrontier : grenzüberschreitend *adj*

transhumance : Transhumanz *f*

transit : Durchgang *m*, Transit *m*, Transport *m*

transition : Übergang *m*, Umbruch *m*, Wechsel *m*

transitional : Übergangs- *adj*

~ arrangement : Übergangsregelung *f*

~ bog : Übergangsmoor *nt*, Zwischenmoor *nt*

~ moor : Übergangsmoor *nt*, Zwischenmoor *nt*

~ order : Übergangsvorschrift *f*

transitionary : Übergangs- *adj*

~ zone : Übergangszone *f*

transition mire : Übergangsmoor *nt*

~ **zone** : Übergangszone *f*

transit traffic : Durchgangsverkehr *m*

translation : Translation *f*

translocate : translozieren, verlagern *v*

translocated : transloziert, verlagert *v*

~ **herbicide** : translokales Herbizid *(nt)*

translocation : Translokation *f*, Umsiedlung *f*, Verlagerung *f*, Verschleppung *f*

transmigration : Transhumanz *f*

transmitted : ausgestrahlt, durchgelassen, überliefert, übersandt, übertragen *adj*

~ **light microscope** : Durchlichtmikroskop *nt*

transmitter : Transmitter *m*

transnational : multinational *adj*

transparency : Dia *nt*, Diapositv *nt*, Folie *f*, Transparenz *f*

transparent : transparent *adj*

transpiration : Transpiration *f*

transpire : transpirieren *v*

transplant : transplantieren, umpflanzen, verpflanzen *v*

transport : Beförderung *f*, Transport *m*, Verlagerung *f*

~ **and communication zone:** Verkehrsfläche *f*

~ **of dangerous goods:** Gefahrguttransport *m*

~ **of hazardous materials:** Gefahrguttransport *m*

transportation : Beförderung *f*, Transport *m*, Verfrachtung *f*, Verkehr *m*

~ **costs** : Transportkosten *pl*

~ **law** : Transportrecht *nt*

~ **mean** : Verkehrsmittel *nt*

~ **route** : Transportweg *m*

~ **system** : Transportsystem *nt*

transport || capacity : Transportvermögen *nt*

~ **development plan** : Verkehrsentwicklungsplan *m*

~ **link** : Verkehrsverbindung *f*

~ **links** : Verkehrsverbindungen *pl*, Verkehrsverhältnisse *pl*

~ **planning** : Verkehrsplanung *f*

~ **policy** : Verkehrspolitik *f*

~ **services** : Verkehrsbetriebe *pl*

~ **supervision** : Beförderungsüberwachung *f*

~ **system** : Verkehrsnetz *nt*

~ **vehicle** : Verkehrsmittel *nt*

transposition : Umstellung *f*

transshipment : Güterumschlag *m*

~ **equipment** : Umschlageinrichtung *f*

transuranic : transuranisch *adj*

~ **element** : Transuran *nt*

transversal : Quer-, schräg, transversal, Transversal- *adj*

~ **section** : Querprofil *nt*

transverse : Quer-, querliegend *adj*

transversely : quer *adv*

transverse valley : Durchbruchstal *nt*

trap : Abscheider *m*, Falle *f*, Fangeisen *nt*, Fangvorrichtung *f*

~ **set for game:** Wildfalle *f*

~ : fangen *v*

~ **crop** : Fangpflanze *f*

trapping : Fang *m*

trash (Am) : Müll *m*

~ **can (Am)** : Abfalltonne *f*, Mülleimer *m*, Mülltonne *f*

~ **rake** : Rechen *m*

~ ~ **comminuting system** : Rechengutzerkleinerungsanlage *f*

~ **screen** : Rechen *m*

trass : Trass *m*

travelling : Fahr-, fahrend, Reise-, reisend, Wander- *adj*

~ **speed** : Fahrgeschwindigkeit *f*

trawler : Fischdampfer *m*, Fischtrawler *m*

tread : treten *v*

treaded : ausgetreten *adj*

~ **grassland** : Trittrasen *m*

treading : austretend, tretend *adj*

~ : Treten *nt*

~ **water** : Wassertreten *nt*

tread out : austreten *v*

treasury : Staatskasse *f*

treat : aufbereiten, behandeln *v*

treated : behandelt *adj*

~ **soil** : aufbereiteter Boden *(m)*

treatment : Aufbereitung *f*, Behandlung *f*

~ **of flue gases:** Rauchgasbehandlung *f*

~ **of residual waste:** Restmüllbehandlung *f*

~ **of sea water:** Meerwasseraufbereitung *f*

~ **of water:** Wasseraufbereitung *f*

~ **centre** : Entsorgungsanlage *f*

~ **method** : Aufbereitungsfaktoren *pl*

~ **plant** : Aufbereitungsanlage *f*

~ ~ **for liquid manure:** Güllebehandlungsanlage *f*

~ **process** : Aufbereitungsverfahren *nt*

~ **technique** : Aufbereitungstechnik *f*

treaty : Vertrag *m*

tree : Baum *m*

having no ~s: baumfrei *adj*

~ **of the year:** Baum des Jahres *(m)*

~ **age** : Baumalter *nt*

~ **bark** : Baumrinde *f*

~**-base flagstone** : Baumscheibenplatte *f*

~ **brace** : Baumstütze *f*

~ **calliper** : Baumkluppe *f*

~ **canopy** : Kronendach *nt*

~ **care** : Baumpflege *f*

~ **cavity** : Baumhöhle *f*

~ **chipper** : Baumhackmaschine *f*

~ **class** : Baumklasse *f*

~ **compass** : Scherenkluppe *f*

~ **conservation** : Baumpflege *f*

~ **crown** : Baumkrone *f*

~ **diameter** : Baumdurchmesser *m*

~ **disease** : Baumkrankheit *f*

~ **doctor** : Baumchirurg *m*

~**-dozer** : Baumrodemaschine *f*

~**-dwelling** : baumbewohnend *adj*

~ **epiphyte** : Baumepiphyt *m*

~ **felling** : Baumfällung *f*

~ ~ **machine** : Baumfällmaschine *f*

~**-fern** : Baumfarn *m*

~ **foliage** : Baumgrün *nt*

~ **form** : Baumform *f*

~ ~ **factor** : Baumformzahl *f*

~ **fruit** : Baumobst *nt*

~ ~ **harvest** : Baumobsternte *f*

~ **garden** : Baumgarten *m*

~ **girdler** : Ringelkette *f*

~ **habit** : Wuchsform *f*

~ **harvester** : Holzerntemaschine *f*

~ **heath** : Baumheide *f*

~ **height** : Baumhöhe *f*

~ **layer** : Baumschicht *f*

~ **length || log** : Langholz *nt*

~ ~ **logging** : Langholzbringung *f*

~ ~ **method** : Langholzverfahren *nt*

~ ~ **skidding** : Ganzstammrückung *f*

treeless : baumlos *adj*

tree || lifter : Baumausheber *m*

~ **limit** : Baumgrenze *f*

~ **line** : Baumgrenze *f*, Waldgrenze *f*

~ ~ **site** : Waldgrenzstandort *m*

~ **nursery** : Baumschule *f*

~**-percent** : Anwuchsprozent *nt*

~ **plantation** : Baumpflanzung *f*, Gehölzplantage *f*

~ **planter** : Forstpflanzmaschine *f*

~ **planting** : Baumpflanzung *f*

~ ~ **outside forest:** Flurholzanbau *m*

~ **preservation** : Baumschutz *m*

~ ~ **bye-law** : Baumschutzsatzung *f*

~ ~ **order** : Baumschutzverordnung *f*

~ **protection** : Baumschutz *n*

~ ~ **regulation** : Baumschutzverordnung *f*

~ **pruner** : Baumschnittgerät *nt*

treepusher : Rodungsschlepper *m*

tree || resin : Baumharz *nt*

~ **ring** : Jahresring *m*

~ ~ **climatology** : Dendroklimatologie *f*

~ **root** : Baumwurzel *f*

~ **sanctuary** : Baumschutzgebiet *nt*

~ **savanna** : Baumsavanne *f*

~ **scraper** : Baumkratzer *m*

~ **seed drill** : Waldsämaschine *f*

~ **seedling** : Baumsämling *m*

~ **shape** : Baumgestalt *f*

~ **shelter** : Baumschutz *m*

~ **sickness** : Baumkrankheit *f*

~ **size** : Durchmesserstufe *f*

~ **species** : Baumart *f*

~ **stage** : Baumholzalter *nt*

~ **steppe** : Baumsteppe *f*

~ **structure** : Kronenaufbau *m*

~**-stump** : Baumstumpf *m*

~ **surgeon** : Baumchirurg *m*

~ **surgery** : Baumchirurgie *f*

~ **top** : Baumkrone *f*

~ **trunk** : Baumstamm *m*

~ **wall** : Baumhecke *f*

tremor : Beben *nt*, Erschütterung *f*

~ **measurement** : Erschütterungsmessung *f*

~ **source** : Erschütterungsquelle *f*

trench : Graben *m*

trencher : Grabenbagger *m*

trenching : Grabenräumung *f*

~ **machine** : Grabenbagger *m*

trenchless : grabenlos *adj*

~ **drainage** : grabenlose Bodenentwässerung *(f)*, grabenlose Dränung *(f)*

trend : Entwicklung *f*, Tendenz *f*, Trend *m*

~ **of costs:** Kostenentwicklung *f*

~ **monitoring** : Trendmonitoring *nt*

trespassing : unerlaubtes Betreten *(nt)*

~ **right** : Betretungsrecht *nt*

trial : Gerichtsverfahren *nt*

triangle : Dreieck *nt*

triangular : dreieckig, Dreier-, dreiseitig *adj*

~ **weir** : Dreiecksmesswehr *nt*

tribology : Tribologie *f*

tributary : tributpflichtig *adj*

~ : Nebenfluss *m*, Zufluss *m*

~ **drainage area** : Eigeneinzugsgebiet *nt*

~ **valley** : Seitental *nt*

trickle : Rinnsal *nt*

~ : rinnen, tröpfeln *v*

~ **flow** : Normalabfluss *m*

~ **irrigation** : Tropfbewässerung *f*, Tröpfchenbewässerung *f*

trickling : tröpfelnd *adj*

~ **filter** : Tropfkörper *m*

~ **water collector** : Oberflächenverdunstungskollektor *m*

tricky : haarig, heikel *adj*

trigger : auslösen *v*

trilateral : dreiseitig, trilateral *adj*

~ : Dreieck *nt*

trip : Ausflug *m*, Fahrt *f*, Reise *f*

tritium : Tritium *nt*

~ **determination** : Tritiumbestimmung *f*

trivalent : dreiwertig *adj*

trivial : belanglos, geringfügig *adj*

trophic : trophisch *adj*

trophication : Trophie *f*

trophic || classification : Trophieklassifizierung *f*

~ **level** : Trophieebene *f*, Trophiegrad *m*, trophische Ebene *(f)*, trophisches Niveau *(nt)*

~ **structure** : Nahrungsstruktur *f*

~ **web** : Nahrungsnetz *nt*

trophogenic : trophogen *adj*

~ **layer** : Nährschicht *f*

tropholytic : tropholytisch *adj*

~ **layer** : Zehrschicht *f*

tropic : Wendekreis *m*

~̲ **of Cancer:** Wendekreis des Krebses *(m)*

~̲ **of Capricorn:** Wendekreis des Steinbocks *(m)*

tropical : Tropen-, tropisch *adj*

~ **climate** : Tropenklima *nt*

~ **disease** : Tropenkrankheit *f*

~ **forest** : Tropenwald *m*

~ **hygiene** : Tropenhygiene *f*

~ **medicine** : Tropenmedizin *f*

~ **rainforest** : tropischer Regenwald *(m)*

tropics : Tropen *pl*, Tropengebiet *nt*

tropopause : Tropopause *f*

troposphere : Troposphäre *f*

tropospheric : troposphärisch *adj*

trough : Ausläufer *m*, Minimumbereich *m*, Tiefdruckrinne *f*, Tiefpunkt *m*, Trog *m*

trout : Forelle *f*

~ fishing : Forellenfischen *nt*

~ region : Forellenregion *f*

true : getreu, tatsächlich, wahr *adj*

~ to life: naturgetreu *adv*

trumpet : Trompete *f*

~ valley : Trompetental *nt*

trunk : Baumstamm *m*, Schaft *m*, Stamm *m*

~ road : Fernstraße *f*

~ sewer : Hauptkanalisationsrohr *nt*, Hauptsammler *m*, Stammkanal *m*

trust : Stiftung *f*

try : bemühen *v*

tryptophan : Tryptophan *nt*

tsunami : Tsunami *f*

tsutsugamushi disease : Buschfleckfieber *nt*, Tsutsugamushi-Krankheit *f*

tube : Rohr *nt*, Röhre *f*, U-Bahn *f*

~ of worm: Wurmröhre *f*

~ filter : Schlauchfilter *m*

tuber : Knolle *f*

tuberculosis : Tuberkulose *f*

tuberous : knollenförmig *adj*

tubular : Rohr-, röhrenförmig, rohrförmig, Stahlrohr- *adj*

~ conveyor : Rohrkettenförderer *m*

tufa : Sinter *m*, Sinterbildung *f*, Tuff *m*

tuff : Tuff *m*

tuft : Büschel *nt*

~ of grass: Grasbüschel *m*

tufted : büschelig *adj*

tumor (Am) : Tumor *m*

tumour : Tumor *m*

~ genesis : Tumorgenese *f*

tundra : Tundra *f*

tune : Einklang *m*, Einstellung *f*, Melodie *f*

in ~ with nature: naturverbunden *adj*

~ : einstellen, frisieren, stimmen *v*

tunnel : Tunnel *m*

~ erosion : Röhrenerosion *f*, Tunnelerosion *f*

tunneling : Sickerröhrenbildung *f*, Wasserdurchtritt *m*

tunnel || scour : Röhrenerosion *f*, Tunnelerosion *f*

~ valley : Tunneltal *nt*

turbid : trüb, trübe *adj*

~ water draining plant : Trübwasserabzugsanlage *f*

turbidimeter : Trübungsmessgerät *nt*

turbidimetry : Trübungsmessung *f*

turbidity : Schwebstoffführung *f*, Trübe *f*, Trübheit *f*, Trübung *f*, Turbidität *f*

~ of water: Wassertrübung *f*

turbine : Turbine *f*

turbo : Turbo *m*

~ blower : Turbogebläse *nt*

~-charged : mit Turbolader *adj*

~-charger : Turbolader *m*

~ compressor : Turbokompressor *m*

~-jet : Turbojet *m*

~-~ engine : Turboluftstrahltriebwerk *nt*

~-prop : Turbo-Prop-Flugzeug *nt*

turbulence : Turbulenz *f*, Verwirbelung *f*

turbulent : turbulent, wirbelnd *adj*

turf : Grasnarbe *f*, Rasen *m*, Sode *f*, Turf *m*

turfing : Berasung *f*

Turgo turbine : Turgoturbine *f*

turn : Wendung *f*

~ : wenden *v*

~ around : (sich) drehen, (sich) umdrehen *v*

~ ~ area : Wendeplatz *m*

turning : Abzweigung *f*, Drechseln *nt*, Drehen *nt*, Wenden *nt*

~ area : Wendeplatz *m*

turnings : Späne *pl*

turnkey : schlüsselfertig *adj*

~ construction : schlüsselfertige Errichtung *(f)*

turnover : Fluktuation *f*, Umsatz *m*, Umschlag *m*

~ tax : Umsatzsteuer *f*

turn round : (sich) drehen, (sich) umdrehen *v*

tussock : Grasbüschel *m*

twin : Zwilling *m*

~-hull craft : Doppelhüllenschiff *nt*

twister : Tornado *m*, Wirbelsturm *m*

twitcher : Vogelbeobachter *m*, Vogelbeobachterin *f*

two-piece : zweiteilig *adj*

~-~ gate : zweiteiliger Wehrverschluss *(m)*

two-star : Zweisterne- *adj*

~ petrol : Normalbenzin *nt*

two-stroke : Zweitakt- *adj*

~-~ engine : Zweitaktmotor *m*

two-wheeler : Zweirad *nt*

type : Art *f*, Typ *m*

~ of built use: Art der baulichen Nutzung *(f)*

~ of business: Unternehmensform *f*

~ of construction: Bauart *f*, Bauweise *f*

~ of drainage system: Entwässerungsverfahren *nt*

~ of felling: Hiebsart *f*

~ of groundwater: Grundwassertyp *m*

~ of habitat: Lebensraumtyp *m*

~ of lake: Seentyp *m*

~ of management: Bewirtschaftungsform *f*

~ of refuse: Abfallart *f*

~ of state: Staatsform *f*

~ of thinning: Durchforstungsart *f*

~ of use: Nutzungsart *f*

~ of waste: Abfallart *f*

~ approval procedure : Typzulassungsverfahren *nt*

~ locality : Typlokalität *f*

~ section : Richtprofil *nt*

typhoid : Typhus *m*

~ fever : Typhus *m*

typhoon : Taifun *m*

typhus : Fleckfieber *nt*, Flecktyphus *nt*

typical : artspezifisch, charakterisitisch, kennzeichnend, typisch *adj*

~ of site: standorttypisch *adj*

tyramine : Tyramin *nt*

tyre : Reifen *m*

~ noise : Reifengeräusch *nt*

~ shredder : Reifenshredder *m*

~ washing plant : Reifenwaschanlage *f*

ubiquitous : ubiquitär *adj*

~ **species** : Allerweltsart *f*, Ubiquist *m*

ultrabasic : ultrabasisch *adj*

ultracentrifuge : Ultrazentrifuge *f*

ultrafilter : Ultrafilter *m*

ultrafiltration : Ultrafiltration *f*

~ **plant** : Ultrafiltrationsanlage *f*

ultramicroscopic : ultramikroskopisch *adj*

ultrasonic : Ultraschall- *adj*

~ **equipment** : Ultraschallgerät *nt*

~ **frequency** : Überhörfrequenz *f*

~ **waves** : Ultraschallwellen *pl*

ultrasonics : Ultraschalllehre *f*

ultrasound : Ultraschall *m*

ultraviolet : ultraviolett *adj*

~ **disinfection plant** : UV-Entkeimungsanlage *f*

~ **lamp** : Ultraviolettlampe *f*

~ **radiation** : UV-Strahlung *f*

~ **rays** : ultraviolette Strahlen *(pl)*

umbrella : Regenschirm *m*, Schirm *m*, Schutz *m*

~ **organization** : Dachorganisation *f*

~ **species** : Zielart *f*

unanimously : einstimmig *adv*

unauthorized : unerlaubt *adj*

unblock : freimachen *v*

unboiled : nicht gekocht, roh, ungekocht *adj*

uncertainty : Ungewissheit *f*, Unklarheit *f*, Unsicherheit *f*

~ **in expectation:** Erwartungsunsicherheit *f*

~ **regarding the law:** Rechtsunsicherheit *f*

uncompromising : kompromisslos *adj*

uncompromisingly : kompromisslos *adv*

unconditional : auflagenfrei *adj*

unconsolidated : Locker-, nicht verfestigt, nicht geeinigt, nicht konsolidiert *adj*

~ **material** : Lockergestein *nt*

~ **rock** : Lockergestein *nt*

~ **sediment:** Lockersediment *nt*

unconstitutionality : Verfassungswidrigkeit *f*

uncontaminated : nicht verseucht *adj*

uncontrollable : unkontrollierbar *adj*

uncontrolled : ungehindert, unkontrolliert *adj*

~ **weir** : festes Wehr *(nt)*

uncoordinated : unkoordiniert *adj*

uncover : aufdecken *v*

uncultivated : nicht genutzt, unbebaut *adj*

~ **land** : Ödland *nt*

under : darunter *adv*

~ : unter *prep*

~ **the employee's savings scheme:** vermögenswirksam *adj*

undercooling : Unterkühlung *f*

undercut : unterhöhlt, unterspült *adj*

~ : unterbieten, unterhöhlen, unterspülen *v*

~ **river bank** : Prallhang *m*

undercutting : Kolk *m*, Unterhöhlung *f*, Unterspülung *f*, Unterwaschung *f*

underdeveloped : primitiv, unterentwickelt *adj*

~ **country** : unterentwickeltes Land *(nt)*

underdrainage : Bodendrainage *f*

underflow : Tiefenstrom *m*, Unterströmung *f*

under-funded : finanziell nicht ausreichend ausgestattet *adj*

underground : unterirdisch *adj*

~ : im Untergrund, in den Untergrund, unter der Erde, unter Tage *adv*

~ : U-Bahn *f*, Untergrund *m*, Untergrundbewegung *f*

~ **cable** : Erdkabel *nt*

~ **disposal of wastewater** : Abwasserversenkung *f*

~ **dam** : Untertagedamm *m*

~ **dumping site** : Untertagedeponieanlage *f*

~ **railway** : U-Bahn *f*

~ **sealing** : Untergrundabdichtung *f*

~ ~ **of landfill:** Deponiebasisabdichtung *f*

~ **storage** : Tieflagerung *f*

~ **waste dump** : Untertagedeponie *f*

undergrowth : Unterholz *nt*, Unterwuchs *m*

underlying : unterlagernd, unterliegend *adj*

~ **stratum** : Liegendes *nt*, Substratum *nt*, Untergrund *m*

undermine : unterminieren *v*

undermined : unterminiert *adj*

undermining : Aushöhlung *f*, Unterhöhlung *f*, Unterspülung *f*, Unterwaschung *f*

undernourished : unterernährt *adj*

underpopulation : Untervölkerung *f*

underpressure : Unterdruck *m*

underproduction : Unterproduktion *f*

underscour : Auskolkung *f*, Ausspülung *f*, Unterspülung *f*

~ : unterspülen *v*

underscoured : unterspült *adj*

underseal : Unterbodenschutz *m*

undershot : unterschlächtig *adj*

~ **waterwheel** : unterschlächtiges Wasserrad *(nt)*

undersowing : Untersaat *f*

understanding : Verständnis *nt*

understorey : Unterbestand *m*, Unterholz *nt*, Unterstand *m*

undertaker : Verpflichtete *f*, Verpflichteter *m*

underwater : Unterwasser- *adj*

~ : unter Wasser *adv*

~ **mining** : Unterwassererzgewinnung *f*

~ **weir** : Unterwasserwehr *nt*

underwood : Unterholz *nt*, Unterstand *m*

undiscriminate : ungeordnet *adj*

~ **dumping:** ungeordnete Abfallablagerung *(f)*

undiscriminating : anspruchslos, unkritisch *adj*

undissolved : ungelöst *adj*

~ material : ungelöster Stoff *(m)*

~ matter : ungelöster Stoff *(m)*

undisturbed : unberührt, ungestört *adj*

undivisible : untrennbar *adj*

undrained : nicht entwässert *adj*

undulate : wellenförmig *adj*

~ : wogen *v*

undulating : wellig *adj*

undulation : Wellenbewegung *f*

unemployed : arbeitslos *adj*

unemployment : Arbeitslosigkeit *f*

unenclosed : nicht eingezäunt *adj*

~ land : nicht eingezäuntes Land *(nt)*

unfiltered : naturtrüb *adj*

unhealthy : ungesund *adj*

unicellular : einzellig *adj*

unification : Einigung *f*, Integration *f*, Vereinigung *f*

~ convention : Einigungsvertrag *m*

unilateral : einseitig *adj*

unimproved : nicht melioriert *adj*

uninhabitable : unbewohnbar *adj*

union : Union *f*

unit : Einheit *f*, Element *nt*, Teil *m*

~ of manufacture: Produktionseinheit *f*

~-peak discharge : Einheitsspitzenabfluss *m*

~-soil loss : Einheitsbodenabtrag *m*

united : einig, gemeinsam, vereint *adj*

~ Nations : Vereinte Nationen *(pl)*

~ ~ agency : UN-Organisation *f*

~ ~ Conference on Environment and Development : Konferenz der Vereinten Nationen über Umwelt und Entwicklung *(f)*

~ ~ Development Programme : Entwicklungsprogramm der Vereinten Nationen *(nt)*

~ ~ Framework Convention on Climatic Change : Rahmenkonvention der Vereinten Nationen über Klimaveränderungen *(f)*

uniting : Vereinigung *f*

universal : allgemein, allgemeingültig, universal, Universal-, universell, universell begabt *adj*

~ soil loss equation: Allgemeine Bodenabtragsgleichung *(f)*, Universelle Bodenabtragsgleichung *(f)*

university : Hochschule *f*, Universität *f*

~ building : Universitätsgebäude *nt*

~ education : Hochschulausbildung *f*, Hochschulbildung *f*

~ graduate : Universitätsabsolvent *m*, Universitätsabsolventin *f*

~ lecturer : Hochschullehrer *m*, Hochschullehrerin *f*

~ student : Hochschüler *m*, Hochschülerin *f*

~ studies : Hochschulstudium *nt*

~ system : Hochschulwesen *nt*

unjustifiable : ungerechtfertigt *adj*

unlawful : gesetzwidrig, rechtswidrig *adj*

unlawfully : gesetzwidrig *adv*

unleaded : bleifrei *adj*

~ fuel : bleifreier Kraftstoff *(m)*

~ petrol : bleifreies Benzin *(nt)*

unlined : nicht abgedichtet *adj*

unmanured : ungedüngt *adj*

unnatural : naturwidrig, unnatürlich *adj*

unneutralized : nicht neutralisiert *adj*

un-nutritious : nährstoffarm *adj*

unpasteurized : nicht pasteurisiert *adj*

unpolluted : rein, sauber, unverschmutzt *adj*

~ air area : Reinluftgebiet *nt*

unpopulated : unbesiedelt *adj*

unproductive : ertraglos *adj*

unprofitable : ertraglos, ertragsarm *adj*

unsafe : baufällig, gefährlich, nicht sicher *adj*

unsaturated : ungesättigt *adj*

unsettled : unbeständig *adj*

unsightly : hässlich, unansehnlich, unschön *adj*

unsolved : ungelöst *adj*

unspoiled : unberührt, unbeschädigt, unverdorben *adj*

also spelled: unspoilt

unspoilt : unberührt, unbeschädigt, unverdorben *adj*

~ landscape : Naturlandschaft *f*, naturnahe Landschaft *(f)*

~ nature : unberührte Natur *(f)*

~ state : Unberührtheit *f*

unstable : instabil, unbeständig *adj*

unsterilized : nicht sterilisiert *adj*

untapped : unerschlossen *adj*

untouched : unberührt *adj*

untreated : unbehandelt *adj*

unused : nicht genutzt, unbenutzt, ungebraucht, ungenutzt, ungewohnt *adj*

~ drug : Altmedikament *nt*

~ medicine : Altmedikament *nt*

unusual : außergewöhnlich, ungewöhnlich *adj*

~ to the area: gebietsfremd *adj*

unusually : ungewöhnlich *adv*

upbringing : Aufzucht *f*

update : aktualisieren, modernisieren *v*

updating : Fortschreibung *f*

updraught : Aufwind *m*

upfreezing (Am) : Auffrieren *nt*

upgrade : sanieren *v*

upheaval : Umwälzung *f*

upkeep : Instandhaltung *f*

upland : Hochland *nt*

~ cropping : Regenfeldbau *m*

uplift : Anhub *m*, Auftrieb *m*, Erbauung *f*, Erhebung *f*

~ : aufrichten, erheben *v*

uplifting : erhebend *ad*

uplift pressure : Sohlenwasserdruck *m*

upper : ober- *adj*

~-air investigation : Aerologie *f*

~ confining bed : Grundwasserdeckschicht *f*, Grundwasserschirmfläche *f*

~ House of Parliament : [Bundesrat] *m*

~ reaches : Oberlauf *m*

uproot : entwurzeln *v*

uprooting : Ausgraben *nt*, Entwurzelung *f*

upslope : hangaufwärts *adj*

upstream : flussaufwärts *adj/adv*

~ face : Stauwand *f*, Wasserseite *f*

~ floor : Vorboden *m*

uptake : Aufnahme *f*

uranium : Uran *nt*

~ enrichment : Urananreicherung *f*

~ ~ plant : Urananreicherungsanlage *f*

~ ore : Uranerz *nt*

urban : städtisch, urban *adj*

of ~ building: städtebaulich *adj*

~ building : Städtebau *m*

~ decay : städtischer Verfall *(m)*, Stadtverfall *m*

~ development : Städtebau *m*, Stadtentwicklung *f*, Verstädterung *f*

~ ~ law : Städtebaurecht *nt*

~ ecology : urbane Ökologie *(f)*, Stadtökologie *f*

~ fringe : Stadtrand *m*, Umland *nt*

urbanisation (Br) : Urbanisierung *f*, Verstädterung *f*

urbanization : Urbanisierung *f*, Verstädterung *f*

urban || landscape : Stadtlandschaft *f*

~ land use planning : Bauleitplanung *f*

~ motorway : Stadtautobahn *f*

~ planner : Stadtplaner *m*, Stadtplanerin *f*

~ planning : Stadtplanung *f*

~ population : Stadtbevölkerung *f*

~ preservation : Stadterhaltung *f*

~ railway : Stadtbahn *f*

~ redevelopment : Stadtsanierung *f*

~ renewal : Stadtsanierung *f*

~ road : Stadtstraße *f*

~ slum : Slum *m*

~ sprawl : Zersiedelung *f*

~ studies : Urbanistik *f*

~ traffic : Stadtverkehr *m*

urine : Harn *m*, Urin *m*

urstromtal : Urstromtal *nt*

usability : Nutzbarkeit *f*, Verwertbarkeit *f*

usable : nutzbar, verwertbar *adj*

~ floor space : Nutzfläche *f*

usage : Behandlung *f*, Brauch *m*, Gepflogenheit *f*, Sprachgebrauch *m*, Verwendung *f*

~ charge : Benutzungsgebühr *f*

use : Anwendung *f*, Benutzung *f*, Gebrauch *m*, Nutzung *f*, Umgang *m*, Verwendung *f*, Verwertung *f*

~-and-throw-away attitude: Wegwerfmentalität *f*

~ as biotopes: Biotopnutzung *f*

~ for commercial purposes: gewerbliche Nutzung *(f)*

~ of leisure time: Freizeitnutzung *f*

~ nuclear material: Verwendung von Kernmaterial *(f)*

~ of raw materials: Rohstoffnutzung *f*

~ of sewage sludge: Klärschlammanwendung *f*

~ of wastepaper: Altpapierverwertung *f*

~ : gebrauchen, nutzen, verwerten *v*

used : Alt-, gebraucht *adj*

~ air : Abluft *f*

~ area : Nutzfläche *f*

~ battery : Altbatterie *f*

~ films : Altfilme *pl*

~ fat : Altfett *nt*

~ glass : Altglas *nt*

~ ~ container : Altglascontainer *m*

~ glassware : Altglas *nt*

~ grease : Altfett *nt*

~ oil : Altöl *nt*

~ ~ collection : Altölerfassung *f*, Altölsammlung *f*

~ ~ preparation : Altölaufbereitung *f*

~ ~ preparation plant : Altölaufbereitungsanlage *f*

~ ~ processing : Altölverwertung *f*

~ ~ tank : Altöltank *m*

~ paper : Altpapier *nt*

~ ~ collecting : Altpapiersammeln *nt*

~ ~ collection : Altpapiersammlung *f*

~ ~ treatment plant : Altpapieraufbereitungsanlage *f*

~ sand : Altsand *m*

~ tyre : Altreifen *m*

~ ~ recycling plant : Altreifenrecyclinganlage *f*

~ wood : Altholz *nt*

useful : nützlich *adj*

usefully : nützlich *adv*

usefulness : Nützlichkeit *f*

useless : nutzlos *adj*

uselessly : nutzlos *adv*

uselessness : Nutzlosigkeit *f*

use limitation : Anwendungsbeschränkung *f*

user : Anwender *m*, Anwenderin *f*, Nutzer *m*, Nutzerin *f*

~ advantage : Benutzervorteil *m*

use restriction : Nutzungsbeschränkung *f*

user || fee : Benutzungsgebühr *f*

~-friendly : anwenderfreundlich *adj*

U-shaped : U-förmig *adj*

~-~ valley : Trogtal *nt*

using : Anwenden *nt*, Benutzen *nt*, Nutzen *nt*, Verbrauchen *nt*, Verwenden *nt*

~ of resources: Ressourcennutzung *f*

usufruct : Nießbrauch *m*

usufructuary : Nutznießer *m*, Nutznießerin *f*

utilitarian : funktionell, utilitär, utilitaristisch *adj*

~ thinking : Nützlichkeitsdenken *nt*

utilitarism : Utilitarismus *m*

utility : Nutzen *m*, Versorgungsbetrieb *m*

~ area : Versorgungsfläche *f*

~ company : Versorgungsunternehmen *nt*

~ theory : Nutzentheorie *f*

~ undertaking : Versorgungsunternehmen *nt*

~ value : Nutzwert *m*

~ ~ analysis : Nutzwertanalyse *f*

~ water : Betriebswasser *nt*, Brauchwasser *nt*

~ ~ treatment : Brauchwasseraufbereitung *f*

~ ~ treatment agent : Brauchwasseraufbereitungsmittel *nt*

~ ~ treatment plant : Brauchwasseraufbereitungsanlage *f*

utilizability : Nutzbarkeit *f*

utilizable : nutzbar, verwertbar *adj*

~ timber volume : Nutzholzvorrat *m*

utilization : Nutzbarmachung *f*, Nutzung *f*, Umgang *m*, Verwendung *f*, Verwertung *f*

~ **of an area:** Flächennutzung *f*

~ **of calorific value:** Brennwertnutzung *f*

~ **of exhaust gas:** Abgasverwertung *f*

~ **of heat:** Abwärmenutzung *f*

~ **of herbicides:** Herbizideinsatz *m*

~ **of liquid manure:** Flüssigmistverwertung *f*

~ **pesticides:** Pestizideinsatz *m*

~ **of sewage:** Abwasserverwertung *f*

~ **of wastewater:** Abwasserverwertung *f*

~ **of waters:** Gewässerbenutzung *f*, Gewässernutzung *f*

~ claim : Nutzungsanspruch *m*

~ regulation : Benutzungsordnung *f*

utilize : nutzbar machen, nutzen, verwerten *v*

uvala : Uvala *f*

UV lamp : UV-Lampe *f*

UV radiation : UV-Strahlung *f*

UV rays : UV-Strahlen *pl*

UV spectrometer : UV-Spektrometer *nt*

UV sterilizing equipment : UV-Entkeimungsgerät *nt*

vacant : frei, leer *adj*

~ lot : Baulücke *f*

vacation : Ferien *pl*

vaccinate : impfen *v*

vaccination : Impfung *f*

vaccine : Impfstoff *m*, Vakzin *nt*

vacuum : Vakuum *nt*

~ cleaner : Staubsauger *m*

~ draining : Unterdruckentwässerung *f*

~ ~ plant : Unterdruckentwässerungsanlage *f*

~ drying cabinet : Vakuumtrockenschrank *m*

~ evaporation plant : Vakuumverdampfungsanlage *f*

~ flat collector : Vakuumflachkollektor *m*

~ freeze-drier : Vakuumgefriertrockner *m*

~ generator : Unterdruckerzeuger *m*

~ main : Unterdruckleitung *f*

~ pump : Vakuumpumpe *f*

~ ~ filter : Vakuumpumpenfilter *m*

~ technique : Vakuumtechnik *f*

vadose : vados *adj*

~ water : vadoses Wasser *(nt)*

vagility : Vagilität *f*

vagrant : Irrgast *m*

vain : eitel, leer, vergeblich *adj*

in ~: nutzlos *adv*

valence : Valenz *f*

vainness : Nutzlosigkeit *f*

valence (Am) : Wertigkeit *f*

valency : Wertigkeit *f*

validity : Geltung *f*

valley : Niederung *f*, Tal *nt*

~ bog : Talmoor *nt*

~ bottom : Talgrund *m*

~ floor : Talsohle *f*

valuable : wertvoll *adj*

~ material: Wertstoff *m*

valuation : Bewertung *f*, Bonitierung *f*

value : Wert *m*

of probative ~: beweiskräftig *adj*

of ~ as evidence: beweiskräftig *adj*

~ **as evidence:** Beweiskraft *f*

~ **of trees:** Baumwert *m*

valve : Ventil *nt*

~ **for emission control:** Emissionsschutzventil *nt*

~ chamber : Schieberkammer *f*

vanadium : Vanadium *nt*

~ manufacture : Vanadiumherstellung *f*

vanish : verschwinden *v*

vantage : Vorteil *m*

~ point : Aussichtspunkt *m*

vapor (Am) : Dampf *m*

vaporise (Br) : verdampfen, verdunsten *v*

vaporize : verdampfen, verdunsten *v*

vaporizer : Verdampfer *m*, Zerstäuber *m*

vapour : Brüden *m*, Dampf *m*, Gas *nt*

~ concentration : Wasserdampfkonzentration *f*

~ condensate : Brüdenkondensat *nt*

~ pressure : Dampfdruck *m*

variability : Variabilität *f*

variable : variabel, veränderlich, wechselhaft, wechselnd *adj*

~ : Variable *f*, Veränderliche *f*

variance : Uneinigkeit *f*, Varianz *f*

variant : Variante *f*

variation : Änderung *f*, Variation *f*, Veränderung *f*

~ **in climate:** Klimaschwankung *f*, Klimaveränderung *f*

varied : abwechslungsreich, bunt, buntgemischt, unterschiedlich, vielfältig, vielgestaltig, vielseitig *adj*

~ ownership: Eigentum mehrerer Personen an einer Fläche *(nt)*, gemischtes Eigentum *(nt)*

variety : Vielfalt *f*, Sorte *f*, Varietät *f*

varnish : Firnis *m*, Glanz *m*, Glasur *f*, Lack *m*

~: beschönigen, firnissen, glasieren, lackieren, lasieren, übertünchen *v*

varnished : lackiert, lasiert *adj*

varnisher's : Lackiererei *f*

varnishing : Lackierung *f*

~ **and enamelling plant:** Lackieranlage *f*

varnish sludge : Lackschlämme *pl*

vascular : vaskulär *adj*

~ **plant:** Gefäßpflanze *f*

vast : enorm, gewaltig, Riesen-, riesig, überwältigend, umfangreich, unermesslich, weit *adj*

vastly : äußerst, enorm, gewaltig, in hohem Maße, überaus, weit, weitaus *adv*

vast majority : weit überwiegende Mehrzahl *(f)*

VDI guideline : VDI-Richtlinie *f*

v-drag : Gratenpflug *m*

vector : Überträger *m*, Vektor *m*

vegan : Veganer *m*, Veganerin *f*

vegetable : pflanzlich *adj*

~ : Gemüse *nt*

~ **canning industry** : Gemüsekonservenindustrie *f*

~ **farming** : Gemüsebau *m*

~ **oil** : Pflanzenöl *nt*, pflanzliches Öl *(nt)*

~ ~ **engine** : Pflanzenölmotor *m*

~ ~ **extraction** : Pflanzenölgewinnung *f*

~ **poison** : Pflanzengift *nt*

vegetarian : pflanzlich, vegetarisch *adj*

~ : Vegetarier *m*, Vegetarierin *f*

vegetated : bewachsen, mit Vegetation, rekultiviert *adj*

vegetation : Bewuchs *m*, Vegetation *f*, Vegetationsdecke *f*

~ **arc** : Vegetationsband *nt*

~ **cover** : Pflanzendecke *f*, Vegetationsdecke *f*

~ **geography** : Vegetationsgeografie *f*

~ **mapping** : Vegetationskartierung *f*

~ **survey** : Vegetationskartierung *f*

~ **type** : Vegetationstyp *m*

vegetative : vegetativ *adj*

~ **propagation:** vegetative Vermehrung *(f)*

~ **reproduction:** vegetative Vermehrung *(f)*

vehicle : Fahrzeug *nt*

~ **for garbage dumps:** Deponiefahrzeug *nt*

~ **exhaust gas** : Kfz-Abgas *nt*, Kraftfahrzeugabgas *nt*

~ **industry** : Kfz-Industrie *f*, Kraftfahrzeugindustrie *f*

~ **manufacturing industry** : Fahrzeugindustrie *f*

~ **noise** : Fahrgeräusch *nt*, Fahrzeuglärm *m*

~ **washing** : Autowäsche *f*, Fahrzeugwäsche *f*, Wagenwäsche *f*

veil : Schleier *m*

vein : Ader *f*, Gang *m*, Vene *f*

~ **mineral** : [Mineralien in Adern bzw. dünnen Schichten] *(pl)*

velocity : Geschwindigkeit *f*

~ **of approach:** Anströmgeschwindigkeit *f*

~ **dependence** : Geschwindigkeitsabhängigkeit *f*

venomous : Gift-, giftig *adj*

~ **snake** : Giftschlange *f*

venomously : giftig *adv*

vent : Schlot *m*, Vulkanschlot *m*

ventilate : äußern, belüften, bewettern, erörtern, kundtun, lüften, vorbringen *v*

ventilated : belüftet *adj*

ventilating : belüftend, lüftend, Lüftungs- *adj*

~ **hose** : Lüftungsschlauch *m*

ventilation : Belüftung *f*, Bewetterung *f*, Lüftung *f*

~ **control system** : Lüftungssteuersystem *nt*

~ **equipment** : Belüftungseinrichtung *f*

~ **grill** : Lüftungsgitter *nt*

~ **system** : Belüfter *m*, Belüftungseinrichtung *f*, Lüftungsanlage *f*

ventilator : Ventilator *m*

ventral : bauchseitig, ventral *adj*

venture : Unternehmung *f*

~ : aufs Spiel setzen, (sich) wagen *v*

~-capital funds : Risikofonds *m*

venturi || flume : Venturikanal *m*, Venturirinne *f*

~ **meter** : Venturimeter *nt*

~ **scrubber** : Venturiwäscher *m*

~ **tube** : Venturirohr *nt*

venue : Gerichtsstand *m*

verbal : mündlich, sprachlich, verbal *adj*

~ **agreement** : mündlicher Vertrag *(m)*

verbally : mündlich, sprachlich, verbal *adv*

verdict : Urteil *nt*

verification : Bestätigung *f*, Nachweis *m*, Überprüfung *f*, Verifizierung *f*

verify : bestätigen *v*

vermiculture : Regenwurmzucht *f*

vermin : Schädling *m*, Ungeziefer *nt*

~ **infestation** : Schädlingsbefall *m*

vernacular : landessprachlich, mundartlich, volkstümlich *adj*

~ : Dialekt *m*, Landessprache *f*, Mundart *f*, Umgangssprache *f*, Volkssprache *f*

~ **building** : regionstypisches Gebäude *(nt)*

~ **material** : regionstypischer Baustoff *(m)*

vernal : Frühlings- *adj*

~ **equinox** : Frühlingsäquinoktikum *nt*

vernalization : Vernalisation *f*

vertebra : Rückenwirbel *m*, Vertebra *f*

vertebral : vertebral *adj*

vertebrate : Vertebrat *m*, Wirbeltier *nt*

vertical : vertikal *adj*

~ **lift gate** : Schütz *nt*

~ **profile** : Vertikalprofil *nt*

~ **pump** : Vertikalpumpe *f*

vertically : vertikal *adv*

~ **drilled filter well** : Vertikalfilterbrunnen *m*

vessel : Behälter *m*, Gefäß *nt*, Reservoir *nt*, Schiff *nt*, Wasserfahrzeug *nt*

vestigial : rudimentär *adj*

veterinary : tiermedizinisch, Tier-, veterinär, Veterinär- *adj*

~ hygiene : Veterinärhygiene *f*

~ medicine : Tiermedizin *f*, Veterinärmedizin *f*

~ surgeon (Br) : Tierarzt *m*, Tierärztin *f*

viable : lebensfähig *adj*

~ component : lebensfähiges Element *(nt)*

vibrate : beben *v*

vibrating : bebend, schwingend, vibrierend *adj*

~ screen : Vibrationssieb *nt*

vibration : Beben *nt*, Erschütterung *f*, Schwingung *f*, Vibration *f*

vibrational : Schwingungs- *adj*

~ analysis : Schwingungsanalyse *f*

vibration || analyzer : Schwingungsanalysator *m*

~ damper : Schwingungsdämpfer *m*

~ damping : Schwingungsdämpfung *f*

~ insulating material : Schwingungsdämmstoff *m*

vibrationless : erschütterungsfrei *adj*

vibration || measurement : Erschütterungsmessung *f*

~ meter : Schwingungsmessgerät *nt*

~ mill : Schwingmühle *f*

~ propagation : Erschütterungsausbreitung *f*

~ sensor : Schwingungsaufnehmer *m*

vibratory : Schwing-, schwingend, schwingungsfähig, Vibrations-, vibrierend *adj*

~ conveyor : Schwingförderer *m*

vicinity : Nachbarschaft *f*, Nähe *f*, Umgebung *f*

victim : Opfer *nt*

victory : Sieg *m*

~ **in the vote:** Abstimmungssieg *m*

video : Video- *adj*

~ : Bild *nt*, Video *nt*, Videorecorder *m*

~ data bank : Bilddatenbank *f*

view : Ansicht *f*, Ausblick *m*, Aussicht *f*

viewer : Diabetrachter *m*

viewpoint : Aussichtspunkt *m*, Sichtweise *f*, Standpunkt *m*

vigour : Energie *f*, Lebenskraft *v*, Wuchskraft *f*

~ **of growth:** Wüchsigkeit *f*

vigorous : gedeihend, kräftig *adj*

village : Dorf *nt*, Ort *m*, Ortschaft *f*

~ community : Dorfgemeinschaft *f*

~ development : Dorfentwicklung *f*

~ redevelopment : Dorferneuerung *f*

~ zone : Dorfgebiet *nt*

vine : Rebe *f*, Weinstock *m*

vinegar : Essig *m*

vine shoot : Rebe *f*

vineyard : Weinberg *m*

violation : Bruch *m*, Schändung *f*, Störung *f*, Verletzung *f*, Verschandelung *f*, Verstoß *m*

~ **of a law:** Gesetzesverstoß *m*

~ **of authority:** Ermessensüberschreitung *f*

~ **of official duty:** Amtspflichtverletzung *f*

~ **of the law:** Gesetzesübertretung *f*, Rechtsverletzung *f*

violence : Gewalt *f*

viral : Virus- *adj*

~ infection : Virusinfektion *f*

virement : Umbuchung *f*

virgin : jungfräulich, rein, unberührt *adj*

~ forest : Urwald *m*

~ ground : Neuland *nt*

~ landscape : Urlandschaft *f*

~ ore : Roherz *nt*

viroid : Viroid *nt*

virology : Virologie *f*

virulicide : Virizid *nt*

virus : Virus *m*

~ resistance : Virusresistenz *f*

viscid : dickflüssig, klebrig, zähflüssig *adj*

viscose : Viskose *f*, Zellwolle *f*

viscosimetry : Viskosimetrie *f*

viscosity : Viskosität *f*, Zähflüssigkeit *f*

~ recorder : Viskositätsschreiber *m*

~ tester : Viskositätsprüfgerät *nt*

viscous : dickflüssig, viskos, zähflüssig *adj*

~ liquids pump : Dickstoffpumpe *f*

visibility : Sicht *f*

~ depth : Sichttiefe *f*

visible : sichtbar *adj*

visit : Besuch *m*

visitor : Besucher *m*, Besucherin *f*

~ management : Besucherlenkung *f*

~ profile : Besucherprofil *nt*

~'s centre : Besucherzentrum *nt*

~ survey : Besucherzählung *f*

visual : bildlich, optisch, Seh-, Sicht-, visuell *adj*

~ range : Sichtweite *f*

~ ~ meter : Sichtweitenmessgerät *nt*

visualization : Visualisierung *f*

vital : entscheidend, lebenswichtig *adj*

vitality : Vitalität *f*

vital || organ : lebenswichtiges Organ *(nt)*

~ role : entscheidende Rolle *(f)*

vitamin : Vitamin *nt*

~ deficiency : Vitaminmangel *m*

~ supplement : Vitaminpräparat *nt*

viticulture : Weinbau *m*

viviparous : lebend gebärend, vivipar *adj*

vivisection : Vivisektion *f*

vocabulary : Vokabular *nt*, Wortschatz *m*

vocation : Begabung *f*, Beruf *m*, Berufung *f*

vocational : beruflich, berufsbezogen *adj*

~ advancement : Berufsförderung *f*

~ choice : Berufswahl *f*

~ college : Berufsschule *f*

~ education : Berufsausbildung *f*

~ training : berufliche Bildung *(f)*, Berufsausbildung *f*

void : leer, öd, ungültig *adv*

~ : Hohlraum *m*, Nichts *nt*, Pore *f*

~ : ablösen, auflösen, entleeren, für ungültig erklären *v*

voidness : Nichtigkeit *f*

void water : Porenwasser *nt*

volatile : ätherisch, flüchtig, leichtflüchtig *adj*

~ matter : flüchtiger Bestandteil *(m)*

~ oil : ätherisches Öl *(nt)*

~ organic compounds : flüchtige organische Verbindungen *(pl)*

volatilization : Ausgasung *f*, Verflüchtigung *f*

volcanic : vulkanisch *adj*

~ activity : vulkanische Tätigkeit *(f)*

~ ash : Vulkanasche *f*, vulkanische Asche *(f)*

~ ~ soil : Vulkanboden *m*

~ cone : Vulkankegel *m*

~ crater : Vulkankrater *m*

~ dust : vulkanischer Staub *(m)*

~ pipe : Vulkanschlot *m*

~ rock : Ergussgestein *nt*, vulkanisches Gestein *(nt)*, Vulkanit *m*

volcanism : Vulkanismus *m*

volcanite : Ergussgestein *nt*, Vulkanit *m*

volcano : Vulkan *m*

voltametry : Voltametrie *f*

voltammetry : Voltammetrie *f*

volume : Lautstärke *f*, Menge *f*, Rauminhalt *m*, Umfang *m*, Volumen *nt*

~ **of dam:** Bauwerksvolumen *nt*

~ **of discharged water during dry weather:** Trockenwetterabflusssumme *f*

~ **of domestic and industrial wastewater discharge:** Schmutzwassermenge *f*

~ **of rainwater:** Regenvolumen *nt*

~ **of trade:** Handelsvolumen *nt*

~ **of sewage:** Abwassermenge *f*

~ **of (water) discharge:** Abflussmenge *f*

~ **of rainwater run-off discharge:** Regenabflussmenge *f*, Regenabflusssumme *f*

~ **of residential waste:** Siedlungsabfallaufkommen *nt*

~ **of traffic:** Verkehrsaufkommen *nt*

~ **of waste:** Abfallaufkommen *nt*, Abfallvolumen *nt*

~ **of water discharge:** Abflussmenge *f*, Abflusssumme *f*

~ meter : Lautstärkemesser *m*

~ reduction : Volumenreduktion *f*

~ table : Volumentafel *f*

volumetric : volumetrisch *adj*

~ gas flowmeter : Gasvolumenmessgerät *nt*

~ flowmeter for coal dust : Kohlenstaubmengenmesser *m*

~ loading : Raumbelastung *f*

~ measuring : Volumenmessung *f*

voluntary : freiwillig *adj*

~ muscle : willkürlicher Muskel *(m)*

~ work : freiwillige Dienste *(pl)*

volunteer : Freiwillige *f*, Freiwilliger *m*

~ conservation worker : freiwilliger Naturschutzhelfer *(m)*, freiwillige Naturschutzhelferin *(f)*

vortex : Jetstream *m*, Strahlstrom *m*, Wirbel *m*

vote : Abstimmung *f*

~ : abstimmen *v*

v-shaped : v-förmig *adj*

~-~ valley : Kerbtal *nt*

vulcanized : vulkanisiert *adj*

~ scrap : Altgummi *m*

vulnerability : Anfälligkeit *f*, Angreifbarkeit *f*, Empfindlichkeit *f*, Schutzlosigkeit *f*, Verletzbarkeit *f*, Verletzlichkeit *f*

vulnerable : anfällig, angreifbar, bedroht, empfindlich, potenziell bedroht, verletzbar, verwundbar *adj*

~ species: bedrohte Art *(f)*

wadden sea : Wattenmeer *nt*

wader : Stelzvogel *m*, Watvogel *m*

wadi : Trockental *nt*, Wadi *nt*

waffle : Faselei *f*, Geschwafel *nt*, Waffel *f*

~ : faseln, schwafeln *v*

wage(s) : Arbeitslohn *m*, Lohn *m*

wage system : Lohnsystem *nt*

waive : niederschlagen *v*

waldsterben : Waldsterben *nt*

walk : Spaziergang *m*, Wanderung *f*

~ : laufen, spazieren gehen *v*

walker : Spaziergänger *m*, Spaziergängerin *f*

walking : Spazierengehen *nt*, Wandern *nt*

~ boot : Wanderstiefel *m*

~ guide : Wanderführer *m*

~ holiday : Wanderurlaub *m*

~ shoe : Wanderschuh *m*

~-stick : Spazierstock *m*

~-tour : Wanderung *f*

wall : Mauer *f*, Wand *f*

~ entrance : Mauerdurchführung *f*

~ painting : Wandmalerei *f*

wander : Spaziergang *m*

wandering : bummelnd, streunend, umherirrend *adj*

~ dune : Wanderdüne *f*

Wankel engine : Kreiskolbenmotor *m*, Wankelmotor *m*

want : Bedürfnis *nt*, Mangel *m*, Not *f*

~ **of proof:** Beweisnot *f*

~ : brauchen, wollen *v*

war : Krieg *m*

warden : Aufseher *m*, Aufseherin *f*

~ : beaufsichtigen *v*

warfare : Krieg *m*, Kriegsführung *f*

~ agent : Kampfstoff *m*

warm : warm *adj*

~ : erwärmen, wärmen *v*

~-blooded : warmblütig *adj*

~-~ animal : Warmblüter *m*

~ front : Warmfront *f*

warming : Erwärmung *f*

warming-up : Erwärmung *f*

~-~ of waters: Gewässererwärmung *f*

warn : ermahnen *v*

warning : Ermahnung *f*

~ plan : Alarmplan *m*

~ system : Warnsystem *nt*

warp : Sediment *nt*

warping : Verlandung *f*

warranty : Berechtigung *f*, Garantie *f*, Gewähr *f*, Gewährleistung *f*, Zusicherung *f*

warren : Ameisenhaufen *m*

wash : spülen, waschen *v*

washability : Waschfestigkeit *f*

wash away : abschwemmen, wegspülen *v*

washing : spülend, waschend *adj*

~ : Wäsche *f*, Waschen *nt*

~ agent : Waschmittel *nt*

~ away : Abschwemmung *f*, Auswaschung *f*, Wegspülen *nt*

~ installation : Waschanlage *f*

~ machine : Waschmaschine *f*

~ out : Ausspülung *f*, Auswaschung *f*

~ plant : Waschanlage *f*

~ process : Waschverfahren *nt*

~ water : Waschwasser *nt*

wash-land : Überflutungsgebiet *nt*

wash load : Geschiebefracht *f*, Schwebstoffbelastung *f*, Schwebstofffracht *f*

washout : Washout *m*

wash-out : Abschwemmung *f*

wash out : ausspülen, auswaschen *v*

wash up : spülen *v*

wastage : Verschwendung *f*

waste : überschüssig, ungenutzt *adj*

~ : Abfall *m*, Abfallstoff *m*, Altstoff *m*, Müll *m*

~ of space: Raumverschwendung *f*

~ of water: Wasservergeudung *f*

~ : verschwenden *v*

~ accountability : Abfallnachweispflicht *f*

~ act : Abfallgesetz *nt*

~ activated sludge : Abfallbelebtschlamm *m*

~ air : Abluft *f*

~ ~ purification : Abluftreinigung *f*

~ ~ scrubber : Abluftwäscher *m*

~ ~ scrubbing process : Abluftreinigungsverfahren *nt*

~ ~ stack : Abluftkamin *m*

~ analysis : Abfalluntersuchung *f*, Mülluntersuchung *f*

~ arisings : Abfallaufkommen *nt*

~ ash disposal : Aschebeseitigung *f*

~ assimilation capacity : Abfallassimilationsvermögen *nt*

~ avoidance : Abfallvermeidung *f*

~ ~ and waste management act: Kreislaufwirtschafts- und Abfallgesetz *nt*

~ balance : Abfallbilanz *f*

~ bale : Abfallballen *m*

~ basket : Abfallkorb *m*

~ bin : Abfallbehälter *m*, Mülleimer *m*, Mülltonne *f*

~ bottle : Altflasche *f*, Leergut *nt*

~ bunker : Abfallbunker *m*

~ cable : Altkabel *nt*

~ category : Abfallart *f*

~ charge : Abfallabgabe *f*

~ ~ act : Abfallabgabengesetz *nt*

~ chemicals : Abfallchemikalien *pl*

~ classification : Abfallklassifizierung *f*

~ coal : Abfallkohle *f*

~ coke : Abfallkoks *m*

~ collecting system : Müllsammelsystem *nt*

~ collection : Abfallabfuhr *f*, Abfallsammlung *f*, Müllabfuhr *f*, Müllsammlung *f*

~ ~ at source: Holsystem *nt*

~ ~ by producer: Bringsystem *nt*

~ ~ equipment : Abfallsammeleinrichtung *f*

~ ~ licence : Abfalleinsammlungsgenehmigung *f*

~ ~ plant : Abfallsammelanlage *f*

~ ~ system : Abfallsammelsystem *nt*

~ combustion : Abfallverbrennung *f*, Abproduktverbrennung *f*

~ ~ furnace : Abfallverbrennungsanlage *f*

~ compacting : Abfallkompaktierung *f*, Abfallverdichtung *f*

~ compactness : Abfalldichte *f*

~ composition : Abfallbeschaffenheit *f*, Abfallzusammensetzung *f*, Abproduktzusammensetzung *f*

~ compost : Müllkompost *m*

~ concept : Abfallbegriff *m*

~ container : Abfallbehälter *m*

~ conveyance : Abfallverbringung *f*

~ ~ ordinance : Abfallbeförderungsverordnung *f*, Abfallverbringungsverordnung *f*

~ cotton : Baumwollabfall *m*

~ crisis : Abfallkrise *f*

~ crusher : Abfallzerkleinerer *m*, Müllzerkleinerer *m*

~ crushing : Abfallzerkleinerung *f*

~ ~ plant : Abfallzerkleinerungsanlage *f*

~ cycle : Abproduktkreislauf *m*

wasted : verschwendet *adj*

waste || declaration analysis : Abfalldeklarationsanalyse *f*

~ decontamination : Abfalldekontamination *f*

~ degasification : Abfallentgasung *f*

~ delivery : Müllanlieferung *f*

~ density : Abfalldichte *f*

~ depletion : Desuktion *f*

~ deposition : Abfallablagerung *f*, Müllablagerung *f*

~ detection : Abfallnachweis *m*

~ detoxification : Abfalldetoxifikation *f*, Abfallentgiftung *f*

~ disinfection : Abfalldesinfektion *f*

~ disposal : Abfallbeseitigung *f*, Abfallentsorgung *f*, Entsorgung *f*

~ ~ act : Abfallbeseitigungsgesetz *n*, Abfallgesetz *n*

~ ~ area : Abfallentsorgungsgebiet *nt*

~ ~ **association** : Abfallzweckverband *m*

~ ~ **charge** : Abfallgebühr *f*

~ ~ **concept** : Abfallbeseitigungskonzept *nt*, Abfallentsorgungskonzept *nt*

~ ~ **costs** : Abfallbeseitigungskosten *pl*, Entsorgungskosten *pl*

~ ~ **facility** : Abfallbeseitigungsanlage *f*

~ ~ **plan** : Abfallbeseitigungsplan *m*, Abfallentsorgungsplan *m*

~ ~ **plant** : Abfallbeseitigungsanlage *f*, Abfallentsorgungsanlage *f*

~ ~ **scheme** : Abfallbeseitigungsplan *m*, Abfallentsorgungsplan *m*

~ ~ **site** : Deponieanlage *f*, Mülldeponie *f*

~ ~ **unit** : Haushaltsmüllzerkleinerer *m*, Hausmüllzerkleinerer *m*

~ **dressing** : Müllverwertung *f*

~ ~ **plant** : Müllverwertungsanlage *f*

~ **dump** : Deponie *f*

~ **dumping** : Abfallablagerung *f*, Lagerung von Abfall *(f)*

~ **encapsulation** : Abprodukteinkapselung *f*

~ **evidence** : Abfallnachweis *m*

~ **examination** : Abfalluntersuchung *f*

~ **exchange** : Abfallbörse *f*

~ **export** : Abfallexport *n*

~ **fat** : Altfett *nt*

~**-fed** : müllbeschickt *adj*

~-~ **heating and power plant** : Müllheizkraftwerk *nt*

~-~ **heating plant** : Müllheizwerk *nt*

~-~ **power station** : Müllkraftwerk *nt*

~ **film** : Filmabfall *m*

wasteful : abfallintensiv *adj*

waste || gas : Abgas *nt*

~ ~ **catalyst** : Abgaskatalysator *m*

~ ~ **cleaning** : Abgasreinigung *f*

~ ~ **cleaning plant** : Abgasreinigungsanlage *f*

~ ~ **colour** : Abgasfarbe *f*

~ ~ **component** : Abgasbestandteil *m*

~ ~ **concentration** : Abgaskonzentration *f*

~ ~ **condensation product** : Abgaskondensat *nt*

~ ~ **control** : Abgaserfassung *f*

~ ~ **cooling** : Abgaskühlung *f*

~ ~ **damage** : Abgasschaden *m*

~ ~ **discharge** : Abgasableitung *f*, Abgasemission *f*

~ ~ **dispersion** : Abgasausbreitung *f*

~ ~ **desulfurization (Am)** : Abgasentschwefelung *f*

~ ~ **desulfurization plant (Am)** : Abgasentschwefelungsanlage *n*

~ ~ **desulphurization** : Abgasentschwefelung *f*

~ ~ **desulphurization plant** : Abgasentschwefelungsanlage *f*

~ ~ **dust elimination** : Abgasentstaubung *f*

~ ~ **emission** : Abgasableitung *f*, Abgasemission *f*

~ ~ **exhaust** : Abgasabsaugung *f*

~ ~ **expansion** : Abgasausbreitung *f*

~ ~ **final treatment** : Abgasnachbehandlung *f*

~ ~ **flap** : Abgasklappe *f*

~ ~ **handling** : Abgaserfassung *f*

~ ~ **main** : Abgaskanal *m*

~ ~ **processing plant** : Abgasbehandlungsanlage *f*

~ ~ **outlet** : Abgasemission *f*

~ ~ **oxidation** : Abgasoxidation *f*

~ ~ **pipe** : Abgasleitung *f*, Abgasrohr *nt*

~ ~ **purification** : Abgasreinigung *f*

~ ~ **quantity** : Abgasmenge *f*

~ ~ **reduction** : Abgasminderung *f*

~ ~ **removal** : Abgasbeseitigung *f*

~ ~ **sample** : Abgasprobe *f*

~ ~ **stack** : Abgaskamin *m*

~ ~ **sucking off** : Abgasabsaugung *f*

~ ~ **treatment** : Abgasbehandlung *f*

~ ~ **turbidimeter** : Abgastrübungsmessgerät *nt*

~ ~ **utilization** : Abgasnutzung *f*

~ ~ **washer** : Abgaswäscher *m*

~ ~ **withdrawal** : Abgasableitung *f*

~ **glass** : Altglas *nt*

~ ~ **container** : Altglascontainer *m*

~ ~ **recycling** : Altglasrecycling *nt*, Altglasverwertung *f*

~ **grinding** : Abfallzerkleinerung *f*

~ **gypsum** : Abfallgips *m*

~ **handling** : Abproduktbehandlung *f*

~ **heap** : Abfallhalde *f*, Abfallhaufen *f*

~ **heat** : Abhitze *f*, Abwärme *f*, Müllfeuerung *f*

~ ~ **boiler** : Abhitzekessel *m*

~ ~ **recovery plant** : Wärmerückgewinnungsgerät *nt*

~ ~ **utilization concept** : Wärmenutzungskonzept *nt*

~ **import** : Abfallimport *m*

~ **importation ordinance** : Abfall-Einfuhrverordnung *f*

~ **incineration** : Abfallveraschung *f*, Abfallverbrennung *f*

~ ~ **at sea**: Verbrennung von Abfällen auf dem Meer *(f)*

~ ~ **plant** : Abfallverbrennungsanlage *f*

~ **inspector** : Abfallbeauftragte *f*, Abfallbeauftragter *m*

~ **isolation plant** : Endlager *nt*

~ **land** : Ödland *nt*, Unland *nt*

~ **legislation** : Abfallgesetzgebung *f*, Abfallrecht *nt*

~ **levy** : Abfallabgabe *f*

~ ~ **act** : Abfallabgabengesetz *nt*

~ **liquor** : Ablauge *f*

~ ~ **burning plant** : Ablaugenverbrennungsanlage *f*

~ ~ **recovery** : Ablaugenregenerierung *f*

~ **lye** : Ablauge *f*

~ **management** : Abfallbeseitigung *f*, Abfallentsogung *f*, Abfalltechnik *f*, Abfallwirtschaft *f*

~ ~ **act** : Abfallwirtschaftsgesetz *nt*

~ ~ **balance** : Abfallwirtschaftsbilanz *f*

~ ~ **concept** : Abfallwirtschaftskonzept *nt*

~ ~ **legislation** : Abfallwirtschaftsrecht ***nt***

~ ~ **plan** : Abfallentsorgungsplan ***m***

~ ~ **planning** : Abfallwirtschaftsplanung ***f***

~ ~ **policy** : Abfallwirtschaftspolitik ***f***

~ ~ **program (Am)** : Abfallwirtschaftsprogramm ***nt***

~ ~ **programme** : Abfallwirtschaftsprogramm ***nt***

~ **market** : Abfallbörse ***f***

~ **matter** : Abfallstoff ***m***, Müllbestandteil ***m***

~ **metal** : Metallabfall ***m***

~ **mineralization** : Abproduktmineralisierung ***f***

~ **minimization** : Abfallminderung ***f***

~ **mountain** : Abfallberg ***m***, Müllberg ***m***

~ **movement:** Abfallverbringung ***f***

~ **neutralization** : Abfallneutralisation ***f***

~ **oil** : Altöl ***nt***

~ ~ **collection** : Altölerfassung ***f***

~ ~ **collection equipment** : Altölsammelgeräte ***pl***

~ ~ **dewatering** : Altölentwässerung ***f***

~ ~ **disposal** : Altölbeseitigung ***f***

~ ~ **incineration** : Altölverbrennung ***f***

~ ~ **incineration plant** : Altölverbrennungsanlage ***f***

~ ~ **reclamation** : Altölverwertung ***f***

~ ~ **recovery** : Altölrückgewinnung ***f***

~ ~ **regeneration** : Altölregenerierung ***f***

~ ~ **regeneration plant** : Altölregenerierungsanlage ***f***

~ ~ **removal** : Altölentsorgung ***f***

~ ~ **sucking-off appliance** : Altölabsauggerät ***nt***

~ ~ **tank** : Altöltank ***m***

~ **origin** : Abfallentstehung ***f***

~ **packaging** : Verpackungsabfall ***m***

wastepaper : Abfallpapier ***nt***, Altpapier ***nt***

~ **baling press** : Altpapierpresse ***f***

~ **basket** : Papierkorb ***m***

~ **collecting** : Altpapiersammeln ***nt***

~ **collection** : Altpapiersammlung ***f***

~ **mill** : Papierfabrik ***f***

~ **price** : Altpapierpreis ***m***

~ **processing** : Altpapieraufbereitung ***f***, Altpapierverarbeitung ***f***

~ **reclamation** : Altpapierverwertung ***f***

~ **recovery** : Altpapierverwertung ***f***

~ **reuse** : Altpapierverwertung ***f***

~ **treatment** : Altpapieraufbereitung ***f***

~ **treatment plant** : Altpapieraufbereitungsanlage ***f***

waste-pipe : Abfluss ***m***, Abflussrohr ***nt***

waste || pit : Müllgrube ***f***

~ **prevention** : Abfallverhütung ***f***, Abfallvermeidung ***f***

~ **processing** : Abfallaufbereitung ***f***, Abfallbehandlung ***f***

~ ~ **plant** : Abfallaufbereitungsanlage ***f***

~ **producer** : Abfallerzeuger ***m***

~ **product** : Abfallprodukt ***nt***, Abprodukt ***nt***

~ **pulp** : Abfallzellstoff ***m***

~ **pyrolysis** : Abproduktpyrolyse ***f***

~ **receptacle** : Abfallbehälter ***m***

~ **reclamation** : Abfallverwertung ***f***

~ **recovery** : Abfallverwertung ***f***, Abproduktnutzung ***f***

~ **recycling** : Abfallverwertung ***f***, Müllverwertung ***f***

~ ~ **plant** : Abfallrecyclinganlage ***f***

~ **reduction** : Abfallminderung ***f***, Abfallverringerung ***f***

~ **register** : Abfallkataster ***nt***

~ **removal industry** : Entsorgungswirtschaft ***f***

~ **rubber** : Altgummi ***m***

~ **salt** : Abfallsalz ***nt***

~ **salvage** : Abfallverwertung ***f***

~ **separation** : Abfallseparation ***f***, Abfalltrennung ***f***, Mülltrennung ***f***

~ **shipment:** Abfallverbringung ***f***

~ **shredding** : Abfallzerkleinerung ***f***

~ **silk** : Altseide ***f***, Seideabfall ***m***

~**-site degassing equipment** : Deponieentgasungseinrichtung ***f***

~ **sludge** : Abfallschlamm ***m***

~ **solidification** : Abfallkompaktierung ***f***, Abfallverfestigung ***f***

~ **solvent** : Abfalllösungsmittel ***nt***

~ **sorting** : Abfallsortierung ***f***

~ ~ **plant** : Abfallsortieranlage ***f***

~ **sources** : Abfallerzeuger ***pl***

~ **statistics** : Abfallstatistik ***f***

~ **statute** : Abfallsatzung ***f***

~ **steam** : Abdampf ***m***

~ **sterilization** : Abfallentkeimung ***f***, Abfallsterilisation ***f***

~ **storage** : Abfalllagerung ***f***, Abproduktlagerung ***f***

~ **stream:** Abfallstrom ***m***

~ **stuff** : Abfallpapier ***nt***, Ausschusspapier ***nt***

~ **survey** : Abfallbilanz ***f***, Abfallerhebung ***f***, Abfalluntersuchung ***f***

~ **tank** : Abprodukttank ***m***

~ **tipper** : Müllkipper ***m***

~ **transport** : Abfallbeförderung ***f***, Abfalltransport ***m***

~ ~ **permit** : Abfallbeförderung ***f***, Abfalltransport ***m***

~ **textiles** : Alttextilien ***pl***

~ **transport** : Mülltransport ***m***

~ **transportation (Am)** : Abfallbeförderung ***f***, Abfalltransport ***m***

~ ~ **permit (Am)** : Abfallbeförderungsgenehmigung ***f***

~ **treatment** : Abfallbehandlung ***f***, Abproduktbehandlung ***f***

~ ~ **facility** : Abproduktaufbereitungsanlage ***f***

~ ~ **plant** : Abfallbehandlungsanlage ***f***

~ **type** : Abfallart ***f***

~ ~ **catalog (Am)** : Abfallartenkatalog ***m***

~ ~ **catalogue** : Abfallartenkatalog ***m***

~ ~ **list** : Abfallartenkatalog ***m***

~ **utilization** : Abfallverwertung ***f***

~ **volume** : Abfallvolumen ***nt***

wastewater : Abwasser *nt*
also spelled: waste water
~ **from trade:** Gewerbeabwasser *nt*
~ **analysis** : Abwasseranalyse *f*, Abwasseruntersuchung *f*
~ **analyzer** : Abwasseranalysator *m*
~ **biology** : Abwasserbiologie *f*
~ **charge** : Abwasserentgelt *nt*, Abwassergebühr *f*
~ ~ **code** : Abwassergebührenordnung *f*
~ ~ **fixation** : Abwassergebührenfestsetzung *f*
~ ~ **legislation** : Abwassergebührenrecht *nt*
~ **~s act** : Abwasserabgabengesetz *nt*
~ **chlorification** : Abwasserchlorierung *f*, Abwasserchlorung *f*
~ **chlorination** : Abwasserchlorierung *f*, Abwasserchlorung *f*
~ **collection** : Abwassererfassung *f*
~ ~ **system** : Abwasserleitungssystem *nt*
~ ~ **tank** : Abwassersammeltank *m*
~ **collector** : Abwassersammler *m*
~ **component** : Abwasserinhaltsstoff *m*
~ **composition** : Abwasserbeschaffenheit *f*, Abwasserzusammensetzung *f*
~ **concept** : Abwasserbegriff *m*
~ **contamination** : Abwasserbelastung *f*
~ **damage** : Wasserschaden *m*
~ **decontamination** : Abwasserentgiftung *f*, Abwasserentseuchung *f*, Abwasserhygienisierung *f*
~ **detoxification** : Abwasserentgiftung *f*
~ **discharge** : Abwassereinleitung *f*
~ **disinfection** : Abwasserdesinfektion *f*, Abwasserentkeimung *f*
~ **disposal** : Abwasserbeseitigung *f*, Abwasserentsorgung *f*
~ ~ **embargo** : Abwasserbeseitigungsverbot *nt*, Abwassereinleitungsverbot *nt*
~ ~ **scheme** : Abwasserbeseitigungsplan *m*
~ **drain** : Abwasserkanal *m*
~ **engineering** : Abwassertechnik *f*
~ **examination** : Abwasseruntersuchung *f*
~ **filtration** : Abwasserfiltration *f*
~ **fishpond** : Abwasserfischteich *m*
~ **flow** : Abwasseranfall *m*
~ ~ **indicator** : Abwassermengenzähler *m*
~ ~ **measurement** : Abwassermengenmessung *f*
~ **inlet control** : Abwassereinleitungskontrolle *f*
~ **lagoon** : Abwasserteich *m*, Oxidationsteich *m*, Stabilisierungsteich *m*
~ **legislation** : Abwasserrecht *nt*
~ **levy** : Abwasserabgabe *f*, Abwassergebühr *f*
~ ~ **act** : Abwasserabgabengesetz *nt*
~ **load** : Abwasserlast *f*
~ **pipe** : Abwasserleitung *f*
~ **plume** : Abwasserfahne *f*
~ **pond** : Abwasserteich *m*
~ **pump** : Schmutzwasserpumpe *f*
~ **purification** : Abwasserbehandlung *f*, Abwasserreinigung *f*
~ ~ **plant** : Kläranlage *f*
~ **quality** : Abwasserbeschaffenheit *f*
~ **reclamation** : Abwasserverwertung *f*
~ **reduction** : Abwasserminderung *f*
~ **register** : Abwasserkataster *nt*
~ **removal** : Abwasserbeseitigung *f*
~ **renovation** : Abwassersanierung *f*
~ **reuse** : Abwasserverwertung *f*
~ **sludge** : Abwasserschlamm *m*
~ **spray irrigation system** : Abwasserberegnungssystem *nt*
~ **statistics** : Abwasserstatistik *f*
~ **stripper** : Abwasserstripper *m*
~ **system** : Abwasseranlage *f*, Abwassersystem *f*
~ **tax** : Abwasserabgabe *f*
~ **transportation** : Abwasserabführung *f*
~ **treatment** : Abwasserbehandlung *f*, Abwasserreinigung *f*
~ ~ **plant** : Abwasserbehandlungsanlage *f*, Kläranlage *f*
~ ~ **processes** : Abwassertechnik *f*
~ ~ **technology** : Abwasserbehandlungstechnologie *f*
waste || wood : Abfallholz *nt*
~ ~ **utilization** : Holzabfallnutzung *f*
~ **yield** : Abfallaufkommen *nt*
wasting : Vergeudung *f*, Verschwendung *f*
~ **of energy:** Energieverschwendung *f*
water : Gewässer *nt*, Wasser *nt*
~ : bewässern, wässern *v*
~ **absorbing capacity** : Wasseraufnahmevermögen *nt*
~ **abstraction** : Entnahme von Wasser *(f)*
~ **aeration** : Gewässerbelüftung *f*
~ **air mixture** : Wasser-Luft-Gemisch *nt*
~ **analysis** : Wasseranalyse *f*, Wasseruntersuchung *f*
~ **analytics** : Wasseranalytik *f*
~ **assessment** : Gewässerbewertung *f*
~ **availability** : Wasserverfügbarkeit *f*
~ **balance** : Feuchtebilanz *f*, Wasserbilanz *f*, Wasserhaushalt *m*
~ ~ **of area:** Gebietswasserhaushalt *m*
~ **bath** : Wasserbad *nt*
~-bearing : wasserführend *adj*
~ **birds** : Wasservögel *pl*
~ **bloom** : Wasserblüte *f*
~ **board act** : Wasserverbandsgesetz *nt*
~ **body** : Gewässer *nt*, Wasserkörper *m*
~ **bore system** : Wasserbohrsystem *nt*
waterborne : auf dem Wasserweg befördert, durch Wasser übertragen, durch Wasser verursacht, flott *adj*
also spelled: water-borne

~ diseases : durch Wasser übertragene Krankheiten *(pl)*

~ sound : Wasserschall *m*

water-bottle : Wasserflasche *f*

water || bottom : Gewässerboden *m*

~ capacity : Gewässerkapazität *f*

~ charter : Wassercharta *f*

~ chemistry : Wasserchemie *f*

~ closet : Wasserklosett *nt*

~-colour : Wasserfarbe *f*

~ column : Wassersäule *f*

~ company : Wasserversorgungsunternehmen *nt*

~ conditioning : Wasserkonditionierung *f*

~ conductivity : Wasserleitfähigkeit *f*

~ conservation : Gewässerschutz *m*

~ ~ area : Wasserschutzgebiet *nt*

~ consumer : Wasserverbraucher *m*, Wasserverbraucherin *f*

~ consumption : Wasserkonsum *m*, Wasserverbrauch *m*

~ ~ fluctuation : Wasserverbrauchsschwankung *f*

~ container : Wassergefäß *nt*

~ contamination : Gewässerverseuchung *f*, Wasserkontamination *f*

~ content : Wassergehalt *m*

~ control : Wasserregulierung *f*

~ ~ chart : Wasserwirtschaftsplan *m*

~ ~ structure : Wasserregulierungsbauwerk *nt*

~-cooled : wassergekühlt *adj*

~-cooling : Wasserkühlung *f*

~-~ plant : Wasserkühlanlage *f*

~-~ system : Wasserkühlung *f*

watercourse : Wasserlauf *m*

also spelled: water course

water-craft : Wasserfahrzeug *nt*

water || customer : Wasserverbraucher *m*, Wasserverbraucherin *f*

~ cycling : Wasserhaushalt *m*

~ demand : Wasserbedarf *m*

~ depletion : Wasserausschöpfung *f*

~ deposit : Gewässersediment *nt*

~ desalination : Wasserentsalzung *f*

~ dispenser : Wasserspender *m*

~ dispersal : Wasserverbreitung *f*

~ disposal system : Dränsystem *nt*, Entwässerungssystem *nt*

~ divide : Wasserscheide *f*

~ ecology : Gewässerökologie *f*

~ endangering : Wassergefährdung *f*

~-endangering : wassergefährdend *adj*

~ engineering : Wasserbau *m*

~ equivalent : Wasseräquivalent *nt*

~ erosion : Abschwemmung *f*, fluviale Erosion *(f)*, Wassererosion *f*

~ eutrophication : Gewässereutrophierung *f*

~ evaporation : Wasserverdunstung *f*

~ exchange : Wasseraustausch *m*

~ extract : wässriger Auszug *(m)*

~ extracting plant : Wassergewinnungsanlage *f*

~ extraction : Wasserextraktion *f*

waterfall : Wasserfall *m*

water famine : Wassermangel *m*

waterfauna : Gewässerfauna *f*

waterflora : Gewässerflora *f*

water flow : Gewässerströmung *f*

~ ~ indicator : Wassermengenzähler *m*

waterfowl : Wassergeflügel *nt*, Wasservögel *pl*

water || framework directive : Wasserrahmenrichtlinie *f*

~ gas : Wassergas *nt*

~-gauge : Wasserstandsanzeiger *m*

~ hardening : Aufhärtung *f*

~ hardness : Härte des Wassers *(f)*, Wasserhärte *f*

~ heater : Wassererhitzer *m*

~ heating : Warmwasserbereitung *f*

~-hoisting : Wasserhebe- *adj*

~-~ machine : Wasserhebemaschine *f*

~-holding : Wasserhalte- *adj*

~-~ capacity : Wasserfassungsvermögen *nt*, Wasserhaltekapazität *f*

~-hole : Wasserloch *nt*

~-hose : Wasserschlauch *m*

~ hygienics : Wasserhygiene *f*

~ inflow : Wassereinströmung *f*

watering : Bewässerung *f*, Gießen *nt*

~-place : Wasserstelle *f*

water || ingredient : Wasserinhaltsstoff *m*

~ insect : Wasserinsekt *nt*

~ intake : Entnahme von Wasser *(f)*, Wasserentnahme *f*, Wasserfassung *f*

~ ~ installation : Wasserentnahmeeinrichtung *f*

~ ~ point : Wasserentnahmestelle *f*

~-jet || pump : Wasserstrahlpumpe *f*

~-~ vacuum pump : Wasserstrahlpumpe *f*

~-jump : Wassergraben *m*

~ lane : Spülstreifen *m*

~ law : Wassergesetz *nt*, Wasserrecht *nt*

~-level : Kanalwaage *f*, Wasserspiegel *m*, Wasserstand *m*, Wasserwaage *f*

~ ~ calibration : Wasserspiegelmessung *f*

~ ~ indicator : Wasserspiegelmesser *m*

~ ~ niveau : Wasserspiegellage *f*

~ ~ recorder : Wasserstandsanzeiger *m*

~ ~ regulator : Wasserstandsregler *m*

~ ~ report : Wasserstandsmeldung *f*

~ levy : Wasserabgabe *f*

~ ~ statute : Wasserabgabensatzung *f*

~ lifting installation : Wasserfördereinrichtung *f*

~ line : Wasserlinie *f*

waterlogged : gesättigt, vernässt, wassergesättigt *adj*

~ **soil** : Staunässeboden *m*, Stauwasserboden *m*

waterlogging : Vernässung *f*, Wassersättigung *f*

water || loss : Wasserverlust *m*

~ **main** : Wasserhauptleitung *f*, Wasserleitung *f*

~ **management** : Wassermanagement *nt*, Wasserwirtschaft *f*

~ ~ **Act** : Wasserhaushaltsgesetz *nt*

~ ~ **planning** : Wasserwirtschaftsplanung *f*

~ **market** : Wassermarkt *m*

~ **meadow** : Auwiese *f*, Überflutungswiese *f*, Überschwemmungswiese *f*

~ **meter** : Wassermesser *m*, Wasseruhr *f*, Wasserzähler *m*

~ ~ **shaft** : Wasserzählerschacht *m*

~ **mill** : Wassermühle *f*
also spelled: watermill

~ **mites** : Wassermilben *pl*

~ **molecule** : Wassermolekül *nt*

~ **movement** : Wasserbewegung *f*

~ **needs** : Wasserbedarf *m*

~ **niveau** : Wasserniveau *nt*

~ **organisms** : Wasserorganismen *pl*

~ **outflow** : Ausstrom *m*

~ **penny** : Wasserpfennig *m*

~ **permeability** : Wasserdurchlässigkeit *f*

~ **permeameter** : Wasserdurchflussapparat *m*

~**-pipe** : Wasserleitung *f*, Wasserrohr *nt*

~ **pipeline** : Wasserleitung *f*

~ **poisoning** : Wasservergiftung *f*

~ **pollutant** : Wasserschadstoff *m*

~ **pollution** : Gewässerverschmutzung *f*, Wasserverschmutzung *f*, Wasserverunreinigung *f*

~ ~ **burden** : Abwasserlast *f*

~ ~ **control** : Gewässerreinhaltung *f*, Gewässerschutz *m*

~ ~ ~ **act** : Gewässerschutzgesetz *nt*

~ ~ ~ **administration** : Gewässeraufsicht *f*

~ ~ ~ **deputy** : Gewässerschutzbeauftragte *f*, Gewässerschutzbeauftragter *m*

~ ~ ~ **measure** : Gewässerschutzmaßnahme *f*

~ ~ **load** : Gewässerbelastung *f*

~ ~ **monitoring** : Gewässerüberwachung *f*

~ ~ **prevention** : Gewässerschutz *m*

~ **power** : Wasserkraft *f*

~ **pressure** : Wasserdruck *m*

~ **privilege** : Wasserbenutzungsrecht *nt*

~ **production** : Wassergewinnung *f*

waterproof : wasserdicht, wasserfest, wasserundurchlässig *adj*

~ **foil** : Dichtungsfolie *f*

~ **sheeting** : Dichtungsbahn *f*

water || prospecting : Wassererschließung *f*

~ **protection** : Gewässerschutz *m*, Wasserschutz *m*

~ ~ **directive** : Gewässerschutzrichtlinie *f*

~ ~ **equipment** : Gewässerschutzeinrichtung *f*

~ ~ **legislation** : Gewässerschutzrecht *nt*

~ ~ **policy** : Gewässerschutzpolitik *f*

~ ~ **system** : Gewässerschutzsystem *nt*

~ **pumpage** : Wasserhebung *f*

~ **pumping** : Wasserförderung *f*

~ **purification** : Wasserreinigung *f*

~ ~ **equipment** : Wasseraufbereitungsanlage *f*, Wasserreinigungsanlage *f*

~ **purity** : Gewässergüte *f*

~ **quality** : Gewässergüte *f*, Wasserbeschaffenheit *f*, Wassergüte *f*, Wasserqualität *f*

~ ~ **class** : Gewässergüteklasse *f*, Wassergüteklasse *f*

~ ~ **classification** : Gewässergüteeinteilung *f*

~ ~ **directive** : Gewässergüterichtlinie *f*

~ ~ **management** : Gewässergütewirtschaft *f*, Wassergütewirtschaft *f*

~ ~ **model** : Wassergütemodell *nt*

~ ~ **requirement** : Wassergüteanforderung *f*

~ **quantity management** : Wassermengenwirtschaft *f*

~ **rate** : Wassergebühren *pl*, Wasserpreis *m*

~ **rationing** : Wasserverknappung *f*

~ **recovery** : Wasserrückgewinnung *f*

~ ~ **plant** : Wasserrückgewinnungsanlage *f*

~ **regime** : Wasserhaushalt *m*

~ **renaturation** : Gewässerrenaturierung *f*

~ **renewal** : Wassererneuerung *f*

~ ~ **time** : Wassererneuerungszeit *f*

~ **repellence** : Benetzungswiderstand *m*

~**-repellent** : wasserabstoßend, wasserabweisend *adj*

~ **requirement** : Wasserbedarf *m*

~ ~ **fluctuation** : Wasserbedarfsschwankung *f*

~ ~ **standard** : Wasserbedarfsnorm *f*

~**-reserves** : Wasservorrat *m*

~ **reservoir** : Wasserbehälter *m*

~**-resistant** : wasserfest *adj*

~ **resource** : Wasservorkommen *nt*

~ ~ **plan** : Bewirtschaftungsplan *m*

~ **resources** : Wasserdargebot *nt*

~ ~ **act** : Wassergesetz *nt*

~ ~ **management** : Wasserbewirtschaftung *f*, Wasserwirtschaft *f*

~ ~ **policy act** : Wasserhaushaltsgesetz *nt*

~ **retention** : Wasserrückhaltung *f*

~ **retentivity curve** : Wasserretentionskurve *f*

~ **reuse** : Wasserwiederverwendung *f*

~ **right** : Wasserrecht *nt*

~**-route** : Wasserweg *m*

~ **runoff** : Wasserabfluss *m*

~ **salt balance** : Wasser-Salz-Haushalt *m*

~ **sample** : Wasserprobe *f*

~ **saturation percentage** : Wassersättigungsgrad *m*

~ **saving** : Wassereinsparung *f*

~ **sealant** : Sperrwasser *nt*

~ **seal head** : Geruchsverschlusshöhe *f*, Sperrwasserhöhe *f*

~ **sediment mixture** : Wasser-Geschiebe-Gemisch *nt*

~ **separation** : Wasserabscheidung *f*

~ **separator** : Wasserabscheider *m*

~ **share** : Wasseranteil *m*

watershed : Wassereinzugsgebiet *nt*, Wasserscheide *f*, Wendepunkt *m*

~ **management** : Bewirtschaftung eines Wassereinzugsgebietes *(f)*, Flussgebietsbewirtschaftung *f*

water || shortage : Wassermangel *m*

~**-ski** : Wasserski *m*

~ **softener** : Wasserenthärter *m*

~ **softening** : Wasserenthärtung *f*

~**-soluble** : wasserlöslich *adj*

~**-sports** : Wassersport *m*

~**-~ enthusiast** : Wassersportler *m*, Wassersportlerin *f*

waterspout : Wasserhose *f*

water || spray : Wasserversprühung *f*

~ **spring** : Wasserquelle *f*

~ **stability** : Wasserbeständigkeit *f*, Wasserfestigkeit *f*

~ **statistics** : Wasserstatistik *f*

~ **sterilization** : Wasserentkeimung *f*

~ **storage** : Wasserspeicherung *f*

~ ~ **change** : Wassergehaltsänderung *f*, Wasserinhaltsänderung *f*

~ ~ **tank** : Wasserspeicher *m*

~ **stratification** : Schichtung des Wassers *(f)*

~ **stress** : Feuchtestress *m*, Wasserstress *m*

~ **supervision** : Gewässeraufsicht *f*

~ **supply** : Wasserlieferung *f*, Wasserversorgung *f*, Wasservorrat *m*

also spelled: water-supply

~ ~ **in groups:** Gruppenwasserversorgung *f*

~ ~ **analysis** : Wasserversorgungsanalyse *f*, Wasservorratsanalyse *f*

~ ~ **company** : Wasserversorgungsunternehmen *nt*

~ ~ **plant** : Wasserversorgungsanlage *f*

~ ~ **system** : Wasserversorgungssystem *nt*

~ **surface** : Wasseroberfläche *f*

~ ~ **cleansing ship** : Gewässerreinigungsschiff *nt*

~ **table** : Wasserspiegel *m*

~ **tank** : Wasserbecken *nt*, Wasserkasten *m*, Wassertank *m*

~ **tap** : Wasserhahn *m*

~**-technical plant** : Wasseranlage *f*

water-temperature : Wassertemperatur *f*

water testing : Wasseruntersuchung *f*

watertight : wasserdicht, wasserfest *adj*

watertower : Wasserturm *m*

also spelled: water-tower

water || treatment : Wasseraufbereitung *f*

~ ~ **agent** : Wasseraufbereitungsmittel *nt*

~ ~ **method** : Wasserreinigungsverfahren *nt*

~ ~ **plant** : Wasseraufbereitungsanlage *f*

~ **tube hood** : Wasserröhrenhaube *f*

~ **uptake** : Wasseraufnahme *f*

~ **usage** : Wassernutzung *f*

~ **use** : Wassernutzung *f*

~ ~ **plant** : Wassernutzungsanlage *f*

~ **utilization** : Wassernutzung *f*

~ **vein** : Wasserader *f*

~ **volume** : Wassermenge *f*, Wasservolumen *nt*

~ **wave** : Wasserwelle *f*

waterway : Gerinne *nt*, Kanal *m*, Wasserlauf *m*, Wasserstraße *f*, Wasserweg *m*, Wehrfeld *nt*

~ **law** : Wasserwegerecht *nt*

~ **section** : Wasserstraßenprofil *nt*

waterweed : Wasserpest *f*

waterwheel : Wasserrad *nt*

also spelled: water wheel

waterworks : Wasserwerk *nt*

~ **equipment** : Wasserwerkseinrichtungen *pl*

water || year : Abflussjahr *nt*

~ **yield** : Wasserdargebot *nt*, Wasserergiebigkeit *f*, Wasserspende *f*

wattle : Flechtwerk *nt*, Geflecht *nt*

~ **fence** : Flechtzaun *m*

wattling : Flechtwerk *nt*

wave : Welle *f*

~ **action** : Wellenprozess *m*

~ **amplitude** : Wellenamplitude *f*

~ **attack** : Wellenangriff *m*, Wellenschlag *m*

~ **backrush** : Wellenrücklauf *m*

~ **basin** : Wellenbassin *nt*

~ **breaker** : Brecher *m*, Brecherwelle *f*, Wellenbrecher *m*

~ ~ **angle** : Brecherwinkel *m*

~ ~ **depth** : Brechertiefe *f*

~ ~ **height** : Brecherhöhe *f*

~ ~ **line** : Brecherlinie *f*

~ ~ **position** : Brecherlage *f*

~ ~ **travel** : Brecherweg *m*

~ ~ **zone** : Brecherzone *f*

~ **breaking criteria** : Wellenbrechkriterium *nt*

~ **celerity** : Wellengeschwindigkeit *f*, Wellenschnelligkeit *f*

~ **channel** : Wellenrinne *f*

~ **characteristics** : Welleneigenschaften *pl*

~ **crest** : Wellenberg *m*, Wellenkamm *m*

~ **direction** : Wellenausbreitrichtung *f*

~ **diffraction** : Wellendiffraktion *f*

~ **dissipation** : Wellendämpfung *f*

~ **energy** : Wellenenergie *f*

~ ~ **flux** : Wellenfluss *m*

~ ~ **spectrum** : Wellenspektrum *nt*

~ ~ **utilization** : Nutzung der Wellenenergie *(f)*

~ **erosion** : Erosion durch Wellengang *(f)*

~ **field** : Wellenfeld *nt*

~ **force** : Wellenkraft *f*

~ **front** : Wellenfront *f*

~ **gauge** : Wellenmesser *m*, Wellenpegel *m*

~ **generation** : Wellenerzeugung *f*

~ **generator** : Wellenerzeuger *m*, Wellenmaschine *f*

~ **group velocity** : Wellengruppengeschwindigkeit *f*

~ **height** : Wellenhöhe *f*

~**-induced** : wellenverursacht *adj*

~-~ **erosion** : wellenverursachte Erosion *(f)*

~ **length** : Wellenlänge *f*

~ **measurement** : Wellenmessung *f*

wavemeter : Seegangsmessgerät *nt*, Wellenmesser *m*

wave || motion : Wellenausbreitung *f*, Wellenbewegung *f*, Wellenfortpflanzung *f*

~ **number** : Wellenzahl *f*

~ **orthogonal** : Wellenorthogonale *f*

~ **pattern** : Wellenmuster *nt*

~ **period** : Wellenperiode *f*

~ ~ **spectrum** : Wellenperiodenspektrum *nt*

~ **phase velocity** : Wellenphasengeschwindigkeit *f*

~ **power** : Wellenenergie *f*

~ ~ **plant** : Wellenenergiewerk *nt*, Wellenkraftwerk *nt*

~ **pressure** : Wellendruck *m*

~ **propagation** : Wellenausbreitung *f*, Wellenfortpflanzung *f*, Wellenfortschritt *m*

~ **record** : Wellenregistrierung *f*

~ **reflection** : Wellenrücklauf *m*, Wellenreflexion *f*

~ **refraction** : Wellenrefraktion *f*

~ **runup** : Wellenauflaufhöhe *f*

waves : Wellen *pl*, Wellengang *m*

wave || shape : Wellenform *f*

~ **spectrum** : Seegangsspektrum *nt*

~ **steepness** : Wellensteilheit *f*

~ **theory** : Wellentheorie *f*

~ **thrust** : Wellenstoß *m*

~ **transmission** : Wellenübertragung *f*

~ **trough** : Wellental *nt*

~ **uprush** : Wellenauflauf *m*

~ **velocity** : Wellengeschwindigkeit *f*, Wellenschnelligkeit *f*

wavy : geschlängelt, wellig, wogend *adj*

~ **motion** : Wellenbewegung *f*

way : Weg *m*

~ **for clearing trash from the dike:** Treibselräumweg *m*

~ **of discharge:** Einleitungsart *f*

~ **to the dike:** Deichzuweg *m*

waymark : Wegmarke *f*, Wegzeichen *nt*

waymarking : Wegzeichen *nt*

way marking : Wegmarkierung *f*

weakness : Schwäche *f*

wealth : Fülle *f*, Reichtum *m*

~ **of forms:** Formenreichtum *m*

~ **tax** : Vermögenssteuer *f*

wealthy : reich *adj*

weapons : Waffen *pl*

wear : Abrieb *m*

weather : Wetter *nt*, Wetterlage *f*, Witterung *f*

~ : verwittern *v*

~ **bureau** : Wetteramt *nt*

~ **chart** : Wetterkarte *f*

~ **cock** : Wetterhahn *m*

~ **conditions** : Wetterbedingungen *pl*, Wetterlage *f*, Wetterverhältnisse *pl*, Witterung *f*, Witterungsverhältnisse *pl*

~ **dependence** : Wetterabhängigkeit *f*

~ **forecast** : Wetterbericht *m*, Wetterprognose *f*, Wettervorhersage *f*

weathering : Bewitterung *f*, Verwitterung *f*

~ **complex** : Verwitterungskomplex *m*

~ **landform** : Verwitterungsform *f*

~ **product** : Verwitterungsprodukt *nt*

~ **residue** : Verwitterungsrückstand *m*

weather || map : Wetterkarte *f*

~ **measurement** : Wettermessung *f*

~ **report** : Wetterbericht *m*

~**-resistant** : wetterfest *adj*

~ **ship** : Wetterbeobachtungsschiff *nt*, Wetterschiff *nt*

~ **station** : Wetterstation *f*, Wetterwarte *f*

~ **warning service** : Wetterwarndienst *m*

web : Drahtgeweberolle *f*, Federfahne *f*, Gespinst *nt*, Gewebe *nt*, Netz *nt*, Papierbahn *f*, Schwimmhaut *f*

webbed : Schwimm-, schwimmfüßig, schwimmhäutig *adj*

~ **feet** : Schwimmfüße *pl*

weed : Unkraut *nt*

weedage : Verkrautung *f*

~ **of waters:** Gewässerverkrautung *f*

weed || coenosis : Unkrautzönose *f*

~ **control** : Unkrautbekämpfung *f*

weeder : Hackpflug *m*, Jätpflug *m*

weed infestation : Verunkrautung *f*

weeding : Entkrautung *f*, Jäten *nt*, Läuterung *f*, Unkrautbekämpfung *f*

weedkiller : Herbizid *nt*, Unkrautbekämpfungsmittel *nt*, Unkrautvernichtungsmittel *nt*

weed out : auskämmen *v*

weed removal : Entkrautung *f*

week : Woche *f*

weekly : Wochen-, wöchentlich *adj*

~ : einmal in der Woche, wöchentlich *adv*

~ : Wochenzeitschrift *f*, Wochenzeitung *f*

~ **dose** : Wochendosis *f*

weigh : abwägen, wiegen *v*

weighbridge : Brückenwaage *f*

~ **for road vehicles:** Fahrzeugwaage *f*

weighing : Wägung *f*, Wiegen *nt*, Würdigung *f*

~ **of evidence:** Beweiswürdigung *f*

weight : Gewicht *nt*, Last *f*

~ : belasten, beschweren, gewichten *v*

weighting : Zulage *f*

~ **error** : Abwägungsfehler *m*

~ **requirement** : Abwägungsgebot *nt*

weightlessness : Schwerelosigkeit *f*

weigh up : abwägen *v*

weir : Staustufe *f*, Überfallwehr *nt*, Wehr *nt*

~ **crest** : Wehrkrone *f*

~ **pier** : Wehrpfeiler *m*

~ **sill** : Wehrschwelle *f*

welcome : begrüßen *v*

welcoming : einladend *adj*

welder : Schweißer *m*, Schweißerin *f*, Schweißgerät *nt*

~**'s safety glasses** : Schweißerschutzbrille *f*

welding : Schweißen *nt*

~ **fume** : Schweißrauch *m*

~ ~ **exhaust ventilation system** : Schweißrauchabsauganlage *f*

welfare : Wohlstand *m*

~ **economics** : Wohlfahrtsökonomik *f*

~ **functions** : Wohlfahrtswirkungen *pl*

~ **state** : Sozialstaat *m*

well : gesund *adj*

~ : genau, gewissenhaft, gründlich, gut *adv*

~ : Bohrloch *nt*, Brunnen *m*

~**-being** : Wohl *nt*, Wohlergehen *nt*

~ **boring** : Brunnenerschließung *f*

~ **building** : Brunnenbau *m*

~ **drilling** : Brunnenbau *m*

~ **examination** : Brunnenuntersuchung *f*

~ **filter pipe** : Brunnenfilterrohr *nt*

~ **function** : Brunnenfunktion *f*

~ **regeneration** : Brunnenregenerierung *f*

west : westlich *adj*

~ : Westen *m*

westerly : westlich *adj*

~ : Westwind *m*

western : westlich *adj*

~ **Europe** : Westeuropa *nt*

~ **European** : westeuropäisch *adj*

~ **wind** : Westwind *m*

wet : nass, Nass- *adj*

~ **bulb hygrometer** : Verdunstungshygrometer *nt*

~ **deposition** : nasse Deposition *(f)*

~ **dust collection plant** : Nassentstaubungsanlage *f*

~ **electrostatic filter** : Nasselektrofilter *m*

~ **extraction** : Auslaugung *f*

~ **gley soil** : Nassgley *m*

~ **grassland** : Feuchtgrünland *nt*

~ **gravel demolition** : Nassauskiesung *f*

wetland : Feuchtgebiet *nt*

~ **habitat** : Feuchtbiotop *m*

wet meadow : Feuchtwiese *f*

~ ~ **land** : Feuchtgrünland *nt*

wetness : Nässe *f*

wet || pocket : Nassgalle *f*

~ **processing plant** : Nassaufbereitungsanlage *f*

~ **scrubber** : Nassabscheider *m*

~ **season** : Regenzeit *f*

~ **seeding** : Nasssaat *f*

~ **sludge** : Nassschlamm *m*

~ ~ **dumping site** : Nassschlammdeponie *f*

~ ~ **gully** : Nassschlammsinkkast *m*

~ **sieving** : Nasssiebung *f*

~ **spell** : Feuchteperiode *f*

wetted : benetzt *adj*

wetting : Durchfeuchtung *f*

~ **agent** : Benetzungsmittel *nt*, Netzmittel *nt*

~ **depth** : Durchfeuchtungstiefe *f*

~ **front** : Befeuchtungsfront *f*

~ **zone** : Befeuchtungsbereich *m*

wet | -type cooling tower : Nasskühlturm *m*

~ **waste** : Nassmüll *m*

~ ~ **disposal press** : Nassmüllpresse *f*

~ **weather** : Regenwetter *nt*

whale : Wal *m*

whaler : Walfangschiff *nt*

whaling : Walfang *m*

~ **boat** : Walfangschiff *nt*

~ **fleet** : Walfangflotte *f*

~ **ship** : Walfangschiff *nt*

wheat : Weizen *m*

wheatgerm : Weizenkeim *m*

wheelchair : Rollstuhl *m*

wheeled : auf Rädern, auf Rollen, mit Rädern, Rad-, Räder-, -räd(e)rig *adj*

~ **stretcher** : fahrbare Krankentrage *(f)*

wheeling : Fahrspur *f*, Spurrinne *f*

wheel || loader : Radlader *m*

~ **swart** : Schleifstaub *m*

~ **train** : gleisloser Zug *(m)*

whey : Molke *f*

whinstone : Basalt *m*

whirlpool : Kolkbecken *nt*

whirlwind : Wirbelwind *m*

white : bleich, weiß *adj*

~ **ware recycling** : Weiße-Ware-Recycling *nt*

whole : ganz, Ganz-, Gesamt-, Voll- *adj*

~ : Ganze *nt*

~**-body irradiation** : Ganzkörperbestrahlung *f*

~ **emission** : Gesamtemission *f*

wholefoods : Vollwertkost *f*

wholegrain : Vollkorn *nt*

wholemeal : Vollkorn- *adj*

~ **bread** : Vollkornbrot *nt*

wholesale : Großhandels-, Massen-, massenhaft, pauschal *adj*

~ : en gros, massenweise, pauschal *adv*

~ : Großhandel *m*

~ **slaughter of birds**: Vogelmord im großen Stil *(m)*

~ **trade** : Großhandel *m*

wicker : geflochten, Korb- *adj*

~ : Korbgeflecht *nt*

~ **fence** : Flechtzaun *m*

width : Breite *f*, Weite *f*

wield : ausüben *v*

wielding : Ausübung *f*

wiggly : schlangenlinienförmig *adj*

~ **tree** : krummer Baum *(m)*

wild : wild, Wild-, wild lebend, wild wachsend ***adj***

~ : Natur ***f***

~ animal : Wildtier ***nt***

≗ Birds Directive : Vogelschutzrichtlinie ***f***

~ boar : Keiler ***m***, Wildschwein ***nt***

~ boars : Schwarzwild ***nt***, Wildschweine ***pl***

wildcat : Wildkatze ***f***

also spelled: wild cat

~ : fragwürdig ***adj***

wild duck : Wildente ***f***

wilderness : Naturlandschaft ***f***, unkultiviertes Gebiet ***(nt)***, Wildnis ***f***

wildfire (Am) : Waldbrand ***m***

wild flower : Wildblume ***f***

wildfowl : Federwild ***nt***, Wildgeflügel ***nt***

wild || goose : Wildgans ***f***

~-growing : wildwachsend ***adj***

wildlife : frei lebende Tier- und Pflanzenwelt ***(f)***, frei lebende Tierwelt ***(f)***, wild lebende Tier- und Pflanzenwelt ***(f)***

~ conservation : Artenschutz ***m***

~ ~ programme : Artenschutzprogramm ***nt***

~ legislation : Artenschutzrecht ***nt***

≗ Trust : Stiftung für die frei lebende Tier- und Pflanzenwelt ***(f)***

wildness : Wildheit ***f***

wild plant : Wildpflanze ***f***

willingness : Bereitschaft ***f***

~ to pay: Zahlungsbereitschaft ***f***

~-~-~ analysis: Zahlungsbereitschaftsanalyse ***f***

willow : Weide ***f***

~ bush : Weidenbusch ***m***

~ catkin : Weidenkätzchen ***nt***

~ mat : Weidenmatte ***f***

~ pollarding : Kopfweiden-Nutzung ***f***

~ scrub : Weidengebüsch ***nt***

~ tree : Weidenbaum ***m***

wilt : welken ***v***

wilting : Welken ***nt***

~ point : Welkepunkt ***m***

wind : Wind ***m***

~-blown : windverblasen ***adj***

~-~ snow : Treibschnee ***m***, Triebschnee ***m***

windbreak : Windschutz ***m***, Windschutzstreifen ***m***

wind || canal : Windkanal ***m***

~ chill factor : Windkühlfaktor ***m***, Windkühlindex ***m***

~ deposit : Äolium ***nt***, Windablagerung ***f***

~ direction : Windrichtung ***f***

~ ~ indicator : Windrichtungsmessgerät ***nt***

~ dispersal : Windverbreitung ***f***

~-driven : windgetrieben, windverblasen ***adj***

~-~ snow : Treibschnee ***m***, Triebschnee ***m***

~ energy : Windenergie ***f***

~ ~ converter : Windenergiekonverter ***m***

~ ~ plant : Windenergieanlage ***f***

~ ~ utilization : Windenergienutzung ***f***

~ erosion : Winderosion ***f***

~ farm : Windfarm ***f***, Windpark ***m***

windfirm : windstabil ***adj***

windkanter : Windkanter ***m***

windmill : Windmühle ***f***

window : Fenster ***nt***

wind || park : Windpark ***m***

~ pollination : Windbestäubung ***f***

~ power : Windenergie ***f***, Windkraft ***f***

~ powered : mit Windenergie angetrieben ***adj***

~ power || plant : Windkraftwerk ***nt***

~ ~ station : Windenergieanlage ***f***, Windkraftanlage ***f***

wind || profile : Windprofil ***nt***

~ pump : Windradpumpe ***f***

~ rose : Windrose ***f***, Windstern ***m***

windrow : Schwaden ***m***

~ composting : Streifenkompostierung ***f***

windrowing : Schwaden ***nt***, Streifenkompostierung ***f***

wind-scoured : vom Wind ausgeblasen, vom Wind freigeblasen ***adj***

~ basin : Schlatt ***nt***, Windausblasungsmulde ***f***

wind || screen : Windschutz ***m***

~ speed : Windgeschwindigkeit ***f***

~ ~ indicator : Windgeschwindigkeitsmessgerät ***nt***, Windmesser ***m***

~ system : Windsystem ***nt***

~ tunnel : Windkanal ***m***

~ velocity : Windgeschwindigkeit ***f***

windward : luvwärts, windseitig, windwärts ***adj***

windy : windig ***adj***

wine : Wein ***m***

wing : Flügel ***m***

~ dike : Flügeldeich ***m***, Leitdeich ***m***

winged : geflügelt, flügellahm geschossen ***adj***

~ game : Federwild ***nt***

wing wall : Böschungsflügel ***m***, Flügelmauer ***f***

winter : Winter ***m***

~ : überwintern ***v***

~ activity : Winteraktivität ***f***

~ catch crop : Winterzwischenfrucht ***f***

wintering : Überwinterung ***f***

~ grounds : Überwinterungsgebiet ***nt***, Winterquartier ***nt***

winter || keep : Winterhaltung ***f***

~-smog : Wintersmog ***m***

~ solstice : Wintersonnenwende ***f***

~ sports : Wintersport ***m***

wire : Draht ***m***

~ bolster : Senkwalze ***f***, Steinkorb ***m***

~ dam : Steinkastenwehr ***nt***

~ fencing : Drahtzaun ***m***

wise : klug, vernünftig, weise ***adj***

~ utilization : nachhaltige Nutzung ***(f)***, sparsamer Umgang ***(m)***

withdrawal : Abhebung ***f***, Abzug ***m***, Entzug ***m***, Rücknahme ***f***, Zurücknahme ***f***

~ of an action: Klagerücknahme ***f***

within : innerhalb ***prep***

~ the framework: im Rahmen

~ the responsibility of: im Zuständigkeitsbereich des

without : ohne ***prep***

~ paying taxes : abgabenfrei ***adj***

~ permission : unerlaubt *adj*

~ precipitation : niederschlagsfrei *adj*

woman : Frau *f*

women : Frauen *pl*

~'s movement : Frauenbewegung *f*

wonder : Staunen *nt*, Wunder *nt*

~s of nature: Wunder der Natur *(pl)*

~ : sich fragen, sich wundern, staunen *v*

wood : Holz *nt*, Wald *m*

~ from tropical forests: Tropenholz *nt*

~ alcohol : Holzalkohol *m*, Holzgeist *m*, Holzspiritus *m*

~-based industry : Holzgrundstoffindustrie *f*

~-burning stove : Holzofen *m*

~ chemistry : Holzchemie *f*

~ chip disposal : Holzspäneentsorgung *f*

~ chips : Holzhackschnitzel *pl*

~ distilling : Holzvergasung *f*

wooded : bewaldet, waldig *adj*

~ area : Holzboden *m*

~ dune : Dünenwald *m*

~ grassland : Savanne *f*

~ swamp : Bruchmoor *nt*

wood || fuel : Holzbrennstoff *m*

~ furnace : Holzheizkessel *m*

~ grouse : Auerwild *nt*

woodland : Forst *m*, Gehölz *nt*, Wald *m*, Waldgebiet *nt*, Waldland *nt*

~s managed on a commercial basis: gewerblich genutzter Forst *(m)*

~ clearance : Abholzung *f*

~ community : Waldgesellschaft

~ management : Forstwirtschaft *f*

~ nature trail : Waldlehrpfad *m*

~ plough : Forstpflug *m*

~ savanna : Lichtwaldsavanne *f*

~ steppe : Waldsteppe *f*

woodlot : Waldstück *nt*

~ owner : Kleinwaldbesitzer *m*, Kleinwaldbesitzerin *f*

wood || pest : Holzschädling *m*

~ preservation : Holzschutz *m*

~ preservative : Holzschutzmittel *nt*

~ processing : Holzverarbeitung *f*

~ pulp : Faserbrei *m*, Holzfaserbrei *m*, Holzmasse *f*

~ shortage : Holzmangel *m*

woodstove : Holzofen *m*

wood || utilization : Holzverwertung *f*

~ value : Gehölzwert *m*

~ volume : Holzvolumen *nt*

~ waste : Holzabfall *m*

wool : Wolle *f*

word : Wort *nt*

wording : Formulierung *f*, Wortwahl *f*

~ of the law: Gesetzestext *m*

~ of the oath: Formel des Eides *(f)*

work : Arbeit *f*

~ done by minors: Jugendarbeit *f*

~ in areas exposed to radiation: Strahlenarbeiten *pl*

~ of art: Kunstwerk *nt*

~ : arbeiten *v*

~ the land: Land bebauen *v*

workable : abbauwürdig *adj*

work closely : eng zusammenarbeiten *v*

worker : Arbeiter *m*, Arbeiterin *f*

~ exposed to radiation: Strahlenarbeiter *m*, Strahlenarbeiterin *f*

~s movement : Arbeiterbewegung *f*

work experience : Arbeitserfahrung *f*

working : arbeitend, Arbeits-, Betriebs- *adj*

~ : Gang *m*, Schacht *m*, Stollen *m*

~ circle : Betriebsklasse *f*

~ class : Arbeiterklasse *f*, Proletariat *nt*

~ conditions : Arbeitsbedingungen *pl*

~ environment : Arbeitsumwelt *f*

~ group : Arbeitsgruppe *f*, Arbeitskreis *m*

~ life : Arbeitsleben *nt*, Berufsleben *nt*

~ material : Arbeitsstoff *m*, Werkstoff *m*

~ ~ regulation : Arbeitsstoffverordnung *f*

~ paper : Arbeitspapier *nt*

~ plan : Betriebsplan *m*

~ site concentration : Arbeitsplatzkonzentration *f*

~ time : Arbeitszeit *f*

~ ~ restrictions : Betriebszeitbeschränkung *f*

~ ~ shortening : Arbeitszeitverkürzung *f*

workload : Arbeitslast *f*

work machine : Arbeitsmaschine *f*

workman : Arbeitskraft *f*

work out : ausbeuten, erschöpfen, völlig abbauen *v*

workplace : Arbeitsplatz *m*, Arbeitsstätte *f*

~ measurements : Arbeitsplatzmessungen *pl*

~ regulation : Arbeitsstättenverordnung *f*

workplan : Arbeitsplan *m*

work programme : Arbeitsprogramm *nt*

workroom : Arbeitsraum *m*

works : Betrieb *m*

work safety : Arbeitssicherheit *f*

workshop : Arbeitstagung *f*, Arbeitstreffen *nt*, Handwerksbetrieb *m*, Workshop *m*

work's shift : Betriebsverlagerung *f*

work together : zusammenarbeiten *v*

world : Welt *f*

~ of leisure: Freizeitwelt *f*

~ of organisms: Organismenwelt *f*

~ of work: Arbeitswelt *f*

≗ Climate Conference : Weltklimakonferenz *f*

≗ Commission on Environment and Development: Weltkommission für Umwelt und Entwicklung *(f)*

~ economy : Weltwirtschaft *f*

≗ Federation for the Protection of Animals: Welttierschutzbund *m*

~ forestry : Weltforstwirtschaft *f*

≗ Health Organisation : Weltgesundheitsorganisation *f*

~ market : Weltmarkt *m*

~ population : Erdbevölkerung *f*, Weltbevölkerung *f*

~ trade : Welthandel *m*, Weltwirtschaft *f*

~ trading system : Welthandelssystem *nt*

worldwide : weltweit *adj*
{*also spelled: world-wide*}

worm : Wurm *m*

~ : entwurmen *v*

~ castings : Regenwurmkot *m*

~ extruder : Schneckenpresse *f*

worry : Beunruhigung *f*

~ : beunruhigen *v*

worrying : Beunruhigung *f*

woven : gewebt *adj*

wrapping : Verpackung *f*

wrecked : runiert, verdorben, zerstört, zunichte gemacht *adj*

~ car : Autowrack *nt*

write : schreiben *v*

writing : Schreiben *nt*

~-off : Abschreibung *f*

written : geschrieben, schriftlich *adj*

~ question: kleine Anfrage *(f)*

wrong : falsch *adj*

wrongly : falsch *adv*

X chromosome : X-Chromosom *nt*

xenobiotic : Xenobiotikum *nt*

xenobiotics : Xenobiotika *pl*

xenobiotic substance : Fremdstoff *m*

xeromorphic : xeromorph *adj*

xerophilous : xerophil *adj*

xerophyte : Xerophyt *m*

xerophytic : trocken *adj*

~ grassland : Trockenrasen *m*

xerosere : Xeroserie *f*

x-ray : Röntgenbild *nt,* Röntgenstrahl *m*

~-~ : röntgen *v*

~-~ dosimeter : Röntgendosimeter *nt*

~-~ equipment : Röntgeneinrichtung *f,* Röntgengerät *nt*

~-~ fluorescence || analysis : Röntgenfluoreszenzanalyse *f*

~-~ ~ spectrometer : Röntgenfluoreszenzspektrometer *nt*

~-~ order : Röntgenverordnung *f*

x-rays : Röntgenstrahlung *f*

x-ray || spectroscopy : Röntgenspektroskopie *f*

~-~ treatment : Röntgenbestrahlung *f*

xylem : Xylem *nt*

yaws : Frambösie *f*

Y chromosome : Y-Chromosom *nt*

yeast : Hefe *f*

~ production : Hefeherstellung *f*

yellowing : Gelbwerden *nt,* Vergilben *nt*

yield : Ertrag *m*

~ : (sich) ergeben, Ertrag bringen, hervorbringen, tragen *v*

~ class : Ertragsklasse *f,* Leistungsbonität *f*

~ determination : Hiebssatzbestimmung *f*

~ increase : Ertragssteigerung *f*

~ reduction : Ertragsminderung *f*

~ table : Ertragstafel *f*

yolk : Dotter *m,* Eigelb *nt*

~ sac : Dottersack *m*

young : jung *adj*

~ buck : Bockkitz *nt*

~ child : Kleinkind *nt*

~ fish : Setzling *m*

~ regeneration : Anwuchs *m*

youngster : Jugendliche *f/pl,* Jugendlicher *m*

youth : Anfangsstadium *nt,* Jugend *f,* Jugendliche *m/f*

youthful : jugendlich *adj*

~ river : Oberlauf *m*

youth || unemployment : Jugendarbeitslosigkeit *f*

~ work : Jugendarbeit *f*

Z

zero : Null *f*

~ grazing : Nichtbeweidung *f*

~ growth : Nullwachstum *nt*

~ population growth : Bevölkerungsnullwachstum *nt*, Nullwachstum der Bevölkerung *(nt)*

~ tillage : pflugloser Ackerbau *(m)*

zeta potential : elektrokinetisches Potenzial *(nt)*, Zetapotenzial *nt*

zigzag : zickzackförmig, Zickzack- *adj*

~ : zickzack *adv*

~ : Zickzacklinie *f*

~ : im Zickzack laufen *v*

~ air classifier : Zickzacksichter *m*

zinc : Zink *nt*

~ content : Zinkgehalt *m*

~ determination : Zinkbestimmung *f*

~ smeltery : Zinkhütte *f*

zirconium : Zirkonium *nt*

~ alloy : Zirkoniumlegierung *f*

~ compound : Zirkoniumverbindung *f*

zonal : zonal *adj*

~ airstream : zonaler Luftstrom *(m)*

zonation : Zonation *f*

zone : Gebiet *nt*, Horizont *m*, Zone *f*

~ **of diminishment:** Verarmungszone *f*

~ **of fishing:** Fischereizone *f*

zoned : gegürtelt, in Zonen eingeteilt *adj*

~ dam : Zonendamm *m*

zone tillage : Reihenbearbeitung *f*

zoning : Zonierung *f*

~ plan : Flächennutzungsplan *m*

zoo : Tiergarten *m*, Tierpark *m*, Zoo *m*

zoogeographical : tiergeografisch, zoogeografisch *adj*

~ **region:** tiergeografische Region *(f)*, zoogeografische Region *(f)*

zoogeography : Tiergeografie *f*

zoogloea : Bäumchenbakterien *pl*, Zoogloea *pl*

zoogloeal : durch Bäumchenbakterien gebildet *adj*

~ film : Biofilm *m*, biologischer Rasen *(m)*

zoogloeic : durch Bäumchenbakterien gebildet *adj*

zoo-keeper : Tierpfleger *m*, Tierpflegerin *f*

zoological : zoologisch *adj*

~ garden : Tiergarten *m*

zoologist : Zoologe *m*, Zoologin *f*

zoology : Tierkunde *f*, Zoologie *f*

zoonosis : Zooanthroponose *f*, Zoonose *f*

zoophyte : Zoophyt *m*

zooplankton : Schwebetiere *pl*, Zooplankton *nt*

zygote : Zygote *f*